U0180070

制造工程手册

（原书第2版）

Manufacturing Engineering Handbook
Second Edition

［美］ 耿怀渝（Hwaiyu Geng） 主编

郑　力　　周　健　　唐任仲　　何俊科　　魏月琦　　曹衍龙　　尹红灵　　傅建中
张海霞　　万　基　　王浩彬　　宁月生　　贺　永　　张　剑　　王鲁宁　　张瑞杰
曲选辉　　郭挺钧　　张江城　　聂　姣　　胡　来　　吴　茂　　任淑彬　　章　林　　等译
张文武　　蒋彦华　　张家柱　　安庆龙　　郭　兵　　杨晓冬　　章宗城　　信春玲
张　玺　　张　驰　　周垂日　　付　艳　　王晓怡　　俞文媛　　俞文杰

机　械　工　业　出　版　社

本书是为读者提供在实施和管理制造过程中所应具备的基本制造知识的工具书，由来自中国、美国、法国、以色列、瑞典、日本、韩国、印度共 8 个国家的 58 位专家编写，由清华大学、北京大学、上海交通大学、浙江大学、同济大学等多家单位共 40 位专家共同翻译而成。全书共分 8 篇 45 章，详细介绍了产品开发及设计、制造自动化与技术、机器人学及机器视觉、热加工工艺与制造、切削加工、复合材料加工与塑料成型技术、制造系统设计以及工业工程领域的相关技术和最佳实践，可以指导生产高质量的产品，降低能耗和碳排放，加速创新过程的步伐。

本书是制造领域不可多得的一本全面的参考指南，是相关人士的宝贵参考资料，可供负责制造过程规划、设计、实施和管理的人员使用，也可供技术投资和战略规划的决策者参考，还可作为高等院校相关专业师生的参考书。

Hwaiyu Geng

Manufacturing Engineering Handbook Second Edition

ISBN：978-0-07-183977-8

图书在版编目（CIP）数据

制造工程手册：原书第 2 版/（美）耿怀渝（Hwaiyu Geng）主编；郑力等译. —北京：机械工业出版社，2020. 7（2023. 8 重印）
书名原文：Manufacturing Engineering Handbook Second Edition
ISBN 978-7-111-65758-3

Ⅰ. ①制…　Ⅱ. ①耿…②郑…　Ⅲ. ①机械制造工艺 – 技术手册　Ⅳ. ①TH16-62

中国版本图书馆 CIP 数据核字（2020）第 095988 号

机械工业出版社（北京市百万庄大街 22 号　邮政编码 100037）
策划编辑：孔　劲　责任编辑：孔　劲　高依楠　李含杨　王彦青
责任校对：刘雅娜　封面设计：鞠　杨
责任印制：单爱军
北京虎彩文化传播有限公司印刷
2023 年 8 月第 1 版第 2 次印刷
184mm×260mm·45. 75 印张·2 插页·1565 千字
标准书号：ISBN 978-7-111-65758-3
定价：199. 00 元

电话服务　　　　　　　　　网络服务
客服电话：010-88361066　　机 工 官 网：www. cmpbook. com
　　　　　010-88379833　　机 工 官 博：weibo. com/cmp1952
　　　　　010-68326294　　金 书 网：www. golden-book. com
封底无防伪标均为盗版　　　机工教育服务网：www. cmpedu. com

序 一

制造业是国民经济的支柱产业，是国家创造力、竞争力的重要体现。制造业不仅为现代工业社会提供物质基础，也为信息与知识社会提供先进装备和技术平台。近年来，中国制造业取得了举世瞩目的进步，主要工业产品产量稳居世界第一，从2009年起连续成为全球货物贸易第一大出口国。但是目前中国制造业产出效率整体偏低，产品附加值不高，自主创新能力弱，关键核心技术与高端装备对外依存度高，以企业为主体的制造业创新体系并不完善。

2013年德国提出工业4.0，全球掀起了新一轮制造强国的竞争热潮。一方面，率先完成工业化的美、英、德、日等发达国家虽然早已步入后工业化时代，但它们都清晰地看到"后工业"并非"无工业"，全球经济的竞争在很大程度上还需要制造业来支撑，国家的竞争能力也充分体现在制造业实力上，做强制造业因而成为必然选择；另一方面，发展中国家在新一轮制造强国竞争中更加重视赶超发展，中国、东盟、印度等都展开了制造业的追赶行动。

高质量的制造业发展离不开创新。3D打印和新材料等领域的工艺和装备创新，信息物理系统（CPS）、5G和云计算、大数据分析等领域的数字化和智能化创新，网络众包、协同设计、大规模个性化定制、精准供应链管理、智能工厂等生产模式和工业工程创新正在不断推动制造业的转型升级，制造技术创新发展迎来重大机遇。

《制造工程手册（原书第2版）》此时翻译出版正逢其时，这本手册包含8篇45章，有三大特点：第一，经典性与前沿性统一。内容既涵盖经典的制造工程内容，如冷热加工工艺、制造自动化、经典工业工程等，也包含最新的技术发展，如机器人及视觉、供应链管理、纳米制造、增材制造等内容。第二，理论性和实践性统一。本手册有不少章节由企业人员撰写，因此内容不仅包含理论体系，而且实践性强，利于实操。第三，单元技术和系统技术统一。与国内一般的制造工程手册不同，篇幅中有大量反映系统设计的工业工程学科的技术内容，从产品设计体系到生产系统设计、供应链结构等主题都是制造业提质增效的关键。

感谢耿怀渝老师主编本手册，希望手册的中译本能够有助于中国制造科学与技术的发展，并有助于中国制造业的发展。

郑力博士
清华大学副校长
于清华园

序　二

借鉴他山之石，由"制造"走向"智造"。

制造业与社会关系密切，素被看作是"立国之本、兴国之器、强国之基"。纵观世界工业发展史，大致分为四个阶段，即机械化时代的工业1.0（约1760—1830）、电气化时代的工业2.0（约1870—1920）、自动化时代的工业3.0（约1950—2010）和智能化时代的工业4.0（2010年至今）。

过往30年，中国制造业增长快速、令人瞩目。1990年，中国制造业输出仅占全球的3%，但到了2016年，已上升到25%，为全球生产着80%的冷气机、71%的手机、63%的鞋子。按《2016年全球制造业竞争力指数》报告，中国在制造业竞争力指数排名中位居世界第一。

中国近年来的显著成就包括一系列的超级工程，例如世界上最大的射电望远镜FAST、半潜式钻井平台"蓝鲸2号"、磁悬浮列车、5G技术等科研成果，以及港珠澳大桥的最后合龙、复兴号列车等。尽管如此，中国制造业整体与以物联网为特色的工业4.0仍有较大差距。

《制造工程手册（原书第2版）》集全球8个国家众多位专家的智慧编撰而成，全书分8篇，分别从产品开发及设计、制造自动化与技术、机器人学及机器视觉、热加工工艺与制造、切削加工、复合材料加工与塑料成型技术、制造系统设计、工业工程方面介绍世界制造业最先进的概念、系统与技术，规划目标，朝着以智能工厂、智能生产和智能物流为主的"智造"方向发展，朝着绿色制造的方向迈进。《制造工程手册（原书第2版）》由专家执笔，为制造业做出有益的贡献，值得参考。

郭位博士

中国工程院外籍院士

美国国家工程院院士

俄罗斯工程院外籍院士

国际质量学院院士

前　言

　　在规划、设计或管理营运制造流程前，我们必须了解那些跟先进制造工艺、最佳实践及最佳运行效率等相关的科技。所有的工程师和管理人员都面临着跨领域的挑战，这些领域包括设计、制造、生产控制、质量保证、持续改进和生产管理，对它们必须有基础的了解。相应地，对每个制造项目，我们必须面对及解决以下问题：

- 问题是什么？
- 有哪些已知的数据？
- 有哪些未知的数据？
- 制约因素是什么？
- 可行的解决方案是哪些？
- 如何验证解决方案？

还可能有更多的问题。而我们面临的挑战包括：

- 设计和建立最佳制造工艺及流程；
- 应用最佳实践来提高产量和质量；
- 改善生产运作以降低成本和碳排放等。

　　如何应用科技和相关知识来制定最佳解决方案？这应考虑许多驱动因素，诸如先进制造技术、技术成熟度曲线、可扩展性、敏捷性、弹性、最佳实践、快速实现生产力和可持续性价值等。若要满足这些因素，必须要对制造过程有充分的理解，这样才能成功地规划、设计、实施和管理制造项目。

　　本书为读者提供了在实施和管理制造过程中所需具备的基本制造知识，包含传统和先进的制造技术，以及应用于制造业的最佳实践，涉及：

- 产品开发及设计
- 制造自动化与技术
- 机器人学及机器视觉
- 热加工工艺与制造
- 切削加工
- 复合材料加工与塑料成型技术
- 制造系统设计
- 工业工程

书中讨论了以下主题：

- 先进制造、云计算、物联网、人工智能和可持续性发展
- 增材制造、微机电系统和纳米制造
- 制造与装配设计、六西格玛设计、价值工程
- 装配公差分析
- 计算机辅助设计与制造
- 机器人、机器视觉
- 激光材料加工、磨料射流、焊接、热处理、铸造和粉末冶金
- 金属加工、齿轮制造、磨削和滚压工艺
- 复合材料制备工艺、塑料成型工艺和热塑性塑料注射模具
- 精益生产、六西格玛与精益生产
- 质量和风险管理、工程经济学、人因工程学和供应链管理

- 其他制造过程和技术

本书共 45 章，每章包括相关的基本原则、设计和操作考虑因素、最佳实践、未来趋势、参考文献和扩展阅读。其中，基本原则涵盖了技术及其应用的基础；设计和操作考虑因素包含系统设计、运行、安全、环境问题、维护、经济；最佳实践对规划、实施和控制操作流程提供了一些有用的提示。在未来趋势、参考文献和扩展阅读部分中，本书提供了前瞻性观点及相关书籍、技术论文和网站的列表，以供进一步阅读。

本书是制造领域从未出版过的最综合的单本指南，由来自 8 个国家 58 位专家撰写，广泛并深入地介绍了可持续的制造工艺。本书可用以指导生产高质量的产品，降低能耗和碳排放，以加速发明与创新过程的步伐。本书是专业人士的宝贵参考资料，可为负责制造过程的规划、设计、实施和管理的人员提供相关设计技术和知识，也适合负责技术投资和容量规划战略决策的决策者阅读。对于制造工程、工业工程、营运管理、生产控制、质量管理、设计工程、环境、健康与安全、精益、六西格玛与持续改进计划、供应链、采购领域的技术人员与管理人员，包括首席技术官、首席运营官、首席财务官，本书是一本具有启发性且不可或缺的工具书。本书还可作为大学相关专业的教学课本及参考书。

耿怀渝，教授级高级工程师
美国加利福尼亚州

目　录

第2篇　制造自动化与技术

第3篇　机器人学及机器视觉

第4篇　热加工工艺与制造

第5篇　切削加工

第6篇　复合材料加工与塑料成型技术

第7篇　制造系统设计

第8篇 工 业 工 程

第 **1** 篇
产品开发及设计

第1章
基于物联网、人工智能和可持续环境的先进制造

亚美智库　耿怀渝（HWAIYU GENG）　著
亚美智库　耿怀渝　译

1.1　概述

　　每次新的工业革命发生，都会引导衣食住行等相关科技的进步。它对人类的生存、生活水平的提高、经济发展、文化及社会结构的改进都有着前所未有的深远影响[1]。

　　第一次工业革命发生在英国，介于1760年到1830年之间。它是第一个人类生活演化的转折点[2]。蒸汽动力、铁路、水车的使用，把生产从家庭手工作坊转移到工厂。第二次工业革命发生在1870到1900之间，引入了内燃机、发电机、自来水、工作母机、化学工程、石油原料等多元工业。在1881年，美国弗雷德里克·泰勒（Frederick W. Taylor）——科学管理之父，发明了工作研究管理，他的同事吉尔布雷斯夫妇（Frank and Lillian Gilbreth）发明了工时学（Motion and Time Study）。到20世纪00年代，制作工艺、车间工具、工厂管理都有了长足的进步[3]。1908年10月1日第一部福特T型车在装配线上诞生。福特工程师执行零部件标准化，以减少零件费料及节省组装时间。在1913年，福特组装一台汽车底盘需93min，而到1927年，福特T型车在产的最后一年，每24s就在装配线上产生一部T型车。在这个时期，许多制造汽车的衍生技术应用到飞机、空调、州际公路基础设施等行业[4]。第一次工业革命从英国扩展到欧洲、美洲及全世界。在这期间，生产力的提高首次超出了人口的增长，而且这种状况一直持续下来（见图1-1）。

　　电子计算机、互联网和全球网络开始于20世纪60年代。1977年，史蒂夫·乔布斯（Steve Jobs）和史蒂夫·沃兹尼亚克（Steve Wozniak）发明的苹果牌计算机，这是第一个成功量产的微型计算机。

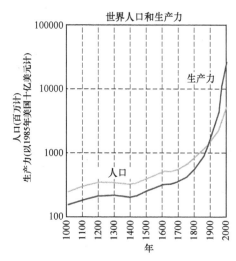

图1-1　世界人口和生产力（来源：The Federal Reserve Bank of Minneapolis）

　　20世纪80年代初，第一批可编程逻辑控制器（Programmable Logic Controller，PLC），更换了工厂生产线硬件的中继系统。随后数年，数控（Numerical Control，NC），直接数控（Direct Numerical Control，DNC），柔性制造系统（Flexible Manufacturing System，FMS），计算机集成制造系统（Computer Integrated Manufacturing，CIM）在工厂中被广泛应用，但这些设备大多是自动化孤岛。在20世纪90年代，应运而生了许多应用互联网科技的公司，但许多网络公司在21世纪初因互联网泡沫而消失。

　　云计算的概念可以回溯到20世纪50年代。在20世纪70年代，IBM已有虚拟机操作系统[5]。大数据的蓬勃发展始于21世纪初。希尔伯特和洛佩兹（Hilbert and Lopez）在科学杂志[6]发表"数字数据"的百分比从1986年的20%达到2007年的97%。

2011 年，杰里米·里夫金（Jeremy Rifkin）撰写的《第三次工业革命：横向力量如何转变能源》中描述了五大支柱○将革命性地创造数以千计的企业和数以百万计的就业机会。现在广泛期待的第四次工业革命，围绕着物联网（Internet of Things，IoT），或称为网络物理系统（Cyber Physical Systems，CPS），已经开始发展。值得一提的是，20 世纪 70 年代的"工厂自动化"是工业物联网（Industrial Internet of Things，IIoT）的先驱模式。对于每一次工业革命来说，发明及创新是生产力的催化剂，它带动国内生产总值（Gross Domestic Product，GDP）的增长，使生活水平提高。

1.2 先进制造和可持续制造

1949 年 3 月 26 日，德国国家应用技术研究院（Fraunhofer Gesellschaft）在慕尼黑成立。Fraunhofer 是一家政府支持的非营利组织，专注于研究发展未来工业的组织[8]。1951 年，Fraunhofer 获得马歇尔欧洲复兴计划研究的经费，这是德国政府首次得到这项资助。Fraunhofer 一直是德国创新的管道，其经费来自研究的收入。Fraunhofer 已从 1954 年一个研究院扩大到 2020 年的 74 个研究院，目前年度预算约28 亿欧元。美国政府以 Fraunhofer 研究所为模版，在国内成立了由政府、企业及学校合作组成的先进制造研究院。截至 2020 年，美国已成立 14 家动态链接的制造创新研究院。

1.2.1 先进制造的定义

在给美国总统的一份报告中，美国国家标准和技术研究院（National Institute of Standards and Technology，NIST）将先进制造定义为[9]："使用信息、自动化、计算机、软件、传感器和网路，或是应用尖端材料、物理科学和生物科学（例如纳米技术）带来的新方法，制造出现有的产品或更先进的产品。"

1.2.2 可持续制造的界定

美国商务部将可持续制造定义为[10]："在制造新产品的过程中，使用无污染、节能环保的材料和自然资源，如太阳能和地热。生产流程对员工、环境和消费者是节能高效、合理且安全的。"在这本手册中，先进制造和可持续制造是同义互通的。

1.3 先进制造技术

2011 年，美国总统科学技术顾问委员会提交给

奥巴马总统一份报告题为"如何提升国内先进制造的竞争优势"的报告，介绍了在美国发展先进制造的研究所应用下列相关的先进制造技术[12]：

- 增材制造
- 纳米技术和纳米制造
- 工业机器人
- 先进的材料设计和合成
- 先进的传感器、测量和过程控制
- 先进的制造设备和测试
- 信息技术、可视化和数字化制造
- 柔性电子
- 先进材料成形
- 可持续制造

还有许多新兴突破性技术可以在相关组织、出版物或网站搜寻，比如国家先进制造委员会（The U. S. National Council for Advanced Manufacturing，NACFAM）、麻省理工学院技术评论、国际数据公司（International Data Corporation，IDC）出版的《制造见解》、KPMG 出版的《全球制造展望》，以及世界各地许多研究机构和技术创新联盟。

1.3.1 先进材料的设计与合成

根据定义，先进材料是"使用尖端科技所制造的材料"。下面用宽带隙（Wide Bandgap，WBG）半导体和高级复合材料来解释先进材料的特性。

1. WBG 半导体

每一件电子产品的内部都应用电力电子的技术。如电力电子原理设计的逆变器可以将太阳能电池板或风力涡轮机连接到电网上。其他应用电力电子原理的有笔记本计算机的电源转换器、工业电动机和电动车辆等。"随着手机、电器和汽车等产品的进步，目前的电力电子设备已不能满足我们的需求，改进这种技术及设备至关重要。"[13]

硅基片的技术在半导体领域已经使用了 50 多年了并且已经达到功率转换的极限。使用 WBG 半导体的电子器件可以在更高的温度 [300℃（572℉）]、更高的频率和 10 倍的电压下工作，并且可以消除电力转换高达 90% 的电力损耗。WBG 半导体材料包括氮化镓、碳化硅、氮化铝镓、氮化铟镓等化合物。WBG 半导体和电力电子技术说明如图 1-2 所示。

在美国，笔记本计算机和移动设备使用约 2% 的可用的电力。WBG 半导体技术不仅可以使转换器体积缩小三到五倍，并节省数十亿美元的能源消耗。借助先进的研发，重新思考制造过程和产品测试，

○ 再生能源、燃料电池、氢气储存技术、物联网电网、电力汽车。——译者注

我们可以加速 WBG 半导体研发技术，制造 10 倍以上功能的集成电路（Integrated Circuit，IC）芯片。

2. 高级复合材料

在航空航天、军用设备和豪华轿车领域，已经使用了高级复合材料。2014 年，美国政府启动了先进复合材料制造研究院，研究纤维增强高分子复合材料。这种材料结合了强大坚韧的纤维和塑料，制成的复合材料比钢更轻也更坚固。"先进的复合材料是由嵌入树脂基质矩阵中的纤维材料组合而成的"[14]。复合材料的力学性能缘自纤维取向（见图 1-3），纤维取向可产生优良的结构性能，以及复合材料层压板的刚度、尺寸稳定性和强度。

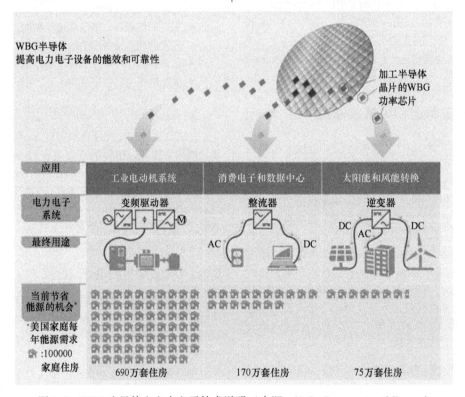

图 1-2　WBG 半导体和电力电子技术说明（来源：U. S. Department of Energy）

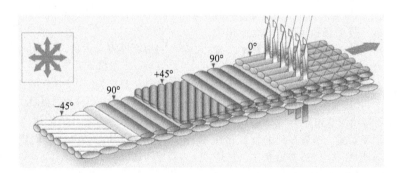

图 1-3　非织造缝合复合材料的不同纤维取向（来源：Maintenance Technician Handbook Airframe，Vdume 1，FAA，the U. S. Department of Transportation）

石墨纤维的设计采用三维石墨烯夹层，其制造费用昂贵。它已应用在航空航天和汽车领域。碳纤维的设计是在二维石墨烯夹层，它已应用在建筑物平面结构梁、机翼结构和汽车车架中。碳纤维比钢铁强 10 倍，但重量只有钢铁的四分之一，但是碳纤维的造价比钢铁贵 5 ~ 10 倍。碳纤维的生产方法如图 1-4 所示。

虽然先进复合材料更坚固且更轻，但它的设计很复杂，制造成本昂贵。制造这些复合材料需要大量的能源，消耗的能量是不可持续的，而且制成品

图 1-4　碳纤维的生产方法（图片源自
Oak Ridge National Laboratory）
注：氧化纤维进入实验室的高温炉后变成碳纤维。
该实验室也供民间企业生产测试低成本碳纤维
及有效清洁能源技术。

很难回收。先进复合材料制造研究院的主要目标就
是克服这些障碍。

1.3.2　增材制造

美国增材制造创新研究院是由美国增材制造组
织倡导成立的，它是一个公私合营研究机构，成员
包括政府、企业、大学、社区学院以及非营利组织。
他们专注研究增材制造的材料、技术和工艺。增材
制造通常被称为 3D 打印。类似一般 2D 打印文件到
纸张上，3D 打印机根据 CAD 文件打印一层叠一层
的薄层材料。打印材料可以是不锈钢粉末，通过激
光或电子束熔化；或是塑料粉末、复合材料粉末，
通过喷涂黏结剂，黏结粉末成型。3D 打印已经用于
许多行业，包括航空航天、汽车、医药、消费品等。
由于设计和制造的自由性及不需要制造模具的特点，
使 3D 打印成为最灵活的制造方法。2020 年全球 3D
打印市场总额约 22 亿美元，3D Natives 估计 3D 打印
市场从 2020 年到 2025 年将增加 24%[15]。

尽管 3D 打印过程有一些限制，例如速度慢、效
率低于传统制造工艺等，但制造商还是已经使用 3D
打印制作出以下组件[16]：

- 大黄蜂战斗机环境控制系统的气冷管道
- 空中客车钛机舱铰链支架取代铸钢制造
- 旋风式飞机上的 3D 打印金属部件

从 2015 年开始，通用电气公司（GE）使用 3D
打印每年生产 25000 件喷气发动机的燃料喷嘴（见
图 1-5）。用于制造 GE 喷气发动机燃料喷嘴的常规技
术包括将 20 个小部件铸造并焊接在一起（图 1-5）。
3D 打印利用激光束熔化钴铬粉末，从而叠制了许多
20μm 厚的钴铬层。制造过程中没有废损昂贵的材料，
也没有劳动力及能量浪费。3D 打印保持了冶金
纹路的特性，使部件产品更加轻而且坚固。但是，

3D 打印设备需要高级技术工人来操作，而且在开发
计算机编码时需要克服学习曲线。

铸造产品　　　　　　　3D 打印产品

图 1-5　喷气发动机的燃料喷嘴
（来源：General Electric）

1.3.3　3D 打印供应链的机会

传统供应链及全球价值链包含组件的价值和品
质。这些组件材料在其最终目的地进行批量生产或
组装。传统的供应链需要努力安排交货期以确保在
最终目的地生产、组装和装运。由于这种采购和制
造的流程，高碳足迹是不可避免的。随着规模经济
的发展，更多 3D 产品会在接近使用点制造。适用
3D 打印的产品包含中小批量及慢移动的库存产品。
3D 打印的供应链包括研发中心、物流组织、软件供
应商、材料供应商、制造商、履行中心和客户服务
中心。3D 打印使制造商和相关供应链重新思考他们
的运营方式及策略[17]。3D 打印产品在接近使用点生
产，减少了库存[18]。供应链从零部件转变为散装物
料，这种物料的计划、运输和管理都较简单。这特
性也导致 3D 打印的碳足迹较小。

1.3.4　微米及纳米制造

许多科学家认为 21 世纪的上半叶是纳米技术的
时代。纳米技术包括物理、化学、材料、医学和工程
等学科的应用[19]。纳米技术可创建许多新产品来应对
21 世纪的挑战，例如绿色能源技术、强而轻的材料技
术、传感器技术、医疗设备及药物技术，或清洁环境
的技术。微米和纳米制造（Micro and Nano manufac-
turing, MNM）是用于制造微米或纳米级（Micron or
Nano）的装置（1nm 是十亿分之一米，约头发直径的
10 万分之 1），而且它不需要在无尘室内制造。同样的
体积，纳米材料的表面积比较大，这允许它与周边的
材料进行更多的互动。同一材料在纳米尺度下的自然
特性与它在大体积状态下非常不同。直径为 1nm 的单
壁碳纳米管在其尺寸比例上是难以置信的强韧。

MNM 工艺允许我们按照设计的要求来制造产
品，而不局限于用市场上的一般材料。MNM 是自下
而上的生产方法，将许多不同的分子结合在一起，
没有造成原料的损失。而自上而下的制造过程是从

原材料开始，经过锻造或铸造及机械加工，切削不需要的材料然后又需要能源将部件焊接在一起。

微米或纳米装置的制造可以采用与微机电系统（Microelectromechanical Systems，MEMS）相同的技术。微米或纳米级制造要用先进的光刻、分子束外延和蚀刻等方法制造（见图 1-6）。纳米技术最大的好处是，纳米级材料可按设计要求量身定制基本结构，以达到特定的性能，也因此扩展了材料科学可使用的材料。目前已经有超过 800 种日常商业产品依赖纳米材料和工艺来生产。使用纳米技术及材料可以有效地制作出更坚固、更轻、更耐用、更有弹性及更好的电导体[21]。一些 MNM 的应用实例包括：

- 纳米电池系统
- 纳米结构薄膜太阳能电池板
- 纳米级半导体和发光二极管灯
- 涡轮叶片中使用的射频识别（RFID）墨水
- 汽车车架和车身
- 风力发电叶片的碳纳米管

图 1-6　3D 平面 MEMS 纳米操纵器和一个六自由度 MEMS 纳米操纵器（Nanomanipulators）与嵌入式探针［微球在扫描电子显微镜（SEM）的腔室内操作］（来源：NIST[20]）

MNM 的好处包括：
- 低能量损耗
- 低污染材料
- 材料轻及抗变形
- 坚韧及耐用

目前纳米技术和纳米制造还仅局限于实验室制造，要继续发展制造工艺、质量控制和计量（高级成像和 X 射线散射方法）工具，才能使纳米技术和纳米制造商业化。

1.3.5　智能机器人和机器视觉系统

据国际机器人协会报告：从 2020 年到 2022 年，世界各地的工厂预计将安装近 200 万台新的工业机器人。世界上最大的工业机器人市场，包括中国、日本、韩国、美国和德国。电子工业、汽车工业、金属加工和机器制造是增长机器人需求的主要驱动力。纳米技术改进电池设计推动了自供电机器人的成长及进步。

机器视觉将一个或多个摄像机附加到机器人控制器内置接口，它增加了机器人的灵活性。机器视觉系统使用摄像机来测量变化，为下一个动作定位，并迅速准确地接受指令，处理工作。

机器人技术是智能制造的关键技术之一，像物联网一样具有变革的潜力。以下摘录自"美国机器人计算社区联盟的路线图"[22]。

- 三个因素推动机器人的使用：经济增长、生活质量的改进和紧急情况下第一现场处理人员的安全。
- 机器人需要变得更聪明、更灵活，并且能够安全地与人类共享有限的工作空间。
- 在自然灾害后（如福岛地震及海啸），部署机器人评估（核电厂）损害的程度和评估不安全环境的影响。
- 在柔性制造中采用机器人，使生产系统比外包给工资较低的国家更具经济竞争力。
- 机器人技术已经进步到足以增强人力的程度，机器人能够协助人们执行恶劣、无聊或危险的任务。

机器人必须与人类分担工作风险和责任，从而在制造环境中的抉择更成功及民主化。机器人系统需要变得更智能、更有洞察力，更像人般灵巧，可以互动，与 IoT/CPS 整合，并可以在一个结构不完美的环境中安全地与人类或其他机器人共同工作。

物联网时代的驱动因素包括 5G 无线网络、云计算和大数据分析。云机器人技术把要求严谨的制造流程、数据管理和分析转移到云。云机器人技术的概念包含可以根据需求及时扩展、共享数据和开放源代码，以及日益普及的机器人操作系统执行定期备份、软件更新和网络安全的维护。托管云的巨大数据中心可以收集数据，累积共享数据集，执行分析并采取正确处理的措施。

大型公司因为能够承担昂贵的机器人操作编码、和维护费用，他们一直是机器人的主要用户。小型公司受益于工业物联网和 5G 的科技也可经济地使用机器人。

无人驾驶车辆又称自主车辆或机器人汽车，能够满足传统的人力车辆的运输功能。无人驾驶车辆是机器人领域的一个主要分支。它配备了机器视觉系统、传感器、激光雷达、连接设备到端或云系统，根据周边环境、方向地图等信息在车端计算，做数据分析，提供正确的指令，来安全地自动驾驶。

1.3.6　良好制造实务

从全球制造社区内可以学到由经验累积得出的

最佳实践。丰田生产系统（Toyota Production System，TPS）、全员生产维护（Total Productive Maintenance，TPM）（见图 1-7）、5S 管理（见图 1-8）及精益管理等良好制造实务应将其纳入管理先进制造的要素。

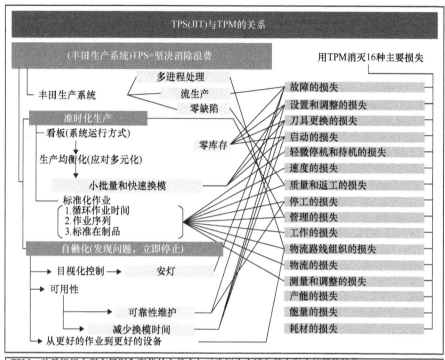

TPM：动员组织中所有级别和职能的人员参与以发挥生产设备最大限度的整体效能。

图 1-7　TPS 和 TPM 的关系（来源：Japan Management Association Consultants，Inc.）
注：日文原版图中，TPS 中"ムダ"为浪费，而 TPM 中"ロス"国内通常译为浪费是不妥的，此处甄合译为"损失"。损失有可避免的损失及不可避免的损失，可避免的损失是浪费，重点在于探讨及降低不可避免的损失。如过度生产造成库存积压是可避免损失，生产线平衡时间是不可避免损失，重点是如何降低平衡时间。若有问题，可与本书主编耿怀渝联系（dchandbook@ amicaresearch.org）。

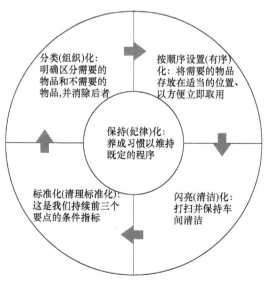

图 1-8　5S 管理（来源：NIST http://www.epa.gov/lean/environment/methods/fives.htm）

1.4　先进制造和全球制造

工业革命带动全球经济成长并产生了全球供应链。波音 787 型飞机装配零部件来自世界四大洲，其全球价值链给波音公司带来极高的价值。约拉姆·科伦（Yoram Koren），美国国家工程学院院士描述全球制造如下：

1）全球制造是世界的一体化和消费品相互依赖的资源及市场。

2）全球制造的驱动力包含以下内容：

① 政府对外开放贸易和国际合作。

② 产业渴望在全球市场中成长。

③ 原创或创新技术促进全球化。

美国把制造业和大部分的污染行业外包给了其他国家，但这些污染正在向美国回流。我们都是全球制造社区的一分子，全球所有的国家都必须努力，共同推进经济增长和可持续发展。

1.5　物联网、人工智能和先进制造

为使互联网内机器对机器的互动更有效率，因特网协议（Internet Protocol，IP）的地址已从第 4 版本（IPv4）的 32 位基（2^{32}）更改为第 6 版本（IPv6）的 128 位基（2^{128}，即 3.40×10^{38} 个或 340 兆兆兆个 IP 地址）。这使所有智能设备，如笔记本计算机、平板计算机、可穿戴智能设备、智能手机、传感器，以及在制造产品或最终产品都可以拥有自己的 IP 地址，以便及时不断地进行沟通。

CPS 为相对较大、重要及组织复杂的物联网系统。CPS 是物联网和系统控制的组合，CPS 不仅只是感觉，还增加了控制事物的能力，以达到与周围物理世界的互相交流[23]。

麦肯锡全球研究所预测 2020 年将有 500 亿个人或物连接到物联网，2025 年与物联网有关的销售额将达到 2 兆 ~ 6 兆美元。高德纳公司预测 2020 年与物联网有关的销售额将达到 2 兆美元，并将有 203 亿个人或物连接到物联网。虽然预测的数字不同，但是数目都很惊人。

物联网将政府、交通、医疗、金融、教育机构、制造业、智能电网、智慧城市、智能家居等相互联系起来（见图 1-9）。

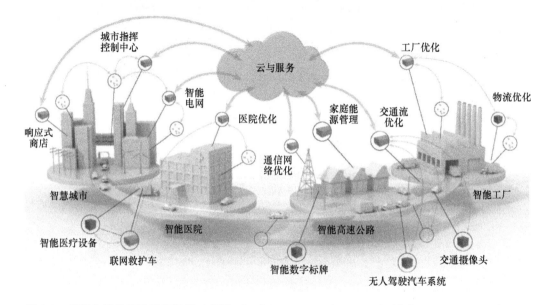

图 1-9　英特尔提供的物联网框架（来源：Intel Corporation. http://embedded. communities. intel. com/ community/en/applications/blog/2012/09/11/roving- reporter- intel- intelligent- systems- framework- simplifies- internet- of- things）

1.5.1　云和制造业

根据 NIST 的定义，云计算有五个特点：按需自助服务、广泛接入网络、资源共享、快速扩张和实时服务。云的建造模型类似电力、水和天然气公用事业。云的部署可以是公用、私用或混合式的。主要的高科技公司，如亚马逊、谷歌、惠普和微软，由拥有信息技术和设备专业知识的人才来管理云及数据中心。他们提供云计算空间的服务，用户可以根据需要而进行扩展，并按需支付。

云计算有多种服务模式，包括软件即服务（Software-as-a-Service，SaaS），Autodesk 和 SAP 提供了很好的 SaaS 服务。亚马逊、IBM 及惠普提供基础架构即服务（Infrastructure- as- a- Service，IaaS）帮助

公司从自管转换到全球云模型。灾难恢复即服务（Disaster Recoveray-as-a-Service，DRaaS）确保用户数据受到保护，并可于灾难后迅速恢复作业。云服务是安全的、可控的、可靠的和经济的[24]。

1.5.2　物联网和制造业

在 20 世纪 70 年代后期，苹果计算机成功地进入市场。随着个人计算机的蓬勃发展，IBM 推出了 IBMjr、PS/1 及高级技术型计算机。为避免与其个人计算机的竞争，IBM 以高价推出获得专利的工业标准结构总线（ISA）/插槽。ISA 插槽的推出，使计算机价格不增反降，使兼容型计算机变得更便宜、更流行。随着兼容型计算机的普及和降价，许多制造业技术在"自动化工厂"中得以发展和普及。NC 使

用介质从冲卡带、磁带到 5.25in（1in = 2.54cm）磁盘，最后到 DNC 和分布式数字控制。NC 机床演变成计算机数字控制（Computer Numerical Control，CNC），能够在 CNC 机床上存储和验证 NC 程序。柔性加工系统（Flexible Machining Systems，FMS）发展为柔性制造系统（Flexible Manufacturing System）。PLC 允许不用硬线，而只改变计算机中的逻辑图来控制电路。监督控制和数据采集协调和控制工厂中的能源使用及其他功能——从物料需求计划演进到制造资源计划，再到企业资源规划。其他技术，例如制造执行系统、CIM、局域网和所需的协议也不断发展演变。这些技术使先进制造工艺更先进，生产力和经济更发达，但同时也催生了更多的自动化孤岛。

这些技术部分已应用端计算处理，而且随着供应链管理等制造技术的发展而得到了增强。目前，使用互联网和先进的 5G 信息技术、广域网、Wi-Fi 等，使经济效益达到了一个新的水平。很显然，通过物联网科技，使更多工厂里的自动化孤岛连接在一起。

目前物联网内的每个实体都使用全球通信网和云来收集大数据，分析和执行需要采取的行动。这些实体包括航空、电力、铁路、石油和天然气能源、医疗保健、金融机构和教育机构。

信息的来源包括从政府、高科技企业（如 EMC、HP、IBM 和 Intel）、消费商业（如阿里巴巴、亚马逊、脸书、谷歌、奈飞）和机器对机器信息（如 ABB、通用电气、施耐德、西门子）等。机器对机器信息由所有者的网络传感器生成、传输和捕获[25]，这被通用电气称为工业互联网[26]，又被称为 IIoT，也可以被视为另一类的 CPS。

许多大型制造公司都提供服务化商业模式。这种商业模式将产品服务延伸到售后维修服务，直至产品生命周期的结束及回收。这一切都是通过应用云来收集大数据，并分析及执行。以自动化的流程、优化的性能，以及准确预测及计划何时需要更换部件的服务，消除了停机时间，延长了产品寿命，降低了产品成本。这种服务化模式已经被大型企业成功地采用。通用电气收集来自 1600 多个全球部署的发电机数据，达 3 万多个机器对机器的运行小时数据，并补充了一个 15TB 的大数据库[27]，包含 1 亿多个运行小时的大数据。这种服务化商业模式已经扩展到航空航天、铁路、发电配电和医疗设施领域。

随着 IIoT 未来的网络化物流和供应商网络将变得更复杂，产品与信息将密不可分。巨大的数据量

将会需要更严谨的数学演算法和数据分析法[28]。

1.5.3 大数据和制造业

2015 年大数据的规模是 10ZB（$1ZB = 1 \times 10^{21}$ bytes），IDC 预测，2025 年大数据的规模将扩大到 180ZB。目前美国国会图书馆收藏了 1.47 亿份资料，这相当于 462TB（$1TB = 1 \times 10^{12}$ bytes）的数据；180ZB 相当于 4 亿个美国国会图书馆的收藏。在制造业，大数据是通过模拟（CAD/CAM/CAE）、CIM 内的传感器、部件供应链、客户关系管理等生成的。在 IIoT 中，大数据是通过传感器收集的信息，传到数据中心储存并经人工智能分析生成的。

1.5.4 数据分析和人工智能

各行各业人士经过固定、移动网络，社交媒体等渠道交流，因而即时快速及大规模地产生文字、图片或音频等不同结构和非结构的数据。这些数据经过计算机进行组织、整理和储存，就可以供数据分析使用。

人工智能是分析大数据的主干，经过不同阶段的分析（简单的描述性分析、诊断性分析、预测性分析到最终高度复杂的处方性分析）而达到最佳结果（见图 1.10）而每经过一个阶段的分析，就会给使用者带来更多的回馈及价值。上述四个阶段广泛应用于人工智能的机器学习及深度学习，通过超大型计算机硬件和软件，应用数学计算及模拟仿真人类的思路、分析、判断意图能力，做出与人类的响应更加相似的结论。

不同阶段的分析及它的重点可以模仿中医问诊过程来描述：

1）描述分析阶段是病情描述，重点是准确地描述在哪里，怎么了，什么时候。

2）诊断性分析阶段是望闻问切，重点是根据描述进行数据挖掘。

3）预测性分析阶段是诊断预测，重点是根据描述及诊断分析来推测及预计。

4）处方性分析阶段是对症下药，重点是根据描述、诊断、预测来制订方案以达到预期的效果。

机器学习包含监督式学习、非监督式学习及强化学习。而深度学习能自动寻找特征来进行学习。以将人工智能应用于制造业常见的问题为例：为确保产品质量，需要知道最佳及最经济更换磨损车床刀具，同时确保产品的尺寸及表面粗糙度的时机。操作员可以根据测量产品尺寸，手感产品的表面光滑程度，不正常的车床噪声、微振动、电流及力矩的变化，不适当的转速、切削深度、

进刀速度等相关的因素、参数及经验决定何时更换刀具。这些信息可以让机器学习及预测何时更换刀具。其他因素，如车床周边温度、材料硬度、润滑剂杂质，以及其他看似无关的因素，都可以加入而让机器进行深度学习。要进一步的了解，可以使用微软云免费的 Azure 亲身体验人工智能的应用。

- 描述性分析（病情描述）
- 诊断性分析（望闻问切）
- 预测性分析（诊断预测）
- 处方性分析（对症下药）

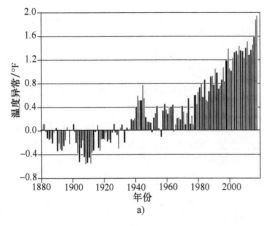

病情描述	望闻问切	诊断预测	对症下药
数据收集的初始阶段，利用数据探索、商业智能、仪表信息和基准汇总报告所发生的事情	数据挖掘以深入地查看数据，并分析了解相关性和因果性，并将事件的原因可视化	数据挖掘可以应用过去的模式及预测建模、回归分析、神经网络、蒙特卡洛模拟，以及机器学习	决策树，支持向量机、数学线性或非线性规划、价值分析和优化

图1.10　数据分析和人工智能的流程和工具（来源：Amica Research，D. J. Patil，Gartner）

1.6　可持续制造

2012年11月18日世界银行发布了报告："调低暖气：为什么加温4℃的地球必须避免？"[29]该报告描述如果地球的温度升高4℃（7.2℉）会是什么样子。其结果是毁灭性的：沿海城市被淹没，粮食减产导致营养不良率上升；许多干燥地区变得更干燥，湿润地区变得更湿；在热带或其他地区会有前所未有的热浪；很多地区水资源的短缺加剧，高强度热带气旋风的频率增加；包括珊瑚礁系统在内生物多样性不可逆转的丧失。这些现象在美国乃至世界各地都已见证。在由美国伊利诺伊大学、NASA、NOAA主导的美国地球改变研究计划发布了"2017气候科学特别报告"其中提到："自1880年测量全球温度以来，2017年是第二个最热的年份（见图1-11）。"

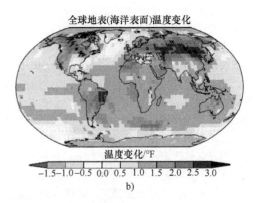

图1-11　全球温度持续上升（来源：NOAA and World Bank）

a）全球平均气温在1986—2016年期间比1901—1960增加了1.2℉（0.7℃）

b）全球表面温度变化在1986—2016年期间比1901—1960增加的温度

人类进行着制造产品、建造房屋、乘汽车或飞机旅行、营运数据中心、收集数据并分析和云计算，以及其他使我们生活舒适的活动，这些活动排出对环境有害的热量和二氧化碳。制造产品时，输入 1W 的电量就会输出 1W 的热量。我们不愿意改变生活的品质，就必须有效地设计和控制制造过程，以避免能量的浪费，以及减少热量的输出。

1.6.1　可持续制造的驱动力

迈克尔·波特（Michael Porter）的书——《竞争力如何影响策略》中描述了著名的"五个驱动力"，这些力量使一个行业更具竞争力。那么，这些力量是什么？如何应用在计划策略上？一家公司的可持续制造应该承担对社会哪些责任？

NIST 这样描述可持续制造："为实现可持续性，一个产品的设计、制造流程、使用及售后服务不仅要达到产品设计的要求及功能，而且还要考虑产品对环境、经济和社会的影响。目前研究人员已从不同角度及运用各种方法来解决这些挑战。开发可持续产品也应该考虑与可持续性相关的标准、设计、制造技术和工具。"[31]

从这个描述，我们可以归纳出三个或更多的力量面向：社会，环境和经济。而每个力量内，又有许多驱动力[32]：

● 社会内的驱动力：制造商应该与工人、社区、政府、供应商保持良好的关系并确保产品安全。

● 环境要考虑的驱动力：制造商应该高效率地使用能源和资源，使用环保材料和可再生能源，减少浪费和排放，保护生态系统。

● 经济的驱动力：考虑创新，创造就业机会，增加销售和利润，并为社会做出贡献。

1.6.2　从摇篮到摇篮的可持续制造

20 世纪 80 年代的环保宣传流行这样一句话——"从摇篮到坟墓（Cradle to Grave）。"现在这说法已经改为"从摇篮到摇篮（Cradle to Cradle）"，即考虑永恒的生命周期。在这一生命周期中，有哪些元素会影响和促进可持续制造？所有产品的制造都会经历下列循环：设计（输入）、生产（操作）、使用（产品）和使用后（回收及再利用）[33]。我们必须认真考虑从原料、生产到消费者使用及再回收再利用，并考虑绿色运输，及绿色供应链。

1. 绿色产品设计和原材料

可持续制造是从产品设计阶段就开始考虑使用新发明的、可生物降解的、可回收的或可重复使用

的材料或先进制造方法。举例说，WBG 半导体是一种新的可提高性能及使用更少能源的新材料；又如使用碳纤维替代飞机汽车中应用的钢材，可节省燃料；再如用 3D 打印来设计产品，既坚固又不需焊接耗能或材料切削。

2. 绿色制造流程和高效绿色生产运营

在改进绿色生产制造及管理方面，总有低投资和高回报的机会。应用 TPS、准时制（JIT）和 TPM 系统都可改进制造流程，减少生产损失，提高设备综合效率（OEE）。任何减废措施都可以降低制程的能耗。其他措施，如减除机床预热时间、减少怠速、减少空间要求（采用一台车铣中心而不是两台分开的机器），还有寻找并减少或消除损失，回收材料、切割工具、冷却液和冷却水。

3. 绿色工厂及设施

可持续制造不仅考虑使用新的绿色材料，还涵盖了回收及重复使用与制造产品直接相关的材料，同时要考虑其零部件供应工厂的可持续制造。

工厂的建筑物可以按照美国绿色建筑委员会的评级体系评估能源与环境设计的等级（U. S. Green Building Council's Leadership in Energy and Environmental Design，LEED）。LEED 制定设计、建造和运营高性能厂房及建筑物的标准。

在电力使用设施中，可以使用太阳能电池板、风力涡轮机、燃料电池，或在现场设置热电联产。另一种选择是向供电厂购买绿色电力，美国许多高科技公司已经这么做了，同时还报告绿色电力占总用电量的比例。

其他方面还有使用室外空气或海水来冷却室内温度，安装节能 HVAC 系统、变速驱动器、直驱电动机，采用 LED 照明，以及使用直流电网络都是很好的绿色选择。使用回收水浇草木、氢燃料车辆等也可考虑。

1.6.3　可持续制造的标准和测量

1. 标准

NIST 汇集了一个全面的国际公认的标准可以参考及应用（见表 1-1）。

2. 可持续发展的标杆

罗伯特·卡普兰（Robert Kaplan）和戴维·诺顿（David Norton）曾经说过："如果你无法测量它，你就不能控制它。"下面讨论说明衡量可持续发展绩效的组织结构（见图 1-12）。

根据产品的不同，常用的基准测试指标如下所列。从宏观角度来看，二氧化碳占 GDP 的比例在绿色供应管理中是个有用的信息。

表 1-1 可持续制造标准（来源：NIST）

	自愿或监管的标准和指示		产品、制程和服务标准		
危害性物质限制指令 https://www.rohsguide.com	ISO 14000 环境管理标准 https://www.iso.org/iso-14001-environmental-management.html	温室气体议定书 https://ghgprotocol.org	能源之星 https://www.energystar.gov	LEED https://www.usgbc.org/help/what-leed	森林管理委员会认证木材 https://us.fsc.org/en-us/certification
全球报告倡议 https://www.globalreporting.org/Pages/default.aspx	欧盟化学品管理 https://ec.europa.eu/environment/chemicals/reach/reach_en.htm	ISO 19011 QMS 和 EMS 审核	无污染汽车 https://www.usgbc.org/help/what-leed	认证有机产品及标签 https://www.ams.usda.gov/grades-standards/organic-labeling-standards	认证绿色电力 https://www.green-e.org/certified-resources
废弃电气电子设备指令 https://ec.europa.eu/environment/waste/weee/index_en.htm	欧盟报废车指令 https://ec.europa.eu/environment/waste/elv/index.htm	IPC 1752 材料申报管理	三文鱼友好型产品	清洁环保认证 http://www.ecolabelindex.com/ecolabel/cleaner-and-greener-certification	绿色环保产品标准 https://www.greenseal.org/certification
BS 8900 可持续发展管理	IEEE 1680 电子产品环境评估标准 https://standards.ieee.org/standard/1680-2009.html	EPA AP42 空气排放因素汇编 https://www.epa.gov/air-emissions-factors-and-quantification/ap-42-compilation-air-emissions-factors	—	—	—
国际材料数据系统 https://www.mdsystem.com/imdsnt/startpage/index.jsp	JIG-101 联合产业指南 https://standards.ieee.org/standard/1680-2009.html	NSF/ANSI 标准 https://www.nist.gov/el/systems-integration-division-73400/sustainable-manufacturing-standards-related-astm	—	—	—

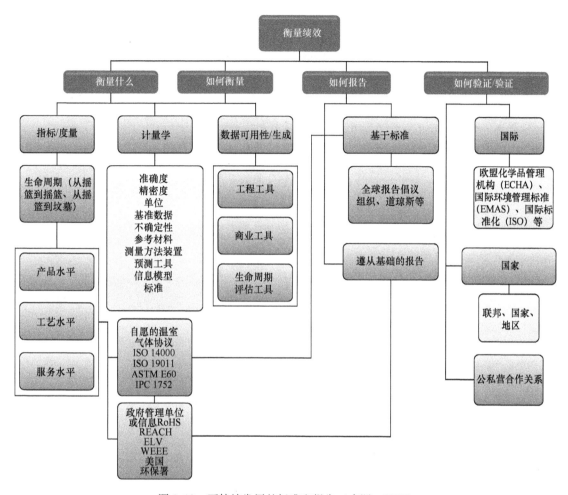

图 1-12 可持续发展的标准和报告（来源：NIST）

1）材料损失：每单位产量损失的材料量。

2）能源消耗：每单位产量消耗的能量。

3）耗水量：每单位产量消耗的新鲜水量。

4）有毒排放量：每单位产量排放有毒物质的质量。

5）污染物排放量：每单位产量排放有污染物的质量。

6）温室气体碳排放量：每单位产量排放二氧化碳的当量。

气候登记处（Climate Registry）提供计算、验证和标准 GHG 排放量报告，也提供生产同类产品公司的基准供比较。这些重要的信息可作为分析公司年度趋势及改善的基准。

生命周期评估（Life Cycle Assessment，LCA）也被称为"从摇篮到坟墓"的分析，是一个系统地评估产品的生命周期与相关环境影响的工具。LCA 提供可靠的性能信息以实现生命周期经济。国际标准化组织（ISO）的 LCA 框架是 ISO 14040[34]。

3. 温室气体计算和标签

在美国销售的新车，依法都需要告知每加仑（1USgal = 3.785L）油走多少里程，以及汽车每年的预计燃料费用。

碳标签是业主自动为减排而标示其产品或服务的碳足迹。第一个碳标签是英国碳信托公司在 2001 年发放的。其他有碳标签的产品包括：沃尔克斯薯片、皇家磨坊面包、英国糖、西麦斯水泥、马歇尔铺路公司、桂格燕麦等。碳标签最大的支持者之一是乐购公司，用在其销售的产品包括洗涤剂、灯泡、橙子、牛奶和卫生纸中。在不远的将来，将有越来越多的绿色标签贴在食品和消费者产品上，以供绿色环保消费者参考。

同样的原则可以用于采购制造材料，生产过程中所使用的能源和排放的二氧化碳可影响消费者的绿色选择[35]。

1.6.4 绿色和精益供应链管理

绿色环保，就像道德要求一样已非一个选项，而是现代所有公司必须遵循和参与的。采用可持续的绿色供应链（Sustainable Green Supply Chain，SGSC），遵循绿色设计及生产的标准，是现代企业对社会所需肩负的责任，并可提升市场的竞争力。

供应管理协会描述 SGSC 为："一个模式，旨在确保所使用的材料和工艺符合环保要求、消除供应链内的任何浪费并确保其可持续。通过采用 SGSC，可以发现新的降低成本机会。"[36]

SGSC 的重点有 3D："去物质化（Dematerialization）""解毒（Detoxification）"和"少碳（Decarbonization）"。去物质化理论主张以最少的自然资源实现人类的舒适生活。这涉及 SGSC 的 4R，其内容是："减少（Reduction）""重新设计（Redesign）""重新使用（Reuse）"和"再制造（Remanufacturing）"。3D 注重于减少材料的使用，减少浪费，减少自然资源和能源消耗。解毒的目的是使用具有对人类和环境较低害或低毒性的材料。少碳的重点在于减少单位产品释放的碳足迹以改善能源效率。

无论是针对 4R 还是 6R［减少（Reduce），重新使用（Reuse），回收（Recycle），恢复（Recover），重新设计（Redesign）和再制造（Remanufacture）］，现在公司都致力于延长产品的使用寿命、重复使用和再制造、无浪费，以及精益供应链。

1.7 先进制造的未来

目前常被提及有关先进制造的关键词包括：
- 创新，颠覆性创新，突破，创新业务模式，技术投入
- 研发，技术融合，合作模式
- 供应链，服务优化，3D 价值链，近岸
- 未来先进工厂，高技能劳动力，分工
- 加快上市速度
- 连接性，信息技术投资
- 全球化，制造业更接近终端市场
- 可持续性，节省能源消耗，清洁绿色能源

原创及创新是工业革命和先进制造的主要催化剂。

从国家领导人到大小公司都不断在推动创新。2020 年，联合国教科文组织统计研究所的一份报告指出：全球研发经费领先的国家是美国、中国和日本[37]。世界知识产权组织（WIPO，联合国专门机构之一）的 2019 报告中指出，获得专利排名前三位的国家和地区是中国、美国和日本。报告明确指明，

成功地了解、推动、组织和实施创新计划是国家或公司的当务之急。

1. 创造力

阿尔伯特·爱因斯坦（Albert Einstein）曾经说过："创造力就是看到别人都看到的而想到别人没想到的。"创造力是想象一些不寻常东西的能力[38]，不容易衡量。有人想像过会飞的人或飞行器并获专利（见图 1-13）[39]。1592 年吴承恩的《西游记》，写有关唐僧和三位弟子冒险前往印度取佛经，书中有许多创造性的描述，如孙悟空腾云驾雾自由飞行，拔毛复制（克隆）许多小孙悟空，火眼金睛像 X 射线一样看透对方，及其他许多有创意的想法。

a) b) c)

图 1-13　创造力——飞行的想象
a) 现代飞行人（来源：U. S. Patent-office report）
b) 飞人——雷蒂夫·德·布列塔尼的想法（来源：anoldnumber of "Scribner's Magazine"）
c) 西游记（来源：www. nipic. com，未知）

2. 发明

《韦氏英文词典》定义发明为在研究和试验后设计出一种过程或一个装置。发明是创造一件以前从未有过的新产品，这新的产品有新的特性。如莱特兄弟发明了三轴控制器（俯仰、滚动、偏航）来控制一台比空气重的机器用自己的力量飞到天上[40]。

3. 创新

创新是借助于新想法、新制造流程、新产品或新的商业模式改进一个已经存在的东西。苹果的 iPod 取代了索尼的 Walkman。从白炽灯泡更新为节能的紧凑型荧光灯，再更新为 LED 灯。飞机的创新从滑翔机、螺旋桨飞机到喷气发动机飞机。这些都是很好的创新例子（见图 1-14）。颠覆性的商业模式使沃尔玛和亚马逊业务不断增长，而西尔斯（Sears）、JC 彭尼（JC Penney）和凯马特（K-Mart）的业务则不断恶化。

在一定程度上，创造力、发明和创新是可以培养训练的（见图 1-15），如使用"发明问题解决理论"（TRIZ）等方法来训练启发我们的大脑。史蒂夫·乔布斯（Steve Jobs）说创新与用了多少研发费

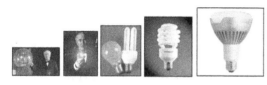

图 1-14　创新："实施新的事物"
（来源：Amica Research）

用是无关的，当苹果推出 Mac 计算机时，IBM 在研发个人计算机上至少比苹果多花了 100 倍以上的研发费用。"这不是钱的问题，而是拥有的人才和领导策略，从而得到成果。"

创造力和乐高™

> 发明是创新,但创新不是发明

图 1-15　用乐高™培养创造力
（来源：Amica Research）

4. 破坏性的创新和技术

克莱顿·克里斯坦森（Clayton Christensen）提到颠覆性创新，将其定义为"一个产品、服务或商业模式，最初的目标是针对小型的、看似无利可图的客户群，但是最终演变为垄断市场。"[41] 颠覆性创新以客户立场的问题为中心来改进及创新产品。改进看来简单，但有说服力，而且新产品比竞争对手要便宜[42]。

颠覆性技术是一个震惊市场并取代现有成熟技术的技术。麦肯锡全球研究所列举下列 12 个颠覆性技术[43]：

- 移动互联网（Mobile Internet）
- 知识工作自动化（Automation of knowledge Work）
- 物联网（Internet of Things）
- 云技术（Cloud Technology）
- 高级机器人学（Advanced Robotics）
- 自动驾驶车辆（Autonomous Vehicles）
- 新一代基因组学（Next Generation Genomics）
- 蓄能（Energy Storage）
- 3D 打印（3D Printing）
- 先进材料（Advanced Materials）
- 先进油气勘探与开采（Advanced Oil and Gas Exploration and Recovery）
- 可再生能源（Renewable Energy）

高德纳公司研究的技术成熟度曲线（见图 1-16）更详细地列出了最新颠覆性技术及其从技术萌芽期到成熟应用期的进展[44]。

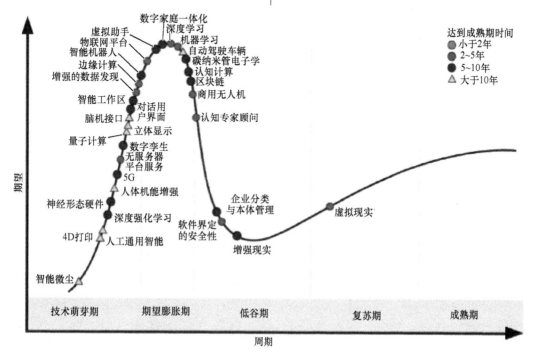

图 1-16　2017 年新兴技术的成熟度曲线（来源：Gartner，August 2017）

1.8 结论

发明和创新是每一次工业革命的原动力，它促使这个竞争激烈的全球市场、生产力和国内生产总值增长，提高了生活水平。如今，产品的连接性、能源效率和可持续性是至关重要的，我们正以前所未有的步伐，涌入物联网和全球化的新趋势。制造业越来越要求高技能的工人进行日益复杂的工作。

我们必须在这个瞬息万变的世界做好准备[45]。未来先进制造包括以下要素：

- 发明和创新
- 连接性
- 持续改进
- 持续教育
- 可再生能源
- 可持续性

发明与创新必须建立及融合在企业文化中，可持续发展不局限于现代人，我们必须要求并实践生产的可持续性，同时加快发明与创新的步伐。

参考文献

1. Montagna, J., *The Industrial Revolution*, Yale-New Haven Teachers Institute, New Haven, 1981.

2. "Industrial Revolution," http://www.princeton.edu/~achaney/tmve/wiki100k/docs/Industrial_Revolution.html

3. Robert, L., "The Industrial Revolution: Past and Future," The Federal Reserve Bank of Minneapolis, Minneapolis, MN, https://www.minneapolisfed.org/publications_papers/pub_display.cfm?id=3333 (accessed May 1, 2014).

4. Gordon, R., "Is U.S. Economic Growth Over? Faltering Innovation Confronts the Six Headwinds," National Bureau of Economic Research, Cambridge, MA. Working paper 18315, http://www.nber.org/papers/w18315 (accessed Aug. 2012).

5. Steddum, J., "A Brief History of Cloud Computing," Softlayer, IBM, http://blog.softlayer.com/2013/virtual-magic-the-cloud (accessed July 29, 2013).

6. Hilbert, M., and P. Lopez, "The World's Technological Capacity to Store, Communicate, and Compute Information," *Science*, V 332, 60, http://bblfish.net/tmp/2012/06/18/Science-2011-Hilbert-60-5.pdf (accessed April 1, 2011).

7. Rifkin, J., *The Third Industrial Revolution: How Lateral Power Is Transforming Energy, the Economy, and the World*, Palgrave MacMillan, New York, 2011.

8. Abmus, B., and T. Schmutzer, "60 Years of Fraunhofer-Ge-sellschaft," Burton, Van Iersel & Whitney GmbH, Germany, 2009, http://www.germaninnovation.org/shared/content/documents/60YearsofFraunhoferGesellschaft.pdf (accessed Oct. 24, 2014).

9. "What Is Advanced Manufacturing?" Advanced Manufacturing Portal, http://manufacturing.gov/whatis_am.html (accessed Oct. 24, 2014).

10. "How Does Define Sustainable Manufacturing?" Department of Commerce, http://www.trade.gov/competitiveness/sustainablemanufacturing/how_doc_defines_SM.asp (accessed Jun. 15, 2014).

11. Chad, M., et al., "Report to the President on Capturing Domestic Competitive Advantage in Advanced Manufacturing," PCAST, Executive Office of the President, http://www.whitehouse.gov/sites/default/files/microsites/ostp/pcast_amp_steering_committee_report_final_july_27_2012.pdf (accessed Jul. 2012).

12. "President Obama Announces New Public-Private Manufacturing Innovation Institute," Washington D.C., The White House, http://www.whitehouse.gov/the-press-office/2014/01/15/president-obama-announces-new-public-private-manufacturing-innovation-in (accessed Jul. 2012).

13. "Wide Bandgap Semiconductors: Essential to Our Technology Future, *The White House Blog*, http://www.whitehouse.gov/blog/2014/01/15/wide-bandgap-semiconductors-essential-our-technology-future (accessed Oct. 24, 2014).

14. *Aviation Maintenance Technician Handbook-Airframe*, Volume 1, FAA-H-8083-31, Chapter 7: Advanced composite materials, FAA, Department of Transportation, 2012, https://www.faa.gov/regulations_policies/handbooks_manuals/aircraft/amt_airframe_handbook/ (accessed Oct. 24, 2014).

15. Carlota, V., "3D Hubs predicts 2020 additive manufacturing trends," 3D Natives, Feb. 2020, https://www.3dnatives.com/en/2020-additive-manufacturing-trends-3d-hubs-040220204/#!.

16. Zilvinas, S., "Additive Manufacturing: A Giant Leap for Aviation Industry?," www.AviationPros.com (accessed Jan. 29, 2014).

17. D'Aveni, R., "3-D Printing Will Change the World," *Harvard Business Review*, Cambridge, MA, http://hbr.org/2013/03/3-d-printing-will-change-the-world/ (accessed Mar. 2013).

18. Pannett, L., "3D: The Future of Printing," Supply Management, Chartered Institute of Purchasing & Supply, http://www.supplymanagement.com/analysis/features/2014/3d-the-future-of-printing (accessed Jan. 16, 2014).

19. National Nanotechnology Initiative, http://www.nano.gov/. (accessed Oct. 24, 2014).

20. Nicholas, D., "Micro- and Nano- Manipulation for Manufacturing Applications," Engineering Laboratory, NIST, http://www. nano. gov/you/nanotechnology- benefits, http://www. nist. gov/el/isd/ps/micronanomanappl. cfm (accessed Oct. 1, 2011).

21. "Benefits and Applications," National Nanotechnology Initiative, U. S. Government R&D, http://www. nano. gov/you/nanotechnology- benefits (accessed Oct. 24, 2014).

22. "A Roadmap for U. S. Robotics from Internet to Robotics," Computing Community Consortium, NIST, Gaithersburg, 2013.

23. "Cyber- Physical Systems," http://www. nist. gov/public_affairs/factsheet/cyberphysicalsystems2015. cfm, NIST (accessed Oct. 24, 2014).

24. Geng, H., *Data Center Handbook*, John Wiley and Sons, New York, 2014.

25. Gil, P., "The Googlization of GE: Targeting New \$514 Billion IT Market," *Forbes*, New York, Jun. 21, 2013.

26. Peter, E., and M. Annunziata, "Industrial Internet: Pushing the Boundaries of Minds and Machines," General Electric Company, Fairfield, CT. Nov. 2012.

27. *Remote Monitoring and Diagnostics*, GE Power & Water, Power Generation Services, Atlanta, GA, 2014.

28. Markus, L., and A. Tschiesner, "The Internet of Things and the Future of Manufacturing," McKinsey & Company, New York, http://www. mckinsey. com/insights/business_technology/the_internet_of_things_and_the_future_of_manufacturing (accessed Jun. 2013).

29. "Turn Down the Heat: Why a 4℃ Warmer World Must Be Avoided," the World Bank, Washington D. C., Nov. 18, 2012.

30. Michael P., Harvard University, *Competitive Strategy: Techniques for Analyzing Industries and Competitors*, Free Press, Cambridge, MA. 1980.

31. "Overview of Sustainable Manufacturing," NIST, Engineering Laboratory, Gaithersburg. http://www. mel. nist. gov/msid/SSP/introduction/manufacturing. html (accessed Oct. 24, 2014).

32. "Three-dimensional Dimensional Aspects of Sustainable Manufacturing," Wisconsin Manufacturing Extension Partnership, http://www. wmep. org/Green3D (accessed Oct. 24, 2014).

33. "Sustainable Manufacturing—A ClosedLoop View," NIST, Gaithersburg. http://www. mel. nist. gov/msid/SSP/introduction/manufacturing. html (accessed Oct. 24, 2014).

34. "What Is Life Cycle Assessment," United Nations Environment Programme, http://www. unep. org/resourceefficiency/Consumption/StandardsandLabels/MeasuringSustainability/LifeCycleAssessment/tabid/101348/Default. aspx (accessed Oct. 24, 2014).

35. Rebecca S., "Making CO2 an Energy Asset," *Wall Street Journal*, New York, Jun. 16, 2014.

36. Patrick P., "The Future of Sustainability Looks Green," Institute for Supply Management, Tempe, AZ, 2008.

37. "How much your country invest in R&D," UNESCO Institute for Statistics, July 2020, http: //uis. unesco. org/apps/visualisations/research- and- development- spending/.

38. Paul Sloane Innovation Excellence, http://www. innovationexcellence. com/(accessed Aug. 4, 2012).

39. Geng, H., "Advanced Manufacturing with Internet of Things and Sustainability," 2014Institute of Industrial Engineers Conference, Montreal, Canada, Jun. 2014.

40. Wright Brothers First Flight, http://www. nasa. gov/multimedia/imagegallery/image _feature _976. html (accessed Oct. 24, 2014).

41. Clayton, C., "Disruptive Innovation," http://www. claytonchristensen. com/key- concepts/ (accessed Jun. 15, 2014).

42. Scott, A., How to Spot Disruptive Innovation Opportunities," *Harvard Business Review*, Watertown, MA, Feb. 14, 2008.

43. James M., et al. "Disruptive Technologies: Advances That Will Transform Life, Business, and the Global Economy," McKinsey Global Institute, New York, May 2013.

44. "Gartner Hype Cycle," Stamford, Gartner, Inc., Stamford, CT. http://www. gartner. com/technology/research/methodologies/hype- cycle. jsp (accessed Oct. 24, 2014).

45. "The Experts: Where Will Manufacturing Be in Next 5 Years?" *Wall Street Journal*, New York, Jun. 12, 2013.

扩展阅读

Advanced Manufacturing Partnership 2. 0, http://www. manufacturing. gov/amp. html (accessed Oct. 16, 2014).

Advanced Manufacturing Portal, http://www. manufacturing. gov/amp. html (accessed Oct. 24, 2014).

America Makes: National Additive Manufacturing Innovation Institute (NAMII), http://www. manufacturing. gov/nnmi_pilot_institute. html (accessed Oct. 24. 2014).

Digital Manufacturing & Design Innovation Institute (DMDI), http://digitallab. uilabs. org/ (accessed Oct. 24, 2014).

Karimi, K., and G. Atkinson, "What the IoT Needs to Become a Reality," www. arm. com/freescale. com, 2013 (accessed Oct. 24, 2014).

Koten J., "What's Hot in Manufacturing Technology," Wall Street Journal, New York, Jun. 10, 2013.

Lightweight & Modern Metals Manufacturing Innovation Institute (LM3I), http://www. manufacturing. gov/lm3i. html (accessed Oct. 24, 2015).

McClellan, M., "Applying Manufacturing Execution Systems," St. Lucie Press, Boca Raton, FL, 1997.

Meyer, H., et al., "Manufacturing Execution Systems: Optimal Design, Planning and Development," McGraw-Hill, New York, 2009.

Montagna J., "The Industrial Revolution," Volume II, Yale-New Haven Teachers Institute, New Haven, CT, 1981.

National Network for Manufacturing Innovation, http://www. manufacturing. gov/nnmi. html (accessed Oct. 2014).

Next Generation Power Electronics Manufacturing Innovation Institute, http://www. ncsu. edu/power/

Scholten, B., "MES Guide for Executives," International Society of Automation, Research Triangle Park, NC, 2009.

第2章
全 球 制 造

密歇根大学 约拉姆·科伦（YORAM KOREN） 著
清华大学 郑力 译

2.1 概述

全球制造的含义是指，在生产顾客产品的领域内，对世界市场和众多资源进行集成，并把它们关联起来。

全球制造为制造工业创造了一个竞争激烈、产品需求变化迅速、新产品市场占有机会转瞬即逝的崭新舞台。虽然全球制造挑战重重，但是也为我们提供了新的契机。为了利用好这些契机，工业生产需要提供既新颖又能够吸引不同文化的顾客的产品，以使这些产品能够在世界各地都有很好的市场。例如苹果公司风靡全球的 iPhone 手机，在各个国家，人们都可以使用该国的语言进行操作。然而很多公司面临的挑战是，在面临类似的机会时，如何在竞争对手中脱颖而出。例如，三星公司推出了与 iPhone 竞争的 Galaxy 手机。然而即使苹果和三星公司都在出售销往全球的产品，但是它们的主要制造厂在中国（部分在韩国），所以它们并非全球性制造商。⊖实际上，全球性制造商在全世界均会建立工厂，比如汽车工业的领军公司均是全球性制造商。

在竞争如此激烈的商业环境中，成功的全球性制造企业需要拥有两个主要特征：创新的能力和面对迅速变化市场的响应能力。企业要预测出顾客的新需求，并创造出相应的产品来满足这些需求，同时也要有对竞争者的新产品和本企业产品多变需求的响应能力。

为了响应市场需求变化，制造系统生产的产品必须具有可重构性。可重构性使得在原本产品基础上能够快速增加生产资源，而且成本较低。制造系统应被设计成能在两个方面重构：产品数量（生产

能力可变）和产品结构（功能可变）。生产能力的可重构性指的是在任何时间恰好生产市场需要的产品数量。

制造系统及其相应的供应链必须具有支撑产品创新加速变化形势下的可重构性，这样可以精准生产全球不同地区不同需求的产品组合。

总之，在一轮新的全球制造革命中，要想在新的全球经济中胜出，必须依靠具有敏感响应的制造系统和商业模式。敏感响应的商业模式致力于生产适合市场中不同文化并能有良好销售表现的产品，从而开拓新的全球市场。这种商业模式不仅包括售卖，也包括部件的购买以及全球供应链的构建。全球化的企业应该把产品设计同制造系统、全球商业模式紧紧联系在一起。

2.2 全球制造的兴起

在 20 世纪，存在一些大多基于兼并的现存公司，进行分散性的全球制造活动（比如通用汽车在 1925 年兼并了英国的汽车制造商沃克斯豪尔）。我们如今通常所知的现代全球化在 20 世纪 90 年代产生。在同一个十年内出现的三股独立的力量，打开了全球制造的新纪元：

- 政府对于外贸和国际合作的开放
- 工业在世界市场的发展意愿
- 促进全球化的新技术的出现

2.2.1 政府政策变化

在同一个十年中，发生的五个全球性事件促进了全球化的发展：

- 1991 年，辛格博士（M. Singh），即之后的印

⊖ 作者强调有关制造业的全球制造布局。在本章写作时，苹果和三星主要制造厂在中国及韩国。自唐纳德·特朗普先生当选美国总统以来，苹果将其组装工厂扩展到东南亚国家及美国和欧洲，成为全球性制造商。——译者注

度财政部长，下令准许在印度国内引入外来投资，开启了本国经济自由化时代。

- 1993 年，俄罗斯总统叶利钦（Yeltsin）下令使多种政府管辖的工业私有化。
- 1993 年 11 月 1 日，欧盟（European Union，EU）成立，同时欧洲经济共同体成立。
- 1994 年 1 月 1 日，北美自由贸易协定（North American Free Trade Agreement，NAFTA）建立。NAFTA 是美国、加拿大和墨西哥建立的三边贸易协定。
- 2001 年 12 月 11 日，中国加入了世界贸易组织（World Trade Organization，WTO）。中国进行了一系列承诺，并同意向外国产品开放国内市场。

2.2.2　制造工业的全球扩张

在政府提出一系列举措的同时，美国和欧洲制造工业开始积极利用新的全球化契机，举例如下。

1993 年，波音公司在莫斯科建立了拥有 350 名工程师的设计中心。1994 年，通用汽车宣布在中国开设工厂："来向亚洲不断增长的市场进行渗透，同时利用廉价的中国劳动力来节省资金。"[1]这一举措震惊了世界制造业。在此之前，没有人想象过激烈的行业竞争可以从中国跨洋而来。1995 年，福特印度工厂和印度马恒达公司成立联合企业来装配福特 Escort 系列汽车。1995 年，德尔福汽车建立了首家中国工厂用以生产电池。1997 年，通用汽车上海工厂连同上海汽车工业集团各出资 50%，建立了合资企业。1998 年，德国戴姆勒-奔驰公司和美国的克莱斯勒公司合并为戴姆勒克莱斯勒（Daimler-Chrysler）公司。

在同一时期，美国制造工业开始向国外迁移，首先是墨西哥，而后开始向亚洲的其他地区迁移。

2.2.3　技术

当时，大功率光纤电缆已经成功地跨大洋架设。跨洋的宽带频率在仅仅十年内增长了 1000 倍，显著增加了全球范围内的通信速度。电缆成了世界的信息高速路，使得公司能够利用全世界各处专业人员的才智来工作。高速光纤电缆使互联网开始飞跃式发展，并建立了网络空间，使得 20 世纪 90 年代全球性的数字化交流水平显著增长。电缆成了全球化的血管，使得世界各地的知识及市场得以集成，也使生产者和消费者的直接沟通得以实现。

全球制造的出现归因于三股力量的协同作用：政府鼓励全球工业合作的新政策，工业向全球扩张的意愿，跨洋电缆网络的发展（见图 2-1）。

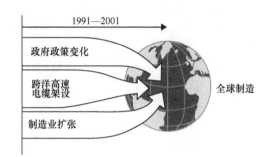

图 2-1　十年间的三股力量

2.3　全球性制造企业

全球企业在世界各地生产相近产品（如汽车、家具、冰箱、鞋子等）导致的激烈全球化竞争的驱使下，全球化产生了新的市场动态。当许多大公司生产相近的产品时，生产能力便出现过剩。例如，2002 年全世界汽车生产能力为 8000 万辆，而实际世界范围内销售量为 5500 万辆（69% 产能利用）[2]。世界大范围的产能过剩，伴随着供应远远大于需求，使市场在各个公司产品销售的大起大落间失去平衡。

除了产能过剩之外，全球性的企业必须密切监视货币兑换比率。比如，一个公司在某个国家的利润率是 9%，可能会在该商品出售的国家被 9% 的货币兑换率完全抵消。货币兑换率不稳定也会对耗费数年才建立的复杂世界性供应链产生影响。

制造企业的全球化有以下益处：

1）全球化使企业进入新市场，为企业成长提供资源。

2）全球化减少了商业风险，过滤了货币汇率的波动。

3）全球化降低了制造成本。

全球化在三个方面降低了制造成本：利用了某些国家的廉价劳动力；在全球范围内增加了产品销量；利用高效全球供应链，来为世界各地的工厂提供零部件。

另一方面，存在大量相互竞争的供应商的世界市场使消费者的购买力增加，潜在的消费者分布在世界各地。例如，中国的百万富翁人数为一百万，同时也存在着大量中产阶级；南美洲的很多国家也存在着新的强劲的中产阶级；而东欧的国家也很繁荣。因此，全球化制造企业面临的挑战是向市场提供创新产品，来满足世界上不同国家和地区的文化需求和喜好。

全球性经济产生了许多新的、国际性的、需要政治手段去解决的挑战[3]。这其中存在一些问题，例如国家间的公平贸易、专利侵犯、环境保护、在全球经济的背景下保护制造部门员工的权利等。

伴随着全球化的进展，未曾预料的市场状况相比之前更加频繁。因此，企业若想在全球化竞争中成功，需要在这三个领域内有新的建树：产品开发，制造系统和商业模式。全球性制造企业必须拥有以下能力：

1）开发能够快速调整来适应不同国家市场的创新产品。产品在全球性平台上产生，且此平台可以增加相应模块来调整相应产品，从而适应不同国家的市场。

2）制造系统具有可重构性，可以按照市场需求来迅速调整产品产量和产品功能。

3）在快速响应顾客和多变市场的基础上，能够调整产品设计、市场和供应链的全球性商业策略。

在 19 世纪，我们见证了两大主要的制造模式：大量生产和大量定制。针对变化的市场，日益增加的快速响应能力对制造企业维持全球市场繁荣和持续稳定增长是十分重要的。产品开发、制造系统及商业模式必须被设计为能够快速响应市场上不可预知变化的模式，并且要有一系列全球性策略来决定诸如以下问题：开发哪些产品？产品投向全球哪些地区？在何处建立工厂？如何继承全球供应链？这些问题是全球制造革命的重要组成元素。

2.4　针对全球市场的创新产品

在竞争日益激烈的全球经济中，建立针对对手的成本领先策略对保持本企业的繁荣和收入增长不是很有效。在全球经济中，在创新产品导入方面的领先对企业的成功才是至关重要的。

开发目前不存在的产品，为企业提供了打开原始发明者未曾预见的新市场的潜在能力。比较成功的例子如打开了食物储存新市场的冰箱，使诸如内华达州等地区人口增加的空调等。更近的例子比如 iPhone，它的应用超过了发明者的想象。导入新的创新产品不仅可以推进全球经济，也推动了社会发展。新产品带来了更多的制造业内的工作岗位，造福了社会，也为全球经济带来了大量的新财富。

产品设计策略应当在保持全球市场的思维同时注重产品创新。全球性产品的设计者一定要善于接受生活于不同文化和不同气候地区的顾客的愿望。他们必须了解基于潜在顾客购买能力的市场划分。为了在区域市场上竞争，设计出来的产品必须具有区域定制化，并且在设计时要考虑顾客的购买力。

在 21 世纪交接时，出现了以下两类创新产品：

1）在世界不同区域满足顾客文化需求的区域性产品。

2）满足个人需求的个性化产品。

2.4.1　区域性产品

全球性制造企业不可忽视顾客拥有满足他们的文化需求和生活水平的意愿。比如，典型的大型美国洗衣机不适合巴黎、布达佩斯、利马的小公寓。设计产品时，应该保持世界市场的思想，除了针对特定地区的区域个性化产品外，在全球制造范例的地区化中，产品必须要适合当地文化、生活条件和法律规定（如安全性、环境上的局限、左道行驶等）。面向目标地区的收集并分析顾客生活习惯和需求信息的市场调查，对产品的成功投放是十分必要的。

地区性产品被定义为特征适合特定地区文化、气候、传统、规章条例和语言的产品，当然，也要适应当地人的购买力。这个特定地区，可以位于一个国家内或一个省内，或者可以位于几个有着相近传统和文化的邻近国家内。注意，地区性产品的另一个不同定义是："名字与当地起源有关的产品，或以该地区起源的名字在市场上流通的产品。"[4]

区域性产品的生产基于大量定制的准则——制造商决定该产品适应某地区特点的可能的选项特征，然后让该地区居民来选择这些提供的选项。值得注意的是，尽管区域性产品具有适合当地顾客群体文化的特征，但是它们并非按照每个个体的要求定制的。

2.4.2　个性化产品

个性化产品包含形成产品重要功能的平台，也包含可以加入该平台的众多模块，在需要的时候即可对产品进行调整。众多模块的特征与顾客的喜好和特定需求相适应。比如，一个轿车的生产平台可能包括底盘、发动机、传动装置和驾驶装置等，而乘客座位就是可供顾客选择的一个模块。例如，安装一个放置小狗的篮筐来取代原本的乘客座，就可以满足某个顾客的喜好和特定需求。另一个典型的例子是手机，手机的平台基本都一样，都是实现手机的重要功能，而通过增加手机应用（众多模块），手机的个性化便得到实现。每个顾客都有自己不同的应用组合，这样手机就变得更加个性化，甚至说更加独特。还有，顾客可能决定将来可以在轿车的后排座位那里安装一台小冰箱，这样也使产品更加个性化，从而满足了顾客的需求。通过选择特定的模块组合，可以组成个性化的产品。

在美国专利中一台可重构机床（见图 2-2）[5]。包含一个平台和两类模块：切削工具和支撑该工具的结构化模块。选择一套结构化模块和特定的切削工具可以制造特定的机器。

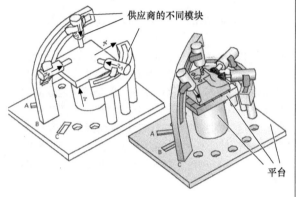

图 2-2 可重构机床

另一个经典的例子就是橱柜的设计、构成和安装。厂商向顾客提供可以在他们的厨房墙壁上安装的模块（橱柜、抽屉等）。顾客通过选择不同的模块并安排它们适应厨房（考虑大小、便捷性、功能性等）的位置，来设计他们自己的厨房。最终，每个厨房都是独一无二的——个性化的设计适应了顾客的需要，也同他们的消费水平相当。

如果具有标准的结构和接口，那么汽车的内饰结构都是相同的[6]。若众多模块并非由汽车制造商制造，而是由其他供应商提供，那么全个性化设计就可以提供给顾客选择。创新且独特的模块可以通过附加的制造过程生产出来，这样可以使个性化的汽车别具一格。

大量定制产品和个性化产品是不同的。大量定制产品的厂商设计所有的产品选项[7]，所以即使顾客感觉他们像是在自己设计产品，但实际上并非如此，他们仅仅是简单地对厂商准备好的选项进行选择排序罢了。

2.5 制造系统

复杂产品的组建需要若干制造过程。例如，制造一台汽车发动机需要铸造机体，然后铣削、钻孔、磨削、车削来加工机体和不同的发动机组件。经过机械加工工序的机体和组件被运到装配系统，并在那里安装上活塞、轴和其他组件。由于机械加工系统和装配系统有不同的循环时间，两个系统之间需要设置缓冲区（见图 2-3）。

装配是产品实现的最终环节，在该环节，零部

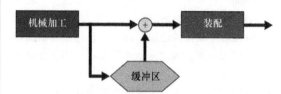

图 2-3 机械加工系统和装配系统和缓冲区

件被集成到一起并组成最终的产品。由于产品种类随着从大量生产到大量定制的切换而增加，装配系统必须被科学设计来应对多变的品种，并保持自身良好运行[8]。

中等批量和大批量生产的机械加工系统包含多个阶段（工序），每个阶段包含一类装备来完成一套特定的操作。在很多情形中，为了减少生产某零件的循环时间，同一类机器会同时并行运转。当某一阶段的操作完成后，在制品就被运往下一阶段，直至所有需要进行的操作全部完成产品才完成加工。常见的多阶段制造系统如汽车零部件机械加工、装配、半导体制造、纸制品生产等。

多阶段制造系统可以按照多种不同形式配置。制造系统可以以串行产线的形式顺序配置（见图 2-4）。串行装配产线常见于很多工厂。当某产品需要大量生产或某类操作需要很长时间完成时，多机（或装配站）模式就可以在该阶段建立，来进行相同操作（图 2-4 底图）。

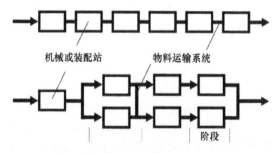

图 2-4 多阶段制造系统的例子［串行产线（顶图）和四阶段混合系统（底图）］

多阶段制造系统包含许多机器或装配站，它们之间通过物料传送装置进行连接。传送装置可以是龙门系统、传送带或自动导引车。这类机器可以完成固定的一套操作，或者完成可变的诸如机器人在装配系统里的操作，或者经过编程的电脑数字化控制（CNC）。电脑数字化控制非常通用，可以非常方便地应用于铣削、车削、钻孔、磨削、刨削、激光加工工序等。

在 20 世纪末，最常用的两大制造系统类型是专用制造产线和柔性制造系统[9]。

2.5.1 专用制造产线

专用线（也被称为"转运线"）只生产单一产品，但是这类产线的生产率（一台生产机器或系统在单位时间生产产品的平均件数）非常高。专用制造产线把一些相似的简单的机器集中在一条线上顺序放置，正在加工的产品从一台机器（或站）同步移动到下一个位置。专用制造产线的很多机器只进行一项特定的操作。例如，某台机器有十个钻头，同时在一个零件上钻十个孔，这样就可以比只有一个钻头的 CNC 机床快九倍。因此，专用制造产线的生产率非常高。制造系统发展几代以来，专用制造产线始终是大批量制造模式中的基本生产系统。

对于大量生产模式来说，由于此类系统的产量非常高，所以相应的每个零件的成本都比较低。一旦被安置好，专用制造产线便按照恒定的设计速度进行生产，持续、大量产出相同的高质量的产品。然而，随着全球竞争的日趋激烈，特定零件的需求变化较大。经常存在设计好的专用产线不能按照全部生产能力运行的情况，而当此类情况发生时，每个零件的成本就变得更高。还有另一个极端，即当需求超过设计能力时，专用制造产线也会失效。如果某种产品的需求程度超过所有的市场预期，或者人们发现了现存产品的新用途，专用制造产线对此反应较弱，会导致销量的流失。

专用制造产线在全球化时期的主要缺点是，产线并非面向变化而设计，因此这类产线无法转换生产新产品。在全球化时代，由于竞争，新产品越来越快地推出，产品的市场生命周期变得越来越短。这都使得专用制造产线不经济，因此这类产线正在很多制造行业迅速消失。

2.5.2 柔性制造系统

柔性制造系统被定义为：由诸如数控机床等加工单位组成的集成群组，内部由自动化的物料传送系统进行连接。柔性制造系统是实现大量定制的主要促成者，因为它可以按照规定的能力生产各类零部件或产品。大多数柔性制造系统的导入都与机械加工有关[10]。

柔性制造系统的模块是数控机床（在机械加工系统中）或机器人（在装配系统和自动焊接系统中）。二者均集成了把零件在机器和/或装配站之间进行传送的物料传送装置和复杂操作控制设备。柔性机械加工系统中的数控机床包括加工中心、钻床、激光切割机或是自动校验机。典型的物料传送系统如传送带、龙门系统、自动导引车，一个柔性制造系统的成功运行，要基于它自身柔性设备之间的良好协调[11]。

2.5.3 可重构制造系统

由于日益激烈的竞争和全球化的发展，21 世纪的制造企业面临着日益多变且难以预测的市场状况。为了保持自身竞争力，企业必须采用科学的生产系统，不仅可以高效率生产产品，在面对市场压力和顾客需求的变化时，也能够快速地做出反应。

因此，在全球制造时代，制造系统的响应能力是一条基本特征。一个具有敏感响应能力的生产系统在市场需求增加时能够快速增加制造资源（如数控机床）。快速响应的实现，可以利用生产能力随着市场需求的形势而高度可变的可重构制造系统。拥有可重构制造系统，使得公司可以调整自身生产能力（例如每种产品类型的产量）来迅速应对市场需求，迅速换装来生产新产品，升级新功能来生产不同种类的产品[12,13]。

典型的可重构制造系统架构如图 2-5 所示，图中每个方块代表一台机器，线代表物料传送系统（通常是起重机架）。图中展示了一个五阶段的生产系统，每个阶段有三台相同的机器，通常是数控机床。零件可以在某阶段的任何一台机器被传送到下一阶段的任何一台机器。

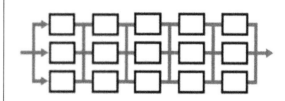

图 2-5 典型的可重构制造系统架构

当系统需要更高的产出时，系统内机器数量可以增加，之后进行系统的重新平衡（见图 2-6）。在上面的图示中，每台机器运行 210s，系统产出是 1.75min/件。通过增加一台机器并且对系统进行重新平衡（按照中间阶段进行操作转换），系统产出变为 1.5min/件。可以选择增加一台机器，意味着最初的可重构制造系统被设计为可以快速增加中间生产阶段的机器。在通常情况下，可重构制造系统被设计为，当市场需求激增时可以选择快速增加机器数量来快速增加系统生产率[14]。

可重构制造系统被设计为在其自身的生命周期中可重新配置并可变，因此可以快速响应市场的变化。换句话说，可重构制造系统是面向其生产能力（能够生产的产品数量）和其功能（生产新产品）变化而进行的设计，且不影响其自身的优化配置及鲁棒性。

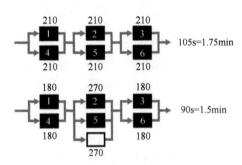

图 2-6　可重构制造系统
（增加一台机器来提高生产率）

某可重构制造系统最初仅可以生产产品 A，经过一段时间，该系统被重新配置，也可以生产产品 B（见图 2-7）。然而，由于需要更高的整体生产率，该系统的生产能力必须变得更高（时期 2）。随着市场对产品 B 需求的增加，该系统增加了更多的生产单位（时期 3）。最终，几年过后，产品 A 已经被完全淘汰，但是系统导入了新产品 C。该可重构制造系统在不需要进行大的重新设计的基础上，可以完全满足这些需求（时期 4）。可重构制造系统在开始时已经设计好，因此增加生产能力时是经济的，且系统进行改变去生产新的产品时也十分方便。

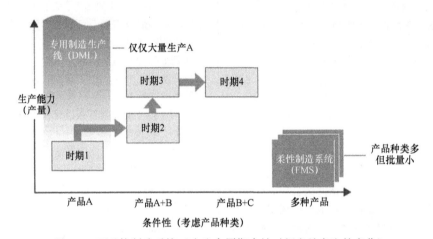

图 2-7　可重构制造系统（在生命周期内针对新产品产生的变化）

通过比较，一条专用制造产线只能生产产品 A，且在时期 2 和 3 时，由于产品 A 需求量减少，产线变得部分闲置。专用制造产线在时期 4 时，完全废弃。传统的柔性制造系统可以生产这所有三种产品，但是生产率较低，且无法适应大批量产品生产要求。

2.6　全球性制造企业的商业模式

制造企业的商业模式描述了企业通过向顾客提供和售卖自身产品来获得收益并创造价值的策略。企业向顾客提供产品的基本商业模式有两种：推式和拉式。推式模型中，产品大量生产并提供给潜在顾客，是典型的大量生产模式。例如，相同的汽车被大量生产，按大批量进行输送（推），顾客在这大批量的汽车中进行购买。当顾客的选择受限且市场缺乏竞争时，推式商业模式是成功的。

在全球制造模式中，企业必须积极响应有竞争力的产品和高素质顾客的市场。此时，合适的商业模式便是拉式，在这种模式中，顾客在厂商提供的选择清单中进行产品特征的选择，之后厂商再进行产品的生产。这个原则是大量定制模式的基础。戴尔电脑集团在个人电脑制造领域的拉式生产模式中做出表率。顾客的电脑只有付款之后才进行生产，并按照顾客的要求进行配置。

这种商业模式为敏感响应剧烈变动的市场和顾客需求而设立。在经济性合理的条件下，向顾客提供尽可能多的产品种类越来越重要，且生产系统也要尽可能迅速地导入新的产品，因为技术变化快且顾客群体变得越发复杂。换句话说，制造企业必须确保本企业的商业目标之一，就是迅速响应世界各地的市场和顾客的需求。迅速响应包含各个领域：迅速的产品设计，敏感的制造系统，敏感的商业决策和较短的交货周期。较短的交货周期是在个性化生产领域取得竞争优势的必要条件。然而，企业敏感响应特性和交货期长短，变得越来越依赖于向企业提供零部件的供应商。

全球化生产厂商并不生产成品中的大部分零部件。实际上，供应商生产很多零部件，并把它们在恰当的时间交付到厂商手中，进行最终产品的组装。一级供应商依靠二级供应商向他们提供的零件去进行分部装配，二级供应商依靠更低级别的供应商，以此类推。建立高效需求驱动的供应链对全球化生产厂商至关重要。相应的挑战是，如何推动如此大的网络中供应商的相互合作，因为倘若供应链环节中有一处薄弱，就会影响到最终产品的交付。只有供应商之间进行有用且高效的合作，才能使整条供应链对市场变化的响应最快[17]。

日益复杂的全球供应链使得最终产品的生产厂商变得很脆弱，甚至即使一个零件在相应的时间内未能到达相应的装配地，整个产品的交货期都会被延误。风险管理方法论被应用于使多阶段供应链网络风险最小化[18]。设计、构造、优化自身的供应链表现是全球化企业的职责。

总结来看，全球性制造企业的商业策略应该是根据不同市场来调整产品设计，建立最优制造车间的位置，建立高效的供应链形成针对顾客和多变市场的敏感响应，来应对不同制造区域的特点与问题。

2.7 制造模式随时代的转换

下一种制造模式——全球制造，同时指出两个方向：区域化和个性化生产。面向全球市场的区域化生产，像大量定制一样是必要的，不过相对来说更注重文化和区域间不同特征。个性化生产的出现，是因为顾客有购买其自身需要（而非仅仅是从厂商那里进行选择）的产品的意愿，但同时他们并不愿意支付精美加工的价格。

调查制造业发展的历史，人们可以发现四种模式：

（1）手工生产　每个产品仅仅为某个特定的顾客设计并制作，实际上就是"一人市场"。显然，此时产品设计聚焦于个人买家。

（2）大量生产　只生产少数产品类型，每个类型针对潜在的特定顾客群。显然，在这种模式中产品设计聚焦于身为潜在顾客的大多数人。生产这类产品时，总假定有顾客愿意购买。

（3）大量定制　顾客从一系列可选的选项中进行产品选择，之后产品才进行生产。顾客不能实现他们想要的所有产品特征，但是他们只需要支付一部分产品生产的手工费。

（4）个性化生产　产品选项可以由顾客进行定义。对产品设计的关注重新成为顾客个人的事情，他们有订购一个具有独特特征的产品的权利。

图 2-8 所示为过去的两个世纪中，汽车工业的发展（近乎完成了一整个循环），并提出了两点未来的发展方向：区域化和个性化产品。

汽车在大约 1850 年在法国和英国以手工方式进行生产，当时的个人买家有权利和能力对产品设计特征进行干预。

1913 年，亨利福特发明了移动式装配线，标志

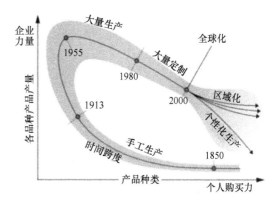

图 2-8　在过去的两个世纪中，制造系统近乎完成了一整个循环

着大量生产模式的开始。1955 年是大量定制模式发展的顶峰。在这一年，克莱斯勒、福特和通用汽车生产了美国本土出售的 700 万辆汽车中的 95%，而在售出汽车中的 80% 仅有 6 种型号。在大量生产时期，制造企业有决定产品所有特征的专有权。企业的目标就是响应大批拥有相同生活水平和相近价值观的潜在顾客的需求。人们认为，特殊的个人需求应该为降低产品成本做出牺牲。

随着数控机床和工业机器人的发明，大量定制模式在大约 1980 年开始进入汽车工业。在这种生产模式下，聚焦产品设计的主体变为顾客个人，他们在厂商给出的众多产品特征选项中进行选择，但是显然，顾客无法达到像手工生产那样完全满足他们特定的产品需求的程度。实际上，大量定制无法满足每一个顾客的需求，因为顾客的需求总是不断增多且多变的。努力去满足更多顾客的需要，增加了不必要的成本和制造系统运行的复杂性，这对于厂商来说是不经济的[19]。

因此，全球化模式的一大趋势是个性化产品的发展。如上所述，个性化产品包括顾客能够增加自身需求模块的通用制造平台。集成适于顾客需求的模块，使得顾客有能力影响产品设计的特征。个性化的产品能够在大批量、低成本的条件下，使产品适应于顾客个人的需求。

在过去的两个世纪，制造系统近乎完成了一整个循环：从关注顾客个人需求（手工生产），到由企业完全决定产品特征（大量生产），到企业和顾客的力量均衡决定产品特征（大量定制），再回到给予顾客权力来决定他们所需要产品的特征（个性化生产）。全球化时代的趋势是研究如何使产品被设计得更符合个人特定需求的方法论，但同时仍然需要关注成本的合理性。

主流商业模式的规则从手工生产模式时期的纯拉式商业模式中诞生，到大量生产时期向纯推式商业模式

转变，再到大量定制时期向推- 拉结合式转变。全球制造模式预测下一次规则变化会随着个性化产品的导入，完成近乎一整个循环的转变。

尽管大量定制和个性化生产模式都是为了使产品供应和顾客喜好尽量相适应，但是制造厂商的在各个模式中的战略决策是有所不同的。在大量定制模式中，战略经济决策是为了使生产厂商利润最大，判断应该提供给顾客多少种产品变化和模块选项。一方面，更多的变化会增加生产系统的复杂性和成本；但是另一方面，更多的产品变化会吸引更多的潜在顾客，从而开拓销量并增加市场份额。在个性化生产模式中，生产厂商的战略决策是：产品的生产平台结构是怎样的？平台需要有附加模块。容纳各个模块的接口是什么类型的？使顾客能够设计其个人产品的模块是什么类型的。在个性化生产模式中，顾客能够参与其所需产品的设计，而在大量定制模式中，顾客仅仅是选择一个最符合他们需求的产品类型。

一个聪明且成功的制造商能够识别新兴的社会和市场需求，并且知道如何开发一类生产系统来满足这些需求。亨利·福特便是一个经典的例子，他意识到过高的产品成本是人们购买汽车的主要障碍，因此推测，如果汽车价格可以降低，更多的人便可以有能力购买汽车，那么汽车市场便会繁荣起来。福特反问自己，在原料和劳动力价格不变的情况下，产品的成本如何降低。他的答案便是重新组织现场工作。福特顺序地组织汽车装配作业，随后又发明了移动装配线。"福特方法"产生了巨大的效用，但是这种方法仅在供小于求的稳定市场上是常见的。

能够最响应市场条件的制造系统与生产模式之间的关系如图 2-9 所示。在手工生产模式中，通常使用多用途工具。在大量生产模式中，它们被能够利用固定自动化技术来制造产品和零件（如汽车发动机、泵站等）的专用制造产线来替代，从而进行大批量、稳定的生产。

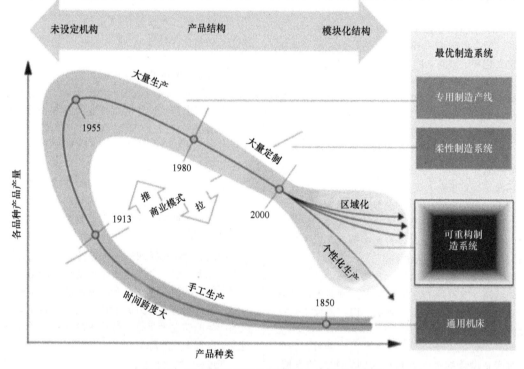

图 2-9   产品种类和制造系统与生产模式相适应

随着供需平衡的状况转向供大于需，顾客开始转而寻求能够更加满足他们喜好的产品，产品市场逐渐终止其同质化，开始变得越来越多样。作为对此现象的反应，制造系统工程师们开发出柔性制造系统来生产适应市场需求的产品组合。

柔性制造系统的特征完美适应了需求稳定的市场对系统固定产能的需求。然而，柔性制造系统不

能适应产品需求存在波动的、全球化时代常见的那些不稳定市场（动荡市场）。为了应对此类状况，工程师们开发了可重构制造系统。可重构制造系统可以调整自身产能（例如每种产品的产量）来快速应对市场需求，可以被迅速重构来生产新产品，也可以升级新功能来生产不同种类的产品。可重构制造系统加快了企业对新市场形式的反应速度，使企业

更具竞争优势。

图 2-9 所示为能够最响应市场条件的制造系统与生产模式之间的关系。此图展示了在过去随着社会需求、市场的变化以及新兴技术能力的出现，制造模式的转变情况[20]。

随着个性化生产作为全球制造模式的必然现象出现，图 2-9 中的时间线向手工生产模式起点移动并形成闭环，个性化生产的商业模式再次变成推式结构。然而需要注意的是，存在很大的一点不同——个性化生产模式中产品成本比手工生产要低得多。

关注流通产品的市场表现可以对公司有帮助，但获得的仅仅是短期成功。公司的长期需要进行商业模式-产品-制造系统之间关系的策略分析，同时也要关注能够带来制造系统和产品结构革新的新兴技术。研究过去时期制造模式的进化过程，也有助于这类策略分析。

全球化使市场产生动荡，给很多苦求生存的制造企业带来了极大的不稳定性。显然，达尔文法则——生存下来的物种通常不是最聪明或最强壮的，但一定是最能适应变化的——对于 21 世纪的制造企业是适用的！为了在全球化时代保持自身繁荣，制造企业必须在新的全球化经济的环境中适应飞速变化。企业的快速应对是其在快速变化的世界中保持活力的必要条件。

致谢

本文作者（美国国家工程学院院士）对修订本章并做出重要评价的格利·考格（Gray Cowger）先生表示感谢。格利·考格先生自 2005 至 2010 年担任通用汽车公司全球制造和劳工关系部门的副主席，负责指导世界范围内所有与制造系统和劳工关系有关的活动。格利·考格先生是美国国家工程院成员。

参考文献

1. *The New York Times*，January 7，1994.

2. http://www.federalreserve.gov/releases/g17/current/default.htm

3. J. E. Stiglitz, *Making Globalization Work*，W. W. Norton & Company，2007.

4. K. Lttersum, "The Role of Region of Origin in Consumer Decision-Making and Choice," Ph. D. thesis, Library Wur, Netherlands，2001.

5. Y. Koren and S. Kota, Reconfigurable Machine Tool, U. S. Patent 5,943,750，1999.

6. Y. Koren, S. J. Hu, P. Gu, and M. Shpitalni, "Open Architecture Products," *CIRP Annals—Manufacturing Technology*，62（2）：719-729，2013.

7. G. Da Silveira, D. Borenstein, and F. S. Fogliatto, "Mass Customization: Literature Review and Research Directions," *International Journal of Production Economics*，72（1）：1-13，2001.

8. S. J. Hu, J. Ko, L Weyand, H. A. El Maraghy, T. K. Lien, Y. Koren, H. Bley, et al., "Assembly System Design and Operations for Product Variety," *CIRP Annals—Manufacturing Technology*，60（2）：715-733，2011.

9. Y. Koren, "General RMS Characteristics: Comparison with Dedicated and Flexible Systems," *Reconfigurable Manufacturing Systems and Transformable Factories*，Chap. 3，pp. 27-45，2006.

10. A. K. Sethi and S. P. Sethi, "Flexibility in Manufacturing," *International Journal of Flexible Manufacturing*. 2：289-326，1990.

11. J. Browne, D. Dubois, K. Rathmill, S. P. Sethi, and K. E. Stecke, "Classification of Flexible Manufacturing Systems," *FMS Magazine*，2（2），1984.

12. Y. Koren and A. G. Ulsoy," Vision, Principles and Impact of Reconfigurable Manufacturing Systems," *Powertrain International*，5（3）：14-21，2002.

13. H. El Maraghy, "Flexible and Reconfigurable Manufacturing Systems Paradigms," *International Journal of Flexible Manufacturing Systems*，17（4）：261-276，2005.

14. W. Wencai and Y. Koren, "Scalable Manufacturing Systems," *Journal of Manufacturing Systems*，31（2）：83-91，2012.

15. Z. M. Bi, S. Y. Lang, W. Shen, and L. Wang, "Reconfigurable Manufacturing Systems: The State of the Art," *International Journal of Production Research*，46（4）：967-992，2008.

16. Y. Koren and M. Shpitalni, "Design of Reconfigurable Manufacturing Systems," *Journal of Manufacturing Systems*，29（4）：130-140，2010.

17. M. J. Meixell and V. B. Gargeya, "Global Supply Chain Design: A Literature Review and Critique," *Transportation Research Part E: Logistics and Transportation Review*，41（6）：531-550，2005.

18. M. Goh, J. Y. S. Lim, and F. Meng, "A Stochastic Model for Risk Management in Global Supply Chain Networks," *European Journal of Operational Research*，182（1）：164-173，2007.

19. J. H. Gilmore and B. J. Pine, "The Four Faces of Mass Customization," *Harvard Business Review*，75（1）：91-101，1997.

20. Y. Koren, *The Global Manufacturing Revolution: Product-Process-Business Integration and Reconfigurable Manufacturing*，Wiley Inc.，Hoboken, N. J.，2010.

第 3 章
面向制造和装配的设计

Geometric 有限公司 （印）T. R. 卡纳恩（T. R. KANNAN） 著

同济大学 周健 译

3.1 概述

为了应对全球竞争，开发出能够降低产品成本和提高制造质量的专业技术是非常必要的。设计方案需要只包括那些真正必要的功能特征，并关心提高其可制造性，也就是说，产品设计方案能够使用廉价的制造工艺，而且制造过程中发生较少的报废和返工。这将不仅能使得设计方案在成本上更有效，而且会使制造过程更绿色，进入市场的速度也会更快。

为了实现这样的设计过程，面向可制造性的设计（Design For Manufacturing，DFM）和面向低成本的设计（Design For Costing，DFC）这两项原则已经逐渐演变出很多的新知识。因为产品设计方案较差而导致频繁的设计迭代以及制造不顺畅，即使在今天也常常发生，这一切都说明 DFM 和 DFC 实际上处于说得多、做得少的状态。发生这种状况的部分原因是：需要遵循的设计规则太多；对变革的抵制；进行人工的设计检查会耗费大量的时间；对待 DFM 和 DFC 设计评审的方式就像查错一样。当然，还有其他原因。在设计的较早阶段进行设计更改，以及识别出其在制造中的可能瓶颈，永远都是代价较小的方式，而且不会引发连锁的麻烦。在钣金零件设计中，离折弯处和边缘太近的孔将会导致该零件的质量较差；直径比板材厚度小的孔将需要额外的特别加工，并会增加加工成本。确保在产品设计的早期就做好这些简单的 DFM 检查工作，可以在长期带来可观的收益。

3.2 最大零件尺寸

零件要么是由本公司的制造设备加工完成的，要么从外部采购，要么采取两者结合的策略，零件的制造成本和制造提前期也因此而发生变化。如果采取两者结合的策略，那么在任何可能的情况下都应该将它设计成可以在本公司加工的状态。这将有助于充分利用本公司的制造设备，只是在零件尺寸超过标准或者内部产能不足的情况下，这些零件才能从外部采购。零件尺寸对制造设备的选择有直接的影响，零件的最大尺寸总体上是受制于可用于制造的设备，因此通常好的做法是将零件设计成有设备可以加工的尺寸。如果某个零件太大了，那么该零件可以被重新设计成多个较小尺寸零件的装配体。但是，多个较小零件的装配体会增加装配工作的成本。

根据用来加工零件的工艺流程，可以从 3D 模型中获得不同的零件尺寸参数，并与相应的设备允许参数进行比较。对立方体零件，图 3-1a 所示的边界箱体给出了零件的最大长度、宽度和高度（$L \times B \times H$）。这个信息通常对于铣削、铸造、注射成型和增材制造等形式的加工是足够了。对注射成型，除了 L、B 和 H 的最大值限制外，零件的体积还应该比注射的材料体积小。对车削加工的零件，图 3-1b 所示的边界圆柱体给出了零件的最大长度和直径（$L \times D$）。对钣金加工的零件，图 3-1c 所示的 3D 模型和它的扁平状态下的矩形边界框给出了零件的最大长度、宽度和厚度（$L \times B \times T$）。这个信息对于外缘加工的设备，如激光、水射、等离子切割、火焰切割等是适合的。对折弯设备，零件折弯处的最大折弯长度 L_b 以及厚度可以被应用。

对于增材制造来说，如果某个零件的尺寸超过了设备的最大加工能力，那么可以采取下面这些方法来解决问题：

① 如果最终用途只是创建一件原型产品的话，那么零件的尺寸可以适当地按比例缩小，以与设备的能力相匹配。但是按比例缩小后一些更精细的细节可能会丢失，这取决于比例缩放的因素和具体的特征尺寸。因此，这可能需要在 3D 模型上做一些编辑或清除操作。

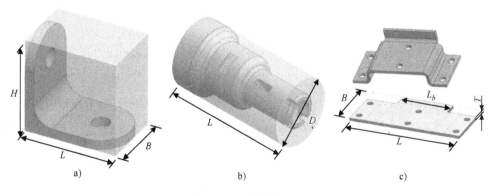

图 3-1　零件的尺寸

a）边界箱体　b）边界圆柱体　c）3D 模型和它的扁平状态

② 可以将该零件重新设计成多个部件的装配体。

③ 如果一个模型太大了，那么该模型可以被拆分成两个或更多零件，之后用胶接和焊接的方式连接起来。这可能也需要进行一些修改，或者增加一些特征来提高结合的强度。

增材制造工艺有一些内在的独特优势。一个完整的装配体可以在一次注射成型中制造而成，举个例子，回转仪是一种方向调转的机构，之前是以装配体的方式被制造出来的，现在则可以采取增材制造。当设计打算采用增材制造方式加工的零件时，这样的因素也应该被纳入考虑范围：如果一个装配体是在某增材制造设备的允许尺寸范围内的，那么它也是零件合并的对象之一。也就是说，可以通过将多个零件合并成一个零件而使零件的数量得到削减，前提是它能满足功能的要求。有多个增材制造的设备供应商和服务提供商已经展示出此类的成功实例。

3.3　钻孔设计

孔在各种零件中都很常见，因为需要孔将零件彼此装配在一起。孔可以通过多种制造方法获得，在这里我们假设只采用钻的操作来加工孔。当设计需要被钻的孔时，应该根据制造工厂里钻头的配备情况，只采用标准的孔尺寸。非标准的孔尺寸需要钻和镗钻加工，这增加了制造成本。在任何可能的地方，盲孔（不通孔）设计时应该带有锥形底，而应避免加工平底的孔（见图 3-2a）。如果加工平底的盲孔，在标准的钻操作加工出锥形底的孔之外还需要额外的操作。应该避免加工深度大且直径小的孔，因为较细的钻头会容易发生晃动和折断现象。钻孔时的长径比应该小于 8。对于部分钻加工的孔，如某个孔与某特征的侧面相交，比较好的做法是将钻头的中心轴线设计在有材料的一侧，孔交叉区域至少 75% 应该在有材料的一侧，否则就会发生钻头晃动，进而影响孔的质量。需要钻的孔应该被设计成带有垂直于孔中心线方向的进出表面（见图 3-2b）。对非垂直的进入表面，当钻头接触到表面时，钻头晃动必然发生，进而影响孔的质量；钻头的退出不平稳时，毛刺现象也会发生，因而导致麻烦的去除毛刺工作。孔与孔的相互交叉情况也应该避免，因为需要额外的作业来去除交叉处的毛刺（见图 3-2c）。在孔部分地与另一个孔或腔体有交叉的情况下，孔的中心线应该在腔体的外面，以避免钻头晃动。对于带螺纹的盲孔，应该有 3~5 倍螺距的轴向内螺纹让切，以避免切螺纹时刀具撞击到锥形底，同时在孔的底部累积出切屑。

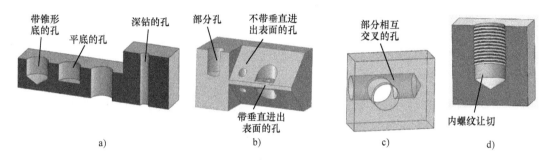

图 3-2　钻削加工零件的典型案例

a）不同类型孔的剖视图　b）孔的进出表面　c）相互交叉的孔的透视图　d）带内螺纹的孔的剖视图

3.4 铣削设计

在铣削加工零件中，应该避免内部锐边（见图 3-3），这是因为锐边不宜用铣削方式加工完成。尽管锐边可以用 5 轴铣床带特殊切角功能的铣刀加工得到，但这会增加加工所需的时间。为得到锐边，推荐的机械加工方法是电火花加工或者拉削。如果内部的锐角对于配合面来说非常必要，那么增加一个单独的排料孔（见图 3-3）可以达到这个目的，这样零件就可以直接铣削而成。当设计一个带有三面边缘的内角时，其中一个与机器方向平行的内边应该被设计成圆角，此类侧面圆角的最小半径应该与它的长度相匹配。如果侧面圆角太长而直径较小，那么就需要细长的立铣刀具。而细长的立铣刀具会发生振动，于是需要相应地减少进给速率，进而导致加工时间延长。铣削加工而成的凹坑、槽和凸台如果带有底部圆角（见图 3-3），而且圆角在侧壁和特征的底部，可以用球头立铣刀加工得到，而不带底部圆角的凹坑可以用面铣刀加工得到。对带有底部圆角的加工特征，应该根据制造工厂里的铣刀配备情况而采用标准的半径，这将有助于削减加工时间。铣削加工的凹坑、槽和凸台如果带有底部切角，它与不带底部切角的凹坑相比将需要更长的加工时间。因此，为了削减机械加工工时，最好避免采用底部切角。而处于凹坑、凸台或槽的顶部边缘的顶部切角（见图 3-3）是易于机械加工的，相比于带顶部圆角的边缘来说加工时间较少。处于顶部边缘的顶部圆角，要么进行特殊的切削，要么用球头立铣刀来加工，但要花费更多的时间。

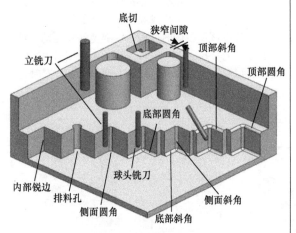

图 3-3 铣削加工零件

在铣削加工的零件中，应该避免两个表面之间的较窄间隙。铣刀的尺寸会受制于此间隙，如果间隙较窄，那么将不得不使用直径较小的立铣刀（见图 3-3），这将导致加工时间延长。如果狭窄的区域不可避免，那么它们不能太深，因为细长的立铣刀具很容易发生折断或振动。一般来说，又长又深的凹坑和槽将需要使用细长的刀具，因此应该避免。当设计铣削加工零件时，应该确保的是所有的特征都能够被加工。举个例子，位于一个狭窄凹坑侧壁上的非穿透凹坑（见图 3-3），有时会是难于加工的，即使运用 5 轴铣床也不行。应该注意避免这样的需要底切的特征。

3.5 车削设计

旋转切削/车削零件如果有较高的长度/直径比，会使得零件变得细长，这将使得零件在加工时发生偏斜，进而导致质量问题。细长的零件如果有一个尾架支撑，会在中心区域发生偏斜，而如果没有尾架支撑，则可能在没有支撑的尾部发生偏斜。因此，设计时应该避免长且细的零件。对车削零件的内部锐边，应该采用一个与车削刀具或插入半径相匹配的最小圆角半径（见图 3-4）。在车削端部轮廓时，较深且狭窄的矩形凹槽应该避免，挖这种槽将被迫限制进给速率以避免刀具振动，但增加了加工时间。在车削端部轮廓时，在单个已加工的面和与车削轴平行的面之间的夹角应该小于刀具的最大角。常见的刀具最大角是 60°，在这样的情况下，车削加工端部轮廓的角度应该不超过 58°，以避免刀具的柄撞击到被加工的端部。车削零件经常有如图 3-5 所示的键槽。方形的盲键槽是很难通过铣削加工实现的，如果使用立铣刀加工的话，这样的键槽应该在尾部设计成圆角或长圆角。如果制造工厂里有车铣复合加工设备的话，长圆形的键槽是更好的选择，因为车削和键槽的加工工作都可以在同一台机器上通过一次装夹完成。如果零件要使用平面铣的设备，键槽应该在尾部设计成圆角，而圆角的半径等于切削

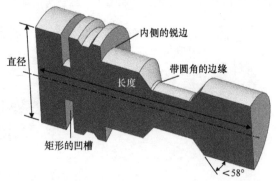

图 3-4 带凹槽的车削零件的剖视图

刀具的半径。键槽的设计应使得它的宽度相对于旋转轴对称。对既需要车削又需要铣削的零件，本章之前部分给出的所有关于铣削的建议依然有效。

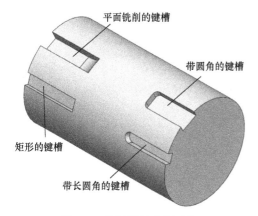

平面铣削的键槽

带圆角的键槽

矩形的键槽

带长圆角的键槽

图 3-5　带键槽的车削零件

3.6　板料成形设计

钣金加工在多个方面都不同于一般的机器加工，因为其加工流程和采用的机器都是不同的。钣金加工从标准的长方形的扁平金属板材开始，经历切割、冲切、折弯和成形等工序，获得三维（3D）形状。再根据设计需要，完成其他的次要工艺，包括钻孔、镗孔、攻螺纹、铆接和焊接等。钣金零件的加工可以被划分为两大类别：可成形零件和可折弯零件。可成形零件需要经过切割、拉深成形，而可折弯零件需要经过切割、冲切和折弯。冲切包括只能在冲孔压力机上进行的浅成形。组合不同工艺的特征构成了一个钣金零件，而制造的过程和操作经常取决于特征的类型。依据所需要的操作可以应用不同的规则。当设计需要在冲孔压力机上加工的钣金零件时，一个适当的建议是，将孔类、内部切除、成形等特征尺寸设计与现成标准的刀具相匹配。任何非标准的尺寸都会需要采购新的刀具，进而将增加零件成本，增加加工所需的前置时间。各种 CAD 软件总体上提供了可以用来进行成形、冲孔或切除加工所需的软件工具库。这些软件可以根据工厂里配备的刀具情况进行编辑。如果设计人员在设计产品时使用这些配备刀具的话，零件的成本和加工前置时间可以大为削减。

当设计孔类、内部切除、成形和紧固件等特征时，必须要确保这些特征与以下事物之间的距离：折弯，凸缘，零件的边缘（见图 3-6a）。如果某个特征离折弯处太近，那么这个特征在折弯时可能会发生扭曲。举个例子，圆形的孔如果离折弯处太近，则可能被拉长变形。如果该孔离边缘处太近，在孔和边缘之间形成的狭窄腹板可能在冲切时发生破裂。类似的是，如果两个孔彼此太近，两孔之间形成的狭窄腹板可能会破裂或扭曲。当设计折弯件时，总是要保持与板材厚度（T）相匹配的折弯半径。最小的折弯半径取决于板材厚度、材质和折弯角度。当半径小于推荐的半径时，软材料中的局部变细和材料流动问题、硬材料中的断裂问题就可能发生。最小折弯半径要求可能随着应用场景而不同。对于航天领域来说，取值可以较高。作为一般性的指引，最小折弯半径应该至少等于板材厚度（见图 3-6b），尽管有些较软的材料可以被折弯到近乎零的内径。图 3-6b 中的近乎零的内径和外径的剧烈折弯情况应该在设计中避免，它对于折弯工艺来说是不可实现的。

对于图 3-6b 中的折弯凸缘，应该保证最小的凸缘高度。如果折弯凸缘不得不在弯板机上加工，最小凸缘长度应该不小于折弯金属板材时用的 V 型槽块开口的半边加上容许板片滑动的长度。这能确保将板状物料恰当地锁在冲切设备和模具之间。最小的凸缘长度取决于厚度、内径、折弯角度、材质和 V 型槽块的侧边。适合不同板材厚度的最小凸缘长度表可以从刀具制造商那里获得。作为一般性的指引，最小凸缘高度应该不小于金属板材厚度的 3 倍。如果折弯凸缘不得不在平面折弯机上加工，那么凸缘长度应该不比机器规格说明书中给出的最大允许凸缘长度值大。这个关于凸缘长度的限制是一个源于 C 形折弯机构的内在要求。折弯凸缘也能在冲孔压力机上加工，只要凸缘高度比机器的最大冲切长度小即可。当展开钣金零件时，必须要使用适当的折弯表，以准确地加工出设计的折弯形状。折弯表可包括以下数值：折弯公差、折弯扣除或者 k 因子。这些值的具体大小取决于材质、厚度、折弯内径和折弯角度。

开口卷边和泪滴形卷边的凸缘高度 H_f 应该比材料厚度的 4 倍大（见图 3-6c）。开口卷边、泪滴形卷边以及包围型卷边的内径 R_i 应该不小于板材厚度的 0.5 倍。

可用的最小孔径随着板材厚度增加而增加。当孔的直径比板材厚度小的时候，冲切的刀具变得长而细，因而容易断。如果某个孔必须用冲切的方式加工，那么有一个建议是，孔的直径必须比板材厚度大，以避免冲切时产生质量问题。如果孔的直径比板材厚度小，那么建议采用机械加工的方式来开这个孔。即使采用激光切割，对于金属材料来说，一般情况下孔的直径也应该比板材厚度大。但是在激

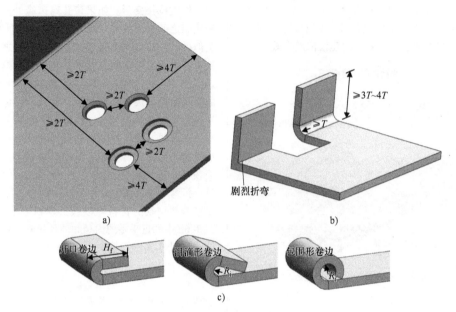

图 3-6 典型钣金零件的加工特征

a）最小距离　b）折弯凸缘　c）卷边

光切割时，最小可获得的孔的直径取决于激光的功率。如果使用高功率的激光设备，孔的直径哪怕小到板材厚度的 1/10，也是可以实现的。图 3-7a 中锥形沉头孔和柱形沉头孔的最大深度应该小于或等于板材厚度的 3/5，以避免产生薄板上的刀棱。图 3-7b 中长圆形槽的宽度应该比板材厚度大。较窄的切除加工会需要使用细的冲切刀具，容易在生产中折断，于是槽的长宽比应该比可允许的比率小。所有准备用冲切方式加工的特征应该被设计成使用机器里已配备的刀具。有些冲切的切除操作可能需要采取步冲轮廓方法，这需要经过多次的冲切才能获得期望的切除轮廓。当进行步冲轮廓法操作时，在相邻的两次冲切之间，在加工面积上至少要有 10% 的重合。在步冲轮廓的最后一次冲切操作时，应该要注意避免超过 50% 面积的重合，因为这样的情况会有损刀具寿命。当使用冲切和激光组合的机器时，也就是说该机器既有冲切又有激光切割的能力，那么冲切执行的应该只有配备有冲切刀具的成形和标准切除轮廓操作，而其他的非标准切除操作应该用激光切割，这样做可以削减所需的成本和时间。非标准的切除轮廓还可以用其他的轮廓切割机器加工获得。

复杂的钣金零件设计方案可能会导致废料增加，生产成本上升。有益的做法是，在设计阶段就使用

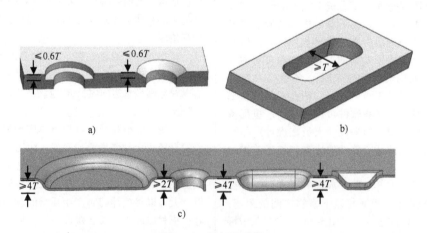

图 3-7 特征的参数

a）柱形沉头孔和锥形沉头孔的截面　b）槽　c）压花、翻边孔、散热孔和桥特征的截面

自动化的嵌套设计工具来验证设计方案的材料利用率是否能达到 90%（目标举例）。如果材料利用率达不到 90%，此时的建议是对这个零件进行重新设计，因为它增加了生产成本。在设计时，关于制造时使用的标准板材尺寸信息是可以获得的，机器桌面尺寸的信息也有助于改进设计方案，以提高材料利用率，减少不能利用的废料。所有的外形切割设备都需要制定切割的进入和退出方式。有多种决定切割进入和退出的方法，通常的做法是从废料区域进入切割，无论内部还是外部的切除操作都是如此。如果板材厚度很大，有些制造商会选择在切割的轮廓处进入和退出切割，办法是沿着厚度方向斜切。当将这样的一些零件与其他一些零件进行嵌套时，应该注意不要使切割的进入和退出点与其他零件重叠。然而，一个零件的切割进入退出点与另一个零件的切割进入退出点重叠是允许的。切割较厚的板材时，制造的时间和成本随着板材厚度而增加，因此制造商通常倾向于采用共边切割方式，这有助于减少制造的时间，进而减少成本。有两种实现共边切割的方法：逐个切割有共边的零件；在嵌套式的布局沿着共边切割。通常更多采用逐个切割零件的方法，这是因为在使用其他方法时零件有移动的倾向。但是在逐个切割零件的方法下，切割的进入和退出次数较多。有些软件提供"正负桥式切割"的选项，这时切割的进入退出次数较少，使得逐个切割零件变得可行。正桥切割中形成的"桥"可以在切割完成后以手工方式折断，在负桥切割中形成的桥则被刀具自身的行走路径所切断。当制造设备只有轮廓切割设备可选择时，那么在设计过程中关于嵌套式布局、进入退出、共边切割和桥式切割等知识就变得非常必要了，因为这些因素影响着制造成本。当设计成形加工的零件时，总是会倾向于使所有的凸起部分向上，以避免在球式桌面上发生卡顿。如果使用的是刷式桌面，成形过程中的凸起向上或向下都可以。现在也有结合了球式和刷式特点的桌面，这对于薄板和厚板加工都是适合的，因为球式在对厚板进行固定时比较有效。即使是对这样的组合式桌面，也建议使成形凸起向上。成形加工的零件在设计时应注意使成形高度比最大冲击长度要小（见图 3-7c）。对于翻边孔和翻边切除，成形高度应该比板材厚度的 2 倍大，对于压花、散热孔、桥及其他形式的成形加工，成形高度应该比板材厚度的 4 倍大。

带有较大壁的钣金零件会变软。此类零件的刚度可以通过添加筋来提高，而筋既可以在金属板材自身上成形实现，形成瓦楞纸那样的效果，也可以

通过焊接或紧固 L 形、T 形或槽状的钣金结构件来加固。需要添加的筋的数量取决于连接边界区的长度、宽度以及板材厚度。筋应该被设置在与负载方向平行的方向。槽状的筋如今可采用胶接的方式来避免焊接印记以提高美观程度。筋还可以添加到折弯零件上以提高钣金件的刚度，但这将需要另外的特殊作业。压花也可以起到提高刚度的作用。

基于安全的考虑，钣金零件上的锋锐的边缘特征也应该避免，因为它们可能割伤手。同样地，壁类特征上的尖锐角也应该避免，以确保安全并易于搬运。这些角要么制成斜角，要么制成圆角。对厚度不超过 5mm 的板材，推荐的圆角半径应该大于 0.5mm，而对厚度大于 5mm 的板材，半径应大于 1/4 厚度。当设计折弯凸缘时，如果这个凸缘小于板材与折弯机器连接产生的边缘，就必须增加一个折弯止裂槽，以避免在折弯凸缘的末端形成疲劳裂痕。推荐采用长圆形的止裂槽，以实现更好的应力释放效果，这时止裂槽的间隙和深度应该比板材厚度大（见图 3-8a）。对十字交叉的折弯凸缘，应该增加一个顶角止裂槽，以避免在十字交叉处出现疲劳裂痕。为了实现更好的应力释放效果，推荐采用圆形的顶角止裂槽，且半径大于板材厚度。当两个折弯凸缘连接在一起时，建议将一个折弯凸缘延伸，折叠到另一凸缘上，如图 3-8b 所示，以获得平顺的圆滑连接，避免折弯凸缘发生开口的质量缺陷。

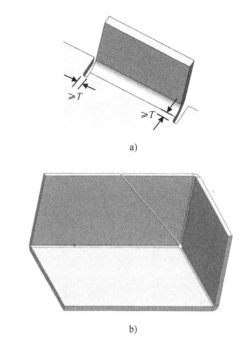

a)

b)

图 3-8　钣金零件中的止裂槽特征
a) 长圆形的折弯止裂槽　b) 圆形的顶角止裂槽

3.7 注射成型设计

3.7.1 壁厚

大部分的塑料零件都以某种形式带有壁的特征。为了减少零件重量，厚壁被带有筋的薄壁取代，这样既能减少重量又不损失刚度。对于注射成型来说，壁必须更薄一些，以实现快速冷却并达成较高的生产率。太薄的壁可能会使得零件脆弱易碎，因此必须维持最小的壁厚。太薄的壁还会导致模具填充困难，因此应该比一个可接受的最小壁厚稍厚，以便于模具填充。对于注射成型、铸造和锻造等工艺来说，冷却问题是共同的。当零件设计、制造工艺、材料和筋结构得到确定后，最小壁厚就可以确定了。理想情况下，整个零件应该有统一的壁厚。零件壁厚的突然变化（见图 3-9a）会导致材料流动的问题，其表现形式包括不一致的材料分布等。突然的厚度变化还会导致冷却不均衡，进而可能导致收缩、扭曲以及缩痕。较厚的部分比较薄的部分收缩更多，导致缩痕和扭曲。对于塑料来说，缩痕会因为材料特性而更加突出。对于脆性材料来说，这导致了内部断裂等问题。如果壁厚的变化无可避免，那么壁厚与标称壁厚的差异应该不超出 ±25%。建议将壁厚的变化设计成渐变的形式（见图 3-9b）。另一个选择是将零件较厚部分的中心区域挖掉，这样可以创造出一种统一壁厚的效果（见图 3-9c）。

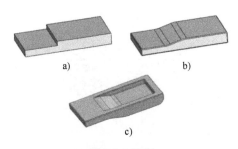

图 3-9 壁厚
a）突然的厚度变化 b）渐变的厚度变化
c）中心挖空的零件，实现统一厚度

3.7.2 模具的壁厚

注射成型、铸造和锻造都需要使用模具来生产产品。零件里的间隙形成了模具中的壁和凸起，而零件的壁形成了模具的腔体。如果某个零件带有筋及凸起等特征，并且这些特征与壁靠近，或者彼此靠近，那么模具中就会因此形成较薄的区域，这将难于冷却，进而导致产生零件冷却时的差异性。这影响了零件质量，也可以导致模具寿命变短。模具的薄壁也不容易制造，最小允许的模具壁厚应该由工艺和材料方面的因素加以确定。

3.7.3 筋

零件的刚度可以通过添加筋的方式提升。筋是以凸起的方式增加的，这能提高零件的刚度和强度，进而设计更薄的壁。然而，高或长的筋会导致制造中的麻烦，筋需要被设计成正确比例的长度、高度和厚度，以提供所需要的强度。下述的比例，诸如筋相对于底座的厚度和公称壁厚的比例、筋高度与公称壁厚的比例，应该在最大允许比例的范围里。如果筋太长或太高，就需要额外的辅助筋。更好的办法是使用较多的较小筋，而不是一个大的筋。对于大型表面来说，建议是设置一个筋网络。筋区域相对于公称壁厚的比例，以及筋宽度相对于公称壁厚的比例，应该在最大允许比例范围里。

3.7.4 脱模斜度

塑料注射零件应该被设计成带有恰当的脱模斜度，它涉及在将零件从模具中心和腔体里脱出时，沿着脱出方向的所有内部和外部表面能否平顺地脱出。如果没有脱模斜度，零件可能会粘在模具上，使得零件的脱出困难。因此，脱模斜度应该被恰当地设计，以支持平顺的零件排出过程。这也能减少加工的周期时间，提高生产率。允许的脱模斜度在 1°~5° 范围内，依据表面的几何特征和表面特征不同，以及表面是否是在中心侧或腔体侧而有差异。

3.7.5 凸台

通常情况下，零件设计方案中会有凸台，其作用是接触和装配的点。最常见的凸台设计包括了圆柱状的凸出，带孔或不带孔。凸台里面的孔被设计来接受螺钉或其他类型的紧固件。当其起作用时，凸台经常要承受不与零件其他部分接触的压力。因此，凸台一般被设计成带有斜度以提高底部的强度。在注射成型中，凸台处的斜度还使得零件从模具的中心及腔体中拔出变得容易。凸台的底部和顶部通常还会设计有某种半径的圆角，以减少这些位置的应力。应避免高而细的凸台。设计凸台时，高度、外径、孔径和孔深之间的正确比例应该予以保证，以实现所需要的强度。而内径与外径的比例应该满足允许的最小比例要求。凸台与壁和角的连接处可能会形成较薄区域（见图 3-10a），这将会导致水纹。为了避免水纹，应该维持统一的厚度，可以采用如图 3-10b 所示的设计方案。

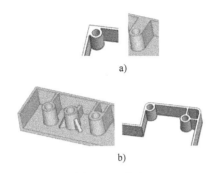

图 3-10　凸台
a）较差的凸台设计　b）较好的凸台设计

3.7.6　切除和底切

在塑料注射零件中，大的开口或切除（见图 3-11a）会影响零件的强度和刚度。建议是避免采用大尺寸的切除，或者使用如图 3-11b 所示的加强连接结构来提高开口处的强度和刚度。如图 3-11c 所示的底切应该避免以易于制造，因为它们的典型情况需要侧型芯，这增加了模具的成本和复杂性。而类似于如图 3-11d 所示的零件设计可以避免底切，因此也不需要侧型芯。当进行此类设计变更时，零件的强度不应该被牺牲。在侧型芯不可避免的情况下，应该注意为侧型芯的分离留下足够的空间。

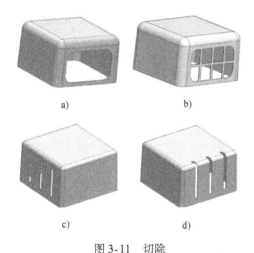

图 3-11　切除
a）大切除　b）带有加强连接的切除
c）需要侧型芯的零件　d）不需要侧型芯的零件

3.8　增材制造设计

增材制造已经成为今天制造业的一个热词。在过去的几十年里，它经历了巨大的进步，已经从简单的原型制造技术发展成用于实际制造和工装制作

的技术，并且出现了不同的增材制造方法，如熔融沉积成型（Fused Deposition Modeling，FDM）、光固化成型（Stereolithography，SLA）、三维打印成型（3D PolyJet，3DP）、选择性激光烧结（Selective Laser Sintering，SLS）、直接金属激光烧结（Direct Metal Laser Sintering，DMLS）等。所有这些方法都通过逐层增加材料的方式来制造零件，因此这项技术被称为增材制造。还有其他一些术语表示同样的意思，如快速原型、快速制造和 3D 打印等。

增材制造技术已经在许多行业得到应用，如汽车、消费品、医疗器械、航天和国防军工等。原则上说，任何的零件都可以要么通过减材技术，要么通过增材技术制造，不同的特征对这两类方法带来完全不同的挑战。随着越来越多的零件直接以增材制造的方法制造，重要的是建立起适合此类制造过程的设计原则，确保零件被设计得适合增材制造。在设计使用增材制造技术来制造的零件时，为了有效地制造，有多种因素需要被考虑。

增材制造方法是逐层地建构起零件，由于该技术的本质限制，一些设计方案可能需要额外的支撑结构。需要支撑结构的零件还可能需要一些次要工序，例如去除支撑结构，清洗和对支撑连接处进行砂纸打磨等。对于 FDM/SLA/3DP 来说，负斜面、悬伸和底切特征（见图 3-12a）需要额外的支撑结构。任何可能的情况下，这些需要额外支撑结构的特征都应该被避免或最小化，以减少零件制造所需要的时间，进而减少制造成本。

零件的最小壁厚通常受制于所采用的增材制造技术及机器分辨率等因素。非常薄的壁会使得零件非常易碎，因此需要维持最小的壁厚以使零件具有足够的强度和刚度。除此之外，零件应该足够强以承受在移除支撑材料时产生的应力。这使得对于负斜面、悬伸和底切等需要支撑结构的特征来说，最小壁厚应该被维持。

筋的厚度也应该足够大，以适应增材制造技术的要求。通常推荐的做法是增加壁厚而不是对薄壁设置筋结构，但是厚壁结构增加了零件的重量及制造成本，因此通常需要在设计需求和制造成本之间做出权衡。

凸台设计典型地包括了带孔或不带孔的圆柱形凸台，而且在凸台外表面上带有一个斜面以增加其底部强度。在增材制造零件中，较小的斜面会呈现出梯墙式的效果，影响产品美学，一般的建议是避免斜面设计。在此类情况下，带斜面凸台的底部直径可以延伸在整个凸台上以去除斜面设计。适当半径的圆角也被用在底座处和凸台的顶端，以减少这些位置的应力。凸台半径的大小取决于增材制造的机器，因为增材制造层与层之间的多孔性，高而细的凸台容易折断。当设计凸台时，高度、外径、孔径和孔深之间的正确比例应该得到保证，以实现需要的强度。建议通过诸如钻孔等次要工序来实现较小的孔，而不是直接通过增材制造获得，因为小直径孔的质量用各种不同的增材制造技术都做不太好。

零件中一些不同加工特征的最小尺寸，如孔（盲孔或穿透孔、凹坑、凹陷的文字或图案）、切除、凸岛（凸起的文字或图案、钉销），通常受制于增材制造方法、机器分辨率、壁厚，以及该特征是在纵向或横向的壁上等。在 FDM 中，最小特征尺寸受制于熔融珠宽度，在 SLS 中则受制于激光束。机器制造商推荐，*XY* 平面里任何部分的最小特征尺寸都应该大于或等于分辨率的 4 倍，在 *Z* 轴方向的最小特征尺寸应该大于或等于分辨率。因此，特征应该被设计成在各个维度上大于最小允许值，以得到用增材制造技术加工的更准确的零件。而且在 *XY* 平面上的所有尖锐的角应该被设计成如图 3-12b 右图所示的圆角，以与制造工艺特性本质要求的自然半径相容，并减少应力。圆角的半径应该比最小自然半径大，通常是分辨率的 4 倍大。类似的是，如图 3-12c 所示的刀棱在边缘处的厚度均为零，但在制造时将会具有一些厚度，建议的做法是使这样的刀棱设计变得扁平一些，有最小厚度要求。

当设计用增材制造方式加工各种特征时，有一些特殊的考虑如下：

1）孔的质量依赖于壁厚和孔的直径。可用的最小直径随着壁厚的增加而增加。换句话说，孔径相对于孔深的比例应该不小于特定最小值。

2）凹坑或切除的质量依赖于壁厚和加工特征的尺寸。通常在薄壁时小切除的质量会好于在厚壁时的质量。切除截面尺寸的最小允许值（D_m）（见图 3-12d）随壁厚增加而增加。换句话说，切除区的最小间隙尺寸随着壁厚增加而增加。当设计此类特征时，特征间的最小允许距离（D_i）以及特征离边缘的最小距离（D_e）必须得到保证，以避免形成薄壁以及此类区域的质量缺陷。

3）文本的情况与凹坑和凸岛类似。文本应该比最小字体尺寸大，而其制造质量通常在其被布置在纵向壁上时较好，而水平壁上时较差。

4）凸起或销应该有最小的直径，具体取决于增材制造的设备。

5）带有螺纹的孔应该避免使用增材制造方式，更好的替代方案是攻螺纹。

6）在增材制造零件中，应该避免卡扣配合和活动铰链式配合（只针对塑料），因为它们只能在有限情况下使用，也就是说只能使用较少次数。对于原型产品来说，允许使用这样的铰链连接，但是在用增材制造方式获得的全功能零件中则不能。

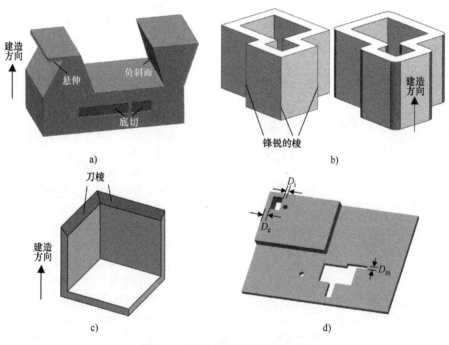

图 3-12 增材制造中的典型问题

a）需要支撑的面 b）锋锐的棱和带圆角的棱 c）刀棱 d）特征尺寸

7）在基于粉末的增材制造中，使得粉末移除变复杂的特征（见图 3-13a）应该被便于将粉末容易地移除的设计（见图 3-13b）所替代。通常情况下，管状零件、排气管及其他复杂零件里面会有滞留的粉末。在将该零件交付后续的次要加工工序（如电泳等）之前，滞留的金属粉末应该被彻底移除，以避免不想要的杂质。

图 3-13　卡扣配合增材制造后的粉末移除
a）较差设计方案　b）较好设计方案

一般来说，在制造之前，3D 模型被转换成 STL 文件格式。STL 文件存储了 3D 模型的表面几何数据，其原理是将其细化成三角形的表面，这个过程会带来曲面的近似误差。如果使用较精细的细化过程，此类误差会变得不显著。应该确保的是，细化过程的质量要根据允许的误差水平来设定，因为这在零件制造质量中扮演着重要角色。

3.9　装配设计

装配通常包括钣金零件、机械加工零件、铸造或锻造零件、标准零件（如紧固件）等的组合。尽管此列零件在 CAD 建模软件中运用装配约束进行了装配模拟，但在实际制造时还会因为多种原因而导致潜在的问题。经常遇到的一种情况是零件之间的干涉。对于复杂的装配来说，以人眼的方式进行干涉检查变得非常困难。CAD 建模软件通常提供了一些干涉检查的工具，此类自动化的工具可以被用来有效地检查干涉。应确保零件间的最小间隙，以避免发生配合约束。零件装配的方式主要有螺纹连接、铆接、焊接或胶接方式等。对于铆接、螺纹连接和点焊方式来说，特征间的最小距离 D_f、特征离边缘的最小距离 D_e、特征离折弯部位的最小距离 D_b（见图 3-14a），必须被确保，具体取值时应考虑板材厚度或紧固件的公称直径或电焊的直径。这些值在典型情况下是板材厚度、紧固件公称直径或电焊直径的 2 ~ 3 倍。为了进行紧固，需要在零件上制作孔。

如果在一个零件上有孔，那么在与它配合的零件上也应该有相对应的孔。应该确保在这些零件的相互配合的孔之间没有角度或轴向的不匹配（见图 3-14b），以避免装配问题。例如，螺栓、螺母和螺钉之类的紧固件，被用来将两个或更多零件紧固起来。螺栓在紧固时需要螺母，而螺钉不需要螺母，而是直接紧固到零件自身。对于螺栓来说，在所有的配合孔上都应该有足够的径向间隙，以平顺地插入螺栓。而对于螺钉来说，径向间隙对所有零件都是必需的，除了最后一个零件（见图 3-14c），因为它上面有螺钉所需要的螺纹啮合。对于螺钉来说，在最后一个零件和螺钉之间应该确保具有足够的轴向间隙。间隙不足会导致螺纹损坏和零件损坏，带来装配质量问题。比较好的做法是，使用止动螺钉来实现平顺的装配，因为使用这种螺钉时启动螺纹要容易得多。应该确保零件上的螺纹啮合长度足够，以配合螺钉及螺母（在使用螺栓时必须）的需要。当设计紧固机构时，应该有足够的空间，才能够使用如扳手或扳钳等手工紧固工具，或带动力的紧固工具去接近紧固结构（见图 3-14d）。足够的接近间隙使得紧固件的安装和拆除能顺利地进行。紧固件的制造商通常会为不同尺寸的紧固件提供手工或带动力工具的接近间隙要求。

铆接的选择应该基于待铆接的材料而定。对于塑料来说，应该选用软安装的铝铆钉、大的凸缘铆钉或者抽芯铆钉。对于户外用途来说，应该选用不锈钢芯轴铆钉，以避免芯轴腐蚀导致铆钉失效。当将软材料铆接到硬材料上时，如果铆钉芯轴的头部是在软材料一侧，应该使用垫圈来避免断裂或较软材料零件的变形（见图 3-14e）。如果铆钉凸缘是在较软材料一侧，那么应该采用一个大的凸缘铆钉以分散应力。应该确保的是，在连接处的铆接盘之间没有间隙，以防止零件在铆接时发生变形（见图 3-14f）。当紧固蜂巢状或纤维复合材料时，较好的方式是采用孔插入的方式。

当设计点焊连接的零件时，应该注意，点焊在板材厚度不超过 3mm 时较为有效。对于点焊到不同厚度板材的零件来说，其厚度比应该不小于 3 : 1。最大点焊直径应该小于 12.5mm。如果可能的话，应该设计自夹式配合的零件，因为这易于确定点焊的位置，点焊一般不推荐用于硬材料，因为焊接可能会有开裂及失效。设计者应该记住，将具有不同熔点和导热性能的材料点焊在一起通常是不可行的。

产品通常是一个零件的产品，或者由多个零件装配而成，通常多零件设计方案可以获得产品的设计功能。一般来说，要制定多个备选设计方案并从中

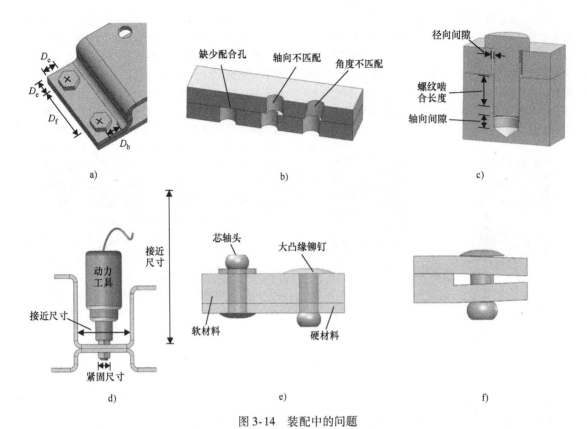

图 3-14　装配中的问题

a) 最小距离　b) 配合孔的问题　c) 螺钉间隙　d) 接近间隙　e) 铆接问题　f) 铆接盘之间的间隙

选择一个最优方案，而能满足所有功能要求并且制造成本也不高的方案会受青睐。通常有两个方法可用于削减一个产品的成本：零件拆分，零件合并。在零件拆分时，一个单独的零件被拆分为较简单的多个零件，这些零件通过焊接或紧固的方式连接起来。尽管这需要额外的次要加工步骤，增加制造成本，但还是观察到一些钣金产品设计方案能带来更好的嵌套布局，进而可以削减材料成本，这种益处超过了增加制造成本的代价。在零件合并时，多个零件被合并成一个零件，于是可以带来削减装配成本等效果。有许多情况下，此类零件合并导致了削减总体成本的效果。对这两种方法值得建议的是，在总产品成本低于其他替代设计方案且不牺牲功能性的前提下，再使用此类的修改设计方案。

3.10　结论

在全球化时代里，为了维持竞争力，非常重要的是寻找所有措施来缩短生产周期、成本和上市时间。总体上已有共识的是，在各个不同阶段发生的设计变更请求会影响成本和提前期，而在较早设计阶段做出的变更花费较少。对于 DFM 来说，尽管所有设计规则也许看起来简单，但在三维模型中对所有这些规则进行人工验证是非常困难的，且非常耗时。人工验证会导致误差，因为会有可能遗漏少量检查项。自动化的系统可以在很大程度上来加速这个过程，带来零件设计验证工作的标准方法，以避免制造过程中的问题。自动化进一步有助于在较早的设计阶段就进行设计检查，而不需要聘请专家来指出其中的违规项。通过将设计检查工作自动化，年轻的设计师能在他们自己的桌面上有获得虚拟 DFM 专家支持的感觉。经过一段时间的积累，设计师们学会了设计较易于制造的零件而不会违反设计规则，并且能以较低成本实现。这样的自动化便于将知识从专家设计师向菜鸟设计师进行容易而平顺的转移，带来整个组织内设计验证工作的一致性。

自动化的 DFM 软件，如 Geometric 公司的 DFM-Pro，典型地采用了三维模型，能凸显所有已设定的设计违规项。许多公司已经开始使用此类自动化的 DFM 软件作为其设计流程的一部分，可以期待的是，未来它会变得更成熟，在行业里更为接受并广泛传播。DFM 检查削减了多次的设计迭代需要，有助于确保能给制造部门提交正确的设计方案。通过采用自动化的 DFM，各种组织可以获得可观的收益，得到第一次就正确的设计方案。为了通过自动化的设计验证而获得有形和无形的收益，对此类方法论和流程进行有效的部署和实施是非常必要的。目前，制造工作已经从单纯的质量控制向质量保证方向发展，是时候在设计阶段就采用制造质量保证的理念和方法，勇敢地应对全球化竞争了。

参考文献

1. http://dfmpro.geometricglobal.com/
2. http://www.dfma.com/
3. James Bralla, *Design for Manufacturability Handbook*, McGraw-Hill Professional, New York, 1999.
4. Geoffrey Boothroyd, Peter Dewhurst, and Winston A. Knight, *Product Design for Manufacture and Assembly*, 3d ed. CRC Press, Boca Raton, Fla., 2011.
5. O. Molloy, E. A. Warman, and S. Tilley, *Design for Manufacturing and Assembly: Concepts, Architectures and Implementation*, Springer, Medford, Mass., 1998.
6. Kalpakjian, S. and S. Schmid, *Manufacturing Processes for Engineering Materials*, 5th ed., Pearson Education, Boston, Mass., 2008.

第 **4** 章
试 验 设 计

阿福特系统公司　拉里·阿福特，杰伊·博伊尔（LARRY AFT, JAY BOYLE）　著
浙江大学　唐任仲　何俊科　译

4.1　概述

试验设计也被称作实验设计或者设计试验，它是一系列试验的集合，通过有目的地改变一个系统或过程的输入变量来观察响应变量受到的影响。试验设计适用于物理过程和计算机仿真模型。

试验设计是一种高效的工具，最大化试验中获得信息的数量，同时最小化将要被收集的信息的数量。析因试验设计通过同时改变许多不同的因子来研究它们的影响，而不是每一次仅仅改变其中一种因子。

试验设计可以通过加快设计过程，减少后续工程设计的变更并减少产品原料和工作负责复杂性来最大限度地减少设计花费。试验设计也是一种通过最小化过程变化，减少重复工作、浪费及检查需要来实现制造成本节约的强大工具。

4.2　试验设计简介

在 20 世纪 20 年代早期，伦纳德·费舍尔爵士为了在农业试验中提供更好的结果而发明了试验设计。当时农民们想知道如何更好地管理农作物栽培过程。与工业流程非常相似，影响农作物产量的变量有很多，比如种子、土壤、温度、光照、湿度及肥料。显然，这些因子相互影响，但是每一种因子最佳的量是多少？其中哪一种因子的影响最大，占多大比例？为了回答这些问题而诞生了试验设计。试验设计给植物生长的研究提供了新的观点。试验设计技术在食物和药物的产业研究中也已经使用了很多年了。

试验设计是一项鉴别和量化对过程输出变化影响最大的变量的试验研究技术。很多变量可以同时进行更改和试验，从而降低试验成本。通过使用试验设计，如铸造、成形加工、注射成型、螺纹加工

等工艺过程均有了明显的改进。试验设计也已经被应用到了市场营销和电信行业上。当试验设计与并行工程共同使用时，能够加快产品设计周期。试验设计是一种可以提供更加可靠的产品、减少从概念到市场的时间、降低寿命周期花费的战略性竞争武器。

试验设计是有计划、有组织地观察 2 个或 2 个以上过程输入变量及其对所研究的输出变量的影响。它的目的是选出最重要的输入变量（称为因子），并确定它们最优化的平均输出响应水平和可变性水平。这些试验可以给过程管理者提供数据，使他们可以挑选能够使输出对过程和产品操作环境更加不敏感（更加稳健）的输入变量。

4.3　相关统计学方法

试验设计的结构化过程需要采集数据，并在分析的基础上得出有助于提高过程性能的结论。为了开始一项试验设计的研究，我们必须先学习或回顾分析数据的统计工具。用于正确分析数据的统计方法被称为描述性统计和推论统计。

描述性统计用平均数、方差、外观和分布来描述数据。描述性统计用来确定总体的参数和样本的统计，用于统计推断中的预测结果。统计推断基于这样一种理念，即从过程中抽取的小样本可以估算或粗略估计获取样本的总体的特性，这是建立在所有样本的测量结果都是不同的这个概念上的。关键在于，抽样变异的存在意味着任何单个样本都不能确保总是给出恰当的结论。统计方法分析样本的结果已经把可能发生的抽样变异考虑进去了。

4.4　定义

做试验可以有很多不同的目的，而试验目的决

定了试验的最优方案。在一些试验中，目的是找出影响质量特性最重要的变量，试验设计就是进行这类试验的计划。

回顾上述历史，试验设计首先被用在了农业研究上。在测试各种品牌的肥料时，一块土地被划分为若干列来测试不同的肥料。作为试验的变量，试验人员认为在每一列土地上像雨水、光照及土壤条件等其他的影响（或因子）应该是一致的（或者可以控制的），所以肥料是影响植物生长的唯一因子（肥料整体是一个因子）。试验设计中的处理是对每一列土地使用不同品牌的肥料（每一种品牌也被称为一种水平）。当把农作物产量（或者也叫响应）数据记录到矩形表格中时，处理结果填入一列中的对应位置。

当然，试验人员最终想要研究两种因子，他们把每一列土地再细分成若干行（称为区组化），种上不同的农作物，在一个试验中测试了肥料品牌和农作物种类两种因子。当将农作物产量数据记录到矩形表格中时，把处理结果填入对应的列，而区组编号填入表格中的行。因为试验人员要研究两个以上因子，所以就开发了析因试验这种新的试验设计技术。

4.5 试验设计的目的

被试验人员认为会影响响应结果且想要去控制的变量被称作因子。这些因子的多种设置叫作水平。一个因子和它的某一水平的组合称为处理。通过一些相关测量步骤获得的输出读数或产量称为应变量或响应变量。

在肥料试验的例子中，在已知大小的区域内，比较各种品牌的肥料对并排生长的农作物起到的作用，该试验中的变量（肥料）是单一因子，每个肥料品牌就是对该因子的处理。处理也被称为因子的水平。在肥料作为因子的情况下，肥料的三种水平（或三种处理）可以是品牌 A、B、C。

水平一词也被用来表示处理中的各种变化，不仅因子有水平，每个处理（水平）也能细分成若干水平。这个例子中的因子是肥料，其中一个处理水平是品牌 A，品牌 A 肥料的使用量又可以进一步细分为两个水平，比如 100lb/acre 和 120lb/acre。

因子可以是定性的（如不同品牌的肥料），也可以是定量的（如肥料的量），我们可以把一个定量因子（如 100lb 和 120lb 肥料）变为一个定性因子，把它们编码为少量和大量。

一些试验有固定效应模型，也就是说被研究的处理代表了研究人员所关心的所有水平，例如三种品牌的肥料。其他试验有随机效应模型，也就是说所选择的水平只是大总体的一个样本，例如采用两台撒布机控制肥料的使用量。

4.6 试验设计的选择

试验设计的选择是由试验目的和研究因子数量决定的。单因子试验需要用到方差分析法，双因子试验可以用方差分析法或析因法来分析。但是，使用方差分析法时，研究中所有因子必须均含有三种以上的水平。析因法用于有两个以上因子，且每个因子均有两个或三个水平的试验。

4.6.1 基于方差分析的试验设计

费舍尔爵士在创造试验设计的工作中使用了一种叫作方差分析的分析方法。方差分析研究对比总体响应变化与每一因子造成的响应变化。对收益（响应）数据应用多元回归分析获得的结果拓展了方差分析的研究。运用多元回归法，我们可以得出预报方程来模拟试验所获响应。

所有的方差分析试验设计方法本质上就是假设检验，假设检验用来判断每个因子的多个平均值（每个水平的均值）是否相等。每个因子的数值的等式和假设检验语句的形式如下：

$$H_0: \mu_{\mathrm{I}} = \mu_{\mathrm{II}} = \mu_{\mathrm{III}} = \cdots = \mu_k,$$
$$H_1: 至少有一个平均值不同$$

对每个因子的试验统计数据经方差分析得到的结果，用假设检验来分析判断每一因子的重要性。

1. 单因子设计和完全随机化设计

在经典设计中，除了被研究的因子，其余因子都被设为定值。从我们之前的类比来看，肥料可以是这个因子，三个品牌作为水平或处理。因此，总共有九组测试需要进行：每个品牌做三组测试，每一组的降雨量、收获时间、温度等其他所有因子都保持一致（可控的）。这种方法最主要的缺点是试验得出的关于肥料品牌的结论只适用于试验中的特定条件。将设计形象化的一种方法见表 4-1，表中的数字不是试验响应值，而是需要进行的测试总数的简单编号。

表 4-1 将设计形象化的一种方法

I	II	III
1	2	3
4	5	6
7	8	9

单因子设计也被称为完全随机化设计（见表4-2），这么命名的原因是这9组测试是完全随机完成的，这将随机化固定因子的任何随机变化（如每组测试中的水、光照和温度）。

表4-2　完全随机化设计

Ⅰ	Ⅱ	Ⅲ
3	8	1
6	2	9
4	7	5

在方差分析的术语中，这被称为单因子方差分析（见表4-3），因为所有研究的效应变化都包含在列（处理）中。

表4-3　单因子方差分析

处理1	处理2	…	处理k
$y_{1,1}$	$y_{1,2}$	…	$y_{1,k}$
$y_{2,1}$	$y_{2,2}$	…	$y_{2,k}$
…	$y_{3,2}$	…	…
$y_{n1,1}$	…	…	$y_{nk,k}$
	$y_{n2,2}$		
$T_1 = \sum\limits_{i=1}^{n_1} y_{i,1}$	$T_2 = \sum\limits_{i=1}^{n_2} y_{i,2}$	…	$T_k = \sum\limits_{j=1}^{n_k} y_{k,j}$
n_1	n_2	…	n_k

2. 单因子方差分析表的计算

一些资料对平衡设计（每种处理的观察值个数相同）和不平衡设计（每种处理的观察值个数不同）给出并使用两组不同的公式，而我们对两种设计均使用下面给出的一组公式。因为产率（响应）是从测试中获取的，它们被记录在一个矩阵中，涉及产率矩阵中元素的公式如下。当任何处理（列）有不同数量的响应值（$y's$）时，就是不平衡设计，而每一种处理都有相同数量的响应值就是平衡设计（即每种处理均有相同数量的行数，$n_1 = n_2 = \cdots = n_k$）

设计输入中的常量：

k——处理的数量；

n_j——第j种处理中观察值的数量；

N——总样本大小 $= n_1 + n_2 + \cdots + n_k$；

$y_{i,j}$——第j个处理的第i个产率。

对产率矩阵中数据的计算：

第m个处理的样本总和 T_m 为

$$T_m = \sum_{i=1}^{n_m} y_{i,m} \tag{4-1}$$

所有样本总和 $\sum y$ 为

$$\sum y = \sum_{j=1}^{k} \sum_{i=1}^{n_j} y_{i,j} \tag{4-2}$$

或

$$\sum y = \sum_{j=1}^{k} T_j \tag{4-3}$$

所有样本的平方和 $\sum y^2$ 为

$$\sum y^2 = \sum_{j=1}^{k} \sum_{i=1}^{n_j} y_{i,j}^2 \tag{4-4}$$

平方和计算：

处理平方和 SST 为

$$SST = \sum_{j=1}^{k} \frac{T_j^2}{n_j} - \frac{(\sum y)^2}{N} \tag{4-5}$$

总平方和 TSS 为

$$TSS = (\sum y^2) - \frac{(\sum y)^2}{N} \tag{4-6}$$

误差平方和 SSE 为

$$SSE = TSS - SST \tag{4-7}$$

3. 单因子方差分析表

将上述公式中的 K、N、SST、TSS 和 SSE 的值填入方差分析表4-4中。在方差分析表中，将平方和转化为方差（均方和），检验统计量 F 是两个均方和的比例，所以完成这个表格需要进行一些简单的计算。

表4-4　方差分析表

方差来源	自由度 df	平方和 SS	均方和 MS	F
处理	$k-1$	SST	MST $= SST/(k-1)$	$F = MST/MSE$
误差	$N-k$	SSE	MSE $= SSE/(N-k)$	
总计	$N-1$	TSS		

通过假设检验，用处理的检验统计量 F 的值来判断该因子的意义（即每个因子的处理均值是否相等）。

4.6.2　双因子设计和随机区组设计

接下来的试验设计识别了第二种因子，称为区组（例如，农作物A、B、C，A是小青南瓜，B是大豆，C是玉米）同时研究了原先的因子及其处理和新增因子（区组）。同样，每一响应的数据也必须用完全随机的方式来收集。

在随机区组设计（见表4-5）中，每个区组（行）是一种农作物（小青南瓜、大豆和玉米），而每个处理（列）是肥料品牌，每一组品牌和农作物的组合按随机顺序测试。这样就防止了因肥料品牌和农作物种类的使用顺序带来的偏差。

表 4-5 随机区组设计

肥料品牌		I	II	III
农作物	A	3	8	1
	B	6	2	9
	C	4	7	5

随机区组设计在后续的数据分析和结论中具有优势。首先，相同的 9 组观察值，用一个假设检验来对比品牌的影响，用另一个独立的假设检验来对比农作物的影响，其次，关于肥料品牌的结论对三种农作物均适用，反之亦然。因此，所得结论的适用范围更广了。

这种随机区组设计在方差分析的术语中叫作双因子方差分析，因为所研究的响应变化既包含在列（处理）中，也包含在行（区组）中。

1. 双因子方差分析表计算

双因子方差分析的处理方案的广义矩阵见表 4-6，与单因子方差分析计算公式一样，双因子方差分析计算公式中涉及双因子矩阵和其中的元素。

双因子方差分析公式如下，除了要计算产率（响应）的总平方和（TSS）和处理平方和（SST），所有区组的平方和（SSB）也必须计算。这次的误差平方和（SSE）是 TSS 和 SST、SSB 的差别。

表 4-6 双因子方差分析的处理方案的广义矩阵

区组	处理 1	处理 2	⋯	处理 k	总计
1	$y_{1,1}$	$y_{1,2}$	⋯	$y_{1,k}$	$B_1 = \sum\limits_{j=1}^{k} y_{1,j}$
2	$y_{2,1}$	$y_{2,2}$	⋯	$y_{2,k}$	$B_2 = \sum\limits_{j=1}^{k} y_{2,j}$
⋮	⋮	⋮	⋮	⋮	⋮
b	$y_{n,1}$	$y_{n,2}$	⋯	$y_{n,k}$	$B_n = \sum\limits_{j=1}^{k} y_{n,j}$

$$T_1 = \sum_{i=1}^{b} y_{i,1},\ T_2 = \sum_{i=1}^{b} y_{i,2},\ \cdots,\ T_k = \sum_{j=1}^{b} y_{k,j}$$

所有列数 n 都等于 b，所有行数都等于 k

设计中的常量：

k——处理的数量；

b——区组的数量；

N——样本总量 $= bk$；

$y_{i,j}$——第 j 个处理的第 i 个产率。

对产率矩阵中数据的计算：

第 m 个处理的样本总和 T_m 为

$$T_m = \sum_{i=1}^{b} y_{i,m} \tag{4-8}$$

第 m 个区组的样本总和 B_m 为

$$B_m = \sum_{j=1}^{k} y_{m,j} \tag{4-9}$$

所有样本总和 $\sum y$ 为

$$\sum y = \sum_{j=1}^{k} \sum_{i=1}^{n_j} y_{i,j} \tag{4-10}$$

或

$$\sum y = \sum_{j=1}^{k} T_j \tag{4-11}$$

所有样本的平方和 $\sum y^2$ 为

$$\sum y^2 = \sum_{j=1}^{k} \sum_{i=1}^{n_j} y_{i,j}^2 \tag{4-12}$$

平方和计算：

处理平方和 SST 为

$$SST = \frac{1}{b} \sum_{j=1}^{k} T_j^2 - \frac{(\sum y)^2}{N} \tag{4-13}$$

区组平方和 SSB 为

$$SSB = \frac{1}{k} \sum_{i=1}^{b} B_i^2 - \frac{(\sum y)^2}{N} \tag{4-14}$$

总平方和 TSS 为

$$TSS = (\sum y^2) - \frac{(\sum y)^2}{N} \tag{4-15}$$

误差平方和 SSE 为

$$SSE = TSS - SST \tag{4-16}$$

2. 双因子方差分析表

在下列双因子方差分析表 4-7 中，额外增加了一行记录区组平方和的计算结果。与单因子方差分析一样，把平方和转化为方差（MST、MSB 和 MSE）。将上述公式中的 K、b、N、SST、SSB、TSS 和 SSE 的值填入下面的方差分析表 4-7 中。这次需要两个假设检验：处理一个，区组一个。

表 4-7 双因子方差分析表

方差来源	df	SS	MS	F
处理	$k-1$	SST	MST $=$ SST/$(k-1)$	$F =$ MST/MSE
区组	$b-1$	SSB	MSB $=$ SSB/$(b-1)$	$F =$ MSB/MSE
误差	$(b-1)(k-1)$	SSE	MSE $=$ SSE/$(N-k)$	
总计	$bk-1$	TSS		

下面是一个应用双因子方差分析的例子（见表 4-8）：

一轮胎和汽车的制造商想要确定轮胎配方和汽车的最佳配对，以最大限度地提高轮胎的寿命。设计了一个试验来对比三种轮胎配方和四种汽车的不同组合。

假设的阐述如下：

H_{01}：不同轮胎配方之间没有显著差异。

H_{02}：不同汽车之间没有显著差异。

H_{11}：不同轮胎配方之间有显著差异。

H_{12}：不同汽车之间有显著差异。

显著性水平取0.05，采用每一种轮胎配方用于每一种汽车的方式进行测试，测试结果显示在表4-8中，表中的数字显示了每一组轮胎完成的千英里数。

表4-8　双因子方差分析的例子

轮胎配方		Ⅰ	Ⅱ	Ⅲ
汽车类型	*A*	72	72	75
	B	73	74	76
	C	71	75	75
	D	76	75	80

使用双因子方差分析法分析试验结果（见表4-9）。

表4-9　双因子方差分析试验结果

方差来源	SS	df	MS	*F*值	*P*值	*F*值临界值
汽车类型	27.6666667	3	9.222222	5.928571	0.031602	4.757063
轮胎配方	26	2	13	8.357143	0.018431	5.143253
误差	9.33333333	6	1.555556			
总计	63	11				

汽车类型和轮胎配方的*F*值都大于*F*值临界值，因此两个零假设都不成立，试验显示，在显著性水平为0.05时，汽车类型和轮胎配方都对轮胎寿命有显著影响。

4.6.3　有交互作用的双因子设计

最后考虑的问题是两个因子之间的交互作用。交互作用这个新术语的定义是两个因子的相互影响，在这个例子中，指特定品牌的肥料与特定的农作物的相互影响。当因子之间存在交互作用时，在一种给定的条件下可能会发生出乎意料的事情。有交互作用的双因子设计不仅只研究两种主要因子，还研究两者之间可能存在的交互作用。在该设计中，对主要因子的每一种组合、每组测试都反复（重复）进行。在农业试验的例子中，把三种品牌的肥料和三种农作物的组合重复试验3次，得到了3×3×3即27种可能响应性（见表4-10）。用独立的假设检验来评估主要因子和可能的交互作用。

表4-10　交互作用的双因子设计

	Ⅰ	Ⅱ	Ⅲ
高	×××	×××	×××
中	×××	×××	×××
低	×××	×××	×××

有交互作用的双因子设计也被称为可重复双因子方差分析。

1. 有交互作用的双因子方差分析表的计算

要完成这种情况的产率矩阵，必须要定义重复这一术语，重复就是所有处理和区组的产率都被观察了“*r*”次，一般矩阵形式见表4-11。

表4-11　一般矩阵形式

因子*A*		1	2	3	…	*a*	总计
因子*B*	1	××× ××× ××× $T_{1,1}$	××× ××× ××× $T_{1,2}$	××× ××× ××× $T_{1,3}$	…	××× ××× ××× $T_{1,a}$	B_1
	2	××× ××× ××× $T_{2,1}$	××× ××× ××× $T_{2,2}$	××× ××× ××× $T_{2,3}$	…	××× ××× ××× $T_{2,a}$	B_2
	3	××× ××× ××× $T_{3,1}$	××× ××× ××× $T_{3,2}$	××× ××× ××× $T_{3,3}$	…	××× ××× ××× $T_{3,a}$	B_3
				⋮			
	b	××× ××× ××× $T_{b,1}$	××× ××× ××× $T_{b,2}$	××× ××× ××× $T_{b,3}$	…	××× ××× ××× $T_{b,a}$	B_b
	总计	A_1	A_2	A_3	…	A_a	$\sum y$

上面矩阵的相关计算如下：

设计的输入值：

a——因子*A*的处理数；

b——因子*B*的区组数；

r——重复次数；

N——样本总数 = abr；

$y_{i,j,m}$——第 i 行 j 列的第 m 次观察所得产率值。

对产率矩阵中数据的计算：

第 i 个区组 j 个处理的所有重复观察值总和 $T_{i,j}$ 为

$$T_{i,j} = \sum_{m=1}^{m} y_{i,j,m} \qquad (4\text{-}17)$$

第 m 个区组的样本总和 B_m 为

$$B_m = \sum_{j=1}^{a} T_{m,j} \qquad (4\text{-}18)$$

所有样本总和 $\sum y$ 为

$$\sum y = \sum_{j=1}^{a} A_j \qquad (4\text{-}19)$$

或

$$\sum y = \sum_{i=1}^{b} T_i \qquad (4\text{-}20)$$

所有样本的平方和 $\sum y^2$ 为

$$\sum y^2 = \sum_{m=1}^{r} \sum_{j=1}^{a} \sum_{i=1}^{b} y_{i,j,m}^2 \qquad (4\text{-}21)$$

平方和的计算：

所有处理平方和 SST 为

$$SST = \sum_{j=1}^{a} \sum_{i=1}^{b} \frac{T_{i,j}^2}{r} - \frac{(\sum y)^2}{N} \qquad (4\text{-}22)$$

因子 A 的平方和 SS(A) 为

$$SS(A) = \sum_{i=1}^{a} \frac{A_i^2}{br} - \frac{(\sum y)^2}{N} \qquad (4\text{-}23)$$

因子 B 的平方和 SS(B) 为

$$SS(B) = \sum_{j=1}^{b} \frac{B_j^2}{ar} - \frac{(\sum y)^2}{N} \qquad (4\text{-}24)$$

因子 A 和因子 B 的交互作用平方和 SS(AB) 为

$$SS(AB) = SST - SS(A) - SS(B) \qquad (4\text{-}25)$$

总平方和 TSS 为

$$TSS = (\sum y^2) - \frac{(\sum y)^2}{N} \qquad (4\text{-}26)$$

误差平方和为 SSE

$$SSE = TSS - SST \qquad (4\text{-}27)$$

2. 有交互作用的双因子分析表

有交互作用的双因子分析表见表 4-12，这一次，因子 A、因子 B 和因子 AB 的交互作用都要用假设检验来判断其意义。

表 4-12 有交互作用的双因子分析表

方差来源	df	SS	MS	F 值
处理	$ab-1$	SST		
因子 A	$a-1$	SS(A)	MS(A) = SS(A)/($a-1$)	F = MS(A)/MSE
因子 B	$b-1$	SS(B)	MSB = SS(B)/($b-1$)	F = MSB/MSE
因子 AB	$(a-1)(b-1)$	SS(AB)	MS(AB) = SS(AB)/($a-1$)($b-1$)	F = MS(AB)/MSE
误差	$ab(r-1)$	SSE	MSE = SSE/$ab(r-1)$	
总计	$N-1$	TSS		

4.7 析因试验设计

析因试验一般是指对几个因子的两个以上水平进行研究的试验。通过同时观察所有涉及的试验变量的信息要比从一系列单因子试验中获得的信息更加完整，在析因试验中，可以测量出由于变量组合产生的影响，而单一考虑这些变量是不可能做到的。

析因试验采用矩阵分析方法来研究多个因子、交互作用和水平。全因子设计在每一因子的每一水平都获得了响应。表 4-13 展示了一个研究了轮胎配方、道路温度、胎压和汽车种类四因子的全因子设计，对全部四因子两水平，该设计测试了每一种可

能形成的组合。

表 4-13 四因子两水平设计

因 子	水 平	
混合物配方	X	Y
道路温度	75	80
胎压	28	34
汽车种类	I	II

这就叫作 2^4 设计，因为试验中有两种水平和四种因子，"2"代表 2 种水平，"4"代表四种因子。一般形式是 2^k，k 表示因子的数量。要用一个全因子设计来测试这个模型，需要最少进行 16（2^4）次不同的试验。

4.7.1 两因子两水平的（2^2）全因子设计

表 4-14 展示了所有两因子两水平（2^2）试验的布局。因子 A 可以是道路温度，因子 B 可以是胎压，关注的产率可以是轮胎磨损状况。

表 4-14 两因子两水平（2^2）试验的布局

试 验	因	子
1	75	28
2	80	28
3	75	34
4	80	34

4.7.2 重复两次的 2^2 全因子设计

当每种组合只进行一次试验时，数据分析比较困难而且可能会被误导，在试验被重复进行后，通过对效应进行假设检验，我们可以判断哪种因子对效应有影响，以及如果有影响的话，在统计学上的显著程度。在这个例子中，我们对试验重复进行两次（$r=2$）（见表 4-15）。

当试验重复一次以上时，我们有必要计算每一次试验的均值，方差也是有用的。

表 4-15 重复两次的全因子设计

试验次数	因子 A	因子 B	产率 1	产率 2	均值	方差
1	75	28	55	56	55.5	0.5
2	80	28	70	69	69.5	0.5
3	75	34	65	71	68.0	18.0
4	80	34	45	47	46.0	2.0

结果表明第二次试验得到了最大的平均产率和最低的方差，第三次试验有一个稍低的平均值，但方差更大。常识告诉我们，要想取得最好的结果，试验应该按照第二次的设置进行。

采用图形法，先看因子 A。当因子 A 使用低水平设置时，平均产率为 61.75，或者说因子 A 设为低水平时的两个平均产率为 55.5 和 68.0，两者的平均值是 61.75。因子 A 设为高水平时相似，平均产率为 57.75。这就意味着，当因子 A 从低水平增加到高水平，量级的变化幅度为 -4.0，这被称为因子 A 的效应，见下方因子 A 效应所示（见图 4-1）。因子 B 效应可以画出和因子 A 相似的图表，值为 -5.5。

图 4-2 显示了因子间的交互作用，这个交互作用图表显示，如果因子 A 选择低水平，则因子 B 应该选择高水平；如果因子 A 选择高水平，则因子 B 应该选择低水平。

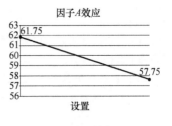

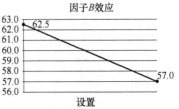

图 4-1 因子效应图形法

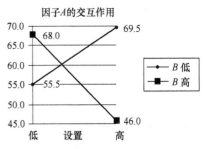

图 4-2 因子间的交互作用

4.7.3 2^2 全因子设计——线性方程模型

图形分析不能提供完整的信息，我们需要研究一种用来分析的统计方法。特别是将图形分析与统计分析结合起来使用时，可以使得试验人员更加易于了解分析过程的特性。

回到双因子（2^2）设计的例子，假设一个线性方程模型：

$$\hat{y} = b_0 + b_1 A + b_2 B + b_3 AB \qquad (4\text{-}28)$$

$b_1 A$ 和 $b_2 B$ 被称为主效应，系数 b_1 和 b_2 分别是因子 A 和因子 B 的斜率，$b_3 AB$ 是交互效应，b_3 是交互作用 AB 的斜率。

作为统计分析的辅助，我们用编码代替文字低和高，标准的编码术语是用"-1"来代替每一个低水平设置，用"+1"来代替高水平设置。对表格中的"胎压"这个因子，28 是低水平设置，34 是高水平设置，在编码的设计中，两者分别被规定为 -1 和 +1。要注意的是，在每一个编码列中，正号和负号的数量是一致的。这就意味着所有因子所有水平是平等抽样的，所有设计都是平衡的。这个规则有时候被称为标准规则。

4.7.4 2² 全因子设计的计算

回到之前的例子，统计计算从将矩阵阵列中编码列补充完整开始。第一步是将高和低的值用编码代替（见表 4-16）。

表 4-16 将高和低的值用编码代替

试验次数	A	B	Y_1	Y_2	均值	方差
1	−1	−1	55	56	55.5	0.5
2	+1	−1	70	69	69.5	0.5
3	−1	+1	65	71	68.0	18.0
4	+1	+1	45	47	46.0	2.0

接着，增加表示交互作用的一列或增加 AB 列，AB 的编码值由每一次试验中 A 和 B 的编码值的乘积决定（见表 4-17）。

表 4-17 增加 AB 列

试验次数	A	B	AB	Y_1	Y_2	均值	方差
1	−1	−1	+1	55	56	55.5	0.5
2	+1	−1	−1	70	69	69.5	0.5
3	−1	+1	−1	65	71	68.0	18.0
4	+1	+1	+1	45	47	46.0	2.0

下一步，将平均产率值分别与 A、B 和 AB 的编码相乘（见表 4-18）。

然后，通过把一列中每一次试验的值加起来计算对比（见表 4-19）。

然后，增加效应值。效应值是对比除以 2^{k-1}（在该例子中为 $2^{2-1}=2$）（见表 4-20）。注意，均值和方差列没有效应值。

表 4-18 将平均产率值与编码相乘

试验次数	A	B	AB	Y_1	Y_2	均值	方差	A′	B′	AB′
1	−1	−1	+1	55	56	55.5	0.5	−55.5	−55.5	+55.5
2	+1	−1	−1	70	69	69.5	0.5	+69.5	−69.5	−69.5
3	−1	+1	−1	65	71	68.0	18.0	−68.0	+68.0	−68.0
4	+1	+1	+1	45	47	46.0	2.0	+46.0	+46.0	+46.0

表 4-19 将试验值加起来对比

试验次数	A	B	AB	Y_1	Y_2	均值	方差	A′	B′	AB′
1	−1	−1	+1	55	56	55.5	0.5	−55.5	−55.5	+55.5
2	+1	−1	−1	70	69	69.5	0.5	+69.5	−69.5	−69.5
3	−1	+1	−1	65	71	68.0	18.0	−68.0	+68.0	−68.0
4	+1	+1	+1	45	47	46.0	2.0	+46.0	+46.0	+46.0
对比						239	21.0	−8.0	−11.0	−36.0

表 4-20 增加效应值

试验次数	A	B	AB	Y_1	Y_2	均值	方差	A′	B′	AB′
1	−1	−1	+1	55	56	55.5	0.5	−55.5	−55.5	+55.5
2	+1	−1	−1	70	69	69.5	0.5	+69.5	−69.5	−69.5
3	−1	+1	−1	65	71	68.0	18.0	−68.0	+68.0	−68.0
4	+1	+1	+1	45	47	46.0	2.0	+46.0	+46.0	+46.0
对比						239	21.0	−8.0	−11.0	−36.0
效应						—	—	−4.0	−5.5	−18.0

这些效应值和我们之前在效应平面图中看到的是一样的，交互作用的效应值在 AB′ 列中显示是 −18，所以交互作用的效应要比 A′ 和 B′ 的效应更加显著。

最后要在表格中增加系数。系数是 A′、B′ 和 AB′ 的效应值除以 2，均值除以 $2^k=4$，方差这一列不做计算（见表 4-21）。

表 4-21　增加系数

试验次数	A	B	AB	Y_1	Y_2	均值	s^2	A'	B'	AB'
1	-1	-1	$+1$	55	56	55.5	0.5	-55.5	-55.5	$+55.5$
2	$+1$	-1	-1	70	69	69.5	0.5	$+69.5$	-69.5	-69.5
3	-1	$+1$	-1	65	71	68.0	18.0	-68.0	$+68.0$	-68.0
4	$+1$	$+1$	$+1$	45	47	46.0	2.0	$+46.0$	$+46.0$	$+46.0$
对比						239	21.0	-8.0	-11.0	-36.0
效应						—		-4.0	-5.5	-18.0
均值						59.75	—	-0.2	-2.75	-9.0

　　这个系数是用来预测任何设置的因子对应的产率的，但是只有有效因子才能使用这个公式。这个例子的目的是对每一个系数进行 t 检验。首先，标准误差的计算如下：

并和方差 = SSE = s_p^2 = 每次试验方差的总和 = 21

标准误差 = $s_e = \sqrt{\dfrac{s_p^2}{2^k}} = 2.291$

系数标准误差 = $s_\beta = \sqrt{\dfrac{s_e^2}{r \times 2^k}} = \sqrt{\dfrac{2.291^2}{2 \times 2^2}} = 0.81$

（k = 因子数 = 2，r = 重复数 = 2）

　　每一系数的假设检验的陈述：

H_{0A}：A 的系数 = 0 H_{1A}：它是有意义的

H_{0B}：B 的系数 = 0 H_{1B}：它是有意义的

H_{0AB}：AB 的系数 = 0 H_{1AB}：它是有意义的

　　对于所有的实例，检验统计数值用式（4-29）进行计算：

$$t_{\text{test}} = 系数/s_\beta \qquad (4\text{-}29)$$

　　三个检验的统计数值计算如下：

$t_A = -2.0/0.81 = -2.47$ $t_B = -2.75/0.81 = -3.40$

$$t_{AB} = -9.0/0.81 = -11.11$$

　　自由度判定：

$$(r-1) \times 2^k = (2-1) \times 2^2 = 1 \times 4 = 4$$

　　当显著性水平 $\alpha = 0.05$，自由度 $df = 4$ 时，统计量（样本服从 t 分布时）t 表中的双侧临界值为 2.776。对比计算所得 t 值与查表所得数值可知，因子 B 和 AB 的交互作用的系数是重要的。

　　产率的线性预测关系式结果为：

$$\hat{y} = 59.75 - 2.75B' - 9.0AB'$$

4.7.5　观察

　　全因子试验可以拓展到 2 水平 3 因子或更大的试验，但随着试验规模的增大，交互作用的数量显著的增大。

　　试验不是按照顺序列表，而是以随机的方式进行的，这样会造成变量的重置，因此能够减小结果的偏差。这里列出来的方式叫作标准顺序。

4.7.6　三因子两水平全因子设计

　　这一部分不再从图形法开始再到进行统计分析来一步步解释 2^3 设计了，而是将这些步骤组合在了一起。对影响铣床能耗（瓦数）的三因子［速度（A）、压力（B）和角度（C）］的 2^3 设计见表 4-22。

表 4-22　三因子的 2^3 设计

因　　子	水　　平	
A	200	600
B	低	高
C	20	28

　　忽略设置，零假设是任何因子都没有显著性差异，且没有显著的交互作用。合适的备择假设是有因子有显著性差异，且存在显著的交互作用。

4.7.7　2^3 全因子设计的图形和统计分析

　　使用一个全因子设计测验上述的模型需要 8 次独立的试验。对上述设计重复进行两次（$r=2$），同时增加编码，得到的两组产率（用过的瓦数）列于表 4-23。

表 4-23　分析步骤 1

试验次数	因　　　素			A	B	C	Y_1	Y_2
1	200	低	20	-1	-1	-1	221	311
2	600	低	20	1	-1	-1	325	435
3	200	高	20	-1	1	-1	354	348
4	600	高	20	1	1	-1	552	472
5	200	低	28	-1	-1	1	440	453
6	600	低	28	1	-1	1	406	377
7	200	高	28	-1	1	1	605	500
8	600	高	28	1	1	1	392	419

首先，增加交互效应的列以便分析，见表 4-24。同时，考虑到节省空间，省去了一些列，见表 4-25。

分别计算对比、效应和系数。对比等于各次试验的产率之和，效应等于对比除以 2^{k-1}，系数等于效应除以 2（见表 4-26）。

表 4-24　分析步骤 2

试验次数	因	素		A	B	C	AB	AC	BC	ABC	Y_1	Y_2
1	200	低	20	-1	-1	-1	1	1	1	-1	221	311
2	600	低	20	1	-1	-1	-1	-1	1	1	325	435
3	200	高	20	-1	1	-1	-1	1	-1	1	354	348
4	600	高	20	1	1	-1	1	-1	-1	-1	552	472
5	200	低	28	-1	-1	1	1	-1	-1	1	440	453
6	600	低	28	1	-1	1	-1	1	-1	-1	406	377
7	200	高	28	-1	1	1	-1	-1	1	-1	605	500
8	600	高	28	1	1	1	1	1	1	1	392	419

表 4-25　分析步骤 3

试验次数	均值	方差	A	B	C	AB	AC	BC	ABC
1	266	4050	-266	-266	-266	266	266	266	-266
2	380	6050	380	-380	-380	-380	-380	380	380
3	351	18	-351	351	-351	-351	351	-351	351
4	512	3200	512	512	-512	512	-512	-512	-512
5	446.5	84.5	-446.5	-446.5	446.5	446.5	-446.5	-446.5	446.5
6	391.5	420.5	391.5	-391.5	391.5	-391.5	391.5	-391.5	-391.5
7	552.5	5512.5	-552.5	552.5	552.5	-552.5	-552.5	552.5	-552.5
8	405.5	364.5	405.5	405.5	405.5	405.5	405.5	405.5	405.5

表 4-26　分析步骤 4

试验次数	均值	方差		A	B	C	AB	AC	BC	ABC
1	266	4050		-266	-266	-266	266	266	266	-266
2	380	6050		380	-380	-380	-380	-380	380	380
3	351	18		-351	351	-351	-351	351	-351	351
4	512	3200		512	512	-512	512	-512	-512	-512
5	446.5	84.5		-446.5	-446.5	446.5	446.5	-446.5	-446.5	446.5
6	391.5	420.5		391.5	-391.5	391.5	-391.5	391.5	-391.5	-391.5
7	552.5	5512.5		-552.5	552.5	552.5	-552.5	-552.5	552.5	-552.5
8	405.5	364.5		405.5	405.5	405.5	405.5	405.5	405.5	405.5
	3305	19700	对比	73	337	287	-45	-477	-97	-139
		$s_p^2 = \text{SSE}$	效应	18.25	84.25	71.75	-11.25	-119.25	-24.25	-34.75
Bo 413.125			系数	9.125	42.125	35.875	-5.625	-59.625	-12.125	-17.375
TSS 134587.8			SS_i	1332.25	28392.25	20592.25	506.25	56882.25	2352.25	4830.25
	Sigma $= s_e = 49.624$		t_{test}	0.73554	3.395563	2.89177	-0.435	-4.80618	-0.9774	-1.4005
	s_β 12.406			B_1	B_2	B_3	B_4	B_5	B_6	B_7

与之前列出的应用于 2^2 设计的方程一样：

并和方差 = SSE = s_p^2 = 每次试验方差的总和 = 19.700

标准误差 = $s_e = \sqrt{\dfrac{s_p^2}{2^k}} = 49.6236$

系数标准误差 = $s_\beta = \sqrt{\dfrac{s_e^2}{r \times 2^k}} = \sqrt{\dfrac{49.6236^2}{2 \times 2^3}} = 12.4059$

（k = 因子数 = 2，r = 重复数 = 2）

每个效应的平方和 = SS_i

$$SS_i = \frac{r \times \text{对比}_i^2}{2^k}$$

例：

$$SSA = \frac{r \times 73^2}{2^3} = 1332.25$$

t 检验的 t 值用公式 t_{test} = 系数$_i / s_\beta$ 计算，例如，B_1 的检验值计算为：$9.125/12.4059 = 0.73554$。

水平为 0.05，自由度为 8 时，t 的临界值为 2.306，将主效应 B、主效应 C 和交互效应 AC 的检验值 t 与显著性系数中的临界值做对比。

根据上述平方和计算可以构建方差分析表（见表 4-27）。

表 4-27 分析步骤 5

方差分析来源	df	SS	MS	F	显著性 F	
回归	7	114887.75	16412.536	6.664989	0.0079	回归显著 是
误差	8	19700	2462.5			
总计	15	134587.75				

要记住回归平方和的计算时把 7 项主效应和交互效应的平方和加起来：$SSR = SSA + SSB + SSC + SSAB + SSAC + SSBC + SSABC$。总平方和（TSS）所有产率方差的总和，等于回归平方和加上误差平方和（$TSS = SSR + SSE$）。

另一个需要注意的统计量是相关系数 R，R 值计算简单，$R = SSR/TSS = 0.9239$ 或 $R^2 = 0.8536$。

4.8 软件应用案例

用 DOEKISS® 作为试验设计软件的例子。

析因设计的规模可以相当大，且很难进行手动的设计和分析，DOEKISS® 软件帮助我们设置和分析这个设计。

这里着眼于使用该软件，完成弹弓的因子设计。

为了最大化弹射距离或者确定能够得到最接近期望结果（如打中靶子）的设置，我们希望找到角度、弹珠、高度三种变量的最佳设置，每一输入变量都有两个设置：高和低。在将要进行的试验里，弹珠被装置弹出去的距离是我们所要的响应变量。

第一步是确定该试验设计，打开 DOEPRO 进入菜单（见图 4-3）。

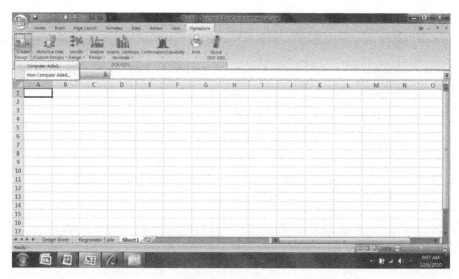

图 4-3 初始界面

点击计算机辅助，得到了一个下拉菜单，选择三因子两水平试验来代表三种变量和高低两种设置（三水平指每个变量三种可能设置）（见图4-4）。

点击下一步后，看到了如图4-5所示的画面。

在名称一栏输入三种变量（见图4-6）。

接着再点击下一步（见图4-7），选择2次重复。

按下完成之后，看到如图4-8所示的设计表。

然后，输入 Y_1 和 Y_2 的值，Y_1 和 Y_2 是在所示的因子的水平下每一次重复的实际距离，（见图4-9）。

现在开始对该试验进行最初的分析，来建立一个模型（见图4-10）。

点击多元回归，只看图4-11中展示的拟合值 Y 模型，它会给我们所需的回归信息，评估相关性的强弱。

我们也可以优化试验，用一个特定距离的靶子来确定哪一种设置会使我们更接近希望结果，我们将使用专业的优化程序，由它将回归表中的选项都运行一遍（见图4-12）。

点击275尺（期望靶子）的专业优化后，出现最优选择如图4-13所示。

我们也可以最大化或最小化总距离，点击"ok"后，因为有独立的设置，所有我们要选择哪一项不再需要（见图4-14）。

最后，我们点击"再次优化"（见图4-15）。

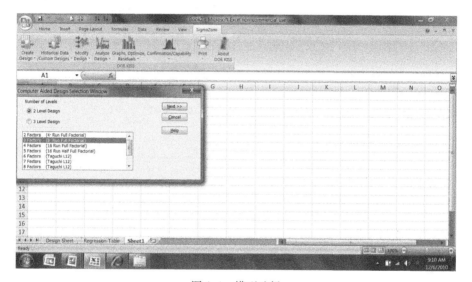

图4-4 模型选择

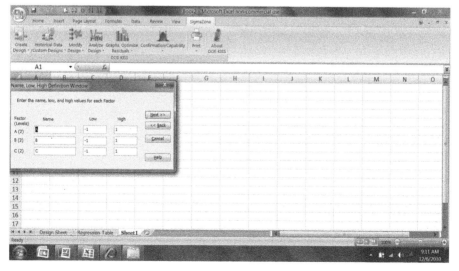

图4-5 定义

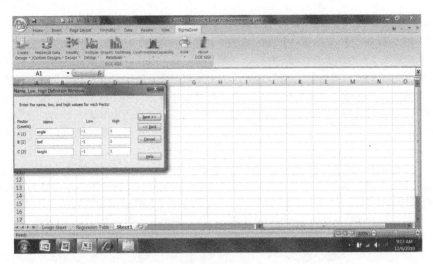

图 4-6　命名

angle—角度　ball—弹珠　height—高度

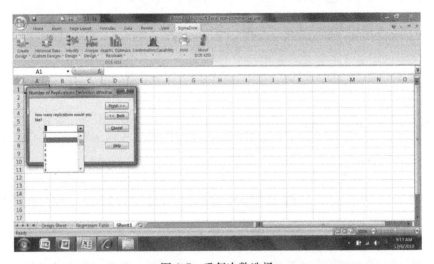

图 4-7　重复次数选择

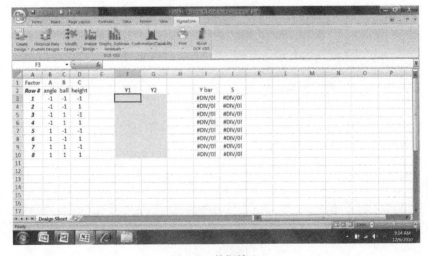

图 4-8　数据输入

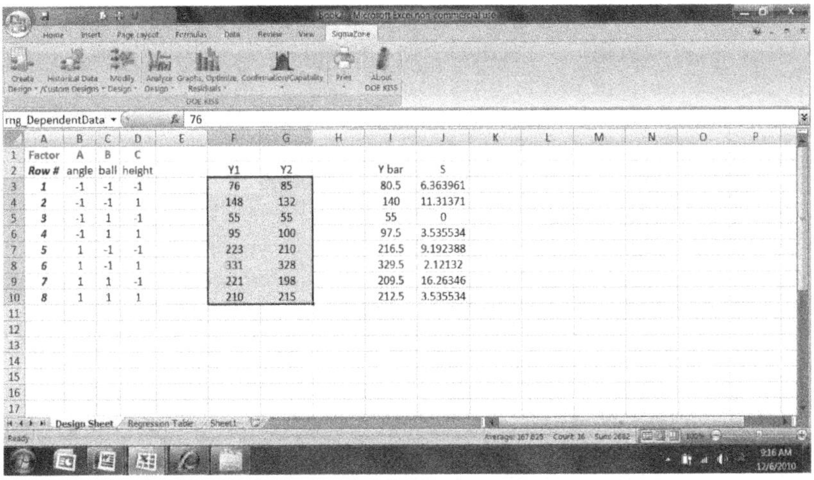

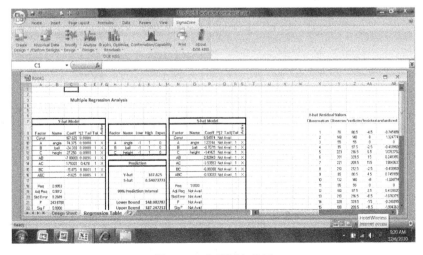

图 4-9　初始计算

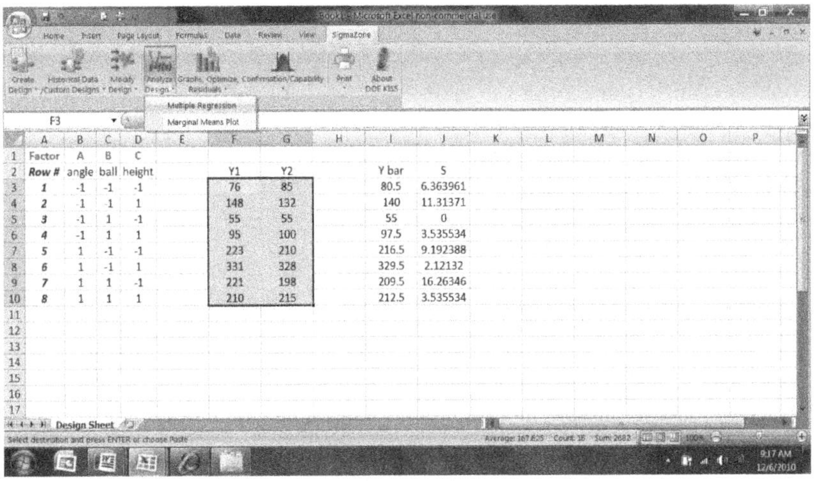

图 4-10　临界均值图

图 4-11　多元回归分析

Multiple Regression Analysis—多元回归分析　Y-hat Model—拟合值 Y 模型　Prediction—预测
S-hat Model—拟合值 S 模型　Y-hat Residual Values—拟合值 Y 的残差值

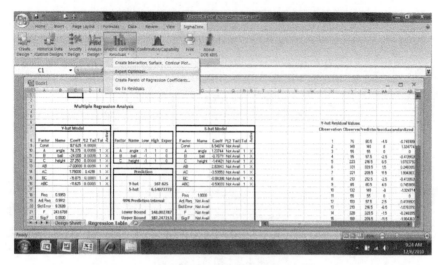

图 4-12　专业优化程序

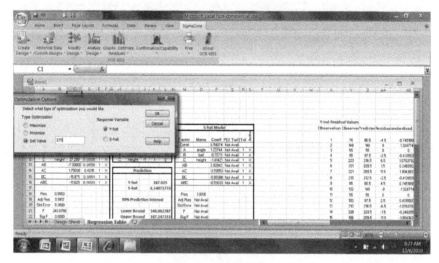

图 4-13　最优选择

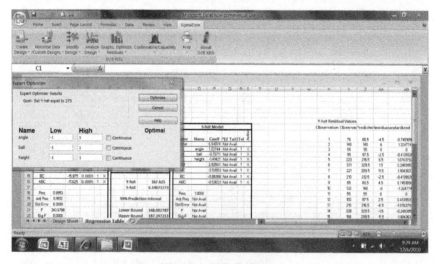

图 4-14　最优化结果 1

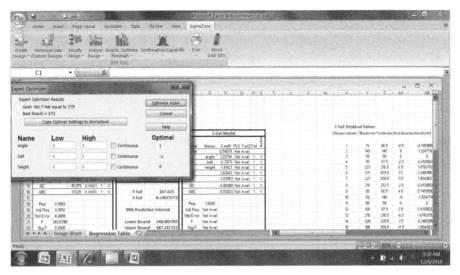

图 4-15　最优化结果 2

4.9　关于析因设计的额外想法

更高次全因子设计，比如 2^4，进行的试验有四种因子，每种因子 2 种水平。这就需要 16 次试验来获取所有数据，对于 2^k 设计，有 $2^k - 1$ 列主效应和交互效应要编码和计算，这就意味着对 4 种因子，需要总共 15 列来说明主效应、第二效应、第三效应和第四效应。

更高阶的交互，比如 ABC、ABCD 或 ABCDE 一般不是重要的。一般来说，我们避免为了进行统计分析而假设所有二阶交互作用没有意义。更高阶的交互很少是重要的或有意义的，而二阶交互经常是有意义的。

分析计算对于只考虑全因子试验的一部分是有效的，这被叫作部分因子试验设计。对于 2^{k-p} 因子试验设计也是有效的，它将额外的因子以三阶或更高的交互作用结合到部分设计中。在全因子设计中，2^{k-p} 设计是一种不需要通过增加试验来增加因子的方法。

三水平的情况称为 3^k 设计，计算方式从上述 2^k 设计的方法改变得来，且需要增加定心试验，三因子三水平需要 3^3 或 27 次试验再加上定心试验。

扩展阅读

Gryna, F., *Quality Planning and Analysis*, 4th edition, McGraw-Hill, New York, 2001.

Engineering Statistics Handbook, NIST/SEMATECH, U. S. Commerce Department, Washington, D. C., 2012.

Anderson, M. J., and P. J. Whitcomb, *DOE Simplified*, Productivity, Inc., 2000.

Box, G. E. P., W. G. Hunter, and J. S. Hunter, *Statistics for Experimenters—An Introduction to Design*, *Data Analysis*, *and Model Building*, John Wiley and Sons, New Jersey, 1978.

http://www. sixsigmaproductsgroup. com/Products/tabid/111/ProdID/23/Language/en-US/CatID/2/DOE_PRO_XL_SOFT-WARE_ON_CD. aspx, DOEPRO software.

第5章
六西格玛设计

空军学院协会　马克·J. 基梅尔（MARK J. KIEMELE）　著

同济大学　周健　译

5.1　概述

六西格玛设计（Design for Six Sigma, DFSS）对于不同的人来说有不同的意思，这一点甚至比六西格玛还要丰富。然而有一点确定的是，六西格玛的实践促成了 DFSS 的发展。DFSS 可以被认为是六西格玛发展的一个自然延伸。本章介绍关于 DFSS "是什么"和"为什么"的知识，同时介绍应用 DFSS 的一般方法论。

从数以千计的六西格玛项目中获得的经验显示，"6σ 水平"[4]［即 3.4ppm（10^{-6}）的缺陷率，$C_p = 2$，$C_{pk} = 1.5$］并不能经常在那些以关键客户绩效衡量指标（Critical-to-Customer Performance Measures, CTCs）为目标的六西格玛改进项目中实现。最近的一次调查显示，只有不足 5% 的遵循 DMAIC 方法论（Define-Measure-Analyze-Improve-Control, DMAIC）的六西格玛流程改进项目，在目标的 CTCs 上达成了 6σ 水平。这不是什么出乎意料的事情，就像任何已经完成过多个项目工作的六西格玛绿带或黑带人士知道的那样。这个现象在六西格玛文献中被称为"六西格玛壁垒"（Six Sigma Barrier）（见图 5-1）。图 5-1 显示，将某项 CTCs 从 2σ 水平提高到 4σ 水平，能带来实质性的成本削减好处。这幅图也显示了一个壁垒的存在，典型的是在 4σ 和 5σ 之间（这里显示的是在 4.8σ 处），它凸显了进一步追求更高的改进目标将会导致成本上升的效应。这里，成本以实线来表示。无论是对流程还是对产品，设计事项都阻止我们在不增加成本的条件下去追求达成 6σ 水平。

DFSS 的目的是将六西格玛壁垒向右移，于是为继续朝着 6σ 水平方向努力提供更多的财务刺激。将壁垒向右推，也就是将图中原来的实线转变成为虚线。尽管客户并不总是要求（或者需要）6σ 水平，

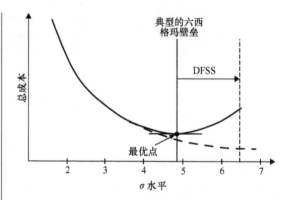

图 5-1　六西格玛壁垒

但 DFSS 提供了能将六西格玛壁垒向右移的方法论、工具和技术。这个移动所带来的不仅有成本削减效果，而且还有收入创造效果，因为它用强化了的产品或服务绩效来使客户更愉快。

在实践六西格玛流程改进项目好几年之前，大多数组织不会轻易地启动第一个 DFSS 项目，因为实质性的收益通常首先是通过应用 DMAIC 来获得的。然而，在今天竞争日益激烈的世界市场中，迟迟不部署和实施第一个 DFSS 项目可能是个大错误。现在已经成为共识的是，在某产品或服务的生命周期成本中，70%~80% 是在其设计阶段就被确定了的[1]，因此看来更合理的做法是在其生命周期中尽可能早地开始对这些巨额成本展开行动。当企业在六西格玛中日渐成熟时，他们会意识到，在生命周期中尽早地获得关于其流程、产品或服务的知识，是非常重要的，因为在较早阶段获得知识的成本比在后面发现存在巨大的设计问题时再来寻找知识要付出的成本低得多。而迟迟不部署 DFSS 工作的代价则可能是惊人的。

这个效应是所谓经典六西格玛和 DFSS 之间的一个关键差异（见图 5-2）。在产品或服务已经到了客户手中后才发现设计存在的问题，通常是代价高昂

的。如果你对这一点的认识还不够深刻的话，只需要问问福特汽车公司或者普利司通轮胎公司，他们的产品在使用中出现问题后，他们花费了多少钱来发现和修理设计缺陷问题？进一步地，你也可以问问丰田汽车公司，他们用于召回 800 万辆汽车的花费是多少？因此，DFSS 高度强调在产品或服务的生命周期前期就全力以赴。DFSS 极为关注去发掘真正的客户呼声（Voice Of the Customer，VOC），以及预测产品或服务在被生产后，在使用中将表现出怎样的行为特征。

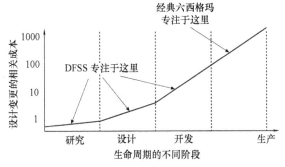

图 5-2 DFSS 专注于生命周期的前期

5.2 DFSS 方法论

与六西格玛类似，DFSS 项目也按照一系列预先规定的阶段来推进。最初的阶段推进方法是识别- 设计- 优化- 验证（Identify- Design- Optimize- Validate，IDOV），由通用电气（GE）研究与开发部门的诺姆博士（Dr. Norm Kuchar）在 1998 年提出。本章就是根据 IDOV 阶段论来介绍 DFSS 的方法论，并强调它对于产品和服务这两方面都适用的能力。

图 5-3 所示是 DFSS IDOV 方法论概览，并凸显每一阶段中的一些关键活动。每一阶段的关键产出也在底部被标注出来。随后的讨论会将 IDOV 四阶段的每一个拆分成更多的细节，凸显其中的一些关键活动。表 5-1 列举了在每一阶段可能会用到的 DFSS IDOV 工具。尽管某些 IDOV 工具与 DMAIC 工具库是有重复的，但还是有一些 DFSS 独有的工具和技术。这些工具包括期望值分析（Expected Value Analysis，EVA）、参数（或鲁棒性）设计、公差分配等。表 5-1 中的一些工具会在相应阶段的讨论中展开。

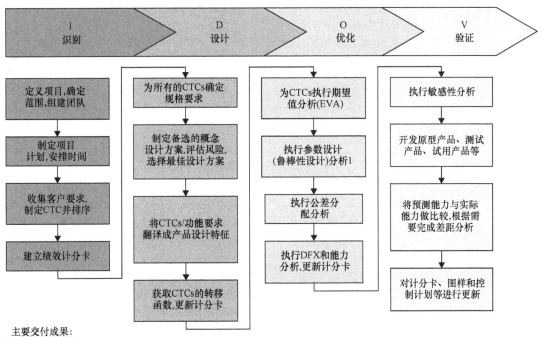

图 5-3 DFSS IDOV 方法论概览

表 5-1　DFSS IDOV 工具

识　别	设　计	优　化	验　证
项目或研究计划章程	为 CTCs 指定规格要求	柱状图	敏感性分析①
战略计划	公理设计①	分布分析①	差距分析①
跨职能团队	客户面谈	实证数据分布①	FMEA
客户呼声	明确表达设计的概念方案	期望值分析（EVA）①	故障树分析
客户保留方格	皮尤概念产生法①	为 EVA 增加噪声①	PF/CE/CNX/SOP
标杆比较	发明问题解决理论（TRIZ）①	非正态的输出分布①	运行/控制图
卡诺模型	失效模式和后果分析（FMEA）	试验设计	防错
调查表	故障树分析	多重响应优化①	MSA
焦点话题访谈小组	头脑风暴	鲁棒性设计开发①	控制计划
面谈	质量功能展开（QFD）	运用 S 帽模型①	反应计划
互联网搜索	计分卡	运用相互作用图①	高产出测试①
历史数据分析	转移函数①	运用轮廓图①	
试验设计	试验设计	参数设计①	
质量功能展开（QFD）	确定性仿真①	公差分配①	
成对比较	离散事件仿真①	面向可制造性和装配的设计①	
层次分析法（AHP）①	置信区间	防错	
绩效计分卡	假设检验	产品能力预测	
流程图	测量系统分析（MSA）	零件、流程和标准化①	
FMEA	计算机辅助设计（CAD）	工作的计分卡①	
目视化①	计算机辅助工程（CAE）①	风险评估	
		可靠性①	
		多学科设计优化①	

① DFSS 独有。

5.3　识别阶段（I）

　　项目的最初形成发生在识别阶段（见图 5-4）。在这个阶段，特定的项目、人员、计划及最重要的客户需求被识别出来。项目团队应该是跨职能的，包括来自产品或服务生命周期所有阶段的职能部门。在这个阶段，人员背景的多样性是好的特征。这个阶段还需要将需求信息翻译成 CTCs 的排序清单。CTC 必须是可衡量的，如果不能被衡量就不能成为一项 CTC（注意：有些机构使用的是另一个术语——"关键质量特性衡量指标（Critical-To-Quality performance measure，CTQ）"，但是无论使用什么术语，它都必须是可衡量的）。用于这项"翻译"任务的一个常用工具是在质量功能展开（Quality Function Deployment，QFD）[4] 中的第一质量屋。获取并理解 VOC 并非易事，有时，诸如试验设计或联合分析

等工具也被用来在特定情境下帮助发现真正的 VOC。第一质量屋对客户需求进行排序，并以客户自己的语言呈现，然后将这些需求转换成关于功能需求的排序清单（或者是 CTCs）。这些功能需求对于设计工程师们的后续努力是非常关键的。如果功能需求不正确，那么设计工程师做的很多工作就将成为纯粹的浪费。

　　识别阶段要启用的一个关键工具是 DFSS 计分卡[4]，它融合了 4 个主要领域的信息：零部件、流程、绩效和软件。运用诸如每件产品缺陷数等指标，无论是领域内的还是领域间的能力都能够被揭示出来。项目经理那时就可以容易地侦测到哪里有最大的改进机会。DFSS 计分卡也是根据必要性来重新分配资源的一个强大工具，对于完成 DFSS 项目来说，它也处于中心地位。DFSS 计分卡是一份具有即时性的文档，必须在每次获得新的信息或数据时予以更新。

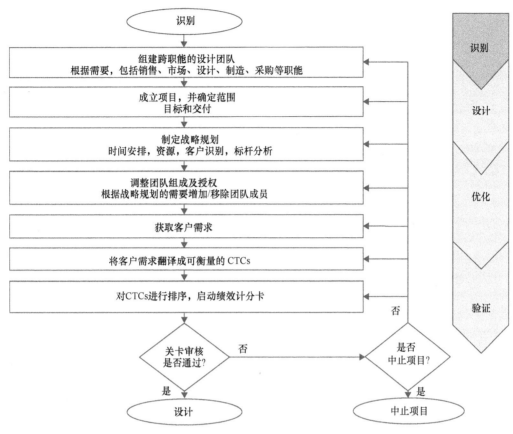

图 5-4　识别阶段（I）

5.4　设计阶段（D）

设计阶段如图 5-5 所示。在这个阶段，CTCs 的规格要求已经建立，设计的概念性方案已经形成，并进行了风险评估。运用 QFD 中的第二质量屋，CTCs 被翻译成设计参数或特征的排序清单。QFD 中的这个逐层展开的质量屋，可以被用来使需求信息分解细化（见图 5-6）。在每一个分解细化的阶段里，一个关键词是"排序"，因为如果没有对优先级进行排序，那么"质量屋"就可能很轻易地变成失控的"质量旅馆"，各种质量要求都挤了进来。

某些 DFSS 专家认为，在任何 DFSS 项目中，最大的技术障碍是开发出一个充分的传递函数，这项工作正是在本阶段中处理的。所谓"传递函数"[4]，是 CTC（y）与经过排序的设计参数组合（$x1$、$x2$、$x3$ 等）之间的数学关系。有时，这些传递函数是已知的，但是经常是需要被开发的。传递函数的开发技术包括试验设计、仿真和历史数据分析以及对这些技术的组合应用。传递函数是与 IDOV 后续阶段之间的关键连接，因为传递函数将设计工作与优化工作连接起来。所有的传递函数都必须经过验证，确保最新，因为它们可能随着时间而改变。

请注意，IDOV 方法论能在不同的抽象层次上加以应用。举个例子，IDOV 可以在汽车设计的每一个层次上应用（见图 5-7），包括系统设计、子系统设计、装配设计，甚至零部件设计。刚学习实施 DFSS 的机构最好从抽象的较低层次开始应用 IDOV，然后再随着时间而将工作逐渐推进到系统层次。

5.5　优化阶段（O）

优化阶段如图 5-8 所示，之前开发的传递函数可以被用于执行期望值分析、参数（或鲁棒性）设计以及公差分配工作。这三项技术将传递函数用作 y（输出）分布的交付机制，条件是输入参数以某种预先确定的方式改变。蒙特卡洛模拟是经常被用来做这项工作的技术。在六西格玛工作中，我们以非常细致的方式考虑输出项的变异特征。而在 DFSS 中，尤其是在优化阶段，我们对输入项的变异特征也同样要进行考虑。相比于经典六西格玛思维流程，这是一个重大的转变。也是在这个阶段，我们应用面

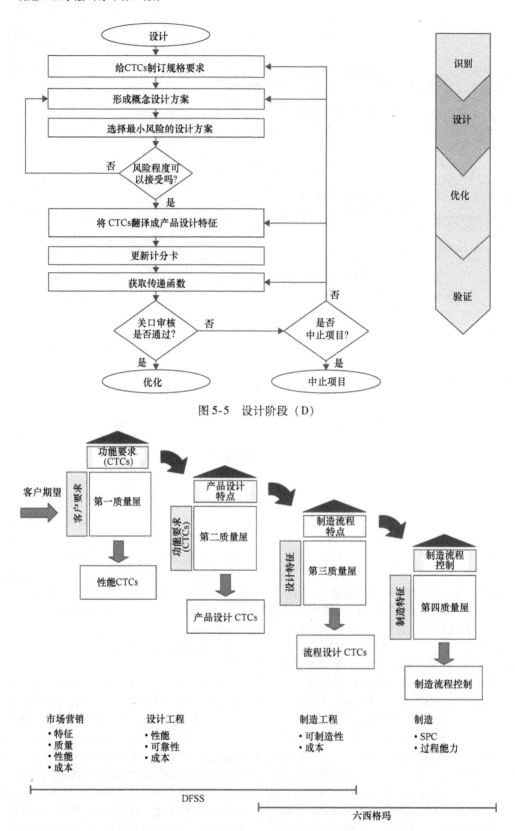

图 5-5　设计阶段（D）

图 5-6　运用 QFD 将需求信息分解细化

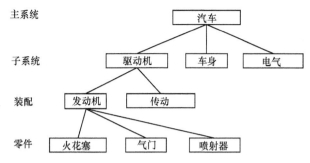

图 5-7 IDOV 可以被应用在设计工作的所有层次上

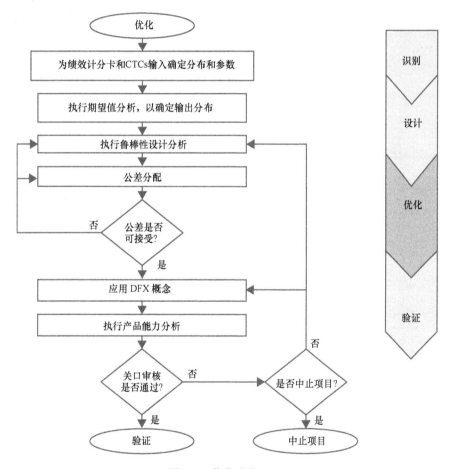

图 5-8 优化阶段（O）

向可靠性、可制造性、可服务性、可维护性等概念的设计，也就是所谓的 DFX。所有这些"X 能力"都常驻在 DFSS 绩效计分卡上，并进而被包括在总体的 DFSS 架构中。

如果一款产品或服务从没有被生产过，有办法能预测在该产品或服务被生产之前就对客户关键特性（Critical-To-Customer，CTC）的表现进行预测吗？这个问题的答案是"有"。如果知道传递函数，知道输入项的变化规律，我们就可以预测输出项或 CTC 的表现。EVA 是一项分析方法，在输入参数根据特定分布而进行变化的条件下确定输出的表现，包括其分布的形状、均值和标准偏差。这通常并不是一个符合直觉的过程。

以大多数读者很可能已经遇到过的一个非常简单的传递函数为例，正式的描述是 $y = x^2$。假设这个单一输入变量 x 符合正态分布，均值为 6，标准偏差为 2，那么 y（输出项或 CTC）的均值会是多少呢？现在运用输入-过程-输出（Input-Process-Output，IPO）图描述了这个场景（见图 5-9）。进一步地[5]，y 的分布会是怎样的呢？有人可能会得出结论，输出也会符合正态分布，均值为 36（因为输入的均值是 6，我们将进入输入框的每个事物求平方）。然而真正的结果是，y 的分布并非正态，均值也不等于 36，这个结果肯定与一些人的直觉不符。感兴趣的读者可以去验证这个结论。当输入项的分布特征被引入时，奇怪的事情常常发生。通过引入输入端的变异特征，均值的函数运算结果并不必然等于函数运算结果的均值。可以用一些软件来执行 EVA 工作。

参数（或鲁棒性）设计在输入分布上寻找最优的参数，来使得输出的缺陷率最小。带有 2 个输入和 1 个输出的参数设计如图 5-10 所示。看起来不符合直觉的是，只要改变输入变量的均值，就可以减少输出结果的变异性。在传递函数的基础上，运用蒙特卡洛仿真软件，就可以非常高效地进行参数设计工作，即使是在有比 2 个输入和 1 个输出复杂得多的场景下也可以。而如果打算仓促地进行手工计算，则会陷入一场梦魇。

公差分配的目的是发现哪些输入参数的标准偏差应该被收紧，而哪些应该被放松，以使得输出的缺陷率最小化。这项技术允许设计人员通过给输入变量分配不同的标准偏差，来执行成本/收益的权衡分析。就像 EVA 和参数设计一样，公差分配工作也推荐用软件来进行。

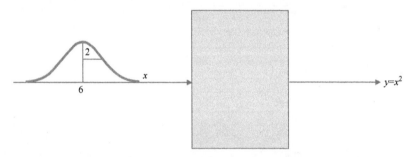

图 5-9　传递函数 $y = x^2$ 的 IPO 图

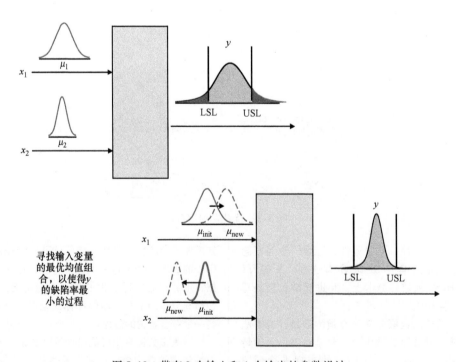

图 5-10　带有 2 个输入和 1 个输出的参数设计

5.6 验证阶段（V）

图 5-11 中对验证阶段进行了总结，这个阶段执行了敏感性分析，能力结果通过使用 DFSS 计分卡被总结出来。将这个预测的能力与实际能力（从原型产品中测试获得的能力数据）进行比较，如果存在显著的差距，那么必须进行差距分析。必须在客户到场情况下或以客户的眼光进行产品或流程有效性的最终测试。工作流和控制系统也必须在这个阶段开发出来并传递给制造部门。

5.7 DFSS 与其他策略的比较

尽管 IDOV 经常被用于设计新的产品和流程，但它还能被用来对已有产品和流程进行再设计。许多时候，传统的 DMAIC 式精益六西格玛策略产生的结果比最优结果要差，不能满足客户的要求。在这样的情况下，IDOV 能为 DMAIC 方法论提供极具价值的替代和补充。图 5-12 展示了如何以协同的方式来运用 DFSS IDOV 和传统精益六西格玛（DMAIC）。

在与被动式设计策略（前 DFSS）比较时，IDOV 的预见性设计方法论展示了它的价值，因为它可以显著地削减全生命周期里耗费的资源，缩短产品投放市场所需时间，增加产品投产后的收入增长率[2]。图 5-13 所示展示了这些优势，横坐标是时间，而曲线下面的面积代表了在生命周期各阶段消耗的总资源。一句话，IDOV 是面向实现超高投资回报率的一种战略：它取悦客户，赢得市场份额。

如图 5-13 所示，DFSS（左曲线）强调多分配资源在生命周期的早期，以实现在以后阶段的资源节省。尽管许多新产品开发方面的专家都同意这个概念，但它仍然是一个难于实施的主意。为什么呢？典型情况下，人力资源都忙于"救火"，解决那些与驼峰曲线（右曲线）里第二个驼峰相关的问题，于是几乎没有资源（时间和人员）可以从开始就投入到对新产品的恰当设计和开发工作上。如果某个机构想要花一段时间来实现从右曲线向左曲线的转型，那么唯一的办法是立刻开始在零件、装配体、子系统和系统层面上应用 IDOV 方法论。这需要开展一些培训和教练式辅导工作，来培养从业人员的 DFSS 胜任能力，使他们能经过一段时间成功地完成一个项目，这样 DFSS 的方法论和思维方式就能在设计工程师们的日常工作中生根发芽了。DFSS 的最终目标是提高整个组织里工程工作的有效性水平。如果这一点能发生（而它也的确能发生，因为它之前已经在许多组织里发生了），那么 DFSS 就能成为赢得市场竞争的康庄大道。

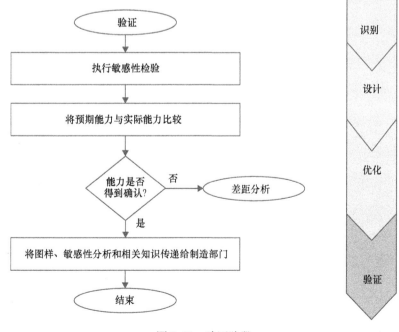

图 5-11 验证阶段

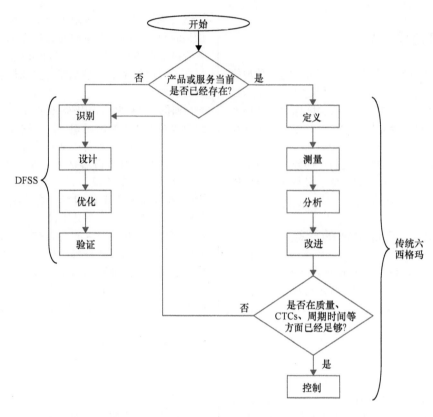

图 5-12　以协同的方式来运用 DFSS IDOV 和传统精益六西格玛（DMAIC）

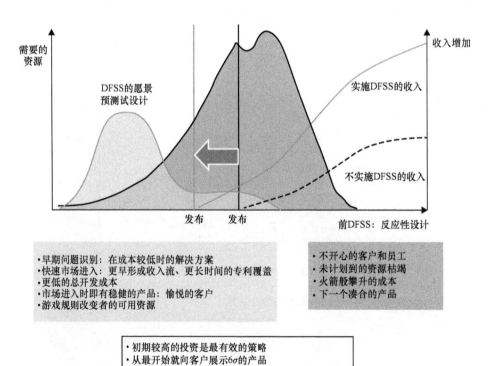

图 5-13　DFSS IDOV 预见性设计方法的优势

5.8　部署 DFSS

本章专注于解释 DFSS 的"是什么"和"为什么"方面的知识。如果读者对"如何"最好地实施 DFSS 有进一步的兴趣，以提高整个组织的工程工作的有效性水平，然后改进财务结果，那么就需要学习更多关于开展 DFSS 工作的最佳实践知识。以下总结了 DFSS 项目想要获得大成功所应该遵循的十大最佳实践[3]。

1）给领导层培训 DFSS 的知识，以建立起组织承诺和持久的动力。

2）在所有的产品开发活动中开始使用 DFSS 的工具和技术，并提供专家的教练式辅导。

3）立刻将 DFSS 的工具和技术变成新产品开发流程的必须组成部分。

4）基于 DFSS 的流程和绩效衡量方法对项目的进展进行评估，如有必要，要重新达成组织内的纵向和横向协同。

5）构建起通往创新的桥梁：传递函数。

6）试验设计的知识具有关键意义，因此要在试验设计方面建立起强大的专业能力。

7）建立起一个好的流程能力数据库，既包括公司内部的，也包括供应商的。这将在 DFSS 计分卡里得到体现。

8）将 DFSS 与企业经营成功的指标直接连接起来，例如财务收益、知识获取、客户愉悦度等。这一点的关键是领导力。

9）与那些真正理解 DFSS 是什么、在恰当地激励和教育他人并产出成果的人，建立起伙伴关系。

10）将 DFSS 看作是一场文化变革、一种思维模式，而不仅仅是一套工具。

就像之前提到过的那样，DFSS IDOV 方法论是与六西格玛的 DMAIC 方法论有所不同的。一个关键的差别是，DMAIC 项目的范围通常能够被界定到 4 个月完成期之内，但 IDOV 项目不行，一个 IDOV 项目可以持续 18 到 24 月，因为一个完整系统的设计和开发可能需要的潜在完成时间就有这么长，甚至更长。在今天的竞争市场里的领导者，将不会等待那么长时间才将 DFSS 项目的成功落袋为安。因此，我们介绍了关于"研究"的概念，并将它同"项目"区分开来。

"项目"的定义是以产生子装配体、模块、子系统或系统的设计方案为目标的努力。项目需要执行 IDOV 流程全部四个阶段的工作，从概念设计和客户需求分析开始，以经过验证的设计方案并交付给制造部门为结束。项目必须包括运用一套代表性的工具，如 QFD、概念方案选择和试验设计等。而"研究"指的是为达成单位目的而执行和完成的工作，作为任务的一部分，需要运用某一种 DFSS 工具或方法。DFSS 研究的潜在领域包括：建立和推行 DFSS 计分卡（识别）；理解真实的 VOC（识别）；对 VOC 进行翻译，并将这些需求信息分解细化成设计参数（设计）；产生传递函数（设计）；产生稳健且优化的设计方案（优化）；对结果进行总结，验证设计方案（验证）等。

图 5-14 中描述了项目的概念，它穿越了整个 IDOV 的各个阶段，执行了无数的研究来支持项目的完整开展。DFSS 研究通常在一个月（最多两个月）内完成，进而在较短时间内产生可观数量的知识。DFSS 研究的应用提供了对 DFSS 流程的"学习"机会，因为它将一个项目拆分成较小的、可以在较短时间内及时完成的若干片工作。它也满足了领导层对获取快速成果以在市场上增强竞争优势的需求。无论在进行的是项目还是研究，这项努力都需要在最开始时就建立起该项目/研究的章程。形成章程旨在建立起对完成该项目/研究工作的责任意识。章程必须由领导层来签署，并且由负责全部工作完成的六西格玛黑带和六西格玛绿带（们）共同签署。

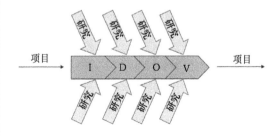

图 5-14　项目的概念

DFSS 工作成功开展的关键要素包括将项目和研究工作与对个人专业能力的认证联系起来：绿带和黑带候选者[4]想要获得认证，而认证过程需要项目或研究工作。重要的是，领导层批准项目和/或研究工作的开展以使组织向期望状态转变，如果只是为了展示学术能力的项目和研究工作，则不应该被批准。培养有专业能力的绿带是一个成功和持久的 DFSS 项目的关键，因为若要使 DFSS 工具和方法论成为绿带日常工作方式的一部分，专业能力是不可或缺的。而形成专业能力的一个关键是专家在项目和研究工作上的辅导。DFSS 绿带应该具有较强专业能力的领域如下：

- VOC 信息的收集，需求信息的产生和分析
- DFSS 计分卡的产生和分析

- 概念方案的产生和挑选
- 测量系统分析（MSA）
- 失效模式和后果分析（FMEA）——风险分析
- 统计工具和分析（假设检验、回归等）
- 试验设计（筛选、建模和验证设计）
- 分析性建模和仿真
- 稳健性设计和优化方法
- 公差和规格制定
- 可靠性分析和测试
- 面向 X 能力（可制造性、可靠性、可测试性、可服务性等）的设计
- 设计和流程能力
- 创新和高级概念设计

开展 DFSS 工作的经验显示，为培养具有专业能力的绿带，应采用以下 5 种最佳做法[3]：

1）在项目和研究工作上的专家辅导是必要的，直到绿带可以依靠自己的能力独立作业为止。辅导必须根据时间计划定期进行，而所遵守的时间计划中要将绿带的经理/领导邀请到辅导过程里。专业能力的定义是，知道用什么、何时用、如何用，并且最重要的是知道为什么工作要这么做，以及工作的产出是如何与企业经营的目标和目的相连接的。

2）遵循统计工作上保持简单的原则，使用易于理解的材料和便于使用的软件，以混合的方式处理这些材料是最佳的途径。必须使学习变得简单有趣，以便绿带可以在需要时将学习材料放下几个月，且重新捡起的时候不会有被打了一闷棍的感觉。这一点清晰地与在第一点中的专业能力互动起来，因为这是使得 DFSS 在整个组织里被有效运用，而不是只有少数精英分子能够使用的关键。

3）运用各种研究来获得快速且有影响的成果。在 DFSS 中，如果有人需要等待 IDOV 4 阶段的工作从开始到结束都完成的话，那么他几乎是不可能获得快速的成果的。从概念构思到商品化地执行一个新产品开发项目，可能会消耗相当长的时间，领导者们不能也不会愿意等待这个漫长的过程结束才看到成果。我们已经发现，通过引入能使领导者更快获得知识的快速成果概念，有助于领导者们更好地决策，有助于推动整个绩效改进工作的开展。换句话说，我们已经将"项目"与"研究"的概念区分开来，前者需要经历全部阶段工作的项目，而后者只需要在很短的一段时间里，通过应用一个重要的知识获取工具，来完成大量工作。

4）让领导层参与进来并持续地为他们充电是很有必要的。组织的变化速度是如此之快，无论经济好还是坏都是如此，因此领导层的协同也是一个持续过程。与此相伴随的是责任方面的事项，而工作的部署和财务结果是领导层的职责所在。

5）为了实现优化、预测和风险评估，需要培育一种持续产生传递函数的文化。我们对客户的成熟度进行评判的方式之一是，查看他们拥有的最新的有效的 CTCs 的百分比的传递函数。因为传递函数是通往优化和系统创新的大门。

最后，为将 DFSS 成功地整合到工程文化中去，必须克服一些主要的壁垒。如果没有提到这些壁垒的话，任何关于 DFSS 工作展开的论述都是不完整的。第一种类型的壁垒是技术壁垒。DFSS 为组织带来了一种新的范式，可以称之为统计性的视角，与之相反的是确定性的视角。技术壁垒也包括缺少足够的传递函数和流程能力数据。第二种主要的壁垒是文化壁垒。对变革的抗拒将会很明显，诸如"为什么要改变我们的设计流程""我们的工作与他们不同"及"那些工作我们已经做过了"的说法，都是变革恐惧症的典型症状。还会有关于设计周期时间将变长，设计成本将变高的恐惧。导入 DFSS 也许还需要新的技能和组织变革。领导层必须亲自驱动这个变革，提高对设计工作质量的要求期望，并按 DFSS 的纪律要求开展工作。不要低估组织变革的困难，从最开始就要为此做出应对计划。

专业术语缩写列表

CTC	客户关键特性，Critical-To-Customer
CTQ	质量关键特性，Critical-To-Quality
DFSS	六西格玛设计，Design For Six Sigma
DFX	面向 X 能力（可靠性、可制造性、可服务性等）的设计，Design For X-ability (reliability, manufacturability, serviceability, etc.)
DMAIC	定义-测量-分析-改进-控制，Define-Measure-Analyze-Improve-Control
DOE	试验设计，Design Of Experiments
EVA	期望值分析，Expected Value Analysis
FMEA	失效模式和后果分析，Failure Mode and Effects Analysis
HOQ	质量屋，House Of Quality
IDOV	识别-设计-优化-验证，Identify-Design-Optimize-Validate
IPO	输入-过程-输出分析，Input-Process-Output
KISS	统计工作上保持简单，Keep It Simple Statistically
LSS	精益六西格玛，Lean Six Sigma
MSA	测量系统分析，Measurement System Analysis
QFD	质量功能展开，Quality Function Deployment
VOC	客户呼声，Voice Of the Customer

参考文献

1. Research & Technology Executive Council, *Establishing a Lean R&D Organization*. Catalog No. RD15IVAQ3, Corporate Executive Board, Washington, DC, 2006.
2. Kiemele, M. J., R. C. Murrow, and L. R. Pollock, *Knowledge Based Management*, Air Academy Associates, Colorado Springs, CO, 2010.
3. Pollock, L. R. and M. J. Kiemele, *Reversing the Culture of Waste*: 50 *Best Practices for Achieving Process Excellence*, Air Academy Associates, Colorado Springs, CO, 2012.
4. Reagan, L. A. and M. J. Kiemele, *Design for Six Sigma*: *The Tool Guide for Practitioners*, CTQ Media, Bainbridge Island, WA, 2008.

第6章

价 值 工 程

JMA 咨询公司 （日）大日塚智明（TOMOAKI ONIZUKA） 著

同济大学 周健 魏月琦 译

6.1 概述

价值工程/价值分析（VE/VA）的起源可以追溯到 1947 年在通用电气（GE）发生的所谓的石棉危机。当时，通用电气已经用石棉对房间地板进行覆盖，以尽量减少火灾风险。然而在那时，石棉的获取有一定难度。通用电气采购部门的劳伦斯·迈尔斯先生问道："为什么要用石棉？为什么不寻找更便宜又容易获得的替代品？"消防安全委员会采纳了他的建议，并开始寻找替代品。从此，价值工程诞生，此后又得到了进一步的发展，直到 1954 年被美国国防部正式采用。也大约在这段时间，它的名字已经从 VA 改为了 VE。

6.2 价值工程在当今市场环境的重要性

当今，新兴国家成了全球市场的聚焦点。它们所需的产品有别于发达国家所销售的产品，必须更便宜且满足当地的特殊需求。此外，新的竞争者也已经出现，低成本供应商虽然在技术上落后，但可以快速赶上甚至赶超先进供应商。随着互联网的发展，全球技术革命步伐加快，产品生命周期也大幅度缩短。

在发达国家，新的竞争也一触即发。竞争不再局限于传统的质量和功能，而是着眼于满足社会和环境需求。公司需要开发出更加价廉物美的产品来满足客户的需求（见图6-1）。

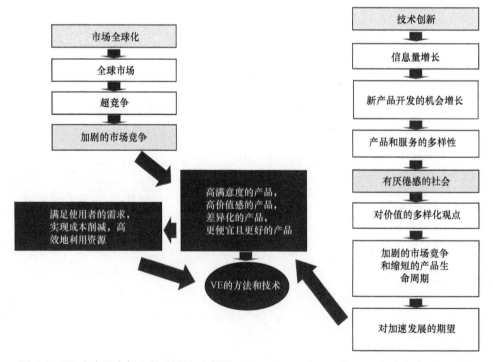

图 6-1　VE 在今日市场上的重要性（来源：Messrs. Hiroshi Tsuchiya and Yoshio Nakagami）

6.3 什么是价值工程

6.3.1 定义

根据日本价值工程学会的定义,"VE 是一种系统性的努力,旨在研究具有所需质量和功能,但制造、分销和消费所需成本较低(最低的生命周期成本)的产品或服务。"

6.3.2 最低生命周期成本

生命周期成本(见图 6-2)是指产品在规划、开发、设计、采购、生产、销售、使用、维护和处置等所有阶段的总成本。在考虑生命周期成本时,重要的是纳入客户承担的成本。客户的成本不仅包括采购,还包括使用、维护和处置。这些成本应该被置于最低限度。没有多少公司考虑到生命周期成本,但这种情况正得到改变。越来越多的公司正在关注服务(而不仅仅是产品),以提高他们的利润率。售后价值和成本的重要性越发体现出来。

6.3.3 确保产品的功能

产品的功能必须迎合客户的期望,而不仅仅依靠生产者的想法。许多公司在产品开发过程的这方面都失败了,他们只希望自己产品的功能比他们的竞争者更好。在市场的推出和增长阶段,消费者尚未对产品的功能完全满意,因而功能方面的改善可以形成更高的价值。但在成熟的市场中,客户对产品的功能或多或少满意,如果公司坚持改善功能,这可能会导致研发花费更多,但销量上不去,因专注于研发而忘记了客户。

"确保"意味着,为了实现客户期望的功能而对必要的工程步骤进行定义,并确保这些步骤被认真完成,可能包括操作规范、可靠性、易维护性、安全性和易操作性。因此,功能的确保和生命周期成本最小化共同构成了 VE 最重要的一点,即最大化客户价值。

客户的价值观如图 6-3 所示,当生命周期成本最小化,并且功能最大化时,客户价值得到最大化。

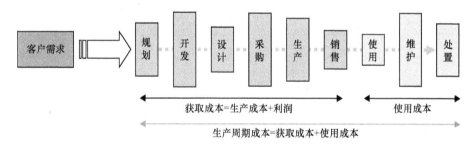

图 6-2 生命周期成本(来源:Mr. Manabu Sawaguchi)

图 6-3 客户的价值观

那些没有真正了解 VE 的人会倾向于认为 VE 只是削减成本。这曾经是对的,当 VE 最初被发明时,成本削减是其考虑的一部分。但在 VE 中,令客户满意是必须条件,它涉及的不仅有成本削减,还有其他因素。VE 可以有 4 种模式,如图 6-4 所示。

模式①是一个简单的成本削减。产品的功能和运行参数都不变。在目前的市场上,这通常可见于产品的持续改进,而不会在新产品的开发中出现。

模式②存在于成熟市场。客户需求的变化和演变需要对功能和规格进行改进,并且需要降低成本。

模式③的适合场景是你已经在竞争中享有成本优势,因此只需努力改进产品功能和规格。

模式④是公司作为唯一供应商而享有特殊地位时的情况。由于客户对产品感到满意,他们愿意为此付出合理的代价。这在竞争激烈的市场中是罕见的。

总而言之,VE 不仅仅是削减成本。它必须通过在产品功能、规格及成本之间做出平衡来最大化客户价值。

	1	2	3	4
功能	→	↑	↑	↑
成本	↓	↓	→	↑

图 6-4 成本削减和功能增强的 4 种模式
(来源:JMA Consultants Inc.)

6.3.4 产品和服务

在 VE 中,我们认为产品包括材料、零件、生产设备和设施。同样,服务包括服务作业、交付、组织和工程作业。

虽然 VE 通常适用于产品开发，但其概念可以广泛应用于其他领域，例如医疗保健服务、食品服务等。在这种情况下，客户正在寻找的可能是：在医院等待更少的时间，填饱肚子或花时间与朋友交谈。对于这些，客户愿意支付一定的价格。如何最大化这些价值，正是 VE 可以发挥作用的地方。

6.3.5 对功能的研究

VE 尝试通过平衡产品功能与生命周期成本来最大化客户价值（见图 6-5）。因此，该产品或服务的功能是非常重要的。功能包括它的工作原理、工作内容及作用。"考虑功能"是指首先要识别客户的需

要和需求，然后系统地组织每一项功能的"是什么"和"如何做到"。

处理功能方面问题的方法有多种。首先，基于对客户的重要性，可分为主要功能和次要功能。由于客户是最重要的，我们通常会努力最大化主要功能。另一方面，次要功能通常是支持性的，而非主要功能的改进，因此在次要功能上降低成本更有利于客户价值。

接下来，我们要考虑功能的必要性。在第一次开发产品/服务时，我们不会有意在其中构建不必要的功能。但是，随着产品/服务的发展，一些功能就变得不必要了。因此，重要的是检查某个功能的变化如何造成影响。

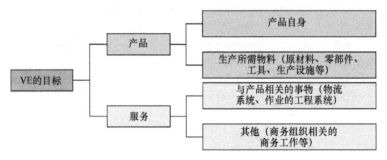

图 6-5　价值工程的目标（来源：Mr. Manabu Sawaguchi）

6.3.6 建立良好的组织

在 VE 中，重要的是收集来自各个领域（规划、设计、生产技术、采购和制造）专家的意见。为了促进不同主题专家之间的有效讨论，有必要明确界定讨论方案，让所有成员相互认识和了解。我们看到许多公司只有在规划部门才实行 VE，这样一来，让其他部门参与进来，并建立有系统的教育，就变得非常重要了。

6.4　价值工程实践

VE 付诸实践的过程可遵循三个步骤（见图 6-6）。

6.4.1 定义功能

本节我们明确定义产品/服务的功能。其包括三个子步骤：收集信息；对功能进行定义；对功能进行组织和总结。

1. 收集信息

收集与产品相关的所有信息。重要的是所有 VE 团队成员对目标产品/服务都有一个共同的了解。

用途：用户是谁、用户所需的必要条件、用户使用产品的目的、用户使用的环境、用户的需要、相关的事故报告和失控事件记录。

销售：销售地点、对市场生命周期的预测、销售业绩、对未来需求的预测、销售相关的问题。

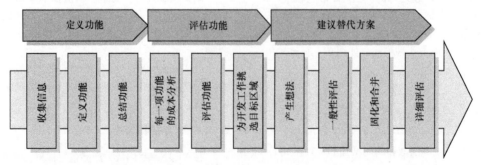

图 6-6　定义功能、评估功能和建议替代方案（来源：JMA Consultants Inc.）

规划：客户的计划、公司的计划、组成要素、计划变更和推理的历史、影响计划变更的守则和规则等。

制造、采购和施工：对于制造产品来说，这包括外购物品及其供应商、生产量、生产能力、装配线设计、装配程序、标准工时和实际工时等；对于建筑施工来说，它包括外购材料及供应商、施工地点、施工条件、施工的工程方案和程序、实际施工时间等。

成本：对于制造产品来说，它包括零部件成本、装配成本和使用成本；对于建筑物来说，它包括材料成本、人工成本和使用成本。

2. 对功能进行定义

明确识别产品的功能，逐项细化功能，明确定义。在 VE 中，定义功能的目的是澄清它，并将其作为考虑的起点。

在定义某个产品或其部件的功能时，请先问"它是做什么的"，并用简单的名词和动词组合来回答，如"导通电流""承受重量"等。

很多情况下可以识别出好几个功能，但它们并不是同等重要的。在 VE 中，我们将它们分为主要功能和次要功能。主要功能是客户必需的功能，没有它，产品就没有价值。而次要功能是支持主要功能的功能。

定义功能的过程如下：

首先将产品划分为若干个结构元素。如果是制成品，将其分成组成部件。如果是制造工程，将流程划分为更细节性的小部分。将功能划分成各个细节部分的原因是这样可以保证我们不会遗漏任何内容。

定义各部分的功能。"它用来做什么？"答案可能不止一个，但重要的是不要错过它提供的任何功能。如果精确定义较难，请收集更多的信息。

确定每个功能的可接受范围。从收集的信息中，确定该功能的规格，即这个功能需要多少，或者需要到什么程度？

区分主要和次要功能。如上所述，产品没有主要功能就没有价值，次要功能是支持性的功能。必须分析每个组成元素的功能，以确定它是主要功能还是次要功能。

3. 对功能进行组织和总结

根据组成要素的关系对已定义的功能进行组织和总结。组织和总结的目的是：

明确产品需要什么功能。我们希望用最少的成本实现所需的功能，以实现价值最大化。因此，我们需要明确产品作为一个整体的功能，而不仅仅是那些构成要素的功能。

如何透彻地运用各部分的功能及其相互关系，并且要了解其中最重要的关系。在我们评估功能并提出替代方案时，可以将它们分组到相关的类别中去。

定义所需的功能要不缺不漏。明确产品所需的功能后，为实现功能提出建议方案。

以如下的方式对功能进行整理和总结：

使用索引卡。在索引卡上写入每个功能。这将有助于建立功能之间的关系。

确定关系。抽出一张索引卡，问："因为何种目的而需要这个功能？"在定义清楚目的之后，进一步地探求目的之后的目的。确定每个功能的目的，并建立它们的关系。结果是形成一个功能组织图（见图 6-7）。

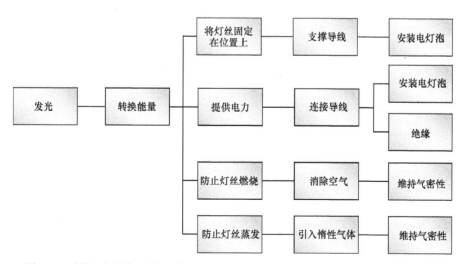

图 6-7 功能组织图的实例（来源：Messrs. Hiroshi Tsuchiya and Yoshio Nakagami）

对功能组织图进行评估和审核。确保各功能已经系统地基于"目的"和"手段"进行了分组。下一步是，审核功能类别，将为了共同目的而需要的功能划分到一起。这是因为，在评估阶段和提出替代方案阶段，讨论需要基于类别进行，这一步很重要。

建立约束条件。将这些内容记录在图表上。

6.4.2 对功能的评估

识别低价值的功能，并选择要改进的功能。实践时可以分为三个步骤：成本计算、评估和选择。

1. 计算各功能的成本

计算当前用于实现产品或服务所需功能的成本。确定每个结构部件的成本，并将其分配给适当的功能类别。结构部分和功能类别可能并不总是一一对应。当一个部件有多个功能时，其成本应该在相应的功能类别中进行适当划分。

2. 对功能的评估

设置价值的衡量尺度，并确定当前使用的方法所处的位置。如果当前方法有很高的价值，那就没有太多的提升空间。另一方面，如果价值较低，则可能存在改进的余地。寻找可以实现相同功能的替代材料或方法，并从中选择出成本最低的。如果当前还没有现成的替代方案，而必须进行研发，则应估算其成本。

3. 选择改进的目标

从所需功能类别列表中，研究提升价值和降低成本的可能性，有助于在功能价值和成本削减方面

对当前的生产方法进行评估。评估结果表示为功能价值与成本的比值。例如，如果功能值为 7000 日元，当前成本为 10000 日元，则值比为 0.7。价值比越低，表明价值提升的空间更大。在上述例子中，成本削减的空间是 3000 日元。

6.4.3 提出建议

最后一步是给出一个以最低成本实现所需功能的新方案，可以通过四个步骤完成：产生想法；初步评估；固化；详细评估。讨论应围绕"还有什么方法可以完成同样的事情？""成本是多少？""是否能正确实现所需的功能？"进行。

1）产生想法。产生尽可能多的想法来完成所需的功能。

2）初步评估。从经济和技术角度，根据价值增值的可能性评估产生的想法。

3）合并。尝试将想法组合起来，或者想出更多的新想法。重复进行前述的产生想法和评估的过程。

4）详细评估。从技术经济角度认真地评估方案。

在 VE 中，我们必须牢记产品是什么，并仔细定义功能。否则，我们最终可能会采取以不太令人满意的产品功能来削减成本的建议。

6.5 VE 的应用

根据产品开发的阶段不同，VE 的应用方式也不同（见图 6-8）。

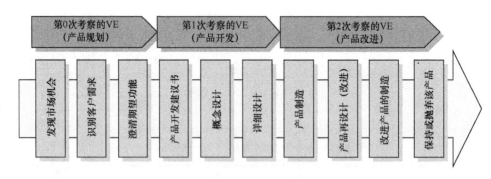

图 6-8　应用于产品规划，开发和改进阶段的 VE（来源：JMA Consultants Inc.）

首先，VE 被应用到当前产品。这就是所谓的第 2 次考察的 VE（产品改进 VE）。当制造成本高、利润薄时，我们就会考虑降低成本、改进工艺或修改设计。请记住，产品的功能是 VE 的必要条件。

接下来是第 1 次考察的 VE（产品开发 VE）。根据产品提案，思考如何实现所需功能，对过程进行细化，对成本和生产所需时间等进行估算。

最后还有所谓第 0 次考察的 VE，产品规划VE）。客户想要的是什么？他们最重视的是什么？尝试找出能满足这些需求的产品方案。这与通常的应用于产品的 VE 有所不同，有时被称为营销 VE。

作为总结，随着客户对价格的变化越来越敏感，单纯应对第 2 次考察的 VE 变得越来越困难，我们需要在产品开发的更早阶段就实施 VE，即第 0 次考察

的 VE 和第 1 次考察的 VE。

扩展阅读

Tsuchiya, H., Nakagami, Y., VE Program Learning I and II, SANNO Institute of Management, Publishing Department, Tokyo, April 2003

Tsuchiya, H., Nakagami, Y., VE Program Learning III and IV, SANNO Institute of Management, Publishing Department, Tokyo, November 2003

Tsuchiya, H. (eds), The Basics of VE, New Edition, SANNO Institute of Management, Publishing Department, Tokyo, May 1998

Sawaguchi, M., 20 Steps to Product Development Activities Using VE, Doyukan Inc., Tokyo, August 1996 (In Japanese)

Society of Japanese Value Engineering: http://www.sjve.org/en/(Accessed 11/12/14)

SAVE International: http://www.value-eng.org/(Accessed 11/12/14)

第 7 章
机械装配公差分析的基本方法

杨百翰大学　肯·蔡斯（KEN CHASE）　著

浙江大学　曹衍龙　译

7.1　一维装配公差分析简介

为了生产更高质量的产品，制造业非常重视监测和控制工件尺寸的变动量。产品零件尺寸变动量会积累或叠加（按照统计规律），在装配关系中传递（按照运动学规律），最后表现为其制成品的关键特征的变动量。在装配时，工件尺寸变动量会导致返工或报废工件，增加生产成本。在成品阶段，尺寸变动量会导致性能不达标，增加维修成本并影响用户满意度。

公差分析是尺寸变动量管理的一种有效方法。它是一种定量分析方法，可以预测装配体中尺寸变动量叠加的结果。公差分析包含以下步骤：

1）识别组成尺寸链的尺寸，以控制关键装配尺寸或特征。

2）装配尺寸的平均值由尺寸链中各尺寸的平均值之和确定。

3）装配尺寸的变动量通过相关零件尺寸的变动量之和估算，这个过程称为叠加。

4）将预期的装配变动量与工程极限比较，以评估不合格或不符合装配要求的产品数量。

5）根据分析结果，决定是否改进设计或加工过程。

对于成品工件，可用其实际测量数据完成分析。在工件开始生产前，其实体的实际测量数据不可得。在这种情况下，工程人员可以寻找与其相似的零件实体来完成分析。在无法找到相似体时，可采用替代方案，就是公差分析法。公差分析法在设计过程中经常使用，其主要步骤是：用公差值代替各尺寸的变动值；假设单个尺寸变动量均在公差范围内；估算关键装配尺寸或特征的变动值。公差叠加分析最常用的四种模型见表 7-1 所示，各有其优点和局限性。

表 7-1　公差叠加分析最常用的四种模型

模　型	公　式	预　测	应　用
极值法 （WC）	$T_{ASM} = \Sigma \left\| T_i \right\|$	变动量的极限值 非统计的	临界系统 不允许有废品 成本最高
统计法 （RSS）	$\sigma_{ASM} = \sqrt{\Sigma \left(\dfrac{T_i}{3} \right)^2}$	可能的变动量 不合格率	合理估计 允许存在一些不合格品 成本较低
六西格玛 （6σ）	$\sigma_{ASM} = \sqrt{\Sigma \left(\dfrac{T_i}{3 C_p \, (1-k)} \right)^2}$	长期的变动量 不合格率	期望均值随时间偏移 期待高质量水平
数据 （尺寸）	$\sigma_{ASM} = \sqrt{\Sigma {\sigma_i}^2}$	应用已有零件的测得的变动量 不合格率	零件制造后 假设性研究

7.1.1　叠加模型的比较

两种最常用的叠加模型如下：

1) 极值法（Worst Case，WC）。对公差的绝对值求和，再计算其极限值，得到（在符合公差要求情况下）最差配合情况。若 WC 都落在装配公差带中，将不会出现装配失败。极值法对零件公差的要求最为严格，是一个高成本的方法。

2) 统计法（RSS）。通过均方根（Root-Sum-Squares，RSS）叠加变动量。此方法基于统计概率，预期公差极限值比 WC 法合理。统计法预测装配特征的统计分布，依此估算出不合格率（废品率）。它也考虑到了静态均值的偏移量。

举个例子，假设有一个含 9 个等精度的零件的装配体，令这些零件具有相同的公差 $T_i = 0.01$，则预期装配变动量为：

极值法：$T_{ASM} = \sum |T_i| = 9 \times 0.01 = \pm 0.09/2$

统计法：$T_{ASM} = \sqrt{\sum T_i^2} = \sqrt{9 \times 0.01^2} = \pm 0.03/2$

显然，极值法的预期变动量比统计法大得多。如果增加尺寸链中的零件数量，结果的差别会进一步加大。

叠加模型也可以反向求值。比如，装配体设计要求给出了装配公差，指定了 $T_{ASM} = 0.09$，组件公差可以通过如下方法求解。

极值法：

$$T_i = \frac{T_{ASM}}{9} = \frac{0.09}{9} = 0.01$$

统计法：

$$T_i = \frac{T_{ASM}}{\sqrt{9}} = \frac{0.09}{3} = 0.03$$

此例中，相比统计法，极值法提出了更严苛的公差要求。

7.1.2　用统计法预测不合格率

在制造过程中，每个零件尺寸都会有变动。若对每个零件进行测量，并统计每个尺寸值的零件数，就可以得到一个概率分布图（见图 7-1）。

通常，尺寸值均值附近对应的零件数量多，使得尺寸概率分布图中间凸起。离尺寸均值越远，零件的数量越少，逐步减少至 0。

图 7-1 是一个描述随机变动量的常用统计模型，即正态分布（也叫高斯分布）。均值 μ 标记曲线最高点，表示加工的尺寸接近目标尺寸的程度。分布的标准偏差 σ 表示其向两边延伸的宽度，σ 也展示了加工精度和控制能力。

UL 和 LL 表示尺寸的上极限偏差和下极限偏差，它们由设计要求设定。如果 UL 和 LL 与所示的 $\pm 3\sigma$ 对应，那么作为不合格品的零件较少（大约 1000 个中有 3 个）。

任何正态分布都可以转化为标准正态分布（其均值为 0，标准偏差为 1）。通过以偏移均值的标准偏差的数量来绘制分布图。标准偏差表有助于我们估算不能满足工程极限的装配体的比例。这由以下步骤实现：

1) 进行一公差叠加分析，计算装配尺寸 X 的均值和标准偏差，该尺寸具有设计要求 X_{UL} 和 X_{LL}。

2) 计算由均值到每个极限的标准偏差的数量：

$$Z_{UL} = \frac{X_{UL} - \bar{X}}{\sigma_X}$$

$$Z_{LL} = \frac{X_{LL} - \bar{X}}{\sigma_X}$$

式中，$\bar{X}$ 和 σ_X 分别是装配尺寸 X 的均值和标准偏差。当误差分布为正态分布时，$\bar{X} = 0$，$\sigma_X = 1$。

3) 通过标准正态分布表，查得位于 Z_{LL} 和 Z_{UL} 之间的装配体的部分（位于曲线下方区域），这被称为预期合格品率 Yield，即装配体符合要求的部分，而位于区域外的部分为（1 - Yield）。

预期不合格品率通常用每百万个产品的不合格品数（ppm）计。

注：因为正态分布是对称的，标准正态分布表仅列出了正的 Z。

标准偏差中表示 Z_{LL} 和 Z_{UL} 的值提供了装配过程质量水平，它们是无量纲量。质量水平与 Z_{LL} 和 Z_{UL} 之间标准偏差数量（σ）的比较见表 7-2。

表 7-2　质量水平与 Z_{LL} 和 Z_{UL} 之间标准偏差数量（σ）的比较

Z_{LL} 和 Z_{UL}	预期合格品率 Yield	每百万个产品的不合格品数	质量水平
$\pm 2\sigma$	0.9545	45500	不可接受
$\pm 3\sigma$	0.9973	2700	中等
$\pm 4\sigma$	0.9999366	63.4	高
$\pm 5\sigma$	0.999999426	0.57	很高
$\pm 6\sigma$	0.999999998	0.002	极高

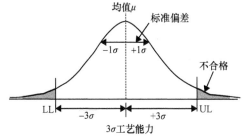

图 7-1　具有随机误差的某一工艺尺寸的概率分布图

7.1.3 贡献度百分比

另一个有价值且简单的评价方法是贡献度百分比。通过计算每个变动量对最终装配变动量的贡献度，设计者和生产者能够快速聚焦，提升质量改善力。该贡献度就是一个零件的标准偏差与总体装配标准偏差的百分比。

极值法：

$$\% \text{ Cont} = 100 \frac{T_i}{T_{ASM}}$$

统计法：

$$\% \text{ Cont} = 100 \frac{\sigma_i^2}{\sigma_{ASM}^2}$$

7.1.4 示例 1——圆柱配合

如图 7-2 所示，轴和套筒间必须保持间隙。最小间隙不得小于 0.002in（1in = 25.4mm）。最大间隙没有要求。表 7-3 给出了每个零件的公称尺寸和公差。

首先，将设计尺寸和公差转换成中间尺寸和对称的极限偏差（见表 7-3 的最后两列）。如果计算两种情形的最大和最小尺寸，就会发现两者计算结果是等同的。

然后，计算平均间隙和均值附近的变动量。为方便比较，变动量通过极值法和统计法叠加计算。

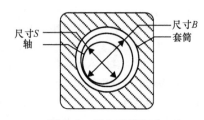

图 7-2　轴和套筒配合

表 7-3　公称尺寸和公差——圆柱配合装配

零件	公称尺寸	负公差（下极限偏差）	正公差（上极限偏差）	中间尺寸	对称的极限偏差
套筒直径 B	0.75	0	+ 0.0020	0.7510	± 0.0010
轴径 S	0.75	− 0.0028	− 0.0016	0.7478	± 0.0006
间隙 C				0.0032	± 0.0016（极值法） ± 0.00117（统计法）

平均间隙（变量上的横线表示均值）：

$$\overline{C} = \overline{B} - \overline{S} = (0.7510 - 0.7478)\text{in} = 0.0032\text{in}$$

极值法计算的变动量：

$$T_C = |T_B| + |T_S| = (0.0010 + 0.0006)\text{in}$$
$$= 0.0016\text{in}$$

统计法计算的变动量：

$$T_C = \sqrt{T_B^2 + T_S^2} = \sqrt{0.0010^2 + 0.0006^2}\text{in}$$
$$= 0.00117\text{in}$$

应注意的是，C 是 B 和 S 之差，但是公差是相加的（零件的公差值总是相加的）。可以这样认为：对于极值法计算，用的是隐去负号的绝对值，而对于统计法计算，则用的是隐去负号的公差的平方。

间隙的预期范围为 $C = (0.0032 \pm 0.00117)\text{in}$（RSS）或 $C_{max} = 0.00437\text{in}$，$C_{min} = 0.00203\text{in}$。

注意，C_{max} 和 C_{min} 并不是绝对极限值，而是变动量的 $\pm 3\sigma$ 的界限，它体现的是该装配过程的总体能力，由尺寸链中各零件尺寸的加工能力计算得到。其尾部的分布实际上超过了这些界限。

所以，有多少装配体会具有小于 0.002in 的间隙呢？为了回答这个问题，首先必须以无量纲 σ 为单位计算 Z_{LL}。相应的合格品区可以通过数学表或采用电子表格（如微软的 Excel）获得。

$$\sigma_c = \frac{T_C}{3} = 0.00039\text{in}$$

$$Z_{LL} = \frac{LL - \overline{C}}{\sigma_c} = \frac{0.0020 - 0.0032}{0.00039} = -3.077\sigma$$

由 Excel 得到的结果：

Yield = NORMSDIST(Z_{LL}) = 0.998989

Rejectfraction = 1.0 − Yield = 0.001011

也就是说，具有 99.8989% 装配成功率，或 1011ppm 不合格品率。

不需要规定上极限值，只需要 Z_{LL}。

Z_{LL} 为 3.077σ 时，其预期结果为中等质量水平。图 7-3 是一个具有均值偏移的正态分布图。注意，随偏移的增大，不合格品数量将增加。

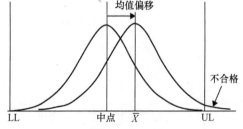

图 7-3　具有均值偏移的正态分布造成了不合格品率的增加

7.1.5　如何计算均值偏移

在统计公差分析中，经常假设分布的均值位于 LL 和 UL 的中点处，事实往往不是这么理想。许多过程（如刀具磨损、热膨胀、电子漂移、控制系统、操作失误等）随时间变化而产生偏移。一些误差（如夹具误差、安装误差、不同批次的安装不同、材料性质改变等）会导致有固定值的偏移。一个尺寸的偏移量可导致整个装配的偏移。

当分布的均值偏移中心时，可能导致严重的问题。其分布的尾部更多地落到界限区域外，因此不合格品数量增加。随着均值进一步移动，曲线的斜度将变陡峭，不合格品数量会急剧增加。均值偏移是不合格品数量增加的一个主要源头，必须重视。

要考虑两类均值偏移：静态均值偏移和动态均值偏移。静态均值偏移一次生成，其后加工的每个零件都会添加上一个定值误差。在分布图上，其均值的位置出现一个固定偏移。动态均值偏移随时间逐步累积，向一个固定方向偏移（向后或向前）。产品大批量的生产过程中，伴随时间的变化，会重新设置设备、调整模具、更换供应商等，这些动态误差源的最终结果将使分布变化，尾部更多部分会处于界限外。

对静态均值偏移建模，可以通过简单地改变一个或多个零件尺寸的均值进行。如有实际均值偏移的数据则更好。当以 σ 为单位计算从均值到 LL 和 UL 的距离时，就能计算在每个界限的不合格品率，这就给出了解决该问题的办法。

动态均值偏移建模要求改变公差叠加模型。不是用 $T_i = 3\sigma_i$ 估计尺寸公差的标准偏差 σ_i，与传统的统计法公差分析一样，而是用一个修正形式计算更高的质量水平过程：

$$T_i = 3C_{pi}\sigma_i$$

式中，C_p 是过程能力指数，有

$$C_p = \frac{UL - LL}{6\sigma}$$

若 UL 和 LL 与过程的 $\pm 3\sigma$ 相对应，那么 UL − LL $= 6\sigma$，$C_p = 1.0$。因此，1.0 的 C_p 与 $\pm 3\sigma$ 的中等质量水平对应。若公差与 $\pm 6\sigma$ 对应，UL − LL $= 12\sigma$ 且 $C_p = 2.0$，其与 $\pm 6\sigma$ 的极高质量水平对应。

公差叠加的 6σ 模型通过改变叠加方程，以包括尺寸链中每个尺寸的 C_p 和过程偏移参数 k，来计算两种高质量和动态均值的偏移。

$$\sigma_{ASM} = \sqrt{\sum \left(\frac{T_i}{3C_{pi}(1 - k_i)} \right)^2}$$

随着每个 C_{pi} 的增加，其尺寸的贡献度将下降，

造成 σ_{ASM} 减小。

偏移因子 k 表示分布均值偏移程度。因子 k 是一个小数，介于 0 和 1 之间。如图 7-4 所示，k 对应于以公差的百分比表示的均值偏移量。若没有数据，通常设 $k = 0.25$。

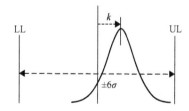

图 7-4　采用偏移因子 k 和 $\pm 6\sigma$ 模拟高质量等级的六西格玛模型

这些修正的影响将在一个全面的案例中展示。

7.1.6　示例 2——传动轴与轴承叠加

轴和轴承的装配如图 7-5 所示，要求轴肩与轴承内圈（图中画圈部分）间存在间隙，允许运行过程中的热膨胀。通过尺寸 $A \sim G$ 的叠加来控制间隙 U，它们形成一个尺寸链，在图中通过首尾相连的矢量表示。这是一个一维尺寸链，为了表示清楚和，将矢量相抵消掉。矢量链从一个配合件到另一个配合件，穿过每对配合的表面。注意，所有的矢量以向右为正，向左为负。链从间隙的左端开始，结束于右端，正数的和表示间隙，负数的和表示干涉或过盈。

每个尺寸存在变动量，变动量通过尺寸链累积，使得最终间隙为变动量总和的结果。对于每个尺寸的公称尺寸和工艺公差限制列于表 7-4，其标注对应于图 7-5。

表 7-4　每个尺寸的公称尺寸和工艺公差

零件	尺寸符号	公称尺寸 /in	工艺公差 /in	过程极限	
				最小公差	最大公差
挡圈[①]	A	− 0.0505	± 0.0015		
轴	B	8.000	± 0.008	± 0.003	± 0.012
轴承[①]	C	− 0.5090	± 0.0025		
轴承套	D	0.400	± 0.002	± 0.0005	± 0.0012
机壳	E	− 7.705	± 0.006	± 0.0025	± 0.010
轴承套	F	0.400	± 0.002	± 0.0005	± 0.0012
轴承[①]	G	− 0.5090	± 0.0025		

① 供应商提供的零件。

间隙 U 的上下极限由设计者根据性能要求给出。该装配要求被称为"关键特征"，它表示影响性能的

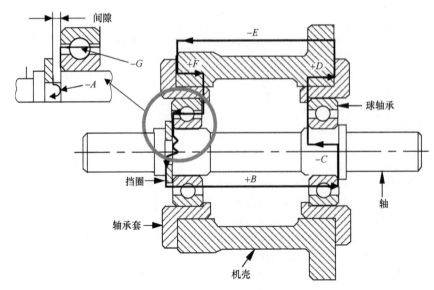

图 7-5 轴和轴承的装配（来源：Fortini，1967）

关键装配特征。间隙 U 的设计要求如下：

间隙 $U = (0.020 \pm 0.015)\text{in}$

尺寸 B、D、E 和 F 的初始设计公差可由公差表中选出，公差表描述了零件制造工艺的"天然变动量"。这是一种条形图，表明了每个工艺可达到的变动范围。注意，变动量的范围也取决于零件的公称尺寸。尺寸 B、D、E 和 F 的公差从对应于每个公称尺寸的车削工艺范围的中间值选出。因为还没有加工零件，所以这些值被用作第一个估计值。随着变动量分析的进行，设计者可选择性地修正它们以满足设计要求。轴承和挡圈由供应商提供，所以 A、C 和 G 的尺寸和公差是固定的，不能进行修正。

下一步是计算平均间隙及其变动量，该变动量已通过极值法和统计法两种叠加模型计算并做比较。

平均间隙：

$$\overline{U} = -\overline{A} + \overline{B} - \overline{C} + \overline{D} - \overline{E} + \overline{F} - \overline{G}$$

$$= -0.0505 + 8.000 - 0.509 + 0.400 - 7.705 +$$
$$0.400 - 0.509$$

$$= 0.0265$$

极值法计算所得变动量：

$$T_U = |T_A| + |T_B| + |T_C| + |T_D| +$$
$$|T_E| + |T_F| + |T_G|$$

$$= 0.0015 + 0.008 + 0.0025 + 0.002 + 0.006 +$$
$$0.002 + 0.0025$$

$$= 0.0245$$

统计法计算所得变动量：

$$T_U = \sqrt{T_A^2 + T_B^2 + T_C^2 + T_D^2 + T_E^2 + T_F^2 + T_G^2}$$

$$= \sqrt{0.0015^2 + 0.008^2 + 0.0025^2 + 0.002^2 + 0.006^2 + 0.002^2 + 0.0025^2}$$

$$= 0.01108$$

每百万个零件的不合格品数：

$$Z_{UL} = \frac{U_{UL} - \overline{U}}{\sigma_U} = \frac{0.035 - 0.0265}{0.00369} = 2.30\sigma \Rightarrow 10679$$

$$Z_{LL} = \frac{U_{LL} - \overline{U}}{\sigma_U} = \frac{0.005 - 0.0265}{0.00369} = -5.82\sigma \Rightarrow 0.0030$$

贡献度百分比：

对极值法和统计法两种叠加模型计算方法的 7 个尺寸的贡献度（%）如图 7-6 所示。因为是变动比率的平方，所以统计法的差别更大。

7.1.7 定心

示例 2 发现在下极限和上极限之间的中间值与目标值 0.020in 之间有 0.0065in 的均值偏移。该分析展示了均值偏移的影响——在上极限废品率大幅度增加，在下极限废品率大幅度减少。为了修正问题，必须修改尺寸 B、D、E 和 F 的一个或多个公称尺寸，因为 A、C 和 G 是固定的。

修正问题更具挑战性，简单地修改绘图标注以使均值定心是不可能实现的。单个尺寸的均值是很多已生产零件的均值。机械师只有在生产出许多零件后才能说出均值。他可以尝试去补偿，但是很难了解要改变什么。必须计算刀具磨损、温度变化、安装误差等。必须识别与修正问题产生的原因，这可能需要修正工艺装备、修改工艺过程、仔细监测目标值、采用温度控制工作台和自适应机床控制等。多型腔模具可能必须使每一个型腔合格，并在必要时给予调整。这可能要求对所有尺寸链中的尺寸进行仔细评价，以便确定修改哪个是最经济有效的。

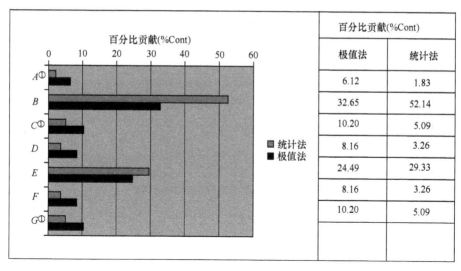

图 7-6　示例 2 的贡献度百分比

① 供应商提供的零件。

在该示例中，选择使尺寸 E 增大 0.0065in，使其达到 7.7115in，其结果如下：

均值	σ_{ASM}	Z_{LL}	超出下界限不合格品率	Z_{UL}	超出上界限不合格品率
0.020in	0.01108in	-4.06σ	24ppm	4.06σ	24ppm

如果能够成功保持该均值，就是一个好的解决方法，具体实现可以通过改善夹持、更频繁地削尖刀具、统计工艺控制等方法来做到。

7.1.8　调整方差

假设不能充分控制工艺的均值，可以选择调整一个或多个尺寸的公差。对最终间隙贡献最大的是轴上的尺寸 B 和机壳上的尺寸 E。可以将它们减少至 0.004in，其结果如下：

均值	σ_{ASM}	Z_{LL}	超出下界限不合格品率	Z_{UL}	超出上界限不合格品率
0.0265in	0.00247in	-8.72σ	0ppm	3.45σ	284ppm

这相当于一个 $\pm3.63\sigma$ 的有效质量水平，也就是说，对于具有相同的总不合格品数的两端、居中分布（在两端各有 142 个）来说，有效质量水平是 $\pm3.63\sigma$。

7.1.9　混合正态和均匀分布

假设轴（尺寸 B）被分包至一个新车间，且没有参考经验，不确定预期的变动是多少。那么，如何计算这些不确定度？可以做一个极值法分析，但

这不利于整个装配体，仅为了一个品质未知的零件而采用极值法很不划算。这时，可以替代性地采用均匀分布，应用于尺寸 B，并保持其他分布为正态分布。

均匀分布有时被称为"等可能性"分布，它的分布形状为矩形，相对于正态分布没有尾部。每个介于上下极限偏差之间的尺寸均具有相同概率产生。均匀分布是保守的，它相对于正态分布预测了更大的变动，但没有极值法大。

对于均匀分布，公差的上下极限偏差并不是 $\pm3\sigma$（$\pm3\sigma$ 为正态分布时的上下极限偏差），它们等于 $\pm\sqrt{3}\sigma$，因此叠加公式变为：

$$\sigma_{ASM} = \sqrt{\sum\left(\frac{T_i}{3}\right)^2 + \sum\left(\frac{T_i}{\sqrt{3}}\right)^2}$$

其中，第一个和为正态分布标准偏差的平方和，第二个和为均匀分布标准偏差的平方和。

对于示例中的问题，尺寸 B 的上下极限偏差分别为 8.008in 和 7.992in，对应 $\pm\sqrt{3}\sigma$ 的极限。假设装配分布已被定心且仅将尺寸 B 从均匀分布而不是正态分布。将尺寸 B 的公差代入第二个和，其余公差代入第一个和，结果如下：

尺寸	σ_{ASM}	Z_{LL}	超出下界限不合格品率	Z_{UL}	超出上界限不合格品率
0.020in	0.00508in	-2.86σ	2243ppm	2.84σ	2243ppm

对于预期不合格品率，假设装配间隙 U 的分布为正态分布。如果在叠加时有 5 个或更多的尺寸，

那么这预期基本正确。尽管所有零件的尺寸是均匀分布的，但结果仍近似为正态分布。但是，若其中一个非正态尺寸在叠加时，相比于其余尺寸变动之和大很多，那么其装配分布则会是非正态的。

7.1.10 六西格玛分析

六西格玛分析计算了制造部件的长期均值偏移或动态均值偏移。它采用工艺能力指数 C_p 和偏移系数 k 去模拟长期的分布扩散。在下文示例问题 2 中，六西格玛应用于两个模型。其中一个采用 $C_p = 1.0$ 直接与统计法进行比较，即对应于一个 $\pm 3\sigma$（带有或不带有偏移修正）的质量水平。第二个采用 $C_p = 2.0$ 与 $\pm 6\sigma$ 和 $\pm 3\sigma$ 的质量水平进行比较。其结果见表 7-5，极值法和统计法的结果放在了一起，所有定心的情况使用修正后的公称尺寸对分布均值进行定心。非定心情况使用 0.0065in 平均偏移值。RSS—Uniform 分布的结果前文未展示，这里将均匀分布应用于所有 7 个尺寸，以便与极值法和全正态的统计法对比。

表 7-5 示例 2 中公差分析模型的比较

分析模型		尺寸/in	σ_{ASM}/in	$Z_{\text{LL}}/Z_{\text{UL}}$ σ	不合格品率 ppm	质量等级/σ
定心分布	极值法	0.020	0.0082	—	—	—
	RSS- Uniform	0.020	0.064	± 2.34	19027	2.34
	RSS- Normal	0.020	0.00369	± 4.06	48	4.06
	6σ：$C_p = 1$	0.020	0.00492	± 3.05	2316	3.05
	6σ：$C_p = 2$	0.020	0.00246	± 6.1	0.0011	6.10
均值偏移	RSS- Uniform	0.0265	0.00640	$-3.36/1.33$	92341	1.68
	RSS- Normal	0.0265	0.00369	$-5.82/2.30$	10679	2.55
	6σ：$C_p = 1$	0.0265	0.00492	$-4.371/1.73$	42162	2.03
	6σ：$C_p = 2$	0.0265	0.00246	$-8.73/3.45$	278	3.64

注：极值法没有 σ。σ 通过计算 $T_{\text{ASM}}/3$ 得到，用于与统计法比较。

7.1.11 备注

前面的讨论已经展示了在机械装配过程中预测公差叠加或变动累积的技术。根据假设、已知数据和质量目标，可获得很广泛的结果。与任何分析模型一样，采用测量方法验证结果是明智的。当产品数据可用，测量尺寸的均值和标准偏差的值可代入统计法叠加等式，这将为真实数据提供比较的基准。

在一维叠加中，只要变动相互独立（不相关），均值就可以线性叠加，同时标准偏差通过统计法叠加。可用采用一些测试判断相关性。验证将建立对这些方法的信心，而试验将改进装配建模能力且帮助决定最符合给定应用的分析模型。

在前面的讨论中省略了很多主题，包括：

1）建模变动的间隙，例如螺钉或轴周围的间隙，它可以将偏差作为输入源引入尺寸链中，而不是作为最终的装配间隙。

2）处理由人工装配操作所产生的误差，例如滑动关节处在螺钉固定前的零件定位。

3）可用的公差标准，如圆柱配合或标准件，如紧固件。

4）如何应用 GD&T 进行公差叠加。

5）公差分配算法，即辅助系统性地分配公差。

6）如何且何时采用蒙特卡洛仿真、试验设计、响应面法，以及进一步应用的系统力矩方法。

7）如何处理非正态分布，例如偏态分布。

8）建立二维和三维装配叠加模型的方法。

9）基于 CAD 的公差分析工具。

这里展示的结果可采用称为 "CATS 1-D" 的 Excel 电子表格得到，它可以连同文件一起从 AD-CATS 网站免费下载，网址为：http://adcats. et. byu. edu。

进一步的阅读可参考 7.3 部分结尾的扩展阅读，附加的论文讨论了许多公差相关主题，它们可通过 ADCATS 网站或相关技术期刊获得。

7.2 二维装配体公差分析的建模方法

7.1 中描述了用于在一维组装件中建模和分析制造变量的一个系统的程序，一维装配情形的主要特征包括：

1）关键装配尺寸可用由首尾相连的共线矢量组

成的尺寸链来表示。

2）每一个矢量都表示了一个具有均值和公差极限的零件尺寸，这些零件尺寸的变动导致了装配尺寸偏差。

3）尺寸链中的公差可以采用极值法、统计法或六西格玛方法求和，分析结果可用来估算关键装配要素的变动，也可以用来预测产品质量水平及合格品率或不合格品率。

在二维装配情形下，作用尺寸不再共线，它们在 x 方向和 y 方向上均有偏差。本节基于二维矢量环装配模型建立了二维装配情形下的公差分析模型系统，这一系统具有以下明显的特征：

1）提供了保证所获取的矢量环集合有效的一系列规则。矢量环集合只包含有助于装配变化的可控尺寸。所有尺寸都是有基准的。

2）引入了一系列运动学建模方法，用以识别装配体中的可调整尺寸，这些尺寸可以变化以适应尺寸偏差。

3）其他诸如位置度误差、平行度误差和轮廓度误差之类的误差来源可能包含在矢量环装配模型之中。

4）除了描述装配间隙的变动之外，介绍了综合的装配公差需求分析方法，这对于设计人员保证功能需求是有用的。

5）采用了封闭形式的矩阵代数解，消除了烦琐的代数操作，得出每个装配要素的明确表达式，而且同样可以求解隐式装配方程的问题。在每一次计算过程中，矢量环方程可以采用同样的方法求解，这非常适用于计算机的自动求解。

6）最终只需要两个解：一个是均值，另一个是变动范围。这与采用蛮力方法形成鲜明对比，这种蛮力方法生成具有随机误差的数千个装配体，求解每个装配尺寸（一些要求迭代计算），然后计算随机样本组的均值和偏差。

7）复杂的装配表达式的微分也用一个简单的矩阵运算代替，在这个矩阵中同时决定了所需的公差敏感度，在之后的公差求和过程中，这些敏感度与对应的零件尺寸的公差组合在一起进行求和。

7.2.1　装配体变动量的三个来源

在机械装配体中有三种主要的偏差来源：

1）尺寸偏差（长度与角度）。

2）几何偏差（位置度偏差、圆度偏差、倾斜度偏差）。

3）运动偏差（配合零件之间的微调）。

尺寸偏差和几何偏差是由于制造过程中加工条

件的变化或在加工过程中所使用的原始材料的性能不理想而产生的结果。运动偏差是在装配过程中配合零件之间往往需要微小的调动以与尺寸偏差和几何偏差相适应而产生的偏差。

图 7-7 和 7-8 所示的两部件装配说明了装配中尺寸和形状的变化与装配时发生的小的运动学调整之间的关系。零件组装时，将圆柱插入槽内，直到圆柱与槽的两侧接触为止。对于每一组部件，距离 U 会进行调整以适应尺寸 A、R 和 θ。装配结果 U 表示圆柱的公称位置，$U + \Delta U$ 表示了当变动 ΔA、ΔR 和 $\Delta\theta$ 存在时圆柱体的位置，装配体中装配特征随零件尺寸调整，实际上描述的是运动学意义上的约束或装配体中的闭合约束。

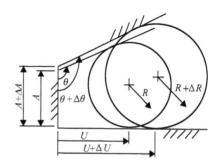

图 7-7　零件尺寸变动量引起的运动学调整

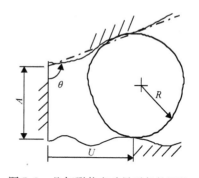

图 7-8　几何形状变动量引起的调整

区分图 7-7 中的零件尺寸和装配尺寸是很重要的，在图 7-7 中，A、R 和 θ 是零件尺寸，它们是制造过程产生的随机变量；然而，距离 U 不是零件尺寸，它是合成装配尺寸，它不是制造过程产生的，而是在装配过程中才会产生的运动学意义上的变量，U 的偏差只能在零件装配完成之后才能够测量得到。A、R 和 θ 是输入量，正是由于它们才产生装配偏差，它们本身可以独立存在；U 是输出量，它只有依靠零件尺寸变量才得以存在。

图 7-8 所表示的装配体与图 7-7 相同，但为了表示方便，图 7-8 中将装配体的几何特征变动量幅度

增大了。对于实际的零件，接触面并不是一个理想的平面，圆柱体也并不是一个理想的圆柱体，不同零件之间的表面波纹度也各不相同，可能在这一个装配体中圆柱体与下表面的波峰接触，但是在下一个装配体中圆柱体就与下表面的波谷接触了。类似的，可能在这一个装配体中下表面与圆柱体的凸角接触，但是在下一个装配体中下表面就可能与圆柱体凸角之间的部分接触了。

局部的表面变动可以像尺寸偏差一样在装配体中传递并累积，因此，在完整的装配模型中，为了得到符合实际的精确结果，以上三种偏差来源都必须考虑在内。

7.2.2 二维装配实例——堆叠块状零件装配体

以下述的装配体为例阐述公差建模的过程（见图 7-9），它包括三个零件：机架、圆柱体以及放置在机架上用以固定圆柱体的块状零件，整个装配体中有 4 个不同的配合表面（4 个运动副）需要建模。圆柱体的顶端与机架之间的间隙 G 是希望控制的关键装配特征，尺寸 $a \sim f$、r、R 和 θ 是产生装配偏差的零件特征尺寸，极限偏差值可以通过估算制造过程中的加工条件变动得到，尺寸 g 是用以确定间隙 G 位置的一维尺寸。

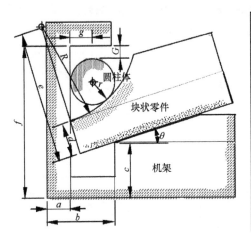

尺寸符号	基本尺寸	极限偏差
a	10.00mm	±0.3mm
b	30.00mm	±0.3mm
c	31.90mm	±0.3mm
d	15.00mm	±0.3mm
e	55.00mm	±0.3mm
f	75.00mm	±0.5mm
g	10.00mm	±0mm
r	10.00mm	±0.1mm
R	40.00mm	±0.3mm
θ	17.0°	±1.0°

图 7-9　堆积块的装配体

7.2.3 装配公差模型的建立步骤

1. 步骤 1：绘制装配简图

装配简图是表示装配体中特征关系的简化图，在装配简图中所有的几何特征和尺寸均不显示，只保留零件间的配合关系，每个零件用一个椭圆表示，零件间的接触点或运动副用对应零件之间相互连接的弧线表示，图 7-10 所示为堆积块状零件装配体实例的装配简图。

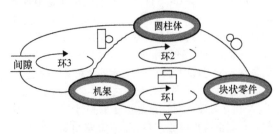

图 7-10　堆积的块状装配体的装配简图

装配简图可以很清楚地看到装配体中各零件之间的装配关系，它也揭示了需要多少个环（尺寸链）去构建公差模型。环 1 和环 2 是一个用以描述限制块状零件、圆柱体与机架位置的闭环，环 3 是用以描述装配性能需求（间隙）的开环，下面对尺寸链的确定进行系统的介绍。

在图 7-10 中，将表示配合表面接触类型的符号标在每一个连接弧线上。在块状零件和机架之间有两种接触形式：面面接触和线面接触，在运动学领域分别称为平面滑动副和线面滑动副。在整个装配体中，也出现了以下接触类型：圆柱体与机架的连接（圆柱-面滚动副）和圆柱体与块状零件的连接（圆柱-圆柱滚动副）。

在大多数二维装配体中，只需要用图 7-11 中的 6 种基本的运动副去描述零件间的配合关系，其中箭头表示了每一个运动副的自由度，它限制了配合表面的相对运动。除了前面提到的运动副，还有两种运动副类型：转动副（或者称为铰链）和刚体连接（或者称为零自由度运动副，例如螺栓紧固件或焊接），图 7-11 中也列出了下一节将说明的基准类型。

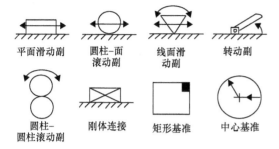

图 7-11 2D 运动副及基准类型

图 7-10 中的装配简图中有 3 个矢量环，环 1 和环 2 是闭环，它们表示了装配约束并唯一地限制零件之间的位置。由于零件尺寸变动而导致的零件之间的微小运动可以通过闭环方程定量描述。环 3 是一个开环，它决定了圆柱体和机架之间的间隙，这个间隙就是需要控制的关键尺寸。

2. 步骤 2：确定各个零件的基准参考系

建立公差模型的过程始于装配图，装配图最好按照比例绘制，并将公差模型元素作为覆盖层添加到装配图上。首先需要添加的元素是一组局部坐标系，称之为基准参考系（DRF）。每个零件必须有自己的 DRF，其被用来定位零件的特征，可能会选用定义该零件的基准平面，但进行公差分析时，可能会发现不同的尺寸标注方案，会使变动量来源的数量减少或对变动量不敏感。找出具有这些效果的标注方案并推荐合适的设计变更是公差分析的目标之一。

在图 7-12 中，框架和块体两者均属于位于其左下角的矩形 DRF，其坐标轴沿正交表面方向。圆柱体在其中心有一个圆柱 DRF。用第二中心基准定位块体大圆弧的中心，该基准被称为特征基准，被用来对零件上的单一特征进行定位，它表示位于块体上的虚拟点并且必须相对于块体的 DRF 进行定位。

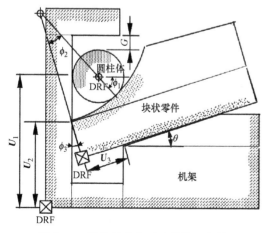

图 7-12 零件基准和运动学装配变量

图 7-12 示出了存在于装配体中的装配变量，U_1、U_2 和 U_3 是由零件间的滑动接触所决定的可调整尺寸。ϕ_1、ϕ_2 和 ϕ_3 表示回应尺寸变动量时产生的可调整旋转量。每个可调整尺寸都与一个运动副关联。尺寸 G 是间隙，其变动量必须通过设定合适的零件尺寸公差进行控制。

3. 步骤 3：确定运动副位置并创建基准路径

图 7-13 中，将装配体中的 4 个运动副定位于接触点，其朝向与可调整装配尺寸的方向一致（称为运动副的自由度），这可以通过观察接触表面来完成。每个运动副都有其简单的建模规则。运动副 1 是一线面滑动副，它表示的是边线与平面接触，它具有两个自由度：可以沿接触平面滑动（U_2）和绕接触点转动（ϕ_3）。它不能通过与作用件的接触沿其他方向移动或转动，但尺寸 a、b、c、d 或 θ 的变化会导致 U_2 和 ϕ_3 进行相应的调整。

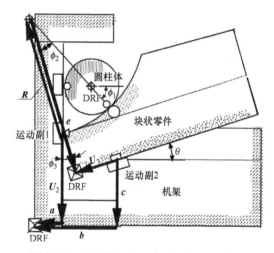

图 7-13 运动副 1 和运动副 2 的基准路径

运动副 2 是一个平面滑动副，它表示两个平面之间的滑动接触。U_3 位于接触表面上的一个参考点，这个参考点的位置是相对于块状零件 DRF 的，U_3 受与机架竖直面相对的块状零件的边角约束。

在图 7-14 中，运动副 3 位于圆柱体与机架的接触点左边，一个圆柱面滑块有两个自由度：U_1 在滑动平面上，ϕ_1 可通过圆柱体的中心基准测量得到。运动副 4 表示两个平行圆柱面之间的接触，圆柱面的接触点位于 ϕ_1 下沿，在块状零件的接触点记为 ϕ_2。运动副 3 和运动副 4 的约束是类似的。然而，从一个装配体到另一个装配体，零件尺寸的变化会导致接触点位置产生相应的变化。

图 7-13 和图 7-14 中所标注的矢量被称为基准路径，一个基准路径实际上就是一个位于以零件 DRF 为参考的接触点的尺寸链。例如，图 7-13 中的运动

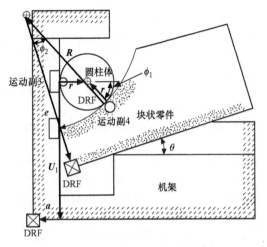

图 7-14　运动副 3 和 4 的基准路径

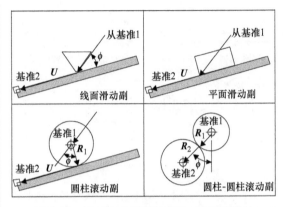

图 7-15　通过运动副接触点的 2D 矢量路径

副 2 连接了块状零件和机架，接触点的位置必须由机架和块状零件的 DRF 确定，从运动副 2 出发有两个矢量——矢量 U_3 和矢量 c，U_3 位于滑动平面上并指向块状零件 DRF，矢量 c 和矢量 b 指向机架的 DRF。运动副 1 的两个基准路径为：矢量 U_2 和 a 指向机架 DRF，以及圆弧半径 R 和矢量 e 指向块状零件 DRF。

在图 7-14 中，运动副 3 的位置由指向圆柱体 DRF 的半径 r 和定义指向机架 DRF 路径的 U_1 和 a 确定。运动副 4 的接触点位置由第二个指向圆柱体 DRF 的半径 r、圆弧半径 R 和指向块状零件 DRF 的矢量 e 确定。

建模规则定义了矢量环穿过运动副必须遵循的路径。图 7-15 展示了穿过 4 个二维运动副的正确的矢量路径。规则指出：矢量环必须通过局部运动副基准进入和退出运动副。对于平面滑动副和线面滑动副，矢量 U（不管其方向是进还是出）必须位于滑动平面上。局部基准 2 表示了一个在滑动平面上的参考点，接触点就位于这个滑动面上。对于圆柱滑块来说，进入的矢量通过圆柱体的中心基准，跟随一个半径矢量到达与垂直面接触的点，然后通过滑动平面上的一个矢量离开。通过平行圆柱副的路径从圆柱中心基准到圆弧中心基准，通过接触点和两个共线的半径。

对每个运动副都建立两个基准路径，实际上是对每一个运动副建立了进出方向的矢量。尽管它们均被标识为出去方向的矢量，但是，将它们组合来建立矢量环时需要将其中的一个基准路径的方向反向从而使其与矢量环的方向对应。

每个运动副都为装配体引入了运动学意义上的变量，这些都需要包括在矢量模型中。以上规则确保了由运动副带来的运动学意义上的变量都能包括在矢量环之中，即每一个滑动平面内的矢量 U 与对应的角度 ϕ。

每个基准路径必须与可控制的工程尺寸或可调整的装配尺寸相一致，这是一个关键，因为它决定了哪些尺寸需要包含在公差分析中。所有运动副的自由度也必须都包含在基准路径中，它们是装配公差分析过程中寻找的未知变量。

4. 步骤 4：创建矢量环

矢量环定义了零件相对于另一个零件位置的装配约束，这些矢量表示有助于装配中公差累积的尺寸。

矢量首尾相接就构成了一个尺寸链，尺寸链依次通过装配体中的每一个零件。

当通过一个零件时，矢量环必须遵守的特定建模规则如下：

1）通过一个运动副。

2）沿着基准路径到零件的 DRF。

3）沿着第二基准路径指向另一个运动副。

4）从当前零件出去到达装配体中的下一个零件。

图 7-16 解释了上面的过程。矢量环可以通过简单地连接基准路径来得到，这样一来，所有的尺寸都是以基准为参考的。

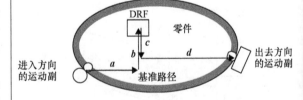

图 7-16　经过一个零件的 2D 矢量路径

矢量环的附加建模规则如下：

1）矢量环必须通过装配体中的每个零件和每个运动副。

2）单个矢量循环可能不会两次通过同一零件或同一运动副，但可能在同一部分开始和结束。

3）如果矢量环在相反的方向上两次包含完全相同的尺寸，则该尺寸是多余的，必须省略。

4）必须有足够的循环来求解所有运动学变量（运动副自由度）。每三个运动学变量需要一个循环。

如图 7-10 所示，示例的装配需要两个闭环，产生的循环如图 7-17 和图 7-18 所示。注意这些循环与图 7-13 和图 7-14 的基准路径很相似。另外，注意到基准路径中的某些矢量反转了从而使每个循环中的所有矢量都朝向同一个方向。

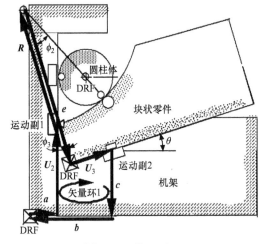

图 7-17 装配环 1

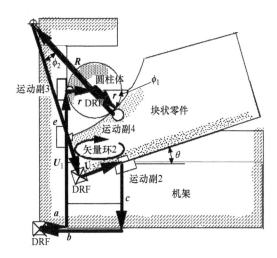

图 7-18 装配环 2

5. 步骤 5：添加几何变动量

形状偏差、方向偏差和位置偏差等几何偏差会导致装配体中装配偏差的变动，这些变动可以像尺寸变动一样进行统计学意义上的累积和运动学意义上的传递。几何偏差在配合表面的传递方式取决于接触性质（见图 7-19）。

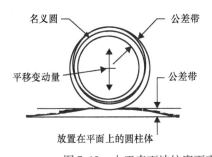

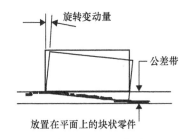

图 7-19 由于表面波纹度而产生的 2D 平移和转动变动量的传递

考虑放置在平面上的一个圆柱体，平面和圆柱面都从属于表面波纹度的分布，其变动范围用公差带表示。当两个零件放在一起进行装配时，圆柱体可能位于平面表面的波峰顶端，也可能位于平面表面的波谷底部，因而，在这种情况下，对于不同的装配体，圆柱体的中心在垂直于表面的方向的位置会存在变动。类似的，如图 7-19 所示，圆柱体实际上是具有凸角的，这样会导致平面与圆柱体表面产生额外的垂直方向的位移，这取决于平面的表面位于凸角上还是两个凸角之间。

与圆柱面和平面连接相反，图 7-19 中的放置在平面上的块状零件会有旋转方向的变动。在极端的情况下，块状零件的拐角可能在波峰位置，而相对的拐角可能位于波谷底部，不同的装配体旋转的幅

度也会不同。块状零件表面上的波纹同样会有相似的效果。

通常意义下，对于两个相配合的表面，有两个独立的曲面变化会在装配中引入变动。但是，从表面变动到装配体变动的传递取决于两个表面的接触性质，即运动副类型。当制造过程中关于表面变动的信息很少或没有公开出版的数据时，插入变动的估计值并计算其可能贡献的程度将会大有助益。通过检验对装配间隙变动的贡献度可使我们更好地决定哪个表面应该采用 GD&T 进行公差控制。

图 7-20 展示了添加到示例装配模型的几个预计的几何变动。每个接头处只有一个变动，但通常在接触点处存在两个作用面（除了边缘滑块，它只有一个接触面）。虽然两个配合表面具有相同的敏感性

（变动方向），但它们的公差规格可能不相等，具体取决于制造工艺。

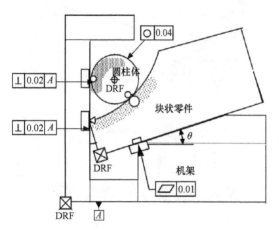

图 7-20　在接触点应用几何变动量

6. 步骤 6：确定性能要求

性能需求就是工程设计需求，这里针对的是由零件组成的装配体。在公差分析中，性能需求指的是对产品性能具有关键作用的装配特征变动的极限范围，有时称为关键特征公差。在 7.1.6 的轴与轴承组成的装配体中，轴承与轴、轴承与轴承座之间的简单的配合只涉及两个零件，而电枢与轴承座之间的轴向和径向的间隙涉及多个零件和尺寸之间的公差的累积分析。

零件公差是按照装配体中公差累积分析和零件尺寸对装配特征变动的贡献分析的结果设定的，我们需要选择合适的加工工艺和工艺装备去满足零件的公差要求。检测装备和量测设备以及检测流程均取决于零件的公差，因此，可以看出性能需求对整个制造行业都具有普遍的影响。将每一项性能需求转换为装配公差和对应的零件的公差是设计人员的基本任务。

公差累计分析必须针对每一个关键的装配特征进行，每一项对性能需求有贡献的零件尺寸和特征的变动都必须得到限制，这样才能保证装配特征的变动不会超出所规定的范围。除此之外，对尺寸公差的要求必须在现有的生产方法所能达到的水平之内。

公差分析模型可以帮助设计者检验所选公差类型的不同组合，反复寻找最佳公差解决方案，从而以最小的成本实现最佳性能。7.3 节应用的电子表格工具允许对每一组公差设计方案进行评定而无须为每个设计迭代重新生成随机的装配集。

在产品设计中有几个经常遇到的装配特征，这些对产品性能有影响的特征必须控制在所需的装配公差范围之内。通过针对大量工程实例检验几何尺寸和公差对几何特征的控制效果并建立对应装配特征集合，就可以建立一个相当综合的装配特征需求集合。图 7-21 列出了广泛应用于装配体中的基本的装配特征。

值得注意的是，当针对一个装配体特征时，平行度往往应用于两个不同零件的表面，但是 GD&T 标准只能控制在同一个零件上两个表面之间的平行度。除了位置以外，其他的一些几何公差也可能遇到类似的情况。在 GD&T 中，位置度公差涉及装配体中的两个零件组装，图 7-21 中的位置公差可能涉及整个中间零件链，中间零件尺寸的变动对与两端零件配合特征的位置有影响。

装配体中公差控制的应用实例是汽车车门装配过程中的对齐需求，车门边缘与门框之间的间隙必须是均匀的（即两个平面的平行度），锁芯必须与车门的锁定机构对齐（即位置度）。

对于每个装配特征，比如间隙或平行度，都需要一个开环的尺寸链去描述装配特征的变动。在装配体公差模型中可能有任意数量的开环，每个关键的装配特征都对应一个开环。另一方面，闭环的数量受限制装配体中所有零件的位置所需环数的限制，它的数量唯一，由装配中零件和运动副的数量确定。

$$L = J - P + 1$$

式中，L 是所需尺寸环的数量；J 是运动副的数量；P 是零件的数量。

对于实例中的问题，有

$$L = 4 - 3 + 1 = 2$$

这与我们通过观察装配简图得出的数量相同。

如图 7-12 所示，实例中的装配体在圆柱表面与平面之间存在需要控制的间隙，图 7-22 所示为描述关键装配间隙的开环，它起始于矢量 g，通过间隙一侧，在零件之间行进，最后终止于圆柱体的顶端（即间隙的另一侧）。

仔细观察图 7-22 标注，位于机架 DRF 的矢量 a 在同一个矢量环里以相反的方向出现了两次，因此矢量 a 是冗余的，必须省略。矢量 r 在圆柱体中也出现了两次，但是两次出现时并不是相反的方向，因此矢量 r 必须包含在尺寸环中。

矢量 g 不是一个加工出的尺寸，实际上是一个运动变量，它调节了位于圆柱体最高点的对面的间隙上点的位置。它被赋予零公差，因为它不会影响间隙的变动。

以上步骤描述了一个为进行公差分析而创建装配模型的过程，仅需几个基本元素，就可以代表各种各样的组件。下面针对一个装配模型进行变动分析。

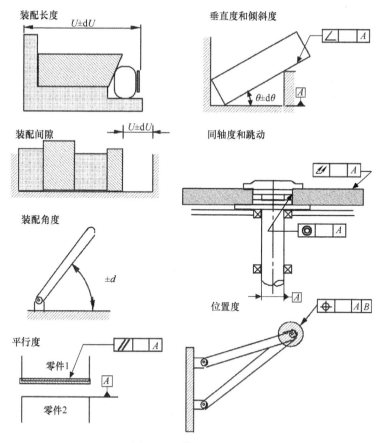

图 7-21　装配公差控制

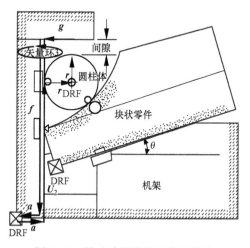

图 7-22　描述关键装配间隙的开环

7.3　分析二维装配公差模型的步骤

在二维或三维装配中，零件尺寸对装配变动的影响不在一个方向上。对于决定性的装配要素来说，其变动的大小由各个零件或尺寸决定。先将每个尺

寸的加工变动与公差敏感度相乘，再通过极值法或者统计法进行叠加，最终得到决定性装配要素的变动。如果装配体已经在生产，那么实际工艺能力数据可用于预测装配变动。若生产还未开始，那么加工变动将用之前所述的尺寸公差代替。

如 7.2 部分的开头所提及的，公差敏感度也许可以从一个明确的装配功能偏差导出，但这可能会变成冗长的数学计算并容易产生计算错误。下文将展示一个替代过程，它不要求从一个明确的装配功能偏差导出。这是一个系统性的方法，可应用于任何矢量环装配模型。

7.3.1　第 1 步——根据矢量环生成装配方程

分析的第一步是根据矢量环生成装配方程，每个封闭矢量环采用三个标量方程进行描述，三个标量方程分别通过在 x、y 方向的矢量分量和随环旋转的矢量求和。对于封闭环，分量总和为零；对于开环，它们的和为一个非 0 的间隙或角度。

下面描述装配叠加的方程。对于封闭环 1 和 2，h_x、h_y 和 h_θ 分别为 x 方向、y 方向和旋转分量的和。两个环都始于较低处的左边角，即矢量 a。对于开环

3，仅需要一个标量方程，因为间隙只有一个垂直分量，开环始于间隙的一边并在另一边结束。

闭环 1：

$$h_x = a\cos0° + U_2\cos90° + R\cos(90° + \phi_3)$$
$$+ e\cos(90° + \phi_3 - 180°)$$
$$+ U_3\cos\theta + c\cos(-90°) + b\cos(-180°) = 0$$

$$h_y = a\sin0° + U_2\sin90° + R\sin(90° + \phi_3)$$
$$+ e\sin(90° + \phi_3 - 180°)$$
$$+ U_3\sin\theta + c\sin(-90°) + b\sin(-180°) = 0$$

$$h_\theta = 0° + 90° + \phi_3 - 180° + 90° - \theta - 90° - 90°$$
$$+ 180° = 0 \tag{7-1}$$

闭环 2：

$$h_x = a\cos0° + U_1\cos90° + r\cos0° + r\cos(-\phi_1)$$
$$+ R\cos(-\phi_1 + 180°) + e\cos(-\phi_1 - \phi_3)$$
$$+ U_3\cos\theta + c\cos(-90°) + b\cos(-180°) = 0$$

$$h_y = a\sin0° + U_1\sin90° + r\sin0° + r\sin(-\phi_1)$$
$$+ R\sin(-\phi_1 + 180°) + e\sin(-\phi_1 - \phi_3)$$
$$+ U_3\sin\theta + c\sin(-90°) + b\sin(-180°) = 0$$

$$h_\theta = 0° + 90° - 90° - \phi_1 + 180° - \phi_2 - 180°$$
$$+ 90° - \theta - 90° - 90° + 180° = 0 \tag{7-2}$$

开环 3：

$$Gap = r\sin(-90°) + r\sin180° + U_1\sin(-90°)$$
$$+ f\sin90° + g\sin0° \tag{7-3}$$

与矢量环方程相关的装配变量：U_1、U_2、U_3、ϕ_1、ϕ_2、ϕ_3 和 Gap，以及组成环的尺寸：a、b、c、e、f、g、r、R 和 θ。关注组成环变量的微小变量对装配变量的变化的影响。

注意方程的一致性，所有的 h_x 是以矢量与 x 轴角度的余弦表示，所有的 h_y 是以矢量与 y 轴角度的正弦表示。实际上，仅将 h_x 方程中的余弦替换成正弦，就可以得到 h_y 方程。h_θ 方程并没有长度。所有矢量环方程总是具有这个形式，这使方程十分容易推导，而在 CAD 实现时可以自动生成方程。

h_θ 方程是在矢量环中，从矢量到下一个矢量的相对旋转的总和，以逆时针方向的转动为正。图 7-23 展示了环 1 的相对旋转轨迹，从 x 轴方向开始，旋转 $-90°$ 至矢量 c 的位置，并在矢量环的周围转动，最终一个 $180°$ 的旋转后完成闭环。

在和方程中，正弦和余弦的角度参数是相对于 x 轴的绝对角度，这些角度为从 x 轴到矢量环中该点

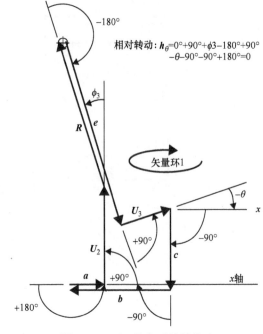

相对转动：$h_\theta = 0° + 90° + \phi_3 - 180° + 90° - \theta - 90° - 90° + 180° = 0$

矢量环 1

图 7-23　环 1 的相对旋转轨迹

的相对旋转之和。使用相对旋转对于正确的装配模型至关重要，它可以使旋转变动正确地传递到整个组件中。

有个一个用于矢量 U、c 和 b 的精简计算方法。用其已知的绝对方向代替其相对旋转的和。比如，对于 U_2 的相对旋转角度的和为（$-\phi_1 - \phi_2 + 90°$），但这必须与框架（θ）的角度平面匹配。类似的，矢量 b 和 c 将总是分别垂直和水平的。代替 U、c 和 b 中的角度等价于求解对于 θ 的 h_θ 方程，并且代入参数消除了一些角度变量。尝试两种解法，会发现能得到相同的结果。这个结果独立于矢量环的起始点，即可以从矢量环的任意矢量出发。

7.3.2　步骤 2——计算导数和建立矩阵方程

最初的矢量环方程是非线性和隐性的，它们包含了变量的乘积和三角函数，为了求解装配模型，方程组的变量要求一个非线性方程求解器（迭代解）。幸运的是，这里只需要研究组成环的小变化对装配变量的变化的影响，可以通过一阶泰勒展开，将方程线性化来实现。环 1 的线性化方程为：

$$\begin{cases} \delta h_x = \dfrac{\partial h_x}{\partial a}\delta a + \dfrac{\partial h_x}{\partial b}\delta b + \dfrac{\partial h_x}{\partial c}\delta c + \dfrac{\partial h_x}{\partial e}\delta e + \dfrac{\partial h_x}{\partial r}\delta r + \dfrac{\partial h_x}{\partial R}\delta R + \dfrac{\partial h_x}{\partial \theta}\delta\theta + \dfrac{\partial h_x}{\partial \phi_1}\delta\phi_1 + \dfrac{\partial h_x}{\partial \phi_2}\delta\phi_2 + \dfrac{\partial h_x}{\partial \phi_3}\delta\phi_3 + \dfrac{\partial h_x}{\partial U_1}\delta U_1 + \dfrac{\partial h_x}{\partial U_2}\delta U_2 + \dfrac{\partial h_x}{\partial U_3}\delta U_3 \\[2mm] \delta h_y = \dfrac{\partial h_y}{\partial a}\delta a + \dfrac{\partial h_y}{\partial b}\delta b + \dfrac{\partial h_y}{\partial c}\delta c + \dfrac{\partial h_y}{\partial e}\delta e + \dfrac{\partial h_y}{\partial r}\delta r + \dfrac{\partial h_y}{\partial R}\delta R + \dfrac{\partial h_y}{\partial \theta}\delta\theta + \dfrac{\partial h_y}{\partial \phi_1}\delta\phi_1 + \dfrac{\partial h_y}{\partial \phi_2}\delta\phi_2 + \dfrac{\partial h_y}{\partial \phi_3}\delta\phi_3 + \dfrac{\partial h_y}{\partial U_1}\delta U_1 + \dfrac{\partial h_y}{\partial U_2}\delta U_2 + \dfrac{\partial h_y}{\partial U_3}\delta U_3 \\[2mm] \delta h_\theta = \dfrac{\partial h_\theta}{\partial a}\delta a + \dfrac{\partial h_\theta}{\partial b}\delta b + \dfrac{\partial h_\theta}{\partial c}\delta c + \dfrac{\partial h_\theta}{\partial e}\delta e + \dfrac{\partial h_\theta}{\partial r}\delta r + \dfrac{\partial h_\theta}{\partial R}\delta R + \dfrac{\partial h_\theta}{\partial \theta}\delta\theta + \dfrac{\partial h_\theta}{\partial \phi_1}\delta\phi_1 + \dfrac{\partial h_\theta}{\partial \phi_2}\delta\phi_2 + \dfrac{\partial h_\theta}{\partial \phi_3}\delta\phi_3 + \dfrac{\partial h_\theta}{\partial U_1}\delta U_1 + \dfrac{\partial h_\theta}{\partial U_2}\delta U_2 + \dfrac{\partial h_\theta}{\partial U_3}\delta U_3 \end{cases}$$

$$\tag{7-4}$$

式中，δa 为尺寸 a 的微小变化，依此类推。

这个方法被称为直接线性化方法，与全部装配尺寸比较，当组成尺寸的变动微小时，该方法是有效的。如上所述，它使用矩阵运算的线性代数解决方案成为可能。

注意这些术语已经被重新排列，独立组成环变量 a、b、c、e、r、R 和 θ 被归到一组，依赖于装配的变量 U_1、U_2、U_3、ϕ_1、ϕ_2 和 ϕ_3 被归到一组。环 2 和环 3 方程可以采用相似方法表示。

分别计算出 h_x、h_y 和 h_θ 方程中的偏微分系数，由于仅需要处理正弦和余弦，因此偏微分的计算较为简单。例如，环 1 的 h_x 等式如下所列。

组成环变量：

$$\frac{\partial h_x}{\partial a} = \cos 0°, \quad \frac{\partial h_x}{\partial b} = \cos(-180°),$$

$$\frac{\partial h_x}{\partial c} = \cos(-90°), \quad \frac{\partial h_x}{\partial e} = \cos(270° + \phi_3)$$

$$\frac{\partial h_x}{\partial r} = 0, \quad \frac{\partial h_x}{\partial R} = \cos(90° + \phi_3),$$

$$\frac{\partial h_x}{\partial \theta} = -U_3 \sin\theta$$

装配变量：

$$\frac{\partial h_x}{\partial \phi_1} = 0, \quad \frac{\partial h_x}{\partial \phi_2} = 0,$$

$$\frac{\partial h_x}{\partial \phi_3} = -R\sin(90° + \phi_3) - e\sin(270° + \phi_3)$$

$$\frac{\partial h_x}{\partial U_1} = 0, \quad \frac{\partial h_x}{\partial U_2} = \cos 90°, \quad \frac{\partial h_x}{\partial U_3} = \cos\theta$$

$$(7-5)$$

每个偏微分在所有公称尺寸被计算出来，组成环公称尺寸可以通过工程图或者 CAD 模型获得。基本装配值可以通过 CAD 模型获得。

上述导出的偏微分不是公差敏感度，但可用它们获取敏感度。

7.3.3 步骤 3——装配公差敏感度求解

线性化的矢量环方程可以写成矩阵形式，并通过矩阵代数求解公差敏感度。六个闭环的标量方程可以写成矩阵形式：

$$[A]\{\delta X\} + [B]\{\delta U\} = \{0\} \qquad (7-6)$$

式中，$[A]$ 是组成环变量的偏微分系数的矩阵；$[B]$ 是装配变量的偏微分系数的矩阵；$\{\delta X\}$ 是组成环尺寸中的微小变动的矢量；$\{\delta U\}$ 是与封闭环相关的装配变动的矢量。

基于矩阵代数方法，根据组成环的变动，可以求解得到闭环的装配变动。

$$\{\delta U\} = -[B^{-1}A]\{\delta X\} \qquad (7-7)$$

矩阵 $[B^{-1}A]$ 是对于闭环装配变量的公差敏感度矩阵。对于矩阵 $[B]$ 的逆以及乘积 $[B^{-1}A]$，可以采用电子表格或其他数学实用程序，在桌面计算机或可编程计算器上计算。

矩阵 $[B]$ 的求逆要求它必须是一个方阵，如 3×3 或 6×6 等。这意味着你必须拥有与变量一样多的方程。在某些情况下，变量将通过应用几何约束来取消一行，例如，三角形的三个内角和为 $180°$。在这种情况下，一列必须取消以保持 $[B]$ 为方阵，方程组简化为 2×2 或 5×5 等。对于示例组合，闭环解的所得矩阵和矢量为：

$$\{\delta X\} = \begin{Bmatrix} \delta a \\ \delta b \\ \delta c \\ \delta e \\ \delta r \\ \delta R \\ \delta\theta \end{Bmatrix}, \quad \{\delta U\} = \begin{Bmatrix} \delta U_1 \\ \delta U_2 \\ \delta U_3 \\ \delta\phi_1 \\ \delta\phi_2 \\ \delta\phi_3 \end{Bmatrix}$$

$$[A] = \begin{bmatrix} \frac{\partial h_x}{\partial a} & \frac{\partial h_x}{\partial b} & \frac{\partial h_x}{\partial c} & \frac{\partial h_x}{\partial e} & \frac{\partial h_x}{\partial r} & \frac{\partial h_x}{\partial R} & \frac{\partial h_x}{\partial \theta} \\ \frac{\partial h_y}{\partial a} & \frac{\partial h_y}{\partial b} & \frac{\partial h_y}{\partial c} & \frac{\partial h_y}{\partial e} & \frac{\partial h_y}{\partial r} & \frac{\partial h_y}{\partial R} & \frac{\partial h_y}{\partial \theta} \\ \frac{\partial h_\theta}{\partial a} & \frac{\partial h_\theta}{\partial b} & \frac{\partial h_\theta}{\partial c} & \frac{\partial h_\theta}{\partial e} & \frac{\partial h_\theta}{\partial r} & \frac{\partial h_\theta}{\partial R} & \frac{\partial h_\theta}{\partial \theta} \\ \frac{\partial h_x}{\partial a} & \frac{\partial h_x}{\partial b} & \frac{\partial h_x}{\partial c} & \frac{\partial h_x}{\partial e} & \frac{\partial h_x}{\partial r} & \frac{\partial h_x}{\partial R} & \frac{\partial h_x}{\partial \theta} \\ \frac{\partial h_y}{\partial a} & \frac{\partial h_y}{\partial b} & \frac{\partial h_y}{\partial c} & \frac{\partial h_y}{\partial e} & \frac{\partial h_y}{\partial r} & \frac{\partial h_y}{\partial R} & \frac{\partial h_y}{\partial \theta} \\ \frac{\partial h_\theta}{\partial a} & \frac{\partial h_\theta}{\partial b} & \frac{\partial h_\theta}{\partial c} & \frac{\partial h_\theta}{\partial e} & \frac{\partial h_\theta}{\partial r} & \frac{\partial h_\theta}{\partial R} & \frac{\partial h_\theta}{\partial \theta} \end{bmatrix}$$

$$(7-8)$$

$$[A] = \begin{bmatrix} 1 & -1 & 0 & \cos(270° + \phi_3) & 0 & \cos(90° + \phi_3) & -U_3\sin\theta \\ 0 & 0 & -1 & \sin(270° + \phi_3) & 0 & \sin(90° + \phi_3) & U_3\cos\theta \\ 0 & 0 & 0 & 0 & 0 & 0 & -1 \\ 1 & -1 & 0 & \cos(-\phi_1 - \phi_2) & 1 + \cos(-\phi_1) & \cos(-\phi_1 + 180°) & -U_3\sin\theta \\ 0 & 0 & -1 & \sin(-\phi_1 - \phi_2) & \sin(-\phi_1) & \sin(-\phi_1 + 180°) & U_3\cos\theta \\ 0 & 0 & 0 & 0 & 0 & 0 & -1 \end{bmatrix} \qquad (7-9)$$

$$
= \begin{bmatrix}
1 & -1 & 0 & 0.2924 & 0 & -0.2924 & -4.7738 \\
0 & 0 & -1 & -0.9563 & 1 & 0.9563 & 15.6144 \\
0 & 0 & 0 & 0 & 0 & 0 & -1 \\
1 & -1 & 0 & 0.2924 & 1.7232 & -0.7232 & -4.7738 \\
0 & 0 & -1 & -0.9563 & -0.6907 & 0.6907 & 15.6144 \\
0 & 0 & 0 & 0 & 0 & 0 & -1
\end{bmatrix}
$$

$$
[\boldsymbol{B}] = \begin{bmatrix}
\dfrac{\partial h_x}{\partial U_1} & \dfrac{\partial h_x}{\partial U_2} & \dfrac{\partial h_x}{\partial U_3} & \dfrac{\partial h_x}{\partial \phi_1} & \dfrac{\partial h_x}{\partial \phi_2} & \dfrac{\partial h_x}{\partial \phi_3} \\[2mm]
\dfrac{\partial h_y}{\partial U_1} & \dfrac{\partial h_y}{\partial U_2} & \dfrac{\partial h_y}{\partial U_3} & \dfrac{\partial h_y}{\partial \phi_1} & \dfrac{\partial h_y}{\partial \phi_2} & \dfrac{\partial h_y}{\partial \phi_3} \\[2mm]
\dfrac{\partial h_\theta}{\partial U_1} & \dfrac{\partial h_\theta}{\partial U_2} & \dfrac{\partial h_\theta}{\partial U_3} & \dfrac{\partial h_\theta}{\partial \phi_1} & \dfrac{\partial h_\theta}{\partial \phi_2} & \dfrac{\partial h_\theta}{\partial \phi_3} \\[2mm]
\dfrac{\partial h_x}{\partial U_1} & \dfrac{\partial h_x}{\partial U_2} & \dfrac{\partial h_x}{\partial U_3} & \dfrac{\partial h_x}{\partial \phi_1} & \dfrac{\partial h_x}{\partial \phi_2} & \dfrac{\partial h_x}{\partial \phi_3} \\[2mm]
\dfrac{\partial h_y}{\partial U_1} & \dfrac{\partial h_y}{\partial U_2} & \dfrac{\partial h_y}{\partial U_3} & \dfrac{\partial h_y}{\partial \phi_1} & \dfrac{\partial h_y}{\partial \phi_2} & \dfrac{\partial h_y}{\partial \phi_3} \\[2mm]
\dfrac{\partial h_\theta}{\partial U_1} & \dfrac{\partial h_\theta}{\partial U_2} & \dfrac{\partial h_\theta}{\partial U_3} & \dfrac{\partial h_\theta}{\partial \phi_1} & \dfrac{\partial h_\theta}{\partial \phi_2} & \dfrac{\partial h_\theta}{\partial \phi_3}
\end{bmatrix} \quad \text{（两个以上的矢量环时远大于 } 6 \times 6\text{）} \tag{7-10}
$$

$$
= \begin{bmatrix}
0 & \cos90° & \cos\theta & 0 & 0 & -R\sin(90°+\phi_3) - e\sin(270°+\phi_3) \\
0 & \sin90° & \sin\theta & 0 & 0 & R\cos(90°+\phi_3) + e\cos(270°+\phi_3) \\
0 & 0 & 0 & 0 & 0 & 1 \\
\cos90° & 0 & \cos\theta & \begin{matrix}[r\sin(-\phi_1) + R\sin(180°-\phi_1) \\ + e\sin(\phi_1-\phi_2)]\end{matrix} & -e\sin(\phi_1-\phi_2) & 0 \\
\sin90° & 0 & \sin\theta & \begin{matrix}[-r\cos(-\phi_1) - R\cos(180°-\phi_1) \\ - e\cos(\phi_1-\phi_2)]\end{matrix} & -e\cos(\phi_1-\phi_2) & 0 \\
0 & 0 & 0 & -1 & -1 & 0
\end{bmatrix}
$$

即

$$
[\boldsymbol{B}] = \begin{bmatrix}
1 & -1 & 0 & 0.2924 & 0 & -0.2924 & -4.7738 \\
0 & 0 & -1 & -0.9563 & 1 & 0.9563 & 15.6144 \\
0 & 0 & 0 & 0 & 0 & 0 & -1 \\
1 & -1 & 0 & 0.2924 & 1.7232 & -0.7232 & -4.7738 \\
0 & 0 & -1 & -0.9563 & -0.6907 & 0.6907 & 15.6144 \\
0 & 0 & 0 & 0 & 0 & 0 & -1
\end{bmatrix}
$$

所以

$$
[\boldsymbol{B}^{-1}] = \begin{bmatrix}
0.7413 & 0 & -10.6337 & -1.0470 & 1 & 38.9901 \\
-0.3057 & 1 & 0 & 0 & 0 & 0 \\
1.0457 & 0 & -15 & 0 & 0 & 0 \\
-0.0483 & 0 & 0.6923 & 0.0483 & 0 & -2.5384 \\
0.0483 & 0 & -0.6923 & -0.0483 & 0 & 1.5384 \\
0 & 0 & 1 & 0 & 0 & 0
\end{bmatrix} \tag{7-11}
$$

则闭环解为

$$
\{\delta U\} = -[\boldsymbol{B}^{-1}\boldsymbol{A}]\{\delta X\} \tag{7-12}
$$

$$
\begin{Bmatrix}
\delta U_1 \\
\delta U_2 \\
\delta U_3 \\
\delta \phi_1 \\
\delta \phi_2 \\
\delta \phi_3
\end{Bmatrix} = \begin{bmatrix}
0.3057 & -0.3057 & 1 & 1.0457 & 2.494885 & -1.2311 & 11.2825 \\
0.3057 & -0.3057 & 1 & 1.0457 & -1 & -1.0457 & -17.0739 \\
-1.0457 & 1.0457 & 0 & -0.3057 & 0 & 0.3057 & -10.0080 \\
0 & 0 & 0 & 0 & -0.0832 & 0.0208 & -1.8461 \\
0 & 0 & 0 & 0 & 0.0832 & -0.0208 & 0.8461 \\
0 & 0 & 0 & 0 & 0 & 0 & 1
\end{bmatrix} \begin{Bmatrix}
\delta a \\
\delta b \\
\delta c \\
\delta e \\
\delta r \\
\delta R \\
\delta \theta
\end{Bmatrix} \tag{7-13}
$$

可以通过线性化开环方程（线性化的过程与闭环方程类似）获得装配性能变动量的估计值，通常这是一个能被泰勒级数展开的非线性标量系统。如前所述，可以用矩阵形式表示线性化开环方程：

$$\{\delta V\} = [C]\{\delta X\} + [E]\{\delta U\} \qquad (7\text{-}14)$$

式中，$\{\delta V\}$ 为装配性能要求中的变动的矢量；$[C]$ 是组成环变量的偏微分系数的矩阵；$\{\delta X\}$ 是组成环尺寸中的微小变动的矢量；$[E]$ 是装配变量的偏微分系数矩阵；$\{\delta U\}$ 是与闭环对应的装配变动的矢量。

使用矩阵代数法，根据组成环的变动，通过用闭环解替换 $\{\delta U\}$ 的方式来求解开环装配变量：

$$\{\delta V\} = [C]\{\delta X\} - [E][B^{-1}A]\{\delta X\}$$
$$= [C - EB^{-1}A]\{\delta X\} \qquad (7\text{-}15)$$

矩阵 $[C - EB^{-1}A]$ 是开环装配变量的公差敏感度矩阵。$B^{-1}A$ 项来自于装配上的闭环约束。$B^{-1}A$ 项表示尺寸变动对装配中微小的内部运动调整的影响。而内部调整将影响 $\{\delta V\}$ 和 $\{\delta U\}$。

注意，不能将 $\{\delta U\}$ 当成另一个组成环那样求解式（7-7），并将求解得到的 $\{\delta U\}$ 直接代入式（7-14）求解。若如此，则是将 $\{\delta U\}$ 视为独立于 $\{\delta X\}$，但实际上，$\{\delta U\}$ 通过闭环约束依赖于 $\{\delta X\}$。由此，必须计算整个矩阵 $[C - EB^{-1}A]$ 以获得公差敏感度。

允许 $B^{-1}A$ 项与 C 和 E 相互作用，在确定运动学调整对 $\{\delta V\}$ 的影响时是有必要的。将它们分别单独处理，就类似于对每个项分别取绝对值，再将所有绝对值相加得到极限情况（极值法），而不是在各项取绝对值之前相加。就像在统计法分析中，需要先对每个值取平方再相加，而不是先相加再取平方。

对于装配的例子，将 $\{\delta V\}$ 的方程简化为 Gap 变量的单一标量方程：

$$\delta Gap = \frac{\partial Gap}{\partial a}\delta a + \frac{\partial Gap}{\partial b}\delta b + \frac{\partial Gap}{\partial c}\delta c + \frac{\partial Gap}{\partial e}\delta e + \frac{\partial Gap}{\partial f}\delta f$$
$$+ \frac{\partial Gap}{\partial g}\delta g + \frac{\partial Gap}{\partial r}\delta r + \frac{\partial Gap}{\partial R}\delta R + \frac{\partial Gap}{\partial \theta}\delta\theta$$
$$+ \frac{\partial Gap}{\partial U_1}\delta U_1 + \frac{\partial Gap}{\partial U_2}\delta U_2 + \frac{\partial Gap}{\partial U_3}\delta U_3 + \frac{\partial Gap}{\partial \phi_1}\delta\phi_1$$
$$+ \frac{\partial Gap}{\partial \phi_2}\delta\phi_2 + \frac{\partial Gap}{\partial \phi_3}\delta\phi_3 \qquad (7\text{-}16)$$

$$\delta Gap = [\sin(-90°) + \sin180°]\delta r + \sin90°\delta f + \sin0\delta g$$
$$+ \sin(-90°)\delta U_1$$
$$= -\delta r + \delta f - \delta U_1$$

将闭环的结果 δU_1 代入式（7-12）并分组整理各项：

$$\delta Gap = -\delta r + \delta f - (0.3057\delta a - 0.3057\delta b + \delta c$$
$$+ 1.0457\delta e + 2.4949\delta r - 1.2311\delta R$$
$$+ 11.2825\delta\theta)$$
$$= -0.3057\delta a + 0.3057\delta b - \delta c - 1.0457\delta e$$
$$- 3.4949\delta r + 1.2311\delta R - 11.2825\delta\theta \qquad (7\text{-}17)$$

虽然式（7-17）给出了依赖组成环变动 δX 的装配变动 δGap，但它并不是一个对公差累积的评估，评估累积必须采用一个模型，例如极值法和统计法。

7.3.4　步骤4——建立极值法和统计法的表达式

如前所述，δU 或 δV 累积公差的估算，可通过组成环变动和公差敏感度的乘积得到：

$$\begin{cases} \text{极值法：} \delta U \text{ 或 } \delta V = \sum |S_{ij}||\delta x_j| \\ \text{统计法：} \delta U \text{ 或 } \delta V = \sqrt{\sum(S_{ij}\delta x_j)^2} \end{cases} \qquad (7\text{-}18)$$

式中 S_{ij} 是装配要素对于每个组成环的公差敏感度。若关注的装配变量为闭环变量 δU_i，则 S_{ij} 可以通过矩阵 $B^{-1}A$ 的对应行获得。若所关注的为 δV_i，则通过矩阵 $[C - EB^{-1}A]$ 获取。如果测量的变动数据可用，那么 δx_j 为 $\pm3\sigma$ 的工艺方差。如果零件的生产未开始，那么 δx_j 通常采用等同于 $\pm3\sigma$ 的零件上的设计公差代替。

在装配案例中，长度 U_1 是一个闭环装配变量。U_1 决定了圆柱和框架间接触点的位置。为了估算 U_1 的变动，我们将矩阵 $[B^{-1}A]$ 的第一行和 $\{\delta X\}$ 相乘，并通过极值法或统计法相加。

极值法：
$$\delta U_1 = |S_{41}|\delta a + |S_{42}|\delta b + |S_{43}|\delta c + |S_{44}|\delta e$$
$$+ |S_{45}|\delta r + |S_{46}|\delta R + |S_{47}|\delta\theta$$
$$= (|0.3057| \times 0.3 + |-0.3057| \times 0.3$$
$$+ |1| \times 0.3 + |1.0457| \times 0.3$$
$$+ |2.4949| \times 0.1 + |-1.2311| \times 0.3$$
$$+ |11.2825| \times 0.01745)\,\text{mm}$$
$$= \pm1.6129\,\text{mm}$$

统计法：
$$\delta U_1 = [(S_{41}\delta a)^2 + (S_{42}\delta b)^2 + (S_{43}\delta c)^2 + (S_{44}\delta e)^2$$
$$+ (S_{45}\delta r)^2 + (S_{46}\delta R)^2 + (S_{47}\delta\theta)^2]^{0.5}$$
$$= [(0.3057 \times 0.3)^2 + (-0.3057 \times 0.3)^2$$
$$+ (1 \times 0.3)^2 + (1.0457 \times 0.3)^2$$
$$+ (2.4949 \times 0.1)^2 + (-1.2311 \times 0.3)^2$$
$$+ (11.2825 \times 0.01745)^2]^{0.5}\,\text{mm}$$
$$= \pm0.6653\,\text{mm}$$

对于 Gap 的变动量，将矩阵 $[C - EB^{-1}A]$ 的第一行与 $\{\delta X\}$ 相乘，并通过极值法或统计法求和。注意：矢量 $\{\delta X\}$ 需要扩展以包括 δf 和 δg。

极值法：

$$
\begin{aligned}
\delta Gap &= \left| S_{41} \right| \delta a + \left| S_{42} \right| \delta b + \left| S_{43} \right| \delta c \\
&\quad + \left| S_{44} \right| \delta e + \left| S_{45} \right| \delta r + \left| S_{46} \right| \delta R \\
&\quad + \left| S_{47} \right| \delta \theta + \left| S_{48} \right| \delta f + \left| S_{49} \right| \delta g \\
&= (\left| -0.30573 \right| \times 0.3 + \left| 0.30573 \right| \times 0.3 \\
&\quad + \left| -1 \right| \times 0.3 + \left| -1.04569 \right| \times 0.3 \\
&\quad + \left| -3.4949 \right| \times 0.1 + \left| 1.2311 \right| \times 0.3 \\
&\quad + \left| -11.2825 \right| \times 0.01745 + \left| 1 \right| \times 0.5 \\
&\quad + \left| 0 \right| \times 0) \text{mm} \\
&= \pm 2.2129 \text{mm}
\end{aligned}
$$

统计法：

$$
\begin{aligned}
\delta Gap &= [(S_{41} \delta a)^2 + (S_{42} \delta b)^2 + (S_{43} \delta c)^2 + (S_{44} \delta e)^2 \\
&\quad + (S_{45} \delta r)^2 + (S_{46} \delta R)^2 + (S_{47} \delta \theta)^2 \\
&\quad + (S_{48} \delta f)^2 + (S_{49} \delta g)^2]^{0.5} \\
&= [(-0.30573 \times 0.3)^2 + (0.30573 \times 0.3)^2 \\
&\quad + (-1 \times 0.3)^2 + (-1.04569 \times 0.3)^2 \\
&\quad + (-3.4949 \times 0.1)^2 + (1.2311 \times 0.3)^2 \\
&\quad + (-11.2825 \times 0.01745)^2 + (1 \times 0.5)^2 \\
&\quad + (0 \times 0)^2]^{0.5} \text{mm} \\
&= \pm 0.8675 \text{mm}
\end{aligned}
$$

通过构建类似的表达式，可以得到所有装配变量的估算值（见表 7-6）。

表 7-6   开环和闭环装配要素变量的估算值

装配变量	均值或公称值	极值法 $\pm \delta U$	统计法 $\pm \delta U$
U_1	59.0026mm	1.6129mm	0.6653mm
U_2	41.4708mm	1.5089mm	0.6344mm
U_3	16.3279mm	0.9855mm	0.4941mm
ϕ_1	43.6838°	0.0468°	0.0339°
ϕ_2	29.3162°	0.0293°	0.0181°
ϕ_3	17.0000°	0.0175°	0.0175°
Gap	5.9974mm	2.2129mm	0.8675mm

7.3.5 步骤 5——评估与设计迭代

通过比较预期变动和规定的设计要求可以评估变动量分析的结果。如果变动值大于或小于所规定的装配公差，可用评估结果帮助改进公差要求，使其变严或变松。

1. 不合格品率（Percent Rejects）

不合格品率可以基于标准正态表评估，标准正态表通过计算均值到上下界限（UL 和 LL）的标准偏差获得。

唯一有性能要求的装配要素是 Gap，其可接受范围为 $Gap = (6.00 \pm 1.00) \text{mm}$。计算从平均 Gap 到 UL 和 LL 的距离，单位为 Gap 的标准偏差：

$$
\begin{cases}
Z_{UL} = \dfrac{UL - \mu_{Gap}}{\sigma_{Gap}} = \dfrac{7.000 - 5.9974}{0.2892} = 3.467\sigma \\
R_{UL} = 263 \text{ppm} \\
Z_{LL} = \dfrac{LL - \mu_{Gap}}{\sigma_{Gap}} = \dfrac{5.000 - 5.9974}{0.2892} = -3.449\sigma \\
R_{LL} = 281 \text{ppm}
\end{cases}
$$

$$(7\text{-}19)$$

预期总不合格品率为 544ppm。

2. 贡献度百分比图（Percent Contribution Charts）

贡献度百分比图告诉设计者各个尺寸对最终 Gap 变动量的贡献度。贡献度包括敏感度和公差两者的影响。对于极值法和统计法的变动估算是不同的。

$$
\begin{cases}
\text{极值法：贡献度} = \dfrac{\left| \dfrac{\partial Gap}{\partial x_j} \cdot \delta x_j \right|}{\sum \left| \dfrac{\partial Gap}{\partial x_i} \cdot \delta x_i \right|} \\
\text{统计法：贡献度} = \dfrac{\left(\dfrac{\partial Gap}{\partial x_j} \cdot \delta x_j \right)^2}{\sum \left(\dfrac{\partial Gap}{\partial x_i} \cdot \delta x_i \right)^2}
\end{cases}
$$

$$(7\text{-}20)$$

实践时常常将计算的结果按大小排序，以条形图展示。示例装配体的贡献度百分比如图 7-24 所示。

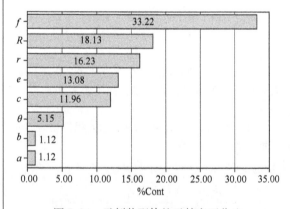

图 7-24   示例装配体的贡献度百分比

显然，除了 Gap 之外，f 为最重要的贡献项，然后是半径 R。这个图表明了设计者应该在何处集中精力去修正。

简单地改变几个尺寸的公差能急剧地引起图表变化。假设 f 的公差变紧，因为它相对容易控制；使 R 和 e 的公差变松，因为它们相对更难获得更高的定位和加工精度。圆柱体是供应商提供的，因此不能修改。新的公差和结果图见表 7-7 和图 7-25。

表 7-7　修改尺寸公差

尺　　寸	修改前极限偏差	修改后极限偏差
a	± 0.3mm	± 0.3mm
b	± 0.3mm	± 0.3mm
c	± 0.3mm	± 0.3mm
e	± 0.3mm	± 0.4mm
r	± 0.1mm	± 0.1mm
R	± 0.3mm	± 0.4mm
θ	± 0.01745rad	± 0.01745rad
f	± 0.5mm	± 0.4mm

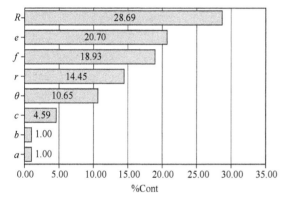

图 7-25　修改公差后的示例装配体的贡献度百分比

现在，R 和 e 是两个主要贡献项，而 f 掉到第三。当然，改变公差要求需要修改工艺。比如说，将 f 的公差要求变严，可能要求改变进给量或进给速度或磨床上磨头的数量。

公差是敏感度的倍数，并且公差决定了贡献度百分比，因此敏感度也是一个重要的辅助评价变量。

3. 敏感度分析（Sensitivity Analysis）

公差的敏感度表明零件的装配顺序和几何形状如何影响装配变动。我们可以通过研究敏感度来了解每个尺寸所起的作用。以示例装配体为例，Gap 的敏感度计算结果见表 7-8。

表 7-8　Gap 的敏感度计算结果

尺　　寸	敏　感　度
a	− 0.3057
b	0.3057
c	− 1.0
e	− 1.0457
r	− 3.4949
R	1.2311
θ	− 11.2825
f	1.0

注：θ 的敏感度以弧度计算。

将 a 或 b 改变 1.0mm，Gap 会改变 0.3057mm。a 的负号表示 Gap 随着 a 的增大而减小。对 c 上的增加的尺寸，Gap 也会下降相等的尺寸。通过图 7-18 可以清楚地看出这一模式。每当 a 增加 1.0mm，块状零件被抬高呈斜面，块状零件或圆柱上升 $\tan 17°$ 或 0.3057，同时 Gap 减小。每当 b 增加 1.0mm，平面被从块状零件下方推走，产生相同高度的下降。将 c 增加 1.0mm，造成直接的滑动抬升，Gap 减小。

尺寸 e、r、R 和 θ 更为复杂，因为多个调整是在同时发生的。当 r 增加时，圆柱体抬升，产生一个沿墙向上的滑动，同时圆柱体与块状零件的凹面保持接触。随着圆柱体抬升，Gap 减少。当 R 增大时，凹面向块状零件内移动更深，导致圆柱体下落，圆柱体下落导致 Gap 增大。增大 e 使得块状零件变厚，把块状零件前部的角推到墙上，并把块状零件推到平面上。最终影响是抬升了凹面，减小了 Gap。增大 θ 使得块状零件绕斜面的前部边缘旋转，同时前角边缘沿墙向下滑动。凹面和墙之间的夹角减小，挤压圆柱体往上，并减小 Gap。r 和 θ 的大敏感度被它们对应的小公差抵消。

4. 修改几何量（Modifying Geometry）

最常见的修改几何量的方法是改变其中一个或多个公称尺寸，从而使 Gap 的公称值位于 UL 和 LL 的中心。例如，如果我们想将 Gap 的规范改为 $(5.00 ± 1.000)$mm，那么我们可以仅将 c 的公称尺寸增加 1.00mm。因为 Gap 对于 c 的敏感度为 − 0.1，所以 Gap 将下降 1.00mm。

类似的，敏感度能够通过改变几何量进行调整。由于敏感度为偏微分，它通过零件的公称尺寸进行评估，因此只能够通过改变公称尺寸来改变。一个有趣的练习是去修改案例装配的几何量以让 Gap 对 θ 的变动不敏感，也就是说，让 Gap 对 θ 的敏感度降至 0。你将使用非线性方程求解器软件去求解原始的矢量环方程，即式（7-1）~ 式（7-3），对一个新设置的公称装配值，求出装配变量：U_1、U_2、U_3、ϕ_1、ϕ_2 和 ϕ_3，以及对应的新的公称尺寸：a、b、c、e、r、R、θ、f 和 Gap。

如果我们将 b 增大到 40mm，θ 的敏感度将降低至接近 0。同时，我们必须增大 c 至 35mm，以将 Gap 的公称值减小至 6.00mm。矩阵 $[A]$、$[B]$、$[C]$ 和 $[E]$ 需要重新计算和求解，修改后的结果见表 7-9。

注意只有 θ 的敏感度是改变的，这是因为 b 和 c 与其他变量缺少耦合。变动结果见表 7-10。

新的贡献度图表如图 7-26 所示，基于低敏感度，现在可以增大 θ 而不影响 Gap 的变动。

表 7-9 对 *Gap* 的敏感度计算结果

尺寸符号	公称尺寸	极限偏差	敏 感 度
a	10mm	±0.3	−0.3057
b	40mm	±0.3	0.3057
c	35mm	±0.3	−1.0
e	55mm	±0.4	−1.0457
r	10mm	±0.1	−2.4949
R	40mm	±0.4	1.2311
θ	17°	±0.01745rad	−0.3478
f	75mm	±0.4	1.0

表 7-10 公称几何量修改后的变动结果

装配变量	均值或公称尺寸	δU 极 值 法	δU 统 计 法
U_1	59.0453mm	±1.6497mm	±0.7659mm
U_2	41.5135mm	±1.9088mm	±0.8401mm
U_3	26.7848mm	±0.9909mm	±0.4908mm
ϕ_1	43.6838°	±0.0489°	±0.0343°
ϕ_2	29.3162°	±0.0314°	±0.0189°
ϕ_3	17°	±17°	±17°
Gap	5.9547mm	±2.1497mm	±0.8980mm

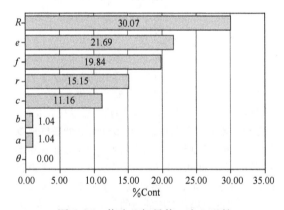

图 7-26 修改几何量使 θ 为 0 贡献

7.3.6 步骤 6——报告结果和文件修改

装配公差流程最后一步是准备最终报告，最终报告优先采用图形、曲线图和表格形式，对比表格和图有助于评判设计决策的合理性。如果有几个迭代，那么采用一个编号去识别每个方案对应的表格和图是很明智的。对一系列的案例，分别列出其可区分的特征，并进行简单的总结，这将非常易于读者理解。

7.3.7 总结

前文对装配变量建模与分析进行了系统的介绍，本章提出的建模系统的优点如下：

1）模型具有三种主要来源的变动，这三种主要来源的变动包括：长度和角度尺寸；形状偏差，位置偏差和方向偏差；运动副产生的运动调整。

2）装配模型由矢量、运动副和元素等大多数设计者熟悉的概念组成。

3）各种装配体都可以用少量的基本元素表示。

4）具有建模规则，建模规则能够指导设计者建立有效的模型。

5）它能够集成于 CAD 系统，实现全图形化模型的自动化创建。

本章提出的分析系统的优点如下：

1）装配函数能够很容易地从图形化模型中导出。

2）非线性隐式系统能够很容易地转换为线性系统，公差敏感系数由一个简单的标准化矩阵运算得到。

3）统计方法可以精确高效地对公差累积进行估算而不需要反复地仿真。

4）一旦推导出装配特征的变动表达式就可以进行公差分配或试验研究了，不需要反复进行装配分析。

5）一些对评价和设计有用的变动参数能很容易地得到，例如：关键装配特征的均值和标准偏差，每一个零件尺寸的敏感度和贡献度，以及几何形状变动、不合格率和质量水平。

6）公差分析模型将设计需求和工艺能力结合起来以促进设计与制造之间信息的交流，进而做出合理的定量的决定。

7）它可以集成到商业 CAD 系统上实现自动化，进而完全消除公式的手工推导和录入。

7.3.8 评价

实例中的问题对于初学者来说过于复杂，虽然它只有 3 个零件、4 个运动副和一个关键装配特征（间隙），但仍然富有挑战性。本文所举的例子是一个很好的实例，它阐述了公差建模与分析的全过程。该实例说明了 6 种可能的运动副类型中的 4 种，它说明了如何处理闭环不只一条的情况，开环与闭环的区别，以及开环与闭环如何组合起来进而求得装配的完整解。它也说明了如何建立和求解控制方程，以及如何提取可以预测不合格品率和装配水平的参数。

演算过程被尽可能地压缩了，包括统计指标和矩阵解在内，所有的一维计算和二维计算都以电子表格的形式进行。这个实例也说明了如何高效且可知地执行设计迭代，以得到更高的质量、更低的成本和更可靠的产品性能。

7.3.9　计算机辅助公差系统

　　在上文阐述的公差建模和分析过程的基础上，人们开发了基于 CAD 的公差分析系统。计算机辅助公差系统（CATS）的基本组成如图 7-27 所示。许多在上文中描述的人工建模和分析的任务转换成了自动化的图形化的函数。本章所提出的系统已经集成到商业化 3DCAD 系统，取名为 CETOL 3D。CETOL 3D 就像设计者自己的系统。

　　进一步的参考资料见下面的参考文献，其他的一些相关文献可以通过 ADCATS 网站获得，网址为：http://adcats.et.byu.edu。

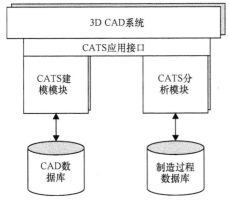

图 7-27　CATS 系统

扩展阅读

一维公差分析

Chase, K. W., Tolerance Allocation Methods for Designers, ADCATS Report 99-6, 1999.

Chase, K. W., and A. R. Parkinson, "A Survey of Research in the Application of Tolerance Analysis to the Design of Mechanical Assemblies," *Research in Engineering Design*, 3：23-37, 1991.

Chase, K. W., and W. H. Greenwood, "Design Issues in Mechanical Tolerance Analysis," *Manufacturing Review*, ASME, 1：(1), 50-59, 1988.

Creveling, C. M., *Tolerance Design*, Addison-Wesley, Reading, Massachusetts, 1997.

Cvetko, R., K. W. Chase, and S. P. Magleby, New Metrics for Evaluating Monte Carlo Tolerance Analysis of Assemblies. ADCATS Report 98-2, 1998.

Fortini, E. T., *Dimensioning for Interchangeable Manufacture*, Industrial Press, New York, 1967.

Gao, J., K. W. Chase, and S. P. Magleby, Comparison of As-

sembly Tolerance Analysis by the Direct Linearization and Modified Monte Carlo Simulation Methods, ADCATS Report 95-2, 1995.

Spotts, M. F., *Dimensioning and Tolerancing for Quantity Production*, Prentice-Hall, Englewood Cliffs, New Jersey, 1983.

Trucks, H. E., *Designing for Economical Production*, 2nd ed., Society of Manufacturing Engineers, Dearborn, Michigan, 1987.

二维及三维公差分析

Chase, K. W., J. Gao, and S. P. Magleby, "General 2-D Tolerance Analysis of Mechanical Assemblies with Small Kinematic Adjustments," *Journal of Design. and Manufacturing*, 5 (4)：263-274, 1995.

Chase, K. W., J. Gao, S. P. Magleby, and C. D. Sorenson, "Including Geometric Feature Variations in Tolerance Analysis of Mechanical Assemblies," *IIE Transactions*, 28：795-807, 1996.

Chase, K. W., S. P. Magleby, and C. G. Glancy, "A Comprehensive System for Computer-Aided Tolerance Analysis of 2-D and 3-D Mechanical Assemblies," *Proceedings of the 5th CIRP Seminar on Computer-Aided Tolerancing*, Toronto, Ontario, 1997.

Drake, P. J., Jr., *Dimensioning and Tolerancing Handbook*, McGraw-Hill, New York, 1999.

带有弹性元件的公差分析

Chase, K. W., C. D. Sorensen, and B. J. DeCaires, "Variation Analysis of Tooth Engagement and Load-Sharing in Involute Splines." AGMA Fall Technical Meeting, 2009.

Tonks, M. R., K. W. Chase, and C. C. Smith, "Predicting Deformation of Compliant Assemblies Using Covariant Statistical Tolerance Analysis." *Models for Computer Aided Tolerancing in Design and Manufacturing*, 9th CIRP International Seminar on Computer-Aided Tolerancing, Tempe, Arizona, 2005.

机构的公差分析

Leishman, R. C., and K. W. Chase, "Direct Linearization Method for Kinematic Variation Analysis." *Journal of Mechanical Design*, ASME, 132 (7), 2010.

Leishman, R. C., and K. W. Chase, "Variation Analysis of Position, Velocity, and Acceleration of Two-Dimensional Mechanisms by the Direct Linearization Method." *ASME International Design Engineering Technical Conferences* (*IDETC*), 2009.

Leishman, R. C., and K. W. Chase, "Rack & Pinion Steering Linkage Synthesis Using an Adapted Freudenstein Approach," ASME Proceedings IDETC, 2009.

Wittwer, J. W., K. W. Chase, and L. L. Howell, "The Direct Linearization Method Applied to Position Error in Kinematic Linkages." *Mechanism and Machine Theory*, 39 (7), 2004.

第8章
质量功能展开

阿福特系统公司　拉里·阿福特（LARRY AFT）　著

浙江大学　何俊科　唐任仲　译

8.1　概述

质量改进过程的一个关键组成部分是了解顾客并且达到甚至超越顾客的需求。质量功能展开（QFD）在30多年以前起源于日本，是一个专注于提供满足顾客需求的产品和服务的质量系统。为了有效地为顾客提供价值，我们需要在产品或服务的开发过程中倾听顾客的声音。后来，水野滋（Shige-ru Mizuno）博士和赤尾洋二（Yoji Akao）博士，以及日本的其他质量专家开发了工具和技术，并将它们组织成了一个综合的系统，用来确保新产品和新服务的质量和顾客满意度[1]。

质量功能展开将顾客的需求与设计、开发、策划、制造和服务功能联系在了一起，它帮助组织找出顾客提出和未提出的需求，将它们转变为行动和设计，并且将各种企业机能集中到实现这一共同目标上。质量功能展开是组织能够超越正常期望，并提供一定程度上出人意料的、令人兴奋的、有价值的产品[2]。"质量功能展开使用了一系列的紧密关联的矩阵将顾客的需求转化成产品和工艺特性。"[3]

质量功能展开包括：

1）理解顾客需求。

2）质量系统思考＋心理学＋知识/认识。

3）最大化增加价值的优良品质。

4）对于顾客满意度的综合质量系统。

5）保持领先市场的战略。

在质量功能展开中，产品开发将顾客对于功能需求的期望转化成特定的工程和质量特性[4]。质量功能展开有以下四个阶段：

1）阶段1，收集顾客的声音，生产机构精确地理解这些话，并针对机构的能力和战略计划进行分析。

2）阶段2，确定将导致生产者的市场占有率急剧增长的重点突破区域。

3）阶段3，代表新技术的突破。

4）阶段4，代表可能的最高质量标准下的新产品制造过程和新技术[5]。

质量功能展开是一种根据顾客需求设计产品或服务的系统，它涉及生产组织和采购组织的所有成员。在日语中，"展开"指的是延伸或扩展活动，因此，"QFD"意味着生产精品项目的责任必须分配到公司的所有部门。它有时候被称为日式全面质量管理最先进的形式。我们可以通过在质量功能展开的上下文中定义"质量功能展开"的每一个术语来理解这个系统。

1）质量——达到顾客需求。

2）功能——必须做到什么，集中投入。

3）展开——谁来做，什么时候做[6]。

下面是一个质量功能展开的经典例子。在20世纪80年代早期，国际收割机公司和小松公司结束了合作伙伴关系，因为国际收割机公司拥有所有的专利权，小松公司不得不在短暂的24个月里开发出11种新的重型设备模型。

小松公司的工程师去外面田野里观察设备的实际使用情况，他们注意到操作者的辛苦和不适，很明显，两个需要改进的地方是提升驾驶员在驾驶室中的舒适度和降低移动车辆的难度，因为设备需要不断来回移动。

对于驾驶室，小松公司的工程师重新制作了窗户的结构，因此所有方向的视野更加清晰了。他们安装了可以在尘土飞扬的环境中工作的空调，以及一个长时间坐着都十分舒适的座椅。对于移动的问题，他们考虑电子换档，从12种不同的方案中，经过大量的测试，选择了最可靠、使用最简单的一种方案。

当小松公司推出新的重型设备生产线时，遇到了极大的热情。因为它操作简单，带来了更高的生产率，获得了更多驾驶员的偏爱。很快，小松公司成了重型设备交易中的主导力量，并在这个位置上持续了 10 多年。

8.2　质量功能展开的方法论

质量功能展开采用一系列的矩阵来记录收集和开发的信息，代表了团队对于一个产品的计划。质量功能展开的方法论是以系统工程方法为基础的，由以下一般步骤组成[7]：

1）从顾客需求中获得顶级产品的需求和技术特点。

2）开发满足这些要求的产品概念。

3）评估产品概念，选出最优的（概念选择矩阵）。

4）将系统概念或体系结构划分为次级系统结构或组合装置，并将顾客的高级需求及其需求的技术特性分配给这些分割开的次级系统结构或组合装置。

5）从次级系统/组合装置的需求（产品/零部件展开矩阵）中获取低级的产品需求（产品或零部件特性）和规格。

6）对于关键的零部件或组合装置，将低级产品需求（产品/零部件属性）转化为制造操作流程规划。

7）确定满足这些产品或零部件特性的生产流程。

8）在这些流程步骤的基础上，确定装配需求、过程控制以及质量控制来确保得到这些关键的组合装置或零部件特性。

建议使用以下方法来实施质量功能展开，这些步骤在 QFD 中很重要，但是建造质量屋的时候应遵循一个非常具体的流程。以下步骤作为简介[8]：

1）倾听顾客的声音。特别是对顾客而言什么最重要？比如，如果我们想要做出一杯完美的咖啡，顾客的需求可能包括要加香料，咖啡要热但不能太烫且不能烫手，价格要低，服务要快。这些顾客的需求被放进质量屋的恰当房间。顾客需求可以通过各种各样的方式获得，包括采用焦点小组、采访顾客、联系顾客服务中心或顾客投诉中心（另外，这些项目可以被用在将来满意度的调查上）。

2）按照重要性给顾客需求排序，如果不能把注意力放在所有需求上，那么哪一个是最重要的？

3）想出如何通过将顾客需求转变成设计需求来衡量顾客需求。继续我们的例子，"咖啡要热但不能太烫"是测量咖啡的温度，"不能烫手"是测量杯子外面的温度，"价格要低"是衡量价格。我们注意到每一个测量都用了一个特定的、可控的、无限制（这就意味着我们要选择尽可能多的选项）的可变尺度。尽管看起来我们不能用设备测量"香料"，但可

以通过一个专家组来衡量。在这一步中，尤其重要的是避免当前产品的产品特定属性。同样，这些设计需求要被放进质量屋里的恰当房间。

4）从结构难度评估设计属性。某些属性之间很可能存在直接冲突。例如，既要咖啡的温度足够高，又希望咖啡杯的温度不要过高，两者是冲突的。

5）确定设计需求的目标值。这非常重要，因为这些目标值是通过研究确定的，并不是随意确定或是基于当前产品属性的。注意，每一个需求都是非常具体且可测量的，这对于产品开发是很重要的。如果你不能衡量你的目标，那么你怎么知道它有没有实现。

6）评估现在的市场位置。你将如何满足顾客的要求？你的竞争者会怎么做？为什么会认为一种产品比另外的好？这可以通过很多方式来实现——通过顾客调查、传统市场研究、专家讨论、进行相反的设计、取样竞争产品等。

基本上，关于 QFD，最重要的是它是一个确保顾客需求推动设计紧凑的系统方法，质量功能展开用一个叫作质量屋的工具来确保顾客的需求得到满足，质量屋是一个复杂的图形工具，本质上来说是一个产品计划矩阵。质量屋的一般形式如图 8-1 所示[9]。

8.3　质量屋的拓展

如图 8-2 所示，"拓展的质量屋"由许多"房间"组成。其中四个房间构成了房屋的基本结构，就是"做什么""怎么做""为什么"和"做多少"，另外四个房间由这四个房间之间的关系组成。下面按顺序对每一个房间进行简要说明[10]。

1）做什么：这是关于顾客的愿望和我们要完成的任务的一列清单。当"拓展的质量屋"采用最终用户的需求时，这将是对顾客希望在产品上看到的属性的阐述。一个常见的情况是，顾客趋向于用一个可能的解决方法来表达他们的需求，要理解真正的需求而不是接受表面的表达。

2）怎么做：这是关于企业可以测量和控制的内容的列表，以此来确保正在满足顾客的需求。通常，该列表的条目是测量方式的参数和设定的可测量目标值。怎么做有时候也被称为质量特性或者设计需求。最好尽可能保持这些条目的概念独立，如果不能做到这一点，将会受困于一种特定的方案，几乎不可能正确运用 QFD 达到。例如开发一款车门锁，你可能会尝试将"怎么做"定义为诸如"插入钥匙"和"转动钥匙"，这两者都暗示了这个锁是用

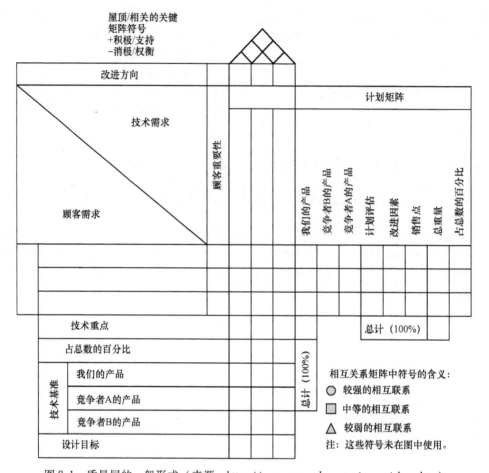

图8-1　质量屋的一般形式（来源：http://www.proactder.com/pages/ehoq.htm）

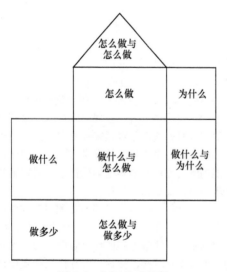

图8-2　拓展的质量屋

钥匙开的，你就会直接消除诸如密码锁之类的概念，而放弃安全性和成本方面的优势。更好的"怎么做"应该是"开锁行为/关锁行为"，通过钥匙锁和密码锁都能实现。

3）为什么：概念上讲，这是用来描述现在的市场的列表。这是一种用来解释为什么市场需要该产品的方法，它指出了对"做什么"列表进行排序时需要用到的数据。通常包括你的产品必须满足的顾客群体和他们彼此之间重要的联系，也包括市场上将会与你竞争的产品列表。

4）做多少：该列表用来详细说明要满足"做什么"，每一个"怎么做"需要的量。通常，它包含了将要被用来测试的产品的列表，这些测试帮助我们设定"怎么做"的现实目标值，它也包括了已经做好排序的"怎么做"的条目。一般来说，"为什么"和"做多少"非常相似，"为什么"指出了"做什么"的重要性，而"做多少"记录了"怎么做"的重要性。

5）做什么与怎么做：这是一个关系矩阵，将顾客希望在产品上看到的与公司为满足这些需求需要做的联系起来。这是质量功能展开的核心矩阵。矩阵中的联系通常用很密切、中等、很弱和没有联系来表示。如果一个"怎么做"严格遵循"做什么"，那么这个"做什么"和"怎么做"就有很密切的联系。类似的，如果一个"怎么做"没有任何迹象表明是否遵从了"做什么"，那么很可能没有关联。填写和分析这个矩阵可能会占据你花费在质量功能展开上的大部分时间。

6）做什么与为什么：这是一个基于市场信息对"做什么"进行排序的关系矩阵。通常，该矩阵中的数据由对不同的顾客群体看待每一个"做什么"的重要程度的评估组成，也包括对竞争产品在满足每一个"做什么"上做得多好的评估。评估重要性等级并将其纳入你的产品与竞争产品相关的地方，可以帮助确定每一个"做什么"的重要性。

7）怎么做与做多少：这是一个帮助你决定这个项目下一步应该做什么的关系矩阵。一般来说，该矩阵包含鉴定每一个"怎么做"相关重要性的计算值，也包含你的竞争者在"怎么做"相关问题上表现出的信息。这些信息可以帮你确定现实的可测量的目标值，如果达到了，就能确保你满足顾客的需求。

8）怎么做与怎么做：该矩阵形成了"拓展的质量屋"的屋顶，并给它命名。这是用来确定不同"怎么做"之间的联系的，在这个矩阵中，用很积极、积极、消极、很消极和没有来评估关系。如果两个"怎么做"帮助彼此达到目标值，他们的关系就被评估为积极或很积极；如果达到了一个"怎么做"的目标值，而使达到另一个"怎么做"的目标值更加困难或者不可能了，这两个"怎么做"的关系就被评估为消极或很消极。

8.4 实例

下面是一个道格·萨顿描述的如何将质量功能展开应用于汽车保险杠的例子。

一个顾客抱怨汽车的保险杠在低速碰撞中的损坏太大。制造更好的汽车保险杠的首要的主要任务是确定顾客群体。在几乎所有的质量功能展开中，都有多个顾客群体，包括汽车修理店、车主、汽车制造商及汽车的销售人员。一旦确定顾客群体，就可以确定顾客需求了，应该包括以下内容：

1）好看（基础）。
2）能装牌照（性能）。
3）抗凹陷（兴奋点）。
4）保护功能（性能）。
5）低成本（基础）。

将他们在矩阵排好顺序，见表 8-1。开始质量屋的建设，如图 8-3 所示。

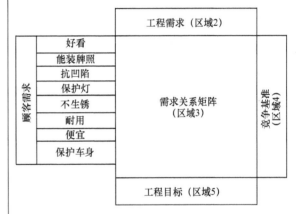

图 8-3 质量屋——第一级

下一步是观察竞争者的做法。为了做到这一点，首先需要确定竞争者。一旦确定了他们，就对他们的产品进行测试和分析。如果可能的话，进行逆向设计，把竞争的产品与顾客需求进行对比。接着把这些内容添加到质量屋里，如图 8-4 所示。

表 8-1 顾客需求矩阵

顾客	1	2	3	4	5	6	7	8	9	10	11	12		需求和	和的百分比
好看	0	1	0	1	0	0	0							2	17%
能装牌照	1					1	0	1	0	0				3	25%
抗凹陷		0				0								0	0%
保护灯			1				1							2	17%
不生锈				0				0						0	0%
耐用				1					1					2	17%
便宜					1						1			2	16%
保护车身						1								1	8%
总计														12	100%

顾客需求	工程需求 （区域2）	基准		
		竞争者A	竞争者B	竞争者C
好看		2	4	3
能装牌照		5	5	1
抗凹陷		3	3	5
保护灯		3	3	5
不生锈		5	5	2
耐用		4	4	4
便宜		4	3	2
保护车身		3	3	5
	工程目标 （区域5）			

图8-4　质量屋——第二级

做完这些之后，顾客需求就被转化成可衡量的设计需求了，且已经被确定。包括的项目有诸如如何固定车牌照，抗凹陷的保险杠材料是什么，怎么将累积成本控制在满足顾客的低成本水平。接着把这些内容添加到最终版本的质量屋中（见图8-5）。

顾客需求	屈服强度	杨氏模量	安装孔分离	镀层厚度	有效弹性常数	截面惯性矩	重量	最大偏移	成本	竞争者A	竞争者B	竞争者C
好看				X						2	4	3
能装牌照			X							5	5	1
抗凹陷	X	X								3	3	5
保护灯	X	X			X	X		X		3	3	5
不生锈				X						5	5	2
耐用				X						4	4	4
便宜									X	4	3	2
保护车身	X	X			X	X		X		3	3	5
工程目标				0.05			50		100			
单位	psi	psi	in	in	lb/in	in⁴	lb	in	美元			

图8-5　质量屋——最终

注：1psi＝6.89kPa，1in＝25.4mm，1lb/in＝17.86kg/m，
　　1in⁴＝41.62cm⁴，1lb＝0.454kg。

8.5　小结

质量功能展开和质量屋作为动态文件和现成的参考资源，为相关的产品、流程和进一步改进提供服务。它的目的是作为一种增强交流的方式来消除内部和外界的阻隔。通过顾客需求和竞争分析，帮助我们确定需要改变的关键技术成分。解决的问题可能之前从来没有被提出过。这些问题随后被推动来确定在一个很短的开发周期中制造出一件同时满足顾客需求和生产者需求的产品所需要的关键零部件、制造技术和质量控制措施[11]。试验设计这类工具可以用来帮助改善进程以满足这些要求。

参考文献

1. Mazur, page 1
2. http://www.qfdi.org/
3. Gryna, page 336
4. Juran, page 13.13
5. GOAL QPC Web Site
6. http://www2.warwick.ac.uk/fac/sci/wmg/ftmsc/modules/modulelist/peuss/slides/section_6a_qfd_notes.pdf
7. http://www.npd-solutions.com/bok.html
8. http://egweb.mines.edu/eggn491/lecture/qfd/
9. http://www.gsm.mq.edu.au/cmit/hoq/
10. http://www.proactdev.com/pages/ehoq.htm
11. Tapke, Muller, Johnson, and Sieck, "House of Quality—Steps in Understanding the House of Quality," IE 361.

扩展阅读

American Supplier Institute, *An Introduction to QFD Seminar*, 1997.

Bossert, J. L., *Quality Function Deployment：A Practitioner's Approach*, ASQ Quality Press, Milwaukee, Wisconsin, 1991.

Juran, J., *Quality Control Handbook*, 4th ed., McGraw Hill, New York, 1988.

Gryna, F., *Quality Planning and Analysis*, 4th ed., McGraw-Hill, New York, 2001.

Mazur, G., "QFD for Service Industries," *Fifth Symposium on Quality Function Deployment*, Novi, Michigan, June, 1993.

http://www2.warwick.ac.uk/fac/sci/wmg/ftmsc/modules/modulelist/peuss/slides/section_6a_qfd_notes.pdf Accessed：April 1, 2015

http://www.npd-solutions.com/bok.html Accessed：April 1, 2015

http://www.proactdev.com/pages/ehoq.htm Accessed：April 1, 2015

第 2 篇
制造自动化与技术

第**9**章
计算机辅助设计及制造

以色列技术学院 （以）格申·埃尔伯（GERSHON ELBER） 著
上海交通大学 尹红灵 译

9.1 概述

计算机辅助设计（CAD）与制造（CAM）深入我们的日常生活，所有的手机和便携式塑料制品都是由几何造型系统设计并用模具制造出来的。新汽车、轮船和飞机等的漫长的设计、分析和制造过程都广泛地运用了CAD/CAM工具。考虑到它们的局限性和开发过程中的外观将来会得到改善，这一章介绍当今最先进的几何建模能力及计算机辅助制造能力。

9.2 边界表示和自由曲面设计

虽然三维（3D）几何模型可以用各种不同的方式表示，但是所有的现代计算机辅助设计系统都是采用边界表示法。考虑三维立方体，可以用具有六个面的表面的12条棱的线框形式表示，或用整个体积表示。线框表示既高效又简单（通常用于显示目的），但有时也是含糊不清，如图9-1所示。图9-1左边为一超立方体的线框模型，可以有右边三种不同的理解。线框模型法的表示是模棱两可的。

边界表示法就没有这种模棱两可、含糊不清的问题，而实际上，在几何模型的设计和制造中，最常见的表示方法就是边界表示法。现在有很多种表示三维物体的方法和技术，构造性实体几何允许在基本形状之间进行集合运算和布尔运算，最典型的就是圆锥体和立方体。为了建立自由形状，早期在CAD系统中引入了样条曲线，现在的布尔运算也用于样条模型[2,15,29]。本章接下来介绍用最先进的设计来支撑制造工艺，并主要集中在物体的边界表示法。

图9-1 超立方体的线框模型

话虽如此，但是现今有一个特殊的领域——医用扫描仪是用体积表示法而不是边界表示法。预计未来10年内体积表示法将成为几何实体建模的主流，这有两个主要原因：一是几何分析工具（即应力分析）需要体积表示；二是从设计边界表示到分析有效性，体积表示是典型的半自动过程。另一方面，如果设计师开始用体积表示，就可以在设计和分析中使用准确而相同的表示形式。这种特性可以产生更大的效益，例如可以将分析结果更简洁地反馈给设计过程。第二个原因源于新的3D打印技术的出现，3D打印技术允许不同的材料沉积在不同位置，这就需要在模型内部的不同位置可以用不同属性来表示的建模能力。

9.3 自由曲面几何制造技术

一旦在几何建模系统中设计好了物体的三维模型，就会有很多种方法来制造该三维物体。下面介绍我们要制造这些三维物体所面临的几何挑战。9.3.1 ~ 9.3.3 介绍不同的经典的数控铣加工方法，不同形状和风格的端铣刀（即刀具）沿特定的轨迹运动。典型的端铣可以是球头铣刀（如图 9-2a 所示，刀具的底端是一个半球形），平底铣刀（如图 9-2b 所示，刀具底端是平的）和环形铣刀（又叫牛鼻子刀，见图 9-2c）。加工刀具的一般形状是圆柱形或者圆锥形。

在 9.3.4 和 9.3.5 中将介绍在两种其他制造技术中面临的几何挑战，这两种制造技术是线切割和平板装配。

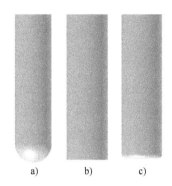

图 9-2　不同类型加工刀具侧视图
a）球头刀具　b）平底刀具　c）环形刀具

9.3.1　三轴加工

最简单的数控加工方法是三轴加工，三轴加工的工具方向是固定的，通常假定加工刀轴平行于 Z 轴。加工刀具可以沿着 X、Y 或 Z 轴独立运动而达到 3D 空间中任意点，然而所有的点都是通过同一个方向到达的，对于复杂的几何体，如图 9-3 所示的叶轮不能用单一夹具来实现三轴加工。

图 9-3　三轴加工不能加工而五轴加工能加工的
复杂几何曲面

9.3.2　四轴/五轴加工

在多轴加工中，刀具不仅允许沿着 X、Y 或 Z 轴三个不同的方向运动，而且还可以倾斜。在四轴加工中，刀具只能沿一个方向倾斜，通常用来加工有几个夹具的零件或者加工回转面[2,14,28]。四轴加工中，旋转轴作为第四轴。为了设置刀具方向，至少需要五个自由度，在球坐标系中，三个表示 X、Y 或 Z 位置，两个表示定向。不用说，五轴加工更复杂，数控机床的更昂贵，而表面粗糙度更低。图 9-3 所示为一三轴加工不能加工而五轴加工能加工的复杂几何曲面。超过三轴加工通常称为多轴加工。

9.3.3　五轴侧铣

当切削刀具允许沿所有五轴移动时可以执行不同类型的加工。加工使用刀具的锥形/圆柱端作为切削刃，而不是工具末端（见图 9-4），侧铣又叫 Flank 铣或者 Swarf（切削）铣。由于加工刀具的侧面是线型的，这类加工跟直纹面或者可展开直纹面有直接关系（直纹面就是指在某一个方向所有的点都是线性的）[2,14]。因此，我们感兴趣的就是将一般曲面近似分解为一组直纹面。

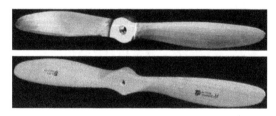

图 9-4　螺旋桨的五轴侧铣结果——反向工程建立
飞机螺旋桨模型（注意铣削加工的光洁表面，
其中几个直纹面逼近螺旋桨的顶面）

9.3.4　线切割

考虑从初始的备料加工制造成一个 3D 几何模型 G，并假设用一根无限长的线来切割。这根线可以从备料上切去材料而最终达到所要的 3D 几何形状的零件。线切割就是这种技术的典型事例。这条切割线就是很细的金属丝，金属丝在空间中慢慢移动并通过放电腐蚀材料来切割坯料，金属丝本身也要转动以保证不被腐蚀。这项技术的典型应用就是切割较简单的 2.5D 几何模型，例如平面曲线的 3D 拉伸。尽管如此，给定一个普通的三维几何模型 G，也很难找到最好或最优的方法来切割工件创建 3D 几何模型 G，这种方法用无限长的线在一般的移动中切割工件。而且，无限长的线不能到达 G 上的某些区域

（如一些型腔），检测这些不可达区域是非常有趣的。

9.3.5 平面布局与薄板叠层法制造

可展曲面有另一个非常重要的特性，可以沿某个轴弯曲这个面而不发生拉伸或破裂，换句话说，一个普通的三维曲面 G 可以分解为一组近似于曲面 G 的可展曲面，从而可以采用不同的制造工艺。近似可展曲面可以展开成平面并从所需的材料中切取，最后重新装配并黏结在一起形成 3D 原始曲面。这种制造方法通常用于船舶和航空航天工业，但是服装设计等行业也可用这种方法。

9.4 制造步骤——制造分析

由于设计和制造工艺之间没有联系，故将一些基于几何的计算机设计映射到制造过程中是一项非常艰巨的任务。在设计零件的时候，很少考虑加工刀具到达零件不同位置的方法，而不同加工刀具和不同制造工艺也具有不同的到达能力和接触限制。这一章主要讨论针对制造能力的存在性分析。9.4.1 部分讨论面向制造的不同自由曲面分析技术；9.4.2 部分主要介绍在 CNC 加工中起着重要作用的等距偏置；9.4.3 部分将研究刀具的定位问题，希望得到一个最优的结果。

9.4.1 制造的表面分析和刀具路径规划

下面展示几种将自由曲面 $S(u,v)$ 分解为容易制造的简单子块的技术。首先介绍将自由曲面 $S(u,v)$ 分解为可以用不同刀具加工的区域。其次创建遍布于加工表面的不同刀具轨迹的通用方法。最后将介绍用分段直纹面和分段可展直纹面近似表达普通自由曲面的方法。

1. 曲率分析和表面分解

自由曲面可以是局部凸起、局部凹陷或者是局部马鞍形状。凸起区域和凹陷区域称为椭圆形区域，马鞍形区域称为双曲线型区域[7]；如图 9-5 所示，双三次 B 样条自由曲面可以分解为以白色抛物线分界的凸起区域、凹陷区域和马鞍形区域。令曲面 $S(u,v)$ 上的曲线用 $C(t)$ 表示，$C(t) = [u(t),v(t)]$。点 $P_0 = C(t_0) = [u(t_0),v(t_0)]$ 是曲线 $C(t)$ 上的点，T_0 为 $C(t)$ 在 t_0 的单位切向量。T_0 称为曲面 S 在 t_0 的切平面。现在有一个平面 P 穿过 T_0 和在 P_0 的面法线，n_0 表示面 S 的法平面，平面 S 与 T 相交生成新的交线 $\kappa(t)$。$C(t)$ 在 t_0 的曲率从来不会低于 $\kappa(t)$ 在 t_0 的曲率，这是因为曲线 $\kappa(t)$ 沿曲面 S 的法线方向在 t_0 处分离了 $C(t)$ 的曲率分量 n_0。曲线

$\kappa(t)$ 的曲率被称为曲面 S 在 P_0 的切线方向 T_0 的法向曲率 κ_n。

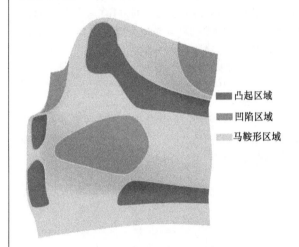

凸起区域
凹陷区域
马鞍形区域

图 9-5　双三次 B 样条自由曲面沿着抛物线（白色）分解为凸起区域、凹陷区域和马鞍形区域

考察保持 P_0 静止不动而在曲面 S 的切平面内转动 T_0 的结果。当 T_0 绕着 P_0 转动时，假设法曲率 κ_n 存在两个最极端的值，称为曲面 S 在 P_0 的两个主曲率，表示为 κ_1 和 κ_2。下面进一步研究一些令人吃惊的结果。

1）对于一个像小山一样的凸起区域或者椭圆形区域，总有一个方向下降最少，总有一个方向下降最多（它们总是相等）。

2）对于一个像型腔一样的椭圆形区域，总有一个方向上升到最小，总有一个方向上升到最大（它们总是相等）。

3）对于一个马鞍形的双曲抛物面区域，总有一个方向上升到最大，总有一个方向下降到最大。

如果所有上升方向和下降方向是同样斜度，就像球体上的所有点，κ_n 没有极值存在，当 T_0 绕着点 P_0 转动时法曲率是常数，则 P_0 称为脐点（定义：曲面上一点 P，若对所有的切矢方向法曲率都是同一常数（即各方向上 κ_n 相等），则称 P 点为脐点）。

如果曲线 $\kappa(t)$ 向着法向量 n 的方向弯曲，令 $\kappa = \kappa(t_0)$ 为正；如果曲线 $\kappa(t)$ 背着法向量 n 的方向弯曲，令 $\kappa = \kappa(t_0)$ 为负。对于椭圆形区域来说，两个主曲率都是向着法线相同的方向，因此它们的乘积 $K = \kappa_1\kappa_2$ 称为高斯曲率，高斯曲率总是正数。对于双曲抛物面区域来说，两个主曲率符号不同，因此高斯曲率 $K = \kappa_1\kappa_2$ 总是负数。

下面简短地介绍曲面的微分几何[7]：

定理： 如果曲面 S 在 P_0 位置的 $1/\kappa_1 < r$ 或者 $1/\kappa_2 < r$，半径为 r 的球头刀具不能加工曲面的该位置。

显然，如果曲面 S 在 P_0 面向球头刀具有多个方向曲线，那么曲面 S 在 P_0 至少有一个主曲率显示曲率半径（$1/\kappa$）更小。可以得到以下推论：

推论：如果曲面 S 在 P_0 位置的 $1/\kappa_1 \geq r$ 或者 $1/\kappa_2 \geq r$，半径为 r 的球头刀具能加工曲面 S 的 R 区域，$R \subseteq S$，对所有的 $P_0 \in R$。

这里需要注意的是，根据推论对可以自由加工的区域进行测试，结果只能保证局部自由加工区域能够加工到。换一种说法就是推论只是无刨削加工的必要条件而非充分条件。这有几个理由，主接触位置为 P_0，在曲面 S 上接近 P_0 的地方，曲面的弯曲程度小于刀具。换句话说就是在 P_0 足够小的相邻区域，有些地方是加工不到的。然而，我们不能确保球头刀的整个球面不等于曲面 S。再者，刀具的其余部分（尤其是圆柱形刀具）也可以加工曲面 S 上的其他部分甚至其他面。这种测试是需要考虑的整体加工分析的一部分。

有人可能将曲面 S 分解为不能用给定加工刀具加工的区域。首先需要将曲面 S 分解为凸起区域、凹陷区域和马鞍形区域，通过计算曲面 S 上的抛物线或者曲面 S 上 $K = 0$ 的点的轨迹来实现。有趣的是，如果曲面 $S(u,v)$ 是一个有理曲面，那么就是 $K(u,v)$。要解决 $K(u,v)$ 为零的问题，就要找到这些抛物线。从曲面 $S(u,v)$ 代数推导 $K(u,v)$；更多信息见参考文献 9。这种用球头刀或平底刀（用刀具末端切削）局部自由切削的分解分离区域（图 9-5 中凸起区域）和与 S 发生潜在碰撞的区域（图 9-5 中马鞍形区域和凹陷区域）都依赖于主曲率的精确值。

将曲面 $S(u,v)$ 分解为用球头刀（半径为 r）可局部加工的区域更为复杂，因为我们需要找到曲面 S 上两个主曲率半径为 r 的位置。回想一下，如果 $S(u,v)$ 是有理面，那就是 $K(u,v)$。然而，即便曲面 $S(u,v)$ 为有理面，主曲率 $\kappa_1(u,v)$ 和 $\kappa_2(u,v)$ 不是有理的，导致两个主曲率半径的求解更困难。相反，可以计算不同有理形式主曲率的平方和 $f(u,v) = \kappa_1^2(u,v) + \kappa_2^2(u,v)$ 从而解决曲率为零的问题。分离和约束不同区域的不同曲率极限（见图 9-6）。图 9-6 所示为将一双三次 B 样条曲面分解为主曲率平方和不同的区域，这个曲面跟图 9-5 的曲面相同，但视角不同。注意由于主曲率的平方和不能区分凸起和凹陷区域，在图 9-6 中都用中值表示。

2. 刀具路径表面覆盖规划

当要加工给定曲面 S 的时候，主要任务就是设计刀具路径以便覆盖整个表面。在刀具路径生成的语境中，覆盖的概念不是显式的而是隐含的。一种定义所需覆盖的方法如下：

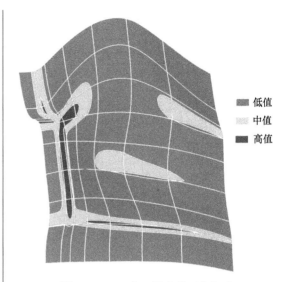

图 9-6　双三次 B 样条曲面分解成
主曲率平方和不同的区域

定义：给定参数化曲面 $S(u,v)$，覆盖容差 ε 和整个曲面的单变量刀具路径 $T_p(t)$，如果对任意的一点 $P_0 \in S$，有 $\min_t \| T_p(t) - P_0 \| < \varepsilon$，则称曲面 S 被刀具路径 $T_p(t)$ 的 ε 覆盖。

换句话说，曲面 S 上的每一点在容差内都有一个临近点在 $T_p(t)$ 上，那么当刀具穿过刀具路径 $T_p(t)$ 时，至少有一次比容差 ε 更接近曲面 S 上的给定点。

这里有两个典型的问题：

1）如何构造一个覆盖整个面的单变量路径 $T_p(t)$ 来保证我们希望达到的容差 ε 覆盖？

2）给定曲面 S 的不相交的单变量路径 ε 覆盖容差集，怎样才能遍历最优的刀具路径？这是一个非常困难的问题，它直接跟 NP 难题（不确定性多项式难题）[5] 和 TSP（旅行商问题）相关，目前这种遍历问题通常是通过开发表面覆盖问题的特殊类型来规避的。这种特殊类型的单变量路径是完全平行的且拥有附近的终点。

在本节的余下部分，将集中介绍创建覆盖刀具路径 T_p 的不同方法：

1）一种简单的方法，这种方法旨在为普通自由曲面 S 创建刀具路径覆盖，用平行平面来表示曲面 S 的轮廓面（见图 9-7a）。这种方法需要对普通曲面 S 与平行平面进行求交运算，所有现代 CAD 系统都支持这种工艺。这种方法虽然简单，但是有下面几个重大缺陷：

① 平面与曲面的交线通常近似于分段线性曲线，而且通常是有限精度。

② 这种方法不能保证得到覆盖容差 ε，不考虑

平面之间的间距是其重大不足之处。当曲面 S 的法向接近轮廓平面的法向方向时，相邻轮廓之间的距离将任意大，这样就违反了规定的容差 ε 界限。一些变量试图改变当前轮廓平面的法向以达到避免共平行法向情况，但通常这种难题是不可能避免的。

2）另一个简单的方法非常普通，这种方法就是利用等参曲线作为曲面 S 的覆盖集，考虑固定一个参数，在曲面 $S(u,v)$ 中，令 $u=u_0$，在曲面 S 的 u_{min} 和 u_{max} 之间离散变化 u_0，那么曲线集 $\{S(u_i,v) \mid u_i = u_{min},\cdots,u_{max}\}$ 就作为刀具路径，如图9-7b所示。

这里再申明一下，保证用等参曲线表示的容差 ε 不是小事。然而，假设等参区域的步长 $du = u_{i+1} - u_i$ 是常数，给定曲面 S 的雅可比矩阵，就能在欧氏空间等参曲线之间最大距离处建立容差 ε 的界限，保证全部 ε 覆盖。

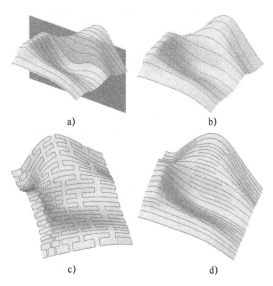

图9-7 给定自由曲面覆盖刀具路径的生成
（同一个曲面的不同视图）
a）欧式空间等距轮廓（图示一个轮廓平面） b）等参曲线 c）间隔填充曲线 d）自适应等参曲线，像b）但相邻曲线之间有有界的距离

3）间隔填充曲线已经研究了上百年了。这些曲线可用以填充曲面 S 上的矩形区域（参数域）[1,6]，只在数学上由曲面 S 组合即可创建三维刀具路径。令 $C_f(t) = [x_f(t), y_f(t)]$ 为间隔填充曲线，填充 $[0,1]^2$，并令 $S(u,v):[0,1]^2 \rightarrow R^3$ 为要加工的面。$S[C_f(t)]$ 的组合产生最终的刀具路径。$S[C_f(t)]$ 的组合可以逼近局部评估和解析计算[13]（见图9-7c）。此刀具路径引进了很多不连续曲线 C^1——这可能是一个问题，特别是在高速加工中。Mizugaki 提出了间隔填充刀具路径的有趣应用[27]。这里需要再次申明，覆盖容差 ε 的保证是通过检查曲面 S 的雅可比矩阵来确定的。

4）再考察两条相邻等参曲线 $C_j(v) = S(u_i,v)$ 和 $C_{j+1}(v) = S(u_{i+1},v)$。因为这两条曲线跨度相同的 v 域，它们之间的豪斯多夫距离 $D(v) = \parallel C_{j+1}(v) - C_j(v) \parallel$ 具有十分严格的限制。现在如果对所有的 v，有 $D(v) < \varepsilon$，在曲线 $C_j(v)$ 和 $C_{j+1}(v)$ 之间的曲面区域很可能被 ε 覆盖。如果不是这样，在 $C_j(v)$ 和 $C_{j+1}(v)$ 之间引入中间曲线 $C_{j+1/2}(v)$，在 $(u_i + u_{i+1})/2$ 位置，仅在 $D(v) > \varepsilon$ 的子域内递归计算 $[C_j(v), C_{j+1/2}(v)]$ 和 $[C_{j+1/2}(v), C_{j+1}(v)]$ 之间的豪斯多夫距离。这种方法称为基于自适应等参曲线的覆盖法[9]（见图9-7d）。

使用前三个方法，很难保证容差 ε 覆盖，尤其是对整个面而言（在全局范围内）。而第四种方法，自适应等参曲线法可以相当紧密并局部保证容差 ε 覆盖，由于其相邻等参曲线不再分享邻近端点，优化个别子曲线达到完整的刀具路径将面临 TSP 挑战。

3. 分段直纹面/可展曲面分解

直纹面是特殊曲面。直纹面 S 上的每一点 P_0 都有一个切方向是一条直线，且该直线完全在直纹面 S 内。可展曲面（每一个可展曲面也是直纹面）更特别，对可展曲面上的任何一点 P_0 而言，直线共享相同的曲面法方向。更进一步，可展曲面的高斯曲率 K 为零。正如我们所理解的，直纹面和可展曲面在制造中起着非常重要的作用。

假设我们旨在用具有光滑半径的刀具 T 加工一直纹面 $R(u,v)$。那么我们放置一刀具（一条线）其侧面（在侧铣中）跟随规定的方向，在沿着直纹面的直母线扫掠的时候，可保证整个直纹面无刨痕加工。由于典型的刀具具有有限半径，我们计算直纹面 $R(u,v)$ 的偏置 $R_0(u,v)$，放置刀具跟直纹面 R 接触的时候（检查全局钻削时），让刀具的轴线在 R_0 上，必须注意，直纹面的偏置面通常不是直纹面，因此逼近是有序的。另一个直纹面的制造应用就是线切割和热金属丝切割，在下一节中介绍。

在制造业中，可展曲面非常重要。一平板可以是可展开的（无论是纸还是金属），也可以沿着一个方向弯曲（如弯曲成一个圆锥或者圆柱）而保持可展。要意识到一般自由曲面分解成分段直纹面或分段可展面的重要性。

现在讨论这个领域里的先进技术。令 $S(u,v)$ 为域 $[0,1]^2$ 上的一个参数化B样条曲面，令 $R(u,v) = (1-u)S(0,v) + uS(1,v)$ 为在曲面 S 边界 u_{min} 和 u_{max} 之间的一个直纹面。通过构建普通自由曲面 S 和直纹面 R 在 v 方向上共享函数空间（由阶数和节点顺序定义），同时直纹面 R 在 u 上是线性的。直纹面 R 在 u 上的改善和升阶与曲面 S 的阶数和节点要匹配。那么有：

$$\| S(u,v) - R(u,v) \|$$

$$= \sum_{i=0}^{n} \sum_{j=0}^{m} P_{ij} B_{i,\tau_u,k_u}(u) B_{j,\tau_v,k_v}(v)$$

$$- \sum_{i=0}^{n} \sum_{j=0}^{m} Q_{ij} B_{i,\tau_u,k_u}(u) B_{j,\tau_v,k_v}(v)$$

$$= \sum_{i=0}^{n} \sum_{j=0}^{m} (P_{ij} - Q_{ij}) B_{i,\tau_u,k_u}(u) B_{j,\tau_v,k_v}(v)$$

$$\leqslant \max(P_{ij} - Q_{ij}) \sum_{i=0}^{n} \sum_{j=0}^{m} B_{i,\tau_u,k_u}(u) B_{j,\tau_v,k_v}(v)$$

$$= \max(P_{ij} - Q_{ij}) \qquad (9\text{-}1)$$

式中，$B_{i,\tau_u,k_u}(u)$ 是第 i 条 B 样条基函数，距离界限保持相同，所有基函数和为 1，方程式（9-1）提出一种拟合直纹面为普通参数化曲面 S 的简单方法，同时建立它们之间的豪斯多夫距离的上限。如果直纹面与曲面 S 之间的拟合足够近的话，就停止计算。否则，将曲面 S 分为两个子块，将每一个子块以递归的方式拟合为直纹面。例如，这种递归方法用在近似地拟合直纹面为可展曲面，将其展开为平面[10]。其他也有人旨在提出用直纹面和（或）可展曲面的控制点的优化函数拟合直纹面和（或）可展曲面为一般曲面[4,15]。另外一个相关的变化包括将曲面 S 的等值线（等照线）用作直纹面可展面拟合的引导边界[17]。固定光照方向，等值线（等照线）在曲面 S 上是单变的，有相同的法向偏离，这种约束求解的典型形式如下：

$$S(u,v) - L, n(u,v) = 常数 \qquad (9\text{-}2)$$

式中，$n(u,v)$ 是曲面 S 的单位法向量场。事实上，可展曲面沿着可展方向呈现常数法向是基于分解的等照线的原因。

如果沿着等参线方向拟合不够紧密的话，将曲面 S 分隔为两块是非常简单的。然而，允许任意分隔，更紧密的拟合可以用于相同数量的小块近似直纹面/可展面。在参考文献 29 和 32 中，这种通常的分隔方法用于可展块到普通面的拟合。在参考文献 19 和 38 中，直纹块分别拟合为回转面和普通面。

如上所述，直纹面和可展面在制造中起着非常重要的作用。在参考文献 11 中，侧铣刀具路径是根据方程式（9-1）通过分解普通曲面为具有规定界限误差的分段直纹面来设计的。关于侧铣的最新研究可以在参考文献 18 中找到。Elber95[10] 和 Flory10[15] 的工作是由使用分段直纹面/可展面板的自由曲面形状的制造需求所激发的，是由航空航天、船舶工业现代自由曲面结构的各种应用激发的。

9.4.2　偏移量的计算（球头刀铣削）

在制造过程中，自由曲线和曲面的偏置非常重要。当球头刀具 T 接触到原始面 S 时，刀具 T 在偏置面 S_0 上有它自己的中心。如果 S_0 与刀具 T 的轴线不相交，刀具 T 的圆柱侧面不能切削曲面 S。在多数加工案例中，2D 星形加工技术是基于 2D 平行偏置曲线的，如图 9-8 所示。自由曲线 $C(t)$ 的偏移量为 d，故 $C_0(t)$ 的表达式如下：

$$C_0(t) = C(t) + n(t)d \qquad (9\text{-}3)$$

式中，$n(t)$ 是 $C(t)$ 的单位法向量场。自由曲面 $S(u,v)$ 的偏置曲面为：

$$S_0(u,v) = S(u,v) + n(u,v)d \qquad (9\text{-}4)$$

式中，$n(u,v)$ 是 $S(u,v)$ 的单位法向量场。

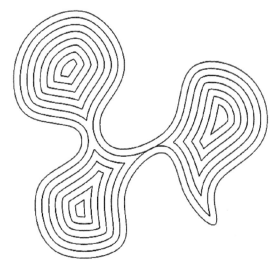

图 9-8　切除自相交后采用轮廓线偏置计算的刀具路径的 2D 星形加工技术

因为单位法向不是有理数，所以即使曲面 S 是有理数时，也必须近似单位法向。多年来开发了很多方法来近似贝塞尔、B 样条、NURBs 参数曲线和曲面的偏置。类似的，如果原始形状的曲率半径小于 d，偏置会自交，已经开发出了消除刀具切削量自交的方法。我们请感兴趣的读者参阅有关偏置问题的参考文献 12 和 26。

9.4.3　刀具定位——无障碍，高阶接触和刨削预防

当处理 NC 加工的时候，一个最基本的问题是对刀具表面接触的精确计算。当刀具 T 的方向固定以后，刀具 T 可以移动（三轴加工）或者可以同时移动和转动（多轴或五轴加工）。如果刀具的方向是固定的，用平底刀 T 能加工平的 2D 口袋区域，如果刀

具 T 是球头刀，球的中心将跟随加工表面 S 的偏置面 S_0。多轴加工的情况更具挑战性。通过转动平底刀或圆底刀，可以让刀具的局部形状与加工表面形状更好地匹配，从而获得更光滑的表面。换句话说，我们寻求转动刀具以在刀具 T 和曲面 S 之间获得尽可能高的局部接触阶。本节将检验提高接触阶的方法以及保证刀具路径自由切削的方法。

1. 曲率匹配加工

当球头刀具跟表面 S 接触的时候，相当于面与刀具在接触点 P_0 具有相同的切平面。具有一个连续切平面的接触称为 G，接触阶数为 1。

现在考虑平底刀具 T。平底刀具 T 的底部是圆盘，考虑圆盘的圆形边界，平底刀 T 和曲面 S 在 P_0 点的接触沿着刀具 T 的底部圆周曲线 C_T 出现，如图 9-9 所示。这个圆用 C_T 表示，可以任意倾斜，有效地在 P_0 的邻域使 C_T 沿刀具运动方向呈现椭圆截面。令 $T_p(t)$ 表示 T 在曲面 S 上的刀具路径轨迹，T_0 表示在 P_0 点刀具路径轨迹的切线 $[P_0 \in T_p(t)]$，Π_0 表示通过 P_0 与 T_0 正交的平面。Π_0 与 S 的交线 C_S（见图 9-10a 点线），交线 C_S 与 C_T 在 Π_0 上的投影要

尽可能高阶匹配（见图 9-10b）。显然，接触必须是 G^1，C_T 和 C_S 在 P_0 分享同一个位置，而且在那里相切。更有趣的是，在 P_0 点，我们可以得到 G^2 或者二阶接触。通过正确地倾斜刀具 T，可以在 $0 \sim 1/r$ 范围内改变 T 在 P_0 点的有效曲率，这里 r 表示 C_T（和 T）的半径，当刀具与 T_0 正交的时候为零。如果 P_0 点 C_T 的曲率在 $0 \sim 1/r$ 范围内，就存在一个（事实上不止一个）刀具 T 的方向，这个方向在 P_0 点的 T 的有效曲率与 C_T 的曲率相同，从而实现 G^2。

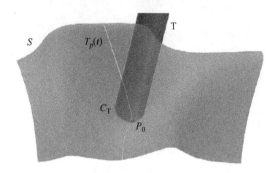

图 9-9　刀具 T 和曲面 S 在 P_0 点的接触

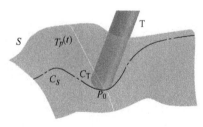

点线表示曲面 S 的截面线与白色的刀具轨迹线 $T_p(t)$ 在 P_0 点垂直，截平面与刀具的圆底之间的曲率在 P_0 点是匹配的

a)

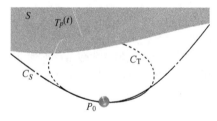

刀具底部（虚线）投影到这个平面的椭圆，在 P_0 点与曲面 S 的截平面（点线）具有相同的曲率

b)

图 9-10　通过倾斜刀具 T 的二阶曲率匹配，平底刀具底部的有效曲率（虚线圆 C_T）与曲面在接触点 P_0 匹配

a）排布的一般视图　b）沿着刀具路径在 P_0 点的切线放大图

显然，如果该刀具太大，C_S 在 P_0 点的曲率将比 $1/r$ 大，T 就不适合 P_0 点和附近狭窄区域的无刨削加工。在可行的情形下，这个曲率匹配加工方法[20,35]允许我们找到一个二阶接触，可以保证产生非常光滑的表面，其相邻刀具路径之间的扇形高度很小。

不幸的是，曲率匹配加工也有可能在整个表面产生很小的切削，理由随后介绍。在 P_0 点，C_S 和 C_T 都是 G^2。现在通常是曲线上 P_0 点不是极端的曲率值，这就意味着在 P_0 之前，曲线有比 P_0 点曲率更小的曲率，在 P_0 之后有更大的曲率。反之亦然，C_T 投影到 Π_0 上产生一个很光滑的椭圆，如果 C_S 相交于 C_T 的投影于一侧，它的曲率可能变得很大。仔

细检查图 9-10b 就会发现这个相交。

如果不够的话，考虑迄今为止，我们的分析都是在投影面 Π_0 内，而事实上 C_T 在 Π_0 的外边。暗含的假设条件是刀具沿切线方向 T_0 直线移动。C_T 可以明显地凿进 S 的区域而不在 S 与 Π_0 的交集内。

接下来要讨论减轻这些难题的方法，检查实现 G^3 接触的选项。

2. 超密切圆

当刀具 T 与曲面 S 接触的时候，在球坐标系中，有两个自由度放置刀具 T，它们是 ϕ 和 θ。在一定条件下，这两个自由度允许刀具实现 G^3 接触。参考文

献 3 和 37 中都研究了这些方法。图 9-11 就是这样一　│　个例子。

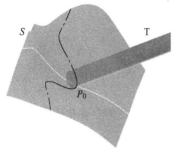 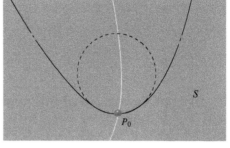

点线所示为经过刀具 T 的底部的曲面 S 的截平面，G^3 接触是针对在曲面 S 和刀具 T 之间的点 P_0

虚线表示的刀具底部是一个圆。如果存在超振荡圆，这个圆与曲面 S 的截平面在 P_0 点有相同的曲率和曲率导数，为点线所示，实现了 G^3 接触

图 9-11　在接触点 P_0 通过倾斜刀具获得三阶匹配接触

3. 刀具运动的可达性和有效性（模拟）

在大多数情况下，一旦生成了刀具路径，必须模拟和验证结果。CNC 加工是非常昂贵的，加工时间必须最小化，因此优化刀具路径是很明显的需求。移动太慢增加加工时间，但移动太快可能折断刀具。模拟软件可以仿真刀具路径中的编码运动（和加速），同时遵循实时考虑，以最优的进给率（单位时间内移动的单位距离）来得出材料切除率。全局和（或）局部的切削可以用模拟来检测，表面质量可以用模拟中的最终加工表面与所期望达到几何表面的差距分析来评估。CNC 加工过程的物理模拟也是由现代模拟器来支持的，包括切削率和振动模拟，还有温度分析和刀具磨损分析。在实际加工之前，模拟过程的可视化检查可以提供最后的保证。关于 CNC 模拟的最近的研究请见参考文献 38。

实际上，CNC 仿真刀具十分普通，大多数模拟方法使用简单几何来近似加工过程，包括：

1）对于三轴加工来说，可以用 Z 缓冲[16] 从刀轴的方向渲染场景。Z 缓冲是高度函数的离散的二维图形，高度函数初始化为工件的 Z 水平顶部。当刀具移动切削的时候，刀具里面的 Z 缓冲里的每一个像素（图形单元）都会更新为刀具的 Z 水平底部。最后，二维图形留下最终三轴加工零件的 Z 值。这个结果在图像的分辨率范围内是准确的。典型的 2D 图形每一边包含数以千计的像素，例如一个 10cm 的零件可以达到 0.01cm 的精度。

2）对于五轴加工来说，Z 缓冲的思想可以扩展到 3D 体素（体积单元）。3D 体素网格根据工件尺寸初始化，且刀具每一次都移动进工件里面，刀具对应的所有体素被移除。对于 3D 体素模拟来说，内存需求很大，一个 1000^3 大小的 3D 网格需要 1GB（假设每个体素占 1B）。一个 10000^3 的 3D 网格将需要

1TB，超出了现在的大多数机器。为了减少内存需求，开发了各种方法和算法。例如，八叉树，其相邻体素的相同属性以树状结构递归地组合成一个大的立方体。另一种方法就是深度单元（Dexel）方法[34]，相邻的类似体素沿着一行三维网格合并在一起。不同的方法在法向量的最终目标表面使用密集分布，这些法向量最初完全扩展到工件边界。当刀具刀刃与这些法向量相交时，这些法向量被剪切[22]。当前加工表面由当前剪切"刺猬"的法向量重新构建[25]。

3）从本质上说，所有这些模拟方法都是基于高效的碰撞检查的核心。因此，很多已知的碰撞检查计划都是有用的，且可能比体素或刺猬法更精确。例如，在参考文献 21 中，事实上刀具刃口是一个通过围绕刀轴转动全多边形模型的场景（包括工件、夹具和数控机床等）形成的回转面，且仅计算径向下包络线，并将径向下包络线与刀具的横截面线比较。只有当刀具的截面线与物体的径向下包络线相交时刀具才切削物体。近期关于五轴数控加工中的碰撞检查的研究请看参考文献 34。

4. 电火花线切割/线路可及性

目前不太重视的一个有趣的可及性分析是线可及性问题。如今线切割的能力相当有限，通常用于切割简单的拉伸几何（也称作 2.5D 几何）。然而，刀具刃刃（移动的空间曲线）能够切割相当复杂的像直纹面一样的双曲几何，如图 9-12 所示。此外，将普通自由曲面近似为一组直纹面甚至可展面的技术[10,11,15,17,18,29,32] 在这里也可以利用。分解普通自由曲面 G 为一组可以一个一个用线切割加工的直纹面，结果无限逼近自由曲面 G。

考察 G，G 的线可达性问题是最根本的；将 G 上的点分为自身线可达和关于其他障碍物线可达

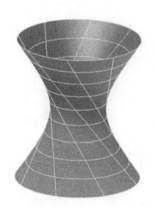

图 9-12 双曲几何面

（在线切割中，G 的夹具等）。一个相似的问题在计算机视觉领域中有研究，称为 G 的可视外壳[23]。可视外壳是 R 里包含 G 的最小 V 集，就是在 V 的边界上的每一点 P，存在一个方向，从这个方向，P 在 V 的视线轮廓上。事实上，通过 P 点的视线是同一条线，通过这条线，P 可以被线切割加工。给定 C 连续自由曲面 G，开发了计算 G 的可视外壳的方法，这个方法基于双切和三切线性物体（G）的接触[24,31]。

9.5 待解决难题

9.5.1 体积块建模

这项工作集中于边界表示法，我们也简要地描述了体积表示法。这些表示法在医疗领域很普通，有望解决的是现在要讨论的其他两个主要领域。

1. 3D 打印和非均匀材料沉积

目前 3D 打印正在蓄势待发，从非常昂贵的机器开始，现正在成为适合所有人的商品。最简单的 3D 打印机仅从单一的材料类型构建三维几何模型，而已经有 3D 打印机支持非均匀材料，这种现象将越来越普遍。承力很小的地方不需要强而重的材料，可以用轻材料，需要柔性材料的时候使用柔性材料，需要硬材料的时候使用硬材料。在构建用非均匀材料组成的物体这个领域，一方面打开了打印食品的潜在能力，另一方面甚至发展了打印人体组织的能力，这两个研究方向上的技术已经很活跃。

不幸的是，几何建模中的先进技术不能很好地支持体积表达，作为这些来自 3D 打印的新需求的结果，希望新的体积几何建模工具能够得到发展。

2. 等几何分析支持

体积表示法在分析中也是需要的。在冗长乏味的部分手工过程中，当代工具将设计模型（通常是一系列非均匀有理 B 样条边界面）转化为体积单元（通常是分段线性）。

预计三元体积表示法在不久的将来会用于适合的领域。边界跟现在是一样的（也就是非均匀有理 B 样条边界面），但是这些面将是三元体积 NURB 单元（可以构建物体的内部）。

9.5.2 几何建模和规模制造

现在几何建模几乎全部由专业人员在做。几何设计人员通常是工程师或者建筑师以及类似的人员。然而，随着 3D 打印的出现，新手终端用户需要外行能使用的几何建模系统。这样的系统尚未出现，但是现代输入输出设备解决方案有一些希望。3D 输出设备日趋商品化和 3D 小型输入设备（如微软的 Kinect）都找到了面对终端用户的方法。希望直接处理 3D 输入输出的能力将来会降低 3D 创作的难度。

9.6 结论

CAD&CAM 的研究领域很宽广，在这一章中，我们只是非常简要地回顾了最先进的技术并提供设计对制造（对分析也有一点）的概述。如果只集中关注 CNC 加工，有很多知识需要仔细查看文献。读者也可以做一些如参考文献 8 中的普查。

随着新的硬件和制造技术的发展，例如 3D 打印技术和复合材料的制备技术，现在推动相关的算法和软件的开发进入新的领域。我们应努力发展匹配算法的制造能力和技术而不是对这些先进制造技术的简单支持。例如，给定一个自由曲面形状，在保证材料切除的同时我们能够为多轴线切割和（或者）热线切割创建优化的刀具路径，使加工结果尽可能接近给定的自由曲面形状[31]。将这种算法的能力推向新的线切割制造技术非常有趣。另一项挑战来自于建筑领域，随着新的制造技术的发展[30]，复杂自由曲面建筑将变成现实。

参考文献

1. W. Anotaipaiboon and S. S. Makhanovb, "Curvilinear Space-Filling Curves for Five- Axis Machining," *Computer- Aided Design*, 40：350-367, 2008.

2. E. Cohen, R. F. Riesenfeld, and G. Elber, *Geometric Modeling with Splines：An Introduction*, A. K. Peters, Natick, Mass., 2001.

3. M. Barton, S. Flory, and H. Pottmann, "Surface Approximation with Circular Sweeps for Applications in CNC Machining

and Freeform Architecture," Technical Report, King Abdullah University of Science and Technology, Geometric Modeling and Scientific Visualization Center, 2013.

4. H. Y. Chen, I. K. Lee, S. Leopoldseder, H. Pottmann, T. Randrup, and J. Wallner, "On Surface Approximation Using Developable Surfaces," *Graphical Models and Image Processing*, 61 (2): 110-124, 1999.

5. T. H. Cormen, C. E. Leiserson, and R. L. Rivest, *Introduction to Algorithms*, MIT Press and McGraw-Hill, 1990.

6. J. J. Cox, Y. Takezaki, H. R. P. Ferguson, K. E. Kohkonen, and E. L. Mulkay, "Space-Filling Curves in Tool-Path Applications," *Computer-Aided Design*, 26 (3): 215-224, 1994.

7. M. P. DoCarmo, *Differential Geometry of Curves and Surfaces*, Prentice Hall, 1976.

8. D. Dragomatz and S. Mann, "A Classified Bibliography of Literature on NC Tool Path Generation," *Computer-Aided Design*, 29 (4): 239-247, 1997.

9. G. Elber and E. Cohen, "Tool Path Generation for Freeform Surface Models," *Computer-Aided Design*, 26 (6): 490-496, 1994.

10. G. Elber, "Model Fabrication Using Surface Layout Projection," *Computer-Aided Design*, 27 (4): 283-291, 1995.

11. G. Elber and R. Fish, "Five-Axis Freeform Surface Milling Using Piecewise Ruled Surface Approximation," *ASME Journal of Manufacturing Science and Engineering*, 119 (3): 383-387, 1997.

12. G. Elber, I. K. Lee, and M. S. Kim, "Comparing Offset Curve Approximation Methods," *IEE Computer Graphics and Applications*, 17 (3): 62-71, 1997.

13. G. Elber and M. S. Kim, "Modeling by Composition," *Computer-Aided Design*, 46: 200-204, 2014.

14. G. Farin, *Curves and Surfaces for Computer Aided Geometric Design: A Practical Guide*, 4th ed., Academic Press, San Diego, Calif., 1997.

15. S. Flory and H. Pottmann, "Ruled Surfaces for Rationalization and Design in Architecture," *Proceedings of Association for Computer Aided Design in Architecture (ACADIA)*, pp. 103-109, 2010.

16. J. D. Foley, A. van Dam, S. K. Feiner, and J. F. Hughes, *Fundamentals of Interactive Computer Graphics*, 2d ed., Addison-Wesley, 1995.

17. Z. Han, D. C. H. Yang, and J. J. Chuang, "Isophote-Based Ruled Surface Approximation of Free-Form Surfaces and Its Application in NC Machining," *International Journal of Production Research*, 39: 1911-1930, 2001.

18. R. F. Harik, H. Gong, and A. Bernard, "Five-Axis Flank Milling: A State-of-the-Art Review," *Computer-Aided Design*, 45 (3): 796-808, 2013.

19. J. Hoschek and U. Schwanecke, "Interpolation and Approximation with Ruled Surfaces," *The Mathematics of Surfaces*, 8: 213-231, 1998.

20. C. G. Jensen and D. C. Anderson, "Accurate Tool Placement and Orientation for Finish Surface Machining," *Proceedings of the 1992 ASME Winter Annual Meeting*, *PED*, 59: 127-145, 1992.

21. O. Ilushin, G. Elber, D. Halperin, and R. Wein, "Precise Global Collision Detection in Multi-Axis NC-Machining," *Computer-Aided Design*, 37 (9): 909-920, August 2005.

22. R. B. Jerard, R. L. Drysdale, III, K. E. Hauck, B. Schaudt, and J. Magewick, "Method of Detecting Errors in Numerically Controlled Machining of Sculptured Surfaces," *IEEE Computer Graphics and Applications*, 9 (1), 1989.

23. A. Laurentini, "The VisualHull Concept for Silhouette-Based Image Understanding," *IEEE Transactions on Pattern Analysis and Machine Intelligence*, 16 (2): 150-162, 1994.

24. A. Laurentini, "The VisualHull of Curved Objects," *Proceedings of the Seventh IEEE International Conference on Computer Vision*, pp. 356-361, 1999.

25. S. Lavernhe, Y. Quinsat, and C Lartigue, "Model for the Prediction of 3D Surface Topography in 5-Axis Milling," *International Journal of Advanced Manufacturing Technologies*, 51: 915-924, 2010.

26. T. Maekawa, "An Overview of Offset Curves and Surfaces," *Computer-Aided Design*, 31 (3): 166-173, 1999.

27. Y. Mizugaki, M. Sakamoto, and T. Sata, "Fractal Path Generation for a Metal-Mold Polishing Robot System and Its Evaluation by the Operability," *CIRP Annals—Manufacturing Technology*, 41 (1): 531-534, 1992.

28. L. Piegl and W. Tiller, *The NURBS Book*, Springer, Berlin, 1997.

29. H. Pottmann, "Approximation Algorithms for Developable Surfaces," *Computer-Aided Geometric Design*, 16: 539-556, 1999.

30. H. Pottmann, A. Asperl, M. Hofer, and A. Kilian, *Architectural Geometry*, Bentley Institute Press, 2007.

31. A. Segall, J. Mizrahi, Y. Kim, and G. Elber, "Line Accessibility of Free Form Surfaces," Graphical Model, 76: 301-311, 2014.

32. J. Subag and G. Elber, "Piecewise Developable Surface Approximation of General NURBS Surfaces with Global Error Bounds," *Proceedings of Geometric Modeling and Processing (GMP)* '06, pp. 143-156, 2006.

33. T. D. Tang, "Algorithms for Collision Detection and Avoidance for Five-Axis NC Machining: A State of the Art Review," *Computer-Aided Design*, 51: 1-17, 2014.

34. T. Van Hook, "Real-Time Shaded NC Milling Display," *SIGGRAPH* '86 *Proceedings of the 13th Annual Conference*

on Computer Graphics and Interactive Techniques, pp. 15-20, 1986.

35. G. W. Vickers and K. W. Quan, "Ball-Mills versus End-Mills for Curved Surface Machining," *Journal of Engineering for Industry*, 111 (1): 22-26, 1989.

36. X. C. Wang, S. K. Ghosh, Y. B. Li, and X. Y. Wu, "Curvature Catering— A New Approach in Manufacturing of Sculptured Surfaces," *Journal of Materials Processing Technology*, 38: 159-176, 1993.

37. C. C. L. Wang and G. Elber, "Multi-Dimensional Dynamic Programming in Ruled Surface Fitting," Computer Aided Design, 51: 39-49, 2014.

38. Y. Zhang, X. Xu, and Y. Liu, "Numerical Control Machining Simulation: A Comprehensive Survey," *International Journal of Computer Integrated Manufacturing*, 24 (7): 593-609, July 2011.

美国 FANUC 公司　杰里·G. 谢勒（JERRY G. SCHERER）　著
浙江大学　傅建中　译

10.1　概述

计算机数字控制（CNC）是指一种基于计算机的控制，它可以通过编程指令控制伺服电动机，从而驱动机床各个轴运动。CNC 发展至今已十分成熟，但它的功能仍在不断进步。CNC 的起源可以追溯至 1950 年开发的第一台数字控制（NC）机床。NC 控制基础是通过读取一个已定义的程序（第一个供 NC 使用的穿孔卡），然后命令伺服电动机驱动机床轴。数控领域的第一个重大进展在于标准化的编程范式，也就是现如今所谓的 G 代码编程。

之后，程序采用纸带进行存储和输入，又推动了数控机床的另一个重大的进展。纸带类似于早期计算机系统中使用的穿孔卡片，在这些系统中，探头"读取"纸带上的孔，并将这些孔转换为指令。但是，由于纸带耐用性差，易损坏，聚酯胶带便取代了传统纸带。即便是到了今天，聚酯胶带的低成本和良好的耐用性使得许多制造商仍然使用带有聚酯胶带的机柜。现今，CNC 程序仍然用和胶带等价的单位来评价程序占用内存大小。

在 20 世纪 60 年代后期，计算机被连接到一个 NC 上从而形成 CNC，如数字设备公司（DEC）的 PDP-8。CNC 的功能较 NC 更为强大，其使用计算机向 NC 控制器提供信息，灵活性更好。随着计算机技术的发展，数控技术成本大大降低，其发展速度也相应提高。

由于微处理器的出现和成本的降低，数控控制器也因制造商利用新技术而蓬勃发展。微处理器的优点之一是它可以在数控系统中发挥更多作用。微处理器可用于程序执行、操作界面、过程控制甚至轴控制。这些新功能使得 CNC 开发的成本降至机床制造商（MTB）和辅助设备制造商所能承受的范围。

促使直接数字控制（DNC）发展的原因，在于与同等的消费计算机模型相比，CNC 内存的成本始终居高不下。外部计算机用接收部分程序的通信端口替换磁带阅读器合乎大势所趋。磁带阅读器（BTR）的开发，支持计算机串口相连。随之，使得计算机的部分程序从存储部分或是刀路自动生成功能中产生，这不仅使大型程序的编写成为可能，更是计算机辅助设计（CAD）与 CNC 集成的第一步。

随着数控技术的发展，数控机床的轴数也随之增加。在 20 世纪 80 年代早期，大部分的加工都是 3 轴，随着旋转夹具被相继固定到加工中心上，添加更多的数控轴成为可能。理论上，增加旋转轴可以减少装夹时间，降低因多次装夹带来的额外误差，但增加旋转轴意味着机床几何结构的复杂性增加，因此需要使用更复杂的方法来在每个点之间移动坐标轴，称为插补。

机床轴以分步运动或联动的方式从一个点运动到另一目标点。插补的过程是将目标轨迹离散成一系列首尾相连的微小直线段，当前小线段的终点即为下一小线段的起点。为了满足加工环境的要求，多年来插补的类型和速度不断提高。最近，CNC 系统支持多通道的概念，每个通道都可以被认为是自己的 CNC。这使得复合机床可以同时进行多种加工操作。

随着生产需求的增加，CNC 与车间其他设备的集成越发重要。集成的优势是工厂的本地计算机不仅能够传输程序，而且还可以发送和接收 CNC 的命令和状态。最初，通过使用与主机相连的专有硬件，可以实现主机和 CNC 之间有限的信息交换。制造商若想成为数控系统供应商，存在很多的限制条件。首先是可靠性，它对于未进行可靠性设计的早期 CNC 系统来说仍是不可忽视的困扰，可靠性差不仅会对生产造成损失，还可能对人身产生伤害。但最大原因是，它可能会使数控系统受到损害，导致控制系统过早失效或损坏机器。

随着工厂需求的不断增加，CNC 与工厂车间的集成也在不断增加。现在，CNC 的专有接口允许更多地访问 MTB 来构建定制的用户界面［即人机接口（HMI）］。当 CNC 开始支持网络连接时，集成出现了一个飞跃。在网络支持下，不再需要专有的硬件卡，而是采用了网络应用程序编程接口（APIs）的专用库，该库允许使用标准传输控制协议/互联网协议（TCP/IP）与数控系统进行通信。尽管 APIs 的实现仍然是私有的，但是它们允许访问几乎所有的 CNC 区域。工厂层面集成的最新步骤与工业标准协议的概念有关。

工厂层面设备行业标准的想法是建立类似于全球计算机使用的超文本传输协议（HTTP）。尽管这看起来是一项微不足道的任务，但集成工厂车间的需求要比消费型计算机的连接复杂得多。这项任务已经有了数年的发展，为了建立标准，相关标准委员会也已经成立。由于工厂车间是一个复杂的多元化产品的聚集地，所以还有很多工作要做。

10.2　原理和基础知识

早期 CNC 系统只移动坐标轴。使用 CNC 进行过程控制和用户界面的操作非常简单。但是随着机器的复杂性增加，控制系统的复杂性也随之增加。今天的 CNC 系统不仅可以移动坐标轴，还可以控制加工辅助过程，提供稳定的用户界面，并在一个单元应用程序或多个通道中协调操作。因此，一个典型的 3 轴 CNC 可能包含超过 7 个处理器。每一个处理器都是独立且并行的。即使有大量的处理器，CNC 的尺寸也缩小了很多（见图 10-1）。

图 10-1　1959 年数控机床（Milwaukee- Matic- II）

10.2.1　轴控制

数控系统设计之初的主要功能就是将机床进给轴从一个位置移动到另一个位置，即轴控制的功能。轴控制采用闭环算法，与当前位置相比较，机床轴

试图通过移动来消除误差（见图 10-2）。旋转编码器或线性标尺通常被用来测量轴位置，提供轴控制回路的反馈。指令位置与反馈位置的差就是误差。将计算出的误差乘以一个常数，称为位置环增益，从而生成电动机驱动轴的指令。

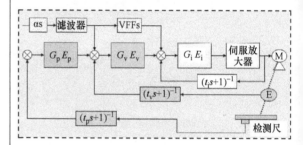

图 10-2　伺服控制回路

位置环增益越高，反馈误差越小。那位置环增益为何不能设为任意的大数字呢？这是由于位置环增益受到机械结构惯性响应的限制。因此，位置环增益的极限是由驱动系统的加速度，可用转矩和惯性等因素决定的。

轴控制必须包含的另一个功能是加速/减速控制（acc/dec 控制）。在进行加减速控制之前，根据位置环增益，进行轴加速或减速。位置环是一个一阶方程，这意味着如果命令是即时更改的，则轴将以指数方式响应。指数响应时间常数的倒数为位置环增益，当位置增益环表示为 16.67rad/s 时，对应的时间常数为 0.060s。这意味着机床轴需要 3 倍时间常数或 0.180s 到达其目标位置的 67%。指数加速的问题是初期加速快，但后期加速乏力。因此，最大轴加速度必须根据最坏的情况来设定，以免导致加速时间过长。

当加入线性加减速控制后，轴控制得到改善。线性加减速控制最初在伺服控制中实现，因此被称为"插补后加减速"（AIPL）。当命令从轴控制器发送到伺服系统时，根据伺服系统的刷新率，命令被分解成离散的命令包。通过将命令分解成包，每次只发送命令的一部分。但是，该命令是添加到伺服循环的位置，这将导致伺服误差增加，伺服系统通过移动轴来消除误差。该误差在伺服循环更新时发生作用，产生一个新的伺服速度，在每个新的指令包被发送并在伺服回路中累积时，其会发生变化。这将使轴以线性方式加速，直到满足命令为止。插补后加减速通过改进轴加速度来改善轴的控制，但显而易见的是，加减速时间延迟命令将导致命令路径和实际路径之间出现更多误差。

为了消除这些误差来源，发展了前馈控制功能。通常，控制回路是反馈系统。如上所述，命令进入控制循环，命令和被测量（即位置）之间的差异会生成一个误差。然后将该误差乘以一个增益常量，再将一个伺服指令发送到驱动系统。被称为"反馈"的测量性能为控制回路的实际测量响应。在前馈控制中，预期误差的一部分被添加到循环的输出命令中，以试图消除该误差。从理论上讲，如果我们将前馈设置为 100%，我们将会消除由于位置环路增益而导致的所有误差。尽管如此，前馈回路很难稳定。补偿越大，越难稳定。目前，控制厂家已开发出稳定前馈补偿的各种方法，实现了接近零的误差。

10.2.2　插补

如前所述，插补是计算每个轴运动的一种方法，使各轴都沿理想的轨迹运动。插补类型设定了计算轨迹所需的算法。最早的插补形式是线性的，每轴都沿着一条路径移动，各轴成比例移动，同时到达终点。CNC 中的插补也必须考虑路径的速度（见图 10-3）。

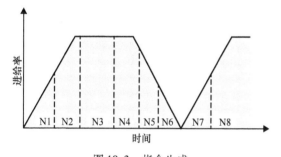

图 10-3　指令生成

为了在给定的速度内进行线性插补，CNC 必须知道轴循环的更新时间。为了使坐标轴以恒定的速度移动，插补器必须在循环的更新周期内将新的命令发送到轴循环。未接收到新的指令，轴循环便会缺少必要的周期指令，使轴速下降。另一方面，若发送多条指令，则轴速便会超过期望。这是由于每轴循环新指令都是一个新位置。轴的稳态速度是基于其更新时间周期内完成的轴运动，可以表示为速度 = 新的指令/更新时间。可见，插补器必须基于轴的更新速度和程序指令速度将可编程运动路径离散化。

插补的类型并非只有线性插补。只要期望的轨迹是连续的，就可以对坐标轴进行插补。在一些新的 CNC 控制器中，设计者甚至允许在插补过程中应用自定义方程。这些方程可以变得非常复杂，尤其是在 5 轴或更多运动轴中。插补中的一个复杂问题是，当涉及旋转轴时，沿路径的点有多个解，这就是所谓的奇异点。由于有不止一个解决方案，

CNC 制造商不得不为处理这些情况制定特殊的标准。

10.2.3　过程控制

早期的 CNC 系统有简单的接口，允许它们连接处理辅助加工过程控制的外部设备，诸如冷却、润滑、刀具更换和主轴齿轮的变化都是由外部继电器逻辑处理的。但是，随着机器和需要交换状态的信息变得越来越复杂，外部的继电器逻辑变得难以维护。为了修改继电器逻辑，电工需要重新接线，或者添加、删除继电器，严重占用了机柜空间。因此，在综合考虑空间成本和物理重新连接继电器逻辑所需的时间之后，过程控制被添加到 CNC 中。

时至今日，大多数 CNC 系统采用的是继电器逻辑编程的过程控制。但是，它们并非安装继电器或添加开关和电线，而是以图形化方式表示，并布置在逻辑框图中，就像梯子上的阶，因而这种类型的程序叫作梯形图。通过对梯子上的每一个阶进行逐级评估，直到最后一个环节被解决，才能解决这个问题。然后控制器将等待它的更新时间终止后，根据来自继电器和交换器状态的新信息再次处理当前逻辑。

在 20 世纪 80 年代，通用电气开发了一种 CNC，它使用一种高级语言来代替梯形图。高级语言对于工程师来说更容易开发和调试，但是车间人员对这种类型的编程感到困难。车间人员对继电器逻辑编程更放心，所以对他们来说，梯形图编程要容易得多。一些 CNC 制造商同时允许这两种类型的编程。他们支持传统的梯形图编程，同时也支持高级语言编程，允许以更容易维护的语言设计复杂的任务。

今天，CNC 拥有非常强大的机载过程控制器，可以解决成千上万的梯形逻辑，并以毫秒为单位更新外部接口。这对于新的冗余输入/输出（I/O）结构和机器现在能够实现的速度来说尤为必要。由于"复合"机器的特性，一些 CNC 系统现在支持多个机载过程控制器同时存在，从而满足这些相关机器的复杂需求。

10.2.4　补偿量

早期的 CNC 系统只能加工固定的零件。但刀具、夹具以及工件安装形态的几何变化必然导致加工程序的变化。早期 CNC 加工成本较大，因为不能重新利用来自其他机床的部件，且每次加工时必须保证刀具、夹具及安装状态完全一致。为了弥补这一问题，人们开发了 CNC 补偿控制。

1. 刀具补偿

最早开发的 CNC 补偿功能是刀具补偿。铣削是

在加工过程中去除材料的方法。刀具相关的几何量包括长度、半径和形状。除非刀具的几何形状与部件程序开发过程中所使用的完全匹配，否则所得到的加工件外形将是不正确的。刀具补偿考虑了一个或多个这些几何图形，并"移动"了部件程序，而不是开发一个新的部件程序（见图 10-4）。

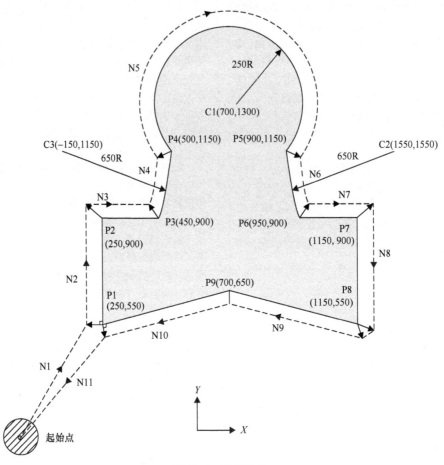

图 10-4 刀具补偿

要使用刀具补偿，只需要直接输入刀具的尺寸信息，或者刀具补偿表中的标准值。下一步是让 CNC 知道在刀具补偿表中的偏移量，以及用户想要实现的补偿类型。刀具长度补偿将根据刀具补偿表的偏移量来修正程序。刀具补偿也会以偏移量修正程序，但偏移方向将基于刀具行程的方向。

最后一种补偿是基于刀具形状的，也称为三维补偿。刀具边缘补偿用三维补偿面来偏置刀具半径。刀具前缘补偿将在刀具方向矢量与垂直于工件方向的平面相交的点上偏移刀具。最后一种三维补偿是刀具中心点（TCP），它与球鼻端铣刀一起使用，根据刀具在 5 轴加工过程中的旋转来补偿刀具尖端点。

2. 工件补偿

工件补偿允许设备操作员移动工件程序的坐标系统。这使得操作员可以一次在机器上定位多个零件，或允许零件位于加工的任何位置。工件补偿允

许多个零件位于机床工作平台上，每个工件通过在工件补偿之间切换来使用相同的零件程序。操作员还可以在机床内的任何位置定位该零件，并通过偏置获得新位置。这节省了操作者进行零件加工设置的时间，并提高了投入产出。

3. 夹具补偿

在 5 轴加工过程中，通常使用夹具补偿，使零件可放置在加工空间内任意位置。在 3 轴加工中，工件补偿可以代替该特性。但是，夹具补偿通过允许零件旋转扩展了这一能力。可以使用类似于工作偏移的方式使用多个夹具补偿，从而在该部分的对齐过程中节省时间。

10.2.5　编程

采用编程标准是数控系统发展的一个重大飞跃。1980 年，电子工业联盟（EIA）通过了现行的 G-code

标准 RS-274D 的修订。CNC 领域的世界领先者通过支持更高级别的编程（包括宏和变量）来提高标准。

1. G 代码编程

从 20 世纪 60 年代初开始，G 代码编程（见图 10-5）已取得长足进步。不管其起源为何，它都因为能够用空间点之间的简单插值来描述几何路径而成了一个标准。在空间中描述路径有两种方法：绝对编程和增量编程。绝对编程，即所有的编程坐标都是基于一个参考点给出的。而增量编程，坐标则是基于一条路径的前一点。根据 RS-274D 标准，G90 用于启用绝对编程，G91 用于启用增量编程。

G00	Rapid positioning
G01	Linear interpolation
G02	Circular interpolation, clockwise
G03	Circular interpolation, counterclockwise
G04	Dwell
G05 P10000	High-precision contour control (HPCC)
G05.1 Q1.	AI advanced preview control
G06.1	Non-uniform rational B spline machining
G07	Imaginary axis designation
G09	Exact stop check, nonmodal
G10	Programmable data input
G11	Data write cancel
G12	Full-circle interpolation, clockwise
G13	Full-circle interpolation, counterclockwise
G17	XY plane selection
G18	ZX plane selection
G19	YZ plane selection
G20	Programming in inches
G21	Programming in millimetres (mm)
G28	Return to home position (machine zero, aka machine reference point)
G30	Return to secondary home position (machine zero, aka machine reference point)
G31	Skip function (used for probes and tool length measurement systems)
G32	Single-point threading, longhand style (if not using a cycle, e.g., G76)
G33	(M) Constant-pitch threading
G33	(T) Single-point threading, longhand style (if not using a cycle, e.g., G76)
G34	Variable-pitch threading
G40	Tool radius compensation off
G41	Tool radius compensation left
G42	Tool radius compensation right
G43	Tool height offset compensation negative
G44	Tool height offset compensation positive
G45	Axis offset single increase
G46	Axis offset single decrease
G47	Axis offset double increase
G48	Axis offset double decrease
G49	Tool length offset compensation cancel
G50	(M) Scaling function cancel
G50	(T) Position register (programming of vector from part zero to tool tip)
G52	Local coordinate system (LCS)
G53	Machine coordinate system

G54 to G59	Work coordinate systems (WCSs)
G54.1 P1 to P48	Extended work coordinate systems
G61	Exact stop check, modal
G62	Automatic corner override
G64	Default cutting mode (cancel exact stop check mode)
G70	Fixed cycle, multiple repetitive cycle, for finishing (including contours)
G71	Fixed cycle, multiple repetitive cycle, for roughing (Z-axis emphasis)
G72	Fixed cycle multiple repetitive cycle, for roughing (X-axis emphasis)
G73	(M) Fixed cycle, multiple repetitive cycle, for roughing, with pattern repetition
G73	(T) Peck drilling cycle for milling – high-speed (No full retraction from pecks)
G74	(M) Peck drilling cycle for turning
G74	(T) Tapping cycle for milling, lefthand thread, M04 spindle direction
G75	Peck grooving cycle for turning
G76	(M) Fine boring cycle for milling
G76	(T) Threading cycle for turning, multiple repetitive cycle
G80	Cancel canned cycle
G81	Simple drilling cycle
G82	Drilling cycle with dwell
G83	Peck drilling cycle (full retraction from pecks)
G84	Tapping cycle, righthand thread, M03 spindle direction
G84.2	Tapping cycle, righthand thread, M03 spindle direction, rigid toolholder
G84.3	Tapping cycle, lefthand thread, M04 spindle direction, rigid toolholder
G85	Boring cycle, feed in/feed out
G86	Boring cycle, feed in/spindle stop/rapid out
G87	Boring cycle, backboring
G88	Boring cycle, feed in/spindle stop/manual operation
G89	Boring cycle, feed in/dwell/feed out
G90	Absolute programming
G91	Incremental programming
G92	(M) Position register (programming of vector from part zero to tool tip)
G92	(T) Threading cycle, simple cycle
G94	(M) Feedrate per minute
G94	(T) Fixed cycle, simple cycle, for roughing (X-axis emphasis)
G95	Feedrate per revolution
G96	Constant surface speed (CSS)
G97	Constant spindle speed
G98	(M) Return to initial Z level in canned cycle
G98	(T) Feedrate per minute (group type A)
G99	Return to R level in canned cycle
G99	Feedrate per revolution (group type A)

图 10-5 通用 G 代码列表（详见附录）

现在我们有了建立坐标系的方法，我们需要描述两点之间的路径轨迹。这便是在前面介绍过的"插补"。G 代码程序最初只支持线性插补。事实上，在 20 世纪 80 年代，一些航空制造公司仍然没有实现任何其他类型的插补。线性插补命令有两种类型：G00 和 G01。G00 用于在独立的最大速度下，独立地将所有命令轴移动到目的地坐标。G01 则是所有轴一起移动到它们的目的地，同时到达程序的进给速率。多年来，已经开发了许多其他类型的插补，并采用了新的 G 代码。

为了沿着独特的加工路径移动，控制系统需要一种方法来描述 G 代码程序中的坐标。大多数机器在设计上是直线的，因此运动的轴线是相互正交的。这简化了编程，因为机器轴位于我们描述周围世界的笛卡儿坐标系中。因此，机床的 3 个进给轴被命名为"X""Y"和"Z"。在 G 代码编程中，我们使用这些名称来描述机器移动路径上所需的坐标。因此，为了使机器在 X 轴上移动 1.000 个单位（无论是米制还是寸制），在增量编程中，我们将使用"X1.000"。为了描述组合轴运动，在程序的同一行中，我们将对每个轴的名称和它对应的变化量进行编写。

现在我们可以描述加工路径和坐标，同时设置机器沿着路径移动的速度。"F"命令表示程序员设置的轴沿着程序路径移动的速度。"F"命令用进给量/min 或 1/min（时间倒数）来描述速度。大多数程序员使用前者来设置机器轴的速度。但是，当编程超过 3 个进给轴（即"X""Y"和"Z"轴）时，情况就会变得十分复杂。

传统上，CNC 的路径速度是用平方和的平方根来计算的。当所有的轴都是正交（彼此成直角）时，这是正确的，但如果它们不是直角，则是不正确的。绕过这个限制的一种方法是将命令速度以时间倒数为基础。在时间倒数编程中，程序员知道移动的实际长度，因此他们可以通过描述执行该移动所需要的时间来设置速度。他们将"F"命令设置为所需时间的倒数，然后 CNC 系统将按照所描述的速率移动到所需的坐标。使用时间倒数的原因是保持"F"命令速率一致，而不是作为时间单位。

还有许多其他的指令词，例如"S"，它设置了主轴速度，"T"设置了所需的工具编号，"M"向PLC发送指令。本章的目的是让读者了解这个主题的基本知识，不再对G代码编程进一步描述。若需要进一步说明，请参阅机器的编程手册或本章末尾的建议阅读。

如前所述，最初G代码程序是使用打孔卡和穿孔纸来存储的，因此，G代码程序只能按顺序执行。这导致了一些程序由于重复操作必须在程序中反复出现。由于存储介质的线性结构，程序只能向前移动，而无法回到程序的上一个区域。如今，随着计算机与CNC技术的发展，工程师们开发了可以对程序进行分支和重复的方法。

2. 宏编程

与计算机的联系提供了宏编程创建。宏编程允许在G代码程序中使用变量和简单的运算。通过使用宏编程，程序员可以在部分程序中描述一个可变的几何图形。这些程序的变量包含了几何的定义。然后程序员调用该部分，通过适当地设置变量来传递所需的几何变量。一个例子是螺栓孔圆，其中螺栓的数量、图形的中心和半径可作为变量传递。

宏编程也允许机床制造商（MTB）开发可由用户/程序员调用的自定义程序。这些程序可以被保存在CNC的主程序存储器、受保护的存储器中或在诸如数据服务器的辅助设备上。若不保存在CNC的主程序内存中，则不会占用任何存储空间，而将其留给客户使用。对于MTB，宏编程也提供了一种保护其知识产权（IP）的方法，并确保该程序不会被修改或删除。

宏程序不仅可以有效地使用CNC的内存，还可以减少开发零件程序的时间。在我们之前的螺栓孔圆循环示例中，程序员一次又一次地开发同一部分程序是需要时间的。但是通过使用螺栓孔圆宏程序，他们可以将所需的信息发送到宏，并执行所有必要的计算。多年来，CNC制造商和MTB都开发了大量的宏程序，包括螺栓孔模式、铣削模式、轮廓切削模式、圆柱形凸起、雕刻模式等。

3. 会话式编程

开发一种简化方法来发展数控系统的零件程序编制是编程发展过程中的必要步骤。如前所述，宏程序允许程序员将变量信息输入到控件中并执行宏程序，简化了零件程序的开发。会话式编程进一步扩展了这个概念，通过图形来引导程序员将可变信息输入到CNC中并为其开发零件程序。

虽然会话式编程开始在大多数情况下，是作为一种将信息输入到预定义宏程序中的简化方法，但它们演变成"工厂级程序"。现代会话式编程，程序员使用"蓝图编程"的概念。这意味着程序员在信息输入时由对话程序引导，可以直接从蓝图或计算机辅助设计（CAD）模型中读取编程数据。会话式编程不仅可以查询坐标信息，而且还对信息进行处理，如切割的体积和速度、主轴速度、冷却剂等。

通过这种方式，对话程序通过定义零件程序的必要步骤来引导操作员。这种类型的编程对于小型工厂和模型制造商来说非常有帮助，因为缩短编程时间使它成为产生零件程序的一种非常经济的手段。它还减少了CAD/CAM开发系统的辅助时间。

4. CAD/CAM 编程

大多数现代制造商都在他们的工厂环境中实现了CAD/CAM开发系统。这不仅能够减少编程错误，而且是编写复杂几何图形零件程序的唯一方法。CAD程序设计是指使用计算机辅助设计（CAD）来开发所需零件的计算机模型的过程，而CAM程序设计是指使用计算机辅助制造（CAM）来描述如何制造零件（见图10-6）。

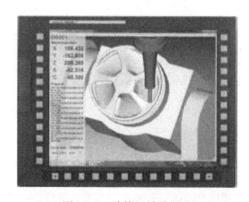

图 10-6 计算机辅助制造

如上所述，开发零件程序的过程意味着程序员需要工件的几何形状和轮廓、刀具的几何形状和切削过程限制，以制造合格零件。这些信息通常来自工厂中的部分生产设计人员。首先，通常需要产品设计人员提供零件的几何形状，材料和精加工特性的描述。然后，需要知道哪些机器可用，哪些工具需要使用。最后，需要确定所需零件的加工工艺参数。如果这些信息发生变化，那么整个零件程序可能需要重新开发。

这需要耗费大量时间和代价。但值得庆幸的是，随着计算机的出现，这些烦琐且耗时的操作可以快速高效地执行。产品设计师首先使用CAD开发他们想要零件的计算机模型。一旦模型完成，设计师会发布产品模型。生产经理决定哪些机器投产使用，并向 CAM 操作员开放机器。然后，CAM 操作员输入 CAD 模型，并将已知的生产数据应用于 CAD 模型，开发零件加工程序。一旦 CAM 模型经过测试和批准，零件程序就会被传递到工厂生产车间。

如果零件生产信息中的任何一个发生变化，则该过程可以在受影响的区域进行修改，并再次通过该系统，这称为"重新发布"零件程序。这样就可以有效地开发一个零件程序，并在需要时提取必要的资源。CAD/CAM 操作已经非常成功，甚至在小作坊中也得以实现。这些系统的成本在过去几年中大幅下降，同时也降低了生产成本。

10.3 多通道处理

数控系统控制一种加工操作，已被细分的控制加工类型有铣削、车削、冲压、磨削、激光、电火花加工等。零件被适用的机床类型加工。

通常一台机床一次只能加工一个零件，进行一道工序。该过程从零件的上料和对刀开始，接着是零件的加工，最后是零件的检验和拆卸。然后重复这个过程，直到满足生产量。这是一个连续的过程，可以在生产车间的几台机床上并行执行，这取决于每个班次所需的数量和机床生产零件的单位时间。在某些情况下，这可能意味着一个工厂在其车间内需要放置大量的机床，也会因为几个因素而变得昂贵，比如楼面面积、操作人员、电力消耗、废物处理等。

10.3.1 TT 控制

为提高数控机床利用率，降低不必要的设备重复，人们首先开发了双头车床。双头车床允许在同一车床内存在两个主轴，这意味着两个主轴同时进行两个零件的独立加工。这在本质上是半独立的，因为每个夹头在同一时间启动相同的进程，但可独立完成这个过程。在加工过程结束时，一个夹头将等待另一个完成，然后再进入下一个进程。

下一步是提供双进程，双头或双操作控制同一部分。在单个零件上同时进行独立加工的能力对车床尤有益处。例如，在同一时间内加工零件的内径和外径是非常有利的，可节约时间并有利于在加工过程中平衡切削力。但是对这种类型的加工的控制是复杂的，因为它需要两个独立的同步通道。这是 CNC 系统 TT 类型的开始。

10.3.2 多路 CNC

后来，多工位铣床开始流行起来，完成一个零件的许多工序加工，而不需要重复上下料。多工位铣床通常以圆盘形式摆放，不需要在工序变换时进行上下料，每个工位与中心且彼此之间的距离相等。与传统的单台机床相比，减少了对地面空间和对切屑处理的需要。早期的机床使用多个 CNC 控制器来控制多工位铣床，但是随着 CNC 可控轴的增加，控制器的数量在逐渐减少。

10.3.3 复合 CNC

在过去，执行不同类型的加工操作的能力需要 MTB 的定制工作来添加所需的功能，实现需多个 CNC 系统。由于 MTB 开发的时间和成本，这两种解决方案都不令人满意。最近，组合或复合机床的发展，寻求将多种类型的机械加工结合成一个机床结构。这些复合机床可以在同一台机床上进行铣削或车削加工。

10.3.4 多通道 CNC

多通道控制允许 CNC 控制器在不同的加工操作中成组地使用进给轴。因此，CNC 可以采取一组轴执行一组加工操作，而另一组轴执行另一组操作，彼此独立（见图 10-7）。多通道还可以提供执行不同类型的加工操作并在操作期间动态变换不同组之间轴的能力。

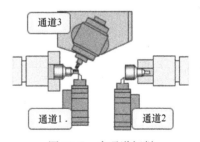

图 10-7　多通道切削

如果编程的规则不是很好理解的话，多通道控制的多功能性也意味着程序员编程的复杂性。因为控制的类型（如铣、车）可以是不同的通道，程序员需要知道控制编程通道的配置类型。从车床的控制来看，铣床的控制需支持不同的固定循环和刀具信息，这也是在车床或铣床类型的操作过程中存在差异的原因。灵活性是目前多通道控制的最大优势。多通道控制可用于多轴车床及多工位铣床。它还可以应用于复合机床和在木材加工或航空工业中使用的多头"gang"铣床。有了改变和重组不同配置轴的能力，CNC 可以应用到几乎任何类型的机床上。每一组轴都在配置的机床控制范围内运行，因此，将 CAD/CAM 应用到零件生产上与单一使用机床没有区别。

由于加工操作的灵活性，逻辑控制支持也需要灵活。近年来 CNC 的逻辑过程控制得到了改进。现在 CNC 控制器支持多个进程控制器来处理每个通道的不同需求。一些控制器已经支持了独立逻辑过程控制的 5 条通道，未来将会增加更多。每个通道都是独立的，可以在不影响其他通道的情况下独立执行操作。

10.4 网络集成

早期，NC 和 CNC 控制器就使用外部设备来存储零件程序，正如本章前面所提到的，穿孔卡、纸带和磁盘都被用于存储。早期连接需要定制，但由于通用化连接的需求，RS-232 串行连接也逐渐演变成不同设备之间数据交换的标准。

随着 RS-232 的兴起，CNC 控制器很快采用了 RS-232 标准，作为外部设备连接到控制系统的通信接口，RS-232 简单，可靠性好。大多数计算机制造商也采用了 RS-232 标准来满足他们的连接需求。RS-232 的一个缺点是只支持点对点连接。这意味着一个外部存储设备一次只能连接到一台 CNC，程序传输效率不高。

计算机和嵌入式微处理器很快取代了许多控制系统使用的纸带阅读器。除了简单地替换设备和软件，被称为"幕后阅读器"（BTR）的设备还提供了更多的功能，消除了线程和维护磁带媒体的需求。BTR 设备允许将零件程序上载到设备中，并将其存储到 CNC 控制器中。CNC 控制器无法区分旧的带式阅读器和替换的 BTR 设备。它在 BTR 设备中访问和读取部分程序，就像旧磁带系统一样。许多这样的设备今天仍在使用。

DNC 的出现，是网络数控系统的进一步发展。DNC 是一种软件解决方案，其中有一台计算机，运行软件将零件程序发送到数控系统。车间控制（SFC）和制造执行系统将部分程序下载到基于生产需要的 CNC 系统中，扩展了 DNC 的能力。但是 RS-232 连接成为一个限制因素，因为它们只支持点对点连接。RS-422（multi-drop）标准减轻了单台计算机上对应多个端口的需求，但传输距离的限制使得它们不能用于大型制造工厂。

计算机网络正在发展，这带来了连接和速度的进步。虽然每一项都是从专有的解决方案开始的，但它们已经发展成为我们今天使用的标准。以太网在 20 世纪 80 年代兴起，在 1985 年成为 IEEE 802.3 的标准，并取代了专用的有线解决方案。工厂连接

变得更加先进，配置更简单。因此，当寻找 CNC 系统时，选择一种更先进的通信方法会提供最灵活和易于设置的方案。

10.4.1 网络

在本节中，"网络"将指有线和无线网络。即使有线和无线网络在设置和配置上有差异，但一旦网络正常运行，CNC 就不会有任何区别。网络协议标准化可以减少网络的复杂性。然而，如果一个混合协议网络已经存在，那么必须确定协议是否可以在相同的物理层上共存，或者网络是否需要被隔离。

网络数控系统的控制并不是简单地选择一个控制器并把它接入一个网络，有许多事需要考虑。并非所有的 CNC 系统都是相同的，网络也并非都能处理所有网络协议和速度。若需要将现有的 CNC 控制器连接在一起或建立一个新的网络，必须对数控系统的网络性能、网络结构、数据类型和频率等进行考虑，这都是创建高效、健壮网络的重要因素。

10.4.2 网络能力

数控机床的网络性能有两个主要的影响因素，即 CNC 控制器的年限和结构。尽管 CNC 制造商是否真的为控制器提供网络解决方案是一个因素，但是连接的选择可能是非常有限的。在将现有控制器添加到网络时，数控系统的年限可以说是最大的考虑因素。虽然网络接口已经存在很长时间了，但许多 CNC 系统都仍需要对技术的进步进行适应。所以现有的 CNC 系统可能无法直接连接到网络。网络选择会受到诸多限制，以至于降低解决方案的性价比。

工厂的网络硬件和软件也可能由于版本更新不及时，不再支持新的 CNC 和 PC 连接，或者只支持点连接。正如前面提到的，使用串行通信的老旧 CNC 控制器是这两种限制的最常见的例子。串行到以太网适配器可以作为一种解决方案，但这些设备只是扩展了串行端口之间的物理距离。这些适配器使用的专有协议通常与宽带网络不兼容。

10.4.3 通信类型

CNC 控制器支持三种基本类型通信：封闭式、PC 嵌入式和开放系统。封闭式系统是由一个完全专有的操作系统和硬件平台组成的 CNC 系统。大多数封闭系统只支持原制造商提供的硬件。PC 嵌入式系统大部分硬件是专有的，操作系统可能是现有软件和专用软件的混合。很多时候，在 PC 嵌入式系统中，现有的操作系统集成到 CNC 控制器中，并隐匿地出现在操作员面前。这些 PC 嵌入式系统倾向于使

用专用的硬件和软件，但它们也可能使用现成的组件。最后是开放系统，大部分硬件和操作系统都是标准的现成组件，只有核心的 CNC 操作系统和硬件可能是专用的。这些系统主要使用标准和现成的硬件和软件，并对 CNC 操作系统进行专用的修改。

每个系统都有自己的连接能力和数据类型，然后可以通过网络传输。在网络性能方面，这些系统架构都没有内在的优势。制造商决定什么网络能力将被添加到他们的系统里。仅仅是 CNC 控制器运行在一个熟悉的操作系统上，并不意味着进行设置或支持必要的数据类型就很容易了。尽管基本的网络连接可能是这样，但可用的数据则完全取决于制造商选择支持的内容。

10.4.4　速度和吞吐量

许多 CNC 控制器都有多个网络接口选项。从连接端口类型、网络速度，到接口的潜在吞吐量都可以选择。速度和吞吐量不是一回事。大多数接口用网络的"可行"速度来描述，如 10Mbit/s、100Mbit/s、1Gbit/s 等，但这是数据在网络上传输的速度，而不是数据传输的实际速度。速度等级对网络的整体架构很重要。关于 CNC 系统的能力，需要了解 CNC 控制器的潜在性能。网络上的每一个设备都有一些内置的延迟，但是大多数设备只是传递数据，所以它们的延迟可能是很小的。CNC 控制器必须接收数据，进行查询，然后准备反馈，最后发送响应。因此，CNC 可以很快地处理数据中的所有信息（问题）并返回所请求的信息。

数据（反馈）可以显著影响在给定时间内通过网络处理的数据量。在选择网络接口时，不要只看网络速度，除非网络有速度限制。还需要考虑系统的潜在吞吐量，特别是有关时间的关键数据。

10.4.5　网络布局

计划安装在网络上的 CNC 的年限和能力将会影响可以传输的数据和网络的架构。因此，无论是将新机床添加到现有网络、旧网络，还是两者结合，都必须首先调查并记录其年限和功能。一旦调查完成，便需要明确在网络上传输哪些数据以及需要执行的目的。

在布置网络或决定在现有网络上可能需要进行的更改之前，必须确定和了解哪些类型的数据将被传输。网络极大地开放了数控系统，传输数据有许多不同的可能，最常见的两个如下：

1）机床对机床的数据——在机床之间尽可能快地传输数据，通常用于逻辑过程控制。

2）机床对 PC 的数据——在机床和远程 PC 之间传输数据，通常用于数据收集，也可以用于过程控制。

1. 设备网络

用于在机床或外围设备之间直接传输数据的网络，通常是机床或机械加工单元内的独立网络，它们很少被连接到工厂网络。通过设计，可以使其数据不与工厂网络混合，最终不减慢数据传输（见图 10-8）。通过这种类型的网络传输的数据量通常很小。但是，这种数据通常是关键的机床处理数据，必须以恒定的速率（高速）传输，并要尽可能稳定。正是基于这些原因，这些设备网络依赖于专用的硬件和协议，比如直接 I/O 硬接线、Profibus、DeviceNet、Genius 和 FL- net 等。依靠其专用的硬件和软件，无法在不同的协议和硬件之间进行通信。有些协议甚至不能在相同的网络基础设施上存在，仅仅为了简单的机床间通信甚至需要复杂的网络架构。

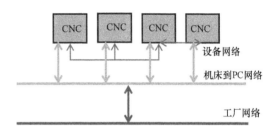

图 10-8　与 PC 数据分离的机床数据

所幸，通常不会发现带有设备混合网络的机床单元。许多这种设备网络随着年限的增长和新的行业标准的采用而不断得到改进。这不仅使它们存在于同一个网络，而且网络技术的改善和速度也提高了其在工厂网络上运行的能力（见图 10-9）。设备网络的需求和数控设备通信协议的支持将进一步确定网络的体系结构。与 CNC 控制器制造商联系也是有必要的，可以确定他们提供的设备网络解决方案及可能存在的限制。

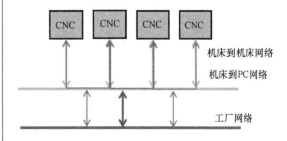

图 10-9　与 PC 连接的机床数据和工厂数据

2. 工厂网络

如前所述，许多设备网络协议现在可以存在于工厂网络主干上。初见之下，这似乎十分方便，因为它可以减少所需的网络硬件数量。但效果却并没有想象中那么理想，因为工厂网络在传输数据时往往比较慢。这是由于大量的数据不断地在网络中流动。即使只是在设备之间传输，大量的数据处理仍然需要很多时间，吞吐量将受到极大影响。

数据传输的时间增加，会影响到机床间控制所需的时间一致性。因此，当计划将设备和工厂网络合并到相同的主干上时，需要谨慎。否则，当以高速、恒定的速率通过工厂网络发送确定性数据时，机床数据可能会被破坏。此外，它还会将不必要的流量用于工厂网络的主干。

选择在与工厂网络相同的硬件上进行机床间通信，将简化需要维护的布线，并减少网络基础设施的数量。尽管协议可以存在于相同的网络硬件上，但是应该有适当的网络设备来将机床间的流量与工厂网络流量分开（见图 10-10）。这将允许在机器级别使用普通的网络硬件，同时也能使关键的机器数据不被工厂数据延迟。

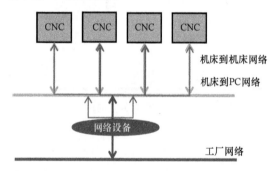

图 10-10　机床数据连接 PC 数据，与工厂数据分离

做出正确的选择需要一些调查和思考。一个主要的问题是：机床会被添加到一个新的网络还是现有的网络中呢？当在一个新的网络上实现时，决策变得更加简单，因为可以设计网络来支持新机床。如果在现有网络上实现，则需要验证新机床是否可以在旧网络上运行，或者决定是否需要对现有网络进行修改。与机床制造商的讨论可以帮助解决这些问题。

在过去，机床与 PC 的通信是通过与连接到机床的本地 PC 点对点连接完成的（见图 10-11）。然后 PC 演变成一个网关，工厂网络可以从机床中连接数据。这涉及在 PC 上运行一些中间软件，来从 CNC 中收集数据，并使其在网络上可用。有了这个网络架构，一个简单的任务可以是一个多步骤的过程，可以有人工干预，如传输一个零件程序，数据必须首先从工厂的 PC 传输到本地 PC，然后从本地 PC 传输到 CNC。

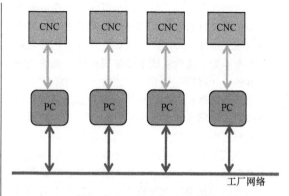

图 10-11　机床与 PC 通信

去掉本地 PC，将 CNC 控制器直接连接到工厂网络，能够为机床打开全新领域（见图 10-12）。"岛"（机床）现在是"大陆"（工厂）的一部分，从而实现诸如零件程序管理、历史数据收集、实时显示、数据备份和机床状态通知等功能，并减少硬件。

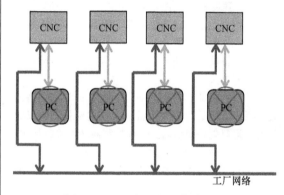

图 10-12　机床通信（旁路 PC）

若要将 CNC 控制器挂载在工厂网络上，需要一个令人信服的理由。如前所述，制造商提供的数据最终将决定 CNC 和 PC 之间可以共享的数据的数量和类型。因此，十分有必要确定可用的数据是否能够满足系统的需要，或者是否可以修改系统的需求来使用可用的数据。如果不能实现，则需要确定是否有必要将 CNC 添加到网络中。在机床和 PC 之间传输的数据将对网络体系结构产生很大的影响。将传输多少数据？这些数据的传输频率是多少？数据时间是否重要？这些都是在网络设计之前必须明确的事项。

3. 机联网

应该多加思考那些被认为是时间敏感和关键的数据，以确定其是否需要在工厂网络上传输。如果数据对于机床操作非常关键，无论是数据本身，还是其所在单元，都应该被认为是机床间数据网络的一部分，并被设计为在该级别上运行。该种类型的数据，不但实际数据重要，其在机床之间进行传输的时间同样重要。如果一台机床从另一台机床接收到良好的数据，但延迟过大，程序就会受到影响。从坐标测量机（CMM）中传输一个零件程序或过程数据之类的数据就是这些关键数据的例子。非关键数据，虽然需要很高的速率，但可以可靠地转移到工厂网络上。这是因为传输过程中的延迟不会影响数据的完整性。这种类型的数据可能包括当前机床状态数据或用于备份和恢复系统的数据。

4. TCP/IP 协议

机床对 PC 的通信问题类似于机床对机床的通信问题，因为它有许多不同的协议，机床之间可能无法相互通信。多年来，已经有许多基于以太网的协议，用于从 PC 到数控系统的通信。这些协议倾向于遵循主流的 PC 到 PC 网络协议。TCP/IP 是最近的一种协议，已经作为一种行业标准获得了普及，并被用于 PC 和 CNC 控制器之间的通信。与大多数技术一样，最新的版本往往具有最多的特性，因为制造商不会投资于落后的技术。对于 CNC 控制器来说，这意味着在从控制系统获得的数据量上，最新的协议将比旧协议有优势。虽然大多数旧协议仍然存在，并且可以在与 TCP/IP 相同的网络上运行，但是它们的支持和普及程度正在下降。这增加了维护它们所需基础设施的数量。因此，除非有大量现有的旧协议的安装基础，否则可以通过在 TCP/IP 上标准化来大大减少网络协议支持数量。

通过了解计算机的网络功能和需要在网络上传输的数据类型，可以开始规划新网络并对现有网络进行必要的改造。现代数控系统的网络性能有了很大的提高。但是，当需要将新的 CNC 控制器连接到工厂网络时，即使是改进，也可能无法与网络上的老设备兼容。因此，有必要了解网络上存在的所有 CNC 系统的能力。网络流量的分割可以辅助数控系统的集成，提高网络流量的效率。

10.5 仿真

随着计算机数字控制系统控制的复杂性不断增加，操作员、程序员和维修人员需要时间来熟悉和保持对控制系统的熟练使用程度。由于生产制造的时间是非常昂贵的，因此在生产过程中的处理问题时间是非常浪费的。在车间以外的地方培训、验证和调试处理制造过程很有价值。机床加工仿真已成为制造商技术支持的一项重要能力。

10.5.1 数控系统控制仿真

已经有许多第三方努力从事控制仿真软件的开发。其中有些仿真软件是商业化的，有些是机构提供的，以及其他的内部开发项目。仿真的关键之一是对操作进行建模，以达到与实际数控系统相同的操作性能。这并不意味着仿真需要具有相同的"实时"性能，但是仿真应该提供与实际 CNC 相似的加工时间信息。高质量仿真的另一个关键是支持 CNC 执行操作功能。

仿真现代数控系统似乎是一件简单的事情，但 CNC 控制器通常是一种嵌入式系统，用于支持加工操作。大多数 CNC 控制器都有多个并行运行的处理器来执行必要的加工任务。这意味着超过 100 个的计算任务可以在任何时间点发生。即使对于运行多核处理器的现代桌面计算机来说，这也会消耗大量的计算能力。但只要仿真能够提供与实际 CNC 相似的加工时间信息，该仿真仍然是可取的。

数控系统仿真对于不熟悉数控系统的操作员是很有用的。这是一种非常经济的替代方法，可以在生产外抛开实体机进行训练。CNC 仿真器可以作为一个"独立"的 CNC 控制器或计算机程序来被提供。独立的 CNC 仿真器允许操作员通过实际的用户界面学习控制操作。但是如果需要训练多种类型的 CNC 系统，就必须购买多个仿真器。独立的 CNC 仿真器意味着对于训练所需的 CNC 的每种类型和模型都有不同的仿真器。

CNC 仿真器在台式计算机和笔记本计算机上运行（见图 10-13）。由于其基于软件，故而可以在被许可的计算机上装载和运行。如果需要对一种以上的 CNC 进行训练，那么可以在同一台计算机上运行多个 CNC 仿真器软件。由于只需要支付软件的费用而不是购买数控系统，极大地节约了成本。虽然软件开发人员试图使仿真尽可能"真实"，但它与在 CNC 系统上运行仍然不完全一样。最好的结果是通过评估来确定对这两种选择的训练需求。

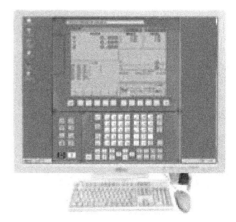

图 10-13 CNC 仿真软件

10.5.2　机床仿真

机床仿真不仅培训数控系统，也培训整个机床的操作。它既可以像基于本地计算机运行程序软件一样简单，对机床操作进行最简单的仿真，也可以像连接到提供虚拟操作的 CNC 和驱动系统的计算机集群一样复杂。仿真的水平取决于培训的需要。

机床仿真尝试模拟实际机床的操作，而不仅是数控系统。为实现这一目标，实际的 CNC 系统、机床操作面板和模拟软件都为机床仿真提供用户界面。所有的机床操作都可供模拟，包括控制外围设备（如冷却剂和刀具变化）的过程接口。机床仿真器的目标是提供能够达到培训和操作目标所需的"现实"水平。

许多公司发现，仿真的好处远远大于机床购买成本，尤其是对于复杂的机床来说。随着机床复杂性的增加，仿真的复杂性也随之增加。但通过对机床进行实际的仿真，许多操作和处理问题都可以在生产开始之前得到解答。机床仿真还可以在机床不断电的情况下进行维修测试。总之，机床仿真可以在宝贵的生产时间外获取信息。

举例来说，在美国中西部有大型工业制造厂商和一个机床制造商，仿真机床为双头龙门式机床，具有双头全自动化工具和主轴单元。在与 CNC、驱动系统、伺服电动机和过程模拟器连接的计算机集群上运行仿真。计算机集群由多台台式计算机和图形工作站组成。操作员能够执行零件的虚拟加工，在高分辨率显示器上呈现，可以将零件旋转到所需的任何视图。

该仿真能够为操作员、程序员和培训人员提供培训。在工厂安装前和安装后培训维修人员。用户估计仿真器的使用约了 10 倍的成本。操作者通过培训可以避免机床"撞车"。程序员能够避免编程错误并通过测试增加生产时间。维修人员能够在没有停机的情况下开发调试和维护。因此，机床仿真已经成为一种非常有价值的工具。

10.6　操作、安全与维护

10.6.1　操作

数控系统的运行依赖于它所连接的机床。在机床上尝试任何操作之前，应该仔细阅读机床和控制器制造商的手册。一般来说，手册的内容包括以下几个方面：

① 操作。

② 编程。

③ 硬件连接。

④ 维护。

在每一本手册的开头，都有一个关于安全的章节，其中包括安全须知等关键信息。请注意这些安全须知事项，可以帮助您合理安全使用机床并保障操作人员安全。

虽然机床各不相同，但我们可以对其操作进行概括总结。机床需要动力使其运转。动力可以是电力、气动/液压和重力（即平衡重量）的形式。这些动力将需要连接和开启/激活机床的功能。这些动力的连接和激活只能由合格人员进行。在完成此操作之前，不应尝试机床操作。

1. 机床启动

在阅读、理解机床操作手册，所有的电源供应给机床后，我们就可以启动机床。启动不同机床的步骤是不一样的。本章不会涵盖所有不同机床的启动方法，但由本章的方法可以推及这个过程。

有些机床使用单步启动，操作员只需按下操作面板上的"Machine On"按钮（见图 10-14）即可启动机床。有些机床可能多个步骤才能启动，操作人员必须在启动过程中确认好每个步骤，然后进行下一步操作。完成机床启动过程会使机床进入加工状态，因此在尝试完成启动过程之前，操作人员必须经过适当的合格培训。如果没有注意这一点，机床、操作人员和其他人员都可能受到伤害。

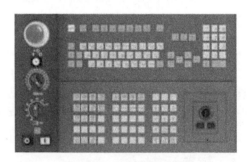

图 10-14　机床操作面板

2. 紧急停止

在操作人员的方便操作范围内，每台机床必须有一个或多个"Emergency Stop"按钮。如名称所述，紧急停止按钮用于立即停止机床操作，并从机床的工作机柜中切断电源，只在紧急情况下使用。紧急停止的动作必须是即时的，因此其如果被激活，就会对机床结构造成伤害。紧急停机电路的工作目的是保护机床附近的人员，而不是保护机床本身。

紧急停止按钮是一个红色蘑菇样式的按钮，按下后需要旋转释放。大多数国家还规定，在按钮的后面会有一个黄色背景以方便定位。一旦任何紧急停止按钮被按下，机床将立即停止加工。如果还有其他方法来执行控制的停止加工操作，将在机床制造商的手册中列出，请务必了解。

3. 操作模式选择

大多数机床都有能力选择不同的操作模式。你的机床可能有或多或少的操作模式，以下为最常见的几种模式。

1）自动操作：在自动操作模式下，数控系统将依次执行零件程序，直到零件程序完成或被机床操作员中断。在生产过程中使用自动模式来执行程序员开发的零件程序。在这种操作模式下，可能会有几种操作选项供选择，如改变加工速度、辅助操作等。这使得操作人员能够根据实际情况控制加工环境。

2）手动数据输入（MDI）：MDI 帮助操作员执行他们手动输入到 CNC 控制器的命令。与自动操作不同，MDI 模式不会从控制器的内存中执行命令，它从控制器的输入缓冲区执行命令。这允许操作员立即执行命令而不需要开发零件程序。人工数据输入命令通常用于加工过程中的参数设置，以及安装和维护。许多熟练的操作人员使用这种模式来完成简单的程序操作，而无须编写程序。任何可以在自动操作中执行的命令，都可以在 MDI 中执行。

3）远程操作：远程操作与自动操作类似，它将按序执行 CNC 零件程序，直到机床操作员完成或中断，但它不是在控制器的内存中执行活动程序，而是从外部通信通道读取程序。远程操作经常被称为纸带模式，因为早期的 CNC 控制器使用纸带存储大量的程序。远程操作可以从许多不同的外部设备读取，包括 TCP/IP 以太网的通信。在建立通信链路之前，CNC 控制器接收程序的外部通道是由操作员设置的。外部设备将"下载"信息到 CNC 控制器，直到零件程序完成或被机床操作员中断。

4）手动操作：手动操作模式允许操作员在机床操作面板上使用按钮移动机床的轴。在大多数机床上，有两种类型的手动操作——连续的和递增的。在连续的手动操作中，机床将继续沿着所选的方向移动所选的轴，直到按钮被释放。在增量的手动操作中，由操作员选择，每次他们按下按钮，机床轴将移动一个固定的距离。手动操作模式允许操作者将机床轴移动到机床工作范围内的任意位置。手动操作主要用于校准和加工参数设置，一些熟练的操作人员也会使用手动操作模式来进行简单的机械加工操作。

5）手摇脉冲发生器（MPG）：MPG 模式直接从 MPG 发送脉冲指令到伺服驱动系统。无需激活零件程序即可使用此模式。MPG 看起来像普通机床上使用的手轮。选择的机床轴将随着操作员转动 MPG 而移动。手柄上每个增量的轴移动量由操作员设置。在这种方式下，操作者可以在设置和干预运行零件程序（即程序中断）的过程中，将轴移动到所需的位置。MPG 甚至已经被熟练的操作人员用来执行简单的加工操作。

6）零件程序编辑：大多数 CNC 控制器允许在控制器内存中创建、修改和删除存储零件程序。编辑模式允许这些操作发生在安全的条件下，自动操作模式下不可使用。只有操作员选择编辑模式时才能修改或删除活动零件程序。由于是"主动"编辑零件程序，修改或删除会直接影响到操作的自动化（生产模式）。在这种方式下，编辑模式意味着操作人员承认程序编辑是允许的，并且在模式释放之前不会开始自动操作。应该注意的是，新的控制器支持"后台编辑"模式，即使在自动操作期间，它也允许不是正在执行的零件程序的编辑。

7）回零：机床的坐标系统必须设置为已知条件。有些机床有一类位置传感器，即使电源被移除，它们也能保留位置信息。因此执行加工操作之前，即使电源从机床上移除，也没有必要对机床进行回零。这种类型的传感器通常被称为"绝对式传感器"。更常见的类型是另一类位置传感器，被称为"增量式传感器"，只有当传感器通电时，位置信息才会被保持。

为了使位置传感器与物理机床结构保持一致，机床制造商在机床结构的特定位置安装校准设备。通过选择回零模式，通知操作人员进行控制，将位置传感器与机床的机械结构零点对齐。然后操作人员选择轴来对齐，并将其拖动到校准设备上。当校准装置检测到轴处于零位时，它将停止轴运动并完成轴与机床结构零位的对齐。这个操作是所有机床都具备的，以便机床在加工之前对齐坐标零点。

1. 循环开始

按下循环启动按钮即可执行已选择的零件程序。大多数 CNC 控制器都能识别出循环启动按钮。操作方式可以是自动操作、手动数据输入或远程操作。CNC 控制器将执行所选模式下的命令，直到指令执行完成或中断。

2. 循环停止

按下循环停止按钮可停止正在执行的零件程序。大多数 CNC 控制器都能识别出按下循环停止按钮从而停止执行。操作方式可以是自动操作、手动数据输入或远程操作。CNC 控制器将在选择的模式下停止执行指令，指令执行将在循环启动按钮被释放后重新开始。

3. 进给倍率

操作人员有时需要改变机床在程序运行时的进给速度。该控制允许操作者通过编辑切削进给的比率来改变进给速度。进给倍率控制通常以 5% ~ 10% 的增量为单位，从 0 到 120%。通过改变进给倍率设置，操作人员可以在不影响机床程序运行的情况下改变机床的切削速度。

4. 过程参数

根据机床的类型，操作者可以改变机床加工参数，如主轴转速、激光功率、切削力等。类似进给倍率，过程控制允许操作人员改变处理参数，不需要改变零件程序，但不是从 0 开始，而是从 50% 到 120%。通过改变过程参数，操作员可以改变处理参数以满足操作员的当前需要。

5. 支持功能

其他辅助功能可在加工过程或调试零件程序时提供帮助。这些功能通常在机床操作面板上以开、关方式提供。

1）单步：单步功能使得每按一下循环启动按钮，零件程序执行一行。只有在数控系统的自动操作、手动数据输入或远程操作模式下，单步操作是可行的。通过单步操作，操作者可以单步运行零件程序，以逐项检查零件程序的准确性和误差。

2）空转操作：空转运行的功能通常用于确认机床的操作。当空转运行时，机床以不同于程序进给的空转速度运行。空转的运行速度设置通常高于程序的进给速度，使机床在没有零件的状态下高速运行。

3）块跳过：当该特性激活时，块跳过功能允许控制器跳过零件程序的指定块。有时，操作者需要选择跳的部分程序块，特别是当部分的几何特征是可选时。当激活时，零件程序将跳过指定字符开始的块，通常是 "/" 字符。一些控制器允许多个块跳过级别，其中每个级别可以单独选择。例如，块字符包含一个数值，即 "/2" 用于第 2 级块跳过。

4）选择停止：选择停止功能允许控制器在包含 "M00" 命令的块中停止。程序员可用选择停止使机床在零件程序中指定点停下来并采取一些行动。操作者可在该点对零件进行测量，以确认是否满足零件的尺寸公差。

10.6.2 安全

为确保安全操作，操作员必须遵守机床制造商所建立的所有安全预防措施。这些安全预防措施是多年来积累起来的经验，不容忽视。特别是在机械加工的早期，机械师中发生事故者不计其数。甚至在某些情况下，会导致灾难性的伤害乃至生命财产的损失。

安全是必须执行和检查的事项。若任何安全装置或系统出现异常，则无法保护操作者或机床。对安全系统定期查验，能够确保机床使用的有效性和安全性。

1. 互锁

现代机床已经开发出一系列的强制性互锁措施，必须在加工操作之前满足。互锁是 "机床门关闭" 和 "机柜关闭" 的联动触发条件。这些类型的互锁通过电子开关激活，安装在机床门上。当门打开时，互锁生效，阻止机床的操作，直到门关闭。

在机床上可以有多种类型的互锁，有些可能由开关激活，另一些可能来自各种传感器，包括光学和压力传感器。互锁的目的是在允许机床操作之前，确保安全无问题。在任何情况下，互锁都不应该被忽略。

2. 双重检查安全

如上所述，在机床门打开时，互锁使得机床无法操作。然而，在准备生产时，有时可能需要允许机床的有限操作。但是，外部传感器的增加可能会造成一系列问题，甚至需要复杂的电路和大的机柜来容纳它们。

双重检查安全功能设计，将两个独立的 CPU 内置在 CNC 系统中，以监控机器电动机的速度和位置（见图 10-15）。若任何一个 CPU 检测到速度或位置上存在误差，将有两个独立路径断开电动机电源。该功能作为电动机和主轴电动机的内部传感器，消除了增加外部电路所需的成本和空间。

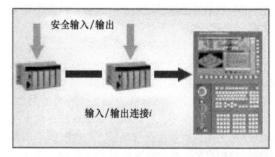

图 10-15　双重检查安全

3. 操作风险管理

操作风险管理（ORM）是一个循环过程，通过评估、决策和控制来管理任何活动的风险。分析的结果包括接受、删减或拒绝操作。ORM 可以应用于几乎任何操作，包括我们的日常活动。风险是一种我们需要接受的概念，因为任何活动都具有一定的风险。我们需要妥善管理风险，确保活动能够安全进行。

进一步阐述这个话题超出了本书的范围。强烈建议读者进一步对这个主题进行调研并接受培训。ORM 的开发将使包括开发、生产和维护等机床生产的所有领域受益。

10.6.3 维护

CNC 或任何机床的维护只应由经过培训并合格和经授权的人员进行。操作的数控系统或机床的保护被移除都将增加对人员造成伤害的风险。在数控系统中输入的错误数据也会导致零件、机床的损坏或是令操作人员受到伤害。

1. 挂牌上锁

挂牌上锁是一种安全系统，确保了维护期间电源的断开，且维修工作完成之前不能使用。要求首先定位电源，然后移除并最终锁定，增加标签，确保在维护期间无法打开。世界各地的各类企业都需要进行挂牌上锁的培训，而这种培训对于适当的挂牌上锁操作至关重要。

2. 维护信息

现代数控系统设计了将维修信息输入控制系统的功能。在维护信息屏幕上可以记录维护信息的历史，并支持多语言显示，包括滚动记录和从外部存储区输入/输出信息的功能。此功能允许维护人员在控制系统中输入信息，并可选择输出到集中维护中心。

3. 定期保养

部分现代 CNC 已经在数控系统中存储了维护周期。这使得机床制造商或终端用户可以通过数控系统建立维护周期信息，数控系统将监测和显示信息给操作员或维修人员。如果超过了维护周期，数控系统将会通知操作员，因而可以快速调度和执行维护。

10.7 绿色制造和节能

"绿色制造"的概念相对较新，这种技术的一个驱动因素是，电力供应限制了生产的扩大。许多国家对超过限制的用户实施制裁，以保障电力生产和发电。制造商已经对他们的电力使用变得敏感，并已采取措施提高生产效率。对于制造商和消费者来说，这是一个双赢的局面。更高效的生产降低了制造成本，从而降低了消费者的成

本。更高的效率也有利于降低二氧化碳排放和热污染。归根结底，绿色制造是当今世界经济中必须考虑的经济因素。

10.7.1 电动机

在工厂里，电力的主要消费者是电动机，它们占了制造业能源消耗的 60% 以上。最有效的动力转换是直接转换。直接转换发生在电动机直接与传输元件耦合的地方。间接转换，如机床，由电动机驱动的液压系统要求在任何时候提供动力。这种方法效率较低，因为液压泵需要时间来产生压力，所以不能根据需要进行开关，即使在空闲的工况下，也必须保持在一个恒定的速度，消耗了能量。许多制造商，如那些制造注射机的制造商，已经将动力来源转换成电动机直接驱动。这可能会使能耗下降 60% 以上。

1. 能源再生

电动机在加速过程中消耗能量，同时为机械设备提供动力。一旦机床轴处于运动状态，就必须提供动力以减慢或停止轴。在减速过程中，电动机变成了一个发电机，使得产生的功率比消耗的要大。旧的电动机设计采用"能耗制动"，在减速过程中，电动机产生的电能通过放电电阻器耗散能量，把动能转化为热能，并将其释放到环境中。这不仅浪费了电能，而且还产生多余的热污染。在工厂里的许多机床上产生这种浪费的热量，它很快会使生产环境变得不舒适。

与"能耗制动"相比，能量再生将多余的电能反馈给供给端，使其可以被工厂的其他电动机使用。一些 CNC 制造商已经开发出能被添加到电动机驱动系统的能量吸收模块，该系统将存储多余的能量，之后能量返回给其他电动机。而不是把电能浪费在不能回收的地方，从而降低能耗和热污染。

2. 磁效率

电动机通过磁场的相互作用转换功率。在永磁电动机中，这意味着电动机的效率直接受到磁铁的质量和形状的影响。优化电动机的形状和磁性材料，可以显著提高电动机的效率。使用稀土磁体在新的电动机设计中提高的效率高达 30%。

3. 晶体管开关效率

现代数控系统采用伺服驱动系统，利用功率晶体管精确控制电动机的电流。系统采用的控制方法基于脉宽调制（PWM）。为了有效地加速电动机并保持精确的速度，PWM 控制迅速地将晶体管打开。然而，所有的晶体管设备都有开关损耗，而这些损耗导致热量的产生。多年来，功率晶体管技术不断

改进。最新一代的晶体管提高了效率，减少了开关时间，并大大减少了发热。减少热量损失直接关系到电能的节约，因此降低了使用成本。使用最新一代的驱动系统可以节省 20% 或更多的费用。

4. 速度控制

为了有效地控制最新一代的驱动系统，数控系统必须使用精准的软件。利用先进的电流控制，基于磁场定向，电动机控制回路可以以极高的速度运行。这类控制的一个例子是高响应矢量（HRV），它根据电动机的负载和速度调整命令。通过对电动机响应偏差的快速响应，大大提高了电动机和机械系统的效率。在这种情况下，驱动系统的加速度和速度都得以增加，同时精度得以保证，从而提高了生产效率，降低了能源需求。

5. 泄漏检测

随着时间的推移，CNC 驱动系统组件会逐渐老化。这是因为加工环境和其所涉及的应力问题。当电动机和驱动系统的绝缘材料恶化时，电能就会"泄漏"到地面。这导致了能量的丢失，以及电动机效率与驱动系统的退化。如果损失过大，就会发生灾难性的故障。

数控技术的发展使控制系统能够自动检测电动机和驱动系统的泄漏，并具有较高的精度。当紧急停止电路启动时，漏电检测系统自动测量驱动系统的接地绝缘。如果测量的地面电阻低于阈值，而后将由控制系统发出警告（见图 10-16）。该功能可以检测驱动器效率的损失，并在机床的生命周期内节省工厂的资金。

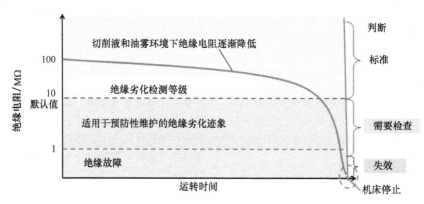

图 10-16　泄漏检测功能

10.7.2　功率监测

为了更好地理解在机床操作过程中消耗的能量，现代的 CNC 提供了电源的功率监视器（见图 10-17）。操作机床时，有固定的和可变的电力消耗。固定消耗的例子有灯、风扇、泵和液压马达，当机床运转时，它们会持续运转；可变消耗的例子是伺服电动机和主轴，它们只在零件程序使其运动时才消耗电力。

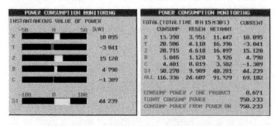

图 10-17　功率监视器（瞬时/总量）

对于伺服驱动系统，功率监视器对其所消耗的功率进行精确测量，它直接与消耗电力的驱动器通信。当功率达到或超过预期水平时，功率监视器也可以向机床和操作员提供直接反馈。通过监测机床功率要求的变化，操作者可以确定加工效率是否下降到需要进行维护的水平。这样可以通过保持最佳的机床性能来降低能源成本。

10.7.3　生态监测

目前，机床制造商已经使用生态监测实现了更先进的功率监测（见图 10-18）。在加速和减速过程中，以牺牲加工时间为代价，抑制主轴电动机的转矩可以显著降低功耗。通过调整节能水平，可以在较短的加工时间和更少的功耗之间切换。可在生态监测显示器上观察切换节能水平的效果，确定最佳的加工条件。

生态监测还可以实时显示 CNC 系统的能耗，计算并显示"消耗""减少""二氧化碳当量"等能源值。这些数字还可以与名义设置进行比较，以确定电力消耗是否正常。在这种方式下，生产人员可以评估它们的能源消耗，并积极参与能源管理。

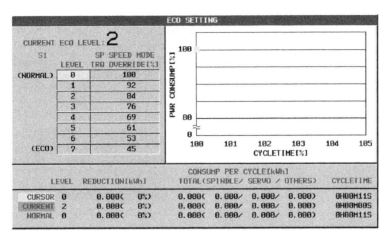

图 10-18　生态监测屏幕

10.8　未来趋势和结论

数控技术在计算机技术的进步中受益匪浅。尽管硬件、操作系统和软件可能是专有的，但许多制造商在其设计中使用了商业组件。定制组件增加了商业上可用的范围，以提供更好的性能，同时保持价格的优势。

我们很容易看出现代数控系统比 20 世纪 60 年代开发的数控系统要小得多。过去用两台机柜构成数控系统，现在是一台"台式计算机"。这是由于电子元件的小型化导致的。但功率密度限制了这些元件的尺寸。除非电子元件的效率大大提高，否则控制系统的尺寸在未来几年内不会有太大变化。

10.8.1　光纤连接

光纤通信是目前一种很有前途的技术。现有的计算机电子设备利用铜线在芯片和网络基础设施之间传输信息。最近在光学方面的进步，淘汰了铜线并用光纤代替它们。使用光学处理器和光学连接，CNC 信息的传输速率可以增加 1000 倍以上。这些设备的效率预计也会大大提高，从而降低功耗，减小发热损耗，减小体积。

10.8.2　人机界面

人与 CNC 系统的交互作用与它最初开发时是一样的。操作员通过一系列数字或信号灯接收来自控制系统的信息，操作员使用按钮和开关向控制器发出他们的请求。数控系统的控制通常在恶劣环境中运行，而商用计算机是无法在现场内达到要求的。这限制了操作人员可以安全地在工厂使用的控制器类型。最重要的是，更多的制造设备正在从单人单机床操作转向单人多机床操作。为了达到在全球市场上具有竞争力的速度和效率，CNC 操作者需要进行多项任务操作。这是计算机的主要属性之一，用来管理高速、单调的重复性任务。

一个持续落后于计算机行业的领域是人机界面（HMI）。数字需要时间来识别，然后转换成"有意义"的表示。数据被转换为一个运营商可以快速掌握的虚拟的表示，称为视觉集成（VI）。相比其他工厂面板提供的更多的虚拟化来说，CNC 的操作屏幕仍然是非常原始的。使用平视显示器（HUD）和虚拟接口控制将取代现有的数字显示和按钮。随着生产需求的增加，这些设备的使用将成为操作人员安全控制加工环境的必要条件。

10.8.3　结论

CNC 已经存在了近半个世纪，却仍是机械加工操作的主要控制类型。由工厂的制造调度系统（MMS）进行安排，CNC 用自动操作代替了许多手工操作，从而改变了加工领域。内部或外部 PLC 是当今大多数机器人控制系统的基础，他们是工厂里看不见的"驮马"。

像计算机一样，虽然 CNC 控制器看起来是一个成熟的产品，但是随着技术的不断进步，它们也仍然在不断改进。新机床的速度和复杂性继续推动着对更快、更智能系统的需求。控制制造商的资助，世界各地大学里进行的研究，使他们的产品保持在技术的前沿。

制造业已经在世界范围内发展起来，很少有产品是完全在一个工厂或一个国家生产的。数控系统必须能够支持多种语言和多种测量单位，它还必须能够联网到一个生产系统中，根据需要和资源的可用性来安排。现代机床更加灵活，这使得它们能够执行多种操作，也使得其能更有效地使用生产空间。这也给控制提出了进一步的要求，以支持多种类型的机床操作。

现有的一些 CNC 系统已经服役超过 40 年了，这是它们的设计、质量和耐用性的证明。创新工程师最初开发的 CNC 系统，目前仍在运行中。正如其中的创新者之一，英格曼·英纳巴博士所说："技术有历史，但对于工程师来说，没有过去，只有创造。"

致谢

感谢美国 FANUC 公司的产品经理迈克尔·埃德纳先生、理查德·A. 托马斯先生、约瑟夫·多纳托尼先生。

扩展阅读

Adams, J. T., *Metalworking Handbook*, Arco Publishing Company, New York, 1976.

Brittain, J., *Alexanderson: Pioneer in American Electrical Engineering*, Johns Hopkins University Press, Baltimore, 1992.

Carboloy Systems, *Milling Handbook of High- Efficiency Metal Cutting*, General Electric Company, Michigan, 1980.

Holland, M., *When the Machine Stopped: A Cautionary Tale from Industrial America*, Harvard Business School Press, Boston, 1989.

Keif, H. B., and H. A. Roschiwal, *CNC Handbook*, McGraw-Hill Education, New York, 2012.

Noble, D. F., *Forces of Production: A Social History of Industrial Automation*, Oxford University Press, New York, USA, 1984.

Reintjes, J. F., *Numerical Control: Making a New Technology*, Oxford University Press, 1991.

Siegel, A., "Automatic Programming of Numerically Controlled Machine Tools," *Control Engineering*, Vol. 3, Issue 10, pp. 65-70, 1956.

Smid, P., *CNC Programming Handbook*, 3rd ed., Industrial Press, New York, 2008.

Thomas, R. A., *History of Numerical Control*, "A History of the Role The General Electric Company Played in the Development of Numerical Control for Machine Tools (1943-1988)," Virginia, 2008.

第 11 章

机械加工的自适应控制

美国 FANUC 公司　杰里·G. 谢勒（JERRY G. SCHERER）　著

浙江大学　傅建中　译

11.1　概述

机械加工的自适应控制是一种在加工过程各种因素约束条件下使实时材料去除率最大化的方法。在这一定义下，至少需要监测一个实时过程量（如机床进给率）作为输出，以计算出最优加工变量。自适应控制能完成切削、磨削、成型、电加工等过程控制。铣削和车削中的体积去除率等于切削深度、切削宽度和轴进给速度的乘积，因此可以通过调整体积去除率来改变切削速度。大多数控制系统允许通过进给倍率特性来改变已编程的切削进给率。

大多数加工过程的去除材料是使用切削工具将其从工件上切除。切削刀具在切削过程中必须能够承受较大的力，但也有所能承受的最大切削力和寿命。当超出最大切削力和寿命中的任何一个时，该刀具将过早失效并导致最终失败。但是，如果切削刀具的力可以控制并限制在低于其最大额定值的范围内，那么切削能力将持续到其额定寿命。所以，监控切削刀具的负载并维持刀具上的力以获得切削过程的最大性能，是大多数自适应控制系统的目标。

任何加工过程的关键在于使切削力保持在他们的额定范围内，以在当天结束前实现理想的可接受的零件质量和数量。如果没有自适应控制，机床操作员就需要监控加工过程并对加工过程进行必要的更改。这可能成为一项非常乏味的任务，而且当切削速度超过操作员的响应时间时，更改容易出错甚至不可能完成。自适应控制可以代替操作员做这种单调乏味的任务，而且其响应更加快速。

自适应控制类似于汽车上的"巡航控制"。为了减轻汽车驾驶员维持行车速度的压力，特别是在长途的情况下，驾驶员可以将"巡航控制"设定为期望的速度，由它接管该功能直到解除为止。"巡航控制"可以监测车速并调节汽车发动机的节气门位置以保持所需的速度。

尽管与之类似，但自适应控制是监测切削刀具的负载，并通过调整控制系统的进给倍率来调整体积去除率，以保持期望的（已编程的）负载的。由于在刀具的切削表面很难监测刀具的切削载荷，因此许多机床监测使切削刀具运动的机构的力。对于车床和铣床来说，该机构是主轴。对其他机床（如拉床）来说，则要监测控制机床的轴的负载。

通过监测切削刀具的负载，自适应控制将改变机床的进给倍率，从而导致切削负载的变化。但与感知上坡坡度的汽车不同，随着切削力的增加，机床的进给倍率减小，从而将切削力降低到期望的设定值。当切削力减小时，机床的进给倍率增加，从而将切削力增加到所需的设定值。

尽管目前大多数自适应控制器都声称能检测破损和磨损刀具，但应该注意的是，此功能通常不适用于许多应用。自适应控制的能力通常最多是基本的，仅能对负载进行检测。专门开发的刀具监测系统可以捕获来自多个不同传感器的信息，并开发刀具的"识别标记"，以确定刀具是否磨损或破损。利用无人值守操作的加工过程需要专门的刀具监测，以实现生产中所需零件的质量和数量。不能期望自适应控制模块进行的基本监测可以取代价格昂贵几倍的复杂刀具监控系统。

11.2　原理与技术

自适应控制加工基于加工过程的物理特性，刀具载荷可以通过固定或动态偏差（b）从切削载荷（S_1）近似得出（$T_1 \approx S_1 + b$）。刀具载荷也可以近似成与轴路径进给率成反比（$T_1 \approx 1/F_p$）。由于刀具载荷可以等同于切削驱动负载和轴路径进给率的倒数，可以得出，改变一个对另一个有影响。

$$T_1 = S_1 + b = 1/F_p$$
$$\Delta S_1 = 1/\Delta F_p$$

这些因素使得加工过程可以通过负反馈闭环控制算法进行控制。自适应控制器中使用了不同类型的闭环算法。例如神经网络控制器，它使用一种基于"学习"模式的输出的算法。但是，迄今为止使用最多的控制算法仍然是比例/积分/微分（PID）算法。选择它是因为它可以在各种过程参数和相关延迟内对输入的变化提供最佳响应。也就是说，它能快速而稳定地响应负载的巨大变化（见图 11-1）。

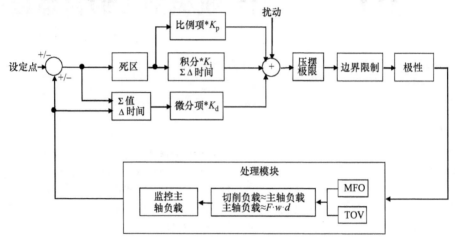

图 11-1　独立项 PID 控制环

11.2.1　独立项 PID

一种类型的 PID 算法是独立项 PID，它通过监测两个输入变量并输出一个校正值来操作，这样输出校正将驱动过程使输入变量彼此相等。两个输入变量通常称为"设定点"（SP）和"过程变量"（PV），输出修正值称为"受控变量"（CV）。由于两个输入变量之间的差异是 PID 算法感兴趣的，并且它是一个负反馈控制回路，因此该数量会被命名为"Error Term"（$\varepsilon = \text{SP} - \text{PV}$）。在独立项 PID 算法中，观察误差项（$\varepsilon$），并使用式（11-1）计算校正输出项控制变量（CV）：

$$\text{CV} = (K_p \varepsilon) + (K_i \sum \varepsilon \delta t) + (K_d \delta \varepsilon / \delta t) \qquad (11-1)$$
$$\quad\;\; \text{项 1} \qquad \text{项 2} \qquad\;\;\; \text{项 3}$$

式中，K_p 是比例增益；K_i 是积分增益；K_d 是微分增益。

从式（11-1）可以看出，输出控制变量由三项组成。第一项是校正输出的比例分量。它是通过将误差项乘以称为"比例增益"的常数来计算的。该项与设定值和过程变量的差值成比例，其工作是仅基于设定点（SP）和监测过程变量（PV）之间的差值进行修正。应该注意的是，仅使用比例分量，在稳定状态下，期望的设定点和过程变量之间将存在恒定的误差。

第二项是受控变量（CV）的积分分量。通过将累计误差乘以累计时间，然后将该量乘以称为"积分增益"的常数，计算积分分量。PID 方程的这一项应用基于时间累积误差（$\sum \varepsilon \delta t$）的修正。这一项将驱动稳态误差随时间变为零。

第三项是受控变量（CV）的微分分量。它是通过将受监测的控制变量（PV）的先前采样与当前采样之间的误差变化相乘，然后除以采样之间的时间变化再乘以称为"微分增益"的常数而最终得出。这一项根据误差项的变化率（$\delta \varepsilon / \delta t$）进行修正，当过程变量（PV）发生变化时，该项将尝试修正输出。

11.2.2　死区控制

PID 控制算法是计算闭环过程中校正值的有效方法，但它可能对控制回路中的低电平噪声或瞬态过度敏感。为了解决这个问题，通常在误差项计算中增加"死区"控制以充当"过滤器"。"死区"控制的功能是抑制误差项的微小变化，该变化可以通过 PID 计算来放大，从而导致运行不稳定。当误差项低于阈值时，将误差项设置为零，以提供死区控制计算。它可以用下面的伪代码表示：

$$\text{If } (\varepsilon < \text{dead band}) \qquad (11-2)$$
$$\varepsilon = 0$$

式中，dead band 是死区。

11.2.3　压摆率控制

PID 控制算法的另一个问题是它对惯性响应的变化不敏感。传统上通过去除材料来实现加工过程，从而改变闭环系统的质量，这会导致加工力的变化。如果控制系统使用非常低的惯性质量进行调整，那么当惯性质量显著增加时，控制可能会变得不稳定。这会使移动工件的进给轴饱和（或抑制），所以需要修正解。为了解决这个问题，可以在计算中加入压摆控制算法。压摆控制仅允许校正输出最大变化。如果 PID 计算的输出超出先前解的摆率限制，则新解将被钳位到先前解和摆率限制的总和。由于变化率被钳位，该解将被箍制为固定量，这将限制由于机床的惯性响应而产生的力。压摆控制可以用下面的伪代码表示：

$$\text{If } (\Delta CV < \text{Slew Limit}) \tag{11-3}$$
$$CV = CV_{\text{last}} + \text{Slew Limit}$$

式中，Slew Limit 是摆率限制。

由此可见，由于 CV 是一个随时间变化的进给率指令，它是一个加速度，并且根据牛顿定律（$F = ma$），可以表示为式（11-4）：

$$F = m\Delta CV \tag{11-4}$$

从式（11-4）中可以看出，通过限制 CV 的变化速率，惯性响应和合力可以得到限制。这可以在 PID 控制回路中提供更高的增益，并防止由于被处理的质量较大变化而产生的力。

11.2.4 最大/最小极限控制

PID 计算也可以导致超过机床的进给轴进给速率的解，或者甚至是负进给速度（错误条件）。为了克服这一点，可以增加最小/最大钳位算法。如果校正输出超过最大极限或低于下限，则输出将被限制在该极限。最小/最大控制可以用下面的伪代码表示：

If(CV > Maximum Clamp)
    CV = Maximum Clamp If(CV < Minimum Clamp)
    CV = Minimum Clamp (11-5)

式中，Maximum Clamp 是最大钳位；Minimum Clamp 是最小钳位。

11.2.5 激活

由于该自适应控制将调整进给轴进给率以获得期望的刀具载荷，所以我们必须控制它何时处于激活状态。现有一些不同的设计用来控制自适应控制器的激活。某些设计在预设延迟时间到期后，会基于时间信息进行激活。这是最早和最简单的方法之一，但用户必须事先了解编程的进给倍率和与零件的距离。而且，即使有了这些信息，操作员对进给倍率的改变、程序的改变或零件的尺寸变化，都可能产生灾难性后果。

自适应控制器激活的一些其他设计基于零件的几何信息。这种类型的控制很难通过外部控制器完成，因此这种控制主要是在"嵌入式"控制器（在机床控制系统内运行）中完成的。即使这种类型的激活比以前的方法简单，但也有其自身的困难。基于几何信息的激活需要事先了解刀具路径。如果刀具路径、零点偏移或几何零件公差发生变化，则自适应控制可能无法在适当的时间激活。

为了克服这些问题，一些较新的设计"学习"有关过程的基本信息，并尝试基于"经验"进行控制。这个设计需要"学习"一个过程才能提供一致的结果。如果设计被用于产生许多零件的环境中，它可以提供令人满意的结果。但是，如果生产量很小或者要学习的过程尚未优化，则可能无法获得满意的结果。

最新的机床控制器"需求开关"算法中增加了另一种设计。根据所监测的负载，需求开关自动激活和取消激活自适应控制系统。这允许用户手动或以编程方式"启用"自适应控制功能，但设计仅在需要时激活。

自适应控制的激活/取消激活是基于被监测的负载分别超过或低于预设的"警戒极限"进行的。因此，如果用户启用了自适应控制，则一旦监测的负载超过编程的"警戒极限"，自适应控制器就会主动向机床控制器发送校正解决方案。自适应控制器继续工作直到监测负载降至"警戒极限"以下。

先前版本的自适应控制器难以克服的一个问题是"间断切削"。如果切削中没有材料（即遇孔时），则自适应控制器将增加进给轴进给率以尝试增加负载，最终将请求最大进给率以尝试增加负载，其结果是刀具以最快的速度通过孔，使切削发生灾难性结果。

"需求切换"设计克服了这个问题，因为它的激活是基于负载而不是时间或位置信息。当自适应控制启用但尚未激活时，修正输出（CV）保持为机床控制器的编程进给轴进给率。当监控的过程变量（PV）超过"警戒极限"时，校正输出 CV 将基于 PID 控制。当被监控的过程变量（PV）低于"警戒极限"时，校正输出（CV）再次保持到机床控制器的编程进给轴进给率。"需求开关"算法可以用下面的伪代码表示：

If(PVscale > Arming Limit)
    CVout = CVscale (11-6)
Else if(PVscale < Arming Limit + offset)
    CVout = Programmed Feedrate

式中，Arming Limit 是警戒极限；offset 是补偿值；Programmed Feedrate 是编程进给轴进给率。

11.2.6　转矩倍率

由于使用"需求开关"的自适应控制使进给倍率强制达到100%，因此切削速度被限定为编程的进给倍率。这对机床操作员来说可能不舒服，因为他们不再有控制加工过程的感觉。在许多情况下，这是暂时的问题，在他们学习接受自适应控制之后就好了。但是有些时候，操作者可能需要修改自适应控制中的编程设置，例如当零件可能难加工时。在这种情况下，操作员通常需要修改程序。但是，如果在操作过程中允许修改自适应控制设定点，操作员不再需要停止和修改程序。

转矩倍率类似于进给倍率，因为它允许操作员在操作期间修改加工过程。转矩倍率乘以自适应控制的编程设定值，然后将该值用作控制器的新 SP。如前所述，切削载荷与切削速度成反比。所以如果我们调整控制器的 SP，就改变了切削，因此可以调整切削速度。它让操作员在自适应控制过程中既可以调整负载，又可以调整切削速度。

该功能可使操作员"感觉"回到切削过程的控制中，同时还可以对加工过程进行微调。有一点需要记住的是，在自适应操作过程中，超载负载不应低于"警戒极限"。如果超过了极限，那么"需求开关"会感知到应该停用自适应控制，且机床将恢复到编程的进给倍率，这可能导致灾难性的情况。在这种情况下，自适应控制通常将进给倍率设置为0%，从而导致机床停止所有切削。一旦转矩倍率超过"警戒极限"，自适应控制将释放进给倍率并继续计算。

最早的自适应控制器是能够执行最基本控制的模拟计算机（多级模拟放大器的配置）。随着现代控制器技术的出现，控制算法变得更加复杂，克服了早期应用中遇到的许多问题。几乎任何微处理器、DSP（数字信号处理器）或微控制器都可以执行自适应控制计算的功能。最新设计的目标是简化操作并提供可供其他程序使用的处理信息，以进一步优化流程并提高生产量。

11.3　应用

如前所述，自适应控制的目标是优化加工过程，提高生产量和质量。这是通过减少生产零件的时间和降低零件的废品率来实现的。在过去，这通常由熟练的操作员监控生产过程完成，但是当今企业需要以更低的成本生产更高的数量，许多公司不能在生产车间的每台机床上安放熟练的操作员。于是，由一个熟练的操作员同时监控多台机床或者增加低级技能操作员已成为常态。

自适应控制尝试将熟练操作员的知识赋予机床控制。熟练的操作员会根据他获得的传感信息改变进给率，所以以自适应控制器也会如此。熟练的操作员将使用他们的视觉、嗅觉和听觉来检测刀具的负载。而如介绍中所述，自适应控制通过监控切削载荷更直接地检测刀具载荷。由于当切屑出现高温变色或工艺声音变化时，操作人员会减慢工艺切削速度，自适应控制也会改变工艺切削速度以保持一致的操作。

11.3.1　安装

虽然大多数自适应控制器的安装会有所不同，但不同厂商之间存在一些共同点。首先，我们可以将机床控制器（即 CNC）和自适应控制系统的集成级别归类为独立、半集成和完全集成三种。每种集成都需要增加工作量来实现自适应控制方案，但此外它还提供了更友好的用户界面，从而简化操作。

1. 独立

独立配置只需机床控制器和自适应控制单元之间的最小集成度。在独立配置中，自适应控制器的接口通过连接到机床控制器的硬件输入/输出来提供。控制器内的激活和内部信息的设置通过机械开关以及可能与机床控制器过程接口相连来执行。

在这种配置中，自适应控制器没有集成机床控制器内的任何刀具管理系统或编程。所有自适应控制信息都由用户通过硬件输入设置。同样，自适应控制器的激活也是通过硬件输入确认来执行的。这对于机床操作员来说可能看起来很麻烦。大多数这种类型的安装不需要很多操作员进行干预。

独立配置是"链接式"（改装）应用的一个示例（见图 11-2）。它需要机床和自适应控制器之间的最小交互。它通常只需要最少的时间来安装，但也需要额外的面板空间，这可能会导致不适用。

2. 半集成

与独立配置相比，半集成配置提供了额外的功能，但还需要额外的接口来连接机床控制器。自适应控制接口通过连接到机床控制器的接口来提供。用这种方式，机床控制器可以通过编程来改变自适应控制器的激活和内部信息的设置。

在这种配置中，用户通过机床控制器的编程请求来设置和改变自适应控制器内的信息。这就需要自适应和机床控制单元之间进行某种类型的通信。自适应控制器之间建立通信的实际方法可能有很大不同，但需要传递类似的信息。这种类型的大多数

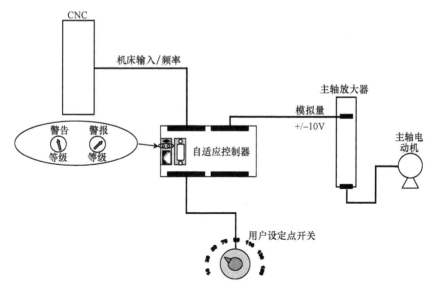

图 11-2　独立配置

通信都是通过通用（非专有）方法提供的，例如串行或并行连接。一些自适应控制器还提供专有的通信方法，这可以大大缩短接口的时间，但也限制了一些特定的机床控制器的通信方法。

自适应控制器内部设置的激活和更改，通常由从机床控制器发出可编程的 G 代码（机床模式请求）和 M 代码（其他请求）来执行。自适应控制器的集成器将提供特定的可编程代码。这些可编程代码可用于手动数据输入和正常零件程序操作。

半集成配置是"链接式"（改装）应用的另一个例子，但它需要机床和自适应控制器之间的附加交互（见图 11-3）。这意味着额外的安装成本，但提供了更简单的用户界面。这种类型的配置非常适合需要更改自适应控制设置以优化零件产量的过程。

3. 全集成

通过直接连接机床控制器的接口，完全集成配置为用户提供了最多的功能。这种配置通常由工厂的机床制造商执行，并且一般不用于改造应用。这种配置通常也集成到机床制造商刀具管理系统中。以这种方式请求不同的刀具可以改变自适应控制设置。但是，这并不意味着每个刀具只能有一组自适应控制设置。在现代刀具管理系统中，每个刀具在刀具表中可以是冗余的（多于一个人口），这允许每个刀具具有多个设置特征。在自适应控制的情况下，可以提供冗余的刀具信息来针对不同的操作进行不同的自适应控制设置。每个刀具都有一个编号，但是在特定的刀具编号中也有一个唯一的"成员"标识符。这允许用户根据过程为每个刀具请求一组特定的刀具特征。

与半集成配置类似，全集成配置通常从机床控制器发出可编程 G 代码（机床模式请求）和 M 代码（其他请求）来激活和更改自适应控制器的内部设置。自适应控制器的集成器将提供特定的可编程代码。这些可编程代码可用于手动数据输入和正常零件程序操作。

完全集成配置不是"链接式"（改装）应用的示例，但某些机床制造商可能会提供用于改装到特定机型的软件包（见图 11-4）。它为安装带来了额外成本，但提供了最简单的用户界面。这种类型的配置非常适合需要更改自适应控制设置以优化零件产量的过程。

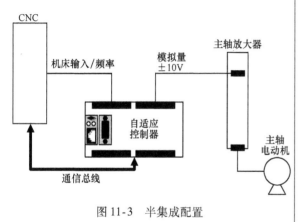

图 11-3　半集成配置

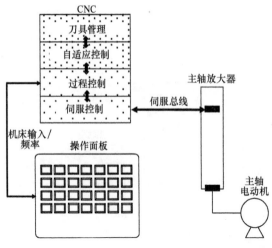

图 11-4　全集成配置

11.3.2　设置

自适应控制器的设置可分为三个部分：硬件、应用软件和用户界面。在这三个部分中，大部分时间将用于设置用户界面。

11.3.3　硬件

自适应和机床控制器是根据供应商提供的连接信息安装和连接的，不同供应商之间有关单元布线的具体信息不同，因此超出了本书的范围。但是，应注意遵守供应商规定的所有要求。供应商已经非常谨慎地确保他们的产品符合生产环境的苛刻要求。不符合这些要求可能会导致不合格的结果或设备过早失效。

1. 进给率修调（进给倍率）

通常，自适应控制器通过机床控制器的进给倍率（进给率修调）特征提供进给轴进给速度变化的请求。这可以通过直接连接到现有的进给倍率控制器或通过机床的过程接口来完成。尽管直接连接到现有的进给倍率控制器（不改变机床的过程控制逻辑）更容易，但这也为集成商和操作员提供了最少的功能。

2. 负载监控

自适应控制器还需要监测一些"负载"，来尽力将它们维持在一个恒定的水平。此连接通常通过机床上的模拟信号输出（0～10V）提供。对于铣床或车床，这将是切削驱动系统或"链接式"电源监视器的输出。由于这是一个模拟信号，因此应注意为自适应控制单元提供"最干净"的信号。这是通过使用标准噪声抑制技术（即短长度、屏蔽电缆、正确接地）来实现的。否则会导致较差的 SNR（信噪比），这会限制自适应控制单元的功能。

一些"完全集成"自适应控制器能够通过与电动机驱动器进行数字通信来监测切削轴负载（即主轴负载）。这是数字化的，因此对感应噪声的关注大大降低。一些机床控制器内置自适应控制器，通过利用其专有的系统功能，它们能够直接从驱动系统接收高分辨率、低噪声的反馈。这会导致切削轴载荷的快速"干净"，从而为自适应控制提供高保真度的反馈。

3. 噪声

术语 SNR 是电子学中的一个常用术语，它指的是当前信号量与噪声的比值。例如，如果希望自适应控制器在最大负载的 1% 范围内跟踪输入，则这意味着 10V（最大比例）× 0.01 = 0.10V。现在如果测量的噪声是 100mV（0.10V），那么 SNR = 0.10/0.10 = 1.0。信噪比越低，控制器处理的信号越少，这意味着控制器不仅会对存在的信号做出反应，还会对噪声做出反应。最差情况下的信噪比应该大于 10.0，但 SNR 越大，控制器的信号就越大。

想一想，你有没有试过在拥挤的房间里跟别人说话？此时我们大多数人都很难听清楚别人在说什么。那有什么方法来应对这种情况？通常情况下，提高你的声音可以提高对话的可理解性。这是增加信号强度并保持噪声水平的一个例子。另一种方法是退回到一个安静的房间，在那里你可以关上门并有效地过滤掉噪声。这是在保持信号强度的同时降低噪声的一个例子。

在自适应控制的情况下，通常无法增加信号强度，因为它是由所涉及的硬件确定的，但可以设置将使用的最小信号强度，也可以过滤噪声。主动过滤是另外一个超出本书范围的讨论，但是还是要说明一下过滤的缺点。首先，过滤意味着降低原始信号的保真度。这也意味着与原始信号相比，数据可能出现延迟或"移位"。在数字反馈系统中，通常通过在固定数量的样本上"平均"信号来完成滤波。如果采样率（数据接收的速率）与控制环路（自适应控制算法求解的速率）相同，则滤波将导致自适应控制的输出延迟。这通常通过数字反馈"过采样"来解决，以使求均值过程中的采样数不超过自适应控制环数。

4. 接地

在生产环境中处理任何信号的最佳方法是遵循正确的接地方式（见图 11-5）。确保所有的接地都汇合到与工厂地面电网相连的一个点（称为星点）。确保接地导体的尺寸足以承载电流，但也可以在电路中的接地导体之间提供最佳的阻抗匹配（交流电阻）。要注意避免"接地回路"，不要将接地导体或屏蔽层连接到多个接地点。

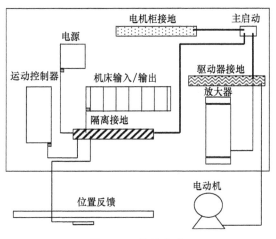

图 11-5 接地方式

通过最小化噪声源、屏蔽噪声信号并提供最佳信号强度，自适应控制可以提供尽可能优的操作。应该避免涉及有源滤波的技术，除非噪声频率很高，且其他方法不能提供足够的保护。通过改善自适应控制单元的信噪比，控制器将获得最大信号以进行校正调整。是否采取适当的接地技术，可能会成为操作能否使人满意的影响因素。

11.3.4 应用软件

应用软件是由供应商加载到自适应控制单元中的软件。该软件通常会在工厂被初始化到其内部的寄存器中。在某些情况下，软件可能需要在安装过程中再次初始化。在这种情况下，供应商将规定重新初始化该单元的方式。这通常通过硬件按钮或通过可由维护人员发放的实用工具来完成。在任何一种情况下，重新初始化自适应控制器都不是正常操作，只能由合格人员来处理。

11.3.5 用户界面软件

用户界面软件是在机床控制器或外部 PC 内运行的软件。就像应用软件一样，它需要信息被初始化和加载才能正常运行。每个自适应控制器制造商都有自己的软件用户界面。讨论用户界面的具体需求超出了本书的范围，但这些界面之间有一些共同点（见图 11-6）。

1. 通信

如前面关于配置的部分所讨论的，自适应控制器需要从用户那里获得信息才能正常运行。这些信息可能包括操作的"设定点"（目标负载），以及

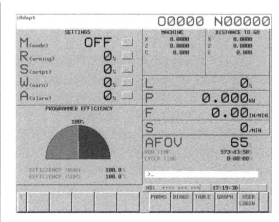

图 11-6 用户界面

"警告"和"警报"限制。对于独立配置来说，通过控制器上的机械开关和输入获取此信息。而对于两种集成解决方案来说，这些信息是来自机床控制器的 G 代码和 M 代码。因此，集成解决方案必须提供机床和自适应控制器之间的通信方法。用户界面需要知道提供这些必要通信的方法和连接的信息。集成解决方案需要在自适应控制器的设置过程中设置这些信息。

2. 命令

通信建立后，需要使机床控制器知道将改变和操作自适应控制器的命令。这通常通过简单分配自适应控制器已知的 G 代码和 M 代码命令来完成。以这种方式，从激活到改变控制回路信息的所有内容都可以通过机床控制器来编程完成。积分器需要在自适应控制器的编程操作完成之前设置这些信息。

3. 缩放

虽然大多数机床控制器都提供进给倍率修调（进给倍率）的功能，但该功能的实际输入值在不同供应商中可能会有所不同，甚至提供切削负载的模拟输出的驱动器制造商也可能具有不同的缩放因子。所以，自适应控制器需要有一种方法来缩放监控输入和校正输出。集成商应小心计算这些值，因为如果执行不当，指令和实际操作可能会有所不同。一个常见的错误是从监测负载输入的不正确的峰值或 RMS（均方根）输出。在完成安装过程之前，请确保命令和监控的负载单元一致。

虽然我们还没有进入安装自适应控制器的所有设置操作，但应该知道这可能是配置特定控制器最耗时的部分。通过仔细规划和记录设置过程，将来可以最大限度地减少额外的机床设置时间。还应该注意的是，在不同机床之间提供通用用户界面有助于用户在每台机床上进行最佳操作实践。尽管用户界面软件不必相同，但如果可能的话，所有在生产

车间使用自适应控制的机床上的命令应该保持不变。

11.3.6 调整

自适应控制器内 PID 增益的调整可以通过几种不同的方法来处理，请使用你感觉最合适的方法。现有许多关于 PID 控制回路调整的文章和研究，可以分为分析方法和实用方法。分析方法基于测量和确定"闭环"响应的能力。此类方法运作良好，但可能会使不熟悉控制理论的人感到困惑。如果自适应控制器制造商未提供说明，以下是可以使用的一般方法。

1. 负载监控（可选）

在开始调整过程之前，应该测试负载输入。这种方式不仅可以检查切削负载校准，还可以检查切削之前的负载监控器接口。第一步应该是使用"已知输入"（如电池盒）来模拟自适应控制器的负载输入。从模拟输入端取下接线并将电池盒连接到这些点，或将负载输入更改为控制器可访问的点。打开电池盒并将一半量程的信号施加到自适应控制器。用户界面应显示大约 50%，这个值只是近似值，而你的控制器可能略有不同。

要验证负载监控功能（如果控制器上存在此功能）已正确实施，请使用此功能的制造商提供的方法来建立警报和警告级别。然后激活该功能（使用集成商提供的 M 代码、G 代码或开关）。使用之前步骤中连接的电池盒，增加电池盒电压，直到控制显示器的"警告"输出被激活。在用户界面上读取的切削载荷应该大于或等于为"警告极限"设置的值。如果警告级别指示灯未激活，请在继续之前重新检查安装。

使电池盒上的电压低于"警告极限"，控制显示器上的"警告"输出应该会关闭。如果此操作正常工作，请继续下一步；否则请联系自适应控制器制造商以获得进一步帮助。

在电池盒仍然连接的情况下，增加电压，直到超过"警报极限"。这一次应该激活更多的指标。如果"警告极限"低于"警报极限"（在正常操作中应始终如此），则"警告"、警报和可能的"FdHold"输出应全部激活。关闭电池盒，你可能会注意到"Alarm"和"FdHold"输出仍处于活动状态。在一些自适应控制器上，这是正常操作，直到输入控制器上的"复位"才会停止。

2. 自适应控制回路

如果上述检查结果令人满意，那么你应该能够继续调整。以下是一种实用的方法，通过使用用户界面执行实际切削并观察回路控制的稳定性，可以

确定最佳增益设置。第一步是选择一种材料和刀具，以便在切削过程中实现高达 75% 的连续切削负荷。在大多数机床上，这将意味着某种类型的低碳钢和合适的切削刀具。

调整将在多个负载水平上执行，但调整过程将是相同的。首先计算体积进给量（切削的深度和宽度），使得在固定进给倍率下，刀具上的负载约为 25%。如果你不确定正确的切削进给量和切削量，请尝试不同的切削深度和使用进给倍率来找到恰当的值。

接下来，我们要将自适应负载控制功能的设置点设置为 25% 的目标负载（使用集成器提供的用于设置此目标设置点负载的方法）。在零件上至少进行一次切削，以确保刀具和进给速度正确。接下来，使用集成器提供的方法（即 G126，如果这是所使用的方法）启用负载控制功能。用户界面应该表明该功能已启用。

一旦自适应控制功能处于激活状态，进给率控制将尝试调整进给率以达到用户设定的目标负载。刚开始，负载控制功能将非常"缓慢"，并可能无法达到所需的"设定点"目标。不要灰心，对于调整不足的情况，这是正常的。

我们首先要调整控制器的比例增益以保持稳定的运行并提供一定的稳定裕度。要完成此任务，请转至"PID 设置"屏幕并增加比例增益（最初使用 1%~10% 的步幅）。再次在零件上进行切削并观察切削负载。如果负载稳定，环路是稳定的，你可以进一步增加"比例增益"。如果负载突然从低负载变为大负载，来回交替，则环路不稳定。如果存在不稳定的循环操作，请停止切削（即进给保持）并将比例增益降低约 10%，然后重试。

继续调整比例增益并切削零件，直到你确信已找到最大的稳定设置（即无极限载荷振荡），然后将增益设置降低约 10%。这应该提供 PID 回路控制的比例部分的稳定操作，并具有 10% 的安全余量。

下一步是调整积分增益，与调整比例增益相同，但这次调整积分增益。你通常会发现积分增益可以以 1%~10% 的步幅进行调整。同样，我们找到能够提供稳定操作的最大设置，然后退回设置约 10%。

最后一步是调整"微分 - PID 增益"，仍与比例增益的调整进行，但这次调整微分增益。微分增益通常不被使用，因为它的敏感度非常高。因此，你可能会发现仅一次增益计数也会导致操作不稳定。大多数情况下请设置为 0。

注意：增益设置值基于其应用的轴。这些值可能比初始值大得多。不要觉得这些设置是有限的。

请使用上述程序或制造商提供的程序。

一旦环路在 25% 负载下进行调整，则测试环路稳定性为 50%、75% 和 100%，并在必要时重新调整。你会发现，在调整 PID 回路后，通过自适应控制功能将可以实现稳定的精确控制。在某些情况下，用户会发现不同的档位范围可能会降低回路的调节能力并需要重新调节。请务必记下这些增益设置，因为你将来可能会使用它们。

这应该是完成负载控制功能的调整。调整步骤如下：

1）检查负载监视器功能。

① 断开自适应控制器的切削负载输出。

② 将"已知"信号应用于自适应控制器上的输入。

③ 调整输入信号以读取显示器上最大切削负荷的 50%。

④ 将警告极限设置为 80% 并将警报极限设置为 120%。

⑤ 调整输入信号，直到负载监视器上显示"警告"指示灯。

⑥ 确认用户界面显示的读数大于或等于警告极限。

⑦ 调整输入信号，直到控制显示器上显示"警报"指示灯。

⑧ 确认控制显示器上也显示"FdHold"指示器（可选的）。

⑨ 关闭输入信号，"警报"和"FdHold"指示灯仍然处于活动状态（可选的）。

⑩ 实现自适应控制器上的"复位"输入（可选的）。

⑪ 确认"警报"和"FdHold"指示灯现在已停用（可选的）。

2）调整负载自适应功能。

① 选择用于测试切削的刀具和材料。

② 确定将产生 25% 切削负荷的体积进给量。

③ 进行部分测试切削以验证 25% 的切削负载存在。

④ 激活加载自适应功能。

⑤ 在自适应监视器显示屏上验证负载控制状态为"ENABLED"。

⑥ 设置 25% 的"设定点"目标值。

⑦ 首先开始测试切断"关闭部分"。

⑧ 验证刀具深度、刀具速度和进给速度是否正确。

⑨ 观察载荷大振荡的负载显示（运行不稳定）。

⑩ 如果负载不稳定，停止切削并降低比例增益

（转到步骤⑨）。

⑪ 如果负载稳定，则在切削结束时增加比例增益并重复测试（转到步骤⑨）。

⑫ 重复步骤直至达到最大稳定增益值。

⑬ 将步骤⑫中获得的值减少 10%。

⑭ 重复步骤⑦~⑬，调整积分增益。

⑮ 如有必要，重复步骤⑦~⑬，但要调整微分增益。

注意：通常不需要执行步骤⑮。在大多数自适应控制应用中，不需要微分增益。通常将此设置保留为 0。

11.3.7　操作

自适应控制操作中最常见的困难是确定控制器的负载"设定点"。有两种常用的方法来确定此设置。第一种方法是监控和"学习"现有流程。第二种方法是根据加工中的刀具和材料来计算。两者各有其优点和缺点。

1. 学习设置点

术语"学习"在自适应控制中是模糊和误导的，我更喜欢术语"分析"。这可能似乎是一个语义问题，但"学习"表明该过程正在教导控制器。在这一思路中，控制器将"学习"该过程，以便它可以一遍又一遍地复制它。通过"分析"过程，控制器能捕获关于可以尝试优化的过程的统计信息。无论哪种情况，数据都由控制器采集并进行分析以确定现有的处理能力。

在从加工的角度理解被控制的过程时使用学习方法，但从加工和材料的角度来理解时就没必要。这通常意味着一遍又一遍地重复的过程。在这种情况下，自适应控制器将获得大量关于可以分析和可选优化的过程的信息。某些控制器有能力在主动控制的过程中继续分析并自动尝试进一步优化。

学习方法的缺点是需要执行处理分析。这在生产环境中并不总是可行的。一些企业生产的产品数量非常有限，此时，学习方法不是一个令人满意的解决方案，因为需要大量时间来分析零件，在过程的"学习"中消耗的时间可能比自适应控制器优化所花的时间还多。

2. 计算设置点

通过使用刀具和材料的信息来计算出设定点。如前所述，自适应控制是通过试图保持刀具上的恒定负载来完成的，而这又通过监测切削负荷并调整进给速度来实现。这种类型控制的前提是可以通过改变处理中的材料的体积去除速率来控制切削负载。

刀具制造商可以提供大多数类型材料的信息，提供给定体积去除率所需的预期刀具寿命和功率要求。因此，了解要使用的刀具、材料、路径几何形状和可用的切削力，我们应该能够根据刀具制造商信息设置负载设置点。下面将给出一个例子演示这种用于计算自适应控制设定点的方法。

给定：

轴：20HP – 2000r/min，$E = 70\%$

刀具：3/4in × 1-1/2in4-flute End Mill⊖

材料：Steel 1060- BH 250

路径：$W = 0.5\text{in}$，$D = 0.25\text{in}$，

进给速度 $Fa = 100\text{in/min}$

$$\text{HPs} = (Q \times P)/E$$

式中，HPs 是主轴的所需功率；Q 是体积去除率；P 是单位马力系数；E 是主轴效率。

根据刀具制造商的信息，该刀具和材料的单位马力系数 $P = 0.75$，有

$$\begin{aligned} Q &= Fa \times W \times D \\ &= 100 \times 0.5 \times 0.25\text{in}^3/\text{min} \\ &= 12.5\text{in}^3/\text{min} \\ \text{HPs} &= [(12.5 \times 0.75)/0.70]\text{HP} \\ &= 13.5\text{HP} \end{aligned}$$

设置点：

$$\text{SP} = (\text{HPs/HPm}) \times 100$$

式中，SP 是设定点（基于% 最大马力）；HPs 是主轴所需的功率；HPm 是主轴最大马力。

$$\begin{aligned} \text{SP} &= (13.5/20) \times 100 \\ &= 67\% \end{aligned}$$

正如前面的例子一样，根据刀具和材料信息计算设定点并不困难。前面例子中唯一使用的刀具信息是给定材料中刀具的单位马力额定值。应该注意的是，需要根据要执行的切削类型确认刀具的最大额定值。一般来说，在端铣和侧铣时，刀具的马力值会更高。大多数刀具制造商只会提供基于侧铣的功率，因为这是极限情况。在这种情况下，即使是端铣，也能提供更高的保护等级。

11.3.8 范围与分辨率

自适应控制通过修改机床控制器的进给倍率功能来修改切削进给率。进给倍率功能通过将编程的切削进给速度乘以进给倍率来修改实际的切削进给速度。所以如果进给倍率设置为 100%，实际切削进给率将为编程进给率（即实际值 = 编程值 × 1.0）。

大多数机床控制器的进给倍率分辨率为 1%。这意味着进给速度的实际变化将以编程进给率的 1% 的步幅进行。在低编程进给速度下，速度变化的分辨率可能不明显，但在较高进给速度下它们可能变得很重要。例如，如果编程的进给速度是 800in/min，那么进给率的 1% 变化将会是 8in/min。这可能会导致切削力发生突变，而使刀具过载或自适应控制回路不稳定。

在更高性能的机床控制器上，通过实现更高分辨率的进给倍率功能解决了这个问题。一台机床控制器具有进给倍率功能，可将其设置为 0.01% 增量。使用我们前面的例子，这将导致切削进给速度 0.08in/min 的变化。这不仅降低了切削力的变化，而且还提供了从自适应控制中计算出的进给倍率输出的更平滑的变化。应始终使用适用于机床控制的最佳进给倍率分辨率。

自适应控制器的一些用户认为，他们所要做的就是选择进给轴的最大进给倍率，控制器将完成剩下的工作。在某些情况下，这是可行的，但大多数情况下不可行。如果指令进给倍率过高，则自适应控制器请求的百分比变化可能也太高。在极端情况下，最小进给倍率命令的进给速度可能仍会过高，使设定点负载无法完成。

纠正这种情况的一种方法是降低指令进给速度。如果保持目标载荷的最大切削进给速度为 150in/min，为什么命令为 600in/min？在上面的示例中，通过将指令进给速度降低 4 倍，它也将使最小自适应指令进给速度降低 4 倍。这将使我们获得 1.5in/min 的最小自适应进给速度，比我们甚至无法达到必要的最小进给速度的情况好得多。

即使在修订示例中，1.5in/min 的更改也可能导致无法接受的操作。切削进给率变化的增量可能看起来像自然界中的"阶梯"（不连续），并导致切削速度发生较大变化。这种不连续性也会在机床结构内引起共振，从而导致零件中出现不可接受的异常和表面粗糙度。最好的经验法则是命令合适的轴速度来维持设定点负载（将其放到一个大致范围里）。借此，你可以让自适应控制器"驱动"机床以获得最佳处理。

11.3.9 控制回路约束

我们需要理解一点控制理论，以充分发挥自适应控制器的作用。自适应控制器在负反馈闭环控制环路中运行，通过测量切削过程中的负载并计算测

⊖ 1in = 2.54cm。

得的负载和目标负载之间的偏差来执行该控制循环。由自适应控制算法计算校正输出，并调整机床控制器的进给倍率特性。由修正输出产生的切削进给率会改变工艺的体积去除率。通过改变体积去除率，切削过程中所需的负荷将发生变化。只要自适应控制功能处于激活状态，该控制回路就会一遍又一遍地执行。

1. 位置环路增益

通过机床控制器的进给倍率功能进行的校正通常在轴移动插补过程中应用。机床控制器的插补器随后将该命令发送到每个轴的伺服控制回路。这是我们需要了解的一点，自适应控制回路发送命令至机床控制器的伺服控制回路。但这为什么很重要？在基本控制理论中，我们提到的是控制回路，其他回路命令为"外部"控制回路。外部循环是命令循环，"内部"循环是接收循环（见图 11-7）。可以看出，外部回路可以控制内部回路并保持稳定的运行。

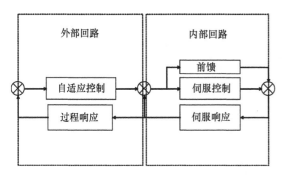

图 11-7 内外控制环

这涉及的理论超出了本书的范围，但要了解的是，通常外部回路的最大响应率等于内部回路响应率的三分之一。在伺服控制方面，响应速率等于位置环路增益（rad/s）的倒数。为了计算自适应控制器的最小响应速率，我们将伺服环路响应速率乘以 3 倍。因此，对于 16.67rad/s 的位置环增益，伺服响应速率为 0.06s，自适应响应速率为 0.180s。

2. 前馈控制

为了提高自适应控制回路的响应速度，我们必须提高伺服控制回路的响应速率以保持稳定的操作。伺服回路中的"前馈"控制等功能可以通过预测由闭环控制引起的误差和伺服控制回路中的"向前馈送"来进一步提高控制回路的响应速度。使用前馈控制的影响可以通过式（11-7）看出：

$$K_e = K_p/(1-\alpha) \qquad (11\text{-}7)$$

式中，K_e 是有效位置回路增益；K_p 是位置回路增益；α 是前馈系数（0~1.0）。

可以看出，随着前馈系数的增加，有效位置回

路增益增加，因此伺服回路更新率也增加。这也允许自适应控制响应速率增加。因此可以看出，在伺服回路中使用"前馈"控制可以帮助提高自适应控制器的响应。

3. 加速/减速控制

另一个必须考虑的约束是在机床控制器中使用缓冲的加减速控制。现在大多数机床控制器都提供了一些控制进给轴进给速率变化的方法。acc/dec 控制的最早形式之一是使用位置环路增益来控制进给轴进给率改变的速率。较新的控制装置提供线性和加减速控制，可提供更平滑的响应。问题是如何执行 acc/dec 控制。

控制加速/减速的最简单方法之一是执行所谓的"缓冲加/减速"（有时也称插补后的加速/减速）。在这种类型的加减速控制中，所有的速度变化都会在一段固定的时间内发生。为了改变速度，所有的速度命令都被分解为整数段，并且需要的速度变化被平等地分解成每个段。这确实会得到所需的加速/减速控制，但也会因为加减速控制的固定时间延迟指令的速度变化。

如前所述，通过进给倍率功能改变自适应控制进给率。随后进给倍率功能改变机床控制器的插补器输出，改变机床驱动系统的指令速度。由于插补后发生缓冲加/减速，由加/减速控制引起的延时也会使自适应控制变化延迟。所以为了尽量减少自适应控制单元的延迟，缓冲加/减速时间也必须最小化。这种延迟还影响伺服驱动系统的响应速率。结果导致了式（11-8）。

$$T_{ar} > [(1-\alpha)/K_p \times 3] + T_a \qquad (11\text{-}8)$$

式中，T_{ar} 是自适应控制响应时间；α 是伺服环路前馈系数；K_p 是位置回路增益；T_a 是缓冲加/减速时间常数。

对于稳定的控制操作，上述自适应控制回路的响应时间不能降低。

11.3.10 进程

自适应控制可以应用于多种类型的加工操作。当谈到自适应控制的问题时，大多数人都会想到铣削操作。铣削和车削加工都有自适应控制的悠久历史。最近，自适应控制已经在电火花加工机、钻床、镗床甚至拉床上出现。

自适应控制操作的难点在于其适应的控制范围。有些人认为自适应控制在切削斜面时不能提供足够的控制。人们认为推力载荷的循环变化被刀具上的侧向载荷或弯曲载荷所抵消。如果自适应控制测量的负载是侧向负载，这是正确的。但是，被测负载

是切削负载。由于工艺的体积去除率，切削载荷是刀具上的扭矩增加的结果。随着切削深度的增加，由于倾斜表面的切削，材料的体积增加。这增加了切削轴上的扭矩需求，并通过驱动系统的负载输出反映出来。

11.4 经济

使用自适应控制的决定基于提高零件生产量同时降低拒收率。如果它们全部被拒绝，那么每天能够生产 30 个"小零件"根本没有意义。同样，如果拒收率不降低，每天产生更少的"小零件"也是没有意义的。归根结底，单位时间内可以生产的可接受零件越多，则可以销售的零件就越多。任何添加到加工中的新功能都必须提供"投资回报率"（ROI）。

ROI 试图根据支出量化收益（或利润）。对于生产环境来说，这通常等同于将总收益与总成本进行权衡。应该指出的是，有不可比较的项目，有些是无法标价的。例如，如果你的企业生产的产品用作销售同时也用作生产（即机器人构建机器人），那么使用你自己的产品的成本是多少？有时真正的成本会因不熟悉生产设备的人而被忽视。要确保所有相关信息都用于计算投资回报率。

自适应控制权衡控制单元的成本与使用控制增加的利润。自适应控制的成本不会像机床投资那样多。自适应控制通常只会增强生产环境中的粗加工和半粗加工过程。因此，请在评估投资回报率时考虑这一点。

一个典型的 ROI 计算将涉及以下内容：
给定：
<u>班次信息</u>
每班次零件数
每天的班次
每天的小时数
每小时负荷率
每年的生产天数
每班次处理时间

<u>自适应信息</u>
自适应生产力
自适应安装成本

计算：
<u>生产信息</u>
每日零件数 = 每班次零件数 × 每天的班次

每日切削时间 = 每班次处理时间 × 每天的班次

<u>生产成本</u>
每日成本 = 每日切削时间 × 每小时负荷率
每件零件成本 = 每日成本/每日零件数
每年成本 = 每日成本 × 每年生产天数

<u>生产节省</u>
年度成本节省 = 每年成本 × 自适应生产力
每日成本节省 = 每日成本 × 自适应生产力
零件成本节省 = 每件零件成本 × 自适应生产率

<u>生产能力</u>
额外日生产力 = 每天小时数 × 自适应生产力
额外年度生产力 = 每年生产天数 × 自适应生产力

<u>投资回报</u>
ROI =（年度成本节省 − 自适应安装成本）/自适应安装成本
回报（天数）= 自适应安装成本/每日成本节省
回报（零件）= 自适应安装成本/零件成本节省

一个 ROI 例子：
给定：
<u>班次信息</u>
每班次零件数 = 6.0 份
每天的班次 = 1.0 班
每天的小时数 = 8.0h
每小时负荷率 = 80.00 美元
每年的生产天数 = 225 天
每班次处理时间 = 6.0h

<u>自适应信息</u>
自适应生产力 = 增加 25%
自适应安装成本 = 10000 美元

计算：
<u>生产信息</u>
每日零件数 = 6.0 × 1.0 份 = 6.0 份
每日切削时间 = 6.0 × 1.0h = 6.0h

<u>生产成本</u>
每日费用 = 6.0 × 80.00 美元 = 480.00 美元
每件零件成本 =（480.00/6.0）美元 = 80.00 美元
每年费用 = 480.00 × 225 美元 = 108000 美元

生产节省

年度成本节省 $= 108000 \times 0.25$ 美元 $= 27000$ 美元

每日成本节省 $= 480.00 \times 0.25$ 美元 $= 120$ 美元

零件成本节省 $= 80.00 \times 0.25$ 美元 $= 20.00$ 美元

生产能力

额外日生产力 $= 8.0 \times 0.25h = 2.0h$

额外年度生产力 $= 225 \times 0.25 = 56$ 天

投资回报

投资回报率 $= (27000 - 10000)/10000 = 1.70\%$

回报（天数）$= 10000/120 = 84$ 天

回报（零件）$= 10000/20.00 = 500$ 份

上面的例子表明，使用自适应控制的投资将在运营后的 84 天内回成本，并产生 1.7% 的 ROI。在一年内，投资将提供 13680 美元（每年生产天数 - 回报）× 每日成本节省）的理论利润。这往往表明，产品不仅在一年之内就能收回成本，它也会抵消向另一台机床添加额外设备的成本。自适应控制提高了生产能力，而无须增加任何占地面积。

我相信上面的例子是对自适应控制的保守估计。基于更高的自适应生产力和更高的负荷率，制造商已经运行了更具吸引力的投资回报率计算。

11.5　未来和结论

自适应控制的历史可以追溯到 20 世纪 60 年代初，它有许多重大的发展，而这些年来甚至发生了"突变"。一直以来，技术一直无法跟上自适应控制的要求，至少现在仍是如此。

技术的进步大大减少了生产自适应控制单元所需的部件数量。曾经需要占用房子里的多个机柜，现在可以放在手掌上或现有的机床控制器中。体积和空间的限制因素似乎只剩能量功耗和人机交互方面。

自适应控制最大的进步在于操作自适应控制单元的简易性。随着开放式系统技术的出现，与机床控制器的集成得到了极大的改善。使用"神经网络"学习算法将变得比现有的 PID 控制算法更受青睐。神经网络算法需要非常大的计算能力和内存，将来的进步不仅包括计算单元的尺寸和空间的减小，还包括神经网络算法的简化。

新的风格界面的用户交互已经大大改善。其向用户呈现图形信息，使他们能够在更短的时间内获得更多的信息，不仅提高了速度，还提高了机床操作的安全性。随着更新的 3D 虚拟技术的上市，新的

发展正在与自适应控制器集成。简单地看一台机床，所有的操作参数都将显示在平板显示器（HUD）中，方便你查看。自适应控制甚至可以通过，"轻拍你的手"或者让你看某个东西来警告你出了问题。

自适应控制的思想是作为一位知识渊博的助手，在需要时可以提供帮助，如果需要也可以自动采取适当的措施。随着传感器技术的不断发展，自适应控制器的能力也将得到提高，从而更好地监测切削负载。通过增加声音传感器来监控机床声音，例如抖动，自适应控制可以采取措施来避免这种情况，或者建议操作人员可以采取的措施以避免这种情况。知识型操作员的成本增加了，导致可用人员减少。自适应控制将有助于避免这种情况，提供必要的帮助。

自适应控制单元的集成才刚刚开始。较新的用户界面直接集成到机床的刀具管理系统中，以这种方式操作员只需将信息输入机床控制器内的一个区域。在较早的非集成系统中，自适应信息与刀具信息是分开的。操作员难以在控制系统内保留重复的加工信息区域。数据采集也为自适应控制系统提供了新工具。通过数据采集，可以随时分析过程，以帮助开发更优化的处理能力。这些数据也被纳入维护系统，可以在需要维护之前将其保存下来。

进一步的集成不仅会在自适应控制单元中发生重大变化，而且会在机床控制器中发生重大变化。设想你是几台机床的操作员，机床自己运行，但你必须维持这个过程。借助 3D 虚拟技术，即使遇到烟雾或冷却液，也可以查看加工过程。你只要在虚拟空间中伸手触摸工具，就能够感觉到工具是否正在变热。你的助手轻轻地拍你，并要求解决另一台机床上出现的问题。这不是科幻小说，今天正在发展这种技术，在不久的将来呈现出来。

随着加工能力的不断提高，成本不断攀升，曾经视为幻想的进步得到实现。技术使工程师和设计师的创新和创造力成为现实。需求将推动未来的发展。确保自适应控制单元的制造商了解你的需求，不仅是今天的需要，也是未来的需要。

扩展阅读

Adams, J. T., *Metalworking Handbook*, Arco Publishing Company, New York, 1976.

Astrom, K. J., and B. Wittenmark, *Adaptive Control*, 2nd ed. Addison-Wesley, Philippines, 1995.

Carboloy Systems, *Milling Handbook of High-Efficiency Metal Cutting*, General Electric Company, Michigan, 1980.

Carboloy Systems, *Turning Handbook of High-Efficiency Metal

Cutting, General Electric Company, Michigan, 1980.

Chen, C., A. M. Fong, and R. Devanathan, *Advanced Automation Techniques in Adaptive Material Processing*, World Scientific Publishing Company, Singapore, 2002.

Coughanowr, D. R., and L. B. Koppel, *Process Systems Analysis and Control*, McGraw- Hill Book Company, New York, 1965.

Kanjilal, P. P., *Adaptive Prediction and Predictive Control*, IEE, Stevenage, UK (http://www.iee.org/Publish/Books/Control/)

Perry, R. H., and C. H. Chilton, *Chemical Engineers' Handbook*, 5th ed., McGraw- Hill Book Company, New York, 1973.

Shaw, J. A., *PID Algorithms and Tuning Methods*, Process Control Solutions, New York, 2002.

杨百翰大学 查尔斯·哈雷尔（CHARLES HARRELL） 著
同济大学 周健 译

12.1 概述

仿真在制造中的应用已经在近年里得到极大发展，现在已经被广泛地认可为对制造业务进行规划和改进的一种有效方法。《牛津美国大词典》（2018）给"仿真"的定义是："以研究为目的建立计算机仿真模型，允许研究人员测试不同的策略。"尽管制造系统仿真可能有许多不同的形式和用途，但本章将聚焦于它在评估和改进制造系统运营绩效方面的用途。为了对一个制造系统进行仿真，人们可以构建一个简单的流程图，开发一个电子数据表模型，或者建立一个计算机仿真模型，这取决于系统的复杂程度和对答案精度的期望。流程图和电子数据表模型对于只有很少甚至没有相互依赖性及变异性的简单流程来说是足够的，但是对于复杂程度较高的系统来说，计算机仿真几乎是可以准确地捕捉到随时间而变化的、复杂的系统动力学特征的唯一手段。因为大部分制造系统的计算机仿真都是随时间变化而捕捉系统中的事件，所以也被称为"离散事件（Discrete-event）仿真"。离散事件仿真的一种定义是："通过建立模型来模拟真实系统对随时间变化所发生事件的反应，而对流程或系统进行的仿真。"展示出状态连续变化特性的系统，如炼油系统，典型地需要运用连续系统（Continuous）仿真来建模。为了简化起见，本章其余部分里的术语"仿真"将仅指"离散事件仿真"。

在实践中，制造系统仿真是运用某种商业仿真软件包来进行的，如 ProModel、ExtendSim、Flexim、Arena、Simul8 或 Simio 等。这些仿真软件包有特别为制造系统而设计的建模概念（Modeling Constructs）。运用可用的建模概念，软件使用者建立起一个模型，能捕捉他们拟研究系统的流程逻辑和约束特征。当这个模型"运行"时，其绩效统计数据就被收集起来，并自动总结，供分析使用。现代仿真软件提供了被仿真系统的二维或三维的图形化动态演示。动态演示有助于使用者更好地看到系统在不同条件下是如何运行的（见图 12-1）。

在仿真过程中，使用者可以控制动态演示的速度，互动性地对模型的参数值进行改变，进而执行"what if"（如果……那么……）式的分析。大部分的仿真产品提供了优化的能力——不是仿真自身进行优化，而是对那些能满足已定义的可行性约束条件的场景的优化，这个优化过程可以自动运行，并运用特殊的目标寻找算法进行分析。

因为仿真能演示系统中的相互依赖性和变异性，它能提供对系统的复杂动力学的深刻洞察，而这是运用其他方法无法获得的。仿真为系统规划人员提供了无限自由，去尝试不同的改进主意，而且没有风险——没有与传统试错方法相关的成本、时间和干扰。进一步地，仿真分析的结果是目视化且定量的，将绩效统计数据按时间进行总结，并绘制成随时间变化的图形。

进行仿真分析的流程遵循下述科学方法：构建假设；设置试验方案；通过试验来对假设进行检验；得出关于假设有效性的结论。在仿真中，分析人员构建了关于何种设计或营运政策将最有效的假设，然后以仿真模型的形式设置了一套试验方案来进行假设检验工作。运用建立起来的模型，可以多轮运行试验或仿真。最终，分析人员对仿真结果进行分析，得出关于之前构建的假设是否正确的结论。如果假设是正确的，分析人员在制订设计或营运变化（假设时间和其他的实施约束能够被满足）时可以有信心地向前推进。仿真分析的流程如图 10-2 所示，这个流程典型情况下是重复进行的，直到得到令人满意的结果。

正如图 12-2 展示的那样，仿真本质上是一个试验工具，这里创建一个新的或既有的、系统的计算

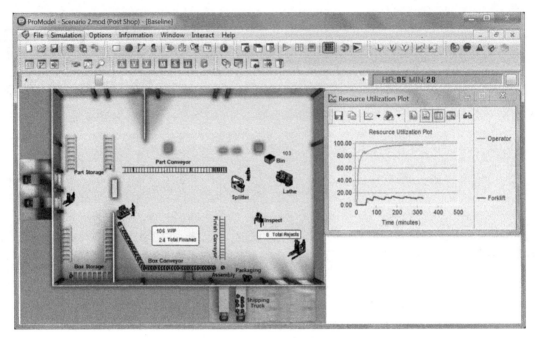

图 12-1　显示了图形化动态演示和绩效统计结果的仿真

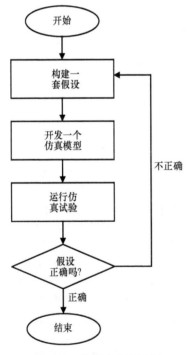

图 12-2　仿真分析的流程

机模型，目的是执行试验。模型扮演着建议系统或真实系统的替代品。从基于该模型的试验中获得的知识，可以被转移到真实系统中。于是，当我们谈论进行仿真工作时，我们所说的是"设计一个关于真实系统的模型，并运用该模型来执行试验"的流程。在让受训飞行学员去驾驶真正的飞机之前，首先要用飞行模拟器来对他们进行训练，每个人都可以理解其中的益处。正如飞行模拟器可以削减在实际飞行中犯下高成本错误的风险一样，系统仿真可以削减让系统以低效率方式运行的风险，或不能达到最低绩效要求的风险。相比于让设计决策去碰运气，仿真可以提供一个验证的途径，看是否已经做出了最佳的决策。仿真避免了与传统试错式的流程改进方法相关的时间、费用和干扰。

到目前为止已经很明显的是，仿真自身并不是一个解决方案式的工具，而是一个评估性工具。它描述一个被定义的系统将表现出什么样的行为，而并不描述它应该如何设计。仿真不能补偿评估者对于系统如何运作的无知，也不能替代评估者在仔细而负责任地处理好输入数据和对输出结果进行解释时的责任。相比于被误解为对思考的替代，仿真更应该被看作思考能力的延伸，使得复杂系统的动力学特征能够被更好地理解。

仿真促进了"尝试并观察结果"的态度，这种态度能刺激创新，鼓励跳出既有的思维条框。它有助于人们"拿着棍子"进入系统，拨开"草丛"把问题暴露出来并寻找解决方案。它也使人们不用再停留在没有实际价值的个人观点辩论，其通常不够接地气，缺少证据基础。仿真也让人们在决策制定过程中避免感情用事，因为它提供了令人难以辩驳的绩效统计数据。

通过在系统被正式建立之前就运用计算机对它建模，或在营运政策实际被实施之前就对它们进行测试的方法，许多在新系统投入应用或对既有系统进行修改之初常常遭遇的陷阱，就可以被避免。传统上需要花费几个月甚至几年时间才能逐渐调整到位的改进措施，也可以在几天甚至几个小时的时间里被完成。因为仿真以压缩时间的方式运行，系统实际运行需要几个星期的过程，可以在几分钟甚至几秒钟的时间里完成仿真。

哪怕是仿真未能成功揭示出系统设计方案的任何问题，这种开发系统仿真模型的练习自身也是有益的，因为它迫使人们去仔细思考系统流程的营运细节。仿真可以在信息不十分准确的情况下发挥作用，但是它不能在信息不完全的情况下发挥作用。如果你不能定义清楚这个系统的运作方式，你就不能对它进行仿真。常常发生的是，在进行模型构建练习的过程中，系统的问题和它们的解决方案自己会以简单的方式呈现出来，而这发生在实际运行任何的仿真之前。系统规划人员经常忽视系统应该如何运作的细节，然后在实施阶段由于各种粗枝大叶的错误而"在阴沟里翻船"。有一句谚语说："魔鬼藏在细节里"，这肯定适用于系统规划工作。仿真迫使系统的决策过程必须弄清楚关键的细节，这样它们才不会被置于"碰运气"的状态，抑或是在最后一分钟才匆忙决定，而这时也许已经太迟了。

12.2　仿真的概念

为了获得关于仿真工作如何运转的基本理解，先了解仿真的一些核心概念是非常有帮助的。仿真模型是运用仿真软件提供的建模概念（modeling constructs）或逻辑要素来创建的。当一个模型被运行（run）时，模型中的活动和其他已定义的行为被当作一系列顺序发生的事件（events）来处理，这些事件在事件日记（event calendar）中已经被按照时间顺序安排好了。当仿真运行向前推进时，状态和统计变量（state and statistical variables）被不断更新，以反映当每个事件被处理时系统发生了什么。为了模拟在制造系统中的随机行为，随机变量（random variates）被依据使用者定义的概率分布而产生出来。为了确保输出结果是统计意义上有效的，应该有适当次数的重复（replications）。

12.2.1　建模概念

每个仿真软件包都提供一套建模概念或要素，供使用者建立模型时使用。这些要素被用来代表被仿真的系统中物理意义的或逻辑意义的各个方面。一套典型的建模要素包括以下内容。

物理要素：

实体——被加工的对象；

工作站——加工过程发生的地方；

存储和排队区——实体被持有直到它们准备好被加工的地方；

资源——人员、叉车等，被用来使得加工过程能进行。

逻辑要素：

加工——在一个工作站上对实体进行加工所花费的时间和资源；

路线——实体被加工所经过的工作站的顺序；

到达——实体进入到模型中的时间。

当运用制造导向的仿真软件包来定义一个模型时，模型通常指定了其中的物理要素，并指定了它们相应的属性（如产能、可用率等），然后指定了逻辑要素（如加工顺序、实体到达等）。一旦模型被建立，能准确地捕捉系统的组件和运作规则，那么它就准备好运行了。

12.2.2　运行仿真

在运行时，仿真模型的数据库被转换成运行时状态的数据库，任何被编码的逻辑都被编译。仿真运行是由仿真事件驱动的，而这些事件会随着时间的延续而发生。仿真事件有两种类型：预定时间发生型和依条件发生型。对于预定时间发生型事件来说，其发生时间是可以预先确定的，也就是说可以提前定好时间。举个例子，有一个操作刚刚开始，预计花费 4.5min 完成，那么在这个操作开始时，一个活动结束事件就可以安排在未来 4.5min 后发生，可以插入到事件日历中去。依条件发生型事件是在某些条件被满足或信号被给出时才被触发的。它的发生时间不能被提前预知，因此也不能预先排好时间。依条件发生型事件的一个例子是，在其发生之前需要特殊资源的任务启动。这个例子里，任务的启动是依条件而定的，需要赢得资源的使用权。另一个任务是订单的发货操作，它的条件是组成订单的每个货物项目都准备就绪了。在这些情境下，事件的时间不能事先知道，于是未决事件被放置到等待列表里，直到条件能够被满足为止。

在一个模型被运行时，为模型所定义的，最初的预定时间发生型事件（如第一个客户订单到达、机器的第一次停机等）被按照时间顺序设置在事件日历里。仿真时钟于是推进到日历中第一个事件发生的时间，与那个事件相关的逻辑被执行。举个例子，当某个资源结束了一项任务，这个资源的状态和统计变量就被更新，图示化的动态演示也被更新，该资源的输入等待列表被检查，看有哪项任务在等待使用这个资源。任何因为执行当前事件的逻辑而被创建的后续事件，要么被插入到事件列表中，要么被插入到适当的条件等待列表中。

离散事件仿真此时的工作方式是，处理事件列表中下一个即将来临的事件，以及处理任何其触发条件当前已经被满足的依条件发生型事件。当与当前时间及任何未决条件事件相关的逻辑的执行被完成时，仿真时钟将推进到事件日历里下一个即将发生的事件，而这个过程一直被重复。描述这个流程运行的逻辑图如图 12-3 所示。

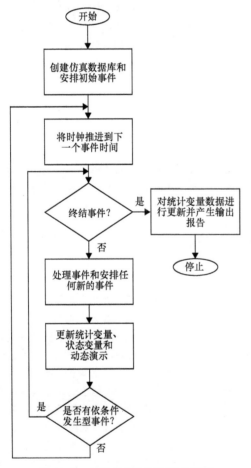

图 12-3 离散事件仿真工作的逻辑

12.2.3 状态和统计变量

状态变量代表着一个对象在仿真过程中任何给定的时间点上的当前情况或状态。状态变量也许是在排队队列中的项目数量，或者机器处于忙碌或是空的状态数据。离散事件仿真中的状态变量只是在

某些事件发生时才会改变。每一次状态变量发生改变时，模型的状态就被改变，因为模型的状态本质上就是模型中所有状态变量的集合值（见图 12-4）。

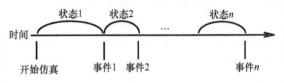

图 12-4 离散事件引发状态的离散变化

在仿真过程中，系统的统计值被以统计变量的方式收集，这记录了次数、延续时间、平均值等。这些统计变量然后被用来在仿真结束时报告模型的绩效状况。典型的输出统计值包括资源利用率、排队长度、产出、总流程时间（flow times）等（见图 12-5）。

12.2.4 产生随机变量

几乎所有的制造系统都展现出某种随机行为特征，诸如完成一个操作所需的时间，或者下一次机器故障之前的时间等。离散事件仿真应用统计方法来产生随机行为。这些方式有些被称为蒙特卡洛方法。

随机事件的定义需要指出其概率分布特征，进而定义了随机值的分布特征。典型情况下，这是集中标准的理论分布类型中的一种，例如正态分布或指数分布。在仿真中，样本值（被称为一个随机变量）被从概率分布函数中获得，以模拟随机事件的每一次发生。举个例子，如果某手工装配操作的时间是符合均值为 3min、标准偏差为 2min 的正态分布，每一次操作都在仿真中执行，那么一个符合这个分布特征的随机变量就被产生出来。在某一次里，这个时间也许是 2.9min，在另一次里，它也许是 3.4min。

有时，随机变量并不符合一种理论上的分布类型，于是必须被定义成一种频率分布函数，其中定义了一系列的区间以及在每一个区间里的概率分布。在仿真中，随机变量的具体值会根据该随机变量的频率分布函数产生。

12.2.5 重复

当运行带有一个或多个随机变量的仿真时，重要的是意识到输出结果只代表了可能发生的一个统计样本。像任何包含了变异性的试验一样，应该多次重复，以得到一个（组）期望值。通常要对仿真进行 5~30 次重复（独立运行），具体次数取决于人们对于结果想要的置信度水平。几乎所有仿真软件都能提供重复功能，以自动化地运行多个重复，每

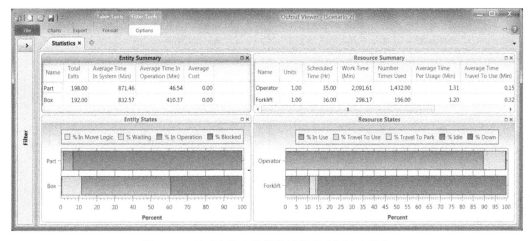

图 12-5　显示实体和资源统计值的示例输出报告

一次都有不同的随机数序列。这确保了每一次重复都提供了关于模型绩效的一次独立观察。在这些重复中，均值和变异指标被自动地计算，以提供关于模型绩效的统计估算。置信度区间也被提供，这提示了模型的真实绩效均值可能落在的范围。

12.3　仿真应用

仿真于 20 世纪 60 年代开始进入商业应用。最初的模型通常是以 Fortran 语言编程的，经常包括数千条代码。不仅模型建立的工作很费力，在模型正确运行前的程序调试工作也非常辛苦。模型经常需要花费一年或更长时间才能建立起来，并完成程序调试工作，所以非常不幸的是，在决策已经制订、花钱的承诺已经做出之前，仿真并不能给出什么有用的结果。非常耗时的仿真通常以批量模式在昂贵的计算机主机上运行，而且 CPU 运行时间十分宝贵。长时间的开发过程也使得一旦模型被建立就很难再对它做出重大的改变。

只是在最近的几十年里，仿真才获得越来越多的应用，在制造业成为一种决策制订工具。对于很多公司来说，仿真已经成为一种在新设施规划或对流程变更做评估时的标准做法。它很快成了系统规划人员的基本工具，就像电子数据表软件对于财务规划人员那样。

计算机仿真的日渐流行，可以归功于下列因素：

1）对于仿真技术日益增加的了解和理解。

2）仿真软件日益增加的可获得性、处理能力和易用程度。

3）日益增加的计算机存储和处理速度，尤其是个人计算机。

4）日益下降的计算机硬件和软件成本。

仿真不再被认为是"不得已才采用"的方法，也不再是所谓"仿真专家"们的秘技了。易用的仿真软件的可获得性，以及个人计算机的普及，不仅使得仿真变得更加容易接近，而且受到规划人员和经理们的青睐，他们要避免解决方案看起来太复杂。一种解决问题的工具如果比它打算解决的问题还要复杂的话，那么它的用处肯定是很小的。仿真有了直观的、图形化的用户界面，以及自动的输出报告和绘图功能，正变得非常易于使用，工作人员对使用它的不情愿情绪正在消失。

不是所有可借助仿真来解决的系统问题，都应该运用仿真来解决。重要的是选择适合该任务的正确工具。对于某些问题来说，仿真也许是杀伤力过度了——就像用高射炮打蚊子那样。仿真也的确有某些局限性，这是在给定的情境下决定是否应用它时要知晓的。它不是所有系统相关问题的万能药，应该只在合适的情况下使用。作为一般性的指引，如果下面这些准则被满足的话，那么仿真就是合适的工具：

1）正在进行的是一项关于运营（逻辑的或定量的）的决策制订工作。

2）被分析的流程是已经良好定义的和重复性的。

3）活动和事件是高度相互依赖而且可变的。

4）决策对成本的影响比进行仿真所需的成本大。

5）对实际系统进行试验的成本比进行仿真的成本要大。

仿真的首要应用领域仍是制造业。制造系统，包括仓库和配送系统，倾向于有清晰定义的关系和正规化的运作程序，这非常适合仿真建模。它们也是从仿真这一分析工具中受益最多的系统，因为制造业的资本投资非常高昂，而改变带来的影响非常有干扰性。作为一个决策支持工具，仿真已经被运用在很多领域帮助规划和实施改进，既包括制造业，也包括服务业。仿真的典型应用包括：

- 工作流规划
- 能力规划
- 流程时间削减
- 人员和资源规划
- 工作优先排序
- 瓶颈分析
- 质量改进
- 成本削减
- 库存削减

- 产出分析
- 生产率改进
- 布局分析
- 生产线平衡
- 批量大小优化
- 生产排程
- 资源排程
- 设备维护排程
- 控制系统设计

12.4 执行一次仿真研究

仿真的工作内容比建立和运行一个流程的模型要多得多。成功的仿真项目是经过良好规划和协调的。尽管并没有关于应该如何执行一个仿真项目的严格规定，通常推荐遵循下面的步骤：

第 1 步：定义目标、范围和要求。定义该仿真项目的目的，以及项目的范围将是什么。项目的要求也需要被确定，包括资源、时间以执行该项目的资金预算。

第 2 步：收集、分析和验证输入数据。识别、收集和分析那些数据，它们定义了待建模的系统。这一步应该包括数据验证，这样模型将被运用正确的假设建立起来。

第 3 步：建立模型。运用合适的软件来建立起系统的仿真模型。

第 4 步：验证和确认模型的有效性。对模型进行仔细检查和排错，确保它是真实系统的一个可信表达。

第 5 步：执行试验。对每一个将要被评估的场景运行仿真模型，分析其结果。应该对每个场景都进行足够的重复运行，以提供有统计意义的结果。

第 6 步：呈现结果。将仿真的发现呈现出来，提出建议方案，这样可以在充分的知识基础上制订出决策。

每一步在继续向下一步推进之前，都不必追求完美完成。执行仿真的程序实际上是迭代式的，这个过程中活动被逐渐精炼，甚至在每一次迭代中都得到精炼。而将仿真工作继续向前推进的决策应该根据该研究的目标和约束来独立地制订，同时也应该考虑敏感性分析，这决定了额外的精炼工作是否

将带来有意义的结果。即使是在结果展示后，经常还有执行额外试验的请求。一个仿真项目的迭代式流程如图 12-6 所示。

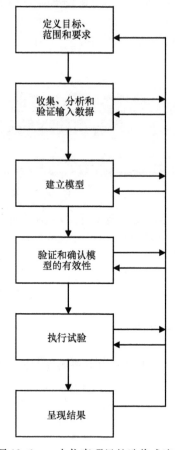

图 12-6 一个仿真项目的迭代式流程

为了有效地执行这些步骤明显需要多种技能。为了从仿真中获得最大的收益，在下列领域具有一定程度的知识和技能是有价值的：

- 项目管理
- 沟通
- 系统工程
- 统计分析和试验设计
- 建模原理和概念
- 基本的编程和计算机技能
- 在一种或多种仿真软件产品上的培训
- 熟悉待调查的系统

在处理与仿真相关的建模和统计事项时，建模人员应该对自己的能力不足有清醒的认识。然而，这样的清醒认识不应该阻止他们在自己的经验范围内运用仿真。即使不是统计专家，运用仿真也能带来收益。实际上，只需要对统计知识有一些粗浅的了解，就可以通过相对粗糙的模型来获得对系统较

基本的认识。仿真也遵循 80/20 原理，也就是说，80% 的收益可以在只了解全部所需科学知识的 20% 时获得，只是你需要确定自己知道的是那正确的 20%。只有等到你需要进行更加精确的分析时，你才需要接受额外的统计培训和试验设计知识。

如果时间、人力、资源或兴趣不足，决策制订者也无须感到绝望。有足够的经验丰富、受过训练的咨询顾问能够提供仿真服务。通过竞争性的报价可以帮助你获得最优的价格，但应该确定的是，被任命来执行这个项目的人是有良好的职业声誉。如果仿真运用只是偶然的，依赖咨询顾问也是一个很好的方法。否则，培养必要的内部专家资源也许是更有优势的做法。

12.5 仿真的经济评估

在考虑使用任何软件工具时，成本永远是一个重要的因素，仿真也不例外。如果成本超过了预期收益，仿真不应该被使用。这意味着，仿真的成本和收益都应该被仔细地评估。仿真的使用经常是在尚欠考虑的情况下就被放弃了，原因是未能识别到它能够创造的潜在收益和节省效应。在使用仿真方面的许多不情愿，都源于一个错误认识——仿真很花钱，而且非常费时。这个看法是短视的，忽视了一个事实：从长期来看，仿真通常能带来比它花费的时间和金钱成本高得多的节省。真实的情况是，仿真的初始投资，包括培训和启动成本，也许在 10000 ~ 30000 美元范围为（仿真软件本身通常的价格在 2000 ~ 20000 美元范围内）。然而，这个成本经常在最初的一到两个项目后就得到回收。对单个项目来说，使用仿真的正常费用估计在总项目成本的 1% ~ 3% 范围内。考虑到在进行仿真中花费的时间，其中的大部分精力用于建立模型，实际上是获得对系统将如何运作的清晰定义，这是必须进行的。运用现在可获得的高级建模工具，实际的模型开发和运行仿真的过程只花费总体系统设计时间的很小一部分（通常不到 5%）。

从仿真中获得节省的实现途径是，识别并消除那些原本可能直到系统实施了还不会被注意到的问题点和低效点。实现成本削减的另一个机会是，消除过度设计和去除过度的安全措施，那些原本是因为系统绩效预测不明朗而增添的。通过识别和消除不必要的资本投资，发现和纠正运营的低效点，一些公司报告说自己通过运用仿真在单个项目实现了数十万美元的节省。仿真的投资回报率（ROI）经常超过 1000%，回收期仅仅是几个月，或者是花在

完成一个仿真项目上的时间。

在为仿真而开发经济评判中的困难之一是这样一个事实：通常事先并不知道能实现多少节省，而是等到它实际被使用才知道。大多数的仿真应用都带来了可观的节省，如果已经提前知道了节省的话，从 ROI 或回收期分析的角度来看是非常好的。

实现对仿真的经济收益评估的一种方法是，对制订较差设计方案和运营决策的风险进行评判。只需要问一个问题——"如果在系统规划中发生了一个错误判断的话，潜在的成本是多少？"举个例子，假设制订了一个决策，以增加另一台设备的方式去解决生产或服务系统中的产能问题。那么应该问："如果决策是错误的，那么相关的成本和错误概率是多少？"如果与错误决策相关的成本是 10 万美元，而决策者只有 70% 的信心认为所制订的决策是正确的，那么就有 30% 的可能会产生这笔 10 万美元的成本。这引发了一个金额为 3 万美元的可能成本期望（0.3×10 万美元）。运用这种方法，许多决策制订者认识到他们不能承受不使用仿真的结果，因为与制订错误决策相关的成本太高了。

将仿真的收益与管理和组织目标联系起来，也能提供对于它的使用的评判。举个例子，一家公司承诺实施持续改进，或者更具体地说，是在交付提前期或成本削减方面的持续改进，这个公司应该是可以被说服使用仿真工具的，这是因为仿真能够展示在这些应用领域里历史上已取得的成效。仿真已经赢得了这样的声誉：它是帮助公司实现组织目标的一项最佳实践。那些公开宣称认真进行绩效改进的公司，将会投资在仿真上，只要他们相信这将能帮助他们实现目标。

仿真的真正节省，来自于允许设计者在模型阶段犯错误并解决掉设计错误，而不是等到在实际系统上这么干。通过在设计阶段解决问题而削减成本，而不是在系统已经被实施后才这么做，这个概念可以通过 10 倍法则（the rule of tens）来说明。这个法则声称，从设计阶段开始向后延伸，如果问题没能被及时发现而传到后续阶段的话，那么解决问题的成本将随着阶段的延续而以 10 倍的速度快速上升（见图 12-7）。

可以援引许多例子来显示，仿真的使用在新系统的启动阶段就避免了犯成本高昂的错误。关于仿真如何阻止一项不必要支出的例子，发生在一家财富 500 强公司，该公司当时正在设计一个设施来生产和储存装配半成品，需要决定该用多少容器来装这些装配半成品。最初的感觉是需要 3000 个容器，直到仿真研究显示，当容器数量从 2250 增加到 3000

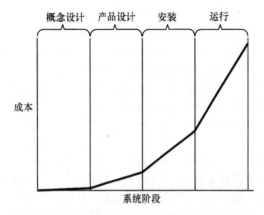

图 12-7　在系统发展的每个阶段做出改变的成本

时，系统产出并没有显著增加。采购 2500 个容器而不是 3000 个，在第一年可以实现 528375 美元的节省，因为少用了 500 个容器而节省了场地面积和库存，此后每年可节省的金额超过 200000 美元。

即使不是每次建立模型都能实现巨大的节省，仿真至少提升了信心——一个特定的系统设计方案能够满足所需要的绩效目标，进而最小化了与新业务启动相关的风险。在与增强信心相关的经济收益方面也有一个很好的例子：一名创业者正努力确保获得银行融资以启动他的毛毯厂项目，他运用仿真模型展示了拟筹建工厂的可行性。基于由工业专家提供的流程时间和设备列表数据，该模型展示了在建议的设施条件下，这个工厂里的预测产出很好。尽管对毛毯行业并不熟悉，但银行因此感到更有信心，同意支持这名创业者的创业计划。

通常仿真有助于实现改进的生产率，其方法是揭示出对已有资产的更好利用方式。通过综合性地考察这个系统，那些长期存在的问题，诸如瓶颈、冗余、低效点等在之前未被注意到的情况，开始变得明朗，并能够被消除。"秘密是发现浪费。"这是新乡重夫的建议，"毕竟，最具破坏力的浪费类型是我们没有认识到的浪费"。可以参考如下这些仿真帮助揭示和消除浪费做法的真实案例：

1) 通用电气（GE）核能公司在寻求方法，以在不做大额资本投资的前提下提高生产率。通过运用仿真，他们能够将高度专门化的反应堆零件产出水平提高 80%，生产每个零件所需的周期时间平均削减了 50%。这些结果是通过运行一系列的模型而获得的，每一个都解决了由之前模型揭示出来的一些问题。

2) 一家大型制造企业在世界各地设立冲压工厂，根据客户的要求制造冲压的铝和黄铜制品。每个工厂都有 20 ~ 50 台冲压设备，其利用率一般在 20% ~ 85% 范围内。他们进行了一项仿真研究，内容是就提高产能利用率的可能方法进行试验。该研究的结果是，机器利用率从平均 37% 提升到了 60%。

这里的每个例子都实现了显著的生产率提升，而且都没有做大额的投资。改进是由识别更有效运作和更有效利用既有资源的方式来实现的。这些产能利用率提升机会是通过运用仿真而被识别出来的。

12.6　仿真的未来发展和信息资源

仿真是快速发展的技术，在基础科学和理论保持不变的情况下，新的且更好的软件不断地被开发出来，使得仿真越来越强大，越来越易于使用。在使用仿真方面的新发展有可能在集成应用领域出现，这里仿真不是作为一个单独的工具被运用，而是一个整体解决方案的一部分。举个例子，仿真可以与流程图软件集成在一起，这样，当你设计出一个流程的流程图时，你实质上就已经有了它的仿真模型。仿真也正在被集成到企业资源计划系统（ERP）、制造执行系统和供应链管理系统（SCM）中。仿真还在变得更加分布式和云端化，允许来自地理上不同位置的团队成员在一个模型上进行合作。

对于那些运用仿真且希望与最新的仿真技术发展保持同步的人来说，需要持续地接受教育。幸运的是，有许多信息来源可供人们访问。下面是一些可获得的来源：

① 由仿真软件供应商和专业学会组织的会议和研讨班（如 SME、IIE、INFORMS）。

② 在线视频网站、出版物、供应商网站、专业学会和学术机构。

③ 供应商提供的演示和指导教程。

④ 商务展示和会议，例如冬季仿真大会（Winter Simulation Conference）。

⑤ 在行业期刊（如 Industrial Engineer、APICS Magazine、Journal of Simulation）上发表的文章。

12.7　总结

今天的企业面临着快速设计和实施复杂生产系统的挑战来满足对质量、交付、价格和服务方面日益提高的要求。仿真是应对这些挑战的一项经过证明的有效技术。

仿真是一个强有力的、被越来越频繁地应用的技术，通过提供一种制订更好设计和管理决策的方法，来提高系统的绩效。当恰当运用时，仿真可以削减启动一个新业务系统或对已有业务系统进行改变所带来的风险。

因为仿真能处理系统中变量的相互依赖性和变异性，它提供了其他方法不能提供的深刻洞察。在需要做出重要的系统决策，而且这一决策具有运营的本质时，仿真就是一种极具价值的决策制订工具。当变异性和相互依赖性增加时，或当决策的重要性变得更大时，仿真的价值也更大。

最后，仿真实际上使得系统设计工作变得更有意思。不仅设计者可以同时尝试新的设计方案来观察哪种方案效果最好，而且仿真的可视化功能也使得设计者像在观察一个实际运行的系统那样，非常直观。通过仿真，决策制订者可以就创建一个新系统或对旧系统进行修改的方案，在实际实施之前，进行"what-if"的步骤，来确保已经识别出最佳的解决方案。

参考文献

1. Eugene, E. et al., *Oxford American Dictionary*, Oxford University Press, New York, 1980.
2. Schriber, T. J, "The Nature and Role of Simulation in the Design of Manufacturing Systems," *Simulation in CIM and Artificial Intelligence Techniques*, edited by J. Retti and K. E. Wichmann, Society for Computer Simulation, S. D., California, pp. 5-8, 1987.
3. Shannon, R. E, "Introduction to the Art and Science of Simulation," In: *Proceedings of the* 1998 *Winter Simulation Conference*, edited by D. J. Medeiros, E. F. Watson, J. S. Carson, and M. S. Manivannan, Institute of Electrical and Electronics Engineers, Piscataway, New Jersey, pp. 7-14, 1998.
4. Harrell, C. R., B. K. Ghosh, and R. Bowden, *Simulation Using ProModel*, 3rd ed, McGraw-Hill, New York, 2012.
5. Law, A. M, *Simulation Modeling and Analysis*, 5th ed, McGraw-Hill, New York, 2014.
6. Glenney, N. E., and G. T. Mackulak, *Modeling & Simulation Provide Key to CIM Implementation Philosophy*, Industrial Engineering, May 1985.
7. Law, A. M., and M. G. McComas, *How Simulation Pays Off*. Manufacturing Engineering, pp. 37-39, 1988.
8. Bateman, R. E., R. O. Bowden, T. J. Gogg, C. R. Harrell, and J. R. A. Mott, *System Improvement Using Simulation*, PROMODEL Corp., Utah, 1997.
9. Shingo, S, *The Shingo Production Management System—Improving Process Functions*, Translated by A. P. Dillon, Productivity Press, Cambridge, Massachusetts, 1992.
10. Hancock, W., R. Dissen, and A. Merten, "An Example of Simulation to Improve Plant Productivity," *AIIE Transactions*, 2-10, 1977.

微机电系统与纳米技术交流（MNX）公司　迈克尔·A.哈夫（MICHAEL A. HUFF）　著
北京大学　张海霞　王浩彬　万基　译

13.1　概述

13.1.1　微机电系统（MEMS）、微系统和微机械的定义

由于涉及的领域非常广泛和多元，即使对于业内专家来说，给 MEMS 下一个普遍的定义也不容易。其实，从 MEMS 最常见的形式来说可以被定义为：利用微米或者纳米加工技术制造的微小型机械结构和器件。MEMS 器件的特征尺寸可以从亚微米一直到毫米量级。同样地，MEMS 器件的类型也可以从没有可移动结构的简单器件到包含多个可控可动部件的复杂器件。显然，判断 MEMS 的最主要标准是在衬底上至少有一些具有机械功能的部件，而不在于是否有可动结构。世界各地用来定义 MEMS 所用的术语也不尽相同，美国常用 MEMS，欧洲则倾向于称其为微系统技术（Microsystems Technology）或者"MST"，而在日本则通常称为微机械技术（Micromachined Devices）。在本章节中，我们统一使用 MEMS。

常见的 MEMS 器件有微型传感器和微型执行器两类，它们都是可以将一种形式的能量转化为另一种形式的能量的"换能器"。微型传感器可以将机械信号转化为电信号或光信号。迄今为止，科学家研发的 MEMS 传感器已经可以检测几乎所有的已知信号：温度、压力、惯性力、化学物质、磁场、辐射等，并且大部分 MEMS 传感器的性能已经远超传统的传感器。以微型压力传感器为例，采用微机械加工的压力传感器的性能已经远远超出通过传统加工方法制备的压力传感器。这些微型传感器不仅性能优异，而且由于采用大规模集成电路的加工方法，在降低成本的同时也集成了很多其他优点。可以预期，在不久的将来硅基微型传感器分离元件会大规

模商品化，微型传感器的市场会以较快的速度持续增长。

近年来 MEMS 科研工作者已经研究出了多种微型执行器，比如用来控制气液体流量的微阀，用来调节和改变光束方向的光开关和光镜，用于显示并且可以独立控制的微镜阵列，有着广泛应用领域的微谐振器，用来提供正液压的微泵，用来调节机翼上气流的微气扇，以及其他微型执行器。同时，令人惊讶的是，尽管这些微型执行器的尺寸非常小，但它们仍然可以在宏观尺寸下有一定的输出效果。比如，放置在无人机机翼端头的微型执行器可以控制整架飞机，甚至在高速飞行的情况下，能够以机翼长短为半径旋转 180°后调转方向。

将这些微型传感器、执行器和集成电路一起集成到同一硅衬底上时，MEMS 的真正价值才得以体现：微型传感器用来感应外部环境的变化，电路则用来快速分析处理数据并且做出怎样反馈的决定，最后由微型执行器执行这一决定来反作用于环境。可见，相比于仅仅在芯片上集成电路，MEMS 本身提供了更多的可能性。尽管 MEMS 的未来无限光明，但是现阶段 MEMS 的研究还不够成熟，它通常只包括单独的微型传感器、微型执行器、与电路集成的单个微型传感器或实现特定功能的多个微型传感器、与电路集成的单个微型执行器或实现特定功能的多个微型微执行器等。虽然如此，随着加工技术日益精湛，MEMS 设计的自由度将会越来越大，并且任何一种微型传感器和微型执行器都将可以与电路集成在同一个衬底上。

13.1.2　MEMS 的重要性

MEMS 本身有很多优异特性。首先，MEMS 使用了类似集成电路加工方法的工艺，可以在单芯片上集成多功能模块。如果能够将微型传感器、微型执行器、微结构和集成电路集成在一起，会带来不计

其数的新产品和新应用。第二，MEMS 借鉴了集成电路加工工艺中的大批量加工技术，因此，单个器件和芯片的成本会大幅降低。尽管加工设备和单个晶圆的成本较高，但是在批量生产的过程中，加工成本会被一次加工出来的多个器件摊薄，凸显低成本、大批量的优势。第三，集成电路的加工工艺、硅材料的优异特性和其他薄膜材料的使用让 MEMS 的可靠性大幅提升。通常来说，传感器和执行器是传统控制系统中最昂贵和最容易出错的部分。人们希望将微型传感器和执行器和电路集成到单个芯片上，从而提升系统的稳定性，就如同当年从电路板上的分立电路过渡到集成电路一样。与此同时，MEMS 具有大批量、成本低的优势，降低了维护和更换的成本和难度。第四，系统本身的微型化也有诸多好处，比如：便携性，低耗能，在不增重的情况下可以在更小的空间内增加更多功能部件。第五，信号通道更小并且在更小的空间里放置更多功能模块也使得 MEMS 的整体性能得到提升。

综上所述，MEMS 是一个具备低成本、多功能、高稳定性和高性能等优异特性的技术领域。

1. MEMS 的市场

目前 MEMS 在民用和工业市场上的主要应用有：汽车行业的硅基压力传感器、医疗和工业上的控制系统、汽车安全气囊中的惯性传感器、消费类电子产品中的惯性传感器、手机和电脑的麦克风、用于显示领域的数字光学处理系统、喷墨打印机的喷头等。由于这些应用案例的成功和集成电路工艺的加持，MEMS 的市场前景相当宽广，也会持续稳定增长。此外，MEMS 器件在国防上也有广泛应用。

来自不同渠道的 MEMS 市场规模的统计数据差异较大，这源于以下几种因素：如何定义哪些器件可以归类为 MEMS 器件？衡量市场规模依据单个器件、晶圆，还是封装后的器件或者整个系统？通常情况下销售整机的厂家很难给出封装器件的成本。

大多数市场调研以封装后器件的价格为标准来计算，2013 年 MEMS 市场规模大约在 100 亿美元左右，预计年均增长率在 12% ~ 13% 范围内，2018 年将达到 225 亿美元的规模[2]。有些市场调查分析认为增长率会更高，因为除了 MEMS 自身的销售以外，MEMS 还给工业、商业、国防和医疗等行业带来了年均近 1000 亿美元的市场。这还是将应用领域限制在现有的 MEMS 器件和应用做出的预测，主要包括压力传感器、惯性力传感器、液体控制、光开关、分析仪器和海量数据存储等。毋庸置疑，MEMS 还会扩展出更大的市场。简而言之，MEMS 是一门崭新、具有重要意义和应用前景广阔的高科技领域。

2. MEMS vs 纳米技术

很多专家认为 MEMS 和纳米技术是两种不同的技术，而实际上它们并没有本质区别。美国研究理事会在 2002 年发表了一篇名为《微米纳米技术应用》的文章[3]，阐述了尺寸并不是区分 MEMS 和纳米技术的标准，重要的是它们之间共同的理念：信息容量的增加、系统尺寸的微型化、微观尺寸下新的材料特性、系统的多功能化和空间分配的多自由度等。格伦·菲宾（Glenn Fishbine）也写过一篇题为《纳米技术和微机械投资指南》的书，他更是将 MEMS 和纳米技术定义为同一种技术——裸眼不可见的技术[4]。虽然目前集成电路工艺已经到了几十纳米以下，但我们也注意到它依然叫作"微电子技术"[5]。所以，不管 MEMS 和纳米技术如何定义，毋庸置疑的是，两者之间有着密不可分的关系。

13.1.3 MEMS 和微电子的异同

尽管 MEMS 借鉴了集成电路加工工艺，但是 MEMS 加工工艺与集成电路加工工艺之间还是有十分明显的不同，这也是 MEMS 发展和成熟的重要基础。第一个重要不同是，微电子技术采用硅衬底，使用一系列周期可循环的工艺步骤：沉积薄膜，将图案转移到薄膜上，刻蚀薄膜等，MEMS 工艺虽然多数也采用硅衬底，但也用其他材料做衬底，如玻璃、陶瓷、塑料甚至金属衬底等。另一个不同之处在于，微电子主要有三种基本元件：晶体管、电阻和电容。而 MEMS 则有一系列不同器件，如压力传感器、加速度计、陀螺仪、振动传感器、磁性传感器、微阀、微泵、光开关和调制器等。此外，应用于不同领域的 MEMS 器件所用的材料也不尽相同。

微电子器件类型主要集中在几个方面，如 CMOS、Bipolar、BiCOMS 等，尽管每个生产商都拥有自己的工艺技术，而事实上，厂商之间的差别非常的微妙。而在 MEMS 领域，不同器件之间使用的都是完全不同的加工工艺。也就是说，制造一个微型加速度计的加工步骤和制造一个光开关的加工步骤完全不同。因此，对于 MEMS 来讲，它很难像 CMOS 那样有一套标准的加工工艺流程来满足多种 MEMS 器件的加工需求，不同的 MEMS 器件都有它独特专有的加工工艺。总之，MEMS 加工工艺取决于器件本身。

MEMS 和集成电路加工工艺之间的另一个主要区别是制造 MEMS 器件的加工方式和加工材料的多样性。MEMS 加工沿用了集成电路工艺中的传统工艺，例如：氧化、低压化学气相沉积 LPCVD、光刻等，并且将之与微机械工艺相结合。微机械加工技术大致可以归类为体微加工技术、表面微加工技术、键合技术、LIGA 技术（光刻、电镀和铸造工艺）、深离子反应刻蚀（DRIE）、微铸模、激光微加工等（本章节后续会相应提及）。事实上，由于使用材料和加工步骤的顺序不同，每项微加工技术都包括一系列不同的工艺。此外，已知的 MEMS 加工能力很多并且各不相同，很难有一个制造商可以同时拥有这些具有核心竞争力的加工能力。同样，相比于集成电路工艺中所用的材料，MEMS 技术领域用的材料，如压电材料、形状记忆合金、玻璃衬底等，更加多样化。

然而，对于顾客来讲，大多数微电子代工厂都是可以提供一站式服务的，即能够按照代工厂所提供的标准工艺加工出集成电路的所有元器件。然而，对于 MEMS 来讲，加工领域的核心竞争力都被分散在不同的代工厂家，也就是几乎没有一家代工厂可以提供一站式服务。这一方面因为 MEMS 加工在材料和加工工艺上都具有多样性，另外一个因素也是 MEMS 没有所谓的标准工艺，没有一家 MEMS 代工厂可以配齐所有的加工方法，即使是一家非常完备的代工厂也需要为了生产新器件增强工艺能力。因此，任何一家代工厂的加工能力都会或多或少地受到限制。为了克服这一限制，在 MEMS 行业，将加工工艺步骤分散到多个代工厂，利用各自独特的工艺来加工也就变得非常普遍了。

MEMS 和集成电路加工之间还有一个不同之处是它们的产能。在集成电路加工行业，由于是批量加工技术，晶圆和芯片每年的产量都非常巨大，数目巨大的晶圆在同一个工艺下进行标准加工处理（如 CMOS 使用统一的加工工艺），而每个晶圆又可以被切割成有着相同结构的成百上千个单芯片。批量生产的好处在于，即使加工单个晶圆的成本比较高，但是成本被分散到每个芯片上，相对而言就非常低了。对于集成电路来讲，大批量的生产是有必要的，因为投资在集成电路生产线的资金基本都超过 10 亿美元。只有将这么高的成本分散到批量大的产品上才能降低单芯片的成本。这也是集成电路工艺的晶圆直径不断增加的原因，目前集成电路代工厂常用的是 300mm 晶圆。MEMS 的情况则有所不同。首先，由于 MEMS 器件本身的独特性，大多数应用需要的器件数量自然不多。比如，在汽车安全气囊中的惯性传感器非常重要，但是，用来制备这种惯性传感器的工艺几乎不能用来制备其他应用里需要的惯性传感器。尽管用于汽车安全气囊的微型加速度计的市场比其他 MEMS 器件来说都大很多，但是和集成电路产品相比还是微不足道，因为目前每年

全世界大概出售六千万辆车，而这些车载传感器的价格大概在 1 ~ 2 美元范围内。由于产量较低，因此 MEMS 行业常常就不需要追求扩大晶圆的尺寸，很多 MEMS 代工厂都是 100mm 或者 150mm 晶圆的水平。

MEMS 和集成电路之间的差异还在于它们的封装工艺，集成电路自身有较为完善的标准封装工艺，而 MEMS 则需要针对每个产品和应用去分别研制合适的封装方法。更重要的是，MEMS 的封装工艺往往要比集成电路的封装工艺复杂得多。原因在于，微电子封装只需要保护芯片并且引出电极与外接电路相连，而 MEMS 封装则不仅需要保护芯片，更需要保证让芯片与外界环境进行信息交换并且引出电极实现相连。比如，压力传感器的封装必须要留出接口让外界压力可施加在芯片上并引出导线与外接电路相连；此外，压力传感器芯片很容易破碎，因此封装还需要保护芯片在使用中免受损坏；同时，压力传感器本身对拉力非常敏感，因此封装时还要避免或者弥补由于封装带来的额外受力。可见，MEMS 封装是比较复杂的，很难有标准封装工艺出现，这也是为什么封装会占到 MEMS 器件成本的 50% ~ 90%。

MEMS 和集成电路之间还有一点不同就在于测试和装配。集成电路的测试一般只涉及模拟和数字信号。但是，MEMS 器件类型五花八门，需要定制适合于器件与应用环境的测试方法。比如，用于汽车安全气囊的 MEMS 加速度计需要同时测试电学与机械信号，在模拟汽车碰撞时产生机械振动的同时测试器件的电信号输出。不同类型的 MEMS 器件需要不同的测试系统，比如说，一个惯性传感器的测试装置根本不可能适用于测试压力传感器。这也造成市场上很少有专门提供 MEMS 器件测试工作站的供应商，大多数 MEMS 制造商都是根据自己的产品研发自己的测试技术。

13.1.4 集成电路产业如何利用由 MEMS 技术带来的机会

微电子产业正稳步朝着器件尺寸更小、晶圆尺寸更大的方向发展，目前最小线宽已经到了几十纳米以下，300mm 的晶圆成为主流，450mm 的晶圆也即将变成现实。因此，存在经济压力和设备陈旧的代工厂正在寻找新的市场。考虑到 MEMS 沿用了很多集成电路的工艺、衬底和材料，似乎集成电路代工厂转变成 MEMS 代工厂是个可行之举。尽管有可行性，但是从集成电路代工转变为 MEMS 代工还是相当具有大的挑战的。

首先需要解决的问题是：现有设备和工具是否合适或者是否需要增加微加工的专业工具？在 MEMS 方面的投资大多都是花在购置新工具上，考虑到 MEMS 的特殊性，这方面的投资需要经过谨慎测算。投资方必须非常认真地调研和评估 MEMS 器件的市场和进入这些市场要求代工厂具备的专门加工技术。

其次就是工艺技术的研发。研发 MEMS 工艺的时间和成本差别很大，取决于 MEMS 工艺本身的复杂性以及是否要与电路集成等因素。当然，与电路集成的 MEMS 器件会具有更强的核心竞争力，同样也兼具投资大且研发周期长的特点，因此，需要进行谨慎的评估和测算。不管代工厂是否做与电路集成的 MEMS，一个更安全可行的策略是让微电子代工厂提高现有 MEMS 工艺技术的储备，具备更大的灵活性。

第三个问题与容量和工艺多样化有关。如上所述，MEMS 的产量和市场的规模相对较小，因此很多代工厂需要同时运营几条生产工艺线来维持正常运行。同时，为了提升设备利用率和工作人员效率，代工厂的管理层要谨慎挑选运营的工艺线。虽然 MEMS 工艺有多种，可是对于代工厂来说成本依然是高昂的。因此，代工厂一定要致力于让设备规模最小并谋求最大回报率。

第四个问题就是员工问题。成功的大批量微加工代工厂需要高端人才和在 MEMS 专业方面有着丰富经验的工程师。尽管微电子代工厂倾向于认为 MEMS 加工不会比微电子加工更难，但事实上，MEMS 加工涉及了很多完全不同于微电子加工的工艺。虽然很多有能力的微电子代工厂的员工最终一定会加速微加工的发展，但这样会非常耗时间，并且开销巨大。最后，想从集成电路转型成 MEMS 的微电子代工厂也需要雇佣在 MEMS 方面有着足够经验的工程师。

13.2　MEMS 的技术基础

13.2.1　微传感器技术

通过微加工技术已经成功制备了多种微型传感器，包括压力、声音、温度（包括红外焦平面阵列）、惯性（如加速度计和陀螺仪等）、磁场（霍尔元件、磁阻器件、磁晶体管）、力（触觉传感器）、应力、光学、辐射、化学和生物传感器等[6]。传感器通常将自然界的某种能量转化为电信号，如力到电的转换，一般都基于如下几种基本物理原理：电阻、磁、光导、压阻、压电、热电偶、热电堆、二极管和电容等。所以，MEMS 传感器的种类非常多，本文重点挑选几种比较常用和重要的介绍。读者可以从参考文献 6-9 中了解更多详情。

压阻材料的电阻会受外力影响，这种现象在半导体材料中最为常见，这是因为外力改变了材料的能带结构，从而使载流子的散射速度受限于载流子的流动方向。如果把压阻元件放到受力最大的部位，那就可以获得很多种的压阻传感器。材料的电阻与压力之比被称为压阻系数，这是表征压阻材料的重要参数。硅的压阻系数在某些情况下可以达到 200^{10}，而金属材料的压阻系数常常在 $2 \sim 5$ 范围内。采用压阻效应的两种 MEMS 硅基传感器如图 13-1 所示，压阻材料被放置在悬空的表面或者结构上，悬空结构降低了器件结构的刚性从而能够更好地感应外力，这是 MEMS 压力传感器最常见的结构，已经在汽车、医疗和工业控制行业都有了非常广泛的应用。

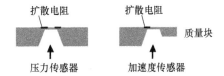

图 13-1　采用压阻效应的两种 MEMS 硅基传感器

电容式传感的器件结构也非常简单，因此在 MEMS 传感器中应用也非常广泛。一般来说，平行板电容器的电容可以定义为：

$$C = \frac{\varepsilon_0 \varepsilon_r A}{d}$$

式中，ε_0 是真空介电常数；ε_r 是两个电极板之间介质的相对介电常数；A 是电容器的相对面积；d 是两个电极板之间的距离。

如图 13-2 所示，电容式传感器大致有以下五个构造形式：

1）改变电极之间的距离。
2）改变两个外电极之间的中间电极的位置。
3）改变两个电极之间的交叠面积。
4）改变电极之间的差异重叠面积。
5）改变电极之间的电介质。

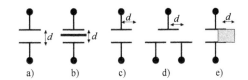

图 13-2　将电容用作传感器部件的五种构造形式

图 13-3 所示是电容式加速度传感器，当柔性悬臂梁受到外界的加速度冲击时，质量块就会由于冲击的方向和力度产生运动，从而改变两个电极板之间的距离，也就改变了电容的大小。

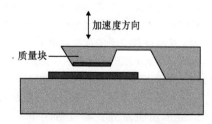

图 13-3　电容式加速度传感器

另一个在 MEMS 领域应用很广泛的物理现象是材料的压电效应。外界的机械压力使得材料里产生极化电荷的现象叫作压电效应。同样，如果给材料两端加上电场，那么材料本身也会产生相应的机械应变。正向的压电效应主要用于传感器，逆向的压电效应则用做执行器。硅和锗晶体都是中心对称的结构，因此其本身对外并不显示压电效应（除非施加外界压力），但是其他非中心对称结构的材料，如石英晶体、锆钛酸铅（PZT）或者氧化锌（ZnO）等则被证实具有压电效应[10,11]，而且锆钛酸铅（PZT）和氧化锌（ZnO）都可以在衬底上沉积成薄膜，因此被广泛应用于 MEMS 器件的研制。

13.2.2　微执行器技术

有多种用来研制 MEMS 执行器的基本物理原理，包括静电效应、压电效应、磁效应、磁致伸缩效应、双金属效应和形状记忆效应等，各有优缺点，需要根据应用慎重选择。本节将介绍几种颇具代表性的 MEMS 执行器。读者可以查阅参考文献 6-11 来了解更多详情。

静电驱动是以两个相对的带电极板之间的吸引力为基础的。当施加一个大小为 V 的电压时，电极板之间就会产生大小为 F 的力，电压 V 和力 F 之间的关系为：

$$F = 1/2(\varepsilon_0 \varepsilon_r A)(V/d)^2$$

式中，ε_0 是真空介电常数；ε_r 是两个电极板之间介质的相对介电常数；A 是电容器的相对面积；V 是施加在两个电极板之间的电压差；d 是两个电极板之间的距离。

静电式执行器具有十分明显的优势，如制造简单且易与电路集成、功耗低等。当然静电式执行器也有自身的局限，比如产生的力和施加的电压并非线性关系，产生的驱动力较小，且施加的电压较高等。

另一种常用的 MEMS 微执行器是基于双金属效应，即利用不同金属之间热膨胀系数不同的特点，将两种热膨胀系数差别较大的金属材料制成可复合的结构，然后加热，如果材料之间充分兼容的话，那么材料内部就会就会产生热致应力，从而实现基于热的微执行器。热应变可以表示为：

$$\varepsilon = (\alpha_{filma} - \alpha_{filmb})(T_{ele} - T_{amb})$$

式中，α_{filma} 和 α_{filmb} 分别是上下两层薄膜的热膨胀系数；T_{ele} 和 T_{amb} 分别是双金属元件和环境的温度。

双金属型微执行器加热耗能较高，具有比较复杂的设计和制造过程，但是它可以实现水平位移，形变和能量成正比关系并且对于环境有着较好的敏感度。可以通过在兼容的硅悬臂梁上沉积一层铝膜来制作双金属微执行器（见图 13-4），电流从铝层流过产生热，由于两种材料的膨胀系数不同，悬臂梁会发生弯曲。

图 13-4　在硅的悬臂梁上沉积一层铝形成简单的双金属微执行器

另一个常用的 MEMS 微执行器材料是记忆合金。记忆合金在加热之后会经过马氏体向奥氏体的相变，在相变过程中，材料会变回它自然原始的形状（材料对形状有记忆）。图 13-5 描述了形状记忆效应。记忆合金通过溅射在硅的晶圆表面沉积一层薄膜。而加热一般都是通过电流加热。形状记忆效应是一个可逆的效应，并且可以重复操作很多次。采用形状记忆合金的 MEMS 执行器，具有以下特点：能量密度较高，可恢复应变水平高（8% 的应变可以恢复），由于是热驱动，因此能量消耗比较高并且机械带宽小；加工工艺相对比较复杂；如果在高强度下重复弯曲形变，材料本身也会疲劳。

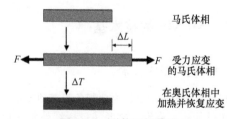

图 13-5　形状记忆效应

注：最上的图是室温下未受外力的马氏体相 SMA 样本；中间的图是室温下弯曲形变之后的样本；而最下面的图则是 SMA 样本加热之后，材料从马氏体相变为奥氏体，形变也逐渐消失，材料恢复成原来的形状。这个相变过程可以被重复很多遍。

13.2.3　MEMS 所用的材料

MEMS 器件可以采用各种各样的材料，包括半导体、金属、玻璃、陶瓷和聚合物等。由于 MEMS 的功能不仅是电学性能，还涉及机械、化学和热学等，因此对于具体的应用场景来说，材料的选择取决于其本身的电学和非电学特性。硅是 MEMS 最常用的材料，这一定程度上是因为对硅材料的认识比较全面而且加工设施比较齐全。显然，硅的力学性能非常优异，有着几乎和钢差不多的屈服强度，并且它的强度重量比几乎是工程材料中最高的[12]。但是，如果硅产生超过了材料自身极限的过度弯曲，也会发生不可逆的破坏，这和大多数金属不同，大多数金属负载过度产生的是塑性形变。因此，硅基的 MEMS 器件必须要考虑这个问题。另外，硅本身是各向异性的材料，负载所作用的晶向不同，那么材料对外呈现的性质也会不同。

除了单晶硅，MEMS 加工制造也频繁使用一些薄膜材料，比如：多晶硅、氮化硅、玻璃和铝等。这些材料都是通过化学气相沉积（CVD）、低压化学气相沉积（LPCVD）、等离子体化学气相沉积（PECVD）或者物理气相沉积比如蒸发或者溅射形成的。薄膜沉积工艺的成本都很低，因此在微电子加工工艺中非常流行。但是通常这些薄膜中会保留有残留应力和应力梯度，而这会影响 MEMS 器件的机械功能从而造成加工工艺的复杂化。薄膜内的残留应力和应力梯度主要取决于材料的种类，沉积的温度、方法和衬底的材料，并且应力跨度很大，可能是压缩应力也可能是拉伸应力。

在加工前，很有必要掌握 MEMS 器件所用材料的机械性质，但是这很难实现，因为材料的性质，特别是机械特性主要取决于制造过程中加工的具体情况甚至是工艺顺序。比如，沉积之后薄膜内部会有一个对应的残留应力水平，但是在紧接着的热处理工艺之后，它内部的残留应力就会发生很大的改变和重新分布[9]。

此外，MEMS 器件都有一个特定的加工工艺顺序。我们几乎不可能知道加工过程中或者加工过程结束之后，薄膜材料内部的残留应力到底是多少。因此，在 MEMS 器件的加工过程中，必须也要对材料的性质进行实时在线检测，根据测量结果来优化设计。这是一个不断反复的过程，势必会延长开发时间，增加成本[9]。

同时，薄膜材料属性的测量也有一定难度。比如，不可能将薄膜从衬底上取下来再去测它的荷载形变关系。幸运的是，MEMS 行业已经设计出很多

在线检测结构可以用来测量材料的重要属性。图 13-6 所示是多晶硅悬臂梁薄膜的放大 SEM 图，在硅片上沉积一层多晶硅薄膜，接着薄膜再制成一组双端固支的悬臂梁结构，这些悬臂梁是通过一种表面微加工工艺加工得到，首先在硅片的表面沉积多晶硅并且光刻一层二氧化硅作为牺牲层，接着再在晶片表面沉积光刻一层多晶硅薄膜，接着再湿法腐蚀掉二氧化硅牺牲层从而留下无支撑的多晶硅悬臂梁。显然，根据欧拉变形方程可以看出，通过悬臂梁的长度可以观测到压应力的临界值。有兴趣的读者可以阅读参考文献 13 来了解更多有关薄膜压力检测的相关技术。

图 13-6　多晶硅悬臂梁薄膜的放大 SEM 图

注：悬臂梁两端被固定并且本身有残留的压应力。由于多晶硅层中存在残留的压应力，悬臂梁发生屈曲。通过高温退火，内部的残留压应力可以减少甚至是消除。比如，在表面微加工工艺中，在 LPCVD 沉积多晶硅后会采取高温退火来减少薄膜层里残留的压应力。

13.2.4　MEMS 设计工具

相对于集成电路来说，MEMS 器件更需要设计。在集成电路领域，制造加工工艺和相关的设计法则都是现成的。电路设计工程师也只需要考虑电学效应，然后把这些写进计算机电路设计软件，就完成了整个设计。值得一提的是，EDA 设计工具在预测器件性能的能力上有着很高的准确性。而在 MEMS 技术中，情况要复杂得多。如前所述，对于每种 MEMS 器件来说，工艺顺序都是器件开发的一部分，直到整个工艺完成，整个设计才算完整。此外，开发者并不能完全掌握 MEMS 器件所用材料的属性，因为这些属性取决于工艺顺序和具体情况，而这些都是无法事先预测的。同时 MEMS 器件工作时会涉及多个物理场（如电、机械、热、化学等），而且多场之间存在耦合效应，因而使得整个设计变得更加

复杂。另一个 MEMS 设计和集成电路设计之间主要的区别就是，在集成电路设计中，设计工程师并不需要知道整个制造加工过程。而在 MEMS 设计中，设计工程师必须同时是 MEMS 加工方面的专家[9]。

今天 MEMS 领域也已经有了几个不错的设计工具，适用于 MEMS 的工艺层、物理层、器件层和系统层建模。其工艺层建模工具和集成电路行业所用的建模工具本质上都一样，设计工程师设计制造流程和相应的版图并仿真工艺加工步骤，其最主要的特点是能够画出器件的三维渲染图。物理层设计工具主要是连续使用偏微分方程模拟三维情况下各个部分的行为，常用的数字分析工具包括有限元法、边界元素法和有限差分法。器件层的模型大多是用来捕捉部件的物理行为（在有限范围内）的较大规模的模型或者是降维之后的模型并且它们也能与系统级别的模型兼容。设计操作时一定要小心，保证模型的动态范围不会过度扩张。系统级别的框图是高级别的框图，通常是用集总参数模型[9]将系统描述为一组常微分方程组。

13.3 MEMS 的制作流程

13.3.1 前端制造流程概述

由于 MEMS 本身具有定制加工工艺的特点，并且加工能力各异，因此 MEMS 制造极具挑战性。MEMS 制造行业应用了很多集成电路领域常用的工艺，比如氧化、扩散、离子注入、低压化学气相沉积、溅射等，并且 MEMS 加工工艺还将这些技术与专业的微机械加工工艺结合在一起。下面我们将介绍一些应用较为广泛的微机械加工技术。对传统微电子制造技术感兴趣的读者可以阅读参考文献 14。

1. 体硅微加工工艺

最初的微机械加工就是体硅微加工工艺，包括选择性地去除衬底材料来实现小型化的机械部件，使用化学、物理或者化学机械的方法就可以实现。其中，化学方法是最常用也是最传统的方法，化学湿法腐蚀就是其代表。

化学湿法腐蚀包括将衬底浸没在反应化学溶液中，溶液会以可控的速率腐蚀裸露在外的衬底区域。它具有较快的腐蚀速率和较好的选择比。此外，腐蚀速率和选择比可以通过控制以下因素来调节：改变刻蚀溶液的化学成分，调节刻蚀溶液的温度，改变衬底的掺杂浓度，改变衬底裸露在刻蚀溶液下的晶面方向等。化学湿法腐蚀最基本的机制包括以下几点：反应液输送到衬底表面，溶液和衬底

材料在衬底表面发生化学反应，反应产物从衬底输送出去。如果说，将反应溶液输运至衬底表面和将反应产物运送出衬底表面是决定腐蚀速率的步骤，那么腐蚀就受扩散限制，因此可以通过搅拌溶液来加快腐蚀速率。一般来说表面的反应决定腐蚀速率，并且主要受溶液温度、化学成分和衬底材料的影响。在实际工作中，通常优先选择腐蚀受限于反应速率，这样可以实现更高的可重复性和更高的蚀刻速率。

批量微加工中主要有两种化学湿法腐蚀的方法：各向同性湿法腐蚀和各向异性湿法腐蚀[8,10]。在各向同性湿法腐蚀中，腐蚀的速率与衬底的晶向无关，腐蚀向各个方向匀速进行。对于硅来说最常见的湿法腐蚀溶液是硝酸、氢氟酸和乙酸的混合溶液，其反应方程如下：

$$HNO_2 + HNO_3 + H_2O \longrightarrow 2HNO_2 + 2OH^- + 2H^+$$

硝酸和水反应产生氢离子和氢氧根离子，并且还提高了亚硝酸的浓度。由于产物中还有亚硝酸，因此这个反应是一个自催化的反应。提高氢氟酸浓度会使反应转变为反应速率受扩散限制，并且腐蚀也可以通过搅拌溶液来控制。提高氢氟酸的浓度或者温度可以提高表面反应速率。从理论上讲，在掩膜层下的横向腐蚀速率与正常纵向的腐蚀速率是一样的。但事实上，如果不搅拌溶液，横向腐蚀的速率要慢很多，因此各向同性的湿法腐蚀大多是伴随着溶液剧烈的搅拌一起进行的。图 13-7 显示了在搅拌和未搅拌两种情况下，用各向同性湿法腐蚀得到的衬底轮廓。

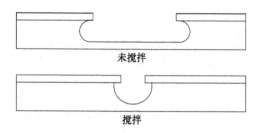

未搅拌

搅拌

图 13-7　在搅拌和未搅拌两种情况下，用各向同性湿法腐蚀得到的衬底轮廓

任何的腐蚀过程都需要一个相对于衬底材料选择性更高的掩膜。一般各向同性湿法腐蚀硅所用的掩膜材料有氧化硅和氮化硅。氮化硅相比于氧化硅被刻蚀的速率更慢，因此更常用。

一些各向同性腐蚀溶液混合物的腐蚀速率还取决于衬底材料的掺杂浓度，比如，通常使用的乙酸、硝酸和氢氟酸混合溶液的浓度比为 $8:3:1$，对于高掺杂的硅来说（ $> 5 \times 10^{18}/cm^3$ ），腐蚀的速率在

$50 \sim 200 \mu m/h$，但是当腐蚀掺杂浓度较低的硅时，速率要下降到 1/150。但是，关于掺杂浓度对于腐蚀的选择性还是主要取决于溶液混合物本身。

在硅的微机械加工中，用得更为广泛的湿法腐蚀是各向异性湿法腐蚀[10,15-17]。各向异性湿法腐蚀包括将衬底浸没在化学溶液中，而腐蚀的速率则主要取决于衬底的晶向。对于裸露在溶液下不同方向上的硅表面，腐蚀的机制各不相同，因为硅之间成键的组态和原子密度不同从而使硅的晶面各异。就腐蚀速率而言，各向异性湿法腐蚀主要是看腐蚀位置的晶向，通常包括 〈100〉、〈110〉，〈111〉三种晶面。总的来说，在晶格中，硅的各向异性湿法腐蚀在 〈111〉平面方向上要比其他平面方向上慢，各晶向的腐蚀速率的差异可能会高达 1000∶1。之所以〈111〉平面方向腐蚀速率较慢被认为是这个平面方向上暴露在溶液中硅原子的密度最高，并且平面下还有三个硅-硅键，因此导致衬底表面有一定程度的化学屏蔽作用。

各向异性的化学湿法腐蚀能够描绘硅晶格不同的晶面，而这也使得这一方法能够精确地控制尺寸并且拥有高选择性的腐蚀能力。同时控制裸露在外表面的晶向也为实现双面加工和隔离结构提供了可能。这很有利于实现器件的封装，并且对于工作在恶劣环境下的 MEMS 器件非常有用，如压力传感器等。各向异性的化学湿法腐蚀已经有将近 30 年历史，在硅基的压力传感器、加速度计和其他器件中得到了广泛应用。

使用各向异性湿法腐蚀 〈100〉晶向的硅衬底可以获得一些结构，包括倒金字塔和凹下去的平底梯形（见图 13-8），其成形主要是因为 〈111〉晶向上腐蚀速率更慢。图 13-9 所示是各向异性湿法腐蚀后硅衬底表面的图像，薄膜的背面用作压力传感器的敏感膜。

有三种常用的各向异性湿法腐蚀剂。最常用的是碱溶液，如氢氧化钾、氨水、氢氧化铯和四甲基氢氧化铵（TMAH）。这些腐蚀剂的速率都很高，并且在 〈100〉和 〈111〉晶向之间的速率相对也比较高。同时，TMAH 有时候用在微电子晶圆的预处理上，因为它在特定条件下不会明显腐蚀铝。这些腐蚀剂的缺点就是它们腐蚀氧化硅的速率也比较高，而氧化硅通常则会用作掩膜材料。虽然腐蚀之后会有清洗，但是在晶圆的表面仍然可能会受到碱污染。

另一个比较流行的各向异性的湿法腐蚀剂是乙二胺和邻苯二酚或者叫作 EDP。它在 〈100〉和〈111〉晶面方向上腐蚀的速率更快，并且与碱性溶液相比，它适用于更多的掩膜材料。其缺点是它本

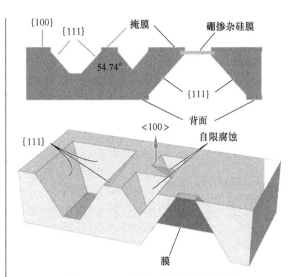

图 13-8　各向异性化学湿法腐蚀后
〈100〉晶向的硅的图形

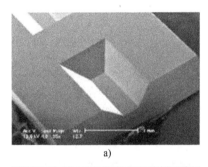

a)

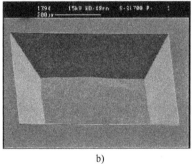

b)

图 13-9　〈100〉晶向的硅衬底浸没在各向
异性湿法腐蚀剂后的电镜放大图

身是一种致癌材料，使用时几乎不能观察其腐蚀过程。同时，EDP 是一种稠密的橘黄色物质，很难清洗。

最后一种各向异性的湿法腐蚀剂是肼和水（N_2H_2：H_2O），其优点是它腐蚀氧化硅的速率非常慢，但是它腐蚀 〈100〉和 〈111〉晶向的速率也比较慢。肼刻蚀最大的缺点是它是一种危险物质，现在几乎没人使用它了。

实用的各向异性湿法腐蚀剂需要能够有能力保护衬底的某些区域不被腐蚀，因此，选择腐蚀剂的重要标准就是能够有与之匹配的掩膜材料。由于氮化硅在大多数溶液中的腐蚀速率都很慢，因此氮化硅是最常用的掩膜材料。使用时一定要注意沉积的氮化硅掩膜的质量，因为任何针孔缺陷都会使得下层的硅遭到腐蚀。与常用的氮化硅化合物（Si_3N_4）相比，一些低应力富氮化合物具有更高的腐蚀速率。氧化硅也常用作掩膜材料，但是一定要注意掩膜层必须足够厚，因为氢氧化钾也能腐蚀氧化硅，并且速率非常快。光刻胶在各向异性腐蚀中是不可用的，但是如钽、金、铬、银和铜这些材料在 EDP 中则能保存完好，铝在某些情况下在 TMAH 中也能受较小的影响。

总的来说，在 〈100〉 和 〈111〉 晶面方向腐蚀的速率以及各向异性腐蚀的选择性主要取决于溶液的化学成分和温度。腐蚀速率 R 遵循阿列尼乌斯定律：

$$[R] = R_o \exp(-E_a/kT)$$

式中，R_o 是常量（μm/h）；E_a 是活化能（eV）；k 是玻尔兹曼常数（eV/K）；T 是温度（K）。不同的腐蚀剂、成分和晶向，R_o 和 E_a 都不同。文献中有详细的多种各向异性腐蚀剂的记录，读者可以阅读参考文献 10，15-17 了解更多信息。

通常来说，当使用体硅微加工的时候，有必要制成厚度精确控制的硅薄膜或者是深度严格控制的刻蚀图案。对于所有化学加工工艺来说，由于受到负载、温度、厚度等参数的影响，通常均匀性也会受到影响。定时腐蚀是用得最多的，并且深度可以由腐蚀速率计算出来，但是仍然难以控制，因为腐蚀深度还取决于腐蚀剂的扩散效应、负载效应，腐蚀剂老化还有衬底表面的预处理等因素。

为了使各向异性腐蚀有更高的精度，科研工作者们研究了多种不同方法来解决这个问题，如以自停止的方式来控制，能够实现片内、片间甚至是批量晶片之间的较好均匀性[10,15,16]。在微加工领域主要有两种自停止加工方法：掺杂自停止和电化学自停止。

在硅上的自停止腐蚀主要是通过在硅材料中引入掺杂剂来起作用的，通常用掺杂硼来产生高度重 P 掺杂型硅（$75 \times 10^{19} cm^{-3}$）来形成自停止层。晶片上轻掺杂的区域会以正常的速率进行腐蚀，但是高度重掺杂区域的腐蚀速率就会非常慢。杂质注入硅片主要是用杂质扩散的标准工艺或者是通过离子注入的方法，使杂质存在于衬底可控的预定深度并且有较为均匀的分布。

图 13-10 是不同氢氧化钾浓度下 〈100〉 晶向的硅晶圆腐蚀速率与硼掺杂浓度的关系[10,11]。由图可见，当掺杂浓度大于 10^{19} 时，腐蚀的速率就会突然下降。硼掺杂自停止的一个问题在于，腐蚀后的硅衬底的表面层会是高度重掺杂，以至于对于有些器件来说就会毫无用处。比如，较好的自停止效果所需要的掺杂浓度比制造压阻效应所需要件的掺杂浓度会高很多。

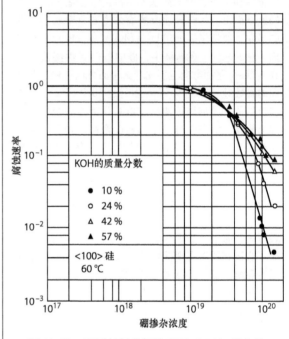

图 13-10 不同氢氧化钾浓度下 〈100〉 晶向的硅晶圆腐蚀速率与硼掺杂浓度的关系

体硅微加工所用的另一个自停止方法是电化学自停止[17-21]。图 13-11 所示是硅的三端电化学自停止腐蚀图。用各向异性腐蚀剂对硅进行电化学腐蚀是非常有用的，因为它能很好地控制尺寸并且得到高质量压阻效应器件所需要的轻掺杂的薄膜材料。电

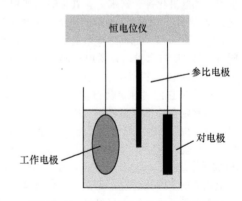

图 13-11 硅的三端电化学自停止腐蚀

化学自停止的缺点在于它需要对每个晶片装上特殊的夹具以便进行电接触，并且需要一个电学的控制系统在腐蚀的时候给晶圆施加控制电压。

2. 表面微加工工艺

表面微加工是另一种 MEMS 制造常用的工艺技术。取决于所使用的材料和刻蚀剂组合，有非常多表面微加工工艺[22,23]。首先在器件的表面上沉积一层薄膜材料来作为牺牲层，接着就是对器件结构层的薄膜材料进行沉积并光刻图案，然后去除牺牲层，释放机械结构，从而得到可动的结构层。图 13-12 所示为表面微加工工艺流程，其中被沉积和刻蚀图案的薄膜是氧化层，通常被称为牺牲层。之后再沉积一层多晶硅薄膜，并在上面刻蚀图案，这层多晶硅就是结构机械层。最后去除牺牲层，多晶硅就变成了可动悬臂梁。

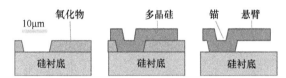

图 13-12　表面微加工工艺流程

表面微加工工艺很受欢迎是因为它能够在垂直方向上精确控制尺寸，其原因是沉积的结构层和牺牲层的厚度都可以精确控制。同时，表面加工工艺在水平方向上也能精确控制尺寸，因为这主要取决于光刻的精度和刻蚀工艺。表面加工工艺还有很多优势，比如：多种结构、牺牲和刻蚀剂可以组合使用并且能够和微电子工艺兼容以实现集成化。表面微加工工艺还可以利用薄膜沉积工艺的特点，实现保形覆盖。最后，表面微加工工艺都是使用单面晶片加工工艺，比较简单，也可以提高集成密度，并降低单芯片的成本。

然而，表面微加工工艺也有一些缺点，比如：结构层薄膜的机械性质与工艺密切相关，需要在线测量；其次，薄膜的残留应力需要高温退火才能减少，而且残留应力的实际大小也会随着随后的热处理工艺的时间和温度而不同；再者，这些薄膜材料的力学性能可重复性较差；最后，由于黏附效应，结构层的释放相对而言比较难，因为释放过程中存在毛细力，会使结构层被拉下来粘在衬底上。因此，为了减少或者避免黏附效应，一般都需要采取特殊的释放工艺或者是涂上防黏附层。

最常用的表面微加工和材料的组合是以 PSG 作为牺牲层，掺杂的多晶硅作为结构层，氢氟酸作为腐蚀剂。这一类的表面微加工工艺加工的器件有用在汽车安全气囊中的 MEMS 加速度计。图 13-13 和

图 13-14 所示是两种表面微加工多晶硅 MEMS 器件的 SEM 图。

图 13-13　用表面微加工工艺制造的多晶硅微马达

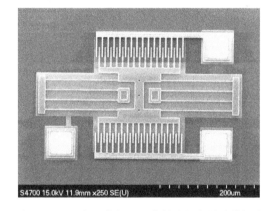

图 13-14　用表面微加工工艺制造的多晶硅谐振器

表面微加工工艺的另一种组合是以金属作为结构层，聚合物作为牺牲层，用氧等离子体作为刻蚀剂。这种加工工艺的优点是牺牲和结构层沉积的温度足够低以至于不会影响底层硅衬底中的微电子电路，因而 MEMS 就可以与电路集成。同时，由于去除牺牲层不需要将器件浸没在溶液里，因此避免了黏附效应。德州仪器公司就用了类似的工艺来生产投影系统[9]。

3. 晶片键合

硅片键合技术类似于宏观世界中的焊接技术，它将两个或更多的硅片结合起来形成多片堆叠。有三种基本的键合方式：直接键合即熔硅键合，电场辅助键合即阳极键合，以及使用中间辅助层进行键合。总的来说，为了让硅片成功键合且没有空隙，都需要非常平坦、光滑且洁净的衬底。

熔硅键合经常被用来键合两个硅片或者将一个硅片与另一个表面氧化的硅片进行键合，或者将硅片键合在表面沉积有氮化硅薄膜的硅片上。基本的

熔硅键合有以下五个步骤[24]：

1）清洁和表面预处理：对硅片表面进行水化和清洗（RCA清洗，食人鱼溶液浸泡）。

2）预键合：物理接触之后将硅片压合在一起（一定要在洁净的环境下快速地操作，因为硅会吸引电荷和粒子）。

3）检查：红外线检测退火之前的键合质量。

4）退火：1000℃左右高温退火。

5）最终检查：检查退火之后的键合质量。

直接键合工艺中的几个步骤如图13-15所示。硅片在物理接触之后会结合在一起，这是由于表面水化之后会有氢键的作用使之结合在一起。要结合的两个硅片需要事先进行预处理，接着在键合的时候对齐，使上下硅片上的图案对准。在高温退火之后，两个硅片之间的键能几乎就和单晶硅之间的键能一样，并且退火之后在键合界面上的内应力相对而言也比较小。

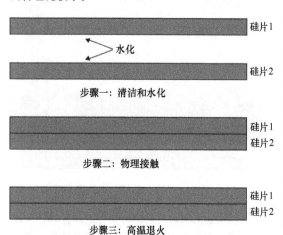

图13-15 直接键合（或熔硅键合）

要想得到较好的键合效果，硅片必须有平坦、光滑且洁净的键合面，并且键合工艺需要在非常洁净的环境中才能进行。水化使得表面带有高密度的电荷，并且极易吸引固体颗粒。而键合之前任何附着在晶片表面的颗粒都会使得两个硅片之间产生空隙并导致键合失败。尽管直接键合中高温退火可以在低于1000℃的环境下进行，但是随着退火温度的降低，键合成键的键能也会降低。

如上所述，键合类似于宏观世界中的焊接技术，硅片键合技术能够将一层厚的单晶硅键合到另一个单晶硅片上。这对于需要厚质量块或者需要性能较好的单晶材料而不是LPCVD多晶/非晶材料的器件十分有用。直接键合技术还可以用于制造器件层厚度几微米到几十微米的SOI晶片。

在键合之前，可以用等离子体处理硅片表面。

据相关研究显示，如果晶片键合之前用等离子体处理提高电荷密度，那么退火的温度就可以降到250~300℃甚至更低，但这仍然能保证硅片之间有很高的键合质量[25,26]。

另一个用得比较多的静电键合技术是阳极键合，其过程如图13-16所示。在阳极键合中，通过施加电场并且提高温度，可以使硅片与Pyrex 7740玻璃片键合[27-29]。键合之前需要对两个衬底进行预处理，并且在键合过程中对准。阳极键合的机制在于Pyrex 7740玻璃片中富含钠离子，如果在硅片两端施加正电压，就可以驱动Pyrex玻璃片表面的钠离子，从而使玻璃表面带负电。在键合的时候升高温度使钠离子相对更加轻松地在玻璃衬底中移动。当钠离子到达两种材料的交界面时，硅和玻璃之间就会产生高场，再加上高温对于化合物的作用，就能够使两个晶片表面熔合在一起。与直接键合技术一样，晶片需要有平坦、光滑且洁净的键合面，并且键合工艺也要在非常洁净的环境中进行。任何吸附在晶片表面的颗粒都会在晶片之间产生空隙。这个键合工艺的一个优点在于Pyrex 7740玻璃片几乎有着和硅一样的热膨胀系数，因此层与层之间的残留应力就很小。阳极键合是MEMS封装中应用最常用的技术。

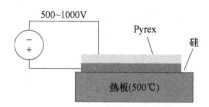

图13-16 晶片阳极键合过程

除了熔硅键合和阳极键合，MEMS加工制造还有其他的晶片键合技术。一种是金硅键合，工艺步骤主要包括升高温度的同时，在其中一个硅片上镀金，用镀金薄膜作为中间层，再将两个硅片键合[30]。熔硅键合之所以能够起作用，原因在于升高温度时，金在硅中的扩散速度是非常快的。而事实上，这是在相对较低温度时更倾向于使用的硅片键合方法。

MEMS行业另一种键合技术是玻璃键合[31]。在这个工艺过程中，玻璃纺丝或者丝网被印刷到衬底表面上。紧接着就将这个衬底与另一个衬底进行物理接触，然后整体高温退火去除玻璃的中间层，从而使两个衬底得以键合。

此外，很多聚合物都可以被用作中间层来键合晶片，包括环氧树脂、光刻胶、聚酰亚胺和硅酮等[32]。MEMS的很多加工过程中都用到这样的键合技

术，比如器件芯片太脆弱必须要有辅助的机械结构
才能支撑的情况。

4. 高深宽比 MEMS 制造技术

（1）硅的深反应离子刻蚀　深反应离子刻蚀
（简称 DRIE）是一种高度各向异性的等离子体刻蚀
工艺，在 20 世纪 90 年代中期首次提出，后被 MEMS
领域广泛采用[33,34]，用于刻蚀具有高深宽比的图形，
刻蚀的侧壁几乎是垂直的，深度可达数十到数百微
米甚至是刻穿整个硅片。目前有两种基本的 DRIE 工
艺：低温 DRIE 工艺和 Bosch DRIE 工艺。

低温 DRIE 工艺指将衬底冷却至 163K，以减缓
化学反应过程，从而使刻蚀更接近物理过程，当离
子轰击衬底上暴露的水平表面时，会导致这些表面
上暴露的材料被刻蚀掉以产生高度垂直的侧壁。然
而，低温 DRIE 存在几个问题，比如，在低温下，如
果掩膜和衬底材料的热膨胀系数差异很大，则容易
造成掩膜破裂；并且刻蚀副产物容易沉积在衬底或
刻蚀室电极等附近的冷表面。所以，低温 DRIE 在业
界很少使用。

Bosch DRIE 工艺以研发该工艺并获得专利的
Robert Bosch GmbH 公司命名[33]，在 MEMS 业内非常
受欢迎。图 13-17 所示为 Bosch DRIE 工艺的工作
原理。

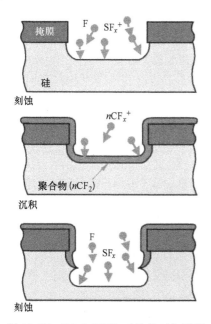

图 13-17　Bosch DRIE 工艺的工作原理

Bosch DRIE 工艺是刻蚀和钝化工艺步骤的反复
交替，其中刻蚀工艺是通过高密度等离子体对衬底
进行刻蚀，钝化工艺是将耐刻蚀的聚合物层沉积在
侧壁上，在下一步的刻蚀过程中对侧壁形成保护，

通常将 SF6 作为刻蚀剂，C4F8 作为钝化剂。在工艺
过程中，质量流量控制器在 SF6 和 C4F8 两种气体之
间切换，聚合物层沉积在侧壁以及底部，但是由于
高密度等离子体刻蚀的各向异性，使得去除底部的
聚合物比去除侧壁的聚合物更快。所以，Bosch
DRIE 工艺形成的侧壁不是光学平滑的，通过 SEM
可以看到典型的波纹状结构。

最初，大多数商业 DRIE 系统的刻蚀速率在 1 ~
4μm/min 范围内。为进一步提高其刻蚀速率，科研
人员做了大量努力，目前最新的 DRIE 设备刻蚀速率
已经可以达到 20μm/min 左右[35]。

通常用光刻胶或二氧化硅作为 DRIE 的掩膜层，
其刻蚀选择比分别约为 75∶1 和 150∶1。对于穿透
硅片的刻蚀来说，需要相对厚的光刻胶掩膜层，刻
蚀的深宽比理论上可以高达 30∶1[36]，但实际上往往
是 15∶1。工艺参数与系统的负载效应有关，刻蚀
的区域越大，速度越快，因此，为了获得理想的效
果，刻蚀通常必须精确控制图形和深度。此外，所
有的刻蚀结构采用相同宽度有利于提高刻蚀的均
匀性。

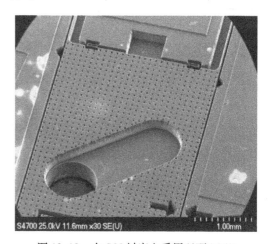

图 13-18　在 SOI 衬底上采用双面 DRIE
技术制造的 MEMS 器件

图 13-18 的器件使用 SOI 衬底，先进行背面 DRIE
并停止在埋氧层上，再在 SOI 器件层上进行正面
DRIE，然后去除埋氧层以释放微结构，得到可动
器件。

图 13-19 是采用 DRIE 技术制造的硅微结构的横
截面的 SEM 图。可以看出，刻蚀深入硅衬底并且侧
壁几乎是垂直的。

（2）玻璃的深反应离子刻蚀　玻璃衬底也可以
采用深刻蚀工艺得到具有高深宽比的结构，该技术
在 MEMS 制造中越来越受欢迎[37]。使用该技术制成
的各种玻璃结构如图 13-20 和图 13-21 所示。

图 13-19　使用 DRIE 技术制造的
硅微结构的横截面的 SEM 图

图 13-20 是一组具有高深宽比的玻璃深沟槽，其深度超过 100μm，深宽比大于 4∶1。采用厚度约为 20μm 的镍硬掩膜，刻蚀选择比约为 10∶1。

图 13-20　玻璃衬底上的高深宽比结构

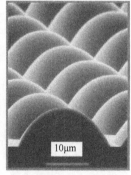

图 13-21　刻蚀到玻璃衬底中的微透镜阵列的 SEM 图

与 Bosch DRIE 工艺不同，玻璃深刻蚀工艺是连续的，因此不存在波纹形侧壁，并且减少了掩膜的横向钻蚀。刻蚀速率范围在 250 ~ 500nm/min 范围内。一般将光刻胶、金属或多晶硅作为掩膜。

（3）LIGA　是另一种高深宽比微加工技术，德语 "LIthographie Galvanoformung Adformung" 首字母的缩写[38]，这是一种非硅基制造技术，需要使用同步加速器产生的 X 射线进行曝光。基本工艺流程如图 13-22 所示。

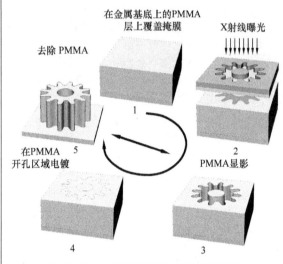

图 13-22　制造高深宽比 MEMS 器件的
LIGA 技术基本工艺流程

首先用 X 射线曝光衬底上的 PMMA 层。特殊的 X 射线掩膜可用于对 PMMA 进行选择性曝光，经过显影后 PMMA 形成所需图案，并得到非常平滑且近乎完美的垂直侧壁，X 射线曝光的穿透深度非常深，可以形成毫米量级的 PMMA 结构。显影后，图形化的 PMMA 用作模具放置在电镀槽中，并将镍或其他金属材料电镀在 PMMA 的开孔区域。最后去除 PMMA，留下金属微结构，即脱模工艺（见图 13-23）。

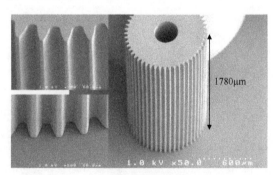

图 13-23　LIGA 技术制造的高深宽比长齿轮
（来源：LSU CAMD）

由于 LIGA 工艺需要特殊的掩膜和同步加速器辐射源（X 射线）进行曝光，所以成本相对较高。降低该工艺成本的方法是：将制造的金属部件（图 13-22 中步骤 5）作为模具压印到聚合物层中（图 13-22 中步骤 3），再将金属电镀到聚合物模具（图 13-22 中步骤 4）中并除去聚合物模具（图 13-22 中步骤 5）[39]。这一系列步骤避免了每次制造中同步加速器辐射源的需求，降低了工艺成本。LIGA 工艺的尺寸控制相当好，模具在磨损之前可以多次重复利用。

（4）热压工艺　是 LIGA 工艺的变型，使用 LIGA 或类似技术制造金属模具插件，然后将模具插件压印到聚合物基片上，形成聚合物模具。该工艺可以使得压印得到超过 $200\mu m$ 深的聚合物模具，并且具有非常好的尺寸控制。

与其他模具制造技术相比，热压工艺的优点是单个聚合物模具的成本可以非常低。成本优势加上非常好的性能使得热压工艺在微流控研究中非常受欢迎。

模具可以用 LIGA、DRIE 或其他工艺技术制成。通常情况下，LIGA 模具是最昂贵的，但是其具有更平滑的侧壁和金属材质，能够提供优异的压印效果。图 13-24 所示是镍模插件（照片右侧）和热压后的聚合物模具（照片左侧）。

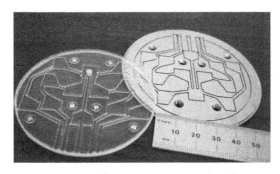

图 13-24　热模插件和热压后的聚合物模具
（来源：LSU CAMD）

（5）其他微加工技术　除了体微加工、表面微加工、键合和高深宽比微加工技术之外，还有许多其他技术用于制造 MEMS 器件。下面将回顾其中一些较为流行的技术。读者可阅读参考文献 8-11 进一步详细了解。

1）XeF_2 干法刻蚀。XeF_2 干法刻蚀工艺是用气态的二氟化氙作为硅的各向同性刻蚀剂[40]，XeF_2 对微电子工艺常用的材料（包括 LPCVD 氮化硅、热 SiO_2、铝、钛等）具有很高的选择性。这是完全干燥的释放工艺，因此不存在湿法释放工艺中的黏附效应。图 13-25 是采用 XeF_2 对硅进行各向同性刻蚀制备的悬臂梁的横截面图。

图 13-25　使用 XeF_2 各向同性刻蚀得到的硅悬臂梁的横截面

2）微细电火花工艺。微细电火花工艺是采用电击穿放电进行加工的工艺[41]。其工作电极由可以施加高电压脉冲的金属材料构成，将工作电极靠近被浸入介质溶液中的备加工材料。微细电火花加工可以制造的最小特征尺寸取决于工作电极的尺寸及其固定方式。但是微细电火花加工的问题是速度较慢，成本较高。

3）激光微加工。激光可以在非常短的光脉冲中产生较高能量，可以用该能量加工特定材料[42]。可用于微加工的激光器有 CO_2 激光器、YAG 激光器、准分子激光器等，每种激光器都有其独特的性质和功能。选择激光器的因素包括激光的波长、能量、功率和时空相干性，加工材料的类型，特征尺寸和公差，以及加工速度和成本等。

CO_2 和 Nd：YAG 激光器的机理是一种热过程，它们使用聚焦光学器件将预定的能量/功率密度引导到工件上指定的位置以熔化或蒸发材料。当有机材料暴露于由激态原子、谐波 YAG 或其他 UV 源产生的紫外辐射时，发生光消融效应。

类似于微细电火花加工，激光微加工可以产生几十微米量级的图案，但它也是串行工艺，速度比较缓慢。图 13-26 所示是使用激光微加工在医疗导管中制造的微孔。

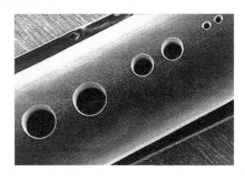

图 13-26　使用激光微加工在医疗导管中制造的微孔

激光微加工的最新进展是超短脉冲的飞秒激光器，与常规激光微加工相比，飞秒激光器提供了更好的控制和效果[43]。由于激光的脉冲短于热扩散时间和电子-声子耦合时间，所以照射材料几乎不产生热。取而代之的是，被照射的材料瞬间从固相转变为气相，减少了对周围材料的损坏，并提供了更好的控制。此外，由于加工工艺不依赖于激光辐射的吸收，因此可以使用飞秒激光技术来加工多种不同类型的材料，包括半导体、金属、电介质、陶瓷和聚合物等。

4）聚焦离子束微加工（FIB）[44]。其加速电压可从几电子伏特调节到几百电子伏特，束斑直径可以聚焦到50nm，这使其能够制造极小的结构。用户可以输入所需刻蚀的3D CAD实体拓扑模型，并且由计算机控制来精确对准具有亚微米定位精度的样品。除了去除材料之外，FIB还可以用于执行离子诱导沉积、光刻、注入式掺杂、掩膜修复、器件修复和诊断等功能。大多数商业FIB具有成像能力，还可以配备二次色谱柱，对使用uSIMS从衬底去除的颗粒进行质量分析。

5）电化学加工（EFAB）。EFAB在很多方面与全息光刻相似[45]，利用这种技术，三维微结构可按照一定顺序沉积结构材料薄层而制成，每层可以独立地图案化，提高了器件形状的灵活性，单层厚度在 $1 \sim 10\mu m$ 范围内，最小横向特征尺寸为几微米。

13.3.2 MEMS 工艺集成

工艺流程是指生产器件中被周期性使用的标准化的工艺步骤的有序排列。工艺技术是指开发并完善用于器件的商业化生产的标准化工艺流程。更明确地说，工艺流程通常指由制造实验室开发的加工工艺，而工艺技术则指在商业代工厂中生产特定MEMS器件的制造方法。一般来说，工艺技术具有完善的设计规则和技术文件，用于指导器件和掩膜的设计。

这里所说的工艺集成是指对各个工艺步骤及其与整个工艺流程的相互关系的理解、表征和优化，这对于研发MEMS器件至关重要。鉴于MEMS设计人员必须了解材料特性才能做好器件设计，而MEMS制造中使用的材料高度依赖工艺且具有不可预知性，这意味着工艺集成是一项高度迭代的工作，是MEMS产品研发的重要部分。一个复杂MEMS器件的研发成本通常会高达数亿美元。降低高昂研发成本的解决方案之一是模块化这些过程，并提高MEMS工艺流程的灵活性，同时提供良好的重复性[46,47]。关于MEMS工艺集成的挑战在参考文献9中

有详细讨论。

1. 在 MEMS 中执行工艺集成

大多数MEMS项目从概念阶段开始，由器件设计者、制造专家、商业和营销人员等利益相关者共同创建用于器件设计和工艺流程的粗略剖析[9]。在这一阶段，大家会讨论和制定多种折中方案，来获得一个可以同时满足绩效、成本和上市时间目标的雏形。在该阶段，设计模型参数不太可能得到基于材料性质的准确值，因为材料特性与工艺有关。因此，设计者的目标是在设计中对这些值做出合理的估算，从而简化问题。同时，该阶段需要考虑多种可能的MEMS加工方案，因为工艺研发专家无法确切知道工艺步骤或工艺流程会对器件性能的影响，但是必须明确哪些部分可能最关键。通常情况下，工艺研发人员将采用试验设计来研发各个工艺步骤，并且基于统计方法优化整个流程。工艺工程师与器件设计人员一起创建一组测试结构（用于测量工艺流程中的材料性质）和诊断结构来辅助工艺研发。这一阶段结束时，应该有一组模型、一个初步的工艺流程和一个或多个掩膜版的集合。加工专家在这一阶段将得到一组有助于研发所有工艺步骤的试验设计方法，以及用于研发工艺流程的较短循环工艺运行方案。

随着包括一系列计划的工艺试验在内的设计的初步完成，工艺工作开始进入各个工艺步骤和制造工艺流程的研发。工艺研发本质上是个迭代的过程，在研发中执行的试验设计，涉及对工艺参数进行选取、测量、记录和统计分析。同理，工艺流程的研发也依赖于许多短循环运行的结果，这也将被记录和统计分析。随着工艺流程研发趋向成熟，测试结构确定的准确材料特性被反馈到设计模型中，并进行多次迭代优化，完善和创建新模型。

通常情况下，一个新定制的工艺流程的前两个甚至更多个周期将不会生产任何工作器件。而且，当工作器件刚开始生产时，其产量将低于25%。只有在随后的工艺运行期间，采用各种质量改进方法（如帕累托图、直方图等），产量才将增加到50%以上。只有积累了足够的量，导致产率低的致命问题才会暴露出来并被根除。很显然，任何MEMS研发工作的时间和成本都受到工艺流程的复杂性和所需最低产量的制约。采用复杂工艺技术的MEMS器件，研发成本一般居高不下（如超过1亿美元）[9]。

2. CMOS 与 MEMS 的工艺集成

CMOS与MEMS的工艺集成比非集成MEMS更复杂，研发时间更长且成本也更高[9]。一般而言，将微电子和MEMS工艺集成有三种基本方法：先制

造 MEMS，然后制造微电子；先制造微电子，再制造 MEMS；将微电子和 MEMS 的工艺流程交织在一起。

以 MEMS 优先的方法是在加工好 MEMS 的芯片上进行微电子工艺。然而，由于大多数微电子代工厂担心受到污染，一般不会接受 MEMS 芯片，所以这种方法在工业中不可行。

以微电子优先的方法通常从商业上生产的微电子芯片开始，然后"后处理"加工 MEMS 器件。这种方法的好处是：在使用最新的微电子工艺技术的代工厂中，微电子具有高质量和低成本；主要缺点是这种方法将 MEMS 制造限制在已制备的微电子电路的材料和温度体系中，这意味着所有的 MEMS 器件制造工艺的温度必须低于 450℃。这种方法的其他困难还有：MEMS 制造的精度产生的约束，以及如何可靠地实现从微电子到 MEMS 器件的电连接和对准。

交错集成工艺具有最大程度的工艺灵活性，因为制造工艺流程可以根据 MEMS 器件的特定需求进行调整。然而，这种灵活性牺牲了集成度，并且带来了更高的研发成本和更长的研发时间。此外，这种方法可能导致不可预见的进程交互影响，因此具有更大的风险。

由于研发集成 MEMS 制造工艺的成本和时间远远高于非集成 MEMS 器件，所以除非特殊需要，否则大多数 MEMS 器件并不会与电路集成。第一个商业上可行的集成 MEMS 工艺技术由 ADI 公司在 20 世纪 90 年代初提出，并采用交错工艺流程，将 MEMS 工艺步骤集成到标准 BiCMOS 工艺流程中。虽然十多年来，这个工艺一直用来生产汽车惯性传感器产品，但它已经变得相当复杂和昂贵，并被非集成方法取代。随着 MEMS 产品的规模和成本不断下降，预计随着时间的推移，集成工艺的附加性能和灵活性将越来越难以得到支持。尽管如此，市场上还有一些商业产品将 MEMS 器件阵列集成到具有集成电路的硅衬底上，该集成电路包括用于光学投影系统的德州仪器数字光处理器（DLP）和非制冷红外焦平面阵列的微测辐射热计。在 DLP 和微测辐射热计中，基于执行器或传感器的密度要求，需将 MEMS 构建在电路的顶部。在这两个集成 MEMS 示例中，工艺技术的发展成本很高，但与电路的集成对于这些器件的正常运行是必要的[9]。

13.3.3 MEMS 后处理工艺：器件释放和管芯分离

MEMS 的后处理工艺通常涉及可移动部件的释放和管芯分离，比微电子的更具挑战性，主要原因是许多 MEMS 产品具有由硅或其他薄膜材料构成的可移动部件，这些部件很容易损坏。

在分离管芯之前释放可移动部件意味着脆弱的 MEMS 器件必须能够承受切割和分离工艺，这通常需要特殊的夹具。同理，如果首先进行管芯分离，则以分批模式而不是单独地释放 MEMS 器件也需要特殊的夹具[9]。

另一个问题是释放工艺本身。通常情况下，通过浸入化学溶液（例如氢氟酸）中进行释放以除去氧化物牺牲层，然后必须对硅片进行漂洗和干燥，释放过程中可移动部件与底层衬底接触并保持黏结——黏附效应，该问题广泛应用的解决方案是二氧化碳超临界干燥[48]。

虽然超临界干燥可以解决在释放期间的黏附效应，但是在使用时也会导致柔性 MEMS 器件与衬底的接触，这也可能导致黏附效应，使 MEMS 器件失去可动性。封装中的自组装单层膜和 MEMS 器件的环境控制经常用于克服使用过程中的黏附效应[49]。

13.3.4 MEMS 的组装、测试和封装

单个管芯的组装、测试和封装也是 MEMS 技术中具有挑战性的领域[9]。MEMS 组装的要求很高，许多 MEMS 器件非常脆弱，因此标准的测试设备多数不适用于 MEMS 器件。此外，考虑由于黏合剂的使用以及时间的作用而产生的应力对管芯的影响，许多标准的管芯附着黏合剂是不适用于 MEMS 器件的。只有少数 MEMS 芯片功能测试系统适用于特定应用。

MEMS 测试仪通常对被测器件施加适当的激励（如压力、惯性等），并测量电学响应，而用于压力传感器的测试系统与用于惯性传感器的测试仪相差悬殊。通常情况下，MEMS 制造商必须自行研发或与测试系统研发公司合作研发生产级测试系统。此外，鉴于市场规模可能仅限于单个客户（即生产 MEMS 器件的公司），所以通常情况下，该制造商要承担研发测试系统的全部成本。

MEMS 封装通常必须允许管芯与环境的直接接触（例如，压力传感器需要有一个允许压力施加到应变敏感膜的端口）并同时保护管芯免受其他环境因素影响。更重要的是，MEMS 封装没有标准化，大多数现有的封装解决方案往往是高度专有的。即使是成熟的 MEMS 市场，由于需采用不同的封装类型来满足不同的客户需求和应用要求，封装解决方案经常是零散的。因此，MEMS 封装器件的成本大部分来自部件的组装、测试和封装。这部分成本通常占封装器件成本的 50%～90%[9]。

13.4 MEMS 的应用

13.4.1 概述

MEMS 具有大量潜在应用，随着技术的成熟，预计越来越多的应用将被开发出来。在本节中，我们将讨论一些广为人知的应用，然后展望一些未来应用。读者可阅读参考文献 50 更深入地了解 MEMS 应用。

13.4.2 应用

1. 汽车

汽车市场是 MEMS 器件最大的市场之一，目前，MEMS 汽车应用包括压力传感器、加速度计、陀螺仪、一氧化碳传感器和质量流量传感器。

汽车市场中 MEMS 压力传感器最大的单一应用是用于歧管绝对压力（MAP）的监测[51]。MAP 传感器用于内燃机电子控制系统。MAP 传感器提供对歧管压力的瞬时读数，提供给内燃机的电子控制单元来计算空气密度，以确定内燃机的质量空气流量，从而确定达到最佳燃烧所需的燃油计量。除此之外，内燃机可以采用空气质量流量（MAF）传感器来监测进气流量。MAF 传感器也是 MEMS 器件，MAP（或 MAF）传感器可实现更好的车辆性能，提高燃油效率并降低排放。

MEMS 在汽车上的另一个非常大的应用是轮胎内压监测传感器[52]。它们被放置在轮胎内部，持续监测每个轮胎内部的压力，并在压力低于阈值的情况下警告司机。适当的胎压对于安全驾驶是必要的，并且还可以提高燃油经济性。

惯性测量 MEMS 器件在汽车中的主要应用是加速度计和陀螺仪，这也是 MEMS 非常大的市场[53]。MEMS 加速度计用于前端和侧面安全气囊部署，另外电控悬架和牵引力控制系统的新市场也在不断增长。MEMS 陀螺仪越来越多地用于车辆稳定性和侧翻控制系统。

在汽车 MEMS 市场的占据主导地位的公司有博世、ST 微电子、飞思卡尔和 ADI 公司。MEMS 传感器在汽车应用中的数量和多样性预计将在未来进一步增加，并且其不断替代其他传感器已成事实，这意味着 MEMS 的汽车市场在可预见的将来会稳步增长。

2. 工业控制

工业控制是 MEMS 器件的另一重要市场，主要由压力传感、加速度计、陀螺仪、振动传感器、冲击加速度传感器、安全装置传感器等组成。工业控制中的应用往往具有非常大的动态测量范围。例如，压力传感器预计可以从测量流体系统中相对较小的压力（如 1 ~ 5psi⊖ 计），到测量挤压机中极高的压力（如几千 psi）[8-11]。每一个单体市场都经常需要特定的设计，导致市场可能不会很大。霍尼韦尔和恩德夫科是这一领域的两大龙头企业。

3. 办公设备

迄今为止，喷墨打印机的喷嘴是 MEMS 最大的办公设备市场[54]。它们通常以一次性墨盒形式出售，可以插入打印机，还可以装入油墨。主导这一领域的公司是惠普、利盟和佳能。另一个大型和快速增长的办公设备市场是用于投影仪的 MEMS 显示器。德州仪器以其数字光处理器（DLP）技术为主导。MEMS 还有其他一些应用，包括操纵杆和头戴式显示器等。

4. 航天

航空航天应用的 MEMS 市场包括压力传感器、速率传感器、导航传感器、加速度计、切速率传感器、应变传感器、温度传感器、流量传感器和适用于飞机空气动力学控制的适应性表面[55]。许多应用涉及非常苛刻的工艺条件，需要特殊的材料和封装。例如，研究人员正在研究由碳化硅制成的 MEMS 压力传感器，该传感器可以放置在一个燃气涡轮发动机内。这个市场还是比较小的，但预计未来会有增长。

5. 医学

MEMS 在医学中应用十分广泛[56,57]。自 20 世纪 80 年代末以来，MEMS 一直被用于医疗住宅血压传感器。最近，非常微小的 MEMS 压力传感器被放置在医用导管上，以测量诸如患者心脏瓣膜之间的差压带来的影响。MEMS 加速度计和速率传感器用于植入心脏起搏器。MEMS 器件也开始用于药物输送，并用于可移动和可植入的应用。MEMS 电极正被用于神经刺激等相关应用。各种侵入性和非侵入性用途的生物和化学 MEMS 传感器也开始上市。芯片实验室和微型生化分析仪器已经出现在市场上。大多数医疗市场都是被一些规模较小的公司占有，其中也包括美敦力、雅培制药、强生和百特医疗等大公司的参与。

6. 通信

MEMS 在通信中的应用基本上分为几类，包括麦克风、惯性传感器和 RF 滤波器。MEMS 麦克风几

⊖ 1psi = 6.89kPa。

乎在当下制造的每个手机中得以普及[58]，此外，MEMS 麦克风通常用于计算机和手持设备。许多智能手机的定位朝向与用户前进方向一致，该功能就是通过 MEMS 惯性传感器实现。利用 MEMS 正在实现手机的频率选择性滤波，可再配置收发器的MEMS 射频开关预计也将很快进入市场。MEMS 移相器正在低成本相控阵天线方向探索，并显示出很大的市场潜力。在光通信中，市场上有各种各样的MEMS 开关、调节器和衰减器，预计未来还会有更多的应用。诺尔斯公司主宰麦克风市场，许多制造商正在竞争手机的惯性 MEMS 传感器市场，滤波器市场则由安华高科技主导。

13.5 MEMS 是绿色科技

MEMS 是一项绿色科技，体现在以下几个方面：

首先，如上文所述，许多 MEMS 器件的应用有助于提高燃料效率和降低车辆排放。其中包括歧管绝对压力传感器和恒定的轮胎压力监测传感器的应用，已几乎在全球范围内的车辆中实现，节省了大量能源，并减少了排放量。使车辆避免碰撞的MEMS 传感器，如车辆稳定性和侧翻控制传感器也是绿色科技。这是因为，避免了碰撞就避免了修理或更换车辆的成本，也减少了生产新零件或更换车辆的能源消耗，更不要说避免了乘客受伤，免除了医疗（以及生产与医疗相关的一切）的能源成本和潜在的工作时间损失。MEMS 传感器在航空应用中，也同样能提高燃油效率和降低排放。

用于车辆和人员导航的 MEMS 传感器也有助于节省能源，因为它能更快捷地到达目的地。正在研发用于能量收集的 MEMS 器件，其中的部件或系统由周围环境中的能量转化为能源供电。这些外部能源可以是太阳能、热能、风能、盐度梯度和动能。由于能源是源自现有的外部电源，所以这些器件不需要电池，也不用连接到电网，因此不需要燃烧矿物燃料或核反应来提供能量。这些器件许多涉及压电效应——将机械应变转化为电流或电压。机械应变可以来自人体运动、低频地震振动、海洋潮汐或潮流，以及声学噪声[58]等。

MEMS 制造也在探索更多的绿色（至少是环境友好型）制造技术。例如，已经报道了常用于硅DRIE 刻蚀，具有负面环境影响的 SF_6 和 C_4F_8 气体，可以被 C_3F_6 和 IF_5 替代。将 C_3F_6 和 IF_5 应用于高深宽比的硅的深刻蚀，可以将温室气体排放减少95% 以上，同时保持良好的刻蚀性能（刻蚀速率和刻蚀截面轮廓）。据估计，将这些替代气体用于刻蚀晶片至 $300\mu m$ 的深度，将节省相当于 43 棵树的资源[59]。

目前已经将超临界 CO_2 作为环境友好的溶剂，进行研发用于光刻工艺的光刻胶。超临界 CO_2 具有无毒、不易燃和化学惰性的环境收益，以及液体状流体密度、气体扩散性和零表面张力的优点。然而，超临界 CO_2 本身是大多数聚合物的不良溶剂，通过在聚合物中加入某些含氟和硅的物质，可以增加聚合物在超临界 CO_2 中的溶解度。尽管如此，在该工艺中消除氟是可以预期的：一些没有掺入氟的分子玻璃光刻胶已经通过超临界 CO_2 成功研发出来。此外，另一种对环境友好的低挥发有机化合物溶剂——十甲基四硅氧烷，也已被用于研发常规的光刻胶[60]。

13.6 未来趋势

MEMS 的未来发展趋势包括更高层次的集成、单个器件更多的功能以及更小的尺寸。随着制造能力的不断提高和成熟，预计将来有可能将多种不同类型的传感器和执行器集成在同一块硅衬底上，并将 MEMS 与最先进的电路集成在一起。这将实现以较低的成本在非常小的空间里集成多种功能。此外，我们正目睹 MEMS 和纳米技术的深度融合。

由于制造技术的进步，许多 MEMS 器件的尺度不断缩小，而这一事实加之带来的可观经济效益，将为尺度进一步缩小提供源源不断的推动力。此外，纳米技术的进步将非常依赖于 MEMS 技术的发展，这主要是因为 MEMS 提供了与纳米领域唯一可能的接口。

13.7 总结

MEMS 通过微型化、批量制造以及与电路的集成，彻底改变了机械系统的设计。MEMS 技术不局限于某种特定的应用或器件，也不是单一的制造工艺。相反，该技术为所有工业、商业和军事领域的智能产品研发提供了新的独特功能。虽然 MEMS 器件可能只占据其组合产品的成本、尺寸和重量的一小部分，但它们将对性能、可靠性和经济效益的改进却至关重要。

本章回顾了 MEMS 技术，并试图从集成电路产业的角度来进行阐述。MEMS 产业与集成电路产业享有"共同血统"，并且它是一种更广泛和更多样化的技术。MEMS 多样化的应用、重要的经济效益和潜在的应用范围，使其成为未来的标志性技术。

参考文献

1. Huang, P. H., et al., "Applications of MEMS Devices to Delta Wing Aircraft: From Concept Development to Transonic Flight Test," AIAA Paper No. 2001-0124, Reno, Nevada, January 8-11, 2001.
2. Status of the MEMS Industry 2013, Yole Development, see: www. yole. fr.
3. *Implications of Emerging Micro- and Nanotechnologies*, National Research Council, National Academies Press, 2002.
4. Fishbine, G., *The Investor's Guide to Nanotechnology and Micromachines*, Wiley, 2002.
5. See: http://www. semiconwest. org/node/10541.
6. Kovacs, G. T. A., *Micromachined Transducers Sourcebook*, McGraw-Hill, New York, 1998.
7. Elwenspoek, M., and R., Wiegerink, *Mechanical Microsensors*, Springer, Berlin, Germany, 2001.
8. Madou, M., *Fundamentals of Microfabrication*, CRC Press, Boca Raton, Florida, 1997.
9. Huff, M. A., S. F., Bart, and P., Lin, "MEMS Process Integration," *MEMS Materials and Processing Handbook*, editors R. Ghodssi and P. Lin, Springer Press, New York, Chap. 14, May 2012.
10. Sze, S., *Semicondcutor Sensors*, Wiley, New York, 1995.
11. Gad-el-Hak, M., *The MEMS Handbook*, CRC Press, Boca Raton, Florida, 2002.
12. Petersen, K. E., "Silicon as a Mechanical Material," *Proceedings of the IEEE*, 70 (Issue 5): 420-457, 1982.
13. Gupta, R. K., et al., "Material Property Measurements of Micromechanical Polysilicon Beams," *SPIE* 1996 *Conference* (*Invited Paper*): *Microlithography and Metrology in Micromachining II*, October 14-15, 1996.
14. Jaeger, R. C., "Introduction to Microelectronic Fabrication," *Modular Series on Solid-State Devices*, 2nd ed., Prentice Hall, Vol. 5, 2001.
15. Seidel, H., L., Csepregi, A., Heuberger, and H., Baumgartel, "Anisotropic Etching of Crystalline Silicon in Alkaline Solutions: II, Influence of Dopants," *Journal of Electrochemical Society*, 137: 3626, 1990.
16. Raley, N. F., Y., Sugiyami, and T., van Duzer, "(100) Silicon Etch-Rate Dependence on Boron Concentration in Ethylenediamine-Pyrocatechol-Water Solutions," *Journal of Electrochemical Society*, 131: 161, 1984.
17. Zwicker, W. K., and S. K., Kurtz, "Anisotropic Etching of Silicon Using Electrochemical Displacement Reactions," *Semiconductor Silicon*, edited by Huff, H. R., and Burgess, R. R., p. 315, 1973.
18. Jackson, T. N., M. A., Tischler, and K. D., Wise, "An Electrochemical p-n Junction Etch Stop for the Formation of Silicon Microstructures," *IEEE Electron Device Letters*, EDLM-2: 44, 1981.
19. Glembocki, O. J., R. E., Stanlbush, and Tomkiewicz, "Bias-Dependent Etching of Silicon in Aqueous KOH," *Journal of Electrochemical Society*, 132: 145, 1985.
20. Kloech, B., S. D., Collins, N. F., de Rooij, and R. L., Smith, "Study of Electrochemical Etch-Stop for High Precision Thickness Control of Silicon Membranes," *IEEE Transactions on Electron Devices*, ED-36: 663, 1989.
21. McNeil, V. M., S. S., Wang, K. Y., Ng, and M. A., Schmidt, "An Investigation of the Electrochemical Etching of (100) Silicon in CsOH and KOH," *Technical Digest IEEE Solid-State Sensor and Actuator Workshop*, Hilton Head, South Carolina, p. 92, 1990.
22. Howe, R. T., and R. S., Muller, "Polycrystalline and Amorphous Silicon Micromechanical Beams: Annealing and Mechanical Properties," *Sensors and Actuators*, 4: 447, 1983.
23. Fan, L. S., Y. C., Tai, and R. S., Muller, "IC-Processed Electrostatic Micromotors," Presented at the International Electron Devices Meeting (IEDM), p. 666, 1991.
24. Huff, M. A., and M. A., Schmidt, "Fabrication, Packaging, and Testing of a Wafer-Bonded Microvalve," IEEE Solid-State Sensor and Actuator Meeting, Hilton Head, South Carolina, June 22-25, 1992.
25. Weinhart, A., P., Amirfeiz, and S., Bengstsson, "Plasma Assisted Room Temperature Bonding for MST," *Sensors and Actuators A*, 92: 214-222, 2001.
26. Doll, A., F., Goldschmidtboeing, and P., Wois, "Low-Temperature Plasma-Assisted Wafer Bonding and Bond-Interface Stress Characterization," *Micro Electro Mechanical Systems*, 17th IEEE International Conference on MEMS, pp. 665-668, 2004.
27. Wallis, G., and D. L., Pomerantz, "Field Assisted Glass-Metal Sealing," *Journal of Applied Physics*, 40: 3946, 1969.
28. Johansson, S., K. Gustafsson, and J. A., Schweitz, "Strength Evaluation of the Field Assisted Bond Seals Between Silicon and Pyrex Glass," *Sensors and Materials*, 3: 143, 1988.
29. Johansson, S., K., Gustafsson, and J. A., Schweitz, "Influence of Bond Area Ratio on the Strength on FAB Seals Between Silicon Microstructures and Glass," *Sensors and Materials*, 4: 209, 1988.
30. Tiensuu, A. L., J. A., Schweitz, and S., Johansson, "In Situ Investigation of Precise High Strength Micro Assembly Using Au-Si Eutectic Bonding," 8th International Conference on Solid-State Sensors and Actuators, Transducers 95, Stockholm, Sweden, p. 236, June, 1995.
31. Editorial, "Sealing Glass," Corning Technical Publication, Corning Glass Works, 1981.

32. den Besten, C., R. E. G., van Hal, J., Munoz, and P., Bergveld, "Polymer Bonding of Micromachined Silicon Structures," Proceedings of the IEEE Micro Electro Mechanical Systems, MEMS 92, Travemunde, Germany, p. 104, 1992.

33. Larmar, F., and P., Schilp, "Method of Anisotropically Etching of Silicon," German Patent DE 4,241,045, 1994.

34. Bhardwaj, J., and H., Ashraf, "Advanced Silicon Etching Using High Density Plasmas," *Proceedings of the SPIE*, *Micromachining and Microfabrication Process Technology Symposium*, Austin, Texas, October 23- 24, vol. 2639, p. 224, 1995.

35. Chambers, A. A., "Si DRIE for Through- Wafer Via Fabrication," Solid- State Technology, March, 2006.

36. Yeom, J., Y. Wu, J. C., Selby, and M. A., Shannon, "Maximum Achievable Aspect Ratio in Deep Reactive Ion Etching of Silicon due to Aspect Ratio Dependent Transport and the Microloading Effect," *Journal of Vacuum Science & Technology B*, 2005.

37. ULVAC, Inc., Technical Data, 2004.

38. Ehrfeld, W., et al., "Fabrication of Microstructures Using the LIGA Process," Proceedings of the IEEE Micro Robots and Teleoperators Workshop, Hyannis, Massachusetts, November 1987.

39. Menz, W., W. Bacher, M., Harmening, and A., Michel, "The LIGA Technique- A Novel Concept for Microstructures and the Combination with Si- Technologies by Injection Molding," IEEE Workshop on Micro Electro Mechanical Systems, MEMS 91, p. 69, 1991.

40. Chu, P. B., J. T., Chen, R., Yeh, G., Lin, C. P. Hunag, B. A., Warneke, and K. S. J., Pister, "Controlled Pulse- Etching with Xenon Difluoride, "*Proceedings of the International Conference on Solid- State Sensors and Actuators*, Transducers 97: 665, 1997.

41. Pradhan, B. B., M., Masanta, B. R., Sarkar, and B., Bhattacharyya, "Investigation of Electro- Discharge Micro- Machining of Titanium Super Alloy," *International Journal of Advanced Manufacturing Technology*, 41: 1094- 1106, 2009.

42. Schaefer, R. D., "Fundamentals of Laser Micromachining," Taylor and Francis, April 2012.

43. Osellame, R., G. Cerullo, and R. Ramponi, "Femtosecond Laser Micromachining," *Topics in Applied Physics*, Springer, Vol. 123, March 2012.

44. Driesel. W., "Micromachining Using Focused Ion Beams," *Physica Status Solidi (a)*, 146 (Issue 1): 523- 535, 1994.

45. Cohen, A., et al., "EFAB: Rapid, Low- Cost Desktop Micromachining of High Aspect Ratio True 3- D MEMS," Twelfth IEEE International Conference on MEMS, MEMS '99, Orlando, Florida, pp. 244- 251, January 17- 21, 1999.

46. Sedky, S., R. T., Howe, and T- J. King, "Pulsed- Laser Annealing, A Low- Thermal- Budget Technique for Eliminating Stress Gradient in Poly- SiGe MEMS Structures," *Journal of Microelectromechanical Systems*, 13 (Issue 4): 669, 2004.

47. M. Huff, "Concepts for cost effective manufacturing of MEMS/NEMS devices", *Technologies for Future Micro/Nano Manufacturing*, Napa, California, USA, August 8- 10, 2011.

48. Mulhern, G. T., D. S., Soane, and R. T., Howe, "Supercritical Carbon Dioxide Drying of Microstructures," Proceedings of the 7th International Conference on Solid- State Sensors and Actuators, Transducers 93, Yokohama, Japan, p. 296, June 1993.

49. Ashurst, R., C., Carraro, J. D., Chinn, V., Fuentes, B., Kobrin, R., Maboudian, R., Nowak, and R., Yi, "Improved Vapor- Phase Deposition Technique for Anti- Stiction Monolayers," *Proceedings of SPIE—The International Society for Optical Engineering*, 5342 (1): 204- 211, 2004.

50. Maluf, N., and K., Williams, *An Introduction to Microelectromechanical Systems Engineering*, 2nd ed., Artech House Inc., p. 89, 2004.

51. Monk, D. J., and M. K., Shah, "Packaging and Testing Considerations for Commercialization of Bulk Micromachined, Piezoresistive Pressure Sensors," *Commercialization of Microsystems '97*, Kona, Hawaii, pp. 136-149, 1996.

52. "Automotive, Wireless Drive MEMS Pressure Sensor Market," Sensors Magazine, April 23, 2013.

53. Kempe, V., *Inertial MEMS: Principles and Practice*, Cambridge University Press, March 2011.

54. Inkjet Head Report, Yole Development, 2007 see: http://www.i- micronews.com/upload/Rapports/inkjet% 20head.pdf.

55. Dixon, R., *MEMS in Military and Aerospace Sectors to See Stong Growth*, IHS Electronics and Media Market Intelligence, December 2012.

56. Huff, M., "Medical Applications of Micro- Electro- Mechanical Systems (MEMS). Biomaterials for Medical Applications, *Biomaterials Science: An Integrated Clinical and Engineering Approach*, edited by Yitzhak Rosen and Noel Elman, CRC Press, Boca Raton, FL, June 2012.

57. "Making Sense of the Medical MEMS Technologies," *Medical Products Manufacturing News*, 26 (No. 4), 2010.

58. "Apple determines MEMS microphone market," Electronics Weekly. com, May 1, 2013.

59. Bonnabel, A., and Y., de Charentenay, "Energy Harvesting Market Will Approach $250M in Five Years, with

Fastest Growth from Thin Film Thermal Technologies," Issue No. 12, October 2012, i-micronews. com.

60. Nagano, S., et al., "Environment Friendly MEMS Fabrication: Proposal of New DRIE Process Gases for Reduction of Green House Effect," *Micro Electro Mechanical Systems*, 2007, IEEE 20th International Conference on MEMS, Hyogo, Japan, pp. 341-344, January 21-25, 2007.

61. Ouyang, C. Y., et al., "Environmentally Friendly Processing of Photoresists in scCO$_2$ and Decamethyltetrasiloxane," *Proceedings of the SPIE—Advances in Resist Materials Processing Technology*, XXVII: 763912, 2010.

扩展阅读

http://www. memsnet. org.
http://www. mems-exchange. org.
http://www. memsnet. org/lists/.

第 **14** 章
纳米技术和纳米制造

微机电系统与纳米技术交流（MNX）公司　迈克尔·A. 哈夫（MICHAEL A. HUFF）　著
上海交通大学　宁月生　译

14.1　概述

　　纳米技术是一个高度交叉的多学科领域，涉及在纳米级尺度下对物质进行控制。它是一个极其广泛和多样化的技术，涵盖科学和工程领域内的物理、化学、生物学、电气工程、机械工程、化学工程、生物医学工程、医学和材料科学等。控制原子和分子以形成材料和产品的能力是一个非常诱人和激动人心的概念，因为它将提供更好的产品和服务，具有巨大的经济潜力。科学界已经认识到纳米技术的重要性，并已成功地促使世界各国政府投资数十亿美元探索和开发这项技术。我们还处于纳米技术发展的早期阶段，在这个阶段很难预测这些技术到底意味着什么，但是很多专家认为，纳米技术将成为迄今为止世界历史上最重要的技术，深刻影响人民生活和经济。本章给出纳米技术的定义，解释其重要性，并介绍其发展历史、实施方法、应用和市场、所带来的影响，以及与纳米技术制造相关的未来趋势。

14.2　什么是纳米技术

　　美国国家纳米技术计划（National Nanotechnology Initiative，NNI）用很通用的术语来定义纳米技术，即在原子或分子尺度上对物质进行操纵，其中至少一个维度上的尺寸范围为 1～100nm[1]。这是一个非常宽泛的定义，没有提到此技术及其应用中可以实施的任何具体内容，但这也是有意而为，因为此定义的目的就是为了抓住一个要点——在这个尺度范围，量子力学效应是很重要的。

　　纳米技术的另一个也许是更容易识别的特点，就是能够从非常廉价和丰富的基本物质组成单元（即原子和分子）形成物体，使之具有特定目的和应

用价值。一个明显的类比是生命体，其本质上是由非常廉价和简单的化学元素（如碳、氧、氢、氮和其他原子）组成，但是由自然形成非常复杂、精细和有价值的系统，即生物组织。从生命体类比中进一步预测，纳米技术将能够实现自我创造、自我维持、自我修复，甚至自我意识。虽然这个极其前瞻的纳米技术愿景远远不能从现有的知识和能力中获得实现的可能性，但它确实突出了这项技术的重要意义。

　　为了深入了解纳米技术的尺寸，这里给出一些参照：水分子的直径约为 0.1nm，葡萄糖分子的直径约为 1nm，典型的病毒直径约为 100nm，人的头发的直径约 10^5nm，棒球的直径约为 10^8nm。因此，纳米尺度中较小的 1nm 级尺寸与自然界中可以见到的基本分子的尺寸大致相同。

　　同样重要的是，尽管纳米技术对社会有许多潜在的好处，但也引起了一些警惕，特别是这种技术潜在的毒性和对环境的影响。这方面目前尚未得到很好的认识，同时也是专家们积极争论的一个话题[2]。

14.3　纳米技术的重要性

　　纳米技术非常重要，因为它将对社会产生极大的影响，包括巨大的经济增长潜力。能够精确地操纵物质中每个原子或分子的位置，加工成材料并制成产品，意味着生产厂家对材料结构的确定性控制，将达到前所未有的新高度。这将使材料拥有以前不具有的属性，例如更高的强度、更坚固的结构、更低的重量，以及优异的材料服役性能。

　　有人认为，纳米技术将会导致下一次工业革命[3]。部分原因是纳米技术的广度非常大，但也许更重要的是，纳米技术会彻底颠覆许多，甚至所有现有行业、产品和流程。也许在我们的生活中没有什么可以逃避未来纳米技术的影响。

美国国家科学基金会（NSF）预测，纳米技术将在 2015 年之前使 GDP 增加超过 1 万亿美元[4]。卢克斯研究（Lux Research，市场研究机构）预测，到 2018 年，超过 4.4 万亿美元的制成品将纳入纳米技术[5]。显然，这是一个极大的经济潜力，但也是完全可能实现的，因为使用纳米技术有望明显改善每一种产品和服务，而且将来可能轻易实现现在看来不可能的新技术和新产品，使大家有能力去购买它们。

14.4 纳米技术史

纳米技术的历史是一个复杂的故事。由于纳米技术是在原子和分子尺度上控制物质，或许可以认为，这种技术已经存在很长时间，甚至好几个世纪，以油漆、涂料及其他材料加工技术形式存在。虽然这么说不无道理，但纳米技术确实是直到最近才被承认是一个自成一体的技术领域。

有人引用了著名的诺贝尔奖获得者物理学家理查德·费曼（Richard Feynman）在 1959 年发表的题为《底层有足够空间（There's plenty of room at the bottom）》的演讲，作为在原子尺度上对物质进行操纵潜在可能性的首次公开呼吁[6]。费曼教授在演讲中没有使用纳米技术一词，但他提出了一些非常有趣和意义深远的可能，包括高密度计算机集成电路、可以观察原子尺度的显微镜，以及可以作为患者医生的微型化小丸形机器人。费曼还提出了一种可能，即通过对原子和分子的机械操纵来控制原子排列，以及进行化学合成。显然，鉴于计算机芯片、扫描电子显微镜和智能药丸的新进展，我们可以说，费曼教授对于未来几十年技术发展所指明的方向，确实是非常有见地的预测。

费曼在演讲中影响最为深远的预测，可能是利用在原子尺度大规模并行运行的方式来构建物体，以及使用缩放仪作为向下尺度缩放方法的可能性。他也正确地预测，随着被操纵物体的尺寸变小，各种物理作用力的相对重要性也将相互变化。例如，在原子尺度上，重力将不那么重要，而表面张力效应和范德华吸引力将占主导地位。

然而，最近一些调查纳米技术发展历史的研究人员认为，费曼演讲在激发纳米技术研究方面并没有起太大的作用。具体来说，他们下此结论，是因为发现费曼演讲的内容几乎从未被纳米技术出现前后的各种出版物当作参考来引用。然而，不论费曼的演讲是否已经直接影响纳米技术的发展，大多数人都同意，他的许多预测具有神奇的洞察力。

术语"纳米技术（Nanotechnology）"的第一次

使用，现在被公认为 1974 年由谷口纪男（Norior Taniguchi）教授提出，他用这个词来描述半导体制造工艺，例如物理气相薄膜沉积工艺，其厚度在几十纳米[7]。然而，谷口教授使用"纳米技术"这个词在当时几乎不为人所知，也未得到重视。

后来，埃里克·德雷克斯勒（Eric Drexler）撰写了一本题为《创造的动力：即将来临的纳米技术时代（Engines of Creation：The Coming Era of Nano-technology）》的书，该书于 1986 年发表[8]。笔者认为，这本书强烈地受到了费曼在 1959 年讲话的激励。本书广泛使用"纳米技术"一词，并提出了一些新颖的示范，包括：将整个国会图书馆的内容写在一个立方糖块上，以及可在原子级构建物体的微型化机器技术。德雷克斯勒博士还推测了一种他称之为"灰尘（Gray goo）"的恐怖情景，其中纳米技术使得出现一种我们将无法容纳的自动再生机器，该机器将不受人控制。该书发表之后，一些著名的科学家批评书中的内容太过科幻，但德雷克斯勒的书籍却得到了科学界和广大公众的关注，从而开始让人们更多地思考纳米技术的可能性和后果[9,10]。

比上述谈话、文章或书籍更加促进纳米技术进步的是 20 世纪 60 年代和 70 年代图案化和成像技术的科学进展，使得可以在纳米尺度制作特定图案，并对其进行成像。这些发展使得纳米技术成为被大家所认可的技术领域。然而，早期纳米技术的科学进步既不快，也不连贯。例如，恩斯特·鲁斯卡（Ernst Rus-ka）和马克斯·科诺尔（Max Knoll）早在 1931 年发明了电子显微镜，但几十年来，这项技术进展缓慢，工作主要限于大学内[11,12]。然而，1961 年图宾根（Tubingen）大学的莫伦斯特德（Mollenstedt）和施派德尔（Speidel）发表了一篇题为《微型化的最新进展》的文章，叙述了一种具有不到 100nm 宽度的图案线[13]。其线型图案是通过使用电子束刻蚀表面覆盖碳的硝酸纤维素膜而获得的（见图 14-1）。

图 14-1　使用电子束刻蚀技术所制造图案的扫描电子显微镜（SEM）图像（参考文献 13）

还有一点很引人注意，在此期间，一些研究人员提出使用电子束刻蚀技术来制造微电子。有两个例子，一个是 1960 年，来自西尔瓦尼亚电子系统公司（Sylvania Electronic Systems）的塞尔文（Selvin）和麦唐纳（MacDonald）撰写了一篇文章，题为"微电子电路中电子束技术的未来"[14]。另一个是 1961 年，由西屋研究公司（Westinghouse Research）的威尔斯（O. Wells）撰写了题为"微电子中的电子束"的文章[15]。

20 世纪 80 年代，纳米技术取得了一些最重大的技术进步。具体来说，扫描隧道显微镜（STM）是在 1981 年发明的，并进行了单个原子的成像。发明人是来自 IBM 苏黎世研究实验室的格尔德·宾宁（Gerd Binnig）和海因里希·罗勒（Heinrich Rohrer），他们于 1986 年获得诺贝尔物理学奖[16]。宾宁发明了原子力显微镜（AFM），宾宁、奎特（Quate）和戈博（Gerber）在 1986 年建立了第一台 AFM 并成功运行[17,18]。

1985 年，哈罗德·克罗托（Harry Kroto）、理查德·斯莫利（Richard Smalley）和罗伯特·柯尔（Robert Curl）发现了富勒烯，随后他们在 1996 年获得了诺贝尔化学奖。1991 年，日本 NEC 的饭岛澄男（Sumio Iijima）发现了来自电弧放电系统的烟灰中的碳纳米管[20]。一年后的 1992 年，美国玛格纳斯工业公司（Maganas Industries）的艾尔·哈灵顿（Al Harrington）和汤姆·玛格纳斯（Tom Maganas）使用化学气相沉积（CVD）工艺合成了碳纳米管[21]。这些进展促进了许多科学和工程学科及潜在应用领域的大量研究活动。

令人惊讶的是，后来发现拉杜什凯维奇（Radushkevich）和卢基扬诺维奇（Lukyanovich）早在 1952 年就在苏联物理化学杂志上发表了一篇文章，显示出直径约为 50nm 的碳纳米管[22]。1960 年，波尔曼（W. Bollmann）和斯普里德巴勒（J. Spreadborough）在《自然》（Nature）杂志上发表了一篇题为《石墨作为润滑剂的作用》的论文，显示了多壁碳纳米管（MWCNT）的扫描电子显微镜（SEM）图像[23]。而在 1976 年，欧柏林（Oberlin）、远藤（Endo）和小山（Koyama）在《晶体生长学报》（Journal of Crystal Growth）上发表了一篇论文，题为"通过苯分解的碳的丝状生长"，报道使用化学气相沉积来生长纳米尺寸的碳纤维[24]。因此，很明显，纳米管的发现早于 1985 年，即大家所普遍接受的日期。然而，尽管在 1985 年之前就发现了纳米管，但直到很晚其宏观量的制备工艺才为人们所了解。

1990 年 11 月，IBM 阿尔马登（Almaden）研究中心的唐纳德·艾格勒（Donald Eigler）和埃哈德·施瓦泽（Erhard Schweizer）使用扫描隧道显微镜来操纵镍基底表面上的单个氙原子，拼出了"IBM"三个字母（见图 14-2）。这是第一个操纵单个原子的具体案例[25]。

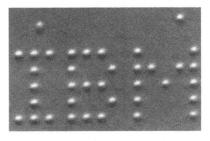

图 14-2　使用氙原子在镍基底表面所拼写的 IBM 字母的扫描隧道显微镜（STM）图像[25]（来源：IBM Alameden Research Center）

目前，纳米技术的经济潜力已经开始为人们所认识，下面将进行更详细的讨论。

14.5　纳米尺度制造的基本方法

涉及纳米技术实施通常有两种方法。第一个是"自上而下"的方法（见图 14-3），需要使用合适的制造工艺和技术，以从更大块材料打造和形成纳米尺度元件。自上而下的方法所涉及的生产技术在很

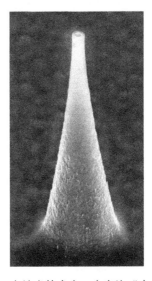

图 14-3　在纳米技术中一个实施"自上而下"方法案例的扫描电子显微镜（SEM）图像

注：一个高 $10\mu m$，直径 125nm 的镍点位于一个直径 400nm 的氮化钛点顶部，制成了一个场发射器件。该场发射结构从一高导电性单晶硅基板刻蚀而成。[Micro-Electro-Mechanical Systems（MEMS）和 Nanotechnology Exchange（MNX）at the Corporation for National Research Initiatives（CNRI）版权所有，经许可使用]

大程度上等同于集成电路（IC）和微系统行业中使用的技术[26,27]。由集成电路技术行业生产的许多晶体管器件都已经处于纳米尺度。例如，IC 制造商用于制造微处理器和存储元件的最新技术涉及的栅极长度只有数十纳米。

大部分用于实施纳米技术中自上而下方法的技术包括薄膜沉积（可能具有纳米范围内的厚度）、光刻（用以在感光聚合物层中形成所需图案），以及刻蚀。下面一例示出了使用这些技术来实现纳米尺寸结构的工艺流程（见图 14-4），其所示的是一个悬挂式结构，可用作纳米机械谐振器。

制造过程从衬底开始，衬底通常由单晶硅制成，但也可以由其他材料制成，包括：二氧化硅、石英、锗、碳化硅或半导体工业中使用的其他常用衬底（图 14-4a）。在本示例中，我们假设衬底由导电半导体制成，比如被掺杂到合理的水平的硅。通常使用半导体衬底的原因是它们已发展到具有最好的平整

度和光滑度，而这些属性对于使用自上而下方法来制造纳米尺寸特征是很重要的。

随后，沉积薄膜材料层（见图 14-4b）。该第一沉积层被称为"牺牲层"，因为它不会用于器件结构，而是作为在所制造的谐振器和衬底中间的隔离，并将在制造工艺最后阶段移除。典型的牺牲层一般是二氧化硅（SiO_2）的薄膜层。接着沉积下一个薄膜层（见图 14-4c）。该层被称为"结构层"，因为它就是制造谐振器的材料。典型的结构层是多晶硅或金属，如铝、镍、钛等。

有许多可以用于沉积薄膜层的沉积工艺，包括：化学气相沉积（CVD）；物理气相沉积（PVD），PVD 具体包括溅射和蒸发；原子层沉积（ALD）；旋涂（spin coating）；分子束外延（MBE）等。重要的是，薄膜层的厚度，一般不超过该层平面最小的特征（见图 14-4g，一个完整结构的平面图，其中谐振器宽度的最小特征标记为"w"），以便能够成功形成

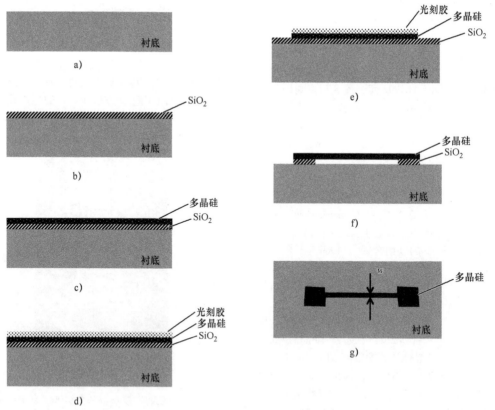

图 14-4　用于制造纳米机械谐振器的流程 [Micro-Electro-Mechanical Systems（MEMS）和 Nanotechnology Exchange（MNX）at the Corporation for National Research Initiatives（CNRI）版权所有，经许可使用]

a）起始衬底的截面图。衬底通常由半导体材料例如硅制成　b）沉积了薄膜牺牲材料层（如 SiO_2）以后的衬底截面图　c）沉积了结构材料层如多晶硅以后的衬底截面图　d）在进行光刻前，沉积了光敏聚合物层（即光刻胶）以后的衬底截面图　e）使用光刻技术对光刻胶进行曝光、显影、并刻蚀了结构材料层以后的衬底截面图　f）去除了光刻胶，并用同位素刻蚀了多晶硅结构层下的牺牲层以释放器件后的基片截面图　g）去除了光刻胶，并用同位素刻蚀了多晶硅结构层下的牺牲层以释放器件后的平面图。此时器件可以自由移动并垂直于衬底表面振动

纳米尺度特征图案。这是因为没有任何一种刻蚀技术是完全各向异性的，难免发生一些横向刻蚀。如果厚度太大，当试图制造纳米尺度特征时，横向刻蚀的量将限制材料层的起始厚度。例如，如果纳米级谐振器的宽度为20nm，则结构材料层的最大厚度也被选择为20nm。虽然这不是一个严苛和一成不变的规则，但对于大多数刻蚀工艺来说都建议如此。

接下来使用刻蚀方法对薄膜层进行图案化（见图 14-4d 和图 14-4e）。有许多不同的技术可以用于刻蚀，包括光学刻蚀、电子束（e-beam）刻蚀，以及压印刻蚀（imprint lithography）。光刻技术目前能够将图案特征降至数十纳米，而电子束和压印光刻技术可以将图案特征降至约 10nm。在本例中，我们假设使用电子束刻蚀技术。在进行电子束刻蚀之前，使用旋涂将光敏聚合物层（称为光刻胶）沉积到衬底表面上（见图 14-4d）。然后使用电子束在表面上进行扫描，以曝光光刻胶。在曝光光刻胶之后，使用显影剂溶液使光刻胶中的图案显影。随后，在刻蚀结构薄膜材料层之前通常进行硬烤（hard bake）以稳定光刻胶。

使用干式等离子体反应离子刻蚀（RIE）工艺刻蚀薄膜结构材料层。这些类型的刻蚀器是半导体制造工业中的标准，使刻蚀工艺具有非常好的控制和高水平的各向异性。然后通过等离子体灰化过程去除光刻胶（见图 14-4e）。最后，使用气相刻蚀剂，例如氢氟酸（HF）蒸气，以除去牺牲材料层。这样就释放了结构层，使得它可以进行机械移动，完成整个制造工艺。纳米级谐振器的横截面和平面如图 14-4f 和图 14-4g 所示，谐振器的宽度被标记为"w"。

应当注意，图 14-4 所示的制造工艺只是众多使用自上而下方法制造纳米级器件工艺中的一个，它甚至不是制造纳米级谐振器的唯一方法。需要着重指出的是，可以使用大量不同的材料、处理技术和工艺顺序，此处给出的示例只是多种之一。同样重要的是，工艺顺序，即处理步骤的排列次序也可能与此处示例非常不同，取决于所采用的方法、所使用的材料、所用的处理工具，以及设备的设计和尺寸。

进行纳米尺度加工的另一种"自上而下"的方法涉及使用聚焦离子束（FIB）。传统的聚焦离子束加工使用液态金属离子源（通常为镓离子源），镓浸润被加热且具有大电势的钨针，引起镓离子的电离和场发射（见图 14-5）[28]。离子源通常被加速到具有 5 ~ 50keV 之间的能量，并使用特殊的静电透镜聚焦到较小的束斑尺寸。当镓离子的聚焦束轰击样品表面时，表面上的材料被溅射。这种溅射的材料作为二次离子或中性原子离开表面，二次电子也由该过

程产生。可以收集溅射的离子或二次电子以形成表面的高分辨率图像［类似于扫描电子显微镜（SEM）的工作方式］。传统的 FIB 技术可以将加工图案特征降低至约 5 ~ 10nm，并且能以略微超过 $50\mu m^3/s$ 的速率去除材料[28]。更新的使用氦离子源的技术最近也已经被引入商业市场，分辨率低于 $0.5nm$[29]。使用 FIB 系统，用户可以输入加工过程所需结构的三维计算机辅助设计（3-D CAD）实体模型，并使用计算机控制台，非常精确地获得具有亚微米位置精度的样品。

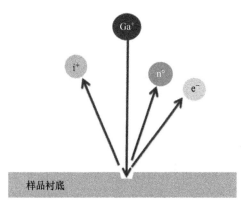

图 14-5　聚焦离子束（FIB）纳米尺度加工图
注：镓离子束被引到待加工样品的表面，并以高分辨率和很高的位置精度从样品中去除材料。图中所示的包括从样品表面发射的二次离子（标记为 i[+]）、中性原子（标记为 n[0]）和二次电子（标记为 e[-]）。［Micro-Electro-Mechanical Systems（MEMS）和 Nanotechnology Exchange（MNX）at the Corporation for National Research Initiatives（CNRI）版权所有，经许可使用］

聚焦离子束系统可用于加工导电材料和非导电材料。具体来说，对于非导电材料的加工，低能电子束被引到聚焦离子束所在样品的表面以提供电荷的中和。

除了去除材料之外，FIB 还可以用来进行离子诱导沉积、刻蚀、离子注入掺杂、掩膜修复、器件修复和器件诊断。FIB 通常用作半导体行业的取证和诊断工具（见图 14-6）。大多数商业 FIB 仪器具有成像能力，而且许多仪器也可以配备二次柱，以使用二次离子质谱（SIMS）对从衬底去除的颗粒进行质量分析。

通过结合能量色散 X 射线谱（EDAX）功能对加工所得副产物进行元素化学分析，这是 SEM 上常见的附加功能。此外，FIB 中的 SEM 成像特征可用于测量系统腔内样品的频率。这种所谓的"光束对边（beam-on-edge）"技术用于扫描电镜上，以表征仪器上的振动。电子束聚焦在图像中具有强烈对比

图 14-6　FIB 横向截断的场发射器结构的扫描
电子显微镜（SEM）图像

注：图中显示了器件中涉及的各个层。较暗和较厚的区域
由二氧化硅制成，较轻和较薄的区域由金属制成。使用一
个深的、高纵横比的刻蚀技术，穿过介电层和金属层钻出
圆柱形沟槽。沟槽底部有一个导电层。该结构的制备基于
CNRI 的 MNX 为 DARPA 所签订的合同。[Copyright Micro-
Electro- Mechanical Systems（MEMS）and Nanotechnology
Exchange（MNX）at the Corporation for National Research
Initiatives（CNRI），used with permission]

度的特征上，并且样品的任何运动（例如来自装置
的移动）所导致成像信号中的调制可以通过快速傅
里叶变换（FFT）处理，以提取样品运动的频谱。
从该频谱可以识别驱动频率和机械共振频率。在目
前所用的 FIB 中，该技术可用于检测任何方向上约
1nm 的运动幅度。例如，这项功能可用于测量纳米
尺度谐振器装置的共振频率。聚焦离子束技术的一
些特性如下：

- 极高的加工精度
- 7 ~ 10nm 的分辨率
- 能抛光样品
- 可用计算机控制加工
- 对于双柱 FIB 来说，二次电子可用于扫描电
子显微镜
- 可附加能量色散 X 射线谱，用于材料分析
- 低加工速率（$< 100 \mu m^3/s$）

这些仅仅是实施纳米技术的"自上而下"的两
个例子。具体来说，还有其他可以使用的工具和方
法，而且每年都在开发更多的技术。另一点重要的
是，"自上而下"的方法没有达到原子级的控制[30]。

实施纳米技术的第二种方法是"自下而上"的
方法，其实际目标就是对分子中的原子进行设计组
装，以形成纳米尺度或更大的物体。"自下而上"的
方法如图 14-7 所示，其中一组原子在合成过程中结
合在一起以形成一定结构的材料。自下而上的方法
涉及化学、生物学、物理学和材料科学，有望获得

新的材料、药物和过程。自下而上的方法还包括对
原子和分子的单独操作以形成更大的结构和装置。
这正是埃里克·德雷克斯勒于 1986 年概述的愿景。
"自下而上"方法的一个例子是对具有特定形状和分
子识别能力的分子的设计，其中各个分子自动自组
装成特定的系统构造。许多纳米材料的制备通常属
于"自下而上"的方法类别。

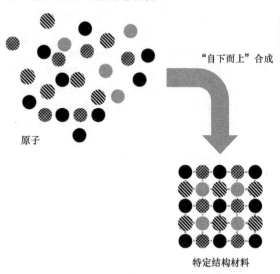

图 14-7　纳米技术实施的"自下而上"方法

注：此处通过合成过程，将 4 种不同原子类型组合形成
一定结构的材料。[Micro- Electro- Mechanical Systems
（MEMS）和 Nanotechnology Exchange（MNX）
at the Corporation for National Research Initiatives
（CNRI）版权所有，经许可使用]

最为显著的"自下而上"纳米技术方法的例子，
或许是碳纳米管和富勒烯家族的其他碳基分子。碳
纳米管和其他富勒烯类分子是纳米材料研究最活跃
的领域之一。碳纳米管是碳的许多同素异形体之一，
可以是单壁纳米管（SWNT）或多壁纳米管
（MWNT），其中存在石墨片的同心管（如所谓的俄
罗斯套娃模型）或沿着自身卷轴的石墨片（如所谓
的羊皮纸模型）。图 14-8 所示是碳富勒烯的一个同
素异形体，具体来说是 C_{60} 碳富勒烯分子的三维模
型，也被称为"巴基球（Buckyball）"。图 14-9 所示
是碳分子的几种不同类型的同素异形体，包括金刚
石、石墨、富勒烯和单壁碳纳米管。

单壁碳纳米管具有约 1nm 的直径，并且具有非
常高的长径比，可达 132000000∶1[31]。这些材料也表
现出优异的材料性能，这是对这些材料进行大量研
究的主要原因。例如，在所有已报道材料中，碳纳
米管具有最高的拉伸强度（13 ~ 53GPa）和弹性模
量（1 ~ 5TPa）[32-35]。此外，碳纳米管具有较低的密度

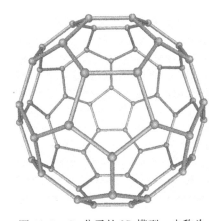

图 14-8　C_{60} 分子的 3D 模型，也称为
"巴基球（Buckyball）"
（由 Michael Ströck 于 2006 年 2 月 6 日创建。
根据 GNU Free Documentation 授权发布）

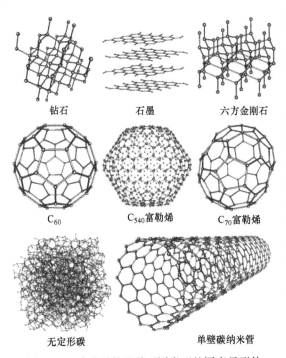

图 14-9　碳分子的几种不同类型的同素异形体
（根据 GNU Free Documentation 授权发布）

率低得多，大约为 1.5W/(m·K)。

有几种技术可用于生产碳纳米管，包括电弧放电[36]、化学气相沉积（CVD）[40] 和激光烧蚀[41]，CVD 看来最有望实现大规模生产。

使用 CVD 生长，通常通过沉积一层合适的催化剂材料得到一个衬底表面，或者在衬底表面的特定区域或位置上制备催化剂。最常用于碳纳米管的催化剂是镍、钴、铁或这些材料的组合[42-44]。重要的是，碳纳米管的生长将仅限于衬底表面上存在催化剂的那些区域。此外，生长的纳米管的尺寸和类型取决于基板表面催化剂位点的直径，具有较小直径的催化剂将诱导生成单壁纳米管。因此，由于催化剂的使用，可以通过使用一定的制造技术，将催化剂以所需直径和位置按特定图案排布并沉积到基板表面，就可以合理地控制纳米管的尺寸、类型和位置。

生长过程需要将基底加热至约 700℃，然后将工艺气体引入沉积室，例如氨、氮或氢，以及含碳气体，例如乙炔、乙烯或甲烷[44]。碳纳米管从基板表面上的金属催化剂的位置生长。如果生长过程在处理室内存在电场的条件下进行，则纳米管的生长将沿着电场的方向，从而使得可以从表面催化剂位点生长垂直取向的碳纳米管[45]。例如，如果用于沉积的方法是等离子体增强化学气相沉积（PECVD），则可以生长垂直取向的纳米管（见图 14-10）。还应该注意的是，在非常特殊的条件下，已证实可以不使用电场而获得垂直取向的碳纳米管。然而，只能依赖极其密集的表面催化剂位点排列使其成为可能。

图 14-10　工作中的直流等离子体化学
气相沉积（DC-PECVD）系统
（已由作者公开发布）
注：直流（DC）等离子体（室中更亮的区域）改善了
CVD 工艺中碳纳米管的生长条件。外部加热元件
为基底提供必要的热量以提高其温度。

值，使之具有 48000kN·m/kg 的比强度，是任何已知材料中最高的[36]。碳纳米管的电学性质取决于它们的结构，并且可以是金属或半导体，其理论最大电流密度超过 10^9A/cm²，这大约是铜的电流密度的 1000 倍[37]。重要的是注意到，碳纳米管仅沿着纳米管的轴线是导电的。

碳纳米管的热性能也取决于结构和热传递的方向。单壁碳纳米管沿着纳米管的轴线显示出大约 3500W/(m·K) 的热导率，但在径向方向上的热导与单独使用催化剂相比，配合催化剂使用水辅助化学气相沉积（CVD）生长已经表现出了非常高的生长速率[46]。

一些"自下而上"的方法被称为"仿生模式"，因为这些方法试图模拟自然界使用的生物系统。这种纳米技术的一个突出的例子是"DNA 纳米技术"或"核酸纳米技术"，涉及核酸结构的设计和实现[47,48]。

然而，重要的是要注意，使用这些技术制造较大结构或器件的"自下而上"方法，目前主要限于研究工作而不是实际产品。然而，"自下而上"方法已用于制备富勒烯和各种纳米颗粒（即比如银和金），这些纳米颗粒可被添加到其他材料中形成复合体系，以提高材料性能。

14.6 纳米技术计量学

纳米技术的另一类重要技术主要用于测量目的，包括扫描隧道显微镜（STM）、原子力显微镜（AFM）、扫描电子显微镜（SEM）、透射电子显微镜（TEM）、X 射线衍射（XRD）、高分辨率透射电子显微镜（HRTEM）和场发射扫描电子显微镜（FE-SEM）。下面更详细地讨论扫描隧道显微镜和原子力显微镜。其他技术已经存在了很长时间，感兴趣的

读者可以在参考文献 49-57 中详细考察它们。

扫描隧道显微镜是一种极其精密的仪器，可在原子尺度上扫描和对材料表面进行成像[58]。该仪器由半径非常小的针状尖端（通常在顶点处是一个原子）组成，一般用金属（钨、金、铂-铱等）导电材料通过湿刻蚀制造技术制成（见图 14-11）。通过压电驱动（图中未示出），针尖定位于非常接近待扫描的材料表面。如果在针尖和材料表面之间的间隙（图 14-11 中标记为"z"）施加偏置电压（图 14-11 中标记为"$V_{偏压}$"），并且针尖足够靠近材料表面（如 0.5～1nm），就会有一个量子力学隧穿电流（图 14-11 中标记为 $I_{隧穿}$）穿过针尖和材料表面之间的间隙。可以使用闭环反馈电路来测量穿过针尖的隧穿电流，进而在针尖扫描材料表面时测量针尖和表面之间的距离。这种在空间中变化的隧道尖端电流用于在原子尺度上产生材料表面的图像。或者也可以将尖端电流保持在恒定值，为维持恒定的间隙距离，调整并测量驱动器电压。典型的尖端隧穿电流在约 1V 的偏置电压下为几百皮安。事实上由于隧穿电流与针尖和材料表面之间的间隙呈指数关系，该仪器非常敏感。具体地说，隧穿电流随着针尖每靠近表面 0.1nm 就增加了 10 倍。扫描隧道显微镜的分辨率在横向（即 X 和 Y 坐标）方向上约为 0.1nm，在垂直（即 Z 坐标）方向上约为 0.01nm[58]。

$$I_{隧穿} \approx e^{-\kappa z}, \quad \kappa \approx 22 \text{nm}^{-1}$$

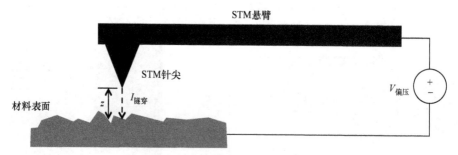

图 14-11 扫描隧道显微镜示意

［Micro-Electro-Mechanical Systems（MEMS）和 Nanotechnology Exchange（MNX）at the Corporation for National Research Initiatives（CNRI）版权所有，经许可使用。］

扫描隧道显微镜除了如上所述可以对材料表面进行原子水平分辨率成像外，也可用于谱学表征[58,59]。也就是说，电流对电压的依赖性提供关于表面原子的电子结构的信息。具体地说，在特定偏置电压下，隧穿电流的一阶导数与直接位于针尖下方的表面上的原子的电子状态成比例。

扫描隧道显微镜也可用于操纵材料表面上的分子和/或原子。将扫描隧道显微镜针尖靠近位于表面上与表面没有形成化学键的分子吸附物，使得针尖-

分子间相互作用力足以允许针尖沿着表面拖动分子。一旦分子到达所需位置，针尖可以垂直移动，从而使分子停留在该位置上[60]。

原子力显微镜与扫描隧道显微镜不同，它主要使用机械探针而不是电探针扫描材料的表面。原子力显微镜在悬臂的末端使用尖锐的针尖扫描材料表面。针尖通常由使用 MEMS 技术制造的硅制成。与扫描隧道显微镜一样，原子力显微镜针尖通常使用压电驱动来靠近材料表面，当然也可以使用静电驱

动。随着针尖与材料表面非常接近，悬臂将基于悬臂的刚度而偏转，即遵从胡克定律[61]。使用原子力显微镜可以测量的机械力包括机械接触力、范德华吸引力、化学键合力、卡西米尔力、毛细管力等[62]。原子力显微镜针尖的偏转通常使用从悬臂顶部反射到进入光电检测器的激光光束来测量，也可以使用电容式传感器及其他方式来测量偏转。使用专用探头，还可以测量其他参数，如温度和热导率[63]。

原子力显微镜可选三种模式：接触模式、轻敲模式和非接触模式[64]。对于大多数应用，非接触模式通常优于接触模式。原子力显微镜的分辨率通常在几皮牛数量级[65]。

14.7 纳米技术制造

类似于前面部分描述的基本制造方法，纳米技术制造中采用的方法也可以大体分为"自上而下"或"自下而上"。使用纳米技术制造的产品已成为大多数工业界人士日常生活的重要组成部分。使用纳米技术的产品中最显著的例子是集成电路（IC），其互补型金属氧化物半导体（CMOS）晶体管器件的栅极长度仅为几十纳米，并由单个硅衬底片上数十亿个晶体管元件组成。

集成电路在纳米技术制造中使用的"自上而下"方法的数量和年销售额都是最大的。包括逻辑和存储设备，2014 年的总销售额几乎达到 325 亿美元[66,67]。这仅仅是零部件的销售额，而不是使用集成电路的系统的销售额。可以说，由集成电路（如电脑、手机、个人掌上电脑等）实现的系统无法在没有集成电路的情况下进行市场化。但即使年销售额仅限于零部件销售，也已是具有巨大经济价值和战略地位的庞大市场（这也是世界各国政府在不同程度上补贴和促进集成电路制造的重要原因）。

在过去几十年内，半导体行业一直在稳定地减小晶体管的尺寸，并增加每个晶片上的晶体管数量。这通常被称为摩尔定律。先进的半导体技术的关键特征通常是比较互补型金属氧化物半导体（CMOS）工艺中栅极的长度。例如，半导体行业多年来稳步缩减栅极长度，从 1971 年的 $10\mu m$ 下降到 1985 年的 $1\mu m$、2001 年的 130nm、2008 年的 45nm、2017 年的 10nm，以及 2020 年的 5nm[68]。

需要提醒的是，集成电路制造的早期开始于以微米测量的尺寸，被称为微电子学。然而，多年来，用于图案化特征的技术，特别是光刻技术的进步，使印刷的特征尺寸稳定地缩小。也就是说，基于制造技术的进步，集成电路行业在 2000 年后已经成为纳米技术。

制造的进步，使人们能够获得仅几十纳米的图案特征，本身就是了不起的成就。目前的光刻方法本质上是光学的，使用光子来曝光光敏聚合物（即光刻胶）。多年来，随着集成电路工业的特征尺寸减小，用于曝光光刻胶的仪器的波长也减小了。在 20 世纪 80 年代初，光刻仪器使用波长 436nm 的光辐射；到 80 年代末期，使用波长 365nm 的光辐射；20 世纪 90 年代初，使用波长 248nm 的光辐射；2001 年已经使用了 193nm 的光辐射。

然而，目前 22nm 的栅极长度是使用波长 193nm 的光辐射来制作的。也就是说，打印的尺寸还不到制作这些图像的辐射的光波长的 1/8！使用现有的光刻胶和光刻工具印刷的图案的分辨率开始在 45nm 处变形。因此，目前也开发了允许打印较小特征（如 22nm 及以下）的新技术，包括多次曝光、自对准间隔层、浸没光刻等[68]。然而，为了继续缩小能够使用光刻印刷的图案的尺寸，将需要更短的波长，比如远紫外辐射。

纳米技术制造中使用自下而上的方法主要包括银、金、钛纳米颗粒，以及富勒烯类。银纳米颗粒使用湿化学制备，涉及使用硼氢化钠和胶体稳定剂如纤维素来还原银盐如硝酸银[69,70]。银纳米颗粒的市场化得益于宣称银能降低外部感染。然而，没有任何医学研究证明这种材料或治疗手段的功效[71,72]。

金纳米颗粒是纳米技术制造的"自下而上"方法的另一个例子，也有多种应用。有多种方法制备悬浮在液体（通常为水）中的金纳米颗粒，通常是将与还原剂混合的氯金酸还原，产生金原子。随着金原子数量的增加，最终溶液的金会过饱和，然后沉淀形成纳米级的金颗粒。为了防止金聚集，可以加入稳定剂[73,74]。目前正在探索金纳米颗粒在多个医疗方面的应用，包括药物输送机制[75]、肿瘤检测[76]、基因治疗[77]、放疗剂量增强[78]等。

14.8 应用与市场

研发界、政府以及商界都预言，纳米技术将成为未来高科技的关键。总的来说，这些技术预计将产生数以千计的高薪工作和巨大的经济效益，大大提高我们的生活质量，并帮助我们安全应对无论现有的还是新的威胁。纳米技术预计将拥有巨大的市场，而且已经拥有高端产品市场，包括集成电路（逻辑和存储器）、保健产品、涂层和表面处理，以及新材料。

追踪基于纳米材料的产品的商业化服务在二十

世纪初期就开始了。新兴纳米技术项目（PEN）是一项公开提供的服务，可追踪在其中采用纳米技术的新产品[79]。截至 2014 年底，该服务中有超过 1800 种不同的产品，分别是家电、汽车、电子设备和计算机、食品和饮料、健康和健身，以及家庭和园艺。大多数产品的原产地是美国，而且还有更多的产品正产自美国，而不是欧洲、亚洲和世界其他地区。同样有趣的是，目前大多数产品都属于健康和健身产品类别，个人护理产品代表了该产品类别的最大部分。此外，在所有这些制造商的产品中，使用最多的纳米材料是银纳米颗粒。钛是第二大使用的材料类型，超过了碳，后者是富勒烯类所依赖的材料。重要的是，目前的所有产品都是纳米材料的块体材料应用，并且它们都不涉及生产过程中的原子或分子的控制。同样明显的是，PEN 数据库并不包括集成电路类产品，因此要注意其分析数据的局限。

美国国家科学基金会（NSF）最近委托进行一项独立研究，以预测未来纳米技术市场的规模。该委员会得出结论，到 2018 年，纳米技术产品的市场将超过 4 万亿美元[80]。此外，美国政府在 2012 年投资了大约 21 亿美元的纳米技术研究经费，美国公司则在 2012 年投入了 40 亿美元。

由于"自上而下"的纳米科技大大地利用了集成电路（IC）技术的巨额资金投入，在可预见的未来，预计它将继续保持快速增长。例如，一些市场调研表明，微型传感器设备的销售额目前每年超过 115 亿美元，相当于过去几年每年以大约 13% 的速度增长[81]。除了销售微型传感器组件本身，同样重要的是，事实上这些设备可以促进工业和医疗系统的改进和更新，并增加千亿美元，甚至更大的年度市场。这些调研中考虑的应用领域通常仅限于压力传感器、惯性传感器、流体调节/控制、光学开关、分析仪器和大容量数据存储。由于微型传感器设备是新兴的技术，许多新的应用将会出现，将市场扩展到闻所未闻的范围。

14.9　MEMS 与纳米技术的关系

虽然 MEMS 和纳米技术有时被认为是互相独立和独特的技术，但实际上它们并不是。事实上，这两种技术高度依存。例如，众所周知，原子力显微镜可以用来检测纳米尺度上的单个原子和分子，实际上其本身是使用 MEMS 技术制造的器件。

事实上，各种 MEMS 技术都需要与纳米领域相衔接。此外，许多 MEMS 技术也依赖纳米技术获得成功的新技术和产品。例如，使用 MEMS 技术的碰撞式安全气囊加速度计，由于惯性质量块（Proof mass）和基板之间在动态使用中的黏附效应，其长期可靠性降低。目前，通常使用称为自组装单层膜（SAM）涂层的纳米技术来处理 MEMS 移动元件的表面，以防止在产品的使用寿命内产生黏附影响[82]。

许多专家得出结论，MEMS 和纳米技术是本质上相同的技术的两个不同的标签。事实上，美国国家研究委员会在 2002 年发表了题为"新兴微纳技术的潜在影响"的报告指出，尺寸范围不一定是区分 MEMS 和纳米技术的重要标准[83]。相反，重要的是两者拥有共同的主题：更强的信息处理能力，系统的小型化，微型尺度下新的科学现象所导致的新材料，以及更强大的功能和系统自动化。关于此议题，近期格伦·菲什宾（Glenn Fishbine）在另一本题为"纳米技术和微机械投资者指南"的著作中已将纳米技术和 MEMS 定义为相同的技术[84]。事实上，该书定义 MEMS 和纳米技术为任何小于肉眼可见的技术。无论 MEMS 和纳米技术是否相同，毫无疑问，这两种技术之间存在极大的相互依赖性，而且这种依赖性只会随时间而增大。

14.10　未来方向和研究

纳米技术正对集成电路的发展起着非常重要的作用，而在整个社会的方方面面，这项技术的影响范围甚至更广。例如，许多人预测纳米技术将很快使手持式点使用医疗诊断设备成为可能。现在在每辆已出售的汽车和卡车上已经安装了许多微型化传感器，如压力和惯性传感器，而这些设备的数量有望在未来继续增长，并提供更好的性能、更高的燃油效率、更好的安全性和更少的环境污染物。许多这些新设备将完全或部分地基于纳米技术。同样，新的手机技术也正在使用一些纳米技术，包括集成电路、微型传感器和微型驱动器。

革命性的突破在于，这些技术将使微型化设备能够"感知"和"控制"环境。因此，随着消费者对他们的设备、通信方式甚至个人时装的需求越来越"智能化"，这些技术的市场驱动力有望进一步快速增长。

同时，纳米技术预计能够产生新材料，它们具有前所未有的性能，如机械强度或耐蚀性水平，以及新的和更好的药物及化学品。在生物领域应用的纳米技术将使我们能够了解人类基因组，并可能从根本上提高我们预防和治疗疾病的能力。预计这两项技术都将助力开发新的药物和治疗方法，从而大大提高我们的预期寿命和生活质量。这些技术也可能帮助我们开发更多可再生能源，减小对我们环境的损害。

纳米技术有望革新所有材料和产品。然而，纳米技术并不只是关乎具体的应用、设备或单一制造过程。相反，纳米技术为所有工业、商业和军事应用发展的更加智能和功能更强大的产品提供新的独特能力。虽然纳米技术设备可能只是其产品的部分成本、尺寸和重量，但它们对于性能、可靠性和整体价格的影响至关重要。

14.11　影响及法规

虽然人们对纳米技术的潜在影响充满乐观的期待，但也有人担心这种技术对社会和环境的负面影响。这主要是因为我们缺乏对纳米粒子对生物体影响的了解。这方面直到最近才引起研究界或政府资助机构的重视。

然而，最近的调查结果表明，这样的担心不无道理。最近报道，由生物体吸入的纳米颗粒或纳米纤维可能导致肺部疾病，如纤维化[85]。在另一项研究中，服用了纳米二氧化钛颗粒的小鼠表现出对其DNA 和染色体的损害，可能导致癌症和其他长期的不良影响[86]。对碳纳米管影响作用研究的结果表明，它们可能与生物体上的石棉一样具有破坏性[87]。在制造过程中使用纳米粒子的油漆工厂的工人已被发现患上严重的肺部疾病，随后在工人的肺部发现了这些来自涂料制造过程的纳米颗粒[88]。此外，在更长的时间跨度上，关于纳米技术对环境或生物体影响的理解还是非常缺乏。

目前，很少有专门针对纳米技术的法规，相反，适用于纳米技术的规定主要由现有法规和现有的监督机构所涵盖。也就是说，大多数国家的纳米技术条例并没有将块体材料与纳米颗粒形式的相同材料区分开来。因此，如果材料已批准用于块体形式的商业用途，则对于相同材料的纳米颗粒，不会对其健康和安全性影响进行进一步测试或分析，也不对其环境影响进行测试或分析。有些人强烈批评这种做法，因为纳米技术目前基本上是一个不受管制的商业领域。具体来说，有些研究纳米毒理学的科学家主张政府管制纳米技术[89]。

14.12　结论

纳米技术是一个极其多样化、学科交叉、快速变化的科学和工程领域，它将革新许多产品，并为我们带来新的更好的产品。本章提供了对纳米技术

的一个宏观评价及其稍许复杂的历史，并试图解释其制备方法，对其一些新的可能提出见解，并解释为何要关心这种技术对健康、安全和环境的未知影响。与其他涉及微型化的技术相似，纳米技术的经济重要性和潜在应用范围，使之有望成为未来的标志性技术。

参考文献

1. http://nano. gov/nanotech-101/what/definition. Accessed：Sep. 9, 2014.

2. "CDC-Nanotechnology-NIOSG Workplace Safety and Health Topic," National Institute for Occupational Safety and Health，June 15, 2012.

3. Chapter 1 "From Conventional Technology to Carbon Nanotechnology：The Fourth Industrial Revolution and the Discoveries of C60, Carbon Nanotube and Nanodiamond," In：*Carbon Nanotechnology*，edited by D. Liming, Elsevier B. V., Amsterdam Netherlands, 2006.

4. http://www. nsf. gov/mobile/news/news_summ. jsp？cntn_id = 130586&org = NSF&from = news, Arlington, VA. Accessed：Sep. 9, 2014.

5. https://portal. luxresearchinc. com/research/report_excerpt/16215. Accessed in 2014.

6. Feynman，R. P.，"There's Plenty of Room at the Bottom (Data Storage)," *Journal of Microelectromechanical Systems*，1 (1)：60-66, 1992.

7. Taniguchi，N.，"On the Basic Concept of 'Nano-Technology'," *Proceedings of the International Conference on Production Engineering*，Tokyo, Part Ⅱ，Japan Society of Precision Engineering, 1974.

8. Eric Drexler，K.，*Engines of Creation：The Coming Era of Nanotechnology*，Doubleday, New York, 1986.

9. Smalley，R. E.，"Of Chemistry, Love and Nanobots," *Scientific American* 285 (3)：76-77, 2001.

10. Kurzweil，R.，*The Singularity Is Near：When Humans Transcend Biology*，Penguin Books, New York, pp. 236-241, 2005.

11. Rudenberg，H. G.，and P. G.，Rudenberg，"Origin and Background of the Invention of the Electron Microscope：Commentary and Expanded Notes on Memoir of Reinhold Rüdenberg," *Advances in Imaging and Electron Physics*，Vol. 160, Chap. 6, Elsevier, Amsterdam, etherlands, 2010.

12. Everhardt，T. E.，"Submicron Technology-Educational Door to the Future," *Proceedings*，P24, 4-13, 1980.

13. Mollenstedt，G.，and R.，Speidel，"Newer Developments in Microminiaturization," *Proceedings*，P3, 340-357, 1961.

14. Selvin，G. J.，and W. J.，MacDonald，"The Future of

Electron Beam Techniques in Microelectronic Circuitry," *Proceedings*, P2, 86-93, 1960.

15. Wells, O., "Electron Beams in Micro- Electronics," *Proceedings*, P3, 291-321, 1961.

16. Binnig, G., and H., Rohrer, "Scanning Tunneling Microscopy," *IBM Journal of Research and Development*, 30: 4, 1986.

17. Bennig, G. K., United States Patent, US 4724318A, "Atomic Force Microscope and Method for Imaging Surfaces with Atomic Resolution."

18. Binnig, G., C. F., Quate, and C., Gerber, "Atomic Force Microscope," *Physics Review Letters*, 56: 930, 1986.

19. Kroto, H. W., J. R., Heath, S. C., O'Brien, R. F., Curl, and R. E., Smalley, "C60: Buckminsterfullerene," *Nature*, 318 (6042): 162-163, 1985.

20. Ijima, S., "*Helical Microtubules of Graphite Carbon*," *Nature*, 354: 56, 1991.

21. Maganas, T. C., and A. L., Harrington, United States Patent 5,143,745, "*Intermittent Film Deposition Method and System.*"

22. Radushkevich, L. V., and V. M., Lukyanovich, "O strukture ugleroda, obrazujucegosja pri termiceskom razlozenii okisi ugleroda na zeleznom kontakte" *Zurn Fisic Chim*, 111: 24, 1952.

23. Bollmann, W., and J., Spreadborough, "Action of Graphite as a Lubricant," *Letters to Nature*, 186, 29-30, 1960.

24. Oberlin, A., M., Endo, and T., Koyama, "*Filamentous Growth of Carbon Through Benzene Decomposition*," *Journal of Cryst Growth*, 32: 335, 1976.

25. Browne, M. W., "2 Researchers Spell 'I. B. M.,' Atom by Atom," New York Times, April 5, 1990. See: http://www.nytimes.com/1990/04/05/us/2-researchers-spell-ibm-atom-by-atom.html Accessed: Sep. 9, 2014.

26. Geng, H., *Semiconductor Manufacturing Handbook*, McGraw-Hill, New York, 2005.

27. Nishi, Y., and R., Doering, editors, *Handbook of Semiconductor Manufacturing Technology*, 2nd ed., CRC Press, Boca Raton, Florida, 2007.

28. Orloff, J., et al., *High Resolution Focused Ion Beams*, Springer, New York, 2002.

29. Press release from Carl Zeiss dated November 21, 2008.

30. Rodgers, P., "Nanoelectronics: Single File." *Nature Nanotechnology*, 2006.

31. Wang, X., et al., "Fabrication of Ultralong and Electrically Uniform Single- Walled Carbon Nanotubes on Clean Substrates," *Nano Letters*, 9 (9): 3137-3141, 2009.

32. Belluci, S., "Carbon Nanotubes: Physics and Applications," *Physica Status Solidi* (*c*), 2 (1): 34-47, 2005.

33. Chae, H. G., and S., Kumar, "Rigid Rod Polymeric Fibers," *Journal of Applied Polymer Science*, 100 (1): 791-802, 2006.

34. Meo, M., and M., Rossi, "Prediction of Young's Modulus of Single Wall Carbon Nanotubes by Molecular- Mechanics-Based Finite Element Modelling," *Composites Science and Technology*, 66 (11-12): 1597-1605, 2006.

35. Sinnott, S. B., and R., Andrews, "Carbon Nanotubes: Synthesis, Properties, and Applications," *Critical Reviews in Solid State and Materials Sciences*, 26 (3): 145-249, 2001.

36. Collins, P. G., "Nanotubes for Electronics," *Scientific American*, Vol 283, 6, 62-69, 2000.

37. Hong, S., and S., Myung, "Nanotube Electronics: A Flexible Approach to Mobility," *Nature Nanotechnology*, 2 (4): 207-208, 2007.

38. Pop, E., D., Mann, Q., Wang, K., Goodson, and H., Dai, "Thermal Conductance of an Individual Single- Wall Carbon Nanotube Above Room Temperature," *Nano Letters*, 6 (1): 96-100, 2005.

39. Sinha, S., S., Barjami, G., Iannacchione, A., Schwab, and G., Muench, "Off- Axis Thermal Properties of Carbon Nanotube Films," *Journal of Nanoparticle Research* 7 (6): 651-657, 2005.

40. Kumar, M. "Chemical Vapor Deposition of Carbon Nanotubes: A Review on Growth Mechanism and Mass Production," *Journal of Nanoscience and Nanotechnology*, 10: 6, 2005.

41. Guo, T., P., Nikolaev, A., Thess, D., Colbert, and R., Smalley, "Catalytic Growth of Single- Walled Nanotubes by Laser Vaporization," *Chemical Physics Letters*, 243: 49-54, 1995.

42. Inami, N., M., Ambri Mohamed, E., Shikoh, and A., Fujiwara, "Synthesis- Condition Dependence of Carbon Nanotube Growth by Alcohol Catalytic Chemical Vapor Deposition Method," *Science and Technology of Advance Materials*, 8 (4): 292, 2007.

43. Ishigami, N., H., Ago, K., Imamoto, M., Tsuji, K., Iakoubovskii, and N., Minami, "Crystal Plane Dependent Growth of Aligned Single- Walled Carbon Nanotubes on Sapphire," *Jorunal of American Chemical Society*, 130 (30): 9918-9924, 2008.

44. Sayangdev, N., and I. K., Puri, "A Model for Catalytic Growth of Carbon Nanotubes," *Journal of Physics D: Applied Physics*, 41 (6): 065304, 2008.

45. Ren, Z. F., Z. P., Huang, J. W., Xu, J. H., Wang, P., Bush, M. P., Siegal, and P. N., Provencio, "Synthesis of Large Arrays of Well- Aligned Carbon Nanotubes on Glass," *Science* 282 (5391): 1105-1107, 1998.

46. Hata, K., D. N., Futaba, K., Mizuno, T., Namai, M., Yumura, and S., Iijima, "Water- Assisted Highly Efficient

Synthesis of Impurity-Free Single-Walled Carbon Nanotubes," *Science*, 306 (5700): 1362-1365, 2004.

47. Pelesko, J. A., *Self-Assembly: The Science of Things that Put Themselves Together*, Chapman & Hall/CRC, New York, 2007.

48. Overview: Seeman, N. C., "Nanomaterials Based on DNA," *Annual Review of Biochemistry*, 79: 65-87, 2010.

49. McMullan, D., "Scanning Electron Microscopy 1928-1965," *Scanning*, 17 (3): 175, 2006.

50. McMullan, D., "Von Ardenne and the Scanning Electron Microscope," *Proceedings of Royal Microscopic Society*, 23: 283-288, 1988.

51. Crewe, A. V., J., Wall, and J., Langmore, "Visibility of a Single Atom," *Science*, 168 (3937): 1338-1340, 1970.

52. Meyer, J. C., C. O., Girit, M. F., Crommie, and A., Zettl, "Imaging and Dynamics of Light Atoms and Molecules on Grapheme," *Nature*, 454 (7202): 319-322, 2008.

53. Fultz, B., and J., Howe, *Transmission Electron Microscopy and Diffractometry of Materials*. Springer, New York, 2007.

54. Cullity, B. D., and S. R., Stock, "Elements of X-Ray Diffraction," 3rd ed., Prentice Hall, Upper Saddle River, New Jersey, 2001.

55. Spence, J. C. H., "High-Resolution Electron Microscopy," Oxford University Press, Oxford, UK, December 2013.

56. Reifenberger, R., *Intro to Field Emission*, Field Emission/Ion Microscopy Laboratory, Purdue University, Department of Physics. Accessed: Sep. 9, 2014.

57. Stranks, D. R., M. L., Heffernan, K. C. L., Dow, P. T., McTigue, and G. R. A., Withers, *Chemistry: A structural View*, Melbourne University Press, Carlton Victoria, Austarlia p. 5, 1970.

58. Bai, C., *Scanning Tunneling Microscopy and Its Applications*, Springer-Verlag, New York, 2000.

59. Pan, S. H., E. W., Hudson, K. M., Lang, H., Eisaki, S., Uchida, and J. C., Davis, "Imaging the Effects of Individual Zinc Impurity Atoms on Superconductivity in Bi2Sr2CaCu2O8 + delta," *Nature*, 403 (6771): 746-750, 2000.

60. Hla, S. W., "STM Single Atom/Molecule Manipulation and Its Application to Nanoscience and Technology," *Critical Review Article*, Journal of Vacuum Science & Technology pp. 1-12, 2005.

61. Cappella, B., and G., Dietler, "Force-Distance Curves by Atomic Force Microscopy," *Surface Science Reports*, 34: 1-3 and 5-104, 1999.

62. Hinterdorfer, P., and Y. F., Dufrêne, "Detection and Localization of Single Molecular Recognition Events Using Atomic Force Microscopy," *Nature Methods*, 3 (5): 347-

355, 2006.

63. Williams, C. C., and H. K., Wickramasinghe, "Scanning Thermal Profiler," *Applied Physics Letters*, 49 (23): 1587, 1986.

64. Zhong, Q., D., Inniss, K., Kjoller, and V., Elings, "Fractured Polymer/Silica Fiber Surface Studied by Tapping Mode Atomic Force Microscopy," *Surface Science Letters*, 290 (1-2): L688-L692, 1993.

65. Butt, H., B., Cappella, and M., Kappl, "Force Measurements with the Atomic Force Microscope: Technique, Interpretation and Applications," *Surface Science Reports*, 59: 1-152, 2005.

66. Carbone, J., "IC Market to Eclipse $300 Billion in 2013," Digi-Key Corporation, Article Library, August 25, 2011.

67. Fuller, B., "Fab Lite, Fewer Startups to Fuel Doubling of IC Growth Rates," EE Times, September 19, 2012.

68. Arnold, B., "Shrinking Possibilities -Lithograthy Will Need Multiple Strategies to Keep Up with the Evolution of Memory and Logic," Vol 46, 4: 26-28, 50-56, 2009.

69. Sureshkumar, M., D. Y., Siswanto, and C. K. Lee, "Magnetic Antimicrobial Nanocomposite Based on Bacterial Cellulose and Silver Nanoparticles," *Journal of Materials Chemistry*, 20: 6948-6955, 2010.

70. Montazer, M., A., Farbod, S., Ali, and K. R., Mohammad, "In Situ Synthesis of Nano Silver on Cotton Using Tollens' Reagent," *Carbohydrate Polymers*, 87: 1706-1712, 2012.

71. Hermans, M. H., "Silver-Containing Dressings and the Need for Evidence," *The American Journal of Nursing*, 106 (12): 60-68, 2006.

72. Qin, Y. "Silver-Containing Alginate Fibres and Dressings," *International Wound Journal*, 2 (2): 172-176, 2006.

73. Turkevich, J., P. C., Stevenson, and J., Hillier, "A Study of the Nucleation and Growth Processes in the Synthesis of Colloidal Gold," *Discussions of the Faraday Society*, 11: 55-75, 1951.

74. Brust, M., M., Walker, D., Bethell, D. J., Schiffrin, and R., Whyman, "Synthesis of Thiol-Derivatised Gold Nanoparticles in a Two-phase Liquid-Liquid System," *Chemical Communications*, (7): 801-802, 1994.

75. Han, G., P., Ghosh, and V. M., Rotello, "Functionalized Gold Nanoparticles for Drug Delivery," *Nanomedicine* (*London*), 2: 113-123, 2007.

76. Qian, X., "In Vivo Tumor Targeting and Spectroscopic Detection with Surface-Enhanced Raman Nanoparticle Tags," *Nature Biotechnology*, 26 (1): 83-90, 2007.

77. Conde, J., A., Ambrosone, V., Sanz, Y., Hernandez, V., Marchesano, F., Tian, H., Child, C. C., Berry, M. R., Ibarra, P. V., Baptista, C., Tortiglione, and

J. M., de la Fuente, "Design of Multifunctional Gold Nano-particles for In Vitro and In Vivo Gene Silencing," *ACS Nano*, 6 (9): 8316-8324, 2012.

78. McMahon, S., et al., " Biological Consequences of Nanoscale Energy Deposition near Irradiated Heavy Atom Nanoparticles," *Nature. Com*, *Scientific Reports* doi: 10. 1038/srep00018, June 20, 2011. Accessed: Sep. 9, 2014.

79. See: http://www. nanotechproject. org. Accessed in 2014.

80. See: https://portal. luxresearchinc. com/research/report_ excerpt/16215. Accessed in 2014.

81. Clark, P., "MEMS Market to Show 13% CAGR to 2017, Says Yole," EE Times, July 4, 2012.

82. Maboudian, R., W. R., Ashurst, and C., Carraro, "Self-Assembled Monolayers as Anti-Stiction Coatings for MEMS: Characteristics and Recent Developments," *Sensors and Actuators A*, 82: 219-223, 2000.

83. "Implications of Emerging Micro and Nanotechnology," The National Academies Press, 2002.

84. Fishbine, G., *The Investor's Guide to Nanotechnology and Micromachines*, Wiley,, Hoboken, New Jersey 2002.

85. Byrne, J. D., and J. A., Baugh, "The Significance of Nano Particles in Particle-Induced Pulmonary Fibrosis," *McGill Journal of Medicine*, 11: 43-50, 2008.

86. Schneider, A., "Amid Nanotech's Dazzling Promise, Health Risks Grow," AOL On-Line News, March 24, 2010.

87. Weiss, R., "Effects of Nanotubes May Led to Cancer, Study Says," Washington Post, May 21, 2008.

88. Smith, R., "Nanoparticles Used in Paint Could Kill, Research Suggests," The Telegraph, August 19, 2009.

89. Bowman, D., and G., Hodge, "Nanotechnology: Mapping the Wild Regulatory Frontier," *Futures*, 38 (9): 1060-1073, 2006.

阿肯色大学　琳达·D. 威廉姆斯（LINDA D. WILLIAMS）　著
浙江大学　贺永　译

15.1　概述

几个世纪以来，睿智的发明者致力于改进工具和日常用品。在某些情况下，他们会在偶然间发现问题的答案，但是更多情况下，在切实可行的解决方案呈现之前，他们必须经历亲自动手实际操作和测试许多材料的过程，才有可能初见端倪。

在 1879 年发现碳化竹纤维在灯泡中燃烧的时间最长之前，托马斯·阿尔瓦·爱迪生（Thomas Alva Edison）测试了超过 1600 种不同的灯丝材料，包括椰子纤维、钓鱼线，甚至是朋友的须发[1]。

1938 年，切斯特·弗洛伊德·卡尔森（Chester Floyd Carlson）发明了电子照相和干法复印机，使用起来需要 39 个独立的步骤。他于 1942 年申请了专利，但无法实现一键式使用。直到 17 年后的 1959 年，第一个"现代"复印机 Xerox 914 才真正问世[2]。

1984 年，查克·赫尔（Chuck Hull）发明并创造了立体光刻术（1984 年申请专利，专利号 4575330，1986 年被授予专利），在试验中，他发现紫外光固化材料在激光的照射下能实现在已固化的材料上继续固化第二层材料，重复此步骤可以获得一个三维实体。两年后，赫尔创立了 3D System 公司[3]。这标志着利用物理学、材料科学、工程学、设计学、计算机科学和数学的增材制造和快速成型革命开始启动（见图 15-1）。

增材制造（AM）也称为直接数字制造，它是通过在打印层上融化、黏结和固化新一层材料来组装材料，实现从 3D 建模数据到物理对象的过程。与减材制造（SM）方法（即从材料块中去除材料层来生成物体的过程）相比，增材制造产生的废物要少得多[4]。

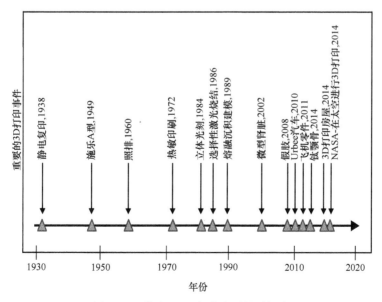

图 15-1　描述了 3D 打印发展的时间表

15.2 增材制造的兴起

得益于自动化、计算能力和数据存储方面的进步，特别是由于计算能力的提升，使得三维建模所产生的大量数据能在可接受的时间范围内进行处理，增材制造得以变的实用并兴起。

简单来说，计算能力是关键。无论是使用计算机的实时处理能力直接操作增材制造设备，还是运用间接驱动和支持应用程序与技术的集成，如果没有过去 25 年的计算机技术的进步，增材制造将不会在世界范围内被接受和广泛使用。

计算能力体现在以下方面：

1）处理能力。大型 CAD 软件如果没有快速的运算能力就无法工作。

2）机器控制。精确定位及打印操作需要控制各种打印机组件（如电动机、镜头）并集成传感器数据。

3）图形能力。尽管增材制造不需要过高的图形显示性能，但如今客户都期望得到宜人的图形用户界面（GUI），并将其与设备的可操作性和易于维护相关联。

4）网络。在 21 世纪，网络化增材制造的出现使得计算机通信、文件共享和通用文件类型变得至关重要。

虽然早期的研究人员对工业化应用的增材制造技术与打印简单桌面模型的 3D 打印机做了区分，但是这样的区分方式已经不再标准，因为从构建人造颚骨到建造房子，3D 打印机已经无处不在了。由于 3D 打印与增材制造是同一个概念，为便于理解，下述行文均使用 3D 打印。

目前主要有三种主流的 3D 打印技术，每种方法都针对不同的材料，也有不同的优缺点。然而，无论采用的是什么打印技术，几乎每个打印过程中都有几个共同的步骤如下[5]：

1）CAD 数据的获取，包括在医疗应用中扫描现有对象或获取 MRI 或 CT 扫描。

2）将 CAD 文件转换为 STL 文件。

3）调整 STL 文件并把它传输到打印机上。

4）根据材料的不同设置机器参数（如金属粉末、塑料线材、混凝土、巧克力）。

5）打印。

6）支撑清除、清理，以及回收未用完的材料。

7）打印后处理以改善性能（如密封，固化，加入电子元件、流道等）。

8）应用。

15.2.1 立体光刻（SLA）

如前所述，查克·赫尔（Chuck Hull）在 1984 年发现了一种方法来固化液体（照射可光固化的树脂）。Hull 的试验通过将树脂暴露于类似于当时激光打印机中的扫描激光下，通过一层接一层材料的固化，实现了三维实体的逐层制造。他称他的设备为立体光刻仪（SLA）。后来，他的设计数据文件被称为 STL（STereoLithography 或 Standard Tessellation Language）文件。图 15-2 所示是立体光刻的基本原理。

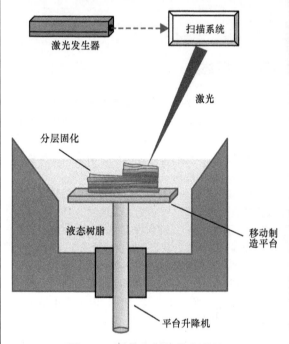

图 15-2　立体光刻的基本原理

赫尔创立了 3D System 公司，将"快速成型"机器推向了各行业寻求减少设计时间。后来，随着光固化树脂的使用越来越广泛，不同类型光源（如 X 射线、γ 射线、紫外线、电子束和可见光）都被用来作为固化光源。

立体光刻术，有时被称为槽溶聚合技术，它从容器或盛有液体树脂的槽开始。将 CAD 图形切片，光斑按切片图案进行运动，树脂受激光曝光而硬化，获得和切片图形一致的树脂片。随后，平台逐渐下降，光斑按下一个切片图案进行运动，最终实现树脂片的层层叠加，构成实体。

15.2.2 选择性激光烧结（SLS）

选择性激光烧结（SLS）由德克萨斯大学奥斯汀研究生 Carl Deckard 及其顾问 Joseph Beaman（1986 年提交的专利，4863538，1989 年授权）发明[5]。它之所以被称为粉床熔融，是因为这种 3D 打印方法采用计算机控制的 CO_2 激光器将原料粉末颗粒精确地"烧结"或"熔化"成固体。这些颗粒可以是塑料、陶瓷、尼龙、聚合物或金属，这取决于成品零件或部件的不同规格。

在 SLS 加热室内，激光将粉末颗粒熔化成规定的设计形状。烧结过程在充满氮气的加热室内进行，这有助于最大限度地减少粉末材料的氧化和降解。此外，红外加热器被放置在打印平台上方，使所需温度正好保持在低于熔化或变形温度的水平。进料材料与打印平台一样保持在恒定温度。这种温度控制使激光功率（如预热和熔化）最小化，也减少了

在打印过程中由于不均匀的凹坑和潜在的收缩而发生翘曲的机会。一旦一层烧结完成，就铺上另一层粉末，然后通过激光将其熔融固化到上一层上，如此重复这个过程直到设计完成。图 15-3 所示为典型的 SLS 粉末熔化装置。

一旦 SLS 物体或部件完成，它就会被以零件形式和多余的粉末包含在一起，当打印部件被转移到另一个区域后，使用类似于考古挖掘中使用的那些精细的工具和刷子小心地将零件上多余的粉末去除。采用高压空气枪将 SLS 打印件剩余的一些粉末清除。在处理、清理之后，部件可能还需要上漆或添加其他附加部件。

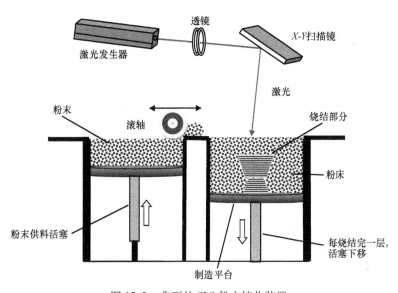

图 15-3　典型的 SLS 粉末熔化装置

15.2.3　熔融沉积制造™（FDM）或熔丝制造（FFF）

另一种增材制造技术采用挤出成型，它是 Stratasys 公司的创立者 S. 斯科特·克鲁普（S. Scott Crump）在 1989 年开发的（1992 年授予的专利 5121329）[5]。这种"熔融沉积制造"或 FDM 的成型方式已被 Stratasys 注册商标，这种方法类似自动热胶枪。将熔融材料（如从进料线圈供料的塑料丝或金属丝经过加热后）通过喷嘴挤成一个 CAD 定向图案，材料在挤出后立即冷却并硬化。然后下一层材料通过供料管道被输送到打印平台的上一层材料上，挤出其特定的定向图案，这样从底部向上建立一个零件或对象。

当电动机控制喷嘴以设计好的 X-Y-Z 方向移动时，打印平台逐层下降。熔丝制造（FFF）、打印会受到悬垂斜面角度的限制，但这种限制可以由添加

不同材料的支撑结构消除，支撑结构的设计能够实现复杂结构的打印，打印完成后可在后处理工艺中去除支撑材料。

根据需要，熔丝制造使用 ABS、PLA、聚苯乙烯、聚碳酸酯、聚酰胺和木质素等线材进行制造。例如，在航空和航空航天的应用中对阻燃性的要求特别高时，可采用 ULTEM 9085™ 热塑性塑料[6]。

恒定的挤出压力是熔丝制造（FFF）的重要组成部分，因为任何挤出材料必须以恒定的速率流动，来产生恒定和标准化的横截面直径。挤出材料必须以半固态进行堆积并迅速凝固以保持所需的直径和形状。挤出机喷嘴垂直安装，如图 15-4 所示。

挤出固化的另一途径是使用固化剂、微溶剂量或空气干燥半液体材料的方法。本章稍后讨论的生物打印和组织工程（如打印骨骼支架）部分也使用替代的 3D 打印方法。

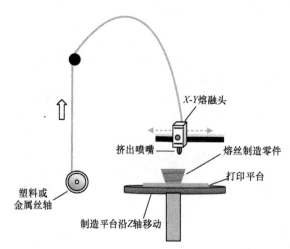

图 15-4　熔丝制造（FFF）挤出机喷嘴垂直安装
以保持所需恒定流动

15.2.4　电子束熔化（EBM）

电子束熔化（EBM）与 FFF 类似，应用的粉末状或线状原料由两个喷嘴进料。不是像 SLS 中那样用激光把金属粉末熔化到预先铺设的打印平台上，而是类似于 FFF，粉料在熔化时被沉积，这就可以在沉积过程中增加密度和进行标准化。由于此特性，EBM 成型方法可能速度较慢。光束沉积头每次在相邻的线中精确施加固化材料层，直到复杂的 3D 图案打印完成。

尽管光束沉积制造方法基本相同，但在激光波长、功率、光斑尺寸、粉末或线材输送、惰性气体输送、驱动器控制和反馈机制方面各不相同。图 15-5 所示是电子束沉积的典型结构。

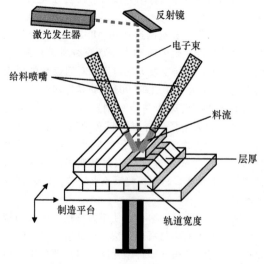

图 15-5　电子束沉积的典型结构

15.3　扫描

无论是工业、艺术、医疗、建筑、航空航天或家庭应用，增材制造都源于设计。既然 3D 打印作为一种数字技术，它在创建新对象或改进复杂零件时，3D 打印机不能单独工作，它需要和计算机的 "大脑" 进行绑定，并由 "大脑" 来指示设计的细节（如几何形状、材料）。几乎每个商业 CAD 软件都能够用于将数据传输给 3D 打印机。

从 CAD 系统到 3D 打印机的输入通过扫描或原始 3D 模型来实现。图像输入可以通过使用手持设备（例如 iSense、GeoMagic Capture、Fuel 3D 等）进行扫描来收集。一些小型扫描仪具有转盘，物体被放置在转盘上进行图像的扫描（如 Makerbot Digitizer Desktop 3D 扫描仪）。也有一些扫描仪被集成到 3D 打印机里面（如 AIO Robotics-Zeus 3D 打印机、扫描仪和传真机）。

3D 扫描仪记录现实世界对象的形状和外观（例如纹理、颜色）数据，从对象的表面获得点云数据，并进行重建[7]。

与相机收集表面信息类似，3D 扫描仪收集视野范围内三维表面的距离信息。3D 重建图像描绘了到物体上每个表面点的距离。为了捕获物体的 360° 方位，可能需要进行多次扫描。然后扫描数据必须拼合去除重复，并合并到整个模型中。大规模的工业扫描仪可以处理极大的数据集（如 Faro、Ametek、Leica Geosystems）。

3D 扫描可用于矫形器、假肢、助听器、原型、工业设计、质量控制/检查、伤口修复、教育以及无价艺术和文物的复制。

1. 接触式扫描仪

3D 扫描仪通常分为两种主要类型：接触式和非接触式[7]。接触式扫描仪在两种类型中可能是比较老的，而且用起来更受限制。顾名思义，扫描仪探头必须始终与扫描对象保持物理接触，以便记录表面特征。

坐标测量机（CMM）是常用的一种接触式扫描仪，扫描仪探头垂直于扫描平台，每个轴线沿轨道进行移动。这种类型的机器用于具有低轮廓物体或稍微凸起的表面。

另一种类型的 CMM 使用具有精确旋转和铰接角度关节的铰链机械臂来探测裂缝和物体的内部空间。根据要求，可以用这些 CMM 方法进行组合以扫描更大型的或重叠的结构。

CMM 扫描的基础是物理接触。其主要缺点是由于接触可能导致物体表面的扭曲或造成损伤。由于是逐点扫描，与其他扫描技术相比，CMM 的扫描过程相当缓慢，该技术更常用于精密测量领域。

2. 非接触式扫描仪

非接触式扫描仪进一步分为主动式和被动式两种。可根据对象和应用程序的需要使用。

（1）非接触式主动扫描仪　非接触式主动扫描仪发射辐射或光，当探测到其表面或复杂的内部结构时，辐射或光被偏转或穿透物体。这些非接触式扫描仪可以发射的辐射包括可见光、激光、超声波或 X 射线。

激光脉冲扫描仪（也称为飞行时间扫描仪）通过一次扫描中，激光器发出光脉冲得到其返回到扫描仪的检测器所用的时间［即 t（往返时间），d（距离），c（光速）；那么 $d = ct/2$］来获得数据。光的传播速度为 0.3mm/ps，因此扫描仪可以通过测量激光从一点发出回到一点所用的时间来得到相应的距离。反射镜与激光测距仪一起使用可以扫描整个 3D 视场（如 10000 ~ 100000 点/s）[8]。

基于三角测量的 3D 主动扫描仪也使用激光，并从三个来源收集数据：尺寸，形状和物体的距离/位置。它们对激光点、相机和激光发射器之间的物体位置点进行三角测量。

飞行时间扫描和三角测量扫描各有利弊。虽然飞行时间扫描可以进行远距离（km）扫描，但是由于光的速度太高和距离测量的不准确，测距仪精度就会降低。此外，每秒记录的采样点越多，扫描仪或物体的振动或温度变化（扩展/收缩）就会进入扫描仪或物体内部，使得收集的数据发生扭曲。

另一方面，三角测量在有限的距离（几米范围）上是高度准确的。三角测距仪可以精确到微米。

结构光 3D 扫描仪将结构光图案投影到要扫描的对象上，然后记录图案的变形。结构光扫描可以根据需要进行调整和更改结构光。结构光 3D 扫描仪的优点是能以比激光三角测量更快的速度和更高的精度一次扫描多个点或整个视场。

结构光的研究已经开发到，能以更高的速度（每秒数百到数千帧）捕获、重构和渲染柔软可变形物体的高密度细节[8,9]。

在医学领域，主要使用的是体积扫描法。计算机断层扫描（CT）通过将 2D X 射线图像（切片）堆叠在一起，产生物体内部图像的 3D 表示。另一种医学成像方法，磁共振成像（MRI）产生的图像中不同软组织间的对比度比 CT 成像高得多。这对肌肉骨骼、心血管和肿瘤（癌症）成像尤为重要。通过获取 3D 图像，医学诊断和治疗能力大大增强。15.6.4 节将进一步讨论从医疗扫描创建的 3D 打印模型。

（2）非接触式被动扫描仪　非接触式被动扫描仪本身不发射辐射，但检测到反射的可见光或红外光。这些被动扫描仪可以是立体的（即用两个相机比较来自不同位置的场景）、光度测量（即一个相机，改变光线拍摄多个图像）或轮廓（即在高对比度的背景下拍摄几个轮廓照片）。但用这些方法难以捕获其内部细节。

15.4　计算机辅助设计（CAD）和计算机辅助建模（CAM）

如前所述，计算机是增材制造和 3D 打印的关键。它们通过提供一个有力工具，为设计师、工程师、艺术家或医学科学研究人员提供了开拓创造、创新、概念建模、开发和提高灵活性的能力。

当没有零件实物时，诸如 AutoCAD、Revit、Sketchup 和 3D Solidworks 之类的软件提供了与打印相关联的无数设计选项。它们使用多边形 3D 模型、编辑器和非均匀有理 B 样条（NURBS-用于曲线和曲面的计算机图形中使用的数学模型）来描绘分析曲面和建模形状。

多边形模型在数学上将曲面分解为成百上千个小的网格。然后通过表面建模器（如 GeoMagic、Rhino 3D、TSplines、Imageware 等）对此信息进行操作。该模型导入到具有复杂算法（如设计示意图、特征树）的 CAD 软件中，便于继续编辑。

15.5　增材制造/3D 打印材料

3D 模型完成后，下一步就是选择适当的材料。在制造业中，材料的选择需要基于工程和客户的规格，如强度、分辨率、耐久性、导热/绝缘、拉伸强度、紫外线曝光等。此外，材料的选择还受可用性和使用特性（如密度、颜色、孔隙率、不透明度、生物降解性和所需的上市时间等）的影响。表 15-1 提供了各种 3D 打印材料。

选择材料时还考虑到生产级热塑性塑料；零件是否支持有机形状和复杂几何形状，内部是否中空、负拔模或有其他需要后期添加的模块。

后期完成时间和成本是进一步的因素。另外还要评估珠光处理、黏合/胶合、电镀、喷涂、密封、抛光或回火。表 15-2 比较了几种 3D 打印材料的优缺点。

表 15-1 各种 3D 打印材料

应用领域	材料
工业与制造业	钢 热塑性塑料（ABSplus-430，ABS-ESD7，ABSi，ABS-M30，PC，PC-ABS，PC-ISO） PPSF/PPSU Ultem™9085 陶瓷，钛，石墨，碳纳米管多材料，混凝土，沙子
生物医学	生物细胞（组织培养） 生物医药塑料（FDA 批准） 聚甲基丙烯酸甲酯（PMMA）——光学透明的热塑性塑料 金属（金，钛） 光学热塑性塑料 石膏
专业领域（艺术，珠宝，娱乐，时装）	热塑性塑料（ABS，PLA） 玻璃 金，银，钛 尼龙 618，645 木头
施工（结构）	混凝土 生物塑料（如 Macromelt TM） 建筑垃圾（地面混凝土、砖等） 石头废料 木材，沙子
业余爱好者	热塑性塑料（ABS，PLA-4042D，4043D） Laywoo-D3（木） 尼龙 618（PLA） 尼龙 645 高抗冲聚苯乙烯（HIPS）——可溶解的载体材料 Ingeo™ Biopolymer 2003D 生物降解材料 糖，巧克力，盐，黏土

表 15-2 几种 3D 打印材料的优缺点

材料	特性	缺点
PLA（聚乳酸，Polylactic acid）	挤出温度 190～230℃ 气味小，翘曲小，打印性好，可再生（淀粉等合成）、降解、偏移，颜色多样	延展性差，脆性大，强度低，熔点低
ABS（丙烯腈·丁二烯·苯乙烯，Acrylonitrile butadiene styrene）	挤出温度 220～260℃ 耐冲击 易清洗 易打磨上色 柔性，可延展	化学气味大 翘曲 混入杂质后易影响性能 打印是平台要加热（80～110℃） 打印工作区间最好保温 翘曲原因不能用风扇 环境温度对成型翘曲影响很大
尼龙	挤出温度 240～270℃ 优异的强度，灵活性 优良的层间黏合力 耐大多数溶剂 高玻璃化转变温度（耐热部件） 干尼龙打印光泽光滑	成本更高（ABS 或 PLA 的两倍） 翘曲 挤出温度高 在空气中非常吸湿（在 12～18h 内容易饱和） 打印前 4～6h 必须在 170℃烤箱中干燥线材 湿尼龙弹性/嘶嘶声，产生弱层
PETT	挤出温度 212～224℃ FDA 批准为食品安全 气味极低 优秀的强度 透明，坚韧的玻璃 可回收 低收缩，硬 非常低的翘曲（有益于大物件）	需要较慢的打印速度（PLA 打印速度的 1/2） 不可胶粘
Laywoo-d3	挤出温度 212～224℃ 闻起来像烘烤饼干 看起来像木头 可磨砂，可雕刻，可涂漆 近零翘曲 不需要加热打印床 热耐久性类似于 PLA	打印时柔软 黏度非常低

15.6 增材制造（3D 打印）的应用

选择 3D 打印机的主要考虑因素是打印速度、CAD 兼容性、打印机及材料的成本、可打印的原型数量/尺寸、使用方便性、多材料兼容性、不同材料可用性、不透明度、颜色等。

虽然增材制造和 3D 打印应用几乎是同义词，但许多传统制造商将 3D 打印视为消费级别应用，而增材制造设备则适合工业应用。它们的主要区别在于成本，虽然简单低端的 3D 家用打印机只用不到 300 美元就可以买到，但能够提供多种颜色和直接打印功能的，带有更好功能 PC 或 Mac（如 3D Systems Cube）的增强型号则要大约 1200 美元，而且打印机的体积相对较小（如 Cube3, 152mm × 152mm × 152mm）。而工业打印机的起价约为 25000 美元，并且可根据应用，尺寸和材料的要求，价格可以达 100 万美元。

3D 建模和打印的优势包括：让创新及很多试验、测试不再受约束，缩短了开发时间，提高了模型适应性，降低了操作/分配成本等。例如，3D 打印可以打印以前不可能制造的和有复杂内部结构的零件，并将其并入到装配链中。

正是由于这些优势，许多行业已经增加或开始了 AM/3D 打印的工作。

15.6.1 运输

汽车制造商多年来一直使用原型进行设计。但是，这个过程需要几个月的时间，设计的改动也不够灵活。使用 3D 打印技术，投资和周转都可大大减少。据报道，世界上第一款 3DP 赛车在 2012 年的方程式学生挑战赛中脱颖而出。它就是使用来自快速成型公司 Materialise 的猛犸象立体光刻技术制造的[10]。

Ecologic 的混合动力 Urbee（城市电动）汽车进行了空气动力学优化和高能效设计，该公司宣称已经制造了第一个 3D 打印的车身。混合动力汽车利用风能、太阳能和水电（以及更长途旅行的乙醇）作为可再生能源，于 2014 年底开始生产[11]。

摩托车也可以采用 3D 打印制造。当客户想要 Orange County Choppers 团队（在纽约州奥兰治县建造定制和生产摩托车）来设计一辆个性化的"龙"摩托时，他们在公司里将它建模并打印了出来。

"3D 打印的好处在于，你在设计过程中就可以创建实体模型，而不需要做任何额外的准备。" OCC 的图形艺术家和设计师杰森·波尔（Jason Pohl）

说，"你导出一个 STL 文件并将其发送到打印机，然后就可以继续下一项工作。Stratasys 公司的 Fortus 400 打印机可以打印完美的实体模型，无须任何操作员监督或操作。我们经常使用中空填充（蜂窝状）构造来大大减少零件的重量。"[12]

15.6.2 航空航天

2014 年 9 月 19 日，美国航空航天局向 Space X 无人货舱发射了一台 3D 打印机，以减少货舱对地球补给的依赖。任务的意图在于测试 3D 打印功能和在远离地球（如火星）等地执行更低成本、更有效的任务的适用性。

美国航空航天局选用的 3D 打印机是由 NASA 的 Ames 研究中心附近的 Made-in-Space 制造的。第一台太空 3D 打印机使用热塑性塑料来建造国际空间站（ISS）的替换零件，同时也作为微重力 3D 技术的测试台。初始打印部件将返回地球进行测试和评估，并根据评估结果显示进行改进，NASA 计划在 2015 年将第二台更新的打印机运送到 ISS[13]。

此外，美国航空航天局还授予 Made-in-Space 另一项合同，去设计一个回收/再循环系统，以便在太空中重新使用旧的 ABS 塑料。要求将尺寸达 6cm × 12cm × 6cm 的物体转换成直径 1.75mm 的 3D 打印机线材、颗粒或用于挤出机喷嘴的其他原料[14]。

德克萨斯州奥斯汀从事系统和材料研究的咨询机构获得了 NASA 资助来研究 3D 打印食品在太空中的潜力。在太空任务期间，各种开胃食物对船员的健康和表现至关重要[15]。

15.6.3 国防

英国皇家空军在他们由 BAE 公司生产的狂风战斗机上使用 3D 打印。3D 打印的部件包括驾驶舱无线电防护罩、起落架防护装置以及进气口支架。他们的最终目的是实现在任何基地或船和航空母舰上（即没有传统制造支持的地方）制造零件并进行维修和更换[16]。

在美国，波音公司在开发前就已拥有 3D 打印原型，并在一些飞机上使用了超过 22000 个 3D 打印的零件。例如，用传统制造方式生产一个完整的环境控制管道（ECD）需要 20 个零件进行组装。而通过 3D 打印，波音公司可以将 ECD 打印成一个整体，不需要任何组装[17]。目前，波音公司、空中客车公司、通用电气公司，以及其他航空公司都已经转向 3D 打印以减轻重量，从而节省燃料〔根据美国航空公司的数据显示，每减少 1lb（0.45kg）的质量/飞机每年可以节省超过 11000USgal（41.64m³）的燃料〕[18]。

在2014年美国海军陆战队的训练，将会测试一种3D系统套件（即战斗与物流部门的工业扫描、建模和打印技术工具包）。测试在直升机着陆区域清除障碍物，模拟修复多用途机器人的两个关键部分。现场维修、更换破损部件比平常情况下更节省时间和经费[19]。

15.6.4 医疗保健

1. 助听器

现代听力学广泛使用3D打印个性化助听器。用3D激光扫描仪扫描患者的耳道后，耳朵3D形态用"点云"表示。根据这些数据，用树脂制成助听器的外壳。在外壳固化后，再装上电子元件并进行声学开口。为了更好地适应患者，提高助听器的质量，快速生产的助听器已经在按订单生产了。目前，已有超过1000万件3D打印助听器正在流通[20]。

2. 口腔正畸

Invisalign的正畸供应商扫描患者的牙齿获得数据，并通过计算机建模逐渐校正到对齐的端点。然后创建一系列个性化的顺序磨损牙套（塑料配件托盘），当齿对齐到达该系列中的下一个点时更换。随着时间的推移，3D打印塑料齿廓使患者的牙齿完美对齐[21]。

3. 假肢

由诺丁汉大学工业和物理科学研究理事会（EPSRC）创新制造加工中心在伦敦科学博物馆举办的一个展览向我们展示了生物医学工程中的手和肢体假肢发展得如何迅速。主题为"3D打印未来"的展览展示了如何使用3D打印创建具有引入触觉的定制可移动假肢（手/手臂）。另外，在展出的600个展品中包含了3D打印的膀胱和双分子层药物片剂[22]。

阿曼达·博克斯特尔（Amanda Boxtel）在1992年的滑雪事故中腰部瘫痪，EksoBionics和3D System公司为她设计了一件机器套装来让她可以再次走路。为了建造第一个这样的外骨骼套装，必须通过扫描阿曼达的身体，并用CAD软件来对她的脊柱、大腿和肩膀进行建模，然后才能对机器套装进行精确制和3D打印。阿曼达是改进款外骨骼的十多名EksoBionics"测试员"之一，凭借EksoBionics的机械执行器和控制器，阿曼达能够在不损伤压力点情况下顺利地移动和行走[23]。

4. 组织工程与生物打印

组织工程（Tissue Engineering）还采用了3D打印来构建人造眼球、仿生耳、鼻子、肾脏、皮肤、气管、血管和肝脏[24]。通过使用细胞、硅胶和各种移植物和支架，高附加值的器械能够被打印（Bioprinting），而其成本仅为以常规制造或器官移植的费用的一小部分[25]。

除了身体修复和组织更换外，3D打印在用磁共振和CT扫描创建的3D打印模型进行手术设计方面变得至关重要[26]。从治疗核桃一般大小的儿科心脏，到利用打印的钛移植物重建人脸。通过准确的预计减少手术时间，患者和外科手术团队在降低成本的同时也获得很大的好处。

5. 研究

3D打印在化学、生物学和工程领域有助于创建分子和生物结构的打印模型，以协助研究人员看到难以看到的结合位点、几何形状和潜在机制以及蛋白质相互作用的新方向。

在法医学领域，3D打印正在被用来面部重建（例如CT、MRI和使用摄影测量的表面扫描）和犯罪现场重建[27]。

15.6.5 建筑业

建筑师和结构工程师多年来一直在使用计算机设计软件。材料选择的快速发展和演进使3D打印的模型在设计过程中成了节约成本的重要步骤。CAD和3D打印可以在数分钟至数小时内提供高保真的实体模型，而不是等待几周到几个月的时间来进行手工和工具制作新模型。

Autodesk和设计公司Steelblue在打印世界上最大的，可供建筑师、房地产开发商及城市规划师使用的旧金山景观（大约2017年），这将进一步推进3D打印在建筑业的应用趋势。整个景观由115块树脂模型组成，它们为观众对周围建筑物（例如阴影）和城市增长可能性的认识提供了新的工具。带有私人住宅的模型展现了从旧金山现代艺术博物馆到SF巨人（AT&T公园）再到SF-Oakland Bay Bridge的所有景观，由2台Object Connex 500打印机历时2个月打印完成。3D打印的城市模型成本不到20000美元，以1∶1250的比例制作而成[28]。

在房地产业方面，房地产商向潜在买家提供360°全方位预览已有多年。现在利用3D打印，业主可以为租客、室内设计师、分包商和其他客户打印出不同的建筑供选择、审查和批准。租户将能够可视化地操纵模型，为当前和长期计划提供更方便的工具。

在建筑施工领域，荷兰建筑师正在使用一台3D打印机，创造出含80%黑色塑料、高2.5m、宽1.7m的模块。内墙和外墙同时打印，并留下开口用于管道和电气布线。完整的结构将形成一个13室的房子，由相互拼合的独立部件组成[29]。

除了建筑的新颖性，3D 打印的房屋可以根据业主的规格进行定制和设计，为家具和楼梯预留空间。由于大多数施工部件都是现场建造的，这样的施工理念大大降低了运输成本。

在上海，苏州的盈创新材料公司用 24h 打印了 10 间可回收混凝土房屋（200m²）。该公司使用巨大的 3D 打印机（6.6m × 10m × 150m）进行打印，而后还为房屋配备了管道、布线、门窗，公司向世人展示了大型 3D 打印施工的可行性。该公司估计，他们将花费 2000 万元人民币（320 万美元）和十二年的时间来改进技术，可以把 3D 打印房屋的成本降低到传统方法建造成本的约 50%[30]。

15.6.6　珠宝、服装、艺术、玩具

其他创意商店正在接受 3D 打印制造革命。从受数学启发的雕塑和首饰（如拔示巴雕塑，Wonderluk 公司[31,32]，到石墨瓷灯泡[33]、微型音乐家（如极光，科罗拉多交响乐团）[34] 和复杂的雕塑时尚跑道［如阿努克·威普瑞希特（Anouk Wipprecht）][35]，新设计与新打印材料的集成每天都在媒体上播出。对于没有 3D 打印机的个人，CAD 设计可发送给打印公司（如 Thingiverse、Shapeways 和 Makerbot）进行打印。

不要忘记年轻人，3D Systems 和 Stratasys 最近宣布与 Hasbro（3D Systems）和 Sesame Street（Makerbot）合作，允许家长购买和下载 3D CAD 文件，以打印他们孩子最喜欢的角色[36,37]。个人创作也可以通过共享软件或免费 CAD 程序创建各种颜色和纹理用家用打印机进行打印。

15.7　供应链和按需制造

增材制造和 3D 打印的趋势是定制或创造不可能制造的产品。3D 打印为以前从未有过的市场（如学校、医院、小企业、珠宝商和业余爱好者）提供制造能力。这种情况被描述为"没有工厂的工厂"，在不同行业附近或需求点附近打印广泛样品的新兴能力将严重改变供应链和商业模式。

作为一种颠覆性技术，3D 打印向更广阔的市场提供创新解决方案、更轻质量的产品、更先进的材料（如掺入石墨烯）。传统制造商的调查中，有 67% 预计在 3 ~ 5 年内使用 3D 打印以缩短交货时间，减少间接费用和运输成本，并增加定制功能、客户协作和竞争优势。当制造商对 3D 打印的颠覆能力进行调查时发现，供应链和知识产权问题排在榜首。当被问及应用 3D 打印所面临的障碍时，近 50% 的

公司认为他们缺乏该 3D 打印的专业知识，此外对打印产品质量（如强度、耐久性）存在疑问，这也是目前在制造文化中融入 3D 打印的障碍[38]。

在一种情况下，客户可以根据零件大小或需要材料的量实现在本地或家中下载数据并进行打印，而不需要在全国范围内运送零件。

微软还在研究嵌入式条形码识别标签来跟踪 3D 打印对象。这些内部标签将允许编码复杂的表单、序列号、简单的程序、交互式游戏，或在被终端用户扫描时提供互联网连接[39]。

售后市场部门的 3D 打印也可能大幅增长，其中停产零件的维修和更换成为越来越重要的收入来源。根据 Price Waterhouse Cooper 的报告，70% 的制造商将在 3 ~ 5 年内打印停产零件。尽管有 59% 的制造商也会同时制造售后市场部件，但 30% 的制造商预计 3D 打印在 3 ~ 5 年内会对供应链产生较大影响，会降低材料和劳动力成本[40]。

拥有按需制造生产零件、产品、备件或工具的能力是提高竞争优势的关键因素。降低运输成本、减少产品交货时间和避免昂贵的物流为 3D 打印提供了相当大的竞争优势。

15.8　绿色增材制造

3D 打印被新闻媒体质疑的一个重要理由就是垃圾填埋场将会被打印失败的 3DP 小玩意、玩具和零件填满。反对者认为，在学习 3D 建模以及 3D 打印工作原理的同时，打印失败的产品会对环境造成负面影响。从垃圾填埋场和浮在海洋中的塑料量来看，这个顾虑有一定的道理[41]。

供应、制造、分销和零售连锁的所有业务都将需要调整运营，以跟上快速推进的 3D 打印的爆炸式增长。

幸运的是，我们已经从早期工业化的错误中获得了教训，3D 打印制造商正在积极思考。表 15-3 提供了 3D 打印绿色制造供应链的一些思路。

全球拥有 20 万 ~ 30 万台 3D 打印机，大多数使用者长时间使用的可能性很小。就像喷墨打印机一样，95% 的时间大都是空闲的。考虑到这个现状，两名前 3D Systems 的员工布拉姆·德·兹沃特（Bram de Zwart）和布莱恩·加勒特（Brian Garret）在 2014 年 4 月成立了 3D Hubs。他们的业务蓬勃发展，在 140 多个国家拥有超过 7000 台不同机器的网络中，已有超过 3 万份打印报告。3D Hubs 拥有运输和供应链，提供在 16 千米距离内给十几亿人打印 3D 物体的能力[42]。显而易见，这种 3D 打印商业模式很

有生命力。如果增加无用打印件回收（类似于回收杂货袋）的能力，3D打印将被视为更环保的制造技术。

表 15-3 绿色制造供应链

供应链	绿色优势
材料	60%~80%原料回收（粉末，塑料） 可定制打印件减少了所需的原料 可生物降解植物纤维素 盐 砂 木头 石膏 可回收建筑废料（砖） 回收产品（塑料瓶）
运输	传输CAD文件而不是运输产品 在本地/区域打印 在家打印
后勤	低库存 按需打印
劳动力	国内工作

15.9 未来发展与生产能力

2014年秋季，福布斯发布了基于1亿多新闻和博客文章分析结果的Appinions调查报告[43]。该报告列出了3D打印市场上十大最具影响力的公司。AutoDesk、3D System和Stratasys在其中并不奇怪，但亚马逊、英特尔、通用电气、家得宝和BAE系统这些公司居然也都在列。特别值得注意的是，3D打印投资加速推进了行业的多样性，从3D硬件和软件、建筑、汽车、电子和金融到工业、互联网（谷歌，英特尔）、航空、时尚、娱乐和零售商（eBay，亚马逊，百思买，家得宝）。这些的一切都定位于一个分散的、大众化制造时代。

增材制造和3D打印增长被视为数字化概念的再生，物理模型的重现[44]。过去一个世纪的集中开发、制造和分销，最终导致了部分或所有这些组件的离岸外包。与这种情形不同，3D打印的未来发展方向是本地定制和制造业的大众化。随着3D扫描仪和软件的不断发展，3D建模学习曲线可能随着物理对象的数字化、改良化和由现场及本地打印中心的3D打印机直接打印而减少。

由于大型打印件的规模、数量和成本因素并不占优，大型及传统制造业仍具有很大的优势，但关注重心从传统制造业向3D打印领域的转变已成为事实。

随着产品上市时间的减少，使用优质材料成为可能，终端用户的开源设计也在增长，消费者的定制产品制造是由本地制造业即时进行的。工程师、设计师和无数行业必须适时改变否则便会将市场份额丢给那些留个灵活的、集中的、弹性的、Web 2.0、基于生态系统的3D玩家。

参考文献

1. *Thomas Edison/Henry Ford Winter Estates*, *Ft. Meyers, Florida*, Terrell Publishing Co., Kansas City, MO, （ISBN 0-935031-67-7）, p. 32. Referenced by Joyce Bedi, Lemelson Center, Smithsonian, senior historian, online, http://invention. smithsonian. org/centerpieces/edison/000_story_02. asp

2. Mark, C., "Chester Floyd Carlson," American Society of Mechanical Engineers, April 2012, https://www.asme. org/engineering-topics/articles/technology-and-society/chester-floyd-carlson

3. "The Journey of a Lifetime," 3D Systems, 3dsystems. com, March 18, 2004, http:///3dsystems. com/30-years-innovation/

4. "Additive vs. Subtractive Manufacturing," published in January-February 2013, Efficient Manufacturing, p. 50, http://www. efficientmanufacturing. in/pi-india/index. php?StoryID=443&articleID=129947

5. Gibson, I., D. W., Rosen, and B., Stucker, *Additive Manufacturing Technologies Rapid Prototyping to Direct Digital Manufacturing*, Springer U. S., New York, 2010.

6. Bernardini, F., and H. R., Rushmeier "The 3D Model Acquisition Pipeline," 2002, http://www1. cs. columbia. edu/~allen/PHOTOPAPERS/pipeline. fausto. pdf

7. Brian, C., "From Range Scans to 3D Models," *ACM SIGGRAPH*, *Computer Graphics*, 33（4）: 38-41, 2000, http://dx. doi. org/10. 1111%2F1467-8659. 00574

8. Song, Z., and P. S., Huang, "High-Resolution, Real-Time 3D Shape Measurement," *Optical Engineering*, 12360, 2006, http://opticalengineering. spiedigitallibrary. org/article. aspx?articleid=1077169

9. Song, Z., D., van der Weide, and J. H., Oliver, "Superfast Phase Shifting Method for 3-D Shape Measurement," *Optics Express*, 9684-9689, 2010," http://www. opticsinfobase. org/abstract. cfm?uri=oe-18-9-9684

10. "The Areion by Formula Group T: The World's First 3D Printed Race Car," http://www. materialise. com/cases/the-areion-by-formula-group-t-the-world-s-first-3d-printed-race-car

11. George, A., "3-D Printed Car Is as Strong as Steel, Half the Weight, and Nearing Production," February 2, 2013, Wired online, http://www. wired. com/2013/02/3d-prin-

ted- car/

12. "3D Printing Breathes Life into OCC's Dragon Motorcycle," Stratsys, 2013, http://www. stratasys. com/ ~ /media/ Case% 20Studies/Automotive/SSYS- CS- OCC-05-13. pdf

13. Witze, A., "NASA to Send 3- D Printer to Space," Scientific American, online, September 10, 2014, http://www. scientificamerican. com/article. nasa- to- send-3- d- printer- to-space/

14. Krassenstein, B., "NASA Selects 'Made in Space' to Produce in- orbit Plastic Recycling System for 3D Printer Filament," May 11, 2014, http://3dprint. com/3559/nasa-made- in- space-3d- print- filament- recycle

15. "3D Printing: Food in Space," NASA News, May 23, 2013, http://www. nasa. gov/directorates/spacetech/home/ feature_3d_food. html

16. "3D Printed Metal Part Flown for First Time on UK Fighter Jet," BAE Systems, January 6, 2014, http://www. baesystems. com/magazine/BAES_164903/3d- printing- - - a- new- dimension- in- manufacturing?_afrLoop = 813245316894000&_afrWindowMode = 0&_afrWindowId = null#!% 40% 40% 3F_afrWindowId% 3Dnull% 26 _ afrLoop% 3D813245316894000% 26 _ afrWindowMode% 3D0% 26_adf. ctrl- state% 3D15p71eesmf_150

17. "3D Printing Could Remake U. S. Manufacturing," USA Today, July 10, 2012, http://usatoday30. usatoday. com/ money/industries/manufacturing/story/2012- 07- 10/digital-manufacturing/56135298/1

18. "Flight Plan for a Smaller Footprint," American Airlines, downloaded September 15, 2014, http://www. aa. com/ i18n/aboutUs/environmental/article2. jsp

19. "Marines to Test 3D Systems' 3D Printing Toolkit Live during Annual War Game," Michael Molitch- Hou, August 26, 2014, http://3dprintingindustry. com/2014/08/26/marienes- test-3d- systems-3d- printing- toolkit- live- annual- war-game/

20. "3D Printing Revolutionized the Hearing Aid Business," Steve Banker, Forbes online, October 15, 2013, http:// www. forbes. com/sites. stevebanker /2013/10/15/3d- printing- revolutionizes- the- hearing- aid- business/

21. "Invisalign: Creating a New Business Model through 3D Printing," Digital Dentistry, Deloitte, Disruptive manufacturing: The effects of 3D printing, p. 13, http://www. scribd. com/doc/205015894/3d- Printing- industry

22. "Landmark 3D Printing Exhibition Showcases University Research," Research Exchange online, The University of Nottingham, UK, http://exchange. nottingham. ac. uk/research/landmark-3d- printing- exhibition- showcases- university- research/(accessed online September 15, 2014).

23. Terdiman, D., "3D Printed Exoskeleton Helps Paralyzed Skier Walk Again," February 18, 2014, http://www. cnet. com/news/3 D-printed-exoskeleton-helps-paralyzed-skier-walk-again/

24. Davies, S., "3D Printing is New Face of Medicine," Financial Times, November 14, 2013, http://www. ft. com/ cms/s/0/74c5d5b6-4b9a-11e3-8203-00144feabdc0. html# axzz3DmnsFbUL

25. Doyle, K., "Bioprinting: From Patches to Parts," Genetic Engineering and Biotechnology News, May 15, 2014, http://www. genengnews. com/gen- articles/bioprinting- from-patches- to- parts/5224/?kwrd = Bioprinting

26. Feldman, K., and AAAS Science and Technology Policy Fellow and National Science Foundation Directorate for Engineering, "3D Implants May Soon Fix Complex Injuries," http://www. nsf. gov/discoveries/disc_summ. jsp?cntn_id = 129867 (accessed online September 19, 2014).

27. Ebert, L. C., M. J., Thali, and S., Ross, "Getting in Touch—3D Printing in Forensic Imaging," Center for Forensic Imaging and Virtuopsy; Institute of Forensic Medicine, Univ. of Bern, Switzerland. DOI:10. 1016/Journal for sci-int. 2011. 04. 022

28. Terdiman, D., "3D Printed San Francisco: The Next Great Tool in City Planning," May 29, 2014, http://cnet. com/ news/3d- printed- san- francisco- the- next- great- tool- in- city-planning/

29. Macguire, E., "Dutch Architects to Build World's First 3D Printed House," CNN, April 14, 2014, http://edition. cnn. com/2014. 04/13business/3d- printed- house- amster-dam/

30. Fung, E., "Rapid Construction, China Style: 10 Houses in 24 Hours," Wall Street Journal, April 15, 2104, http://blogs. wsj. com/corporate- intelligence/2014/04/15/ how- a- chinese- company- built-10- homes- in-24- hours/?mod = e2fb

31. Halterman, T., "The Business of 3D Printed Art—Bathsheba Grossman," 3D Printer World, September 3, 2103, http://www. 3dprinterworld. com/article /business- 3d- printed- art- bathsheba- grossman

32. Park, R., "Take a WonderLuk at This Online Destination for Made-to-Order 3D Printed Fashion," 3D Printing Industry, April 24, 2014, http://3dprintingindustry. com/2014/ 04/24/take-wonderluk-online-destination-made-order-3d-printed-fashion/

33. Lisa, A., "Beth Lewis Williams' Beautiful Lithophane Lamps Blend 3D Printing With 19th Century Craft," Inhabitat, April 14, 2014, http://inhabitat. com/beth-lewis-williams-beautiful-lithophane-lamps-blend-3d-printing-with-19th-century-craft/

34. Cullingford, M., "Musicians in Miniature: Aurora Orchestra Launch Their New Season with 3D Replica Models," Gramophone, November 18, 2013, http://www. gramophone. co. uk/features/gallery/musicians- in- miniature

35. Mufson, B., "A Fashion Designer is Creating the World's First Open-Source, 3D-Printed Dress," The Creators Project, September 4, 2103, http://thecreatorsproject.vice.com/blog/a-fashion-designer-is-creating-the-worlds-first-open-sourced-3d-printed-dress

36. "3D Systems and Hasbro Agree To Co-Venture and Mainstream 3D Printing Play Experiences For Children," 3D Systems, February 14, 2014, http://www.3dsystems.com/press-releases/3d-systems-and-hasbro-agree-co-venture-and-mainstream-3d-printing-play-experiences

37. "MakerBot to Bring its First Licensed Brand, Sesame Street, to the MakerBot Digital Store and to MakerBot Retail Stores," Stratasys, May 14, 2014, http://investors.stratasys.com/releasedetail.cfm?releaseid=847912

38. "3D Printing and the Future of Manufacturing," Leading Edge Forum, Computer Sciences Corporation, Fall 2012, www.lef.csc.com/assets/3702/download

39. Brewster, S., "Microsoft Working on Barcode-Like ID Tags for Tracking 3D Printed Objects," GIGAOM, July 23, 2013, https://gigaom.com/2013/07/23/microsoft-working-on-barcode-like-id-tags-for-tracking-3d-printed-objects/

40. Oh, S., and A. J, Jorgenson, "Is 3D Printing Right For You? 3D Printing Makes Headway into the Heart of U. S. Industrial Manufacturing, According to PWC US and The Manufacturing Institute," June 11, 2014, http://www.pwc.com/us/en/press-releases/2014/is-3d-printing-right-for-you.jhtml

41. Armstrong, R., "3D Printing will destroy the world unless it tacles the issue of materiality," The Architectural Review, January 31, 2014, http://www.architectural-review.com/home/products/3d-printing-will-destroy-the-world/8658346.article

42. Milkert, H., "3D Hubs Locks Up $4.5 Million in Series A Financing, Led by Balderton Capital," September 2, 2014, https://www.google.com/webhp?sourceid=chrome-instant&ion=1&espv=2&ie=UTF-8#q=3D+Hubs+locks+in+%244.5+million+in+Series+A+financing%2C+led+by+Balderton+Capital

43. Rogers, B., "3D Printing Goes Mainstream" Forbes online, September 3, 2014, http://onforb.es/Waw6L7

44. Fox, S., and S., Brent, "Digiproneurship: New Types of Physical Products and Sustainable Employment from Digital Product Entrepreneurship," VTT Technical Research Center of Finland, http://www.vtt.fi/publications/index.jsp

来源

演示视频

"Biomedical Applications of 3D Printing," http://www.chicagobusiness.com/article/20140322/ISSUE01/140229904/3-d-printing-is-revolutionizing-surgery

"Faro 3D Laser Scanner Robotic Arm—Jay Leno's Garage," http://www.youtube.com/watch?v=q3SVTBrKyZk

"How to Print a 3-D Object with Laser Sintering," http://www.youtube.com/watch?v=wD9-QEo-qDk

-3D Metal Printing, http://www.youtube.com/watch?v=i6Px6RSL9Ac

-EOS—3d Printing with Metal, Titanium & Aluminum Demo@ MDM 2013 (Formula 1 Racing, Medical Examples), http://www.youtube.com/watch?v=zApmGFDA6ow#t=56

Rapid Prototyping—Fused Deposition Modeling (Fused Filament Fabrication), http://www.youtube.com/watch?v=P0JRxHJrUuk&list=PLoUQ RfDpzYYaOoV5lh52I9Sqf4XFA2kd

The Process of Stereolithography (SLA)—3D Systems, http://www.youtube.com/watch?v=iceiNb_1E0I

-Learn About Rapid Prototyping SLA, http://www.youtube.com/watch?v=nwQ5HA8sE-k&list=PL1E3A913D08CC664 F&index=3

供应商

3D 设计软件

AutoCAD and Autodesk software, http://www.autodesk.com/products/3ds-max/overview

Blender (open source), http://www.blender.org/

Cubify Invent, Design, and Sculpt 3D Modeling software programs, http://cubify.com/en/Compare/Software

3D Solidworks CAD and Simulation Software, http://www.3ds.com/products-services/solidworks/overview/

手持或桌面扫描仪

Ametek, http://www.ametek.com/

AIO Robotics Zeus 3D Scanner, Printer, Fax (3D Print Files to Another 3D Printer)

Faro, http://www.faro.com/en-us/home

Fuel 3D, http://uk.fuel-3d.com/

Geomagic Capture, http://www.youtube.com/watch?v=DT6BS1niYQ0#t=46

Industrial Scanners

Leica Geosystems, https://www.youtube.com/watch?v=cUI6HD_d89k&list=PL0td7rOVk_IWwYh5GDTKjP--nTu3n0WzK&index=1

Sense and iSense (works with Apple iPad) Scanners, http://cubify.com/en/Products/Sense

材料

When to choose hobby vs. commercial level 3D printers—Materials, https://www.supplybetter.com/blog/choosing-fff-vs-fdm.html

3D 打印机公司

Person, Professional, and Production Printers, http://www.3dsystems.com/
http://www.stratasys.com/

http://www. dremelnewsroom. com/epks/Dremel3DIdeaBuilder/index. html

http://www. voxeljet. de/en/systems/vx4000/(large format)

扩展阅读

Anderson, C., *Makers: The New Industrial Revolution*, Crown Business, New York, 2014.

Carlson, R., *Biology is Technology: The Promise, Peril, and New Business of Engineering Life*, Harvard University Press, Cambridge, Massachusetts, 2010.

Carlson, R., "Using Programmable Inks to Build with Biology: Mashing Up 3D Printing and Biotech," Synthesis, April 19, 2014, http://www. biodesic. com/

D'Aveni, R. A., "3-D Printing Will Change the World," Harvard Business Review, March 2013.

France, A. K., editor, *Make: 3D Printing: The Essential Guide to 3D Printers*, Maker Media, Inc, Sebastopol, California, 2013.

Gibson, I., D. W., Rosen, and B., Stucker, *Additive Manufacturing Technologies Rapid Prototyping to Direct Digital Manufacturing*, Springer U. S., New York, 2010.

Griffin, M., *Design and Modeling for 3D Printing*, Maker Media, Inc, Sebastopol, California, 2014.

Lang, D., *Zero to Maker: Learn (Just Enough) to Make (Just About) Anything*, Maker Media, Inc, Sebastopol, California, 2013.

Lipson, H., and M. Kurman, *Fabricated: The New World of 3D Printing*, Wiley, Hoboken, New Jersey, 2013.

Stokes, M. B., *3D Printing for Architects with MakerBot*, Packt Publishing, Birmingham, U. K., 2013.

Wardley, S., "Learning from the Web 2. 0," CSC Leading Edge Forum, Executive Summary, January 2012.

第 **3** 篇
机器人学及机器视觉

第16章
机器人学及自动化

美国 FANUC 公司　大卫·布鲁斯（DAVID BRUCE）　克劳德·丁斯摩尔（CLAUDE DINSMOOR）
韦斯利·加雷特（WESLEY GARRETT）　西汉·贾维里（NISHANT JHAVERI）
迈克尔·夏普（MICHAEL SHARPE）　著
同济大学　张剑　译

16.1　概述

工业机器人已经成为制造环境中不可分割的一部分。在世界上大多数消费品和商业产品制造过程中，机器人技术的应用最为广泛。有意节省资金的制造业公司认识到，无论是初始还是返工的过程，在机器人技术上的投资都会对他们的净收益产生直接的积极影响。近十年来，工业机器人在传统机器人领域的应用有了显著增长，具体来说有以下应用：

1）焊接（点焊和弧焊）。

2）机器和设备的上下料。

3）消费品包装和码垛。

4）涂装和密封。

5）机械装配。

工业机器人的可靠性、速度、定位精度和有效载荷能力都在稳步增加，而将工业机器人集成到制造系统的成本却在下降。这种能力递增与成本下降的综合效应，扩大了机器人可应用的领域，取代了定制设备或者用于众多制造场合的手工操作。

此外，机器视觉将摄像机与机器人控制器相结合，增加了现代机器人系统的灵活性。可以将一个或多个摄像头安装在机器人本体上或者旁边。机器视觉系统利用摄像机来测量每一个工件的位姿，并引导机器人运动使它能够操作工件，可迅速做出调整以适应工件位姿的任意变化。

工业计算平台、过程集成软件（即集成于机器人内部，用于控制复杂的材料加工过程的软件）、机械安全及多传感器集成技术的重大进步，正在扩展工业机器人超越传统领域之外的应用领域。最近，机器人技术的进步对提高产量和缩短生产周期产生

了巨大的影响，这吸引了制造商的注意力。机器人技术在非传统领域的运用，如初级和二级食品制备行业，推动了过去几年所出现的工业机器人热潮。将机器人技术引入这些陌生行业中，仍会促进制造环境的发展。

16.2　机器人学原理与基础

国际标准化组织（ISO）将工业机器人定义为："自动控制的、可重复编程的多用途操作手，可以是固定式或移动式，可用程序控制其三个或更多轴的运动，用于工业自动化场合。"

工业机器人通过机械结构将一系列关节连接起来而构成。这些关节一起或单独运动，将机械机构的末端或法兰盘定位到空间中某一点。法兰盘上通常安装有工具，往往是机械夹持器、真空驱动器或加工设备，如点焊枪、弧焊炬、涂料或密封剂的喷涂器等。这些工具用于完成实际工作。

工业计算机或机器人控制器（见图16-1）用于控制机械臂关节和连杆的运动，在工作空间内驱动机器人完成特定任务。机器人每个关节上都装有电动机，控制器通过给电动机发送指令来控制手臂的位置。机器人的运动轨迹通常由用户或机器人程序设定，轨迹由一系列工作空间内的点构成，而该程序决定机器人停留或者经过这些空间点。机器人程序通常也包括逻辑监控和控制安装在机械手上或与机器人相配合的加工设备。为特定应用任务（如点焊、弧焊或喷涂）而设计的现代机器人控制器，还包括集成的过程控制逻辑以及用于控制该特定过程的相关硬件。这些包括弧焊时控制电压、电流的起弧和维弧装置，或者控制机械装配任务中夹具开合的逻辑。

图 16-1　FANUC R-30iB 机器人控制器

16.3　工业机器人的常见类型

现代机器人的机械结构通常分为三种：SCARA，关节型和 Delta。在全世界范围内，机器人的速度、工作空间和有效载荷都涵盖了相当大的跨度，而这三个指标通常都根据这三种机械结构进行设计。

16.3.1　SCARA

SCARA 是选择顺应性装配机器手臂（Selective Compliance Assembly Robot Arm）的缩写。该手臂通常具有 4 个关节，使机器人能够在 X-Y 平面内运动，沿 Z 轴上下平移，以及绕 Z 轴转动。这种结构设计具有一个非常实用的优点，即在 Z 轴方向上具有很大的刚性，而且手臂关节可以互相重叠，使得结构非常紧凑。此外，由于手臂连杆具有转动简单的特点，因此 SCARA 机器人在 X-Y 方向上的运动速度比等效的关节式手臂要快（见图 16-2）。

SCARA 机器人通常用于机械装配、涂胶和高速取放等场合。

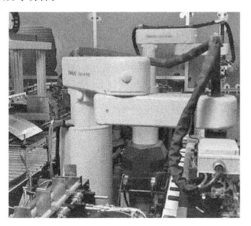

图 16-2　FANUC A-510 SCARA 机器人

16.3.2　关节式机器人

关节式机器人是所有工业机械人中最常见的，在北美市场销售中占了绝大部分。关节式机器人有各种规格，有效载荷从 4kg 到 1000kg 以上。可达范围从 400~500mm 到 3500mm 或更大。可达范围与负载的结合使关节式机器人非常适合大多数传统的机器人应用领域（见图 16-3）。

图 16-3　FANUC LR Mate 200iD（小型）
关节型机械臂

16.3.3　Delta

并联式机构是第三种最流行的手臂设计结构。这些手臂设计独特，驱动部件位于机器人手腕或底板的上方。每个驱动器通过三根连杆中的一根与底板连接。这些连杆从一侧移到另一侧，带动底板在工作空间内运动。由于所有连杆都链接在底板上，因此底板的工作空间被限制在机器人几何中心下方的一个大致圆形区域内。但是，因为所有的驱动机构通常不属于连杆的一部分，所以以机器人的速度和加速度非常高，在相近的工作空间内通常比关节式机器人快很多。另外，手臂悬挂在机器人下方使得机器人能够方便地安装在工作区域上方，从而使总体安装相对紧凑。

由于具有速度快和工作空间小的特点，Delta 机器人通常用于分拣和包装场合，将产品从位于手臂下方的输送带移动到容器内、次一级的存放区域内或箱子中。Delta 机器人也用于快速装配，或者将零件装载到夹具甚至组件中。

16.4　焊接机器人

自 20 世纪 70 年代初以来，焊接机器人已经非常成熟。它们被用于诸如汽车和重型制造等传统用途的领域，也进入了非传统的应用领域，如家具制造和其他娱乐设备制造。早期的焊接机器人主要用于点焊。之后不久，随着运动控制和过程控制技术的显著进步，MIG（熔化极惰性气体保护焊）应用也随之而来，最新的技术改进提升了激光焊接等技术，以及一些相对较新的、更高效的工艺，如摩擦搅拌焊接。由于非常缺乏经过这些新技术培训的工程师，许多制造商都经历过熟练工人短缺和工程项目短缺的时期。如今愿意加入制造业队伍的生产工人也更少了。正是由于这种短缺，机器人拥有焊接能力至关重要。为了满足这一需求，焊接工艺的改进已经成为机器人机构、焊接设备和控制软件设计的一部分（见图 16-4）。

图 16-4　弧焊机器人

机器人制造商已经改进了机器人与焊接设备间的连接，在机器人示教器上提供了一个通用的用户界面，取消了焊接电源上的控制面板。焊机的用户界面和控制不仅对机器人通用，并且在机器人控制柜内部实现电气集成化或均匀化。由于控制系统具有统一的通用架构，因此可以实现更快的安装和更低的成本。典型的焊接接口已经被焊接协议信息所取代，这些信息以极高的响应速度控制着系统。这种设计虽然连接简单，但非常智能，能够提供诊断，实现传感器集成，易于使用，这是传统设计中的 I/O 点式接口所无法实现的。

弧焊机器人的构造已经从典型的通用操作机器人演变为集成了送丝系统和焊枪的混合结构。制造商受益于集成在机器人手臂结构内部的加工设备，因为其具有高可靠性和易编程性。内置于中空腕部结构的焊枪电缆增进了零件和焊点的可及性，而安装机器人内部和上臂后部的送丝系统则为焊丝提供

了一条直达的路径。由于是在臂内控制，这种结构使焊枪的电缆受到了最小的限制，并且提高了送丝性能。软管和电缆通过 J3 臂顶部的送丝机和焊枪连接。一体化焊接装置延伸到机械手臂，焊接工具和送丝机构的控制电缆直接插入机器人的基座。这种内部结构设计的主要优点就是增加了可靠性和易用性，并且不需要电缆夹和离线编程。自 21 世纪初开始流行的集成焊接机器人已经发展成为具有更高载荷能力的通用加工机器人，以便可以集成更多的传感器和更复杂的焊接系统。

16.5　分拣、包装和码垛

分拣、包装和码垛主要见于食品、饮料和消费品行业。这些应用要求高速紧凑型机器人执行高速和重复的动作，并且具有较高的吞吐率。为了减少占地空间，这些机器人被设计得较小，可以直立或者倒置安装，以便于固定在产品输送机的上方，为输送线路两侧的操作人员通道留下更多的空间（见图 16-5 和图 16-6）。

分拣是食品和消费品生产线上游进行的第一个操作。分拣机器人用于挑选产品，并根据产品所需的包装将它们放入可用的结构和式样中（见图 16-6）。随着食品和消费品数量持续快速增长，机器人分拣系统会继续广泛使用。分拣机器人可以降低劳动力成本，同时提高生产线的效率。

图 16-5　倒置安装的紧凑型机器人

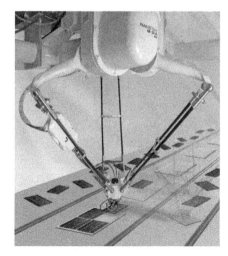

图 16-6　分拣并按规律摆放到托盘

机器人分拣系统通常会分拣产品并放置到移动的传送带上。这要求机器人在传送带上跟踪移动的产品，这种称为线跟踪。如果产品以相同的方向靠近机器人，当产品被传感器检测到以后，可以发出信号给机器人。检测到产品后，系统使用编码器跟踪传送带上的产品。如果产品的方向和位置是随机的，则可以使用 2D 视觉系统作为传感器来寻找产品，然后使用编码器进行跟踪。另外，连续移动的传送带还可以输送液体产品。

分拣系统的规模可以从一台机器人到多台机器人协同工作，从而平衡产品吞吐量。机器人的数量取决于实际应用和吞吐量。为了更精准地确定所需的机器人数量，可以使用 3D 仿真软件。仿真软件允许工程师创建虚拟机器人单元。这个机器人单元是按照实际要求的速度和规模来创建的。工程师可以根据实际应用和设计方案输入假设参数，包括工具重量、抓取/放置时间及传送带和产品的运动速度。在将所有的假设参数输入仿真软件之后，运行该软件，可对软件生成的动画进行评估，并据此确定实际分拣速率，以便工程师优化机器人数量和布局方案。仿真软件允许对机器人单元进行前期设计，从而节省时间和资金。

产品包装完成后，装入较大的箱子运输给零售商。包装机器人的尺寸根据产品尺寸和重量的不同而大小不一。这些机器人需要用速度和任务来维持高速连续运作。为了减少运动轨迹长度和增加工作量，包装机器人经常使用适应多种产品的复合工具。这允许包装设备一次选择多种产品，从而可以减少机器人的长距离运动次数。

包装机器人经常从移动的传送带上抓取物体，然后在分度输送机上打包（见图 16-7 和图 16-8）。

分度输送机能够以固定的时间间隔启动和停止，因此不需要被跟踪，从而使得机器人可以更快速地下降。在离开机器人装载区之前，分度输送机还可确保箱子被装满。与分拣系统类似，也可对包装系统进行仿真。

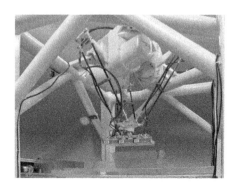

图 16-7　Delta 型包装机器人

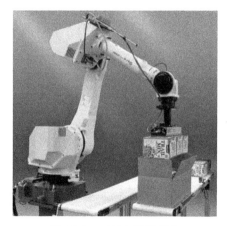

图 16-8　五轴包装机器人

接下来，在产品包装完成之后下线，需要进行码垛以便大批量配送。码垛使产品的箱子密集地堆积在货板上。码垛机器人要大得多，它们需要将产品按阵列放置在多个不同高度的货板上。码垛机器人有效载荷从 50 ~ 700kg 不等。重型码垛机器人可以在一个循环周期内码垛完整的一层货物。因为码垛机器人不需要直接和产品链接（旋转动作由工具完成），所以只需有四个或五个伺服轴。在从进料输送机到货板的运输过中，产品始终与地面保持平行。由于所需的伺服驱动器较少，码垛机器人更具成本效益。机器人码垛与人工码垛相比较，其优势在于能够提高生产能力，消除人机工程学问题并降低人工成本。

过去使用刚性自动化的传统堆垛机来完成自动码垛，而现在可以用机器人完成。与传统的码垛机相比，机器人码垛有几个优点：更紧凑，因而占地面积更小；无须更换就可以搬运多种规格尺寸的产品；可服务于多条生产线；只需改动很少的程序即可添加新规格的产品，并且由于运动部件更少而减少了维护工作。在获得更大的有效载荷和速度能力的同时，码垛机器人的成本效益将继续体现。

结合使用机器人码垛软件、仿真软件和高速码垛机，码垛系统可以在几周内设计、建造，并且完成功能实现。码垛软件包含一个模型生成器，允许工程师选择最终用户所需的准确或近似模型。模型生成器根据箱子的长度、宽度和高度创建模型。模型建立之后，码垛软件就可以创建一条完整的路径来拾取和放置货板上的每个箱子。

码垛机器人可以搬运各种产品，包括箱子、包裹、瓶子和桶等。图16-9和图16-10所示是常见的抓取箱子和包裹的机械手爪。

图16-9 用于抓取箱子的机械臂末端工具

图16-10 用于抓取包裹的机械臂末端工具

16.6 机器人装载和卸载——机器管理

机器管理即对机器设备自动上下料。使用工业机器人来对各种机器设备进行管理操作的概念并不新颖。手动管理机器是单调的，效率低下，而且有时非常危险，因此使用机器人来完成这项工作，让人去实现编程等更具挑战性的工作。机器人允许公司实现"熄灯"操作，并通过整合预处理和后加工工艺实现无缝制造。这些过程中使用的机器人类型包括从小型桌面机器人到可以提起整个车体的超大型机器人。

工业机器人装载/卸载的优点如下：
1）缩短周期时间。
2）提高处理各种后加工工艺的灵活性。
3）利用机器视觉来减少误差。
4）提高机器效率和利用率。
5）增加系统正常运行时间。
6）降低成本。

如今，将机器人装载/卸载扩展到需要快速更换零部件的小批量生产呈现出日益增长的趋势。在这些生产过程中，一台机器所生产的不同批次的零件，其规格也不相同。现今的机器人配备了人工智能，如视觉和力传感，使它们能够快速查看并适应新的环境。夹具和末端执行器技术的进步也有助于适应零件快换。因此，机器人仅用于大批量重复制造的趋势已经消失。

物料搬运机器人可以使用机器视觉从托盘或传送带上拾取毛坯，并将其放置在机床夹具中（见图16-11）。加工完成后，机器人将成品零件取下并放在托盘或传送带上。物料搬运机器人除了节省占地面积和人力成本之外，还能够以人类无法比拟的精度和速度工作。机器视觉系统使机器人能够"看到"托盘中或传送带上部件的位置和方向，以便机器人每次都可以准确地拾取和放置它。由于不再需要使用专用定位装置，机器视觉有助于快速更换零件。

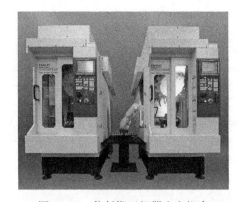

图16-11 物料搬运机器人和机床

如今，机床和加工中心都提供了手动上料和自动上料两种方式，在前面和侧面分别使用不同的进出口。这有助于小批量生产的快速零件更换。在自动生产模式下，机床发送信号给机器人，让机器人进行上下料。只有当机器人需要进入机床内部装载或移除零件时，机床门才会打开。在自动模式下，手动维修门保持关闭，无法打开。机器人控制器具有冗余安全继电器（硬件）和冗余中央处理器（软件），可监视机器人的速度和位置以确保安全。它消除了机床附近人员的安全隐患。

连续加工或输送线扩大了物料搬运机器人的优势。在连续加工中包含一系列的机床或加工中心。每台机床或加工中心都有一个夹具，对同一零件进行不同工序的加工。这使得物料搬运机器人（见图 16-11）可以将零件从一台机床搬运到另一台机床上，并将每个夹具放置在正确的位置。机器人快速、准确地从将零件从第一台机器中取出，放入下一个机器，然后将新的零件放入第一台机器，并将成品从最后一台取出。

过去，传送带和其他固定设备在生产过程中用来移动车身、货车和重型工业设备框架等大型零部件。在一些工厂中，输送机在不同区域内延伸，以便移动部件使其通过每个工位。这些大型机器虽然有效，但在当今快节奏、需求日益增长的生产环境下，不容易进行零件更换。另外，这些机器会浪费时间和宝贵的地面空间。

如今，应用物料搬运机器人进行超高载荷、长距离的设备和机体搬运等的趋势日益增长。这些机器人可以提供超过 1300kg 的负载能力和超过 8m 的水平跨度。一个重载机器人（见图 16-12）可以在传送系统之间转移整车车身。机器人可以抓取整个车身，连同机器人末端执行器或夹具，重量将近 680kg。它可以提供完全可编程的机器人搬运载体，可使用相同的工具搬运多种样式的车身，并且具有灵活性以适应今后的其他车身样式。

图 16-12　超高负载机器人在汽车车身搬运中的应用

物料搬运机器人的使用范围不仅仅局限于机器管理。他们使"熄灯"制造成为可能，即变成无人车间。在加工过程中，机器人可以承担额外的预加工或后加工任务，例如测量、去毛刺、清洗、贴标签和打包。在制造过程中使用机器人的一部分原因是，可以减少占地面积，节约劳动力和提高生产效率。机器人可以降低生产成本，使公司能够与具有

更低劳动成本的外国公司竞争。机器人自动化通过减少废品，改进质量，预定生产速度，以及在工厂内无须停机简化物料搬运等措施，帮助企业实现"精益制造"。

在典型的人工机器管理过程中，一名操作员需要从一台机器装载和卸载零件。如今，物料搬运机器人（见图 16-13）可以安装在地面上或头顶轨道上，并且可以服务于多台机器。这样可以显著提高生产率并减少成本，同时提高机床主轴使用率。从顶部进入机床进行自动装载可以方便地访问每台机床，并简化车间内的物流。

图 16-13　安装在吊轨上的物料搬运机器人

16.7　机器视觉系统

工业机器人的设计和制造是高度可重复的。一些工业机器人的重复定位精度不超出 ±0.02mm，这意味着它们返回到指定位置或示教位置时，每次的误差均在 ±0.02mm 之内。这种高重复定位精度使得机器人在制造业中的应用激增，并成为多个行业不可或缺的设备。过去，当需要这种等级的重复精度时，会使用定制机器（刚性自动化）。然而，刚性自动化设备的使用范围有限，只能用于一种特定零件或一窄系列零件的制造。刚性自动化设备的设计和制造非常昂贵，需要花费数月到一年的时间才能投入生产。如今，现代工业机器人可以在很短的时间内完成这一任务。如果需要从一个位置到另一个位置以高重复精度移动零件，可以安装机器人并进行必要的路径示教，这样生产系统可以在几天至多几个星期内运行。机器人可以轻松实现零件切换，并消除使用夹具时所需的成本。另外，为了设计和制造客户定制的能够安装并准确定位到机器人法兰上的手爪，需要一定的工程时间，但绝对没有设计制造整台专用机器所花费的时间多。

尽管这种重复精度是值得的，但它要求被拾取的部件也处于可重复的位置。之前，这需要设计和制造一个定制的工装，以保持部件到位。虽然这种工装的设计和制造过程不像整台刚性自动化设备那

样费时费钱，但仍然是机器人生产系统中最不灵活的部分。允许机器人将部件放置在一个简单的平板或传送带上，而不是放置在定制的工装中，增加了制造系统的整体灵活性，降低了成本和设计时间。利用机器视觉来定位任何位置的零件，可以提高所有工业机器人制造系统的灵活性，并且成本更低。

机器视觉或计算机视觉产生于 20 世纪 60 年代。当数字照片被发明出来时，工程师就发现了使用计算机自动分析这些照片、检查零件的缺陷或读取包装上字符的方法。由于过去 40 年计算能力的急剧增长、计算能力成本的大幅降低，以及相机质量的提高，机器视觉正在成为机器人制造系统若干领域的行业标准。

数字照片由数码相机生成，数码相机使用了由多个单独的测光计紧密封装在一起而组成的离散成像传感器。每一个测光计都将给出数字灰度值，对于彩色数码相机而言给出三个光强值（红、绿和蓝各一个）。这些单个元素被称为像素，传感器中像素的数量越多，相机的分辨率就越高，在最终的数字图像中就可以看到更多的细节。这个数字图像可以在相机（有时称为智能相机）内进行本地分析，也可将图像传送到计算机甚至直接传送到机器人控制器进行处理。

当使用机器视觉来引导工业机器人时，该应用被称为视觉引导机器人（VGR）。当视觉和机器人技术共同存在时，VGR 就出现了。在过去的几十年里，机器人和机器视觉系统都变得更加强大、可靠，使得每年采用 VGR 的数量呈指数级增长。

用于 VGR 的机器视觉系统可以是二维或三维的。使用二维 VGR 时，机器视觉系统将提供零件的 X、Y 坐标及其绕 Z 轴的转角。其有时被称为 XYR，其中 R 代表滚动，它是关于 Z 轴（垂直于 X 轴和 Y 轴）的角位移。

二维机器视觉系统使用数码相机来采集数字图像，该数字图像由数码相机或连接到相机的计算机分析或直接在机器人控制器上进行分析。该分析可以用于多种不同情况，包括提供某个特定零件的位置和方向，引导机器人对零件进行拾取。机器视觉通常也用于完成机器人系统的检查任务。通过检查，对零件进行分析，确保零件的指定特征是存在的，而且位于公差之内。通常在检测系统中，将相机安装在机器人上，机器人将相机移动到零件上的多个不同检查点。这大大增加了机器视觉检测系统的灵活性。

机器视觉系统可以是彩色的或者黑白的。如今大多数 VGR 应用都是黑白的（8 位灰度，0 代表黑色，255 代表白色），它提供了足够的信息来定位零件，与彩色摄像机系统相比，由于数据量较小，因此分析速度非常快。机器视觉相机分辨率从 640 × 480（30 万像素）到 2600 × 1950（500 万像素）；分辨率越高，可以检查越小的细节，但各种算法执行的时间越长。

选择 VGR 时，根据应用选择正确的相机和镜头非常重要。分辨率取决于视场角（FOV）的大小和相机传感器上的像素数量。例如，如果视场角是 640mm，并且在该维度上具有 640 个像素，则分辨率被认为是 640/640 或 1mm/像素；mm/像素的数值越低，机器视觉系统的精度就越高。通常，机器视觉中相机的像素呈正方形分布，因此分辨率在两个方向上都是相同的。

对于给定的应用，视场角应该尽可能的大，它可以取决于正在定位/检查的特征有多大，以及特征将要移动的距离。例如，假设某个 VGR 需要定位 25mm × 25mm 见方的零件，并且零件移动范围在 ± 10mm 内。在这种情况下，40mm × 40mm 的视场角将足够大并可提供非常高的分辨率。标准清晰度相机的分辨率为 40/640 或 0.063mm/像素，使用高清摄像头时为 40/2600 或 0.015mm/像素（见图 16-14）。

图 16-14　25mm × 25mm 见方的零件投影在 40mm × 50mm 视场中

一般来说，分辨率越高，系统的精度越好，但并非必然如此。例如前面的示例，假设使用整个正方形的周长来构成图案。当分辨率为 0.063mm/像素时，将会有 100/0.063 = 1587 个像素组成正方形图案。使用高分辨率相机时，将由 100/0.015 或 6666 像素来构成边长图案。然而，大多数模式识别算法都能很好地处理由 100 个像素组成的图案，而更高的分辨率需要更长的时间来处理，这将导致周期时间较长但精度提升却很小。现在，如果场景是 25mm×25mm，移动范围是 ±500mm，而不是之前的 ±10mm，则所需的视场角将是 1m×1m，这将产生以下分辨率：对于标准清晰度（640×480），分辨率为 1000/640 或 1.5mm/像素，使用 100/1.5 或 66 像素组成图案；对于高清晰度，分辨率为 1000/2600 或 0.38mm/像素，使用 100/0.38 或 263 像素构成图案。这时拥有更大视场角的高分辨率相机将更有意义（见图 16-15）。

图 16-15　25mm×25mm 见方的零件投影在 1.3m×1m 视场中

为了使机器视觉系统和相机一起工作，需要从相机空间到机器人工作空间进行标定。这可以由两种方式来完成：一种是设定特殊的图案或者网格，经摄像机捕捉后再由机器人定义；另一种是通过将机器人移动到照相机视场内的多个已知位置。两种方法都会生成一张包含摄像机参数（以像素为单位）和机器人参数（以毫米为单位）的列表，并计算出一个数学映射，将任何被采集的像素单元转换成对应的以毫米为单位的方位值来引导机器人（见图 16-16）。

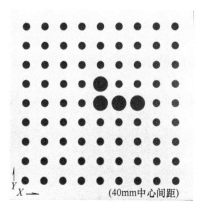

图 16-16　VGR 标定网格

VGR 应用的第一步是在机器视觉系统中训练零件。这意味着从待识别图像中选择特征。图像训练完成之后，需放置在视场中的任意位置并被定位。然后将此位置设置为参考位置或名义位置。然后将零件放置在视场中的参考位置，并对机器人进行示教。此时，存在一个视觉参考位置和一个相应的机器人参考位置。生产过程中，机器视觉系统首先定位零件，然后将其当前位置与参考位置进行比较，并计算这两个位置之间的差值，这个差值称为偏移量。偏移量被传送给机器人，并叠加到机器人的参考拾取位置，使机器人移动到零件的当前位置，不管这个位置在相机视场的哪个地方。

16.8　机器人操作、安全和维护

工业机器人通常使用机器人控制器进行操作。机器人程序是用控制器专用的编程语言编写的，这些程序控制机器人在自动模式（操作员不直接控制机器人）下完成操作。

机器人程序开发可以采用离线方式，即使用特定编程语言的程序编辑器，或者使用标准文本编辑器来编辑一个 ASCII 码文件，或者使用专门的仿真系统生成程序；此外也可以使用示教器（见图 16-17）在线编程。

图 16-17　FANUC 示教器

这些示教器是针对机器人的专用设备。它们包含作业按钮、操纵杆及一些其他机构以允许手动操作机器人。示教器通常还包括在机器人可达范围（称为机器人的受限空间）内操作者所需的使能装置（三位开关）和紧急停止（ESTOP）装置。

示教器还包含程序编辑器，允许开发程序并交互测试运行。通常情况下，在快速运行程序或执行生产操作之前，需要验证运动点（机器人需要运动到或者经过的空间位置）的正确性。

通常使用位于机器人控制器上的循环启动按钮来启动机器人程序，也可以使用来自上位 PLC 的数字信号或者 HMI（人机界面）计算机的指令从机器人控制器外部启动机器人程序（见图 16-18）。

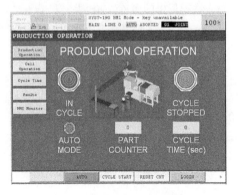

图 16-18　HMI 界面示例

16.8.1　机器人和机器人系统的安全性

机器人可以高速运动，负担大载荷，而且无须人员直接操作，因而可能会对在其周围工作的人员造成严重危害。机器人在生产环境中的安全操作通常需要安全措施（栅栏或敏感的防护装置，比如光幕，可在运行过程中向机器人发出停止命令）来保证。北美的机器人系统（一个完整的机器人加上所需的附加设备和装置）通常按照公认的自愿安全标准（如 ANSI/RIA 15.06）制造。这些标准和概述规定了构建机器人系统的要求，以消除或控制由机器人或与机器人紧密相关的设备所带来的危险。

16.8.2　机器人的维护

大多数应用场合中的工业机器人通常需要在使用寿命期间进行维护。维护根据机器人的结构、工作周期（机器人操作的频率和速度）及运行环境有所不同。

大多数关节式机械臂都要求定期润滑，预防性更换驱动组件及检查与驱动系统相关的控制组件。机器人控制器通常所需维护较少，仅需清洁控制器中用于冷却工业电子元器件的风冷设备及更换与工业计算机存储器有关的电池。

工业机器人制造商在其操作说明或维修信息中详细列出了机械臂和控制器所需的必要维护。

16.9　绿色制造和节能

工业机器人是绿色制造可行战略的重要组成部分。由于机器人的灵活性，它可以广泛应用于劳动密集型行业或通常需要专机的场合。由于机器人可以完成多项任务，因此也可以替换多种专用机器。这样既可以节省设备（需要很少机器）又可以减少整体生产占地面积。占地面积缩小意味着整体设施需求变小，减少了需要照明、加热/冷却和维护的空间。此外，由于机器人几乎普遍使用交流伺服电动机，所以与老式直流电动机相比运行效率非常高。

大多数工业机器人制造商在机器人本体和控制器上提供了特定的节能手段，包括一个程序周期后在空间内保持原有位置时关闭伺服电源，当机器人停止时的动电再生，在控制器设计中应用低功耗电子器件。

由于机器人在焊接、涂装和密封等应用领域具有极高的精确性和重复精度，因此与同等的手工工艺相比，它们可以使用更少的材料，造成更少的浪费，这包括减少电弧焊接所需的电线和气体、减少涂料和涂料溶剂，以及在密封领域中使用的密封材料。

16.10　总结和未来趋势

工业机器人是对整个生产制造流程开发很有价值的工具。随着机器视觉和先进物理过程知识等关键技术的使用集成到机器人的操作中，可以简化生产任务，减少劳动力，降低成本。机器人和相关软硬件的可靠性越来越高，这意味着在全年无休的制造环境中使用时，生产效率更高，停机时间更短。现在机械臂的广泛使用意味着它们可以满足与制造任务相匹配的可达范围、速度和有效载荷等确切要求。

展望未来十年，将有三个特定的趋势会影响制造业环境中的工业机器人应用：

1）将通用功能集成到机器人中。

2）增加机器智能。

3）人机协作的广泛应用。

未来 10 年将会见证的是，当前需要在机器人外部完成的自动化功能集成到机器人基本功能中。融合机器视觉的机器人将会非常普遍，并且会采用具有高速逻辑控制的外围连接设备，而不是使用像 PLC 这样的独立逻辑设备。标准接口也会通用，利用互联网技术与上层管理和控制系统交换信息，并可以和其他机器人及加工设备通信。使用开放标准会大大降低将机器人单元接入到整个制造系统的整合难度。

机器人的智能将在未来 10 年内发展壮大，将越来越融入加工过程中并能够感知自己的行为。先进的实际操作监控将被整合到其软件中，使机器人能够主动看到由于自身操作所带来的任何机械变化，预测今后可能需要维修的故障或其所负责的加工过程的变化（如焊接质量差或装配操作期间需增加插入力）。学习和自适应控制将成为功能最强的机器人的标准，即可以学习如何优化其运动路径和循环时间来达到最大生产能力，远胜于最优秀的机器人编程人员。

最后，工业机器人和身边的操作人员协同工作将成为普遍现象。这将通过先进的安全评级软件和机械设计来实现，这些软件和机构能够监控机器人所施加的力，并实时感知与人的可能接触，确保与操作人员的互动安全并且不会造成伤害。这种能力将推动机器人进入如今未曾应用的领域：机器人执行简单的重复性操作，而工人以监督角色给予专门的操作或交互从而指导机器人工作。

扩展阅读

AIA Vision Online, www.visiononline.org (access date: 2/20/2014).

American Welding Society. http://www.aws.org (access date: 2/20/2014).

Ballard, D. H., *Computer Vision*, Prentice-Hall, Englewood Cliffs, New Jersey, 1982.

Batchelor, B. G., and F. W., Paul, *Intelligent Vision Systems for Industry*, Springer, New York, 1997.

International Organization for Standardization, http://www.iso.org/iso/home.html (access date: 2/20/2014).

Jain, R., R., Kasturi, and B. G., Schunck. *Machine Vision*, McGraw-Hill, New York, 1995.

Lincoln Electric Automation, http://www.lincolnelectric.com/en-us/equipment/robotic-automation/Pages/robotic-automation.aspx (access date: 2/20/2014).

Open Source Robotics Foundation, http://www.osrfoundation.org/ (access date: 2/20/2014).

Robotics Industries Association (RIA), http://www.robotics.org/info-center.cfm (access date: 2/20/2014).

Robotics-VO, "A Roadmap for U. S. Robotics from Internet to Robotics," http://robotics-vo.us/sites/default/files/2013%20Robotics%20Roadmap-rs.pdf (access date: 2/20/2014).

Society of Manufacturing Engineers, http://www.sme.org (access date: 2/20/2014).

Vernon, D., *Machine Vision*: *Automated Visual Inspection and Robotic Vision*, Pearson Education Limited, New Jersey, 1991.

第 17 章
机 器 视 觉

自动化视觉系统有限公司　佩里·C. 韦斯特（PERRY C. WEST）　著
北京凌云光技术集团　王鲁宁　译

17.1　概述

机器视觉是工业自动化的重要组成部分，在很多情况下，合理地利用机器视觉技术会给生产线带来巨大的收益，但是很多生产线的工程技术人员认为机器视觉技术复杂性较高而没有大胆采用。本章将详细说明机器视觉技术的易用性以及该技术的特殊性。

首先，本章将描述使用机器视觉系统的基本原理，紧接着会对组成机器视觉系统的器件进行讨论。

此外，我们会针对定位和检测这两种最主要的机器视觉应用方式进行讨论。在定位应用中我们将讨论机器视觉系统如何通过与机器人或者其他自动化设备配合对待加工物体进行定位和追踪，在这个过程中机器视觉系统如何与自动化系统建立有效的接口并实时传递坐标信息。在检测应用中我们将讨论五个机器视觉检测应用案例：有无检测，光学字符检测，光学字符识别，尺寸测量，缺陷检测。

之后，我们会继续讨论在自动化领域采用机器视觉技术面临的挑战以及应对方法，从而使机器视觉成为友好易用的一门技术手段。

最后，我们会展望机器视觉技术和应用的发展前景。

17.2　机器视觉系统运行原理

图 17-1 所示是机器视觉系统的基本组成元素：

17.2.1　照明

机器视觉系统首先要能够在工业相机中产生图像。显而易见，若想在相机中产生图像，需要有持续稳定工作的光源来提供照明。

照明的最重要原则是能够产生具有较好对比度的图像，高对比度更易于区分待测物体与其背景。

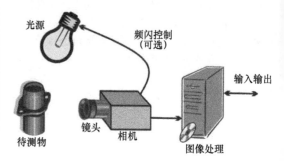

图 17-1　机器视觉系统的基本组成

具有对比度的图像就是机器视觉系统的信号，产生较好对比度的图像，机器视觉系统才能够发挥更高的性能。

得到高对比度的图像可能需要多种照明技术手段，在下面的章节我们开始讨论光源，以及对得到高对比度图像有影响的其他相关技术。

17.2.2　镜头

光照在物体上，反射到镜头才能在光学系统的像面形成图像，镜头不仅仅是形成图像的一环，还对成像系统的分辨率、对比度起到决定性作用。镜头决定成像系统能够汇聚多少光通量，从而影响相机的曝光时间；镜头决定图像的景深，即在物方能够清晰聚焦的纵向距离；镜头作为一个光学系统还会带来光学畸变，而我们在进行测量或者定位的时候需要对畸变进行校正。

17.2.3　相机

相机的核心是图像传感器，其能够把从镜头传递过来的连续光学图像转换成离散的电子信号。图像传感器由像素阵列组成，每一个像素相当于一个光子计数器，在曝光过程中，图像传感器将一定比例的光子转换成电子，每个像素相当于一个电容，积累电荷从而形成电压。

数字化相机的图像传感器通过模数转换器（ADC）将电压信号转换成数字化信号，再通过数字化接口将图像信号传输到电脑上，存储成为数字化的图像。

图像数据从相机传输到电脑的处理器当中，采用的是数字化接口技术。数字化接口是一门独特的技术，在之后的章节我们会具体介绍数字化接口传输技术。

17.2.4 图像处理技术

机器视觉的图像处理技术分为四个步骤：图像预处理，图像分割，特征提取，图像解析。图像预处理和图像分割可能不会在应用中使用，但是特征提取和图像解析却是每一个机器视觉应用都会采取的两个图像处理步骤。图 17-2 所示是机器视觉图像处理流程。

图像预处理将一个原始的数字图像处理成为一个比原始图像更加容易解析的图像，如图像噪声滤波预处理。

图像分割将数字图像按照不同的区域进行分割，或者将具有特定特征的图像区域进行分割。

特征提取将图像中或者分割后不同区域中的特别信息提取出来。例如：一个待测物有多大？待测物在图像的什么位置？一个待测物有多少个空洞？等等。机器视觉软件可以提取的潜在特征种类有非常广泛的定义。

最后，图像解析将提取出来的特征进行组合输出，如待测物体是否有问题，待测物体的位置，或者待测物体的类型。图像解析可以是在一个特定机器视觉应用中独特的图像处理方法。

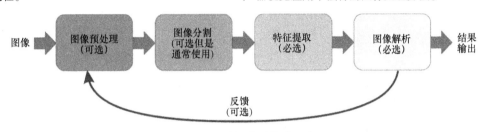

图 17-2　机器视觉图像处理流程

机器视觉图像处理的一个特性是输出的结果可以进行反馈，第二幅图像的处理可以利用第一幅处理完的图像进行修正。例如，假设一个机器视觉应用需要测量图像一部分的尺寸。系统可以先对图像的这个部分进行旋转和定位，然后再利用已经完成的旋转和定位信息找到针对这一部分的测量工具，从而准确地确定要测量的部分。

17.2.5 输出

每个视觉系统都需要进行输出，机器视觉系统的输出都会直接或者间接地控制自动化生产过程。

直接控制自动化系统的例子有：直接指挥运动控制系统提出缺陷产品；引导机械手抓取和摆放产品；根据尺寸、形状及其他特征进行分类。间接控制自动化系统的情况包括为统计过程控制收集数据。

17.3 机器视觉系统元件

在本节我们将详细讨论组成机器视觉系统的分立器件，包括光源、镜头、相机和软件。

17.3.1 光源

我们之前提到，光源是形成图像对比度的决定

性要素——机器视觉的信号源。对光源的错误选择是机器视觉应用发展的主要问题。

机器视觉的光源部分可以包含一个或者多个照明灯，需要对这些照明灯进行位置摆放，同时也可以包含其他的器件，如光学镜片、反射镜及漫反射镜等。早期的机器视觉系统主要采用白炽灯、荧光灯、频闪氙灯作为光源。现在的机器视觉系统主要采用 LED 灯，LED 灯具有寿命长、稳定性好、环境适应性强的优点。不过针对不同的机器视觉系统，仍然需要选择不同的光源种类。

通常可以把机器视觉光源照明方式分为正面照明和背面照明两种。在背面照明光源系统中，光源和相机在待测物体的两侧，在正面照明光源系统中，光源和相机在待测物体的同一侧。

1. 漫反射背光源

最普遍的背面照明光源是漫反射背光源（见图 17-3），光源包括 LED 灯和光学漫反射板。

图 17-3　漫反射背光源
（来源：Advanced Illumination, Inc.）

漫反射背光源能够产生非常均匀的照明亮度，合理的采用漫反射背光源能够产生高对比度图像（见图 17-4）。

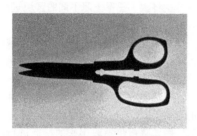

图 17-4 漫反射背光源下的剪刀图像
（来源：Automated Vision Systems, Inc.）

但并不是所有的情况都适用于漫反射背光源，在需要舞台轮廓特征的情况下更适宜采用背面照明光源，同时要注意在实际应用环境中是否有合适的物理空间安装背面照明光源。

2. 正面照明光源

大部分的机器视觉应用需要正面照明，主要原因是需要对待测物体的正面清晰成像从而捕捉正面的表面信息，而不是捕捉物体的轮廓，在这种情况下背面照明方式就不实用了。

（1）直接正面照明——点光源 点光源（见图 17-5）在需要阴影或者高角度光源的时候使用。使用点光源会在图像视场范围产生一定程度的亮度不一致性。点光源在需要产生一定图像阴影和亮点（反射出炫光）的情况下使用（见图 17-6）。

图 17-5 LED 点光源（来源：Smart Vision Lights）

图 17-6 一枚在点光源正面照明下硬币的图像
（来源：Automated Vision Systems, Inc.）

（2）环形光源 多个点光源能够减少图像中的阴影和亮点，同时消除单个点光源带来的照度不均匀的情况。按照这种方式扩展，就出现了有很多个点光源组成的环形光源。在机器视觉应用中，由于良好的光学的特性，环形光源已经变成一种非常受工程师欢迎的打光方式（见图 17-7、图 17-8）。

图 17-7 漫反射 LED 环形光源
（来源：Metaphase Technologies, Inc.）

图 17-8 一枚在环形光源照明下硬币的图像
（来源：Automated Vision Systems, Inc.）

环形光源的设计会影响图像视场范围，视场范围决定于环形光源的直径。同时，在设计光源时，需要充分考虑环形光源的工作距离——待测物体和光源之间的距离。如果工作距离太短，那么视场中心的位置图像亮度会低于视场边缘图像亮度。相反的，如果工作距离太长，那么视场中心位置的图像亮度会高于视场边缘的图像亮度。

（3）漫反射光源 采用合适工作距离的环形光源可以拍摄出明亮的物体表面图像，但是更好的方案是采用漫反射光源。采用漫反射的方式，光源会从不同的角度照射到待测物体表面每一个点，待测物体表面每一个点反射的光会进入镜头中，从而形成亮度更为均匀的图像。

目前主要采用两种不同的漫反射光源：漫反射同轴光源（见图 17-9）和穹顶光源（见图 17-10）。

相较于穹顶光源，漫反射同轴光源在安装的时候需要更小的机械空间，而且可以具有更长的工作距离。但是，穹顶光源的漫反射光学特性更好。如图 17-11 所示是一枚在漫反射同轴光源照射下的硬币图像。

图 17-9 漫反射同轴光源

（来源：Illumination Technologies，Inc.）

图 17-10 穹顶光源

（来源：Microscan Systems，Inc.）

图 17-11 一枚在漫反射同轴光源照射下的硬币图像

（来源：Automated Vision Systems，Inc.）

17.3.2 镜头

镜头是机器视觉系统中不可缺少的重要组成部分。镜头与相机一起决定机器视觉成像系统的放大倍率、工作距离、分辨率，以及曝光时间。

1. C 口镜头

最为普遍的镜头类型是 C 口镜头，这种镜头最早设计用在 16mm 感光芯片的电影电视摄像机上，配合闭路电视（CCTV）图像信号传输。而机器视觉刚开始发展的时候就采用了 CCTV 摄像机和 C 口镜头，目前 CCTV 摄像机和 C 口镜头应用于安防监控领域。针对机器视觉应用，镜头厂商设计了一系列的工业机器视觉使用的高分辨率 C 口镜头。这些机器视觉使用的工业镜头进行了很多工业化特殊设计，如增加了锁紧螺丝和焦距调节旋钮等（见图 17-12）。

图 17-12 带锁紧螺丝的机器视觉 C 口镜头

（来源：Automated Vision Systems，Inc.）

2. 35mm 焦距卡口镜头（F 口，包括佳能和尼康标准）

35mm 焦距的镜头主要用于要求较高品质图像、图像靶面更大的视觉系统，多与高分辨率或者线扫描相机配合使用（见图 17-13）。

图 17-13 35mm 焦距卡口镜头

（来源：Automated Vision Systems，Inc.）

一般的 35mm 焦距的镜头通常有两个缺点。第一个缺点是镜头采用卡口固定，由于卡口天然形成的镜头与相机之间产生的缝隙，在使用过程中镜头和相机容易产生位置移动。在一般的检测应用中，这种移动不会产生严重的问题，但是在机器视觉系统用于进行定位时，即使这种非常小的位置移动也会给系统的校正位置带来偏差而使得无法准确定位。

第二个缺点是很多新设计的 35mm 镜头需要具有自动对焦功能，为了使小功率的电动机能够快速带动镜片进行对焦，镜头组会尽量设计得轻便同时具有更大的间隙。因此，即使不使用自动对焦镜头的自动对焦功能，镜头的寿命和稳定性也会受到较大的影响。

3. 大靶面镜头

为了克服以上提到的 35mm 镜头的缺点，镜头厂商开始设计可以克服以上两个缺点的大靶面机器视觉镜头。这种镜头采用螺纹接口的方式与相机进行连接，而且由于绝大部分机器视觉应用不需要自动对焦，这种镜头也没有附带自动对焦功能（见图 17-14），这样使得镜头的寿命和稳定性比原有的

35mm 焦距镜头有了很大的改善。

图 17-14　大靶面机器视觉工业镜头
（来源：Navitar, Inc.）

4. 微距镜头

绝大部分镜头，包括 C 口镜头、35mm 镜头及大靶面镜头都是"无穷远共轭"镜头，也就是说在物方无穷远处的聚焦图像质量最好。这些镜头可以在更近的工作距离聚焦，而且在加了接圈（见图 17-15），从而增大后截距后可以使工作距离更近。

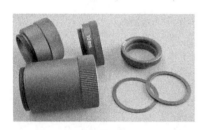

图 17-15　C 口镜头的延长圈/接圈
（来源：Automated Vision Systems, Inc.）

然而，使用无穷远共轭镜头在比较近的工作距离下成像，会影响图像的分辨率。通常这种影响不会在工作距离大于 1m 的情况下产生，但是当工作距离小于 100mm 时，图像质量就会有明显的下降。

微距镜头的设计目的是在较高的放大倍率下获取较高质量的图像。微距镜头可以是一个单独的镜头模组，也可以是多个镜头组进行搭配，形成所需要的放大倍率和工作距离（见图 17-16）。

5. 远心镜头

对于一般的镜头，即使在景深不变的情况下，工作距离的变化会使成像系统的放大倍率产生变化。在一些视觉应用中，放大倍率随着工作距离的变化而变化会带来问题，如精确测量应用。为了解决这一问题，镜头厂商设计了一种特殊镜头——远心镜头（见图 17-17）。这种镜头的放大倍率几乎不受工作距离的影响。但是这种镜头的使用有一定的要求，包括：

1）每一个远心镜头只有一个固定的放大倍率，如果想要改变放大倍率就只有更换另外一款镜头。

图 17-16　多个镜头组合的微距镜头组
（来源：Qioptiq Inc.）

2）远心镜头的直径必须大于视场范围的直径，因此远心镜头不适用拍摄较大视场范围的图像。

3）远心镜头不能调整焦距。

4）远心镜头有一定的景深限制，即使放大倍率一直保持不变，镜头也只在设置好的工作距离范围内才能够具有较好的成像性能。

图 17-17　远心镜头（来源：Opto Engineering）

17.3.3　相机

工业相机由固体成像芯片、电子学模块及数据接口组成。其中成像芯片是相机的核心部件，电子学系统驱动成像芯片工作，图像数据通过数据接口输出。

1. 成像芯片

成像芯片由感光单元阵列、读出电路，以及其他相关部分组成（见图 17-18）。成像芯片根据其架构和感光阵列可以分成多种类型。

感光阵列可以通过感光单元数量以及感光单元的尺寸进行区分。感光单元的数量称为图像分辨率，通常由横向（水平方向）和纵向（垂直方向）两个方向表述。以下是几种不同的图像分辨率表述方式：

VGA：640×480（横向×纵向）

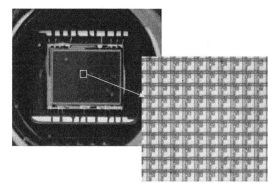

图 17-18 成像芯片以及放大的感光电源结构示意图
（来源：Automated Vision Systems，Inc.）

XVGA：1280×1024

一千万像素分辨率：3840×2748

两千万像素分辨率：5120×3840

通常的成像芯片像素尺寸——感光单元的中心距在 1.67~14μm 范围内。更小的像素尺寸需要更高分辨率的镜头，从而能够获得分辨率更高更清晰的图像。

一个经常出现的误区是，大家认为在选择相机的时候，越高图像分辨率的相机越好。但是，更高分辨率意味着需要在半导体晶圆上生产更小的像素尺寸，或者在像素尺寸不变的情况下使得芯片的尺寸变大。然而，当像素尺寸变小后，芯片的感光敏感度会降低，芯片的噪声增加，而且更加难以找到匹配的高分辨率镜头；提高芯片尺寸，芯片的成本将大幅提升，从而使相机成本大幅提升。分辨率提高后像素数量增加，数据量提升，使得图像数据从相机传输到计算机的时间变长，降低系统效率。

（1）像素如何工作　当一个光子进入图像芯片上的一个像素时，光子的能量会被像素吸收，而使得电子从原子核的能带上逃离。一个偏置电压使得电荷向原子核的反方向运动，而损失电子的原子核从相邻原子核获取一个电子，从而形成电子移动，产生光电效应。

一系列光子在图像芯片像素上形成的光电效应使电子或电荷在像素当中积累。电荷的数量由光子进入像素的速度决定，或者说由在单位时间内照射在像素上的光通量决定，而光照射到像素上的时间为曝光时间。

我们可以设计相应的驱动电路使得像素当中由光电效应产生的电荷形成电压，并且将电压信号读出，从而形成图像数据。

（2）图像传感器技术　图像传感器有两种主要制成工艺：电荷耦合芯片（Charge-couple Device）和互补金属氧化物半导体（CMOS）。这两种技术的主

要区别在于它们的像素单元架构，以及对于光电效应产生的电荷读出方式不同。

CCD 图像传感器的每一个感光单元具有一个电容，感光单元的信号通过将每一个感光单元中的电荷包移动到电荷耦合移位寄存器读出。在移位寄存器的输出末端连接一个信号放大器将读出的电荷包转化成电压强度信号。

而 CMOS 图像传感器的感光单元具有一个光电二极管，每一个感光单元具有一个转换开关和放大器，能够连续地将感光单元的信号进行转换和放大后输出。目前 CCD 技术发展得更为成熟，CCD 技术具有以下的优势：

1）更低的噪声。

2 更高的感光敏感度。

而 CMOS 是相对更新、发展更快的技术，CMOS 技术的优势如下：

1）更快的速度。

2）更低的成本。

3）可使相机的设计更加简单。

2. 面阵相机

目前在机器视觉领域使用得最广泛的是面阵相机。面阵相机类似于数码相机、电视机或电脑显示器，可以最终提供一个二维的图像。

面阵相机的分辨率由内部的芯片决定，芯片像素的行数和列数组成相机的分辨率。很多相机可以设置成只读出一部分行数和列数的模式，使用户可以只获取感兴趣区域的二维图像。

通常在使用面阵相机的时候，一台相机就可以覆盖整个视场范围。不过在一些特殊场合，如需要更高的分辨率或者需要多个视角对视场范围进行拍摄时，我们也可以采用两台或者多台面阵相机配合使用的方式。

3. 行扫描摄影机（Line-Scan Camera）

线阵相机只采用一维横向的像素作为图像传感器，只提供一维图像。实际使用时，通常通过相机与待测物体之间的相对移动产生二维图像，并进行序列输出。通常可以采取相机移动的方式，也可以采取待测物体移动的方式。

主要采用线阵相机的应用如下：

1）将相机作为一个进行一维尺寸测量的工具，通常也不需要由待测物体与相机之间的运动。

2）对薄膜类产品进行扫描成像，如坯布、无纺布、带状金属（如带钢）、纸张、印刷品等。在这类应用中，在垂直扫描的方向上图像长度是可以无限长的，在图像处理过程中，需要按照像素把图像定义成一定的长度，并进行图像处理。实时图像处理

的速度需要与图像采集的速度匹配。

3）对在生产线上大批量传输的产品进行成像，如包装线上的包装容器，或者食品生产线上包装完毕的食品。这种类型的应用同样能够产生无限长的图像。

4）对圆柱体形状的圆柱表面进行成像，如对滚柱轴承表面进行成像。在这种应用中需要圆柱体待测物在摄像机视场内进行自转，形成二维图像。

5）对图像分辨率要求很高的待测物体成像，通常这种应用采用二维面阵相机实现相同的分辨率性能会需要很高的面阵相机成本。

线阵相机在工作过程中的像素数据读出速度通常非常高，因此相机的曝光时间非常短暂。在曝光很短的情况下，想要获得比较高亮度的图像，就需要配合高亮度的光源来补偿曝光时间不足的问题。

4. 相机数据接口

相机数据接口的种类越来越多，此处主要描述主要的数据接口以及它们的特性。随着个人电脑数据接口技术的快速发展，一部分接口可以直接与电脑连接，如 USB 和以太网接口，另外一部分的专业数据接口需要使用专门的图像采集卡与电脑的主板连接。

（1）GenIcam™接口　GenIcam接口标准协议是近几年国际普遍认可的通信协议，GenIcam将相机与电脑如何连接，以及如何通过电脑端对相机端进行设置的语言进行了统一。但是GenIcam并没有限制数据接口的硬件标准。

为了适应GenIcam的标准，相机厂商会在相机内存中存储一个XML文件，这个文件包含了对相机参数的描述以及相机的参数初始设定值。GenIcam协议预先定义了很多XML文件的标签，并要求所有的相机XML文件都要包含一部分重要标签。除了这些必要的标签，相机厂商也可以添加自己认为重要或者独特的标签，用来描述和设定一些特定参数。有了XML文件，个人电脑就可以通过这些文件读取到相机的参数，并且可以通过改变XML文件数据来设置相机的参数。目前市面上主要的相机厂商新推出的产品都要求具有兼容GenIcam通信协议的能力。

（2）模拟数据接口　尽管数字化接口已经发展了20年，模拟数据接口的相机仍然在很多遗留系统中广泛应用，甚至在某些特定领域，新开发的系统也仍然采用模拟接口技术。

模拟接口的原理是产生模拟视频信号，其传输波形如图17-19所示。一个不断变化的正电压信号代表了图像传感器的一行或者一条扫描线的信号。当一行信号的数据信息传输完毕后，将会出现一个

负电压脉冲信号，这个信号通过其脉宽提供一个时间信号，使得数据接收端（电脑）能够与相机同步。在图像传感器每一帧图像输出完毕之后，会出现一个更长时间的负电压脉宽脉冲信号，使数据接收端与相机同步，这样就能够一直确保相机与数据接收端的时间同步。

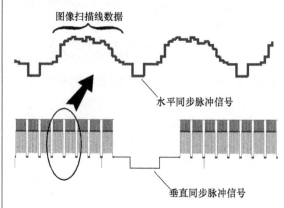

图 17-19　模拟视频信号传输波形

通常的模拟标准信号数据传输速度大概为 1.3×10^7 像素/s。模拟相机需要配合模拟图像采集卡一起工作才能将数据传输到电脑中。

（3）Camera Link© 数据接口　Camera Link 数据接口是机器视觉行业的第一个标准数值数据传输接口，并且仍然被广泛使用。Camera Link 接口在不同的设置下能够将串行的数据分成 4 组、8 组或者 12 组并行数据进行传输，这样能够提供更快的传输速度。Camera Link 协议从图像采集卡提供几组离散的时间同步信号，使得相机和图像采集卡同步，并且提供串口通信，用来实现软件对相机参数的控制。

Camera Link 协议有 3 中模式：Base 模式，Medium 模式和 Full 模式，不同的模式采用不同数量的并行通道、不同数量的硬件接口，并能够容纳不同的数据传输量。所有的 Camera Link 相机都需要一个图像采集卡。Base 模式采用 1 根 Camera Link 线缆传输，拥有 4 组并行传输通道，并可以传输 2.55×10^8 像素/s 的数据（8bit）。Medium 模式采用 2 根 CameraLink 线缆传输，拥有 8 组并行传输通道，并可以传输 5.1×10^8 像素/s 的数据（8bit）。Full 模式采用 2 根 Camera Link 线缆传输，拥有 12 组并行传输通道，并可以传输 6.8×10^8 像素/s 的数据（8bit）。

（4）Camera Link HS™ 数据接口　Camera Link HS 是新版本的 Camera Link 标准，它能够提供更快的数据传输速度，高达 2.1×10^9 像素/s（8bit）。Camera Link HS 也需要图像采集卡配合使用，并且 Camera Link HS 兼容 GenIcam 通信标准协议。

（5）GigE Vision© 数据接口 GigE Vision 标准定义了如何把工业机器视觉的通向数据通过千兆以太网的硬件传输到电脑中。这个标准不仅仅定义的数据传输包的传输，而且在 GenIcam 的通信协议标准下对相机进行控制。

GigE Vision© 标准可以传输大于 1×10^8 像素/s（8bit）的数据传输速度，但是这个速度的实现要求相机数据的传输占据整个以太网的带宽。GigE Vision 相机能够在以太网中工作，所以相机的数据传输能力也受到整个网络中其他数据源对网络带宽的占用影响。

（6）USB2.0 数据接口 USB2.0 是一个能够通过 USB 接口标准传输图像数据的接口，它的数据带宽可以达到 3.5×10^6 像素/s。USB2.0 的一个优势是不需要图像采集卡进行传输，相机可以通过 USB 接口直接把数据传输进电脑。但是 USB2.0 没有统一的传输标准协议，不同的厂家使用不同的协议。

（7）USB3Vision™ 数据 接口最新的 USB3.0 接口可以在不需要图像采集卡的情况下提供 3.5×10^8 像素/s 的数据传输速度。工业相机的接口标准——USB3Vision 提供了一个统一的传输和控制标准，并且符合 GenIcam 通信协议。

（8）IEEE1394 数据接口™（火线接口） 火线接口是一个成熟的串行数据传输接口标准，所以在与电脑连接的时候不需要特殊的图像采集卡硬件。IEEE1394 能够稳定地提供 8×10^7 像素/s 的传输速度。与 USB2.0 相比有明显的速度优势，不过目前 IEEE1394 正在逐渐被 GigEVision 取代，在市场上的占有率逐步下降。

（9）CoaXPress© 数据接口 另外一个最新推出的高速数据传输接口是 CoaXPress，CoaXPress 采用模拟相机使用的同轴线缆作为传输媒介，却能够提供高速的数字化数据传输，取决于不同的线缆使用数量，CoaXPress 最高能够提供 3.6×10^9 像素/s 的数据带宽。CoaXPress 需要配合采集卡使用，并且符合 GenIcam 通信协议。

17.3.4 处理器

计算机处理能力是机器视觉系统很重要的一个处理环节。大多数的机器视觉系统会采用个人电脑/工控机，或者嵌入式处理器的方式进行数据处理和结果输出。个人电脑或者工控机能够给机器视觉系统开发人员提供一个熟悉的界面和灵活的应用程序，而嵌入式处理器能够提供一个专用的开发环境，以及针对特定应用开发的特定系统。

个人电脑/工控机和嵌入式处理器的核心——

CPU 经过多年的发展，处理和运算能力在不断提升，但是 CPU 的处理运算能力提升已经进入比较稳定的时期。近些年的发展趋势是 CPU 的小型化，并提升效率支持移动终端的发展，如智能手机和平板电脑。

除了使用 CPU 的运算和处理能力，机器视觉开发人员也可以采用其他辅助的运算和处理器件，以应对日益提升的对图像的处理和运算需求。例如，采用多个 CPU 或者多核 CPU，采用 DSP 和 FPGE 辅助的架构等。

17.3.5 软件

1. 操作系统

个人电脑/工控机最普遍的操作系统是 Windows，不过 Linux 系统的使用也越来越广泛。

而对于 DSP 和一些其他 CUP 处理器，QNX 或者 VxWorks 等实时操作系统也有很多开发者使用。

一些嵌入式处理器没有操作系统，但是它们拥有可编程的硬件界面，用户界面以及图像处理辅助程序。

目前，Windows 操作系统仍然提供最全面的相机、图像采集卡的硬件驱动。Linux 和一些其他实时操作系统也在增加此类服务，但是还很难完全满足用户的需要。如果有更多的操作系统能够提供硬件驱动，开发人员就会有更多的操作系统选择的空间。

2. 应用程序

大多数机器视觉开发人员采用软件开发包辅助编写他们的程序，并把程序集成到机器视觉系统当中。这些软件开发包含有函数库以及图像处理算法工具，这些模块可以帮助开发人员完成用户界面以及 I/O 接口界面的开发。

近些年来，在教科书中的众多图像处理算法被大量转化成应用程序工具，这样在机器视觉应用过程中更加容易被开发人员调用。一个应用程序工具能够通过对多个算法函数的调用组合而实现某一个特定功能。例如，在 OCR（光学字符识别）应用中，OCR 工具就可以对图像进行一定的预处理，包括多干扰图像的剔除，定位包含字符的区域，对不同字符进行分割，以及将拍摄到的字符与已经进行过自学习存储下来的字符进行比较。这个 OCR 工具最终输出找到的字符串与被拍摄字符串的质量。OCR 工具能够使得开发人员不需要再调用我们刚才提到的所有功能函数，而是只调用一个 OCR 工具即可。

在机器视觉平台软件中，开发人员可以采取拖拽的方式进行编程，而不需要进行代码编写（见图 17-20）。开发人员可以将代表不同工具的图标拖拽到一个虚拟工作表中，建立一个虚拟工作流程表，或者建立一个虚拟流程图表（见图 17-21）。在这个流程表或者图表中，每一个工具图标都可以被设定，开发人员可以设定每一个工具模块的参数，从而适应特定的应用场合。

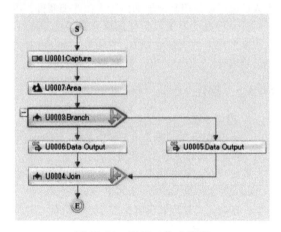

图 17-20　流程工作表编程
（来源：Keyence Corporation of America）

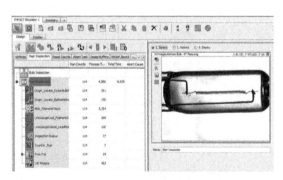

图 17-21　拖拽式虚拟流程图表编程
（来源：Datalogic S. p. A.）

同时，也存在很多的软件函数库，可以被开发人员进行调用，配合图像处理工具使用。不过采用直接调用函数库的方式要求开发人员具有较强的代码编写能力，同时这种方式也需要更长的时间。但是有时在一些难度较大或比较特殊的应用当中，需要开发人员采用这种方式。

3. 通信接口

很多开发人员认为机器视觉系统和其他设备的通信接口是开发过程中最困难的部分。如机器视觉系统于 PLC 和机器人的接口开发。

接口通信的最基本流程是机器视觉系统需要一个输入触发信号使得系统开始工作，这个被称作待测物到位信号；而当机器视觉系统工作完成后，发出一个输出信号给到检测结果，如通过或者不通过

（NG）。在这个过程中，握手协议（Handshaking）是实现稳定接口的最重要的部分。"握手"的过程通常伴随一个准备就绪的信号（Ready Signal），当准备就绪的信号使能，就会以触发信号的方式发送给机器视觉系统，当机器视觉系统接受触发信号后，准备就绪信号会重新回到停止状态；而当机器视觉系统工作完毕输出检测结果后，准备就绪信号重新使能，表明机器视觉系统工作完毕，可以接收下一个触发信号了。机器视觉基本时序如图 17-22 所示。

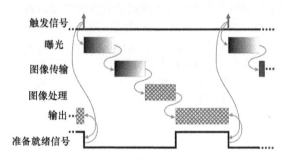

图 17-22　机器视觉基本时序

最基本的接口是一系列的离散数字信号，包含一些输入和一些输出，但是这些信号需要有精准的电压值和时序。比较普遍的信号种类包括 TTL、EIA-422、PNP 或 NPN 信号等。在使用过程中，需要确认这些信号对要通信的两个系统的兼容性。

17.4　机器视觉系统配合机器人应用

机器视觉系统配合机器人使用时，最常见的两种应用模式是：帮助机器人定位待抓取的物体，在机器人进行焊接、组装的过程中定位机器人的运动位置。

17.4.1　定位

在辅助机器人定位待抓取物的应用中，可以采取两种工作模式，一种是采取相机静止的方式，第二种是采取相机跟随机械手运动的方式。这两种方式的一个主要区别是校正方式。当采取相机静止的工作方式时，相机需要对应外部真实空间坐标系，而当采取相机跟随机械手运动的方式时，相机需要对应自己的系统坐标系。图 17-23 展示了一个固定在机械手上辅助机械手进行精密组装的机器视觉系统，在机器人进行压力敏感测试、精密紫外焊接、热黏结等高精度组装的过程中，需要机器视觉系统提供准确的定位信息。

如果开发人员采购集成化的机器人和机器视觉系统，那么通常供应商会提供包含运动工作方式和

图 17-23　组装线上的机器视觉系统配合机械手进行工作（来源：Owens Design，Inc.）

静止工作方式的校正功能模块。如果开发人员分别采购机器人和机器视觉系统，那么很有可能不会包括匹配的校正功能模块，需要大量的工作对两者进行校正。

在机器人配合过程中，机器视觉系统的定位功能可以采取 3 种技术：直接测量法，相关测量法和几何模型匹配法。

1. 直接测量法定位

在直接测量法定位中，机器视觉系统在一个方向寻找待测物的边缘或者其他明显灰度特征。通常也会寻找与这个方向垂直方向的图像信息，这样就可以在 X-Y 二维空间获取信息。机器视觉系统也可以通过判断待测物体的边缘弧度确定物体位置。

直接测量法是机器视觉系统最简单、速度最快的定位方法，使用这种方法要求有相对固定的图像拍摄范围，并且在图像中不能有干扰物的出现。

2. 相关法定位

使用相关法时，机器视觉系统首先对待定位的物体当中的某一部分特征图像进行建模和学习，然后在后续的图像获取过程中匹配图像中的这一特征图像。建模和学习的图像被称作模板。在寻找与模板一致的图像过程中，模板图像在软件中与相机抓取到的图像按每个像素进行匹配，机器视觉系统会认为匹配度高的图像为待定位物。

相关法的局限性包括：待测物的尺寸大小不能够与模板的大小相差太远；机器视觉系统的光照不一致性也容易造成图像匹配的失败；系统无法识别待测物的旋转，除非建立多个模板并且可识别旋转角度很小；同时，其他物体及机器对模板图像的干扰也会大大降低测量准确性。

3. 几何模型匹配法定位

在几何模型匹配法使用中，我们用一个标准待测物训练机器视觉系统，使机器视觉系统学习待测物的几何边缘特征，如物体的角、直线边缘、曲线边缘等。机器视觉系统会在稍后的图像当中通过匹配以上的各种几何信息，寻找与标准待测物体匹配的待测物。

几何模型匹配法具有很多的优势：它可以适应物体的旋转，在一部分特征缺失或者被干扰的情况下依然能够准确工作，甚至在待测物被放大或缩小的情况下依然能够识别。但是几何模型匹配法不能适应待测物有很明显纹理特征的情况。

17.4.2　追踪

在追踪应用中，相机通常都会被固定在机械手的末端，来获取机械手即将运动到的方位。这种应用需要系统紧密的闭环控制，机械手和机器视觉系统的高度集成化才能确保稳定和高效的系统性能。

图 17-24 所示是机器视觉系统配合机械手操作打孔机进行焊接打孔，并对焊接点进行质量控制。

图 17-24　机器视觉系统配合机械手操作打孔机进行焊接打孔，并对焊接点进行质量控制（来源：Servo-Robot，Inc.）

17.5　机器视觉系统的检测功能

机器视觉系统革新了很多通用的检测技术：物体有无检测，光学字符识别（OCR），光学字符有无检测（OCV），尺寸测量，以及缺陷检测等。

17.5.1　有无检测

物体有无检测的任务是判断待测物是否存在或者缺失。例如：一个简单的功能是，机器视觉系统可以检测玻璃瓶的瓶盖是否缺失。这种功能更普遍用在检测特定区域内大量亮点或暗点是否存在的应用场合。有很多具有大量数据的物体有无检测应用中，需要很复杂的算法进行配合使用。

17.5.2 光学字符识别（OCR）

机器视觉系统在实现光学字符识别（OCR）的过程中，需要"读取"一系列的字符，如一串数字，并且将读取到的字符传输给系统设备。通常需要首先对机器视觉系统进行训练，机器视觉系统先对要识别的字符的标准模板进行学习，同时，机器视觉系统需要有能力在视场范围内找到相应的字符串。

在读取过程中，系统首先定位字符串的位置，然后将字符串的每一个字符隔离开，再将每一个字符与已经学习过的标准字符模板进行匹配。结果是机器视觉系统将获取到的字符输出到其他接收设备中。

17.5.3 光学字符有无检测（OCV）

机器视觉系统在进行光学字符核实（OCV）的过程中确保正确的字符格式出现在印刷材料中，能够被人们清晰的阅读。

与 OCR 类似，在读取过程中，系统首先定位字符串的位置，然后将字符串的每一个字符隔离开，再将每一个字符与已经学习过的标准字符模板进行匹配，以确保这些字符都与预期的字符一样，并且不会与其他字符混淆。

17.5.4 尺寸测量

机器视觉系统在进行尺寸测量的过程中，首先找到物体的边缘，然后测量边缘在成像芯片上的像素数。通过与像素当量（像素分辨率）相乘，可以获得物体的真实长度。例如：如果在芯片端两个边缘之间有 102 个像素，而像素当量是 2mm/像素，那么这两个边缘的距离为 204mm。

图 17-25 所示是一个两相机的机器视觉系统测量圆柱体的直径和侧边长。

图 17-25　一个两相机的机器视觉系统测量圆柱体的直径和侧边长（来源：moviMED）

还有一些其他的测量应用，如机器视觉系统可以很轻易地找到一个圆形的孔，通过原型边长计算出圆孔的直径。

采用机器视觉系统进行测量可以获取一个物体不同点的图像数据。也就是说当我们测量距离一个直线边缘的距离时，机器视觉系统可以通过对很多个像素的位置进行均方根均值化，均值化之后的数据要比采用单独一个点的数据准确很多。例如，我们如果在一个边缘采用 16 个像素作为均方根的数据，那么均值化的数据要比单独一个像素的数据准确 4 倍。因此机器视觉系统在某些情况下得到比像素空间分辨率高很多的分辨能力，这就是亚像素理论的基础。

但是，在采用亚像素理论的时候需要考虑两个问题：第一个问题是当将多个像素数据拟合为一个物体边缘的时候，例如一条直线，真实的物体的边缘必须是一条真正的直线才可以。第二个问题是亚像素方法能够提高测量的精度和重复精度，但是这一方法不能提高准确性，准确性需要通过校正的方式提高。由于镜头的畸变能够造成大幅度的测量不准确性，所以对机器视觉系统的校正对于获取高准确性的测量结果至关重要。

17.5.5 缺陷检测

在工厂中，生产线的质检员是非常重要的一个角色。质检员通过目视检测生产线上产品确保生产质量。在检测过程中需要发现各种缺陷，包括划痕、裂纹、凸点、凹点、压痕、脏污等。这些缺陷会影响最终产品的性能，并给客户留下产品质量低劣的印象。

机器视觉系统在某些情况下可以替代人工完成缺陷检测的工作，而缺陷检测应用也是视觉检测中最具有挑战性的部分。缺陷的定义是在待测物上出现的位置不固定、形状不固定、尺寸不固定的特征。缺陷检测更具有挑战性的特点是，在同一个待测物体上会出现不止一种缺陷。有些缺陷能够在一般的光照条件下被机器视觉系统捕捉到，但是也有很多的缺陷需要很特殊的照明方式才能够获得较好的图像对比度。不同的缺陷需要不同的图像处理流程才能探测和识别出来。

图 17-26 所示是一个离线缺陷检测的机器视觉系统采用红外照明光源检测一个 MEMS 设备中的硅晶圆的缺陷。虽然面临很多应用难题，但是机器视觉技术已经是一个探测和识别缺陷、提升生产质量、节省成本的有效手段。

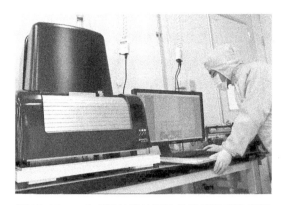

图 17-26　一个离线缺陷检测的机器视觉系统采用红外照明光源检测一个 MEMS 设备中的硅晶圆的缺陷（来源：SCHOTT North America，Inc.）

17.6　机器视觉系统的自动化的考虑

机器视觉系统工作在生产环境中的时候，有一些特殊的注意事项，包括：待测物体移动造成的运动成像模糊，环境光干扰，需要将机器视觉系统与其他设备通信连接，以及在线工作时需要配合产线实时处理等。我们将在下面讨论这几个注意事项（将机器视觉系统与其他设备通信连接已经在 17.3.5 节讨论过，不在这里讨论）。

17.6.1　运动成像模糊

在很多生产线上，待测物体在一直运动当中，如罐装生产线。如果不进行一些特殊设计，那么运动的待测物体在机器视觉系统中的图像会时有运动模糊情况。

通常有两种方式解决这一问题：第一种方式是采用频闪光源配合相机成像；第二种方式是相机采用很短的曝光时间成像。这两种技术可以单独使用，也可以配合使用。在早期的机器视觉系统当中，频闪光源通常是通过频闪氙灯提供的，这种氙灯光源可以提供最短 $50\mu s$ 的脉冲频闪光。目前，我们通常使用 LED 光源提供频闪光源，LED 光源可以提供更短的脉冲，从而避免图像的运动模糊。但是，当使用频闪光源时，需要考虑这种光源对产线工作人员的影响，在设计的时候尽量避免对人眼的直接照射。同时，虽然现代的数字化工业相机能够接受非常短的曝光时间，与频闪光源配合，但最主要的问题在于与相机配合的镜头会有一定的通光量指标，在短时间曝光的时候，我们需要将光学镜头的光圈设置到足够大，从而获得足够的图像亮度。

17.6.2　环境光干扰

机器视觉系统与人眼比较，还是不能像人眼一样完全智能化地排除环境的干扰，而是容易受到环境光的影响。环境光的变化有很多不确定因素，所以为了给机器视觉系统提供一个稳定的工作环境，我们需要采用集中方法避免环境光的影响。

第一种方式是采用高亮度的光照，使得比环境光亮度高很多的光线进入相机的视场，这时环境光的影响相比很高的光亮度可以忽略不计。但是，当相机的视场范围很大的时候，提供这类光源的难度较大，这种方式通常用于视场范围较小的应用场合。

第二种方式是设计一个腔体，将机器视觉系统的工作范围包裹起来，这样一来既能防止环境光对机器视觉系统的干扰，又能提供一个物理的安全防护装置，避免现场工作人员受到伤害。

第三种方式是让成像针对某一种颜色的光，我们可以在镜头上加装颜色滤光片，由于大部分的环境干扰光是宽光谱范围的光线，颜色滤光片会滤掉大部分的环境光。

第四种方式是采用红外光源。机器视觉系统中的相机通常采用硅材料最为接受光线的成像芯片，硅材料对近红外的光线敏感，能够较好地成像。开发人员可以选择 LED 近红外光源，配合红外带通滤光片，就可以将其他谱段的光排除掉。理论上来说，如果环境干扰光来源于荧光灯、LED 灯等，通常不包含红外光谱，但如果环境干扰光来源于白炽灯或者太阳光，那么就会包含红外光谱，这样的话采用红外光源的方式避免干扰可能会失效。

17.6.3　实时处理

实时处理要求机器视觉系统在接收到触发信号开始工作到输出结果之间的时间长度是稳定可重复的。我们将从开始工作到输出结果之间的时间称为延迟。那么一个机器视觉系统的延迟就是从系统接收到触发信号到系统发出输出信号之间的时间段。机器视觉系统必须能够提供一个变化很小、稳定的延迟。

所有系统的延迟都会有变化，但是这个变化必须在一定的可接受范围内。对于机器视觉系统来说，在很多时候都是工作在很高的速度下，但是这并不能保证机器视觉系统能够拥有实时处理的能力。

如果要将机器视觉系统设计为能够达到实时处理，开发人员必须对一系列的因素进行控制。第一个因素就是控制好从发出触发信号到相机开始曝光的时间，如果要减少时间变化值，就必须将触发信号直接送入相机。如果系统采用的是通用处理器（CPU），这就意味着必须将触发信号源直接与相机连接。如果系统采用的是专用控制器，那么更务实的方式是将触发信号通过专用控制器传输到相机端，但是在这个过程中不能引入任何软件控制流程。

另一个因素是将相机中的图像传输到处理器当中所花的时间。图像数据接口有很多的标准，选择传输延迟变化小的接口至关重要。

虽然以硬件为平台的图像处理系统具有更低的延迟变化量，但是相比软件平台而言，硬件图像处理平台的开发难度要大得多。而软件图像处理平台通常具有非常大的延迟变化量，而且变化幅度必须通过测试才能确定。同样的，通用操作系统（如 Windows 或者 Linux）会引入很大的延迟变化。实时操作系统能够改善这一问题，但是目前很多实时操作系统不提供机器视觉系统需要的设备驱动文件。

因此，机器视觉系统的图像处理过程会引入很大的延迟变化。开发人员能够通过了解图像处理的延迟范围，将图像处理所需的延迟叠加到整个处理过程，从而还原实时处理的整个延迟。具体的实现方式为：记录从触发信号发起或图像开始被处理器接收，到图像处理完成的时间。这些时间的变化就是延迟变化，我们在实际工作过程中留出冗余延迟，就可以实现实时处理的功能。

17.7 环保设计

机器视觉系统本身不会对环境产生较大的不良影响，不过我们仍然可以通过一些设计和操作将机器视觉系统对环境的影响降到最低，这些设计和操作如下：

1）当几个小时内或者更长时间不使用机器视觉系统时，我们可以将系统电源关闭，节省电力。在采用白炽灯和荧光灯作为光源的情况下，需要一段时间的预热从而使得机器视觉系统稳定工作。而采用 LED 光源后，机器视觉系统几乎不需要预热就可以稳定工作。

2）在机器视觉系统中，光照模块是消耗电能最大的部分，如果能够将系统设计为只有在采集图像的时候才开启光源电源，那么将节省大量的电能。

3）尽量回收使用所有的视觉器件，包括光源、相机、处理器、线缆等，避免大量的电子垃圾出现。

17.8 机器视觉技术的发展趋势

机器视觉相关的相机的图像芯片、相机接口、处理器和软件都在一直发展和进步。

17.8.1 图像芯片的发展趋势

1. 从 CCD 技术向 CMOS 技术发展

过去的几十年是 CMOS 芯片逐渐赶超 CCD 芯片的过程。CMOS 芯片具有更低的成本和更高的读出速度，而且 CMOS 芯片具有更多的功能潜力，如将数模转换和图像处理器放在芯片上。而且在设计相机的时候，采用 CMOS 芯片的设计难度远远低于采用 CCD 芯片的设计难度。

目前 CMOS 芯片的敏感度低于 CCD 芯片，而且 CMOS 芯片有更高的噪声。但是通过 CMOS 技术的升级，这些技术劣势会逐渐被克服。

对于 CMOS 芯片发展最大的一个障碍是像素的小型化带来的物理极限的出现。随着 CMOS 技术的发展，芯片和像素的小型化能够提升分辨率和降低成本，但是芯片的像素需要与光学镜头配合，越小的像素尺寸要求的镜头分辨率越高，而镜头的分辨率被光学物理极限限制。镜头的设计逐渐跟不上 CMOS 芯片像素尺寸的小型化。

2. 更高的分辨率

目前主流的工业机器视觉相机分辨率从 VGA（640×480）到 500 万像素分辨率。而已经有高分辨率相机可以达到 2500 万像素分辨率，甚至在智能手机上有 4000 万像素分辨率的相机。可以预见未来主流机器视觉相机分辨率会逐步提升，成本会逐步下降，这样就给开发人员更多的高分辨率选择，可以在以前需要很多相机的应用场合仅用一台相机实现。

当然，高分辨率也会带来其他配套器件的高成本，如高分辨率的相机要求配合更高分辨率的光学镜头才能发挥分辨率的性能优势。很多镜头厂商也在迎接分辨率提升的挑战，设计更高分辨率的镜头。更高的分辨率也意味着更多的像素，即更大的数据传输量，相机的数据接口需要更高的带宽传输图像数据。处理数据接口之外，大数据量也需要更强的处理器对图像数据进行处理。开发人员可以采取增加处理器数量的方式处理更大量的数据。所以，更高分辨率的光学镜头及更复杂的处理架构等会给高分辨率的成像系统带来更高的成本。

17.8.2 相机接口的发展趋势

在机器视觉技术刚刚发展的时候，所有的相机都采用模拟视频信号传输接口，符合广播闭路电视（CCTV）的传输标准。数字化的数据接口技术大概在 2000 年左右出现，目前已经无处不见。不过在日本模拟传输标准依然被广泛使用，原因是同轴电缆简单易用，而且能够很容易地切换到 CoaXPress 数据接口。表 17-1 对比了几种接口的主要性能参数。

表 17-1 几种接口的主要性能参数

接口标准	出现时间	带宽/ （MB/s）	线缆 长度/m
RS170（analog）	1957	9.2	10
Camera Link®	2000	680	10
GigE Vision®	2006	100	100
CoaXPress	2010	3125	68
Camera Link HS™	2012	6000	15
USB3 Vision™	2013	400	3

17.8.3 处理器

戈登摩尔在 1965 年提出了摩尔定律，表明集成电路的二极管密度每两年就能翻倍。这是一个很快速的几何增长曲线，而令人难以置信的是在 48 年的时间里，集成电路的发展真的按照摩尔定律飞速地发展。而机器视觉技术借助这一发展，也得到了快速的进步。

另外的一个趋势是半导体行业从集中精力发展处理能力转变到了发展低功耗小型化处理器以满足移动终端行业的需求。

在未来，我们应该能够看到平稳发展的处理器能力的进步，和快速发展的小型化环境友好的机器视觉系统。而对于那些应用复杂，需要更多处理能力的视觉应用，仍然需要采用多处理器并行处理的架构。

对于处理器来说一个巨大的挑战是跟进图像数据量。一些图像处理算法的速度与图像像素数成正比（我们把比例系数称作 N），而很多的算法的处理时间能够达到系数 N 的平方，甚至有算法能够处理 $N \operatorname{Log}^2 N$ 的像素数据量。图像的像素数增长，图像处理能力必须增长得更快才能达到相同的处理时间要求，如果不采用并行处理器的架构方式，机器视觉应用的处理时间必定会随着数据量的增加而增加。

17.8.4 软件

1. 从算法到工具

早期的机器视觉软件主要针对具体的图像算法开发，每一个算法只能解决图像处理和分析的一个很小的问题，整个的应用开发需要一个冗长复杂的编程过程。

而工具包的开发和出现使得机器视觉软件的能力得到了质的提升。工具包将一系列的通用算法集成到一个通用函数中供开发人员调用。工具包的开发人员与应用开发工程师一起工作，将应用当中需要的算法集成到一个稳定并且可调整的工具包当中。从而使得机器视觉系统开发人员能够通过调用工具包完成对某一特定应用的开发，仅仅需要调整工具包当中的参数设置和很少的编程工作，甚至不需要编程工作。

例如一个卡尺工具，应用开发人员可以采用这个工具测量两个边缘的距离。应用开发人员只需要选择感兴趣区域和设置敏感度阈值两个操作，卡尺工具就可以自动找到感兴趣区域的这两个边缘，并返回两个边缘的距离值。

虽然目前原始算法的发展速度缓慢，但是机器视觉应用工具包的发展非常迅速，这得益于机器视觉的应用发展广泛而且应用对于视觉软件的易用性有越来越高的要求。

2. 自学习软件

机器视觉应用工程师希望机器视觉软件智能化，从而减少编程的工作量。但是智能化的软件需要一个较长的发展过程。现在，对于 OCV 和 OCR 的训练和自学习已经有了标准的规范——寻找字符位置和识别字符等，而且在缺陷检测中有很多的应用能够采用自学习的智能方式工作，相信在不久的未来，视觉软件智能化将变为现实。

扩展阅读

Batchelor, B. G., editor, *Machine Vision Handbook*, 3 volumes, Springer-Verlag, London, UK, ISBN 978-1-84996-168-4, 2012.

Davies, E. R., *Computer and Machine Vision: Theory, Algorithms, Practicalities* (4th ed.), Academic Press, Waltham, MA, U.S.A., ISBN 978-0123869081, 2012.

"Global Machine Vision Interface Standards," 2013, published jointly by AIA, EMVA, and JIIA, Ann Arbor, MI, U.S.A.

Hornberg, A., *Handbook of Machine Vision*, Wiley-VCH, Weinheim, Germany, ISBN 978-3527405848, 2006.

Sinha, P. K., *Image Acquisition and Preprocessing for Machine Vision Systems*, SPIE Press, Bellingham, WA, U.S.A., ISBN 978-0819482020, 2012.

Steger, C. et al., *Machine Vision Algorithms and Applications*, Wiley-VCH, Weinheim, Germany, ISBN 978-3527407347, 2007.

第 **4** 篇
热加工工艺与制造

第 18 章

金属铸造工艺

美国铸造学会　凯文·弗莱施曼（KEVIN FLEISCHMANN）　著

北京科技大学　张瑞杰　曲选辉　译

18.1　概述

虽然第一次进行金属铸造的时间、地点和操作者都没有历史记录，但是许多史前的文物表明，这可能发生在 5000～6000 年前的古代美索不达米亚。一个古老的铸件是大约公元前 3200 年在美索不达米亚铸造的铜青蛙，其复杂程度表明当时的工匠已经在金属铸造方面掌握了相当高的专业技能。关于金属铸造的早期历史资料很难找到，主要有两个原因：首先，金属铸件的生产早于写作，因此早期事件的记录很少；第二，现存的金属文物很少，一些使用过的金属制品被重新熔化制成了新的有用制品，这主要是由于在当时金属非常珍贵而且很容易重新铸造。

后来人们学会了通过合金化来改善铸件的性能。青铜（铜-锡）铸件大约在公元前 3000 年出现。大约公元前 1000 年，中国首次生产出铁质铸件。大约公元前 500 年，印度制造了坩埚铸钢，但是后来这个工艺失传了，直到 19 世纪末才被重新发现。英国的汉弗莱·戴维（Humphrey Davy）爵士在 1808 年发现了铝的存在。截止到 1884 年，整个美国的铝产量每年只有 57kg。而在 2003 年，美国制造了 230 万 t 铝铸件、930 万 t 铸铁件、110 万 t 铸钢件、31.4 万 t 铜基铸件。

近五十年以来，新开发的铸造工艺彻底改变了铸造行业，在金属铸造技术方面取得的进步比以前 5500 年内的总和还要大。这些惊人的进展（更好的铸件表面，更小的尺寸公差，更快的生产周期）主要来自于众多工艺研发人员的聪明才智，以及现代科学仪器在翻砂技术、冶金和金属凝固中的应用。

金属铸造工艺是指将熔融金属浇注到含有铸件所需形状的铸型空腔中，然后使金属凝固的过程。目前有很多种用于制造金属铸件的工艺，这些工艺之间的不同之处在于制造铸型的材料、铸型类型（永久型或消耗型）及使熔融金属填充铸型的压力（正压或负压）。

虽然传统的湿砂造型、化学黏合造型、V 法造型和石膏造型等使用的模子可以是永久性的，但是铸型却仅能使用一次。永久铸型和压铸型由金属或石墨加工而成，可以重复使用。熔模铸造和消失模铸造中，不但使用的铸型是一次性的，而且造型用的模子也是消耗性的。

18.2　金属铸造

18.2.1　砂型铸造

总体上讲，造型就是把适当的耐火材料成形为一个具有所需形状的空腔，使得熔融金属可以浇注到该空腔中。型腔需要一直保持形状，直到金属凝固结束，铸件从铸型中移出来为止。这听起来很容易，但是依据金属的不同，对铸型有一些明确的特征要求。当使用颗粒状的耐火材料时（如铸造用硅砂、橄榄石、铬铁矿或锆砂），铸型必须满足以下条件：

1）有足够的强度以维持液态金属的重量。

2）确保铸型或者型腔内形成的气体可以逸出。

3）要耐受熔融金属的侵蚀和高温，直到铸件凝固结束为止。

4）要有足够的退让性，避免金属在凝固收缩时受到过度的约束。

5）在铸件充分冷却后，能够完全从铸件上剥离。

6）由于耐火材料使用量很大，经济性也是重要的考虑因素。

1. 湿砂铸造

用于制造金属铸件的最常用的方法是湿砂铸造。在这个过程中，用膨润土和水的混合物将颗粒状的耐火砂包裹起来，在某些情况下在混合物中还会用上其他添加剂。

当湿砂混合物在铸模周围被压实的时候，这种黏土/水的"黏合剂"能够将耐火材料颗粒牢牢锁定。因此，当铸模被移除之后，型腔就能够保持住铸模的表面形状（见图 18-1）。

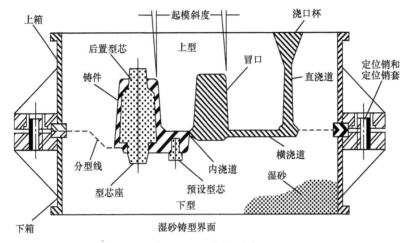

图 18-1　湿砂铸型界面

最常用于生产湿砂铸型的耐火材料就是铸造用硅砂。由于二氧化硅储量丰富，极易获得，成本低廉，因此常常被采用。更昂贵的耐火材料，如锆砂、铬铁矿、橄榄石、莫来石和碳砂等，则多用于一些特殊的场合。

由于铸件的表面与铸型直接接触，所以铸件的质量（特别是表面质量）与型砂的质量密切相关。因此，每个铸造厂都一贯和严格地控制型砂混合物。大多数铸造厂都使用全面的型砂测试流程和自动制砂系统来帮助实现这一目标。

湿砂混合物在混合或研磨之后便可用于造型。有很多种方法来压实铸模周围的型砂。压实方法的选择取决于所需铸型的刚度，这同时也决定了其保持铸件尺寸的能力。用于制作铸模的材料在一定程度上是由压实工艺决定的。

在手工造型过程中，造型师手动地将模子周围的砂子压实，或者使用气动工具将砂子压进模具。在这种压实条件下，可以使用木质或者塑料的铸模。在很多情况下，模子不需要固定在铸模板上。此类造型方法通常用于制造单件或者大型的铸件。如果将模子安装到铸模板上，则可以加快造型过程。

与手工造型相比，使用机械力将会获得更好的压实效果。机械力可以通过抛砂、震动、挤压或者冲击的方式来施加。抛砂机使用离心力将湿砂抛甩在铸模上。操作者在砂箱挡板上方操作抛砂机，一层一层地铺设型砂。抛砂机主要用于大型铸件，在砂箱或砂坑中完成。

机器造型可能有如下几种类型：震动，挤压，震动-挤压，冲击。造型机主要通过这些方式来完成造型。铸件的尺寸在很大程度上取决于造型机的尺寸。对于较小的铸件，可以在一个铸型里面设计生产多个铸件。

高密度造型指的是压实压力高于或者等于 0.7MPa。在自动造型机上可以始终维持这么高的压力。这些机器可能会使用震动和挤压的组合，或者仅仅依靠挤压进行压实。最近开发了一种被称为冲击造型的压实形式，并在一些工厂中得到了使用。这种工艺在湿砂铸型中可以获得更均匀的密度和压实效果。

在冲击造型过程中，型砂在重力作用下填充到砂箱并覆盖在铸模的表面。一旦充满了湿砂混合物，就会对砂子施加 0.3～0.5MPa 冲击压力，这就进一步压实了型砂。由于型砂的渗透性，这个压力会遍布整个区域，并最终形成更均匀和更致密的铸型。

除了上述讨论过的造型机之外，有些高压造型机能够制造出竖直分离的铸型。这些机器高度自动化，并通过挤压的方式压实砂子。在正常情况下，这些机器主要用于大规模生产，但必要时也可用于小批量生产。这些机器生产出的铸型具有较高的型砂密度，可以铸造出具有优异表面光洁度和良好尺寸精度的铸件。

在考虑湿砂造型工艺时，应注意以下几点：

1）从众多金属零件来看，湿砂铸造是所有金属成形工艺中最具有成本优势的。湿沙造型工艺可以很方便地植入到自动化系统中，用于大规模、小批量或者样品的生产。

2）在手工造型、抛砂、手工震实或挤压造型的情况下，可以使用木质或塑料的模子。但在高压、高密度造型方法中，几乎总是要求金属模子。

3）高压、高密度造型能够生产良好压实的铸型，用其生产的铸件在表面质量、铸件尺寸和公差方面都更优越。

4）湿砂的性质可以在很宽的范围内变化，这使得湿砂造型工艺可以应用于所有的湿砂造型设备，并可以适应大多数合金的浇注。但是，钛合金和锰钢铸件不能在硅砂铸型中生产。

2. 化学黏合造型系统

（1）化学黏合造型系统的用途 由于此类造型工艺具有的很高经济性和生产率，使得它在整个铸造行业获得了广泛的应用。每个工艺都使用独特的化学黏合剂和催化剂来固化和硬化铸型。有些工艺需要加热以促进固化，而另一些工艺不需要。

化学黏合系统目前被用于生产型芯和铸型。型芯用于创建铸件的内表面。这种工艺非常适合大型铸件以及结构复杂、尺寸精度要求高的较小铸件。

（2）壳型工艺 二战结束后不久，德国人发明了一个在沙粒表面涂上热固性树脂的热固化造型和制芯工艺。这个造型和制芯方法最初被称为"克罗宁"造型法，今天普遍称之为壳型工艺。

通常，壳型工艺使用的是铸造用硅砂，但也可以使用锆砂或其他砂。将砂子用含有六亚甲基四胺催化剂的酚醛树脂预涂。然后将已经涂覆树脂后的砂子倒入、吹入或注入金属芯盒中，或者覆盖到加热至 230 ~ 340℃的金属模子上。壳型通常由两半组成，在浇注之前将两部分黏合或者夹紧起来；另外，对于型芯来说，它可以是一个整体。而当型芯的结构比较复杂时，它也可以由多个小块黏合组成。

对于型芯来说，壳通常指的是中空的意思，而壳型一般是指型壁相对比较薄。型芯或者壳型的壁厚是根据金属液的温度、型芯周围或者壳型内部金属液的量来确定的。壳层厚度可以通过覆膜砂与芯盒或模子的接触时间来控制。在适当的时候，将芯盒或模子倒并震动，使未受温度影响的覆膜砂从型芯中心或壳型上面脱落。这样就形成了一个硬的砂壳，附着在芯盒或者模子上，通常为 6 ~ 10mm 厚。然后用芯盒或模子上的弹出器将型芯或壳型剥离下来。

壳芯和壳型可以一起使用，或者与其他的造型和制芯工艺相结合。壳型和壳芯在整个铸造行业得到了广泛应用。尽管有能量的耗费和金属加工的成本，但其使用量却持续增长。壳型工艺有以下优点：

1）优异的型芯和铸型表面，铸件表面质量好。

2）铸型刚度高，铸件尺寸精度好。

3）可以无限期存储，便于及时交货。

4）可大批量生产。

5）在生产特殊铸件时，可选择二氧化硅以外的耐火材料。

6）使用空心型芯和薄壁壳型，可节省材料。

3. 自硬或空置体系

为了提高生产效率，减少热量的消耗，铸造黏合剂制造商开发了一系列被称为"自硬"或者"空置"的树脂黏合剂。与壳型工艺一样，自硬黏合剂也可以用来造型和制芯。

在该体系中，把铸造用硅砂或者其他的耐火材料，与液体树脂和液体催化剂相混合。一旦树脂和催化剂相结合，就会发生黏合剂的硬化反应。通过调控催化剂的使用量和砂子的温度，可以延长或缩短硬化的时间。

自硬树脂、催化剂和砂子可以在间歇式混料机中进行批量混合，或者在高产量的连续混料机中进行混合。来自连续混料机的砂子混合物通常直接沉积到芯盒中或模子砂箱中。虽然这些砂子混合物具有良好的流动性，但是通常还是采用某种压实手段（通常是震动）来进行致密化。在一段时间之后，型芯或铸型已经充分黏合了，就可以从芯盒或模子中剥离出来而不发生变形。然后使型芯或铸型静置并彻底硬化。硬化之后，可以对型芯用耐火材料进行涂覆，这能够使铸件拥有更好的表面质量，并保护型砂耐受熔融金属充型时的热和侵蚀。

当制造复杂的组合型芯时，自硬工艺的优点就体现出来了。对于许多铸件来说，由于其内部通道的复杂性，装配高度复杂的型芯需要花费大量的手工时间。如今，如果零件尺寸允许的话，使用此类"可拆卸"的芯盒，就可以将这些组合型芯做成一个整体。

由于彻底硬化铸型或者型芯需要一定的时间，自硬体系并不总能适应大批量的生产。但是，在许多情况下，各种尺寸和不同复杂程度的铸件都可以使用这些工艺来制造。在铸件形状复杂的情况下，铸型可以与型芯一起装配，从而同时形成铸件的外表面和内部通道。

除了已经提到的优点之外，自硬工艺还有其他的优势：在某些情况下，可以使用木质或者塑料的模子和芯盒。由于铸型的刚度比较高，容易获得较小的铸件尺寸公差。铸件的表面质量也非常高。大多数此类系统的落砂过程都比较容易，凝固后铸件与铸型的分离非常彻底；型芯和铸型都有无限期地存储。

（1）气体催化或冷箱系统 自硬系统有一个缺点，就是砂子混合物一旦准备好，就必须马上使用。这是因为自硬砂同时包含了树脂和催化剂，当两者混合在一起时，就会发生化学反应而使砂体变硬。

制作铸型或型芯后，剩余的砂子混合物已经硬化，将不能用于生产其他的铸型或型芯。树脂制造商开又发了一系列的黏合剂，其中砂子混合物中不添加催化剂，仅由砂子和树脂组成。因此，该混合物在与催化剂接触之前都不会硬化。在冷箱工艺中，使用气体或蒸气形式的催化剂来实现硬化。将树脂砂混合物吹入芯盒中以压实砂子，然后将催化气体或者蒸气渗透到砂子混合物中，树脂与催化剂接触后立即发生硬化。任何未与催化剂接触的树脂砂在后续生产中仍然具备硬化的能力。因此可以从一次性的大批料混砂中生产许多小的型芯。由于每个型芯不需要再进行混砂，所以生产速度非常快，型芯可以在几秒钟内生成。冷箱工艺虽然最适合于小型芯的生产，但也可以用来生产一些大的型芯和铸型。

冷箱系统对有机和无机工艺都适用。无机工艺采用的是硅酸钠树脂，使用二氧化碳气体进行硬化。这个过程是环保的，因为在浇注时几乎没有烟雾产生。然而，当熔融金属与铸型或型芯接触时，无机键不会发生降解，因此难以进行脱砂。浇注温度较高时尤其如此，因此该方法通常限于铝铸件的生产。另一个要考虑的因素是空气中含有二氧化碳，所以砂子混合物必须避免长时间暴露在空气中，否则砂子将开始硬化而难以压实。

有机工艺包含以下几种：酚醛氨基甲酸酯/胺蒸气，呋喃/SO_2，丙烯酸酯/SO_2。这些有机工艺克服了大多数无机工艺中遇见的困难。总的来说，有机工艺具有以下优点：

1）型芯在芯盒中的硬化不需要加热，因此型芯的尺寸精度很好。

2）铸件拥有优良的表面质量。

3）生产周期短，生产效率较高。

4）型芯和铸型的保质期较长。

（2）反重力浇注工艺　　目前已经开发了两种铸造工艺，对于化学黏合的铸型，使用真空来协助充型。这些工艺已经申请了专利，仅限于拥有专利或者使用许可证的铸造厂使用该工艺。

第一个工艺是将碳化硅管道连接到壳型或自硬铸型上，铸型和管道的一端安装在一个密封的金属容器内，将此容器放置在装有熔融金属的炉子上方。碳化硅管道的另一端浸入熔融金属液中。然后在容器内抽真空，熔融金属就被吸入铸型中，保持真空状态直到铸件凝固。然后释放真空，管中剩余的金属液被抽回到炉内。

第二个工艺是最近开发的工艺，同样使用真空来辅助充型。主要区别在于，其不再使用碳化硅管道，而是将一部分铸型直接浸没在液态金属中，被

称为 CLAS 工艺。

CLAS 工艺中的铸型是圆形断面，将铸型的两半粘在一起，再次使用壳型法或自硬造型法。铸型的下箱部分有与铸型型腔相连接的开口。将完整的铸型"拧"进一个圆的金属腔中，金属腔有内螺纹，当腔室旋转时，内螺纹旋入铸型的圆周之内，通常刚好位于铸型的分型线下方。

然后将金属腔和铸型旋转并放入液态金属炉中，将金属腔和铸型下压，直到铸型下箱的一部分浸没在液态金属中为止。然后在容器里抽真空，将液态金属通过开口抽到型腔里。当铸件凝固后，释放真空并将铸型从金属熔池中取出。

将容器反向旋转，把铸型从容器中"取出"，然后进行正常的落砂。使用陶瓷壳型可以对该工艺进行改进，在这方面也取得了一定的进展。

CLAS 工艺适用于长期量产的中小型铸件，其具有以下优点：

1）通过真空度来精确控制进入型腔的液态金属量，提高了铸件的整体稳定性。

2）只抽取洁净的金属液到型腔中，降低了铸件中出现夹杂物的可能性。

3）铸件具有更好的微观组织，从而获得更加优异的力学性能。

4）铸件拥有较好的表面质量。

5）尺寸偏差较小。

4. 无黏结剂砂型工艺

上述的砂型铸造工艺主要是使用各种黏结剂将砂粒黏结在一起，与之不同的是，下面这两种独特的工艺采用无黏结剂砂作为铸型介质，包括：消失模铸造和 V 法铸造。

（1）消失模铸造　　在此工艺中，模子由可耗性聚苯乙烯（EPS）颗粒制成。对于大批量生产来说，可以将 EPS 颗粒注入金属模腔中，并使用热源（通常为水蒸气）将它们黏结在一起而制成模子。而对于小批量生产来说，使用常规的木工装备从 EPS 上切片，然后用胶水来组装黏合成模子。如果需要的话，铸件中的内部通道都可以制成铸型本身的一部分，而不必使用传统的型芯。

模子的内外表面都覆盖有耐火涂层。将浇冒口系统与模子相连接，然后将组件悬置于一个砂箱中。将砂箱放在压实或振动台上，把干燥的无黏结剂砂倒入砂箱里，压实力和振动力能够使砂子流动起来，并变得坚实。砂子围绕着模子流动，能够进入模子里面的内部通道。

压紧后，将铸型转移至浇注区，倒入铸型中的熔融金属取代了蒸发掉的 EPS 模子，型砂因其刚性而保

留在原来的位置。待铸件凝固后，将铸型转移至落砂区，将无黏结剂砂从砂箱中倒出来，留下附着浇注系统的铸件，在铸件中形成内通道的型砂也被一并排出。在生产大型铸件时，模子首先被覆盖一层化学黏合砂，然后用弱的化学黏合砂或湿砂进行加固。

消失模铸造有以下优点：

1）没有铸件尺寸的限制。

2）模子的耐火涂层提高了金属铸件的表面质量。

3）在型芯座或分型线周围没有飞边。

4）多数情况下不需要单独的型芯。

5）尺寸公差非常小。

（2）V 法铸造　V 法铸造和常规砂型铸造之间的主要区别在于：V 法铸造使用一层薄的塑料膜，加热到其软化点，将其覆盖到模子上，从中空的装载板上抽气形成真空。被薄膜包覆的模子位于砂箱内部，与消失模铸造一样，V 法铸造使用干燥、自由流动的无黏结剂砂从模子上方来填充砂箱。型砂不含水或有机黏结剂，并且在造型过程中保持一定的真空状态。

与湿砂相比，这种型砂的渗透性不成问题。因此可以使用更细的砂子来实现铸件表面质量的改善。轻轻地震动便可以将细砂快速压实到最大堆积密度。然后用第二片塑料膜覆盖砂箱。在砂箱中抽真空，两片塑料膜之间的砂子就会变硬，释放施加的真空便可以使模子很容易地剥离下来。

另一半铸型以相同的方法制作。然后将上箱和下箱组装成一个有塑料衬里的型腔。把铸型中的真空度控制在 300～600mmHg（1mmHg = 133.322Pa）的范围内，可用以保持型砂的硬度。当熔融金属浇注到型腔中时，塑料薄膜熔化并立即被金属代替，

待金属凝固冷却后，释放真空并且落砂。

V 法铸造工艺具有以下优点：

1）铸件表面光滑。

2）尺寸精度良好。

3）无须拔模。

4）薄壁能力较好。

5）能够完美地呈现细节。

6）加工成本较低。

7）模子使用寿命长，只有塑料薄膜与模子接触，没有型砂引起的磨损、表面质量降低和误差增大。

8）"用户友好"型铸模，模子容易改造，没有金属的加工，适用于样品的生产。

9）周转速度快，交货周期短。

18.2.2　永久型铸造

至少有五种造型和铸造工艺可以被归类为"永久型"工艺，它们是压铸、金属型铸造、挤压铸造、石墨型铸造和离心铸造。砂型铸造在浇注后，需要破坏铸型来取出铸件，而永久铸型可以重复使用。

1. 压铸

压铸主要用于大量、快速的生产中小型铸件。在金属铸型的表面进行涂覆，并在熔融金属充型之前对铸型进行预热。将一定量的液态金属在极高的压强下，从注射室注入金属铸型中。这种方法可用于生产不同重量、不同尺寸的铸件。几乎所有的压铸件都是有色合金件，不过在少量的特殊情况下也用于生产铸铁件和铸钢件。

压铸件和压铸工艺（见图 18-2）主要适用于大批量的生产，能够在多种情况下获得应用。其优点包括：

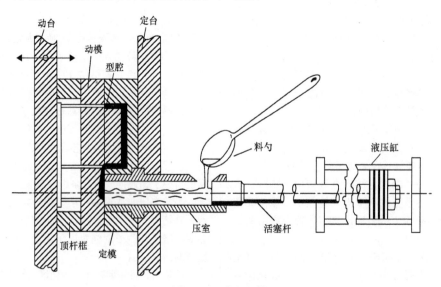

图 18-2　冷室压铸

1）优异的力学性能和表面质量。

2）尺寸公差为 0.15 ~ 0.25mm。

3）加工余量为 0.25 ~ 0.8mm。

4）可用于生产薄壁铸件。

2. 金属型铸造（重力铸造）

永久型铸造的另一种形式是将熔融金属直接浇注到铸型里面，或者将铸型倾斜至竖直位置。在这个过程中，所使用的铸型一般由钢铁制成，分为两半，称之为凹模和凸模。如果需要使用型芯，它可以是铸型中的金属嵌件，进行机械安装；也可以是砂芯，在闭模之前放入。若使用砂芯，则该过程被称为半永久型铸造。

将铸型预热，然后在其内表面涂覆耐火材料。如果要使用静态浇注，把铸型合模之后放置在竖直位置进行浇注；此时的分型线将处于竖直位置。在倾斜浇注的情况下，将铸型合模后放置在水平位置。先把熔融金属倒入与铸型相连的一个杯子中。然后再将铸型倾斜至竖直位置，使熔融金属从杯子流入到型腔中。

不同的金属型铸造技术（重力浇注、倾斜浇注和半永久型铸造）适用于多种金属的成形过程。其优点如下：

1）由于金属铸型可以起到激冷的作用，因此可以生产出具有优异力学性能的铸件。

2）由于铸型是由金属制成的，所以铸件形状均匀并具有很小的尺寸公差。

3）铸件具有较好的表面质量。

4）该工艺适用于大批量的生产。

5）铸型的各部分可以进行选择性的绝热或冷却，这有助于控制凝固过程并提高铸件的整体质量。

3. 低压金属型铸造

在该过程中，使用一个较低的压力将金属液压入型腔中，而不是使用重力浇注。其压力大小为 0.02 ~ 0.1MPa（3 ~ 15psi），依据铸件结构和铸件预期的质量来选择所需压力的大小。当使用压力来充型时，该压力也同时被用于补缩。金属液可以直接充型，也可以通过浇注系统充型。当需要内部通道时，可以通过机械放置金属嵌件或者砂芯来实现。图 18-3 所示是低压金属型铸造机。"低压"是指金属液在压力的作用下进入型腔，而不是通过浇注。

几乎所有应用低压金属型（LPPM）生产出的铸件都是铝合金及其他轻合金铸件，极少一部分是铜基合金铸件。因为 LPPM 是一个高度可控的过程，其具有以下优点：

1）当采用金属液直接充型时，可实现高产量。

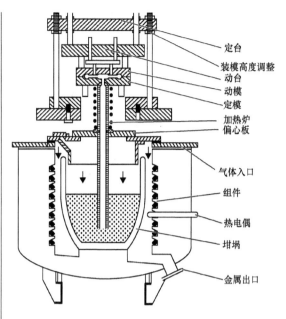

图 18-3　低压金属型铸造机

定台
装模高度调整
动台
动模
定模
加热炉
偏心板
气体入口
组件
热电偶
坩埚
金属出口

2）可以把特殊的铸件结构和机械加工位置放置在通常设置浇口和冒口的区域。

3）当采用金属液直接充型时，可减少额外的手工操作。

4）铸型的各部分可以进行选择性的加热或冷却，铸件不同部分的冷却速率可以得到控制，从而获得优异的铸件质量。

5）铸件的表面质量非常好。

需要指出的是，金属型主要适用于铸造铝合金和镁合金；一些铜合金铸件采用金属型和静态浇注法生产；一些小的薄壁铸钢件也应用金属型生产。

4. 挤压铸造/半固态铸造

这两种方法对于金属铸造体系来说相对较新。挤压铸造是将计量好的熔融金属注入金属型腔内，在金属凝固的同时施加压力。在此过程中需要施加 55MPa 以上的压力。

通常，挤压铸造工艺适用于铝合金的大批量生产。对于铸件相对较小、几何尺寸又比较明确的情况来说，挤压铸造具有以下优点：

1）减少收缩或气体空隙。

2）消除尺寸收缩。

3）增强力学性能。

4）具有极好的表面质量。

5）与热锻或常规铸造相比，需要的金属更少。

半固态金属铸造（SSM）与高压压铸类似，金属在压力下注入钢质铸型中，并且铸型是可重复使用的。但是，SSM 使用的不是纯液态金属，而是约

40% 液体和 60% 固体的混合态金属（见图 18-4）。目前，该工艺主要适用于铝合金，主要使用者是汽车制造商。

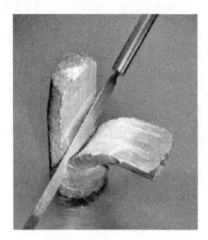

图 18-4　将铝合金坯料加热至与冰淇淋类似的黏稠度以用于半固态成形

5. 石墨型铸造

另一种永久型工艺使用的是由石墨构成的铸型。此工艺主要用于特殊的铸件，例如有轨电车的轮子，其通常需要结合特殊的浇注方法（如压力浇注）。此外，铸件的几何结构必须能够使凝固收缩朝远离石墨型的方向移动，从而避免铸件的热裂和铸型的损坏。在某些特定的情况下，石墨型已经有效地应用于锌-铝系列合金中。

石墨型在一些特殊应用中具有以下显著优点：

1）石墨型的激冷效应能够最大限度地减小冒口。

2）这种激冷效应能够增强铸件的物理和力学性能。

3）具有极好的尺寸精度，许多铸件不需要再进行机械加工。

4）铸件的表面质量优异。

6. 离心铸造

通常来讲，虽然具体工艺使用的铸型材料有所不同，但是离心铸造一般仍被归类为永久型铸造。多年来一直是生产圆筒和管道的一种非常经济的方法。

在离心铸造过程中，在浇注熔融金属的同时，永久金属铸型以非常高的速度在水平、垂直或者倾斜位置处进行旋转。离心铸件几乎可以制成任何所需的长度、厚度和直径。由于铸型仅形成铸件的外表面和长度，因此可以从相同尺寸的铸型中生产出许多不同壁厚的铸件。在此工艺中，离心力使铸件保持中空，消除了对型芯的需求。

卧式离心铸造机可用于管道的生产，最长可达 12m。长度和外径通过型腔尺寸来确定，而内径则由浇注到铸型中的熔融金属量来决定。

除了圆筒和管道之外，其他的铸件也可以在立式铸造机中生产。例如可以使用此类离心铸造工艺来生产变距螺旋桨的桨毂。

离心铸造的铸型一般分为三类。

1）由钢、铁或石墨制成的永久铸型。此类铸型通常会在其内表面涂一层薄的耐火材料来增加铸型寿命。在涂覆之前将铸型预热，用来干燥涂层并提高其对铸型表面的黏附性。

2）夯实铸型。它由一个金属型箱组成，通常材料是钢，里面有一层耐火材料内衬，并被夯实到特定的位置。内衬覆盖耐火泥浆，然后烘烤直至干燥和硬化。

3）旋转或离心铸型。它由一个金属型箱组成，在其中倒入重量预设好的耐火泥浆。将型箱快速旋转，把耐火材料离心到型箱壁上。然后停止旋转，将浆液的液态部分倒掉。形成具有耐火涂层的铸型，在使用之前将其烘烤直至干燥。

将熔融金属倒入旋转的铸型中，金属液将被加速至铸型速度。离心力将导致金属液铺展并覆盖在铸型表面。持续注入金属液，可以把铸件的厚度增加到预期尺寸。转速会有不同，有时在铸件外表面上的离心力达到重力的 150 倍以上。

一旦金属液铺展到铸型表面上，便立即开始凝固。熔融金属中的大部分热量将通过铸型排出，这会造成渐进式的凝固。在凝固过程中，金属液的压头能够对液固界面进行补偿，抑制孔洞的产生。与施加的离心力相结合，能够形成完好、致密的铸件壁结构，并且杂质通常被限制在内表面附近。如果需要机械加工后的内表面，可以通过切削的方式去除内层的金属。

对于特殊设计的形状，离心铸造具有以下明显的优点：

1）所有可以静态浇注的合金都可以采用离心浇注。

2）铸件的力学性能非常好。

3）在铸件外侧获得清洁、致密的金属，内表面的杂质可以被切削除掉。

18.2.3　熔模铸造，陶瓷造型，石膏造型

由于使用了替代材料作为造型介质，比如陶瓷和石膏，所以这一系列的铸造工艺是独一无二的。这些工艺不仅能提供优异的表面质量，还能在尺寸方面获得很高的精度。

1. 熔模铸造

熔模铸造（Investment Casting）是制造金属铸件的原始工艺之一。该工艺还被称为失蜡铸造、精密铸造。其名字目前被普遍接受，以便区分在艺术、医疗和珠宝行业中的应用。

熔模铸造工艺的基本步骤如下：

1）生产加热可去除的蜡模或塑料模。

2）将这些模子装配到浇注系统上。

3）用陶瓷覆盖铸模组件，制成整体铸型。

4）熔化铸模组件，保留下精确的型腔。

5）烘烤陶瓷铸型，除去铸模材料的最后残存，同时实现高温黏合，预热铸型准备铸造。

6）浇注。

7）落砂，切割和抛光。

模子一般是在金属型中生产的。大部分的模子是由石蜡制成的，但是也有用塑料或聚苯乙烯制成的模子。模子都是通过注射成形机生产的。由于蜡模的加工成本很高，熔模铸造一般在大批量生产时采用。

当需要型芯时，它们由可溶性石蜡或者陶瓷材料制成。对于可溶性的石蜡型芯，在铸模被洒砂之前，将它们从铸模中取出。换句话说，陶瓷型芯在整个铸造过程中都停留在铸型中，在最后的铸件清理过程中被去除。

有两种造型工艺：固体铸型和陶瓷壳型。其中最常见的是陶瓷壳型。

陶瓷外壳包围着模子和浇注系统来构建，重复地把铸模组件浸入到稀的耐火浆料中（见图 18-5）。浸渍后，将耐火材料颗粒（如铸造用硅砂、锆砂或者硅酸铝砂）洒到湿浆涂层上。每次浸渍和洒砂完成后，在进行下一次涂覆之前，需要使铸模组件彻底干燥。如此，便在铸模组件周围构建了一个外壳。该外壳所需的厚度取决于铸件的尺寸和所浇注金属液的温度。

陶瓷外壳完成后，将整个组件放入高压釜中以熔化并去除大部分石蜡。然后将外壳加热到大约 980℃，以烧掉任何残存的石蜡，并在壳中实现高温黏合。然后可以将壳型储备起来以供将来使用，或者立即将熔融金属倒入其中。如果壳型被储存起来，在浇注熔融金属之前必须对其进行预热。

绝大多数熔模铸件的重量都小于 2kg，但是铸件的重量有向 5～13kg 扩展的趋势。采用此工艺浇注了重达 360kg 的铸件。熔融铸造的一些优点如下：

1）优异的表面质量。

2）极小的尺寸偏差。

3）适用于生产钛合金和其他高温合金铸件。

4）可以减少或完全消除机械加工。

图 18-5　用陶瓷浆料覆盖铸模组件来
生产一个整体的铸型

2. 陶瓷造型

使用陶瓷材料的另一种造型方法指的是陶瓷造型。此工艺及其衍生工艺也被称为 Shaw 工艺、Unicast 工艺、Osborn-Shaw 工艺和陶瓷型铸造工艺。

通常，此类工艺使用耐火填料的混合物（在一些情况下，采用硅酸乙酯水解液和液体催化剂）混合成浆料。可以使用不同的耐火材料作为填充物。然后把浆料倒入放置铸模的容器内。

首先形成凝胶，并且从模子上剥离。一旦陶瓷浆料凝胶化，就可以从铸型上面剥离模子。然后将铸型加热至高温直到变硬。铸型冷却后，将熔融金属倒入其中，可以预热，也可以不预热。

已经证实，陶瓷造型工艺在生产小批量和中批量的小尺寸铸件时十分有效。同时，这些工艺具有以下几个优点：

1）优异的表面质量。

2）较小的铸件尺寸公差。

3）能够生产形状复杂的铸件。

3. 石膏造型

石膏造型用于生产低熔点的铸件，比如铝合金。四种普遍被认可的石膏造型工艺如下：

1）传统的石膏型铸造。

2）双面模板式石膏型铸造。

3）安提亚克（Antioch）工艺。

4）发泡石膏工艺。

将含有石膏灰的浆料倒入放置模子的型箱。在石膏定形之后，移除模子和型箱，便开始了干燥过程，水分从铸型里面蒸发出去。在铸型冷却之后，型芯和铸型便被组装在一起。在浇注之前，需要对铸型进行预热。由于石膏铸型的透气性很差，在浇注过程中常常需要真空或者压力的协助。

石膏型工艺特别适合于小批量和样件的生产，适用于低熔点合金，尤其是铝合金。除此以外，石膏型还有以下优点：

1）铸件具有特别光滑的表面，能够得到复杂且精细的铸件。

2）良好的铸件尺寸精度。

3）得益于铸型材料和真空的协助，可以生产薄壁铸件。

4）石膏型的冷却缓慢，能够减小翘曲变形，并提高铸件结构和力学性能的均匀性。

18.2.4 流变铸造和触变铸造

1976 年，美国麻省理工学院开发了一种新型的金属成形工艺，称为流变铸造。此工艺应用了金属的触变现象，剧烈搅拌半固态金属，获得高流动性和可压铸的合金。据报道，此工艺能够使铸型和压铸室拥有更长的寿命，晶粒更细小，铸件缺陷更少，减少了充型过程中的金属损失。同时，也能够使用非金属材料来生产复合材料。这一原理现在被应用到触变成形工艺中。

流变成形和触变成形最大的不同点在于，在流变成形中，金属合金要首先完全熔化，然后冷却，而在触变成形中，只需将金属合金加热到固相线和液相线之间的糊状区域。

触变成形的优点如下：

1）铸件内的缩松比传统的压铸件要少。

2）较低的孔隙率使得零件可以进行热处理，提高力学性能。

3）提高了材料在薄壁部分的流动性。

4）零件从铸型中取出后，翘曲变形大大降低。

18.3 铸造经济学

由于铸造厂种类繁多，金属铸件之间也是千差万别，采用的铸造工艺也很广泛，难以提供一个通用的公式来估算铸件的成本。然而，可以建立一些一般性的指导原则，以帮助采购方或者设计方来确定影响铸件成本的因素。

金属的种类在铸件成本中起到了很重要的作用。一般来说，如果忽略金属类型的话，铸件成本就工艺和生产需求直接相关。表 18-1 是不同造型和铸造工艺的比较。每一种工艺都有自己的优点和缺点，根据不同的铸件设计和使用要求选用特定的铸造工艺。即使选定了具体的工艺，对于不同的产品标准，也要使用不同的方法才能使其更加高效。此外，减小尺寸公差，采用薄壁和复杂铸件都提高了生产成本，因此铸件的设计和应用对生产成本也有重大影响。严格控制公差和减小起模斜度需要使用大量的型芯或者特殊造型工艺，这也导致了成本增加。

表 18-1　不同造型和铸造工艺的比较

铸造工艺	精密造型			化学黏合	
	湿砂铸造	金属型	压铸	熔模铸造	壳型，CO_2，自硬
典型尺寸公差/mm	±0.25	±0.25	±0.025	±0.25	±0.15
	±0.8	±1.5	±0.4	±0.5	±0.4
相对成本（大批量生产）	低	低	最低	最高	偏高
相对成本（小批量生产）	最低	高	最高	中等	偏高
铸件质量	无限制	45kg	35kg	几十克~45kg	壳型，几十克~110kg CO_2 和自硬型，200g~几吨
铸件最小壁厚/mm	2.5	3	0.8	1.5	2.5
表面粗糙度	一般到良好	良好	很好	极好	壳型，良好 CO_2，一般
铸件复杂程度	一般到良好	一般	良好	很好	良好
可改性	最好	差	最差	一般	一般
合金的范围	不限	偏向于铝基和铜基合金	偏向于铝基合金	不限	不限

注：铸件最终用途、机械加工成本、生产规模和生产能力也是影响铸件成本的关键因素。

18.4　环境与安全控制

环保和安全的需求是金属铸造工业的主要关注点。呼吸含有有害污染物的空气可能会导致健康问题。含有有毒污染物的水可能会污染地表水和地下水。废砂和其他固体材料在垃圾填埋场处理时可能会对环境产生不利的影响，可能需要进行清洁或处理，或者进行回收和再利用。

使用专门的设备和程序来保护工人和大众，是铸造工业必要和强制性的措施。大型铸造厂通常有专门的部门来监督环境、健康、安全方案及政府法规。

金属铸造工业的环境与安全管理主要有以下四个方面：

1）排放。
2）水污染。
3）固体废弃物。
4）安全。

18.4.1　排放控制

在铸造车间里，清洁空气所需的设备通常位于造型、制芯、熔炼、浇注、冷却和落砂的地方，还有吹砂、磨削、切削等清洁铸件的地方。

颗粒物通过织物或湿式除尘器来控制。气态污染物（VOCs），包括一氧化碳和有机化合物，通过热氧化或化学洗涤来控制。

18.4.2　水污染控制

铸造作业中废水的来源很多。污水的主要来源是湿式洗涤器（在排放控制中已经提及），未污染水主要来自熔化和熔渣冷却区。这些水的处理和排放受到政府不同部门的监管。

铸造水处理系统可以有多种不同的组成，取决于工厂生产过程中的排放水质量。排放水中可能含有大量悬浮物、重金属或油和油脂。处理将取决于污染物的性质，可能包括使用沉淀池或澄清池、重金属化学处理、pH 值调节、活性炭床及其他能够满足特定许可条件的选项。

18.4.3　固体废弃物管理

在铸造过程中，用于造型、制芯和最终浇注的许多材料，在使用过后将不再可用。这些固体材料必须通过清理或者循环再利用来处理。大多数金属废料可以重熔。来自铸型和型芯的一些砂子可以被处理并添加到其他砂子中。其他一切需要处理的都需要按照政府的规定来妥善安排。

金属铸造行业发现了越来越多的回收生产过程中的副产品的机会，如型砂和芯砂，这种砂子是铸造厂最大的废弃物。在以下方面可以对砂子进行再利用：

1）建筑填充物/路基。
2）可流动填充。
3）水泥浆和砂浆。
4）盆栽土壤和特种土壤。
5）水泥制造。
6）预制混凝土产品。
7）高速公路护栏。
8）管道垫层。
9）沥青。
10）公墓墓穴。
11）砖铺路材料。
12）垃圾填埋场的覆盖材料。

18.4.4　安全和健康方案

铸造厂的安全对工厂内的所有活动至关重要，没有任何工作紧急到不能安全地完成。当安全得到优先考虑时，产量和质量都会达到预期水平。金属铸造过程存在许多对员工不安全的因素：熔融金属，移动的传送带和滑轮，密闭空间，有害气体，有害噪声，热应力，电气暴露；对人体有危害的工序包括：金属熔化，浇注，落砂，除浇口，研磨，机械加工。为了保护员工和消除已确认的危害，铸造厂采取管理承诺、员工参与、现场分析、危害预防和控制、安全与健康培训等措施。

扩展阅读

Engineered Casting Solutions, vol. 4, no. 3, pp. 22-31, American Foundry Society, Schaumburg, Illinois, 2002.

Kotzin, E. L., *Metalcasting and Molding Processes*, American Foundry Society, 1981.

Schleg, F. P., *Technology of Metalcasting*, American Foundry Society, 2003.

协易机械工业股份有限公司　郭挺钧，陈国民（Cyrus Kuo，Dennis Chen）　著
协易机械工业股份有限公司/协易科技精机（中国）有限公司　郭挺钧　译

19.1　概述

冲压加工是汽车、航天及消费品行业中许多讲求大量制造的现代化应用基本上都会采用的工艺之一。虽然从压印到落锻的工艺范围都脱离不了冲压加工的基本定义，不过本章的讨论将会仅限于机械或液压压力机在凸模与凹模之间的薄板材料冲切或成形加工。

在相当广泛的术语当中，冲压加工的作业可以区分成两大类：一是下料，二是成形。透过下料加工，可从进料中实际取出部分，作为后续作业的备料，或其本身即可作为成品组件。例如：垫片，支架，电动机叠片，副总成组件，还有数以千计的产品。

成形加工则是通过凸模与凹模之间相互接合的成形工艺，将板材成形为三维物件。虽然众多不同种类的产品都是从成形部件制造的，但常见的例子主要还是汽车车身钣金。不只下料件经常还会通过后续的冲压作业加以成形，某些成形件在成形后也会再经过下料处理。

普遍使用的基本压力机架构有两种：开放型（C 型）及门型。开放型压力机可再区分成后开可倾斜（OBI）及后开固定式（OBS）两种（见图 19-1），而门型压力机则可再区分成使用实心柱装置和使用系杆装置。不论哪一种压力机，哪一种设计，都有其优缺点，但也使其得以适用于特定领域。

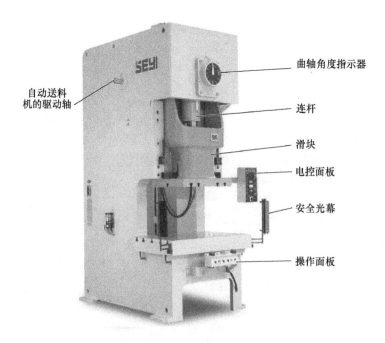

　　曲轴角度指示器

自动送料
机的驱动轴

　　连杆

　　滑块

　　电控面板

　　安全光幕

　　操作面板

图 19-1　开放型后开固定式（OBS）压力机（来源：SEYI）

例如，开放型压力机的刚性不如门型压力机，因此产生的挠曲度容易加速模具的磨损并限制加工精度。换个角度看，门型压力机虽然易于针对特定能力扩充，但也往往导致模具安装及保养相对不易。然而，此两种设计的能力当中有着不容忽视的重叠问题，就算要有所选择，也常受制于压力机性能以外的因素，其中最为显著的就是资金预算和企业现有库存的可用性。

不论使用的是哪一种压力机，一般都是以预先裁切各种形状的坯料、个别的板料或来自整卷的连续带料作为进给的材料。成形加工作业的可执行方式包括：以压力机进行单次行程的冲压，由同台压力机进行多次行程的连续冲压，或是通过各种自动化方式联机的多台压力机进行同步冲压。

模具不论简单或复杂，通常都会需要二次加工，如焊接、攻螺纹、插入铆钉、安装齿花螺母等。模具可经由实心钢块加工而成，或是通过成品件的发泡铸型铸造，具体视应用及所需制成的件数而定。

不论制成的方式如何，模具会分成以下几类：

1）单工程模。只能执行单一功能。

2）连续模。可在附接至原进给带料的零件依指引通过它们时，对其执行顺序成形加工作业。

3）传送模。能在压力机模具之间移动的零件上执行多任务作业。

模具设计是复杂的问题，在接下来与其相关的章节中会有所讨论。

19.2　冲压工艺

19.2.1　下料

下料加工是利用各种组合的冲头与模具，或者剪切工具，从实心板料中生产成形件的加工过程。在开放式的下料加工中，只需利用剪切机或旋切机就能从较大的板料或带料中简单切割出较小的形状。而在封闭式的下料加工中，则是从进给带料或板料的内部切出零件。许多复杂的形状都可以通过这种制造做出，垫圈提供了一个此种制造的典型例子（见图 19-2）。

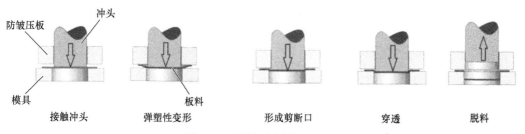

接触冲头　　　　弹塑性变形　　　　形成剪断口　　　　穿透　　　　脱料

图 19-2　下料（来源：SEYI）

封闭式下料加工通常采用冲头与模具配置，其中会先由冲头接触板料产生弹性变形，最后再以超出材料本身抗剪强度的力剪断。在取出下料件后，剩下的原料容易回弹并抓住冲头，这时就需要利用脱料机确保其在冲头抽离时不至于错位。

下料冲头必须较成品件的尺寸小；至于要小多少，则必须根据冲压材料的厚度和强度而定。这点与剪切与撕裂的现象有关，冲头会剪掉大约三分之一厚度的工件料，导致材料因为断裂或撕裂而留下粗糙的边缘。由于需要精确的冲孔，因而往往必须执行两次操作，第一次是粗加工冲压，第二次是通过精整冲压以产生平滑、尺寸精确的冲孔。

剪切操作所需力道的计算是将下料形状的周长乘以下料所用材料的厚度和抗拉强度。目前有许多技术可用于降低剪切操作所需的力，大都是改良冲头以提供某种可与工件逐步接合的能力。下料冲头一般为制成斜边、尖头带有中空的 V 形面，以借此控制冲切力。任何一种处理冲头面的方法，都必须提供均衡及最佳的冲切力。

精细或精密下料加工是一种相当专业的下料工艺，其中，工件料在要进行加工作业之前，会借由夹具沿着整个周边将其夹住。如此便可打造出一种纯剪切条件，而不至于出现材料断裂的情形，制成件不仅边缘平整，而且尺寸精确。精细下料件经常能够直接使用，而不必进行后续的加工处理。

19.2.2　成形

成形是利用凸模与凹模进行工件加工的过程，制成仍然附接母材的三维件。在成形的加工作业中，并无剪断或冲切方面的加工；而是对材料进行弯曲、拉伸加工，以及/或进入最终定型。经过成形后的成形件，通常还会进行下料加工以制成所需的最终形状。

普遍使用的成形技术种类繁多，通常是根据拉伸、压缩、弯曲、剪切载荷及这些加工作业的各种组合来决定。这些加工作业当中最常用到的应该是拉深，在这项加工作业中，工件会在由模具冲头拉入模腔的过程中，同时受到拉伸与压缩（见图19-3）。虽然在应用上会随着成形工艺的各种不同，拉深所具备的精确度也会所有不同，但真正的拉深加工作业

必定具有以下特性：

1）工件料会由各种通称为防皱压板的装置加以限制。

2）工件料会由冲头拉入膜腔。

3）工件料在上述过程中会同时承受拉伸与压缩。

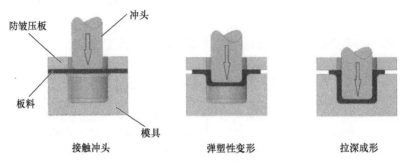

图 19-3　拉深（来源：SEYI）

拉深加工非常普遍地用于生产杯形件，但是造型可能会相当复杂，汽车的油底壳就是一个很好的例子。现在使用的基本工艺版本很多，其中有冲头固定而模腔可移动的，以及采用多件式冲头，专为生产多直径零件、凸缘件或在侧壁上附加环形圈的零件而设计的。

根据应用的不同，防皱压板可能只需将工件料固夹于模具表面，即可避免在成形加工作业当中形成皱纹；或是只需施以程序设定的力，即可控制工件在加工作业期间的动作。以后者的情况为例，工件料应可在部分的行程当中进入模腔，并且在其他部分的行程当中确实受到限制。如此一来，便可精确地控制成形工艺所产生的拉伸量及金属流量。

液压成形是另一种形式的拉深加工，为利用液压将工件料压入模腔，借此产生相当复杂的形状。其他常用的拉深工艺如下：

- 单/多行程深拉深
- 翻边
- 皱纹膨出
- 拉伸成形
- 压花
- 压延及旋转弯曲

碰撞成形利用冲头的单次冲压行程在模上或模内完成坯料的弯曲，是另一种广泛使用的加工工艺。许多支架及类似U形的零件都是采用碰撞成形加工而成（见图19-4）。此工艺适用于那些不追求尺寸极度精确的零件。

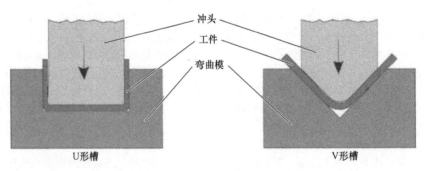

图 19-4　碰撞成形

整形技术克服了钣金零件在成形后由于残余应力导致回弹的问题。重点在于零件会通过相同的工具进行两次成形加工，或是在被压入模内时进行第二次的成形。不论哪种方式，整形加工的用意在于克服回弹问题以改善成品件的几何形状。

冲孔是另一种主要的工艺。正如名称所代表的含意，冲孔即是利用冲头和模具在工件上冲出一个孔来。此种工艺可能是主要的生产工艺，或是在成形或下料加工期间才会实施的次要工艺。若冲孔为次要的工作，则通常会利用压力机滑块所驱动的凸

轮附属装置来完成。冲孔与下料之间最大的差别在于冲孔工艺是在成品工件上产生某种特征，而下料工艺是利用冲头切出能够适用于后续工艺的工件形状。

卷边与翻边均为将两个或以上钣金零件接合在一起的工艺，汽车车门内外钣金就是很好的例子。透过翻边工艺，可在工件的周围产生交界区域，可用于接合另一配接件当中也有类似交界区域的凸缘部分。然后配接的凸缘部分通过卷边工艺再弯回复原，以产生有着平整、圆滑边缘的总成（其中两零件为经由机械方式接合）。汽车制造业就很广泛地使用卷边与翻边工艺来制造盖板产品，其中包括车门、发动机盖、行李舱盖及类似的组件。

次要而且严格来说并不属于成形工艺一部分的模内工艺，通常通过成形工艺一并执行。这些次要的工作包括各种焊接、攻螺纹、插入铆钉、安装齿花螺母，以及许多的其他工作。

整合次要工作仅受限于压力机与模具的物理限制，以及工艺设计人员的想象力。透过压力机的单次冲压行程完成多次工作的能力，是金属成形作为生产工艺的主要经济优点之一。

19.3　工装夹具/模具的基础

常用的夹具/模具术语包括：

防皱压板。成形工艺期间用来限制坯料的一种装置。在成形工艺期间，防皱压板可防止皱纹形成并控制拉伸量。

平板。附接至模具安装所在压力机上的一种厚板。平板一般都有精确相间的孔洞或 T 形槽，有助于模具的安装。

模具。用于成形工艺的整组模具，以及冲头/模座（组）的凹部。

下垫板。凹模的活动组件，具有可将零件顶出（脱模）的功能。下垫板可通过弹簧、液压或机械等方法驱动。

模座（组）。上下各有一块能够精准配合冲压行程，在导销与导套上活动的模板，而冲头和模具实际附接在这些模板上。冲压模座有各种尺寸与构型可以应用。

上下模座。模座（组）的上下模板，冲头和模具实际附接在这些模板上。上下模座附接在压力机的平板和滑块面上。

装模空间。压力机上可用于安装模具的空间。装模空间包括滑块与平板之间的垂直距离，以及平板上的可用安装空间。

模具弹簧。用于驱动模座（组）各个活动组件的重型螺旋弹簧。

拉深筋。在下夹板或防皱压板的工件夹紧部位上有一凸出，有助于限制板料在成形工艺期间的动作。

模垫。通过液压或气动方式驱动的一种压料装置，在深拉深工作期间可用于防止皱纹形成，另可用作工件顶出（脱模）器。

顶出器或脱模器。一种气动、液压或机械式装置，可将成形加工后的工件从模具中移出。

导销/导套。经过精磨处理的导销和导套，附接在上下模座上，并在成形工艺期间导引这些模座。必须在这些导销和导套完全接合之后才能进行成形工艺，以确保定位精确。

背靠块/板。通常附接在下模上的一个块件或板件，在导销进入导套之前负责上模的接合和定位。背靠板可补偿任何冲压错位，并大幅降低冲头、凸轮或其他模具组件的挠曲度。

顶出/脱模/起模销。成形加工后可用于脱离模具的弹簧销。脱模销为通常插入冲头或模具当中，移除容易粘在其油膜涂层上的零件。

单工艺模。通过手动方式移动一系列模具之间的工件以生产成品件的单一冲模。多个单工艺模可能安装于单一的压力机上，或一系列压力机中。

模具氮气缸。其为充满氮气的缸体，用来取代弹簧或模垫，以提供成形工艺所需要的初始高压。模具氮气缸不同于弹簧或模垫，可从接触时就提供高压，这使得它非常适用于某些拉深及成形工艺。

垫板。可在成形加工或拉深工作时提供压力以固定工件的任何组件或模具功能。

导引销。用于传送模与连续模，以确保工件位置正确的一种组件。导引销会与工件或坯料中的定位孔配合以完成定位。

针板。此板可用于保护模垫或下滑块的工作面，免于压力销所造成的磨损。

压力销。附接在模具活动组件上的坚硬销件，可将力道传送至压料板。

压料板。此板装于平板底下，为液压缸或气动缸提供支撑。压力销顶住压料板，为整个冲压行程提供均匀而一致的压力。

进程。连续模中各工艺站之间的固定等距。导引销确保系统根据每个模具的进程，精确地依指引执行送料。

连续模。多个工艺站成线性几何排列的一种冲模设计。每个工艺站会对仍然附接在每带料上的工件执行特定的加工作业，直到完成最后的下料或分断加工作业为止。各模之间的距离即为进程，导引销确保移送能够精确地执行。

冲头。冲头/模具组合的凸构件。根据应用的不同，冲头可能附接在平板或滑块上。

滑块。压力机的活动组件，通常位于顶端。

逃料/废料。冲孔时所产生的废料。

脱料板。此模具组件环绕着冲头，能将冲孔加工之后可能会回弹并抓住冲头的工件料脱离。脱料板可固定或可活动，视应用的需要而定。

传送模。多个工艺站成非线性几何排列的一种冲模设计。工件会经由机器人、取放机构或手动等各种方法传送于各工艺站。

通气孔。在冲头或模具上的一个小孔，可允许空气进入或逸出，以防止气袋或真空形成而使模具的正常运作受干扰。

19.3.1 冲模的组件

大多数生产模具的基础就是标准模座（组），其有相当广泛的尺寸和构型可以应用。这些模座（组）之间的主要差别包括导销与导套的尺寸、数量和位置，模板厚度，以及如何将模座（组）附接至平板和滑块的装配方式。

另外，这些模座（组）也根据上下模板被导引的精度不同而划分成各种等级，以此作为冲头与模具在工作中精确接合程度的决定依据。可以看出，模座（组）所要求的精确度越高，成本就越高。因此，通常并不建议采用过于精密的装置来满足应用的实际需求。

导销和导套有两种基本形式：配合型或滚珠型。配合型导套的作用就像轴颈轴承，可延着导销滑动并依赖密合来提供正确的定位。滚珠导套依赖淬硬钢珠之间的滚动接触及导销的精磨表面来提供它们的定位。选择导销和导套取决于许多因素，包括冲压速度、模座（组）在更换导套前应有寿命、保养需求及成本等。

模具中的弹簧和氮气缸用于产生运动，或是用于在成形/拉深工作中提供一种反作用力。金属弹簧虽然相对便宜，但在尺寸与设计方面却必须谨慎，方能确保正常工作与寿命最大化。而氮气缸虽然成本高于弹簧，却能更加精准地受到控制，而且还具有可在整个行程当中保持压力的额外优点。它们还可以经由歧管连接在多个加工位置提供均匀的压力，这对于大型模具来说有助于保持力道的均衡。

还有高弹性的弹簧和缓冲器，对于某些应用能够提供成本与性能方面的优势。

垫板和脱料板均与模具和冲头的结构整合在一起，以尽可能降低工艺复杂性和成本。这两样组件的功能是控制工件的动作，以及将工件料从冲头中脱离。谨慎的设计往往能让脱料板或垫板得以执行不止一项功能，例如工件的固定与脱离，或是坯料的定位及拉深力的控制。

其他更多常用于模具的标准组件还包括顶出销、止动销、踢出销与脱模销、衬套销、导销、背靠板、耐磨板、导引销、固定板、冲头及按钮。这些物品各自都有各种不同的尺寸及设计可满足各种应用需求。

模具与模具组件通常都会进行各种表面处理，以提升硬度和耐磨性等。其中最为常用的表面处理有渗氮、蒸镀或电浆涂布，例如运用氮化钛（TiN）材料，以及硬铬电镀处理。根据模具的特定应用不同，可针对整个冲头或模具，也可仅就选定的区域进行局部涂布的表面处理。

19.3.2 模具的材质

以往的模具都是由技术高超的机械技师运用各种机具和操作手法，从质地均匀的模具钢块中切割出符合需求的模型。这样的过程虽然费时费力，但是制造出来的模具在耐磨性、耐撞性/抗振性及可维修性等方面相当出色。

最近已经发展出可从广泛的材料中生产铸造模具的技术，为许多的应用提供足够的性能。在此种工艺中，会用精密加工而成的发泡塑料零件复制品制作好一个模具，当热金属倒入此模具时，该发泡塑料即会汽化。由于只需要略做加工即可如此生产模具，也能大幅降低生产费用。

此种铸造工艺之所以最适合相对较大并且不会受到高应力的模具，正是因为其可在这样的条件下提供最佳的成本效益。必须注意的是，铸造模具一旦损坏便相当不易维修，而且维修成本也较模具钢制成的模具高出许多，这类模具的耐磨性及抗振性/耐撞性都较低，因此较适用于产量较低的应用。表 19-1 所列为模具制造常用的均质及铸造模具钢的主要特性。

除了模具，其他还有很多的组件也都是由各种可能以均质物料铸造或加工而来的材料所制成。用于这些组件的材料包括以上所有模具钢，以及范围从灰铸铁、珠光体铸铁、球墨铸铁及合金铸铁到冷、热轧低碳钢和合金钢的各种材料。

表 19-1　模具制造常用的均质及铸造模具钢的主要特性

| | 均质模具钢 | | | | | 铸造模具钢 | | |
| | 油/水硬化 | | 空气硬化 | | | | | |
	W2	0-6	S-7	A-2	D-2	M-2	A2363	S7
合金含量	低	适中	适中	适中/高	高	高	适中/高	适中
耐磨性	尚可/差	尚可	尚可/差	优	极优	最优	优	尚可/差
韧性	优/尚可	尚可/差	最优	尚可	差	差	差	尚可/优
可加工性	优	优	尚可	尚可/差	差	差	尚可/差	尚可
热处理畸变量	高	适中	低	低	低	低	低	低
抗脱碳性	优	尚可	差	差	差	差	差	差
火焰硬化性	优	不适用	优	尚可	差	不适用	尚可	优
硬化深度	浅	适中	深	深	深	深	深	深
焊接性	优	适中	尚可/差	尚可/差	差	极差	差	差
铸造指数（相较于 D2）	0.35	0.87	0.79	0.75	1.0	1.4	1.1	1.1

19.3.3　单工艺模

单工艺模是一种能在坯料上完成多样工作的最简单方法。每个单工艺模都是各自独立的个体，而且在大多的情况下，每个模具都安装在个别的压力机上。工件均是透过手动操作在模具之间移动，一直到完成所有的加工作业为止（见图 19-5）。

图 19-5　单工艺模——油底壳制造的生产工序

虽然结构简单，但是单工艺模能执行极为复杂而且精密的工件加工作业。不论是下料加工、拉深加工、成形加工、切边加工、冲孔加工、翻边加工，还是卷边加工，一组单工艺模的零件加工精度都和通过更加复杂的传送模或连续模所执行的同一系列工作不分上下。唯一的差别就在于生产率和每件的总成本。

实际使用单工艺模还是更复杂的传送模或连续模，必须根据几项因素来确定：零件尺寸，生产量，以及其中最为关键的设备可用性。由于在模座（组）中或平板上的空间比单一模具小，对于非常大型的零件来说，单工艺模可能是唯一的选择。相较于传送模或连续模，单工艺模的成本也低廉许多，这使得它们成为低产量应用的选择。最后要说的是，由于各项工作的压力需求能够更加贴近压力机的能力，尤其这类设备已纳入库存这点，使得它们能让较为小型的压力机获得经济的应用。

19.3.4　传送模

传送模能对单台压力机或多台压力机模具之间移动的预下料工件执行多任务作业。传送模生产工艺中的模具之间的零件处理采用自动化方式，可通过机器人取放自动化或各种线性式方式完成。

由于工件事先经过下料加工，因此传送模可以执行连续模所不能完成的工作（如零件的全周长加工），或是需要倾斜/翻转工件才能执行的成形工作。此外，传送模更易于整合次要的工作，包括将齿花螺母的安装或是攻螺纹的工序纳入传送模的工作之中。由于不需要用到会变成废料的载料条，传送模的工作在用料上往往更为节省。

但是，传送模也往往比连续模更昂贵。传送模最适用于没有妥善套料，或是金属母料的晶粒结构需要精确定位的零件，一般并不适用于低产量的应用。

19.3.5　连续模

连续模可对工件执行多任务操作，而工件却仍可保持附接在金属母料的载料条上，直到所有工作均已完成为止。工件以等距进程在模具之间的移动通常是由某种导引装置负责调节的，以确保精确的定位。连续模固定都用在单台压力机上，一定程度上限制了能够通过此种工艺处理的最大零件尺寸（见图 19-6）。

图 19-6　连续模——以带料所生产的汽车加强件

对于妥善套料的零件来说，连续模可在高冲压速度和相对较短的冲压行程下工作，因此可以提供相当低廉的每件成本。在有些情况下，可套料性高的零件能够完全免除对于载料条的需求，创造出超乎想象的产量。

连续模并不全然适用于大多数的次要工作，而且还需要高精密的载料条指引系统，但这也使得成本与保养需求相对增加。此外，连续模也不适用于成形期间需要提供较多金属流动的工作。在大多数的情况下，载料条也仅是适用于废料而已。

因此，应该使用传送模还是连续模，将会成为相当难以决定的复杂问题。理应纳入考虑的因素包括：模具的成本，零件的大小和复杂性，次要工作需求，生产需求，工件的生产量，设备的可用性。

19.4　压力机的基础

常用的压力机术语如下：

可调床台/膝部。附接在开放式压力机上的一种床台，能够利用螺旋千斤顶上下移动。此术语也用于描述安装于某些门式压力机的可动床台。

床台。压力机的固定基座，平板或有时下模附接在床台上。

平板。附接在模具安装所在的压力机上的一种厚板。平板一般都有精确相间的孔洞或 T 形槽，可有助于模具的安装。

能力。为压力机从滑块行程下死点向上到某一特定距离进行冲压的额定能力。

闭合高度。当滑块到达全下位置及平板（如可调）到达全上位置时，从滑块表面到平板上面的距离。闭合高度是可用于压力机模座（组）及任何辅助组件的最大空间量，也称为开隙。

离合器。机械压力机中将飞轮连接至曲轴的一种装置。

顶冠。门型压力机结构的最上面部分。机械式压力机上的顶冠通常内含驱动机构，而液压式压力机上的顶冠则通常内含单缸或多缸。

装模空间。压力机上可用于安装模具的空间。装模空间包括滑块与平板之间的垂直距离，以及平板本身的可用安装空间。

飞轮。用于储存动能的一种大型旋转轮。当离合器接合时，来自飞轮的动能会传送至曲轴。

床身机架。压力机的主体结构。床身机架可能是单件式铸件、多件式铸件、焊接件，或是这些形式的组合体。

凹形拉紧楔。保持移动机件位置的导件。凹形拉紧楔一般附接在门型压力机的垂直构件上。

压板。液压式压力机的滑块，是这类压力机的移动构件。

压力机。由固定组件的床台与移动组件的滑块所组成的机器，采用直角往复式运动设计以便施力在床台与滑块之间的工件料上。在使用结合模具时，压力机便能将金属及其他材料加工成相当复杂的三维形状。

滑块。压力机的移动组件。

行程。滑块在全上与全下位置之间移动的距离。亦是滑块从全上至全下的一次完整运动，可作为冲压速度的度量，以行程数表示。

压力机喉深/喉隙。在开放式压力机中，床身机架与滑块中线之间的距离。

连杆。末端车有螺纹的钢杆，用于预施应力于门型压力机的床身机架垂直构件，或防止开放式压力机的挠曲。

19.4.1　压力机的结构

压力机一般是根据机器的基础结构、产生冲压力的方法，以及冲压力的可用量来定义。

基本上，压力机的床身机架的设计目的是吸收冲压工作期间所产生的力，以及保持模具的精准定位。床身机架也用来安装驱动系统和各种支持生产所需的外围装置。虽然大部分的压力机属于垂直方向操作的构造，但是也有为了特殊应用而可水平方向操作的类型。

基本的床身机架有两种结构：开放型及门型。这些基本结构另外细分为各式各样的子类型和版本，以符合特定的工艺和生产需求。每种结构都有各自的优点与限制，以下将进行简要分析。

19.4.2 开式压力机

开式压力机又称为开型、C 型或前开型压力机，由形状有如字母 C 的床身机架结合底部的床台以及导引和支撑顶端移动滑块的结构组合而成。床身机架可能为大型的铸件，或经过焊接或铆接的钢材加工件。床台可能属于整个床身机架的一部分，或者可以移动调整滑块与床台之间的距离。

最为常见的开式压力机设计之一就是后开可倾斜型压力机，其床身机架安装在床台的枢纽上，因此能够垂直倾斜以利于存料的搬运或废料的移除。其他常见的结构还有后开固定式、可调床台固定型，以及各种结合不同桌台调整及支撑系统的膝式压力机。

开式压力机设计的主要优点包括经济的构造及无障碍的模具区。可倾斜型以及结合可移动床台或桌台的结构也提供了丰富的多功能性，这使得它们特别适用于短期生产或零工式生产等应用。

从适用于小台型压力机的 1sh tonf（8.9kN），一直到 450sh tonf（4000kN）左右，皆是开式压力机的可用冲压能力范围。至于开式压力机的尺寸则受限于其设计欠缺刚性这项因素。在工作中，开式床身机架在负荷状态下很容易产生线性与角度形式的挠曲（见图 19-7），尤其是角度挠曲分量最危险，此种挠曲容易造成冲头与模具之间错位，进而导致磨损加速，丧失精度，甚至导致模具损坏。

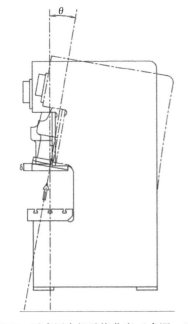

图 19-7　开式压力机及挠曲度（来源：SEYI）

各种可用于抵销开式压力机挠曲现象的方法包括：横跨前开口安装经过预应力处理的连杆来连接

床身机架的上下两端，以及在间隔管内使用连杆来防止由于连杆的预应力所造成的错位。然而，这些方法会大大折抵能够无障碍地接触模具这项优点，而它也是开式设计的最重要优点之一。整体而言，开式压力机对于特定应用并不具有足够的刚性，而最好的办法就是将工作移往更大型的压力机，或是交由门型压力机来处理。

开式压力机一般还会实际受限于单模的使用，导致此结果的因素包括开式压力机欠缺刚性及冲压能力和模具区域通常都小等。

19.4.3　门型压力机

门型压力机组成包括一个床台与顶冠，两者由位于床台各端的直立结构隔开。平板附接在床台上，另有一滑动机构可沿着附接在垂直构件上的凹形拉紧楔和轨道上下移动。门型压力机的驱动机构一般安装在顶冠上（见图 19-8）。

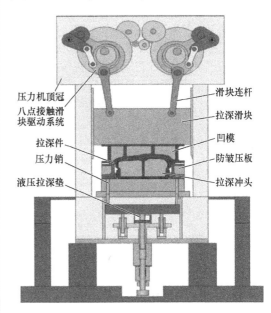

图 19-8　拉深动作下的单动连杆式机械压力机

门型压力机可能为单件式铸件，或是铸件或焊接件经由连杆、钎料或机械键及紧固件连接在一起的加工件。较为大型的压力机往往会经过加工这一工序，因为大型铸件或焊接件要从压力机制造商运至使用者所在地并不容易。

门型压力机有两项超越开放型设计的主要优点：第一，门型压力机可以很大。现在标准压力机的最大能力仅限于 2000sh tonf（17.8kN），反观制造出来的门型机械压力机却已经具有高达 6000sh tonf（53.376kN）的冲压能力。目前制造出来的门型液压压力机虽有冲压能力高达 50000sh tonf（445kN）的机型，但这些机器一般是专业的锻造应用，而非传统的成形及拉深工作。

门型压力机的第二项优点是，比起开放型压力机，其在负荷下挠曲量比较线性。另外，门型压力机在一定负荷下所产生的挠曲量也往往较少。当门型压力机的这两项特性结合在一起时，可转化成更大的精度以及更长的模具寿命，而理由就是因为线性的挠曲量并不至于造成冲头与模具错位，只有角度挠曲量才会。

线性挠曲量是由于门型设计的均衡几何所致，而且事实是滑块在其整个冲压行程中，所有四个角都能提供导引。只要压力机所承受的负荷是对称的，门型压力机所产生的挠曲量也会是对称的，因此几乎不会影响冲头与模具的定位。

滑块（通常为一种箱型焊接件）可能为单点或多点地连接至压力机的驱动系统。在机械式压力机中，此种连接通常是采用一或多支的连杆（由顶冠内的曲轴所驱动）。

其他的系统还包括齿轮驱动，以及各种专为产生滑块运动控制而设计的连杆机构。另外，也有底部驱动型的压力机。液压式压力机采用液压缸供应所需的冲压力，而且可能也是单点或多点设计。

许多小型的门型压力机在驱动系统与滑块之间都会有单点连接。因此，来自于连接点中间正下方以外的任何阻力都将会促使滑块倾斜而造成错位。

采用两处或以上连接的压力机均称为多点式压力机，而这些压力机能在负荷分布于这些连接点时提供明显大于单点式机型的能力，以补偿滑块负荷不均的情形。这类压力机通常在尺寸上均大于单点式机型，因此在成本上自然也较为昂贵。多点连接为建议用于连续模和单压力机传送模的工作，但只要小心设计，这些工作也适用于单点式压力机。

有些采用多件式滑块的压力机则是借由各种连接至曲轴的方式驱动。在这类压力机中，以箱中箱的结构最为常见，其中心滑块由一中空的四方形二次滑块所包覆。多滑块式压力机是根据双动或三动，也就是现有的滑块数来命名的。

门型压力机的立柱或垂直构件可能为单件式铸件、机械固定的多件式铸件或焊接件。通常附接在基座和顶冠上的连杆用于压缩垂直构件，并提供均匀、可调的垂直挠曲抗力。

凹形拉紧楔与轨道的设计目的则是防止滑块倾斜，因此产生的结构错位主要是来自于这些装置的配合精度及接触长度。当然，错位的产生将造成相关组件的磨损，以及所执行工作的精度失准。由于凹形拉紧楔与轨道的配合永远不可能完美，因此在设计单点式压力机所用的模具时，就必须特别小心以确保载荷均匀。

凹形拉紧楔与轨道的结构也会影响滑块的稳定性，而且有很多科，包括方形、V 形、箱形、45°的凹形拉紧楔，还有各种滚轴系统。六点及八点接触的凹形拉紧楔都在使用，其中八点接触凹形拉紧楔适用于高工作力的较大型压力机及连杆式压力机，六点接触凹形拉紧楔较常用于半门型压力机（见图 19-9）。

图 19-9　门型压力机及卷料搬运机、矫直机、送料机（来源：SEYI）

19.4.4　压力机的驱动装置

最近所有的机械式压力机都采用电动机驱动的飞轮来储存成形或拉深工作所需要的能量。飞轮直接或是经单一或多个齿轮连接至滑块（见图 19-10）。

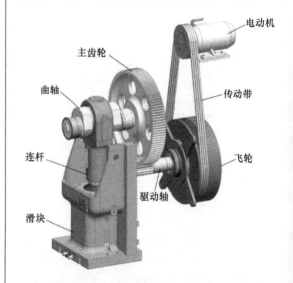

图 19-10　动力链（来源：SEYI）

在直接系统中，飞轮连接至曲轴，并根据机器的设计而可能左右或前后地运转。直接驱动式压力机一般用于负荷小的工作及需要极高速度的应用。由于可以运用的能量有限，因此这类压力机通常适用于接近行程终端时需要提供最大力量的工作。

虽说飞轮与滑块之间的单一或多个齿轮减速装置明显可较直接驱动提供更多可用的能量，但是却得付出工作速度的代价。单段减速式压力机的工作速度通常在 150 次行程/min 或以下。

多段齿轮减速式系统则非常普遍用于有大型滑块的大型压力机，以及需要进行重型工件成形及拉深工艺的大型压力机。多段减速式压力机的工作速度通常在 30 次行程/min 以下。

齿轮减速式压力机可能会在主轴的一端使用一组齿轮（因此称为单端驱动），或是在轴的两端各使用一组齿轮（又称为双重或双端驱动）。双重或双端驱动通常用于相当大型或长而窄型的压力机，通过同时施于各轴端的能量来借此降低轴的扭转挠曲量。由两组双重驱动系统组成的四重驱动也用于相当大型的压力机。

不论哪种型式的驱动，飞轮都是经由离合器和某种型式的制动器来连接至驱动轴或曲轴。离合器可区分成全转及非全转两种型式。

全转式离合器必须等到曲轴转完一整圈后才能啮合。非全转式离合器则是能够在转动中的任何一点进行啮合，不必等到曲轴转完一整圈。非全转式离合器比全转式系统安全许多，除了对于少数极专业应用以外来说也是首选的系统。

刚性啮合型离合器可在啮合时利用多个爪件、键件或销件，为被动与驱动组件之间提供机械连接。摩擦式离合器利用压入的摩擦材料来与弹簧或液压/气压缸接触。摩擦离合器可进一步区分成湿式、油式或干式等三种类型。

涡流式离合器及制动器通常用在非常大型的压力机上。这些系统运用电磁现象来产生离合力与制动力，被动与驱动组件之间不必实际接触。涡流离合器及制动器整合型在变速驱动系统中常用。

制动器为在各行程结束时用于制止系统的移动组件，对于以单行程模式工作的压力机特别重要。制动器通常为机械制动并具备故障防护设计。

驱动系统则最常位于压力机上方的顶冠内，也有底部驱动型的压力机。底部驱动型压力机的主要优点是驱动机构位于一凹处，因此可大幅缩减压力机安装所需的头顶空间。底部驱动系统系利用连杆机构将滑块往下拉，而顶端驱动系统则是将滑块往下推，这也使得后者在机械方面都稍微简化许多。

19.4.5 液压式压力机

在液压式压力机中，冲压力的供应来自于一或多个液压缸，用于取代电动机驱动、飞轮、离合器/制动器以及机械式压力机才有的连杆机构。所有常见的压力机结构（门型、开放型、OBI 型、OBS 型等）均有液压版本，许多的特殊设计包含卧式压力机。

液压式压力机有几项相比机械式压力机的优点。例如，冲压式压力机在整个行程中均可发挥全力，而且还能在全行程中任意延长输出冲力时间，这可能对于有些成形加工应用很重要。相对于机械式压力机，液压式压力机也比较容易控制冲力的产生量而不必依赖滑块的位置，这对于有些材料厚度不均的情况及压印与组装等方面的工作来说，可能会有所帮助。

液压式压力机的机械简单且基本上属于自润滑的方式，往往比机械式压力机可靠得多。但是，液压式压力机的最大优点在于即使是一台相对小巧的机器，也能产生极大量的冲力。目前所制造出的液压式压力机，其最大冲压能力已可达到 50000 sh tonf（445kN），远远超过机械式压力机的极限。

现在，液压式压力机就剩下速度这个主要缺点。在液压阀技术方面的进步虽已有助于拉近液压式压力机与机械式压力机之间的差距，但是速度仍是机械式装置的主要优点，尤其是在较大型的压力机方面，这种状况在可预见的未来可能还会持续一段时间。然而，在有些应用中，小型的短行程液压式压力机已成为高速机械式压力机的劲敌。

19.4.6 其他型式的压力机

常用的压力机还有其他几种型式，大部分都是标准设计并经过特殊用途的调整。最常用的还是高速压力机，其中通常是最适用于极速行程的门型压力机。此种压力机最常用于使用连续模大量生产相对较小的零件。

另一种极为常用的型式则是多任务位移送式压力机，此种压力机使用一系列的个别模具来在自动传送装置中移动于模具之间的工件上执行多任务操作。多任务位移送式压力机的工作范围从制造小型金属零件的极小型装置，到生产汽车车身组件的大型系统。多任务位移送式压力机通常用于中型或大批量的生产中。

19.4.7 压力机的附属装置

在大多数的生产应用中，压力机都会有几项专为处理备料、送料及除料设计的支持装置。这些支持装置如下：

1）矫直机，负责矫直来自卷料的弯曲。

2）送料机，负责在控制的速率下送料至压力机。

3）卷料搬运机。

4）堆料机/卸堆机，负责搬运和送进板型的坯料。

另一类重要的冲压附属装置就是为了工件的润滑及/或涂布而设计的系统，大多采用了尽量降低模具磨损及/或耐蚀的材料。

19.5　冲压加工材料

冲压加工材料常用的术语如下：

弯曲应力。由于拉伸力与压缩力不均匀地分布于弯曲的内外半径所产生的结果。

圆形网格。规律地标示在钣金坯料上作为辅助分析的小圆。透过观察圆形网格的变形现象，工艺人员即可目视确认成形工艺中的拉伸及金属流况状。

蠕变。由于长时间受到低于其屈服强度的应力而发生在金属当中的塑性变形。

变形极限。在深拉深加工中，需要造成工件凸缘的变形量超过零件壁材抗拉强度的施力点。

拉深。利用冲头将工件拉入模腔来造成工件变形的一种工艺。当拉深深度小于零件半径的一半时，均归类为浅拉深。当拉深深度大于零件半径的一半时，则归类为深拉深。

延性。为材料在受到拉伸应力时，从永久变形到断裂之前的耐受能力。

弹性极限。不至于让金属产生永久变形的最大应力。

伸长率。在拉伸试验中，存在于断裂区域的永久伸长量。以原长的百分比表示，例如 3in（76.2mm）的 20%。

硬度。金属对于压陷的抗力。

弹性模量。应力对应变的比率。在压缩作用中，弹性模量称为杨氏模量。

抗剪强度。当施加的负荷平行于应力平面时，为使金属断裂所需的最大应力。

回弹。当移除成形力时，成形金属有部分欲回复至成形之前形状的现象。

抗拉强度。通过逐渐、均匀施加的负荷来使金属断裂所需的最大拉伸应力。又称为极限强度。

抗扭强度。为使金属断裂所需的最大扭转应力。

极限抗压强度。为使脆性材料断裂所需的压缩应力。

屈服点。在没有增加负荷的情况下，能令有些钢材明显变形的应力。并非所有钢材都会显现此种特性，主要还是低碳和中碳合金才有。

屈服强度。为使延性材料变形所需的应力。

19.5.1　软（低碳）钢

由于结合了可成形、可焊接、强度及相对成本较低等特性，这些钢材成为最常用于汽车及其他大量制造产业的成形产品。软钢的屈服强度通常在 25~35ksi（172~241MPa）范围内。典型的软钢包括 SAE 1006 和 1008 这些具有高延性与易于成形的钢材，以及 SAE 1010 和 1012 这些延性稍低但明显强度更高的钢材。这些钢材有板料和卷料等形式及各种厚度和宽度，并且属于易于下料加工、剪断加工及切缝加工的材料。

19.5.2　高强度钢

这些强度更高的材料为许多组件提供了减轻重量的机会，因为它们更高的强度使其能够使用较薄的板材来达到与软钢相同的机械或结构特性。高强度钢的屈服强度通常在 35~80ksi（241~552MPa）范围内。虽然强度提升使得它们比软钢的可成形性稍低一些，但是它们仍然能够在标准的生产系统上获得有效的加工处理，也能完成焊接和涂装处理（只是稍有难度）。

除了强度之外，高强度钢还具有出色的韧度、抗疲劳性和抗凹陷性。后者就是高强度钢得到越来越多汽车车身钣金和相关应用选择的原因。和软钢一样，高强度钢也有板料和卷料及各种厚度和宽度，同样能够用于下料加工、剪断加工及切缝加工的处理。

19.5.3　高强度低合金钢

这些材料为采用包含极低量的硅、铬、钼、铜及镍的合金材料，以及包含铌、钒、钛和锆各种组合的微合金材料，来生产具有相对高强度和良好成形性、焊接性及韧度的低碳钢。实际上，高强度合金钢可提供高强度与合金两种材料的最佳特性，而且几近于多用途。

在实际的运用中，高强度低合金钢在成形与拉深的加工特性方面虽然类似于软钢，但在伸长率容限方面却不及软钢，而且明显地更难以用于深拉深方面的工作。这类钢材的回弹特性高于软钢。该钢材有板料和卷料及各种厚度和宽度，全部都能够用于下料加工、剪断加工以及切缝加工的处理。

19.5.4　超高强度钢

这些强度极高的材料主要是用于强度为主要需求的场合，而且只能用于适度的成形和焊接工作。超高强度钢的屈服强度在 85～200ksi（586～1379MPa）范围内。由于直接代入的结果很少令人满意，因此超高强度钢如需得到有效的加工处理，就少不了特殊组件的工艺与模块设计。

近来开发出一种名为烘烤硬化等级的超高强度钢，此种钢材在经过均热温度为 350℉（175℃）的烤漆烤箱烘烤 20～30min 后，就能达到最终的物理性能。

19.5.5　镀层钢板及非铁材料

汽车产业在车身制造方面耗用了相当大量的单面及双面镀锌钢板。这些材料均是根据底层钢材的特性来做实质的加工处理。

铝之所以同样获得汽车产业的青睐以用于车身钣金，主要是因为它的密度比钢低很多，有助于减轻重量。铝具有延性且易于成形，但是需要使用不同的模具设计，以及不同的材料处理、涂布披覆和润滑等工艺。

19.6　冲压加工的安全考虑

冲压加工安全常用的术语如下：

再起动防止。一种用于确保压力机在离合器/制动器或其他组件故障时不会执行一次以上行程的控制系统组件。

制动监测器。一种用于侦测及警告制动器性能降低的控制系统组件。

护罩。一种用于防止工作人员身体任何部位进入压力机或其他设备危险区域的实体阻隔栅。

光幕。一种用于感测物体存在的装置，例如工作人员的身体任何部位，是否进入位于夹点或其他危险区域两侧的传送与接收组件之间。在实际的生产中，正常运作的光幕由于具有不会妨碍操作人员视线以及无障碍接触送进工件的优点，被用来取代机械式护罩。

夹点。任何一点可能会让工作人员身体任何部位遭活动零件夹住的机器位置。夹点必须适当地加上防护措施。

工作点。压力机上提供模具对工件进行加工的区域。

再起动。压力机在完成预定的行程后随即又执行了一次非预定的行程，也称为「双重起动」。

单行程。滑块从全上到全下的一次完整运动。

停止。为操作人员用于立即停止滑块运动的一种控制。虽然正常是用于例行性的工作目的，但通常称为「紧急停止」。

用于金属成形的压力机是极其有力的机器，因此必须妥善使用并加上适当的防护，以确保工作人员的安全。操作人员的保护是正确程序与适当防护应极度重视的问题，同样必须受到严密的监控与持续的加强。机械式护罩、闭锁装置、联锁装置、光幕及其他安全设备均不得基于任何理由而被禁用，同时这些装置的正确操作也必须受到严密的监控以确保安全。

冲头和模具也都是投资设备当中属于高成本且若是损坏就不易于更换的项目，因此在操作及控制上都必须正确以防损坏。这方面通常是由机器控制系统保证的，而在紧急状况下则是由过载预防装置保证的。在没有控制的情况下，典型压力机可以运用的能量完全足以损坏或摧毁机器。

因此机器控制系统必须设计成可以防范常见故障（如再起动），并透过制动器与离合器的性能变化指示来提供可能故障的警告。另外，还必须能够监测辅助装置（例如零件移送装置）的工作情形，来对双重送料或其他零件搬运故障进行监控。

许多的压力机控制都整合有吨数监测器来记录为了执行既定工作所需的实际力量。虽然这个数据对于达到质量与维护的目的很有用，但是它却不能防范故障发生时所造成的灾难性损坏，而且也不应该与设计上为了防止压力机由于过载而损坏的装置混淆在一起。

在这些装置之中，最常用的装置当属液压过载。以门型压力机为例，此种装置是由一个或多个位于立柱/连杆与顶冠之间连接的永久加压液压缸所组成。当发生过载时，应力会导致缸内压力持续上升至预设的限值为止，此时液压油将会经某一阀门或出口泄出。此种系统也有提供可适用于底部驱动式压力机的版本。有时在基座与平板之间也会使用类似液压的支持装置来达到相同的效果。

其他预防过载的保护装置还包括机械式剪切垫圈、伸缩式连杆及各种以应变计和类似装置为基础的电气系统。另外，也有提供液压气动型式的过载保护系统。

19.7　技术的趋势及发展

最近针对冲压加工所的进展大多与运用计算机科技进行压力机、模具及工艺的设计有关。随着计算机与软件的计算能力与日俱增，许多昔日为"艺术"的技术如今已经精简成在零件与模具工艺方面为可预测、可重复的"科技"。

如今的有限元分析软件可允许工程师根据来自于原设计师所开发的 CAD 模型的数学数据，将模具设计成为一种三维的实体。此种功能剔除了许多通常用于模具开发的易出错流程，大幅加速模具的生产过程（见图 19-11 及图 19-12）。

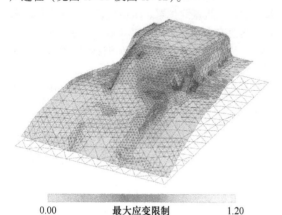

0.00　　　　　　最大应变限制　　　　　　1.20

图 19-11　通过有限元分析的应变分布

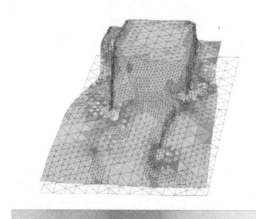

0.0000　　　　　　皱纹　　　　　　0.0400

图 19-12　通过有限元分析的可能皱纹形成

拉深仿真软件可以精确地仿真各种材料在拉深工艺期间的表现，进而有助于确定已知成品设计的可制造性。坯料开发利用套件可有助于大幅减少废料。而有限元分析软件则可用于评估模具在生产期间受力时的机械表现。

当模具设计完成后，还有其他软件可供工程师用于测试其性能，甚至还能真实地模拟该模具在实际生产环境下的表现。分析与仿真软件有助于解决模具在设计过程中的问题，并且简化整个生产工艺，以在任何金属冲切及成形加工之前尽早达到最大效率。

在现代化的模具生产中，使用相同数据来驱动计算机控制工具将金属切割成形为模具。因此，形成从设计概念到生产，通过相同计算机数据的使用来控制整个工艺的封闭式回路。

在这些工具当中，有许多设计得有效率又可靠的机器，而且比起以往同样的机器来得体积更小，重量更轻，成本更低。分析各种机器组件对于生产期间所诱生的应力有何反应的能力，已导致压力机的设计与制造方法出现重大的变革。

计算机也日益成为先进的压力机控制系统所不可或缺的组件。在此种结合计算机与软件的应用形态中，这些工具不仅能将智慧带入控制架构之中，还能搜集工作数据并对数据进行精密的分析，从而及早发现各种可能发生的故障。

对于大尺寸零件的大量生产来说（如汽车外盖），成形加工生产已经区分成数道工艺，而每一道工艺皆能够透过单台压力机和连续模来进行。因此，每一条生产线或生产单位均是由几台机器排列组合而成（见图 19-13、图 19-14）。

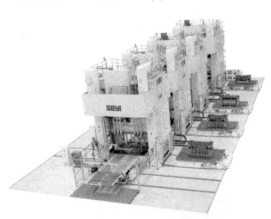

图 19-13　串联式冲压生产线（来源：SEYI）

两台压力机之间会有一部取放设备，而机器人或自动移送设备是在这方面常用的附属装置。此种生产线通常被称为串联式生产线，而且通常有一台中央控制站，负责控制所有的压力机和附属装置。

逐一按照工步执行的连续工作需要所有设备都能精准无误地运作，相互之间的连接与通信也是很大的问题。因此一开始是在整个系统产生、接收及传送信号和数据以满足监测与控制的目的，之后系统才能搜集各种数据与情报以供进一步应用。例如，过渡状态（瞬时）可与记录下的连续工作状态比较，通过结果的分析即能判定出需要调整的生产设定、维护需求及/或排程或制造。可将适当的信息经由网络或内部传送至其他地方，以支持更高层面的生产信息管理系统。

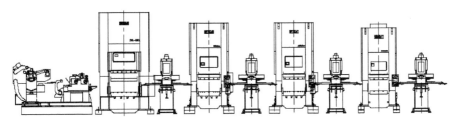

图 19-14　串联式生产线及附属装置（来源：SEYI）

冲压加工或许是最古老和最基本的生产工艺，但在今天却也是对于尖端计算机、材料及控制技术的使用最复杂的工艺之一。冲压加工是大量精密制造的核心，可以确定即使在未来的地位也依然如此。

最近这几年所提到的先进制造技术都聚焦在材料、工艺的创新以及所有生产系统的管理上。根据2013 年的美国总统科技顾问委员会报告指出，先进制造业需要展开一连串的活动，包括通过物理与生物等科学技术来成功应用与协调信息、自动化、运算、软件、感知、网络化、材料和新兴能力以制造全新的产品，或以更好的方法来保持制造业在美国的竞争力。

在金属成形的领域中，新型的高抗拉强度钢板是汽车产业的一项重要课题。为了减少能源的消耗，那些轻型又不想降低安全需求的汽车于是采用全新的材料。由于强度高出很多，应用在成形工艺上的能量可能因此大幅增加，成形加工的技术与机器必须要有所改良，甚至彻底改造。另一项课题则是生产的成本控制。通过来自生产层面的信息，将有助于搜集、运算、分析来自于机器和其他设备以及监测系统所产生的数据以供管理之用，而结果可能使生产效率更高，或是生产系统的均衡性更好，不仅可以确保低成本、高质量的产出量，还避免了其他因为意外维修或保养所产生的支出。

具有自我监测及自我复原能力的智能机器是另一种技术趋势。通过感知与运算技术，对于生产工艺中的异常工作状态就能自动察觉。接收或分析出来的资料能够用于某些调整决定，因此机器不仅能够显示警报信息至中央控制站，还能尝试自动变更生产设定，以便在执行维修或维护之前就修正不合理的状态。

扩展阅读

Hu, F., and Q., Hao, editors, "Intelligent Sensor Networks: The Integration of Sensor Networks, Signal Processing and Machine Learning," CRC Press, Taylor & Francis Group, 2012.

International Council of Sheet Metal Presswork Associations (http://www. icospa. com/)

International Sheet Metal: http://www.ismr. co. uk/

Kelly, J. E., III, and S., Hamm, "Smart Machines: IBM's Watson and the Era of Cognitive Computing," Columbia University Press, 2013.

Machado, J. A. T, B., Patkai, and I. J., Rudas, editors, "Intelligent Engineering Systems and Computational Cybernetics," Springer, 2009.

Metal Forming magazine (http://www. metalformingma gazine. com/home/)

Oberg, E., and F., Jones, "Machinery's Handbook," 29th ed., Industrial Press, 2012.

US President's Council of Advisors on Science and Technology Report in 2013.

第 20 章
滚 压 工 艺

美国肯尼福®（Kinefac™）公司　霍华德·A. 格雷丝（已故）[HOWARD A. GREIS (DECEASED)]，诺埃尔·P. 格雷丝（NOEL P. GREIS），查尔斯·A. 加尼维奇（CHARLES A. GARNIEWICZ），大卫·C. 威伦斯（DAVID C. WILLENS）　著

北京传神语联网　张江城　聂姣　胡来　译

20.1　滚压工艺背景

本章所述的滚压工艺是一种通过将各搓齿板或圆柱模逐渐压入圆柱形毛坯周边，同时以基本相同的表面速度转动毛坯使其与模具共轭运动，从而促使可变形材料形成诸如螺纹、蜗杆、滚花、花键、齿轮、凸缘或凹槽等回转面的过程。该工艺可追溯至古代，当时制陶工匠双手挤压泥壁并来回移动，从而将陶土滚压成圆筒形。

17 世纪末，成形滚压首次用于金属加工。1831 年，美国第一份专利描述了现在人们熟知的用于生产木螺钉的搓齿板滚压机床。1850 年，第一台圆柱模滚压机床获得了丝杆螺纹滚压机床专利。

最初，滚压工艺仅用作一种便捷的、快速的紧固件滚压螺纹加工工艺，并且在接近一个世纪的时间内，主要用于生产各种类型的小型、低精度螺钉、螺母和螺栓加工。

20 世纪初，各种用于齿轮滚压的圆柱模滚压机床诞生，但人们不知如何实现其巨大的商业价值。20 世纪 40 年代初，搓齿板工艺无法满足人们对发动机高精度螺栓的需求，由此促成了精密圆柱模滚压机床的开发。第一台现代化的两圆柱模滚压机床在德国开发并获得专利；随后不久，三圆柱模滚压机床在美国获得了专利，用于生产飞机用精密螺栓。

为满足汽车，电器等大批量生产行业对小型紧固件不断增长的需求，发明了行星模滚压机，其运行速度为搓齿板滚压机床的 5 倍。与此同时，车床和螺杆车床上的滚压附件和滚压头可直接形成滚压螺纹，使得车削工件无须二次加工即可达到滚压螺纹质量要求。20 世纪下半叶，滚压工艺开始被用于生产各种螺旋形、环形和轴向工件。如今，先进的工艺控制及成形件可达到的高精度和可重复性，使滚压工艺成为制造业的一个重要组成部分。

本章将介绍滚压工艺理论和实践及滚压过程中用到的工具和设备。

20.1.1　滚压件的特点

成形滚压件通常具有多种用途。第一种也是最广泛的用途是制成螺纹或其他螺旋形状，可以更好地固定机械元件。滚压螺纹具有出色的表面质量，疲劳强度更高，因此可达到更高的扭矩效率。此外，通过冷加工可增加材料的表面硬度（尤其是可加工硬化材料），增强表面下的颗粒流动形态，从而提高了紧固件的强度。

第二种用途是作为螺纹滚压工艺的副产品开发的滚压螺旋形，现已被广泛用于产生轴向运动。由于具有一致的表面粗糙度和外形，滚压执行器和丝杆的摩擦特性比切削件更低。当此类螺杆与滑动螺母一起使用时，加工硬化表面的耐磨损寿命也更长。

第三种用途是制成便于传递扭矩的形状。为了在传动轴与其配合元件之间直接传递扭矩，通常使用滚压菱形滚花，也有使用轴向滚花的。在某些情况下，通过改装以精确控制的方式穿入安装元件。这种穿入式滚花接头，通常为加工配合或平滑干涉配合提供极佳的扭矩滑移阻力。

滚压花键正迅速成为汽车、电器及其他电力传输和连接领域中扭矩滑动轴向传递或固定轴向传递的主要装置。在上述应用情形中，加工硬化表面、平滑齿根半径和定向颗粒流提供了极佳的抗扭强度和表面耐疲劳性。使用具有类似特性的滚压齿轮来平行传递轴扭矩是滚压工艺正在发展中的领域，但鉴于工艺设计要求和模具寿命，其局限于相对较浅螺旋齿轮的成形。

多年来，在管道上滚压翅片一直是换热器管的主要生产方式。在换热器管上滚压各种纹理和褶皱，有利于增强换热器管的传热特性。

如今，滚压工艺广泛用于改善传动轴、球接头和其他旋转或滑动接头的表面粗糙度。在此类应用中，具有圆形粗糙形状的光滑表面可减少表面摩擦和配合件之间的磨损，并最大程度减少黏滑摩擦变化。

有时在螺杆车床棒料上滚压环形件可省大量材料。在混凝土钢筋上贯通进给滚压纵向花纹是滚压件的另一个重要用途。这种工艺推动了各种销、轴承和阀球毛坯、弹丸和密封圈贯通进给滚压成形和截断技术的开发。在上述所有应用情形中，最有价值的工艺特征之一是截断元件的形状和体积完全相同。

20.1.2　工艺优势

除上述显著改善产品特性之外，使用滚压工艺还可为金属加工制造商提供众多其他工艺优势。

首先，滚压工艺具有高的生产率。滚压操作速度通常受限于向滚压工件施加变形能的能力，以及在滚压时控制工件在模具内位置的能力。此外，大多数螺纹或成形滚压工艺现已被用于冷成形或预锻造毛坯，节省了大量的材料。

其次，由于在滚压模具和工件之间存在较小的表面差速（相对运动），因此模具通常不会因磨损而失效。理论上，长期表面接触疲劳会造成模具失效。因此，模具的单位成本明显低于生产相同形件的切削工具的单位成本。较长的模具寿命可最大程度地降低由于更换模具而导致的时间损失和劳动成本。

逐渐磨损意味着无须像检查相同加工成形件一样频繁地检查成形滚压件，这样可以减少因检查造成的机器时间损失，并降低检查劳动成本。

虽然在某些情况下，滚压机床的设备昂贵、高于同等能力的金属切削机床，但滚压机床的生产率更高，因此基于小时产量的资本成本通常更低。由于滚压是一种无切屑的工艺，因此无须清理工作区切屑以及运输或处置切屑。

除了上述优势之外，凹槽滚压、凸缘滚压、圆角滚压、滚压矫直和轧辊无切口等重要优势也可用于其他用途。鉴于滚压工艺具备的诸多优势，提高对其特殊能力和特性的认识，将有助于推动其在整个金属加工行业的广泛应用。

20.1.3　数据来源

本文中数据的来源分为四类。第一类是一些有关滚压工艺及其优势方面的理论和实际应用方面的经验。此类信息源于本文作者所在公司及其员工对滚压工艺的功能和用途进行的各种测试和分析。大部分数据源自螺纹滚压和其他螺旋滚压成形方面的经验。

第二类是 Howard A. Greis 及其同事针对公司或客户层面的滚压课程，以及各种行业杂志和手册创建的一组简图及其解释。

第三类是一组图表，整合了各种机器、工具、滚压材料和模具材料制造商基于销售产品或帮助客户应用其产品方面考虑而向公众发布的数据。

最后一类是作者在 50 多年的滚压机器运行、滚压机器工装和系统设计与制造，以及产品设计中滚压工艺的应用方面得出的研究数据、经验和观点。

20.2　滚压工艺的特点

20.2.1　滚压过程中的金属流动性

由于滚压是一种材料成形操作而非材料去除操作，只适用于那些在室温或特定高温条件下通过外力作用产生永久性形变的材料，包括韧性金属和小部分的可变形塑料。由于金属是迄今为止最常见的滚压材料，并且是唯一可提供大量有用数据的材料，因此本文中的所有理论分析和讨论均以其为依据。

当有外加载荷时，根据载荷的大小和方向，金属毛坯的反应有以下三种，即弹性变形、塑性变形或破坏。所有成形过程得以成功的关键在于是否能够在正确的位置，以正确的速度和方向向毛坯施加必要的成形载荷，使毛坯在无破坏且适当小幅弹性恢复的情况下经变形而形成所需的形状。由于大多数金属流动由剪切引起，并且大部分破坏由拉伸导致，因此产生最佳金属成形条件的方法是最大限度地增大剪应力，同时尽量减少可能导致表面或核心破坏的拉应力。

若要了解标准螺纹滚压情况下上述条件是如何实现的，首先需要研究毛坯在标准三维载荷条件下的特性。图 20-1 所示为滚压模具凸齿对部分毛坯材料的加载情况，显示了穿透时最大剪应力面的三种应力模型。所有的作用力可以分解成三个方向的主应力（均为压应力）。材料任一部分的最大剪应力面应与最大压应力（第一主应力）的作用方向成 45°，两个最大剪应力面相交于第二主应力方向上的一条直线上。

在滚压过程中，金属流动是通过在无滑移滚动接触期间将模具凸齿压入毛坯表面来完成的。这可以通过表面带有螺纹牙形的圆柱模或搓齿板来实现。如图 20-1 所示，在标准螺纹滚压操作中，成形模具凸齿 30°牙侧角处及四周的金属流动方向大致与最易流动平面（即最大剪应力面）成 45°角。

然而，当滚压模具凸齿穿透毛坯时，其他方向上也会出现金属流动。这种情况下，模具凸齿下方的材料承受的载荷将超出其抗剪强度，由此可能导致三个方向上出现金属流动。图 20-2 中穿透毛坯的圆柱模成形模具凸齿的三个剖面图分别展示了这三种可能的金属流动方向。图 20-2a 所示为与毛坯旋转轴平行的剖面图，显示了具有 30°牙侧角和圆形牙顶的螺纹滚压模具凸齿。

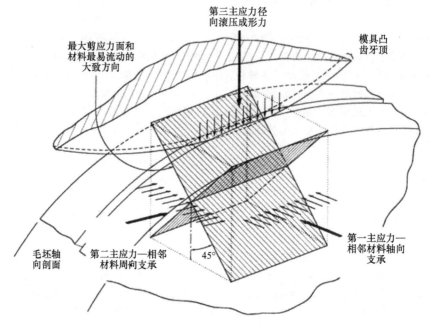

图 20-1　穿透时最大剪应力面的三轴应力模型

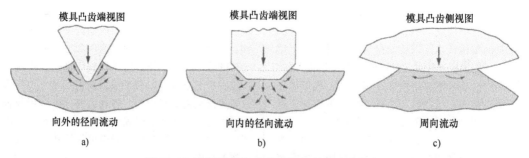

a)　向外的径向流动　　b)　向内的径向流动　　c)　周向流动

图 20-2　滚压过程中三种可能的金属流动方向

这种成形易于产生主要向外的径向金属流，可用于形成螺纹牙形、渐开线齿、凸缘以及类似于伸出毛坯原表面的形状。

图 20-2b 也取自与毛坯旋转轴平行的剖面，显示了具有 45°牙侧角、宽大的扁平牙顶和更小转角半径的模具凸齿。这种模具齿形凸缘主要产生向内的轴向流动，可用于在毛坯上形成局部缩颈区域，或者用于逐步滚压下沉在毛坯上形成较长区域。对于前者，模具使用逐步加宽的模具凸齿产生拉应力，以补充穿透模具牙顶时向内产生的径向成形力。

图 20-2c 取自与毛坯旋转轴垂直的剖面，显示了可能的周向流动情形。在所有模具穿透情形下都易于出现这种流动形态。当模具设计产生向内的轴向流动且毛坯轴向伸长受到限制时，会更多地出现周向流动形态。需避免大量的周向流动，这是因为其会导致模具前方出现毛坯表面物质波。在模具穿透过程中，若上述物质波在毛坯四周循环，则会导致表面下的金属失效及模具下方材料剥落。

若要实现向外的径向流动和向内的径向流动形态中的任意一种，在设计滚压工艺时，必须确保能够径向施加适当的压缩载荷以引起塑性变形。根据向内的轴向流动或向外的径向流动的要求，模具和滚压系统必须产生适当的压应力和拉应力。在上述任意一种情况下，当轴向压应力小于周向压应力时，可产生最佳的滚压条件。当产生上述最佳的滚压条件时，最易流动的方向更接近于与旋转轴成约45°的最大剪应力面，此平面内可实现最佳金属流动。

螺旋成形和轴向成形滚压过程中的三维应力图分析较为复杂。借助有限元分析和其他软件，可以更好地对上述信息进行定量建模。对滚压金属流动现象的广义理解将有助于理解和应用滚压工艺。

20.2.2　塑性区加工

如前文所述，滚压工艺通过圆柱形毛坯表面的渐进变形而使工件成形。当模具的成形表面与毛坯某部位接触时，首先必须使该接触部位受到的力达到毛坯材料的弹性极限，然后超过弹性极限进入塑性区，从而产生永久变形。此类大多数流动形态源于材料的剪切变形。

若要保持圆柱形毛坯表面的渐进变形，要求径向力和滚压力矩（圆柱模滚压系统中）能够持续穿透模具并使毛坯材料流动（见图20-5）。当受到模具施加的径向压力时，毛坯材料的各个部分会因剪切流动在无破坏情况下变形。因此，变形抗力主要随着材料的抗剪强度而变化。抗剪强度因材料及其相应的力学性能而异。硬度是变形抗力的实际指标。使用指定的成套模具滚压指定形状所需的模具径向载荷与被滚压材料的剪切屈服应力及模具和工件之间的成形接触面积成正比。图20-3所示为在普通滚压紧固件材料中滚压小米制螺纹所需的两圆柱模进给模具径向载荷的比较。该图可作为衡量径向进给螺纹成形载荷的外部参考。标准紧固件的螺纹长度通常等于螺纹大径的1.5~2倍。

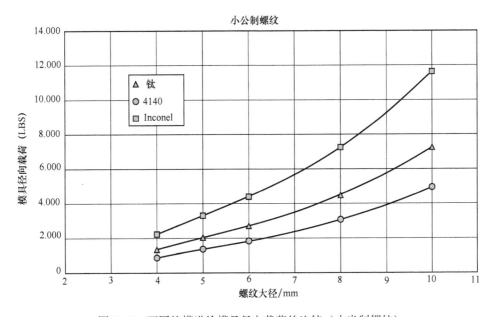

图 20-3　两圆柱模进给模具径向载荷的比较（小米制螺纹）

滚压力矩取决于在指定滚压条件下使毛坯持续旋转并克服摩擦力所需的能量。滚压力矩受成形速率、滚压模具直径、模具径向载荷和摩擦的影响，若要提高在指定模具径向载荷下的模具穿透速率，需要保持更多的动力输入。滚压力矩与模具转速无关。

滚压机床输入力矩要求因主轴轴承，工件支架和工件处理装置等的传送链损耗和摩擦损失而异。

对于硬度更大的金属的可滚压性，材料的硬度越大，其弹性极限与极限强度之间的差异越小。滚压过程中材料的变形量受塑性区大小的限制。在成形期间对材料进行加工硬化时，材料的变形范围会因加工硬化量而进一步缩小。然而，实际上除非硬度超过约55HRC，否则所有锻钢材料均具有一定的变形能力。缩减成形接触面积，提升穿透速率，对坚硬毛坯的成形具有重要作用。

20.2.3 摆线和外摆线动作

除模具凸齿或齿形的影响外，在滚压模具穿透工件成形时，对模具施加的作用力也在很大程度上决定了滚压效果。其中重要的是次摆线或外摆线滚压作用力，如图20-4所示。图20-4显示了搓齿板靠近毛坯、成形并脱离毛坯时，模具和毛坯各部分的路径形状。图中所示为次摆线路径。由于搓齿板是具有无穷大半径的圆柱模，因此使用圆柱模时的情况与搓齿板基本相同。但当使用圆柱模滚压圆柱形毛坯时，路径呈外摆线。模具与毛坯互切，且切点为其之间的无滑移接触点。滚压过程中，当毛坯上的成形表面相对于穿透模具向内或向外移动时，上述无滑移接触点可能稍有变化。但这并不会明显改变以下关键事实：在最终穿透点处，模具的穿透点相对于毛坯的径向移动速度实际上为零。

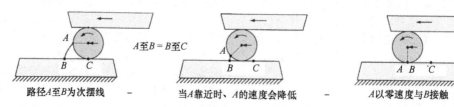

路径A至B为次摆线 — 当A靠近时、A的速度会降低 — A以零速度与B接触

图20-4　无滑移次摆线滚压作用力

若滚压成形的深度相对于工件直径而言较小，则模具与毛坯之间会出现小幅的滑移；若滚压成形的深度或导程角较大，则接触线上方和下方会出现幅度更大的滑移。通常，此类情形不会显著影响模具和工艺设计。

由于模具凸齿的穿透作用力基本上呈径向，因此当滚压环形件或导程角较小的工件时，通过对穿过毛坯旋转中心的平面进行二维评估，可以有效分析金属流动形态和位移量。

对于轴向成形和导程角较大的螺旋工件，模具凸齿的穿透作用力仍然相对于毛坯呈径向，但垂直于毛坯旋转轴的平面上会伴随着扫刮作用（类似于逐渐加深的齿轮啮合）。这种情况下，通过垂直于毛坯旋转轴的平面可实现位移和流动的最优分析。

由于模具凸齿开始穿透毛坯时其相对径向速度接近于零，并且模具凸齿相对于成形表面的滑动速度非常低，因此滚压过程变量和效果通常与毛坯转速无关，即滚压工艺最关键的因素在于模具每次与毛坯接触时的径向穿透度及其与毛坯直径和模具直径之间的关系。

20.2.4 间歇性锻造动作

滚压操作看似一个连续过程，但观察毛坯表面任意单个点处的实际金属成形可发现，滚压操作具有间歇性且频率非常高。图20-5所示为在两圆柱模间滚压工件的过程。在塑性变形区中，被右旋模具加工的部位在变形后可能会在右旋模具下方沿逆时针方向向外移动，并且可能在其转动行程的约180°

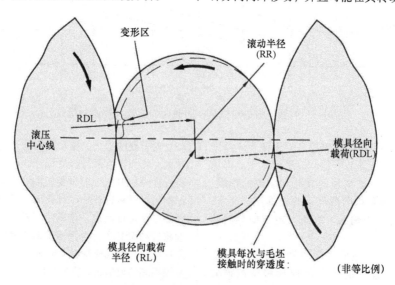

图 20-5　在两圆柱模间滚压工件的过程

范围内不会受到任何径向变形力；随后该部位可能会移入左旋模具下方的塑性变形区并进一步变形；最后该部位可能会移出左旋模具的变形区，并继续顺时针移动直至再次与右旋模具接触。滚压 1/4in［每英寸螺纹数（TPI）为 20 个］螺纹件时，若毛坯每转一圈，模具每次与毛坯接触时的穿透度为 0.001in（0.254mm），则工件表面的周向截面变形速率约为毛坯每转一圈变形的 3%。

由于变形力基本上呈径向，因此任何时刻的加工区域只是毛坯圆周的一小块区域。任何时刻向内穿透的实际速度接近于零，但总变形接触次数会增加，直至模具完全穿透。最接近于滚压过程的传统金属加工工艺是利用曲轴压力机以非常高的循环速率进行自由锻。通过类比锻造循环，可以分析两圆柱模滚压机床的连续 3/8in（每英寸螺纹数为 16 个）螺杆贯通进给滚压操作。使用转速为 360r/min 且直径为 6in（152.4mm）的环形模具，以 30ft/min（9.14m/min）的速度即可轻松滚压此类螺杆。由于每个模具配有 10 个深度递增的穿透模具凸齿，因此毛坯每转一圈，成形螺纹上每个点将经历两次单独的成形接触，在毛坯完全穿透之前，总共发生 20 次穿透接触。当毛坯转速为 6300r/min 时，锻造速率为 126000 次/min 接触。

20.2.5　穿透时失圆

在滚压过程的穿透阶段，每次与毛坯接触时，模具必须进一步穿入正在成形的毛坯。为提供必要的模具径向力以实现上述穿透度，通常绕正在成形毛坯的中心线将毛坯平稳支撑或固定在两对滚压模具之间。图 20-5 显示了两圆柱模滚压机床的此类构造。基于简化目的，图中显示了环形件的滚压，并放大了每次接触的穿透度。当毛坯经过模具凸齿下方时，模具穿透力会导致成形模具凸齿下方毛坯的直径（和半径）缩减。半径的缩减量取决于模具每次与毛坯接触时的穿透度。

与前一个模具的接触逐渐缩减了两变形区之间毛坯的截面。这样一来，在模具穿透结束、模具的静滚压段或横向进给滚压循环将模具凸齿固定在径向位置，并校正滚压件的不圆度之前，工件的有效截面将保持非圆形状态。若在无任何静滚的情况下突然停止穿透，则工件普遍将保持不圆状态。

环形件类比较为复杂，这是因为在滚成的形状中增加了导程角，但从转矩与成形阻力矩的角度看，上述理论同样适用于导程角较小的成形件。当导程角增至或超过约 20° 时，其他毛坯模具接触状态会导致难以直接采用上述类比法。

20.2.6　摩擦效应

对于滚压机床执行的滚压工艺，模具必须在驱动毛坯的同时穿透毛坯，以完成滚压成形。图 20-5 显示了简单滚压情形下的转矩图。穿透模具与毛坯之间的周向摩擦力偶必须足以克服实现模具接触穿透所需的相对模具径向载荷的抗力偶。

若每次接触时的穿刺速率升高导致无法向工件传递转矩，则滚压操作将停止。在滚压过程不中断且模具能够全深度穿透的情况下，标准滚压系统会使模具在几圈内保持正确的最终位置，以使滚压件变为圆形。然后，模具的成形表面将逐渐离开成形件，直至工件和滚压系统的所有弹性回跳被解除。

随着滚压件导程角的增大，摩擦传动作用由穿透齿形的轴向分量进行补充。当导程角超过 30° 时，就成为毛坯转矩的主要来源；当导程角超过 60° 时，则成为毛坯转矩的首要来源。对于轴向成形，表面接触摩擦并非滚压所必需的。滚压摩擦系数因模具和毛坯材料、模具表面状态及所使用的滚压工艺润滑剂而有明显的差异。

前文所述的理论适用于借助模具与毛坯的接触来驱动毛坯的所有滚压机床。然而，在车床和某些毛坯固定式滚压机床的滚压操作中，使用滚压附件驱动毛坯，并使周向摩擦力和轴向干扰力通过毛坯传递到模具，促使模具转动。对于上述情形，反向操作同样适用，并且模具周向旋转力必须大于除以模具半径后的模具径向载荷，模具与轴的摩擦系数和轴半径的乘积得出的摩擦转矩。

模具每次与毛坯接触时达到的穿透深度通常受模具与毛坯之间的有效摩擦系数的限制。因此，所需工件转数以及滚压循环速度对下述现象非常敏感，即毛坯与模具之间以及模具与其支承轴之间的摩擦系数变大或变小。

特殊情况下，即无法借助模具与毛坯之间的周向摩擦力实现每次接触时的期望穿刺速率（或反之亦然），会内置有特殊滚压系统。在该系统中，可驱动毛坯和模具彼此进行固定相位旋转。

除了限制模具每次与毛坯接触时的穿透度外，在模具穿透过程中，毛坯与模具之间的有效摩擦系数在滚压过程开始时尤为重要。实际上，对于所有滚压机床，模具与毛坯之间的初始接触必须立即加快整个工件绕其旋转轴旋转，这需要非常高的角加速度。例如，当一个转速为 200r/min 且直径为 5in（127mm）的模具滚压一个直径为 0.25in（6.35mm）的毛坯时，必须立即使毛坯转速升高至 4000r/min，以确保模具与毛坯之间不出现滑移。初始周向摩擦力也必须克服工装将工件压入模具并使其固定就位以便开始滚压操作而产生的摩擦转矩。

使用搓齿板、单向回转圆柱模和贯通进给圆柱模时，若要产生必要的摩擦转矩，以确保在模具与毛坯首次接触时达到上述较高的旋转加速度，通常采用喷砂处理、横向切口或碳化物颗粒沉积等机械方法形成粗糙的起始区域。然而，对于用于滚压环形件及导程角较小的螺旋形工件的横向进给圆柱模滚压系统，不要按上文所述补充摩擦力。

若摩擦转矩不足以在模具相对于毛坯移动时使毛坯转动，则毛坯不会开始转动，并且模具的移动会破坏毛坯表面，并可能导致毛坯与模具之间发生摩擦焊接。一旦毛坯开始与模具不存在滑移关系的转动，模具与工件之间的摩擦效应会产

生一种力来限制材料在模具表面上的径向流动。此时，经过成形的材料没有向外径向流动的更多空间。若滚压系统继续迫使模具穿透，则会导致周向流动。这会引起表面接触面积和抗扭力矩快速增大；如果持续增大，会导致径向成形载荷增大和毛坯停转。

20.2.7 定容过程

在滚压过程中，毛坯中的材料因与模具的连续接触而被重新定位。由于较少使用向内的周向金属流动且不会切除金属，因此对于大部分滚压情形，毛坯的体积对工件的最终尺寸和形状有着显著影响。图 20-6 所示为定容模型中的螺纹滚压径向流动增长与穿透。

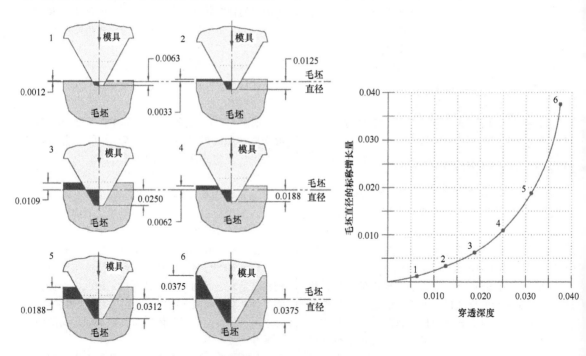

图 20-6　定容模型中的螺纹滚压径向流动增长与穿透

当模具上的螺纹牙型穿入毛坯时，向内的轴向流动受到同时穿入毛坯外径（OD）的系列相邻螺纹牙顶的约束。滚压系统控制模具的穿透速率，以确保不会出现明显的周向流动。金属向外径向流动，并且当模具凸齿开始穿透毛坯时，径向流动增长明显小于穿透深度。当穿透深度到达毛坯中心点时，径向流动增长率等同于穿刺速率。因此，当模具持续穿透至毛坯中心且齿根接近其最终直径时，工件自由流动外径的增长率显著高于齿根的下降率。上述现象会持续，直至模具齿形完成。若滚压系统试

图使模具进一步穿透，则无论是向内的轴向上还是向外的径向上均无流动。

由于无法进一步缩减工件直径，因此若继续将模具压入毛坯，会致使产生周向物质波，进而导致材料表面失效和剥落。这种情况会引发过多的接触，进而降低材料的可成形性。

20.2.8　导程角和直径匹配

若采用圆柱模或搓齿板进行滚压，并且毛坯与模具接触时的转数超过一圈，则模具的轨迹必须与

下一个接触模具的形状完全匹配。对于呈相位转动关系的模具，模具上螺纹牙型之间的匹配以及与毛坯之间的匹配类似于齿轮啮合时的共轭性，如图 20-7 所示。该图显示了径向进给螺纹滚压装置，其中模具轴线与毛坯轴线平行，且螺纹只有单向导程。若滚压系统的螺纹中径（即标准螺纹的无滑移滚动直径）为 1in（25.4mm）且模具有 4 个螺纹导程，则模具的螺纹中径必须为 4in（101.6mm）。若滚压模具轴线平行于毛坯旋转轴且未设计轴向进给，则必须保持以下关系：

$$\frac{模具滚动直径}{模具螺纹导程数或齿数} = \frac{工件滚动直径}{工件螺纹导程数或齿数}$$

横向进给滚压共轭性：

$$\frac{N_D}{N_P} = \frac{D_D}{D_P}（进给） = 0$$

式中，D_D 是模具滚动直径（in）；D_P 是工件滚动直径（in）；N_D 是模具螺纹头数；N_P 是工件螺纹头数。

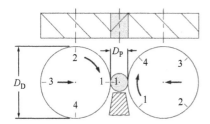

图 20-7　平行轴径向进给滚压共轭性

若螺纹有 4 个导程且其直径为 1in（2.54cm），并且模具螺纹中径为 4.5in（11.5cm），则模具可能需有 18 个导程。上述关系同样适用于花键或其他轴向成形件，但单向回转模具除外。

需注意的是，对于三模具径向进给滚压，模具直径与工件直径的最大比值为 5。若模具直径超过上述值，则模具在与毛坯接触前会相互撞击。

从图 20-7 可以看出，要确保完全匹配，模具上螺纹牙型的导程角必须等于工件上螺纹牙型的导程角。由于模具与毛坯同时滚动，因此模具的导程角旋转方向必须与工件的导程角旋转方向相反。为此，在径向进给滚压过程中，右旋螺纹成形必须采用左旋模具，反之亦然。

20.2.9　轴向进给

若模具与毛坯的滚压轴线相互平行，则模具与毛坯直径比将无法匹配，导程角也无法匹配。因此，可能会出现下列情形之一：若不匹配度较小（不超过螺距的 10% 左右），则毛坯将相对于旋转的模具而轴向向前或向后进给，从而形成轴向进给；若不匹配度远远超过上述值，则除轴向进给外，还可能造成齿形变形或损伤。不建议采用上述工艺，尤其是在滚压硬质、精密的成形件时。

若需要更长的连续螺纹或导程角较小的其他螺旋牙型，则有必要使模具旋转轴偏离于工件旋转轴，从而形成轴向进给。在图 20-8 所示的斜轴两圆柱模

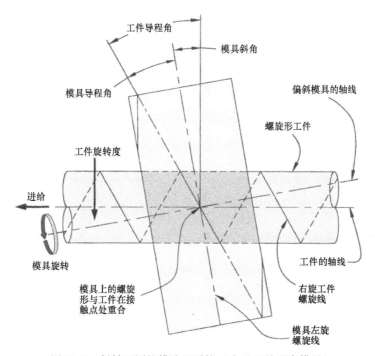

图 20-8　斜轴两圆柱模滚压系统（在毛坯处观察模具）

滚压系统中，同样有必要使模具凸齿导程角与已滚成的形状的导程角在接触点处相匹配。因此，根据模具的旋转方向和已滚成的形状的旋转方向，模具导程角、模具斜角和工件导程角之间应具有以下关系（见表 20-1）。

表 20-1 工件旋向和模具旋转方向的关系

工件旋向	模具旋转方向	关系
RH 右旋	LH 左旋	模具导程角 + 模具斜角 = 工件导程角
RH 右旋	RH 右旋	模具导程角 − 模具斜角 = 工件导程角
LH 左旋	RH 右旋	模具导程角 + 模具斜角 = 工件导程角
LH 左旋	LH 左旋	模具导程角 − 模具斜角 = 工件导程角

若模具旋转方向与工件旋向相反，则根据以下公式确定工件的轴向进给量：

$$F = \frac{\left(\dfrac{D_D}{D_P}\right)N_P - N_D}{\text{TPI}} \qquad (20\text{-}1)$$

式中，F 是模具每转一圈的轴向进给量（in）；D_D 是模具滚动直径，单位为 in；D_P 是工件滚动直径，单位为 in；N_D 是模具螺纹头数；N_P 是工件螺纹头数；TPI 是每英寸螺旋形数（螺纹数）。

若模具旋转方向与工件旋向相同，则公式为

$$F = \frac{\left(\dfrac{D_D}{D_P}\right)N_P + N_D}{\text{TPI}} \qquad (20\text{-}2)$$

因此，为增大滚压过程中的贯通进给速率，需使模具旋转方向与工件旋向相同。模具直径由滚压机床尺寸确定，模具斜角由滚压机床几何尺寸确定，进给量受限于模具转速、可用电源、滚压系统对穿过模具的工件的控制能力。

对于螺纹滚压或其他导程和深度较小的螺旋形滚压，可使用环形模具。在这种情况下，模具的导程为零，并且将模具斜角设置为工件的导程角。使用环形模具时，进给量（F）的公式中的模具螺纹头数（N_D）等于零（0），则

$$F = \frac{\left(\dfrac{D_D}{D_P}\right)N_P}{\text{TPI}} \qquad (20\text{-}3)$$

在翅片滚压过程中（需使用非常薄的模具凸齿并彼此隔离）使用环形模具是很常见的。通常，上述模具包含若干个带特殊成形形状的精抛光圆盘，这些圆盘堆叠在一起并锁定在一个轮毂上。可以倾斜该模具，以实现管道的连续成形滚压。

通过斜轴贯通进给滚压，也可以滚压出环形件。在上述情况下，工件无导程角。因此，模具导程角必须等于模具斜角并与模具斜角反向，上述公式中的 N_P 将为零（0）。贯通进给滚压花键时，前文所述的所有关系均适用。但是，较小的模具斜角通常无法提供足够的轴向进给力，以形成标准渐开线形状，从而增加了工件上不全牙的长度。若要滚压此类花键或锯齿，模具应为平行轴配置，并且通过向工件施加外部轴向力产生贯通进给作用力。

贯通进给滚压抛光或平滑圆棒矫直时，模具也处于平圆状态，并且贯通进给作用力仅与模具表面轴向分量有关。因此，模具每转一圈的进给量等于模具周长乘以斜角的正弦。

20.2.10 工作温度

大部分滚压工艺无须事先加热毛坯。本文中的所有数据均基于起始温度为室温的毛坯的相关操作经验和测试。

在滚压操作过程中，为引起塑性变形而向毛坯施加的能量会造成已成形材料温度的升高。为了散热，需使用冷却液和润滑剂。通过与工件接触，某些热量被传递到模具中，滚压工件失去热量平衡。

使直径较小的毛坯产生大的滚压变形时，毛坯温度的升高会造成毛坯滚压过程中暂时明显伸长。这种情况下，工件冷却后，滚成的形状可能要比模具齿形短。在贯通进给滚压过程中，上述情形更为普遍。此时必须增大模具螺距以补偿热膨胀。

在某些滚压应用中，如用高硬度材料生产飞机用紧固件，通过加热毛坯来增大塑性区和降低屈服应力，从而减少所需的滚压力并延长模具寿命。在这种情况下，需保持加热后的温度低于毛坯材料的回火或相变温度，以防止冷却后工件的强度降低。

当对较大的汽车轴毛坯进行单转滚压成形及对研磨机钢球进行贯通进给环形滚压和截断时，在滚压之前将材料加热至一定的烘热状态。通过这种方法使直径不超过 3in（76mm）的工件呈现主截面面积缩减所需的高塑性状态。

20.3　滚压系统几何形状和特性

若要大范围采用滚压工艺，需使用各种滚压系统。不过，所有滚压系统均需具有以下三个基本要素：第一个要素是使模具与毛坯之间产生滚动接触；第二个要素是使模具以受控方式穿透毛坯；第三个要素是要有模具支承结构，以使模具之间以及与正在滚压的毛坯之间保持正确的相对位置。

20.3.1　滚压运动源

形成滚压力矩的常见方法有以下两种：
1）驱动模具，从而通过摩擦带动毛坯。
2）驱动毛坯，从而通过摩擦带动模具。

在某些特殊情况下，若模具与毛坯之间的摩擦力不足以使模具与毛坯之间保持无滑移滚动接触，则可同时驱动模具和毛坯。

20.3.2　模具穿透源

形成滚压模具穿透力的常见方法有以下五种：
1）径向进给。向从动平行轴圆柱模施加径向力，以使模具移入毛坯。
2）平行进给。①驱动两搓齿板进行平行相对运动；②在中心距不变的情况下使从动圆柱模相对于固定凹模转动；③使平行轴两圆柱模在中心距不变的情况下转动。在上述三种情形中，模具的成形表面、齿、螺纹或模具凸齿逐渐从表面升起。

3）贯通进给。使毛坯沿着中心距固定不变的斜轴或平行轴从动两圆柱模或三圆柱模（其成形表面、齿、螺纹或模具凸齿逐渐从其表面升起）之间的中心线做轴向运动、旋转运动和贯通进给运动。

4）切向进给。①向两平行轴施加径向力；②使中心距固定不变的圆柱模靠惯性滑行，以使其相对于转动的毛坯周向移动。

5）强制辗滚进给。沿着固定平行轴从动两圆柱模或三圆柱模（含有逐渐从模具上升起的直齿或螺旋角较小的齿）之间的中心线向靠惯性滑行的毛坯施加轴向力。

若要获得符合公差、长度和位置要求的期望滚成的形状，通常必须在同一滚压机床和滚压循环中依次组合或同时组合径向进给模具穿透作用力和贯通进给模具穿透作用力。此类滚压过程称为"切入/通过/打开"，尤其适用于在模具宽度小于滚压螺纹长度的工件台肩、凸缘或底部沟槽毗邻处滚压长螺纹牙型。

20.3.3　模具支承和调整结构

实质上，所有滚压系统的模具和毛坯在相对位置、运动和调整方面是基本相同的。图 20-9 所示为具有综合径向进给和贯通进给模具穿透能力的两圆柱模滚压系统的模具支承和调整结构。

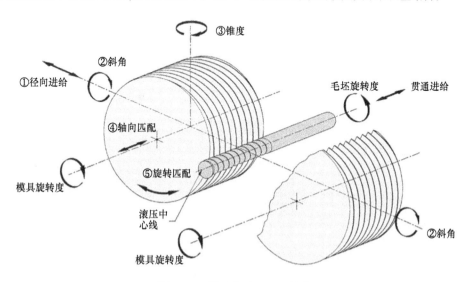

图 20-9　模具支承和调整结构

该图及其术语同样适用于搓齿板滚压系统。搓齿板本质上是具有无穷大半径的圆柱模。其中一个模具的等效中心线是固定的，另一个模具的等效中心线相对于固定模具表面平行移动。在滚压过程中，毛坯中心线将平行于固定模具表面移动。同理可类推到其他所有滚压几何形状。

20.3.4 常见的滚压系统和滚压件

表20-2列出了常见的滚压系统及其特性。

许多圆柱模滚压机床具有径向进给和贯通进给等综合系统能力，可适用于其他模具或毛坯传动装置。

表20-2 常见的滚压系统及其特性

滚压系统通用名称	滚压系统示意图		是否从动工件	是否从动模具	是否固定模具轴线	模具穿透			模具轴线	
	后视图	左视图				径向进给	平行进给	贯通进给	平行	倾斜
搓齿板滚压机床			●				●		●	
行星模滚压机			●	●			●		●	
搓齿机			④						●	
双模横向进给滚压机床			●			●			●	
双模贯通进给滚压机床			●	●				●		●
双模旋转径向进给滚压机床			●	●	●				●	
三模横向进给滚压机床			●			●			●	

（续）

滚压系统通用名称	滚压系统示意图		是否从动工件	是否从动模具	是否固定模具轴线	模具穿透			模具轴线	
	后视图	左视图				径向进给	平行进给	贯通进给	平行	倾斜
三模贯通进给滚压机床				●				●		●
三模强制窜滚进给滚压机床				●				③	●	●
收敛轴滚压机床				●		●			①	
敲击滚压附件			●					●		●
切向进给滚压附件			●			②			●	
径向进给滚压附件			●	●						

（续）

滚压系统 通用名称	滚压系统示意图		是否从 动工件	是否从 动模具	是否固 定模具 轴线	模具穿透			模具轴线	
	后视图	左视图				径向 进给	平行 进给	贯通 进给	平行	倾斜
三模端面 进给滚压头			●							

① 纵向平行和横向收敛。
② 通过切向运动径向进给。
③ 通过轴向力贯通进给。
④ 选装一个固定中心线模具。

图 20-10 所示为利用上述滚压系统生产的普通滚压件。图中所示的每个工件具有一个或多个滚成的形状，这些形状是实现工件最终功能所必需的。

图 20-10 普通滚压件（来源：Kinefac Corporation）

20.4 工艺经济性与质量效益

20.4.1 一般优势

对于某些应用，前述各滚压系统均有优于其他滚压系统的地方，同时也各有其局限性。综合考虑这两个方面，在可以加工出所需形状的情况下，采用滚压工艺比采用其他工艺具有一些非常显著的优势。其中最重要的优势如下：

- 高速。
- 节约材料。
- 形状可重复。
- 物理特性优越性。
- 表面条件改善。
- 易于设置。
- 设备成本低。
- 运行成本低。
- 更少废料。
- 具有系统集成能力。

20.4.2 高速

在切削操作中，实际的材料去除率会受到系统从切削刀具和工件之间的界面处带走热量的能力的限制，而滚压则没有此类负面限制。迄今为止的经验表明，限制金属变形速度的主要因素是滚压机床施加控制成形能量的能力。因此，对于直径小于 0.75in（19.05mm）的工件，滚压循环很少超过 4s 或 5s；对于直径为 2~6in（50.8~152.4mm）的工件，滚压循环很少超过 10~50s。以上时间不包括工件处理时间，并且取决于工件的轮廓几何形状和材料条件。滚压系统描述引用的是各种滚压应用的标准生产率。在绝大多数情况下，其速度都比相应的金属切削加工速度快 2~20 倍。

要达到以上生产率，就要求毛坯或原材料可滚压和自动进给。当满足这两个条件时，滚压即成为制造工程师可采用的最快的金属加工工艺之一。

20.4.3 节约材料

由于滚压属于无屑的工艺，因此当用它取代切削工艺时可以大幅节约材料。在螺纹、蜗杆和锯齿的滚压过程中，金属通常向外和径向流动，此时材料节约效果非常明显，其原因是用于成形的毛坯直径远远小于产品的最终外径（D_o）。对于通常在螺纹中径（D_P）上方和下方大致对称的形状，毛坯直径接近螺纹中径。因此，通过以下简单的公式可以估算出近似的材料节约量：

$$材料节约（\%）= \frac{D_o^2 - D_P^2}{D_o^2} \times 100\% \quad (20\text{-}4)$$

例如，与切削相比，滚压 3/8″-16 TPI 螺纹可以节省大约 20% 的材料。还应该注意的是，与需加入硫或其他元素增强可加工性的钢相比，普通低碳钢价格更低便宜 5%～20%，且滚压效果良好。

在滚珠毛坯、轴承滚柱、销钉等金属向内和轴向流动的类似工件的贯通进给工件成形过程中，成品工件与原始毛坯的直径大致相同。在这种情况下，材料节约量随金属伸长率的变化而变化。要计算后者，只能将成品工件的实际体积与具有相同外径和总体长度的圆柱体进行比较。

20.4.4　物理特性优越

由于滚压本质上属于锻造工艺，因此与用锻造材料经切削加工出的零部件相比，通过滚压生产的零件通常表现出更优越的物理性能。这些物理性能的改善可分为三类：抗拉强度改善，疲劳特性（疲劳极限）改善和表面硬度改善。滚压件之所以带来抗拉强度的改善，主要是由于其硬度增加。因此，用低碳钢滚压的螺纹和其他形状的钢材，其静态抗拉强度不会明显增加。另一方面，不锈钢、镍钢和其他加工硬化材料的滚压件将表现出静态抗拉强度改善，这与滚压冷加工导致的截面硬度增加的积分值相关。

由于滚压引起的硬度增加与滚成的形状、穿透率、材料先前的冷加工记录以及材料的化学组成有关，静态抗拉强度的确切改善量难以预测。因此，在使用滚压件时，一般不建议改变峰值静载安全系数。不过，前述代表性实例给出的是关于通过滚压螺纹而非切削螺纹实现总体改善的某种具体设想。一般而言，这种改善主要发生在热处理后进行滚压的情况下。在轴承行业中，有人发表实例称，在热处理和精磨之前通过滚压进行内滚道预成形，可使轴承寿命提高 15%～30%。

使用滚压可以显著提高疲劳寿命。由于滚压成形表面经过加工硬化，通常非常光滑，并且流线沿滚压所成形状的方向，因此有抵抗疲劳裂纹成核的倾向。此外，由于滚压件表面存在的残余压应力减少了在一定的载荷条件下表面上的应力反转幅度。因此，在循环应力紧固件中，螺纹滚压在许多情况下可使高碳钢螺栓的疲劳寿命提高 1 倍，而且在加工硬化或热处理合金材料中，滚压可使疲劳寿命提高 3 倍。

通过大量的定性数据和大量具体的定量实例进一步验证，可以肯定，正确应用滚压工艺，可有效改善工件的疲劳寿命。然而，在改变工件设计或载荷使其满足该工艺使用条件前，应先进行疲劳测试。

20.4.5　表面条件改善

鉴于滚压工艺的基本特性，如果应用得当，获得的滚压表面通常具有 8～24μin（0.203～0.610μm）均方根（RMS）的表面粗糙度，这远远优于绝大多数其他常规金属切削工艺所能达到的表面质量，并且与通过更好的研磨技术获得的表面相当。另外，与研磨件上相同的微英寸尺寸的表面相比，24μin（0.610μm）滚压表面上的凹凸形状更圆滑，表面系数更低。因此，虽然滚压表面并不总是具有切削形成的颜色亮度，但它们相当光滑。

由于摩擦磨损主要是由于凹凸焊接和拉拔所致，因此滚压形成的倒圆凹凸面往往更能耐受此类磨损。另外，当滚压表面与配合部件滑动接触时，这些倒圆凹凸面往往产生较低的摩擦系数，进而降低配合工件上的磨损水平。事实上，用借助模制尼龙齿轮运行的滚压蜗杆替代滚铣蜗杆后，通常会使塑料齿轮的磨损寿命提高 50%～200%。

滚压螺纹上的摩擦系数降低，可视为另一个优点。与施加到切削螺纹螺栓上的相同扭矩相比，滚压螺栓上给定的输入扭矩可以产生更大的螺栓预紧力。最后，与通过切削和研磨获得的表面相比，由滚压形成的高度光滑表面及其相关的表面硬度更能耐受割痕和腐蚀。

20.4.6　形状可重复性

如果应用得当，滚压工艺能够在滚压件的表面上出色地反复再现精确的加工形状。由于这一特性，在外形构成关键设计特征的情况下，如对于螺纹或蜗杆，该工艺弥足珍贵。在一根传统低碳钢螺纹杆上，用一组新模具滚压的第一道螺纹和第三十万道螺纹的标准牙型没有任何明显的形状差异。

当形状与外径成比例变深时，材料的均匀性可能会影响滚压件的轴向回弹，从而影响其导程，不过即便如此，个体形状的可重复性仍然几乎不受影响。当然，如果对毛坯直径不予控制，则形状的直径和饱满度可能会有所变化。

可重复性特性在贯通进给辊成形和截断应用中尤其有用，因为它允许精确控制工件长度，断开区域除外。因此，该特性使我们可以用柔性材料高速生产各种简单的环形毛坯，并且这些毛坯的体积和重量的可重复性高。最后，当这种形状可重复性与待滚压毛坯的适当直径控制相结合时，就能以较低的成本获得高精度零件。这些工件包括 3A-5A 螺纹，圆度公差在 0.002in（0.051mm）以内的滚珠毛坯等。

20.4.7 易于设置

由于滚压工艺通常需要将毛坯一次性快速通过一组模具，而且这些模具包含了该工艺将要形成的精确形状，因此操作人员在设置中必须控制的变量数量十分有限。因此，在精心设计的滚压机床中，可以快速而准确地进行校准调整，切换到另一项经过验证的作业所需的设置时间通常不超过 30min。如果使用自动进给装置，则可能额外需要一两个小时。即使算上这段额外的时间，与成形加工机床，如丝杠螺纹车床、螺纹铣床、滚齿机或螺纹磨床等相应的设置相比，标准滚压系统的设置通常更容易且更省时。

一旦设置完成，根据工艺变量，可以在加工成千上万个工件之后才更换滚压模具，而切削刀具很少能够在连续加工数个工件后仍不需要更换或重新成形。因此，滚压的换刀频率远远低于类似的切削工艺。

20.4.8 设备成本低

通常，滚丝机由应力支架、基座单元、模具安装单元、模具驱动系统、工件支承或进给装置，以及用于协调这些组件的一系列控件组成。由于这些组件主要设计用于正确放置、协调和驱动两个或三个模具，并在滚压过程中支承或进给毛坯，所以在多数滚压机床中，机械装置的总量少于类似的车床、滚齿机、自动螺杆车床等，它们的整体生产率往往比相同尺寸的金属切削机床高出许多倍。正因为如此，即使建造的滚压机床比上述切削机床少很多，但一台滚压机床的每分钟单位生产成本通常要低得多。

20.4.9 运行成本低

滚压速度快捷，这也使得每分钟单位生产占地面积需求成比例减少。在可以采用滚压作业的情况下，一定生产率所需的总空间成本通常会比与之竞争的切屑制造系统的空间成本低得多。研究还表明，滚压工艺的单位生产电力成本（kW·h）低于竞争对手的金属切削工艺。在一定程度上，这是因为滚压工艺速度快，也是因为金属切削工艺将很大一部分输入功率用来克服刀屑摩擦所造成的。

20.4.10 无切屑清除成本

没有切屑使滚压工艺具有几大优点：首先，它不需要处理切屑；其次，如果在相应的金属切削工艺中必须大量使用冷却剂、润滑剂，就必须对这些切屑进行清理，并对冷却剂/润滑剂进行回收利用，以降低新的冷却剂成本和有害废物清除成本。滚压也会使用工艺润滑剂和冷却剂，但是单位生产用量要少得多，而且润滑、冷却材料仅由滚压工件带出，因此更容易被吹掉并返回滚压系统。最后，由于没有切屑，无须寻求金属切削系统为了防止切屑干扰进行中的工艺作业必须采用的转速、进给和其他手段。

20.4.11 系统集成能力

圆柱模滚压机床的配置通常使自动装载和卸载得以简化。因此，它们非常适合集成到多工艺自动化系统中。这一特性使滚压特别适合于高速自动化大批量生产轴类工件，此类工件可由冷成形毛坯生产。图 20-11 所示为一个集成式小型电机轴的滚压和测量系统。该系统挤出毛坯直径、滚压蜗杆、转动与蜗杆同心的支承轴承直径，然后以大约每分钟 8 个工件的速度自动滚压换向器和滚花。

它是一个用于生产汽车交流发电机、起动机、雨刮器、车窗升降机和座椅调节器轴以及各种汽车转向部件和随动轴的标准系统。

20.5 可滚压的形状

滚压工艺可以生产螺旋形、环形和轴对称形状，这些形状的结构通常由三个基本要素定义，即侧面斜率、导程角和成形深度。其中每个要素可能差别很大，但是都密切相关。不过，在任何情况下，形状必须能够与成形模产生共轭滚压作用。通常，侧面斜率和成形深度受到模齿以下能力的限制，即进入毛坯、穿透、形成滚成的形状、离开正在被滚压的工件时不引起滚成的形状变形，以及不使成形模具因弯曲载荷而过度受力的能力。表 20-3 列出了外径为 0.25～1.5in 的常见可滚压的形状。

除了这些相对标准的形状之外，各种翅片、凸缘、凹槽以及其他功能形状和表面也可以被滚压，前提是材料能够维持所需的变形而不会失效。

表 20-3 外径为 0.25~1.5in（3.175~12.700mm）的常见可滚压的形状

功能	产品	齿形	牙侧角	牙侧形状	齿数（最小值和最大值）		T.P.I. 或 D.P. （最小值和最大值）		
紧固件	机用螺钉		30°	直	—	1	4	80	T. P. I.
	木螺钉		30°	直	—	1	8	32	T. P. I.
	自攻螺钉		30°	直	—	1	12	48	T. P. I.
线性驱动	爱克母螺杆		14.5°~30°	直	1	5	4	16	T. P. I.
	丝杠		10°~30°	直	1	7	4	32	T. P. I.
	滚珠丝杠		45°	哥特式	1	2	2	10	T. P. I.
转矩连接	滚花		45°	渐开线	20	240	64	160	D. P.
	抓持滚花		45°	渐开线	20	90	24	60	T. P. I.
	锯齿		45°	渐开线	20	48	$\frac{8}{16}$	$\frac{32}{64}$	D. P.
	花键		30°~37.5°	渐开线	17	48	$\frac{12}{24}$	$\frac{32}{64}$	D. P.
转矩传输	蜗杆		10°~20°	渐开线	1	4	3.5	16	T. P. I.
	齿轮		20°短齿（20°螺旋）	渐开线	12	48	12	32	D. P.
流体连接	管螺纹		30°	直	—	1	8	27	T. P. I.

20.5.1 齿形

滚压工艺最初得以开发是为了高速生产紧固件上的螺纹。因此，大部分早期的工艺开发工作主要涉及机床丝杠螺纹，并且大部分滚压经验来自在搓齿

板滚压机床上滚压具有 30°牙侧角和单一导程的螺旋形状。随着越来越多地使用千斤顶螺杆和其他驱动用途的螺杆，滚压工艺被应用于具有 14.5°牙侧角的爱克母螺杆，从而使驱动作用力与耗损径向齿载荷之比最大化。大多数爱克母驱动螺杆是单线螺杆，但是随

着塑料螺母被用于步进电机和其他运动装置，多线高导程角丝杠越来越普遍。用于紧固件的 60° 牙型的牙侧角公差通常为 0.5°。由于矩形、低螺旋形状被用于驱动和承载移动载荷，它们常常被降低到 ±0.25°。

随着减摩滚珠螺母的出现，相关的滚珠丝杠需要一个弯曲的侧面与螺母中的滚珠配合。由于滚珠螺母需要在两个方向上和预加载荷条件下工作，因此匹配的螺旋形状必须以与角接触滚珠轴承相同的方式接触滚珠。为此，人们开发了哥特式弧形侧面形状。这些形状由两个相交于尖削根部的对称圆弧组成，并且其设计使得侧面以适当的压力角接触螺母滚珠。它通常约为 45°，匹配的圆弧形状通常稍大于滚珠。这些哥特式圆弧形状保持非常精确的公差，旨在以期望的压力角形成指定的滚珠接触区域。标准滚压滚珠丝杠采用直径为 0.125~0.5in（3.175~12.700mm）的滚珠。

图 20-11　集成式小型电机轴的滚压和测量系统（来源：Kinefac Corporation）

用于抓持或压配合用途的滚花滚压起初采用简单的铣削模具切削滚花齿，这些模具是使用 90° 铣刀的角切削的。因此，45° 牙侧角成为标准并沿用至今。然而，现在的滚花具有多线和高导程角。当导程角增加到 60° 时，滚压作用在侧面上形成稍稍渐开的形状。通常，这些滚花的螺距范围从 128 到大约 24TPI（每英寸螺纹数）。

早期的滚花设计采用全齿高对称形状，具有尖削齿顶和齿根。在具有尖削齿顶形状的轴上滚压直纹滚花时，由锐利的穿刺模齿产生的浅金属流造成过多的顶缝。当这些滚花被用来与配合齿轮或电机叠片形成压配合时，齿顶弯折，导致接合不良。

为了解决这个问题，人们开发了专用全齿高滚花形状。对于这些通常在 20~60TPI 之间的抓持滚花，其齿根是扁平的，并且是齿底宽度的 2.5 倍。因此，在滚压工艺中，相关的宽模齿顶会产生深金属流，很容易填充较浅的相邻齿形而不造成接缝。由于这些滚花可以滚压得很饱满，而且往往不会产生周向流动和剥落，滚压后的外径公差与滚压前的大致相同。因此，利用精密模具和毛坯，可以使滚花外径公差保持在 0.001in（0.0254mm）以内。

通过将很大螺距的直纹滚花（花键）用于轴向转矩连接，为滚压工艺开辟了新的应用领域，如将其用于汽车、电器和其他大批量机械应用。同样，为了尽可能增大有效转矩传递能力，同时尽可能减小接合处径向力的耗损，牙侧角被减至最小，同时仍保持形状可滚压性。目前，37.5° 和 30° 的牙侧角日渐普遍。

为了提供最佳性能，滚压的渐开线形状可以保持严格的公差。为了获得凸出齿形，齿形误差低至 0.0005in（0.0127mm）（通常为负值）是很常见的。如果毛坯和滚压条件合适，可保持齿间距误差低于 0.001in（0.0254mm），具体取决于滚压系统。

压力角对于中径公差能力有着显著的影响。随着压力角的减小，齿距和齿厚的变化会导致该尺寸"跨线"测量值的变化逐渐增大。在所有其他条件同等的情况下，齿距和齿厚引起的跨线测量值变化与压力角的正切成反比。

在滚压花键和小齿轮的过程中还有一个重要考量，即要求侧面的所有渐开线形状必须在生成的渐开线的基圆之外。该特性具有限制滚压工件上最小齿数的作用。指定毛坯上的压力角越小，齿根高越低，可以滚压的最小齿数就越高，而不会导致模具底切侧面齿根区域。应该指出的是，通过增加螺旋角可减轻该限制。因此，螺旋形状不会出现这种限制。

对于直角蜗轮转矩传输，采用塑料蜗轮工作的滚压蜗杆已经得到广泛应用。风窗刮水器驱动器和电动车窗升降驱动器最初采取 20° 的牙侧角，随着对减小尺寸和提高效率的需求增加，牙侧角已经降低到 10°。

在以上和类似应用中，为了平衡钢蜗杆齿与塑料蜗轮齿的有效弯曲强度，并减小驱动器的体积，人们开发了专用齿形。蜗杆齿的厚度减小了 30%，蜗轮齿则等量增加。另外，齿深度与轴直径之比已增加到 25%，具体取决于蜗杆中的导程数量。

滚压蜗杆中径公差可以达到 0.0005in（0.0127mm），但是随着齿深度与中径之比的增加，蜗杆在其接合点向轴弯曲将覆盖中径误差，对于小直径单导程蜗杆尤其如此。这种弯曲在直径为 3/8in（9.53mm）的轴上可达到 0.007in（0.178mm）TIR（总指示器读数）。为了尽可能减少这种弯曲，可以采用特殊的模头径向跳动和滚压工装，但是如果要求 0.0015in（0.0381mm）TIR 或更低的径向跳动，则需要随后进行矫直操作。

最后，对于平行轴螺旋齿轮转矩传递，目前对常规的 20°短齿齿轮形状进行滚压，但通常不采用全齿高。它们主要用于低精度应用。不过，高精度汽车变速器行星齿轮已经多年采用滚压加工。在这些应用中，表面金属流动量有限，并且中径不受滚压控制，滚压仅作用于形状和表面粗糙度。形状公差几乎完全取决于滚压模具和毛坯的设计和精度，并可低至 0.0003in（0.00762mm）。

前述齿形通常是以对称（即平衡）形状制造的。然而，在很多特殊情况下，人们通过制造非对称形状来处理单向载荷。对于螺纹而言，通常情况下，牙侧角在加载牙侧面上低至 5°，在卸载牙侧面上低至 45°。另外，对于锁紧蜗杆，如用于货车空气制动器松紧调节器上的锁紧蜗杆，采用较小程度的非对称性。

在所有上述应用中，牙侧角限制也与成形深度和牙侧形状密切相关。对于给定的螺距，随着深度的增加，牙侧角形状迅速变尖。因此，渐开线花键具有标准的径节，但齿高被削减 50%。所以，20/40 螺距花键的齿距相当于 20 径节的齿轮，而其齿高相当于 40 径节的齿轮。

对于法兰等具有径向增长的环形形状，形状的径向增长和深度主要取决于材料可滚压性，以及模具收集该材料并产生径向流，同时防止轴向流和尽量降低周向流倾向的能力。对于大多数此类应用，获得与模具凸齿穿透等的径向流通常是不现实的。

最后，滚压形状的深度及其外形受材料的可滚压性、模具穿刺模式、模具设计、模具表面粗糙度和所使用的滚压系统影响很大。

20.5.2 导程和螺距

标准紧固件螺纹具有导程角为 2°~5°的单导程，该导程提供螺纹紧固件所需的扭矩自锁特性。多数螺纹通过最多具有两个啮合直径的螺母或螺纹孔来固定，因此标准螺纹规格不提供任何导程角或导程精度，并且在标准中没有规定它们的具体公差。

如果将螺旋形状用于驱动用途，则其导程可成为重要的特性。多数直径小于 0.25in（6.35mm）的滚压驱动螺杆只有一个导程，导程角为 10°或更小。在通过径向进给方法滚压时，整个滚压区域在模具宽度内，此时可以实现非常精确的导程可重复性。对于具有一致屈服强度的毛坯和保持直径公差为 0.001in（0.024mm）或更小的毛坯，可以使导程公差始终保持在 0.0007in/in（0.0007mm/mm）内。因此，如果对模具导程进行补偿，一般通过反复试验针对轴向回弹来进行补偿，则 0.0002in/in（0.0002mm/mm）是可行的。

当螺杆或其他螺旋形状比滚压机床中的可用模面更长时，必须使用贯通进给法来滚压该形状。这种情况下，导程控制更困难，因为模具的倾斜、穿透和静滚、设置及材料的变化，都会影响所形成的导程。在工件通过模具时，模具仅作用于工件的一小部分，这使得在此期间发生的任何误差都保留在工件中。因此，贯通进给导程误差会累积起来。

将工件导程内置于模具中，该导程加上或减去了为设置而设计的偏斜设定值，并加上了对轴向拉伸或回弹的补偿。如果全部估算和设置正确，导程角小，形状的深度相对于工件的整体直径而言较浅，则导程会令人满意并且可重复。对于普通的单导程爱克母螺杆驱动应用，可以轻易实现 ±0.001in/in（±0.001mm/mm）的导程公差，而无须模具补偿。

当形状相对于外径而言更深，或者增加线数以使每螺旋转动的轴向运动更长时，工件的导程角将会增大，此时所有变量都会发挥作用。在这种情况下，调整滚压机床倾斜度可能会产生一些有限的效果。此外，可以利用对滚压机床的锥化调整来补偿拉伸效应，但是在许多情况下，必须对模具载荷进行反复试验修正。如果模具直径没有改变，则需要对模齿和间隙厚度进行相应的调整。

对于在滚压后必须硬化的精密丝杠或滚珠丝杠，必须进行额外的导程补偿。尽管有此额外的变量，一些制造商仍然实现了与热处理后螺杆的理论导程相差 0.0001in/in（0.0001mm/mm）的导程精度。

对于轴向形状，根据所使用的滚压系统，导程控制会遇到不同的变量。对于采用径向模具穿透的系统，导程主要由模具导程、滚压机床设置以及毛坯送入滚压机床时的对准精度决定。后者自然会受到毛坯加工和支承方式的影响。因此，假设在支承和测量位置之间不发生毛坯径向跳动，与理论值相比 0.0002in/in（0.0002mm/mm）的导程误差是可行的。

对于通过强制进给法滚压的花键和其他轴向形状，还有一个可能影响导程的额外变量，即可能由模具的穿透形状引起的非常小的螺旋倾向。根据形状的深度和压力角以及模具穿透区域的长度和外形，这可能产生不超过 0.0005in/in（0.0005mm/mm）的导程变化。在多数情况下，这种效应可以忽略不计，但是在滚压更大更长的花键时，就需要在滚压机床上进行精密的模具偏斜调整予以补偿。

20.5.3 成形深度

如20.2.7所述，滚压形状总深度由模具在毛坯中的径向穿透量加上位移材料的径向生长量组成。因此，可滚压形状的深度随着支持和限制局部径向流动的条件变化而变化。这些变量包括牙侧角、齿厚与齿高比、毛坯可滚压性、模具穿刺类型、每次接触模具穿透量、可用模具穿透接触面、模具表面条件和工艺润滑，在某些情况下，还包括滚压外径与齿根直径之比。

由于存在很多相互作用的变量，因此定义可滚压成形深度的定量关系或数值极限是不实际的。同样，下列一般性表述可以用来说明最大化滚压成形深度的方法：

- 最大化模具凸齿顶部角半径。
- 最小化模具顶部平坦部分长度。
- 选择伸长率最高的材料。
- 避免使用快速加工硬化的材料。
- 尽可能降低模具齿形顶部和侧面的表面粗糙度。
- 避免模具侧面的周向表面不连续性。
- 通过模具设计或一些外部手段最大限度地提高管坯的轴向约束力。
- 用高油膜强度润滑剂为滚压工艺提供溢流润滑。
- 每个模具接触面的穿透量最大化。

20.5.4 根部和顶部形状

一般来说，由于各种原因，滚成的形状要求根部和顶部半径。由于模具齿形的根部形成工件的顶部，因此出于两个目的而将顶部半径添加到工件。对于24 TPI及更小的细牙螺纹，必须有这些半径才能在不磨损磨轮的情况下打磨模具根部，同时必须有这些半径才能将滚压接缝从侧面移开。在多数情况下，易于打磨的最小根部半径是0.002in（0.0508mm）。

允许模具顶部半径的工件根部半径主要用于在模具进入毛坯时改善模具顶部周围的金属流动。这种模具顶部周围的顺畅金属流动通常会改善工件根部的表面粗糙度。表面粗糙度的改善加上根部圆角半径的应力减轻效应，也会改善滚成的形状的疲劳强度。

在滚压要求根部平坦较宽的形状时，通常需要增加圆角半径，以防止由于湍流金属流动而导致的材料剥落，这种情况在穿透模具凸齿具有尖角时会发生。

对于径向进给滚压应用，如果在深纹蜗杆之类的滚成形状上要求很宽的根部空间，并且工件上的空间宽度必须与侧面底部保持齐平，则有时需要使模具顶部变尖，这样可以防止位移材料被捕集在较宽的穿透模具顶部下方。这种捕集作用如果不能消除，会导致一些不易滚压的材料产生大量脱屑。

在窜滚滚压机床具有较宽根部平坦形状时，模具尖化也被用于使可能形成的顶部接缝居中。这种情况下，穿透区域内的模具顶部尖端朝着静滚区域侧移，以平衡沿每个模具侧面的金属流。

20.5.5 表面特性

在几乎所有常规的螺旋形和环形滚压应用中（见表20-3），很容易在可延展金属的工件上实现具有8μin（0.203μm）或更光洁侧面的滚压表面。然而，所滚成的形状顶部和根部受到滚压工艺各方面的影响，这常常会提高这些区域的表面粗糙度值。

在所滚成的形状顶部的成形过程中，正在成形的材料通常比在中间的材料更快地沿收口模具侧面的两侧向上移动。因此，当它填满模具根部时，可能会形成顶部接缝。在许多应用中，当工件被滚压饱满时，接缝已经被沿着侧面向上流动并在顶部平坦区域会聚的材料封闭。如果模具穿透在工件被压饱满时立即停止，接缝将消失，并且顶部将具有类似于侧面的表面粗糙度，前提是工件由不使用支承叶片的系统滚压。如果工件没有被滚压饱满，并且径向生长没有达到模具根部，则顶部可能会有尖锐的边缘。一般来说，从模具寿命和工件质量的角度来看，最佳滚压条件介于两者之间，从而使滚压刚好饱满得足以在工件顶部的中间部位留下一条窄细接缝。

需要指出的是，在几乎所有的应用中，多数滚成的形状顶部的微细接缝对形状的功能或使用寿命没有负面影响。在静态螺纹紧固件中，此微细接缝确实会改变其承载能力。对于经受循环载荷的紧固件，疲劳失效的主要原因是螺纹根部。对于驱动螺杆或蜗杆，顶部接缝不会影响侧面的耐磨性能或中心轴区域的抗扭强度。

在极少数应用中，微细顶部接缝可能会导致某些问题，如当滚成的形状外径用于滚成形状的承载或收敛功能时。这种情况下可能需要滚压饱满。遗憾的是，在许多应用中，顶部接缝不太美观，导致用户要求将形状滚压饱满或具有冠状顶部表面，此冠状顶部随后可通过其他工艺清除。

滚成的形状根部的表面条件相差很大，这主要取决于穿透模具凸齿的形状、材料特性以及可能出现的过度滚压程度。如前所述，如果具有适当圆角半径且尖化，具有穿透模具凸齿的模具往往会在常规滚成的形状上产生非常光滑的根部，并且即使在稍稍过度滚压的情况下，也不会导致根部表面粗糙度值的提高。

20.5.6　亚表面特性

当滚压模具径向穿透毛坯时，发生位移的金属可能在三个方向中的任一方向上流动，但是在小导程角的螺旋形和环形形状滚压应用中，金属流动要么径向向外要么轴向向内。在任何一种情况下，流动基本上都处于穿过毛坯旋转轴线的平面中。

对于由滚压操作形成的亚表面条件和晶粒流动模式而言，通常与模具上穿透模具凸齿的形状对应的齿槽形状是其主要因素。与其他产品特征一样，晶粒流动受到每个模具接触面的穿透率、材料特性以及成形深度与毛坯外径之比的影响。由于对晶粒流动没有具体的数量测定，人们只能对普通所滚成的形状的效果提供一般性观察值。如图 20-12 所示，晶粒列沿着靠近形状侧面的表面流动。注意螺纹根部和侧面的压实晶粒。如果牙侧角较小，则它们会沿着表面进一步向齿中心流动。随着表面流动继续朝着顶部形状发展，晶粒列逐渐会聚，在齿中心处与径向流动相遇，并且围绕顶部的拐角弯曲，终止于接缝区域。

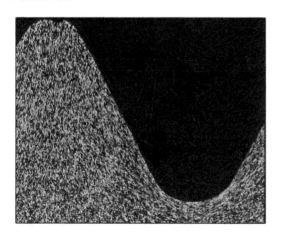

图 20-12　MJ6×1.0 钛合金（125×）
滚压螺纹晶粒截面

对于标准牙型，根部的晶粒流动将遵循穿透模具顶部的形状，而这种模具顶部形状遵循的模式将衰减到难以辨别的程度，其距离大约等于模具其余部分螺纹深度的一半。对于根部较宽的扁平形状，晶粒流动模式将越来越深，并且中心齿越来越高。如果形状不平衡，齿槽较宽、齿厚较小，则会增加晶粒流动模式的深度和高度。另一方面，增大牙侧角具有相反的效果。

对于轴向形状，几乎所有的金属流动都发生在垂直于毛坯旋转轴所在的平面上。此外，金属流动的方向不对称于穿透模齿。由于多数轴向形状属于渐开线形，其行为方式类似于模具为主动齿轮，以毛坯为从动齿轮的齿轮组。由于模具的驱动侧齿形尖端首先接触毛坯外径，当它沿着其作用线驱动并且穿透毛坯时，该侧面齿以向内的径向运动进行穿透。所产生的沿着该侧面的金属流动类似于螺纹滚压模具的穿透。但是，随着模齿相对于毛坯共轭旋转，模具的后侧面以向外的扫拂运动形成工件的另一个侧面。

这种作用虽然不同于螺旋形或环形形状的滚压作用，但是除了顶部之外，该作用可产生与此类形状基本上相同的亚表面晶粒流动模式。在顶部，模具后侧面的扫拂作用将提高金属沿该侧面向上流动的速率，从而往往使两个侧面流相交的点移向模具的从动侧面。因此，如果接缝形成，在某些情况下可能会侵入该侧面。

在所有情况下，晶粒方向通常平行于齿形侧表面，并可提高这些表面的耐磨性能。另外，平行于根部形状的晶粒模式可增加齿的弯曲疲劳强度。由于材料中的诱发应变而引起的加工硬化，这些亚表面强度的改善将得到进一步增强。

20.6　滚压材料

绝大多数常用的金属都具有足够的延展性，因此在室温下可以成形。但是，一些较硬的合金必须提高温度进行滚压，才能获得有用的变形。在评估个别滚压应用的材料时，必须提出四个问题：

1）材料能否充分成形，以便滚压出所需的形状？

2）获得所需的变形需要的滚压力是多少？

3）在滚压变形过程中材料特性如何？

4）滚压成形后材料将有何特性？

通过评估材料的延展性和相关的物理特性，有可能得到有用的定性答案，但不会得到具体的定量答案。屈服强度、极限强度、剪切模量和弹性模量、伸长率、断面收缩率、硬度和加工硬化率以及实际滚压工艺变量都会影响上述问题的答案。

20.6.1　材料可成形性

对金属成形现象普遍接受的理解是，金属流动沿着滑移面发生，由此承载材料的晶粒层彼此对向滑动。晶粒滑移时，逐渐将其分子键转移到后续的相邻区域而不会脱离。这种流动可以在滑移平面上持续，直至其中的晶粒模式或杂质元素的某种变形（即位错）阻碍平顺滑移。此时，该滑移面中的任何进一步移动都将受阻。随着材料中越来越多的滑移面被变形工艺耗尽，需要越来越大的力量来继续使材料变形。这种由先前的变形引起的所需变形力的增加称为应变硬化或加工硬化。

当材料变形到一定程度，其晶粒结构不再能够适应晶粒彼此之间的进一步移动而不破坏分子间键时，则材料失效。所谓材料的可成形性，是指在材料失效之前能够进行这种变形的程度。该特性通常被定义为延展性。传统的评估方法是，将标准拉伸试样拉到失效点，测量失效前发生的伸长量，并将该量转换成 2in（50.8mm）标准试样长度的百分比，由此得到的结果称为"伸长率"。应该注意的是，在测试过程中，随着试样伸长，剪切流动将使其缩颈，这将一直持续到不再维持剪切运动。然后它将最终失效，发生"杯锥"断裂，其中锥角通常接近45°。

伸长率测试采用简单的单向拉伸载荷，但是滚压是一个复杂的三向压缩变形过程，这限制了它被用作可滚压性的定量指标。不过，它有助于回答第一个问题，材料能否在不失效的情况下滚压成所需的形状？经验表明，对于任何常规的螺纹滚压工艺，具有12%或更高伸长率的材料可以很容易地成形。通过优化穿透速率、适当润滑和给毛坯加热，使用伸长率只有4%、硬度为47HRC的材料滚压螺纹是可行的。对于简单的滚压加工，可以在硬度不超过52HRC和伸长率大约为2%的研磨圆柱形工件上形成显著改善的表面。在可成形性范围的另一个极端，可以在伸长率约为75%的铝或铜管上滚压深纹翅片（见图20-19）。更深的形状可以采用伸长率更高的材料滚压。因此，为了比较和选择用于滚压应用的材料，伸长率是一个重要的可滚压性指标。

具有较高伸长率的材料不易在剪切下失效，因此滚压效果良好。在剪切下容易失效的材料机械加工效果较好，但是滚压效果不佳，因此容易机械切削的材料通常滚压效果不佳，反之亦然。为了提高可加工性而加入铅、硫和硼的钢材一般不能被滚压成较深的形状。它们往往流动性较差，特别是在尖锐的模具角部周围，并且在过度滚压时它们特别容易剥落。

20.6.2　成缝倾向

在滚压螺纹、花键和其他多肋纹形状时，随着穿透模具齿形的顶部进入毛坯，它将迫使其路径中的材料移动。有些材料被捕集在它的前面，从而产生变形压力波。当模具凸齿穿透进入毛坯时，金属流在其周围分开，并且有三条可能的流动路径，即沿径向向外、沿轴向向内或沿周向流动。滚压工艺的几何结构和材料流动特性决定了金属在这些方向上流动的比例。经验表明，在滚压任何常见形状时，较软的材料往往更容易在径向向外的方向上流动，而不太容易产生沿轴向向内的流动。至于较硬的材料和在滚压过程中倾向于加工硬化的材料，往往会将由滚压模具接触面产生的压力波向材料更深处传递，因此倾向于产生更多的轴向向内流动。

当以较软和更具延展性的材料滚压成形时，主要的径向向外流动往往直接发生在穿透模具顶部的下方和附近。它沿着模具侧面向外流动较快，而两个穿透模具凸齿之间的区域向外流动较慢。随着模槽开始填充，沿着模具表面向外推进的两股金属波在波中心的材料到达之前于模具根部相遇，这将在滚成的形状的顶部正下方留下一个空袋。当模具稍稍向深处穿透时，这个空袋随之填满。然而，材料本身不能重焊，于是在牙型的顶部附近留下一个不连续区域或接缝。

硬质材料和在滚压过程中发生明显加工硬化的材料往往会产生更多的轴向向内流动；不过，在滚压螺纹和其他螺旋形及环形形状时，轴向流动分量受到相邻的穿透模齿限制。这会导致变形压力波更加深入毛坯。由于亚表面流动的增加和模具与毛坯之间的摩擦，正在成形的螺纹中心的材料以与侧面上相同的速率向外移动。因此，在顶部不会形成接缝，可能会形成某种凸起。

材料以外的其他因素可能对接缝的形成有重大影响。任何驱使变形压力波深入的因素都会减少接缝的形成。这包括增加每个模具接触面的滚压穿透力或添加更宽的模具顶部，只要它们具有足够的圆角半径。

另一个相关的条件是顶缝，它不在齿形的中心。当采用圆柱模贯通进给滚压螺纹、蜗杆和类似形状时，一系列模具凸齿随着轴向移动穿过模具而逐渐深入毛坯。由于材料的径向向外流动往往围绕每根穿透模具凸齿的顶部均匀地分开，并且每根后续模具凸齿比前一根模具凸齿更深，因此接缝往往向离开更深模具凸齿的方向转移，退向模具入口。如果形状较深且圆角半径有限，每个模具接触面的穿刺率较高，并且材料的成缝倾向较明显，则接缝的转移可能足以使螺纹的侧面变形。这种情况下，有必要使偏离中心的模具穿透顶部重新朝向前方，以平衡位移到螺纹顶部中的材料，从而使接缝居中。

前述内容适用于滚压导程角不大于约30°的环形和大部分螺旋形状。在滚压花键和其他轴向或低螺旋高导程角渐开线形状时，会在径向穿透上另外叠加一种运动，这就是共轭齿轮滚压运动。在这种渐开线滚压作用中，模具和毛坯作为相互作用的配合齿轮啮合。当齿形形成时，模具的两个侧面和工件彼此相对接触。因此，在模具与工件啮合过程中有两条成形接触作用线。

驱动侧啮合与任何正齿轮组中的情况相同，第一条接触作用线从驱动模齿顶部和毛坯外径附近开始，随着它形成工件齿槽，该接触作用线沿着工件的从动侧面向下行进（见图20-13）；第二条接触作用线在正常齿轮啮合中所谓的不工作齿侧上，这条作用线在齿槽形成时从工件侧面的根部开始，沿着"不工作"齿侧向外延伸。当叠加到发生在一般滚压作用中的基本成缝倾向上时，这种模齿周围的不对称金属流往往使形成的任何顶部接缝向正在成形的齿形的从动侧转移。

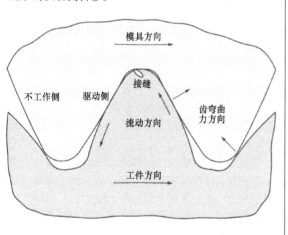

图 20-13　渐开线轴向形状滚压过程中的接缝形成

同样，因使用的滚压系统、正在被滚压的齿形、模具设计、每个接触面的穿透情况以及工件材料不同，接缝的深度和形状及其转移的程度也各不相同。

20.6.3　剥落倾向

在多数滚压工艺条件下，滚压表面的唯一不连续区域是滚成的形状顶部的接缝，并且滚成的形状表面比较光滑。然而，在某些情况下，形状的根部和侧面的相邻区域可能变得粗糙和脱屑，这种情况可能与材料有关。为了改善可加工性而添加了某些元素的材料往往成形不太好，特别是在尖锐的模具拐角处，并且在过度滚压时这些区域特别容易剥落。在被滚压成较深的形状时，快速加工硬化且在滚压之前过度冷加工的材料也容易剥落。在评估会发生剥落的应用时，还应检查根部形状的宽度、模具顶部的圆角半径、每个接触面的穿刺率以及在静滚时的工件成形转数。

20.6.4　加工硬化

在任何滚压操作中，滚压材料均发生剪切流动，耗尽其滑移面并逐渐变得更硬，这种加工硬化效应的程度随毛坯材料的局部变形量（应变率）及其加工硬化特性的变化而变化。对于高加工硬化材料形成的深层形状而言，变形材料的硬度可能显著增加。对于高合金钢和一些不锈钢而言，其硬度可以增加12HRC。

增加量在滚压表面最高，并与局部物质流动的水平成比例降低。硬度变化的深度通常与最大硬度的增加量成正比。对于常规钢材来说，加工硬化率与碳含量有一定的比例关系，并且还受最后一次退火之后和滚压操作之前材料冷加工量的影响。在加入镍、铬和钒以生成更高强度的合金时，加工硬化率将显著提高。加工硬化率最高的是奥氏体不锈钢。

对于以中碳钢滚压的小螺距螺纹或滚花来说，加工硬化缓慢，并且不会在牙型下显著延伸。当形状加深且牙侧角小于30°时，加工硬化的深度增加，而且滚成的形状的整个截面可能比原始材料更硬。另外，由于穿透模具在其前方圈闭一定面积的原始材料，所以它们可能使变形达到显著低于滚成的形状根部的地方。在某些情况下，如果这些形状顶部较宽，则加工硬化效应在滚成的形状根部以下延伸的程度可能达到成形深度的20%～30%。

一般来说，材料在任何点上的净应变率是加工硬化的主要决定因素，并且它不受成形作用顺序的影响。因此，在滚压工艺中，加工硬化效应与用于成形的工件成形转数无关。

20.6.5　心部失效

在滚压工艺中，当模具穿透时，毛坯截面并不像20.2节所述是圆形的。由于模具在非圆形工件上的穿透力对其施加一个力偶，因此它们还将产生显著的剪应力，该剪应力作用于被滚压件的截面的中心。如果滚成的形状的根部相对于所形成形状的深度而言较小，并且每个接触面的穿透率较高，则剪应力迅速增加。当模具旋转工件时，该应力围绕根部横截面的中心旋转，并且由于短循环疲劳的作用，处于中心的材料开始失效。随着失效的发展，一个小的心部出现在中心处，使滚压件削弱。当发生这种情况时，滚压件的根部可能开裂，并以非圆形方式扩展。在某些情况下，这种失效可能在表面上看起来并不明显，检测它的唯一方法是测量工件的滚压根部直径。

这种情况最常发生在双模滚压机床中滚压偶数线数蜗杆或具有较宽平坦根部的深环形状。在这种情况下，如果相向模具的顶部彼此直接相对穿透，并且如果工件的根部直径小于外径的一半，则心部可能并非实心。降低每个接触面的穿刺率和/或尖化模具顶部可以抑制这种可能性。

20.6.6 疲劳强度

滚压工艺通常可提高滚压表面的弯曲疲劳强度和拉伸疲劳强度，它通过四种方式来实现这一点。①提高滚压表面的硬度，从而提高其抗拉强度；②滚压流动作用对材料的晶粒流线进行排列，使其遵循滚成的形状；③滚压形成非常光滑的角部和根表面；④它给表面附近的材料留下残余压应力。

较高的强度显然会提高循环载荷开始引发失效的点，光滑的表面往往可以消除引起疲劳裂纹的应力升高点，与表面平行的晶粒流线往往会抑制疲劳裂纹的扩展，叠加在所施加结构应力上的残余压应力将降低滚压表面在载荷循环中经受的净疲劳应力。

由于其疲劳强度提高，滚压螺纹几乎普遍适于动态载荷应用。为了获得这种改善，必须在热处理之后进行滚压。与切削然后热处理达到与预压制毛坯相同硬度的螺纹相比，疲劳强度可提高20%～50%。已发布的测试还显示，对于指定的载荷条件，使用滚压螺纹可以使失效循环次数产生类似的改善。应该强调的是，只有在实际载荷条件下进行测试，方能验证这种改善。

滚压也可以用来提高螺栓头内角和梯级式轴的弯曲疲劳强度。关于提高程度没有定量信息，它取决于材料以及滚压加工所产生的材料变形量和变形特性。目前，飞机用螺栓和其他关键的高强度紧固件大多采用滚压角接。

材料的加工硬化倾向越强，由于滚压导致的疲劳强度提高越多。另外，进行滚压时的毛坯硬度越高，疲劳寿命的提高越大。所有上述改善都受到滚压工艺本身可能使滚压表面发生初始失效的点的限制。

20.7 滚压毛坯要求和相关效应

20.7.1 直径和实心毛坯

在几乎所有类型的螺旋、轴向或环形实心毛坯

上滚压完整形状时，没有明显的拉伸，恒定体积法则成立。在没有开放顶部的情况下完整滚成的形状后，最终的形状尺寸将非常接近原始的毛坯尺寸。因此，在这种情况下，滚压前的毛坯直径必须保持在比成品形状直径稍微更严格的公差内。由于模具形状公差的变化，通常需要有细微的差别。例如，当使用一套指定的模具在一台设置好的滚压机床中滚压标准小间距高精度螺纹时，一旦确定了正确的毛坯直径（即体积），即可使中径和外径保持低至0.0005in（0.0127mm）的总公差，其中毛坯外径公差为0.0003in（0.00762mm）。

在滚压螺纹或类似的形状时，模具齿形在其穿透结束时不会填满，并且所有金属流动均为径向，形状直径（即螺纹的中径）和外径向着相反的方向移动。因此，如果没有必要将形状滚压完整，并且允许外径具有明显更大的公差，则毛坯要求的公差可能不必与形状直径所要求的公差同样精确。在所有情况下，还需要考虑所使用的任何滚压系统的直径可重复性。

例如，在滚压标准的60°2A级螺纹时，外径的增长速度是中径被穿透模具降低的速度的两倍以上。因此，如果最大毛坯被设计为在最小允许中径下产生最大允许外径，那么由于外径的总公差范围约为中径的2.5倍，如果没有其他误差源，毛坯直径可以是选定的最大直径减去最多0.004in（0.1016mm）。但是，为了最大限度地降低由于模具、滚压机床或设置误差而造成不良工件的可能性，2A级螺纹的标准毛坯直径公差范围为0.002in（0.0508mm）。

在某些滚压情况下，需要对毛坯直径进行更精确的控制，以确保在初始毛坯接触时能正确地从模具上脱落。在滚压高导程角蜗杆和丝杠时尤其如此，此时毛坯直径变化会导致指标误差和导程晃动。在径向进给滚压过程中，过大的毛坯直径变化也会造成工件轴向进给的倾向。

当通过平行、滚动或径向进给滚压轴向或低螺旋角的螺旋形状时，毛坯直径的变化直接影响相邻齿间距误差。直接由毛坯直径变化引起的间距误差量随牙侧角、齿数、中径以及模具与毛坯匹配情况的变化而变化。基于对直径小于1in（25.4mm）且螺距为24/48或更小的各种花键滚压应用的评估，通常需要使展开的毛坯直径保持0.001in（0.0254mm）的公差，以保持最大相邻齿间距误差低于0.0025in（0.0635mm）。

对于在初始接触时毛坯与模具同相驱动的强制窜滚进给花键滚压，毛坯直径的变化对齿间距或中

径的影响较小，但对外径影响较大。

影响毛坯直径测定的另一个因素是贯通进给螺纹或蜗杆滚压过程中可能发生的任何工件拉伸。这一点不容易预测，但每当正在滚压的形状的深度超过最终直径的 1/5 时，通常应当给予考虑。在这种情况下，材料的类型、牙型、贯通进给速率和滚压模具初始离隙是拉伸的主要决定因素。具有良好可滚压性的材料通常拉伸较少，因为流动往往更接近毛坯的表面；具有宽扁根部的形状拉伸更多。

为了在贯通进给滚压过程中抵消拉伸倾向，可以加长模具的起始离隙，并且尖化牙型，以防止毛坯材料被拉入模具时向后退出。即使对于具有防拉伸设计的模具，以较高成形深度与外径比滚压的爱克母螺纹杆仍然会拉伸到一定程度，以至于必须通过扩大毛坯外径来获得规定的中径和外径。

20.7.2 空心工件的直径和壁面要求

随着车辆轻量化和其他移动设备或便携式设备的减重需求变得越加重要，滚压空心工件已经成为更为普遍的要求。在所有的此类滚压应用中，滚压毛坯必须能够支持径向模具载荷而不会塌陷，否则必须给予支承以防止塌陷。可以通过以下三种方式中的任何一种来抵抗塌陷倾向，即增加壁厚、增加与外径接触的模具数量或支承内径。如果不能增加壁厚，那么与更多模具接触可能有所帮助。三模系统可将滚压载荷产生的挠度降低大约 80%。这与增加壁厚 50% 的效果大致相同。但是，如果不能采用三模系统，则必须使用双模系统。提供内部支承是最难以有效使用的最后一种选择。

无论在何种情况下，在滚压空心工件时规定毛坯直径尺寸和公差都会带来非常复杂的问题。各种需要考虑的因素包括毛坯的壁厚与外径之比、壁厚与成形深度之比、毛坯材料、滚压机床的类型或所使用的附件，最后还要考虑在滚压区域下是否正在使用内部支承芯轴。

在没有任何内部支承的情况下滚压空心工件时，要求滚压区域的壁厚——加上可以从邻近区域获得任何支承——足以支承径向模具载荷而不会发生永久性挠曲或塌陷。由于空心工件上的多数螺纹位于工件的端部附近，因此可用于支承的相邻区域成为确定螺纹滚压能力的重要因素。为了确定正确的毛坯直径，还必须考虑到所需的充满度，因为少量的过度滚压往往会使空心工件的壁面塌陷。

在某些情况下，如果需要通长螺纹，则可能要求锥形的毛坯外径。一般情况下，当螺纹长度为螺纹直径的 3/4 或更小，并且壁厚为外径的 1/5 时，

实心螺纹的毛坯直径是空心毛坯螺纹较好的起点。

对于两圆柱模滚压系统，在钢管上贯通进给滚压螺纹通常需要壁厚与外径之比约为 0.3，具体取决于材料和形状的深度。三模系统极大地提高了系统的刚度，并允许该比率降低到约 0.2。

为了能够滚压较薄壁厚的工件，有时会使用芯轴，但这会带来很大的内部直径控制问题。为了获得有效的内部支承，支承芯轴的直径应该使毛坯在滚压过程中向内挠曲时，挠曲量不会产生永久性的径向变形。这通常要求严格控制内径，并且要求孔与毛坯外径的同心度良好。

使用芯轴可能会产生另一个相反的结果。当芯轴与毛坯一起旋转以支承模具正下方的区域时，毛坯将面临一种滚压机床状况，在此状况下毛坯往往会沿周向伸长并增大直径。因此，最终形状的直径可能会和外径一样扩大，并且最终的内径将根据滚压静滚时间的长度而显著变化。

20.7.3 圆度

实心预压毛坯所要求的圆度也与工件是否在模具中滚压成完整形状有关。如果是，并且在滚压系统中存在标准弹簧，则滚成的形状将具有与原始毛坯大致相同的圆度；如果滚压系统非常刚硬，并且毛坯圆度误差过大，则会在毛坯较高的地方出现局部过度滚压，这可能会导致局部剥落和表面退化。

如果要在刚硬的滚压系统中滚压开放式滚压件，并且毛坯在两个点的圆度测量值都在规定的毛坯圆度公差内，那么在此毛坯被滚压时，中径将会显示圆度公差仅仅略微增加。不过，滚成的形状外围的饱满度变化将会成比例增大。

应该指出的是，所有上述信息都是基于两点测量，即径向测量。对于所有滚压系统，除三模滚压机床或附件外，滚压过程和径向测量都不会影响三点毛坯的圆度。如果毛坯有明显的三点圆度误差，但是直径恒定（等径），那么在用测微计测量时，滚成的形状可能是完美的，但是不能放入"通端"环规。

在往往具有此类圆度误差的无中心研磨毛坯上滚压精密螺纹时，这种特性可能会引起问题。另一方面，它在滚压成形无槽丝锥和类似的等径形状时是有用的。

在极端的毛坯圆度误差的情况下，如在滚丝热轧棒料中遇到的情况，还会出现另一个问题，即在贯通进给或横向进给滚压机床中起动毛坯可能受阻。这可能引起初始螺纹变形，并且在极端的情况下可能导致毛坯停止旋转，从而造成对模具的损坏。

20.7.4 表面粗糙度

一般来说，在毛坯具有良好的连续性的前提下，滚压成形工艺的成品质量受毛坯表面粗糙度的影响不大。在大多数滚压情况下，模具被研磨，当毛坯的表面粗糙度值为 125μin（3.175μm）或更低时，滚压成品的表面粗糙度可达到 8μin（0.2032μm）或更低。不过，未填满的顶部接缝区域通常会显示出原始毛坯表面粗糙度的痕迹。

当采用滚压工艺进行滚压表面粗糙度处理时，毛坯表面状况变得至关重要。通常，目标是将车削表面转化成表面粗糙度值为 4μin（0.1016μm）或更低的光滑的镜状表面。在这种情况下，预滚压的表面必须连续无损车削或刮削，使之达到大约 32μin（0.8128μm）的表面粗糙度。如果车削，通常应该以 0.006in/r（0.1524mm/r）或更低的轴向进给量和 0.03125in（0.79375mm）或更大的刀尖半径进行操作。

20.7.5 表面连续性

由于滚压是一种金属成形工艺，任何毛坯表面直径的中断都会影响正常的金属流动。最常见的不连续性是毛坯中轴向表面接缝的存在。当这种表面接缝通过模具下方时，它往往会从接缝挤出拖曳碎屑，这将显著影响滚压表面质量，并在一定程度上影响工件的疲劳强度。即使在机械加工中不会显现的非常紧密的表面接缝，在滚压过程中也会变得可见。鉴于此，当滚压会在旋转或滑动过程中传递转矩的蜗杆或花键时，常常需要除去棒料上的皮层，然后再将此类形状直接滚压到其上。

20.7.6 倒角

毛坯接受端部倒角处理，以便启动贯通进给滚压应用，并消除工件或棒料两端螺纹终止部位的端部翘弯。倒角还可以最大限度地减少模具中的崩裂失效。倒角深度通常要达到略低于待滚成的形状根部直径的部位。一般来说，倒角角度越小越好。深度和角度取决于螺纹和被滚压材料的要求。通常，首选倒角角度为相对于毛坯中心线 30°。滚压后，这会在多数标准牙型上产生大约 45°的有效顶部倒角。在高硬度材料上，为了平衡模齿上的弯曲载荷，使倒角与毛坯直径同心并保持低至 8°～10°倒角是非常重要的。

20.7.7 退刀槽

在滚压靠近工件头肩的形状时，通常规定预留退刀槽以便为全螺纹深度卸开提供空间。对于横向进给、切向进给和径向进给应用，卸开长度应该至少为 1.5 倍的螺距。另外，对毛坯应进行背倒角处理到与前端相同的程度。

20.7.8 清洁

为了获得良好的表面粗糙度以及延长模具的使用寿命，在滚压工艺之前必须对毛坯进行清洁。流挂的磨料、嵌入的碎屑和热处理氧化物都对工艺和模具有不利的影响。另外，如果随后的滚压加工要求每次接触的穿透率较高，则保留大量来自之前工艺的残留涂层的带头毛坯和拉伸毛坯也可能需要清洁。在起始区域残留的润滑油容易导致工件停转，也可能会导致模具上的材料脱落和不良工件。

20.7.9 热处理工件

由于施加在毛坯上的力相互平衡，因此在围毛坯圆周进行读数时，毛坯的热处理必须在 2HRC 以内。否则，围绕外围的螺纹饱满度将出现过度滚压（顶部脱屑）或滚压不足（成形深度不完整）。不均匀的热处理会严重影响模具寿命。

20.8 模具和刀具磨损

20.8.1 模顶失效

对于不同的滚压工艺类型，滚压模具成形表面根据其位置不同会承受不同的应力。在所有滚压系统中，如果滚压工艺中的滚压模具有与毛坯接触的凸齿或牙型，则模具顶部的每个区域都会经受重复的拉伸、压缩和拉伸循环的作用。如图 20-14 所示，该应力模式是由模具顶部与毛坯之间滚压接触的径向力引起的。

根据模具直径与毛坯直径之比、毛坯材料在接触点的硬度、牙顶形状和模具的表面特性，与毛坯接触的区域中心的模具顶部上的压应力可以达到正在成形的材料屈服强度的 5～6 倍。在滚压螺旋或环形形状时，随着接触面积沿着模顶移动，其在接触区域经受高的压应力之前和之后会经受较高的拉伸应力。经过这种从拉伸到压缩重复反转的多个循环之后，将会出现细小的径向拉伸疲劳裂纹。由于裂纹之间的周向顶部区域随后与毛坯反复接触，由此产生的表面下剪应力形成周向裂纹，并在径向裂纹处相交。

这会导致模具顶部逐渐剥落，这是多数螺旋和环形模头失效的主要原因。在滚压轴向形状时，会出现类似的模具齿顶失效模式。不过，它是随着每个模齿接近作用线的中心而逐齿发生的，并且模齿顶部直接承受压缩，而其后方区域处于张紧状态。这种压缩张紧循环的效应也由于同时发生的齿顶弯曲循环而增加。

在顶部失效开始时，标准的螺纹、蜗杆或花键滚压模具将继续有效运行，只有较小的顶部高度损失。滚成的形状根部将呈现出斑驳的外观。在静态载荷条件下，这种根部的表面粗糙度对螺纹的抗拉强度或花键齿的抗弯强度没有显著的影响，这会使疲劳强度有所降低，因为它提供了疲劳裂纹可能开始的应力点。因此，根据螺纹或花键的应用，功能性模具寿命可能变化很大，因为停止使用一组模具通常取决于滚压产品的外观而不是产品的数值公差。

由于模具顶部疲劳失效是滚压模具失效的主要原因，并且滚压件的硬度对滚压模具失效具有不成

比例的巨大影响，因此了解这种现象是很重要的。遗憾的是，很难建立模具寿命与工件硬度之间的确切关系，因为太多的其他工艺变量对其有显著的影响。

20.8.2　模齿崩裂

螺旋模齿的轴向崩裂和轴向模齿的周向崩裂是造成模具失效的第二个常见原因。这是由于工件移动经过模齿时在模具侧面形成的弯曲载荷造成的。在滚丝模具中，如图 20-14 崩裂区域所示，这种载荷是在模齿接触工件螺纹区域的起止线时，由模齿上不均匀的侧向载荷引起的。这种崩裂失效可能发生在所有类型的滚丝模具中，它通常在靠近内侧顶部处开始，并在靠近外侧中径处结束。不过，在较深的形状上，它可以向下延伸到模具的根部。可以对模具末端进行倒角处理，使端部效应分散在更多的模齿上，从而降低这种崩裂倾向。

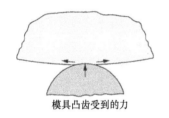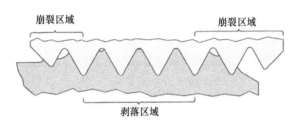

图 20-14　模具失效示意

在径向进给滚压花键或低螺旋角渐开线形状时，周向模齿崩裂是模齿失效的常见形式。它是由不平衡的成形力引起的。在模具驱动侧的齿顶部与工件从动侧的接触点及其与图 20-13 中所示侧面的接触点之间，该成形力形成一个弯曲力偶。这种力的不平衡始于模具顶部与工件初始接触点，它在模齿达到模具与工件之间的中心线时减小，然后在模齿即将离开与工件的接触点时再次增大，这会导致模具的失效，失效始于模具不工作侧的尖端附近，结束于驱动侧节距直径或低于节距直径。

在花键和其他轴向形状的强制窜滚进给滚压中，这种顶部崩溃失效模式更为常见。在强制窜滚进给模具的轴向形状上，延伸穿透区域的长度使得成形载荷分布在较长的模齿区域，并且通常可以消除这种类型的模具失效。

20.8.3　模端卸开

在圆柱模滚压机床中贯通进给滚压某个形状为直圆柱的毛坯或棒料时，被滚压的工件从模具的一端进入，并从另一端退出。进入模具时，它将发生

径向偏斜，逐渐远离棒料的旋转中心，偏斜量等于径向模具载荷除以滚压机床系统的弹簧常量。该滚压机床弹簧的范围取决于滚压载荷的大小和滚压机床的刚度。当滚压机床刚度较低、载荷较高时，这种向外偏斜可能达到 0.030in（0.762mm）。在此类应用中，向模具后端加入退模半径收缩量，以逐渐释放该弹簧。对于在更硬的材料上滚压的较深形状，如果该收缩量不充分，则会在形状的最后几个根部开始出现径向和周向疲劳裂纹。经过多个棒料之后，模具背面的大片区域可能会出现崩裂。为了补偿这种滚压机床弹簧效应，对毛坯尽可能端到端贯通进给，这可以防止滚压模具在每个工件或棒料的端部再次弹回。

20.8.4　表面磨损

由于在滚压较浅形状时滚压接触的外摆线特性，在模具侧面和工件侧面之间的相对滑动很小。因此，在以光滑侧面滚压干净毛坯的硬质模具上，几乎从未出现磨蚀性磨损。在具有厚重残余氧化物涂层的热轧棒料上贯通进给滚压粗糙螺纹时，可能会遇到

罕见的模齿磨蚀性磨损情况。

在滚压加工球形和其他形状直径与毛坯直径之比较大的较深表面时，滑动作用会大大增加。这种情况下，如果没有足够的工艺润滑剂，或者任何流挂磨料进入滚压区域，则模具表面将表现出表面粗糙值逐渐增大。即使模具没有经历过任何物理破坏或形状变化，模具也可能因此不能用于进一步的滚压加工。

20.8.5 模具材料的影响

模具材料的选择及其热处理对发生模具顶部失效和模具崩裂的程度有很大的影响。起初，搓齿板采用与滚珠轴承相同的钢材制成，因为滚珠轴承表现出与滚压模具顶部类似的剥落型失效。随着滚压模具的要求日益严格，各类工具钢已成为最常见的模具材料。M 系列、CPM 和 D2 工具钢或其近似衍生品目前用于多数滚压模具。它们通常经过热处理，达到 57 ~ 67HRC 的硬度范围，具体取决于预期的模具失效类型。对于容易崩裂的应用，模具硬度处于该范围的低值，但对于多数机械螺杆和中低硬度毛坯上的类似滚压应用，则会使用该范围的高值。

在滚压较硬的工件时，推荐的做法是最大化滚压毛坯和模具之间的硬度差异。因此，对于热处理至 32HRC 及以上的滚压毛坯，常常使用可热处理至 62HRC 以上仍能保持其韧性的模具材料。

由于大多数螺旋和环形滚压模具被研磨成其成品形状，因此使用此类材料不会带来制造问题。不过，在滚压花键和其他轴向形状时，模具通常必须通过滚齿或其他金属切削技术来制造。这种情况下，使用 D2 或其他可加工的空气硬化工具钢。

20.8.6 支承叶片磨损

在两圆柱模滚压机床上径向或贯通进给滚压螺纹和其他形状时，需要在引入毛坯之前和在模具中心线上或略低于模具中心线滚压期间支承毛坯。如果螺纹或形状较短，而且与该螺纹相邻的圆柱形区域精确，同心且长度与直径之比为 1.5 或以上，则可将毛坯支承在模具正前方的衬套中。不过，对于较长的横向进给滚成的形状以及螺纹定位螺杆、螺柱或杆棒的贯通进给滚压，通常需要将毛坯支承于正在滚压的表面上。这通常是通过工件支承叶片来完成的，支承叶片通常用碳化合金制作表面，并研磨至较低的表面粗糙度值。如果滚压靠近模具的中心线，则摩擦载荷很低，并且如果对滚压工艺进行润滑，磨损将会十分缓慢且是纯磨蚀性的。在此类情况下，只需要重新研磨。不过，对于一些倾向于

与碳化合金焊接的毛坯材料，以及高速贯通进给螺纹滚压，磨料磨损会导致叶片上的黏附和较多的表面侵蚀。在这种情况下，为了提供必要的耐磨性，可在叶片上增加一个立方氮化硼或多晶金刚石表层，这可以使叶片寿命提高到硬质合金叶片寿命的 10 倍。这些方法可以提供超长的磨损。

20.9 滚压设备

20.9.1 搓齿板滚压机床

最早开发的滚压机床是搓齿板滚压机床。此类滚压机床最初被设计用于在车削或带头毛坯上滚螺纹，从而无须使用明显更慢的丝杠或模切螺纹加工即可提高生产率。在搓齿板滚压机床尚在开发中的早期机械加工时代，刨床是从工件上的平坦表面去除材料的常用方法。刨床使用轴向移动的工作台，工作台输送工件经过切割刀具，切割刀具在工件上进行转位。在将类似的概念应用于螺纹加工时，水平定向的模具在水平固定的模具前方轴向移动，两者在其表面上均具有一系列配合螺纹。在适当的点上及时在它们之间引入毛坯，使得由一个模具成形的螺纹与由另一个模具成形的螺纹正确地啮合。搓齿板彼此倾斜，以产生径向穿透。在移动模具经过固定模具之后，滚压件脱落，移动模具往复运动至起点，由于工件成形转数有限、在模具中没有静滚、模具齿形的精度较低以及可用材料的可滚压性较差等原因，早期的滚压螺纹往往不圆且表面粗糙。这造成了质量低劣的名声，并且直到 20 世纪一直被认为不如车螺纹。

基本的滚压机床设计很简单，并且现在依然如此。往复运动的模具由飞轮通过曲柄和连杆系统驱动，飞轮提供足够的角动量，使模具在进入毛坯时起动和维持滚压。直接连接到滚压机床曲轴的凸轮系统驱动定时送料器叶片，以便在循环中适当的点将毛坯强制压入模具间隙，以实现匹配，并继续短暂地推动毛坯，确保起动受摩擦力驱动的滚压作用。

表 20-2 所列的同一基本概念继续被用于几乎所有的现代搓齿板滚压机床中。滑动系统已经得到改善，以实现高速、高载荷往复运动和良好的可靠性。驱动系统经过升级，小型搓齿板滚压机床每分钟滚压 600 ~ 800 个工件已经屡见不鲜。

最初，模具是粗糙的长方形钢块，在钢块上使用刨床来切割牙型。然后，钢块被表面硬化，使其足以穿透待滚压的较软毛坯而不会变形。现在，利用具有可控穿透区域、静滚区域和调整离隙的精确

形状研磨模具，以精确控制滚压成形作用。给模具
设计了适当的导程，因此在精密且维护良好的滚压
机床中，可以将其安装到模袋中，而无须进行锥度
或偏斜调整。如果它们经过预匹配，则只需要有限
的匹配时间调整。因此，在搓齿板滚压机床上，主
要的工艺调整是针对尺寸。这可以通过备用螺杆、
牵引螺栓或楔块装置以各种方式完成。

搓齿板滚压机床的尺寸能力主要受滚压机床可
容纳的模具长度和宽度、模具驱动能力以及其框架
和滑动系统的刚度的限制。滚压一道螺纹通常需要
大约 5~8 次工件成形旋转，如果螺纹较硬或较深，
可能会需要更多或较少的回转数量。在搓齿板滚压
机床上能够正常滚压的直径可以通过将移动模具的
长度除以 7π 进行估算。因此，如果一台搓齿板滚压
机床具有 8in（203mm）的模具，它可以滚压大约
0.375in（9.525mm）直径的螺纹。

搓齿板滚压机床通常用于滚压直径为 0.75in
（19.05mm）及以下的螺纹，但是一些很大的滚压机
床能够滚压达到 1.5in（38.1mm）的螺纹。搓齿板
滚压机床还经常用于滚压滚花。如前所述。在小型
滚压机床上可实现高达 800 次/min 的循环速度，而
大型滚压机床的运行速度大约为 60 次/min。

最初，当滚压螺杆和其他紧固件的搓齿板滚压
机床由手动进给时，滚压轴是垂直的，模具具有水
平行程，这简化了手工装载。大型滚压机床仍然经
常由手动装载，并具有垂直轴。为了在较长棒料的
末端滚压较长螺纹的端部，人们制造了具有水平轴
的滚压机床，但是这种滚压机床已不再普遍使用。

今天，多数搓齿板滚压机床倾向于简化从重力
驱动的输入轨道将毛坯自动装载到进料位置，这种
输入轨道可以从振动进料斗或机械操作的叶片式料
斗进料。

20.9.2 行星模滚压机

由于前面所述的搓齿板滚压机床在每个模具循
环中只能滚压一个工件，并且浪费了将移动模具返
回到起始位置的时间，因此提高生产率的唯一方法
是提高模具的往复速度，这就造成了严重的滚压机
床振动问题。于是，人们开发了行星模滚压机（见
表 20-2），位于中心的圆形模具连续旋转。与之相对
的是一个凹面，即固定模具，它是圆形模具的一部
分。当中心的圆形模具旋转且圆形模具上的螺纹与
拼合模具上的螺纹匹配时，毛坯通过进给叶片被引
入到模具间隙。当它通过模具间隙滚压时，拼合模
具上的形状的位置逐渐靠近旋转模具上的形状，从
而使模具齿形逐渐穿刺到毛坯中。当它到达模具间

隙的末端时，通常需要七次或更多次工件成形旋转，
螺纹或模具被滚压完整，工件从模具中被推出。

与在搓齿板滚压机床中一样，将工件引入模具
的时机和动态匹配通过直接安装在驱动轴上的凸轮
来完成。模具位于允许调节尺寸和穿透率的支承机
构中。圆形模具和凹面拼合模具均具有恒定半径，
因此必须精确地控制，以获得适当的穿透量和尺寸，
并且只需要作最小的尺寸调整。随着拼合模具的长
度增加，一次可同时滚压的工件数量增加。滚压最
大工件数等于片段长度除以毛坯直径的周长。不过，
它有时受到其他因素限制，包括模具支承系统的刚
度、旋转模具轴上可用转矩量以及以非常高的速度，
精确地将毛坯从输入轨道送入装载位置的能力，同
时滚压四个或五个工件的情况并不少见。因此，当
中心模具转速为 300r/min 时，每分钟可以生产 1500
个工件。

多数行星式模具应用是用于机械螺杆型螺纹或
直径达 0.375in（9.525mm）的非尖头自攻型金属板
螺杆。它们也被广泛用于在夹持钉上滚压浅螺旋槽。
不过，由于难以在凹面固定模具上形成复杂的模具
齿形，因此它们很少用于生产更复杂的形状。

为了在如此高的生产率下简化工件的装卸，行
星模滚压机与自动送料搓齿板滚压机床一样具有倾
斜的滚轴，并配备有类似的散料进给装置。一些具
有水平轴的型号可用于滚压长棒料的端部。此外，双
头水平轴滚压机床被设计用于在双头螺栓两端同时滚
压螺纹。此类水平滚压机床常用于直径为 0.25~
0.75in（6.35~19.05mm）的工件。

20.9.3 搓齿机

在搓齿板滚压机床上滚压直滚花的能力表明，
这种普通类型的滚压几何结构能够非常有效地用于
生产直径小于 0.375in（9.525mm）的较小渐开线形
状，如 45°直滚花。随着基本上属于粗糙滚花的花链
和花键越来越多地用于汽车工业，有必要降低这些
形状的成本，这些形状当时主要通过滚齿机加工生
产。即使模具长度达到 16in（40.6cm）的最大搓齿
板滚压机床，也不能提供足够的工件成形转数来形
成这些更深的形状，并且难以精确地控制垂直于模
具行程的移动工件的旋转轴，这导致滚成的形状中
出现导程误差。

因此，一家美国制造商在 20 世纪 50 年代生产
了第一批齿条式滚压机床。为了解决导程控制问题，
将正在被滚压的工件附着在固定中心上，并且将两
个模具按其彼此的相位关系垂直于工件轴线来回移
动。各模具位于一个刚性的滑动件上，两个滑动件

一上一下，处于一个很大的刚性构架中。滑动件通过低齿隙的齿条和小齿轮系统相互连接，每个滑动件由连接到共用液压电源单元的液压缸驱动。

直径尺寸通过垫片或可调楔块装置进行调节，以使每个模具相对于工件的中心线分别达到正确的径向位置。相对于一个模具径向调节另一个模具，从而实现模具的匹配。

模具基本上属于齿轮齿条，其中齿形相对于被滚压的工件构成共轭啮合。滚压前毛坯的直径与最终形状的节径相同。为了在初始毛坯上实现正确的脱模，起始区域中的模具齿顶几乎被切除到节径。因此，在初始接触时，其齿距与毛坯上正确的圆弧齿距相当。随着模具推进，模具齿顶逐渐增加，直至模具达到最大深度。该模具穿透区域通常运行 5 ~ 8 次工件成形旋转。在模齿完全穿透之后，1 ~ 4 次工件成形旋转的静区域可确保滚压的形状浑圆。模齿稍稍掉落，以便从滚压载荷中解除滚压机床元件中产生的弹性回跳。当滚压循环完成时，滚压的工件从模具间隙区域撤回，模具返回到其起始位置。

搓齿机承担着世界各地目前正在进行的大部分花键滚压工作。如果正确设置，模具良好且滚压毛坯保持 0.0005in（0.0127mm），则可以在直径约为 1.25in（31.75mm）的 45°和 37.5°花键上始终保持"跨线"节径公差低至 0.0015in（0.0381mm）。由于模具沉重且难于操作、安装和调整，因此设置较为缓慢。另外，操纵工件进出并在滚压过程中支承工件的中心需要更多的时间。标准生产率是每分钟 4 ~ 7 个工件。

由于搓齿机主要用于大批量生产重型工件，因此它们通常都是自动化操作。为了实现这一点，一些类型的传送机或步进梁输送系统通常平行于模具行程，位于滚压机床前方。升降机构将工件置于两个中心之间。驱动其中一个中心以夹持该工件，并且中心与工件的组合布置被轴向传输到模具之间的滚压位置。起动模具，当其行程完成时，该中心与工件系统被轴向返回到传送区域，在那里被卸载。卸载期间，模具返回到其初始位置，循环再次开始。

在某些情况下，当工件直径较小、需要两个形状相邻或紧密定位时，则布置两个短模以使它们按顺序运行。如果有两种形状，各在工件的一端，则两套全长模具相互平行布置。一端的形状在前进程中滚压，工件轴向移动；另一端的形状在返回行程中滚压。从操作的角度来看，这种技术非常高效，但是两套模具的关联匹配使得设置缓慢而困难。

20.9.4　两圆柱模横向进给滚压机床

虽然两圆柱模平行轴径向进给滚压机床的概念可以追溯到 19 世纪，但是直到 20 世纪 30 年代早期几家欧洲公司意识到它们的优点之前，它们并不作为标准的滚压机床。搓齿板滚压机床和行星滚压机只能提供有限次数的工件成形旋转，毛坯中心线在滚压循环中必须移动很大的距离，并且必须恰好在适当的时刻引入毛坯，以获得两个模具之间的适当匹配。因此，它们不适于生产大直径的螺纹或较深的形状。随着滚压螺纹与结构件和关键螺纹越发匹配，圆柱模概念似乎开辟了新的滚压应用领域。在一台滚压机床中，两个圆柱模啮合在一起，其中一个模具被强制径向推向另一个模具，同时工件被夹持在两者之间，这使得滚压更大直径的工件或更深的形状和更硬的材料成为可能。这些应用通常比搓齿板或行星滚压系统要求更多的工件成形旋转。这种双模配置也适用于在长轴端部滚压螺纹。凭借这些优势，它开始被广泛用于汽车和家电工件以及其他类似的大批量部件的横向进给滚压。在几乎所有的两圆柱滚压机床中，模具轴线是水平的，这简化了轴和类似较长工件的操作。

移动模具的进给驱动通常以液压方式完成。然而，在需要每分钟 30 ~ 40 以上的循环速率或可精确重复穿透模式的情况下，可以将机械驱动的凸轮系统用于模具驱动。为了进一步简化操作，许多较新的双模滚压机床将两个模具都朝向水平固定的工作中心线驱动。在多数此类双动式模滚压机床中，工件被支承在模具之间，通常略微低于安装在模具之间的叶片或辊子的中心。当工件较硬且形状较深时，可以使用某种类型的外部套管或中心系统来定位毛坯。

目前使用的多数圆柱双模系统的模具直径为 4 ~ 10in（10.2 ~ 25.4cm），此类滚压机床可以正常滚压直径为 0.1875 ~ 4in（0.476 ~ 10.2mm）的形状。有些双模滚压机床已经采用直径达 15in（38.1cm）的模具制造，这些模具可以横向进给滚压直径达 7.5in（19.1cm）的工件。如图 20-15 所示。这些滚压机床中最大的型号能够施加 660000lbf 的径向模具载荷，它被用于滚压燃气轮机转子系紧螺栓上的螺纹，这些螺栓直径约为 3.5in（8.9cm），长度达 8in（20.3cm），采用硬度为 47HRC 的高强度合金钢制造。

具有水平滚压轴的两圆柱模滚压机床最具通用性，它们被广泛用于大批量轴类工件生产中的二次操作。

此类滚压机床可以使用多种自动上料系统。当这些滚压机床被集成到系统中时，进入的部件通常通过传送带或步进梁结构被输送到预装载点。对于单独的二次操作滚压机床，散料进给装置或料斗与

图 20-15　MC-300 F1（H）型数控动力箱
Kine-Roller™ 两圆柱模横向进给滚压机床
（具有 66 万 lbf，即 2936kN 的径向模具载荷能力）
（来源：Kinefac Corporation）

擒纵机构和进给轨道一起使用，将工件输送到预装载位置。对于代替料斗的称重传感器操作，通常有一个短输入箱和一个简单的卸载装置。

年来，为了处理直径为 0.125～0.75in（3.175～19.1mm）的封头工件，人们引入了具有手动进给、自动化机器人进给和感应加热系统的立轴双模滚压机床。

20.9.5　双模贯通进给滚压机床

为了在两圆柱模径向进给滚压机床上制造出比模具长度更长的螺纹，传统的两圆柱模径向进给滚压机床新增了使圆柱模倾偏斜的功能，从而提高贯通进给速率和改善模具性能。为了实现这一功能，通常将每个主轴通过双万向节系统在滚压机床后面的齿轮箱中连接到各自的驱动齿轮上，该系统使滚压机床能够将模具向上或向下倾斜10°的角度。

双模贯通进给滚压系统主要用于生产连续螺纹螺柱、定位螺杆、顶开螺杆和精密丝杠。全螺纹棒料通常是由棒料进给装置送入滚压机床，此类棒料进给装置类似于自动螺杆滚压机床上使用的棒料进给装置。长螺栓常常通过弹匣式供料器供料，定位螺钉和短螺栓常常通过振动盘供料。在后一种情况下，模具必须设计成将工件拉入穿透区域，否则需要单独的进给轮或带系统从振动盘来补充进给力。人们已经引入斜轴滚压机床以提供简单的重力进给到模具中。

0.375～0.50in（9.5～12.7mm）螺纹杆的标准进给速度可以达到 10～300ft/min（3.05～91.4m/min），具体取决于滚压机床的功率、主轴系统和模具设计。较高的贯通进给速度要求良好的输入毛坯控制，为使完成的螺纹不被损坏而对成品提供密接支承、广泛的滚动润滑和冷却。为了在具有 8in（203.2mm）模具并倾斜10°的双模滚压机床中以3ft/s（0.9m/s）

的速度生产 0.375in（9.5mm）-16 螺纹杆，要求模具以 500r/min 的速度旋转，因此螺纹杆将以 11600r/min 的速度旋转。最后，应该指出的是，水平圆柱模贯通进给滚压机床几乎没有滚压长度和最小直径限制。目前，人们已经用这种滚压机床滚压了直径为 0.008in（0.203mm）的 100ft（30.5m）长的连续螺杆和丝杠。

20.9.6　滚动进给滚压机床

为了将自动圆柱模的生产率提高到每分钟 20～30 个工件以上，逐渐演变出表 2-2 所列的涡形管、凸轮或增量配置。通过构建可变半径模具，具有渐增半径以提供穿刺作用的圆柱模具、等径静滚压和模具后部半径差，不再需要对主轴径向驱动。因此，操作速度可以大大提高。毛坯的进给通过笼式系统完成。在笼式系统中，一个有着若干小袋的套筒围绕其中一个模具；当笼式系统被转位时，这些小袋用于使毛坯进入滚压位置，在滚压的同时为它提供支承，然后卸下滚压件。在欧洲和日本，广泛采用盘丝进行尺寸为 0.25～1in（6.35～25.4mm）的螺栓滚压，生产率为每分钟 50～60 个工件。不过，圆柱滚丝模具的较高成形成本以及笼式进给及其装载的复杂性限制了其在美国的使用。直到最近，它在美国主要用于双头螺栓滚压、双形滚压和类似的大批量特殊应用，在这些应用中工件需要使用更复杂的模具和进给机构。

随着花键越来越普遍地用在直径小于 0.50in（12.7mm）的轴上，双模旋转径向进给滚压系统为其生产提供了一种具有成本效益的方法。在这些单模旋转应用中，轴在滚压过程中支承在中心上或衬套中。对于大批量应用，轴被自动装载到衬套或中心系统中。通过这种方法，有可能达到每分钟 15～20 个工件的生产率。

为了提供可变半径模具，需要特殊的滚齿机或磨床，并且滚压机床与其他双模滚压机床有相似的设计。不过，模具直径必须更大，因为毛坯必须在单模旋转中加载、滚压和卸载。通常，滚压最少需要 8 次工件成形旋转，而装载和卸载需要 90°的模具表面。因此，为了滚压直径为 0.75in（19.1mm）的螺纹或花键，可使用 8in（20.3cm）直径的模具。此外，滚压机床必须有一个模具驱动器，它可以在小于 90°的模具旋转中反复起动和停止。

20.9.7　三模横向进给滚压机床

第二次世界大战期间，由于对高精度、高质量和高强度的飞机缸盖螺栓的需求，促使飞机发动机制造商开发美国制造的圆柱模滚压机床。因此，三模横向进给滚压机床应运而生。这些滚压机床具有三个较小的模具，它们的轴线以 120°的间隔垂直于待滚压工件的周边，如图 20-16 所示。滚压轴是垂直的，以简化带头螺栓毛坯的手动进给，并且横向进给驱动循环连续进行，使毛坯的进给、卸载按节拍进行，如同搓齿板滚压机床的手动操作一样。

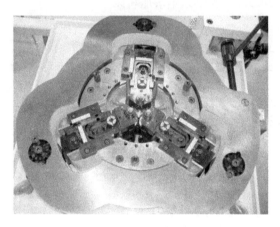

图 20-16　MC-6 型立式 Kine-Roller 横向进给滚压机床（具有 5 万 lbf 径向模具载荷能力）

（来源：Kinefac Corporation）

这种三模系统有多个优点。由于工件在各个方向上被模具抓持，也就不需要工件架。因此，在螺纹成形时，螺纹的顶部没有任何接触，螺纹的顶部不会有任何磨损或变形。此外，额外的接触点使得三模系统能够更好地在空心火花塞体和液压连接件上滚压螺纹，而无须使用内部心轴进行支承。

在早期的滚压机床中，通过机械联动和凸轮系统的作用，模具沿径向向内圆弧朝着毛坯的中心线移动。在新型滚压机床中，这种复杂的系统已经被液压驱动的直接径向移动模具所取代。在一些型号中，各个模具由单独的液压缸独立驱动，并且横向进给速率通过一根共用的液压供给管线来平衡。不过，为了精确控制穿透的均匀性和速率，采用了使用液压驱动完全包封凸轮环的驱动系统。三模滚压机床非常适用于滚压直径为 0.50 ~ 3in（12.7 ~ 76.2mm）的精密紧固件和中空工件；它们对于较小的工件不实用，因为在任何尺寸下可用的最小模具直径大约是正在被滚压的工件根部直径的 5 倍，而当超过该比例时就会相互冲突。对于直径大于 3in（76.2mm）的工件，整机结构将变得很大，不便于垂直滚压轴的定向。

基于这一特性，再加上需要更复杂的机构以提供三模系统要求的模具旋转匹配和横向进给驱动所带来的额外成本，其在实心工件滚压中的早期优势近年来已不复存在。因此，圆柱三模横向进给系统现在主要用于火花塞壳体、管接头、管堵以及类似中等大小的空心工件。

20.9.8　三模贯通进给滚压机床

三圆柱模、斜轴和贯通进给滚压的发展与两圆柱模滚压机床的采用是并行的。因此，三模平行轴滚压机床上增加了斜轴功能（见表 20-2）。同时，模具轴从垂直转向水平，以方便长棒的贯通进给滚压。随着这些变化，圆柱三模斜轴系统迅速得到认可，用于生产直径为 0.50 ~ 2in（12.7 ~ 50.8mm）的高强度螺柱和螺纹杆。

其三点接触也非常适合滚压中空工件和翅片管。然而，由于其模具直径的限制，主轴轴承的尺寸限制及其结构复杂性和成本，三模斜轴贯通进给滚压现在主要用于此类特殊的应用。

20.9.9　强制穿滚进给滚压机床

最初，在通过斜轴系统滚压较浅的低螺旋（高导程）角或轴向形状时，人们采用径向模具载荷的摩擦分量来产生轴向贯通进给力。该滚压摩擦力不提供足够的轴向力分量，不能在模具的起始离隙中产生所需的金属成形。因此，为了滚压更深的轴向渐开线形状，如花键和花链，需要用沿轴向施加到正在滚压的毛坯的外力来代替斜轴模具进给力。该贯通进给力通常是利用针对工件的外侧端进行操作的液压驱动滚珠轴承中心来施加的。通过控制液压流量、平行轴模具的预期贯通进给量得以实现。通常，该进给量的范围在工件每旋转一圈 0.030 ~ 0.090in（0.762 ~ 2.286mm）之间，具体取决于模具直径与工件直径之比以及模具穿刺区域的长度。

最初，在通过该系统滚压花键时，模具彼此之间的相位调整是通过滚压机床的中央齿轮箱完成的，即通过具有两个万向节的驱动轴和一个允许径向模具位置调整的滑动中心构件，相控模具驱动转矩从该中央齿轮箱独立传递到每个模具。在这种布置中，背部间隙水平太高，不能为精密花键产生令人满意的间距误差。为了改善这种情况，现在使用精确模拟待滚压花键的调相插塞，它被插入模具之间且与它们紧密啮合一起旋转。当它被强制输入旋转模具时，它通过端面驱动器或其他手段连接到毛坯。通过这种方式，当毛坯进入模具的穿透区域时，毛坯与模具构成精确的共轭关系。因此，当齿形开始成形时，它们彼此之间有适当的间距，并且此后继续以适当的间距精度成形。

大多数三模滚压机床的径向刚度适用于径向进给和贯通进给螺纹滚压。然而，当这些系统被用于强制窜滚进给花键滚压时，常常需要预加载主轴以控制花键的最终节径。为了在用于精密花键滚压时赋予这些三模滚压机床一定的刚度，一个采用预加载环的系统散置在三个主轴之间，这样可以保护调相插塞，并且可以将花键跨线尺寸保持在精确的公差范围内。在适当控制的滚压和毛坯条件下，这种系统可以生产粗度为 20/40 DP、间距误差小于 0.001in（0.254mm）且跨线节径达到类似精度的花键。

当需要在中空毛坯上成形花键时，该三模成形工艺尤其有用。传统的齿条加工工艺是在滚压过程中连续对花键齿的整个长度上进行加工。由于毛坯受到来自相反方向的两种非常大的径向力的作用，它往往会塌缩和不圆。该强制窜滚进给三模工艺沿着滚压轴逐渐成形花键，任何时候各个模具与毛坯接触的成形区域不超过 0.500in（12.7mm）。这种低成形载荷从三个方向施加到管状毛坯上，从而大大降低了塌缩效应，这使得花键可以在壁厚只有外径 1/5 的管上被滚压，前提是齿形小于壁厚的大约 1/3。应该指出的是，这些限制并不精确，并且还受到形状、牙侧角、毛坯材料、模具起始离隙长度和允许顶部接缝深度的影响。在严格保持中空毛坯的内径且壁厚均匀的情况下，可以使用心轴以允许通过强制窜滚进给方法滚压壁厚更薄的花键毛坯。

目前，该工艺局限于直径小于 2.5in（63.5mm）、齿形达 16/32 DP 且牙侧角小于 30°的花键。

20.9.10　收敛轴式滚压机床

由于模具与毛坯直径之比只能满足模具表面一个轴向点的整数要求，传统的平行轴滚压机床不能有效地滚压圆锥螺纹形状或分锥角为 10°或更大的浅螺旋渐开线齿轮。匹配点任意侧的形状的平衡变得过度地不匹配，并因此阻止整个模具面上的完全共轭滚压作用，这会导致引起形状扭曲和缩短模具寿命。

为了解决这个问题，人们使用了收敛轴式滚压机床。这种滚压机床在结构上与平行轴滚压机床相同，只是模具与它们的轴对准，使得它们在模具的节圆锥和毛坯相遇的点上与毛坯的滚压中心线聚合。这种对齐使沿着模具面的所有点与沿着毛坯面的所

有点相匹配。

由于模具轴逐渐收敛，因此当模具接触毛坯时，它往往会朝着远离收敛点的方向轴向移动。因此，在这种滚压系统中，需要将工件轴向保持在模具中。此外，有必要将毛坯保持在模具中心线的平面上，结果便是将这种类型的滚压常常在中心或衬套上进行。另外，此类滚压机床的主轴必须能够支承由此产生的径向模具载荷的轴向分量。

20.9.11　鼓形滚压机床及附件

在许多需要简单滚压成形的情况下，推荐的做法是将滚压工艺与毛坯成形工艺相结合，这常常在车床或自动螺杆机上进行。如果待滚压的形状相对较浅，并且毛坯的直径足够大，以至于在滚压载荷下不会发生弯曲，则可以将单个滚压模具安装在车床横向滑块上的一个简单的附件中，并使该滚压模具强制进入工件以形成所需的形状，见表 2-2。标准的两辊滚花附件能很好地代表敲击滚压配置情况。在敲击滚压中，模具的旋转是通过与被驱动的工件接触而产生的。横向进给力如果直接由滑块和车床主轴产生，则此横向进给力即为全部滚压力。由于这些特点，敲击滚压最好在坚固的车床上进行。

根据早期在车床上敲击滚压滚花的经验，同时为了简化滚压更深的渐开线形状所需的机械和降低其成本，人们制造了单圆柱滚压机床。在此类滚压机床中，模具可以与毛坯被同相驱动，并且通过某种形状的液压驱动被径向进给。只有在毛坯有一个孔，或者有一个大得足以支承滚压成形载荷的凸出轴的情况下，这种技术才具有实用价值。由于这些限制，该配置通常仅用于细齿距渐开线形状滚压或粗齿距齿轮滚压精加工。

20.9.12　切向进给附件

对于在车床上进行螺纹滚压的场合，如果形状太深而不允许敲击滚压，或者工件太薄或太长而不能支承滚压载荷，则可使用切向进给附件。在图 20-17 所示的附件类型中，两个模具被安装在一个刚性的框架内，模具的轴线平行于工件的旋转轴线。两个模具之间的位置使它们在被进给到工件中时与工件切向接触。随着进给继续，模具穿透，直到它们之间的中心线平面移动到与工件的旋转轴线相交处。此类附件在过去的 40 年中已经被广泛接受，用于滚压夹头附近或肩部后方的螺纹、滚花和螺杆滚压机床工件。事实上，就数量而言，它可能是使用最广泛的滚压设备。

图 20-17 车床上的切向进给附件

20.9.13 径向进给滚压附件

当需要在车床上滚压螺纹或其他螺旋形状，并且工件或主轴不能提供足够的径向支承，或者滑块不能提供必要的径向模具载荷时，有必要提供可独立产生相应径向模具负荷的滚压附件。为使径向进给附件完成该任务，将两根相控平行轴和自由旋转模具安装到一个剪刀状框架中，该框架上配有一个通常是气动的楔形装置或联动装置，以使模具靠近毛坯。

通过车床滑块将附件移动到毛坯和模具轴线共面的位置，然后驱动剪刀状系统以使模具向毛坯穿透。由于两个模具以平衡的径向力穿透，并且它们的中心与毛坯处于同一平面中，因此主轴和滑块不会受到径向载荷的作用。

模具通过齿轮组进行旋转相位调整，并产生了良好的结果，进一步扩展了大型车床的能力，因此得到越来越广泛的应用。

20.9.14 端部进给滚压头

为了给正在车床或螺杆机上加工的工件外端制成螺纹，多年来已经成为惯例的做法是使用具有三个所谓螺纹梳刀的刀具的模头，螺纹梳刀在模头被轴向进给到工件上时切削螺纹。随着人们越来越多地接受这样一个事实，即滚压螺纹具有某些优越的物理特性和较好的表面质量，在这种情况下，用滚压取代切削较为可取。因此，端部进给模头的结构逐渐与螺纹梳刀头的结构几乎相同。通常有三个模具安装在斜轴上，并且以一定的方式轴向匹配，使得当毛坯被旋转且模头被轴向进给时，它将由正常的毛坯形成滚压螺纹。该结构与直径为 0.50 ~ 2in

（12.7 ~ 50.8mm）的模具配合使用。在模具到达其轴向行程的末端之后，它们通过凸轮系统自动打开，附件从工件中退出。这些模具是环形的，并且渐进式穿透。因此，它们不能靠近肩部形成螺纹。

20.9.15 三角形进给滚压机床

另一种提高圆柱双模平行轴滚压机床生产率的方法在多年以前就被提起过，但是除了在日本以外从未实现有效的工业应用。这就是非等径模具或三角形进给系统。通过用两个一大一小的模具取代两个等径模具，然后在中心上方将待滚压的毛坯引入到模具中，向下移动的模具的较大直径将向下拉拔毛坯，使其进入逐渐减小的模隙，从而使形状从毛坯中穿刺，而不必使模具轴朝向彼此驱动。这种滚压机床尽管非常适合高速滚压环形形状，但是由于模具几何形状不匹配，在生产螺纹之类的螺旋形状时容易出现匹配误差和其他螺旋问题。

20.10 工艺控制和计量

20.10.1 数控径向模具驱动

对于需要将模具径向驱动进入毛坯以进行滚压操作的滚压机床来说，最常见的方法就是液压驱动其中安装有一根主轴的滑块。连接到移动主轴系统的驱动缸、活塞和活塞杆受液压驱动，并径向移动模具以穿透毛坯，直至气缸另一端的外部活塞杆上的校准刻度盘在最低点与机架上的缸盖接触。

在液压驱动的径向进给模系统中采用的另一种方法是调节活塞杆的长度，活塞杆连接着两个相向径向移动的主轴系统。液压驱动气缸，使模具彼此对置，以便当毛坯保持在滚压中心线上时穿透毛坯。手动调节活塞的行程，以确定模具穿透的深度。

对于此类滚压机床上的传统液压驱动，模具的径向穿透速度由手动调节的液压流量控制阀控制。由于每个模具接触面的穿刺量随模具速度和径向穿透率的变化而变化，为了调整该关键变量，还必须调整模具的速度。对于多数普通的滚压设置，手动调整尺寸、径向穿刺率和模具转速是非常具有成本效益的方式。

当滚压机床频繁更换，或者被集成到一个多机工件生产系统时，通过数控来进行所有这些调整可能比较理想。凭借该功能，可以轻松存储许多应用程序，以方便操作员安装。

如图 20-18 所示，伺服液压系统是最常见的数控径向模具驱动类型。采用机电伺服驱动器的数控还可以在可变滚压载荷下提供可比较的模具位置重复性。

通常，来自于伺服电机集成的编码器的反馈可为控制系统提供模具位置。近年来，由于使用玻璃分划尺反馈从动主轴系统壳体的位置，主轴、机架和滚珠丝杠弹簧的影响有所降低，但仍然不能完全抵消径向模具载荷变化对滚压机床精度的影响。

由于此类机电系统的成本较高，随着具有内部气缸位置感测和经改进伺服阀的液压伺服系统对可变滚压载荷的敏感性降低，它们被更多地用于装备成本较低但可接受的数控滚压尺寸控制系统。

图 20-18　配备伺服液压模具驱动和定位功能的 MC-15 FI（V）数控动力箱 Kine-Roller 滚压机床 （来源：Kinefac Corporation）

20.10.2　真实模具位置尺寸控制

常规的数控尺寸控制调整导致的滚压件尺寸变化并不一定相同。当在模具上经受较高的可变滚压力时，主轴系统、滚压机床结构和驱动系统的偏转可以降低数控尺寸调整的影响。因此，对于可能由毛坯硬度或毛坯直径可变性导致的具有较高可变径向模具载荷的精密滚压应用，滚压模具的实际操作表面位置与数控输入位置之间存在显著差异。消除这种差异的唯一方法是在滚压循环中连续感测真实的模具位置。有系统可用于确定模具上圆柱表面相对于滚压成形表面的位置，该位置信息被反馈给伺服驱动的径向模具定位系统。基于该信息，通过控制模具的实际最终静滚位置，可以在如此高的可变径向模具载荷下实现滚压工艺和滚压尺寸精度的实际直径控制。

这种直接模具定位伺服尺寸控制系统需要专用模具，并且需要在模具滚压区域上方的有限区域中安装模具位置探测系统。它不适合快速换模，价格昂贵，因而不常用。

20.10.3　数控旋转模具匹配

为了在圆柱模具滚压机床上进行旋转匹配的外部调整，可以在主轴驱动齿轮箱输出轴和主轴之间插入机械或机电旋转定相装置。当配备有模具彼此之间的角模位置反馈和伺服驱动时，该匹配调节可以通过数控来完成。不过，这种数控匹配通常在滚压循环结束后进行。

对于单个模具旋转中的滚压模具的动态旋转匹配，一些滚压机床在每个主轴上配备独立的伺服驱动器，并且在每个主轴上配备连续旋转位置反馈。通过数控运动控制，此类滚压机床可以在模具穿刺过程中动态改变模具相位。当采用多回转圆柱模横向进给滚压轴向渐开线模型时，这种功能有时是有用的。然而，在多数常规的圆柱模滚压系统中，这种功能不具有成本效益。

20.10.4　径向模具载荷监测

采用传感器载荷测量技术的径向模具载荷监测系统现在已经可用于几乎所有类型的滚压机床。由于多数滚压机床结构非常复杂，而且在滚压循环中结构的加载会动态变化，因此实际上可以十分简便地利用如今的电子设备，直接根据实际径向模具载荷校准传感器读数。

在典型的滚压循环中，模具径向载荷逐渐增大，当滚成的形状为 100% 饱满时达到峰值。然后，如果模具位置停留和释放，则测得的载荷将快速下降并结束。峰值会是模具最大径向载荷的一个有效指标，但即使只有少量的过度滚压，当模具试图穿透超过形成完整形状要求的位置时，可能产生一股周向金属流，并且测得的模具径向载荷会快速上升。因此，滚压载荷监测系统应该包含一个载荷相对时间的读数，以提供有用的信息。为了将该非标定数据转换成精确的模具径向载荷读数，这种径向模具载荷监测将要求在非常有限的空间内，利用强力和精确可控的载荷施加装置对系统进行校准。因此，此类系统常用于比较而非定量分析。

20.10.5　圆柱模转矩监测

通过测量圆柱模滚压机床主轴驱动电动机的牵引电流，可以得到施加在工件上的实际滚压转矩的一般指示。

电动机电流输入与转矩输出的关系在低输出时具有较强的非线性，并且齿轮和轴承损耗也变化很大，因此从该测量获得精确的定量滚压转矩数据是不切实际的。另外，常规安培表的响应时间和过冲倾向进一步限制了它们的实用性。

有某些应用中，特别是通过在圆柱模滚压机床中贯通进给滚压深型长棒料时，测得的滚压转矩变化可以显示工艺难度，如模具失效、叶片磨损或由于系统升温引起的过度滚压。不过，对于循环相对较短的径向进给滚压应用，模具转矩变化通常不能用作具体的问题指标。

20.10.6　滚压特征监测

在径向进给、旋转径向进给或平行进给滚压循环过程中，如果能够观察径向模具载荷随时间以及转矩随时间变化的关系，从工艺控制的角度来看则可能是有价值的，因为这便于形成滚压循环信号。利用可存储和显示这些特征关系的计算机监控系统，可监测如设置不正确、滚压毛坯较硬或过大、模具顶部失效、叶片故障或黏附、滚压循环不完整等情况，以及不良工件或异常滚压循环的滚压循环信号可能与正常滚压循环或良好工件的滚压循环信号明显不同的情况。滚压特征监测系统也可用于编制模具或刀具更换和机床维护程序。

许多系统可用于提供这种滚压特征监测，而且在具有适当的应变计安装位置和正常的径向模具载荷随时间的模式较为稳定的应用中，这些系统已被证明是经济有效的。

20.10.7　后部工艺反馈尺寸控制

在螺纹或蜗杆的连续进给滚压或高度重复的横向进给和旋转径向进给滚压应用中，滚压机床升温可能导致滚压件的成品节径逐渐变化。通过引入成品棒料或工件的自动节径测量，以及将任何直径变化传递给数控圆柱模滚压机床的尺寸控制系统，有可能补偿滚压系统的升温。然而，测量形状直径所需的时间和此类系统的成本限制了它们的使用。

20.11　滚压的操作使用

20.11.1　主要操作

利用在棒料上滚压螺旋、轴向和环形形状的功能，人们可以在自动车床、螺杆机或其他自动棒料到工件加工系统中先预制棒料，再进行后续加工。这些应用中最常见的就是滚压全长度螺纹杆，以便定位螺杆的后续钻孔、拉削和切断；另一种用螺纹棒制造的常见产品是用于各种紧固应用的高强度螺柱。在此类情况下，后续操作包括切断、倒角和末端标记。在所有这些应用中，都需要在车削操作中

或单个工件上去除螺纹倒角区域的毛刺。其他螺旋工件包括蜗杆、爱克母和精密丝杠、滚珠丝杠和千斤顶螺杆，通常由预制棒料制成。

滚花、花键、蜗杆和较浅的小齿轮钢料都属于通常以棒料长度滚压，以节约材料并减少后续处理时间的轴向形状。这种方法被用于生产牙科工具手柄、模塑镶块、五金制品、小型齿轮减速器以及类似的大批量应用。

在利用棒料滚压任何形状用于在金属切削系统上进行后续加工时，必须考虑夹紧力或夹头力对棒料滚压外径的影响。在可能的情况下，尽量使用具有宽平顶部的形状。然而，对于具有尖锐顶部形状的螺纹、蜗杆或致动器螺杆，通常需要在活动侧面的上方提供一个区域，该区域在夹头夹持期间可变形而不会影响侧面的操作表面。

在所有以上情况下，预制棒料的直径通常为0.25~1in（6.35~25.4mm）。根据形状的长度和工件的直径，棒料的进给量为100~400in/min（2.54~10.2m/min）。

贯通进给环形形状的滚压——滚压至滚压成形元件被切断处，已被用于以非常高的速度（高达每分钟4000个工件）主要生产体积较小且形状简单的工件，如射弹、轴承滚珠和滚轴毛坯、阀球毛坯、接触销和密封圈。多数实心毛坯采用直径为0.375in（9.525mm）或更小的可热处理的钢材制成。由于滚压切割端必须是圆锥形的，或者具有较小的圆柱形突起，因此该工艺仅限于不必考虑端部条件的应用。

50多年来，高温预制的环形贯通进给滚压成形和切割工艺一直被用来生产直径达3in（76.2mm）的化学磨机钢球。最后，大型单模回转圆柱模系统在过去的40年中一直在发展，已经达到了选择性应用于汽车变速器和转向轴的热成形轴毛坯所需的性能水平，这很大程度上类似于超大型搓齿机。

20.11.2　辅助操作

常见的辅助应用是小型紧固件带头毛坯的螺纹滚压，这些工件在传统滚压技术的搓齿板和行星模滚压机中大量生产。用于结构应用的车削或带头毛坯滚压是第二个常见的辅助滚压应用领域。辅助螺纹滚压操作被用来滚压用于工业和消费品的所有轴类工件。在此类应用中，加工工件的直径范围为0.375~10in（9.525~254mm）。各种各样的牙型和材料都将用作紧固用途。对于高强度紧固件，滚压常常在预硬化的毛坯上进行。另外，此类螺栓的主体和头部之间的圆角经常采取滚压方式。

螺旋牙型的第二个主要辅助滚压操作是用于致

动器螺杆、减速器轴以及用于增加转矩或转换转矩方向的类似轴件上的蜗杆。这种操作常用于大批量汽车蜗杆、电器蜗杆以及中等批量的电力传输设备。

另一个主要的辅助滚压操作是滚花。它常用于在轴和配合零件之间形成压配合。此类滚花涵盖从传统的金刚石滚花到特殊的全齿高直纹滚花等，它们被设计专门用于将叠片、滑环、蜗杆、齿轮和其他旋转零件安装到电动机或其他动力传动轴上。金刚石滚花的辅助滚压通常也用于生产注塑工件和车削轴或轮毂插入件之间的接头。大部分此类滚花滚压在直径为 0.125 ~ 1in（3.175 ~ 25.4mm）的轴上。不过，如果滚压机床允许，滚压直径达到 10in（254mm）或更大的滚花也是可行的。

齿条式滚压系统最初是滚压汽车花键的主要方法，而且现在仍然代表了针对 0.50 ~ 1.5in（12.7 ~ 38.1mm）直径的大部分花键滚压系统。由于圆柱模强制蔺滚进给花键滚压的出现，滚压得以进一步取代滚齿或拉削，成为更具成本效益的辅助操作，用于生产从中等批量到大批量转矩传递轴的花键。在具有适当间距和节径公差，并且节径为 0.50 ~ 1.5in（12.7 ~ 38.1mm）的轴上，辅助滚压 24/48 至 12/24 径节的渐开线花链和花键时，强制蔺滚进给和齿条滚压机床同样有效。如果节径为 0.50in（12.7mm）及以下，则旋转径向进给滚压机床更具成本效益；如果节径为 1.5 ~ 3in（38.1 ~ 76.2mm），则强制蔺滚进给滚压机床似乎具有显著的优势。

横向进给滚压可以生产各种用于轴承滚道、塑料压配合、止动凸缘、卡环槽和类似应用的环形形状。以上均为辅助操作，在这些操作中，由于缺乏机台、工件支承不足或其他主要工艺限制，在原始车削作业中生产这些工件是不切实际的。

20.11.3　补充滚压操作

如前所述，用滚花滚压刀具在单主轴或多主轴自动车床上成形滚花是滚压工艺的一种非常古老的应用，它被用于补充车床功能。基于该经验，人们开发了单圆柱模，用于在通过车床生产的工件上进行浅纹滚压。为了生产更深和更长的优质滚压螺纹，作为主要车削操作的一部分，有必要开发其他类型的径向穿透滚压附件和贯通进给轴向滚压头。这些滚压设备现在被广泛用于免除辅助螺纹滚压操作，这通常是针对直径为 0.25 ~ 3in（6.35 ~ 76.2mm）的轴类工件。有设备能够滚压直径达 9in（22.8cm）的螺纹，但是它们的用途非常有限。

20.11.4　滚压加工和尺寸控制操作

在车削工件的生产中，获得 16μin（0.4μm）及

更小表面粗糙度值的能力受到切削工艺的轴向刀具进给作用的限制。在被施以精确控制的强作用力时，滚压工艺凭借其外摆线无滑移作用，可在经轴向进给车削的非热处理表面上形成极好的表面质量。在这些具有 32μin（0.8μm）或更佳无磨损光洁的车削表面上，滚压可以在多数回转表面上形成低至 2μin（0.03μm）的表面粗糙度。这些表面包括轴上的轴颈表面，球头螺栓和拉杆上的球形表面，滚珠和滚柱轴承滚道以及类似的滑动或滚动接触表面。

在塑料轴承中采用滚压加工表面组件的相关操作经验表明，滚压表面与具有相同表面粗糙度值的磨光表面相比，可提供更优越的磨损寿命。对此的经验性解释就是，与磨削工艺的磨蚀作用产生的质地相比，径向变形的凹凸具有明显更平滑的质地。由于这一特点，滚压加工越来越多的应用于永久润滑的汽车部件和电器部件。

在多数滚压加工应用中，存在 0.0005in（12.7μm）以下的较小直径变化。这种变化主要源自表面凹凸的变形，因此将滚压加工作为尺寸控制操作并不可行。不过，有一种两步尺寸控制工艺，即环形预制件在第一步完成滚压，随后通过精确控制的滚压加工操作，将其滚压调整至 0.0003in（7.6μm）的公差。

由于多数滚压加工操作通常需要不到 10 次工件成形旋转，因此可以在几秒钟内完成这些操作。

20.11.5　滚压矫直

对于直径较小的弯曲棒料、热处理轴或其他较长的圆柱形毛坯，可以在两圆柱滚压机床上通过斜轴贯通进给滚压来改善其平直度，这种相对较旧的工艺使用彼此相对旋转的凹凸模具。当贯通进给滚压作用使旋转工件沿轴向通过模具时，它们过度弯曲待矫直的工件，所产生的挠曲足以将表层和显著低于工件表面的应力提高到材料弹性极限以上。当工件支承在叶片上螺旋通过模缝时，滚压将应力增加到工件在初始弯曲中存在的水平以上，然后以螺旋方式逐渐释放应力水平。这在轴的截面周围留下基本对称的残余应力，并改善其平直度。然而，在工件的中性轴附近通常存在一些较小的残余应力不平衡，这种不平衡不能通过滚压作用的过度弯曲水平去除，所以用这种方法不可能生产出基本完全平直的工件。

20.11.6　滚压压痕清除

在操作或热处理过程中，如果滚压螺纹工件或其他带肋的类似形状出现顶部凹痕或割痕，可以通

过再滚压来修复。在多数情况下，割痕或凹痕是被径向向外位移的材料包围的凹陷，所以通常可以通过再次滚压操作使位移的材料回到其原始位置。这通常可以在原来对工件进行滚压的同一台滚压机床上或在一些更简单的滚压系统中完成。模具被设计为主要接触原始滚成形状的外表面，同时与工件保持共轭滚压作用。

20.11.7 翅片滚压

在换热管件上滚压翅片以增加其传热能力是一种由来已久的工艺。翅片为螺旋形，通常由三个倾斜的环形模具组件生产。在某些系统中，模具组件被用在三圆柱模贯通进给滚压机床中，并且模具驱动管件。在其他系统中，特别是用于滚压较小直径的翅片管系统，多圆片叠加模组件被安装在三圆柱模倾斜主轴头中，该轴头被旋转驱动，同时管件在被旋转约束的状态下轴向进给通过系统。这两种情况下，通常都会使用一个支承心轴（见图 20-19）。

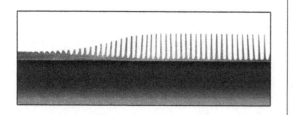

图 20-19　软性可成形材料滚压的深纹翅片的实际截面

20.12　未来的方向

为了持续满足如今更高的要求，滚压成形在以下五个方面取得了重大进展：

1）旋转到轴向动力传动元件，如滚珠丝杠。

2）用于发电设备的高强度和高硬度合金的成形。

3）集成毛坯加热以提高材料的流动性。

4）滚压加工和尺寸控制。

5）微成形。

20.12.1　旋转到轴向动力传动元件

与动力传动螺杆不同，用于旋转和轴向动力传动产品的滚珠丝杠不仅具有独特的几何形状，而且要求 Ra 6～8μm 范围内的表面粗糙度精度小于 10μm。

为了达到这些苛刻的公差要求，温控冷却剂系统与滚压设备被集成在一起，以保持恒定的成形温度。

20.12.2　高强度和高硬度合金的滚压成形

随着风能、核能和传统发电设备对滚压成形产品需求的增加，人们不断需要刚性更高的设备，以提供更高的滚压成形载荷和转矩，可编程成形速率循环和可追踪成形特征。

目前，用于这些应用的材料通常是镍基合金（如铬镍铁合金），其硬度范围为 30～45HRC。

对于直径为 1.5～6in（3.8～15.2cm）的滚压成形工件，目前采用能够提供 660000lbf 径向模具载荷和 10000lbf·ft 转矩的设备生产。当前的技术还可以扩展，以提供更高的载荷和转矩。

20.12.3　毛坯加热的整合

在钛合金飞机紧固件的滚压中，通过将精确毛坯加热与从加热工位到滚压工位的机器人传送整合起来，改善了材料流动特性，降低了成形力，缩短了循环时间。结合更快的成形循环，这在形成顶部接缝和提高滚压模具寿命方面已经取得了进步。

20.12.4　滚压加工和尺寸控制

蜗杆通常要先切割，然后通过研磨实现尺寸精度和表面粗糙度。用滚压表面粗糙度和尺寸控制取代磨削操作，不仅缩短了循环时间，精加工公差达 2μm，跨线尺寸小于 10μm。

20.12.5　微成形

随着电子和医疗产品不断小型化，需要生产小型连接装置和驱动装置，对能够制造直径小至 0.010in（0.025cm）的螺旋形和环形形状的滚压机床的需求也在不断增加。

扩展阅读

Kinefac Corporation：http://www.kinefac.com/

The Association of Manufacturing Technology：http://www.amton-line.org/

National Center for Manufacturing Sciences：http://www.ncms.org/

National Association of Manufacturers：http://www.nam.org/

Precision Machined Products Association：http://www.pmpa.org/

SAE International：http://www.sae.org/

第21章
焊接、钎焊与热切割

林肯电气公司　杜安·K. 米勒（DUANE K. MILLER）　著
北京科技大学　吴茂　曲选辉　译

21.1　概述

21.1.1　焊接、钎焊与热切割在工业中的应用

焊接是一种重要且复杂的制造工艺，几乎所有行业都会使用。它可以连接金属和一些非金属，减少机械紧固件的使用，如螺栓和铆钉。冲压件、铸件、锻件、轧制的钢板和薄板、棒材、型材，以及其他形状的材料均可以通过焊接连接成一个整体。在适当条件下，异种材料也可通过焊接进行连接，如不锈钢与碳素钢之间的连接。

焊接的基本分类还包含软钎焊和硬钎焊，这两种钎焊工艺可用于连接一些其他焊接工艺不能连接的材料。尽管热切割工艺不是焊接工艺，但它与焊接关系密切，所以在本章进行讨论。

美国焊接学会（AWS）认可的60余种不同的焊接工艺可分为以下几类：电弧焊、气焊、高能束焊接、电阻焊、固态焊接、其他焊接工艺，以及软钎焊和硬钎焊。在每种分类中，有很多具有相同和不同特性的焊接工艺过程。例如，所有电弧焊工艺均使用电弧，而硬钎焊和软钎焊则包含钎料金属的熔化，但母材金属不熔化。本章主要由这些广泛的焊接分类，加上热切割和气刨所构成。

每种焊接工艺均有优势和局限性，也具有独特的特性以及应用，但在某些情况下，它们的功能也有相当大的重合。因此，针对某一应用，一个工程师可以选择一种工艺，另一个工程师可以选择另一种工艺，两种选择都可能是正确的。

关于这里讨论的一些个别过程，已经编写了完整的手册，本手册的内容只是介绍性的。此外，制造工程师还需要考虑一些可能不属于其主要职责范围内的相关问题，包括材料的选择、连接设计和无损检验等。本章同时给出了一些延伸阅读的建议，以供读者研究超出本章范围的内容。

21.1.2　与制造工程师的关联性

制造工程师在焊接领域的角色根据不同的因素可能不尽相同，如公司规模大小、制造工艺专家的多少、生产的产品是相对稳定成熟的还是创新的，以及其他因素。本章的基本假设是设计工程师负责材料的选择、材料的厚度、接头的设计、部件应力以及接头应力的计算，确定焊接类型和尺寸。进一步假设制造工程师负责确定由何种方式和方法进行作业，在保证产品的质量满足要求的前提下实现最经济的制造，同时确保工艺流程中操作的安全性。

显然，设计工程师与制造工程师必然相互交流，理解双方的要求与约束会有助于实现低成本、高质量和高安全性的要求。例如，材料成分的一个看似很小的变化，可能对焊接产生显著影响。若设计中规定的焊缝尺寸大于所需尺寸，将自动增加成本。因此，设计工程师与制造工程师的良好配合有利于优化工作。

21.1.3　焊接失效的意义

根据定义，焊接用于将部件连接在一起，它也自然会有失效的情况，根据不同的应用，失效的后果有可能是灾难性的。因为焊接始终与连接相关，所以它完全有可能因为设计不佳或焊接不佳而失效，也不能忽视焊缝完整的重要性。

1. 焊接接头

当多块材料组装在一起形成一个接头时，它们采用图21-1所示的5种可能的焊接接头形式中的一种。当材料太小无法直接应用时，常采用对接接头将小件材料组装成大件。T形接头、角接接头和搭接接头常用于将平面材料组装成复杂三维形状的构件。端接接头常用于金属薄板的焊接，以阻止流体从接头的一侧转移到另一侧。"接头类型"一词仅描

述材料放置的相对位置，并不表示焊缝的类型。

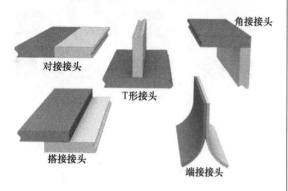

图 21-1　焊接接头形式

2. 焊缝类型

焊缝可以分为以下 3 种类型，即坡口焊缝、角焊缝和塞/槽焊缝。坡口焊缝有两个子类，即全焊透（CJP）坡口焊缝和部分焊透坡口焊缝（PJP）。图 21-2 所示为焊缝类型。

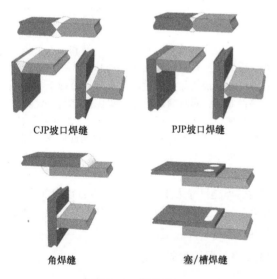

图 21-2　焊缝类型

3. 焊接接头设计

焊接接头的设计是焊接的一个重要研究领域，超出了本章的范畴。设计合理的焊接接头时必须考虑载荷的性质（静态或循环载荷）、通过焊缝传递的力、熔敷金属与链接材料的强度对比、焊接过程中的热量对母材金属的影响（适用时）等因素。设计工程师主要选择焊缝类型（如角焊缝或坡口焊缝）、焊缝长度及焊缝熔敷金属的强度。不管选择何种焊缝，设计工程师首要关注的是"焊喉"的尺寸。焊喉理论上是焊缝中最薄弱的平面，因此限制了很多焊缝的设计。

制造工程师不需要知道设计工程师是怎么确定上述因素的，制造工程师主要负责怎样实现设计工程师的设计要求，包括焊喉尺寸、焊缝金属强度，以及如何安全地、低成本地制造。

4. 焊接规范

对于关键应用，焊接可以通过规范来控制。以焊接压力容器为例，焊接过程可通过美国机械工程师学会（ASME）制定的规范来执行。钢结构建筑的焊接需满足美国焊接学会（AWS）的标准，如 AWS D1.1 的要求。还有许多其他标准和管理机构的标准。这些标准提出了很多要求，包括连接设计、允许使用的焊接工艺和程序的性质、焊接人员的资质（认证）、检验要求，以及其他很多因素。对于受这些规范控制的工作，制造工程师必须仔细研究适用的标准并建立实施的方法。

很多焊接操作不受规范控制，甚至不受自愿执行标准控制。尽管如此，所有的焊接必须在保证质量及可靠性的方式下完成。这涉及选择合适的焊接材料、使用合适的焊接工艺和使用有经验的焊工。对于那些不受规范控制的应用，有一个关于焊工资质及焊接流程的通用规范：AWS B2.1《焊接工艺评定和技能评定技术要求》。

21.2　焊接的本质

焊接过程依赖于被连接材料之间原子间化学键的形成。为了形成这些化学键，每种物质的原子必须足够靠近，这样每种物质的原子可以分享电子并形成一个原子键。当以下两种情况同时满足时即可形成原子键：原子的接近度与原子的洁净度。要形成原子键必须使两个原子足够接近。因为在原子层面，即使一个宏观平面也会存在数埃高度的波峰和波谷，导致两种材料原子间存在巨大的距离。

原子的清洁是第二个要求。因为金属很容易氧化，所以常见的商用材料表面常存在一层氧化层。表面氧化层抵消了促进形成原子键的原子力。

有两种方法用于实现原子间的接近度：加热与施加压力。某些焊接工艺将一种或多种材料加热至熔点，这些被称为熔焊工艺。熔焊的定义为将填充金属与母材金属或只有母材金属熔合在一起，形成一个焊缝［注：除非特别指出，本章中所有定义均引自 AWS A3.0-10《标准焊接术语和定义》，直至章节结束］。原子洁净度可以通过金属熔化后液态金属的流动来实现。

在熔焊过程中，熔化金属所需的热能可通过不同的方式实现：电弧、气体火焰、电阻加热和摩擦。熔焊工艺过程在没有压力或压力极小的条件下就可以实现原子的接近度。焊接过程中对材料表面的熔化，以及化学反应可减少表面氧化物，有助于实现所需的原子洁净度。

相比于熔焊工艺，固态焊接工艺是一类不需要熔化任何组件，仅通过施加压力完成结合的焊接工艺。在提供一定的热量时，高的压力使原子达到所需的接近度，从而形成原子键。

21.3　电弧焊接工艺

21.3.1　基本分类

电弧焊是指一类通过一种电弧熔化工件实现结合的焊接工艺，该工艺可施加或不施加压力，也可使用或不使用填充金属。填充金属是指添加的用于形成硬钎焊、软钎焊或焊接接头的金属或合金。焊接电弧是一种通过气体导电介质形成和维持的电极与工件之间的放电，称为电弧等离子体。电弧强度会产生局部加热，通常（但不是所有）会熔化电极和工件，形成一个局部的金属熔化区，称为熔池。不同的焊接过程使用不同的电极类型，具有不同填充金属来源，以及依靠不同的屏蔽方法。

21.3.2　焊条电弧焊（SMAW）

SMAW 是一种利用在焊条与熔池间产生电弧的电弧焊接工艺，使用该工艺时需保护焊条药皮的分解，不需要施加压力，填充金属来源于焊条。常被称作棒焊接，SMAW 是一种常见的熔焊工艺。SMAW 在车间和现场用于制造、安装、维护和修理（见图 21-3 和图 21-4）。

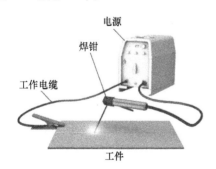

图 21-3　焊条电弧焊（SMAW）工艺

SMAW 有时被称作手工焊。在 SMAW 工艺中，焊工需要沿着焊缝长度方向手动移动电弧，以及手动将焊条送至熔池中。要完成这两项任务，需要相当多的技巧。焊工必须维持一定的电弧长度，以及焊条末端与熔池的距离。如果电弧长度过长，就会

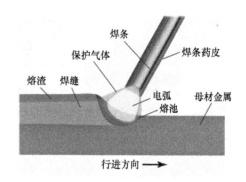

图 21-4　SMAW 工艺细节

灭弧；如果过短，焊条将熔合到熔池中。

SMAW 最大的优势是灵活性。只要有一台电源，就可实现多种材料的焊接，仅需要改变所使用的焊条，以及调整电源的输出。同一台焊机可以焊接薄的或厚的材料，此外也可焊接钢、不锈钢和铸铁。焊接过程可以在任何地方完成。基于这些原因，SMAW 在维护和修理领域很受欢迎。

SMAW 最大的缺点是其效率相对较低。使用的焊条长度为 9～18in（200～400mm），而且大约 2in（50mm）的焊条不能使用，必须丢弃。一旦焊条用完，焊工必须停下焊接，移除残余的焊条根部，插入另一根焊条，然后重新开始焊接。该工艺存在这些固有的焊接中断，因此相应地降低了生产率。

此外，焊条能够传导的电流也有限，这也限制了可沉积的金属量，降低了生产率。虽然 SMAW 工艺在 20 世纪 40 年代和 50 年代广泛用于制造领域，但如今在那些工资较高的发达国家使用很少；另一方面，在欠发达国家，劳动力成本较低，设备资金可能短缺，SMAW 工艺仍然很受欢迎。

21.3.3　药芯焊丝电弧焊（FCAW）

FCAW 是一种在连续填充金属与熔池之间采用电弧进行焊接的焊接工艺（见图 21-5 和图 21-6）。使用该工艺时需屏蔽管状电极内部的焊剂，可使用或不使用外部的气体对其进行屏蔽，并且不施加压力。FCAW 工艺的电极可以通过线轴、线圈、卷轴和其他设备提供，这些设备的质量可以小至 1lb（0.5kg），大至 1000lb（500kg）或更多。虽然不是字面意义上的"连续"，但长的电极可以使焊接长期持续进行，而不需要像 SMAW 工艺那样时地中断。

在 FCAW 过程中，电极（焊丝）通过送丝装置穿过焊枪进行传送，传送电极（焊丝）的设备在规定的速率下进行传送，这就减少了 SMAW 工艺中焊工必须具备的一项技能，不再需要手动将电极（焊丝）移动到接头附近。相应的，FCAW 可认为是一

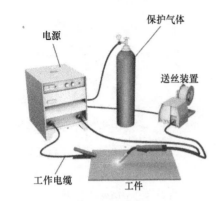

图 21-5　药芯焊丝电弧焊（FCAW）工艺

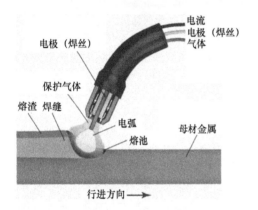

图 21-6　药芯焊丝电弧焊（FCAW）工艺细节

种"半自动"的焊接，因为焊工仅需要沿焊缝长度方向移动电极（焊丝）即可。基于 FCAW 工艺所使用的电源供给性质，电弧的长度是自动调控的，这又减少了 SMAW 工艺中焊工需要维持一定距离的要求。因此，FCAW 工艺对焊工技能的要求比 SMAW 工艺低。若将焊枪安装在一个可以沿焊缝长度方向自动移动的机器上，FCAW 工艺也可以在自动模式下进行操作。

焊枪内部是一个中空的铜管，称为接触管或接触端，电流经焊枪接触端传输到电极（焊丝）上。在焊接过程中，通常有大约 1in（25mm）的一小段电极（焊丝）伸长至接触端，这一小段电极（焊丝）可以传输很高的电流，比 SMAW 工艺的焊条传输的电流高很多。因此，结合"连续"输送焊丝和更高的焊接电流，使 FCAW 比 SMAW 工艺具有更高的生产率。

存在两种药芯焊丝电弧焊：气体保护 FCAW（或 FCAW-G）和自保护 FCAW（或 FCAW-S）。FCAW-G 需要保护气体而 FCAW-S 不需要。多种保护气体可用于 FCAW-G，钢材焊接过程中常用二氧化碳气体或氩气/二氧化碳混合气体。总体来说，随着多种填充金属的变化，保护气体的种类也可灵活地变化。自

保护的焊接非常适用于室外作业，因为室外的风有可能影响 FCAW-G 的保护气体。

使用 FCAW 焊接的接头会在焊后焊缝表面残余一层保护熔渣，这层熔渣需要在焊接完成后去除掉，这会增加焊接的成本。

在 20 世纪 60 年代和 70 年代，FCAW 开始取代 SMAW 用于许多大规模生产领域，至今仍在许多工业领域广泛应用。电极中的助焊剂在焊接过程中可以在一定程度上去除待焊材料表面的铁锈以及杂质。只要有合适的电极及焊接程序，所有位置都可以焊接。总的来说，尽管 FCAW 工艺的设备要比 SMAW 贵很多，而且也不如 SMAW 灵活，但 FCAW 仍然是取代 SMAW 的一种工艺。

21.3.4　气体保护焊（GMAW）

GMAW 是一种在连续填充金属与熔池间采用电弧进行焊接的焊接工艺，该工艺的保护气体来源为外加气体，焊接过程不施加压力。通常称之为 MIG（熔化极惰性气体保护）焊，该工艺与 FCAW 的概念相似，只是其电极（焊丝）中不含有焊剂，而且焊后的表面没有很厚的保护渣层。GMAW（见图 21-7 和图 21-8）可以半自动也可以全自动操作，通常用于机器人应用领域。

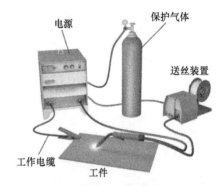

图 21-7　气体保护焊（GMAW）工艺

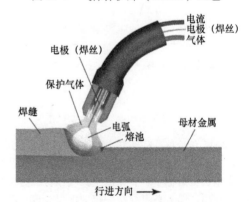

图 21-8　GMAW 工艺细节

在最基本的模式下，GMAW 工艺可使用与 FCAW 工艺相同的设备。GMAW 可以使用实心或金属芯电极（焊丝）。实心电极（焊丝）本质上是具有特定成分和直径的导线；金属芯电极（焊丝），也称作"复合"电极，是指管状电极（焊丝）中含有金属粉末。虽然它们在结构上与 FCAW 电极（焊丝）相似，但其本质的区别在于 GMAW 的金属芯电极（焊丝）不含有焊剂和造渣成分。根据所焊材料不同以及金属转变方式（后续讨论）不同，二氧化碳可用作 GMAW 焊接钢材时的保护气体。因为 CO_2 在电弧中不是惰性的（它会分解成其组成元素，变得具有"活性"），因此采用此种保护气体的 GMAW，可以被称作 MAG（活性气体保护）焊。保护气体也可采用氩气和氦气等纯惰性气体，或者是与氧气等其他少量气体的混合气体。最典型的是采用两种气体的混合物，有时也采用三种及以上气体的混合物。

因为 GMAW 的电极（焊丝）在其表面和芯部都没有焊剂，成品焊缝中就不会含有或仅含有极少量的熔渣，这就省去了 SMAW 和 FCAW 工艺中的焊后除渣操作，使得 GMAW 非常适合于自动焊接或机器人焊接操作，以及多工序焊接。但电极（焊丝）中没有焊剂，也使 GMAW 的应用有一定的局限性：该工艺对表层污染物或铁锈的兼容性不高。对于错位焊接，SMAW 和 FCAW 中的熔渣可以支撑液态金属，但对 GMAW 来说却很困难。

根据焊接参数和保护气体的种类，GMAW 过程中电弧的性能和金属从电极到熔池的过渡可以有多种形式。过渡类型（焊接转移方式）的区别通常被认为是过渡模式的不同。有十多种过渡模式，下面将描述其中最常见的 5 种，每种模式都有其优势和局限性。

1. GMAW 喷射过渡

应用到 GMAW 中的喷射过渡是从自耗电极（焊丝）中的熔化金属沿着电弧的轴向穿过变成小液滴的金属过渡。如图 21-9 所示，液滴的直径比电极（焊丝）直径要小，焊丝直径本身很小。喷射过渡需要较高的电流和电压，可以得到高质量且外观很好的焊缝。当焊接钢材时，喷射电弧过渡所用的保护气体至少含有 80% 的 Ar，其余为 CO_2 或 O_2。比较典型的混合气体，如 90/10 Ar/CO_2，和 95/5 Ar/O_2。因为电弧强度和熔池的重力作用，焊接钢材时喷射过渡只能在平面且水平的条件下进行。此外，喷射过渡仅限于焊接相对较厚的材料。

2. GMAW 熔滴过渡

熔滴过渡是指通过自耗电极（焊丝）产生的大

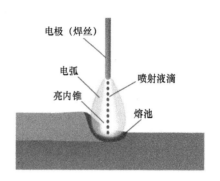

图 21-9　GMAW 喷射过渡模型

尺寸熔融液滴穿过电弧的过渡。如图 21-10 所示，液滴的直径明显大于电极（焊丝）。大液滴撞击熔池会产生大量的飞溅，这些飞溅的液滴可能会熔到远离焊缝的母材金属表面。电弧相对较粗糙，焊缝表面质量没有 GMAW 喷射过渡好。在钢材焊接中，有两个原因使大家更倾向使用熔滴过渡：首先可以使用廉价的 CO_2 保护气体，其次熔滴过渡对焊枪和操作人员的热效应比喷射过渡小。

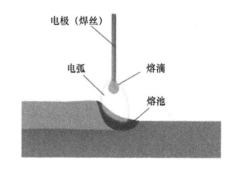

图 21-10　GMAW 熔滴过渡模型

3. GMAW 短路过渡（GMAW-S）

GMAW 短路过渡是指自耗电极（焊丝）的熔覆速率可通过反复短路进行变化的气体保护焊过程。将两个单独的电极（焊丝）进行物理接触，电流可通过基体进行传导，来实现短路。对 GMAW 短路过渡来说，电极（焊丝）与工件间实现短路；该点处没有电弧。高电流通过短路，导致电极（焊丝）过热和"爆炸"，从而消除短路。瞬间之后，电弧会重新建立并将熔融金属过渡至熔池中。如图 21-11 所示，电极（焊丝）会重新伸至熔池中，产生另一个短路，然后依次重复上述过程，每秒钟可发生数百次上述过程。

虽然该工艺的正式名称为短路气体保护焊，但也常被称作其他名称，包括"短弧"或"短路过渡"。因为它是一个相对"冷"的焊接工艺，因此

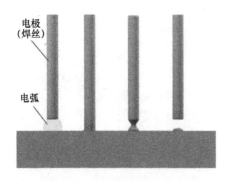

图 21-11　GMAW 短路过渡的模型

GMAW-S 特别适用于焊接，1/8in（3mm）或更薄（尽管它也可以用于焊接较厚的材料）的材料。当钢材需要垂直焊接或架空的位置焊接时，可使用这种低能量的过渡模式。

　　GMAW-S 的一个主要不足在于其过渡模式的"冷"的性质：GMAW-S 中焊缝未完全熔融，通常被称作"冷隔"，该问题一直被人诟病。在 GMAW-S 焊接过程中，其能量足以熔化填充金属，形成焊道，但是不足以使填充金属熔化到母材金属中。其焊缝可能具有很好的外观，但其连接可能受到限制或不能达到最佳的强度，这种可能性是该工艺需要主要考虑的问题。

　　在 GMAW-S 工艺中，电极（焊丝）短路发生的"爆炸"可导致很大程度的焊接喷溅，液态金属的细小液滴可能会喷溅至母材金属表面，并与母材金属熔合，这是该工艺需要考虑的另一个问题。

　　4. 脉冲喷射过渡（GMAW-P）

　　在气体保护焊工艺中，脉冲喷射过渡是指通过焊接能量由低到高不断循环导致喷射过渡不断变化的一种过渡形式，在最高点可以得到喷射过渡，从而导致平均电压和电流降低。焊接能量通过一个高能装置自动产生脉冲，从而使金属从电极（焊丝）向熔池过渡。当能量较低时，电弧会保持，但是不会发生金属的过渡。这个循环过程每秒钟可重复数百次。该高能的装置类似于喷射过渡，所以称之为"脉冲喷射"。该工艺也可被称为"脉冲电弧"或"脉冲焊接"。

　　脉冲能量在由高向低转变的过程中降低了向焊缝输入的能量，这可以使 GMAW-P 被用于钢材的错位焊接（与 GMAW 喷射过渡不同），如图 21-12 所示。与 GMAW-S 相比，也可用于错位焊，但 GMAW-P 能明显减少液滴的喷溅，而且具有更强的完全熔融的能力。

　　对于给定尺寸的焊缝，由于在焊接过程中降低了总能量，相比于 GMAW-S 工艺，GMAW-P 可以用

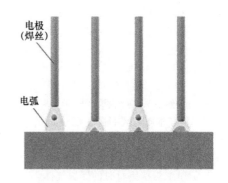

图 21-12　GMAW 脉冲过渡模型

于焊接相对较薄的材料，同时可降低焊接烟尘的产生。向焊接接头传输的能量少，也可降低焊接的变形。

　　GMAW-P 需要用到更复杂和昂贵的设备，其焊接过程也稍微复杂一些。但是，焊接能量供给的改善可以弥补这些不足，使 GMAW-P 成为一种常见的过渡模式。

　　5. GMAW 控制短路过渡

　　GMAW-S 有一个子类称为控制短路过渡。如前所述，电极（焊丝）与熔池之间的短路会造成金属液体的"爆炸"，这些喷溅的熔融金属会黏附在基体材料表面。有数种专利方法控制短路过程，通常是采用高速电子控制的方法。与短路过程中不受控的焊接电流升高不同，控制短路的供电可以调节传输能量的大小，消除"爆炸"现象，进而控制喷溅，这就克服了传统 GMAW-S 工艺的一大弱点，但是并没有消除不完全熔融的可能性。对于焊接较薄的材料来说，这些控制短路过渡的模式可以保证焊缝的质量，并且几乎没有喷溅。

21.3.5　钨极惰性气体保护焊（GTAW）

　　GTAW 是一种使用钨极（非消耗品）与熔池之间产生电弧的焊接过程，该过程使用保护气体但不施加压力。在这个熔焊过程中，通常被称作"TIG"焊，钨极将焊接电流从焊枪传导到工件上，如图 21-13 所示。钨极不会将熔融金属传送到熔池中（尽管这种情况可能发生，但是会导致焊缝不够完美）。如果焊接过程中需要添加填充金属，可以使用单独的不带电的填充棒（见图 21-14），将填充金属插入到熔池中，利用熔池的热量将其熔化。尽管氦气或氩气-氦气混合气体也可以使用，但氩气是最常见的保护气体。

　　钨极惰性气体保护焊非常适合焊接像不锈钢和铝这样金属材料，而且焊接薄件材料非常有效。该焊接工艺虽然需要焊接技艺精湛的焊工，但焊接质

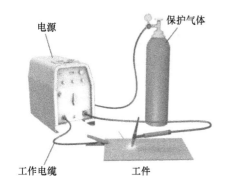

图 21-13 钨极惰性气体保护焊（GTAW）工艺

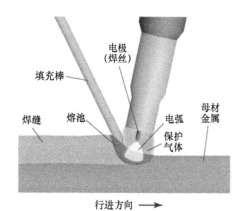

图 21-14 钨极惰性气体保护焊工艺细节

量很好。这种工艺经常被用于焊接钛合金等不常见的材料。在压力管道中，关键的焊缝修理和根部焊接等都是其典型的应用。如果焊接得当，GTAW 的焊缝具有极好的外观，没有需要去除的焊渣。由于 GTAW 去除表面污染物的能力有限，母材金属必须相对清洁。

GTAW 的焊接速度比较慢，因此通常只在没有其他焊接工艺可行的情况下使用。它通常用于手工焊接，尽管采用自动焊接和机器人焊接也能实现。

在起弧过程中，钨极接触到工件时可能会被污染。为了排除这种可能性，可以采用不同的电路来消除电极（焊丝）必须接触工件才能起弧的方法。一种这样的方法是采用电流能够穿过电极（焊丝）和工件之间间隙的高频电压。虽然非常有效，但这样的高频电源可能会干扰其他的电气设备，因此必须合理安装具有启动电路的设备。

21.3.6 埋弧焊（SAW）

埋弧焊是在裸露的金属电极（焊丝）和熔池之间使用一个或多个电弧，电弧和熔化的金属被工件

上覆盖的粒状焊剂所遮盖，无须使用压力，电极（焊丝）使用填充金属，有时使用辅助源（焊条、焊剂或金属颗粒）的焊接工艺。SAW 经常被称为"亚弧"，是一种电弧被埋在一层颗粒状的焊剂之下的熔焊工艺，如图 21-15 和 21-16 所示。埋弧焊焊剂与 SMAW 或 FCAW 焊接焊剂具有相同的功能：清洁焊缝表面的污染物，然后形成熔渣以保护熔化的熔池。

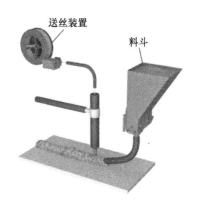

图 21-15 埋弧焊（SAW）工艺

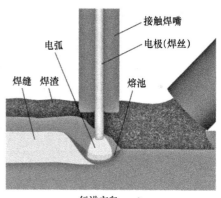

图 21-16 埋弧焊（SAW）工艺细节

由于埋弧焊的电弧完全被焊剂覆盖，所以焊接时没有表现出开放电弧过程的闪光、飞溅、火花或烟雾；焊剂也覆盖了熔池，使焊工无法观察其大小和形状。因此，通常在自动操作方式下使用埋弧焊，电极（焊丝）的行进速度由机械装置调节。半自动操作也是可行的，但操作时焊工必须根据覆盖的焊渣特征来调节焊接速度。

埋弧焊具有很高的生产率，因为它可以使用较高的焊接电流，这将导致更高的熔敷率和更大的渗透性。为了获得更高的熔敷率，可以将第二个或第三个电极（焊丝）（甚至更多）添加到系统中以进一步提

高生产率。焊剂保护层下的焊缝外观优良，无飞溅；另一个好处就是不受引弧影响。这意味着焊工不需要使用标准的防护头盔，并且可以在小区域内进行多个焊接操作，而不需要大量的防护装置来防止焊工接触电弧闪光；焊接过程产生的烟雾很少，特别是在通风不良的情况下，这是另一个生产优势。

埋弧焊仅限于平面和水平位置的焊接。对于车间制造，定位器的使用或焊件的简单重新定位，有利于现场焊接。但是，现场作业如果没有这样的条件，从而限制了埋弧焊的适用性。

21.3.7 等离子弧焊（PAW）

等离子弧焊是在非自耗电极（焊丝）和熔池（转移弧）之间或电极和压缩喷嘴（非转移弧）之间采用压缩电弧的弧焊工艺。在转移弧模式下，就像在钨极惰性气体保护焊中一样，在电极（焊丝）和工件之间产生电弧，主要区别在于辅助气体和焊枪设计带来的压缩。在非转移弧模式下，焊枪内的电弧被限制在钨极和周围的喷嘴之间。

压缩电弧拥有比 GTAW 更高的局部电弧能量，从而具有更快的焊接速度。PAW 的应用类似于GTAW，PAW 的最大的缺点是设备成本高于 GTAW。大部分 PAW 都是在转移弧模式下完成的，尽管该模式在第一步操作中使用了非转移弧。首先，电极（焊丝）和喷嘴之间产生电弧和等离子体，当焊枪正确定位后，转换系统会把电弧引向工件（见图 21-17）。由于电弧和等离子体已经产生，因此可以很容易地将电弧转移到工件上，所以 PAW 通常是自动化应用的首选。PAW 可以采用手工焊、自动焊或机器人焊接。

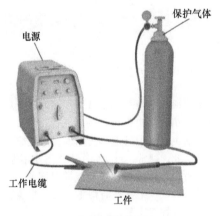

图 21-17　等离子弧焊（SAW）工艺

21.3.8 电弧螺柱焊（SW）

电弧螺柱焊是一种利用金属螺柱或类似部件与其他工件之间的电弧焊接工艺。该工艺不使用填充金属，可使用或不使用保护气体或焊剂，也可用或不用屏蔽部分螺柱周围的陶瓷或石墨套圈，并且对摩擦表面在其充分加热之后施加压力。大部分熔融金属和任何污染物都会在螺柱被强制压入熔池时从焊接区域排出（见图 21-18）。

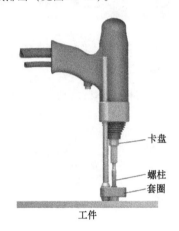

图 21-18　电弧螺柱焊（SW）工艺

螺柱焊可用于将螺纹螺柱连接到金属基体上，如金属办公设备或电器柜。SW 用于将带头螺栓连接件连接到横梁上，以便增强在螺栓嵌入混凝土时的复合强化作用。该工艺是自动焊接，使用起来相当简单。获得优质焊缝的关键是焊接相对清洁的材料，使用洁净的螺柱，并在焊接电流和电弧时间之间取得适当的平衡。

21.4 气焊（OFW）

气焊是一种用氧燃料气体火焰加热工件而使连接的一组焊接工艺。焊接的热量是通过燃烧氧气和合适的燃料气体的混合气体来提供的。气体在控制焊接火焰的焊枪中混合（见图 21-19 和 21-20）。焊枪沿着两种金属的接合处移动，如果使用填充金属的话，则由焊工手动地送入熔池中。与其他焊接工艺相比，气焊工艺的最大优点是操作者可控制引入母材金属的热量。然而，该焊接工艺相对较慢，不易自动化，很少用于生产焊接。

由于乙炔具有较高的火焰温度，通常被用作气焊的燃料气体；其他燃料气体，如天然气可适用于加热或钎焊，但不会产生焊接所需的能量。用于气焊的焊枪可用于硬钎焊、软钎焊和热切割，也可以用来加热工件。这种灵活性使得气焊在维护、修理和轻型制造等领域很受欢迎。该焊接工艺的低生产率基本排除了其在生产焊接中的应用。

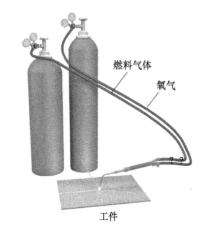

图 21-19　气焊（OFW）工艺

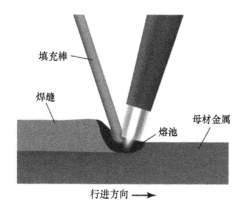

图 21-20　气焊工艺细节

21.5　高能束焊接

21.5.1　电子束焊（EBW）

电子束焊是一种通过凝聚的高速电子束撞击接头形成焊缝的焊接工艺。它使用时不需要保护气体，也不需施加压力。

电子束枪由发射器、偏置电极和阳极组成，用于产生和加速电子束。电子束枪可以使用辅助部件，如光束对准、聚焦和偏转线圈，整个组件被称为电子束枪列。

该焊接工艺的优点是聚焦电子束有非常高的能量密度，可快速制备深且窄的焊缝，有效降低变形和其他有害热效应。它主要用于焊接与空气具有高反应活性的金属和合金或易挥发的母材金属和合金。

电子束焊通常在真空室中进行，这限制了可以焊接的部件尺寸；另一个缺点是需要提供精密部件和固定装置，以使电子束可以精确地与接头对齐，从而确保完全连接。由于固定装置的复杂性，以及

在高真空下操纵焊丝进入微小及快速移动的焊接熔池是很困难的，因此通常不能焊接间隙接头。该焊接工艺的其他缺点是操作和维护设备所需的成本高，技术复杂和所需技能高，以及需要保护操作人员免受操作期间产生的 X 射线的伤害。

21.5.2　激光焊（LBW）

激光焊是一个产生激光光束撞击接头从而产生热量聚集的过程。简单地说，激光器是一种能量转换装置，将来自主光源的能量转换成特定频率的辐射电磁束。电磁能量被聚焦成激光光束，从而产生强烈的局部加热。惰性气体用来保护熔池，在某些应用中可使用填充金属。

LBW 越来越受欢迎，主要是因为设备的成本降低了。可仔细控制总能量输入，以最大限度地减少与能量输入过多导致的相关问题（如变形）。在不使用钎料和处理接头的情况下，一次焊接可焊透 1in（25mm）或更厚的材料。激光源可放置在远离焊接接头的地方，其能量可由光学器件（反射镜和透镜）或光缆进行传输。因此，激光光束可以被引导到其他焊接工艺可能无法接近的区域。LBW 已经成功地用于许多类型材料的焊接，并且可以实现极高的生产率。LBW 焊接需要仔细对准零件、清洁表面、精确固定，仅适于自动焊接。

21.6　电阻焊（RW）

电阻焊是一组工件组合后通过电极施加压力，利用电流通过接头的搭接面产生的电阻热进行焊接的工艺。当焊接电流通过工件时，工件之间的界面构成高电阻点，从而加热和熔化该区域。在焊接整个过程都需施加压力，以产生焊接所需的原子接近度。

由于电阻焊无法还原或去除氧化物，所以表面清洁度是一个关键变量。焊接材料之间的电阻以及电极与工件之间的电阻必须一致，以保证焊接质量。不同的金属基体具有独特的清洁度要求。电阻焊接涂层钢可能具有挑战性。

电能通常通过由铜合金制成的电极引入到工件中，在高生产率的情况下，电极用水冷却，以防止过热。电极除了将电能引入工件之外，同时向工件施加压力。

21.6.1　电阻点焊（RSW）

电阻点焊是一种利用电阻形成点焊的焊接工艺。在 RSW 中，工件在压力作用下重叠和固定，如

图 21-21 所示。电极的尺寸和形状控制焊缝的大小和形状，形状通常是圆形的（见图 21-22）。电阻点焊机可以是手动操作的小型设备，也可以是大型复杂设备，用于制造焊接接头并形成复杂组件。便携的枪式设备可用于组件太大而不能运送到固定机器的地方。点焊枪通常安装在机器人上，以便点焊枪快速重新定位。点焊工艺会在材料表面会留下特有的"凹痕"，这是焊缝收缩和电极压力造成的，这些凹痕可能在视觉上不易接受。

图 21-21 电阻点焊（RSW）工艺

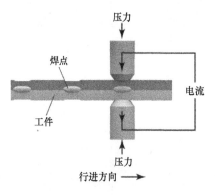

图 21-22 电阻点焊工艺细节

RSW 通常被用来代替不需要拆卸的组件上的螺钉和铆钉。可以轻松焊接厚度为 1/8in（3mm）的材料，尽管它依靠昂贵的设备进行焊接，但这个过程是快速且经济的。RSW 需要很少的技能，容易实现自动化。电阻点焊只能在搭接接头上进行，因此强度有限。

21.6.2 电阻缝焊（RSEW）

电阻缝焊是一种沿着接头长度方向的重叠部分逐渐接合的焊缝。在电阻缝焊工艺中，由圆形或轮式电极产生一系列焊点（见图 21-23）。连续的焊缝由一系列重叠的焊点形成。圆形电极旋转，同时保持被焊接工件的恒定压力，焊接脉冲电流流过工件，产生重叠点焊。电阻缝焊可以使焊缝密封，有助于制造需要储存液体的容器。

图 21-23 电阻缝焊（RSEW）工艺

电阻缝焊的接缝必须平直或轻微弯曲，接缝的突然变化会给焊接带来难度。该工艺可快速形成焊缝且成本相对较低，但是设备昂贵，电弧焊的焊缝强度通常比电阻缝焊的焊缝强度高。

21.6.3 凸焊（PW）

凸焊是一种电阻焊工艺，其焊缝的尺寸、形状和位置由焊件结合部位存在的凸起、突出或交叉点确定，通过对重叠部分局部加热并施加压力形成焊点。与电阻点焊相比，该工艺更容易形成单个或多个焊点。当需要形成多个焊点时，所有焊点可以同时形成。由于凸起部位就是焊接点，因此焊接位置比电阻点焊更好控制。

凸焊可用于将螺母、螺栓和支架等安装装置与其他材料连接，凸起的部分排除了与电阻点焊相关的"凹坑"效应。凸起部分的使用允许被连接的材料之间有更大的厚度变化，比例为 6∶1 也是可以的，该工艺依赖于预先制备的凸起部分。

21.7 固态焊（SSW）

固态焊是一种通过施加压力来产生连接，而不需熔化任何接合部位的焊接工艺。该工艺倾向应用于制造特定用途的设备，特别适合于连接某些由于冶金原因不能熔化和重新凝固的材料。

21.7.1 摩擦焊（FRW）

摩擦焊是一种工件在压力作用下彼此间旋转或移动，从而产生热量并使材料在搭接表面产生塑性变形的固态焊接工艺。该过程被认为是固态焊，虽然可能会出现一些熔融。将机械能引入旋转工件有两种方式：一种是采用直接驱动方式，一个工件安装在电动机上，另一个工件不需要旋转。旋转部分压向固定部分，通过摩擦在局部产生大量热量。表面的氧化物和污染物被机械地从界面上去除。在选定的时间段之后，可以通过制动器或所形成的焊接阻力使旋转部件停止。

另一种称为惯性摩擦焊（或简称惯性焊）的方法是将飞轮的能量传递给一端的工件，另一端的工件固定。两部分压在一起，储存在飞轮中的动能转化为热能（见图 21-24）。当飞轮失去能量后，随着焊接部位连接强度的提高，旋转最终停止。

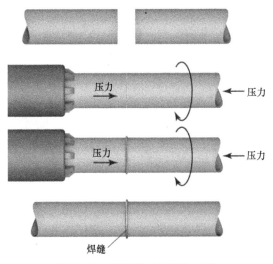

图 21-24　摩擦焊（FRW）工艺

无论驱动方法如何，摩擦焊的应用都是一样的，通常涉及的都是横截面为圆形的工件。不需要焊剂或填充金属。表面清洁度不影响焊接质量，因为氧化层会在焊接过程中从接头排出。这个工艺是自动的，对操作人员的技能要求很低。工件必须是接近对称的和圆形的。尽管单个焊接相对便宜，但该工艺的设备是专用设备而且昂贵。

21.7.2　超声波焊（USW）

超声波焊是一种工件在压力下，通过局部施加高频振动能量来产生焊缝的固态焊接工艺。将要焊接的两个工件夹在焊接工具和铁砧之间。焊接工具本质上是一个将电子频率转换成超高频机械振动的传感器（见图 21-25）。在振动和压力下，两个工件之间会形成原子结合。超声波焊能够实现金属与金属、塑料与塑料以及金属与非金属之间的焊接。

该工艺仅限于相对较薄的材料，用于焊接电子元件。虽然工件必须很薄，通常在 0.10in（2.5mm）以下，但与铁砧相对的部分可以更厚。超声波焊不

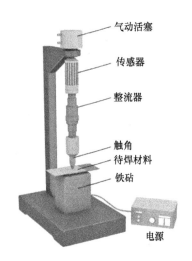

图 21-25　超声波焊（USW）工艺

会产生高温，因此可用于连接爆炸物的封装材料。它通常用于其他可以用电阻焊连接的应用中，但是在工件尺寸或避免加热部件的情况下，优选超声波焊。与电阻焊一样，超声波焊仅限于搭接接头结构，但它消耗的能量要少得多。

21.7.3　冷压焊（CW）

冷压焊是一种在室温下利用压力使焊接材料产生大的变形，从而形成焊接接头的固态焊接工艺。它依赖于压力而不需加热形成冶金结合。为了成功地实现冷压焊，至少要有一块焊接的工件必须是高度韧性的且没有加工硬化的现象，铝、铜、金、银、铂和钯等较软的材料可以使用冷压焊工艺连接，也可以完成异种金属，如铜和铝的连接。接头仅限于对接接头和搭接接头，必须清洁表面。压力通过机械方式施加：液压或机械压力机、滚压或专用工具。

21.7.4　扩散焊（DFW）

扩散焊（DFW）是一种固态焊接工艺，通过高温下施加压力来完成焊接，工件之间不会产生宏观变形或相对运动。尽管焊接温度低于熔点，但该工艺可以依靠压力和温度来实现连接。同类和异类的材料都可以通过扩散焊实现连接。有时，需要在被焊接的材料之间插入另一种中间层材料。

扩散焊有三个步骤：首先，在温度和压力的作用下使得两种材料紧密接触（通过屈服和蠕变变形）。此时，对于相似的材料，两种材料之间的界面基本上是晶界。其次，扩散开始发挥作用，随着之前界面上的两种材料之间发生扩散，材料之间的边界开始消失。最后，分开的晶粒长大成一个晶粒。由于热量少，母材金属的性能不会受到明显的影响。

变形也会很小。

21.7.5 爆炸焊（EXW）

爆炸焊是一种利用高速冲击使工件产生可控的变形而形成接头的固态焊接工艺。两片被连接的材料相互堆叠在一起，两者之间有一个精确控制的距离，称为隔离距离。炸药放在组件的顶部，引爆后顶部材料加速压向底部的材料，迫使两者的原子链接。焊接过程中产生的一些热量不是来自爆炸物，而是来自碰撞。

爆炸总是从工件的一个边缘开始，然后穿过工件。爆炸进行的速度，即碰撞速度，是工艺中的关键变量。随着爆炸的进行，上工件（称为主要工件）与下工件（称为基础工件）之间的界面闭合，压缩间隔距离之间的空气。压缩空气在工件熔化之前产生喷射，去除表面的氧化物和污染物。

异种材料可以通过爆炸焊进行连接，这种工艺的一般用途是制造复合材料，也被用来制作过渡接头。过渡接头可用于不可能进行熔焊的情况下（如在熔化温度差异较大的异种金属的应用中）。使用固态爆炸焊来制造过渡接头，将两种不同的金属连接起来；然后可以使用传统的熔焊方法将同一金属连接到包含该金属的过渡接头的一侧。

21.7.6 搅拌摩擦焊（FSW）

搅拌摩擦焊（FSW）是一种摩擦焊的变体，它是由一个快速旋转的工具在压力作用下沿焊缝移动，通过摩擦热和材料塑性变形实现焊接的工艺。如图 21-26 所示，该工艺采用圆柱形、带肩的工具，将其安装在垂直铣刀整体结构的机器上。摩擦会导致被焊接的金属发热并软化，但不会熔化。这种热塑性的材料从工具的前缘移动到后缘，形成固态结合。

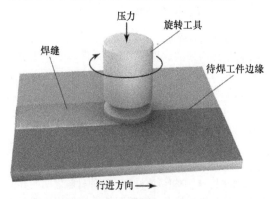

图 21-26　搅拌摩擦焊（FSW）工艺

搅拌摩擦焊是一种自动焊接工艺，需要特定的工具和设备。由于不涉及熔化且焊接温度较低，所以通常用于焊接铝，形成对接焊缝。

21.8　其他焊接工艺

21.8.1　电渣焊（ESW）

电渣焊（ESW）是一种通过液态熔渣熔化填充金属和工件表面，实现金属连接的一种焊接工艺。在焊接过程中，熔渣沿着接头截面移动，并保护熔池。由于填充金属和母材金属通过电阻加热，因此 ESW 不属于电弧焊而属于电阻焊。ESW 使用可导电的固体或管状电极，熔渣的热量将电极熔化并填充熔池。ESW 一般用于向上立焊（见图 21-27），可在焊缝两侧安装铜块，阻挡熔渣和液体金属流出；也可使用熔接在焊缝上的金属衬垫。ESW 经常用于对接接头和 T 形接头中的坡口焊，可一次性完成焊接。

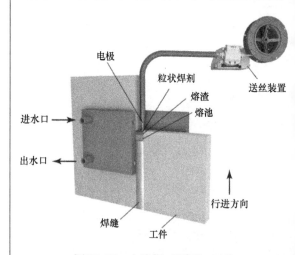

图 21-27　电渣焊（ESW）工艺

电渣焊初始阶段与埋弧焊（SAW）过程类似，电弧在焊剂层下熔化母材金属，填充金属和焊剂形成熔渣。与 SAW 不同的是，ESW 的熔渣是导电的。熔渣层形成后，电流流经电极，熔渣进入工件。大电流通过熔渣，使熔渣温度保持在电极熔点以上。当电极通过熔渣时，电极被熔渣加热熔化，形成熔滴落入熔池。除了在初始阶段有电弧生成，其他阶段没有电弧。

ESW 可以获得很高的沉积速率，从而提高生产率。通常情况下，焊件接头的细节涉及方边的准备，消除了板面坡口成本（图 21-27）。在某些情况下，由于焊件不需像 SAW 那样翻转进行两面焊接，所以在焊接过程中对材料的操作较少。但与 V 形坡口和单面坡口的单面焊缝相比，角变形更少。ESW 适用于焊接较厚的材料，典型的应用为大于等于 1in

（25mm）厚的焊件的焊接。由于 ESW 输入热量大，往往是 SAW 输入热量的十倍或更多，导致接头热影响区（Heat-Affected Zone，HAZ）大。

21.8.2　铝热焊（TW）

铝热焊（TW）通过金属氧化物和铝之间的化学反应形成的高温液态金属来使母材金属结合。TW 工艺通常用于钢轨断面或大直径钢筋的连接。将连接的两个部分之间装配成对接接头并在两侧施加铸型。当焊接接头预热到一定温度后，将铝热混合料或填料置于接头上方。当填料被点燃，放热反应开始，产生的热量使材料熔化并流入接头间的空腔内。此时，密度较低的熔渣浮到焊缝表面并被排除，金属凝固后即可除去模具。

铝热焊的主要特点：与铝热焊相关的大部分能量是由铝热反应产生的，这使该工艺非常方便。TW 的专业性非常强，它要求两个焊接部分有相似的横截面。尽管其他方面费用不高，但每个焊缝所用材料的价格比较高。铝热焊处理恰当可以得到高质量的接头，但若焊接不当，接头不可恢复。铝热焊通常用于钢的焊接，也可用于铜的焊接。

21.9　软钎焊、硬钎焊和热切割

软钎焊和硬钎焊是类似的连接过程，都具有钎料熔化而母材金属不熔化的特点。软钎焊和硬钎焊可通过多种方式加热。软钎焊钎料的熔点比硬钎焊钎料的熔点低。

21.9.1　软钎焊

软钎焊是一种是将工件和钎料共同加热到钎料熔点后形成钎焊接头的焊接方法。软钎焊所用钎料的熔点应低于母材金属的熔点且不高于 840℉（450℃）。液态钎料通过毛细作用流入紧密放置的工件中。通常情况下，钎料与母材金属之间为冶金结合，虽然在某些材料连接中只是黏合。为了达到良好的焊接效果，需要清洁母材金属的表面并使用合适的钎剂，使钎料能更好地润湿母材金属表面。

可以用很多方法将热量传递到待焊部位，其中比较常见的是烙铁和焊枪。浸渍软钎焊是将待焊部位浸入到熔融的钎料熔池中形成接头的焊接方式。工件可以通过烤箱或加热炉加热，也可以用感应线圈、红外热源或电阻热加热。波峰钎焊是在制造印刷电路板中使用的一种专门的工艺。

根据被焊接的母材金属，很多种类的钎料可以用于软钎焊中。钎料中常含有铅、锡、锑、铜、银、镉和锌等合金元素。这些合金元素在钎料使用中有各种各样的组合，而且其成分和配比影响着熔化温度、润湿性和凝固等特性。

钎剂有净化表面，防止焊接过程中金属表面和熔融钎料进一步被氧化的作用。根据焊接材料的种类选择不同的钎剂。钎剂可以包裹在填充金属的芯部，也可以是液态、糊状或干粉的形式。

由于加热温度相对较低，软钎焊对母材金属的性能影响不大。在选择合适的钎剂和钎料的情况下，可以通过软钎焊实现多种材料的焊接。不同的加热方式使软钎焊在生产中更具灵活性。钎焊接头质量的一致性主要取决于工艺精准的控制。

21.9.2　硬钎焊

硬钎焊是种将焊件和钎料加热到钎焊温度形成焊缝的焊接工艺。其钎料熔点高于 840℉（450℃），但低于母材金属的液相线温度。液态钎料在毛细作用下填充到待焊工件界面的间隙，并形成接头。与软钎焊相同的是其加热方式有多种，并且有多种不同类型的钎剂和钎料可用于焊接不同类型的母材金属。

银合金可用作硬钎焊的钎料，这种操作常称作"银软钎焊"。这种表述不太恰当，因为银合金的熔化温度要比 840℉（450℃）高，这超过了软钎焊钎料温度的上限。有时，为了区分"银钎料"和锡基钎料，将两者分别称为"硬钎料"和"软钎料"。

在钎焊过程中，液态钎料依靠毛细引力进入钎焊接头，这使"硬钎焊"成为可能。在焊接头处加入钎料进行连接，就像焊接金属通过电弧焊沉积一样。该工艺常用于铸铁件的修复，较低的加热温度和软钎料使钎焊成为这种材料修复的理想工艺，即使修复后强度有所降低。

21.9.3　热切割和气刨

1. 气割（OFC）

气割（OFC）是一组使用氧燃料气体火焰的热量进行气割的工艺。该工艺主要依靠氧气和金属在高温下的化学反应来进行。OFC 用于切割钢材、准备坡口和 V 形槽。在这个过程中，使用预热火焰将金属加热到点着温度或着火点。当达到该温度后，使用一束高速的纯氧气流使金属氧化。氧气流的力量会将氧化物排除到接头外，形成一个清洁的切口（见图 21-28）。这种氧化过程也会产生额外的热能，热能会迅速传导到周围的钢材中，从而升高切口前沿的温度。当另一部分钢材的温度达到着火点之后，切割过程继续进行。

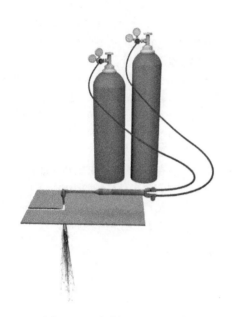

图 21-28 气割（OFC）工艺

这个过程可以称作燃烧（这是个比较恰当的术语，因为整个过程依赖于氧化），或者称作火焰切割。各种可燃气体都可以使用，包括乙炔、天然气、丙烷及其他气体。

因为气割是一个利用燃烧产生热能的过程，所以该工艺非常适合切割 12in（300mm）甚至更厚的钢材。抗氧化性能良好的材料如不锈钢和铝不能用传统气割方法进行切割。

气割工艺在切割钢材时的速度比机械切割方法快。切口可以是弯曲的、倾斜的或其他机械切割方式难以实现的形状。手工切割系统简单经济，设备非常便携。气割在尺寸精度控制方面比机械切割更加困难。该工艺在切割过程中总会产生飞溅的火花和熔融金属，容易引起火灾。当切割硬化钢时，切口边缘可能变得极其坚硬、易碎和易裂。局部的加热与冷却可使切割件产生变形。

2. 等离子弧切割（PAC）和等离子弧气刨（PAG）

等离子弧切割（PAC）是一种利用压缩电弧产生高速电离气体去除熔融金属的电弧切割工艺。PAC 最初用于切割那些不能使用氧燃料气体切割的材料，如不锈钢和铝。后来发现，利用等离子弧切割碳素钢薄片，特别是厚度小于 1in（25mm）的碳素钢薄片时具有很大的经济优势。只要供给足够的电力供应，PAC 比氧燃料气体切割薄钢板的速度更快。较高的移动速度有利于减少材料的变形和切口表面的冶金变化。

由于等离子弧切割过程中不存在氧燃料气体切割时氧化所产生的热量，所以在切割较厚的钢材时

选择 PAC 不经济，但切割比较厚的不锈钢和铝材时可以使用 PAC，因这两种材料不能选用氧燃料气体进行切割。PAC 可以手动操作，也可自动操作。较大的工件可以放在大的充满水的切割台上，切割时将切割部分浸入水中，这样可以将噪声、烟雾和畸变降到最低。

对等离子焊炬进行微小的改变，就可以用于气刨，为 U 形和 J 形坡口焊缝制造必要的空腔，或者从必须反刨的接头处移除金属。

3. 激光切割（LBC）

激光切割（LBC）是一种利用激光光束照射，使材料局部加热到熔点或汽化温度的热切割工艺，这个过程可以使用或不与辅助气体除去熔融和汽化的材料。虽然激光可以用来切割较厚的材料，但通常用于切割厚度小于 3/8in（10mm）的材料。当切割薄钢板时，可具有极高的切割速度。

激光切割已经逐渐取代过去的冲压加工。按照不同程序，计算机控制的切割路径可以使一台机器上生产无限多种产品，避免了较高的模具费用以及变换模具的时间消耗。高质量的切割表面可用于各种材料，包括金属和非金属。

4. 碳弧气刨（CAC-A）

碳弧气刨（CAC-A）是一种利用空气气流去除熔融金属的碳弧气刨工艺。碳弧气刨通常用于制造空腔，制备 U 形槽或 J 形坡口焊缝，用于反刨焊缝或用于挖掘材料进行焊接修补。碳弧气刨工艺（见图 21-29）利用电弧熔化基体材料，高速压缩空气射流随后将熔融材料吹走。

图 21-29 碳弧气刨（CAC-A）工艺

该工艺采用标准焊接电源和典型的镀铜碳电极。气刨电极有各种尺寸，电极尺寸越大，所需能量也越多，去除金属的速度也越快。碳弧气刨可手动操作也可自动操作，后者更适合于制备 U 形和 J 形坡口焊缝。该工艺去除金属速度快，设备简单，价格相对低廉，但会产生较大的噪声、烟雾和火花，存在安全隐患。

5. 热喷涂（THSP）

热喷涂（THSP）是一种将细小的金属或非金属的涂层材料，以熔化或半熔化状态沉积到基体表面形成热喷涂层的工艺过程。涂层材料可以是粉末状、棒状、线状或丝状，涂层材料可以由气体火焰、电弧、等离子体或爆炸性气体混合物来加热。这个过程可称为金属化、金属喷涂或火焰喷涂。

热喷涂（见图 21-30）主要用于维护操作，使其具有原有的功能。对于新构件，热喷涂用于在材料表面制备具有特殊耐腐蚀或耐磨性能的涂层。

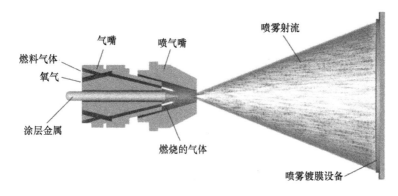

图 21-30　热喷涂（THSP）工艺

喷涂的部位称为基体，许多基体材料都可以进行热喷涂。无论何种材料，材料表面清洁至关重要。在某些情况下，在基体和涂层之间会使用一层过渡的结合涂层。涂层材料可以由多种不同的金属材料或非金属材料构成。

喷涂的材料通常能有效地相互黏合，但与基体的连接强度取决于各种材料的性能，有时即使工艺正确，结合强度也不高。不恰当的工艺可能导致结合力弱。

21.10　焊接和材料的考量

21.10.1　概述

用于制造零件的材料通常是由产品设计人员指定，而不是由制造工程师来确定。然而，材料的选择可能会对制造过程产生影响，特别是焊接操作。母材金属的选择将直接影响到填充金属的选择。

大多数焊接和热切割过程会产生热影响区（HAZ），其定义为：在焊接、硬钎焊、软钎焊或热切割等过程的温度影响下，母材金属机械性能和微观结构发生改变的部分称为热影响区。热影响区的性能取决于母材金属的组成和焊接过程中所经历的热循环。母材金属的种类决定了不能选用某些焊接工艺，前文已经进行了阐述。因此，制造工程师应对焊接和切割过程与材料的相互作用有基本了解。

焊接性是指金属采用常规工艺可以焊接的容易程度（ASTM A6 定义）。焊接性并不是指一种材料能否被焊接；相反，它表示材料"相对容易"被焊接。良好的焊接性意味着材料可以很容易地被焊接，而焊接性较差的材料表示难以焊接。理想情况下，制造工程师需要的是焊接性良好的材料；极端情况下，材料的焊接性很差，可选焊接工艺很少，或者焊接成本十分昂贵，或者焊接头处极不可靠。

很多文章中写过材料的焊接性，本章节很多地方也都有所涉及。接下来的讨论是对基本原则的总结。

1. 钢

钢是一种常见的应用广泛的焊接材料。在基本组成上，钢是由铁和碳组成的，通常含有少量的锰元素和硅元素。钢也可以添加其他合金元素，如镍、铬、钼、钒、铌和硼（以及其他元素），使之得到特殊的性能。大多数钢的屈服强度小于 100ksi（690MPa），碳含量小于 0.30%（质量分数），在各种焊接工艺下可以很容易地实现焊接。随着强度的增加（通常是由于合金元素的增加和复杂的热处理过程），以及碳含量的增加，焊接性会变差。通常认为硫和磷元素是钢中的有害元素，但有时为了提升材料的加工性能而向材料中添加，这也就增加了焊接的难度。

材料的焊接性差，可能会导致在焊缝内部或在热影响区处产生裂纹。在许多钢的焊接应用中，母材金属在焊接前预热，可以有效地降低与许多电弧焊相关的冷却速率，并可消除碳含量和合金元素含量较高的合金焊缝中产生的裂纹。

钢一般通过热加工制作成管材、板材和其他形状的零件。只要这些钢材成分合适就很容易进行焊接。有些钢材经过淬火和回火后焊接性比较差。其他的钢材，如通过冷加工进行强化的钢材，在焊接时会失去一部分因冷加工而获得的强度。

2. 不锈钢

不锈钢是一类具有耐腐蚀性能的铁基材料的统称。严格来说，不锈钢中至少含有 11%（质量分数）的铬。添加其他合金元素可以获得其他特性，如镍元素的添加可改变晶体结构，提高不锈钢的塑性、韧性和焊接性。

在不锈钢表面形成的致密氧化铬薄膜具有优异的耐腐蚀性，该层保护膜可防止锈蚀层的生成，以及材料进一步的氧化，但氧化膜使焊接变得困难。为保证焊接质量，通常需要去除不锈钢表面的氧化膜。

不锈钢可以是铁素体、奥氏体、马氏体、沉淀强化或双相结构，应根据工作温度和腐蚀环境选择合适牌号的不锈钢，所用填充金属形成的焊缝也必须要有相同的耐腐蚀能力，这就意味着焊缝处应有类似的成分。

热影响区保持母材金属的耐蚀性同样重要，但是母材金属经过热循环可能导致耐腐蚀性下降。具体来说，不锈钢易受碳和铬优先结合的敏化，形成一种没有耐腐蚀能力的碳化物，这主要发生在 1100 ~ 1650°F（600 ~ 900℃）温度范围内。该问题可以通过以下途径得到解决：首先，可以限制在该温度范围内的时间，降低化学反应发生的可能性；其次，可以使用"L"级或低碳牌号的母材金属和填充金属；随着碳含量的降低，碳化铬形成的可能性也会降低；最后，某些牌号的不锈钢可用钛或铌处理，因为这些合金元素会优先与碳元素结合，从而使铬保持游离防腐蚀状态。

不锈钢焊缝易产生各种形式的裂纹，如图 21-31 ~ 图 21-34 所示。需要密切关注焊缝金属的成分。由于热导率较低，在焊接不锈钢时变形问题显著。不锈钢的电阻率更高，使电极发热速度就比碳素钢电极快。因此，在焊接不锈钢时采用的电极直径通常比碳素钢的大。

不锈钢不仅可以成功的焊接在一起，还可以与碳素钢进行焊接，但由于上述潜在的问题，不锈钢焊接操作前必须仔细规划。

3. 铝

大多数变形铝合金都容易用熔焊或电阻焊的方法进行焊接，典型的熔焊工艺是 GTAW 和 GMAW。铸造铝合金也可进行焊接，但对裂纹更加敏感。除了退火处理后的铝合金，焊缝附近的母材金属（即热影响区）强度会降低，因此在材料连接设计时必须考虑这种使强度降低的因素。焊后进行热处理可恢复这种强度。铝的搅拌摩擦焊可以避免热影响区强度的降低，电子束焊和激光焊可降低对热影响区的影响。铝同样可以采用硬钎焊和软钎焊进行连接。

从表面上看，铝似乎不会生锈和氧化。事实上，铝表面有一层致密的氧化膜对其进行保护。这层氧化膜使焊接操作变得复杂。氧化膜的熔点大约为 3700°F（2000℃），在熔焊过程中保持固体形态，可在焊接前使用机械或化学方法来清洁表面。选择焊接铝的填充金属时需要综合考虑强度、耐腐蚀性与母材金属的相容性。

4. 钛

钛具有低密度（是钢的 60%）、高强度及耐蚀等优异性能。焊接钛经常采用 GTAW、PAW，少数采用 GMAW 工艺。由于钛很容易与空气中的氧和氮发生反应，所以在焊接过程中必须采取措施来保护熔池和母材金属，防止其与空气接触。通常在焊接接头的前后两面通入惰性气体进行保护。

5. 铜

铜焊接最大的挑战是克服铜的高热导率使局部加热难的问题。铜可以采用气焊，但是更常见的是使用 GMAW 或 GTAW 进行焊接，铜的软钎焊也很常见。

6. 铸铁

铸铁和钢一样是由铁和碳元素组成，但铸铁的碳含量更高（最高可达 4%，质量分数）。铸铁焊接最常见的应用是修复铸铁件的裂纹。铸铁的成分导致了材料的焊接性较差，因此焊接时需特别小心。使用电弧焊修复时，可以使用塑性较高的镍基填充金属。钎焊过程中可使用塑性良好的铜基合金。

21.10.2 制备过程中的裂纹和撕裂

在焊接过程中，快速的化学反应和热量变化可能会导致焊缝中形成裂纹，或者在焊缝附近母材金属中形成裂纹或撕裂。裂纹和撕裂都是严重的焊接缺陷，制造工程师经常承担克服这些严重缺陷的任务。产生这些现象的原因比较复杂，但通常取决于被焊接金属的类型（如钢和铝）和基本焊接工艺（如电弧焊或固态焊）。

本节主要针对在焊接前后可能发生的裂纹和撕

裂的问题进行讨论。服役失效可能具有与此处描述的裂纹和撕裂相似的特征，但机制和解决方法是不同的。服役失效是由服役载荷造成的，本节所描述的裂纹和撕裂是由于焊缝冷却和收缩产生的应力引起的。服役失效可能发生在成功使用多年后，而焊接过程导致的裂纹和撕裂会在几天内发生。

裂纹和撕裂最容易出现在电弧焊工艺中，当焊缝金属凝固时，材料不可避免会发生冷却和体积收缩。通常母材金属或填充金属收缩产生的应变由局部屈服来抵消，当这种局部屈服无法抵消时，就有可能产生裂纹。采用母材金属不熔化的焊接工艺（如钎焊），或者采用母材金属或填充金属都不熔化的焊接工艺（如搅拌摩擦焊）可解决这些问题。

裂纹和撕裂倾向与被焊材料有关。不锈钢焊缝和碳素钢焊缝中可能出现相同类型的裂纹，但其冶金结构有可能不同。由于本节不可能涵盖所有类型的材料和所有焊接工艺，本节的其余部分将主要讨论在钢的电弧焊过程中可能发生的裂纹和撕裂。

焊缝裂纹有很多形式，每种都是由不同现象引起的。中心线裂纹发生在焊缝中心，与焊缝轴线平行；焊根裂纹也平行于焊缝轴线，但发生在热影响区；经过焊接过程的加热，母材金属与焊缝相邻区域的微观结构与未加热的金属不同，焊缝金属中还可能存在与焊缝轴线垂直的横向裂纹。此外，在母材金属中可能发生撕裂，方向与焊缝轴线平行。

裂纹可分为"热裂纹"和"冷裂纹"。热裂纹发生在高温下，与热焊缝金属的冷却凝固有关。在冶金学中，产生冷裂纹的温度相对比较低，通常为低于 400 ℉（200℃），虽然该温度在日常生活中觉得是非常热的，但与电弧焊的操作温度 6000 ℉（3300℃）和熔点为 300 ℉（150℃）的材料相比时，低于 400 ℉（200℃）的温度算是比较低的。

1. 中心线裂纹

中心线裂纹（见图 21-31）是热裂纹的一种形式，可由以下三种现象之一产生，即偏析诱导裂纹、珠形诱导裂纹或表面轮廓诱导裂纹，但这三种现象都会产生同一类型的裂纹，所以很难找出原因。此外，经验表明，经常有两种或三种现象交互作用，导致裂纹的产生。了解这三种中心线裂纹问题的根本机理，有助于找到正确的解决方案。

偏析诱导裂纹发生在焊缝凝固过程中，混合物中的低熔点组元会发生偏析。如果钢中含有较高含量的硫、磷、铅或铜，则这些元素将会偏析到凝固的焊缝中心。钢中最常遇到的杂质是硫，硫会与铁反应生成硫化铁（FeS），其熔点约为 2200 ℉（1200℃）。另一方面，钢的熔点约为 2800 ℉（1540℃）。随着晶粒长大，FeS 被推向焊缝的中心。磷、铅、铜的行为与之类似，这些元素与硫最主要的不同就是它们不形成化合物，而是以单质元素形式存在。

当出现由偏析引起的中心线裂纹时，必须降低低熔点组分的含量。由于污染物通常来自母材金属，首先要考虑的是控制母材金属的成分，其次是限制进入母材金属的渗透量，这就限制了引入焊缝金属中的低熔点组元的量。在含有硫的情况下，可利用择优生成硫化锰（MnS）来消除硫化铁的有害影响（当有足够的锰时会与硫反应生成硫化锰）。

第二类中心线裂纹是珠形诱导裂纹。当焊道深度比宽度大时，晶粒在凝固过程中垂直于钢的表面方向生长，并在焊缝中心部位交汇，但不会在接头上获得熔合。为了避免这种情况，单个焊道的宽度至少和深度一样。为了满足这个条件，宽深比要在 1:1 ～ 1.4:1 范围内。整个焊缝构型可能有很多单焊道，因此总深度比宽度大。当焊缝宽而浅时，才能形成良好的焊缝。

产生中心线裂纹的最后一类是表面轮廓诱导裂纹。当产生凹形焊接表面时，内部收缩应力使得焊接表面上的焊接金属受到拉伸，造成焊缝开裂。相反地，当产生凸形焊接表面时，内部收缩应力使得焊接表面受到压缩。当凹形焊缝开裂时，可以调整焊接程序，从而产生平面或微凸的焊缝。

2. 焊道下裂纹

焊道下裂纹（见图 21-32）是一种冷裂纹现象，其特征是在热影响区紧邻焊道处发生分离。造成这种现象可能的三种因素为氢含量过高、施加或残余的应力及 HAZ 比较敏感。焊道下裂纹只在低温下发生，通常低于 400 ℉（200℃），而且通常只在钢冷却至室温后才发生。焊道下裂纹可能被延迟，可能在焊后 72h 或更长时间才会产生。通常，钢的屈服强度达到 70ksi（480MPa）或更高时，焊道下裂纹才会发生。

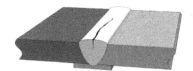

图 21-31　中心线裂纹

图 21-32　焊道下裂纹

为了克服焊道下裂纹问题，必须解决上述三个影响因素中的一个或多个。氢含量控制包括正确选择和储存焊条和焊剂，也要保证母材金属的清洁和干燥；焊道下裂纹发生的驱动力是焊缝金属在横截面上的收缩。虽然焊接后的残余应力不能消除，但可以通过选择合适强度的填充金属进行控制；最后，也是最重要的，即控制 HAZ 的敏感度或 HAZ 的硬度。热影响区硬度和两个因素有关，即母材金属的化学成分和 HAZ 的冷却速度。选择碳含量和合金含量较低的母材金属可降低 HAZ 的硬度，从而降低焊道下裂纹的倾向。当必须焊接高碳和高合金钢时，可以通过降低这个区域经历的冷却速度来控制 HAZ 的硬度。预热是控制 HAZ 硬度的主要手段。

3. 横向裂纹

横向裂纹（见图 21-33）是冷裂纹的另一种形式，其特征是在垂直于焊缝轴线的焊缝金属中发生分离。造成这现象的原因有三种，即氢含量过高、施加或残余的应力及敏感的焊缝金属。和焊道下裂纹相似，横向裂纹在低温时发生并且可能延迟。横向裂纹可能具有非常规则的间距，沿焊缝长度以均匀间隔发生。一般来说，横向裂纹与焊缝金属抗拉强度大于 90ksi（620MPa）有关。

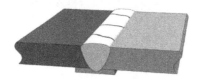

图 21-33　横向裂纹

解决横向裂纹的方法与焊道下裂纹相似：控制焊接金属中的氢含量，控制残余应力，控制焊缝金属敏感度（硬度）。在大多数横向裂纹中，焊缝金属有很高的强度，超过了母材金属的承受能力。因此，控制焊缝金属的强度是必要的。同时，预热和氢含量控制也是很重要和有效的措施。

4. 层状撕裂

层状撕裂（见图 21-34）是指母材金属的表面下方出现平台和台阶状的裂纹，该裂纹的取向与母材金属的表面平行，该裂纹的形成是由母材金属沿厚度方向上的拉应力引起的，由于在平行于焊缝表面的部位存在小而分散的平面状的非金属夹杂物，从而降低了该部位的强度。与焊道下裂纹一样，层状撕裂只发生在母材金属中而不发生在焊缝中；与焊道下裂纹不同的是，层状撕裂通常发生在热影响区以外。

图 21-34　层状撕裂

层状撕裂是由于焊接产生的横向收缩应力以及贯穿厚度方向的夹杂物两种因素造成的。当钢的厚度超过 3/4in（20mm），焊缝厚度超过 3/4in（20mm）时，层状撕裂倾向会明显提高。角接接头最容易发生这种类型的撕裂。

为避免层状撕裂，首先应尽量减小焊缝尺寸，焊缝尺寸必须符合设计要求，但焊缝尺寸过大会产生额外的不必要的残余应力；其次在进行角接接头时，将容易发生层状撕裂的材料制成斜面可有效缓解这一问题；最后预热和氢含量控制也是有益的措施，使用夹杂物含量较低的钢会降低层状撕裂倾向。另外，还应控制夹杂物的形状（球形比平面形状更好）。

5. 变形

在焊接的加热和冷却过程中，由于焊缝金属和紧邻的母材金属之间存在不均匀的膨胀和收缩，导致变形发生。在高温下，焊缝温度高且处于膨胀状态，其体积比室温下大。随着金属的收缩，它会对周围的母材金属产生应力，诱发应变。当周围的材料可移动时，这些残余应力会引起变形。

应强调的是，焊缝金属和周围的母材金属都发生了收缩。因此，在焊接过程中，若将大量能量输入到周围母材金属中，将会引起更多的变形。

焊接收缩应力会引起不同形式的变形，包括角变形、纵向收缩、横向收缩、纵向扭曲或弯曲、面板变形和旋转变形，如图 21-35 所示。一些变形是由横向收缩造成的，而另一些则是由纵向收缩造成的。

在所有涉及加热的焊接过程中，材料收缩造成的应力是不可避免的，但是变形可以被最小化，也可进行补偿和预测。通过有效的规划、设计和制造实践，可以将与变形相关的问题减到最少。控制变形的基本原则分为两类：一类属于产品的设计范畴，另一类属于产品的制造范畴。

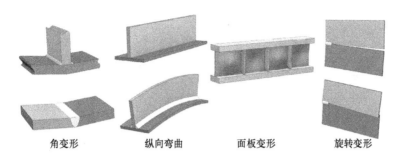

角变形　　　　纵向弯曲　　　　面板变形　　　　旋转变形

图 21-35　变形示例

以下减少变形的原则应纳入产品设计范畴：

1）在可接受并符合设计的前提下，使用最小的焊缝尺寸。

2）在给定焊缝尺寸的条件下，使用最少量的焊缝金属。

3）要控制纵向扭曲或弯曲，将焊缝放在中性轴上，或者平衡中性轴周围的收缩应力。

以下减少变形的原则应纳入制造工程师可控制的范畴：

1）控制焊接全过程。

2）控制配合公差。

3）对于给定的焊接尺寸，以最少的焊接道次进行焊接。

4）对于给定的焊接尺寸，使用最少的热量输入。

5）使用固定装置、夹具、坚固物和其他约束来抵消收缩力。

6）使用铜质散热片吸走热量。

虽然变形不能消除，但正确应用这些原则通常会将变形减少到可接受的范围。

21.11　焊接成本

焊接工艺具有灵活性、效率高、成本低等优点，所以焊接是一种连接材料的常用方法。尽管与其他连接方法相比，焊接成本可能相对较低，但焊接成本的绝对值仍然较高。制造工程师面临的共同挑战是既要产品达到所需的质量水平，又要降低焊接操作的总成本，同时确保工人的安全。焊接成本主要包括能源、材料、设备、人工和间接费用。一般情况下，人工和间接费用通常占焊接成本的 75%。

降低焊接成本可以通过许多方式实现，包括：

1）通过提高焊接质量，消除不良品和返工。

2）使用更高效率的焊接程序，缩短所需焊接时间（如更高的行进速度、更高的熔覆速率）。

3）利用焊接渗透的优势，可以减少角焊缝尺寸或消除 CJP 坡口焊中的反刨。注意，确保在生产过程中始终控制渗透。

4）去除没有价值或价值很小的操作（如采用不会产生炉渣的焊接工艺，从而去除除渣操作）。

5）使用工具和固定装置，以消除手动进行工件布局和定位的人力和耗时。

6）使用定位器旋转工件，以便在平面或水平位置进行焊接。

7）将手动和半自动焊接操作转换为机器人或自动焊接。

21.12　无损焊缝检验（NDT）

无损焊缝检验（NDT）也称为无损探伤（NDE），定义为使用不影响其服役性能的技术来确定材料或部件是否满足预定目标的行为。关键应用的焊接组件通常要进行 NDT，以确保焊接质量符合设计要求。

NDT 与破坏性试验形成鲜明对比。破坏性试验通常要从焊件中抽样进行加工测试，施加力并测量样品对力的反应，焊件也不能再用于服役。破坏性试验适用于焊接工艺评定，可能包括拉伸试验、夏比冲击试验和弯曲试验。

无损检验可原位检查焊缝而不会破坏焊件。本节讨论五种最常用的 NDT 方法。尽管目视检查通常不被认为是 NDT 技术，但它显然对样品无损害，所以逻辑上属于本节所述内容。

21.12.1　目视检查

目视检查是确保焊接质量的最有效的方法。超声波或射线探伤等更复杂的无损检验技术只能确定焊接完成后质量是否合格。相比之下，由于目视检查在焊接完成之前就有效地检查了焊接过程的每个步骤，因此减轻或避免了可能导致焊接质量问题的情况出现。目视检查是唯一能够真正改善给定焊缝质量的检测方法。例如，在焊接前对接头的准备和焊接根部开口尺寸的目视检查，有利于获得良好熔合，从而使在焊接完成后不完全熔合的可能性降到最低。

21.12.2 液体渗透探伤（PT）

液体渗透探伤（PT），也称为染料渗透探伤，是指液体在毛细力作用下被吸入表面开口缺陷内部，如裂纹或孔隙。当过量的残余染料被小心从表面去除后，利用显影剂来吸收在缺陷处的渗透剂。利用显影剂中的污点以确认表面存在不连续性。PT 仅限于检测表面的破裂不连续性。

21.12.3 磁粉探伤（MT）

磁粉探伤（MT）利用在不连续处附近存在磁场时的磁通量变化。当磁粉撒在部件上时，磁通密度的变化会在表面不连续处产生不同的图案，这个过程可以有效地定位出表面或浅表面以下的不连续性。要使用 MT 技术，被检查的部分必须是磁性的。因此，该工艺不能用于奥氏体不锈钢或铝。

21.12.4 射线探伤（RT）

射线探伤（RT）利用 X 射线或伽马射线穿透焊缝，并在焊缝的另一侧曝光射线底片。射线探伤依靠材料允许部分辐射穿透的能力，同时吸收部分能量。不同的材料有不同的吸收率，薄的材料将比厚的材料吸收更少的辐射。材料的密度越高，吸收率越高。当不同程度的辐射穿过材料时，某些区域曝光的程度会比其余部分高或低。RT 可以探测焊缝内部的孔洞或夹杂物。

射线探伤对于检测焊渣和疏松等体积不连续性缺陷是最有效的。当裂纹垂直于辐射源的方向（如平行于底片）时，它们可能被 RT 方法遗漏，但平行于辐射路径的裂纹是最容易被检测到的，尽管 RT 有时不能检测到封闭裂纹。

21.12.5 超声波探伤（UT）

超声波探伤（UT）主要是利用材料传输高频声波时，连续的固体材料传输声波时不会受到干扰的原理，一个接收器可从被检查部件的背面"听到"反射的声音。如果发射器和器件背面之间存在不连续性，则将向接收器发送一个中间信号，表明材料存在不连续性，并且可在在显示器上读取这种脉冲。

UT 对平面的不连续性非常敏感，如与声音路径垂直的裂纹、叠层和不完全融合平面。在某些情况下，呈均匀圆柱形或球形的不连续区域可能被 UT 忽略。

21.13 焊接安全

当采取充分的防护措施保护焊工免受潜在危害时，焊接工种是安全的职业。然而，当这些措施被忽视时，焊工会遇到电击、过度暴露于烟雾和气体、电弧辐射、火灾和爆炸等危险，这可能导致严重危害甚至致命。不同的焊接工艺和不同的焊接应用有不同的潜在危害。这些潜在危害包括但不仅限于以下几点：

1）电击。
2）电弧射线（与电弧焊相关）。
3）辐射（与电子束焊相关）。
4）烧伤。
5）烟雾和气体。
6）火灾和爆炸。
7）移动物体。
8）高压气瓶。
9）噪声。

以上列表不完整，本节没有提供处理这些潜在危险的指导原则。我们鼓励读者获取 ANSI Z49.1《电弧焊、切割和相关工艺安全性》，可在 http://www.lincolnelectric.com/community/safety/或 AWS 网站 http://www.aws.org 上免费下载。此权威资料包含如何保持安全焊接环境的最新信息，也可从 aws.org 获得一系列《AWS 安全和健康情况说明》，这些说明简明地说明了如何处理具体的潜在危害。

参考文献

ASTM, *ASTM A6/A6M Standard Specification for General Requirements for Rolled Structural Steel Bars, Plates, Shapes and Sheet Piling.* American Society for Testing and Materials, West Conshohocken, Pennsylvania, 2013.

AWS, *AWS A3.0M/A3.0: 2010 Standard Welding Terms and Definitions.* American Welding Society, Miami, Florida, 2010.

扩展阅读

综述

AWS, *AWS A2.4-12 Standard Symbols for Welding, Brazing and Nondestructive Examination.* American Welding Society, Miami, Florida, 2012.

AWS, *AWS B2.1/B2.1M: 2009 Specification for Welding Procedure and Performance Qualification.* American Welding Society, Miami, Florida, 2009.

Barsom, J. M., and S. T., Rolfe, *Fracture and Fatigue Control in Structures: Applications of Fracture Mechanics*, 3rd ed., American Society for Testing and Materials, West Conshohocken, Pennsylvania, 1999.

The Procedure Handbook of Arc Welding, 14th ed., The James F. Lincoln Arc Welding Foundation, Cleveland, Ohio, 2000.

Mandal, N. R., *Welding and Distortion Control*, Narosa Publishing House, New Dehli, 2004.

Miller, D. K., "Welding and Cutting", *Marks' Standard Handbook for Mechanical Engineers*, 11th ed., Chap. 13, McGraw Hill, New York, 2007.

Miller, D. K., *Welded Connections—A Primer for Engineers* (*AISC Steel Design Guide 21*), American Institute of Steel Construction, Inc., Chicago, Illinois, 2006.

Norton, R. L., "Weldments," *Machine Design: An Integrated Approach*, 4th ed., Chap. 16, Prentice Hall, Boston, Massachusetts, 2011.

设计

AISC, *ANSI/AISC 360-10*, *Specification for Structural Steel Buildings*. American Institute of Steel Construction, Chicago, Illinois, 2010.

AWS, *AASHTO/AWS D1.5/D1.5: 2010 Bridge Welding Code*, American Welding Society, Miami, Florida, 2010.

AWS, *AWS D1.1-10 Structural Welding Code—Steel*, 20th ed., American Welding Society, Miami, Florida, 2010.

AWS, *AWS D1.2/D1.2M: 2008 Structural Welding Code—Aluminum*, 5th ed., American Welding Society, Miami, Florida, 2008.

AWS, *AWS D1.6: 2007 Structural Welding Code—Stainless Steel*, American Welding Society, Miami, Florida, 2007.

Blodgett, O. W., *Design of Welded Structures*, James F. Lincoln Arc Welding Foundation, Cleveland, Ohio, 1996.

Blodgett, O. W., *Design of Weldments*, James F. Lincoln Arc Welding Foundation, Cleveland, Ohio, 1963.

冶金

ASM, *Welding Integrity and Performance: A Source Book Adapted from ASM International Handbooks*, conference proceedings and technical books, ASM International, Materials Park, Ohio, 1997.

Bailey, N., et al., *Welding Steels without Hydrogen Cracking*, ASM International, Materials Park, OH, and Abington Publishing, Cambridge, England, 1973.

Bailey, N., *Weldability of Ferritic Steels*, ASM International, Materials Park, OH, and Abington Publishing, Cambridge, England, 1994.

Stout, R. E., et al., *Weldability of Steels*, Welding Research Council, New York, 1987.

安全

ANSI, Standard Z49.1, *Safety in Welding, Cutting and Allied Processes*, free download at https://app.aws.org/technical/AWS_Z49.pdf. Accessed: May 25, 2015.

AWS SHF, *Safety and Health Facts Sheets*, Available free of charge at https://app.aws.org/technical/facts/. Accessed: May 25, 2015.

第 **22** 章
热处理原理及应用

赫林集团　丹尼尔·H. 赫林（DANIEL H. HERRING）　著
北京科技大学　任淑彬　曲选辉　译

22.1　热处理原理

22.1.1　什么是热处理

热处理是利用可控的时间、温度和气氛使材料内部结构（即显微组织）产生可预测的变化的工艺技术，它是制造业的核心技术之一。冶金学家负责预测工件中将会发生的显微组织变化，而热处理工作者则是负责控制过程和设备变量，从而达到预期的结果。

通过热处理工艺，可以改变给定材料的力学、物理和冶金性能来优化其使用性能。因此，我们进行热处理，毫不夸张地说，我们必须进行热处理。热处理是达到期望结果最划算的方式。在热处理过程中，我们面临的最大挑战是灵活性，这种灵活性既有助于我们调整热处理的最终结果，同时也会挑战我们控制和重复稳定得到产品预期性能的能力。

热处理是制造业的重要组成部分，因此对于依赖该技术的任何机构来说，了解影响产品热处理的因素及其它们之间的关系是至关重要的，即材料选择、性能、零件设计、生产过程及热处理方法。材料科学模式（见图 22-1）能很好地说明这种关系。

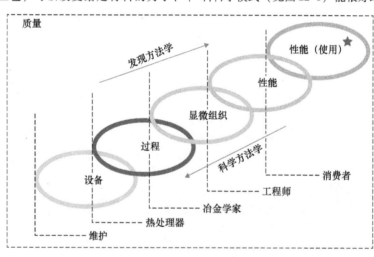

图 22-1　材料科学模式（参考文献 1）

这个模式旨在帮助我们理解每个技术环节之间的相互关系。就像一个链条的强度取决于其最薄弱环节，热处理操作的成功取决于这个模式中每个阶段的正确执行。

为了理解如何实现最佳结果的途径，该模式既说明了旧的制造理念（基于发现/试错的方法）和新的理念（基于科学/工程的方法）。

基于发现的方法（向上箭头）是从材料选择开始，通过一个或一系列热处理工艺，尝试在材料中得到一种特定的显微组织，这种显微组织反过来也决定了材料的力学、物理和冶金性能，最终决定产品的使用性能。

基于科学的方法（向下箭头）从考虑最终用户的需求，即特定产品的使用性能要求开始，反过来又要求设计工程师选择能够达到一定力学、物理和冶金性能的材料。将选定的材料在特定的炉子中进行的一种或一系列热处理来获得所需的显微组织，从而达到所需的性能。

虽然这两种方法都可行，但目前大多数热处理操作都侧重于工程的方法，以便更加准确地预测和控制材料（产品）对热处理的响应。产品质量的保证和控制是通过监测和检查流程中的每一步来实现的。

许多金属加工工艺（如磨削、冲压、滚压、成形、机械加工、电镀）都能完成零件的形状、尺寸和表面处理工序，但只有热处理可以显著改变这些零件的最终状态（力学、机械、冶金）。实际上，所有材料都可以通过热处理来提高其性能。

大多数热处理操作分为两类，即软化（如退火和正火）和硬化（如透淬、表面硬化）。软化可以消除应力、细化晶粒、提高材料的可加工性；硬化改善了表面硬度和耐磨性，增加了韧性，提高了抗冲击性能，最终产品是一个有用且符合其预定目的的工程材料。

22.1.2　热处理术语

在任何专业学科的研究中，至关重要的是要正确理解适用于特定主题的术语。无论研究的领域是什么，准确的词汇知识对理解这个学科是至关重要的。

1. 专业术语

在热处理领域，应注意理解某些词或短语的含义及正确使用，下面对常用专业术语进行简要总结。关于更全面的列表，读者可参阅参考文献4。

1）时效。时效是一种硬化过程，通常在有色金属材料或沉淀硬化钢快速冷却或冷加工后进行。时效是一种性质变化，通常在室温下缓慢发生，温度越高反应越迅速。其他常见的名称和相关主题是时效硬化、人工时效、分级时效、过时效、沉淀硬化、沉淀热处理、渐近时效、淬火时效和形变时效。

2）合金。由两种或多种元素（其中至少有一种是金属）构成的固溶体或化合物形成的材料或物质。

3）退火。加热到适当的温度并保温一定时间，然后以适当的速度冷却，以达到降低硬度、提高可加工性、促进冷加工、产生所需的显微组织（用于后续操作）或获得所需的力学、物理或其他性能的目的。其他常见的名称和相关主题是初退火、中间退火、等温退火、可锻化退火、淬火退火、再结晶

退火和球化退火。

4）等温淬火。从奥氏体区域快速冷却到珠光体形成温度以下但高于马氏体形成温度的过程，得到一个完全是贝氏体或主要是贝氏体的组织，可提高材料的硬度和延性。

5）贝氏体。从奥氏体区以一定的速度冷却，得到一种介于珠光体和马氏体之间的产物。类似于珠光体，贝氏体是由铁素体和渗碳体组成的，但与珠光体不同，它不是层状结构，而是铁素体基体中有弥散分布的渗碳体。

6）钎焊。采用熔点低于母材的金属或合金作为焊接材料，熔化后填充间隙，实现金属的连接。焊接材料熔体在毛细管力作用下在母材金属表面铺展和填充，少量母材金属元素会溶解于焊接材料熔体，从而实现紧密接触和连接，但通常情况下，焊接材料元素不会扩散到母材金属中。一般把焊接温度高于 880℉（470℃）的钎焊工艺称为硬钎焊，而低于 880℉（470℃）的钎焊工艺称为软钎焊。

7）复碳。把金属在一个合适的含碳气氛中加热到临界温度（Ac_1）以上并保温的处理工艺，含碳气氛可能是固体、液体或气体，将碳扩散到金属表面以实现碳含量的恢复。添加的碳通常用于使材料恢复到原始碳含量（某热处理操作之前的碳含量）。

8）碳氮共渗。在含有合适气体，如碳氢化合物、一氧化碳（CO）和氨气的气氛下，通过在临界温度（Ac_1）以上保温，将碳和氮引入工件表层的化学热处理工艺。碳氮共渗合金通常需要快速冷却（淬火硬化）。其他常见的名词和相关主题是表面硬化、干式碳氮共渗、气体碳氮共渗和氮碳共渗（过去的叫法）。

9）渗碳。金属加热并保温在临界温度（Ac_1）以上，与一个可能是固体、液体或气体的含碳气氛接触，从而将碳引入工件表层的化学热处理工艺。渗碳合金通常需要快速冷却（淬火硬化）。其他常见的名称和相关主题是表面硬化、气体渗碳和液体碳氮共渗。

10）表面硬化。工件的表面硬化会使其外壳或表面比内壳或芯部硬得多，这是通过增大表面的碳含量和淬火来实现的，或者通过应用能源技术（火焰、感应和激光）选择性硬化表面。

11）渗碳体。一种铁和碳的化合物，化学上称碳化铁（Fe_3C），晶体结构为斜方晶系。当它在钢中以相的形式出现时，其化学成分会随着锰及其他碳化物形成元素的存在而改变。

12）控制冷却。将黑色金属材料从高温以特定的方式冷却，以避免裂纹或其他形式的的内部损伤，

或者产生所需显微组织的过程。

13）深冷处理。将材料冷却到足够低的温度以促进相变发生的工艺。其他常见的名称和相关主题是冷处理和深度处理。

14）铁素体。一个或多个元素溶解在体心立方晶格纯铁中形成的固溶体。除非另有说明，溶质一般假定为碳。通常情况下，存在两个铁素体区，由奥氏体区隔开，下面的区域为 α 铁素体，上面的区域为 δ 铁素体。

15）黑色金属。与铁有关的或含有铁的金属。

16）火焰淬火。利用高温火焰在相变点以上加热工件表层，然后快速冷却，从而使钢硬化的过程。

17）淬火。通过适当的加热和冷却处理以提高材料硬度的工艺。其他常见的名称和相关主题是中性淬火、淬火硬化、直接淬火、火焰淬火、感应淬火、激光淬火和表面淬火。

18）均匀化。在高温下通过扩散以减少或消除化学偏析，使工件的化学成分均匀性一致，浓度梯度消失。

19）热加工。在再结晶温度以上成形的加工工艺。

20）分级淬火。钢被迅速冷却到恰好高于马氏体区的温度，保温一定时间，然后在空气中冷却到室温的过程，以减少变形应力。该方法仅适用于高合金钢。

21）马氏体。将奥氏体快速冷却并几乎不发生碳扩散形成的碳在 α-Fe 中的过饱和固溶体，阻碍碳扩散的切应变产生了内应力，所以马氏体硬而脆，必须进行回火处理，最终使硬度和强度都提高。

22）材料科学。材料的科学与技术，金属和非金属都包含在这一研究领域。

23）金属。①一种不透明的有光泽的元素，具有良好的导电和导热性能，经抛光可得到良好的反射镜面。总体来说，大多数金属的延性和韧性优于其他非金属元素；②金属与非金属的不同在于其原子的结合方式和电子获取的难易程度，金属原子倾向于从表层失去电子；③其氢氧化物显碱性的一种元素；④一种合金。

24）冶金学。在金属材料科学与技术中，金属分为黑色金属和有色金属，也可按锻造金属和粉末金属（PM）分类。化学冶金工艺涉及矿石的提炼和精炼过程，而物理冶金涉及金属的物理和机械性能，因为它们受到成分、机械加工和热处理的影响。

25）显微组织。抛光和侵蚀后的金属在放大倍数大于 10 倍的显微镜下所显现出来的组织。

26）渗氮。在材料临界温度（Ac_1）以上保持其与一个合适的含氮气氛接触，从而将氮引入钢中，不需要淬火硬化就可产生坚硬的表面，含氮气氛可能是固体、液体或气体。其他常见的名称和相关主题是表面硬化。

27）氮碳共渗。一个与渗氮相似的表面硬化工艺，在临界温度（Ac_1）以下保持金属与一个合适的含氮和碳的材料接触，这种材料可能是固体、液体或气体，从而将氮和碳引入工件，产生可能含有碳氮化物和氮化物的薄氮层和富碳层。具有下面潜在扩散区的"白色层"（又称复合层）含有分解的氮和铁（合金）氮化物。淬火硬化不需要产生一个硬化层。其他常见的名称和相关主题是表面硬化、铁素体氮碳共渗（FNC）和奥氏体氮碳共渗。

28）有色金属。一种不含铁且与铁无关的金属。

29）非金属材料。一种没有典型金属性质的化学元素，可以与氢形成阴离子、酸性氧化物、酸和含氢的稳定化合物。

30）正火。将工件加热到转变区域温度以上的一个合适温度（通常高于适当的硬化温度），然后在空气中充分冷却到一个显著低于转变区域的温度。

31）珠光体。铁素体和渗碳体组成的层状组织，通常出现在钢和铸铁中。

32）粉末冶金。制取金属粉末，以及用金属粉末制造材料及各种类型制品的工艺。

33）残留奥氏体。马氏体转变过程中的残余物，其硬度在转化产物中是最低的且在室温下是不稳定的。随着温度、应力或时间的推移，它将转换为马氏体（伴随着体积的膨胀）。大多数工艺都只能将残留奥氏体保持在 5% 以下。

34）烧结。一些金属粉末或压制品通过加热实现相邻粉末颗粒表面的结合，还有一种由金属粉末组成的成形体，通过事先压实或不加压烧结而制成。常见的名称和相关主题是冷/热等静压、液相烧结和金属注射成型。

35）溶质。在溶液中被溶解的物质。

36）固溶处理。将合金加热到合适的温度，保温足够长的时间，使一种或多种成分进入固溶体，然后迅速冷却，使其在固溶体中保持成分。合金被置于一个过饱和的不稳定状态，随后可能会发生淬火时效。固溶处理经常伴随着时效处理。

37）溶剂。能将一种或多种物质溶解在其体内的一种物质，最普遍的溶剂是水。

38）固溶温度。一个使溶质原子溶解/完全分散在材料内的温度。

39）球化。在铁素体基体中产生粗球形（球形）

碳化物显微组织的方法。

40）钢。以铁为基的合金，通常含有锰和碳。

41）应力消除。加热到合适温度，保温足够长的时间以减少残余应力；然后缓慢冷却，以消除或减少新的残余应力的方法。常见的名称和相关主题是去应力退火。

42）回火。将淬火硬化或正火后的钢再加热至低于相变点的温度，然后在所需的速度下冷却，最终结果是强度降低，塑性增强。

43）锻造冶金。在高炉或电弧炉中，用传统炼钢方法生产金属的一种工艺。先前的氧化铁还原和随后的废钢回收都是原材料的两个主要来源。

2. 合金牌号

（1）黑色金属材料 在用于制造产品的材料中，黑色金属材料（钢铁材料）占有很大的一部分。表 22-1 列出了钢铁材料的一般分类。

表 22-1 钢铁材料的一般分类 ［参考文献 5（来源：German[4]）］

分 类	合金化水平（质量分数）	主 要 用 途
铁	没有	磁铁
铸铁	C > 2.0%（高含碳量）	大型结构件、铸件、汽车发动机缸体
普通碳素钢	C ≤ 0.8%	需要中等强度水平的通用材料
碳素钢、低合金	（合金＋一些碳）< 5%	需要相对高强度的材料
硅钢	Si ≤ 8%	电力变压器、电动机叠片
磁钢	Ni（含许多其他成分）≤ 50%	磁性组件
不锈钢	Cr ≥ 12%	用作耐腐蚀材料和（或）要求耐温或耐温度软化的应用
工具钢	合金元素：30% ~ 50%；C > 0.4%；包括碳化物形成元素	具有耐磨性，适于制造切削、钻削等机械加工用刀具和工艺装备
高耐热合金钢	合金元素 ≤ 25%；高铬和高铝	需要耐高温软化的应用，如喷气发动机、炉体部件、加热元件
特殊合金钢	合金元素 ≤ 50%	特殊应用，包括电子、玻璃密封、过滤器

除了少数钢例外，钢的成分标准是根据汽车工程师学会（SAE）建立的，并使用一个四位数的数字系列来指定具有特定成分范围的标准的碳素钢和合金钢，有时也用五位数表示。在选定的碳素钢和合金钢中的主要合金元素和近似百分比见表 22-2。关于所列等级确切化学成分的详细信息，读者可参阅参考文献 7。

表 22-2 在选定的碳素钢和合金钢中的主要合金元素和近似百分比
［参考文献 6 ~ 8（来源：Unterwieser[6]，Brandt[7]，和 TimkenSteel[8]）］

钢的分类	主要合金元素	命名、组成的范围（质量分数）
10XX	只有碳	脱硫，Mn ≤ 1%
11XX	只有碳（易切削）	硫化处理
12XX		含磷和硫化
13XX	锰	1.75% 锰钢
15XX		脱硫，Mn ≤ 1%
2XXX	镍	镍钢
31XX	镍-铬	镍-铬钢
33XX	镍-铬	高镍铬钢
40XX	碳-钼	Mo：0.20% ~ 0.25% 或 Mo：0.25% 和 S：0.042%
41XX	铬-钼	Cr：0.50%、0.80% 或 0.95% 和 Mo：0.12%、0.20% 或 0.30%

（续）

钢的分类	主要合金元素	命名、组成的范围（质量分数）
43XX	铬-镍-钼	Ni：1.83%，Cr：0.50%~0.80%，Mo：0.25%
46XX	镍-钼	Ni：0.85%或Ni：1.83%和Mo：0.20%或Mo：0.25%
47XX	镍-铬-钼	Ni：1.05%，Cr：0.45%，Mo：0.20%或Mo：0.35%
48XX	镍-钼	Ni：3.50%，Mo：0.25%
51XX	铬	Cr：0.80%、0.88%、0.93%、0.95%或1.00%
51XXX	铬	Cr：1.03%
52XXX	碳-铬	Cr：1.45%
61XX	铬-钒	Cr：0.60%或Cr：0.95%和V：0.13%或V：0.15%（最少）
86XX	铬-镍-钼	Ni：0.55%，Cr：0.50%，Mo：0.20%
87XX	铬-镍-钼	Ni：0.55%，Cr：0.50%，Mo：0.25%
88XX	铬-镍-钼	Ni：0.55%，Cr：0.50%，Mo：0.35%
92XX	硅-锰	Si：2.00%或Si：1.40%和Cr：0.70%
50BXX	硼	Cr：0.28%或Cr：0.50%
51BXX	硼	Cr：0.80%
81BXX	硼	Ni：0.30%，Cr：0.45%，Mo：0.12%
94BXX	硼	Ni：0.45%，Cr：0.40%，Mo：0.12%

注：常见的合金化金属包括（按字母顺序排列）：铝（Al）、铬（Cr）、钴（Co）、铜（Cu）、锰（Mn）、钼（Mo）、镍（Ni）、铌/钶（Nb/Cb）、硅（Si）、钛（Ti）、钨（W）、钒（V）和锆（Zr）。

（2）有色金属材料　金属和合金热处理的基本原理适用于黑色金属材料和有色金属材料。然而在实践中，这两者之间又有很大的差异，因此有必要对这些材料进行不同的分类，需要仔细理解每种合金对热处理反应的特殊要求（见22.1.5节）。常见的可热处理的有色金属材料见表22-3。有关所列等级的确切化学成分的详细资料，请参阅参考文献9。

表22-3　常见的可热处理的有色金属材料 ［参考文献9（来源：Chandler[8]）］

分类	代号和牌号		备注
铝及铝合金	1060、1100、1350、2014、2017、2024、2036、2117、2124、2219、3003、3004、3105、5005、5050、5052、5056、5083、5086、5154、5182、5254、5454、5456、5457、5652、6005、6009、6010、6061、6063、6066、7001、7005、7049、7050、7075、7079、7178、7475		变形铝合金
	204、206、208、238、242、295、296、308、319、332、336、339、354、355、356、357、359、360、380、383、384、390、413、443、514、518、520、535、712、713、771、850		铸造铝合金
	601AB、201AB、602AB、202AB、MD-22、MD-24、MD-69、MD-76		粉末金属合金
	Weldalite 049、2090、2091、8090、CP 276		轻（铝-锂）合金
铜及铜合金	C10100-C10800、C11000、C11300-C11600、C12000、C12200、C14500、C14700		铜
	C15500、C16200、C17000、C17500、C19200、C19400		铜合金
	C21000、C22000、C22600、C23000、C24000、C26000、C26800、C27000、C27400、C28000、C33000、C33500、C33200、C34200、C35300、C35600、C36000、C36500、C36600、C36700、C36800、C37000、C37700		黄铜

（续）

分类	代号和牌号	备注
铜及铜合金	C60600、C60800、C61000、C61300、C61400、C62800、C62300、C62500、C61900、C63000、C63200、C64200、C63800、C65100、C65500、C66700、C67000、C67400、C67500、C68700、C68800	青铜（锡青铜、铝青铜、硅青铜、锰青铜）
	C70600、C71000、C71500	白铜
	C74500、C75200、C76400、C75700、C77000、C78200	锌白铜
	C81400、C81500、C81800、C82000、C82200、C82500、C82800、C95300～C95800	铸造铜合金
镁及镁合金	AM100A、AZ63A、AZ81A、AZ91C、AZ92A、EZ33A、EQ21A、HK31A、HZ32A、QE22A、QH21A、WE43A、WE54A、ZC63A、ZE41A、ZE63A、ZH62A、ZK51A、ZK61A	铸造镁合金
	AZ80A、HM21A、HM31A、ZC71A、ZK60A	变形镁合金
	Nickel200、201 Monel400、R-405、K-500	
高温合金	A286、Discaloy、N155、Incoloy903、907、909、925	铁基高温合金
	Astroloy、Custom Age 625 PLUS、Inconel901、625、706、718、725、X-750、Nimonic80A、Nimonic90、Rene 41、Udimet 500、700、Waspalloy	镍基高温合金
	S816	钴基高温合金
钛及钛合金	Ti-8Al-1Mo-1V、Ti-2.5Cu、Ti-6Al-2Sn-4Zr-2Mo、Ti-6Al-5Zr-0.5Mo-0.2Si、Ti-5.5Al-3.5Sn-3Zr-1Nb-0.3Mo-0.3Si、Ti-5.8Al-3.5Zr-0.7Nb-0.5Mo-0.3Si	α 或近 α 合金
	T-6Al-4V、T-6Al-6V-2Sn、Ti-6Al-2Sn-4Zr-6Mo、Ti-4Al-4Mo-2Sn-0.5Si、Ti-4Al-4Mo-4Sn-0.5Si、Ti-5Al-2Sn-2Zr-4Mo-4Cr、Ti-6Al-2Sn-2Zr-2Mo-2Cr-2.5Si	α-β 合金
	Ti-13V-11Cr-4Al、Ti-11.5Mo-6Zr-4.5Sn、Ti-3Al-8V-6Cr-4Mo-4Zr、Ti-10V-2Fe、Ti-15V-3Al-3CR-3Sn	β 或近 β 合金
锌及锌合金	No. 2、3、5、7、ZA-8、ZA-12、ZA-27	锌合金

22.1.3 钢铁冶金

1. 铁和钢

铁含量丰富，价格便宜，作为工程材料具有很大的吸引力。纯铁较软，所以纯铁本身并不是一个制造金属零件的好材料，这一事实让许多人吃惊。实际上，纯铁甚至不如大多数塑料坚硬。

向纯铁中添加某些化学元素，如锰或碳（称为合金元素）形成钢。钢不仅比纯铁坚硬，还可以通过热处理显著地改善其性能，从而提高了它作为一种材料来制造我们每天使用的日常用品的有用性。表 22-4 列出了合金化和热处理对材料强度的显著提高。

（1）内部（晶体）结构 纯铁是钢的基本组成部分，有一些非常独特的性质。它是同素异形体（发音为 "al oh tropic"），也就是说，当加热时，铁原子重新排列，因此它的内部（晶体）结构发生改变。随着温度升高，铁变为：

表 22-4 合金化和热处理对强度的提高

属性	条件	屈服强度[2]/MPa（ksi）	抗拉强度[2]/MPa（ksi）	伸长率（%）
纯铁	未经处理	200（29）	310（45）	26
钢[1]	未经处理	379（55）	689（100）	12
	热处理和慢（空）冷	428（62）	773（112）	10
	热处理和快速淬火（水冷）	1380（220）	1380（220）	1

① 共析钢，$w(C) = 0.77\%$。

② 屈服强度（Y.S.）和极限抗拉强度（UST）是热处理后钢的强度指标。

1）α-铁或铁素体。

2）γ-铁或奥氏体。

3）δ-铁。

（2）铁碳相图 铁的组成成分是碳含量的函数。简化的铁碳相图（见图 22-2）也称为 Fe-Fe₃C 图，它提供了一个"路线图"，表明内部变化将发生在何处，以何种形式或状态发生，可以随时知道金属的内部结构。铁碳相图描绘了晶体结构随温度（纵轴）与碳含量（横轴）的变化情况。

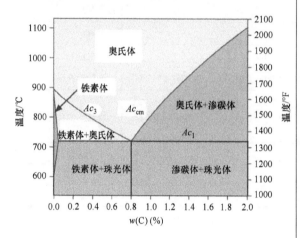

图 22-2　铁碳相图（部分）（参考文献 12）

从图 22-2 可以发现，某些特定的组织出现在碳的质量分数约为 0.77% 和温度为 723℃（1333℉）的点上。而且图上的线在这一点聚集，这个点称为共析点。这条线是碳含量的函数，决定了材料的临界温度（Ac_1）。表 22-5 列出了一些钢开始形成奥氏体的温度（Ac_1）所有铁素体均转变为奥氏体的温度（Ac_3），这两条曲线形成了奥氏体区。

表 22-5　典型渗碳的临界温度

[参考文献 8（来源：TimekenSteel[10]）]

渗碳钢的代号	Ac_1/ ℉（℃）[1]	Ac_3/ ℉（℃）[1]	Ar_3/ ℉（℃）[2]	Ar_1/ ℉（℃）[2]
1020	1350（732）	1565（852）	1515（823）	1270（687）
3310	1335（723）	1440（782）	1235（668）	1160（626）
4118	1385（750）	1500（815）	1410（765）	1275（690）
4320	1355（735）	1485（808）	1330（721）	840/1170（448/632）
5120	1380（749）	1525（829）	1460（793）	1305（707）
8620	1350（732）	1525（829）	1400（760）	1200（650）
9310	1315（713）	1490（810）	1305（707）	830/1080（443/582）

① 在加热。

② 在冷却。

你也许会问，为什么知道钢的临界温度（Ac_1）很重要？为了使材料变硬，它必须加热到临界温度之上，保温一定时间，然后快速冷却（淬火）。例

如，对于硬化或表面硬化处理，如渗碳（即将碳引入工件的表面），钢必须加热到其临界温度以上，进入奥氏体区；另一个表面硬化过程，如氮化（即将氮引入工件的表面）发生在临界温度以下。

（3）显微组织　铁碳相图（见图 22-2）告诉我们，通过加热和/或冷却钢件，热处理可以改变其内部结构或显微组织，其物理、机械或冶金性能也将相应地改变。这是通过加热到单相或多相稳定的温度区域，或者通过加热或冷却到不同相形成的温度区域来完成的。钢的热处理涉及显微组织的形成，包括铁素体、珠光体（铁素体 + 渗碳体组织）、贝氏体或马氏体。

共析钢［$w(C) = 0.77\%$］缓慢冷却，发生共析转变而产生的显微组织称为"珠光体"。珠光体（见图 22-3）由片状铁素体和渗碳体交替排列组成（图中的黑色区域），可以通过计算得到渗碳体和铁素体的含量。珠光体形成速率受到许多因素的影响，因为从奥氏体转变成低碳铁素体和高碳渗碳体，碳原子必须进行重排。

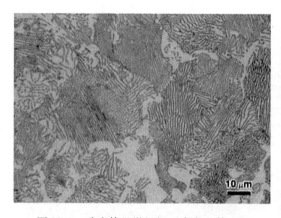

图 22-3　珠光体显微组织（参考文献 13）

在大多数钢中，即那些非共析钢中，奥氏体转变的开始温度远高于临界温度（Ac_1），所形成的铁素体和渗碳体（通过非共晶转变的机制）被称为先共析相。在亚共析钢中，即那些含有低于共析碳含量的钢，铁素体的形成温度低于 Ac_3（见图 22-4）。在过共析钢中，即那些含有比共析碳含量更高的钢，在 Ac_m（奥氏体和渗碳体的边界）下方形成渗碳体（见图 22-5）。先共析铁素体和先共析渗碳体与珠光体中的铁素体和渗碳体在晶体结构上是相同的，但显微组织有很大差异（见图 22-3 ~ 图 22-5），从而导致了不同的性能。

在快速冷却或淬火过程中，从奥氏体到马氏体的转变是一种切变型、非扩散型相变。因为这种转变是非扩散型的，所以以马氏体与奥氏体的成分完全

相同。马氏体通常在淬硬钢中发现，并且由于它是位移或应变诱导的转变，因此产生的相非常硬。这种转变也可以在有色金属系统中发生。

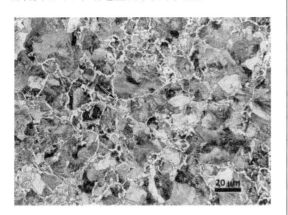

图 22-4 先共析铁素体（箭头）
[SAE 1045 钢，2000℉（1095℃）正火]
（图片源自 George Vander Voort，
George Vander Voort Consulting）

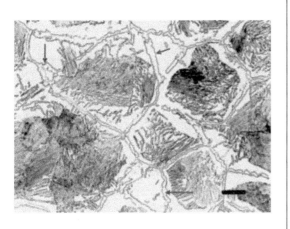

图 22-5 先共析渗碳体（箭头）
（图片源自 George Vander Voort，George
Vander Voort Consulting）
注：当铁中含有 1.20%（质量分数）的碳时，先共析渗碳体在珠光体基体的连续晶界膜处。

马氏体是一种特殊的相，有独特的晶体结构（体心四方）和组成，有明显的界面将它与其他的相分离。然而，由于扩散被抑制，所以处于亚稳状态。例如，当加热到碳原子能够移动的温度时，马氏体则被铁素体和渗碳体的混合物所替代，并伴随组织体积的增大。由于相变是随温度的降低而连续进行的，为了避免这种影响，马氏体可以通过深度冷冻（或低温）处理以降低相变温度来稳定，通常是在零度以下。

铁碳体系中有两种马氏体，板条马氏体（见图 22-6）和片状马氏体（见图 22-7）。板条马氏体在低碳钢和中碳钢 [w(C) < 0.6%] 中形成，而片状马氏体在高碳钢 [w(C) > 1%] 中形成。在 w(C) 为 0.6% ~ 1% 时可发现板条马氏体和片状马氏体的混合物。板条和片状是指单个马氏体晶体的三维形状。

图 22-6 板条马氏体 [SAE 1018 钢从
1650℉（900℃）水淬到 400℉（205℃）]
（图片源自 George Vander Voort，George
Vander Voort Consulting）

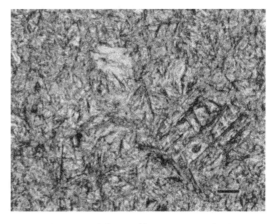

图 22-7 片状马氏体 [SAE 1095 钢从
1650℉（900℃）水淬到 400℉（205℃）]
（图片源自 George Vander Voort，George
Vander Voort Consulting）

最后，在连续冷却或等温转变条件下，形成温度在珠光体和马氏体之间时形成的相称为贝氏体。贝氏体类似于珠光体，是铁素体和渗碳体的混合物，是扩散控制的，但不像珠光体中的铁素体和渗碳体那样呈层状分布，其特性取决于合金成分和相变温度。同时又类似于马氏体，铁素体的形式可能是板条或片状并含有位错结构，形成过程包括剪切和扩散。

贝氏体主要有两种形式：上贝氏体（见图 22-8）在珠光体相变温度范围内形成；下贝氏体（见图 22-9），马氏体相变温度范围内形成。

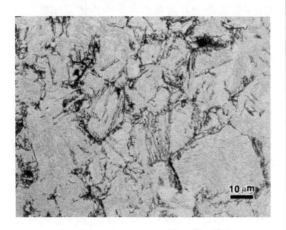

图 22-8　上贝氏体 [SAE 5160 钢在 1525℉（830℃）奥氏体化并等温保持在 1000℉（540℃）1min，然后水淬]
（图片源自 George Vander Voort，George Vander Voort Consulting）

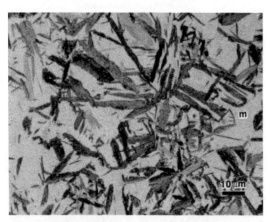

图 22-9　下贝氏体 [SAE 5160 钢在 1525℉（830℃）奥氏体化并等温保持在 650℉（345℃）5min，然后水淬]
（图片源自 George Vander Voort，George Vander Voort. Consulting）

（4）合金元素　钢中合金元素的存在是为了提高其物理性能和机械性能，以便它们能实现预期的最终用途。为了更多地了解为什么使用合金元素，我们将简要地看看每种元素都能带来什么好处。

碳是钢中的关键合金元素，加碳引起的一般效应是：

1）提高极限强度。

2）降低塑性和韧性。

3）降低抗冲击性。

4）提高磨料（或磨损）的耐磨性。

5）提高耐加工性。

6）降低硬化和淬火温度。

7）提高淬火深度。

8）提高硬度的均匀性（特别是在大截面淬火时）。

9）增强断裂细度。

10）降低热导率。

11）降低电导率、磁导率。

钢中的合金元素可分为三大类：

1）第 1 组：完全溶于铁的元素。

2）第 2 组：与碳结合形成碳化物的元素。

3）第 3 组：一部分溶于铁，另一部分形成碳化物的元素。

第 1 组元素加入铁中形成固溶体的元素通常会增强钢的强度和韧性；第 2 组元素与碳结合形成碳化物，可提高钢的硬度和极限抗拉强度；第 3 组元素部分溶解于铁，部分形成碳化物，有增强韧性和提高极限抗拉强度的倾向。下面是一些主要的合金元素及其对钢的影响。

1）锰存在于钢中，对钢铁生产至关重要，不仅在熔化中，而且在轧制和其他加工操作中也十分关键。

2）镍增强强度和韧性。这是一个铁强化剂，因为镍有效地降低了淬火时所需的临界冷却速率，故镍钢很容易进行热处理。渗碳后的高镍钢往往含有大量的残留奥氏体，降低了钢的耐磨性。研究报道，在某些应用中，如齿轮，残留奥氏体在 10% ~ 20% 之间是有用的。镍还强化了铬和其他合金元素的作用。与铬相结合，镍可以产生比普通碳素钢具有更高的弹性比、更大的淬透性、更高的抗冲击性和抗疲劳性的合金钢。

3）铬本质上是一种硬化元素，因为它是一种类似于钼和钨的碳化物形成元素。铬钢的两个最重要的性能是耐磨性和切削能力。共析钢中的碳含量随铬含量的增加而降低。对于中碳钢，在要求的温度下保持充足的时间，铬会慢慢固溶进去。

4）钼由于在铁基体中的固溶和碳化物的形成而提高了极限强度、硬度和韧性。它的价值体现在使材料在高温使用时保持高硬度。淬火条件下的钼钢具有显著的抗回火性能，回火温度较高。

5）钒能提高强度和延展性，特别是弹性和抗冲击能力，这是由于钒能形成碳化物并固溶于铁基体中。此外，钒还具有其他重要的合金化效应，即当它固溶到奥氏体中时，可以提高淬透性以及回火后的二次硬化效应和高温下的硬度。

6）硼通常是用来提高淬透性的，硼与低碳合金钢配合使用效果较好，但随着碳含量的增加，硼的作用逐渐减弱。硼的添加量通常较少，在此范围内会提高合金的淬透性。因此，硼被称为"合金增强器"。钛氮比是硼钢中防止氮化硼形成的一个重要因素，从而抵消了通过添加硼对淬透性的提高。

（5）硬度和淬透性[14]　硬度是一种材料对外力的抵抗力。材料抵抗塑性变形的能力取决于钢的碳含量和显微组织。因此，同一种钢的显微组织不同，其硬度值也不同，而显微组织是受冷却（转变）速率影响的。通常，硬度测试指在静载荷作用下的压头对固定几何结构施加的力。

另一方面，淬透性用来描述钢的热处理响应，使用钢的硬度或显微组织作为测量值，两者相互关联。淬透性是一种材料性能，与冷却速率无关，取决于化学成分和晶粒尺寸。

当采用硬度进行评估时，淬透性的定义为在给定的热处理条件下材料硬化的深度。换言之，淬透性与"硬化深度"或获得的硬度曲线有关，而不是达到特定硬度值的能力。当用显微组织评估时，淬透性被定义为在已知的条件[15]冷却时奥氏体部分或完全转变为一定比例马氏体的能力。

测量钢的淬透性之所以重要，是为了确保我们在特定的工程应用中做出正确的材料选择。端淬试验及其他的一些测试方法是在20世纪30年代发展起来的，作为测定钢的淬透性，在成本和时间上都是一种行之有效的方法。这些试验是作为连续冷却组织转变图的替代品而开发的。试验试样是一个长度为4in（102mm）、直径为1in（25.4mm）的圆柱体。对试样进行归一化处理（消除由于先前的锻造造成的显微组织差异），然后奥氏体化。试样被转移到测试夹具上，控制喷射水流到淬火钢试样的一端（见图22-10）。冷却速率随试样离冷端距离变化而变化，在淬火端，水冲击试样，冷却较快；另一端相当于空气冷却，速率较慢[16]。

然后，将圆形试样沿其长度在相对的两侧进行磨削，深度至少为0.015in（0.38mm），以去除脱碳层材料。应注意，磨削时不加热试样，因为这会引起回火，从而软化显微组织。最后，从淬火端开始，每隔一定的间隔测量硬度。合金钢的间隔通常为0.060in（1.5mm），碳素钢的间隔为0.030in（0.75mm），开始时尽可能靠近淬火端。硬度随离淬火端距离的增

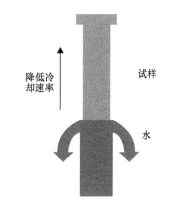

图22-10　端淬试验（参考文献16）

加而降低（见图22-11），高硬度发生在马氏体高体积分数的情况下。硬度低表明奥氏体转变为贝氏体或铁素体/珠光体微观组织。

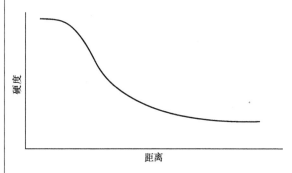

图22-11　典型的端淬曲线（参考文献18）

与端淬试验相关的一个常见误解是，油淬使硬度值达到所需值后便可以直接用于实际零件，这种认识是错误的。试验的结果允许我们比较钢，以确定它们的等效淬透性。换句话说，端淬曲线可以用来预测在不同的冷却介质及不同尺寸时淬火钢的硬度分布[17]。

一种持批判态度的观点认为，端淬试验不能用于低淬透性钢。对于这类钢，S-A-C试验更可靠。试样也是圆柱体，但长度为5.5in（140mm）、直径为1in（25.4mm）。在Ac_3（在这一温度完成由铁素体向奥氏体转变）以上正火和奥氏体化后，对试样进行水浴淬火。淬火后，从试样上切下1in（25.4mm）长的圆柱体，仔细磨削端面，以消除切削操作引起的回火效应。洛氏硬度测量是在圆柱试样表面选取4个点进行测量，获得表面硬度的平均值或S值。沿着试样横截面的表面到中心进行洛氏测试，表现为图22-12所示的硬度分布类型。曲线下面积为总面积，以"罗克韦尔英寸"为单位确定A值，由中心硬度确定C值[15]。

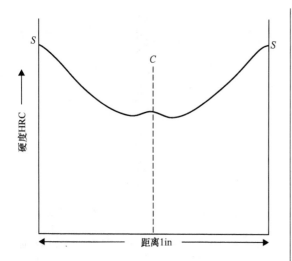

图 22-12　S- A- C 硬度分布类型（参考文献 15）

例如，钢的指标为 65- 51- 39，表明表面硬度为 65 HRC，面积值为罗克韦尔 51in，中心硬度为 39 HRC。该 S- A- C 测试的优点在于三个数给出的硬度分布曲线展现了一个很好的视觉形象。钢的碳含量对表面硬度有影响。硬度分布曲线和曲线下面积为不同钢种的硬化程度提供了比较指标。

其他测试方法包括端淬- 伯格霍尔德端淬试验（测量渗碳淬火钢的渗碳层淬透性）、Greene 的圆锥试验、Fenstermacher 的在碳素工具钢（通常碳的质量分数为 1.10%）范围内的低淬透性钢的淬透性试验以及 Shepherd 关于低淬透性钢的 P-F 和 P-V 试验。在 P-F 试验中，P 代表渗透硬化（淬透性），F 代表端口晶粒度；P- V 表示 V 形试件渗透硬化[18]。

最近，Liscic、Filetin、Wunning 和 Tensi 及其他人对淬火程度（强度）进行了评估。Liscic 的试验基于使用测试探针测定零件表面淬火过程中的热通量（在一个给定表面的传热速率）。除从探针上得到热通量数据外，取一个与探针尺寸相同并与钢的端淬试样一致的样品在相同条件下进行淬火。对不同淬火条件样品进行评估，建立数据库，确定等效端淬距离[11]。

虽然端淬试验是比较容易操作的，但步骤必须严格遵循以获得良好的结果。测试最重要的一个方面是一致性，每个测试必须在相同的条件下进行，包括奥氏体化温度、转移时间（从炉中转移淬火）、处理方法及水的温度、流量和压力。水是一种优良且廉价的淬火介质，但它的热去除特性是可变的，依赖于水与样品之间的温度和相对速度。

关于测量硬度的最佳方法（如洛氏、布氏、维氏或努氏），人们众说纷纭。测量方法的选择在很大程度上取决于试样的尺寸和硬度。洛氏硬度通常是应用于硬度大于 20 HRC 的试样，布氏硬度是用来测量硬度低于 20 HRC 的试样。如果需要显微硬度曲线，则选择维氏硬度。测量过程必须严格遵循读数最小距离及试样最小厚度的标准硬度试验规则。

2. 不锈钢

为了满足耐热性和耐腐蚀的要求，人们已经开发出了一大类合金，这不仅体现在工件表面上，而且是贯穿整个截面。这些材料被称为不锈钢，可分为六个基本组：

1）奥氏体型不锈钢。

2）马氏体型不锈钢。

3）铁素体型不锈钢。

4）双相钢。

5）沉淀硬化型不锈钢。

6）高温合金。

耐腐蚀或耐热应用的特殊要求导致了有超过五十种被认为是标准的商业级的发展。此外，还有 100 多个非标准类型的专为特殊应用而开发的。不同类型的不锈钢标准代号见表 22-6。

表 22-6　不锈钢标准代号

［参考文献 6（来源：Unterwieser[6]）］

名称	代　　　号	附　　　注
奥氏体型	201、202、205、301、302、302B、303、303Se、304、304L、304N、305、308.309、309S、310、310S、314、316、316F、316N、31、317L、321、329、330、347、348、384	310 可用于高温 650℃（1200℉）使用
铁素体型	405、409、429、430、430F、430FSe、434、436、442、446	
马氏体型	403、410、414、416、416Se、420、420F、422、431、440A.440B、440C	
沉淀硬化型	630、631、632、633、634、660	630 是马氏体型；660 是奥氏体型；其余的都是半奥氏体型
铸造型	CA- 6NM、CA- 15、CA- 40、CB-30、CB-7Cu、CC-50、CD-4M Cu、CE-30、CF-3、CF-8、CF-20、CF-3M.CF- 8M、CF-8C、CF- 16F、CG- 8M、CH-20、CK-20、CN-7M	一般来说，同一合金的锻造和铸造后的耐腐蚀性或对热处理的响应几乎没有差别

表 22-7 列出了合金元素的加入对不同类型不锈

钢的影响。

表 22-7 合金元素的加入对不同类型不锈钢的影响
[参考文献 6（来源：Unterwieser[6]）]

钢的代号	基于 302 不锈钢的合金元素添加（质量分数）	合金的影响
奥氏体型，铬镍		
301	低铬和低镍	提高加工硬化
302	通用型号，铬：18%；镍：8%	
302B	高硅	提高耐结垢性
303	磷、硫	改善可加工性
303Se	硒	改善可加工性
304	低碳	避免碳化物析出
304L	低碳	焊接性
305	高镍	减少加工硬化
308	高铬、高镍及低碳	改善腐蚀和结垢
309	相比 308，铬和镍含量较高	改善腐蚀和结垢
309CT	铌，钽	避免碳化物析出
309S	低碳	避免碳化物析出
310	铬和镍的含量最高	提高焊接性和耐结垢性
314	硅	提高耐腐蚀性
316	钼	提高耐腐蚀性
316L	低碳	提高焊接性
317	高钼	提高耐腐蚀性和高温强度
318	铌，钽	避免碳化物析出
321	钛	避免碳化物析出
347	铌，钽	避免碳化物析出
347Se	硒	改善可加工性
348	低钽	避免碳化物析出
384	镍含量高于 305	用于大冷镦成形
385	低铬和低镍	用于大冷镦成形
奥氏体型，铬镍锰		
201	低铬和低镍	增加加工硬化
202	通用型号，铬：10%；镍：5%；锰：8%	
204	低碳	避免碳化物析出
204L	低碳	提高焊接性

（续）

钢的代号	基于 302 不锈钢的合金元素添加（质量分数）	合金的影响
马氏体型，铬		
403	铬：12%	特殊的力学性能
410	通用型号，（铬 + 镍）：12%	
414		提高耐腐蚀性和机械性能
416	磷、硫	改善可加工性
416Se	硒	改善可加工性
418Spec	钨	提高高温性能
420	高碳	提高剪切性能
420F	磷、硫	改善可加工性
431	镍和高铬	为了更高的抵抗性能
440A	高碳	用于切割
440B	高碳	用于切割
440C	高碳	提高耐磨性
440Se	硒	改善可加工性
铁素体型，铬		
405	铝；铬：12%	防止硬化
430	铬：17%	通用型号
430F	磷，硫	改善可加工性
430Ti	钛	
442	高铬	提高耐结垢性
446	铬含量更高	提高耐结垢性

（1）奥氏体型 奥氏体型不锈钢是广泛应用于腐蚀性环境中的合金，如化学工业和食品工业。奥氏体型是非磁性的，具有非常优异的机械性能，对常规淬火硬化热处理无响应。它们主要由铁、铬、镍元素组成，被称为 300 系不锈钢。200 系也是该组的成员，其中一些镍被锰取代。它们在加热时晶体结构不会改变，因此常规淬火硬化技术对其也没有作用。这类钢的唯一热处理方式是完全退火，从高温快速冷却，消除应力和表面氮化产生的硬化。

（2）铁素体型 铁素体型已被开发出来，以提供一组更耐腐蚀和耐氧化的不锈钢，同时对应力腐蚀裂纹具有很高的抵抗力，其在任何温度下组织都是铁素体（因此而得名）。这些钢是磁性的，但不能通过热处理进行硬化或强化。如果需要，可以通过在冷加工后进行退火软化。氮化是唯一适用于铁素体型不锈钢热处理的方式。铁素体型不锈钢比马氏体型不锈钢更耐腐蚀，但一般低于奥氏体型不锈钢。与马氏体型不锈钢一样，铁素体型不锈钢都是无镍的铬钢，常常应用于汽车方面。

（3）马氏体型 马氏体型的发展是为了提供一组通过热处理产生耐腐蚀和硬化的不锈钢合金。它们的晶体结构会因为加热和冷却而变化。马氏体型不锈钢是无镍的铬钢且具有磁性，适用于硬度、强度和耐磨性是重要考虑因素的应用场合。本组中的钢为 400 系不锈钢（和一些铁素体不锈钢一样）。这些钢的铬含量一般低于奥氏体型不锈钢，马氏体型不锈钢的耐蚀性远低于奥氏体型不锈钢（略低于铁素体型不锈钢）。

（4）沉淀硬化型 此类不锈钢主要用于航空航天材料的开发，但由于其成本效益高，现在正获得更广泛的商业吸引力并应用于一系列产品（铸块、线材、锻件、板材、钢带）中。沉淀硬化型不锈钢被称为 600 系不锈钢，很好地结合了强度、良好的加工性、便于热处理及耐腐蚀的性能，这是在其他类型钢中没有发现的。其中 13-8Mo，15-5PH，17-4PH 和 17-7PH 被人们熟知。沉淀硬化型不锈钢的硬化技术与有色金属的硬化技术类似。一般的方法是将固溶体加热到较高的温度，然后迅速冷却，随后通过加热到中间温度使其时效硬化。

奥氏体型沉淀硬化不锈钢，在很大程度上被更先进的高强度合金取代。马氏体型沉淀硬化不锈钢是日常应用的主要不锈钢。

3. 工具钢

工具钢的成分不同于含铁的普通碳素钢，其碳的质量分数高达 1.2%，加上一些其他合金元素，总的合金含量接近 50%。工具钢的分类见表 22-8。

表 22-8　工具钢的分类

[参考文献 6（来源：Unterwieser[6]）]

工具钢类型	识别符号	常见级别
冷作工具钢（空冷淬火，中合金）	A	A2、A3、A4、A6、A7、A8、A9、A10
冷作工具钢（高碳，高铬）	D	D2、D3、D4、D5、D7、
热作工具钢	H	H10、H11、H12、H13、H14、H19、H21、H22、H23、H24、H25、H26、H42
低合金专用工具钢	L	L2、L6

（续）

工具钢类型	识别符号	常见级别
高速钢（钼）	M	M1、M2、M3 Class 1、M3 Class 2、M4、M7、M10、M30、M33、M34、M35、M36、M42、M43、M44、M46、M47、M48、M50
冷作工具钢（油淬）	O	O1、O2、O6、O7
模具钢	P	P2、P3、P4、P5、P6、P20、P21
抗冲击工具钢	S	S1、S2、S5、S6、S7
高速钢（W）	T	T1、T2、T4、T4、T6、T8、T15
水冷淬火工具钢	W	W1、W2、W5

空冷淬火、中合金冷作工具钢（A 系列）覆盖了范围较宽的碳含量和合金含量，均具有较高的淬透性，在热处理过程中具有较高的尺寸稳定性。根据选择的类型，可以达到高硬度、抗冲击、耐磨损、耐磨性和良好韧性等性能。

高碳、高铬冷作工具钢（D 系列）由于其碳和钒的含量，具有极高的抗磨料磨损性能。热成形和剪切操作依赖于这些级别的最佳性能。

热作工具钢（H 系列）分为三组，即铬钢、钨钢和钼钢。汽车和航空航天工业中的工具（工具和模具）通常是由这组钢材制成的。

低合金专用工具钢（L 系列）的合金含量和力学性能范围很广。主要应用于制作模具零件和工业机械零件。

高速钢分为三组：①以钼为主要合金元素成分（M 系列）；②以钨为主要合金元素成分（T 系列）；③要求高硬度的高度合金化钢。

油淬、冷作工具钢（O 系列）具有很高的淬透性，可在油中淬硬。

模具钢（P 系列）通常用于塑料的注射、压缩模具以及锌压铸模具和保持架。某些类型可以进行预硬化，而其他类型则需要加工后表面硬化。

抗冲击工具钢（S 系列）合金含量变化大，导致淬透性在其范围内有很大的变化。所有等级适用于需要极端韧性的应用，如冲头、剪切刀、錾子。

水淬工具钢（W 系列）是最便宜的工具钢之一。它们是低淬透性钢，往往需要水冷淬火。这些钢可用于各种工具，但也有一定的局限性。

22.1.4 有色金属冶金[19]

区分有色合金的一个方法是很少遇到在黑色金属冶金中发挥突出作用的共析转变。因此，许多与这种转变和马氏体形成有关的原理并不是最重要的。相反，有色合金依赖于扩散机制，因此这些结构和热处理过程中发生的变化都与时间和温度相关。

有色金属材料包括：
1）铝及铝合金。
2）铜及铜合金（含铍铜）。
3）铅及铅合金。
4）镁及镁合金。
5）镍及镍合金（含铍镍）。
6）难熔金属及合金。
7）高温合金。
8）锡及锡合金。
9）钛及钛合金。
10）锌及锌合金。

这些材料的常见热处理包括：
1）冷加工后退火。
2）铸件均匀化。
3）沉淀硬化。
4）发展两相组织。

1. 扩散过程

1. 扩散过程涉及几乎所有有色合金的热处理过程。晶体结构中的原子不断运动（即原子周围的振动，通常在晶格位置上），因此扩散可以简单地认为是这些原子在物质中的运动。这一运动主要通过以下机制进行：
1）空位扩散。
2）化学扩散。
3）间隙扩散。
4）晶界扩散。

扩散主要是通过空位扩散进行，如果晶格中存在空位，那么原子移动到一个新位置所需的能量要少得多。一般认为，当两个原子同时移动以交换位置和四个原子协同移动并同时旋转到新的位置时，就会发生扩散机制。当提高温度时，扩散速率呈指数增加。

当两种金属或合金接触时会发生化学扩散，原子将开始移动并通过界面，这通常是由空位扩散引起的。

当溶质原子足够小时，就可以在较大的溶剂原子之间发生间隙扩散，原子从一个间隙跳到另一个间隙位置。

晶界扩散沿位错核或自由表面发生。这一结构变化的速率是由原子在晶体结构中改变位置的速率来控制的。

有色金属材料一般都是冷加工或热加工。冷加工是指由塑性变形而引起强化或硬化。冷加工使材料在塑性变形下发生滑移，引起应变硬化，其结果是硬度、屈服强度、抗拉强度和电阻率提高，而延性降低。在金属和合金的冷加工成形过程中，不发生断裂而失效的塑性变形量是有限度的。在达到这一极限之前，适当的热处理可使金属或合金恢复到与变形前相似的组织状态，然后可以进行另外的冷加工，这种类型的处理称为退火。

另一种工艺是均匀化，这是有色铸件的重要热处理工艺。均匀化处理是将金属升到足够高的温度，并维持足够长的时间，以消除或显著减少化学偏析、晶内偏析以及非平衡第二相粒子的过程。

在设计强度时，合金的结构包括分散在基体中的粒子，粒子会阻碍位错运动。分布越细，材料越强。这种分散可以通过选择一种在高温下为单相但在冷却过程中会析出另一相的合金来获得。通过热处理，得到沉淀物在基体中的理想分布。如果发生硬化，那么这个过程称为沉淀硬化（或时效硬化）。沉淀硬化的一个先决条件是将合金加热到所有溶质溶解的温度范围，从而获得单相结构，这称为固溶处理；然后快速冷却或淬火，以防止沉淀物在晶界处形成（仅），由此产生的室温结构相对于溶质是过饱和的，因此是不稳定的。

2. 两相组织

在一些有色合金中，理想的结构是由两相数量相当的混合物组成。以钛基合金和锌含量高的铜锌合金为例，它不同于沉淀硬化合金的两相组织，其中的析出物只有少量。通过控制最高温度和冷却速率，可以改变显微组织和各相的数量，所得到的显微组织可能是复杂的，所需的处理对于不同的系统会有很大的不同。

22.2 黑色金属热处理

1. 退火

退火是将工件加热到适当的温度，经过保温后以相对较慢的速度冷却，主要是为了软化工件，提高可加工性。超临界退火或完全退火是把工件加热到高于上临界温度（Ac_3），即在冷却过程中奥氏体开始向铁素体转变的温度，然后随炉缓慢冷却到 315℃（600 °F）。与之相反，不完全退火是将工件加热到最终转变温度（Ac_1）以上，而亚临界点退火是将工件加热到 Ac_1 点以下，然后随炉缓慢冷却。随着退火温度接近 Ac_1 点，软化率迅速增加。

以下是为退火工艺建立的准则。

准则1：奥氏体化钢的组织越均匀，退火钢的显微组织中转换为片状的珠光体就越完全。相反地，组织越不均匀，近球形的退火碳化物组织会越多。

准则2：钢的最软状态通常是在高于下临界温度（Ac_1）100℉（55℃）的温度进行奥氏体化得到的，随后将温度降到 Ac_1 以下大约100℉（55℃），使其发生转变。

准则3：为了完全转变，可能需要在 Ac_1 以下100℉（55℃）或更高的温度保温较长的时间，允许大部分的转变在较高的温度下发生，此时软化的产品因此已经形成，然后在一个较低的温度下结束转变，这样完成转变所需的时间就更短。

准则4：在钢被奥氏体化后，为了缩短退火的操作时间，应尽可能快地冷却到转变温度。

准则5：钢完全转变后，在能得到所需显微组织和硬度的温度下，应尽可能快地冷却到室温，以进一步缩短退火总时间。

准则6：为了保证 $w(C)$ 为 0.70% ~ 0.90% 的工具钢和其他低合金及中合金碳素钢退火组织中片状珠光体的最大化，通常在奥氏体化和转变之前需要在低于下临界温度（Ac_1）约28℃（50℉）的温度下预热数小时。

准则7：为了使退火后的过共析合金工具钢的硬度最低，通常用较长的时间（10 ~ 15h）将其加热到奥氏体化温度，然后进行正常的转变。

当钢的临界温度和转变特性已经确定，而且通过等温热处理进行转变是可行的，则这些准则会得到最有效的应用。

球化退火是另一种退火形式，用于改善材料的冷成形性和提高其可加工性，其工艺是将钢加热后冷却产生一种球状的碳化物。常用的球化方法是：

1）在低于 Ac_1 的温度下延长保温时间。

2）加热和冷却在 Ac_1 以上和 Ac_1 以下温度之间交替进行。

3）加热到高于 Ac_1 或 Ac_3 的温度，然后在炉中缓慢冷却，或者在略低于 Ac_1 的某个温度保温。

4）从所有碳化物分解的最低温度开始，以适当的速度冷却，防止网状碳化物的再次形成；然后根据前两种方法中的一种进行重新加热。

通常，显微组织和硬度的不同组合对于机械加工是比较重要的。表22-9列出了用于机械加工的最佳显微组织。

表22-9　用于机械加工的最佳显微组织

［参考文献11（来源：ASM^{11}）］

C（质量分数，%）	最佳显微组织
0.06 ~ 0.20	轧制
0.20 ~ 0.30	≤3in（75mm），正火；>3in（75mm），轧制
0.30 ~ 0.40	退火得到粗化珠光体、最少的铁素体
0.40 ~ 0.60	退火得到粗片层状珠光体，形成粗的球状碳化物
0.60 ~ 1.00	退火得到100%的球状碳化物，从粗到细

在冷加工过程中，随着钢的硬度增加，延性降低，额外的冷加工变得困难。在这种情况下，材料必须退火恢复其延性。这种在加工步骤之间的退火被简称为中间退火，包括任何适当的退火热处理。亚临界点退火是最便宜的，这个过程通常与中间退火相关。

中间退火一般是加热到低于 Ac_1 的温度，保温适当的时间，然后在空气中冷却。大多数情况下，加热到低于 Ac_1 20 ~ 40℉（10 ~ 20℃），以得到显微组织、硬度和力学性能的最佳组合。

2. 硬钎焊

硬钎焊本身不是一种热处理工艺，而是一种连接工艺，它是通过加热到高于钎料熔点840℉（450℃），而低于母材金属熔点的适当温度，填充金属在毛细作用下分散到由相同或不同材料紧密装配的表面之间（参考文献21、40）。

硬钎焊有很多不同类型，包括火焰硬钎焊、炉中硬钎焊、感应硬钎焊、浸渍硬钎焊、电阻硬钎焊和红外硬钎焊，这些都是通过加热方法来区分的。一个成功的硬钎焊接头会产生一种冶金结合，其强度通常与所连接的母材金属相当或更强。

硬钎焊具有以下四个显著的特点：

1）通过将装配体或需要连接的部位加热到840℉（450℃）以上，把两个或多个部件组装连接成一个单独的结构。

2）将配件和硬钎料加热到足够高的温度，以熔化钎料而不是熔化母材金属。

3）硬钎料必须熔化并流入紧密配合的表面或"接头"，必须"润湿"或扩散到母材金属表面。

4）部件冷却以固化或"冻结"硬钎料，通过毛细作用将这些金属约束在接头处，把部件固定在一起。

日常生活中使用的很多产品都是先制造出两个

或多个单独零件，然后永久地连接起来成为一个结构完好的零件。很多技术都可以用来制造这样的接头，如黏结剂、紧固件、过盈配合，最完整的接头是通过熔化钎料的钎焊或焊接得到的。

因为硬钎焊不涉及母材金属的熔化和软化，所以它有很多其他连接技术（如焊接）没有的优点。加工温度范围宽泛和钎料的广效性，意味着硬钎焊可用于多种材料，因此比焊接等连接技术上具有一定的优势。

现代硬钎焊技术可以快速、低成本，甚至同时制备大量坚固、均匀、密封的接头。难以接近的接头及用其他方法无法连接的零件通常都用硬钎焊连接。由厚薄片或怪形状组成的装配件都可以只通过硬钎焊就能转变成整体构件。

硬钎焊也可以连接那些因为冶金不相容而用传统熔合工艺无法连接的异种金属，如果母材金属不需要熔化才能结合，那么它们的熔点是否差别很大也无关紧要，例如，金属与非金属母材（如玻璃）的连接工艺称为"玻璃金属封接"，用以制备气密封件。

硬钎焊的接头强度是很高的。原子间结合（金属键）的本质就是这样，即使一个简单的接头，只要有合适的设计和制造，其强度会与母材金属相同或比母材金属更高。此外，钎焊圆角的自然曲率是抵抗疲劳的理想形状。

截面厚度范围宽泛的复杂形状通过钎焊产生的变形很小，通常就可以保持更紧密的装配公差，并在不需要昂贵的二次加工情况下，生产出一个更整洁的接头。

更重要的是，硬钎焊对于大批量生产技术很有用，使它成为一种经济的制造工艺。因为热量的应用不用局域化，钎料的应用也不是那么关键，所以钎焊要实现自动化是相对容易的。实际上，在适当的间隙条件和热量的情况下，硬钎焊接头可以"自行制造"，因此减少了对操作人员技术的依赖。通常，一次钎焊可以生产多个接头，进一步提高了生产自动化程度。

硬钎焊的优点包括：

1）组装复杂多样部件的经济制造技术。

2）实现广泛接头区域或接头长度的简单方法。

3）接头的耐热温度接近母材金属。

4）具有极好的应力分布和热传递。

5）可以保护涂层或包覆层。

6）不同厚度的金属都可以连接。

7）可以连接异种金属。

- 非金属与金属连接。

- 铸造材料与变形材料连接。

- 变形材料与粉末冶金零件连接。

8）在无应力条件下制造大型装配件。

9）保留金属的特殊冶金性。

10）能保证精密的产品公差。

11）一种具有再现性和有效性的可靠的质量控制技术。

硬钎焊的缺点包括：

1）需要广泛应用热量的大型装配件比较困难。

2）不能钎焊或填充较大间隙或接头。

3）零件组装的黏附力仅依靠硬钎料的强度。

3. 复碳

复碳（增碳）是将在之前热处理过程中流失碳的表面层通过渗碳的方法使其碳含量回复到原来的水平（见"渗氮"一节）。复碳的工艺可用于低碳钢、中碳钢及高碳钢。

复碳通常有三种气氛：

1）富含碳氢化合物的氮基气体（中性或丙烷）。

2）放热、干燥和纯净化的气氛。

3）具有可控露点的吸热气氛。

在这些选择中，吸热气氛是使用最广泛的。通过在炉子中添加空气或碳氢化合物气体（如甲烷或丙烷），可以实现最佳的露点控制，而不是调整制备气体中空气/气体比。

成功的复碳取决于以下几点：

1）炉子的类型（批量炉或连续炉）。

2）炉子气氛的完整性（即密封性）。

3）复碳材料的表面状态。

4）载荷分布情况。

5）炉内气氛的流动速率及循环程度。

6）退火或正火温度。

7）淬火的类型及影响。

8）炉内气氛的成分。

9）露点的控制。

10）钢的成分。

控制气氛中的碳势比较困难。表面碳含量稍微低于母材比过饱和渗碳带来的危害小得多。

4. 表面硬化

表面硬化是在一个具有韧性、耐冲击性内部或核心的表面制备出一个坚硬的、耐磨的外壳或表面层。有很多技术都可以用于实现表面硬化，最常用的有渗硼、碳氮共渗、渗碳、渗氮和氮碳共渗。

（1）碳氮共渗　碳氮共渗是一种改进的渗碳工艺，而不是一种渗氮形式。其改进的是在渗碳气氛中加入氨气，以便在生产过程中增加氮和碳

通常，碳氮共渗的温度低于渗碳温度，为 1300 ~

1650°F（700~900℃），时间也比渗碳短。由于氮会抑制碳的扩散，所以这些因素结合起会导致一个比典型渗碳零件浅的渗碳层，通常为 0.003 ~ 0.030in（0.075 ~ 0.750mm）。

很重要的一点需要注意，导致渗层深度不均匀的一个普遍因素是在某一个温度负载还未稳定就开始加入氨气（这是炉内的一个常见错误，在炉子恢复设定值时就开始加入气体，而不是等负载达到温度后延长一段时间再引入气体）。同时，当停止氮气引入时，氮的分解才会开始。

执行碳氮共渗的温度范围是必要的，因为在较高的奥氏体化温度，氨气的热分解是相当快的，而在低温下会限制氮的利用率；操作炉的温度低于 1400°F（760℃）会形成一个脆性的结构，这是一个需要注意的安全隐患。

碳氮共渗钢中的氮提高了淬透性，使得本身淬透性不高的普通碳素钢和低合金钢有可能形成马氏体，这类钢包括 SAE 牌号的 1018、12L14 和 1117 等。氮化物的形成有助于表面硬度的提高。氮，像碳、锰或镍一样，都是奥氏体稳定化元素，所以淬火后的残留奥氏体是一个问题。如果硬度和耐磨性受到影响，需要控制氨气的百分含量，以减少残留奥氏体含量；另一个高氮百分含量的结果是形成空洞或气孔。一般建议表面氮的质量分数控制在 0.40% 以内。

碳氮共渗工艺的一个常见变化是在循环的后期引入氨气，尤其是在临淬火的前 15min 或 30min 内。任何由于内部（或晶间）氧化而导致的淬透性降低，都是由氮吸收来得到部分补偿的。

还有几点值得提一提。碳氮共渗层中的氮增加了其耐回火性，就像某些合金元素的作用一样。氮含量越高，耐回火性越强。对碳氮共渗工件，更高的回火温度，如 440°F（230℃）可能是必要的。耐回火性在磨损性能中得到验证，相对于渗碳齿轮，碳氮共渗的齿轮通常展现出更好的耐磨性。对于非合金钢中许多渗层浅薄的部分，如模切冲头，据报道都是在未经回火的情况下就使用，但不推荐这种做法。

（2）渗碳 渗碳是最普遍的一种表面硬化方法。渗碳通常是在 1475 ~ 2000°F（800 ~ 1090℃）的温度范围进行。目前普遍的工业实践发现，大多数渗碳温度为 1600 ~ 1850°F（870 ~ 1010℃），主要是由于设备的限制（除了低压真空渗碳）及晶粒的过度长大。渗碳层深度的变化范围较宽，一般为 0.05 ~ 0.325in（0.13 ~ 8.25mm）。所需时间是渗碳温度和炉内气氛中碳势的函数。

渗碳时，首先将碳含量相对较低的钢或其他铁合金加热到奥氏体化温度范围，晶体结构发生改变（称为固态转变），为碳创造了高溶解度；然后将钢接触到一个富含碳（即高碳势）的环境中，这样金属的表面就会发生碳的吸收。必要的碳可以通过固体（"包"渗碳）、液体（"盐浴"渗碳）或气体介质（"气氛"或"低压真空/等离子"渗碳）来传递。

碳是相对较小的院子，碳的吸收量或百分含量随着温度的升高而增加。在一定温度下，渗碳层的深度随着时间的延长而增加。

为了得到中等深度或较深的渗层，可延长渗碳时间，高的碳势会产生较高的表面碳含量。如果工件直接从渗碳温度硬化，则会产生大量的残留奥氏体和游离的碳化物，它们都会对渗层的性能产生不利影响。为了降低表面高碳含量，在渗碳循环结束时采用扩散循环，以降低碳势（通常时间缩短、炉温降低）。表层碳含量允许时间扩散（或向内部移动），创造一个略低的表面碳含量，更适合在硬化的情况下得到良好的性能。

气体渗碳是目前最常见的一种表面硬化工艺。通常是在 1550 ~ 1750°F（840 ~ 955℃）的温度范围内进行。温度范围可以扩展到最低 1450°F（790℃），最高 2000°F（1090℃）。

如果处理的工件需要将碳均匀地吸收在表面，也就是良好的渗层均匀性，可以通过降低渗碳温度来实现。如果主要考虑提高生产率，那么可以采用更高的温度。回想一下，我们提到过，随着渗碳温度的提高，尤其是在 1800°F（980℃）以上，必须仔细考虑内部显微组织（以及由产生的特性）的变化。目前，都趋向于高级钢来提高渗碳温度以缩短循环时间，这种钢的合金化添加剂就是为此目的而制定的。

对于气体渗碳，工件在含有大约 37%（体积分数，余同）的氢、40% 的氮、20% 的 CO、少量 CO_2（0.5% ~ 1%）、水蒸气（≤1%）、甲烷（≤1%）以及微量氧气的气氛中被加热到奥氏体化温度。

这种中性气氛或载气既不在钢材表面渗碳（加碳），也不会脱除钢材表面原有的碳。将足够体积的载气供应到炉中，在炉内建立正压，以防止空气渗入，防止在加热到升高温度时工件表面发生氧化。氧化会抑制碳渗入钢材表面。

尽管有很多种方法可以生成这种中性气氛，但是最常见的两种是由吸热式气氛发生器生成的气氛，或者是由氮气和甲醇的混合物产生的合成气氛。

为了进行渗碳或碳氮共渗工艺，我们向载气中加入浓缩气体，在碳氮共渗的情况下，浓缩气体加氨。浓缩气体通常是天然气（90%～95%的甲烷）或丙烷。一个很好的经验法则是，浓缩气体的量约为载气流量的10%～15%，如果使用氨，该百分比在2%～12%变化。有了自动控制系统，这些百分比可以随着时间而变化。

在炉内气氛由中性变为渗碳之前，工件的温度是极其重要的。否则，工件的表面会以煤烟的形式吸收游离的碳，而钢表面的碳吸收量将会受到限制，这会导致渗层深度均匀性的较大波动，以及由于过度的煤烟而导致炉体的损坏。

其他一些变量也会影响转移到工件表面的碳含量，包括气氛循环程度、工件合金元素的种类及含量，以及炉子内部构造所用的材料。

金属表面的渗碳既是碳吸收速率的函数，也是碳离开表面进入金属扩散的函数。在被称为升压阶段的过程中，一旦金属表面形成了较高的碳浓度，通常会引入扩散阶段，随着时间的推移，会发生固态扩散。这一步使富碳表面和金属内部核心之间碳浓度（碳梯度）发生了变化，表面的整体碳浓度降低，同时碳吸收的深度增加。某些渗碳使用固定碳势，以消除不需要的碳化物的形成，减少残留奥氏体的风险。如果使用这种技术，可能需要延长循环时间。

真空或离子渗碳炉不使用载气，而是在过程开始前利用真空泵将气体排出炉外。因此，对于在真空炉中进行的渗碳，除添加了少量可控的碳氢化合物气体，在碳氮共渗时还加入了氨。

真空渗碳和离子渗碳是低压工艺，并且由于其环境友好的操作条件（没有热量散发到房间、气体使用量最小、无烟雾、无火焰）而越来越受欢迎和使用。这些工艺都需要很长的时间才能得到适当的控制（过去的问题是煤烟，造成了炉内构件的极短寿命，需要很高维护费用）。此外，真空炉的成本远高于传统气体渗碳设备。

真空渗碳是一种改良的气体渗碳工艺，其渗碳是在较低气压下进行的，低压真空渗碳的典型压力范围是低于10Torr（1Torr = 133.322Pa），通常低至3Torr。相比之下，大气压力是760Torr。

该方法的优点是，金属表面保持非常干净，真空使得碳向钢表面转移更容易。已经证明，乙炔和乙炔混合物是用于低压真空渗碳的最佳气体。在某些情况下，也可以使用其他碳氢化合物。碳可以自由地渗透到钢表面，同时氢副产物则被真空泵抽离系统。

真空或离子渗碳中碳氢化合物的分解不像气体渗碳那样是一种平衡反应，这意味着钢表面的碳含量会非常迅速地升高到奥氏体的碳饱和水平。在渗碳工艺中，这一步就像气体渗碳中一样，被称为升压阶段。为了达到一个合适的表面碳含量，升压阶段之后必须有一个扩散阶段，可以使碳扩散，以远离钢表面而不增加任何碳。从真空中抽出所有的碳氢化合物气体，并不允许任何气体进入。通过重复这些增压和扩散步骤，可以实现任何所需的碳分布和渗层深度。

等离子体也可用于渗碳。当可以使用物理屏蔽技术来实现这一点时（主要是使用一个板或盖来覆盖不需要渗碳的区域），它主要用于选择性渗碳。如果物理屏蔽技术不可能，就应使用其他选择性渗碳的方法（见下文），而不使用等离子渗碳。目前有两种常用的等离子渗碳方法。每一种方法都是用不同的碳氢化合物作为碳源，其中一种工艺使用甲烷，另一种工艺使用丙烷或用氢气稀释过的丙烷。

在相同的工艺参数（时间、温度、气体压力和等离子体条件）下，这两种气体在等离子体渗碳中的碳转移特性也不同。丙烷对碳的转移作用非常大，以至于工件的碳含量很快就达到了奥氏体的碳饱和极限。利用一系列的短升压和扩散循环得到适当的渗层深度和表面碳含量。与之相反，用甲烷进行的等离子渗碳通常只需要进行一次增压和扩散循环，增压阶段时间为总循环时间的1/3。

等离子体渗碳工艺是在1560～2000°F（850～1090℃）之间的温度下进行的。0.75～15Torr（1～20mbar）范围的低真空水平的使用和电场的存在，不仅允许使用甲烷和丙烷作为碳源，还能确保在非常低的气体消耗量（通常小于0.08～0.10m³/h，即3～4ft³/h）下也能进行有效的渗碳。

等离子体或离子渗碳是通过产生的气体等离子体和辅助加热器将工件加热到奥氏体化温度的。来自直流电源所施加的电压将引入炉中的气体电离，电离的目的是使甲烷或丙烷等碳氢化合物气体产生出碳离子来加速碳转移，带正电荷的碳原子对负电荷部分的电吸引也促进了均匀性。这两个因素使得复杂几何形状（如孔和齿轮齿）中的碳分布也很均匀。

在很多情况下，只需对工件的一部分进行渗碳处理。例如，一个轴可能只需要在轴承所在区域硬化，从而使轴处于更坚固和未硬化的平衡状态。为了实现局部或选择性硬化，有几种方法可以使用：

- 仅对需要硬化表面的区域进行渗碳处理。
- 在硬化前后，将外壳从需要软的地方移开。
- 整体渗碳，但是只硬化选择的区域。

对一些选择性的区域，可以通过几种方法来实现，一种是用铜板覆盖不需要渗碳的区域，另一种是使用所谓的防镀油漆。

渗碳还可以通过气氛、真空或等离子体技术以外的方法来实现，如包覆和液体法（盐浴和滴液）。由于种种原因（主要是环境原因），它们现在已经不太常见了。

（3）渗氮 渗氮通常是在 925 ~ 1100 ℉（500 ~ 595℃）的温度范围内，使用氨或游离氨或氮/氢气氛稀释过的氨进行的，常采用单级或两级渗氮工艺。对于单级渗氮工艺，通常是在无水氨气气氛中、925 ~ 975 ℉（500 ~ 525℃）的温度范围内进行，解离率（氨气分解为氮气和氢气）为 15% ~ 30%，这种工艺会在表面产生一种脆性富氮层，称为白色层。对于两级工艺也称为浮冰，具有能减薄白色层厚度的优势。在第一阶段，除了时间外，是单级工艺的重复；第二阶段，稀释气体（离解的氮气或氨气）的加入将解离率提高到 65% ~ 85%。在某些循环中，将温度升高到 1025 ℉（550℃），会使白色层的深度减小。

渗层的深度和硬度不仅会随着渗氮时间和类型的变化而变化，而且还与钢的成分、先前的结构以及核心部分的硬度有关。通常情况下，需要 10 ~ 80h 才会产生 0.008 ~ 0.025in（0.2 ~ 0.65mm）的渗层深度。

渗氮是另一种表面处理工艺，其目的是提高表面硬度。该工艺吸引人的一个特点是不需要快速淬火，因此尺寸变化很小，而且该工艺具有很高的重复性。因此，经常是成品进行渗氮。然而，对于所有应用来说，这是不合适的。局限之一是，它所产生的极高硬度表面比渗碳产生的表面更脆。

渗氮的好处之一是这种硬化工艺产生的独一无二的性能：

1）极高的表面硬度。

2）耐磨性和抗磨损性（对于润滑条件差的）。

3）变形小（相比于渗碳/硬化）。

4）耐回火（耐热软化，可达到渗氮温度，在此温度下常规钢材都会软化）。

5）渗氮层的稳定性。

6）良好的疲劳性能（提高疲劳寿命）。

7）降低缺口敏感性。

8）在几种常见介质（除了渗氮不锈钢）中显著的耐腐蚀性。

9）小的体积变化（会发生很小的增加）。

10）能获得直到渗氮温度的抗软化表面。

为了确保最佳的渗氮效果，应该遵循以下注意事项和建议：

1）钢在渗氮前应先淬火和回火，以使其具有均匀的结构。回火温度必须足够高，以保证渗氮温度下结构的稳定性；最低回火温度要比渗氮的最高温度高 50 ℉（10℃）。

2）在渗氮之前，钢必须无脱碳，必须清洗，工件上的残留物会导致斑点。

3）如果防止变形是至关重要的，那么在加热到 1000 ~ 1300 ℉（538 ~ 750℃）进行渗氮之前，应该消除因机加工或其他制造工艺产生的内应力。

4）由于在渗氮过程中体积会有所膨胀，因此在进行渗氮之前的最终加工或研磨操作中应允许渗氮增长，或者通过精磨去除膨胀的部分。不管怎样，只允许去除少量的渗氮层。

5）如果想要得到最大的耐腐蚀性，工件需要完整的白色层（即不能损伤白色层）。

6）渗氮钢不应该在需要耐无机酸腐蚀或抗高速尖锐磨料磨损的情况下（如砂喷嘴）使用。

7）如果渗氮后需要进行矫直，则应该尽可能在 1200 ℉（650℃）的温度下进行。冷矫直技术还需要仔细评估。

8）如果想要得到最大的硬度和最大的耐冲击性，而最大耐蚀性问题不是非常重要，则需要去除 0.01 ~ 0.002in（0.025 ~ 0.050mm）的渗氮层。去除的具体厚度取决于原始渗层的厚度，该操作将会去除最脆的表面层。

9）如果氮化物品从炉中取出后呈现闪亮的灰色表面，则应该怀疑其结果。这种情况下，渗层总是很浅，而且硬度较低。工件应该具有无光泽的灰色外观，虽然轻微的变色并不表示渗氮不良。在炉温过高时打开炉子，或者在冷却时存在空气泄漏，都会导致轻微的变色。

也可以使用等离子体或离子方法进行渗氮。离子渗氮的反应气体是氮气。在一般情况下，氮气不会在低于约 1800 ℉（980℃）的温度下与钢发生反应，然而在等离子体条件下，也就是在 1 ~ 13mbar（1 ~ 10Torr）的压力、300 ~ 1200V 的电场下，氮气就变成活性的，会与钢发生反应。

氮的转移是由带正电荷的氮离子吸引到负电位的工作负载区引起的，该反应发生在工件表面附近的等离子体辉光放电中。

离子渗氮工件的渗层通常由两层组成：外层或化合物区（白色层）和位于其下方的扩散区。

目前需要得到的渗层深度是辉光放电总面积和为了维持其在（异常）放电范围所需要的电流密度的乘积。经验法则是工作区域的 $1mA/cm^2$。

控制氮转移的变量是：

1）温度。

2）电流密度（即等离子体功率）。

3）气体稀释率。

氮的转移随着渗氮温度的升高而增加，离子渗氮通常在 750~1300℉（400~700℃）之间进行，扩散层的深度在很大程度上取决于温度和时间。电流密度对化合物层的厚度有影响。

离子渗氮通常在含 75%（体积分数，余同）氢气和 25% 氮气的气氛中进行。通过氢气稀释气体来改变氮的转移速率，随着氮氢化合物中氢含量的增加，化合物区的厚度受到影响。在 98% 氢气中，不产生化合物层；当氢气添加量降到 75% 以下时，几乎不影响氮转移。随着稀释率的增加，化合物层的组成和厚度也发生了变化。该化合物层是在氮饱和后在扩散层的外部区域中形成的铁氮化合物。有两种可能，一种是贫氮 γ' 相（Fe_4N），另一种是富氮 ε' 相（Fe_2N、Fe_3N）。

（4）氮碳共渗　氮碳共渗是渗氮工艺的改进，不是渗碳的一种形式。这一改进包括在铁素体状态下同时引入氮和碳，即在低于临界温度 Ac_1（加热过程中奥氏体开始形成的温度）下引入氮和碳。在处理过程中，也会形成一个非常薄的白色层或化合物层和底层的扩散区。与渗氮一样，不需要快速淬火。常用碳氮共渗的齿轮钢实例包括 SAE 代号的 1018、1141、12L14、4140、4150、5160、8620 和某些工具钢。

氮碳共渗通常是在 50%（体积分数，余同）吸热气体 +50% 氨气或 60% 氮 +35% 氨气 +5% 碳的气氛中及 1025~1110℉（550~600℃）的温度范围内进行的，也可以使用改变成分的其他气氛，如 40% 吸热气体 +50% 氨气 +10% 空气。气氛中氧的存在激活了氮转移的动力，因此经常采用过氧化处理。白色层或化合物层的厚度是气体成分和气体体积（流量）的函数。

氮碳共渗可以达到最小 58HRC 的硬度，这个值随着材料而增加，通常白色层的深度范围为 0.00005~0.0022in（0.0013~0.056mm），扩散区的厚度在 0.0013~0.032in（0.03~0.80mm）之间。

氮碳共渗层的形成是一个复杂的过程。重要的是，通常情况是在 840~1095℉（450~590℃）的温度范围内会形成一个很薄的单相 ε 碳氮化物，而且该化合物层与包含铁氮化物和吸收氮的扩散区相关。白色层具有优异的耐磨性和抗磨损性，并且具有最小的变形。只要扩散区足够大，可以改善其疲劳性能，如疲劳极限，特别是在碳素钢和低合金钢中。某些渗层硬度的增加是由于化合物层下的扩散

区，尤其是在具有强氮化物形成元素的高合金钢中。

由于钢材表面存在渗碳反应，会影响渗氮动力，因此 ε 层表面的孔隙度和类型以及化合物层的孔隙并不能经常观察到。可产生三种不同类型的层：无孔隙、海绵状孔隙和柱状孔隙。一些应用需要在 ε 层深处无孔隙；其他一些应用，如海绵状孔隙的存在可以获得最佳的耐蚀性；还有一些其他的应用得益于柱状孔隙，如保留油可以增强耐磨性。

氮碳共渗后通常会进行后热处理，可以提高耐蚀性及表面状况。

氮碳共渗的低温变体是奥氏体氮碳共渗（ANC）。该过程发生在 1250~1425℉（675~775℃）的温度范围，可以控制产生一个 ε 碳氮化物的表面化合物层；淬火在亚表面产生贝氏体和/或马氏体，为硬表面形成良好的结构支撑。所得到的显微组织在中间应力点接触电阻应用中是特别有用的，如斜齿轮。

5. 深冷处理

深冷处理是用来减少各种热处理工件中的残留奥氏体，提高其他热处理的可操作性，如铸件和机加工件的去应力热处理。

通常的做法是将工件冷至不高于 -120℉（-84℃）的温度，并且在该温度或更低的温度下保温至少 1h 每 1in（25.4mm）横截面积，但不得少于 30min，然后在室温空气中回温解除深度冻结。另一种做法，即所谓的深度冷却是将工件温度降低到约 -320℉（-195℃）。

为了最小化残留奥氏体，大多数工件在硬化后和回火前立即进行深冷处理。因为裂纹是一个问题，尤其是在具有应力梯度（如尖角或截面尺寸突然变化）的工件中，所以选择深度冷冻还是回火通常取决于钢的类别和工件的设计。

成功的深冷处理仅取决于达到的最低温度，并在该温度下保持足够长的时间，以保证工件达到均匀的温度，然后发生转变。无论材料的化学成分或奥氏体化温度如何，不同成分和不同组织的材料都可以一起低温冷却。

6. 淬火

（1）采用的能量　利用能量可采用各种淬火方法，如齿轮的制造，应用的能量技术包括火焰淬火、激光淬火和感应淬火。

1）火焰淬火。火焰淬火可以通过旋转或渐近加热技术用于小型和大型工件。在渐近加热方法中，火焰逐渐加热位于火焰前端的工件，有时这种效果必须通过逐渐增加移动速度或通过预冷来补偿。这种技术可以用于各种材料的硬化，包括普通碳素钢、

渗碳钢、铸铁和某些不锈钢等。

主要操作变量是火焰头移动或操作的速度；火焰速度和氧燃料比；内火焰锥或燃气燃烧器到工件表面的距离；以及淬火的类型、体积和角度。通常，水冷淬火后进行鼓风，以除去多余的水分并防止裂纹。在许多小批量生产中，火焰淬火操作的成功取决于操作人员的技能。对于大容量的工作，现代控制简化了任务。

2) 感应淬火。感应淬火是一种常用的热处理技术，其原因有很多，包括可以一次处理一个工件的能力，易于集成到制造过程中，以及只需要加热需要处理的那部分工件。表 22-10 列出了典型的感应加热产品和应用。

表 22-10 典型的感应加热产品和应用

[参考文献 11（来源：ASM[11]）]

预热 （加工前）	热处理	焊接	熔炼
产品形式	操作	技术	形式
锻件	**表面淬火和回火**	**缝焊**	**钢的大气熔炼**
齿轮	齿轮	石油管道产品	钢锭
轴	轴	制冷管	钢坯
手动工具	阀门	线管	铸件
军械	机床工具、手动工具		
挤压制品	**整体淬火和回火**		**真空感应熔炼**
结构件	结构件		钢锭
轴	弹簧钢		钢坯
	链节		铸件
线材	**管类产品**		**"纯净"钢**
螺栓			镍基高温合金
其他紧固件			钛合金
轧材	**退火和去应力**		
厚板	铝带		
薄板	钢带		

感应加热是使用交流电加热工件表面的过程，然后对该区域进行淬火，以提高受热区域的硬度。它通常在相对较短的时间内就能完成。钢的种类、显微组织和所需工件性能决定了所需的硬度、强度及残余应力分布。例如，外部正齿轮和斜齿轮、锥齿轮和蜗轮、齿条和链轮等都是利用 1050、4140、4150 和 8650 材料进行感应淬火。

通过感应加热产生的硬度是所使用感应器的类型和形状以及加热模式的函数。感应淬火的一种技术是环绕工件线圈的使用。一个环状的感应器可以使静止的或移动的工件都硬化，可以得到与渗碳层相似的硬度。这种类型的感应淬火被称为轮廓硬化，是利用单射或扫描模式通过逐齿或间隙技术产生的，硬度的均匀性对线圈定位非常敏感。

3) 激光淬火。激光表面淬火用于增强局部力学性能，尤其是承受高应力的机械零件。激光表面淬火取决于工件的质量和需要处理的面积。对于许多金属加工技术，材料的选择和成本是限制因素。中碳钢、合金钢和铸铁（灰铸铁，有韧性和延性）是该技术的最佳选择。

(2) 穿透淬火 穿透淬火或直接淬火是指不产生表面硬化层的热处理方法。需要注意的是，硬度的均匀性不应该是从整个零件来看，因为外部会比内部冷却得更快，会形成硬度梯度。材料最终的硬度取决于钢中碳含量的多少，硬度的深度取决于钢的淬透性。

淬火是通过将材料加热到奥氏体化温度，通常为 1500 ~ 1600 °F（815 ~ 875℃），然后快速淬火和回火来实现的。成功的淬火意味着获得所需的显微组织、硬度、强度或韧性，同时最大限度地减少残余应力和变形，避免裂纹。

(3) 淬火冷却 指在有色金属材料中，从奥氏体化温度或固溶温度快速冷却的过程。淬火介质的选择取决于：

1) 合金的淬透性。

2) 截面厚度（计量截面）和形状。

3) 得到所需显微组织需要的冷却速度。

最常见的淬火介质是液体和气体。典型的液体淬火介质包括水（包括盐水/腐蚀剂）、油、水性聚合物和熔融盐。典型的气体淬火介质包括空气（静止的或流动的）、氮气、氩气、氢气、氦气和混合气体。

淬火介质的热提取率和使用方式对淬火介质的性能有很大的影响。根据淬火冷却方法的变化，对某些淬火技术具体名称进行了分类：

1) 直接淬火。

2) 定时淬火。

3) 局部淬火。

4) 喷液淬火。

5) 喷雾淬火。

6) 分级淬火。

7. 正火

正火是将工件加热到上临界温度，然后在炉外进行空气冷却，以减轻残余应力并改善尺寸稳定性的工艺（见图 22-13）。通常从热力学和显微组织的角度考虑正火。从热力学来看，正火是奥氏体化之后，在静止或稍微搅动的空气或氮气中冷却；从显微组织来看，含有 $w(C)$ 约为 0.8% 区域的显微组织是珠光体，而低碳区域是铁素体。正火处理的工件具有很好的可加工性，但是比退火工件硬度高。

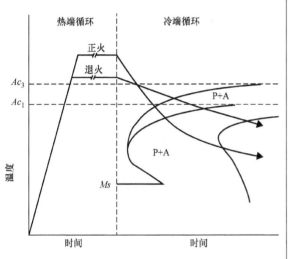

图 22-13　正火温度-时间循环示意图（参考文献 13）

一个好的正火操作需要：

1）工件应均匀加热到足够高的温度，使组织全部转变成奥氏体。

2）工件保温时间应足够长，使整个截面尺寸的温度达到均匀。

3）工件可以在静止的空气中均匀冷却到室温。

与正火相关的空冷，因截面尺寸的关系产生了一系列的冷却速率。均匀冷却需要一个没有冷却限制和冷却加速的区域。冷却速率的限制将产生更类似于退火循环获得的性能，而冷却速率过快将会部分淬火工件。

正火通常会产生均匀的铁素体和珠光体组织，主要是为了改变钢的性能，或者根据材料在正火之前的状态和使用的工艺参数，减轻工件的应力。正火可以用于：

1）细化晶粒，均匀化显微组织，以提高材料对硬化的响应。

2）改善可加工性。

3）改良铸造的树枝状组织。

4）改变力学性能。

正火可用于铸造和锻造形式的碳素钢和合金钢。根据所需的力学性能，当工件的尺寸或形状通过液体淬火可能会导致裂纹、变形或过大的尺寸改变时，

可以用正火代替淬火。因此，截面尺寸具有较大变化或形状复杂的工件都可以进行正火和回火以获得可接受的性能。

8. 烧结

粉末冶金部件的热处理需要了解粉末冶金和传统锻造金属的差别[25]。

纯铁的密度为 $7.87g/cm^3$。这在粉末冶金学中被称为理论密度。粉末冶金难以达到理论密度，其中的空隙量就是孔隙率。因此，粉末冶金成分的密度通常以理论密度的百分比表示。

各种固结和/或烧结技术可以使之达到一个较高的密度：金属注射成型、热等静压、粉末冶金锻造和液相烧结。而压制和烧结是最广泛使用的方法，并且可使其密度范围为 $6.8 \sim 7.2g/cm^3$。相比之下，锻造（0.40%）碳素钢的密度为 $7.84g/cm^3$。

烧结后使用热处理可以帮助我们最终达到预期的强度和硬度。约 60% 的粉末冶金钢在烧结后通过一系列二次热处理操作，包括：

1）退火。

2）表面硬化。

- 碳氮共渗
- 渗碳
- 氮碳共渗
- 渗氮

3）淬火。

4）正火。

5）沉淀硬化。

6）烧结硬化。

7）蒸气处理。

8）去应力退火。

9）回火。

虽然在某些情况下也可以将热处理步骤作为烧结温度冷却的一部分来进行，如烧结硬化，但更常见的是在烧结后将热处理作为一个单独的步骤来执行。

一般来说，热处理可以改善材料的极限抗拉强度、硬度、耐磨性、耐腐蚀性和抗压强度，而其他性能如耐冲击性和延性可能降低。考虑到这一点，材料化学成分和工艺参数的选择是热处理技术成功应用到粉末冶金部件的关键因素。

粉末冶金因素是一个用来描述多个变量的术语，它影响了黑色粉末冶金零件的热处理。这些中最重要的参数包括：

1）组分密度。

2）材料组成。

3）淬火冷却或其他冷却方式。

4）工艺因素。

5）设备变量。

基础铁或钢粉末的种类、合金添加量和类型以及烧结参数等都是粉末冶金工业所特有的。在计划与执行二次热处理操作时，要考虑的最重要的变量是密度、显微组织、碳和合金含量及热处理循环。

淬火介质和材料的淬透性对淬火性能有很大的影响。优选油淬，虽不如水或盐水快，但容易控制且裂纹较小。油温的控制确保了温度变化的连贯性，因为改进了热传导特性，使用快冷油（9～11s的淬火速度）是很好的。但由于粉末冶金部件可以吸收高达3%（重量）的油，所以后续的清洁较为困难。清洁不干净会导致在回火期间产生大量的烟雾，并且在回火炉和通风管道中会存在大量油，人体吸入这些烟雾有危害，而且还有火灾的隐患。

用水、盐水或聚合物替代油进行淬火可以提高传热速率，但是在多数情况下会加速工件腐蚀，这是由于在表面附近有液体残留。同样的原因，盐淬也会造成问题。

温度是二次热处理过程中必须考虑的工艺变量之一。在某些工序中，如淬火和表面硬化，温度必须足够高，使材料完全奥氏体化，使其淬火成马氏体结构。例如，用油淬可能需要较高的奥氏体化温度来达到类似于用水或盐水淬火而成的结构。同样重要的是，回火或蒸汽处理等二次操作不会将零件升高到奥氏体化温度。然而，热量分布和散失的均匀化是影响最终产品一致性的主要因素。

时间是另一个影响二次热处理的工艺变量，其处理时间比锻造材料长50%以上是很常见的，这是因为多孔粉末冶金材料的热导率较低。

9. 特殊热处理

（1）（贝氏体）等温淬火　在（贝氏体）等温淬火过程中，钢被奥氏体化，在熔融盐中淬火冷却，保持在高于马氏体形成的温度，以利于向贝氏体转变（见图22-14）。不需要回火。由于这一过程的性质，应力最小化，整个零件达到了均匀的温度，贝氏体转变几乎是在等温状态下进行的。

等温淬火是另一种淬火处理，目的在于减少高碳钢的变形和裂纹。在相同的硬度水平下，韧性（相对于马氏体）大大提高。

（2）马氏体分级淬火　马氏体分级淬火或分级淬火是一种淬火技术，在高于马氏体开始形成的温度保持足够长时间使温度变得均匀，然后以空冷的速度通过马氏体相变区足够长时间至室温（见图22-15）。回火根据需要进行。适合分级淬火的钢必须具有足

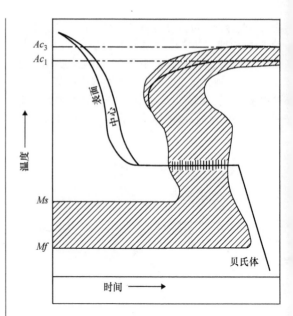

图22-14　（贝氏体）等温淬火循环（参考文献38）

够的淬透性，以弥补降低的冷却速率和形成除马氏体之外的其他转化产物。

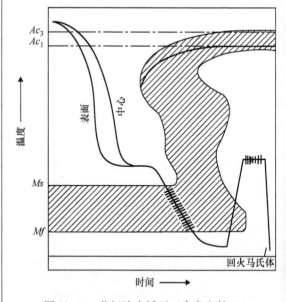

图22-15　分级淬火循环（参考文献38）

在马氏体形成前，整个部件的温度均匀确保了部件上的相变应力最小化，产生裂纹和变形的趋势大大降低。

10. 去应力退火

去应力退火指将工件加热到低于相变点的温度（如回火），然后保持足够长的时间，以减少残余应力，并在空气中缓慢地冷却，以尽量减少新的残余

应力的产生。去应力退火热处理用于消除由于各种制造工艺而残余在零件中的内部应力。

许多热力和机械过程产生残余应力，如果不加以控制，可能会产生裂纹、变形或在部件的设计寿命内过早失效。热应力的主要来源之一是工件从奥氏体化温度冷却的不同。机械加工、冷加工、拉拔、挤压、锻造、焊接和掘进操作是产生应力的主要来源。

去应力退火的目的不是通过重结晶（如亚临界点退火处理）产生力学性能的重大变化。相反，应力消除是通过在再结晶之前的回复机制消除残余应力而不会显著改变力学性能。

11. 回火

事实上，所有经过淬火或正火处理的钢都要进行回火处理，这一过程发生在材料的相变温度以下，主要是为了提高韧性和延性，同时也为了增大晶粒尺寸。回火还可以降低焊接过程中产生的硬度，消除成形和加工过程中产生的应力。

回火温度、回火时间，从回火温度冷却的速率和钢的化学成分是与回火有关的影响成品力学性能和显微组织的变量（见图22-16）。回火对显微组织的改变通常会降低硬度和强度（拉伸和屈服），同时提高延性和韧性。

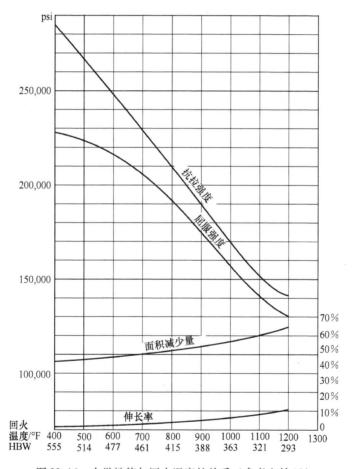

图 22-16　力学性能与回火温度的关系（参考文献 13）

回火在重叠的温度范围发生三个不同的阶段，见表22-11。二次硬化的细小弥散合金碳化物的析出（在高合金钢中）有时被称为回火的第四阶段。淬火冷却后的马氏体显微组织在应变状态下是高度不稳定的。在回火过程中，马氏体转变为渗碳体和铁素体的混合物，通常会导致体积的减小，这与回火温度的升高有关。

表 22-11　回火阶段 ［参考文献 13（来源：Krauss[13]）］

阶段	温度范围	特　点
一	100~125℃ （210~480℉）	过渡碳化物的形成和马氏体的碳含量降低到约0.25% C
二	200~300℃ （390~570℉）	残余奥氏体转变为铁素体和渗碳体（Fe₃C）
三	250~350℃ （480~660℉）	渗碳体和铁素体替代过渡金属碳化物和低温马氏体

特别是对于形成碳化物所需的碳和合金元素的扩散，回火时间和温度是需要考虑的重要的因素。钢回火时，必须避免几种类型的脆化：第一类回火马氏体脆化是一种不可逆现象，其发生在480～750°F（250～400℃）的范围内，通常被称为蓝脆性或500°F（350℃）脆化；第二类回火脆化是当钢在705～1070°F（375～575℃）的温度范围内加热或缓慢冷却时发生的可逆现象[28]。

近年来有报道指出，在低温回火的马氏体钢中，出现了由韧性断裂向晶间断裂［$w(C)>0.5\%$］的转变。在拉伸或弯曲应力作用下，这些高碳钢在淬火冷却条件下都很容易受到晶间断裂的影响，而在低温回火后，一般认为这些脆性现象是安全的。鉴于不需要回火使显微组织易受晶间断裂的影响，这种脆化现象称为淬火脆化[13]。

钢的回火色（或着色）是当钢被加热并在短时间内暴露于空气（或氧化气氛）时形成的薄的紧密附着的氧化物的结果。氧化物层的颜色和厚度随着回火时间和温度的变化而变化。表22-12列出了不同温度下的回火色。由于表面条件和温度波动，产生的颜色通常不均匀。不同的钢的化学成分也导致了颜色的变化。

表22-12　不同温度下的回火颜色

［参考文献26（来源：Herring[26]）］

温度℃（°F）	回火颜色
205（400）	微弱的淡黄
220（425）	浅淡黄
225（440）	淡黄
245（475）	深深黄/浅棕
260（500）	橙/棕
270（520）	古铜/深棕
275（525）	浅紫
285（545）	紫/孔雀蓝
295（560）	深蓝
310（590）	全蓝
325（620）	灰
350（660）	灰紫
375（705）	灰蓝
400（760）	暗灰
>400（750）	黑①

① 氧化物黏附问题发生在750°F（400℃）以上，表面首先出现为天鹅绒纹理氧化物，然后发展到松散的鳞片。

22.3　有色金属热处理

22.3.1　铝及铝合金

铝及铝合金的热处理方法包括固溶处理，淬火冷却，时效硬化，退火，去应力退火和回火热处理主要用于提高某些变形合金和铸造合金的强度和硬度。典型的三步骤过程如下：

1）固溶处理。
2）淬火冷却。
3）时效硬化。

固溶处理的目的是将合金中固溶元素以最大含量溶解到固溶体中。该过程包括加热和将合金保持在足够高的温度和足够长的时间内，以达到几乎均匀的固溶体，其中各相已溶解。必须注意避免过热或过冷。在过热的情况下，可能发生共晶熔化，相应的性能将下降，如抗拉强度、延性和断裂韧性。如果加热不足，热处理是不完全的，强度值低于预期；在某些情况下，还可能发生损坏。一般来说，控制设定点的温度变化范围为10°F（6℃），但某些合金需要更严格的公差。温度和时间是材料截面厚度的函数，可能从几分钟到几个小时不等。将材料加热到处理温度所需的时间也随着截面厚度和负荷安排而增加，因此总周期时间必须考虑这些因素。

在大多数情况下，需要快速、不间断地在水或聚合物中淬火冷却，以避免残留物对力学性能和耐蚀性的损害。通过固溶处理形成的固溶体必须快速冷却，以在室温下产生过饱和固溶体，为沉淀硬化提供最佳条件。

在室温（自然时效）或沉淀热处理（人工时效）循环中实现硬化。固溶处理（温度均匀性、温度时间）使用的一般规则适用于沉淀硬化。

一般来说，热处理变形合金和铸造合金的原理和步骤是相似的。然而，对于铸造合金，由于所涉及的截面尺寸，浸渍时间和淬火介质通常是不同的。浸泡时间较长，并使用沸水等淬火介质来降低复杂形状的淬火应力。

不是所有的铝合金都是可热处理的。不可热处理合金的强度主要来源于冷加工。

退火既可用于可热处理合金，也可用于不可热处理合金，其目的是在强度略有降低的情况下提高延性。退火处理的类型在很大程度上取决于合金类型、初始结构和回火条件。在退火中，确保所有部分达到适当的温度很重要。为了获得好的效果，最高退火温度的选取也很重要。

完全退火（回火代号为O）产生最软、最具延性、最通用的状态。对于可热处理和不可热处理的铝合金，通过在 500 ~ 825°F（260 ~ 440℃）的温度下加热来减少或消除冷加工的强化效果。软化速率依赖于温度；所需时间可从低温几小时到高温几秒钟。

对不可热处理的变形合金进行不完全退火（或回复退火），以获得适中的力学性能。

去应力退火可用于消除冷加工合金的应变硬化效应。在零件达到温度后，不需要很长的保持时间。铸件的去应力退火为涉及高温的应用提供了最大的稳定性。

对可热处理的铝合金进行回火，以达到强度、延性和韧性的最佳组合。这些可能被归类为：

代号 O，退火状态。

代号 W，固溶处理状态。

代号 T，热处理状态。经过热处理以提供不是 O 的稳定回火。

代号 F，自由加工状态。

代号 H，加工硬化状态。

表 22-13 列出了各种热处理状态（T）的代号及含义。

表 22-13　热处理状态（T）的代号及含义

代号	含　义
T1	高温成形过程中冷却和自然时效
T2	高温成形过程中冷却、冷加工和自然时效
T3	固溶处理、冷加工和自然时效
T4	固溶处理和自然时效
T5	高温成形过程中冷却和人工时效
T6	固溶处理和人工时效
T7	固溶处理和过时效
T8	固溶处理、冷加工和人工时效
T9	固溶处理、人工时效和冷加工
T10	高温成形过程中冷却、冷加工和人工时效
Tx51	拉伸消除应力
Tx510	拉伸消除应力但无后续矫直
Tx511	拉伸消除应力随后轻微矫直
Tx52	压缩消除应力
Tx54	拉伸压缩结合消除应力
T42	"O" 或 "F" 固溶处理和自然时效
T62	"O" 或 "F" 固溶处理和人工时效

22.3.2　铜及铜合金

铜及铜合金的热处理工艺包括均匀化处理、退火、去应力退火、固溶处理、时效（析出）硬化、淬火硬化和回火。

均匀化处理是将金属的温度加热到足够高并保持足够长的时间，以消除或减少热加工或冷加工合金中产生的化学偏析或晶内偏析。铜合金，如青铜、铜镍合金、硅青铜都存在偏析。均匀化处理主要应用于铜合金以改善其热延性和冷延性。均匀化的温度取决于合金成分，但通常在大约为 760℃（1400°F）。

退火会软化并增加铜和铜合金的延性和韧性。这些合金的冷加工通常会导致加工硬化。合金硬度取决于冷加工的程度和次数。如果不通过退火降低加工硬化的影响，合金可能会失效。纯电解铜的退火温度为 480 ~ 1250°F（250 ~ 675℃）。

铜及其合金在退火时要考虑以下因素：

1）冷加工量。

2）温度。

3）时间。

考虑这些因素的原因如下：

1）杂质将会影响金属的特性。通常会有意添加杂质，以使金属在熔化时更自由地流动，提高软化温度，以及控制晶粒大小。然而，这些都对退火温度有影响。

2）在退火之前，冷加工会降低再结晶温度。

3）时间和温度都与退火相关。它们通常基于规格、生产率或经济能力来选择。与钢相同，温度越高，晶粒生长越快。如果选择高温，则需要缩短该温度下的退火时间。

一些铜及铜合金可以通过固溶热处理和时效（沉淀）硬化来提高抗拉强度和冲击韧性。选择固溶处理温度主要是因为对材料的分析，并通过将合金加热到高温，通常为 1400 ~ 1500°F（760 ~ 815℃），然后选择水基聚合物淬火介质或熔融盐溶液以合适的方式淬火来实现。在固溶处理后，将这些合金加热至 350 ~ 480°F（175 ~ 250℃）之间的温度，通过沉淀处理进行时效硬化。温度越高，沉淀硬化速度越快。

22.3.3　镁及镁合金

镁及镁合金的热处理工艺包括退火、去应力退火、固溶处理、淬火冷却和时效硬化。

大多数镁合金经过热处理以提高力学性能（强度、韧性和抗冲击性），或者作为特定制造技术的预处理。热处理的类型取决于合金组成、加工形式（变形或铸造）以及预期的使用条件。

退火通常在 550 ~ 850°F（290 ~ 455℃）的温度下进行，以减少加工硬化或回火的影响。由于镁的大多数成形工艺是在较高的温度下完成的，所以对完全退火的变形材料的需求小于其他材料。

在进行整形、成形、矫直和焊接工艺之后，为了消除冷或热加工产生的残余应力，需要对镁及镁合金进行去应力退火。在加工之前，为避免镁铸件发生变形（翘曲），并且在某些焊接合金中防止应力腐蚀裂纹，因此铸件必须要进行应力消除。

镁及镁合金的热处理工艺见表 22-14。

表 22-14 镁及镁合金的热处理工艺
[参考文献 9（来源 Chandler[9]）]

名称	处理过程	合金
F	自由加工	
O	退火、再结晶（仅限变形）	
H	加工硬化（仅限变形）	
H1	只加工硬化	
H2	加工硬化和部分退火	
H3	加工硬化和稳定化处理	
W	固溶处理、不稳定回火	
T	热处理以产生稳定回火而不是"F""O"或"H"	
T2	退火（仅限铸造）	
T3	固溶处理和冷加工	
T4	固溶处理	AM100A、AZ63A、AZ81A、AZ91c、AZ92A、ZK61A

名称	处理过程	合金
T5	仅限人工时效	ZC71A、AM100A、AZ63A、AZ91C、AZ93A、EQ21A、HK31A、QE22A、QH21A、WE43A、WE54A、ZC63A、ZE63A、ZK61A
T6	固溶处理和人工时效	
T7	固溶热处理和稳定化处理	HN31A
T8	固溶处理、冷加工和人工时效	
T9	固溶处理、人工时效和冷加工	
T10	人工时效和冷加工	

（续）

22.3.4 镍及镍合金

镍及镍合金的热处理工艺包括退火和去应力退火。在许多方面，镍及镍合金比许多依赖于复杂显微组织变化的铁基合金更容易热处理。镍是奥氏体形成元素，因此不会发生同素异形转变。

深拉深、滚压、弯曲或旋压等制造工艺需要材料软化后才可以继续冷加工。导致重结晶的退火用于产生材料的完全软化状态。在加工后也可以进行去应力退火。表 22-15 列出了镍及镍合金的热处理工艺。

表 22-15 镍和镍合金的热处理工艺 [参考文献 9（来源：Chandler[9]）]

	软化退火							
	在连续设备中				在批量设备中			
材料	退火温度		保温时间/min[①]	冷却方式[②]	退火温度		保温时间/h[①]	冷却方式[②]
	℃	℉			℃	℉		
镍 200	815 ~ 925	1500 ~ 1700	0.5 ~ 5	AC 或 WQ	705 ~ 760	1300 ~ 1400	2 ~ 6	AC
镍 201	760 ~ 870	1400 ~ 1600	0.5 ~ 5	AC 或 WQ	705 ~ 760	1300 ~ 1400	2 ~ 6	AC
Monel 400	870 ~ 980	1600 ~ 1800	0.5 ~ 15	AC 或 WQ	760 ~ 815	1400 ~ 1500	1 ~ 3	AC
Monel R-405	870 ~ 980	1600 ~ 1800	0.5 ~ 15	AC 或 WQ	760 ~ 815	1400 ~ 1500	1 ~ 3	AC
Monel K-500	870 ~ 1040	1600 ~ 1900	0.5 ~ 20	WQ	870 ~ 1040	1600 ~ 1900	1 ~ 3	WQ

	去应力退火				应力均匀化			
材料	温度		时间/min[①]	冷却方式[②]	温度		时间/h[①]	冷却方式[②]
	℃	℉			℃	℉		
镍 200	480 ~ 705	900 ~ 1300	0.5 ~ 120	AC	260 ~ 480	500 ~ 900	1 ~ 2	AC
镍 201	480 ~ 705	900 ~ 1300	0.5 ~ 120	AC	260 ~ 480	500 ~ 900	1 ~ 2	AC
Monel 400	540 ~ 650	1000 ~ 1200	0.5 ~ 120	AC	230 ~ 315	450 ~ 600	1 ~ 3	AC
Monel R-405	—	—	—	—	—	—	—	—
Monel K-500	—	—	—	—	—	—	—	—

① 显示的时间表示薄板/带材产品和重截面在连续炉中处理的实际范围。
② AC 表示空冷；WQ 表示水淬。

22.3.5 高温合金

高温合金的应用最为广泛，可分为三种不同的高温合金：

1）镍基合金。

2）铁镍基合金。

3）钴镍基合金。

高温合金的热处理工艺包括去应力退火、退火、固溶处理、淬火冷却和时效硬化。

高温合金的中应力退火通常考虑残余应力的降低和对高温性能或耐腐蚀性的影响以做到最大限度的折中。时间和温度循环的变化很大程度上取决于合金的冶金特性以及在先前制造技术中产生的残余应力的类型和大小。

退火主要用于降低硬度和提高延性，以方便加工操作。完全再结晶或完全退火，适用于绝大多数非硬化变形合金。对于大多数时效硬化合金，虽然退火周期与固溶处理周期相同，但用于第二相的析出。

固溶处理用于溶解第二相，以产生最大的耐蚀性或为时效硬化做准备。对于变形高温合金，较低的固溶温度用于在高温下获得最佳的短期拉伸性能，通过更小的粒度提高耐疲劳性能，或者提高抗缺口断裂敏感性的能力。有时为了优化蠕变断裂性能，需要更高的固溶温度；在更高的温度下，会发生更多的晶粒粗化和碳化物的溶解。

如前所述，固溶处理后淬火的目的是在室温下保持在固溶温度下获得的过饱和固溶体。淬火也允许更细的时效硬化沉淀物尺寸。通常采用油淬和水淬以及空气和惰性气体冷却的形式。

影响时效步骤的选择和数量以及时效温度的因素包括：

1）沉淀相的类型和数量。

2）预期使用温度。

3）沉淀物大小。

4）所需的强度和延性的组合。

表22-16提供了普通变形高温合金的典型固溶处理和时效硬化循环。

表 22-16 用于变形高温合金的固溶处理和时效硬化循环 [参考文献9（来源：Chandler[9]）]

	固 溶 处 理				时 效 硬 化			
	温度		固溶时间	冷却方式	温度		时效时间	冷却方式
合金	℃	℉	h		℃	℉	h	
铁系合金								
A-286	980	1800	1	油淬	720	1325	16	空冷
Discaloy	1010	1850	2	油淬	730	1350	20	空冷
					650	1200	20	空冷
N-155	1165 ~ 1190	2125 ~ 2175	1	水淬	815	1500	4	空冷
Incoloy 903	845	1550	1	水淬	720	1325	8	随炉冷
					620	1150	8	空冷
Incoloy 907	980	1800	1	空冷	775	1425	12	随炉冷
					620	1150	8	空冷
Incoloy 909	980	1800	1	空冷	720	1325	8	随炉冷
					620	1150	8	空冷
Incoloy 925	1010	1850	1	空冷	730[①]	1350[①]	8	随炉冷
					620	1150	8	空冷
镍基合金								
Astroloy	1175	2150	4	空冷	845	1550	24	空冷
	1080	1975	4	空冷	760	1400	16	空冷
Custom Age 625 +	1038	1900	1	空冷	720	1325	8	随炉冷
					620	1150	8	空冷

（续）

合金	固溶处理				时效硬化			
	温度		固溶时间	冷却方式	温度		时效时间	冷却方式
	℃	℉	h		℃	℉	h	
镍基合金								
Inconel 901	1095	2000	2	水淬	790	1450	2	空冷
					720	1325	24	空冷
Inconel 625	1150	2100	2	②	—	—	—	—
Inconel 706	925 ~ 1010	1700 ~ 1850	—	—	845	1550	3	空冷
					720	1325	8	随炉冷
					620	1150	8	空冷
Inconel 706③	980	1800	1	空冷	730	1350	8	随炉冷
					620	1150	8	空冷
Inconel 718	980	1800	1	空冷	720	1325	8	随炉冷
					320	1150	8	空冷
Inconel 725	1040	1900	1	空冷	730①	1350	8	随炉冷
					620	1150	8	空冷
BHInconel X-750	1150	2100	2	空冷	845	1550	24	空冷
					705	1300	20	空冷
Nimonic 80A	1080	1975	8	空冷	705	1300	16	空冷
Nimonic 90	1080	1975	8	空冷	705	1300	16	空冷
René 41	1065	1950	1/2	空冷	760	1400	16	空冷
Udimet 500	1080	1975	4	空冷	845	1550	24	空冷
					760	1400	16	空冷
Udimet 700	1175	2150	4	空冷	845	1550	24	空冷
	1080	1975	4	空冷	760	1400	16	空冷
Waspaloy	1080	1975	4	空冷	845	1550	24	空冷
					760	1400	16	空冷
铜基合金								
S816	1175	2150	1	②	760	1400	12	空冷

注：可以使用其他处理方式来改善特定性能。

① 如果炉子尺寸/负载不允许快速升温至初始时效温度，建议将温度从 1100℉升至 1350℉（590 ~ 730℃）。

② 为了在固溶处理后进行充分的淬火处理，必须快速冷却至约 1000℉（540℃）以下，以防止在中间温度范围内的沉淀发生。对于大多数合金的钣金零件，快速的空气冷却就足够了；对不会破裂的较重部件，经常需要进行油淬或水淬。

③ Inconel 706 的热处理可增强拉伸性能，而不是在拉伸受限的应用中提高抗蠕变性。

22.3.6 钛及钛合金

钛及钛合金的热处理工艺包括去应力退火、退火、固溶处理、淬火冷却和时效硬化。钛及钛合金热处理的目的：

1）减少制造过程中产生的残余应力。

2）产生可接受的性能组合（延性、可加工性和尺寸稳定性）。

3）增加强度。

4）增强断裂韧性、疲劳强度和高温蠕变强度等特殊性能。

这些合金热处理的效果取决于组成成分。

钛及钛合金可以消除应力而不影响强度或延性。当制造顺序调整为采用退火或硬化作为去应力退火过程时，就可以省去单独的去应力退火操作。表 22-17 列出了部分钛及钛合金的应力退火处理。

表 22-17　部分钛和钛合金的去应力退火处理
[参考文献 34（来源：Donachie[34]）]

合金牌号	退火温度		保温时间
	℃	℉	h
商业纯钛（所有等级）	480 ~ 595	900 ~ 1100	1/4 ~ 4
α 或近 α 钛合金			
Ti-5Al-2.5Sn	540 ~ 650	1000 ~ 1200	1/4 ~ 4
Ti-8Al-1Mo-1V	595 ~ 705	1100 ~ 1300	1/4 ~ 4
Ti-6Al-2Sn-4Zr-2Mo	595 ~ 705	1100 ~ 1300	1/4 ~ 4
Ti-6Al-2Cb-1Ta-0.8Mo	595 ~ 650	1100 ~ 1200	1/4 ~ 2
Ti-0.3Mo-0.8Ni（Ti 码 12）	480 ~ 595	900 ~ 1100	1/4 ~ 4
α-β 钛合金			
Ti-6Al-4V	480 ~ 650	900 ~ 1200	1 ~ 4
Ti-6Al-6V-2Sn（Cu + Fe）	480 ~ 650	900 ~ 1200	1 ~ 4
Ti-3Al-2.5V	540 ~ 650	1000 ~ 1200	1/2 ~ 2
Ti-6Al-2Sn-4Zr-6Mo	595 ~ 705	1100 ~ 1300	1/4 ~ 4
Ti-5Al-2Sn-4Mo-2Zr-4Cr（Ti-17）	480 ~ 650	900 ~ 1300	1 ~ 8
Ti-7Al-4Mo	480 ~ 705	900 ~ 1300	1 ~ 8
Ti-6Al-2Sn-2Zr-2Mo-2Cr-0.25Si	480 ~ 650	900 ~ 1200	1 ~ 4
Ti-8Mn	480 ~ 595	900 ~ 1100	1/4 ~ 2

（续）

合金牌号	退火温度		保温时间
	℃	℉	h
β 或近 β 钛合金			
Ti-13V-11Cr-3Al	705 ~ 730	1300 ~ 1350	1/12 ~ 1/4
Ti-11.5Mo-6Zr-4.5Sn（β_III）	720 ~ 730	1325 ~ 1350	1/12 ~ 1/4
Ti-3Al-8V-6Cr-4Zr-4Mo（β_C）	705 ~ 760	1300 ~ 1400	1/6 ~ 1/2
Ti-10V-2Fe-3Al	675 ~ 705	1250 ~ 1300	1/2 ~ 2
Ti-15V-3Al-3Cr-3Sn	790 ~ 815	1450 ~ 1500	1/12 ~ 1/4

注：零件可以通过空冷或缓慢冷却以消除应力。

许多钛合金在退火状态下投入使用。因为一个或多个性能的改善，通常是在牺牲其他性能的基础上的，所以应根据处理的目的来选择退火制度。常见的退火工艺包括：

1）轧制退火。

2）再结晶退火。

3）β 退火。

轧制退火是所有轧制产品的通用热处理，它不是完全退火，经常会在冷或热加工的显微组织中留下痕迹。再结晶退火用于提高韧性，通过将合金加热到 α-β 相温度范围的上限，保温，然后以非常缓慢的速度冷却。β 退火也是从高于 β 相转变的温度缓慢冷却。表 22-18 提供有关钛及钛合金退火处理的信息。

通过固溶处理和时效硬化，可以在 α-β 或 β 合金中获得各种强度等级。其原因是在较低温度下高温 β 相的不稳定性。

表 22-19 列出了常见钛合金的典型固溶处理和时效硬化循环。

表 22-18　部分钛及钛合金的退火处理 [参考文献 34（来源：Donachie[34]）]

合金牌号	退火温度		保温时间	冷却方式
	℃	℉	h	
商业纯钛（所有等级）	650 ~ 760	1200 ~ 1400	1/10 ~ 2	空冷
α 或近 α 钛合金				
Ti-5Al-2.5Sn	720 ~ 845	1325 ~ 1550	1/6 ~ 4	空冷
Ti-8Al-1Mo-1V	790[1]	1450[1]	1 ~ 8	空冷或炉冷
Ti-6Al-2Sn-4Zr-2Mo	900[2]	1650[2]	1/2 ~ 1	空冷
Ti-6Al-2Cb-1Ta-0.8Mo	790 ~ 900	1450 ~ 1650	1 ~ 4	空冷
α-β 钛合金				
Ti-6Al-4V	705 ~ 790	1300 ~ 1450	1 ~ 4	空冷或炉冷

（续）

合 金 牌 号	退火温度		保温时间	冷却方式
	℃	℉	h	
α-β 钛合金				
Ti-6Al-6V-2Sn（Cu + Fe）	705 ~ 815	1300 ~ 1500	3/4 ~ 4	空冷或炉冷
Ti-3Al-2. 5V	650 ~ 760	1200 ~ 1400	1/2 ~ 2	空冷
Ti-6Al-2Sn-4Zr-6Mo	③	③	—	
Ti-5Al-2Sn-4Mo-2Zr-4Cr（Ti-17）	③	③	—	—
Ti-7Al-4Mo	705 ~ 790	1300 ~ 1450	1 ~ 8	空冷
Ti-6Al-2Sn-2Zr-2Mo-2Cr-0. 25Si	705 ~ 815	1300 ~ 1500	1 ~ 2	空冷
Ti-8Mn	650 ~ 760	1200 ~ 1400	1/2 ~ 1	④
β 或近 β 钛合金				
Ti-13V-11Cr-3Al	705 ~ 790	1300 ~ 1450	16 ~ 1	空冷或水冷
Ti-11. 5Mo-6Zr-4. 5Sn（β_Ⅲ）	690 ~ 760	1275 ~ 1400	1/6 ~ 1	空冷或水冷
Ti-3Al-8V-6Cr-4Zr-4Mo（β_C）	790 ~ 815	1450 ~ 1500	1/4 ~ 1	空冷或水冷
Ti-10V-2Fe-3Al	③	③	—	—
Ti-15V-3Al-3Cr-3Sn	790 ~ 815	1450 ~ 1500	1/12 ~ 1/4	空冷

① 对于片材和板材，在 1450℉（790℃）下进行 1/4h，然后空冷。

② 对于片材，在 1450℉（790℃）下进行 1/4h，然后空冷（对某些应用，在 595℃ 或 1100℉ 加上 2h，然后空冷）。对于板材，在 1100℉（595℃）下进行 8h，然后空冷。

③ 退火状态下不正常供应或使用。

④ 炉冷或慢冷至 1000℉（540℃），然后空冷。

表 22-19 常见钛合金的典型固溶处理和时效硬化循环［参考文献 34（来源：Donachie[34]）］

合 金 牌 号	固溶温度		固溶时间	冷却方式
	℃	℉	h	
α 或近 α 钛合金				
Ti-8Al-1Mo-1V	980 ~ 1010	1800 ~ 1850	1	油冷或水冷
Ti-6Al-2Sn-4Zr-2Mo	955 ~ 980	1750 ~ 1800	1	空冷
α-β 钛合金				
Ti-6Al-4V	955 ~ 970	1750 ~ 1775	1	水冷
	955 ~ 970	1750 ~ 1775	1	水冷
Ti-6Al-6V-2Sn（Cu + Fe）	885 ~ 970	1625 ~ 1675	1	水冷
Ti-6Al-2Sn-4Zr-6Mo	845 ~ 890	1550 ~ 1650	1	空冷
Ti-6Al-2Sn-2Zr-2Mo-2Cr-0. 25Si	870 ~ 925	1600 ~ 1700	1	水冷
β 或近 β 钛合金				
Ti-13V-11Cr-3Al	775 ~ 800	1425 ~ 1475	1/4 ~ 1	空冷或水冷
Ti-11. 5Mo-6Zr-4. 5Sn（β_Ⅲ）	690 ~ 790	1275 ~ 1450	1/8 ~ 1	水冷或水冷
Ti-3Al-8V-6Cr-4Zr-4Mo（β_C）	815 ~ 925	1500 ~ 1700	1	水冷
Ti-10V-2Fe-3Al	760 ~ 780	1400 ~ 1435	1	水冷
Ti-15V-3Al-3Cr-3Sn	790 ~ 815	1450 ~ 1500	1/4	空冷

（续）

合金牌号	时效温度		时效时间
	℃	℉	h
α 或近 α 钛合金			
Ti-8Al-1Mo-1V	565 ~ 595	1050 ~ 1100	—
Ti-6Al-2Sn-4Zr-2Mo	595	1100	8
α-β 钛合金			
Ti-6Al-4V	480 ~ 595	900 ~ 1100	4 ~ 8
	705 ~ 760	1300 ~ 1400	2 ~ 4
Ti-6Al-6V-2Sn （Cu + Fe）	480 ~ 595	900 ~ 1100	4 ~ 8
Ti-6Al-2Sn-4Zr-6Mo	580 ~ 605	1075 ~ 1125	4 ~ 8
Ti-6Al-2Sn-2Zr-2Mo-2Cr-0.25Si	480 ~ 595	900 ~ 1100	4 ~ 8
β 或近 β 钛合金			
Ti-13V-11Cr-3Al	425 ~ 480	800 ~ 900	4 ~ 8
Ti-11.5Mo-6Zr-4.5Sn （β_{III}）	480 ~ 595	900 ~ 1100	8 ~ 32
Ti-3Al-8V-6Cr-4Zr-4Mo （β_C）	455 ~ 540	850 ~ 1000	8 ~ 24
Ti-10V-2Fe-3Al	495 ~ 525	925 ~ 975	8
Ti-15V-3Al-3Cr-3Sn	510 ~ 595	950 ~ 1100	8 ~ 24

22.3.7 锌及锌合金

锌及锌合金的热处理工艺包括去应力退火和热稳定性处理。

应力可能来自于锌压铸件较快的冷却速度，随着时间的推移，导致微小的性能和尺寸变化，特别是如果铸件从模具中淬火而不是空冷。消除这些材料的应力可以显著提高其使用寿命。

类似地，稳定性有助于某些压铸件的抗拉强度和硬度，它们受壁厚变化和在室温下随时间发生明显时效的影响。蠕变强度也会降低。

22.4 热处理设备

热处理炉可分为两种主要类型：间歇式和连续式。虽然由于固有的设计要求会存在差异，但这两种类型之间的根本区别并不在于构造材料，而在于工作负载如何在单元中定位，以及它们如何与炉内的气氛相互作用。加热设备的主要能源是天然气和电力，还可以使用替代能源，如石油和其他碳氢化合物燃料。

热处理炉设备可进一步分为炉和烘箱。目前，烘箱结构可用于高达 1400℉（760℃）的温度，尽管 1000℉（538℃）是传统的上限。烘箱技术利用对流加热（即空气、燃烧产物或惰性气体的循环）作为将工作负载加热到温度的主要手段。烘箱的结构也与炉的结构有很大的不同。

热处理炉可以通过多种方式分类，见表 22-20。

表 22-20 热处理炉的分类
[参考文献 6（来源：Unterweiser[6]）]

标准	特点	备 注
加热方式	燃料燃烧	气体（天然气、其他碳氢化合物、制造的、储罐）或石油（焦油）
	电力	电阻（金属、陶瓷、其他）；电弧（熔化）；电感应（热处理、熔化）
运动的方式	间歇工作	工件保持固定
	连续工作	工件在设备内不断移动
	断续工作	工件定期移动
内部气氛	空气	
	其他	生成的、合成的、元素的、混合的
暴露于炉料的氛围	开放	暴露充电、单次传热
	关闭	马歇尔设计（隔离充电、双重传热）

（续）

标准	特点		备 注
炉膛类型	固定		平板、滑轨、导轨
	可移动		带式、汽车、滚筒、旋转台、螺杆、振动筛
液体浴	盐		
	其他		熔融铅、流化床

间歇式单元往往涉及长时间处理的大型、重型工作负载。在间歇式单元中，炉料通常是静止的，使得在近乎平衡条件下进行与炉内气氛变化的相互作用。

间歇式炉类型包括：
- 罩式炉。
- 箱式炉。
- 车底式炉。
- 升降底式炉。
- 流态粒子炉。
- 龙门式炉。
- 机械化箱式炉（也称密封淬火炉、整体淬火炉或内外炉）。
- 井式炉。
- 盐锅炉。
- 分体或环绕炉。
- 提升炉。
- 真空炉。

在所有类型的间歇式炉中，整体淬火炉是最常见的。

在连续式单元中，工作负载以某种方式移动，工作负载周围的环境随着工作负载的位置而发生显著变化。

连续式炉类型包括：
- 输送带式炉。
- 牵引式炉。
- 网带炉。
- 单轨吊炉。
- 推送炉。
- 辊底式炉。
- 转筒式炉。
- 转底式炉。
- 振底式炉。
- 真空炉。
- 步进式炉。

在所有类型的连续式炉中，网带炉和推送式炉都是最常见的。另外，还有一些专用炉，包括：
- 连续板坯和钢坯加热炉。
- 电子束表面处理设备。
- 感应加热系统。
- 激光热处理设备。
- 石英管式炉。
- 电阻加热系统。
- 转顶式炉。
- 螺旋输送炉。

表 22-21 列出了各种热处理炉的常见应用。

表 22-21　各种热处理炉的常见应用

[参考文献 6（来源：Unterweiser[6]）]

炉的类型	应　用
罩式炉	时效、发蓝处理、硬化、渗氮、固溶处理、去应力退火、回火
箱式炉	时效、退火、渗碳、硬化、可锻化退火、正火、固溶处理、去应力退火、回火
车底式炉	退火、渗碳、硬化、均匀化退火、可锻化退火、正火、球化、去应力退火、回火
立体式炉	退火、复碳、碳氮共渗、渗碳、硬化、正火、回火
连续板坯加热炉	渗碳、均匀化退火、固溶处理
输送带式炉	[贝氏体] 等温淬火、退火、硬钎焊、复碳、碳氮共渗、渗碳、硬化、均匀化退火、球化、回火
电子束加热炉	硬化（表面）
升降底式炉	时效、退火、硬化、可锻化退火、固溶处理、去应力退火、回火
流态粒子式炉	碳氮共渗、渗碳、硬化、渗氮、氮碳共渗、蒸汽处理、回火
牵引式炉	退火、硬钎焊、硬化、去应力退火、烧结
感应式炉	硬化、回火
整体淬火炉	奥氏体化、退火、复碳、碳氮共渗、渗碳、硬化、氮碳共渗、正火、去应力退火、回火
离子炉	碳氮共渗、渗碳、渗氮、氮碳共渗
激光炉	退火
单轨吊炉	退火、硬化、正火、去应力退火、回火
井式炉	退火、发蓝处理、复碳、碳氮共渗、渗碳、硬化、均匀化退火、氮碳共渗、渗氮、正火、固溶处理、蒸汽处理、去应力退火、回火

（续）

炉的类型	应用
推送式炉	退火、复碳、碳氮共渗、渗碳、硬化、可锻化退火、金属化、氮碳共渗、正火、固溶处理、烧结、球化、去应力退火、回火
石英管式炉	硬化、烧结
电阻加热炉	时效、退火、碳氮共渗、硬化、正火、去应力退火
辊底式炉	发蓝处理、复碳、碳氮共渗、渗碳、硬化、可锻化退火、正火、固溶处理、球化、去应力退火、回火
转顶式炉	退火、硬化、正火、去应力退火、回火
转底式炉	退火、奥氏体化、复碳、碳氮共渗、渗碳、硬化、回火
盐浴炉	奥氏体化、碳氮共渗、渗碳、硬化、可锻化退火、马氏体分级淬火、氮碳共渗、正火、回火
螺旋输送式炉	退火、硬化、去应力退火、回火
振底式炉	退火、碳氮共渗、渗碳、硬化、正火、去应力退火、回火
分体式炉	退火、去应力退火
可翻起式炉	退火、硬化、可锻化退火、正火、球化、去应力退火、回火
真空式炉	退火、硬钎焊、碳沉积、碳氮共渗、渗碳、去气、硬化、氮碳共渗、正火、固溶处理、烧结、去应力退火、回火
步进式炉	退火、硬化、正火、烧结、去应力退火、回火

22.4.1 气氛炉

气氛炉的特点是在加热和冷却过程中使用"保护"气氛充满工作负载的周围。在任何情况下，使用任何类型的气氛炉均应遵守国家消防局标准86。

炉内气氛对热处理过程的成功起着至关重要的作用。对一个具体的应用，明白使用气氛的原因以及什么气氛是最好的非常重要。有许多不同类型的气氛正在使用，有必要了解如何去选择特定的气氛及其优缺点，并学习如何安全地控制它们。

炉内气氛的目的随着热处理工艺期望的最终结果而变化。热处理行业中使用的气氛具有两个共同的目的：

1）保护要处理的材料不受表面反应的影响，即是化学惰性的（或保护的）。

2）使待处理的材料表面发生变化，即具有化学活性（或反应性）。

热处理炉中常用的气氛类型见表 22-22。

表 22-22　热处理炉中常用的气氛类型

类型	化学符号	备注
空气	$N_2 + O_2$	空气大约由 79% N_2 和 21% O_2 组成
氩气	Ar	氩气是惰性气体
二氧化碳	CO_2	
一氧化碳	CO	
定制混合		醇、N_2 和其他气体的组合
生成的气氛		吸热、放热、游离氨
氦气	He	氦气是惰性气体
碳氢化合物	CH_4、C_3H_8、C_4H_{10}	甲烷（CH_4）、丙烷（C_3H_8）、丁烷（C_4H_{10}）
氢气	H_2	
氮气	N_2	
氧气	O_2	
燃烧的产物		碳氢燃料气体和空气的混合物，其成分依赖于空气/燃烧气体的比
蒸汽	H_2O	水蒸气
二氧化硫	SO_2	
合成气氛		N_2/甲醇
真空		真空是没有气氛的

表 22-22 中的一些气氛（如氩气和氦气）通常与真空炉相关联，并在分压（低于大气压）下使用。其他的如二氧化硫则应用于非常特殊的地方。

通过使用为此目的而设计的气体发生器，可以制造出特定组成的气体气氛。"进料"原料（进料，即与空气组合使用以产生气氛的烃燃料气体）通常是天然气或丙烷。

当操作时，在特定的热处理炉中安全使用所需的保护气氛量在很大程度上取决于下列因素：

1）炉的类型和尺寸。

2）炉门或窗帘的存在与否。

3）环境（特别是气流）。

4）处理工件的大小，装载，取向和性质。

5）涉及的冶金过程。

在任何情况下，都应遵循制造商的建议，因为它们在设备设计过程中已考虑到了这些因素。记住，在引入可燃炉气氛之前，将空气从炉中排出，至少需要炉室内 5 个体积的变化。这是为了确保在引入气氛之前，燃烧室内的氧气含量低于 1% 。

生成的气氛是根据产生的各种气体的相对量来分类的。

表 22-23 根据美国天然气协会列出了这些分类的清单，这些气氛主要分为六类。

表 22-23　气氛分类 [参考文献 39（来源：ASM[39]）]

等级	基本型	描 述
100	放热	由水冷燃烧室中的空气-气体混合物部分或完全燃烧所产生的气氛
200	N_2	使用放热碱制备的气氛，其中去除了大量的二氧化碳和水蒸气
300	吸热	一种由空气-气体混合物在充满催化剂的外部加热室中的部分反应而产生的一种气氛
400	木炭	现在不常见，通过使空气流过粒状的白炽炭而形成
500	放热-吸热	由气体和空气的混合物完全燃烧而生成的一种气氛，除去了大部分水蒸气，并在外部加热的催化剂反应器中与燃料气体发生反应，将大部分二氧化碳转化为一氧化碳
600	氨	以氨作为主要成分而生成的任何气氛，包括初生氨、游离氨、部分或完全燃烧的氨并将大部分水蒸气除去

放热反应产生热量，而吸热反应需要吸收热量来促进反应。所产生的气氛组成可以通过多种方式改变。通过改变气体/空气比，或使用不同的"进料"原料（如天然气或丙烷）将导致气氛化学性质的改变。

22.4.2　真空炉

根据加料方式的不同，真空炉可分为卧式和立式两种，并可进行间歇式和连续式（多室）的设计。

真空炉热处理具有特殊的炉型设计和热处理过程中温度、真空度控制的特点。炉的设计通常取决于负载的大小、要达到的压力和温度以及用于冷却负载的介质。

真空炉的主要部件包括：

1）容器部分。

2）抽气系统。

3）加热区。

4）冷却系统。

真空炉容器可以分为所谓的热墙设计和冷壁设计。典型的热壁炉具有金属或陶瓷的蒸馏器，它通常取决于温度。加热系统通常位于蒸馏器外部，由电阻加热元件或感应线圈组成。这种炉罐类型的局限性在于加热区的限制尺寸和金属炉罐的限制温度范围，通常限于最高 2000 ℉（1100℃）。使用冷壁炉，真空容器用冷却介质（通常为水）冷却，并在高温操作期间保持接近环境温度。

相比于热壁炉，冷壁炉的特点如下：

1）具有更高的操作温度范围，从 2400 ~ 3000 ℉（1315 ~ 1650℃）或更高。

2）释放到周围环境的热损失更少和热负载更小。

3）更快的加热和冷却性能。

4）更好的温度均匀性控制。

炉罐设计的一个缺点是当打开炉门后，在冷却的炉墙上和绝缘层上有更多的气体和水蒸气的吸附。自 20 世纪 60 年代末以来，冷壁真空炉已成为高温炉的主导设计。

抽气系统的结构取决于以下因素：

1）容器容积。

2）容器的表面积和炉内构件的类型。

3）除气的工作负载和相关设备。

4）降为最终压力所需的时间。

重要的是要注意，抽气系统必须保持过程真空度，不受工作负载除气过程的影响。抽气系统通常分为两个子系统，粗抽真空泵系统（微米范围）和高真空泵系统（亚微米范围）。对于某些应用，单个泵送系统可以处理整个范围和循环过程。真空泵本身通常分为两大类：机械泵和扩散泵。还有其他特殊类型的真空泵用于实现更高的真空范围，如喷射器、离子泵、低温泵、涡轮分子泵和"化学吸气剂"泵。

对于加热室或热区的绝缘层，通常使用以下设计和材料：

1）各种金属（辐射屏蔽）。

2）结合辐射屏蔽和其他（陶瓷）绝缘材料。

3）多层（三明治型）绝缘。

4）各种石墨材料（板材、纤维和碳-碳复合材料）。

辐射屏蔽层是由以下材料制成的：

1）最高工作温度为 4350 ℉（2400℃）的钨或钽。

2）最高工作温度为 3100 ℉（1700℃）的钼。

3）最高工作温度为 2100 ℉（1150℃）的不锈

钢或镍合金。

大多数的金属设计都是由材料组合而成，如三层钼和两层不锈钢的屏蔽层是典型的 2400°F（1150℃）温度的材料设计。在炉膛开启时，辐射屏蔽仅吸附少量的气体和水蒸气。然而，它们的购买和维护很昂贵，并且通常需要更大的泵送能力以去除在屏蔽层之间被捕获的任何水分。与其他类型的绝缘材料相比，它们的热损失很高，并且由于屏蔽层的逐渐污染而导致的发射率（反射率）损失会变得更高。

三明治型绝缘体由一个或多个辐射屏蔽组成，通常在它们之间有陶瓷棉绝缘体，也有使用石墨纤维片和陶瓷绝缘棉的组合。这些设计在购买和维护成本上更低，但会吸收更多的水蒸气和气体（由于绝缘棉的表面积非常大）。它们的热损失远低于其他材料的辐射屏蔽。

石墨纤维绝缘设计的成本略高于三明治型绝缘设计。然而，由于它们的热损失较低，所以较小的厚度就足够了。在这些设计中，气体和水蒸气的吸收显著降低。此外，加热成本更低，并且这种绝缘体的寿命更长。最高工作温度约为 3630°F（2000℃），使用寿命在很大程度上依赖于石墨的纯度。在诸如硬钎焊的某些应用中，牺牲保护层用于保护下面的绝缘层。对于真空炉中的大多数热处理，会采用石墨绝缘。

一般来说，用于真空炉加热系统的加热元件由以下材料之一制成：

1）可在高达 2100°F（1150℃）下使用的镍/铬合金。当高于 1475°F（800℃）时，会有铬蒸发的危险。

2）最高工作温度为 2200°F（1200℃）的碳化硅。硅在高温和低真空度下有蒸发的风险。

3）最高工作温度为 3100°F（1700℃）的钼。钼在高温下变脆，对暴露于氧气或水蒸气的发射率变化敏感。

4）石墨可用于高达 3630°F（2000℃）的工作温度。石墨对暴露于氧气或水蒸气的敏感性会导致材料厚度的减小，这是由于形成的 CO 会被泵抽空。石墨的强度随温度的升高而增加。

5）最高工作温度为 4350°F（2400℃）的钽。钽像钼一样，有高温脆性，并且对暴露在氧气或水蒸气引起的发射率变化敏感。

温度均匀性对热处理结果非常重要。加热系统的结构应使加热过程中负载的温度均匀性最佳，温度均衡后应高于 ±10°F（±5.5℃）。这可通过单个或多个温度控制区域以及每个区域的加热功率连续可调来实现。

在低于 1550°F（850℃）的温度范围内，辐射热传递较低，可通过对流辅助加热来提高。为此，在抽真空后，向炉内充入工作压力为 1~2bar 的惰性气体，内置的对流风扇使气体在加热元件和负载周围循环。以这种方式，将不同负载（特别是具有大横截面部件的负载）加热到中等温度，如 1000°F（550℃）的时间可以缩短多达 30%~40%。同时，对流辅助加热过程中的温度均匀性要好得多，从而减少了热处理部件的变形。

以下介质（按传热强度增加的顺序列出）用于真空炉部件的冷却：

1）真空。

2）用静态或搅拌的惰性气体（通常为 Ar 或 N_2）进行低于大气压的冷却。

3）用高度搅拌的再循环气体（Ar、N_2、He、H_2 或这些气体的混合物）进行加压（最多 20bar 或更高）的冷却。

4）静态的或搅动的油。

真空加热后，在冷却过程中必须保持部件的光亮表面。如今，有足够清洁的气体可用于气体冷却。允许的杂质含量相当于大约 2×10^{-4}%（体积分数）的氧气和 $(5~10) \times 10^{-4}$%（体积分数）的水。通常使用氮气作为冷却介质，因为它便宜且相当安全。

对于多腔炉，如带有整体油淬的真空炉，还可以使用另外的冷却介质，即油，这些油是专为真空操作而配制的（耐蒸发）。

值得注意的一个变化是等离子体炉或离子炉。等离子子炉以各种形式存在，卧式的单室或多室配置，以及立式设计，如罩式炉和底部装载机。这些设计与常规真空炉设计之间的基本区别是通过负载支撑隔离器将负载从炉膛中隔离出来；等离子体电流馈通；产生等离子体的高压发生器以及气体用量和分配系统。等离子体炉也使用常规的真空炉室和抽气系统。

根据具体应用，它们可以是用于等离子（离子）渗氮的 1400°F（750℃）的低温炉，也可以是高达 2400°F（1100℃）的等离子体（离子）渗碳的高温炉。低温等离子体渗氮炉分为冷壁炉和热壁炉。高温炉通常是具有水冷双壁的冷壁炉，它们可以配备高压气体淬火系统或集成的淬火油槽。

在等离子体炉内产生等离子体辉光放电所需的发电机必须是高压直流发电机（高达 1000V）。目前，有两种类型的发电机可供使用：一种具有连续电流输出，另一种具有脉冲电流输出。

22.4.3 烘箱

烘箱可以设计为间歇式装载，即一次一批，也可设计成通过单元的某种运输方式进行连续作业。烘箱设备的尺寸有很大差异，从实验室环境中的小型台式设备到容量为数千立方英尺的大型工业系统。烘箱在大气环境下运行，但可以设计成包含特殊的气氛，如氮气或氩气，或者采用特殊的结构，如适用于炉罐的设备，允许使用特殊的气氛来处理非常特殊的应用。

热源可能来自燃料或电力的燃烧。热量主要通过自然对流或强制对流传递到被处理工件，如果温度足够高，则会通过辐射源传递。如前所述，尽管 1250℉（675℃）或 1000℉（538℃）的额定温度更常见，但烘箱结构可用于高达 1400℉（760℃）的温度的应用。

烘箱类型的选择需要仔细考虑以下几个因素：

1）待处理的材料数量。
2）产品尺寸和形状的一致性。
3）批量。
4）温度公差。
5）废弃物净化（如果有的话）。

间歇系统的烘箱可分为：

1）罩式。
2）台式。
3）柜式。
4）车式。
5）步进式

连续系统的烘箱包括：

1）传送带式。
2）牵引链式。
3）单轨式。
4）推送式。
5）辊底式。
6）转底式（或转筒式）。
7）螺旋式。
8）步进式。

烘箱结构有几个设计标准，包括：

1）工作温度。
2）加热方式。
3）材料热膨胀。
4）气氛。
5）气流模式。

工作温度是决定烘箱结构的主要因素之一。一般来说，所有的烘箱都是由双层金属板制成，绝缘材料和加强材料夹在两层金属板之间。绝缘层可以是玻璃纤维、矿棉或轻质纤维材料。根据工作温度要求，用于烘箱内衬的金属板材可以是低碳钢、镀锌钢、夹锌钢、镀铝钢或不锈钢。

随着温度的升高，烘箱的结构会发生一些明显的变化。在更高的温度下，膨胀和内部（热和气氛）密封的问题变得更加突出。例如，设计用于 400℉（205℃）的烘箱将采用厚度为 4in（100mm）的矿棉绝缘材料。相比之下，对于 700℉（370℃）的工作温度，则需要 7in（175mm）的厚度。大型烘箱的热膨胀一般通过在墙壁、顶棚和地板上使用可伸缩的面板缝来补偿。门的构造必须包括类似的伸缩缝。

气流的类型和数量也很重要。例如，设计用于处理爆炸性挥发物（如油漆干燥或溶剂萃取）的烘箱必须具有特殊的考虑，包括大的气流量来稀释挥发物、防爆舱口、净化循环、动力排气装置、气流安全开关和新鲜空气阻尼器。

根据工作负载配置，可使用不同的气流模式：

1）水平式。
2）垂直式。
3）结合式（单流式）。

加热烘箱的方法不仅取决于特定燃料的可用性，而且取决于过程本身。许多过程不容许来自直接加热系统的燃烧产物，所以需要考虑间接（辐射管）加热或替代能源。此外，某些传热方式，如微波加热，对可加工的产品类型有严格限制。烘箱通常由燃料（天然气或其他碳氢化合物）、蒸汽或电力加热，也可采用红外加热或微波（无线电频率）加热。

参考文献

1. Herring, D. H., *Atmosphere Heat Treatment*, BNP Media Group, Vol. I, 2014.

2. Herring, D. H., *What is Heat Treating and Why Do We Do It?*, Industrial Heating, 2011.

3. The HERRING GROUP, Inc., industry research.

4. "Definitions of Metals and Metalworking," *Metals Handbook*: *Properties and Selection of Metals*, 8th ed., ASM International, Materials Park, Ohio, Vol. 1, pp. 1-41, 1961.

5. German, R. M., *Powder Metallurgy of Iron and Steel*, John Wiley & Sons, Inc. New York, 1998.

6. Unterwieser, P. M., H. E., Boyer, and J. J., Kubbs, editors, *Heat Treaters Guide*: *Standard Practices and Procedures for Steel*, ASM International, Materials Park, Ohio, 1982.

7. Brandt, D. A., *Metallurgy Fundamentals*, The Goodheart-Wilcox Company, Inc., 1985.

8. *Practical Data for Metallurgists*, 17th ed., TimkenSteel.

9. *Heat Treater's Guide*: *Practices and Procedures for Nonferrous Alloys*, 2nd ed., Harry, C., editor, ASM International, 1996.

10. Herring, D. H., *The Polymorphic Nature of Iron*, Industrial Heating, 2009.

11. *ASM Handbook*：*Heat Treating*，ASM International，Materials Park，Ohio，Vol. 4，1991.

12. Herring，D. H.，*What Happens to Steel During Heat Treatment? Part One*：*Phase Transformations*，Industrial Heating，2007.

13. Krauss，G.，*Steels*：*Heat Treatment and Processing Principles*，ASM International，Materials Park，Ohio，1990.

14. Herring. D. H.，*Jominy Testing*：*The Practical Side*，Industrial Heating Magazine，2001.

15. Llewellyn，D. T.，and Hudd，R. C.，*Steels*：*Metallurgy and Applications*，3rd ed.，Reed Educational and Professional Publishing Ltd，1998.

16. Marrow，J.，*Understanding the Jominy End Quench Test*，Industrial Heating Magazine，2001.

17. Thelning，K-E.，*Steel and its Heat Treatment*，Butterworths，1975.

18. Grossmann，M. A.，and E. C.，Bain，*Principles of Heat Treatment*，5th ed.，American Society for Metals，pp. 112-118，1964.

19. Polmear，I. J.，*Light Alloys*：*Metallurgy of the Light Metals*，ASM International，1981.

20. Payson，P.，*The Annealing of Steel*，series，Iron Age，1943.

21. Herring，D. H.，*Fundamentals of Brazing*，Materials Engineering Institute，ASM International，Materials Park，Ohio，2002.

22. Herring，D. H.，*Gas Carbonitriding*，The Experts Speak Blog，Industrial Heating，2010.

23. Surface Combustion，Inc.，Engineering Manual，File No. 243. 1，p. 1.

24. Edenhofer，B.，J.，Boumann，and D.，Herring，"Vacuum Heat Treatment，" *Steel Heat Treatment Handbook*，2nd ed.，Chap. 7.

25. Herring，D. H.，and P.，Hansen，*Heat Treating of Ferrous P/M Parts*，Advanced Materials and Processes Magazine，1998.

26. Herring，D. H.，*Surface Oxidation Effects*，Heat Treating Progress Magazine，2001.

27. Herring，D. H.，*Principles of Gas Nitriding*，*Parts 1- 4*，Industrial Heating，2011.

28. Berns，H.，*Case Hardening of Stainless Steel Using Nitrogen*，Industrial Heating，2003.

29. Herring，D. H.，*The Embrittlement Phenomena in Hardened & Tempered Steel*，Industrial Heating，2006.

30. Herring，D. H.，*Stainless Steels Part One*：*Classification and Selection*，Industrial Heating，2006.

31. Herring，D. H.，and P.，McKenna，*Vacuum Heat Treating of Tool Steels*，Moldmaking Technology，2011.

32. Aston Metallurgical Services Company，Inc.，private correspondence.

33. George，R.，G.，Krauss，and R.，Kennedy，*Tool Steels*，5th ed.，ASM International，1998.

34. Donachie Jr.，M. J.，editor，*Titanium*：*A Technical Guide*，ASM International，Materials Park，Ohio，1988.

35. Herring，D. H.，*The Heat Treatment of Aluminum Alloys*，Industrial Heating，2005.

36. Herring，D. H.，*The Heat Treating of Aluminum Castings*，Industrial Heating，2010.

37. Herring，D. H.，*Temper Designations for Aluminum Alloys*：*What They Are and Why We Need to Know*，Industrial Heating，2010.

38. Chandler，H.，editor，*Heat Treater's Guide*：*Practices and Procedures for Irons and Steels*，2nd ed.，ASM International，Materials Park，Ohio，1995. .

39. *Metals Handbook*：*Heat Treating*，*Cleaning and Finishing*，8th ed.，ASM International，Materials Park，Ohio，Vol. 2，1964.

40. Schwartz，M. M.，*Brazing*，ASM International，Materials Park，Ohio，1987.

41. Herring，D. H.，*Vacuum Heat Treatment*，BNP Media Group II，2012.

扩展阅读

Bradley，E. F.，editor，*Superalloys*：*A Technical Guide*，ASM International，Materials Park，Ohio，1988.

Doyon，G.，and V.，Rudnev，*Basics of Induction Heating*，ASM Heat Treating Conference & Exposition，Detroit，2007.

Elgun，S. Z.，*Tool Steels*，Farmingdale State College.

Greenberg，J. H.，*Industrial Thermal Processing Equipment Handbook*，ASM International，Materials Park，Ohio，1994.

Haga，L.，*Practical Heat Treating*，Metal Treating Institute.

Haga，L.，*Principles of Heat Treating*，Metal Treating Institute.

Heat Treater's Guide：*Practices and Procedures for Irons and Steels*，Chandler，Harry，editor，ASM International，1995.

Herring，D. H.，*A Tool Steel Primer*：*Frequently Asked Questions About Tool Steel Heat Treating*，Industrial Heating，2010.

Herring，D. H.，*An Update on Low Pressure Carburizing Techniques and Experiences*，18th Annual Heat Treating Conference Proceedings，ASM International，Materials Park，Ohio.

Herring，D. H.，*Comparing Carbonitriding and Nitrocarburizing*，Heat Treating Progress，2002.

Herring，D. H.，*Plasma Assisted Surface Treatments*，Heat Treat Progress Magazine，2002.

Herring，D. H.，*Stainless Steels Part Two*：*Heat Treatment Techniques*，Industrial Heating，2006.

Herring，D. H.，*Tool Steel Heat Treatment*，Industrial Heating，2007.

Herring, D. H., *Where Have All the Heat Treater's Gone?*, Heat Treating Progress, 2003.

IMMA Handbook of Engineering Materials, 5th ed.

Kaltenhauser, R. H., *Where to Consider the 200 and 400 Grades*, Source Book on Stainless Steel, American Society for Metals, 1976.

Lohrmann, M., and D. H., Herring, *Heat Treating Challenges in the 21st Century*, Heat Treating Progress Magazine, 2001.

Melgaard, H. L., *Ovens and Furnaces*, Metals Engineering Institute, ASM International, Materials Park, Ohio, 1977.

"Heat Treating, Cleaning, and Finishing," *Metals Handbook*, 8th ed., ASM International, Materials Park, Ohio, Vol. 2, 1964.

Moskowitz, A., *How to Choose the Most Economical Stainless Steel*, *Source Book on Stainless Steel*, American Society for Metals, 1976.

Otto, F., and D. H., Herring, *Gear Heat Treatment*, Heat Treating Progress, 2002.

Richard, K., *Tool Steels*, 5th ed., 1998.

Specht, F. R., *Controls for Induction Heating Systems A to Z*, ASM Heat Treating Conference & Exposition, Indianapolis, 1997.

Specht, F. R., *Rules of Thumb for Forging Installations*, 19th Conference Proceedings, ASM International, Cincinnati, 1999.

Stainless Steel Handbook, Allegheny Ludlum Steel Corporation.

Streicher, M. A., *Stainless Steels: Past, Present and Future*, Stainless Steels' 77, A Conference sponsored by Climax Molybdenum Company.

Tarney, E., *Heat treatment of Tool Steels*, Crucible Service Centers.

Totten, G. E., and M. A. H., Howes, *Steel Heat Treatment Handbook*, Marcel Dekker, New York, 1997.

第23章
粉末冶金

金属粉末制品公司　查曼·莱尔（CHAMAN LALL）　著
北京科技大学　章林　曲选辉　译

23.1　概述

粉末冶金（PM）技术能够大批量生产形状复杂、分散的零部件，因此适用于许多工业应用，包括小客车、货车、越野车、电动工具、园艺工具、五金器具、医疗、船舶、航天、计算机、流体动力泵和锁具等。

虽然这种技术是一种古老的工艺，可追溯到公元400年（印度德里铁柱），但直到20世纪，粉末冶金技术才成为一种被认可的绿色制造技术。难熔金属（如钨、钼、钽）加工工艺的发展，开创了粉末冶金技术商业化的道路。1910年，美国人库里奇发明了钨丝的制备技术，并用于白炽灯[2]。我们今天钨丝的制备技术仍然在沿用100多年前的制备工艺[2]。钨丝的制备工艺主要包括以下几个步骤：超细钨粉的压制成形、1200℃预烧结，以及预烧结坯直接通电于3000℃进行垂熔烧结。下一个工艺步骤才是真正的秘诀所在，钨丝的热形变加工温度接近2000℃，只有在该温度附近，金属钨才具有一定的延性。同时，随着钨丝变形程度的增加，其延性也随之提高，使得工艺温度逐渐降低到较低的水平。20世纪早期，材料制备技术的进步为之后电气、电子、航空航天等工业的发展做出了重要贡献。

粉末冶金技术的另一项标志性成果是硬质合金的制备，它为成形模具和刀尖提供了具有优异耐磨性能的材料。制备过程中，超细碳化钨粉末与金属钴基体部分合金化或相互粘结，使超硬碳化钨颗粒均匀分布在金属钴基体中，使该复合材料具有良好的延性和韧性[3]。对碳化钨颗粒进行表面改性，使之圆滑化，能够提高复合材料的耐磨性，用于制备成形模具或工具。不规则形状的碳化钨颗粒用于制备机械加工中锋利的切削工具。很难想象，如果没有硬质合金，20世纪的传统成形工艺（如铸造、机械加工、磨削、轧制以及拉拔等）该如何进行。

自润滑轴承和过滤器是更为广泛熟知的粉末冶金制品。金属粉末经过烧结粘结在一起，并保留了相互连通的孔隙结构。针对特定的应用需求，通过控制金属粉末的粒径和粒径分布来精确调控制品的孔隙度。过滤器通常具有更高的孔隙度，以确保流体在孔隙通道中流动，而自润滑轴承则具有足够高的孔隙度来吸收润滑油。自润滑轴承在使用时，轴和自润滑轴承内表面之间摩擦生热，使润滑油膨胀，膨胀的油渗透到摩擦表面，形成一层润滑油膜，可有效降低摩擦阻力。当轴承温度降低后，润滑油收缩，毛细作用使润滑油重新回到孔隙内部。这种自我调控过程使摩擦表面始终保持适量的润滑油。自润滑轴承可以用黑色金属合金或有色金属合金制成，有时会在金属基体中添加固体润滑剂（如石墨等）以降低磨损。

在过去的半个世纪，受汽车工业对批量化零部件需求的驱动，作为结构件应用的铁基粉末冶金零件的增长非常迅速。粉末冶金技术能够以较低的成本批量制备齿轮、轮毂和凸轮等零部件。除了作为结构件应用的铁基粉末冶金零件外，粉末冶金技术还能制备各种软磁材料（如磁极片），以及电动机上使用的电刷等导电元件。随着粉末冶金材料和工艺的发展，粉末冶金技术已经能够制备更多高性能的部件，如粉末锻造连杆[4]（见图23-1）。粉末冶金技术已被认为是制备这些高性能部件的首选方法，北美生产的汽车中约有60%使用这种粉末锻造连杆[5]。

21世纪，北美的粉末冶金行业生产了约40万吨金属粉末[5]。73%的粉末冶金制品用于汽车工业，如不锈钢排气管部件（法兰、传感器凸台）；发动机部件（连杆、主轴承盖、曲轴和凸轮轴链轮，阀座和导轨，凸轮盖，油和水泵齿轮）；制动系统部件（防抱死制动系统、音圈和传感器极片）；手动和自动变速箱部件（行星齿轮架、驱动齿轮、离合器组件、

图23-1　粉末锻造（PF）汽车零部件；
右侧为连杆（参考文献4）

同步器环和轮毂）；内饰部件（后视镜安装座、锁具）和底盘部件（转向柱锁定爪、减震器活塞和导杆）。尽管汽车中钢铁材料的使用量有下降趋势，但是北美制造的一辆普通汽车中粉末冶金制品的用量已达到20.2kg/辆，并且还在逐年上涨[5]。

粉末冶金制品在汽车之外的领域用量要少得多[6]，包括休闲娱乐和手工工具（16%）、工业电机控制和液压系统（3%）、家用电器（3%）、硬件（1.5%）和商用机器（1.5%），其余的市场份额占5%左右。在这些领域，粉末冶金制品可用作锁具零件，园艺工具的齿轮和衬套，流体动力叶片和耐磨板等。

粉末冶金技术的主要工艺步骤包括：粉末制备，成形和烧结，最终得到具有一定性能和功能的制品。原料粉末是粉末冶金行业的基础，它决定了粉末制品企业生产的产品性能及质量稳定性。在许多情况下，粉末生产企业在研发计划中起引领作用，从而推进粉末冶金技术和材料的进步。

粉末的制备技术多种多样[7,8]，这取决于金属或合金的抗氧化性，粉末的化学成分，粉末颗粒的形貌、粒度及粒度分布。据估计，全球95%的商业化金属粉末是采用雾化工艺生产的。雾化是指将金属熔体破碎成细小液滴的工艺。首先将金属碎屑或块体金属加热熔化得到合金熔体，对熔体进行精炼，并按照标准精确控制合金熔体成分；然后使合金熔体通过雾化喷嘴，在雾化介质（高压水或惰性气体）的冲击作用下金属液流被破碎成金属液滴，液滴快速凝固后便得到金属或合金粉末。采用惰性气体雾化时，粉末颗粒一般呈球形，表面光滑，粉末纯净度高。雾化粉末按照不同的粒径进行分级后就得到成品粉末。

水雾化粉末在制备过程中会被氧化，因此需要进行后续处理。金属粉末和雾化介质水组成的浆液从雾化室内泵出后需要进行几个阶段的干燥。干燥

后的粉末进行球磨，然后在一定的气氛条件下进行脱碳和脱氧，在某些条件下还需要进行破碎和退火以满足粉末冶金工业对粉末粒度分布的要求。水射流的高能量和快速冷却使得水雾化粉末呈不规则形状，颗粒表面粗糙，有利于提高成形坯的强度。相比之下，表面光滑的气雾化粉末不能在粉末颗粒之间形成机械咬合，成形坯强度较低，不适合传统的冷工艺。

下面对粉末冶金技术的工艺过程进行简要叙述，粉末冶金技术的详细过程可参考综合手册及各种优秀的教科书[8-13]。本节关注的重点是如何将金属粉末转变为具有特定形状和功能的结构件，而各种粉末的应用（如食品添加剂、火箭推进剂、油漆颜料和塑料填料等）不是本节关注的重点。

23.2　粉末冶金工艺

图23-2所示为传统粉末冶金技术的工艺流程。传统的工艺流程是从制备混合粉末开始。混合粉末中包含金属粉末、润滑剂和其他添加剂，金属粉末的粒径通常在$10\sim200\mu m$的范围内，添加剂（如Cu、Ni和C）的粒径为十几微米，添加润滑剂的目的是为了将成形坯从模具中顺利脱模。混合粉末在室温下采用机械压力机或液压机进行压制，模具沿垂直方向运动。铁基合金在552MPa左右的压力下压制得到生坯，将生坯置于一定加热制度（烧结温度和烧结气氛）的烧结炉中进行烧结，烧结温度通常在1120℃左右。软磁零件及一些高性能材料需要在更高温度下进行烧结[14,15]。氮气和分解氨组成的混合气氛是20世纪烧结钢最常用的气氛，但新的趋势是使用氮气和氢气组成的氮-氢混合气体。在一些含有特别稳定的氧化物或需要尽量避免氮的负面影响的金属体系（如软磁性材料和不锈钢）中，需要采用高纯氢气气氛进行烧结[14,16,17]。

此外，一些粉末冶金零件还需要进行后续烧结或二次处理，如复压（提高零件的致密度和尺寸精度）、机械加工、研磨、热处理、树脂浸渍、电镀和涂覆等工艺。粉末冶金制品中孔隙的存在会导致间歇切割效应，因此需要对常规锻钢的切割、钻孔和研磨工艺参数进行调整。与此类似，由于粉末冶金制品内部孔隙的存在会使渗碳气体进入粉末冶金零件内部，引起制品快速硬化，因此需要对粉末冶金铁基合金的热处理工艺参数进行调整。粉末冶金零件的局部硬化比较困难，只有采用表面致密化技术封闭表面孔隙之后或烧结坯的密度大于$7.2g/cm^3$时才能进行局部硬化。

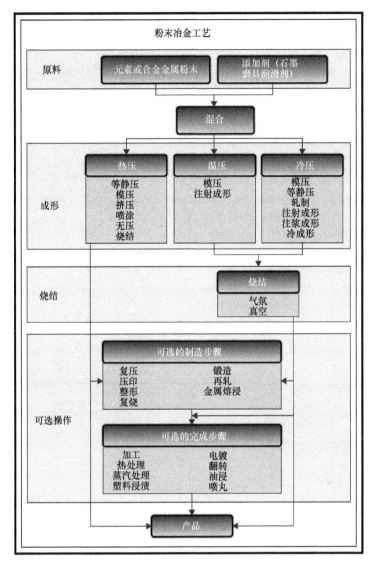

图 23-2 传统粉末冶金技术的工艺流程

（来源：Metal Powder Industries Federation，Princeton，New Jersey.）

对用作密封部件或在后续工艺中需要进行电镀或包覆的粉末冶金零件，需要采用塑料或树脂浸渍的方法封闭粉末冶金零件内部的连通孔隙。最常用的树脂浸渍工艺是在真空容器内将粉末冶金零件浸渍在液态树脂中。抽真空时，粉末冶金零件内部的气体从孔隙中逸出，液态树脂填充孔隙，厌氧树脂在系统中催化剂的作用下，由液态单体转化为固态聚合物；然后将粉末冶金零件从真空室内取出，并进行清洗和干燥。浸渍树脂能够改善粉末冶金零件的加工性能，原因是浸渍树脂能够减少断续切削现象，还能防止切削液进入零件内部。同样，在电镀或涂敷操作过程中，固体树脂或塑料能够阻止化学试剂进入孔隙。如果粉末冶金零件不浸渍塑料或树脂，化学试剂会从一个反应器带入下一个反应器，很容易破坏电镀或涂覆过程中的化学平衡，影响电镀或涂层的效果。

浸渍树脂后的粉末冶金零件具有良好的密封性能，能够在液压压力高达 65MPa 的条件下使用。采用树脂反复浸渍粉末冶金零件，或者在液态单体浸入零件后施加压力，能够确保孔隙被完全填充。大多数厌氧树脂能够在高达 205℃ 的温度下连续使用。当使用温度高于该温度时，通常采用浸铜工艺来填充孔隙。该方法是将浸渗用铜合金放置在预烧结多孔坯的上方或下方，然后推入烧结炉，铜合金熔体在毛细作用下填充铁基合金的内部孔隙。在浸渗过程中，铜和铁基合金之间会发生一定程度的扩散和合金化。浸铜工艺除了能够填充孔隙外，还能够提高铁基合金的强度，其原因是铜元素的合金化具有强化效果，以及孔隙尖端的钝化有效减少了裂纹萌生源。此外，浸铜铁基零件能够进行热处理，而树脂浸渍的粉末冶金零件由于塑料在热处理温度下会发生分解而不能进行热处理。

可以采用多种方法将不同的粉末冶金零件或粉末冶金零件与锻件进行连接。连接的方法包括钎焊、电弧焊和机械连接法（如拔长）。粉末冶金零件也能在烧结过程中通过浸铜或特殊的钎料膏来进行连接。值得注意的是，由于粉末冶金零件内部存在孔隙，它会吸收传统的低黏度钎，需要根据粉末冶金零件的特点设计特殊的钎料，钎料应具有较高的黏度，并在烧结温度下能够快速固化。图 23-3 所示为在烧结炉中通过钎焊和烧结得到的由三个粉末冶金零件组合而成的压缩机阀板体。图 23-4 所示为通过烧结炉钎焊的应用于汽车的一种高性能焊接组件——汽车变速器行星架。图 23-5 所示为由两个不锈钢零件焊接而成的粉末冶金零件，用于替代精密铸件，显著降低了生产成本。

图 23-4　汽车变速器行星架
（来源：Metal Powder Industries
Federation, Princeton, New Jersey.）
注：由三个粉末冶金-浸铜铁基零件组成，
使用炉中钎焊进行连接。

a)

图 23-3　压缩机阀板体
（来源：Metal Powder Products, Westfield, Indiana）
注：三个零件分别成形，然后在烧结
炉中一次完成钎焊和烧结。

目前，采用传统的压制-烧结粉末冶金工艺制备的产品占整个粉末冶金制品产量的 85% 以上。其余的粉末冶金制品通过采用粉末锻造（PF）、金属注射成形（MIM）、冷等静压（CIP）或热等静压（HIP）工艺制备，并且这类产品的市场份额呈增大趋势。粉末锻造工艺首先采用传统压制-烧结工艺制备生坯或预成形坯，预成形坯与模具一起加热，升高到一定温度后进行锻造，最终得到接近全致密的制品。粉末锻造消除了预成形坯体中的大部分内部孔隙，所得制品的性能接近锻件。粉末锻造能够获

b)

图 23-5　焊接的粉末冶金零件
（来源：Metal Powder Products,
Westfield, Indiana）
a) 由两个不锈钢零件焊接而成的锁栓
b) 由两个不锈钢零件焊接而成的锁套拉钩

得细晶组织，力学性能得到有效提高。

金属或陶瓷粉末与特殊设计的黏合剂系统结合，能够在传统的塑料注射成型机上成型，得到复杂形状的坯体，注射压力通常小于 3000psi（20MPa）[10,12,13]。该工艺称为粉末注射成形（PIM），或更具体地称为金属注射成形（MIM）和陶瓷注射成形（CIM）。注射成形工艺所用的粉末原料比传统粉末冶金工艺使用的原来粉末更细小（通常为 20μm 左右或更细

小），原因是细粉具有高的比表面积，在烧结过程中能够提供更大的烧结驱动力，促进致密化。一旦零件成形，黏合剂系统就不再发挥任何有用的功能，需要通过各种方法将其去除。水基黏合剂制备的坯体浸入水浴中就能将黏合剂去除，有机黏合剂制备的坯体需要在有机溶剂中将黏合剂溶解，石蜡基黏合剂可以在一定的温度下通过热分解的方法去除。为了避免黏合剂脱除的时间过长，金属注射成形和陶瓷注射成形零部件的壁厚通常控制在6mm以下，为了克服这种局限性，人们不断在开发新的黏合剂体系[12,13]。此外，采用多模腔的模具一次能够成形多个生坯，有效提高了生产率。去除黏合剂后的生坯在一定的温度下于真空炉或气氛炉中进行烧结。需要根据制品材料的特点，选择合适的烧结温度和烧结气氛。铁基合金系统的烧结温度为1100~1300℃，而氧化铝等陶瓷系统的烧结温度高达1500℃。当细粉制备的坯体烧到95%~98%的相对密度时，其尺寸变化高达15%~20%。由于坯体中容易残留一些细小的闭孔，因此通过烧结很难获得全致密的制品。

冷等静压（CIP）与热等静压（HIP）类似，都能够制备出具有三维复杂形状的零件。冷等静压是将原料粉末装入柔性模具内，然后将模具在室温下于液体介质中加压至414MPa左右。在冷等静压过程中，橡胶模具与粉末颗粒之间不会像钢模与粉末颗粒之间那样存在较大的模壁摩擦阻力，因此冷等静压生坯的密度高于传统的粉末冶金。表面光滑的球形粉末所得的生坯强度较低，也不适用于冷等静压工艺。冷等静压生坯从橡胶模具中取出后，在常规烧结炉中进行烧结。

在热等静压工艺中，首先将原料粉末放入玻璃或钢的包套中，并进行真空封焊。将装有粉末的包套加热到一定温度，并采用惰性气体（如氩气或氦气）进行加压。热等静压结束后，通过机械加工去除包套后得到全致密的制品，然后通过机械加工或研磨的方法得到所需形状的产品。冷等静压和热等静压工艺都能够获得密度分布均匀的大型制品。这两种工艺已用于加工更具挑战性的材料，如工具钢、钛合金、镍基高温合金和难熔金属（如钼和钨等）。

尽管上面介绍的各种工艺都以粉末作为原料，但产品的最终性能和成本可能存在很大差异。传统压制-烧结工艺成本最低，能制备质量为5~2000g的零件，尽管曾有报道说还可以制备出质量高达16000g的零件。采用传统粉末冶金工艺制备的零件尺寸（直径）可以从几毫米到20cm。零件的尺寸主要受压力机的压力的限制，压制铁基粉末所需的压力要大于414MPa。此外，零件的形状限制了设计的灵活性，因

为在压制方向有侧面负角的样品很难成形。模冲和芯杆的垂直运动容易破坏用于成形侧面负角部分的可伸缩滑块。因此，带侧面负角和横孔的产品通常采用烧结+后续机械加工的方法制备。新型成形机利用电脑精确控制压头的运动，并结合机械和液压功能，目前已经能成形带有一定侧面负角的零件。

相比而言，金属注射成形和冷/热等静压能够实现三维复杂形状零件的成形。这种直接制备出最终形状零件的能力称为近净成形能力，它使注射成形技术非常适合于难加工或难变形材料的成形。但是，由于注射成形使用的粉末成本比传统模压的成本高，再加上制备周期较长，工艺步骤繁多，使得注射成形零件成本提高。

冷等静压和热等静压常用于制备工具钢及航空航天和军工领域所用的高性能零件。金属注射成形已成功用于生产正畸和医疗领域的组件（见图23-6）。

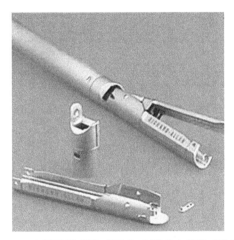

图23-6 金属注射成形（MIM）制造的内窥镜工具组件
（来源：Metal Powder Industries Federation, Princeton, New Jersey）
注：包括由17-4PH不锈钢制成的三个部件
（接收器、U形钩端和连接件），密度为7.5g/cm³，极限抗拉强度（UTS）为1180MPa，屈服强度为1100MPa，硬度为36HRC，断后伸长率为3%。

23.3 零件设计考虑因素

在设计单向压制零件时，最重要的是在模具中成形各种形状的棱柱，以及通过辅助的模具结构来成形特殊的形状特征。棱柱的外轮廓线是其压入模具内的形状，它可以是规则形状，如正方形、矩形、圆形或可由线切割加工出的任何形状。孔也有这样的设计自由度，为了在棱柱表面成形深度为1~2mm的孔，可以在上模冲或下模冲上成形这个细节；对于较

深的孔隙或台阶，需要采用多台阶的模冲来成形。图 23-7 所示为利用多台阶的上模冲和下模冲来成形复杂形状零件的示意。中间孔可以通过芯棒来成形。

图 23-7　利用多台阶的上模冲和下模冲
成形复杂形状零件的示意
（来源：Metal Powder Industries Federation,
Princeton，New Jersey）

当设计一定应力下使用的零件时，应避免尖锐的棱角和角度。模具在使用过程中会承受很大的应力，因此在设计粉末冶金模具时也应避免尖锐的棱角和角度，以使模具寿命最大化，这就是为什么在任何可能的情况下，都需要去除零件边角和进行倒角的原因。

如前所述，常规的模压很难成形带有侧面负角和横孔的样品，需要在烧结后再进行机械加工。由于花键和行星齿轮的轮廓平行于压制方向，利用粉末冶金技术容易进行成形。斜齿轮的加工比较困难，通常是采用特殊的轴承组件，以同步模具冲头的旋转和垂直

运动来实现，这样就不会破坏斜齿了。螺旋角小于 25° 的斜齿轮较容易采用粉末冶金工艺制备。

粉末冶金零件的尺寸精度控制与机械加工产品类似，但是不如精磨零件。压制零件的尺寸由凹模尺寸控制，因此在垂直于压制方向上有严格的尺寸公差。当零件从模具中取出后，会产生弹性后效，不同材料的弹性后效不同。模具尺寸控制在比压坯的尺寸小 0.05mm 左右。压制零件在压制方向上的尺寸精度控制不是很严格，因为这取决于模腔中粉末的装填量、粉末的松装密度以及模冲运动的控制精度。由于不同批次的原料粉末之间存在性能差异，所以压坯在压制方向上的尺寸精度为 0.1mm 左右。

成形坯在高温下烧结，其尺寸会发生变化，变化程度将取决于合金成分和烧结工艺参数。通常，粉末冶金零件在压制方向的尺寸精度为 0.25mm，而在垂直于压制方向的尺寸精度为 0.125mm。此外，热处理工艺也会影响制品的尺寸精度。

23.4　材料及性能

粉末冶金技术能够低成本批量制备各种零部件，并且能够针对批量用产品的应用需求定制金属原料粉末，这就提高了该工艺的灵活性。粉末冶金行业已经制定了粉末冶金结构件[18]及其性能的材料标准，这些数据可以为新的应用提供参考，也能作为有限元分析（FEA）设计过程的输入数据。表 23-1 列出了粉末冶金行业制定的材料标准中的性能参数。烧结粉末冶金低合金钢的极限抗拉强度一般为 200 ~ 600MPa，经过热处理后的极限抗拉强度提高到 1300MPa。其他的性能，如机械性能、耐磨性、疲劳性能、耐蚀性、电性能和磁性能由合金成分及制备工艺决定。当评估粉末冶金零件在特定条件下的应用时，还应考虑孔隙的影响。

表 23-1　粉末冶金工业材料标准中的性能参数

材料代号	最小值（A）		典型值（B）											
	最小强度(A)(E)(G)		拉伸性能			弹性常数		缺口夏比冲击吸收能量	横向断裂强度	抗压屈服强度(0.1%)	硬度		RBF疲劳极限90%生存率	密度
	屈服值	极限值	极限强度(0.2%)	屈服强度(0.2%)	断后伸长率(25mm)	杨氏模量	泊松比				宏观压痕(明显)	微压痕(转换)		
	MPa		MPa	MPa	%	GPa		J	MPa	MPa	罗氏		MPa	g/cm³
FL-4205-35	240		360	290	1	130	0.27	8	690	290	60HRB	N/D	140	6.80
-40	280		400	320	1	140	0.27	12	790	320	66		190	6.95
-45	310		460	360	1	150	0.27	16	860	360	70		220	7.10
-50	340		500	400	2	160	0.28	23	1030	390	75		280	7.30

（续）

材料代号	最小值（A）		典型值（B）											
	最小强度 (A)(E)(G)		拉伸性能			弹性常数		缺口夏比冲击吸收能量	横向断裂强度	抗压屈服强度(0.1%)	硬度		RBF疲劳极限90%生存率	密度
	屈服值	极限值	极限强度(0.2%)	屈服强度(0.2%)	断后伸长率(25mm)	杨氏模量	泊松比				宏观压痕(明显)	微压痕(转换)		
	MPa	MPa	MPa	MPa	%	GPa		J	MPa	MPa	罗氏		MPa	g/cm³
FL-4205-80HT		550	620		<1	115	0.25	7	930	550	28HRC	60HRC	210	6.60
-100HT		690	760	(D)	<1	130	0.27	9	1100	760	32	60	260	6.80
-120HT		830	900		<1	140	0.27	11	1280	970	36	60	300	7.00
-140HT		970	1030		<1	155	0.28	16	1480	1170	39	60	340	7.20
FL-4405-35	240		360	290	1	120	0.25	8	690	270	60HRB	N/D	140	6.70
-40	280		400	320	1	135	0.27	15	860	310	67		190	6.90
-45	310		460	360	1	150	0.27	22	970	360	73		220	7.10
-50	340		500	400	2	160	0.28	30	1140	390	80		280	7.30
FL-4405-100HT		690	760		<1	120	0.25	7	1110	930	24HRC	60HRC	230	6.70
-125HT		860	930	(D)	<1	135	0.27	9	1380	1070	29	60	290	9.60
-150HT		1030	1100		<1	150	0.27	12	1590	1210	34	60	330	7.10
-175HT		1210	1280		<1	160	0.28	19	1930	1340	38	60	400	7.30
FL-4605-35	240		360	290	1	125	0.27	8	690	290	60HRB	N/D	140	6.75
-40	280		400	320	1	140	0.27	15	830	310	65		190	6.95
-45	310		460	360	1	150	0.28	22	970	360	71		220	7.15
-500	340		500	400	2	165	0.28	30	1140	390	77		280	7.35
FL-4605-80HT		550	590		<1	110	0.25	6	900	630	24HRC	60HRC	200	6.55
-100HT	0	690	760	(D)	<1	125	0.27	8	1140	790	29	60	260	6.75
-120HT		830	900		<1	140	0.27	11	1340	960	34	60	320	6.95
-140HT		970	1070		<1	155	0.28	16	1590	1170	39	60	370	7.20
FL-5108-55	380		570	450	1	120	0.25	8	940	340	79HRB	N/D	110	6.70
-65	450		630	500	2	135	0.27	12	1050	370	84		160	6.90
-70	480		680	540	2	150	0.27	15	1210	410	88		210	7.10
-75	520		690	580	3	155	0.28	18	1260	430	91		220	7.20
FL-5208-65	450		620	480	1	120	0.25	12	1100	410	83HRB	N/D	190	6.70
-75	520		760	550	1	135	0.27	16	1310	520	88		220	6.90
-80	550		830	600	2	150	0.27	20	1520	590	93		250	7.10
-85	590		930	660	3	160	0.28	24	1760	660	98		280	7.30
FL-5305-75	520		760	590	<1	120	0.25	11	1280	520	90HRB	N/D	190	6.70
-90	620		860	690	<1	135	0.27	14	1450	600	20HRC		220	6.90
-105	720		970	790	<1	150	0.27	15	1590	690	26HRC		260	7.10
-120	830		1100	900	<1	160	0.28	18	1720	790	33HRC		290	7.30

（来源：Metal Powder Industries Federation, Princeton, New Jersey）

注：1. 2012 年版 1994 年标准核定 1997 年，2000 年，2003 年，2007 年，2009 年，2013 年修订。

2. 预合金钢，粉末冶金材料性能参数采用 SI 单位。

纯铁和许多铁基合金都可以采用粉末冶金工艺制备，用作结构件或磁路元件。除纯铁外，其他常用的软磁材料还有 Fe-P、Fe-Si 和 Fe-Ni 等合金体系。软磁材料和硬磁材料都可以通过粉末冶金工艺制备。软磁材料对纯净度的要求较高，而硬磁材料则需要尽可能多的钉轧相或晶体缺陷，使之作为畴壁运动的障碍[14]。金属陶瓷和稀土磁体（Nd-Fe-B）的制备都是采用经过微调的粉末冶金工艺。模压和注射成形技术都可以用于硬磁零件的成形。

不锈钢既可用作软磁材料，也可用作耐腐蚀的结构件[15]。铁素体型（400 系列）不锈钢的磁性能用于制作防抱死制动系统（ABS）、磁力离合器和限位开关；非磁性的奥氏体型（300 系列）不锈钢更耐腐蚀，用于制作手表、计算机硬件、螺纹紧固件、过滤器、水表、煤气表、淋浴喷头和喷淋系统喷嘴等。此外，不锈钢还能用于制作汽车零部件，如后视镜支架、制动元件和挡风玻璃雨刮器齿轮。研究发现，在铁素体型不锈钢中添加少量 Nb 元素，则具有更好的抗氧化腐蚀性能，可用于制作汽车排气系统的法兰和传感器凸头。

粉末冶金自润滑轴承、粉末锻造铁基零件和金属注射成形零件的材料标准也已建立。参考这些标准能够了解不同工艺制备的粉末冶金零件所能达到的性能水平。

有色金属材料，如黄铜和青铜，通常用于制造轴承、锁、减震器和对重的部件。纯铜制品主要用于电气应用以及热管理系统。20 世纪末，一家大型汽车公司采用粉末冶金铝合金双顶置凸轮发动机凸轮盖（见图 23-8a）代替了压铸铝合金制品后，粉末冶金铝合金的应用迅速增长。用粉末冶金铝合金结构件取代压铸件的主要原因是粉末冶金工艺改善了零件的尺寸一致性和力学性能，并且完全消除二次加工。除了汽车行业，粉末冶金铝合金结构件在手工工具（见图 23-8b）、商业机器和海洋工程等领域也具有重要的应用前景[20]。

a)

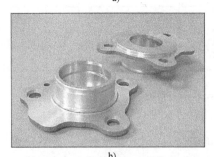

b)

图 23-8 粉末冶金铝合金结构件

（来源：Metal Powder Products, Westfield, Indiana）
  a）双顶置凸轮发动机凸轮盖，总长约为 17cm
  b）用于手工工具的轮毂护罩，轮毂直径约为 4cm

如上所述，高性能的粉末冶金材料，如工具钢、高温合金、难熔金属和钛合金，可通过冷等静压、热等静压工艺和其他新型的工艺进行加工。

23.5 与金属切削技术对比

粉末冶金技术能够以低成本大批量制备零部件，能够替代传统的机械加工或铸造产品。

通常，采用多轴机床可以直接车削出来的零件，如果不需要后续加工，其制造成本会比粉末冶金制品便宜。然而，如果车削出来的零件还需要其他后续加工时，粉末冶金工艺的价格变得更有竞争力。车削加工零件的形状仅局限于轴对称零件。

粉末冶金技术的成本优势在于材料的利用率高（>95%），而传统的机械加工工艺（数控机床加工、车床车削、铣削、钻孔等）会产生较多的废屑。当设计粉末冶金件时，最大的挑战是在成形过程中要最大程度地获得成形零件的形状及细节特征。烧结后的任何处理工艺无疑都会增加成本，因此必须从零件功能的角度进行评估。即使使用诸如机械加工的后续处理，粉末冶金技术仍然有明显的优势，因为它能够保持产品的一致性和可靠性。

从原材料可获得性的角度来看，粉末冶金比压铸件的竞争力强，但铸件的设计自由度要大一些。压铸件通常较便宜，也能够制备与注射成形件形状复杂程度相当的产品，而且压铸件的尺寸比粉末冶金件大，尺寸精度更高。然而，压铸件通常局限于熔点较低的材料（如 Al、Mg 和 Zn），力学性能会受到缺陷或元素偏析的影响。压铸时熔体中添加的辅助剂虽然能够促进流体流动，但是会降低材料性能。此外，铸件中容易产生缩孔和少量夹杂物，也会降低材料性能。

砂型铸造过程中，铸件中会残留少量来自砂型或炉子的耐火材料，以及用于处理熔体的钢包材料。砂型铸造能够制备与粉末冶金件相似的材料，其模具和材料成本低，但是制造成本较高。砂型铸造适于制备数量少的大型零件，而粉末冶金技术适合于批量制备小型零件。对于那些需要较多表面加工及抛光的零件，更适合采用粉末冶金技术制备。

只需单模具的冲压或薄板成形工艺，通常比粉末冶金工艺成本低，但该类工艺的材料利用率低，在制备某些材料的零部件时粉末冶金技术会有优势。对于需要多个模具来成形的零件，由于冲压工艺的工装和制造成本较高，粉末冶金工艺的优势会更明显。当薄板的厚度超过约 3.2mm 时，采用传统冲压工艺制备变得越来越困难。如果有微小的边缘卷曲也能接受的话，则可以采用精密冲裁技术从厚板（约6.4mm）冲制零件。如果不考虑材料利用率和平面度，薄板冲压成形要优于粉末冶金技术，在生产大型仪表外壳或面板时，就需要采用薄板冲压成形技术。

23.6　结论

以上对粉末冶金技术的简短介绍旨在为工程界提供一种前沿的零部件制备技术。该技术适合批量制备尺寸小于手掌大小的零件，所得产品的一致性好。由于成形模具的成本要分摊到各零件上，因此粉末冶金技术不适合生产数量小于一万件的廉价零件。此外，粉末冶金模具的成本远低于冷镦、注射成形和压铸用模具的成本。

本文简要介绍了粉末冶金技术的工艺步骤及与其他制备技术对比的优缺点，但没有详细介绍每个工艺步骤的技术细节。粉末冶金技术的详细内容可以通过相关出版物、网站以及粉末冶金工业的相关信息来获得。

从这些出版物中能获悉许多不同的粉末冶金工艺和最新的技术进步。例如，快速凝固技术、等离子体技术、喷射沉积技术、纳米结晶材料和金属基复合材料等先进技术及材料，这些都是粉末冶金技术未来发展的重要方向[21]。

参考文献

1. "New Delhi: India's Mirror," *National Geographic*, Vol. 167, No 4, 1985.

2. U. S. Patent 963, 872, 1910.

3. Upadhyaya, G. S., *Cemented Tungsten Carbides: Production, Properties and testing*, William Andrew Publishing, Norwich, NY, 1999.

4. *Powder Metallurgy Design Manual*, 3rd ed., Metal Powder Industries Federation, Princeton, New Jersey, 1998.

5. Pfingstler, R., "State of the PM Industry in North America-2014," *Advances in Powder Metallurgy & Particulate Materials*, Metal Powder Industries Federation, Princeton, New Jersey, 2014.

6. White, D., "State-of-the-North American P/M Industry-2002," *Advances in Powder Metallurgy & Particulate Materials*, Metal Powder Industries Federation, Princeton, New Jersey, 2002.

7. Lawley, A., *Atomization: the Production of Metal Powders*, Metal Powder Industries Federation, Princeton, New Jersey, 1992.

8. ASM Handbook, *Powder Metal Technologies and Applications*, Vol. 7, ASM International, Materials Park, Ohio,

9. Lenel, F. V., *Powder Metallurgy—Principles and Applications*, Metal Powder Industries Federation, Princeton, New Jersey, 1980.

10. German, R. M., *Powder Metallurgy & Particulate Materials Processing*, Metal Powder Industries Federation, Princeton, New Jersey, 2005.

11. Kuhn, H. A., and B. L., Ferguson, *Powder Forging*, Metal Powder Industries Federation, Princeton, New Jersey, 1995.

12. German, R. M., *Powder Injection Molding of Metals and Ceramics*, Metal Powder Industries Federation, Princeton, New Jersey, 1990.

13. German, R. M., and A., Bose, *Injection Molding of Metals and Ceramics*, Metal Powder Industries Federation, Princeton, New Jersey, 1997.

14. Lall, C., *Soft Magnetism: Fundamentals for Powder Metallurgy and Metal Injection Molding*, Metal Powder Industries Federation, Princeton, New Jersey, 1992.

15. Badger, W. D., and H. J., Sanderow, *Power Transmission Components*, *Advances in High Performance Powder Metallurgy Applications*, Metal Powder Industries Federation, Princeton, New Jersey, 2001.

16. Klar, E., and P. K., Samal, *Powder Metallurgy Stainless Steels: Processing, Microstructures, and Properties*, Metal Powder Industries Federation, Princeton, New Jersey, 2007.

17. Lall, C., "Principles and Applications of High Temperature Sintering," *Reviews in Particulate Materials*, Vol. 1, pp. 75-107, 1993.

18. "Materials Standards for P/M Structural Parts—2012 Edition," *MPIF Standard* 35, Metal Powder Industries Federation, Princeton, New Jersey, 2012.

19. Lall, C., and W., Heath, "P/M Aluminum Structural Parts—Manufacturing and Metallurgical Fundamentals," *International Journal of Powder Metallurgy*, 36 (No. 6): 45-50, 2000.

20. Murr, L. E., "Metallurgy of Additive Manufacturing: Examples from Electron Beam Melting," *Additive Manufacturing*, Vol. 5, pp 40-53, Elsevier, New York, New York, 2015.

21. Froes, F. H., "Advances in Powder Metallurgy Applications," *ASM Handbook*, *Powder Metal Technologies and Applications*, Vol. 7, pp. 16-22, ASM International, Materials Park, Ohio, 1998.

信息资源

组织

APMI International: http://www.mpif.org/apmi/about. asp

Accessed on：Aug 25，2014

ASM International：http://www. asminternational. org/. Accessed on：Aug 25，2014

European Powder Metal Association：http://www. epma. com/ Accessed on：Aug 25，2014

Metal Powder Industries Federation （MPIF）：http://www. mpif. org/Accessed on：Aug 25，2014

SAE International：http://www. sae. org/Accessed on：Aug 25，2014

零件制造商

ASCO Sintering：http://www. ascosintering. com/

Burgess- Norton Manufacturing：http://www. burgessn- orton. com/

Chicago Powder Metal Products：http://www. chipm. com/

GKN Sinter Metals：http://www. gkn. com/sintermetals/

Keystone Powdered Metal：http://www. keystonepm. com/

Metal Powder Products：http://www. metalpowder. com/

Metaldyne：http://www. metaldyne. com/

Pacific Sintered Metal：http://www. pacificsintered. com/

Stackpole Limited：http://stackpole. com/

粉末供应商

Ametek：http://www. ametekmetals. com/

GKN- Hoeganaes：http://www. gkn. com/hoeganaes

North American Hoganas：www. northamericanhoganas. com

Rio Tinto- Quebec Metal Powders：http://qmp- powders. com/en/

第 **24** 章
激光材料加工

中国科学院宁波工业技术研究院　张文武（WENWU ZHANG），哥伦比亚大学　劳伦斯·Y. 姚（LAWRENCE Y. YAO）　著

中国科学院宁波工业技术研究院　张文武　蒋彦华　译

24.1　概述

激光（LASER）是受激发射辐射光放大（light amplification by stimulated emission of radiation）的缩写。激光材料加工（LMP）虽然被认为是非传统的加工工艺之一，但它已经不再处于起步阶段。爱因斯坦于 1917 年提出了受激发射理论，而第一台激光器则是在 1960 年发明的。已经研发了多种激光器，其应用范围也非常广泛，如激光表面处理、激光加工、激光焊接、激光三维增材制造、数据存储与通信、测量与传感、激光辅助化学反应、核聚变、同位素分离、医疗手术和军事武器等。事实上，激光已经并将继续为激动人心的科学研究和工程领域开启越来越多的大门。

LMP 是激光应用中非常活跃的一个领域，涵盖了许多主题。激光焊接将在单独的章节中讨论。此章节中，激光加工将被详细讨论，而其他话题，包括基于激光的三维增材制造、激光冲击强化（LSP）、激光成形（LF）和激光表面处理，将为读者提供一个相对完整的前沿理解。

LMP 的成功应用依赖于对激光系统的正确选择，以及对过程背后物理原理的深入理解。

24.2　对激光能量的理解

24.2.1　激光的基本原理

激光是一种具有独特性质的光子能源。如图 24-1 所示，基本的激光系统包括激光介质、光学谐振腔、泵浦系统和冷却系统。激光介质的原子能级决定输出光束的基本波长，而非线性光学可以用来改变波长。例如，掺钕钇铝石榴石（Nd：YAG）激光器在

1.06μm 波长下的基本光学频率可以通过在谐振腔中插入非线性晶体而增加一倍或两倍，从而获得 532nm 和 355nm 的波长。激光介质，如晶体或混合气体，通过各种方法如电弧光泵浦或二极管激光棒泵浦来泵送。激光介质被适当地泵送时会发生反转，并且由于受激发射而在光学谐振腔中产生光子。光学谐振腔的设计将光子能量过滤到非常窄的范围，并且只有在这个很窄范围内和沿着谐振腔光轴的光子才能被连续放大。前反射镜将部分激光能量作为激光输出。输出光束可以通过另外的光学器件以适应特定的应用，如偏振、光束扩展和聚焦以及光束扫描。

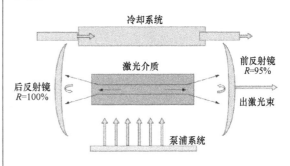

图 24-1　基本激光系统

理解激光材料相互作用中的物理特性对于理解这些过程的能力和局限性非常重要。当激光光束照射到目标材料上时，一部分能量被反射，一部分能量被传输，一部分能量被吸收。被吸收的能量可能会加热或分离目标材料。从微观角度来看，激光能量首先被自由电子吸收，吸收的能量通过电子子系统传播，然后转移到晶格离子。在这种方式下，激光能量被转移至周围靶向材料中，如图 24-2 所示。在激光强度足够高的情况下，靶向材料的表面温度迅速升高，超过熔化和汽化温度，同时热量通过热

传导散发到向材料中。因此，目标被熔化和汽化。在更高的强度下，汽化的材料失去电子，形成离子和电子云，这样就形成了等离子体。伴随着热效应，由于目标上方的蒸汽/等离子体的快速膨胀，可能会产生强烈的冲击波。

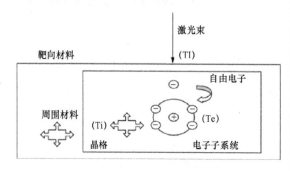

图 24-2 靶向材料吸收激光能量

可以通过激光脉冲的持续时间估算出热穿透的深度。以下是在激光脉冲期间，热量可以传递的距离：

$$D = \sqrt{4\alpha\Delta T} \qquad (24-1)$$

式中，D 是热穿透深度；α 是材料的扩散率；ΔT 是脉冲持续时间。

目标材料中的激光能量传输受朗伯定律的控制，即

$$I(z) = I_0 e^{(-az)} \qquad (24-2)$$

式中，I 是激光强度；I_0 是顶部表面处的激光强度；z 是到表面的距离；a 是取决于波长和强度的吸收系数。

金属对于几乎所有的激光波长都是不透明的，其 a 值大约是 $100000\,cm^{-1}$，这意味着在 $1\mu m$ 的深度内，激光能量衰减到其表面能量的 $1/e$。许多非金属材料，如玻璃和液体具有非常不同的 a 值。因此，当激光脉冲持续时间短且材料具有丰富的自由电子时，激光与材料的相互作用可能是表面现象。激光能量在非金属中的传播距离也可能比在金属中的传播距离大得多。依赖于强度的吸收可以通过内部3D玻璃标记来说明，当激光强度较低时，激光能量通过，而在焦点处，激光强度可以足够高以引起非线性吸收，并且永久地改变材料的局部性质。

当考虑材料加工中的激光功率时，目标实际吸收的能量部分才是有效能量。表面吸收激光能量的一个简单的关系式为

$$A = 1 - R - T \qquad (24-3)$$

式中，A 是表面吸收率；R 是反射率；T 是透射率。

对于不透明材料，$T = 0$，则 $A = 1 - R$。

反射和吸收取决于表面条件、波长、强度和温度。例如，铜对 CO_2 激光的吸收率仅为 2%（波长 $10.6\mu m$），但对紫外光激光器的吸收率较高（约 60%）。在高温下吸收通常会增加，因为在较高温度下有更多的自由电子。

24.2.2 激光材料加工系统的四个属性分析

激光与材料的相互作用可能非常复杂，涉及熔化、汽化、等离子体和冲击波的形成、热传导和流体动力学。通过建模，可以对 LMP 过程研究中的物理现象有了更深入的理解。许多研究中心仍在努力完成这项任务，大量的书籍和论文都致力于此。本章不涉及建模，但作为管理者或工艺工程师，可以通过激光能量场的 4 个属性，即时间、空间、量级和频率的分析，对 LMP 系统有一个相对完整的了解[4]。

1. 时间属性

激光能量可以是连续的（CW）或脉冲的，并且激光能量可以被调制或与运动同步。对于连续激光器，其平均激光功率范围很宽，从几瓦到几十千瓦，但其峰值功率可能比脉冲激光器低。连续激光器可以被调制，如功率的增加或减少，功率的整形，或者使遮板的开/关与系统的运动控制同步。脉冲持续时间的常见范围是 ms 级，最小脉冲持续时间通常大于 $1\mu s$。连续激光器可以在遮板处于打开/关闭位置的情况下以脉冲模式操作。尽管有这些准脉冲模式，激光仍然在连续模式下工作。比连续模式更高的峰值功率是不正常的。对于连续激光器，应该了解其功率调制、聚焦控制和能量运动同步的能力。

脉冲激光器有许多种类。脉冲在激光材料加工中的主要目的是产生高峰值激光功率并减少加工中的热扩散。例如，以 Q 开关固体激光器为例，腔的激射条件有目的地退后了一段时间，以积累比连续模式高得多的总体反转，随后累积的能量在很短的时间内释放，从几个纳秒（$10^{-9}\,s$）到小于 200ns。脉冲持续时间小于 $100ps$（$1ps = 10^{-12}\,s$）的激光器为超短脉冲激光器，通常指 ps 和 fs（$1fs = 10^{-15}\,s$）激光器。脉冲激光器的脉冲能量范围很广，从小于 $1nJ$ 到超过 $100J$。脉冲激光器的基本参数是脉冲持续时间、脉冲能量和重复频率。根据这些参数，可以计算峰值功率和平均功率。与连续激光器类似，人们也应该了解脉冲激光器的功率调制、聚焦控制和能量运动同步的能力。峰值激光强度是脉冲能量除以脉冲持续时间和点照射区域。由于脉冲宽度有几个数量级的差异，脉冲激光器可以达到的峰值激光强度大于 $10^8\,W/cm^2$，而连续激光器通常产生小于 $10^8\,W/cm^2$ 的激光强度。

2. 空间属性

从谐振腔或光纤发生的激光光束可能有一种或几种模式，称为横向电磁模式。对于激光材料加工，我们关心的是影响目标热场的光束的空间分布。激光强度通常具有高斯光束分布。对于光束半径为 r 的高斯光束和具有吸收 $A = 1 - R$（其中 R 是反射率）的材料 $P(t)$ 是随时间变化的激光功率，目标表面上吸收的激光强度的空间分布为

$$I(x, y, t) = (1 - R)I_0(t)\,\mathrm{e}^{-\frac{x^2+y^2}{r^2}} \quad (24\text{-}4)$$

式中，$I_0(t) = 2P(t)/(\pi r^2)$ 是平均激光强度。

激光能量分布可以采取其他形状，如平顶形状，即中心处的激光强度是均匀的。一般来说，传输到深度为 z 的材料的激光能量为

$$I(x, y, t) = A \times I_0(t)\,\mathrm{e}^{(-az)\mathrm{SP}(x, y)} \quad (24\text{-}5)$$

式中，A 为表面材料吸收激光能量的比例；$I_0(t)$ 为激光强度的时间分布；a 为吸收系数；SP 为激光强度的空间分布。

特殊的光学元件可以用来改变光束的形状和空间分布。例如，光束可以从圆形均匀变为方形。

激光光束半径通常被定义为包含总能量的 86.4% 或（$1 - 1/e^2$）的光束中心距离。焦点处的光束直径被称为焦点光斑尺寸。通常情况下，光斑尺寸需要随距离（从聚焦镜头到目标的距离）变化。对于较低的强度，可以使用激光能量廓线仪直接测量强度分布。通常难以直接测量接近焦点的激光光束尺寸，特别是当聚焦光斑尺寸小于几十微米或激光功率较大时。高功率激光器的一个粗略解决方案是用合适的薄片材料测量激光烧孔的直径。对于高斯光束，更准确的解决方案是将实验测量与光学计算相结合。大的离焦尺寸可以通过廓线仪或刀口法来测量。在不同位置测量 3 次以上，得到（Z_n、D_n），$n = 1, 2, 3, \cdots$，其中 D_n 是位置 Z_n 处的光束尺寸。激光光束在空气中的传播满足以下等式：

$$D_n^2 = D_0^2 + \left(\frac{4M^2\lambda}{\pi}\right)^2 \frac{(Z_n - Z_0)^2}{D_0^2} \quad n = 1, 2, 3, \cdots$$

$$(24\text{-}6)$$

式中，D_0 是束腰，Z_0 是束腰位置，M^2 是光束质量参数。

已知（Z_n、D_n）；D_0、Z_0 和 M^2，然后可以计算光轴上任何位置的光斑尺寸。已知 M^2，也可以计算光束发散度和焦深（DOF）。焦深是光斑尺寸相对于聚焦光斑尺寸变化 5% 的距离范围。图 24-3 所示为激光光束的焦深。

激光强度随散焦而变化。激光材料加工被认为是非接触式的加工方式，因为其最高强度是在焦点上，而激光光学器件离目标有一定的距离。加工中

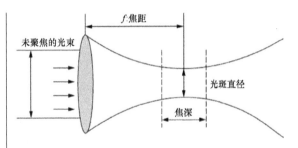

图 24-3　激光光束的焦深

改变焦点并不总是方便的。有限的焦深将激光加工限制在较薄的材料上（通常小于 15mm）。

在材料加工中，可以在保持部件固定的情况下移动光束，或者在保持光束固定的情况下将部件移动到台上，或者移动它们两者。通常使用 XY 轴或 XYZ 轴的电动台。激光光束可以通过称为检流计或激光扫描仪的计算机控制的反射光学系统在指定位置快速扫描，这使高速标记或钻孔成为可能。激光材料加工的空间分辨率受聚焦光斑尺寸的影响。当光束质量相同时，波长越短，聚焦斑点尺寸越小。短波长激光因此用于精密加工任务。在激光微加工中，正常聚焦光斑尺寸可轻易地小于 $50\mu m$；采用更短的焦距镜头，可实现 $10\mu m$ 的光斑尺寸；使用近场效应，激光光斑尺寸可以小于 $1\mu m$。在 IT 芯片制造中，可使用深紫外光激光器实现低于 $50nm$ 的分辨率。然而，更小的聚焦光斑尺寸通常在更短的焦深下实现。这种效应使钻出高宽比的小孔变得困难。

正常的焦深限制适用于块状介质（如空气）中的透镜聚焦，范围从 $1\mu m$ 到几毫米不等。通常情况下，激光加工必须非常小心地控制工件的间隙。然而，在水辅助加工中，激光能量被耦合成层流水流，它长达 100mm，机械加工对工件的间隙不再敏感。

3. 量级属性

激光能量的主要参数是功率（单位为 W）、脉冲能量（单位为 J）和强度（单位为 W/m^2 或 W/cm^2）。与其他能源相比，激光的平均功率相对较低：超过 1kW 就被认为是高功率，而脉冲激光的平均功率通常小于 100W。激光能量的优势在于它可以有很强的局部能量强度，并且这个强度在时间、空间和量级上都能很好地控制。

能源与目标之间的相互作用不是连续的，能源强度通常是决定因素。根据激光器类型的不同，激光脉冲能量可以在 $10^{-9} \sim 1\mathrm{J}$ 之间变化，光斑尺寸可以从亚微米级到超过 10mm 之间变化，并且脉冲持续时间可以从几个飞秒（$1\mathrm{fs} = 10^{-15}\mathrm{s}$）至超过 1s。对于脉冲激光器，激光强度等于 $E_0/(t_p \times \pi \times R^2)$，其中 E_0 是脉冲能量，t_p 是脉冲持续时间，R 是光束

半径。对于 0.1J 的激光脉冲能量，如果脉冲重复频率在 1Hz ~ 4kHz 范围内变化，则平均功率为 0.1 ~ 400W。让我们改变脉冲长度和作用面积，并计算峰值强度。当 $R = 0.5\mu m$ 时，10fs 脉冲的峰值强度为 $10^{22} W/cm^2$，$10^{-6}s$ 脉冲的强度为 $10^7 W/cm^2$，0.001s 脉冲的强度仅为 $10^4 W/cm^2$。由此可见，激光强度可以被灵活地控制，以实现非常宽范围的激光强度。

根据所吸收的激光强度，会产生不同的物理现象。表 24-1 列出了激光强度和沉积时间的应用。

表 24-1 激光强度和沉积时间的应用

应用	强度（W/cm^2）和激光与材料的相互作用
激光表面相变化硬化、激光成形、激光辅助加工等	强度 $< 10^5 W/cm^2$，目标加热到熔化温度以下，可能会发生相变，使材料变硬；温度升高可使材料软化。脉冲持续时间为 $10^{-3}s$，使用连续激光器。
激光焊接、激光熔覆和合金化、快速加工和激光加工	强度为 $10^6 ~ 10^8 W/cm^2$，材料熔化，可能发生汽化和形成等离子体。脉冲持续时间一般 $> 10^{-3}s$，使用连续激光器
更高强度的激光加工（标记、切槽、钻孔和切割）	强度为 $10^7 ~ 10^8 W/cm^2$，材料熔化，发生强汽化，可能产生冲击波和等离子体。脉冲持续时间通常 $< 10^{-3}s$，$10^{-9} ~ 10^{-6}s$ 的脉冲持续时间是常见的，而微加工则使用更短的脉冲时间。使用连续激光器或脉冲激光器
激光冲击处理、激光表面清洁	强度 $> 10^9 W/cm^2$，脉冲持续时间小于 $10^{-7}s$，非常强烈的表面汽化会对目标产生强大的冲击压力

许多材料的性质，如热导率和反射率随着材料温度和状态的变化而变化，这些性质又由能量输入的大小决定。我们默认在正常激光强度的特定时间只有一个光子被一个电子吸收，但当超快激光（脉冲持续时间 $< 10^{-12}s$）的激光强度非常高时，一个电子可以同时吸收超过一个光子。这被称为多光子吸收。材料的光学性质是高度非线性的，并且与单光子吸收非常不同。材料的作用如同被一个频率加倍或三倍的激光源照射一样。在这个意义上，我们可以说极高的激光强度可以等同于较短的波长。

光学滤波器、偏振器、衰减器、扩束和聚焦系统可用于调制激光强度和强度的空间分布，这样就可以将激光输出匹配到特定应用而不会干扰内部激光源。

4. 频率属性

能量场的特征频率是重要的，因为材料对不同频率能量场的响应可能非常不同。激光的特征频率是它的电磁振荡频率，我们更多地使用它的等效波长。频率决定了激光光束的单个光子能量。激光通常具有非常窄的光谱宽度，而其他能源可能具有非常宽泛且复杂的光谱分布。

衍射极限光斑尺寸与波长成正比。对于圆形光束，聚焦光斑尺寸为

$$D_{min} = 2.44f \times \lambda/D \qquad (24-7)$$

式中，f 是焦距长度；λ 是波长；D 是未聚焦的光束直径。因此，对于高精度的应用，倾向于使用较短波长的激光器。与红外光或可见光激光烧蚀相比，有机聚合物的紫外光激光烧蚀在机理上是非常不同的。红外光和可见光激光烧蚀主要是光热降解，而紫外光激光烧蚀可能涉及化学键的直接光化学分解。

材料在不同的波长上表现出非常不同的吸收特性。金属在远红外线（CO_2 激光 $10.6\mu m$）处吸收较低，吸收随波长的减小而增加。非金属如陶瓷和液体在远红外线处具有很强的吸收，在可见光波长下的吸收大大降低，而在紫外光下吸收增强。在深紫外光（或极强紫外光）下，几乎所有的材料都有很强的吸收。这就是为什么不同的材料可能需要使用不同波长的激光来实现高能量耦合效率。

吸收还取决于温度、纯度和表面状况。黑色涂层的薄层可以用来增加 CO_2 激光与金属的能量耦合。透明介质中的缺陷或杂质会强烈吸收激光能量，从而产生局部热点，最终破坏透明状态。此外，在激光强度足够高的情况下，可能发生多光子吸收，材料对辐射的反应是非线性的，光束的作用就好像频率是原来的两倍或三倍。一旦表面温度升高，吸收趋于增加，形成正反馈。在这个意义上，极高的激光强度在材料加工中可以被认为是与波长无关的。

一般来说，这 4 个属性分析也可应用于其他能源形式。从这里，我们可以看到一个工艺的优点和局限性，并且认识到许多事物是相对而非绝对的，如能量耦合效率和波长之间的关系。激光材料加工可能非常复杂，建模工作仍在世界各地积极进行，以更好地预测过程。从文献中收集材料属性时应谨慎使用。在激光材料加工中，材料属性具有高度的温度、波长、几何形状和强度依赖性。

24.3 激光安全

用于材料加工的激光器通常是高功率激光器，可能会对操作者和参观者造成危害。必须遵守严格的安全规则，以防止这种潜在的危险。一旦采取了适当的安全措施，激光材料加工就与其他材料加工技术一样安全。

最常见的危险是对眼睛的伤害。激光，即使在

非常低的功率水平，仍比普通的光源更加明亮。激光可以通过人眼的透镜结构聚焦成更小的光斑尺寸。$0.4 \sim 1.4 \mu m$ 范围内的光线可以聚焦在视网膜上，从而对眼睛造成损伤，而远红外线的光线会造成角膜热损伤。有三种主要的眼部损伤病例：首先是眼睛处于光路中的直接光束损伤。由于光束准直，这是非常危险的，通常发生在激光校准过程中。第二种情况是镜面光束损伤。在这种情况下，来自反射表面的光被反射到眼睛中。反射光仍然可以准直，而且与直射光束一样危险。镜子、金属表面，甚至手表等都可能是引起镜面光束损伤的潜在反射面。第三种是漫反射光束。这些光束通常是分叉的，比前两种情况危险性小，但对用于材料加工的高功率激光器，即使是漫反射光束也会对眼睛和皮肤造成伤害。

激光光束可能以皮肤灼伤的形式对皮肤造成伤害。连续高功率激光器和脉冲激光器对皮肤特别危险，即使短时间暴露在光束中也会导致严重的皮肤灼伤。在大功率激光器情况下，反射镜和杂散光束也是危险的。皮肤对激光能量的吸收取决于波长和强度。远红外线和紫外线吸收较好，而对可见光具有较高的反射率和透射率。出于这个原因，高功率 CO_2 激光器在相同的功率水平下比 Nd：YAG 激光器更危险。

还有其他与激光材料加工相关的潜在危害。其中一些风险是激光电源的电击、泵浦电弧灯管可能的爆炸、激光系统中使用的气体和液体的泄漏，以及材料加工中可能的有毒蒸汽或粉末等等。

由于激光材料加工的潜在风险，激光材料加工系统的安装应由激光安全员指导，只有经过培训的合格人员才能操作激光器，激光器操作和激光器部件的安装必须遵守安全规程。

一些好的做法如下：

1）切勿把眼睛放在光束路径上。

2）激光加工时要穿外套，佩戴合适的护目镜。

3）尽量减少反射光的危害：尽量控制激光。

4）张贴警告标志和警告信号。

5）限制进入，安装联锁系统和闪光灯，以防意外侵入危险工作区。

6）在加工中至少有两个人参与。

7）附近有紧急治疗。

8）定期检查操作人员的眼睛和皮肤健康状况。

9）一旦发生事故，立即报告并严肃处理。

激光安全眼镜只适用于特定的波长，不适用于那些超出范围的波长。即使在安全眼镜的保护下，也不应直视激光束。激光安全眼镜由光学密度数（O. D.）指定，其定义如下：

$$O. D. = Lg(I_0 / I_1) \qquad (24-8)$$

式中，I_0 是入射光强度，I_1 是透射光强度。因此，O. D. 数越高，衰减就越高。一个在 $1.06 \mu m$ 处为 8 的 O. D. 数意味着在 $1.06 \mu m$ 波长处的入射光衰减 10^8 倍。

美国国家标准协会 Z-136 委员会制定的 ANSI 标准是最广泛接受的激光安全标准，包括激光的最大允许暴露水平、激光安全分类以及各类激光安全操作的定义。根据 ANSI 标准，激光器分为四级。

1）1 级激光器。激光照射低于会产生有害影响的水平，如功率远小于 10mW 的连续（CW）He-Ne 激光器。一级激光器也可以是一种高功率激光器，以使用者不能接近光束的方式互锁。

2）2 级激光器。它们是低功率的可见光激光器，没有足够的输出功率来意外伤害人，但是当注视 1000s 时可能会造成视网膜损伤，如 mW 级 He-Ne 和 Ar 激光器。

3）3 级激光器。中等功率激光，直接照射光束会立刻产生危害。

4）4 级激光器。这类激光器不仅可能产生危险的直接或镜面反射光束，还可能产生皮肤接触危险、火灾危险或产生危险的漫反射。

激光材料加工中使用的大多数激光器属于 4 级激光器。详细的安全定义和实践应引用参考文献 13 中的标准。ANSI 激光安全标准是自愿的。每个州和雇主都有自己的强制性规定，还有来自食品和药物管理局、职业安全与卫生管理局的强制性规定。

24.4　激光材料加工系统

激光材料加工系统由激光源、光束传输系统、运动和材料处理系统以及过程控制系统组成。一些系统可以通过集成传感单元来提高加工质量。

24.4.1　LMP 中常用的激光器

有很多种激光器，它们的波长、功率、脉冲持续时间和光束质量范围都很宽。激光器一般可分为气体激光器、液体激光器和固体激光器。气体激光器又分为中性气体激光器、离子激光器、金属蒸汽激光器和分子激光器。近年来，大功率直接二极管激光器、光纤激光器、盘式激光器等取得了较大进展。表 24-2 列出了常用激光器的特点。材料加工中使用最广泛的激光器是 CO_2 激光器、Nd：YAG/Nd：YLF 激光器和光纤激光器。这些激光器具有广泛的激光功率，高达几十千瓦，甚至有超过 100kW 的连续波系统。绿色光波长或紫外光波长的脉冲激光系统可以超过100W，2012年的皮秒（ps）/飞秒（fs）激光系统已经超过了300W。光纤耦合的激光系统对加工有很大的帮助。直接二极管激光器具有最高的壁功率-光子转换效率，2014年已超过6kW，并仍处于快速发展阶段。它们通常用于泵送其他激光以及直接用于激光材料加工。

表 24-2　常用激光器的特点

类　　型	波长/nm	一　般　特　征
CO_2 激光器	10600	功率范围广，从几瓦到几十千瓦 在激光材料加工中应用非常广泛，非金属吸收性好
He-Ne 激光器	632.8	低功率，连续功率为 0.5~50mW 高光束质量 典型应用：对齐、条形码读取、图像和模式识别等
离子激光器	Ar 514.5、488 Kr 647.1 Xe 995-539.5	低功率，从 mW 至几瓦 典型应用：手术、拉曼光谱 全息摄影
金属蒸汽激光器	Cu：511、578	脉冲，可以有短脉冲和高峰值功率 典型应用：手术、激光微加工
准分子激光器	XeCl 308、XeF 351、KrCl 222、KrF 248、ArF 193、F_2 157	紫外光波长，光束形状常为方形，脉冲持续时间从几纳秒到超过 100 纳秒，脉冲能量从 1J 到 1000MJ 典型应用：半导体及其他材料加工
红宝石激光器	694.3	第一台用于金刚石钻孔的激光器，可以是 Q 开关，脉冲能量超过 1J，脉冲持续时间以 ns 和 ps 为单位。 典型应用：钻孔和点焊
Nd：YAG/Nd：YLF	1064、532、355	功率范围广，从 mW 到 kW，连续和脉冲；连续系统可以通过光纤传送 在激光材料加工中应用非常广泛
Nd：Glass 激光器	1064	可以有非常高的脉冲能量（>100J）和短的脉冲持续时间（ms、ps 和 fs）。 典型应用：激光冲击处理
二极管激光器	紫外光至红外光	可以有较高的连续功率输出（>1~6kW），光束发散度较大。可以与纤维耦合，尺寸非常紧凑 典型应用：信号处理、泵送和直接材料处理
光纤激光器	红外光至可见光	连续或脉冲；连续功率为 20kW；脉冲持续时间从 fs 至 ms。 应用：包括焊接、切割、清洁、钻孔、表面处理、3D 增材制造等。
盘式激光器	红外光至紫外光	连续或脉冲；连续功率可超 4kW；脉冲持续时间从 ns 至 ms。 应用：焊接、切割、钻孔等。

24.4.2　光束传输和材料处理注意事项

来自激光源的激光光束通过光束传输系统传送到目标上。能量沉积的位置由激光头和工件之间的相对运动决定。光束传输方案见表24-3。

请注意，在LMP中，一些辅助气体可用于加强加工、保护光学器件或防止氧化。气体可以与激光头以各种形式集成，如与激光输出同心的气体射流，或者与目标表面成一定角度的气体射流。气体射流也可能在激光头外。

光束传输和材料处理是建立LMP系统的一个组成部分。表24-4列出了移动和材料处理方案。通常使用直线电动机、极坐标型机器人或龙门运动系统来移动工件。

表 24-3　光束传输方案

传输方案	描　述	注　释
固定光束	工件在电动工作台上移动时激光光束固定。光学器件可以装在管子中	实施起来很简单，激光几乎没有外部干扰
飞行光学器件	激光头与工件之间的相对运动是通过移动光学器件实现的，如与加工头一起移动的斜镜	光束质量可能会在不同的位置发生变化。这种变化可以通过自适应光学设计来补偿
光纤或其他柔性波导	激光光束耦合到光纤或柔性波导中；这种柔性结构可以安装在机器人手臂上	Nd：YAG 激光器、盘式激光器和一些二极管激光器具有光纤耦合输出，CO_2 激光器可以使用如空心金属管的特殊波导。在 3D 空间中移动激光源非常灵活
激光光束的协调扫描	检流计驱动的反射镜将激光光束反射/偏转到目标上的所需位置	镜子可以有更小的惯性；可以实现非常高的扫描速度。常用于脉冲激光微加工中

表 24-4　移动和材料处理方案

方　案	描　述	注　释
固定工件和移动激光	整个激光相对于目标移动	适用于小质量激光或工件不方便移动时。二极管激光器、低功率 CO_2 激光器等可以使用这种方案。工作场地面积小
固定激光和移动工件	激光和光学器件是固定的；工件在 XY 工作台、XYZ 工作台或 5 轴工作台上移动	适用于中小型工件，速度有限（小于 1m/s）。该方案具有对激光器外部干扰小的优点。需要较大的工作场地
飞行光学器件或移动柔性波导和固定工件	只有部分激光光束输送系统相对于工件移动	由于飞行光学器件的低惯性、高速（>10m/s）和高灵活性成为可能。工作场地面积小

随着激光光源的发展，特别是当使用 MHz 重复频率的脉冲激光器时，需要更高的激光封装速度（50m/s）。激光扫描的新机理有待开发。

24.4.3　传感和过程控制

高质量的 LMP 依赖于对功率、间距、光斑尺寸、能量沉积时间、速度、扫描轮廓、路径规划、气体压力和方向等多个参数的最优控制。需要合适的传感系统来控制激光控制器无法直接定义的重要参数，如光斑尺寸和表面温度。

还应该注意对控制器的设置进行实验验证。例如，标称功率是直接从激光源输出的功率，而不是从最终光学器件输出的功率。实际上，客户通常会建立自己的光学系统来使激光源适应特定的应用。从激光源发出的光束通常经过扩展、均匀化、极化等处理，并且最终聚焦或散焦到目标表面上以达到所需的聚焦光斑尺寸或表面温度。

机械接触或距离传感器可以用来控制从镜头到目标的距离。一个理想的聚焦控制系统应具有较高的空间分辨率和实时性。实现这一目标的一种潜在技术是利用工件反射光的在轴监测系统。对激光能量进行适当调制，可以提高加工质量，如在激光切割时，可通过调节激光功率，以避免边缘的负面影响；在激光冲击钻孔时，则可以控制锥度。

控制方案应考虑激光能量的稳定性。激光通常不能按照规定实时改变功率，因为当设置改变时需要一些时间来稳定。一个好的解决办法是在保持激光功率稳定的同时，调整外部的功率。随着这些外部功率调制器的自动化，可以实时调制激光功率。

综上所述，要建立 LMP 系统，应综合考虑激光光源、待加工材料、实现所需能量沉积的光学器件、材料处理系统和控制方案以及精度、占地面积和成本等因素。激光设置与运动控制同步很重要，即使能量与运动彼此沟通。要制作 2D 或 3D 运动路径，可以手动编程或使用 CAD 工具生成运动。在建立系统的附件时应咨询激光供应商，参考文献可以为成功的过程节省一些努力。

24.5　激光加工工艺

激光加工工艺是指直接使用激光能量进行材料去除的工艺。在本节中，我们将讨论典型激光加工工艺的激光系统、基本机制和工艺能力。激光材料去除过程需要比激光焊接更高的激光强度。激光加工涉及复杂的物理学，鼓励对建模方面感兴趣的读者参阅参考文献 4 中。一般来说，激光加工工艺是非接触式的、灵活的、精确的加工过程，适用于各种材料。

24.5.1 激光切割

1. 用于激光切割的激光器

用于激光切割的激光器主要有 CO_2 激光器、Nd：YAG 激光器、光纤激光器、盘式激光器和准分子激光器。用于切割的工业激光器通常具有从 50W ~ 10kW 的功率，更高的功率被用于切割更厚的截面部件。传统上，CO_2 激光器具有较高的平均功率和较低的每瓦成本，在工业激光切割领域早有成功的历史；CO_2 激光切割是一种广泛应用的切割方法，特别是切割对远红外波长具有更好吸收的非金属材料。Nd：YAG 激光器波长较短，聚光斑点尺寸较小，并且比 CO_2 激光器更容易被大多数金属吸收。几千瓦的 Nd：YAG 激光器通常可以通过光纤传输。所有这些因素导致了 Nd：YAG 激光器在工业激光切割领域的日益普及，特别是对于金属。Q 开关 Nd：YAG 激光器在脉冲激光切割中占主导地位。准分子激光器具有较强的紫外线吸收能力，空间分辨率高于可见光和红外激光器，因此主要用于高精度激光切割，特别是聚合物和半导体材料的切割。近年来，使用二极管泵浦和直接二极管激光器的传统激光器正在迅速缩小其尺寸提高平均功率，这可能会改变传统激光器在工业激光切割中的主导地位。例如，带有光纤耦合器的 4 ~ 6kW 的 808nm 波长的直接二极管激光器现已上市，虽然其适用于激光焊接和表面处理，但也可用于激光切割。光纤激光器由于具有能源效率高、易于维护、功率大、使用方便等特点，逐渐成为切割市场的新兴主导。5 ~ 20kW 的光纤激光器可用于切割和焊接。

在激光微加工中，使用了更广泛的具有短脉冲持续时间和高脉冲重复频率的激光器，如双倍频率（绿光 532nm）和三倍频率（紫外光 355nm）的 Nd：YAG 激光器、铜蒸气激光器、超短脉冲激光器和准分子激光器。更短的波长和更短的脉冲持续时间有助于提高空间分辨率，并减少激光切割中的热影响区。在较小的脉冲能量下，较高的脉冲重复频率使脉冲激光器更容易获得光滑的机械加工边缘。但这些系统的平均功率比工业连续激光器低得多。用于微加工的 ns/ps/fs 激光器的功率通常小于 50W，但最近的发展已经超过了许多类型的脉冲激光器，其功率已超过 100W。在工业上，大功率激光器通常用于以较快速度切割具有较大厚度的零件，而脉冲激光器则用于产生高精度的小特征。

激光切割系统一般由激光源、光束传输和聚焦系统、材料处理系统和过程监控系统组成。激光切割通常使用辅助气体。光束传输和材料处理方案的选择取决于要切割的材料类型、零件的厚度和质量以及对切割系统的投资。本书 24.4 节的讨论适用于激光切割系统，在此不再赘述。

2. 激光切割机制和质量问题

几乎所有的材料都可以用合适的激光切割。为了实现成功的激光切割，材料应对入射激光能量有足够的吸收，并且零件必须在一定的厚度内。这个厚度取决于材料类型、激光器和工艺参数。激光切割主要是一个材料吸收聚焦的激光能量并被加热、熔化和汽化的热过程。聚合物的深紫外光激光加工还可能涉及光子的化学分解过程，其中材料的化学键直接被与分子键能相当的单个光子直接分离。工业激光切割主要是一个热去除材料的过程。激光能量可以是连续的或脉冲的。厚切片主要由大功率连续激光器切割。脉冲激光切割可以减少热影响区，更好地控制如尖角等精密特征。

传统上有三种激光切割机制——激光熔合切割、激光氧切割和激光升华/汽化切割。

在激光熔合切割中，材料被激光光束熔化，随后使用气体喷射器吹走熔融材料，或者使用真空装置来吸走熔融材料。在切口的一端形成切割前端——激光提供用于熔化和热扩散的能量，而气体射流提供动量来移除熔融材料。为了防止氧化，通常使用惰性气体，如氩气、氮气或氦气进行保护。

激光氧切割适用于低碳钢和钛等反应性材料。在激光氧切割中，使用激光将材料加热到与氧发生放热反应的温度。材料主要由化学反应烧穿。在这个过程中，使用了氧气射流，这降低了对激光功率的要求。在相同的功率水平下，激光氧切割比激光熔合切割可以实现更高的切割速度和更厚的截面切割。

激光升华/汽化切割一般适用于低导热、低汽化潜热的材料，如有机材料，这些材料与氧气的化学反应可能是不可控制的。但在激光微加工中，这种机制适用于更广泛的材料，包括金属和陶瓷。在这种机制下，不使用氧气，材料仅被激光能量汽化或升华。因此，这种机制对激光功率和激光强度的要求是三种切割机制中最高的。通常会使用保护气体射流来保护透镜。

激光切割中的质量问题包括重铸层、浮渣或附着物、再沉积、锥度、热影响区、壁粗糙和有条纹、可能的微裂纹等。激光能量在目标材料中产生瞬时高温场，加工后残留热影响区；熔融材料再固化形成再铸层；切口通常不是严格的矩形，而是从顶部到底部形成锥度；熔融材料可能附着在切口的底部，并且可能飞溅到顶部表面，产生附着和再沉积；壁面通常会存在条纹，如果控制不佳，表面可能非常粗糙。

但是，通过适当地控制工艺参数，可以实现高质量的切割。激光切割的重要工艺参数是：激光功率、激光光斑尺寸、偏离距离、焦点位置、扫描速度、气体压力、气体流量和方向以及气体成分。激光切割的质量取决于材料和激光。

3. 与其他切割工艺的比较

激光切割在所有激光应用中占有最大的市场份额（约38%）。由于激光切割与其他切割工艺相比具有许多优势和益处，因此在制造业中获得了广泛的认可。表24-5 比较了常用切割工艺的优缺点。每种工艺都有其自身的优势，用户在面对这些工艺的选择时，应该仔细权衡自己的侧重点。

表 24-5　常用切割工艺比较

工　艺	优　点	缺　点
机械切割—冲孔、锯切、车削、铣削等	资本成本相对较低；高的材料去除率；由于直接的机械接触，可以精确控制切割前端；低的切割表面粗糙度和出色的切口几何形状。成熟的技术，适合块状物料去除，可实现广泛精度	有刀具磨损；由于切割时反作用力大，需要复杂的夹具；切割依赖于材料，有些材料很难切割或根本无法切割；太薄或太厚的材料由于结构过于脆弱或过于笨重而难以切割。长宽比为1:1
水射流切割	可以使用相同的系统切割各种材料，包括金属、陶瓷和有机材料；热损害很小；可以切割极厚的零件；高的材料去除率和低的表面粗糙度；无直接的机械刀具接触	高资本成本；有刀具磨损；空间分辨率受水射流聚焦能力的限制，在横截面上可能呈锥形
电火花线切割	切削力可忽略不计；良好的公差控制，可以切割复杂的几何形状；优秀的边缘完成度；可以切割厚金属	仅适用于导电材料，如金属；有电极磨损；切割速度相对较慢；比激光切割具有更大的热影响区。长宽比为1:1
等离子弧切割	高的切削速度；可以切割复杂的几何形状；适合切割厚料	控制能力差、切口大、热影响区大；粗糙的切边；可能需要后处理
激光切割	非接触式切割，无刀具磨损；小切口；用途广泛，几乎可以切割任何材料；切割反作用力可忽略不计，易于固定，安装方便，设计变更迅速；能够轻松切割复杂的几何形状；对合理厚度的材料切割速度快；在适当的参数下可实现高切割质量；比其他系统更灵活，特别是灵活的光束传输；切割、钻孔和焊接可以在一个系统内完成；空间分辨率高；热影响区小；运营成本低；可靠性和可重复性极高；可以很容易地自动化	高资本成本；相对较慢的材料去除率；难以切割较厚的部分；本质上是一个热材料去除过程，可能会有一些质量问题，如锥度、热影响区和附着物

4. 激光切割的加工能力

纸张、橡胶、塑料、布料、木材等有机材料，陶瓷、玻璃等无机材料在 $10.6\mu m$ 处的吸收比在 $1.06\mu m$ 处更好。因此，CO_2 激光器常用于非金属材料的切割，而100W 的连续 CO_2 激光器足以完成许多切割任务。非金属材料通常通过汽化直接切割。惰性气体可用于防止激光切割中有机材料烧焦。激光切割的夹具很简单——真空吸盘可以用来夹持材料。表24-6 列出了 CO_2 激光切割非金属材料的案例。这些实验数据可让读者了解一些关于加工能力的概念，但不一定代表最优的加工条件。

表 24-6　CO_2 激光切割非金属材料案例[①]

材料	厚度 /in	激光功率 /W	切割速度 /(in/min)	辅助气体
钠钙玻璃	0.08	350	30	空气
石英	0.125	500	29	
玻璃	0.125	5000	180	是
氧化铝陶瓷	0.024	250	28	空气
胶合板	0.19	350	209	空气
胶合板	1	8000	60	无
玻璃纤维环氧树脂	0.5	20000	180	无
亚克力板	0.22	50	12	氮气
布料	单通道	350	2400	无

① 见参考文献5。

与非金属材料相比，激光切割金属材料需要更高的平均功率。CO_2 激光器通常用于激光切割金属材料，但高功率 Nd：YAG 激光器正在得到越来越广泛的应用，尤其是当其配备光纤激光能量耦合器时。表 24-7 列出了氧气辅助 CO_2 激光切割金属材料的试验结果。这些试验数据不一定代表最佳的加工条件，但是它们可以提供对加工能力的一些总体思路。

表 24-7　氧气辅助 CO_2 激光切割金属的试验结果[①]

金属	厚度 /in	功率 /W	切割速度 /(in/min)
钛	0.67	240，氧气辅助	240
410 不锈钢	0.11	250，氧气辅助	10
Rene 41 超合金	0.02	250，氧气辅助	80
铝合金	0.5	5700	30
304 钢	1.0	15000	20
钛	0.25	3000	140
钛	2.0	3000	20
Rene 95 超合金	2.2	18000	2.5

① 见参考文献 5。

24.5.2　激光打孔

1. 激光打孔用激光器

激光打孔是通过激光光束与材料相互作用去除材料而形成孔的过程，是激光加工工艺中最古老的应用之一。第一台红宝石激光器用于金刚石的激光打孔。如今，激光打孔已经在汽车、航空航天、电子、医疗和消费品等行业取得了成功的应用。一个著名的激光打孔的案例是飞机发动机机翼冷却孔的钻孔。

由于光束质量差，高功率连续激光器很难聚焦到小光斑尺寸。

用于打孔的激光器需要比激光切割更高的激光强度。利用有限的脉冲能量，通过紧密聚焦和短脉冲持续时间可以实现高激光强度，因此通常会使用脉冲激光器。与激光切割类似，CO_2 激光更适合非金属材料，Nd：YAG 激光更适合金属材料。激光脉冲持续时间通常小于 1ms。激光的平均功率可能不如激光切割所用的那么高，但由于较短的脉冲持续时间和较小的光斑尺寸，可实现的激光强度要高于激光切割。激光器可以用来钻出高精度和高重复性的小孔。孔的直径范围可从几微米到 1mm 左右。对于直径极小的孔，则需要更紧密的聚焦，并使用绿色或紫外光激光器，如双倍频率或三倍频率 Q 开关 Nd：YAG 激光器。

近年来，ps 激光器和 fs 激光器的功率已经从几瓦发展到超过 100W，使其适用于高质量和高速的微型打孔。相对于 ns、ps 和 fs 的激光器，大型钻孔更多的是一个铣削过程——许多脉冲用于逐渐磨出一个圆柱形孔。与 ms 激光器相比，ns/ps/fs 激光器具有较小的热影响区、较好的深度控制能力和较高的重复频率，但其深度性能不如高能脉冲激光。

当脉冲持续时间短、脉冲重复频率高时，激光器可以在零件移动（飞行钻）时进行打孔。这样就可以实现非常高的打孔速度。

2. 激光打孔机制和质量问题

在激光打孔中，高强度激光光束聚焦在目标面上或略低于表面。材料在其蒸发温度下被快速加热，并且通过直接蒸发被去除（烧蚀），或者在大量熔融的液滴中被去除。图 24-4 所示为激光打孔的几种技术——单脉冲打孔、冲击打孔、环切打孔和螺旋打孔。当目标相对于可用脉冲能量较薄时，单个脉冲可以穿透材料，薄膜打孔、薄箔打孔或薄板孔就是这种情况。当一个脉冲不能穿透样品时，则普遍使用冲击打孔。在这种情况下，脉冲持续时间小于 1ms 的连续激光脉冲被施加在相同的位置，直到孔被钻通。冲击打孔通常用于制造航空发动机的冷却孔。脉冲激光器具有很高的重复率，因此与机械打孔和电火花打孔相比，使用单脉冲打孔或冲击打孔，可以在短时间内钻出数千小孔。然而，孔的直径受限于聚焦光点的尺寸，这个尺寸应当足够小以获得足够高的激光强度。

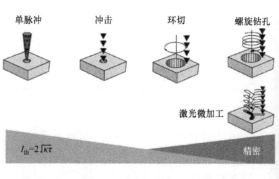

图 24-4　激光打孔的几种技术（参考文献 12）

环切打孔是钻出较大孔的标准技术，如直径超过 500μm 的孔它本质上是一个冲击打孔伴随切割的过程。使用这种技术，可以很容易地实现非圆形几何形状，ns 脉冲环切打孔可以提高打孔的质量。

上述三种技术都会在厚度方向产生一个固有的锥度，尽管在适当的条件下，这个锥形的问题并不严重。为了减少锥度，可以使用螺旋打孔技术。在这种方法中，材料被逐渐钻穿，而不是在每个位置打孔，然后进行轮廓切割。这种方法可以加工出一个盲区特征，也可以钻出一个较大的厚度目标，这是环切打孔不能完成的。

在激光打孔过程中保护聚焦透镜很重要，因为烧蚀的材料可能会污染透镜并造成损坏。通常使用保护气体射流来吹走烧蚀的材料，并在透镜前方安装保护性玻璃平板。

激光打孔的质量问题包括：锥度；偏离圆形或期望的几何形状；在孔周围再沉积的烧蚀材料；以及由热应力引起的微裂纹，特别是在脆性材料的钻孔中。激光打孔的高径比最高可达 50 倍。在高径比小的情况下，锥度不成问题，但当高径比变大时，锥度问题出现。由于材料是以气体和液体的形态被去除的，因此几何形状可能会与圆形或所需几何形状有偏差。然而，如果光束质量良好，则几何形状可以非常接近圆形，壁面的粗糙度通常小于 $5\mu m$，而且工艺过程非常精确且可重复。烧蚀材料的再沉积是由于大部分材料被烧蚀成大量液体形态而不是直接汽化或升华造成的。为了减少再沉积，可以使用更短的脉冲，如 ns 或甚至 ps 和 fs 脉冲而不是 μs 脉冲。但请记住，较短脉冲激光的平均功率可能较低，打孔速度通常低于较长的脉冲。对于再沉积问题的替代解决方案是在目标顶部使用覆盖物或涂层材料，并且在打孔之后，剥离覆盖层。通过控制脉冲能量或提高目标温度，减小打孔过程中的温度梯度，可以缓解脆性材料激光打孔过程中产生的微裂纹。

3. 与其他打孔工艺的比较

激光打孔有许多优点，使其在实际的钻孔操作中非常实用，例如：

1）高生产力导致加工低成本。

2）无接触，无刀具磨损。

3）其他工艺难以打孔的材料，如陶瓷和宝石，采用激光打孔可以获得高质量的孔。

4）孔周围的热影响区很小。

5）可在薄的材料上钻出更小的孔。

6）高度的光束操纵能力，包括以小角度钻孔和钻异性孔的能力。

7）高精确度和保持一致的加工质量。

8）可很容易地实现自动化。

相同的激光系统可用于多种用途，如切割、打孔和刻印。

在短时间内通过激光打出较小的孔是非常经济的，通过机械方法可以钻出较大直径的孔。长径比大于 25 通常是激光打孔的一个挑战；由于激光光束的多次反射和有限的自由度，厚截面的打孔可能是非常困难的。表 24-8 比较了激光打孔及其主要竞争工艺，即机械打孔和电火花打孔。

表 24-8　激光打孔与机械打孔、电火花打孔的比较

工　艺	优　点	缺　点
机械打孔	成熟的大孔、深孔钻进工艺；材料去除率高；设备成本低；没有锥度的直孔；精确控制直径和深度 适用于比电火花加工更广泛的材料范围、但比激光打孔的材料范围要窄。典型的长径比为 1.5:1	钻头磨损和破损；生产量低、安装时间长；材料范围有限；难以钻小孔和大长径比孔；对于不规则的孔，比较困难
电火花打孔	使打出大深度和大直径的孔成为可能；没有锥度；设备成本低；可以打出复杂的孔 主要适用于导电材料。典型的长径比为 20:1	有限的材料范围；钻速慢；需要为每种类型的孔制作工具、安装时间长；运营成本高
激光打孔	高生产量；非接触式工艺，无钻头磨损或破损；低运营成本；易于安装和自动化；高速小孔钻进；精度高，质量一致性好；容易操纵钻孔位置和角度；打出复杂的几何形状成为可能；适用于多种非金属材料的深孔加工 适用于非常广泛的材料。典型的长径比为 10:1	打孔深度有限且钻大孔不经济；孔锥度和打孔金属材料再沉积；设备成本高

4. 激光打孔的加工能力

激光可以高速地在薄的目标上打出很小的孔。激光打孔的许多应用涉及非金属材料。平均功率为 100W 的脉冲 CO_2 激光器可以高效地在许多非金属材料上打孔。非金属材料的激光打孔往往具有比金属材料更高的打孔质量，因为非金属材料的导电性较差且更容易汽化。金属材料的激光打孔可能具有锥度、再沉积和不规则几何形状等质量问题。

CO_2 激光器和 Nd：YAG 激光器通常用于金属材料打孔。ns 激光器或甚至更短的脉冲激光器也可用于金属材料打孔，以缓解质量问题。图 24-5 所示为激光打孔示例。

采用标准的大功率打孔激光器，可以在材料厚度达 1.00in（25.4mm）的范围内进行冲击打孔，孔

图 24-5 激光打孔示例

（来源：Illy Elizabethk，等. 1997 年）

a）在氧化铝陶瓷基底上的激光打孔图案

b）导管中的圆柱形孔（25μm、100μm 和 200μm）

径为 0.008 ~ 0.035in（0.2 ~ 0.875mm）。对于厚度大于 0.15in（3.81mm）的材料，应选择尽可能长的焦距；较小直径的孔可以采用绿色光或紫外光激光器进行钻进，更大直径的孔可采用环切打孔或螺旋打孔。

激光器可以轻松地打出特殊的几何孔。激光光束可以通过编程刻出指定几何形状的轮廓。激光也擅长在斜面上打孔，这对于机械方法来说可能是困难的。可以灵活地操纵激光器在 3D 表面打孔，或者反射到难以触及的区域。激光打孔的锥度通常在 2°以内，边缘的表面粗糙度通常在 5μm 以内。激光打孔的长径比可以超过 20:1。CO_2 激光器和 Nd：YAG 激光器的最大激光打孔深度见表 24-9。

表 24-9 两种激光器的最大激光打孔深度

材料	CO_2 激光器打孔深度/nm（最大）	Nd：YAG 激光器打孔深度/nm（最大）
铝合金	6.25	25
低碳钢	12.5	25
塑料	25	不适用
有机复合物	12.5	不适用
陶瓷	2.5	不适用

24.5.3 激光打标与雕刻

1. 打标和雕刻用激光器

激光打标是通过打标扫描或投射强激光能量到目标材料，在目标材料上产生永久标记的热过程。在某些情况下，目标是去除一个浅层来制作标记，而在其他情况下，强烈的激光照射可以产生一个颜色与非照射区域形成鲜明对比的标记。激光也被用于雕刻特征到木材或石制品等材料上。激光标记在所有激光应用中占有约 20% 的市场份额，是所有激光应用中安装数量最多的一个。激光可以标记几乎任何类型的材料。激光打标可用于显示生产信息、

刻印复杂标志、宝石鉴定、雕刻艺术特征等。

用于标记和雕刻的激光器主要是脉冲光纤激光器、Nd：YAG 激光器、CO_2 激光器和准分子激光器。

一般来说，有两个基本的打标方案：一个是通过光束扫描或直接书写打标，另一个是通过掩模投影打标。在光束扫描或直接书写方法中，聚焦的激光光束扫描穿过目标，材料被烧蚀成离散的点或连续的曲线。通常使用 XY 平台、飞行光学系统和检流计系统，而检流计系统是最强大的。在掩模投影方法中，将具有期望特征的掩模放入激光光束路径中，激光能量在穿过掩模时被调制，并且在目标上产生特征。掩模可以直接接触目标，也可以远离目标，并通过光学系统投射到目标上。掩模投影法中的特征通常是一次曝光产生的，这种掩模投影方法已被 IT 行业用来在化学刻蚀的辅助下产生非常细小和复杂的特征。光束扫描打标具有比掩模投影打标更多的灵活性，而掩模投影打标比光束扫描打标快得多。

光纤激光器、Q 开关 Nd：YAG 激光器和准分子激光器通常用于光束扫描打标，在 40 ~ 80W 范围内工作的 CO_2 激光器用于在木材和其他非金属材料上刻蚀特征。CO_2-TEA 激光器和准分子激光器被广泛用于掩模投影激光打标。

2. 与其他竞争工艺的比较

激光打标已被证明与传统的打标工艺，如印刷、冲压、机械雕刻、手工划线、刻蚀和喷砂相比非常具有竞争力。光束扫描激光打标系统非常灵活，它通常是高度自动化的，并且可以立即将数字信息转换成任何材料上的真实特征；掩模投影激光打标系统则非常高效。人们可以将激光打标视为一种数据驱动的制造工艺，将激光打标系统与数据库集成来非常容易，数据库与传统打标过程中的工具具有相同的作用。

激光打标技术具有速度快、性能好、灵活性高等诸多优点，唯一的缺点似乎就是系统的初始成本。然而，很多实例表明，激光打标系统初期投资较高，但可在短期内获得回报。例如，汽车和航空航天轴承制造商以前使用酸刻蚀标记系统在轴承上标记生产信息，而采用全自动激光打标系统后，单件成本降低了97%，耗材和废弃材料被淘汰。在另一个案例中，一家公司需要确保接近 100 美元的产品质量标识，没有使用印刷标记方法，这可能是由于存在信息陈旧或印刷质量差的问题，而采用激光打标后，质量得到保证，标识信息由生产管理数据库直接驱动。

综上所述，激光打标的优点包括：

1）高速、高生产量。

2）永久且高质量的特征。

3）容易标记非常小的特征。

4）非接触式，易于固定。

5）消耗品成本非常低，没有化学反应，也不需要消耗性工具。

6）自动化程度高，灵活性强。

7）能够标记各种材料。

8）基于数字，维护简单。

9）可靠和可重复的过程。

10）环保，不处理油墨、酸或溶剂。

11）操作成本低。

图 24-6 所示为激光打标示例。

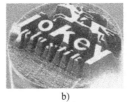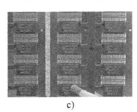

　　a)　　　　　　　　　　b)　　　　　　　　　　c)

图 24-6　激光打标示例（来源：ALLTEC GmbH，Inc.）

a）PC 键盘　b）电火花加工用电极　c）电子元件

24.6　其他激光材料加工应用综述

激光能量灵活、准确、易于控制，在空间、时间、量级和频率控制方面具有非常广泛的自由度，这种独特的能源已经在材料加工中得到了非常广泛的应用。

24.6.1　激光成形

当激光光束扫描金属片材表面并将其表面温度控制在低于目标材料的熔化温度时，激光加热可在冷却后引起金属片材的热塑性变形而不会降低材料的完整性。根据目标厚度、光斑尺寸和激光扫描速度，可能发生三种形成机制或这些机制的混合。这三种机制分别是温度梯度机制、屈曲机制和镦粗机制。[14]用于激光成形的激光器是高功率 CO_2 激光器、Nd：YAG 激光器和直接二极管激光器。

激光成形适用于无模快速成型（RP）和小批量、多品种的钣金件、管件的生产，在航空航天、造船、汽车等行业具有潜在的应用前景，它还可用于矫正和修复钣金件，如焊前"装配"和焊后"调整"。激光管弯曲不涉及壁厚变薄、椭圆度减小和退火效应，这使它更适于高加工硬化材料上，如钛和镍高温合金。激光成形为金属片材和管材提供了唯一有前途的无模快速成型方法。图 24-7 所示为激光成形的金属片材和管材照片。在强有力的政府支持和积极的研究工作下，复杂三维形状的激光成形将会在近期成为可能。

24.6.2　激光表面处理

激光已被用来改变表面，尤其是金属的表面的

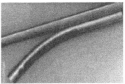

图 24-7　金属片材和管材的激光成形
（来源：MRL of Columbia Unjversity and NAT，Inc.）

性质，使其具有更高的硬度和更强的耐磨性[5]。

1. 激光淬火

在激光淬火中，激光光束扫描金属表面，可以在照射过程中快速加热金属表面的薄层，照射后，由于热量传导进入本体而迅速冷却，这相当于传统热处理中的淬火过程。当这种激光淬火过程中发生有利的相变时，如碳素钢，其表面硬度会显著增加。激光淬火不涉及熔化。通常使用数千瓦 CO_2 激光器、Nd：YAG 激光器和二极管激光器，硬化深度可以达到 1.5mm，表面硬度可以提高 50% 以上。激光淬火可以选择性地硬化目标，如切削刃、导轨、凹槽、内表面、小面上的点硬化和盲孔。在激光淬火过程中，邻近区域可以不受影响。通过适当的重叠，可以处理更大的面积。

2. 激光釉化

在激光釉化中，激光光束扫描工件表面，在工件内部保持低温的情况下产生一层薄薄的熔体。一旦激光光束通过，再凝固过程发生得非常快，因此表面被快速淬火。结果产生了具有特殊显微组织的表面，这可能有助于提高性能，如增加耐蚀性。表面层通常具有更细的颗粒，甚至可能是无定形的。铸铁和铝青铜在激光釉化后表现出更强的耐蚀性

3. 激光合金化

在激光合金化中，含有合金元素的粉末散布在工件表面上或被吹到目标表面上。通过穿过表面的激光光束，粉末与工件表层熔化并混合。再凝固后，工件表面会具有合金元素。表面合金化可以在相对低成本的基材上产生具有所需性能的表面。例如，低碳钢可以通过合金化镍和铬来涂覆不锈钢表面。

4. 激光涂覆

激光涂覆通常涉及用高性能材料覆盖相对较低性能的材料，以增加耐磨性和耐蚀性。在激光涂覆中，覆盖材料铺展在基材上或连续供给到目标表面。激光光束熔化薄的表面层，并与覆盖层材料冶金结合。与激光合金化的区别在于覆盖材料不与基材混合。覆层允许用低成本材料制造零件的主体，并在其上涂覆合适的材料以获得期望的性能。较低的表面粗糙度是可以达到的。与等离子喷涂、火焰喷涂和钨惰性气体焊接等传统熔覆工艺相比，激光涂覆具有孔隙率低、均匀性好、尺寸控制好、涂覆合金稀释度低的优点。

24.6.3 激光冲击处理或激光冲击强化

高强度（$> GW/cm^2$）激光烧蚀材料产生高温高压的等离子体。在露天环境中，这个压力可能高达亚 GPa，而这种高压等离子体的膨胀会给周围的介质带来冲击波。在限制等离子体膨胀的流体层的帮助下，可以产生 5 ~ 10 倍的更强的冲击压力。这种多 GPa 的冲击压力可以被传递到目标材料中，目标材料因而受到激光冲击强化。激光冲击处理可以使金属表面硬化，并产生面内残余压应力分布。残余压应力抑制了裂纹扩展，大大提高了零件的疲劳寿命。与机械喷丸相比，激光冲击处理提供了更深的残余压应力层，并且更加灵活，特别是对于不规则的形状。结果表明，激光冲击处理可以使铝合金的疲劳寿命提高 30 倍以上，硬度提高 80% [16,17]。铝及铝合金、钢铁、铜和镍等材料已成功地进行了处理。激光冲击处理已成为提高飞机发动机叶片疲劳寿命的指定工艺。

传统的激光冲击处理需要能够产生脉冲持续时间非常短（<50ns）、脉冲能量巨大（>50J）的激光系统，通常使用 Q 开关 Nd：Glass 或 Nd：YAG 激光器。这种激光系统价格昂贵，重复率很低（每分钟几次）。从历史上看，这限制了激光冲击处理在工业上的广泛应用。随着越来越多更便宜的大功率系统投入市场，这种情况正在改善。另一方面，这种技术可以扩展到脉冲持续时间短、焦距小的低脉冲能量激光器。成功处理的两个关键要求是超过 GW/cm^2 激光强度和足够

短的脉冲持续时间（<50ns）。使用微米级激光光束的微米级激光冲击处理已经被开发出来，并且已经被成功地应用于微型元件。微型激光冲击处理具有较高的空间分辨率、灵活性和较低的实施成本。结果表明，采用 50ns 脉冲的紫外激光处理铜样品，可以使空间分辨率提高 300% 以上。

24.6.4 激光 3D 增材制造

现代 3D 增材制造诞生于 20 世纪 80 年代，它遵循了计算机驱动的逐层添加法。最初，这种技术被称为"快速原型制造"，因为材料通常不是最终的零件材料，但这种情况已经改变了。直接 3D 制造已成功应用于军事和国防等高端领域。激光是三维增材制造的主要能源，特别是涉及金属和陶瓷粉末时。

基于激光的 3D 增材制造可能利用了其中一种成形机制：第一种是激光熔化和凝固，激光能量在粉末床上或粉末喷射器上扫描；第二种是激光诱导的光化学反应，激光可以用来固化一种光敏聚合物液体介质；第三种是激光多光子吸收效应，可将分辨率提高到亚微米级别；第四种是激光产生的喷射推进方法，它使用激光将黏性涂层从基材转移到目标上；第五种是基于激光切割的 3D 制造，被称为"分层目标制造"。

有许多方法可以利用激光用来实现 3D 增材制造。激光能量的精确控制和传输，具有较高的分辨率，是各种材料局部添加及堆积的理想选择。3D 增材制造中使用的激光器可以是 CO_2 激光器、光纤激光器或 Nd：YAG 激光器，通常使用连续激光器。脉冲激光器可以更好地控制空间分辨率，fs 激光已被用于实现亚微米级的 3D 积聚。

激光是与电子束、电磁加热等竞争的三维增材制造工具之一。目前的一个趋势是将加法和减法相结合，以实现最佳的工艺。激光具有激光切割、加工、焊接和加热等功能，是混合 3D 智能制造工艺的良好工具。

24.6.5 其他应用

还有许多其他的激光材料加工应用中，使用激光解决了其中的难题，如高温合金和陶瓷的激光辅助加工、激光辅助刻蚀、激光表面清洁和激光涂层去除。在激光辅助加工中，激光用于在切削刀具之前局部加热工件材料，以试图提高诸如高温合金和陶瓷等难加工材料的可加工性。实验表明，激光辅助加工可以延长刀具寿命，提高去除率，并且可以改善工件表面的质量。刻蚀速度对温度敏感，因此可以使用激光光束来局部提高刻蚀速度。这实际上

是直接书写的一种方式。激光加热和化学刻蚀相组合，半导体器件可以使用激光辅助化学刻蚀，其速度比传统工艺快 10 ~ 100 倍。激光诱导的冲击波可以用来清洗硅片上非常微小的颗粒，激光烧蚀也被用来去除铁锈或剥落的涂层。在这些应用中，只有非常薄的表面层受到影响。

24.7 结束语

在许多情况下，激光材料加工工艺已经成为不可或缺的工程解决方案。我们已经看到了许多令人眼花缭乱的激光应用。由于激光光源的动态发展，这些过程仍处于动态演化之中。较高的初始资本成本是选择 LMP 工艺的主要障碍之一，这种情况将来会改变。高功率激光器已经具有与机械系统相同的输出功率（15kW），并且可以较低的资本成本实现较高的处理速率。二极管激光器具有增加功率和降低成本的巨大潜力，如果光束质量得到改善，二极管激光器可能会彻底改变材料加工的世界。二极管泵浦激光系统显示出日益提高的能量效率和功率稳定性，光纤激光器、盘式激光器和高功率短脉冲激光器每年都在取得重大进展。深度能力和热效应是两个需要更多关注的领域。

激光是否可用于高质量地加工 100mm 的材料？必须使用特殊的技术来实现这种突破。只有激光能量可能不足以应对这样挑战性的任务，而将激光能量与水射流、化学/机械能等其他工艺相结合，就可能会增加工艺创新的自由度。未来有必要将激光作为众多能源领域之一，使其遵循能源领域的制造原则，而不是将激光视为一种非传统的工艺[28]。

关于激光材料加工的大量研究工作正在世界各地展开，读者可以通过参考文献和浏览万维网来探索这些工艺。人们有充分的理由期待看到一个持续和快速改善的激光材料加工世界，如更高的加工速度、更深的孔、更厚的截面切割、更好的热耦合以及更大的质量改进。

参考文献

1. Svelto, O., *Principles of Lasers*, 4th ed., Plenum Press, New York, 1998.

2. Luxaon, J. T., and D. E., Parker, *Industrial Lasers and Their Applications*, Prentice-Hall, Englewood Cliffs, New Jersey, 1985.

3. Schuocker, D., *High Power Lasers in Production Engineering*, Imperial College Press, London, 1999.

4. Zhang, W., Y. L., Yao, and J. Cheng, Manufacturing Re-search Lab. of Columbia University, http://www. aml. engi-neering. columbia. edu/ntm/index. html. Accessed: 2001.

5. Ready, J. F., *Industrial Applications of Lasers*, 2nd ed., Academic Press, San Diego, 1997.

6. Niku-Lari, A., and B. L., Mordike, *High Power Lasers*, Pergamon Press, Oxford, 1989.

7. Mordike, B. L., *Laser Treatment of Materials*, DGM Göttingen, Germany, 1987.

8. Chryssolouris, G., *Laser Machining*, Springer-Verlag, New York, 1991.

9. Steen, W. M., *Laser Material Processing*, 2nd ed. Springer-Verlag, London, 1994.

10. Nikogosyan, D. N., *Properties of Optical and Laser-Related Materials, A Handbook*, Wiley, Chichester, England, New York, 1997.

11. Madelung, O., *Landolt-Börnstein Numerical Data and Functional Relationships in Science and Technology*, Spring-er-Verlag, London, 1990.

12. Dausinger, F., "Drilling of High Quality Micro Holes," *ICALEO' 2000*, Section B. Laser Institute of America, Dearborn, MI. pp. 1-10, 2000.

13. Standard Z136.1, *Safe Use of Lasers*, Laser Institute of America, Orlando, Florida, 1993.

14. Vollertsen, F., "Mechanism and Models for Laser Form-ing," *Laser Assisted Net Shape Engineering*, *Proceedings of the LANE' 94*, Vol. 1, pp. 345-360, 1994.

15. Li, W., and Y. L., Yao, "Laser Bending of Tubes: Mech-anism, Analysis, and Prediction," *ASME Transactions*, *Journal of Manufacturing Science and Engineering*, *Transac-tions of the ASME*, 123 (No. 4): 674-681, 2001.

16. Clauer, A. H., and J. H. Holbrook, "Effects of Laser In-duced Shock Waves on Metals," in *Shock Waves and High Strain Phenomena in Metals-Concepts and Applications*, New York, Plenum, pp. 675-702, 1981.

17. Peyre, P., X., Scherpereel, L., Berthe, and R., Fab-bro, "Current Trends in Laser Shock Processing," *Surface Engineering*, 14 (No. 5): 377-380, 1998.

18. Zhang, W., and Y. L. Yao, "Micro-Scale Laser Shock Processing of Metallic Components," *ASME Transactions*, *Journal of Manufacturing Science and Engineering*, 124 (No. 2): 369-378, 2002.

19. Harry, J. E., and F. W. Lunau, *IEEE Transactions* on In-dustry Applications, IA-8: 418, 1972.

20. Feinberg, B., *Mfr. Eng. Development*, December 1974.

21. Chui, G. K., "Laser cutting of hot glass," *Ceramic Bulle-tin*, 54: 515, 1975.

22. Longfellow, J., *Solid State Technology*, p. 45, 1973.

23. Locke, E. V., E. D., Hoag, and R. A., Hella, "Deep Penetration Welding High-Power CO_2 Lasers, *Quantum Electronics*," *IEEE Journal of Quantum Electron*, QE-8:

132, 1972.

24. Appelt, D., and A., Cunha, "Laser Technologies in Industry" (O. D. D. Soares, ed.), *Proceedings of SPIE*, Vol. 952, Part 2, SPIE, Bellingham, Washington, 1989.

25. Wick, D. W., *Applications for Industrial Laser Cutter Systems*, SME Technical Paper MR75-491, 1975.

26. Williamson, J. R., "Industrial Applications of High Power Laser Technology," *Proceedings of SPIE*, Vol. 86, SPIE, Palos Verdes Estates, California, 1976.

27. Charschan, S. S., ed., *Guide to Laser Materials Processing*, Laser Institute of America, Orlando, Florida, 1993.

28. Zhang, W. W., *Intelligent Energy Field Manufacturing*, CRC Press, New York, 2010.

第 **25** 章
磨料射流加工

美国 OMAX 公司　约翰·H. 奥森（JOHN H. OLSEN）　著
美国 OMAX 公司　张家柱　译

25.1 概述

　　磨料射流加工是磨料颗粒通过高速水流而不是实心砂轮在工件上开槽的磨削工艺。按质量流量计算，这种射流中水大约占 90%，磨料占 10%。由于水提供了出色的冷却，因此在切割表面没有热影响区。射流的直径通常为 0.030in（0.762mm），它几乎可以切割任何二维形状。最近，该工艺也被应用于各种 3D 工件的加工。如图 25-1 所示，磨料射流设备有多种尺寸可供选择。

　　射流是通过一个细孔泵入压力为 40000~90000psi（1psi＝6.895kPa）的清洁水，然后把干磨料注入射流中，通过混合管将磨料加速（见图 25-2）。一般来说，该工艺对厚度为 0.125~2in（0.318~5.08cm）的材料最具竞争力，虽然也有加工厚度为 12in（30.48cm）材料的例子。图 25-3 所示为磨料射流加工的零件。

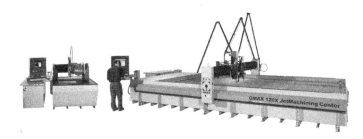

图 25-1　磨料射流设备的尺寸范围（来源：OMAX 公司）

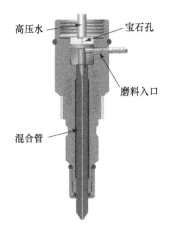

图 25-2　磨料射流切割头的横截面

图 25-3　磨料射流加工的零件
（其中有些经过二次加工）

25.1.1　历史

没有添加磨料的高压水大约在 1970 年开始被用作软材料的工业切割工具。大约在 1980 年，随着磨料的加入，切割力的增加，开始用于商业应用。最初的磨料射流都是粗糙的装置，通常被用于切割非常困难材料的最后手段。其切割精度控制与氧乙炔火焰切割相近。随着材料技术的进步，生产出了能够在长时间的切割过程中保持其形状的长寿命喷嘴；与此同时，由于计算技术的成本变得非常低，使建造先进的控制系统成为可能。这两项技术的进步大大地提高了切割的精度，在大多数情况下，切割精度都可以达到 0.005in（0.127mm）；在某些情况下，切割精度甚至可达到 0.001in（0.025mm）。此外，先进的控制系统可以使没有经验的操作人员快速设置和加工出良好的零件，而无须反复试切。

25.1.2　影响磨料射流加工的因素

选择磨料射流加工的原因有很多，但都可以归结为成本的考量。成本的节省来自许多领域，包括以下几个方面：

1）较低的资本成本。

2）较高的切割速度（对困难材料）。

3）最简单的工装夹具。

4）快速设置和编程。

5）在切割表面没有热影响区。

6）下脚料是有价值的大块形状，而不是油腻的碎片。

7）切割非常薄的材料时，材料不会变形或熔化。

8）工件可以用复合材料、金属、玻璃甚至石材制成，而无须更换任何工具。

磨料射流加工也可与其他工艺进行比较。它比电火花线切割加工速度快，能够切割出与电火花线切割加工相同的一般形状，但精度较低。磨料射流对被切割材料的表面和内部的杂质（矿渣或氧化层）不敏感，而这些杂质会在电火花线切割的过程中造成金属丝断裂。磨料射流也可以切割绝缘材料。

磨料射流通常可以作为各种热切割工艺的替代工艺。激光在切割较薄材料时速度快、精度高，其切割速度优于磨料射流，但有许多材料（铜、黄铜、玻璃、陶瓷等）不能用激光切割；磨料射流在切割较厚的材料（0.5in 或 1.27cm 以上）时，其切割精度和速度上都优于激光切割，等离子弧切割和氧乙炔火焰切割在切割较厚材料时比激光和磨料射流都要快，但其切割材料的范围比激光更为受限；最后，所有的热切割过程都会留下热影响边缘，从而干扰后续的焊接或加工，但磨料射流没有这个问题。

用 CNC 加工中心生产扁平零件，需要工装夹具，因此，用 CNC 加工临时需要的少量零件往往不切实际。磨料射流能够直接从 CAD 文件获取图样，然后在板材上切割出零件，而无须特殊的工装夹具。因此，磨料射流在原型车间得到广泛应用，因为它比手工和 CNC 加工更为有效和具有竞争力。即便在需要 CNC 加工的生产过程中，磨料射流也通常作为加工工艺的第一步，用来制造坯件，然后用传统机械进一步加工。

25.2　切割过程

25.2.1　射流的几何形状和切割面特征

一般来说，射流不能视为刚性工具。磨料射流切穿材料时会发生弯曲，使其出口点滞后于入口点。当射流速度足够高时，磨料射流还会有一个微小的侧向运动，从而在切割面上产生条纹。图 25-4 所示的零件有 5 个手指，每个手指是在相同的时间内，以不同的速度切割的。长手指表面上的条纹显示了磨料射流切割材料时产生的滞后。当切割直线时，射流的滞后问题一般不大，最大的切割速度由能够接受的条纹大小而定，而在形状切割时，射流的滞后会在半径很小的圆弧和转角处产生严重的几何偏差，因此切割圆弧和转角时的最大速度受制于射流的滞后。

图 25-4　具有五个手指的零件
（切割表面的粗糙度随切割速度的增大而增加）

图 25-4 所示的长手指材料是以接近最大的切割速度切割的。从中可以看到，切口的上半部分表面好于其下半部分，如果以相同的速度切割薄一半的

板，其切割表面将会像图 25-4 中所示的长手指的上半部分。射流切割中的"质量"概念由此而产生。切割质量 1 刚好能穿透这层材料；切割质量 2 是以质量 1 切割双倍厚度的材料，当以这种速度切割同样厚度的材料时，切割表面的质量就像质量 1 的上半部，以此类推到更高的切割质量（质量 3、质量 4 和质量 5）。图 25-4 中的五个手指就是以质量 1～质量 5 切割而成的，质量 5 以上的切割表面质量没有显著的改善。在现代控制器中，用户指定切割质量，控制器据此选定切割速度。

用户需要考虑的另一个重要因素就是垂直度问题因为射流切割表面是有斜度的。高速射流切割时，切缝的顶部通常是最宽的；随着切割速度的降低，切缝逐渐变得平行。在非常缓慢的速度下，切缝的形状甚至会发生逆转，其底部会变为最宽。当切割厚度小于 0.25in（6.35mm）的薄材料时，由于切割速度很快，切割的垂直度通常是个大问题。

25.2.2　射流参数的影响

对已知可加工性（M）（见表 25-1）的材料，其线切割速度可由 Zeng 方程式（25-1）进行计算。虽然现在有一些专有切割模式可以更精确地模拟加工过程，但是这个方程式已非常接近实际情况了。

表 25-1　各种材料的可加工性（M）

材　料	可 加 工 性
硬化工具钢	81
软钢	87
铜	110
钛	115
铝	213
花岗岩	322
玻璃	358
有机玻璃	690
松木	2637

因为射流的滞后在小圆弧和转角处会造成严重的形状误差，所以实际速度必须比通过式（25-1）计算出的慢。最佳穿孔速度也需要与通过该式计算出的速度稍有不同。与氧乙炔火焰切割相反，用射流移动来穿孔最为有效。穿孔时稍作移动可以转移反射的射流方向，使其不会干扰入射射流。

$$V = \left(\frac{f_a \cdot M \cdot P^{1.594} \cdot d^{1.374} \cdot M_a^{0.343}}{163 \cdot Q \cdot H \cdot D_m^{0.618}} \right)^{1.15} \quad (25\text{-}1)$$

式中，P 是水射流的停滞压力，单位为 ksi；d 是节流孔径，单位为 in；M_a 是磨料流量，单位为 lb/min；f_a 是磨料系数（石榴子石的磨料系数为 1.0）；Q 是质量指数（1～5）；H 是材料厚度，单位为 in；D_m 是混合管直径，单位为 in；V 是切割速度，单位为 in/min；M 是材料的可加工性，见表 25-1。

25.3　设备

25.3.1　泵浦设备

所有高压泵都是容积式泵，其中一个实心柱塞被推入一个封闭的充满水的腔室，将水排出。所有高压泵的压力极限都是由金属疲劳因素决定的。驱动柱塞运动的常用方法有两种：直驱泵中的曲轴（见图 25-5）和增压泵中液压缸（见图 25-6）。直驱泵通常比增压泵的运行效率高（85% 对 65%，指电能转换为喷嘴中水动能的效率），并具有较低的能量成本。直驱泵的柱塞运动频率约为 10Hz，目前可以在 60000psi（414MPa）的压力下运行，不会产生金属疲劳。增压泵的柱塞运动频率较低，约为 1Hz，通常其运行压力高达 90000psi（621MPa），但前提是你要接受由金属疲劳所带来的突发性故障，以及在正常维护中需要经常更换部件。在选择泵时，必须考虑以上因素，尤其那些对切割速度有影响的因素。

有关压力和泵类型对切割速度的影响存在一定程度的混淆。如果用相同的切割头，在不断增大的压力下进行切割测试，切割速度会显著加快，但驱动这个切割头所需的泵送功率也需要相应地加大。图 25-7 中的两条曲线是由式（25-1）生成的。曲线上每个点的数字是在那个点上切割头的射流功率（以 hp 为单位）。在每种情况下，都是以 50hp 的电动机驱动的。

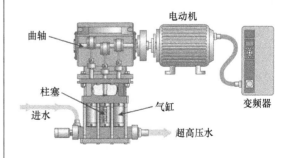

图 25-5　直驱泵系统

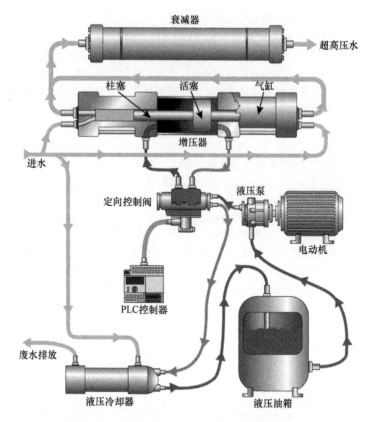

图 25-6　增压泵系统（包括驱动增压泵和冷却油所需的液压元件子系统）

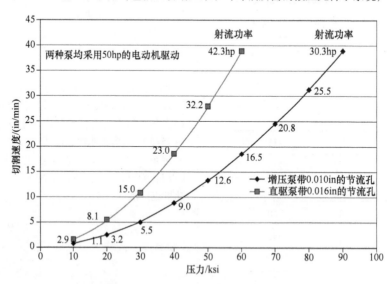

图 25-7　以式（25-1）对切割速度的预测

图 25-7 中的以下参数设为常数：$M_a = 0.75\text{lb/min}$，$f_a = 1.0$（最佳磨料），$Q = 1$（切穿），$H = 1\text{in}$（2.54cm），$D_m = 0.030\text{in}$（0.762mm），$M = 213$（铝）。高效率的直驱泵在压力为 60ksi（414MPa）时，能够以 42.3hp（1hp = 745.7W）的射流功率驱动 0.016in

（0.406mm）的射流，而采用相同的 50hp 电动机的增压泵，在压力为 90ksi（621MPa）时，只能以 30.3hp 的射流功率驱动 0.010in（0.254mm）的射流。

直驱泵的效率约为 85%，可以输送 43.3 的射流

功率至切割头,因此能够以全压力驱动一个孔径为
0.016in(0.406mm)的射流。目前,直驱泵能够无
金属疲劳地以高达 60000psi(414MPa)的压力运行,
也就是直驱泵那条曲线上的最后那个点。如果要求
更高的压力,将被迫选择效率较低的增压泵,而且
还要忍受由于金属疲劳所产生的偶发性故障。伴随
着金属疲劳故障,增压泵可以产生 90ksi(621MPa)
的压力,但效率较低,约为 65%。采用同样的 50hp
电动机的增压泵在 90ksi 的压力下,只能驱动一个直
径为 0.010in(0.254mm)的切割头。对于这两种类
型的泵,在较高的压力下切割是有益处的,但由于
向切割头输送了更高的功率,直驱泵在 60ksi
(414MPa)时的切割速度与在 90ksi(414MPa)下使
用同样功率电动机的增压泵相同。此外,如上所述,
较低压力的优势是可以避免高压泵中及其下游所有
高压元件的金属疲劳失效。

25.3.2 切割头的运动设备

磨料射流加工的主要用途是制造通常可以用板
材(中厚板或薄板)制成的扁平二维形状零件。目
前,市场上大量出售的机器大都具有多轴加工功能,
可用来切割斜角和旋转轴零件,其切割头由伺服控
制的多轴机构承载(见图 25-8),装夹工件的旋转
轴也由伺服器所控制。

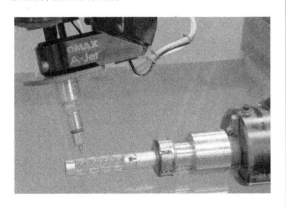

图 25-8 具有 X、Y、Z 两个倾斜轴
和一个旋转轴的六轴机器

许多制造商正在生产标准机器,用户在选择时
应考虑以下因素。

1. 软件

软件的一个主要任务是根据 CAD 文件生成一条
刀具路径。目前,大部分的设计工作都是在 3D 建模
系统中完成的。大多数 CAD 供应商都有方法导出 2D
曲面,然后将其转换为 2D 刀具路径。现在,这项工
作通过一键式宏命令就可以完成,而所有这些都取

决于是否拥有特定的 CAD 软件。

一些机器供应商提供了可以兼容各种 3D 模型并
生成刀具路径的软件,而无须拥有特定的 CAD 软
件。这类软件能够生成 2D 和 3D 的刀具路径。

用于高精度机器的软件包含一个切割模型或可
以根据材料类型和零件的几何形状调整切割速度的
专家系统。此功能对原型和小批量零件的有效生产
是至关重要的,如果没有这个功能,用户有以下几
个选择:①接受拐角和曲线上的缺陷;②在所有地
方放慢切割速度;③手工调整 G 代码程序进行试
切;④手动调整切割速度,而切割进给量采用超驰
控制。

在选择软件时要考虑的另一个因素是升级和额
外复制的成本。这些费用从免费到几千美元不等,
取决于特定的供应商。

有些软件允许用户添加脚本和宏命令,因而能
够自动完成烦琐重复的工作,如设计螺栓法兰盘、
齿轮、链轮或管路焊接接头,用户也会因此而
受益。

最后,用户还应该为几何图形和路径存储寻找
公开发布的文件格式,这使得从其他各种各样的
CAD/CAM 软件、嵌套程序,甚至从扫描仪轻松导入
数据成为可能(见图 25-9)。

图 25-9 随机附带的 CAD/CAM 软件
注:如果有,应以标准文件格式存储数据,并允许
从其他应用程序中轻松导入各种格式的数据

2. 保护机器免受水和磨料的侵蚀

对于精密机器,应考虑选择运行机构由波纹管
完全包裹住的,而对不太精密的磨料射流切割机,
应考虑选择耐石榴子石轴承。操作者不能用气
枪将砂砾吹入轴承内并损坏轴承。

3. 射流和泵送设备的噪声

切割应在水下进行,以降低噪声。否则,应考

虑将设安装在单独的房间。此外，驱动增压泵的液压系统产生的噪声通常会比直驱泵产生的噪声要大。

4. 要制造的零件精度

对于公差要求较松的零件，可以采用低精度、低成本的磨料射流切割机制造；对于其他零件，由于高精度的磨料射流加工可免去后续的第二次加工，从而节省成本。加工厂所承包项目的档次通常不确定，因此建议选择比较精密的磨料射流切割机，以便能够承揽范围更宽的工作。由于射流形状取决于运行速度，所以精密机器必须要沿加工路径准确地控制速度和运行精度。

5. 上料下料

对小型磨料射流切割机而言，手动上料很容易。小型悬臂式磨料射流切割机通常能够处理比其有效切割范围稍大的材料。大型磨料射流切割机通常用来切割尺寸较大的板材，需要起重机或叉车装卸材料。要确保磨料射流切割机的结构和保护装置不会影响切割材料的装卸。

25.3.3 多轴三维水射流加工

早期的磨料水射流机仅限于 X-Y 平面切割，现在有各种各样的附件，大大扩展了水射流的加工能力：

1）Z 轴的伺服控制允许加工不规则表面，而仍然保持垂直切割。

2）手动固定倾斜切割头允许沿直边单向切割斜面（见图 25-10 和图 25-11）。

图 25-10　手动固定倾斜切割头
（可沿一个方向切割斜面）

图 25-11　用图 25-10 中的切割头
加工出的木材模板刀

3）高速有限倾斜的切割头可以去除射流切缝中的自然锥度。射流切割模型可以预估锥度，然后自动控制切割头，加工出用户所需的二维形状零件。这种切割头也能根据需要刻意插入几度斜边，方便切割模具时冲裁和达成其他的目的（见图 25-12）。

图 25-12　快速有限倾斜的切割头
（主要用于去除射流切缝的自然锥度）

4）大倾角铰接式切割头可以在平板上沿着任何加工路径切出斜边和锥形孔。常见的倾斜角度为 $60° \sim 90°$（见图 25-13 和图 25-14）。

5）旋转轴可以在圆柱体表面进行加工。当与铰接式切割头结合使用时，可以进行六轴加工。磨料射流操作员可以在连续旋转的圆管上切出带有斜角的鱼嘴状，切割后即可进行焊接。更先进的软件系统还提供了参数化的图形库，使得切割斜面、管道连接口、盖状和塞状等工件简单易行。加工管材表面通常在管材内部添加一块牺牲材料，以防止射流切割管材的反面。当今先进的磨料射流机具有可潜

图 25-13 大角度倾斜的切割头
（用于焊接坡口的准备和各种三维切割）

图 25-14 用图 25-12 所示的倾斜切割头
加工出的复杂零件

式旋转轴附件，可以降低机器噪声，减少水射流飞溅（见图 25-8 和图 25-15）。

图 25-15 由包括倾斜切割头和旋转轴的六
轴机器切割出的焊接用管接头

6）软件的蚀刻功能可用于艺术品制作。射流在工件表面扫过，调整速度以达成不同深度的切割。图形用灰度比特图表现，其中较深的颜色意味着运行速度较低，切割的深度较大（见图 25-16）。

图 25-16 用 3D 刻蚀法制成的装饰部件

7）多轴磨料射流切割也可以通过机械人手臂实现。这种方式主要用于复杂的预成型三维形状修整，而非真正的三维加工。机械人手臂的切割精度低，但一般能保持在 0.010in（0.254mm）左右的公差。其编程、设置和工装夹具非常困难，通常需要长时间的试错过程，这限制了机器人水射流切割在大规模生产中的效率，因为在大规模生产的过程中，机器初始设置时间只是总生产时间的一小部分。

在前面所述的所有类型的多轴磨料射流切割中，都有可能制造出无法从切割板上拆卸或取出的单个零件（见图 25-17），切割这样的工件一定要提前做计划。在多轴磨料射流加工中，软件控制至关重要。当倾斜切割头时，有效切割厚度的变化和工件顶部的运行速度可能会明显地不同于工件底部，这些都需要控制软件来补偿。

图 25-17 无法拆散的三维零件

25.3.4 对水和电的要求

使用清洁无矿物质的水，可延长切割头的使用时间。在硬水中引起锅炉水垢的元素也会在切割头内沉积物。因此，有时需要使用软水器甚至反向渗透系统以延长切割头的使用寿命。在极端情况下，硬水也可能在泵内形成有害沉积物。依据尺寸不同，切割头的用水量为 0.1 ~ 2USgal/min（0.379 ~ 7.6L/min）。此外，增压泵通常还需要消耗 1 ~ 3USgal/min（3.79 ~ 11.37L/min）的冷却水。普通的自来水压力一般都能满足射流的要求，但一些制造商在系统添加了增压泵，以确保供水压力意外下降时也不会掉泵。

大多数系统都需要普通的三相工业电源供电。对电源的功率要求可从 15kW（驱动 20hp 的泵）到 150kW（驱动 200hp 的泵）。没有三相电源的小型加工厂，如果有足够的单相电源，可以加装一个变相器，也可用柴油机驱动高压泵，但很少用于制造应用。

通常，与射流切割相关的控制系统还需要一个小型压缩空气源，以提供所需的工作压力，即 80 ~ 100psi（552 ~ 689kpa）。如果某些控制采用了空气驱动的自动开关阀，则压缩空气源几乎一定是必需的。

射流加工产生的废水中包含有水、被切割材料的废屑和磨料。通常情况下，水会被排入下水道，而固体废料则会被运到垃圾填埋场。但是，如果被切割的材料是有害的，如铅或铍，那么废水就不能直接排入下水道中。有时地方法令甚至禁止清水排放。在这些情况下，必须使用闭环水回收系统。当使用量大到足以证明回收系统的成本也合算时，也可以从磨料射流切割产生的固体废料中回收用过磨料。

25.4 安全性

磨料射流加工中最大的危险是射流本身，它可以很容易地切穿人的肉体和骨头，暴露在外的射流会产生噪声很容易损害人的听力。这些危险和危害在全三维切割应用中最难防护，如用磨料射流切除铸件上的冒口。这些情况下的防护方法通常是将整个设备装置完全密封在切割箱或房间内。在多轴切割时，不但要了解射流切割在材料的什么地方，还要了解切割后射流的走向，以及切穿材料时射流的反射方向，这些都是射流切割时最基本的要求。在平面材料上切割二维形状时，这些问题则不那么严重。为了确保安全和切割质量，切割头要非常靠近被切割材料的表面，而且射流切穿材料后应立即落入材料下方的接收器。如果被切割材料不怕润湿，那么在 1/2in（1.27cm）以下水中切割是个好主意。因为那样几乎完全消除了射流产生的噪声，并且抑制了射流的飞溅和带有细磨料粉尘的水雾。

参考文献

1. Zeng, J., "Mechanisms of Brittle Material Erosion Associated with High Pressure Abrasive Waterjet Processing," Ph. D. diss., University of Rhode Island, Kingston, Rhode Island, 1992.
2. Zeng, J., J., Olsen, and C., Olsen, "The Abrasive Waterjet as a Precision Metal Cutting Tool," Proceedings of the 10th American Waterjet Conference, Houston, Texas, August 14-17, 1999.

扩展阅读

http://en. wikipedia. org/wiki/Water_jet_cutter
http://www. waterjets. org. Accessed on June 29, 2015.

第 **5** 篇
切削加工

亚美智库 耿怀渝（HWAIYU GENG） 著

上海交通大学 安庆龙 译

26.1 金属切削原理

金属切削是一种通过楔形切削刀具从工件上以切屑形式去除一层材料的加工过程。

当切削刀具接触到工件时，刀具正前方的材料发生变形（见图 26-1），随着刀具的进给，变形的材料流入刀具上方的空间，以缓解其应力状态。工件截面 1 基于所谓的塑性变形机理沿特定平面相对于截面 2 发生少量滑移。

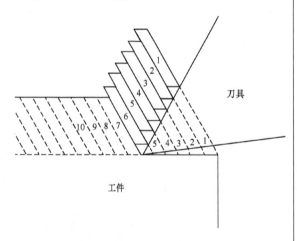

图 26-1 材料变形

当刀尖到达下一段时，先前滑移部分作为切屑的一部分沿着刀具表面进一步向上移动。切屑中编号为 1~6 的部分最初占据工件中相同编号的位置。随着刀具的向前推进，现在工件中标注为 7、8、9 等部分，将成为切屑的一部分。从切屑内表面的流线上可以看到剪切的迹象。因为使用的刀具带有抛光效果，外表面通常是光滑的。

金属在一个从切削刃到工件表面的狭窄区域内发生剪切变形。剪切区域称为剪切面，剪切面与刀具运动方向形成的夹角称为剪切角（见图 26-2）。

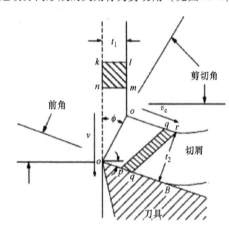

图 26-2 剪切角

26.1.1 切屑种类

在金属切削过程中可能产生两种类型的切屑。产生的切屑类型取决于工件材料、刀具的几何形状和加工条件。

1) 不连续切屑。它们由单元切屑组成，这些切屑是由切削刃前面的金属断裂产生的。这种类型的切屑常出现于脆性材料的加工场合，尤其是加工铸铁的场合，因为铸铁没有足够的韧性，无法承受塑性变形（见图 26-3）。

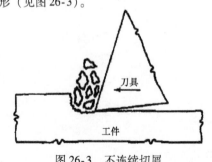

图 26-3 不连续切屑

2）连续切屑。它们产生于韧性材料的加工场合，如钢和铝合金。它们是金属在刀具前方连续变形而未发生断裂形成的。如果刀具的前刀面平滑，则切屑可以呈连续带状流动。通常，需要一个排屑槽来控制这种类型的切屑（见图 26-4）。

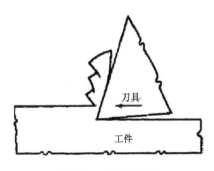

图 26-4 连续切屑

无论形成何种类型的切屑，压缩变形都会使它比移除的工件材料层更厚、更短。使这种材料变形所需的力和功率通常占金属去除操作中所需力和功率的最大部分。对于给定尺寸的工件材料层，切屑厚度越大，产生切屑所需的力就越大。切屑厚度与未变形切屑厚度（有效进给量）的比值通常称为切屑厚度比（见图 26-2）。切屑厚度比越小，则产生的切削力和热量越小，加工效率越高，但切屑厚度比不可能达到1.0——如果没有发生变形，则切屑无法形成。常见切屑厚度比为 1.5 左右。式（26-1）可用于计算切屑厚度。

$$\frac{t_2}{t_1} = \frac{\cos(\phi - \sigma)}{\sin\phi} \qquad (26-1)$$

式中，t_1 是未变形切屑厚度；t_2 是切削后的切屑厚度；ϕ 是剪切角；σ 是前角。

26.1.2 功率

一种估算车削或镗削功率消耗的方法是以金属去除率为基础。金属去除率可由以下公式确定：

$$Q = 12 \times v_t \times F_r \times d \qquad (26-2)$$

式中，Q 是金属去除率，单位为 in^3/min；v_t 是切削速度，单位为 ft/min；F_r 是进给量，单位为 in/r；d 是切削深度，单位为 in。

单位功率系数 P 是主轴以 $1in^3/min$ 的金属去除率去除某种材料所需消耗的功率。常用材料的单位功率系数见表 26-1 和表 26-2。保持给定金属去除率的近似功率由下列公式确定：

$$HP_s = Q \times P \qquad (26-3)$$

式中，HP_s 是主轴所需功率，单位为 hp；Q 是金属去除率，单位为 in^3/min；P 是单位功率系数。

表 26-1 单位功率系数 P

高温合金		
材料	HBW	P
A 286	165	0.82
A 286	285	0.93
铬酸合金	200	0.78
铬酸合金	310	1.18
HASTELLOY-B	230	1.10
INCO 700	330	1.12
INCO 702	230	1.10
M-252	230	1.10
M-252	310	1.20
TI-150A	340	0.65
U-500	375	1.10
4340	200	0.78
4340	340	0.93

有色金属及其合金		
黄铜	硬	83
	中等	50
	软	33
	易切削	25
青铜	硬	83
	中等	50
	软	33
	纯铜	90
铝	铸造	25
	硬（轧制）	33
	轧制 Monel	1
	压铸锌合金	25

表 26-2 黑色金属及合金的单位功率系数 P

ANSI 代号	HBW					
	150 ~ 175	176 ~ 200	201 ~ 250	251 ~ 300	301 ~ 350	351 ~ 400
	单位功率系数 P					
1010 ~ 1025	0.58	0.67				
1030 ~ 1055	0.58	0.67	0.80	0.96	—	

（续）

ANSI 代号	HBW					
	150 ~ 175	176 ~ 200	201 ~ 250	251 ~ 300	301 ~ 350	351 ~ 400
	单位功率系数 P					
1060 ~ 1095	—	—	0.75	0.88	1.00	—
1112 ~ 1120	0.5	—	—	—	—	—
1314 ~ 1340	0.42	0.46	0.50	—	—	—
1330 ~ 1350	—	0.67	0.75	0.92	1.10	—
2015 ~ 2115	0.67	—	—	—	—	—
2315 ~ 2335	0.54	0.58	0.62	0.75	0.92	1.00
2340 ~ 2350	—	0.50	0.58	0.70	0.83	—
2512 ~ 2515	0.5	0.58	0.67	0.80	0.92	—
3115 ~ 3130	0.5	0.58	0.70	0.83	1.00	1.00
3160 ~ 3450	—	0.50	0.62	0.75	0.87	1.00
4130 ~ 4345	—	0.46	0.58	0.70	0.83	1.00
4615 ~ 4820	0.46	0.50	0.58	0.70	0.83	0.87
5120 ~ 5150	0.46	0.50	0.62	0.75	0.87	1.00
5210	—	0.58	0.67	0.83	1.00	—
6115 ~ 6140	0.46	0.54	0.67	0.83	1.00	—
6145 ~ 6195	0.70	0.83	1.00	1.20	1.30	
普通铸铁	0.3	0.33	0.42	0.50	—	—
合金铸铁	0.3	0.42	0.54	—	—	—
可锻铸铁	0.42	—	—	—	—	—
铸钢	0.62	0.67	0.80			

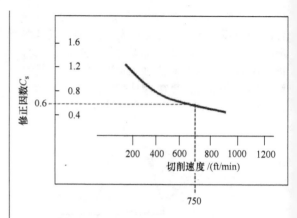

图 26-5　切削速度的修正因数

形切屑厚度将增加功率消耗，但功率消耗的增加比例将比金属去除率的增加比例小得多。这是因为经过切削刀具的切屑中的金属变形需要额外的功率，随着切屑厚度的增加，这个功率与所需的总功率相比变得更小。

未变形切屑厚度取决于进给量（in/r）和刀具的主偏角。对于没有主偏角的单刃切削，未变形切屑厚度等于每转进给量。对于一个给定的每转进给量，主偏角的效果是减少未变形切屑厚度。当采用主偏角时，未变形切屑厚度（见图 26-6）可以由式（26-4）确定：

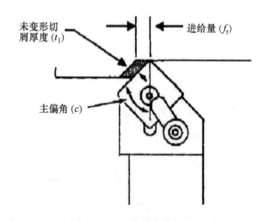

图 26-6　未变形切屑厚度

$$t_1 = F_r \times \cos c \qquad (26\text{-}4)$$

式中，t_1 是未变形切屑厚度，单位为 in；F_r 是进给量，单位为 in/r；c 是主偏角，单位为°。

对单位功率消耗影响最大的刀具几何参数是实际前角（复合前角）。实际前角是刀夹平面与刀具前刀面在俯视图上形成的夹角，可以在垂直于切削刃的平面上测量。随着实际前角的增加（更大的正值），切削力降低，功率消耗减少，刀具寿命通常得

在实际应用中，单位功率系数也与切削速度、切削厚度、前角和刀具磨损相关。考虑这些因素可能产生的影响，如果按式（26-3）计算所需的功率，则结果应增加约 50%。如果需要更精确的估算，可以采用图 26-5 中的修正因数，图中已考虑了这些因素的影响。

在加工大部分材料时，当切削速度逐步增加到某一临界值时，单位功率系数会逐步降低。这个临界值随加工材料的不同而不同。一旦达到这个临界值，进一步提高切削速度不会显著影响单位功率消耗。

随着未变形切屑厚度的增加，去除单位体积金属所需的功率会降低。通过提高进给量来增大未变

到提高。另一方面，当刀片位于弱刚性的切削位置时，由于实际前角的增加，可用切削刃的数量可能会减少。任何刀夹的实际前角可以用下列公式来计算：

$$\delta = \arctan(\tan a \ \sin c + \tan r \ \cos c) \quad (26-5)$$

式中，δ 是实际前角；a 是背前角；c 是主偏角；r 是侧前角。

式 (26-1) 阐明了实际前角对单位功率消耗的影响。由式 (26-1) 可以看出，当前角增大时，剪切角会增大、未变形、切屑厚度比减小。更薄的切屑可使切削变形更小，去除给定厚度的切屑需要的功率更小（见图 26-7）。

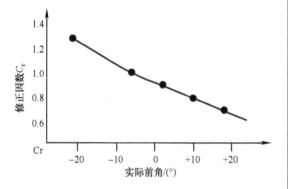

图 26-7　实际前角修正因数 C_r

钝的刀具需要消耗更大的功率来完成切削。整个磨损宽度都与加工表面接触，因此随着磨损区域的增加，功耗也随之增加。对典型的操作，在功率消耗计算公式 (26-3) 中采用 1.25 的修正因数可以补偿刀具磨损的影响。

单位功率系数可用于计算主轴所需的功率，但没有考虑克服机床内部摩擦和惯性所需的功率。机床的效率在很大程度上取决于它的结构、轴承类型、主轴传动带或传动齿轮的数量、拖板或工作台以及其他运动部件。表 26-3 列出了用于车削和镗削常用机床的主轴效率 E。效率 E 等于主轴可用的电动机功率百分比，即

表 26-3　主轴效率 E

主轴直接传动	90%
单带传动	85%
双带传动	70%
齿轮变速箱传动	70%

$$HP_m = \frac{HP_s}{E} \quad (26-6)$$

式中，HP_m 是电动机所需功率；HP_s 是主轴所需功率；E 是主轴效率。

修正因数如下：

C_s——切削速度修正因数。

C_t——切屑厚度修正因数。

C_r——前角修正因数。

1.25——刀具磨损修正因数。

当金属切削时，有三个分力作用在切削刀具上。

1）切向力 F_t 作用在与旋转工件相切的方向上，表示工件旋转的阻力（见图 26-8）。切向力通常是三个分力中最大的，占加工所需总功率的 99% 左右。

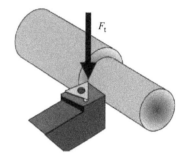

图 26-8　切向力

2）轴向力 F_l 作用在与工件轴线平行的方向上，表示对刀具纵向进给的阻力（见图 26-9）。轴向力约为切向力的 50%。与旋转工件的速度相比，进给速度通常较低，仅占所需总功率的 1% 左右。

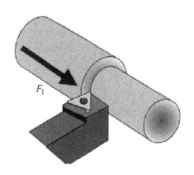

图 26-9　轴向力

3）径向力 F_r 作用在指向工件中心线的径向方向（见图 26-10）。导程角或刀尖半径的增加导致径向切削力增大。径向力是三个分力中最小的，约为纵向力的 50% 或总切削力的 0.5%。

作用在刀具上的合力是这三个分力的合力并经常用 F_R 来表示。F_R 可以由以下公式确定：

$$F_R = F_t^2 + F_l^2 + F_r^2 \quad (26-7)$$

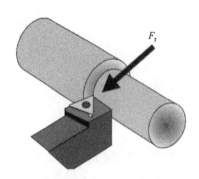

图 26-10　径向力

式中，F_R 是刀具上的合力；F_t 是切向力；F_l 是轴向力；F_r 是径向力。

主轴消耗功率与切削力之间存在固定的关系，即

$$HP_s = \frac{F_t \times v_t}{33000} + \frac{F_l \times v_l}{33000} + \frac{F_r \times v_r}{33000} \qquad (26\text{-}8)$$

式中　HP_s 是主轴消耗功率；v_t 是切向进给速度；v_l 是轴向进给速度；v_r 是径向进给速度。

由于 v_l 和 v_r 与 v_t 相比通常很小，式（26-8）可以简化为

$$HP_s = \frac{F_t \times v_t}{33000} \qquad (26\text{-}9)$$

由此可以推导出估算切向力的公式，即

$$F_t = 33000 \times \frac{HP_s}{v_t} \qquad (26\text{-}10)$$

式中，F_t 是切向力；HP_s 是主轴消耗功率；v_t 是切削速度，单位为 ft/min。

26.2　车削

车削加工和刀具[1] 包括以下内容：

车削：一个刀具沿直线方向、径向方向或两种方式同时进行，从旋转的圆柱形工件上去除材料，形成圆柱形或圆锥形零件的加工过程（见图 26-8 ~ 图 26-10）。这项工作是在一个称为车床或数控机床的机床上完成的。车削可以在工件的外表面或内表面进行，在工件内表面进行的车削称为镗孔。

端面车削：刀具以与旋转轴成 90° 的方向进给（沿径向向内）来平整表面或减少棒材的长度。

仿形车削：一个单刃刀具沿一个轮廓模板进行车削，从而加工出一个轮廓形状的过程。或者是一个成形刀具沿垂直于工件轴线进给的加工过程。

倒角：切削刃在圆柱形工件的角/端处切除一个角，以避免锋利的边缘或使装配更容易。

切断加工：刀具径向进给到旋转工件的一个特定位置来切断棒材或管材，这个过程称为切断。

开槽：与切断相同，但只在工件上加工出凹槽而不是切断。

车螺纹：一个通常带有 60° 或 55° 刀尖角的单刃工具，在旋转工件表面或内部沿直线进给加工螺纹的过程。

26.2.1　刀具的几何形状

要掌握机械加工的一般原理，就需要了解刀具是如何进行切削的。金属切削是一门由几个部分组成的科学，但这些组成部分之间存在很大差异。要成功地应用金属切削原理，需要了解①刀具如何切削（几何结构）；②材质（切削刃材料）；③刀具如何失效；④加工条件对刀具寿命、生产率和工件成本的影响。

金属切削的几何参数由三个主要元素组成，即前角、主偏角和后角。

1. 前角

金属切削刀具通常具有一定倾斜度，用来增加或减少切削刃的锋利程度。倾斜度的大小是用两个角度来测量的，称为背前角和侧前角。

背前角：背前角是在平行于刀具的主切削刃方向上（侧前角测量方向旋转 90°）测量的。背前角是平行于切削刃并位于切削刃顶端的直线的倾角（见图 26-11a）。

侧前角：侧前角是在垂直于刀具的主切削刃方向上测量的（切削刃可由刃倾角控制）。侧前角是垂直于切削刃并位于切削刃顶端的直线的倾角（见图 26-11b）。

如果刀具的前刀面没有倾斜，但与刀座平行，则没有倾斜，前角为零。

正前角：如果前刀面倾斜使切削刃相比前角为零时变得更锋利尖锐，则前角为正值。

零度前角：如果前刀面与刀座平行，则没有倾斜，前角定义为零。

负前角：如果前刀面倾斜使切削刃相比前角为零时变得不锋利或变钝，则前角为负值。

非独立前角：非独立前角是基于刀具的主偏角而应用的（取决于主偏角）。侧前角和背前角都是以刀具的主偏角为基础的。侧前角沿垂直于主切削刃测量，而背前角沿平行于主切削刃测量。非独立前角随主偏角的变化而改变。

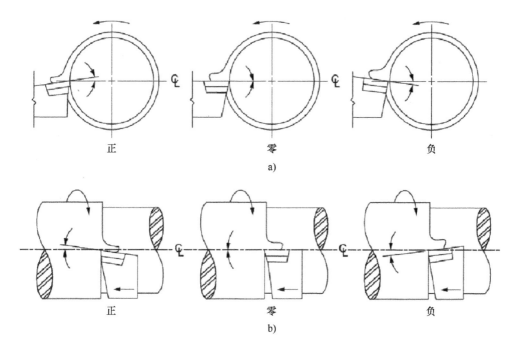

图 26-11　背前角与侧前角
a) 背前角　b) 侧前角

独立前角：独立前角是基于刀具对称轴而与刀具的主偏角无关。侧前角（轴向）沿平行于刀具对称轴测量，而背前角（径向）沿垂直于刀具对称轴测量，并且都与刀具主偏角无关。

2. 前角的用法

每个前角都有明显的优点，这有助于在特定应用场合的选用。前角会影响切削刃的强度和切削过程中的总功耗。

切削刃强度：切削力往往呈直角作用在刀具前刀面上。正前角将切削刃置于横向断裂力作用下，而负前角将切削刃置于压力作用之下。某些刀具材料的抗压强度可能是抗弯强度的 3 倍。

切削力：切削力随前角由正变为负而发生变化。在低碳钢中，前角每变化 1°，切削力的变化大约为 1%（见图 26-12）。

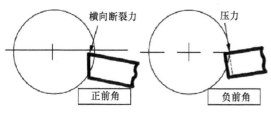

图 26-12　切削力

除了夹持前角为 0° 的情况，杆件镗削时单刃刀柄采用的前角依赖于主偏角，而当夹持前角为 0° 时，刀柄采用的前角与主偏角无关。工件材料将决定是应用正前角还是负前角。

独立前角一般会应用在内部加工的刀座（如镗杆）或夹持前角为 0° 设计的 OD 刀座。好处是方便采用所需的前角去加工给定的孔。这是由于径向前角垂直于刀具轴线而与切削刃无关。在这种情况下，内部刀具轴线与工件的轴线平行。

非独立前角通常用于没有最小孔径加工要求的外部应用的刀座。前角沿切削刃并垂直于切削刃的方向对工件显示出的加工表面提供了更强的控制。当仅使用一个前角时，采用非独立前角将允许整个切削刃与刀具的基座平行。

3. 主偏角（侧刃，斜角）

主偏角指切削刃与工件之间形成的角度（见图 26-13）。径向切削力的方向是由刀具的主偏角决定的。随着主偏角的增大，切削力方向会更接近径向，切削力往往与切削刃成 90°。当进行车削加工时，在小主偏角情况下（0°），切削力投射到工件的轴线上，而在大主偏角情况下（45°），切削力投射在工件半径上。主偏角不影响总切削力，只影响切削力的方向。

主偏角的大小对切屑厚度有影响。随着主偏角

图 26-13 主偏角

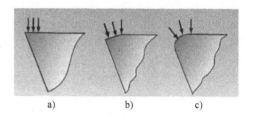

的增大，切屑往往变得更薄更长；随着主偏角的减小，切屑会变得更厚更短，而切屑的体积和功耗均与主偏角的变化没有关联。

这里需要重点说明的是，切削合力值（测量值）随主偏角的改变只有微小变化。

4. 后角

后角的大小取决于工件材料，应确保刀具在后刀面没有摩擦的情况下进行切削。在相同的切削条件下，较软的工件材料相比较硬的工件材料可能需要更大的后角。在大部分刀具上，常见的后角角度约为 5°。这个值适用于大部分的钢和铸铁材料，但对于铝等更软的材料，这个值可能还是不够的。当切削某些软的工件材料时，刀具后角可能要设计为 20°或者更大。

26. 2. 2 刃口处理

刃口处理应用于切削刀具，是对前刀面和后刀面的一种处理技术。刃口处理应用于刀具切削刃有三个主要原因：

1）锋利切削刃，减少崩刃、条纹状磨损和断裂造成切削刃失效的倾向。

2）去除刀具刃磨过程中产生的微小毛刺。

3）制备用于化学气相沉积（CVD）工艺涂层的切削刃。

此处将集中讨论锋利切削刃及其对金属切削过程的影响。

刃口处理通常分为三类：锋利切削刃、T- land 负倒棱和钝圆半径（见图 26-14）。

1. 锋利切削刃

与 HSS 切削刃相比，硬质合金或陶瓷刀具上的切削刃从来不会"锋利"。在压制和烧结过程中产生的飞边会导致不规则的切削刃，从而降低其锋利度。硬质合金或陶瓷切削刀具磨削时会产生轻微的毛刺，从而再次降低切削刃的锋利度。为了获得最佳的切

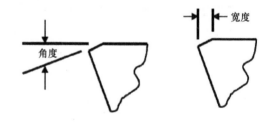

图 26-14 刃口处理的类型
a）锋利切削刃 b）T- land 负倒棱 c）钝圆半径

削刃锋利度，需要对前刀面和后刀面进行刃磨、研磨或抛光。

2. T- land 负倒棱

T- land 为切削刃上的倒棱，这会导致切削刀具的有效前刀面发生变化。这些倒角会使前刀面前角具有更大的负值，通常设计为特定的宽度和角度。

（1）角度

设计 T- land 负倒棱角度是为了增加切削刃所期望的强度。增加倒棱角度将引导切削力作用在切削刃的较厚部位，致使切削刃承受更大压应力。切削力随着倒棱角度的增大而增大（见图 26-15）。

图 26-15 角度

（2）宽度

1）设计宽度大于预期进给速度的 T- land 负倒棱会改变总前刀面，这使前刀面具有了最大的强度优势，但功耗增加。

2）设计宽度小于预期进给速度的 T- land 形成复合前刀面，这在限制功耗增加的同时也可以保持足够的切削刃强度。

最佳的 T- land 负倒棱具有消除机械失效（崩刃、条纹状磨损和断裂）所需的最小角度和宽度。如果大于这个最小角度，由于刀片的预磨损会降低刀具的使用寿命。

增加 T- land 负倒棱的角度可提高其抗冲击性。消除机械失效的最小角度是 T- land 负倒棱的最佳角度（见图 26-16）。

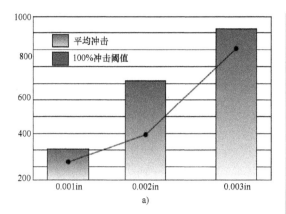

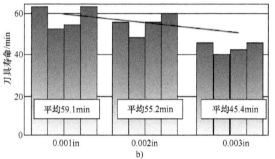

图 26-16　刃口处理

a）抗冲击性　b）耐磨性（min）　c）刃口处理尺寸

如果磨粒磨损是主要失效机制，则刃口处理（包括增加 T-land 负倒棱的角度）会缩短刀具的使用寿命。

3. 钝圆半径

刃磨加工会在切削刃上形成一定半径的圆或角度。该钝圆半径通过将切削力作用在切削刀具的较厚部分来增强切削刃。设计钝圆半径的尺寸取决于进给参数。

如果预期的进给量大于钝圆半径，则形成复合的前刀面。钝圆半径直接在切削刃处形成一个变化的前刀面，实际的前刀面形成有效前刀面的剩余部分。

如果进给量小于钝圆半径，则该钝化的切削刃形成前刀面。与钝圆半径的大小相比，随着进给量的进一步增大，有效前角的负值会越来越大。

钝圆半径与进给量之间的关系和刀尖半径与切削深度之间的关系相似。

进给量应等于或大于切削刃上的钝圆半径，即如果切削刃的钝圆半径为 0.003in（0.076mm），则进给量在 IPR/IPT 中应为 0.003in（0.076mm）或更大。

钝圆半径可以直接减小切削刃下方的后角。当加工柔软的韧性材料时，这可以在刀具的后刀面上形成积屑瘤（BUE）；当加工硬化工件材料时，后角的减小可能会导致切削刃的崩刃。这种崩刃是由硬化的工件材料与切削刀具后刀面摩擦所产生的热量引起的。这种多余的热量引起切削刃热膨胀，并导致前刀面产生热裂纹（见图 26-17）。

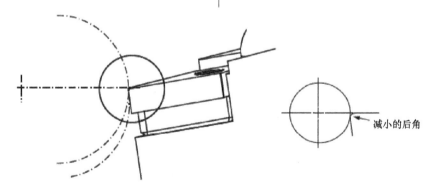

图 26-17　后角

26.2.3　排屑槽几何形状

在过去，采用断屑槽来中断切屑的流动致使切屑断裂（见图 26-18）。断屑槽主要采用以下形式：

1）在刀片顶部安装板式断屑器。

2）磨削成凸台和凹槽。

3）传统 G 形槽。

图 26-18　断屑槽的几何形状

简单的排屑槽已经演变成了具有新特征的表面，改变了刀具控制的整个前刀面：

1）切屑控制。

2）切削力。

3）切削刃强度。

4）切削热。

5）切屑流向。

传统的排屑槽有六个关键要素（见图 26-19）均会影响：

1）切削力。

2）切削刃强度。

3）进给范围。

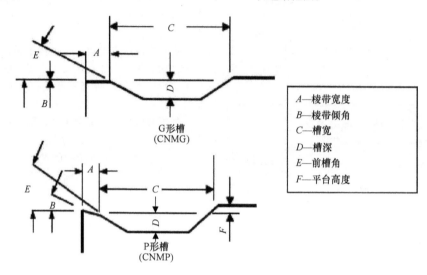

A—棱带宽度

B—棱带倾角

C—槽宽

D—槽深

E—前槽角

F—平台高度

图 26-19　传统排屑槽的几何形状

通过对以上每个要素的控制，为特定的应用场合提供切屑控制、最佳切削力和切削刃强度。

1）棱带宽度控制切屑起始点。该尺寸与机械断屑槽一起使用的 W 尺寸相对应。对于传统行业标准 $^1/_2$ in I. C. 的车削刀片，其棱带宽度介于 0. 010 ~ 0. 012in （0. 254 ~ 0. 305mm）之间（见图 26-20）。

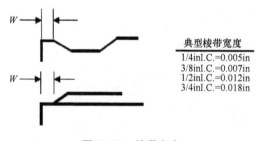

典型棱带宽度

1/4inI.C.=0.005in

3/8inI.C.=0.007in

1/2inI.C.=0.012in

3/4inI.C.=0.018in

图 26-20　棱带宽度

2）棱带倾角是前刀面的延续，可控制切削力和切削刃强度（见图 26-21）。

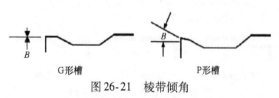

图 26-21　棱带倾角

3）槽宽（C）对正常的切屑流动过程产生了一个中断，为进给范围提供了一个控制点。过大的进给速度会产生一个"发夹"切屑，使切削力增加（见图 26-22）。

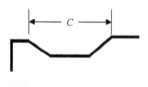

图 26-22　槽宽

4）槽深影响刀具的切削力和切屑流动特性。较大的槽深可减少切削力，形成更紧致的切屑和较好的切屑控制，但会削弱刀片强度；较小的槽深会增加切削力，形成松散的切屑和较差的切屑控制，但可增强刀片强度，（见图 26-23）。

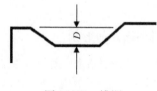

图 26-23　槽深

5）前槽角。较大的前槽角可进一步减小切削力，并可以更好地控制切屑，但会削弱刀片强度；较小的前槽角会减弱对切屑的控制并使切削力增大，但可增强刀片强度（见图 26-24）。

图 26-24　前槽角

6）平台高度。平台高度保持在切削刃上方，可对切屑流动形成更有效的阻断，同时为刀具提供防止切削刃破坏的静止表面（见图 26-25）。

图 26-25　平台高度

最新的排屑槽设计已将刀具的功能扩展到切屑控制、切削力控制、切削刃强度影响、表面接触控制以及由此产生的切削热和切削力，同时使切屑远离工件的已加工表面（见图 26-26）。

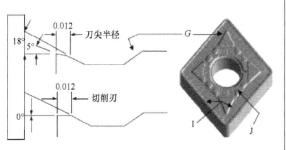

图 26-26　刀尖

倾斜的后壁可以使切屑流动离开工件的已加工表面。

刀尖半径几何形状。许多排屑槽的设计在刀尖半径上有不同的几何形状，而不是在刀片的切削刃上，这使得刀片既可适用于低切削深度和低进给速度的精加工，也可以在常规的加工场合使用（见图 26-27）。

圆齿边（I）位于槽前壁、槽的底部以及凸台上，可使切屑悬起，这样可减少切屑与刀片之间的表面接触，减少切削热量和切削力，从而实现更高的加工效率和更长的刀具寿命（见图 26-28）。

球形和凸块（J）用于阻止切屑流动，从而提供切屑控制的效果，同时减少表面接触，降低切削热和切削力（见图 26-29）。

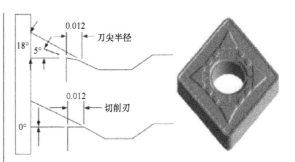

图 26-27　刀尖半径几何形状

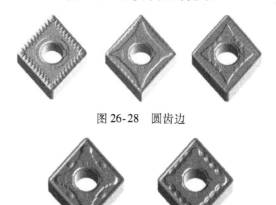

图 26-28　圆齿边

图 26-29　球形和凸块

26.3　铣削

铣削是一种采用旋转的多齿切削刀具将平面、槽或内部凹槽加工成零件的过程。目前有两种基本的机械装备：立式铣床和卧式铣床（见图 26-30）。

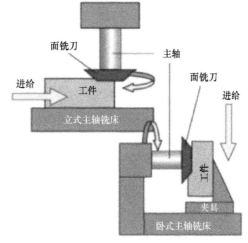

图 26-30　立式和卧式铣床
（适用于垂直于主轴的切削面）
（来源：Kennametal, Inc.）

铣床进一步演变为配备 NC/CNC、自动换刀装置（ATC），有时配备随行夹具自动更换装置（APC）的多轴加工中心（见图 26-31）。多轴数控铣床有三个基准轴（X、Y、Z），还有 C 轴（工件旋转）和 B 轴（刀具倾斜）。

图 26-31　CNC 铣床自动换刀装置和随行夹具自动更换装置

26.3.1　铣削加工

铣刀可以向工件进给，或者工件向刀具进给。通常，粗加工采用逆铣（向上或刀具右侧），而精铣削采用顺铣（向下或刀具左侧）（见图 26-32）。有许多类型的铣削加工方法，常见的有端面铣削、立铣、平面铣、螺纹铣削、三面刃铣削、成形铣削、螺旋铣削、槽铣、仿形铣削、角铣削和齿轮铣削等。

26.3.2　不同类型的铣削加工

1. 端面铣削（面铣）

面铣刀的刀片在磨损后可以更换。切削刀片是刚性的，可以更快地进给，并快速去除材料。在面铣时，工件表面垂直于主轴。面铣主要是用切削刀具的底刃切削。通常，面铣用于平面加工，但数控机床可以通过三维运动进行切削。面铣所用刀具分为三种：面铣刀、方肩面铣刀和 3D 面铣刀（见图 26-33）。

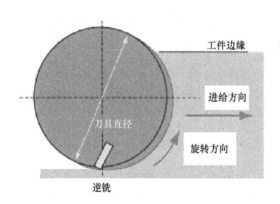

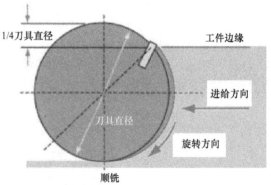

图 26-32　逆铣和顺铣（来源：Kennametal，Inc.）

面铣刀　　　　方肩面铣刀　　　　3D面铣刀

图 26-33　三类面铣刀（来源：Kennametal，Inc.）

2. 立铣

立铣是对平行于机床主轴的工件表面进行加工的过程。立铣刀包括平头立铣刀（2D）、球头立铣刀（3D 轮廓）、圆角立铣刀（以一定半径在底部加工圆角）和倒角立铣刀（用于去毛刺或倒角的倾斜刀头）。

3. 平面铣削

平面铣削又称表面铣削或阔面铣削，通过铣刀圆周上的刀齿来切除材料形成铣削加工表面。

4. 螺纹铣削

多年来，螺纹铣削已经成为精密螺纹的加工方法。长螺纹，如车床上的丝杠和多线螺纹，通常是采用铣削加工。

螺纹铣削通常由单头或多头铣刀完成。首先将旋转刀具切入工件到需要的深度，然后将工件旋转并以一定速度纵向进给，在该零件上加工出适当的导程。任何类型的配合或螺纹形式都可以通过螺纹铣削来加工。

其他的铣削方式包括燕尾槽铣、成形铣（凸台、凹槽、圆角）、心轴铣（T 形槽、半圆键槽）、锯片铣、三面刃铣（插削）（见图 26-34）、花键轴铣削、交错齿铣削和齿轮铣削等。

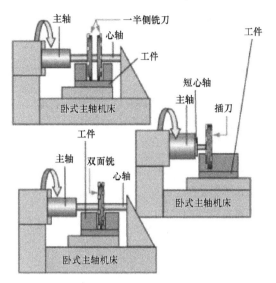

图 26-34　三面刃铣时刀具安装在心轴上，
工件的加工表面与机床主轴垂直
（来源：Kennametal，Inc.）

26.3.3　铣刀进给速度和切削速度的计算

进给速度和切削速度取决于所切削的材料及其硬度，切削宽度和切削深度，铣床的加工方式、功率和刚度，刀具类型和材质及表面粗糙度等因素。具体表格数据可在《Machinery's Hand book》（美国机械工程手册）[2]中找到。刀具主轴转速的计算公式如下：

$$RPM = (CS \times 4)/D \qquad (26-11)$$

式中　RPM——刀具主轴的旋转速度（r/min）；

CS——铣刀切削速度（ft/min）；

D——铣刀直径（in）。

铣床进给速度：进给速度是工件通过刀具的速度。它决定了切削加工所需的时间。进给速度的计算公式（见图 26-35）为

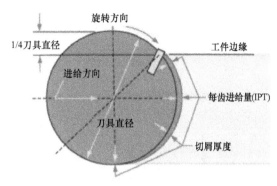

图 26-35　IPM 公式（来源：Kennametal，Inc.）

$$IPM = IPT \times RPM \times T \qquad (26-12)$$

式中　IPM——进给速度（in/min）；

IPT——每齿进给量（in/齿）；

RPM——主轴转速（r/min）；

T——铣刀每转的齿数。

切削速度 SFM（以 ft/min 表示）是切削期间工件相对切削刃的移动速度[3]，可以在《美国机械工程手册》的不同表格中找到，其计算公式为

$$SFM = (RPM \times 刀具直径 \times \pi)/12$$

式中，刀具直径的单位为 in。

26.4　刀具材料

许多类型的切削刀具材料，从高速钢到陶瓷和金刚石，都可用作金属加工行业的刀具材料。重要的是要注意切削刀具材料之间的差异和相似之处（见图 26-36）。所有切削刀具材料均可用三个变量进行对比：

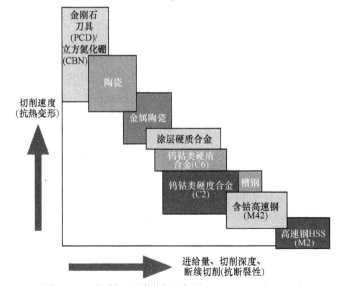

图 26-36　切削刀具材料（来源：Kennametal，Inc.）

1）耐热性（热硬度）。

2）耐磨性（硬度）。

3）抗断裂性（韧性）。

26.4.1 刀具材料的选择

对于特定应用场合，影响刀具材料选择的因素包括：

1）工件材料的硬度和状态。

2）加工方式。合适的刀具选择可能减少所需的加工次数。

3）材料去除量。

4）加工精度和质量要求。

5）机床类型、加工能力和状态。

6）刀具和工件的刚度。

7）影响切削速度和进给速度选择的加工效率要求。

8）加工条件，如切削力和切削温度。

每个零件的刀具成本包括初始刀具成本、磨削成本、刀具寿命、重磨或更换频率以及人工成本，最经济的刀具不一定具有最长寿命，也不一定具有最低初始成本。

虽然非常渴望寻求一种万能的材料来满足加工需求，但是没有哪一种单一的切削刀具材料可以满足所有加工场合。这是因为加工条件和要求十分广泛。每一种刀具材料都有自己的综合性能，使其成为特定加工场合的最佳选择。

26.4.2 高速钢

20 世纪初以来，高速钢（HSS）一直是金属加工业所使用的重要刀具材料。HSS 是高合金钢，旨在高速高效地切削其他材料，但是在刀具切削刃上会产生大量的切削热。

1. HSS 的分类

由于工具钢种类繁多，美国钢铁学会（AISI）根据化学成分对 HSS 进行了分类。所有 HSS 类型，无论是钼系还是钨系，都含有约 4%（质量分数）

的铬，但碳和钒含量不同。一般来说，当钒含量增加时，碳含量通常会增加。

钼系 HSS 用前缀 "M" 标识；钨系 HSS 用前缀 "T" 标识。钼系 M1 ~ M10（M6 除外）不含钴，但大部分含有钨。含钴钼钨的优质牌号通常划分为 M30 和 M40 系列。超级 HSS 通常为 M40 及以上。这些高速钢通过热处理具有较高的硬度。

钨系高速钢 T1 不含钼或钴。根据钴含量，含钴的钨系高速钢分类从 T4 ~ T15。

2. HSS 刀具的优点

为了具有良好的加工性能，刀具材料必须具备抗变形和磨损的性能，还必须具有一定程度的韧性，即吸收冲击而不产生致命失效的能力，同时切削刃在高温下仍保持较高的硬度。此外，刀具材料必须具有经济容易地加工达到最终期望形状的能力。

HSS 通过热处理可获得高硬度，硬度范围为 63 ~ 68HRC。事实上，M40 系列的 HSS 硬度通常可以达 70HRC，但是建议使用最高硬度为 68HRC 以避免脆性；HSS 还能够在高切削温度下保持较高的硬度。HSS 的热硬性与其成分和二次硬化反应有关，二次硬化为回火处理过程中细的合金碳化物的析出。

由于回火马氏体基体的高硬度及其分布在马氏体组织内的超硬难熔金属碳化物，HSS 也具有较高的耐磨性。富含钼的 M_6C 碳化物的硬度约为 75HRC，而富含钒的 MC 碳化物的硬度约为 84HRC。因此，增加 MC 的量会增加 HSS 的耐磨性。尽管钒含量较高的 HSS（钒的质量分数高达 5%）更耐磨，但也更难于加工或研磨。

HSS 刀具有足够的冲击韧性，并且具有比硬质合金刀具更能承受断续切削的冲击载荷。通过调整化学成分至较低的碳含量或低于推荐钢的奥氏体化温度的硬化处理，可以提高 HSS 的韧性，从而提供更细的晶粒尺寸。在 1100 ~ 1200℉（593 ~ 649℃）温度范围内的回火也可提高 HSS 的韧性。然而，当韧性提高时，硬度和耐磨性会降低（见图 26-37）。

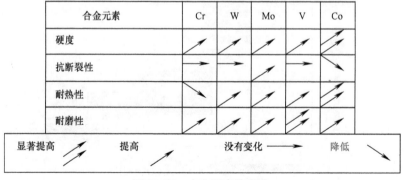

图 26-37　合金元素的影响

当 HSS 处于退火状态时，易于制造，可进行热加工、机加工、研磨等，并制备成切削刀具的形状。

3. HSS 的局限性

使用 HSS 可能存在的一个问题是碳化物在大型钢锭中心的聚集，通过重熔或充分的热处理可以使这个问题的影响最小化。如果聚集没有最小化，则会降低物理性能，并且使磨削变得更加困难。改进的性能和磨削能力是粉末冶金 HSS 的重要优点。

HSS 的另一个局限性是，当加工温度超过 1000 ~ 1100°F（538 ~ 593℃）时，它的硬度会迅速下降，这需要采用比硬质合金、陶瓷和其他切削刀具材料更低的切削速度。

4. HSS 刀具的应用

尽管硬质合金和其他切削刀具材料的用量在增加，但 HSS 仍然应用广泛。大多数钻头、铰刀、丝锥、螺纹梳刀、立铣刀和齿轮切削刀具都是由 HSS 制造的，它们也广泛用于复杂的刀具形状，如需要锋利切削刃的成形刀具和切断刀具的制造。大多数拉刀都是用 HSS 制造的。

HSS 刀具通常更倾向应用于低切削速度的加工场合，以及应用在较老的、刚性较差和功率较低的机床上。一直使用 HSS 刀具的原因是其具有相对较低的成本且易于制造，以及较好的韧性和通用性（适用于几乎所有类型的切削刀具）。

26.4.3 粉末冶金高速钢

通过粉末冶金工艺制造的高速钢通常具有均匀的结构，碳化物颗粒细小且没有偏析。粉末冶金 HSS 具有许多优点，由这些材料制成的刀具应用越来越广泛。

1. 材质优势

虽然粉末冶金工艺制成的 HSS 成本略高，但刀具制造和性能上的优势会很快弥补并超过这一溢价。然而在许多情况下，与锻造材料制成的刀具相比，因为材料、劳动力和加工成本的降低，由这种材料制成的刀具成本较低。近净成形制造通常只需要最少余量的磨削，刀具越复杂，节省的成本就越多。

另一个重要的优点是粉末冶金工艺使设计更灵活，这是因为可以经济地制造复杂的刀具形状。此外，该工艺还适用于使用传统制造方法不太经济的优质合金钢。

2. 应用

铣刀正在成为粉末冶金 HSS（PM）工具钢的主要应用场合。通过更高的切削速度和进给速度，可以提高金属去除率。通常，对于粗加工，可以增加每齿进给量；对于精加工，可以提高切削速度。

26.4.4 铸造钴基合金

专用的刀具材料可以通过钴-铬-钨合金铸造。熔融金属在石墨制成的冷模中铸造，快速冷却使晶粒细小，形成一个具有坚固核心的复合碳化物硬质表面。

钴基合金铸造的刀具有时被称为中间刀具，用于需要高速钢刀具和硬质合金刀具中间性能的应用场合，它们已经被证明适用于对高速钢刀具来说切削速度太快而对硬质合金刀具来说太慢的加工场合。

钴基合金铸造的刀具特别适用于具有主轴速度限制的多工装机床。

铸造钴基合金切削刀具拥有比硬质合金更好的抗断裂性能和比其他高速钢刀具更高的热硬性，它们具有的高横向断裂强度允许进行断续切削，而这对于硬质合金刀具来说是不可能的。此外，这些刀具的高强度和低摩擦因数使其成为低速、高压加工（如切断和切槽）的理想选择。

26.4.5 硬质合金

硬质合金包括通过粉末冶金技术生产的大量硬质金属。大多数硬质合金由碳化钨与钴黏结剂组成。

1. 硬质合金的优点

硬质合金在室温和高温下具有高硬度的特点使其特别适用于金属切削加工。用于加工的最软硬质合金的硬度也明显高于最硬的工具钢。热硬性，即在高温下保持高硬度的 WC-Co 能力，允许采用更高的切削速度。直到钴黏结剂在足够高的温度发生塑性变形，才会发生严重的硬度损失。

硬质合金也具有高抗压强度。抗压强度受钴含量的影响，会随着钴含量的增加而提高，直到钴的质量分数达到 4% ~ 6%，然后随着钴含量的进一步增加会有所降低。

硬质合金分为两类：

1）纯净硬质合金。它们包括具有钴黏结剂（Co）的碳化钨（WC），适用于主要失效形式为磨损的工件材料，如铸铁、有色金属和非金属的切削加工。

2）复合硬质合金。它们包括碳化钨、碳化钛（TiC）、碳化钽（TaC）、碳化铌（NbC）以及钴（Co）黏结剂。复合硬质合金适用于大多数长切屑材料的切削加工，如大多数钢（见图 26-38）。

碳化钛可提供抵抗月牙洼和积屑瘤的特性。添加 TiC 可提高热硬性，降低硬质合金的横向断裂、抗压强度和冲击强度。

碳化钽可提供抗热变形的特性。TaC 在室温下的硬度比 TiC 低，但在较高的温度下具有较高的热硬性。TaC 的热膨胀系数与 WC-Co 的热膨胀系数更接近，因此具有更好的耐热冲击性。

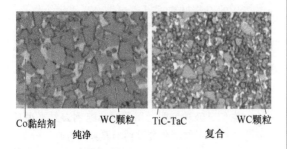

Co黏结剂　　WC颗粒　　TiC-TaC　　　WC颗粒
　　　纯净　　　　　　　　复合

图 26-38　硬质合金类别

2. 硬质合金牌号设计

硬质合金切削刀具牌号根据其主要应用分为两类：如果硬质合金用于切削非延性材料的铸铁，则其被分类为纯净硬质合金牌号；如果用于切削延性材料的钢，则其分类为复合硬质合金牌号。铸铁用硬质合金必须具有更好的耐磨性，而钢用硬质合金则需要更好的抗月牙洼磨损性能和耐热性。不同金属的刀具，其磨损特性不同，因此需要不同的刀具性能。铸铁的高磨损主要是刀具的切削刃磨损，而钢的长切屑以较高切削速度流过刀具，导致刀具发生月牙洼磨损和热变形。

对于不同的应用场合，选择正确的硬质合金牌号是非常重要的。若干个因素使一个硬质合金牌号与另一个不同，并使之更适合于一个特定的应用场合。硬质合金牌号可能看起来是相似的，但硬质合金牌号之间的差别就意味着成功与失败的结果不同。

碳化钨是硬质合金刀具的主要成分，通常在加工诸如铸铁的材料时使用。碳化钨非常硬，可提供优异的耐磨性。

在上述两类硬质合金中，所有牌号都含有大量碳化钨，通常采用钴作为黏结剂。TaC 和 TiC 是基本碳化钨/钴材料中更常见的合金添加剂。这些合金添加剂可应用于铸铁的切削刀具牌号，也可作为钢的切削刀具牌号的主要添加剂。碳化钨具有耐磨性，可有效地应对铸铁的磨粒磨损。

添加合金材料，如碳化钽和碳化钛，有很多好处：

1）TiC 最显著的优点是可以减少刀具月牙洼磨损失效的趋势。

2）TaC 最重要的贡献在于提高了刀具的热硬性，从而降低了热变形。

改变刀具材料中钴黏结剂的含量，可在以下三个方面较大程度地影响铸铁和钢种。

1）钴比其周围的硬质合金对热更加敏感。

2）钴对磨损也更为敏感。钴含量越多，刀具越软，其对热变形、磨料磨损和钴浸出更敏感，这会造成月牙洼磨损。

3）钴比硬质合金的强度更高。因此，更高的钴含量可以提高刀具的强度和耐冲击性。硬质合金刀具的强度用横向断裂强度（TRS）表示。

3. 分类系统

在 C 级分类方法中，C-1 ~ C-4 牌号用于铸铁加工，C-5 ~ C-8 牌号用于钢加工。每组中 C 的数值越高，对应牌号的硬度越高；C 的数值越低，对应牌号的强度越高。硬度较高的牌号用于精切削，强度较高的牌号用于粗切削。

许多制造商都会发布他们的硬质合金牌号与其他制造商的对比表格，但这些都不是等价表，即便它们意味着一个制造商的硬质合金与另一个制造商的相当。每个制造商都最了解自己的硬质合金，只有某种特定硬质合金的制造商可以在 C 表上准确地描述其硬质合金牌号。

ISO（国际标准化）组织是基于应用的，在当今应用越来越普遍。ISO 系统通过工件材料将硬质合金牌号进行分类，并标明强度和磨损特性，如 P-20、M-20、K-20，其中字母表示材料（P = 钢，M = 不锈钢，K = 铸铁，N = 有色金属，S = 高温合金，H = 高硬度材料），数字表示相对耐磨性（05 最耐磨，而 50 最抗断裂）（见图 26-39）。

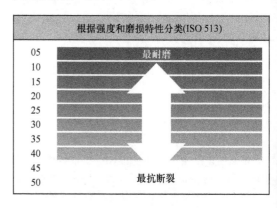

图 26-39　ISO 通过编码系统分类硬质合金
刀具的韧性（来源：Kennametal, Inc.）

许多制造商，特别是美国以外的制造商，不采用硬质合金 C 级分类系统。在竞争公司 C 表上的硬质合金牌号只是基于相似的应用场合，最多是一个有根据的推测。测试结果显示，采用 C 级分类系统的制造商在同一类别中已经列出了硬质合金牌号的性能差异。

26.4.6　涂层硬质合金

具有耐磨化合物涂层的硬质合金刀片，可以提高刀具性能，并获得更长的刀具寿命，在切削刀具材料系列中发展最快。涂层硬质合金刀片可使切削速度比未涂层的硬质合金刀具提高 5 倍或更多。涂层硬质合金刀具被认为是自 WC 刀具开发以来切削刀具材料最显著的进步。

第一代涂层刀片由常规 WC 衬底和薄 TiC 涂层组成。从那时起，已经开发了钛、铪和锆的碳化物和氮化物，以及铝和锆的氧化物的各种单层和多层复合涂层，并对涂层基材进行了改进，以更好地适应涂层，增加涂层硬质合金刀具的应用范围。

1. 涂层

涂层分为两类：

（1）化学气相沉积（CVD）　CVD 工艺是硬质合金刀具最常用的涂层工艺，它产生显著的隔热罩，提供提高切削速度的能力。CVD 工艺不能应用于锋利的切削刃。

1）TiC、TiCN、TiN、Al_2O_3。

2）通常多层。

3）沉积温度 900 ~ 1000℃。

4）厚度 5 ~ 20μm。

（2）物理气相沉积（PVD）　PVD 工艺是一种"视线"工艺，建议涂层在反应器内的不同位置以生长出不同的厚度。PVD 工艺可应用在锋利的切削刃（见图 26-40）。

1）TiN、TiCN、TiAlN、ZrN、CrN、TiB_2。

2）沉积温度 300 ~ 600℃。

3）厚度 2 ~ 8μm。

4）视线工艺，需要工具夹具旋转。

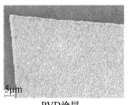

PVD涂层　　　　CVD涂层多层

图 26-40　涂层种类

提高加工效率的能力是涂层硬质合金刀片应用的最重要优点。在缩短刀具寿命的前提下，相比无涂层刀片，它们能以更高的切削速度进行加工。当刀具以相同的切削速度加工时，可以获得更长的刀具寿命。通常推荐采用更高的切削速度来提高生产率并降低成本，而不是延长刀具寿命。所采用的进给量通常由刀片几何形状决定，而不是由涂层决定的。涂层硬质合金刀片的通用性是另一个主要优点。只需更少的牌号就能覆盖更广泛的加工应用，因为这些牌号通常可以覆盖几个未涂层硬质合金刀具的 C 级类别，这可以简化刀具选择过程并减少库存需求。大多数

涂层硬质合金刀片生产商提供三个牌号：一个用于加工铸铁和有色金属，另外两个用于加工钢。然而，也有些生产商可能会提供更多的牌号。

2. 局限性

CVD 涂层硬质合金刀片不能适用于所有应用场合。例如，它们通常不适用于精加工，包括精密镗削和薄壁工件的车削，因为这两种加工方式，通常需要锋利的切削刃以获得令人满意的加工效果。

涂层硬质合金刀片的成本略高，但应该进行成本分析，因为更高的切削速度可以提高加工效率，以抵消其成本溢价。

26.4.7　陶瓷

早在 1905 年，德国首先提出了将陶瓷或氧化铝切削刀具应用于机械加工，比德国 1926 年引进硬质合金早 21 年。1912 年和 1913 年，先后在英国和德国颁发了陶瓷刀具专利。1935 年，美国开始陶瓷刀具的初步研究，直到 1945 年才被考虑应用于切削加工。在 20 世纪 50 年代，陶瓷刀具刀片在美国开始商业化应用。

最初，这些黏结氧化物的非金属刀具并未获得令人满意的效果。其中一部分原因是这些刀具存在不均匀性和缺陷，但更主要的原因是用户缺乏理解并导致误用。陶瓷刀具通常用于刚性和功率不足的旧机床上。

从那时起，由于可以更好地控制显微组织（主要是细化晶粒）和密度，加工工艺的改进、添加剂的使用、复合材料的开发以及更好的磨削性能和刃口处理方法，陶瓷刀具的力学性能已经取得了很大的提高。现在，这些材料制成的刀具更坚固、更均匀、质量更高，因此陶瓷刀具在加工中的应用开始引起了大家的注意。

1. 陶瓷刀具类型

有两种基本类型的陶瓷刀具可供选择：

1）普通陶瓷，高纯度（99% 或更高），仅含有少量二次氧化物的陶瓷。然而，陶瓷刀具生产商提供了两个二次氧化锆含量较高的牌号。一个氧化锆牌号的质量分数少于 10%，另一个氧化锆牌号的质量分数少于 20%。普通陶瓷制成的切削刀片通常是在高压条件下将细氧化铝粉末冷压成形，然后通过高温烧结将颗粒粘接在一起制备完成的。产品的颜色为白色，采用金刚石砂轮磨削到最终尺寸。另一种加工方法是热压成形，一次操作同时完成高压成形和高温烧结，制成浅灰色的刀片；也可采用热等静压方法制造，以简化断屑器的几何形状。

2）复合陶瓷，有时被误称为金属陶瓷，是指将含有 15% ~ 30% （质量分数）或更多的碳化钛（TiC）和/或其他合金成分的 Al_2O_3 基材料通过热压

或热等静压制成刀片，颜色为黑色。

2. 陶瓷成分

1）赛隆陶瓷（Si_3N_4）。

2）黑色陶瓷（$Al_2O_3 - TiC$）。

3）白色陶瓷（$Al_2O_3 - ZrO_2$）。

4）晶须增韧陶瓷（$Al_2O_3 - SiCW$）。

5）涂层 Si_3N_4（$Al_2O_3/TiCN$ 涂层）。

6）涂层黑色陶瓷（TiCN 涂层）。

3. 优点

对于许多应用场合，陶瓷切削刀具的主要优点是可以提高加工效率。陶瓷切削刀具的切削速度比硬质合金刀具更高，这可以提高金属去除率。陶瓷刀具的优异性能，包括良好的热硬性、低摩擦因数、高耐磨性、化学惰性和低的热导率（切屑中产生的大部分热量都被切屑带走，传入工件，刀片和刀柄的热量较少）等。

另一个重要的优点是，由于刀具磨损较少，因此可以更好地控制尺寸精度，从而加工出更高质量的零件。此外，较小的表面粗糙度值有助于尺寸控制。同时，陶瓷刀具能够用于高硬度金属的切削，通常不需要后续的磨削加工。轧机厂淬火钢辊的加工是陶瓷刀具的一个重要应用场合。

4. 局限性

尽管陶瓷刀具的物理性能和均匀性已有很大提高，但由于陶瓷刀具比硬质合金刀具更脆，因此需要谨慎使用。必须尽可能减小机械冲击，同时也必须避免热冲击。然而，现有更高级的牌号加上适当的刀具和刀座几何形状，可以使强度和延性的影响最小化。

虽然陶瓷刀具在用于大多数金属切削时表现出化学惰性，但它们容易形成积屑瘤，在加工耐热金属，如钛和其他活性合金以及某些铝合金时会增大磨损率。由陶瓷材料制成的刀具正在成功用于轻中载荷的断续切削，但通常不推荐用于重载断续切削。

陶瓷刀具应用中另一个可能的局限是其较厚的刀片（有时需要弥补刀具较低的横向断裂强度），在硬质合金刀片用的刀座中可能是不可互换的。然而，有些铣刀和其他刀柄可以使用，这样可以实现互换。

5. 应用

陶瓷切削刀具已成功地应用于铸铁和钢的高速加工，特别是那些需要连续切削的刀具。它们通常是快速磨损硬质合金刀具的替代品，但不适用于硬质合金刀具容易断裂的应用场合。陶瓷刀具已经成功应用于钢和铸铁件的面铣削加工，但不推荐重载断续切削。此外，虽然陶瓷切削刀具可用于加工耐磨材料和大多数活性材料，但是如前所述，它们不适用于切削耐热金属，如钛和活性金属合金以及某些铝合金。

26.4.8 单晶金刚石

单晶和多晶金刚石切削刀具的应用越来越多，主要是归因于以下几个方面：现代制造中对加工精度和表面质量的要求越来越高；当今产品中轻质材料越来越多；需要进一步减少换刀和调整的停机时间以提高生产率。通过更广泛地了解这些刀具的正确使用方法，以及高刚性、高速和高精密进给机床的可用性，有助于提高金刚石刀具的使用量。

金刚石是立方晶形碳，在高热、高压下可制成各种尺寸。用于制作切削刀具时，自然开采的工业单晶金刚石通过切割（锯切、劈开或研磨），可以制成所需的切削刃几何形状。

1. 优点

金刚石是已知最硬的天然物质，其压痕硬度约为硬质合金的5倍。极高的硬度和耐磨性使单晶金刚石刀具在其大部分使用寿命期限内保持切削刃不变。高导热性，低压缩性和低热膨胀系数可以保证尺寸的稳定性，从而确保了精密公差和光滑的加工表面。

虽然单晶金刚石刀具比其他材料的制造成本要高得多，但在适当的应用场合，单件加工成本往往较低。节省成本是因为减少了停机时间和废料，并且在大多数情况下，不需要后续的精加工。由于金刚石的化学惰性、低摩擦因数和平滑性，当加工有色金属和非金属材料时，切屑不会黏附到刀具表面或形成积屑瘤。

2. 局限性

选择工业单晶金刚石至关重要。它们具有更好的质量，切削区域无裂纹或杂质。此外，需要巧妙的定位可以保证刀具的最大耐磨性。金刚石必须正确安装以确保刀具沿其最硬平面接触工件，而不能平行于软解理面（平行于八面体面），否则将在刀具切削刃处发生剥落和断裂。在软位向上定位金刚石，将导致早期磨损和可能的剥落或崩刃。

耐冲击性低的刀具需要小心处理和防止冲击。这种刀具只能在状况良好的刚性机床上使用，刀具和工件必须采用刚性的夹持方式，并且通常需要平衡或减震的工件和驱动装置，特别是对于车削加工。由于定心卡盘不能进行动态平衡，通常不推荐使用。如有需要，需配备减振装置。同样，推荐采用减振镗杆。

单晶金刚石刀具不适合切削黑色金属，特别是具有高抗拉强度的合金，因为加工所需的高切削力可能会损坏刀具。金刚石容易与这些材料发生化学反应，并在 $1450 \sim 1800 \, ℉$（$788 \sim 982℃$）之间的温度下发生石墨化。单晶金刚石刀具也不推荐用于高硬度材料的断续切削或粗糙表面的剥皮加工。

3. 应用

单晶金刚石切削刀具在加工以下材料时通常具

有极高的加工效率：

1）有色金属，如铝、巴氏合金、黄铜、铜、青铜和其他轴承材料。

2）贵金属，如金、银和铂。

3）非金属耐磨材料包括硬橡胶、酚醛树脂或其他塑料或树脂、乙酸纤维素、压缩石墨和碳、复合材料、某些硬质合金、陶瓷和玻璃纤维，以及各种环氧树脂和玻璃纤维填充树脂。

金刚石晶体可以研磨成高质量的切削刃，可达到 11Ain（0.025pm）或更小的表面粗糙度值。因此，单晶金刚石刀具经常用于光滑反射表面的高精密加工，而且不需要后续的磨削、抛光或研磨加工。一家工厂采用金刚石刀具和专用机床，在镀铜铝合金镜上加工出光学表面。

其他可采用单晶金刚石刀具加工的部件包括计算机内存盘、印刷凹版和复印卷、塑料镜片、镜头座、制导系统组件、军工零件、需要消除研磨和抛光成本的工件，以及具有特定形状或由某些材料制成的不适合研磨或抛光的部件。

26.4.9 多晶金刚石

美国在大约 1973 年推出了多晶金刚石坯料，由微细金刚石晶体在高压和高温条件下粘接在一起制成。天然和合成的金刚石晶体都可以采用这种方式烧结，而切削刀具坯料和刀片目前均采用这两种晶体制成。

基于切削刀具的用途，多晶金刚石可以压制成各种不同的形状，也可以压制在钨或碳化钨基体上形成一体。多晶金刚石切削刀具通常仅用于加工有色金属和非金属材料，不适用于切削黑色金属。

1. 优点

多晶金刚石切削刀具的一个重要优点是晶体呈随机取向，没有单晶金刚石切削刀具中存在的解理面。因此，在所有方向均具有较高的硬度和耐磨性。其硬度约为硬质合金的 4 倍，几乎等于单晶天然金刚石的硬度。当多晶金刚石坯料黏结到钨或碳化钨基体上时，制造的切削刀具不仅具有高硬度和耐磨性，而且具有更高的强度和抗冲击性。

多晶金刚石切削刀具的成本低于单晶金刚石刀具，具体取决于其设计和应用。对于大多数加工场合，多晶金刚石切削刀具都已证明其优越的性能，它们通常表现出更好的加工一致性，可以更准确地预测生产结果。压制的多晶金刚石块料比单晶金刚石更坚固，通用性更好，可以制造出更多具有理想形状的切削工具。虽然单晶金刚石刀具可以加工出更光滑的加工表面，但是在某些应用场合多晶金刚石刀具更有竞争力。

对于某些应用场合，相比硬质合金刀具，多晶

金刚石切削刀具不仅可以提供更长的刀具寿命、更好的尺寸控制、更高的加工质量，还可以提高加工效率，减少废料和返工，降低单件加工刀具成本。多晶金刚石切削刀具可采用更高的切削速度和进给速度，加上消除换刀和调整带来的停机时间的减少，可以大大提高加工效率。

2. 局限性

多晶金刚石刀具应用的一个局限（同样适用于单晶金刚石刀具）是通常不适用于加工黑色金属，如钢和铸铁。天然和合成的金刚石均为碳，在高切削温度条件下会与黑色金属发生化学反应，也会与其他坚韧且具有较高抗拉强度的材料产生高压而引起崩刃。

多晶和单晶金刚石刀具的高成本，使其应用局限在需要发挥刀具特定优势的加工场合。这些应用场合包括耐磨材料的加工（采用其他刀具材料加工时寿命显著缩短）和有高质量加工要求的精密公差零件的大批量加工。

3. 应用

多晶金刚石制成的刀具最适用于加工耐磨非金属材料（如碳、预烧结陶瓷、玻璃纤维及其复合材料、石墨、增强塑料和硬质橡胶等）、有色金属（如铝合金，尤其是含硅铝合金、铜、黄铜、青铜、铅、锌及其合金）以及钴含量高于 6%（质量分数）的预烧结碳化物和硬质合金。

由于越来越多的有色金属、塑料和复合材料被用来减轻产品重量，金刚石刀具正得到越来越多的应用。随着精密公差和高加工质量部件需求的增加，以及高速、高刚性和精密进给机床性能的提高，也推进了金刚石刀具的应用。

对于容易发生崩刃而不是磨损导致切削刃失效的应用场合，多晶金刚石刀具性能已被证明优于天然单晶金刚石，它们可以更好地承受由于增大切削速度、进给量和切削深度而带来的高压力和高冲击力，并且适用于断续切削场合，如面铣。然而，多晶金刚石刀具切削刃的锋利度是有限的，并且对于需要非常光滑表面的加工，优先选择天然单晶金刚石。

在硬质合金刀具表现出过度磨损的应用场合，通常选择多晶金刚石刀具。其他应用包括材料堆积在切削刃上导致毛刺的加工场合和容易发生零件超差的加工场合。在某些应用场合，多晶金刚石刀具比硬质合金刀具更经久耐用，比例为 50∶1 或更高。

26.4.10 多晶立方氮化硼

多晶立方氮化硼（PCBN），以氮化硼（BN）形式存在，是一种超级磨料，其硬度和耐磨性仅次于金刚石。CBN 通过高压/高温工艺制造，与人造金刚

石的制造过程相似。CBN 晶体常用来制造超硬磨粒砂轮，用于钢和超级合金的精密磨削，也被压制成多晶切削刀具。

1. 优点

对于机械加工，由 CBN 晶体压制而成的切削刀具拥有比金刚石刀具更高的耐热性。CBN 刀具与金刚石相比的另一个优点是其高度的化学惰性，这使其在高切削温度下切削工件材料（包括黑色金属）时具有更好的抗氧化性和耐化学腐蚀性。压制的 CBN 刀具与金刚石刀具不同，适用于硬度为 70HRC 的工具钢和合金钢，硬度为 45~68HRC 钢锻件和 Ni 硬铸铁或冷硬铸铁、表面硬化零件和镍基或钴基超级合金的高速加工。它们也可以成功地用于加工粉末状金属、塑料和石墨。

由于压制 CBN 成形的切削刀具具有高耐磨性，因此可以采用更高的切削速度和/或更长的刀具寿命，从而提高加工效率。而且，在许多情况下，由于消除了磨削加工的需求，加工效率大大提高。然而，由于压制 CBN 刀具和金刚石刀具的成本相对较高，这限制了它们的应用，如难加工材料的加工，在单件加工成本上是经济合理的。

2. 应用

压制 CBN 晶体制成的切削刀具的应用场合包括各种高硬度材料的车削、面铣、镗削和铣削加工。许多应用场合消除了磨削加工需求，或者减少了所需的磨削余量。在适当的切削条件下，可以达到与磨削同样的表面粗糙度。

CBN 切削刀具有许多成功的应用，涉及断续切削，包括高硬度黑色金属的铣削。然而，由于 CBN 切削刀具的脆性，通常不推荐用于重载断续切削。

据报道，CBN 切削刀具加工超级合金的金属去除率为硬质合金刀具的 20 倍。

26.5 失效分析

切削加工过程产生的力和热量不可避免地会导致切削刀具失效。刀具寿命受到各种失效模式的限制，下面将讨论最常见的失效模式。

切削刀具失效很少是因为单一的失效模式。通常，在金属切削时，几种失效模式同时作用。失效分析的目的主要是为了控制刀具失效机理，以使刀具寿命仅受磨料磨损的限制。

磨料磨损是唯一可接受的失效模式，因为其他失效形式会导致更短或更少的预期刀具寿命。如果想要采取正确的措施，必须认真分析各种失效模式。当刀具寿命仅受磨料磨损限制时，控制措施被认为是有效的。

以下为八种可识别的失效模式，可分为三类：

（1）磨料磨损

（2）与热相关的失效模式

1）积屑瘤。

● 前刀面。

● 后刀面。

2）热/机械裂纹/崩刃。

3）月牙洼。

4）热变形。

（3）机械失效模式

1）崩刃。

● 机械。

● 热膨胀。

2）沟槽磨损。

3）断裂。

下面将针对每种失效模式进行详细讨论，旨在设计抑制特定失效模式的控制措施。但是，必须对失效模式进行准确的诊断。误诊和错误的控制措施可能导致情况恶化。观察和记录刀具失效的发展过程是准确诊断失效的最有效方法。

26.5.1 磨料磨损

磨料磨损是由于工件与切削刃之间的相互作用而产生的。这种相互作用导致在刀具的后刀面上磨出后角，这个损失的后角区域称为磨损带（见图 26-41）。

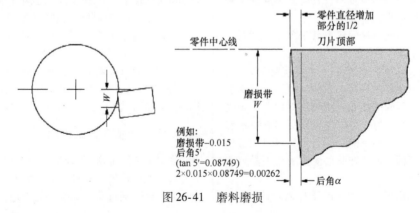

图 26-41 磨料磨损

这个相互作用量主要与工件公差（尺寸和表面粗糙度）、机床的刚度、装夹以及工件和切削刃的强度有关。

磨损带的宽度由切削刃和工件之间的接触量决定。

通常，由正常磨料磨损引起的磨损曲线将呈现 S 形。S 形曲线由三个不同的区域组成，后刀面磨损带的大小用 y 轴表示（见图 26-42）。

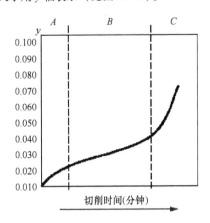

图 26-42　磨损曲线

A 区通常称为磨合期，它表现为一个快速磨损带的形成过程。这主要是由于切削刃是锋利的，只要少量刀具材料的移除，就立刻形成一个可测量的磨损带区域。

B 区消耗切削中的大部分时间，并构成了直线上升的趋势。B 区的一致性是预测刀具寿命的关键。

当磨损带宽度增加到足以产生大量的切削热和压力时，形成 C 区，这会导致刀具机械失效或热机械失效。

当刀具失效模式为磨料磨损时，切削刃的总寿命跨越 A 区和 B 区。因此，应该尽可能延长 B 区，这样可以降低刀片断裂的概率（见图 26-43）。

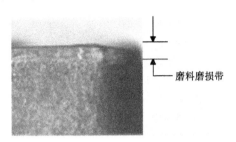

图 26-43　磨料磨损带

26.5.2　与热相关的失效模式

1. 月牙洼（化学磨损）

在切削过程中，化学载荷会影响月牙洼（扩散）磨损。刀具材料的化学特性和刀具材料对工件材料的亲和性决定了月牙洼磨损的演变历程。刀具材料的硬度对磨损过程影响不大。材料之间的冶金关系决定了月牙洼的磨损量。一些切削刀具材料对大多数工件材料是惰性的，而对其他材料具有较高的亲和性（见图 26-44）。

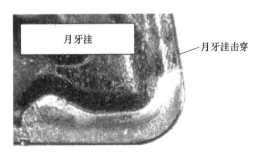

图 26-44　化学磨损

由于硬质合金与钢之间具有亲和力，导致月牙洼磨损不断扩展，在切削刃的前刀面上形成一个"月牙洼"凹坑。月牙洼磨损机制非常依赖于温度，因此在高切削速度条件下会达到最大。通过铁素体从钢到刀具的双向转移发生原子交换，碳也会扩散到切屑中。

通过切削刃前刀面上的凹形磨损图案可以辨别月牙洼。如果不加以检查，月牙洼将继续增长，直到切削刃发生破损。

2. 积屑瘤（粘着）

积屑瘤主要发生在低加工温度条件下的刀具-切屑界面。它可以发生在长切屑和短切屑的工件材料上，如钢和铝。这种机理通常导致在切屑与切削刃之间形成积屑瘤。它是一个动态的结构，切屑的连续层被焊接和硬化，并成为切削刃的一部分。积屑瘤通常会被剪切掉，然后重新形成。某些刀具材料和某些工件材料，如塑性好的钢，比其他材料更容易发生压焊。当达到更高的切削温度时，在很大程度上可以消除这种现象的形成条件（见图 26-45）。

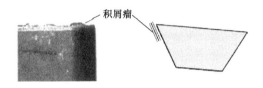

图 26-45　积屑瘤

在某些温度范围内，刀具与工件材料之间的亲和力与切削力的负荷相结合，会形成粘着磨损机制。当加工硬化材料，如奥氏体不锈钢时，这种磨损机制会产生沿切削深度线快速积屑，导致以沟槽磨损模式失效。

提高切削速度，采用适当的切削液以及刀具涂层是控制积屑瘤的有效措施。

积屑瘤也会发生在刀具的后刀面上，位于切削刃下方，主要发生在切削非常柔软的材料，如软铝或铜的时候。后刀面积屑瘤是由于切削刃与工件之间的间隙不足而剪切后的材料回弹所致。

3. 热裂纹（疲劳磨损）

热裂纹是热机械作用的结果。切削温度波动加上切削力的加载和卸载，导致切削刃的裂纹和断裂。断续切削导致持续的加热和冷却，同时伴随着切削刃接触时的机械冲击，此过程中产生的裂纹通常沿垂直于切削刃的方向传播。这些裂纹倾向于从内部向切削刃扩展。这种失效模式源于切削刃材料不能承受切削过程中极端的热梯度。一些刀具材料对疲劳机制更为敏感。硬质合金和陶瓷导热性能较差，在切削过程中，产生的切削热集中在切削刃或附近，而刀片其余部位的温度相对较低。由于切削接触区域的温度升高，导致此区域的热膨胀大于刀具的其余部位。当形成的应力大于材料的强度时，就会产生裂纹。形成的裂纹将小块刀具材料隔离，使得它们容易受切削力的影响而移除（见图 26-46）。

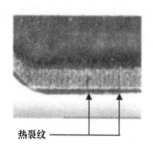

热裂纹 ────

图 26-46　热裂纹和疲劳

4. 热变形（塑性变形）

热变形是切削刃上高温和高压共同作用的结果。过高的切削速度和坚硬或坚韧的工件材料结合起来，会产生大量的切削热而改变切削刃的热硬度。当切削刃失去其热硬度时，由进给速度产生的力会导致切削刃变形（见图 26-47）。

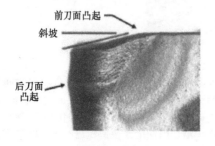

前刀面凸起

斜坡

后刀面凸起

图 26-47　热变形

热变形量与切削深度和进给速度成正比。热变形是合金钢加工中常见的失效模式。

26.5.3　机械失效模式

1. 崩刃（机械）

当切削刃上的小颗粒破损而不是磨料磨损时，就会发生机械崩刃。一般发生在机械载荷超过切削刃强度的场合。机械崩刃常见于具有变化冲击载荷的加工中，如断续切削。崩刃会使切削刃变粗糙，从而改变了刀具的前刀面和后刀面。这种粗糙的切削刃效率较低，导致切削力和温度升高，从而使刀具寿命显著缩短。机械崩刃最好通过观察前刀面和后刀面上崩刃的尺寸来确定。切削力通常作用在前刀面上，在前刀面上产生较小的崩刃，在后刀面上产生较大的崩刃。

机械崩刃通常是不牢固装夹的结果，如刀柄或镗杆悬伸较长，超过了理想的长度/直径比，或者未支撑的工件等（见图 26-48）。

在后刀面上产生较大的崩刃，在前刀面上产生较小的崩刃

图 26-48　机械崩刃

2. 热膨胀

当工件/切削刃接触界面没有足够的间隙来进行有效切削时，就会发生崩刃。

这可能是由于切削工件材料的间隙不足导致切削刀具的误用造成的。

这可能是刀具的钝圆半径明显大于进给量（IPT/IPR）的结果。例如，在 IPR 中具有 0.005in（0.127mm）的切削刃和 0.002in（0.051mm）的进给量将产生挤压效果，导致热量积聚并导致前刀面崩刃。

热膨胀崩刃的识别特征是后刀面上的微崩刃和前刀面上较大的层状崩刃。这些崩刃看起来似乎是前刀面上硬质合金或涂层的剥落，但实际上是切削刃热膨胀的结果（见图 26-49）。

3. 沟槽磨损

所谓沟槽磨损失效模式，是指严重的沟槽形状的磨料磨损图案，位于粗糙毛坯外径与切削刃的接触区域（切削深度线）。刀具的后刀面和前刀面都会受到这种失效模式的影响。

在铸造、锻造或热处理过程中，坯料表面会形成由各种氧化物组成的氧化皮。氧化皮材料具有非

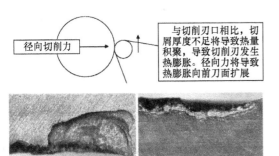

图 26-49　崩刃

常高的硬度，切削加工时刀片会急剧磨损。沟槽磨损由工件外径所致，因此磨损集中在切削深度线。

通常，易发生加工硬化的工件材料将导致刀片在切削深度线形成沟槽。高温/高强度合金工件材料加工中的沟槽磨损是最好的例子。

4. 刀片断裂

当切削力超过刀片的切削刃强度时，发生灾难性失效即断裂，是不可避免的结果。过度的后刀面磨损、断续切削引起的冲击载荷、不当的刀具牌号或不正确的刀片尺寸是最常见的导致刀片断裂的原因。刀片断裂是一种不能容忍的失效模式，需要及时有效的控制措施。

26.6　加工条件

在金属切削中，最重要的工作之一是确定加工条件（切削深度、进给量和表面速度）。加工条件控制刀具寿命、生产率和加工零件的成本。当通过改变加工条件来增加金属去除率时，刀具寿命通常会缩短；当通过改变加工条件以减少金属去除率时，刀具寿命通常会延长。金属去除率（MRR）通常以 in^3/min 为单位，它决定了加工效率和功耗（hp）。

26.6.1　切削深度

切削深度指车刀和钻头的径向接触尺寸，以及铣刀的轴向接触尺寸（见图 26-50）。

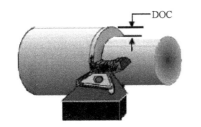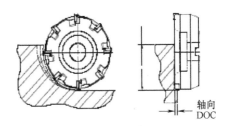

图 26-50　切削深度（DOC）

26.6.2　进给量

进给量指车刀和钻头的轴向位移，以 in/r（IPR）为单位，铣刀以 in/齿（IPT）为单位。请注意，对于铣削来说，切屑厚度在整个切削弧区是变化，只有在沿着运动轴的中心线上，切屑厚度与计算的进给量是一致的（见图 26-51）。

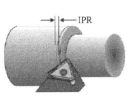

图 26-51　进给量

26.6.3　切削速度

金属切削速度指金属材料在规定时间内通过切削刃的数量（见图 26-52）。最常见的测量单位是 ft/min（SFM）和 m/min（MPM）。它是运动零件的直径与转速之间的关系。

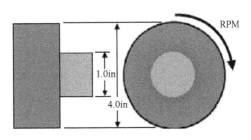

图 26-52　切削速度

26.6.4　进给量、切削速度和切削深度对金属去除率的影响

当切削深度、进给量或切削速度增大时，金属去除率也相应增加。这些加工参数中的任何一个减小，金属去除率都会降低。金属去除速率与加工条件的变化成正比，即将进给量、切削速度或切削深

度改变 10%，金属去除速率（in³/min）将改变 10%。在所有情况下，当改变一个变量时，其他两个变量必须维持不变。

在车削加工中，进给量以 in/r（IPR）的速度（RPM）进行测量。

在铣削操作中，进给量与切削速度并不相关。当改变切削速度时，必须改变切削速度（IPM：in/min），以保持每齿进给量（IPT）不变。

26.6.5 金属去除率对刀具寿命的影响

当金属去除率增加时，在切削刃处的摩擦和产生的热量也会增加，从而导致刀具寿命的缩短。假设磨料磨损是主要的失效模式，减少金属去除率可以延长刀具寿命。切削深度、进给量和切削速度会在不同程度上影响刀具寿命，但这三个加工参数对刀具寿命的影响存在差异，基于这些差异可以确定经济合理的加工条件。

26.6.6 刀具寿命的监测和规范

刀具寿命可以采用以下几种方式界定：
1）机床时间：机床运行时间。
2）实际切削时间：切削刀具的实际切削时间。
3）金属去除率。
4）加工件数。

在任何加工操作或切削试验中给出的刀具寿命的实际数字，不仅取决于刀具寿命的界定方法，还取决于判断刀具失效的标准。这些标准随加工类型、刀具材料和其他因素变化而有所不同。下面是一些判断刀具失效的常见标准：
1）完全失效：刀具完全无法切削。

2）初步失效：在已加工表面或窄肩上出现高度抛光带，表明刀具后刀面存在摩擦。

3）后刀面失效：在刀具后刀面出现一定尺寸的磨损带（通常是基于一定宽度的磨损痕迹或一定的金属磨损量）。

4）加工表面失效：加工表面发生突然的、明显的变化（改善或恶化）。

5）尺寸失效：已加工零件的尺寸发生一定量变化（如最初以锋利的刀具车削工件，当加工到一定数量时直径会增加）。

6）切削力（或功率）失效：切削力（切向力）或功耗增大到一定量。

7）推力失效：作用在刀具上的推力增大一定量，表明端面磨损。

8）进给力失效：将刀具进给力增大到一定量，表明后刀面磨损。

26.6.7 刀具寿命与切削深度的关系

与进给量或切削速度相比，切削深度对刀具寿命的影响更小。随着切削深度的增加，刀具寿命将持续下降，直到切削深度达到进给量的 10 倍左右。一旦切削深度达到进给量的 10 倍 [切削深度为 0.050in（1.270mm），进给量为 0.005in（0.127mm）/r]，进一步增加切削深度对刀具寿命的影响将开始减小。通过测量随切削深度增加的刀具寿命建立的刀具寿命模型表明，当切削深度小于 0.1in（2.54mm）时，刀具寿命变化明显，而当切削深度大于 0.1in（2.54mm）时，刀具寿命几乎没有变化。这个刀具寿命特性的变化规律是切屑厚度增加的结果。随着切屑厚度的增加，其吸收热量的能力也会增加（见图 26-53）。

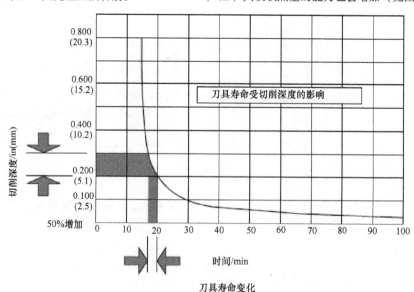

图 26-53 刀具寿命与切削深度的关系

26.6.8　刀具寿命与进给量的关系

通过测量随进给量（IPR/IPT）增加的刀具寿命建立的刀具寿命模型表明，进给量变化与刀具寿命变化之间近似呈现直线关系。这个关系说明，进给量相比切削深度对刀具寿命的影响更大。对于低碳钢切削，这种关系接近 1:1，表明进给量（IPR）增加 10% 将导致刀具寿命缩短近 10%。实际的变化量取决于工件材料。

在每立方英寸金属去除成本方面，增加进给量相比增加切削深度，其消耗的成本更大（见图 26-54）。

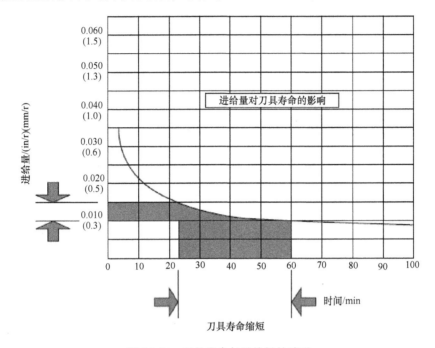

图 26-54　刀具寿命与进给量的关系

26.6.9　刀具寿命与切削速度的关系

通过测量随切削速度（SFM）增加的刀具寿命建立的刀具寿命模型表明，切削速度变化与刀具寿命变化之间几乎呈现直线关系。这个关系说明，切削速度对刀具寿命的影响比进给量（IPR）或切削深度（DOC）更大。对于低碳钢切削，这个关系接近 1:2，表明切削速度（SFM）增加 10% 将导致刀具寿命缩短 20% 左右。实际的变化量取决于工件材料（见图 26-55）。

切削速度（SFM）在三个切削参数中对刀具寿命影响最大。

切削深度和进给量对刀具寿命影响均不如切削速度的影响大。增加进给量或切削深度，是一种经济有效的改进措施，应该达到最大化以便实现每立方英寸金属去除的最低成本。

26.6.10　确定加工参数的经验法则

1）选择最大的切削深度（DOC 最大化）。
2）选择最大的进给量（进给量最大化）
3）基于期望的加工效率和/或零件加工成本，选择一个刀具寿命在期望范围的切削速度（优化切削速度）。

26.6.11　切削深度最大化的限制

1）待去除的材料量。
2）机床的可用功率。
3）切削刃。
a. 切削刃材料。
b. 刀片尺寸和厚度。
4）工件结构。
5）夹具。

26.6.12　进给量最大化的限制

1）机床的可用功率。
2）断屑槽的几何形状。
3）要求的表面粗糙度。
4）零件结构。

26.6.13　优化切削速度

对于大多数工件或切削刀具材料来说，没有

唯一的"最佳"切削速度，因此确定经济合理的切削速度更加困难。大多数工件材料都可以在广泛的切削速度范围内成功加工。确定切削速度的问题在于期望的刀具寿命，而不是适当的加工。

切削速度是用于确定刀具寿命和生产水平的主要变量。

所有切削刀具材料对于任何给定的工件材料，都具有一定的可选切削速度范围（见图 26-56）。

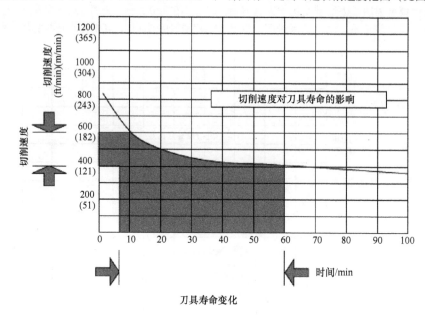

图 26-55　刀具寿命与切削速度的关系

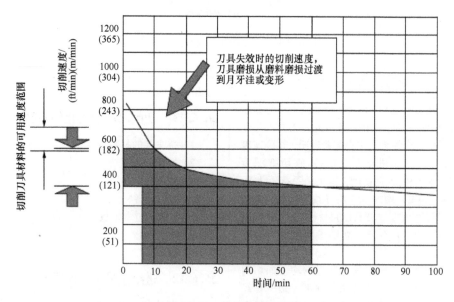

图 26-56　优化切削速度

切削速度应调整到维持磨料磨损作为主要的失效机制。对于切削刃材料来说，切削速度过高会导致月牙洼或热变形失效。除磨料磨损外，任何失效模式都会造成不一致的刀具表现，从而导致刀具寿命和生产率的降低。

参考文献

1. George Schneider, Jr., "Chapter 4: Turning Tools and Operations," *American Machinist*, January 2010. http://ameri-

canmachinist. com/cutting tools/chapter- 4- turning- tools-
and- operations

2. *Machinery's Handbook*, 29th ed., Industrial Press, New York, 2012.

3. http://www. hsmworks. com/docs/cncbook/en/#Ch03 _ Cutting-SpeedsAndFeedsFormulas. Last Accessed Aug 31, 2015.

扩展阅读

George Schneider, Jr., "Chapter 1: Cutting Tool Materials," *American Machinist*, October 2009. http://americanmachinist. com/cutting-tools/chapter-1-cutting-tool-materials.

"Chapter 2: Metal Removal Method," *American Machinist*, November 2009.

http://americanmachinist. com/shop-operations/cutting-tool-applications-chapter-2-metal-removal-methods

"Chapter 3: Machinability of Metals," *American Machinist*, December 2009. http://americanmachinist. com/cutting-tools/chapter-3-machinability-metals

"Chapter 5: Turning Methods and Machines," *American Machinist*, February 2010. http://americanmachinist. com/cutting-tools/cutting-tool-applications-chapter-5-turning-methods-and-machines.

"Chapter 6: Grooving and Threading," *American Machinist*, March 2010. http://americanmachinist. com/cutting-tools/cutting-tool-applications-chapter-6-grooving-and-threading.

"Chapter 7: Shaping and Planing," *American Machinist*, April 2010. http:// americanmachinist. com/cutting-tools/cutting-tool-applications-chapter-7-shaping-planing.

"Chapter 8: Drills and Drilling Operations," *American Machinist*, May 2010. http://americanmachinist. com/machining-cutting/cutting-tool-applications-chapter-8-drills-and-drilling-operations.

"Chapter 9: Drilling Methods and Machine," *American Machinist*, June 2010. http://americanmachinist. com/cutting-tools/cutting-tool-applications-chapter-9-drilling-methods-and-machines.

"Chapter 10: Boring Operations and Machine," *American Machinist*, July 2010. http://americanmachinist. com/machining-cutting/cutting-tool-applications-chapter-10-boring-operations-and-machines.

"Chapter 11: Reaming and Tapping," *American Machinist*, August 2010. http://americanmachinist. com/machining-cutting/cutting-tool-applications-chapter-11-reaming-and-tap-ping.

"Chapter 12: Milling Cutters and Operationing," *American Machinist*, September 2010. http://americanmachinist. com/cutting-tools/cutting-tool-applications-chapter-12-milling-cutters-and-operations.

"Chapter 13: Milling Methods and Machines," *American Machinist*, October 2010. http://americanmachinist. com/machining-cutting/cutting-tool-applications-chapter-13-milling-methods-machines.

"Chapter 14: Broaches and Broaching," *American Machinist*, November 2010. http://americanmachinist. com/machining-cutting/cutting-tool-applications-chapter-14-broaches-and-broaching.

"Chapter 15: Saws and Sawing," *American Machinist*, December 2010. http://americanmachinist. com/machining-cutting/cutting-tool-applications-chapter-15-saws-sawing.

"Chapter 16: Grinding Wheels and Operations," *American Machinist*, January 2011. http://americanmachinist. com/machining-cutting/cutting-tool-applications-chapter-16-grinding-wheels-and-operations.

"Chapter 17: Grinding Methods and Machines," *American Machinist*, February 2011. http://americanmachinist. com/machining-cutting/cutting-tool-applications-chapter-17-grinding-methods-and-machines.

"Chapter 18: Lapping and Honing," *American Machinist*, March 2011.

Kennametal Certified Metalcutting Professional Program: http://www. kennametal. com/en/resources/training. html.

SECO: https://www. secotools. com/en-US/North-America/Home/.

Sandvik Coromant Tools: http://www. sandvik. coromant. com/en-gb/products/pages/default. aspx#turning.

http://americanmachinist. com/machining-cutting/cutting-tool-applications-chapter-18-lapping-and-honing.

Marks' Standard Handbook for Mechanical Engineers, 11th ed., McGraw-Hill Education, 2006.

http://www. hsmworks. com/docs/cncbook/en/#Ch03 _ Cutting-SpeedsAndFeedsFormulas.

Toshimichi Moriwaki, "Recent Advances in Machine Tool and Machining Technology," World Cutting Tool Conference, Kobe University, May 16, 2013.

"Lathe Operations," IENG475- Lecture05, Computer-Controlled-Manufacturing Systems, South Dakota School of Mines and Technology, 2014. http://ie. sdsmt. edu/Undergrad/Manufacture. htm.

堪萨斯州立大学　马克·杰克逊（MARK JACKSON），索拉透平公司　M. D. 怀特菲尔德（M. D. WHITFIELD），Y12 国家安全综合体　J. S. 莫雷尔（J. S. MORRELL），北卡罗莱纳大学 R. G. 汉迪（R. G. HANDY）　著
哈尔滨工业大学　郭兵　译

27.1　磨削基础

27.1.1　磨削机理

　　磨削加工是工业领域中一项重要的制造过程，其重要性在航空航天和汽车工业等行业尤为显著。当大尺寸的磨粒被有序地固定在砂轮结合剂上时，磨削加工的材料磨除率是非常大的，大到已经可以与大规模的材料去除过程如单点切削相比[1]。但有趣的是，磨削加工过程中产生的磨屑尺寸通常都是非常小的，一般远远小于生成这些磨屑的磨粒尺寸。砂轮每旋转一周，每一个锋利的有效磨粒就会产生一个磨屑，因此 2000r/min 的砂轮转速会使每个有效磨粒在每分钟内产生 2000 个磨屑，以此来实现大的材料磨除率。随着磨削加工过程的进行，磨粒最终会磨钝，并使磨粒上所受的磨削力逐渐增加，直至磨粒从结合剂中脱落或磨粒断裂，从而形成一个或几个新的磨刃。

　　磨粒脱落前能够保持磨削的时间长短决定了砂轮的效率，而磨粒能够保持磨削的时间长短则取决于砂轮结合剂的强度。坚硬的磨粒会持续更长的磨削时间直至从结合剂中脱落。通常来讲，砂轮的磨削力和磨削功率都是随着磨粒与工件之间的相互作用而不断瞬时变化的，因此常用统计平均值来表示磨削力和磨削功率。图 27-1 所示为根据砂轮状态获得的砂轮测量数据点，显示了磨粒深度和容屑空间随砂轮转速的变化关系。需要注意的是，较低的砂轮转速导致了磨粒的严重磨损，而较高的砂轮转速

获得了较低程度的磨粒磨损[2]。图 27-2 所示为具有不同前角的砂轮磨粒在金属铝上产生的磨屑表面形貌。从图中可以看出，磨屑没有完全形成，还附着在金属铝表面。

　　切削和磨削生成的不同切屑或磨屑形状对比如图 27-3 所示。磨削加工形成的磨屑形貌显示出其形成过程是完全随机发生的，而且高度依赖于磨粒与工件的滑动接触状态。

　　图 27-4 所示为相同材料磨除率下不同硬度砂轮的磨削功率随加工时间变化的曲线。曲线 A 是由一个高硬度砂轮磨削获得的，此时砂轮磨损严重，磨粒的磨刃已经严重钝化；曲线 B 是由一个硬度适中的砂轮在正常状态下磨削获得的；曲线 C 是由一个低硬度砂轮产生的，这通常意味着该磨粒较容易从砂轮的结合剂中脱落，因此砂轮能够保持非常锐利的状态，但其结合剂的磨损会非常快。

　　为了判断磨削过程中的砂轮工作状态，砂轮磨损的测量是十分必要的。随着有关磨削研究的不断推进，目前已有多种测量方法可以实现对砂轮磨损的有效测量。如图 27-5 所示，根据砂轮磨损的测量结果建立的砂轮磨损特性曲线，显示出砂轮磨损的典型过程可分为三个阶段。在这里，最初的快速磨损状态（区域 A）是由砂轮修锐后断裂形成的锋利磨粒导致的结果；第二种磨损状态（区域 B）是相对的稳定磨损，砂轮的磨损是逐渐、缓慢进行的，此时砂轮磨损的主导原因是磨粒的宏观或微观断裂；第三种磨损状态（区域 C）是由于结合剂断裂导致的加速磨损区。

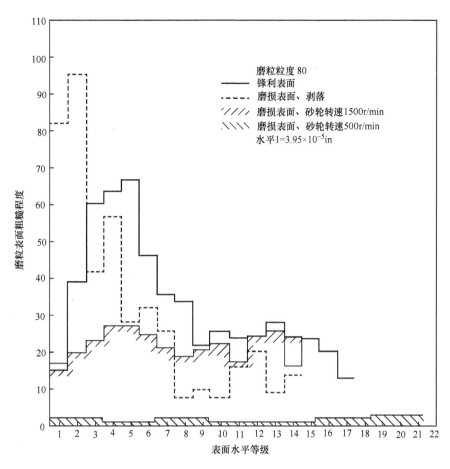

图 27-1 根据砂轮状态获得的砂轮测量数据点（参考文献 1）

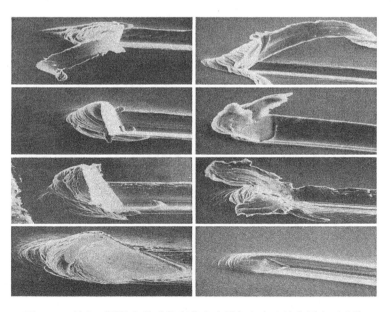

图 27-2 具有不同前角的砂轮磨粒在金属铝上产生的磨屑表面形貌
注：+20°前角磨粒形成的不完全磨屑形貌，0°前角磨粒形成的耕犁表面形貌，
−20°前角磨粒形成的堆积表面形貌，−60°前角磨粒形成的划擦表面形貌（参考文献 3）。

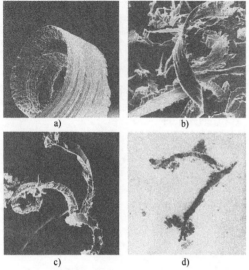

图 27-3　切削和磨削生成的不同切屑或磨
屑形状对比（参考文献 3）

a）切削形成的切屑　b）磨削加工形成的磨屑
c）刻划过程形成的磨屑　d）抛光形成的切屑

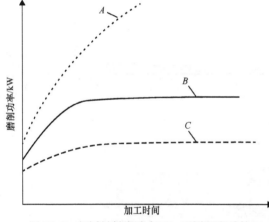

图 27-4　相同材料磨除率下，不同硬度砂轮
的磨削功率随加工时间变化的曲线（参考文献 4）

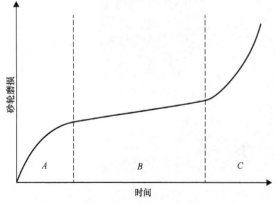

图 27-5　砂轮的磨损特性曲线（参考文献 5）
注：由磨粒的宏观或微观断裂主导的磨损状态（区域 B）
取决于砂轮修锐的多少或砂轮所用磨料的种类（参考文献 5）

在砂轮磨损方面，标准氧化铝磨料的磨损倾向于剥落和宏观断裂，而陶瓷或工程陶瓷磨料往往会发生微观断裂（见图 27-6）。微观断裂的定义为：理想情况下，磨粒的微小断裂将导致微米或亚微米量级的微小材料损失，而这种微小断裂后在磨粒的剩余部分会形成新的锋利刃口从而实现磨削。

如果磨粒的硬度相对于保持它们的结合剂来说太硬，或者磨粒上受到的磨削力非常高，那么磨粒就会在没有完成任何有效磨削作用前就发生完全的破裂或脱落。如果砂轮结合剂的强度足以把持磨粒，同时磨粒上受到较高的磨削力，或者磨粒的晶粒尺寸较大，那么断裂通常是在"宏观断裂"的作用下通过大块磨粒的破碎来实现的，在这种条件下磨粒仍然无法完成完整的磨削过程。相反，如果砂轮磨粒比结合剂的强度低，或者易于受到机械、热或化学磨损的影响从而导致磨削能耗增加，那么磨粒就会发生釉化现象，使得磨粒表面产生磨损平面，从而导致磨削过程中磨削力和磨削温度的增加，最终引起磨削烧伤或磨削表面裂纹的增加。

从图 27-5 中（最初的砂轮磨损状态区域 A）可以看出砂轮修锐的重要性。Hahn[7] 指出，与砂轮修锐过程相关的重要参数包括修锐跨度（L）和修锐深度（$C/2$）。图 27-7 所示为修锐跨度（L）对修锐过程，以及修锐流程对修锐后磨粒磨削性能的影响。

将砂轮修锐到"软"状态（$C = L$），会使砂轮的磨粒快速磨损，并导致磨削力和磨削温度的降低（磨屑的磨除过程会携带大量磨削热），而将砂轮修锐到"硬"状态（$C/L = 0.05$）会导致釉化现象、磨削温度升高以及磨削力增加的发生。砂轮的修锐会影响磨削过程的比磨削能，并与磨屑厚度有关。图 27-8 所示为在不同工件转速和不同磨削深度条件下加工钢时，比磨削能随磨屑厚度的变化规律。如图 27-8 所示，比磨削能通常在 50 ~ 500J/mm^3 间，并且随着工件转速的增加和磨削深度的降低而增加。磨削的材料磨除机理从磨粒耕犁转化为自由切削，如图 27-9 所示。

磨屑厚度是决定磨削力大小的主要参数，单个磨粒上所承受的磨削力过大会导致磨粒从砂轮结合剂中脱离，从而影响磨削表面纹理。因此，提高砂轮转速将有利于提高磨削表面质量，降低磨削力，并抑制砂轮磨损。图 27-10 和图 27-11 所示为不同工件转速条件下磨屑厚度与表面质量的关系。从图中可以看出，通过提高砂轮转速，可以在不增加砂轮法向和切向负载的前提下获得更高的生产率（见图 27-12）。

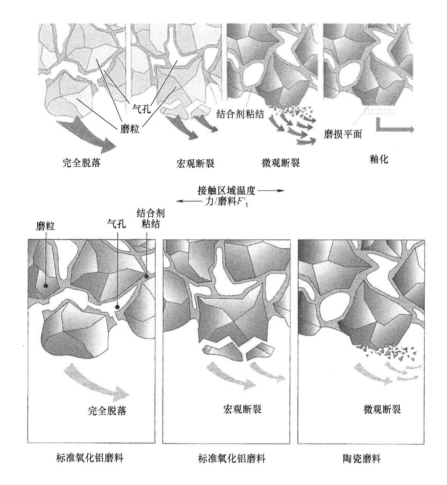

图 27-6 标准氧化铝磨料和陶瓷磨料的磨损机理（参考文献 6）

（来源：Winterthur Technology Group）

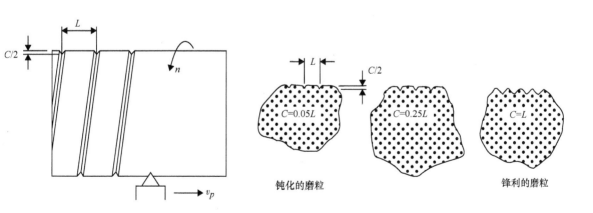

图 27-7 修锐跨度（L）对修锐过程，以及修锐流程

对修锐后磨粒磨削性能的影响（参考文献 7）

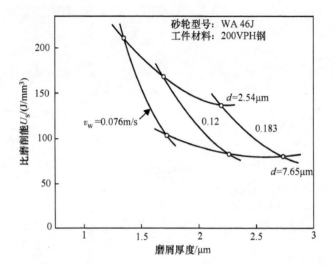

图 27-8　比磨削能随磨屑厚度的变化规律（参考文献 8）

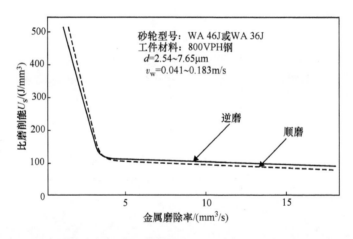

图 27-9　比磨削能随金属磨除率（由耕犁转化为切削）的变化规律（参考文献 8）

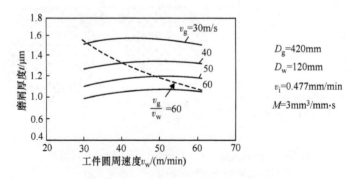

图 27-10　磨屑厚度与工件圆周速度的关系（参考文献 9）

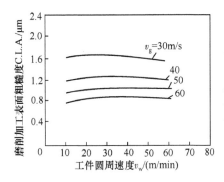

图 27-11 磨削加工表面质量与工件圆周速度的关系（参考文献 9）

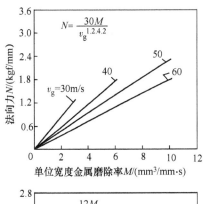

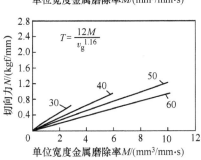

图 27-12 不同磨削速度下磨削力与单位宽度金属磨除率的关系（参考文献 9）

20 世纪 60 年代，Opitz 和其同事进行了大量的磨削加工实验，深入研究了磨削比（G）和单位砂轮宽度金属磨除量之间的关系，从而证实了高速磨削的另一个优点，即通过减少每个磨粒上的磨粒力和磨削温度可以获得更高的磨削比，如图 27-13 所示。

研究结果同样指出，提高工件转速，可以降低平均磨削温度，并提高工件的磨削表面质量。图 27-14 所示为磨削平均温度与速比的关系。通过图中曲线

可以看出，如果增加砂轮圆周速度与工件圆周速度的比值，则其磨削温度将显著降低。这一磨削原理为高效磨削的发展指明了方向。

27.1.2 磨削定义和磨削工艺

磨削定义包括很多术语，见表 27-1。不同磨削工艺中材料磨除率的相关计算公式见表 27-2 ~ 表 27-7，这些公式都是依据在金属加工工业中常见的典型磨削工艺规范 DIN 8589 制定的。

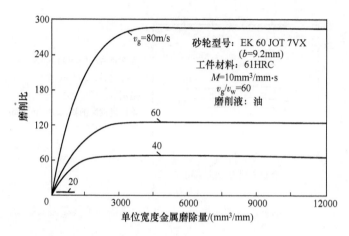

图 27-13　不同磨削速度下的磨削比与单位宽度金属磨除量的关系（参考文献 9）

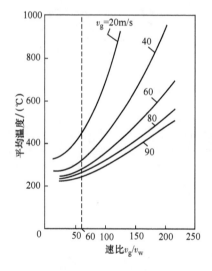

图 27-14　磨削平均温度与速比的关系（参考文献 10）

表 27-1　磨削术语的定义及相关常见磨削工艺（来源：Saint-Gobain Abrasives）

术　语	定　义	图　例
顺磨	砂轮磨削方向与工件进给方向（相对于静止状态下的砂轮轴）相同	
逆磨	砂轮磨削方向与工件进给方向（相对于静止状态下的砂轮轴）相反	

（续）

术　语	定　义	图　例
往复式磨削	进给方向是往复的（振荡的或钟摆的），磨削深度（横向进给方向）的增量相对较小，而进给量通常相对较大	
缓进给磨削	磨削深度相对较大，而进给量相对较小	
贯穿进给磨削	工件沿纵向进给且通过砂轮仅磨削一次，因此必须根据最终零件尺寸进行磨削深度的设置	
贯穿进给无心磨削	圆柱形工件沿纵向进给且仅通过一次磨削就达到最终零件尺寸要求，因此必须根据最终零件尺寸进行磨削深度的设置，通过调节轮（也可称为进给轮或工作轮）的倾斜实现进给运动	
横向进给无心磨削	工件依靠工件支承和调节轮相对于砂轮做横向进给，调节轮仅轻微倾斜。此磨削过程可用于圆柱阶梯、轴肩、锥形及成形磨削，此时工件通过制动器在轴向方向固定	
轴向进给圆柱面磨削	进给运动平行于被磨削工件表面	

（续）

术　语	定　　义	图　例
径向进给圆柱面磨削（切入磨削）	进给运动垂直于被磨削工件表面	

注：n_w—工件转速，v_{fa}—轴向进给速度，a_e—磨削深度，v_{fr}—径向进给速度，b_s—砂轮宽度，b_d—有效砂轮宽度，a_p—磨削宽度，b_w—工件宽度。后同。

表 27-2　根据规范 DIN 8589 定义的磨削工艺（平面磨削）、常见磨削应用示意图及相关材料磨除率计算公式（来源：Saint-Gobain Abrasives）

平　面　磨　削	常见磨削应用示意图	材料磨除率 $Q_w/(cm^3/min)$ 单位有效砂轮宽度上的材料磨除率 $Q'_w/(mm^3/mm \cdot s)$
轴向进给周边磨削（往复式磨削）		$Q_w = a_e \cdot a_p \cdot v_{ft}$ $Q'_w = a_e \cdot v_{ft}$
轴向进给和回转工作台进给周边磨削		$\overline{Q}_w = a_e \cdot d_{wm} \cdot \pi \cdot v_{fa}$ $\overline{Q}'_w = a_e \cdot d_{wm} \cdot \pi \cdot n_w$
往复式端面磨削		$Q_w = a_e \cdot a_p \cdot v_{ft}$ $Q'_w = a_e \cdot v_{ft}$ （仅适用于圆柱形砂轮）
横向进给周边磨削（缓进给磨削）		$Q_w = a_e \cdot a_p \cdot v_{ft}$ $Q'_w = a_e \cdot v_{ft}$

注：d_{wm}—平均工件直径。

表 27-3　根据规范 DIN 8589 定义的磨削工艺（端面磨削和圆柱面磨削）、常见磨削应用示意图及相关材料磨除率计算公式（来源：Saint-Gobain Abrasives）

磨 削 工 艺	常见磨削应用示意图	材料磨除率 $Q_w/(\text{cm}^3/\text{min})$ 单位有效砂轮宽度上的材料磨除率 $Q'_w/(\text{mm}^3/\text{mm} \cdot \text{s})$
端面磨削		
径向进给和回转工作台进给端面磨削		$\overline{Q}_w = a_e \cdot d_{wm} \cdot \pi \cdot v_{fr}$ $\overline{Q'_w}$ 不定义
仅轴向进给端面磨削		$Q_w = a_e \cdot b_w \cdot v_{fa}$ Q'_w 不定义
圆柱面磨削		
轴向进给圆柱面外圆磨削（外圆磨削）		$Q_w = a_e \cdot d_w \cdot \pi \cdot v_{fa}$ $Q'_w = a_e \cdot d_w \cdot \pi \cdot v_w$
径向进给圆柱面外圆磨削（切入磨削）		$Q_w = b_w \cdot d_w \cdot \pi \cdot v_{fr}$ $Q'_w = d_w \cdot \pi \cdot v_{fr}$

注：v_w—工件圆周速度。

表 27-4　根据规范 DIN 8589 定义的磨削工艺（圆柱面磨削）、常见磨削应用示意图及相关材料磨除率计算公式（来源：Saint-Gobain Abrasives）

圆柱面磨削	常见磨削应用示意图	材料磨除率 $Q_w/(\text{cm}^3/\text{min})$ 单位有效砂轮宽度上的材料磨除率 $Q'_w/(\text{mm}^3/\text{mm} \cdot \text{s})$
轴向进给圆柱面内圆磨削（ID 磨削）		$Q_w = a_e \cdot d_w \cdot \pi \cdot v_{fa}$ $Q'_w = a_e \cdot d_w \cdot \pi \cdot n_w$
仅径向进给圆柱面内圆磨削（ID 切入磨削）		$Q_w = b_w \cdot d_w \cdot \pi \cdot v_{fr}$ $Q'_w = d_w \cdot \pi \cdot v_{fr}$

（续）

圆柱面磨削	常见磨削应用示意图	材料磨除率 $Q_w/(\text{cm}^3/\text{min})$ 单位有效砂轮宽度上的材料磨除率 $Q'_w/(\text{mm}^3/\text{mm}\cdot\text{s})$
径向进给端面外圆磨削		$Q_w = a_p \cdot d_w \cdot \pi \cdot v_{fr}$ $Q'_w = d_w \cdot \pi \cdot v_{fr}$
仅轴向进给端面外圆磨削		$Q_w = b_w \cdot d_w \cdot \pi \cdot v_{fa}$ $Q'_w = d_w \cdot \pi \cdot v_{fa}$

表 27-5　根据规范 DIN 8589 定义的磨削工艺（磨螺纹）、
常见磨削应用示意图及相关材料磨除率计算公式（来源：Saint-Gobain Abrasives）

磨　螺　纹	常见磨削应用示意图	材料磨除率 $Q_w/(\text{cm}^3/\text{min})$ 单位有效砂轮宽度上的材料磨除率 $Q'_w/(\text{mm}^3/\text{mm}\cdot\text{s})$
轴向进给外螺纹磨削		$Q_w = A_T \cdot d_w \cdot \pi \cdot n_w$ $Q'_w = a_e \cdot d_w \cdot \pi \cdot n_w$
仅横向进给外螺纹磨削		$Q_w = A_T \cdot d_w \cdot \pi \cdot n_w$ $Q'_w = a_e \cdot d_w \cdot \pi \cdot n_w$
径向进给内螺纹磨削		$Q_w = A_T \cdot d_w \cdot \pi \cdot n_w$ $Q'_w = a_e \cdot d_w \cdot \pi \cdot n_w$

（续）

磨 螺 纹	常见磨削应用示意图	材料磨除率 $Q_w/(cm^3/min)$ 单位有效砂轮宽度上的材料磨除率 $Q'_w/(mm^3/mm \cdot s)$
仅轴向进给内螺纹磨削		$Q_w = A_T \cdot d_w \cdot \pi \cdot n_w$ $Q'_w = a_e \cdot d_w \cdot \pi \cdot n_w$

注：A_T—磨削面积。

表 27-6 根据规范 DIN 8589 定义的磨削工艺（范成磨削和成形砂轮磨削）、
常见磨削应用示意图及相关材料去除率计算公式（来源：Saint-Gobain Abrasives）

磨 削 工 艺	常见磨削应用示意图	材料磨除率 $Q_w/(cm^3/min)$ 单位有效砂轮宽度上的材料磨除率 $Q'_w/(mm^3/mm \cdot s)$
范成磨削		
外齿轮面连续范成磨削（连续范成磨削）		Q_w、Q'_w 不定义
外齿轮面间断范成磨削（间断范成磨削）		Q_w、Q'_w 不定义
成形砂轮磨削		
切向进给外表面成形砂轮磨削（往复式成形砂轮磨削）		$Q_w = A_T \cdot v_{ft}$ $Q'_w = a_e \cdot v_{ft}$
径向进给外表面成形砂轮磨削（切入成形砂轮磨削）		$Q_w = A_T \cdot d_w \cdot \pi \cdot n_w$ $Q'_w = d_w \cdot \pi \cdot v_{fr}$

表 27-7 根据规范 DIN 8589 定义的磨削工艺（成形磨削）、

常见磨削应用示意图及相关材料去除率计算公式（来源：Saint-Gobain Abrasives）

成 形 磨 削	常见磨削应用示意图	材料磨除率 $Q_w/(\text{cm}^3/\text{min})$ 单位有效砂轮宽度上的材料磨除率 $Q'_w/(\text{mm}^3/\text{mm} \cdot \text{s})$
仅径向进给成形内表面磨削（ID 切入成形磨削）		$Q_w = A_T \cdot d_w \cdot \pi \cdot n_w$ $Q'_w = d_w \cdot \pi \cdot v_{fr}$
倾斜径向进给成形外表面磨削		$Q_w = A_T \cdot d_w \cdot \pi \cdot n_w$ $Q'_w = d_w \cdot \pi \cdot v_{fr}$
复制磨削（靠模磨削）		$Q_w = a_e \cdot a_p \cdot v_{ft}$ $Q'_w = a_e \cdot v_{ft}$

目前成熟的三种高性能磨削工艺分别为：

1）基于氧化铝（Al_2O_3）传统磨料砂轮的高性能磨削工艺。

2）基于立方氮化硼（CBN）超硬磨料砂轮的高性能磨削工艺。

3）基于氧化铝（Al_2O_3）传统磨料砂轮并结合连续修锐技术的高性能磨削工艺。

目前在很多工程应用的技术领域中已经实现了通过提高材料磨除率来成比例增加高性能磨削的生产率。当量磨屑厚度（h_{eq}）值在 $0.5 \sim 10\mu m$ 之间是高性能磨削的典型特点。采用立方氮化硼（CBN）砂轮的高性能磨削在这些工程应用中占比很大。CBN 磨削工具符合高性能磨削加工过程对砂轮耐磨性的特殊要求。这种工具通常由两部分组成，一个是具有较高机械强度的基体，另一个是相对较薄的磨料层，磨料层是通过高强度结合剂黏结在基体上

的。立方氮化硼作为磨料非常适用于铁基材料的高速加工，这种适应性归功于立方氮化硼磨料和硬度适当的玻璃-陶瓷结合剂组合时所具有的高硬度、耐高温性和耐化学腐蚀性等特点。

金属结合剂可实现高速磨削。制作这种黏合系统的常用方法是电镀，如在金属基体上直接通过磨料电镀方法制作单层 CBN 砂轮。电沉积方法制作的镍结合剂具有优异的磨粒保持性能，它为砂轮提供了卓越的磨粒突出高度和非常大的容屑空间，但同时也带来了电镀 CBN 砂轮磨削表面粗糙度大等不利影响。这主要是因为不同的磨粒形状和磨粒直径使得磨粒的突出高度不一致，从而导致磨削加工后工件表面粗糙度的增加。

用于 CBN 砂轮的多层结合剂包括金属基烧结结合剂、树脂基烧结结合剂和陶瓷基结合剂。金属基多层结合剂具有很高的黏结硬度和耐磨性，但对金

属基结合剂砂轮的修形和修锐是一个困难且复杂的过程；合成树脂基结合剂具有广泛的适应范围，但是树脂基结合剂砂轮通常在修整过程后需要再单独进行修锐处理；陶瓷基结合剂砂轮的实际应用潜力还没有得到充分利用。结合适当设计的基体，新型陶瓷基结合剂可以承受高达 200m/s 的砂轮速度。与其他类型的结合剂相比，陶瓷基结合剂即可以容易地进行修锐，同时又具有较高的耐磨性。与树脂和金属结合剂的非渗透性相比，陶瓷基结合剂砂轮的多孔性还可以在一个非常广泛的范围内通过改变配方和制造工艺进行调整。陶瓷基结合剂 CBN 砂轮的特殊多孔结构可以有效增加砂轮修锐后的容屑空间，并简化修锐过程，但这也使其无法适用于一些特定的应用场合，从而限制了其应用范围。

27.2 使用传统砂轮进行高性能磨削

27.2.1 概述

传统氧化铝磨料砂轮的高性能磨削工艺已成功应用于从常规模式到无心模式的所有外轮廓磨削、内轮廓磨削、螺纹磨削、平面磨削、导轨磨削、花键轴磨削和齿轮磨削。使用高性能传统磨料砂轮进行磨削加工的典型对象包括：汽车发动机的曲轴主轴、连杆轴承、凸轮轴轴承、活塞环沟槽、气门摇壁导轨、气门头和阀杆、沟槽和膨胀螺栓；自动变速器轴上的齿轮座、小齿轮、花键轴、离合器轴承、齿轮槽、同步环和油泵蜗轮；汽车底盘中的转向节万向轴和枢轴、球轨、球笼、螺纹、万向节、轴承套圈和十字销；汽车转向中的球接头枢轴、转向柱、转向蜗杆、伺服转向活塞和阀门；航空航天工业中的涡轮叶片、叶根和叶尖轮廓及冷杉树根轮廓等。[6,11-13]

27.2.2 砂轮的选择

用于高性能磨削加工的砂轮选择主要基于三种基本磨削方式，即粗磨、精磨和超精磨。砂轮的磨粒尺寸对于能否获得满意的工件表面粗糙度是至关重要的。磨粒粒度由筛网的网格尺寸决定，如果磨粒能够通过该筛网尺寸，同时被下一级较小尺寸的筛网阻挡，即将该级筛网的尺寸定为该磨粒粒度。图 27-15 所示为常见应用磨料。基于特定的磨削方式和工件材料，需要对磨料的硬度和脆性进行合理选择。

高性能磨削工艺的一般准则是：40~60 目粒度

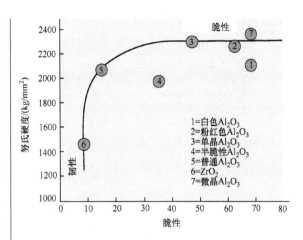

图 27-15 常见应用磨粒（参考文献 6）
（来源：Winterthur Technology Group）

的砂轮用于粗磨；60~100 目粒度的砂轮用于精磨；100~320 目粒度的砂轮用于超精磨。当需要进行砂轮磨料粒度选择时，必须考虑到较大的磨粒有利于提高材料磨除率，以获得更高的加工效率和经济性，但会通过形成较长的磨屑使材料更容易加工。相反，较小的磨粒使参与磨削的磨粒数量增加，从而形成较短的磨屑，最终使磨削表面获得更小的表面粗糙度值和更高的精度。表 27-8 列出了氧化铝磨料的粒度与工件表面粗糙度之间的关系。图 27-16 所示为用于汽车工业的具有标准孔隙度普通砂轮的显微照片。图 27-17 所示为一种专门针对航空航天零件缓进给磨削加工而配制的砂轮显微照片。虽然在缓进给磨削加工过程中通常对砂轮进行连续修锐，但此砂轮结构还是被设计成具有最大容屑空间从而减少砂轮的修锐频率。图 27-18 所示为砂轮结构对磨削过程中工件与砂轮接触面积的影响。结果表明，与标准结构砂轮相比，开放结构砂轮允许使用更大的磨削深度。

表 27-8 磨料粒度与工件表面粗糙度之间的关系
（来源：Saint-Gobain Abrasives）

表面粗糙度 $Ra/\mu m$	磨料粒度（美国标准尺寸）
0.7~1.1	46
0.35~0.7	60
0.2~0.4	80
0.17~0.25	100
0.14~0.2	120
0.12~0.17	150
0.1~0.14	180
0.08~0.12	220

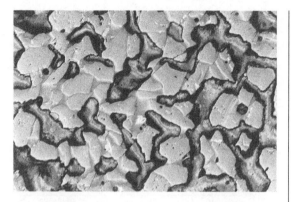

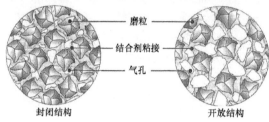

封闭结构　　　　　　　开放结构

图 27-16　具有标准孔隙度普通砂轮的显微照片
（封闭结构）（来源：Winterthur Technology Group）

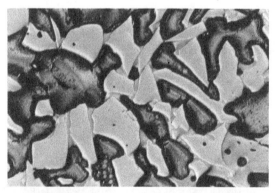

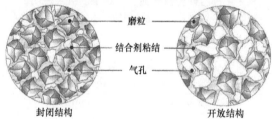

封闭结构　　　　　　　开放结构

图 27-17　具有分布孔隙度（开放结构）
传统砂轮的显微照片（开放结构）
（来源：Winterthur Technology Group）

为了提高金属磨除率，通常会针对砂轮结构进行专门的研发。应用工程师会针对不同的磨削目标花费大量的时间去优化磨削条件及加工参数，以提供包含磨削条件和加工参数的操作建议或相似案例的磨削操作建议（参考文献 6，12 和 13）。

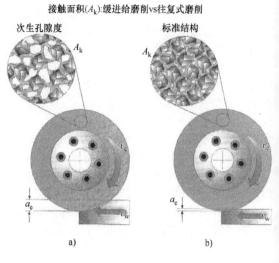

接触面积(A_k):缓进给磨削vs往复式磨削

次生孔隙度　　　　　　　标准结构

a)　　　　　　　　　　b)

图 27-18　砂轮结构对接触面积的影响（参考文献 6）
（来源：Winterthur Technology Group）
a）缓进给　b）往复式进给
A_k—解触面积　v_w—工件圆周速度
v_c—切削速度　a_e—工作吃刀量

27.2.3　工程化磨料

与采用简单熔合方法制备的磨料相比，工程化磨料具有独特的显微组织特征，其磨料的晶粒可以通过特殊的调控技术在制造过程中进行从亚微米到微米级的尺寸控制。这些调控技术包括溶胶-凝胶/烧结技术和团聚技术等。工程化磨料可以通过这种晶粒尺寸的控制使磨料具有从微米级到亚微米级的可控微断裂力。这种可控微断裂能力使得工程化磨料可以进行不同程度的微修整，与熔融氧化铝磨料相比，这既能延长砂轮的使用寿命，又可以增强磨削过程的可控性。

1. 陶瓷溶胶-凝胶基磨料

通过烧结成型氧化铝晶族，然后快速冷却氧化铝-氧化锆颗粒，可以有效控制磨料晶粒的尺寸，该工艺技术的发展和商业应用的成功对磨料制造商的相关项目研究产生了重大影响。此外，对于氧化铝磨粒，将已知熔融材料中尺寸相当于单个晶体大小的常见磨粒结构减小至微米量级或理想的小于 $0.5\mu m$ 的晶体结构，可以显著提高其磨料性能，如硬度等。

通过将充分分散的亚微米前驱体进行烧结，从较细的结构单元中固结显微组织，称为"溶胶-凝胶"路线。与传统熔化或烧结工艺相比，该工艺可以解决传统工艺中冷却和结晶速率的限制。其允许固化基于 α-氧化铝的亚微米、高度均匀和完全致密的晶粒结构。这个新工艺源于勃姆石（γ-AlOOH）的制造过程，从最初生产线性醇的 Ziegler 工艺改进获得。该材料是一种尺寸较小的亚微米粉末，当与水和合适的酸分散剂混合时，形成无聚集体的水合铝（$Al_2O_3 \cdot H_2O$）溶胶凝胶，其分散剂尺寸约为100nm；然后将溶胶-凝胶脱水/成型并烧结。

在烧结过程中需要克服的最大障碍是保持均匀的亚微米晶体尺寸和完全致密化。在1400~1500℃下从标准商业勃姆石中烧制溶胶-凝胶，产生大量孔隙和大于1μm的较大颗粒。这被认为是由于高活化能从转变的 τ-氧化铝相转化为 α-氧化铝相，导致罕见的成核率和不可控制的生长速率。试图用较低的温度（如1200℃）来控制生长速率，但只会产生具有较高孔隙度的较大晶体。目前已经开发了两种降低活化能并控制晶体尺寸和致密化的方法：第一种是通过使用改性剂来形成双组分或多重复合结构，第二种是通过使用引晶剂控制产生单一的 α-氧化铝结构（见图27-19）。

在早先的专利报道中，氧化镁在烧结时形成了体积分数约为25%的 α-氧化铝和铝酸镁双组分尖晶石结构，如图27-19b所示。

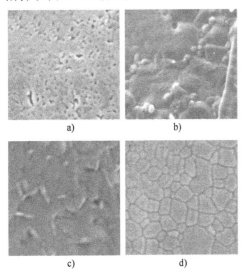

图 27-19　通过改性剂和引晶剂控制晶体尺寸
（来源：Saint-Gobain Abrasives）

a) 由勃姆石烧结获得的氧化铝显微组织，不含改性剂（图像尺寸 3μm×3μm）　b) 由勃姆石烧结获得的氧化铝显微组织，含氧化镁改性剂（图像尺寸 3μm×3μm）　c) 由勃姆石烧结获得的氧化铝显微组织，含氧化镁、氧化钇、氧化镧和氧化钕改性剂（图像尺寸 1.5μm×1.5μm）　d) 由勃姆石烧结获得的氧化铝显微组织，含引晶剂（图像尺寸 1.5μm×1.5μm）

需要特别注意的是，细针状的尖晶石结构和仍然比较粗糙的 α-氧化铝相，这种特殊的颗粒主要应用于低强度涂层磨料。后来，许多专利报道了使用包括氧化锆、氧化锰、氧化铬、氧化镍和许多稀土氧化物等各种改性剂的各种多相体系。一种特别有效的材料包含氧化镁、氧化钇和其他稀土氧化物，如氧化镧和氧化钕，以产生致密和坚硬（19GPa）的磨料。在图27-19c中，氧化铝显微组织显示出较细的 α-氧化铝相（尽管与初始材料相比仍然相对较粗），但具有由改性剂形成的针/板状亚微米"磁铅石"型结构。这种由改性剂产生的结构被认为提供了类似于钢筋混凝土中钢筋的强度增强作用。

控制结晶速率的另一条途径是通过将纳米尺寸（<100nm）的 α-氧化铝或其他与 α-氧化铝结晶相匹配的材料（如 α-氧化铁或各种钛酸盐）"引晶"溶胶凝胶。添加1%~5%的引晶剂，通过将成核位点的数量从 $10^{11}/cm^3$ 增加到 $10^{14}/cm^3$，创造一个异相成核条件，平均晶体尺寸约为400nm（见图27-19d）。这种磨粒以商品名 Norton SG™ 出售。这种微细晶体尺寸的一个限制是制造砂轮时与标准陶瓷结合剂的表面反应活性较低，必须开发烧制温度 <1000℃ 的新型砂轮结合剂，以代替烧制温度在1200℃的用于熔融氧化铝磨料的原有黏合剂。

从图27-20所示的几种磨粒比较可以看出，单相引晶获得的磨粒显微组织比多相显微组织更精细，可以预估其硬度和强度也将更硬和更强，这意味着其具有更长的使用寿命。但当用作磨料时，需要更大的力来使磨粒产生微裂纹，或者在砂轮结合剂中应采用较低的磨粒浓度。多相晶粒将具有更多的自由微切刃，并且与高温陶瓷黏结的反应活性也较低。与这种磨料相比，熔融氧化铝的总体性能差异相对较小。此外，通过改变砂轮配方，特别是磨粒形状，可以很容易地使其性能进一步优化。溶胶-凝胶制造允许对颗粒形状进行更广泛的操作和控制。标准的粉碎和研磨方法可以产生典型的具有较高强度的块形或具有较低强度的多角形磨料。这种角形磨粒的尖角可以进一步增强软的、干燥的预烧结材料的细化加工。正如预期的，这些晶粒的强度也相对较弱，但如果面向的是如具有相对较低磨削力加工特点的涂覆磨具，这种角形磨粒则非常适用。

更有趣的是，已经开发出的相应技术可以将其拉伸成具有非常高的长宽比的矩形棱形，并且具有光滑的、无表面缺陷的"蠕虫"外观（见图27-20d）。Norton公司开发了长宽比为5的TG™磨料和长宽比为8的TG2™磨料。这些磨粒不仅保持高韧性，而且还具有非常低的堆积密度。典型的块状磨粒的堆积密度可达50%，而长宽比为8的挤压磨粒的堆积密度接近30%，这为最终制造的砂轮提供了非常高水平的渗透性和优异的磨削液通路。由于这种磨料具有优良的韧性、形状、提供磨削液和容屑的能力，使得在磨削难加工的高温合金（如铬镍铁合金和Rene合金）时明显优于CBN磨料。

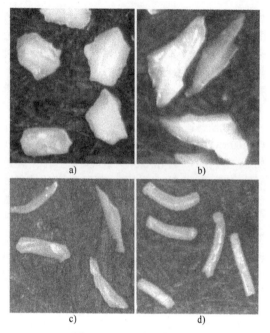

图 27-20 几种磨粒比较

（来源：Saint-Gobain Abrasives）

a）通过研磨生产的强度较高的块状陶瓷磨粒 b）粉碎产生的强度较低的多角形磨粒 c）通过进一步细化粉碎产生的强度极弱的多角形磨粒 d）挤压制造的 TG2™ 陶瓷磨粒

SG 型磨料的最新变体是一种名为 Quantum™ 的磨料，它除了具有 SG 磨料的亚微米微晶尺寸和相近的硬度，还具有可控的夹杂物水平，以促进在较低磨削力条件下产生微裂纹（见图 27-21）。这也使得磨粒可以在 5～15μm 尺度范围内被微修整，从而产生锋利的、易断裂的但耐用的微磨刃。

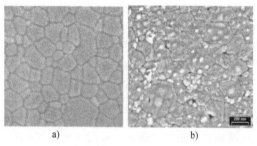

图 27-21 Norton 公司的 SG 磨料与 NQ 磨料的显微组织比较（来源：Saint-Gobain Abrasives）

a）SG 磨料 b）NQ 磨料

2. 堆积磨料

前面的部分描述了通过熔融途径产生的磨料，随后介绍通过化学沉淀、烧结和粉碎制备的磨料。前一种方法生产的磨料具有与磨粒尺寸相当的晶粒尺寸，即 50～200μm，而后者制备出的磨料晶粒尺寸在 0.2～5μm 范围内。工程化磨料系列的最新成果是通过熔融、粉碎、团聚、烧结和再粉碎工艺制成的"堆积"磨料。所得到的磨料具有可控的晶粒尺寸，在 SG 和熔融晶粒之间架起了桥梁。由于磨粒的尺寸、形状和化学性质是通过初始粉碎过程控制的，所以以磨料磨削性能的变化性是巨大的。此外，在同一个砂轮上，SG、NQ 和 Vortex 磨料的组合多样性进一步为磨料的磨削性能提供了非常广泛的变化性，而面向这种磨料磨削性的优化研究才刚刚开始（见图 27-22）。

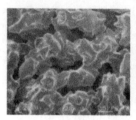

图 27-22 Norton 公司 Vortex™ 堆积氧化铝磨料

（来源：Saint-Gobain Abrasives）

作为示例，相关研究表明，采用堆积磨料制备的砂轮具有高水平的空隙度结构，从而使砂轮非常适用于缓进给磨削。此外，堆积磨料在初始粉碎过程中产生的锋利粉碎晶粒，以及可控强度的堆积磨料结合剂，使得堆积磨料可以通过可控的晶粒破碎以有效抑制磨粒表面在磨削过程中形成磨损平面，这种抑制行为有利于在磨削加工热敏感材料时有效降低磨削温度，避免磨削热损伤。这使得堆积磨料非常有希望替代传统的碳化硅磨料。

27.2.4 砂轮修整对磨床的要求

砂轮的修整过程是基于修整轮与砂轮之间的相对运动来完成的。成形砂轮的修整则需要更为复杂的相对运动，即修整工具要在砂轮圆周方向按照特定路径产生相对运动，以获得砂轮目标形状。因此，修整轮必须有一个独立的驱动装置。这个驱动装置的规格取决于以下因素：砂轮的规格和型号，修整滚轮的规格和型号，修整进给、修整速度、修整方向和修整速度比。一般来讲，对于中等或较硬的氧化铝陶瓷基砂轮，驱动装置在砂轮接触单位长度（mm）上需要上具备 20W 功率。

磨床必须兼容修整驱动单元，以使得修整轮能够在其自身与砂轮之间以恒定的速度比进行旋转，这意味着磨床制造商必须协调砂轮电动机和修整轮电动机的运动。对于砂轮的成形过程，修整轮还必须具有在至少两个轴上控制纵向进给运动的能力。修整系统的静态和动态刚度对修整系统有很大的影响。成形滚轮由滚珠轴承支撑，以承受较高的法向力。磨床上的滑块和导轨属于薄弱环节，不应用于安装修整驱动单元。因此，修整单元应牢固地连接到机床的床身上。

必须特别重视的是滚轮修整装置的几何跳动精度及其精确平衡。为了保证获得小于2μm公差的高精度修形轮廓，滚轮修整装置的跳动和轴向跳动公差不能超过2μm。此外，滚轮修整装置心轴的直径应尽可能大，以增加其刚度。通常，滚轮修整装置孔的直径在52~80mm的范围内，孔和心轴之间的配合精度必须为H3/h2，其间隙为3~5μm。滚轮修整装置的固有振动特征是径向的弯曲振动和基板周围的扭转振动。弯曲振动在圆周方向产生振波，而扭转振动在轮廓中产生轴向振波和扭曲。振动是由旋转不平衡引起的，修整单元应根据共振情况进行表征，以在设计和使用环节避免产生共振现象。除此之外，修整装置还应设计具备单独的冷却系统，以防止修整轮由于受热变形而失去其轮廓精度。[11]

27.2.5 金刚石修整轮

典型的金刚石修整滚轮如图27-23所示。对传统砂轮的常规成形修整，通常采用五种基本类型的修整轮。这里描述的类型是由圣戈班磨料公司提供的。

1）UZ型（反电镀，金刚石随机布置）：金刚石磨粒随机分布在金刚石修整滚轮表面，金刚石磨粒的间距由所使用的磨粒尺寸确定。紧密包裹的金刚石层比手工镶嵌金刚石修整滚轮具有更大的金刚石含量。该制造工艺不受滚轮轮廓形状影响，而且能够实现凹半径大于0.03mm或凸半径大于0.1mm修整轮表面的电镀。这些修整滚轮的最终几何形状和尺寸精度将通过电镀后金刚石层的"再加工"来保证。

2）US型（反电镀，金刚石人工布置）：与UZ型设计不同，金刚石磨粒是手工镶嵌的，这意味着某些复杂形状的修整轮无法生产。但是，金刚石磨粒的间距在制造过程中可以被调整，并且同样可以通过重新加工修整轮的金刚石层来提高其轮廓精度。可以实现半径大于0.3mm的凸面或凹面修整轮的制造。

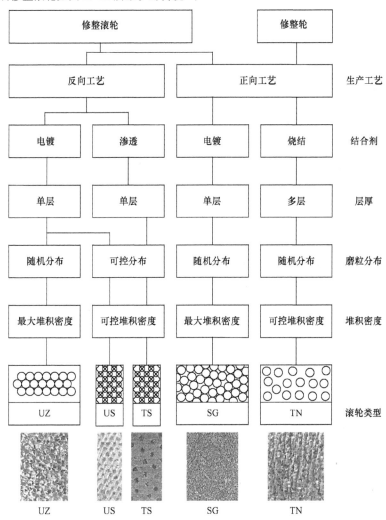

图27-23 典型的金刚石修整轮（来源：Saint-Gobain Abrasives）

3）TS 型（反向烧结，金刚石人工布置）：金刚石磨粒是手工镶嵌的，这意味着某些复杂形状的修整滚轮无法生产。但是，金刚石磨粒的间距在制造过程中可以被调整，并且同样可以通过重新加工修整轮的金刚石层来提高其轮廓精度。可以实现半径大于 0.3mm 的凹面修整轮的制造。

4）SG 型（直接电镀，金刚石随机布置、单层）：金刚石磨粒随机分布在金刚石修整轮表面。可以实现半径大于 0.5mm 的凸面或凹面修整轮的制造。

5）TN 型（烧结，金刚石随机布置、多层）：具有多层金刚石磨粒，以延长修整轮的使用寿命。可以通过重新加工修整轮的金刚石层来提高其轮廓精度。

使用金刚石修整轮可获得的最小公差见表 27-9。

表 27-9　金刚石修整轮能够获得的最小公差（来源：Saint-Gobain Abrasives）

<table>
<tr><th rowspan="2">类型</th><th rowspan="2">图例</th><th colspan="5">尺寸和公差(mm)</th></tr>
<tr><th>UZ</th><th>US</th><th>S</th><th>TS</th><th>T</th></tr>
<tr><td>孔尺寸公差 T_B
孔的圆柱度公差 ⌭</td><td>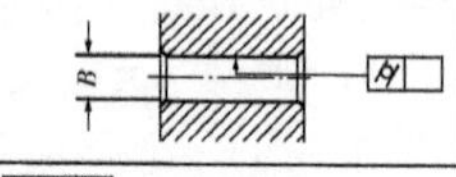</td><td colspan="2">H3
⌭ 0.003</td><td>H5
⌭ 0.005</td><td>H3
⌭ 0.003</td><td>H5
⌭ 0.005</td></tr>
<tr><td>接触面与孔之间的角度公差 ⊥
接触面间的平行度公差 ∥</td><td>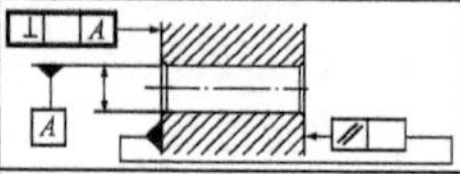</td><td colspan="2">⊥ 0.002 A
∥ 0.002</td><td>⊥ 0.005 A
∥ 0.005</td><td colspan="2">⊥ 0.002 A
∥ 0.002</td></tr>
<tr><td>轮廓的跳动公差 ↗</td><td>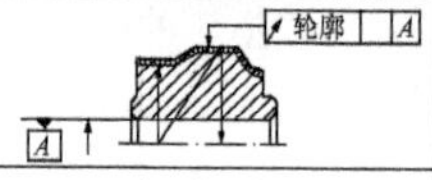</td><td colspan="2">↗ 轮廓 0.004 A</td><td>↗ 轮廓 0.02 A</td><td>磨削
↗ 轮廓 0.004 A
未磨削
↗ 轮廓 0.02 A</td><td>↗ 轮廓 0.02 A</td></tr>
<tr><td>长度 L 的圆柱度公差 ⌭</td><td>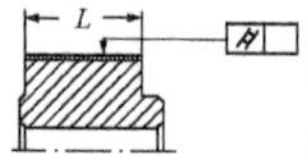</td><td colspan="2">L　T_Z
≤ 50 ⌭ 0.002
≤ 80 ⌭ 0.003
≤ 130 ⌭ 0.004</td><td>—</td><td>L　T_Z
≤ 50 ⌭ 0.002
≤ 80 ⌭ 0.003
≤ 130 ⌭ 0.004</td><td>—</td></tr>
<tr><td>长度 L 的角度公差 T_α</td><td>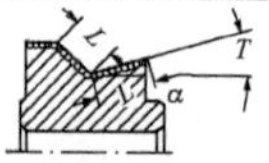</td><td colspan="5">
<table>
<tr><td colspan="12">精度条件：本质公差</td><td colspan="10">±≥0.004 或 ±≥1′</td></tr>
<tr><td rowspan="3">类型</td><td>腿长≤L</td><td>1</td><td>2</td><td>3</td><td>4</td><td>5</td><td>6</td><td>7</td><td>8</td><td>9</td><td>10</td><td>15</td><td>20</td><td>25</td><td>30</td><td>35</td><td>40</td><td>45</td><td>50</td><td>55</td><td>60</td></tr>
<tr><td>UZ,US,TS</td><td>10′</td><td>5′</td><td>3′30′</td><td>2′30′</td><td>2′</td><td>1′36′</td><td>1′24′</td><td>1′12′</td><td colspan="2">1′</td><td>6</td><td>8</td><td>10</td><td>12</td><td>14</td><td>16</td><td>18</td><td>20</td><td>22</td><td>24</td></tr>
<tr><td>S,T</td><td>60′</td><td>38′</td><td>29′</td><td>23′</td><td>19′</td><td>15′</td><td colspan="4">10′</td><td>60</td><td>80</td><td>100</td><td>120</td><td>140</td><td>160</td><td>180</td><td>200</td><td>240</td><td>260</td></tr>
<tr><td></td><td colspan="11">μm ←</td><td colspan="10">→ μm</td></tr>
</table>
</td></tr>
<tr><td>相对于凹面/凸面角度的半径公差 T_R</td><td>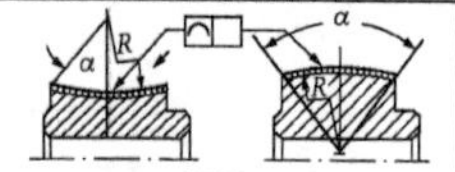</td><td>≤90°　±0.002
>90°~180°　±0.003</td><td>≤90°　±0.002
>90°~180°　±0.005</td><td>未磨削　±0.05</td><td>≤90°　±0.002
>90°~180°　±0.005</td><td>—
—</td></tr>
<tr><td>相对于凹面/凸面角度的线性公差 ⌒</td><td>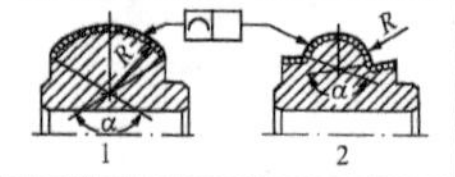</td><td>半径,图1
α≤90° ⌒ 0.002
>90°~180° ⌒ 0.003
半径,图2
α≤90° ⌒ 0.004
>90°~180° ⌒ 0.006</td><td>半径,图1
α≤90° ⌒ 0.006
>90°~180° ⌒ 0.008
半径,图2
α≤90° ⌒ 0.006
>90°~180° ⌒ 0.008</td><td>—
—</td><td>半径,图1
α≤90° ⌒ 0.006
>90°~180° ⌒ 0.008
半径,图2
α≤90° ⌒ 0.010
>90°~180° ⌒ 0.016</td><td>—
—</td></tr>
<tr><td>α_1、α_2 槽两侧长度 L 的平行度公差 ⌯</td><td>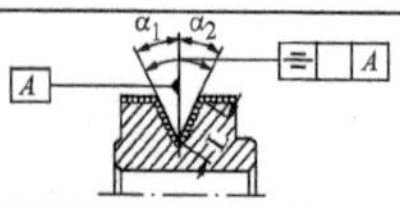</td><td colspan="2">L　T_W
≤1 ⌯ 7′ A
≤5 ⌯ 4′ A
>5 ⌯ 2′ A</td><td>—</td><td>L　T_W
≤1 ⌯ 10′ A
≤5 ⌯ 7′ A
>5 ⌯ 3′ A</td><td>—</td></tr>
<tr><td>镶嵌金刚石磨粒后的表面垂直度公差 ⊥</td><td>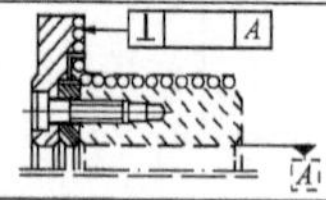</td><td>—</td><td>见 T_s</td><td>—</td><td>等于工件表面 ｜ 不等于工件表面
公差/1mm表面
0.001 ｜ 0.005</td><td>—</td></tr>
<tr><td>不同修整滚轮上两个关联直径的公差 T_s</td><td>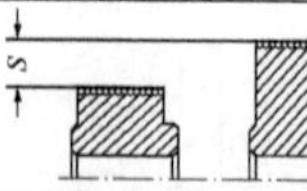</td><td colspan="2">±0.002</td><td>±0.05</td><td>±0.002</td><td>±0.01</td></tr>
<tr><td>同一修整滚轮上两个关联直径的公差 T_s
两个关联表面的线性尺寸公差 T_L</td><td>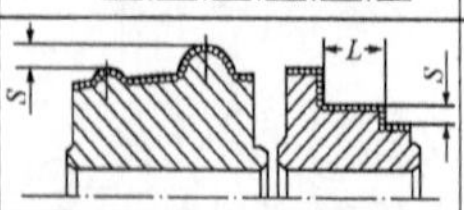</td><td colspan="2">±0.002
±0.005</td><td>±0.05</td><td>±0.002
±0.005</td><td>—</td></tr>
<tr><td>两个相对面的线性尺寸公差 T_L</td><td>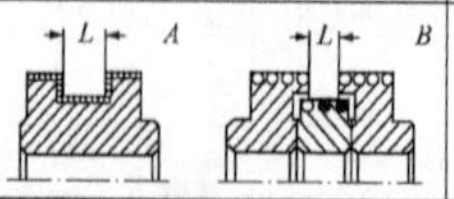</td><td colspan="2">±0.02
A</td><td>—</td><td>±0.003
B</td><td>—</td></tr>
<tr><td>齿的尺寸公差 T_L
轮廓的圆柱度公差 ⌭</td><td>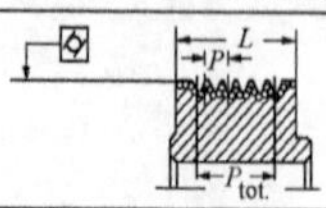</td><td>单节　P: ±0.002
$P_总$　≤16: ±0.002
>16:pro
10mm = 0.00125
⌭ 轮廓 0.002
每10mm螺纹长度</td><td>—</td><td>—</td><td>—</td><td>—</td></tr>
<tr><td>直线度公差 —</td><td>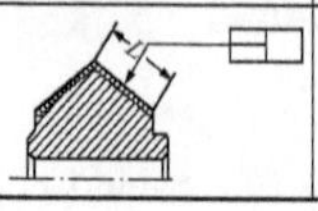</td><td colspan="2">L　T_Z
≤ 50 — 0.002
≤ 80 — 0.003
≤130 — 0.004</td><td>—</td><td>L　T_Z
≤ 50 — 0.002
≤ 80 — 0.003
≤130 — 0.004</td><td>—</td></tr>
</table>

27.2.6　金刚石修整轮的应用

金刚石修整轮使用的一般指导和限制见表27-10。

27.2.7　磨削工艺的改进

当为特定的磨削目标确定了砂轮和修整轮的类型和规格后，即可通过调整修整过程，以控制砂轮表面的粗糙度状况。修整过程中能够影响最终磨削的关键因素包括：修整轮与砂轮之间的修整速比 v_r/v_s，砂轮每转修整进给量 a_r，以及修整轮与砂轮

接触后的循环（驻留）转数 n_a。通过改变砂轮的修整条件，可以使用相同的金刚石修整轮和相同的砂轮，既能完成粗磨加工，又能进行精磨加工。通过控制修整轮的速度或使其反转（见图27-24，可以使砂轮表面的有效粗糙度的变化比例）大约为1:2（见图27-25）。

改变速比 q 对工件表面有效粗糙度的影响如图27-25所示。从图27-25可以看出，修整时，简单地利用反转修整滚轮（与砂轮选择方向相反），可以降低磨削工件的表面粗糙度。

表 27-10　金刚石修整轮的应用场合及规格选择（来源：Saint-Gobain Abrasives）

应用场合	砂轮规格		表面粗糙度 $Ra/\mu m$	输出	金刚石磨粒尺寸/目	
	磨料粒度，硬度				TS 型	UZ 型
粗磨	40~60，K~L		0.8~3.2（手动） 0.4~1.0（随机）	高	80~100（手动） 100~150（随机）	不适用
传动、齿轮箱	60~80，J~M		0.2~1.6	高	200~250	200~250
轴承、等速连接器	80~120，J~M		0.2~1.6	高	200~300	200~300
缓进给、连续修整	多孔结构		0.8~1.6	低	限制	250~300

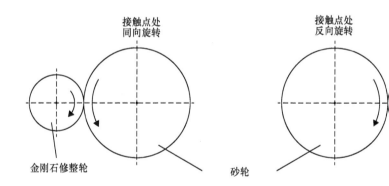

图 27-24　旋转方向的定义（来源：Saint-Gobain Abrasives）

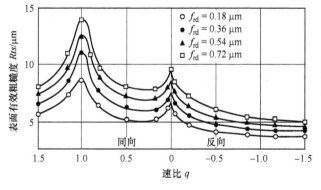

图 27-25　速比 q 对工件表面有效粗糙度的影响（参考文献14）

图 27-26 所示为修整轮与工件接触时的循环转数对工件表面有效粗糙度的影响[14]。从图 27-26 可以看出为了实际特定的磨削目标，在砂轮修整过程中，首先将修整轮与砂轮反向旋转完成 80 次循环转动接触后，再将修整轮与砂轮同向旋转完成 160 次循环转动接触，工件表面获得了最小的有效粗糙度。图 27-27 所示为修整轮进给量对工件表面有效粗糙度的影响。从图 27-27 中可以看出，工件表面粗糙度随着进给量的增加而增加。与修整轮和砂轮反向旋转修整情况相比，当修整轮与砂轮同向旋转修整时，这种表面粗糙度随进给量增加而增加的趋势更明显。

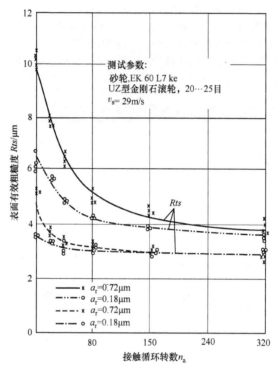

图 27-26　修整轮与工件接触时的循环转数对工件表面有效粗糙度的影响（参考文献 14）

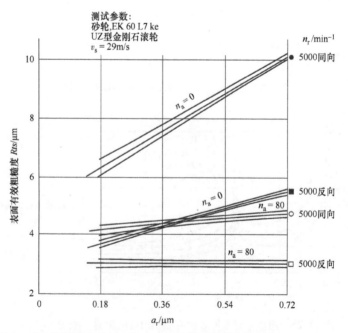

图 27-27　修整轮进给量对工件表面有效粗糙度的影响（参考文献 14）

图 27-28 所示为不同金刚石修整轮的粒度下速比 q 对工件表面有效粗糙度的影响。虽然较细的金刚石磨粒有利于获得更好的表面粗糙度，但较粗的金刚石磨粒会延长修整轮的使用寿命。显而易见地，为了降低生产成本，需要权衡金刚石磨粒的大小。

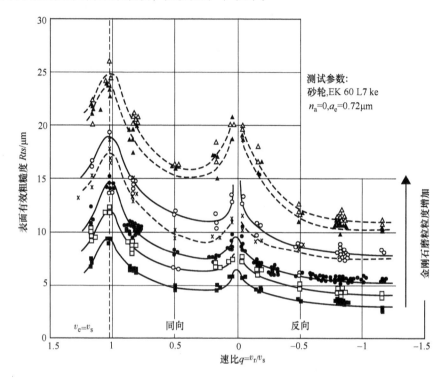

图 27-28　不同金刚石修整轮粒度速比 q 对的工件表面有效粗糙度的影响（参考文献 14）

27.2.8　磨削参数的选择

磨削的目的是在最短的时间内去除磨削余量，同时达到工件所需的精度和表面粗糙度。在磨削过程中通常存在以下阶段：

1）粗磨阶段：主要以去除磨削余量为目的，其特征为磨削过程存在较大的磨削力，容易导致工件变形。

2）精磨阶段：主要以改善工件表面粗糙度为目的。

3）光磨阶段：主要以减小工件变形，使形状误差达到理想程度为目的。

采用连续修整与以下一个或多个工艺相结合，有助于精密零件的高效磨削：

1）以光磨为主的单一工艺。

2）结合光磨和缓进给精加工的两级工艺。

3）具有多个速度和换向点的三级或多级工艺。

4）以减小工件变形速度为目的的进给量连续匹配工艺。

对于使用传统磨料陶瓷基砂轮的大多数磨削工艺来说，首先都需要选择初始磨削参数，然后在此基础上再进行磨削参数优化。典型的初始磨削参数选择如下：

1）切入磨削金属材料的单位宽度磨除率选择。当工件直径大于 20mm 时，推荐以下单位宽度磨除率 Q_w'：粗加工时，将材料单位宽度磨除率控制在 $1 \sim 4\text{mm}^3/\text{mm} \cdot \text{s}$ 之间；精加工时，将材料单位宽度磨除率控制在 $0.08 \sim 0.33\text{mm}^3/\text{mm} \cdot \text{s}$ 之间。当工件直径小于 20mm 时，推荐以下 Q_w'：粗加工时，将材料单位宽度磨除率控制在 $0.6 \sim 2\text{mm}^3/\text{mm} \cdot \text{s}$ 之间；精加工时，将材料单位宽度磨除率控制在 $0.05 \sim 0.17\text{mm}^3/\text{mm} \cdot \text{s}$ 之间。

2）对于薄壁、热敏部件，砂轮速度与工件速度之比（q）应在 $105 \sim 140$ 的范围内；对于软钢或硬钢，q 应在 $90 \sim 135$ 之间选择；如果要获得较高的金属单位宽度磨除率，q 则应在 $120 \sim 180$ 之间选择；而内磨 q 的选择范围应该为 $65 \sim 75$ 之间。

3）宽砂轮的重叠系数应在 $3 \sim 5$ 范围内，窄砂轮的重叠系数应在 $1.5 \sim 3$ 范围内。

4）精磨时，进给量应在 $2 \sim 6\mu\text{m}$ 之间。

5）光磨次数应依据工件的刚度在 $3 \sim 10$ 之间

选择。

然而，在改进磨削性能之前，用户必须确保砂轮和修整轮的规格是正确的。[6,10,11]

27.2.9　磨削液类型的选择及应用

提高工件磨削质量的一个重要因素是使用高品质的冷却润滑剂，即磨削液。为了达到小于$2\mu m$的良好表面粗糙度，必须使用纸质过滤单元。气垫偏转板可以进一步提高冷却效果。用于磨削的冷却润滑剂包括乳化液、合成冷却乳剂和纯油。

1）乳化液：乳化液是可以在水中乳化的油，通常是矿物基的，并且浓度在1.5%～5%的范围内。一般来说，使用越"稠"的乳化液，表面粗糙度值越小，但这会导致较高的法向磨削力和较大的圆度误差。

2）合成冷却乳剂：合成冷却乳剂是一类溶于水中的化学物质，其浓度介于1.5%～3%之间。抑菌性强，有良好的润湿剂。合成冷却乳剂允许砂轮使用更大的磨削用量，但在磨削过程中容易产生泡沫，并容易侵蚀密封件；

3）纯油：纯油可以实现最大的金属磨除率，而且不易导致工件烧伤，但纯油很难处理，并存在火灾隐患。

以上仅是有关磨削液应用的一般规则，在实际生产应用时，建议读者联系砂轮供应商或润滑剂供应商中经验丰富的磨削应用工程师，以获得更好的建议。

27.3　采用CBN砂轮进行高性能磨削

27.3.1　概述

使用超硬磨料CBN砂轮的高性能磨削工艺已成功应用于从定向模式到无心模式的所有外轮廓磨削、内轮廓磨削、螺纹磨削、平面磨削、导轨磨削、花键轴磨削和齿轮磨削，这些磨削过程都需要采用镶嵌有金刚石的高精度精密旋转修整轮来实现CBN砂轮的修整。使用超硬磨料CBN砂轮进行磨削加工的典型对象包括：汽车发动机的曲轴主轴、连杆轴承、凸轮轴轴承、活塞环沟槽、气门摇臂导轨、气门头和阀杆、沟槽和膨胀螺栓；自动变速器轴上的齿轮座、小齿轮、花键轴、离合器轴承、齿轮轴槽、同步环和油泵蜗轮；汽车底盘中的转向节、万向轴和枢轴、球轨、球笼、螺纹、万向节、轴承套圈和十字销；汽车转向中的球接头枢轴、转向柱、转向蜗杆、伺服转向活塞和阀门；航空航天工业中的涡轮叶片、叶根和叶尖轮廓及冷杉树根轮廓等。[15]

27.3.2　砂轮及磨削参数的选择

对于高速磨削，选择合适级别的陶瓷基CBN砂轮比选择氧化铝砂轮要复杂得多。在此，CBN磨粒粒度的选择取决于具体的金属材料磨除率要求、最终表面粗糙度要求和所使用砂轮的当量直径。当指定陶瓷基CBN砂轮时，图27-29给出了在圆柱面磨削过程中，CBN磨粒的粒度与当量砂轮直径、特定金属材料磨除率之间的关系。

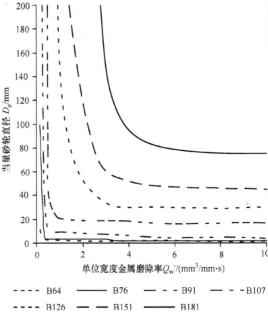

图27-29　CBN磨粒的粒度与当量砂轮直径D_e、特定金属材料磨除率Q_w'之间的关系

超硬磨料是指天然金刚石和人造金刚石，以及立方氮化硼（CBN）材料，其特征在于具有极高的硬度和良好的导热性。金刚石是目前已知的世界上最硬的物质，立方氮化硼的硬度仅次于金刚石，这两种超硬磨料的硬度都远高于其他磨料的硬度，但他们的制造成本极其昂贵，即使是从地面提取天然金刚石也是如此。超硬磨料的制造成本大约是常规磨粒制造成本的1000倍以上。超硬磨料的加工和使用在某些环节上与常规磨料有很大的不同，但在其他方面也有相似之处。

1. 金刚石

1）天然金刚石。天然金刚石一直是工业界应用最为广泛的产品，年产量仍然保持在惊人的5000万克拉以上，其主要用于制作切削工具，以及作为砂轮修整工具和砂轮、砂带的磨料。工业界对于天然金刚石的需求极为强劲，但受到珠宝贸易的经济压力，以及抛光小型宝石所需的低劳动力成本的影响，那些对于工业用途来说最为优质的金刚石，往往并不被应用于工业界，从而导致工业领域中优质金刚石的稀缺。但是，天然金刚石的颜色、形状以及夹杂物水平通常不受珠宝业务的欢迎，而对于单点修整工具及旋转成形修整滚轮来说，其所关注的机械性能是仍然符合工业应用标准的。即使是一些破碎的天然金刚石，也可以用于制作砂轮，特别是在需要具有极高锐度和锐角磨粒的单层电镀砂轮中。

天然金刚石是在地幔极端的温度和压力下形成于地球表面以下 150 ~ 200m 的深层中。天然金刚石随金伯利岩和钾镁煌斑岩的熔岩流运动，然后在地球表面的胡萝卜形"管道"内被发现，即管状矿，或者被发现于由这些管道侵蚀产生的冲积沉积物中，即冲积矿。这种冲积矿通常形成在被称为"克拉通"的古老大陆板块上。用于修整工具的大尺寸金刚石颗粒通常被认为是在地幔中形成且保持很长时间，而尺寸小于 0.5mm 的微小金刚石颗粒则被认为是形成于金伯利岩和煌斑岩岩浆中。毫不奇怪的是，每个独立的"管道"都可以产生非常独特的金刚石尺寸和形状。一些领域可能主要使用微小金刚石，直到最近由于缺乏传统的宝石级别的原材料而不再具有良好的经济性（其产量为每 1300 万 t 矿石产出小于 1t 的金刚石）。此外，尽管澳大利亚西北部和加拿大的矿藏最近开始开采，而俄罗斯已经生产了大量的宝石和工业金刚石数十年，但大多数金刚石矿床仍主要分布在非洲南部和中部。

2）人造 HPHT 金刚石。近几十年来，随着对碳化物、陶瓷和其他先进材料加工需求的增加，供应工业应用的天然金刚石由于产品一致性差、供应安全性差和成本定位不准等原因，已经难以满足现代工业的要求。特别是受到硬质合金刀具制造需求的刺激，人造金刚石得到了广泛的重视。1953 年，瑞典的 ASEA AB 公司在 Erik Lundblad 研究主管的领导下，第一次实现了人造金刚石。1954 年，GE 的"超级压力团队"，包括 Tracy Hall 和 Bob Wentorf 生产了第一款可重复实现的人造金刚石晶体，并进行了发表。

金刚石是通过对石墨施加极高的温度和压力而产生的。在室温和常压下，碳的稳定形态是具有常见的层状六方晶格结构的石墨。石墨同层的碳原子以 sp3 杂化形成共价键，每一个碳原子以三个共价键与另外三个原子相连。六个碳原子在同一个平面上形成了正六边形的环，伸展成片层结构，这里 C-C 键的键长皆为 142pm，这正好属于原子晶体的键长范围，因此对于同一层来说，它是原子晶体。尽管

石墨同层晶格内的键合是非常强的共价键，但是石墨晶体中层与层之间相隔 340pm，距离较大，是以范德华力结合起来的，即层与层之间属于分子晶体，因此石墨层之间较容易产生滑动。金刚石在室温和常压下是相对稳定的，是典型的原子晶体，在这种晶体中的基本结构粒子是碳原子。每个碳原子都以 sp3 杂化轨道与四个碳原子形成共价单键，键长为 1.55×10^{-10}m，键角为 109°28′，构成正四面体。每个碳原子位于正四面体的中心，周围四个碳原子位于四个顶点上，在空间上构成连续的、坚固的骨架结构。金刚石和石墨相图如图 31-30 所示。

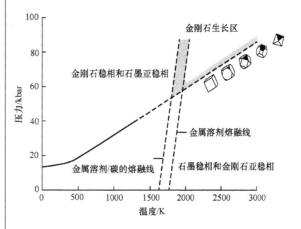

图 27-30　金刚石和石墨的相图
（来源：General Electric Superabrasives）

石墨直接转化为金刚石需要 2500K 的温度和大于 100kbar 的压力。由该工艺生产的金刚石称为高压、高温（HPHT）金刚石。通过使用镍或钴等金属溶剂可以显著降低上述金刚石生长的严格条件。石墨在这些溶剂中的溶解度高于金刚石，因此在高温度和高压力环境下，石墨可以溶解在熔融溶剂中，然后析出金刚石。在该工艺过程中，温度越高，其析出速率越快，成核点数越多。

最早的金刚石在高温条件下生长得很快，呈弱角状和马赛克状。一般来说，金刚石的主要晶面是立方（100）、十二面体（011）和八面体（111）。这些晶面上的相对生长速率由温度、压力和金属溶剂决定。通常在低温条件下，主要生长晶面是立方的，而在高温度条件下是八面体。仔细控制生长条件，可以实现金刚石形状的工程化控制，以适应特定的应用。例如，具有最高强度的处于立方体与八面体之间的立方八面体形状金刚石，常与金属结合剂一同使用，以获得极高的强度，主要用于混凝土和玻璃等硬脆材料的切割或磨削，如图 27-31 所示。

金刚石生长过程中的高温和高压一般主要由三

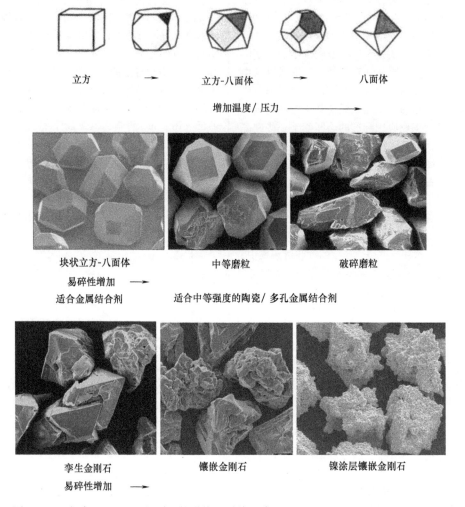

立方　　　→　　　立方-八面体　　　→　　　八面体

增加温度/ 压力 ————————————→

块状立方-八面体　　　　　　中等磨粒　　　　　　破碎磨粒

易碎性增加 ————→

适合金属结合剂　　　　适合中等强度的陶瓷/ 多孔金属结合剂

孪生金刚石　　　　　镶嵌金刚石　　　　　镍涂层镶嵌金刚石

易碎性增加 ————→

图 27-31　人造（HPHT）金刚石的形状和形貌（来源：General Electric Superabrasives）

种压力机产生：带式压力机、六面顶压力机和分体式（BARS）压力机。由通用（GE）公司开发的用于第一颗金刚石合成的带式压力机由上砧和下砧构成，通过上下砧施加压力于圆柱形内腔或鼓形腔以获得高压。带式压力机的径向压力值受钢带的限制。近年来，随着 Sumitomo 和 Ladd 等公司对大型金刚石单晶体需求的增长，目前已经开发出具有大体积压头的带式压力机。通过压力机获得金刚石晶体后，利用激光沿特定的晶向切割出针状和块状金刚石产品，以用于金刚石修整工具、轧辊及拉丝模。

六面顶压力机具有六个砧座。这种类型的压力机具有相对小的压头体积，适于具有中等至较高脆性的金刚石的快速加工。所需的劳动力投入相对较高，但近期受中国迅速增长的金刚石生产需求，这种压力机得到了非常广泛的应用。俄罗斯开发

的分体式 BARS 装置是一种面向特定专业应用和宝石市场的压力机，主要用于生产大型高品质金刚石。

3）人造 CVD 金刚石。化学气相沉积（CVD）人造金刚石是 20 世纪 70 年代在俄罗斯首次开发的金刚石。碳质气体在近真空中存在还原氢原子的高温情况下发生反应，在适当的基材上形成金刚石相。这一过程中所需的能量可由热丝或等离子体提供，以将碳和氢解离成原子。

在 CVD 金刚石制备过程中，氢是关键的，因为它与碳相互作用，并防止形成石墨，同时促进基体上的金刚石生长。基体的成分、制备工艺和晶体取向也是至关重要的。所得到的 CVD 金刚石层为厚度高达 1～3mm 的细晶柱状结构。有限的晶体取向，使得 CVD 金刚石比单晶金刚石具有更均匀的磨损特性和更低的晶向敏感性。因此，CVD 金刚石通常不

被直接用作磨料，但在修整工具和成形辊中使用非常普遍。

CVD 金刚石不含金属溶剂掺杂物，因此不能进行电火花线切割，从而使得其在制造用于诸如成形切削工具的应用中受到限制。在钎焊过程中，CVD 金刚石润湿也显得更加困难，因此必须通过使用适当的涂层进行补偿。

2. 立方氮化硼（CBN）

立方氮化硼（CBN）是最新的主要磨料类型，其由开发人造金刚石的 GE 公司"超级压力团队"的 Bob Wentorf 开发。氮化硼通常以六边形形式存在，是一种具有与石墨类似但含有交替氮和硼原子排布的称为 h-BN（或 α-BN）的六边形层状原子结构的白色光滑物质。Wentorf 注意到其与石墨结构和结合方式的相似性，并进行深入研究，最终确定了合适的高温溶剂，以生长立方结构形式 CBN（或 β-BN）。CBN 不是天然发现的，但必须在与金刚石相当的压力和温度下合成。然而这种化学方式是完全不同的，CBN 对过渡金属没有亲和力。相反，成功的溶剂或催化剂是金属氮化物、硼化物和氧化物，其中最常见的氧化物是 Li_3N。1969 年，GE 公司将 CBN 引入商业应用，并命名为 Borazon®。

立方氮化硼是由六方氮化硼和触媒在高温高压下合成的，是继人造金刚石问世后出现的又一种新型高新技术产品。它具有很高的硬度、热稳定性和化学惰性，以及良好的透红外形和较宽的禁带宽度等优异性能，它的硬度仅次于金刚石，但热稳定性远高于金刚石，对铁系金属元素有较大的化学稳定性。立方氮化硼磨具的磨削性能十分优异，不仅能胜任难磨材料的加工，提高生产率，还能有效地提高工件的磨削质量。立方氮化硼的使用是对金属加工的一大贡献，导致磨削发生革命性变化，是磨削技术的第二次飞跃。

与金刚石晶粒一样，CBN 的晶粒形态可以通过在合成过程中控制八面体（111）和立方（100）晶面上的相对生长速率来控制。一般来说，（111）晶面上的生长占主导地位，但是由于晶格中存在硼和氮，所以一些（111）晶面生长会被硼原子和氮原子所终止。通常当硼（111）晶面生长占主导地位时，所得晶体形态多数为截断四面体，但双极板和八面体也很常见（见图 27-32）。此外，形状也可以朝八面体或立方八面体形态发展。最终的结果是，CBN 具有比金刚石（除孪晶和多晶金刚石材料之外）更多的可供选择的潜在磨粒形状。纯立方体的氮化硼是无色的，但在商业磨料应用时，根据掺杂剂的水平和类型，CBN 磨料是在棕色至黑色之间变化的琥珀色。当 CBN 为黑色时，则通常被认为是由于硼元素的过量而导致的（见图 27-33）。

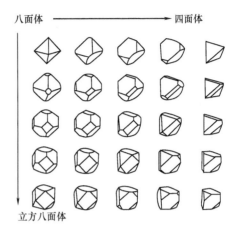

八面体 ————————→ 四面体

立方八面体

图 27-32　CBN 晶体生长形貌
（来源：General Electric Superabrasives）

图 27-33　典型商用 CBN 磨料的形貌
（来源：General Electric Superabrasives）

在修整过程中，CBN 的断裂行为对冲击磨粒的反应是很重要的。在需要高生产率的磨削过程中，常用的陶瓷基 CBN 尤其如此。可以被确定的是，在 +0.2 的适度挤压比下，采用 $1\mu m$ 的修整深度时，CBN 磨粒主要为微观破碎；当修整深度增加到 $3\mu m$ 时，CBN 磨粒的断裂行为明显转变为宏观破碎，如图 27-34 所示。即使是 $0.5\mu m$ 的修整深度变化，也会对磨削功率和磨削表面质量产生显著的影响，而随着挤压比从 +0.2 增加到 +0.8，宏观破碎的水平急剧上升，最终将主导整个修整过程。

这些结果是特定于树脂或低强度陶瓷结合剂中常用的具有易碎等级和尺寸的 CBN 磨料。因此，可

| 1μm修整深度 | 2μm修整深度 | 3μm修整深度 |

图 27-34 采用旋转金刚石滚轮修整时，CBN 磨粒
随修整深度增加引起的微观-宏观破碎变化趋势
（来源：General Electric Superabrasives）

以预期，强度更高的 CBN 级别或更细的磨粒尺寸将需要更高的挤压比和/或更深的修整深度，以实现相同的断裂程度。例如，当以 5μm 的修整深度修整粒

度为 80# 的 GE 500 磨粒时，即使挤压比为 +0.5，CBN 仍然以微观破碎为主要断裂行为，但当挤压比增加到 +0.9 时，CBN 的断裂行为则以宏观破碎为主。这里，GE 500 是一种强度等级特别高的磨粒，主要用于制作单层电镀工具。

用于高效磨削的陶瓷基 CBN 砂轮通常采用旋转金刚石修整器来修整，修整过程中的磨粒微观破碎水平的控制，以及由此产生的砂轮表面形貌，对于陶瓷基 CBN 砂轮特别重要。陶瓷基 CBN 的一个主要挑战是砂轮磨削性能在修整后磨削初期时的快速变化，特别是对于强度相对较低的系统或易于产生磨削烧伤的应用条件。不同的修整挤压比和修整轮转速对法向磨削力的影响如图 27-35 所示。上述问题主要发生在修整周期间隔中大概 5% 的最初磨削阶段。

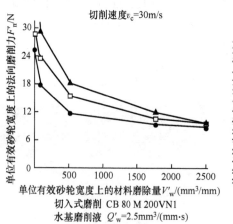

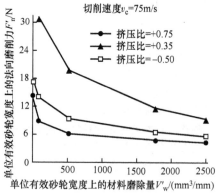

图 27-35 采用旋转金刚石滚轮修整陶瓷基 CBN 砂轮时，
修整挤压比对法向磨削力的影响（来源：General Electric Superabrasives）

在某种程度上，传统磨料也具有这种由修整所带来的磨削性能快速变化现象，但通常非常短暂，基本在第一个工件磨削完成之前就会消失。而对于一次修整后需要磨削数百个工件的 CBN 磨削过程来说，这种磨削性能，特别是磨削力的快速变化会导致磨削锥度和磨削烧伤问题的产生，需要特殊的加工程序来降低进给量以进行磨削补偿。

Fujimoto 等[16]通过三维多探头扫描电子显微镜（SME）和分形维数分析对陶瓷基 CBN 砂轮表面的磨损过程进行了详细的研究。特定磨削条件下的磨削力、磨削质量和磨损数据如图 27-36 所示。他们将复杂的砂轮磨损过程确定为三个阶段。砂轮修整后，他们立刻观测到了一个快速磨损的初始磨损阶段，其特征为磨削力的下降。在此阶段观测到的单

个磨粒磨损形貌如图 27-37a 和图 27-37b 所示。由图中可知，这种磨削力的下降，与不稳定磨粒边缘的损失以及新的尖锐磨刃的形成有关。三维轮廓分析显示，砂轮表面切削刃密度的降低（见图 27-38）影响了砂轮表面的磨粒密度。初始磨损后，存在着一个砂轮磨损率和工件磨削表面质量都相对稳定的阶段。然而，这种稳定阶段又可以分为两个阶段。在稳定磨损的第一个阶段中，磨刃处有微观破碎和边缘磨损现象。有趣的是，磨削力的稍微上升和磨削表面质量的同时上升，表明此时磨刃密度和磨刃形状都发生了的重大变化。稳定磨损的第二个阶段通常在砂轮磨损大约 15μm 之后开始。在这阶段中，磨粒上会形成显著的磨损平面，并且磨粒的宏观破碎占据了磨料断裂的主导地位。此时，磨削力保持不变。

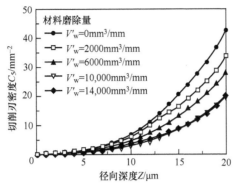

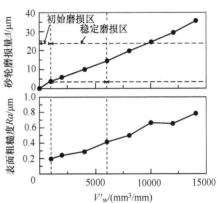

实验条件	
磨削方法	平面切入磨削、逆磨
砂轮	CBN80L100V 尺寸：$\phi200 \times t10mm$
砂轮圆周速度v_s	33m/s
工件速度v_w	0.15m/s
磨削深度a	10μm
磨削液	可溶型（JIS W-2-2） 2% 稀释液
工件	高速工具钢（JIS SKH51） 硬度：HRC65 尺寸（长×宽×高）：100mm× 5mm×30mm

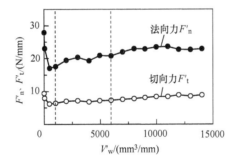

图 27-36　特定磨削条件下的磨削力、磨削质量和磨损数据（参考文献 16）

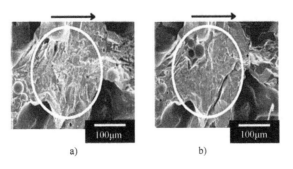

图 27-37　图 27-36 所示磨削条件下的 CBN 磨粒磨损形貌（参考文献 16）

a）修整后　b）初始磨损

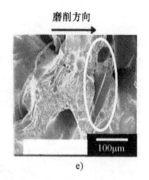

图 27-37　图 27-36 所示磨削条件下的 CBN 磨粒磨损形貌（参考文献 16）（续）
c）微观破碎　d）磨耗磨损　e）宏观破碎

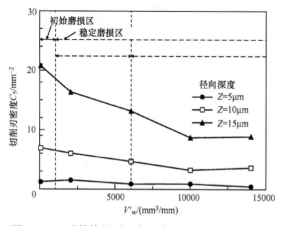

图 27-38　砂轮修整后，磨刃密度与工件材料磨除率和磨削深度的关系（参考文献 16）

　　有趣的是，在使用 80 目 CBN 砂轮进行大批量制造的条件下，修整周期间的砂轮磨损量通常限制在 $10 \sim 15\mu m$，以保证在重复的修整周期中能够有效控制整个磨削过程。早期的研究描述了一个由修整和磨削过程产生的称为 Tsukidashiryo 或有效表面粗糙度的表面影响层，其深度从几微米到 30 多微米不等。陶瓷基 CBN 砂轮所涉及的大部分工艺优化是选择合适的每转修整深度以控制磨粒的微观破碎程度，以及选择总修整深度以控制磨刃密度。这反过来限制了砂轮初始磨损的程度及量级。

　　对于使用金刚石和 CBN 磨料的不同磨削过程，表 27-11～表 27-14 给出了典型的初始磨削参数，用于确保能够开始磨削加工，避免产生较高的生产成本和工件废品率。

表 27-11　使用金刚石和 CBN 砂轮进行圆柱面磨削的典型参数选择（来源：Saint-Gobain Abrasives）

磨 削 工 艺		磨 削 参 数	单位	硬质合金①	高速钢和铬钢①
				金刚石②	CBN②
轴向进给外圆圆柱面磨削（圆柱面磨削）	往复式磨削	砂轮圆周速度 v_c	m/s	(10)..25..(40)	(15)..30..(60)
			sfm	(2000)..5000..(8000)	(3000)..6000..(12000)
		工件圆周速度 v_w	m/min	10..20	10..20
			in/min	400..800	400..800
		工件进给速度 v_{fa}	mm/min	约 $0.5b_{snw}$（需要计算） ≤20% 的粒度（FEPA）	
			in/min		
		磨削深度 a_e	mm		
			in		
	缓进给磨削	砂轮圆周速度 v_c	m/s	(10)..25..(40)	(15)..25..45..(120)
			sfm	(2000)..5000..(8000)	(3000)..5000..9000..(24000)
		工件圆周速度 v_w	m/min	5..10	5..15
			in/min	200..400	200..600

（续）

磨削工艺	磨削参数		单位	硬质合金① 金刚石②	高速钢和铬钢① CBN②
轴向进给 外圆圆柱面 磨削（圆 柱面磨削）	缓进给磨削	工件进给速度 v_{fa}	mm/min	1..10	2..20
			in/min	00.4..0.4	00.8..0.8
		磨削深度 a_e	mm	总加工余量	
			in		
仅径向进 给内圆圆柱 面磨削（切 入磨削）	切入磨削	砂轮圆周速度 v_c	m/s	(10)..25..(40)	(15)..25..45..(120)
			sfm	(2000)..5000..(8000)	(3000)..5000..9000..(24000)
		工件圆周速度 v_w	m/min	10..20	10..20
			in/min	400..800	400..800
		进给速度 v_{fa}	mm/min	0.05..1.0	0.10..2.0
			in/min	0.002..0.04	0.004..0.08
	缓进给磨削	砂轮圆周速度 v_c	m/s	(10)..25..(40)	(15)..25..45..(120)
			sfm	(2000)..5000..(8000)	(3000)..5000..9000..(24000)
		工件圆周速度 v_w	m/min		
			in/min		
		单位有效砂轮宽 度上的材料磨除率 Q'_w（$Q'_w = a_e \cdot v_{fr}$）	mm³/mm·s	(0.5)..3..(6)	(2)..6..(12)
			in³/in·min	(0.05)..0.3..0.6	(0.20)..0.60..(1.20)

① 被磨削材料。
② 磨料。

表 27-12　使用金刚石和 CBN 砂轮进行内磨的典型参数选择（来源：Saint-Gobain Abrasives）

磨削工艺	磨削参数	单位	硬质合金① 金刚石②	高速钢和铬钢① CBN②	100 Cr6① CBN②
轴向进给 内磨（往复 式磨削）	砂轮圆周速 度 v_c	m/s	(10)..25..(20)	(15)..30..(60)	(15)..30..(60)
		sfm	(2000)..3000..(4000)	(3000)..6000..(12000)	(3000)..6000..(12,000)
	工件圆周速 度 v_w	m/min	(20)..30..(40)	(20)..40..(60)	(60)..90..(120)
		in/min	(800)..1200..(1600)	(800)..1600..(2400)	(2400)..3600..(4800)
	横向进给 a_p	mm	(0.1)..0.3..(0.5)	(0.1)..0.3..(0.5)·b_s	计算
	磨削深度 a_e	mm	0.001..0.003..0.005	0.001..0.005..0.01	0.001..0.005..0.01
		in	0.00004..0.00012.. 0.00002	0.00004..0.00002.. 0.00004	0.00004..0.00002.. 0.00004.
	修整工具		SiC	SiC 或金刚石	金刚石滚轮
	单位有效砂 轮宽度上的材 料磨除率 Q'_w	mm³/mm·s	(0.25)..0.5..(1)	(1)..2.5..(4)	(1)..2.5..(5)
		in³/in·min	(0.025)..0.05..0.1	(0.1)..0.25..(0.4)	(0.1)..0.25..(0.5)
仅径向进 给内磨（切 入磨削）	砂轮圆周速 度 v_c	m/s			(30)..45..(80)
		sfm			(6000)..9000..(16000)

（续）

磨削工艺	磨削参数	单位	硬质合金①	高速钢和铬钢①	100 Cr6①
			金刚石②	CBN②	CBN②
仅径向进给内磨（切入磨削）	工件圆周速度 v_w	m/min			(60)..90..(120)
		in/min			(2400)..3600..(4800)
	进给速度 v_{fa}	mm/min			(1)..1.5..(2.5)
		in/min			(0.04)..0.06..(0.1)
	修整工具				金刚石滚轮
	单位有效砂轮宽度上的材料磨除率 Q'_w	mm³/mm·s			(1.5)..2..4..(10)
		in³/in·min			(0.5)..0.20..0.60..1.0

① 被磨削材料。
② 磨料。

表 27-13　使用金刚石和 CBN 砂轮进行平面磨削的典型参数选择（来源：Saint-Gobain Abrasives）

磨削工艺	磨削参数	单位	硬质合金①	高速钢和铬钢①
			金刚石②	CBN②
周边砂轮往复式磨削	砂轮圆周速度 v_c	m/s	(10)..25..(40)	(15)..30..(60)
		sfm	(2000)..5000..(8000)	(3000)..6000..(12000)
	工件圆周速度 v_w	m/min	5..15	10..20
		in/min	200..600	400..800
	磨削深度 a_e	mm	≤ 20% 的粒度（FEPA）	
		in		
	横向进给 a_p	mm	约 $0.5b_s$	约 $0.5b_s$（计算）
		in		
缓进给磨削	砂轮圆周速度 v_c	m/s	(10)..25..(40)	(15)..30..45..(120)
		sfm	(2000)..5000..(8000)	(3000)..5000..9000..(24000)
	磨削深度 a_e	mm	总加工余量	
		in		
	进给速度 v_{fa}	mm/min	25..250	50..750
		in/min	1..10	2..30
	单位有效砂轮宽度上的材料磨除率 Q'_w	mm³/mm·s	(0.5)..3..(6)	(2)..6..(12)
		in³/in·min	(0.05)..0.3..0.6	(0.20)..0.60..(1.20)

① 被磨削材料。
② 磨料。

表 27-14　使用金刚石和 CBN 砂轮进行无心磨削的典型参数选择（来源：Saint-Gobain Abrasives）

磨削工艺	磨削参数	单位	硬质合金①	高速钢和铬钢①
			金刚石②	CBN②
贯穿进给无心磨削	砂轮圆周速度 v_c	m/s	(20)..25..(35)	(30)..40..(60)
		sfm	(4000)..5000..(7000)	(6000)..8000..(12000)

（续）

磨削工艺	磨削参数	单位	硬质合金[1]	高速钢和铬钢[1]
			金刚石[2]	CBN[2]
贯穿进给无心磨削	工件圆周速度 v_w	m/min	(10)..20..(30)	(40)..60..(80)
		in/min	(400)..800..(1200)	(1600)..2400..(3200)
	工件进给速度 v_{fa}	m/min	(0.5)..1..(1.5)	(0.8)..3..(5)
		in/min	(20)..40..(60)	(32)..120..(200)
	磨削深度 a_e	mm	(0.02)..0.05..(0.12)	(0.05)..0.1..(0.15)
		in	(0.0008)..0.002..(0.0005)	(0.002)..0.004..(0.06)
	单位有效砂轮宽度上的材料磨除率 Q'_w	mm³/mm·s	(3)..6..(12)	(5)..10..(15)
		in³/in·min	(0.30)..0.60..(1.20)	(0.5)..1.0..(1.5)

① 被磨削材料。

② 磨料。

从表 27-15 所示的材料来看，由于冷硬铸铁的碳化物含量较高，因此冷硬铸铁不易发生磨削烧伤，并且其磨削过程可以获得较高的比磨削能；其硬度约为 50HRC，在加工凸轮轴时可实现的最小表面粗糙度为 $Ra0.5\mu m$，因此通常使用结合剂体积分数在 23% ~ 27% 之间的标准砂轮，而 CBN 磨粒的体积分数通常为 50%，加工时的砂轮圆周速度通常高达 120m/s。球墨铸铁比冷硬铸铁硬度低，同样也不易发生烧伤现象，但它容易导致砂轮发生堵塞。凸轮轴凸缘的硬度值可以低至 30HRC，这有助于控制砂轮的规格。高刚度曲轴和凸轮轴可承受磨料体积分数为 50%、结合剂体积分数为 25% 的砂轮。高负载条件和高接触凸轮加工则需要更软的砂轮，其结合剂体积分数一般占整个砂轮结构的 20%。低刚度凸轮轴和曲轴需要较低的 CBN 颗粒浓度（体积分数为 37.5%）和稍高的结合剂含量（体积分数为 21%）。刚度非常低的球墨铸铁件甚至可以采用含有尖锐 CBN 磨料的更高强度结合剂砂轮，加工时砂轮圆周速度通常为 80m/s。

表 27-15 基于凸轮轴和曲轴磨削应用的陶瓷基 CBN 砂轮规格及相应的砂轮圆周速度

（来源：Saint-Gobain Corporation）

工件材料	砂轮圆周速度 v_s/(m/s)	CBN 砂轮规格	应用细节
冷硬铸铁	120	B181R200VSS	高 Q'_w
		B126P200VSS	中 Q'_w
		B107N200VSS	低 Q'_w
球墨铸铁	80	B181P200VSS	很少或不会发生砂轮堵塞
		B181K200VSS	砂轮堵塞严重
		B181L150VSS	低刚度工件
		B181L150VDB	刚度非常低的工件
AISI 1050 钢（硬化）	80	B126N150VSS	标准规格砂轮
		B126N150VTR	用于低功率磨床
AISI 1050 钢（软化）	120	B181K200VSS	标准规格砂轮
高速钢	60	B107N150VSS	标准规格砂轮
Inconel（磨削加工性差）	50	B181T100VTR	所有砂轮型号均需频繁进行形状修整
		B181T125VTR	
		B181B200VSS	

被磨削零件的刚度对工件/砂轮速比有显著的影响。图 27-39 所示为凸轮轴和曲轴磨削时的工作速度选择。钢材在硬化或软化后均可进行磨削加工，如 AISI 1050。

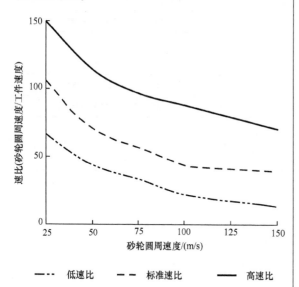

图 27-39 凸轮轴和曲轴磨削时的工作速度选择
（来源：Saint-Gobain Corporation）

硬化 1050 钢的硬度为 62～68HRC，它们很容易烧伤，因此砂轮圆周速度被限制在 60m/s 以下；所用砂轮的标准结构包含体积分数高达 23% 的标准结合剂，磨料体积分数为 37.5%。低功率机床通常使用包含中空玻璃球体（体积分数高达 12%）的标准结合剂砂轮，已实现与标准功率机床类似的砂轮磨削比，适用于大多数基于 AISI 1050 和 AISI 52100 滚珠轴承钢的粉末金属部件的磨削加工。

硬度较低的钢通常不容易发生磨削烧伤，但在磨削表面往往容易形成毛刺。为了减少未变形磨屑厚度，需要使用尽可能大的砂轮和工件速度；为了防止砂轮发生堵塞，需要采用高压磨削液。通常使用的砂轮一般含有体积分数为 50% 的磨料和体积分数为 20% 的结合剂，使用的砂轮圆周转速为 120m/s。工具钢通常非常坚硬，砂轮应包含标准体积分数为 23% 的结合剂和体积分数为 37.5% 的 CBN 磨料，砂轮圆周速度为 60m/s。铬镍铁合金（Inconel）材料极度易发生磨削烧伤，因此限制砂轮圆周速度为 50m/s，通常能达到的最好表面粗糙度 Ra 值为 1 微米；这些砂轮通常使用体积分数为 29% 的多空玻璃球体结合剂或体积分数为 11% 的标准结合剂。图 27-40 所示为通过压制到设定体积而形成的具有标准孔隙度的砂轮显微照片。图 27-41

所示为最近开发的被称为次生孔隙度结合剂的陶瓷基 CBN 砂轮显微照片在这里，CBN 结合剂配方额外添加了中空氧化铝颗粒，以在砂轮与工件的接触区域产生空隙。在接触区产生孔隙的水平取决于材料磨除率。

图 27-40 具有标准孔隙度的陶瓷基 CBN 砂轮
显微照片（来源：Saint-Gobain Corporation）

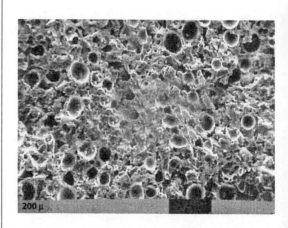

图 27-41 具有次生孔隙度的陶瓷基 CBN 砂轮
显微照片（来源：Saint-Gobain Corporation）

图 27-42 所示为具有开放、均布孔隙度的陶瓷基 CBN 砂轮显微照片，它类似于磨削航空航天材料的多孔传统磨粒砂轮。粘接和粘接系统是由杰克逊和米尔斯[17]及杰克逊[5,18]提出并设计的。

高效内圆磨削使用的砂轮受爆炸限速和磨削液的限制。内磨系统中固有的薄弱环节是砂轮杆，因此在使用 CBN 砂轮时必须仔细控制砂轮杆的尺寸，以避免磨削过程受法向磨削力变化的影响。砂轮杆应该具有尽可能大的直径和尽可能短的长度，并且应采用刚度高的材料制作，如低密度含铁钛合金。

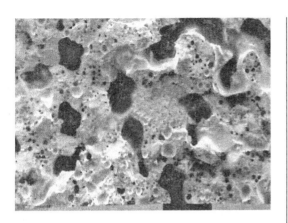

图 27-42　具有开放、均布孔隙的陶瓷基 CBN 砂轮显微照片（来源：Saint-Gobain Corporation）

27.3.3　高性能 CBN 砂轮对磨床性能的要求

高性能 CBN 磨削的优点只有在机床适用于高磨削速度时才能有效地实现。表 27-16 列出了高性能磨削过程的输入与相应输出之间的关系。表 27-17 列出了操作特定磨削变量与高性能磨削相关磨削结果之间的关系。

为了获得非常高的磨削速度，砂轮主轴和轴承需要以 20000r/min 的速度运行。砂轮/主轴/电动机系统必须以极高的精度和最小的振动运行，以便最大限度地减少动态过程力的量级。因此，整个磨床需要较高水平的刚性。同时，高速砂轮还需在高运行速度下进行动平衡调整，以保证最终零件的磨削质量和延长砂轮的使用寿命。

表 27-16　高性能磨削过程的输入与相应输出之间的关系（来源：Saint-Gobain Corporation）

影响因素		尺寸和形状精度		表面质量	
		磨削力 F	磨削比 G	平均表面粗糙度 Ra	温度 θ
工件	工件材料的加工性（如硬度和磨屑形状）	加工性	加工性	加工性	加工性
工艺参数	砂轮圆周速度 v_c/(m/s)	v_c	v_c	v_c	v_c
	材料磨除率 Q_w/(mm³/min)	Q_w	Q_w	Q_w	Q_w
	磨削液（油含量）	油含量	油含量	油含量	油含量
	磨削接触面积 A_k/mm²	A_k	A_k	A_k	A_k
砂轮	磨粒尺寸/μm	磨粒尺寸	磨粒尺寸	磨粒尺寸	磨粒尺寸
	结合剂硬度	结合剂硬度	结合剂硬度	结合剂硬度	结合剂硬度
	浓度/(克拉/cm³)	浓度	浓度	浓度	浓度
	表面有效粗糙度 Rts	表面有效粗糙度	表面有效粗糙度	表面有效粗糙度	表面有效粗糙度

表 27-17 砂轮圆周速度对磨削工艺参数和磨损结果的影响（来源：Saint-Gobain Corporation）

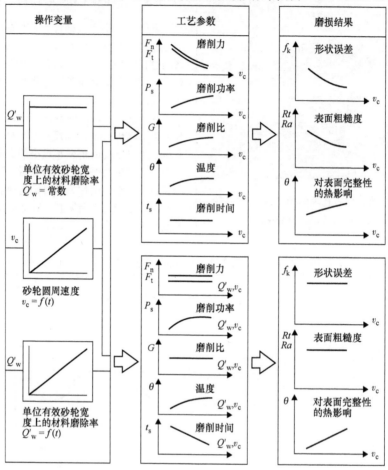

另一个重要的考虑因素是当转速的增加变得相当大时所需的驱动功率水平。所需的总输出功率由磨削功率 P_c 和损耗功率 P_l 组成：

$$P_{total} = P_c + P_l \qquad (27\text{-}1)$$

磨削功率由切向磨削力和磨削速度确定：

$$P_c = F_t \times v_c \qquad (27\text{-}2)$$

驱动的损耗功率由主轴的空载功率 P_L 和由磨削液供给引起的损耗功率 P_{KSS}，以及由砂轮喷射清洁过程引起的损耗功率 P_{SSP} 组成，即

$$P_l = P_L + P_{KSS} + P_{SSP} \qquad (27\text{-}3)$$

当磨削速度增加且其他磨削参数保持不变时，磨削功率 P_c 的增加量相对较小。但是，这意味着由砂轮旋转、磨削液供给以及砂轮清洁而导致的功率损耗急剧增加，从而使得应用于最大磨削速度的实质功率需求量增加非常大。砂轮磨削液供给的数量和压力，以及砂轮清洁过程是机床设计人员关注的焦点。与砂轮旋转相关的功率损耗，由于磨削液供应和砂轮清洁过程而相应的进一步增加。损耗取决于加工参数，这意味着机床设置和磨削液供应需要

优化，以更好地适应高速磨削。磨削液供给的优化除了能够有效降低磨削所需功率之外，还可以通过减少所需磨削液的使用量来提高生态效益。磨削液的供给方法非常多，如常规使用的自由流动喷嘴，确保减少磨削液使用量的靴型喷嘴，以及确保最小磨削液使用量的混合喷嘴。虽然磨削液供给的本质任务都是确保在砂轮-工件界面处有足够的磨削液，但不同的供给系统在操作和功率损耗方面有很大的不同。

靴型喷嘴或通过砂轮的供给方法，能够确保磨削液直接到达工件-砂轮的接触区域。通过这种供给方法，可以大幅度减少磨削液流量。与靴型喷嘴相比，通过砂轮的供给方法需要更复杂的砂轮及其夹具设计，以及相应更复杂的磨削工艺。该供应方法的优点在于它独立于特定的磨削过程。由于砂轮对磨削液的加速作用，这两种供给方法都会大大降低其供应压力。一个更有效地减少磨削液使用量的方法是最小磨削液使用量供给方法，其磨削液的使用量仅为每小时几毫升。当冷却效果降低时，配量喷

嘴专门用于润滑接触区域。

27.3.4　高性能 CBN 砂轮的修整

通常来讲，砂轮修整包括修形和修锐两部分。修形和修锐是使 CBN 砂轮获得成功的最重要因素。修形的作用是使砂轮获得设计的轮廓，而修锐的作用是使砂轮的磨粒能够突出结合剂表面，如图 27-43 所示。表 27-18 列出了针对金刚石和 CBN 砂轮的典型修形工艺。这些技术中的一些可以同时实现修形和修锐。修形后需要再进行修锐的技术由指数 1）表示，同时能够实现修形和修锐的技术由指数 2）表示，而指数 3）则表示使用金刚石滚轮同时进行修形和修锐的技术。CBN 磨粒具有明显的切削特性，这直接影响了修整工具的性能。1μm 的修整深度会使 CBN 磨粒产生微破碎，修整深度为 2 ~ 3μm 时 CBN 磨粒则会产生较大的宏观破碎。后一种修整状态会导致磨削过程中产生粗糙的磨削工件表面和较短的 CBN 砂轮寿命。砂轮的有效表面粗糙度通常随着磨削的进行而增加，这意味着陶瓷基 CBN 砂轮必须能够实现 CBN 磨粒微破碎的方式进行修整。然而，由于磨削过程中机床的热偏移通常会远远超过修整轮的进给量，因此为了能够准确地找到砂轮和修整轮之间的相对位置，修整时需要使用触摸传感器。对于陶瓷基 CBN 砂轮的修整轮，通常采用单排金刚石布局，从而可以精确地控制修整过程中的重

叠因子。用于向这种修整轮传递动力的主轴通常是电主轴，因为它们在运行期间即能够提供足够高的扭矩，还不产生热量。因此，它们有助于准确地确定修整轮和砂轮之间的相对位置。

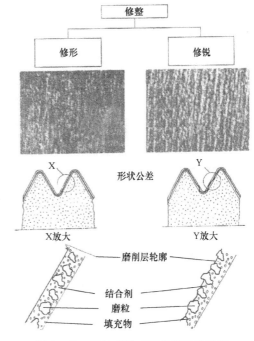

图 27-43　砂轮有效表面的修形和修锐
（来源：Saint-Gobain Abrasives）

表 27-18　金刚石砂轮和 CBN 砂轮的修形工艺（来源：Saint-Gobain Abrasives）

磨料	结合剂类型	固定修整器			旋转修整器						
		金刚石			金刚石			非金刚石			
		单点金刚石	整块	多点修整工具（预修整）	金刚石成形滚轮	金刚石滚轮	金刚石修整轮	低碳钢块	碳化硅砂轮	钢制滚轮	挤压修整轮
金刚石	树脂基			■②		■②／▲	■／▲	■	■／▲▲▲③	■	
	金属基（主要为青铜）			■②				■	■／▲		
	可压碎金属基			■②				■	■／▲	■	■②／■②／▲②／▲▲▲
	陶瓷基			■②				■	■／▲		■／▲／▲▲▲

（续）

磨料	结合剂类型	固定修整器			旋转修整器						
		金刚石			金刚石			非金刚石			
		单点金刚石	整块	多点修整工具（预修整）	金刚石成形滚轮	金刚石滚轮	金刚石修整轮	低碳钢块	碳化硅砂轮	钢制滚轮	挤压修整轮
CBN	树脂基		▬①	▬① ▲①	▬① ▲① ▲▲▲③		▬ ▲	▬	▬ ▲② ▲▲▲③	▬	
	金属基（主要为青铜）							▬	▬ ▲		
	可压碎金属基	▬① ▲①	▬① ▲①	▬① ▲①	▬① ▲① ▲▲▲③	▬					▬② ▲② ▲②
	陶瓷基	▬① ▲①	▬①	▬①	▬ ▲▲▲					▬	▲▲▲

注：1. ▬ 表示平行砂轮，▲ 表示单肋砂轮，▲▲▲ 表示多肋砂轮。

　　2. 灰色背景表示该磨削工艺已经被应用于大批量生产。

① 需要后续修整。

② 需要同步修整。

③ 与金刚石滚轮同时进行。

27.3.5　高性能 CBN 砂轮的修整参数选择

由于磨粒尺寸、砂轮-修整轮速比、修整深度、金刚石修整轮设计、修整器电动机功率和修整轮刚度等因素的组合，使得选择最佳修整参数非常复杂。因此，在某些修整参数上进行适当的妥协就变得不足为奇。对于外磨，外圆磨床的相对刚度可以吸收法向力，使得磨削力不会发生显著变化，对磨削工件质量也不会造成影响。这意味着可以做出以下建议：修整轮/砂轮的速比在 +0.2 ~ +0.5 之间；每次修整的修整深度为 0.5 ~ 3μm；总修整深度为 3 ~ 10μm；并且通过将修整轮速度乘以 CBN 的磨粒尺寸，并根据修整轮的初始条件再乘上 0.3 ~ 1 的系数来计算横向进给速度。这些建议参数同样适用于单列和双列金刚石修整轮。对于内磨，磨削系统的刚度相对较低，这意味着磨削功率的任何变化将导致法向磨削力和砂轮杆弯曲的显著变化。为了最大限度地减少功率变化，推荐以下修整参数：修整轮/砂轮的速比应为 +0.8；每次修整的修整深度为 1 ~ 3μm；总修整深度为 1 ~ 3μm；通过将修整轮速度乘以 CBN 的磨粒尺寸来计算横向进给速度（这意味着

每个 CBN 磨粒被修整一次）。这些建议参数适用于单列金刚石修整轮。图 27-44 所示为表面粗糙度与修形进给速度之间的关系。图 27-45 所示为在固定进给速度的条件下，使用金刚石修整轮进行修形的 CBN 砂轮的磨削表面粗糙度与速度比之间的关系。

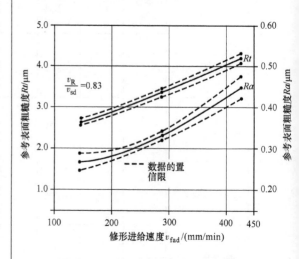

图 27-44　表面粗糙度与修形进给速度之间的关系（来源：Saint-Gobain Abrasives）

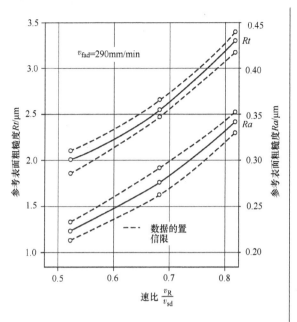

图 27-45 磨削表面粗糙度与速比之间的关系（来源：Saint-Gobain Abrasives）

27.3.6 高性能 CBN 砂轮的磨削液选择

适合陶瓷基 CBN 的冷却润滑剂，即磨削液的使用通常被认为是有害环境的。虽然纯油是最好的解决方案，但大多数应用都使用可溶性油与基于硫和氯的极压添加剂。表 27-19 列出了适用于不同工件材料、磨料和磨削作业的磨削液及其浓度。合成冷却润滑剂虽然已经成功应用，但容易导致砂轮的堵塞和陶瓷基结合剂的过度磨损。开放式结构结合剂的应用促进了陶瓷基结合剂的新发展，这种新发展使得砂轮可以采用比常规砂轮更少的结合剂。图 27-46 所示为开放结构陶瓷基砂轮的泵送作用。图 27-47 所示为不同磨削速度条件下的磨削液流动状态。使用空气刮刀和砂轮表面法向注入磨削液的喷嘴可以增强砂轮的使用寿命，加压靴形喷嘴也可用于打破砂轮周围的空气流动（见图 27-48）。为了磨削低碳钢材料或易堵塞砂轮的材料，可以使用高压、低量的洗涤器来清洁砂轮。很明显，应用工程师在开发陶瓷基 CBN 砂轮磨削方案以解决制造工艺问题时的经验是至关重要的。

表 27-19 适用于不同工件材料、磨料和磨削作业的常用磨削液及其浓度

（来源：Saint-Gobain Abrasives）

工件材料	磨料	磨削工艺		推荐的磨削液（供应商推荐使用 EP 添加剂）	含水量（%）	备注
		往复式磨削	缓进给磨削			
碳化物 碳化物 + 钢 陶瓷 含碳化钨成分的喷涂合金	金刚石	×		乳化液	98…95	
			×	乳化液	95…90	
				全合成溶液	98…97	
				半合成溶液（合成 + 油）	98…97	
				矿物油，可添加 EP 添加剂	—	需要提炼
高速钢 铬钢 喷涂合金	CBN	×		乳化液	98…95	
				全合成溶液	97…95	
				半合成溶液（合成 + 油）	97…96	
			×	全合成溶液	97…96	
				半合成溶液（合成 + 油）	97…96	
				矿物油，可添加 EP 添加剂		需要提炼
长切屑等级钢，如 100Cr6、16MnCr5 特殊合金，如 WASP-ALOY、Inconel、Nimonic 等	CBN	×	×	乳化液	95…80	
				矿物油，可添加 EP 添加剂	—	需要提炼

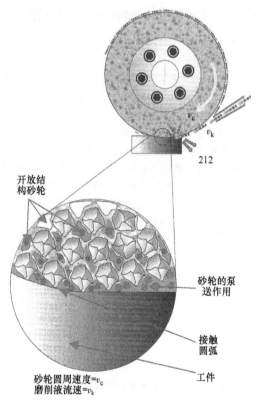

图 27-46　开放结构陶瓷基砂轮的泵送作用
（来源：Winterthur Technology Group）

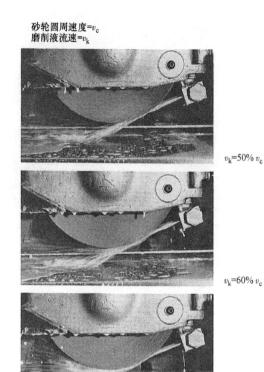

图 27-47　不同磨削速度条件下的磨削液流动状态
（来源：Winterthur Technology Group and H. W. Ott.）

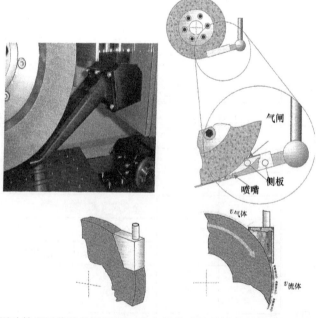

图 27-48　用砂轮刮刀将砂轮周围的气流分开并引导磨削液沿着砂轮的外圆表面流动
（来源：Winterthur Technology Group）

参考文献

1. Reichenbach, G., J. E., Mayer, S., Kalpakcioglu, and M. C., Shaw, The Role of Chip Thickness in Grinding," *Transactions ASME*, 847-859, May 1956.

2. Baul, R. M., "Mechanics of Metal Grinding with Particular Reference to Monte Carlo Simulation," Proceedings of the 8th Machine Tool Design and Research Conference, Manchester, UK, 1967.

3. Samuels, L. E., "The Mechanisms of Abrasive Machining," *Scientific American*, 239 (5), 132-153, 1978.

4. Dall, A. H., Cincinatti Milling Report, Volume 7, Number 2, Cincinatti, Ohio, USA, 1950.

5. Jackson, M. J., "Fracture Dominated Wear of Sharp Abrasive Grains and Grinding Wheels," Proceedings of the Institution of Mechanical Engineers (London): Part J—*Journal of Engineering Tribology*, 218: 225-235, 2004.

6. Graf, W., *Handbook—Creep-Feed and Surface Grinding*, Winterthur Technology Group, Switzerland, 2010.

7. Hahn, R. S., "The Influence of Process Variables on Material Removal, Surface Integrity, and Vibration in Grinding," 10th International Machine Tool and Design Conference, Manchester, UK, 1969.

8. Grisbrook, H., "Production Grinding Research," *The Production Engineer*, 39 (5): 251-269, 1960.

9. Opitz, H., W. Ernst, and K. F., Meyer, "Grinding at High Speeds," Proceedings of the 6th Machine Tool Design and Research Conference, Manchester, UK, 1965.

10. Opitz, H., and K., Guhring, "High-Speed Grinding," *Annals of the CIRP*, 16: 61-73, 1968.

11. Jackson, M. J., and B., Mills, "Materials Selection Applied to Vitrified Alumina and c. B. N. Grinding Wheels," *Journal of Materials Processing Technology*, 108: 114-124, 2000.

12. Graf, W., Handbook—Cylindrical Grinding, Winterthur Technology Group, Switzerland, 2008.

13. Graf, W., Handbook—Gear Grinding, Winterthur Technology Group, Switzerland, 2009.

14. Pahlitzsch, G., and R., Schmidt, "Effect of Dressing with Diamond Studded Rolls on the Fine Structure of the Grinding Wheel Cutting Surface," *Werkstattstechnik*, 58 (1): 1-8, 1968.

15. Jackson, M. J., C. J., Davis, M. P., Hitchiner, and B., Mills, "High-Speed Grinding with c. B. N. Grinding Wheels—Applications and Future Developments," *Journal of Materials Processing Technology*, 110: 78-88, 2001.

16. Fujimoto, M., Y. Ichida, R. Sato, and Y. Morimoto, "Characterization of Wheel Surface Topography in cBN Grinding," *JSME International Journal Series C*, 19 (1): 106-113, 2006.

17. Jackson, M. J., and B., Mills, "Microscale Wear of Vitrified Abrasive Materials," *Journal of Materials Science*, 39: 2131-2143, 2004.

18. Jackson, M. J., "Tribological Design of Grinding Wheels Using X-Ray Diffraction Techniques," Proceedings of the Institution of Mechanical Engineers (London): Part J—*Journal of Engineering Tribology*, 220: 1-17, 2006.

第**28**章
电火花加工及电解加工

美国 GF Machining Solutions 公司　吉斯伯特·莱文（GISBERT LEDVON）　著

哈尔滨工业大学　杨晓冬　译

28.1　电火花加工（EDM）

1. 概述

电火花加工（electrical discharge machining, EDM）是由一位英国科学家在 1770 年提出的一种利用电火花进行熔蚀的加工方法。俄国科学家 B. R. Lazarenko 和 N. I. Lazarenko 采用了这一原理，实现了针对导电材料的可控加工。1952 年，Ateliers des Charmilles 在瑞士日内瓦和 Lazarenko 合作，研制了第一台工业经济型电火花成形加工机床 Eleroda D1，并在 1955 年于意大利米兰 EMO 机床展中展出。几乎同一时间，Agie 公司研制了型号为 Agietron AZ4 的电火花成形机床，其 Z 轴配备气动伺服驱动系统。

不久之后，根据电火花加工装置能够实现的表面质量，该团队设定了表面粗糙度等级，用以表征电火花加工表面质量。该等级被德国工程师协会 VDI 采用，形成了目前通用的 VDI-3400 表面标准。标准等级范围为 CH0（等同于 $Ra\,0.1\mu m$，镜面粗糙度）到 CH45（等同于 $Ra\,18\mu m$）。

随着数控技术在加工设备上的应用，电火花加工也得到了良好的发展。电火花线切割加工也于 1969 年面世。同样是 Agie 公司，研制出了第一台商用电火花线切割加工机床——Agiecut DEM 15。当时的最大切割速度为 $1in^2/h$，2003 年提高到 $40in^2/h$。

目前电火花加工已在多个领域得到了广泛的应用，如航空航天、汽车制造、医疗和电子工业等，其应用领域及市场占比如图 28-1 所示。

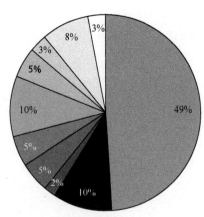

- ■ 塑料及复合注射模具（49%）
- ■ 金属粉末注射成型（10%）
- ■ 玻璃模具（2%）
- ■ 零件制造（5%）
- ■ 成型模具（5%）
- □ 冲压（10%）
- ■ 铝塑挤压成型（5%）
- □ 锻造（3%）
- □ 微切削加工（8%）
- □ 其他（3%）

图 28-1　电火花加工的应用领域及占比

2. EDM 发展的时间历程

1964 年——Charmilles 研制出等脉冲发生器并申请了专利。该发生器每次脉冲都能产生恒定的能量，

减少了电火花加工过程中电极的损耗并能获得一致的表面粗糙度。

1968 年——Charmilles 研制出一种间隙监测装置

Monitron，能够显示间隙状态并实现直流电弧自动切断。

1969 年——Agie 公司推出了第一台商用电火花线切割机床——Agiecut DEM 15。

1973 年——Charmilles 研制出型号为 F40 DCNC 的电火花线切割机床，采用浸液式加工，并装备了锥形接续器。

1975 年——Charmilles 提出了同步加工技术，通过机械方式实现型腔底部与侧面的同步加工，该技术仍在现今的电火花加工机床上使用。

1984 年——Agie 推出了其第四代电火花线切割机床，具有独特的锥度切割系统和自动穿丝功能，切割锥度能达到 30°。

28.2　电火花加工基本原理

电火花加工通过火花放电对导电材料进行去除加工。加工过程主要发生在绝缘工作液中，加工时需要在电极（切割工具）和工件之间留有一定间隙，两者分别连接电源正负极并加载电压和电流。

当两个电极表面之间储存的电荷达到一定值时（类似电容器），则发生放电，在间隙内能观察到放电火花，如图 28-2 所示。火花内部温度能够达到 8000～20000℃，足以致使材料熔化或气化，加工蚀除产物则被工作液冲走。

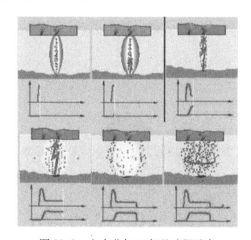

图 28-2　电火花加工实现过程示意

目前，电火花加工技术主要有三种形式的应用。第一种应用为成形加工。通常采用石墨、铜、铜钨合金或其他导电材料作为工具电极，成形加工主要用于制备生产塑料、铸铁件和各种生产部件的模具，如图 28-3 所示。

第二种应用为线切割加工。采用精密金属丝（电极丝）作为切割工具，电极丝的材料主要为黄

图 28-3　成形加工主要用于制备生产塑料及铸铁件的模具

铜。为了提高切割速度，人们发明了带有涂层的电极丝。最常见的电极丝直径为 0.25mm（0.01in），该直径具有良好的去除性能。加工区域的电极丝由上下导丝装置导向，导丝装置设有导丝孔，孔径与电极丝直径相同。部分机床也会采用 V 型导丝装置，能够对不同直径的电极丝进行导向，最小允许通过的电极丝直径为 0.020mm（0.0008in），但 V 型导丝装置不能用于角度大于 30° 的锥形切割。下导丝装置位于工件下方，安装于 X-Y 轴；上导丝装置则位于工件上方，安装于 U-V 轴。导丝装置连接冲洗系统，通过喷嘴向切口输送高压（16～20 bar）工作液，用以移除加工过程中产生的电蚀产物，并对电极丝和工件降温。机床轴的运动通过数控系统控制，控制代码采用 CAD/CAM 编程系统生成的 G 代码。

第三种应用为小孔加工。通常采用铜管或成本较低的黄铜管作为工具电极，对导电材料进行高速小孔加工。采用电火花加工技术，在直径为 0.3～3.0mm 的深小孔加工中，深径比够达到 200。结合五轴机床，则能在倾斜表面上钻出任意角度的孔。目前，电火花钻孔加工技术在模具、切削刀具、航空航天、汽车和医疗等行业得到了广泛的应用。借助先进的多轴数控机床，异性孔的加工也得以实现。

28.3　电火花成形机床类型

电火花成形机床包含三种类型。第一种也是最简单的一种——电火花小孔成形机，通常用于导电

材料上直径为 0.1~3mm 的小孔加工，配合高效的放电发生器以及电极旋转运动，能够实现高速加工。工作液通常采用去离子水，通过极间冲洗的方式快速移除电蚀产物。该加工设备适用于对加工速度要求较高，但对加工精度要求一般（±0.1mm）的应用场合。

常见的应用包括为电火花线切割加工钻穿丝孔、模具或航空航天部件的冷却孔等。

第二种是手动的或传统的电火花成形机床。通常具有可移动的 X-Y 轴加工平台、一个可移动的 Z 轴以及放电发生器。操作者根据电极及工件材料选择合适的加工参数。

第三种是较为复杂的数控电火花成形机床。包含固定或可移动的加工平台、提供 X-Y-Z-C 向移动的立柱和更换电极装置，以及放电发生器和数控系统。通过控制板上的专家系统能够实现对加工过程的自动编程，使机器的操作变得简单，并确保零件的表面质量和精度达到预期效果。电火花成形机床采用的工作液主要为矿物油或合成油。

工作液循环系统需配备过滤装置，用以滤除工作液中的电蚀产物，保证工作液槽以及放电间隙（工具电极与工件之间的间隙）内工作液的洁净。通过选择合适的电极及工件材料，加工表面能够达到镜面等级。

电火花成形加工技术的最新进展如下：

1. 近零电极损耗技术

在制造业中，针对加工工具的近零损耗或低损耗技术仍在不断探索中。以往在电火花加工技术中，为了实现低电极损耗，通常需要降低加工速度，这样就延长了整体零件的生产时间。而最近的研究显示，在合适的参数设置下，能够实现在保证低电极损耗的同时，极大地提高加工速度。该技术的实现同时也减少了完成加工任务所需的电极数量。

近零电极损耗技术的实现主要依靠在电极表面形成炭黑保护层，借以维持加工过程中电极的形状和尺寸，这对重复利用同一个电极进行多次加工具有积极意义。同样，在制备工具电极时，也可直接在电极表面涂覆炭黑保护层，一方面可以延长电极本身的寿命；另一方面，相对于直接采用高致密度石墨作为电极材料来说，这样操作成本更低。从工艺流程的角度来看，在一个零件制备过程中采用更少的加工电极，能够简化工艺流程，同时节省了更换电极所需花费的时间。

2. 工作液添加/混粉

通过在工作液中添加微小粉末颗粒，能够提高电火花成形加工的性能，使加工得到的表面质量更

具一致性和可重复性，尤其在针对大面积电火花加工的情况下。通过工作液混粉的方式，能够直接得到光洁表面，从而节省了手动抛光所需花费的时间，同时避免了手动抛光对工件几何尺寸及形状细节的破坏。从放电的角度来看，采用工作液混粉方式使工作液更容易击穿，增加了放电频率，并能使放电分布更均匀，放电能量大小更一致，从而加速电火花加工过程。

3. 在线测量技术

现今部分电火花成形机床具备在线零件测量功能，同时配合高精度的轴运动，能够实现精密加工。通过在 C 轴上安装光学测量装置，机床能够自动确定零件的准确位置。该技术的实现消除了采用其他测量装置对工件进行非原位测量带来的相对误差。

28.4 电火花线切割机床类型

电火花线切割机床可以分为浸液式机床和非浸液式（同轴喷流）机床。浸液式机床在加工过程中，工件和电极（金属）丝同时沉浸在去离子水中；而非浸液式机床，只有电极丝附近的加工区域浸在工作液中，如图 28-4 所示。

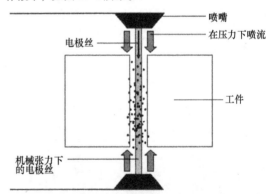

图 28-4 非浸液式电火花线切割加工示意

上述两种形式的机床都包含以下部件（具体见图 28-5）：

1）工作液过滤装置及去离子系统。

2）送丝装置。

3）自动断丝及穿丝装置。

4）排丝装置。

5）固定工作台。

6）X-Y 轴、U-V 轴及 Z 轴。

7）数控系统及放电发生器。

目前，部分电火花线切割机床已具备自动换丝功能，可以将大直径电极丝（如 0.3mm）自动更换为小直径电极丝（如 0.1mm），以提高加工性能和

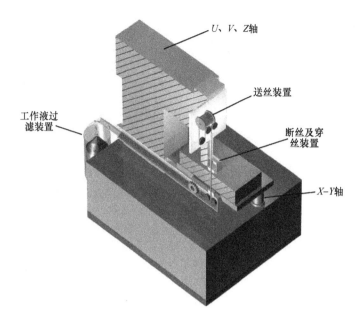

U、V、Z轴

送丝装置

工作液过
滤装置

断丝及穿
丝装置

X-Y轴

图 28-5　电火花线切割机床的组成

生产率。较大直径的电极丝可用于粗加工，小直径电极丝则用于精加工或小半径的内角切割。配备具有双头/双丝筒的自动换丝机构能够实现相对高效的加工，同时能节省高成本的小径涂覆电极丝的用量，从而节约加工成本。换丝所需时间通常不到 2min，操作者只需要在操作面板上输入所需的电极丝直径，便能完成换丝。最重要的是，通过 V 形导丝装置，机床能够判断电极丝的截面中心，在换丝并重新起动加工后，将自动对电极丝直径偏差进行补偿，从而确保加工精度。

随着包含专家系统的现代数控技术在电火花线切割机床上的应用，目前已经能够实现在无人看管的情况下稳定持续运行机床。专家系统能够实时监测加工状态，并且自动调整放电频率以及冲洗压力，即使在冲洗条件恶劣的情况下，也不会发生断丝的情况。

嵌入数控系统或计算机内的专家系统能够针对工件生成专门的技术方案，在满足加工精度及表面质量要求的前提下，确保一次加工完成而不需返工。操作者只需要提供基础数据，如工件厚度、工件材料、最小切割内径、最大锥角、精度要求及表面质量要求等。根据输入数据，专家系统生成相应的技术参数。如果几个月后需要再次加工同样的工件，操作者只需直接调用原先的技术参数，就能够实现相同的加工精度及表面质量。相对于其他采用切削刀具的传统机械加工技术，电火花线切割加工的优势体现在能够切割几乎所有导电材料，针对硬化工具钢的切割速度能达到 $400mm^2/min$（$37in^2/h$）。通

过电火花线切割加工，能实现最小宽度为 0.040mm 的切缝，并且不产生毛刺。

电火花线切割加工技术的最新进展如下：

1. 在线测量技术

借助在线测量技术，电火花线切割机床能够对加工前后的工件尺寸进行检测和验证，而不用拆卸工件。同样，最新研制的电火花线切割接触探针在线测量系统允许机床读取探针数据并解读逻辑声明，这意味着可以在加工完成后对工作台上多个工件进行检测，并告知哪些工件已经满足尺寸要求，可以被拆卸，或者对没有达到要求的工件进行再加工。接触探针通过气动夹头进行装夹，整个测量过程无须操作者干预。

接触探针在进行测量时，依靠 Z 轴带动探针靠近工件，探针在测量结束后离开加工区域，这意味着设备可以测量并记录 Z 轴上任意多个点，借此也可以实现对诸如壁面直线度的测量。

除了接触探针，光学系统也可用于在线测量。该技术通过拍摄工件图像的方式对加工结果进行验证，而不用进行物理接触。光学测量系统能够实现每秒 300 个点的测量速度，适用于测量非常精细的工件。

2. 工作液

电火花线切割加工主要采用水基工作液，但微加工技术的发展也推动了油基工作液的应用。针对硬质合金材料的加工、纳米应用的微加工以及模具制造，采用油基工作液具有明显优势。在模具制造领域，当采用油基工作液对模具部件进行电火花线

切割加工时，能够在不破坏抛光表面或产生腐蚀的情况下增加额外的加工特征。

3. 多面及多轴加工

目前的电火花线切割机床能够提供嵌入式接口，可用于安装手动或可编程控制的 B- 轴分度盘。与传统的工件装夹方式不同，B- 轴分度盘固定工件的方式类似于车削卡盘，并能将工件旋转至任意角度。但是对于部分分度盘，转动前必须先暂停加工。若能够实现旋转和加工同步进行，电火花线切割将能加工更复杂的零件。

随着伺服控制旋转 B- 轴分度盘技术的发展，目前已经能够在电火花线切割加工中实现旋转加工。通过实时反馈及监控，以及 B- 轴伺服速度和回转角度的实时同步变化，并配合机床 X-Y 轴的线性运动，能够在连续加工过程中实现电极丝与工件的相对扭转运动。通过该技术，目前已经能够对部分复杂零件进行一次性成形，而无须后续加工。

28.4.1　几何精度和表面质量

一般情况下，零件的几何精度主要依赖于机床的设计及其定位精度。如果没有锥度精度的要求，为了确保零件的形状精度，在所有加工轴（至少是 X 轴和 Y 轴）上需要配备光栅尺。在电火花线切割加工中，影响加工精度的另一个因素是导丝装置，闭合的导丝结构相对更加可靠、精确。大多数高精度电火花线切割机床通常会提供电极丝拐角控制专家系统，该系统能够在加工锐角或微小结构时，通过减小切割速度、降低冲洗压力和增加电极丝张力等方式，保证上下导丝轮之间的电极丝尽可能笔直，如图 28-6 所示。

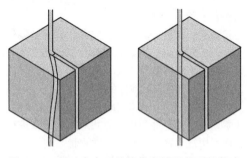

图 28-6　通过专家系统确保电极丝尽可能笔直

高精度电火花线切割机床提供的拐角控制专家系统除了用于粗加工，也可用于表层加工或精加工。为了提高电火花线切割的加工效率，通常会采用自动穿丝系统，甚至配备如工业机器人等装置进行工件的自动装载，以实现无人化操作。当自动穿丝系统完成一个零件加工并断丝之后，自动装载系统将

下一个零件放置到工作台并将穿丝孔对准导丝轮。自动穿丝完成后，机床重新起动，开始加工新零件。

当准备购置一台电火花线切割机床时，需要考虑以下因素：

1）浸液式或冲液式。

① 如果加工应用只针对锥度小于 10°的冲孔或模具，更适合采用冲液式加工机床。建议采用封闭式设计，以提高加工区域温度稳定性；建议使用专家系统，在电极丝进入工件或加工厚度变化的工件时，可以自动调整冲洗压力和放电参数以避免断丝。

② 如果工件长度超过工作台尺寸，建议采用冲液式加工机床，因其具有更大的灵活性。

③ 如果需要加工大锥度如 15°、20°、30°或 45°，以及大厚度工件如 600mm，建议选择浸液式加工机床。

2）制造车间如果需要面对多样化的生产需求，则应选择大行程 Z 轴以及较大行程的 U-V 轴。当电火花线切割机床 U-V 轴行程和 X-Y 轴行程相等时，能实现最大的加工能力。

28.4.2　相关技术信息

电极丝直径影响切割速度。通常情况下，大直径电极丝能够承受更大的能量，因此允许采用较大放电参数，使材料更快去除，从而提高切割速度。切割速度或材料去除率的计算公式如下：材料去除率＝工件高度×线性切割速度。如图 28-7 所示，在工件高度为 50mm 左右时，能实现较高的材料去除率。在美国，切割速度的单位为 in^2/h，而在其他地区，通用单位为 mm^2/min。计算公式相同，仅以 mm 替换为 in，min 替换为 h。

另外，材料特性，如熔点、密度等对于切割速度也有较大影响（如加工铝材比加工硬质合金或钢材速度更快）。而对于一些难加工材料，如钛合金、聚晶金刚石等，采用传统机械加工方法较为困难，但采用电火花加工技术则能获得较高的加工效率。

28.4.3　工件装夹及电极丝校准

在加工过程中，工件通常直接安装在工作台上，或者通过台虎钳固定，同时需要避免工件与冲液喷嘴的干涉。由于冲液对于切割速度具有明显影响，冲液喷嘴的位置需要尽可能地靠近工件表面，以提供足够的冲液压力。电极丝的初始位置应垂直于工作台，以实现工件垂直面以及精确的模具分型线的精密加工。大部分电火花线切割机床都能通过工作台上的小装置实现电极丝的自动校准。

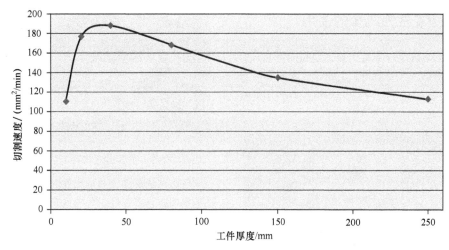

图 28-7 当工件高度为 50mm 左右时加工速度达到最大值

校准时，电极丝穿过校准装置的测试孔，并通过接触感知的方式找到孔的中心。当找到测试孔中心后，Z 轴将移动到最高位置，采用相同的方式寻找测量孔中心。若两次测量得到的孔中心位置数值不同，则通过移动 U-V 轴来消除偏差，从而使电极丝垂直工作台。在加工不同锥角形状时，部分机床也会采用类似的循环校准技术来调整电极丝和导丝装置接触点的位置。

28.4.4 电火花线切割机床的操作与维护

电火花线切割机床的实际运作依赖以下部件，由于它们在使用过程中存在损耗，因此被称作耗材。

1）滤水器。

2）进电块。

3）导丝部件。

4）用于生成去离子水的树脂。

5）冲洗喷嘴。

6）电极丝。

为了确保加工精度，机床应配备制冷单元，以确保工作液温度维持在 20℃ 或 68℉。机床的周边不应放置磨床、冲床或石墨磨粉机，这些设备对电火花加工机床的加工精度和使用寿命都有一定影响。

放置机床的最佳方案应该是独立的车间，并配备空调，以实现最优加工精度。部分先进的电火花线切割加工设备的加工精度范围为几个微米，甚至零点几个微米，因此温度变化带来的机床部件的热胀冷缩对机床加工精度有显著影响。

28.4.5 编程

部分电火花线切割机床配备了板上 CAM 系统，使修改加工路径及动态编程相对容易。为了确保编程人员能够集中注意力，加工程序的编程工作一般最好安排在一个安静的环境（如封闭办公室）中完成，因为编程中出现的错误可能会带来巨大的损失。针对这种情况，购置 CAM 系统将是个明智的选择。CAM 系统能够处理 CAD 系统生成的 DXF、IGES 等格式的文件，同时 CAM 系统也可作为后置处理器，直接生成用于加工的 G/M 代码，但需要确保文件与机床的 G/M 代码兼容。

通用语言人机交互（human machine interfaces，HMIs）为电火花加工操作者提供了便捷、高效且易用的编程界面，并使不同类型机床能够共享相同的基础平台和功能布局。这种共享特性使电火花线切割机床操作者能够在只接受少量培训的情况下，快速地熟悉电火花成形机床的操作，同样也能使有经验的电火花成形机床操作者快速转移到电火花线切割机床的操作。

通用语言的 HMIs 主要基于 Windows 操作系统。HMIs 提供了高交互性的图形辅助，所有功能如测量、加工周期、参数设定等都可通过图形/图标体现，帮助操作者更快地理解功能及轻松地使用。不同加工流程下的操作界面也可以按顺序自动跳转显示。编程步骤主要遵循逻辑顺序或时间顺序。通过板上 CAM 系统，可以直接从通用格式文件，如 IGES 和 DXF 中提取信息，进行快速编程。

针对一些特殊的电火花线切割加工需求，部分通用语言 HMIs 会提供专门的自动加工策略，同时优化加工设置及参数，如反向切割功能。借助这个功能，一旦电火花线切割进行到切割路径的末端，就能够自动按原路径进行反向加工。这个功能在处理穿孔时特别有用，可以先顺时针对冲头外形进行粗加工，再逆时针进行精加工，从而缩短加工周期。

28.5 电火花成形机床的使用

电火花成形机床通常用于加工型腔或盲孔，而电火花线切割机床则主要用于下料及任意轮廓的切割，如图 28-8 所示。因此，电火花成形机床主要应用于模具生产，如图 28-9 所示。

图 28-9 通过电火花成形机床生产的模具

图 28-8 通过电火花线切割机床加工的零件

电火花成形加工与电火花线切割加工的基本原理大致相同，两者最主要的区别在于机床结构的差异。图 28-10 所示为电火花成形机床结构示意。成形加工是将工具电极的形状复制到工件上，图 28-11 所示为通过电火花成形加工得到的模具样件。在美国，石墨是最常用的电极材料，石墨电极能够实现高的去除率，并且易于制造，如采用磨削或高速加工。同时，石墨电极也十分适用于模具工业中深窄槽的加工，图 28-12 所示为片状石墨电极及被加工工件样件。铜电极通常用于精加工；当加工硬质合金时，为了降低电极损耗，则通常用铜钨合金作为电极材料。表 28-1 和表 28-2 对比了铜电极和石墨电极不同的加工特性和应用场合。

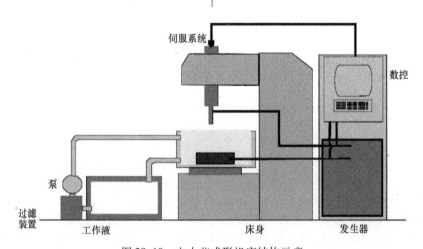

图 28-10 电火花成形机床结构示意

表 28-1 铜和石墨作为电极材料时的特性比较

石墨	铜
良好的导热性	极佳的导热性
良好的导电性	极佳的导电性
低线胀系数	线胀系数相对较高
质量较小	质量较大
易于机械加工	易于机械加工
多孔质材料	非多孔质材料

表 28-2 不同应用场合推荐的电极材料

应用场合	电极材料
大电极	石墨（质量较小）
高速粗加工	石墨（能实现较高材料去除率）
表面质量要求 VDI 20-VDI 33	铜或石墨
表面质量要求 VDI 16-VDI 22	铜、铜钨合金、细颗粒石墨

应用场合	电极材料
表面质量要求 VDI 16-VDI 22 复杂形状	细颗粒石墨
表面质量要求 < VDI 16	铜、铜钨合金
表面质量要求 < VDI 16 复杂形状	铜钨合金（相对易于加工）
硬质合金加工	铜钨合金、铜（电极损耗较高）
高温合金加工	细颗粒石墨

（续）

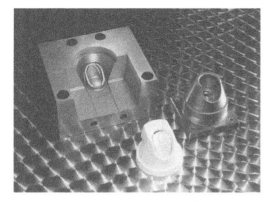

图 28-11　通过电火花成形加工得到的清洁剂瓶盖模具样件

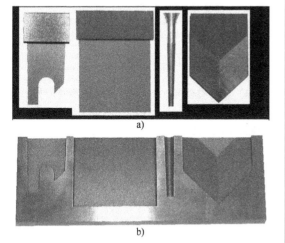

图 28-12　片状石墨电极及被加工工件
a）电极　b）被加工工件剖面

28.5.1　工件及电极装夹

工件通常直接装夹在工作台上或固定于磁力吸盘上。生产商也会在工作台上安装 3R 装夹系统，以及在滑枕上安装电极夹持系统来提高机床的自动化

程度。通过该配置，能够实现以电极夹具为基准的电极磨削加工，并能够将电极从磨削加工中直接转换到电火花加工，而不用重新以 X- Y 轴零点来确定电极位置。大部分数控电火花成形机能够准确地检测准确的工件位置及电极位置，这样可以确保型腔按设计要求进行切割。

28.5.2　编程

现代数控电火花成形机床基本配备有板上专家系统，部分专家系统安装于计算机。专家系统具有交互特性，能够基于用户提供的信息，生成专门的技术指标、加工程序及加工流程。一般情况下需要提供的数据包括：工件材料、应用类型、加工深度、电极材料、精度和表面粗糙度要求。专家系统同样也可用于确定最佳的电极收缩量。电极收缩量对加工速度有重要影响。一般情况下，电极收缩量较大时，被蚀除材料能够更快地被冲出加工间隙。借助专家系统，电极设计人员能够设计合适的电极收缩量以实现最高的加工效率。

与电火花线切割机床相同，电火花成形机床的通用语言人机交互（HMIs）也基于标准的 Windows 操作系统平台，并提供交互式的图像辅助以方便操作者使用。HMIs 也会提供顺序工作流程界面，但不同的是，加工策略的设定、电极的选择、工件的设定等对应的是电火花成形加工过程。

HMI 中的加工策略设定功能为用户提供了清晰的选择，并能够基于选择生成最优的加工策略。例如，为了获得最好的加工性能，操作者只需输入相关加工参数，如表面质量要求、加工深度、循环加工次数和应用类型等，所有这些设置都在一个页面中完成。

使用通用语言 HMIs 可以免去烦琐的纸质用户操作手册。HMI 中内嵌了电子文件，因此没有必要将资料信息，如编程代码、加工参数和维护信息等打印出来，只要单击按钮，操作者便可立即调用数据并显示在屏幕上。同时，当加工结束后，操作者也能够轻易地获得包含加工策略、放电时间、加工事件的工作报告。借助这些信息，机床操作者能够更好地控制加工，存档数据，计算生产成本，也可帮助提高生产技能。

28.5.3　电火花成形机床的安全操作

加工时，工件和电极必须完全浸入工作液，电极加工区域距离工作液液面高度须大于 40mm，否则存在火花点燃工作液的危险。当机床运行在无人看管模式时，必须安装连接数控系统的自动灭火装置。

加工过程中不可同时接触电极和工件，否则会导致触电事故。

28.6　电解加工

电解加工（electrochemical machining, ECM）是一种非传统加工工艺，属于电化学加工范畴。电解加工的原理与电镀、涂覆、电化学沉积工艺相反，通过阳极溶解的方式对导电工件进行材料去除，从而实现加工，是一种原子层面的加工方法。在电解加工中，工具电极连接阴极，工件连接阳极，作为加工媒介的工作液主要为水基盐溶液，电参数通常采用大电流、低电压模式。

电解加工参数示例。

1）电源类型：直流电源。

2）电压：$2 \sim 35V$。

3）电流：$50 \sim 40000A$。

4）电流密度：$0.1 \sim 5A/mm^2$。

5）冲液流速：20 lpm/100A。

6）冲洗压力：$0.5 \sim 20bar$。

7）水基中性盐溶液：氯化钠 $100 \sim 500g/L$。

8）阳极阴极间隙：$0.1 \sim 2mm$。

9）实际加工间隙：$0.2 \sim 3mm$。

10）进给速度：可达到 15mm/min。

11）电极材料：纯铜或黄铜。

12）可获得表面质量：Ra $0.1 \sim 1.5\mu m$。

28.7　电解加工的应用

由于电解加工依靠的是原子层面的溶解过程，材料去除率或加工与材料的机械或物理特性无关，只有材料的相对原子质量、原子价和电导率才会影响材料去除。但冲洗对加工十分关键，将直接影响最终的几何精度和表面平整度。电解加工可以加工任何导电材料，不受材料的硬度、强度和热性能的影响。通过电解加工能够实现极高的表面质量，同时具有光亮、无应力、无热损伤等特点。

电解加工可用于：

1）模具成形。

2）仿形加工。

3）磨削。

4）钻孔。

5）微加工。

电解加工设备包含以下组件：

1）电源。

2）电解液过滤及冲洗系统。

3）轴运动控制系统。

4）浸液式工作液槽。

28.8　电解加工的优点和缺点

1. 优点

1）不受工件材料硬度影响。

2）易获得较高的表面质量。

3）适用于复杂形状部件的制造。

4）相对较高的材料去除率。

5）合适的条件下能获得一定精度。

6）无电极损耗。

7）高生产率。

2. 缺点

1）需配备电解液处理系统。

2）电解液需妥善处理，否则污染环境。

3）较高的设备成本。

4）较高的冲液要求。

5）不同的加工材料需要更换电解液。

28.9　结论

综上所述，电火花加工技术是最先进的自动化技术之一，理由如下：

1）借助专家系统能够实现加工精度及表面质量的可预测、可重复。

2）借助接触探针或光学系统等在线检测技术及电极自动更换器、智能穿丝系统等辅助加工技术，能够实现无人化操作。

3）借助远程监控技术和互联网，可通过笔记本计算机、台式计算机或智能手机来监控加工过程。

4）无须手动清除切屑。

5）当板上数控系统配备了专家系统时，能够自动优化加工条件。

电火花成形加工与电解加工的对比见表 28-3。除表中所列外，电解加工要求在阳极和阴极之间实现大流量的冲液（见图 28-13），以实现平整均匀的材料去除。

表 **28-3** 电火花成形加工和电解加工比较

加工工艺	典型电源参数	典型工作液	电流密度/ (A/mm^2)	典型电极材料	最佳表面质量	最大材料去除率/ (mm^3/min) 工件材料：钢
电火花成形加工	32 ~ 256A	矿物油或合成油	0.1 ~ 16	任何导电材料	Ra 0.1μm 受限于加工面积	≈2000（电流 256A）
电解加工	50 ~ 40000A	氯化钠水溶液	10 ~ 500	黄铜或纯铜	Ra 0.08 ~ 0.1μm	≈10000（电流 5000A）

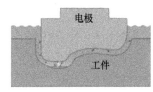

轻微的冲液会造成不平整的表面

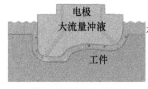

增加冲液流道改善结果

图 28-13 电解加工需要良好的和大流量冲液

扩展阅读

Sommer, C., and S., Sommer, *Wire EDM Handbook*, 4th ed., Advance Publishing, Houston, Texas, 1999.

Guitrau, E. B., *EDM Handbook*, Gardner Publications, Cincinnati, Ohio, 1997.

www.edmtoday.org

www.gfms.com

第 29 章
螺 纹 加 工

山特维克·可乐满公司　（瑞典）克里斯特·李希（CHRISTER RICHT）　著
上海交通大学　安庆龙　译

29.1　概述

　　螺纹是许多零件必不可少的元素，螺纹加工是常见的加工方法。螺纹加工这一章的主要内容为螺纹车削、螺纹铣削和螺纹旋风铣削（见图 29-1），不包括攻螺纹、螺纹磨削和螺纹滚压。

图 29-1　螺纹切削操作（来源：Sandvik）

　　在螺纹加工过程中，我们一直追求着更高的精度、更佳的性能以及更高工艺安全性。随着机床技术的发展，螺纹加工能力不断提高，多任务机床就是一个例子，它可以同时进行不同类型的加工。此外，在高强度、合金化和耐腐蚀材料的零件中，需要更多大尺寸、类型多样的螺纹，尤其是在能源行业。

　　这意味着现在的螺纹加工需要高性能的刀具。正确地选用刀具对于在制造业中取得竞争性成功将起到至关重要的作用，但必须正确地确定几个关键性因素。本章着眼于现代的手段和方法，以获得最优的解决方案。借助于目前的机床、编程方法和切削刀具，螺纹加工已经是一种很简单的加工工艺了。现在应该考虑的是如何在保证加工工艺安全的情况下，提高加工效率和加工质量。

29.2　螺纹切削方法

　　通过金属切削产生螺纹的方法主要有三种，包括螺纹车削（见图 29-2a）、螺纹铣削和螺纹旋风铣削（见图 29-2b）。每种方法都有各自优点，根据其不同的优点，每种加工方法都有一个特定的应用场合。

a)　　　　　　　　　　　　b)

图 29-2　螺纹切削方法（来源：Sandvik）
a）螺纹车削　b）螺纹旋风铣削

1. 螺纹车削

　　螺纹车削是目前最常用的方法，通常采用固定的切削刀具，在车床中切削回转体。这种方法既可以在工件上加工内螺纹，也可以加工外螺纹。其特点是生产率很高，并通过一系列的操作设置，方法简单明了。螺纹车削也是一种非常通用的加工方法，在大多数工件上都可以采用螺纹车削完成螺纹加工。

　　因此，螺纹车削即可满足大批量生产的需要，也可满足小批量生产的需要。螺纹车削刀具已经获得了长足的发展。利用可转位刀具和硬质合金技术，可以加工出任意类型和尺寸的螺纹。螺纹车削的成功在很大程度上是建立在密切关注操作需求的基础上，并以正确的方式应用了最佳解决方案。

2. 螺纹铣削

螺纹铣削通常应用于固定的非对称工件上。顾名思义，螺纹铣削使用的是三面刃铣刀，其优点是可以装在合适的刀柄和转接头上。通常情况下，螺纹铣削可用于在加工中心上加工内外螺纹。

由于共通用性，螺纹铣削最适合于小批量加工和混合制造。该方法具有非常高的工艺安全性，因此非常适合高要求的材料和最终阶段操作。新型铣刀进一步提高了安全性和加工性能，并大大提高了螺纹加工质量。

3. 螺纹旋风铣削

螺纹旋风铣削至少在数量上已成为除螺纹车削和攻螺纹以外最常用的加工方法。近年来，旋风铣削已经是小径长比工件常用的螺纹加工方法，当工件数量多、材料对机床要求高、螺纹牙型高度大和螺旋线导程相对较大时，尤其如此。

螺纹旋风铣削并不是一种新的方法，它已经存在了至少半个世纪，但它并没有像螺纹车削那样被广泛采用。这在一定程度上是因为没有必要使用更专业化的切削方法，部分原因是它经常被认为是一种复杂的方法，只有在专业的机械加工车间才可以进行。然而在今天，最适合用螺纹旋风铣削的零件（通常为小零件）数量已经急剧增长，如在医疗和其他小型零件行业。这种方法常用于具有滑动头的机床、小型数控车床和自动化设备，因为这些机床很容易实现旋风铣削。这其中也有特殊的程序和新的可转位刀具概念。

29.3 确定加工方法

螺纹切削的参数既能评估个体因素，又能预见整个应用全景，甚至可以预见零件的制造流程。在检查列表中有许多重要的参数，当确定任何螺纹切削加工时都应该进行确认。以下为评估现有螺纹切削加工状态的相关参数：

1) 零件形状，主要为对称或不对称。
2) 零件数量，生产结构。
3) 零件材料、可加工性和加工硬化倾向。
4) 加工质量要求、公差和表面粗糙度。
5) 盲孔的限制。
6) 机床的类型、功率、加工能力和状态。
7) 零件装夹的稳定性，振动灵敏度。
8) 切屑控制和排屑要求。
9) 刀具定位。

10) 螺纹切削程序。
11) 切削液供给和压力。
12) 外螺纹或内螺纹。
13) 螺纹直径和长度。
14) 螺纹类型，牙型。
15) 右旋或左旋螺纹。
16) 螺纹头数，单线或多线。
17) 公差等级。
18) 生产率要求。

这个基本检查表有助于规划和编程，并指出最适合的螺纹切削方法和应用场合。

29.4 螺纹车削

在大多数数控车床上，螺纹车削已经成为一项常规的加工方式。可转位刀片和硬质合金刀具的性能不断提高，目前已达到了传统车削刀具的水平。与其他简单的车削操作相比，螺纹车削需要更高的注意力，但这些加工并不困难。遵循正确的应用程序，有助于正确、安全和有竞争力地使用现代刀具来加工带有螺纹的零件。

车削通常是最有效的螺纹加工方法。该方法覆盖螺纹牙型数量最多，加工质量高，它几乎可以在零件的任何部位进行加工，即便是深孔长螺纹（见图29-3）。

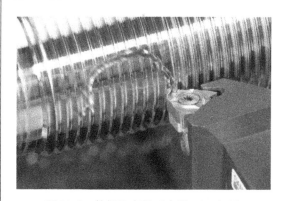

图 29-3 外螺纹车削（来源：Sandvik）

螺纹的构造并不适合金属切削。螺纹牙型需要使用成型刀具加工。切削刃通常具有与螺纹或多或少相同的角度、半径和平头，这就意味着存在一个脆弱的切削刃。此外，螺纹的螺距大小不等，涉及的进给速度也不同；有些螺纹有严格的质量限制，要求高精度的一致性；有些螺纹需要在难加工材料上成形。总之，一把长寿命刀具是实现螺纹稳定、高速切削的基础。目前，大多数机械加工车间已经能够成功有效地进行螺纹车削。

29.4.1 走刀次数

螺纹车削是一种沿螺纹加工长度方向上进行多次切削的加工方法，如图29-4所示。将螺纹的深度划分为若干层，这样可以让敏感、异形的切削刃避免过载的风险，并且可以使用高切削参数。通常的走刀次为6次，每一次走刀的进给量都遵循一系列的推荐值，使切削深度逐渐增加，从而生成螺纹牙型。螺纹车削的生产率和安全性在很大程度上与螺纹车刀完成完整螺纹长度所需的走刀次数有关。

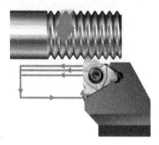
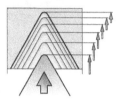

图 29-4　多次走刀构成完整螺纹深度
（来源：Sandvik）

如果走刀次数过多，会使每次走刀的切削深度不足，引起刀具磨损和摩擦热增加，进而导致螺纹牙侧快速磨损、塑性变形、月牙洼磨损和加工硬化。同时，切削深度过小会影响切屑的形成，产生较薄的、难以控制的切屑。

较少的走刀次数意味着更短的加工时间，但需要更大的切削深度，切削刃将会承受更大的负荷。通过优化走刀次数，寻求满足切削刃可承受的负荷，可以缩短加工完整螺纹所需的时间，并带来了令人满意的切削刃接触。切削深度过大会产生更大的切削力，这样会增加刀具在刀座中的运动倾向，使得刀柄的安全性成为一个需要考虑的关键因素。

通过解决上述几个问题，如今的螺纹车削已经可以达到一个安全高效的水平。值得注意的是，螺纹车削的经济性取决于机床、装夹、工件、刀柄、可转位刀片、切削方法、切削程序和切削参数（见图29-5）。这些环节中的任一不稳定的因素，将直接影响切削刃，进而威胁螺纹的加工质量。

29.4.2 稳定性

在螺纹车削中，导致加工质量较差的原因常常是因为忽视了常规的金属切削原理，如减少刀具悬伸量，增加刀具和刀片的稳定性，保证切削刃中心高精度，采用最适合的切削参数，并选择最好的刀具和加工方法。

螺纹的典型特征是牙型。如今的螺纹牙型多种

图 29-5　刀片与刀座的导轨槽技术
（来源：Sandvik）

多样，其中一些牙型的产生用于特殊目的。牙型误差是螺纹加工中最常见的质量问题，其次还有公差、表面粗糙度和毛刺。当出现这些问题时，往往最后才考虑刀具寿命。

在螺纹车削中，走刀开始和结束时会发生较大的切削力波动。这是加工过程中最敏感的时刻，刀片极易发生偏移。作用在牙型上的刀尖会与螺纹形成一个杠杆，如果刀片不够牢靠，将会压迫切削刃，使其远离原来的位置，同时也会使刀柄发生变形。在螺纹车削中，走刀开始和结束时会产生较大的交变轴向力，而在切削过程中轴向力相对平衡。这些来自不同的方向切削力会使刀片前后移动。

螺纹牙型的变化意味着切削力的大小和方向的变化，但刀片的尺寸不会自动随之变化，这就对刀柄的支撑产生一定影响。同样，螺纹的螺距不同而刀片相同，意味着螺距较大时刀柄的支撑会有所不足。当然，为了让刀片能适应各种螺距和牙型，刀片和刀柄的尺寸应尽可能大。

切削刃的任何移动，无论多小，都会导致螺纹超差或刀片切削刃线上的微崩刃。如果不是因为刀具达到寿命造成不可接受的螺纹牙型，那么刀具的磨损率将会上升。当发生切削刃磨损时，刀片会承受更大的压力，并且当刀具进一步移动时会导致压力进一步增大，加速崩刃过程。因此，螺纹车削刀片的更换是因为刀片发生了移动而不是真正的刀具磨损。

到目前为止，造成螺纹牙型不正确的主要原因是刀柄中的刀片缺乏稳定性。切削刃的微小移动往往会导致较大的负面后果，从而降低刀具寿命和螺纹质量，其主要表现为刀尖半径处的微崩刃。通过一个可替换的紧固螺钉可以在一定程度上改善稳定

性，原来的快速更换螺钉必须由一个更安全的螺钉来替换，但绝对固定且安装简单的刀片还难以实现。目前在刀片、垫片和刀柄之间有了一种新的连接方式，称为导轨槽技术（见图29-6）。这种新技术可带来高生产率和高安全性。

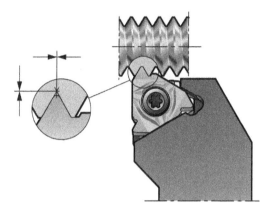

图 29-6　垫片、刀片和刀柄之间的支撑点即为槽轨接口（来源：Sandvik）

29.4.3　螺纹精度

对于螺纹来说，牙型精度比其他精度更重要。螺纹的类型、用途和尺寸决定是否采用 M 公差或 E 公差的可转位刀片。精密螺纹特别敏感，如石油和天然气应用领域的密封螺纹，其对可转位刀片有非常严格的公差要求。此外，安全和准确的切削刃位置对螺纹质量的一致性至关重要，刀片在刀柄中的夹紧和定位也非常重要。

刀片精确和安全定位的另一个方面是可重复性。简单而准确地定位刀片的刀座很重要，它可以减少机床设置时间、停机时间，并且能减少或消除由螺纹质量问题导致的零件报废。一般来说，要尽量避免走刀过程中的刀片转位，因为这样会导致在螺纹牙侧上形成台阶。如果在走刀过程中一定要使刀片转位，为了得到符合要求的螺纹，刀片的精确定位是至关重要的。除了刀片的定位，刀具材料（刀片等级）的性能也决定了刀具的寿命。

另一个可能引起螺纹误差的特征是螺纹螺距。然而，大多数的螺距误差来源于数控机床。基于这个原因，直到排除了所有机床、控制单元、装夹和编程错误之后，才需要检查螺纹车削的刀具和进刀方式是否会影响螺纹螺距的精度。螺纹螺距是一个公差要求较高的零件设计因素。因此，加工精密螺纹需要较长的时间，因为螺纹按每毫米或英寸的螺纹数进给（进给速度）。另一方面，螺距越大，进给速度越高，切削力越大，对稳定性的要求也就越高。

当提到刀片转位的重复性时，一个 M 级公差的刀片在切削刃位置误差是一致的，通常在轴向（进给方向）上有 ±0.05mm（0.002in）的误差；E 级公差的刀片会更加精确，通常为 ±0.01mm（0.0004in）。通过在刀座上开一个相应的槽来放置刀片导轨，可以显著降低刀片转位和操作所占用的时间。这种方法中接触点和间隙点决定了刀具性能。导轨的形状和位置是经过长期应用发展的结果，精确支撑点必须位于刀柄刀座上的垫片与刀片之间。

在螺纹牙顶不应该有毛刺，如有毛刺应该予以清除。在某些领域，任何形式的毛刺都会使螺纹无法啮合。在刀片形成完整牙型之前，螺纹牙顶容易形成毛刺，特别是不锈钢和双相材料。螺纹去毛刺可以采用标准车刀进行。相对于螺纹、螺距和螺纹循环，如何正确定位去毛刺刀片是应该要考虑的重点。

29.4.4　刀具磨损

可预测的刀具寿命对保证螺纹车削至关重要。由于螺纹切削刃的脆弱性，刀片必须尽可能坚硬、耐磨且不易碎，加工过程中不应存在切削刃断裂的风险（见图29-7）。现代加工方法会在切削刃产生大量切削热，因此切削刃需要具有抗塑性变形能力，其次是减少后刀面磨损和断裂。在螺纹车削中，切削刃的塑性变形是影响车削加工效率的最大因素。不符合要求的刀片会在短时间内发生断裂而无法获得符合要求的螺纹。锋利的涂层刀片因高压而使得涂层容易脱落，特别是在只有很小一部分切削刃处于切削状态时。一般来说，螺纹车削的理想目标是提供一个适应走刀次数的预期刀具寿命的均衡后刀面磨损。

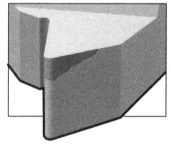

图 29-7　均衡的后刀面磨损可以提供一个适应走刀次数的预期刀具寿命（来源：Sandvik）

但一定的刀片强度始终是必要的，以应付机械负荷，尤其是牙型尖端位置，这需要刀片具有最低限度的韧性，尤其是在内螺纹加工时这一要求更为严格。镗削总是受到刀具振动、偏转倾向和排屑的影响，所以足够的韧性对切削性能与安全性起决定性作用。颤振是螺纹车削时需要面对的一个常见挑战，尤其在车削内螺纹时。

29.4.5 专用切削刃等级

消除螺纹车削中影响生产率提高的不利因素是车螺纹的一个目标。在这方面，PVD（物理气相沉积）涂层为螺纹车削提供了最好的切削刃。新型刀具材料的开发，通过更高的切削参数、更长且可预测的安全刀具寿命为进一步优化加工参数提供了手段。细晶粒刀片基体技术是新型刀具材料的基础，它具备较高的热红硬性，能够确保锋利的切削刃抵抗塑性变形。

目前已经开发的刀片等级可以适应切削刃钝化和各种几何形状，提供了一个可靠的切削刃线。刀片的外刀尖容易发生塑性变形，而且由于材料剥落、粘着摩擦和积屑瘤等原因，执行螺纹牙顶切削的刀片部位也容易发生磨损。PVD涂层技术可以减少刀尖的塑性变形并抑制后刀面磨损。

PVD涂层可以通过更高的切削速度来提高螺纹车削的生产率。虽然新型刀片非常坚硬，但是它也具有平衡与适量的韧性，因此具备合适的切削刃强度。事实证明，对于大多数材料，这种新型刀片都能实现重要的、最大限度的工艺安全。

29.4.6 螺纹车削的刀片类型

基本上有三种不同类型的螺纹车削刀片，每种都有各自的优缺点。使用哪种刀片取决于实际的加工和生产情况。

1. 全牙型刀片

全牙型刀片（见图29-8a）可提供较高的生产率，也是目前最常用的刀片类型。它们形成一个完整的螺纹牙型，包括正确的深度、底部和顶部半径，从而确保正确的螺纹。工件在螺纹车削前无须将坯料车到精确的直径，加工后也不需要去毛刺，这种刀片可直接完成螺纹加工。螺纹的径向公差一般在0.03~0.07mm（0.0012~0.0028in）之间。每种牙型和螺距都单独需要一种刀片。当螺纹加工硬化材料（如不锈钢）时，如果切削深度过小，可能会出现问题。

全牙型刀片通常比V形牙型刀片具有更大的刀尖半径，因此所需的走刀次数就较少。由于刀片直接加工出牙底和牙顶，刀片的压力大，要求在机床装夹和刀具悬伸方面具有良好的稳定性。全牙型刀片的优点是可以更好地控制螺纹牙型，因为牙底和牙顶之间的距离是由刀片控制的。缺点是不同的螺距需要采用有不同的刀片。

2. V形牙型刀片

V形牙型刀片（见图29-8b）可提供更好的螺纹车削的通用性，当牙型角相同时，同一刀片可用于加工一定范围内的不同螺距。螺纹加工前的直径不能太大，因为这可能会影响螺纹直径，甚至导致刀片破损。这种刀片由于其切削刃的限制，不切削牙顶。在螺纹加工前，必须将外螺纹大径和内螺纹小径加工到正确直径。刀片的刀尖半径是最小螺距时的刀尖半径，由于没有针对各螺纹牙型优化刀尖径而导致刀具寿命相对比较短。在机床易发生振动的加工中，由于不接触牙顶的刀片可以降低压力，因此具体一定优势。

3. 多刃刀片

多刃刀片（见图29-8c）具有很高的生产率，适用于大批量生产。类似于全牙型刀片，但具有两个或多个刀刃，所需的走刀次数较少，从而延长了刀具寿命，生产率高。两刃刀片可提高生产效率两倍，三刃刀片则为三倍，但需要超过工件螺纹长度的走刀以容纳额外的刀刃。加工工况必须特别稳定，因为切削刃较长且负载较重。这种刀片仅用于最常用的牙型和螺距。请特别注意：必须遵循专门的进给建议，空刀槽应能容纳所有刀刃。

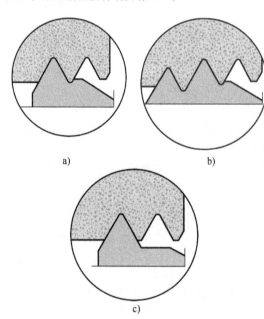

图29-8 螺纹车削的刀片类型（来源：Sandvik）
a）全牙型　b）V形牙型　c）多刃

29.4.7 进给方法

有三种形成螺纹牙型的进给方法：

1) 改进式侧向进给。

2) 交替式进给（递进式）。

3) 径向进给。

所有的进给方法都可以得到相同的牙型，但对加工结果的影响有所不同，应根据机床、工件材料、刀片几何形状和螺距进行选择。选择最合适进给方法的重要性是因为刀片的进给方式对切屑控制、切削刃磨损率、螺纹质量和刀具寿命影响重大。

进刀方式应该遵循每次走刀切削深度递减的原则，以维持切屑面积不变。这种方式是螺纹车削的首选，是确保较好加工效果的关键。进刀应按照表中推荐的进给值，第一次走刀是最深的，之后不断递减。这样就可以使切屑大小不变、刀片负荷均匀。

另一种进刀方式是采用一个恒定的进给深度（每次走刀进给深度相等，但切屑面积不同）。这对刀片的要求更高，意味着必须采用较多次的走刀，从而使生产率降低。在某些情况下，会采用一个固定的切屑厚度来改善切屑结构，但这种方式不能用于大螺距（公制螺距大于 1.5mm 或每英寸牙数大于 16 牙）。

螺纹车削的最后一次走刀可以使用弹性走刀，即不进刀。这样，加工过程中工件的弹性变形可以被切除。然而，采用弹性走刀的缺点是不良的切屑控制，这将导致不良的表面质量并增加刀片磨损，对某些材料来说还会发生加工硬化。

1. 改进式侧向进给（见图 29-9a）

刀片沿牙型角方向进给，通过多次走刀加工出牙型，但刀片易磨损。它通常是螺纹车削首选的方法，特别是对于大牙型的螺纹。这种方法可以最大限度地减少加工粗牙螺纹时的振动倾向。为了获得正确的牙型，必须确保正确的侧进给角，这就取决于使用的刀片类型。

除了单侧进给，还可以采用双侧进给。这意味着要控制两个方向上的切屑，从而更好地控制切屑。

重要的是要知道机床的进给角是如何定义的。大多数数控机床可以通过编程来实现。这种进给方法的特点是刀尖产生的热量少，并且可以在高工艺安全下实现高生产率。

2. 交替式侧向（增量式）进给（见图 29-9b）

刀片以不同的进给量左右交替进给加工螺纹。这意味着刀片在两个方向上切入工件，可获得更均匀的磨损。这是一种改进的进给方法，第一次走刀用一侧刀面，第二次走刀用另一侧刀面，就这样不断交替下去。这样，刀具两侧的磨损相同。

交替式侧向进给方法需要特殊的编程和准确的装夹，并且只应在操作需要时使用。特别适应于大

牙型螺纹（公称螺距大于 5mm 或每英寸牙数小于 5牙）、螺纹加工周期长或需要刀具寿命匹配螺纹长度的加工场合。

3. 径向进给（见图 29-9c）

这是螺纹车削的传统进给方法，通常用于手动机床或大多数通用的数控机床程序。这是最常用的加工方法，也是传统机床唯一的进给方法。该方法适合细牙螺纹（公称螺距小于 1.5mm，每英寸牙数大于 16 牙）。首选用于加工硬化材料，如奥氏体不锈钢。在成形切削刃的两侧形成较硬的 V 形切屑，刀片两侧的磨损比较均衡。然而，由于刀尖的温度较高，磨损更迅速，而且由于两侧同时切削，径向压力更大，所以有振动的风险。

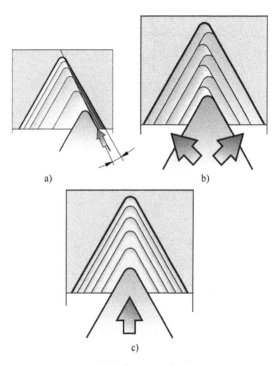

图 29-9　刀具进给方法（来源：Sandvik）

a) 改进式侧向进给　b) 交替式侧向

（增量式）进给　c) 径向进给

29.4.8　工艺应用的要素

螺纹加工过程中需要在刀片与螺纹之间形成准确的两个后角，即侧向后角和径向后角，这对于获得精确的螺纹和长刀具寿命是必要的。

1. 侧向后角

如图 29-10a 所示，在螺纹加工中，切削刃各侧面和螺纹牙侧之间的后角是非常必要的。为获得长的刀具寿命、加工安全性和高质量螺纹，在牙侧两个侧面上的切削刃磨损应该均匀。为了做到这一点，必须

倾斜刀片以得到最大的牙侧对称后角，即侧向后角。

螺纹边缘所必需的后角与螺纹的螺旋角有关，它们应该相等。当刃口倾角与螺旋角不同时，切削刃后角也会不同。螺纹牙型和径向后角越小，侧向角越小。

通过选择不同的垫片以倾斜刀片，可获得正确的侧向后角。通过参考刀具制造商的建议可以选择正确的垫片。当采用右旋刀具来车削左旋螺纹时，需要使用到负倾角垫片，反之亦然。

2. 径向后角

与螺纹相关的前端切削刃的径向后角（见图29-10b）至关重要。为了获得足够的径向后角，要将刀片倾斜10°或15°。该角度是通过刀片在刀柄中的倾斜获得的。对于内螺纹/外螺纹加工，刀柄有不同的径向后角，径向后角随刀片尺寸的大小也有所不同。

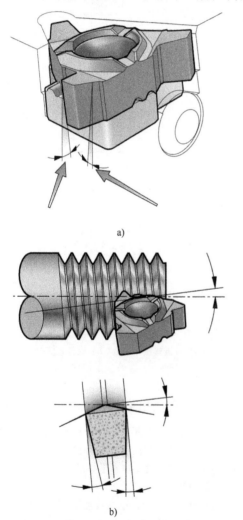

a)

b)

图29-10　螺纹车削时的两个后角（来源：Sandvik）

a）侧向后角　b）径向后角

3. 导程

当螺纹需要几个平行的螺纹槽（螺纹线数与槽数相同）时，导程也是一个需要考虑的要素。多线螺纹的导程等于线数乘以螺距。对于单线螺纹，导程与螺距大小相等；对于双线螺纹，导程的大小等于两倍的螺距；对于三线螺纹，导程的大小等于三倍的螺距。为了加工出一个多线螺纹，每个螺纹槽都要经过多次走刀。

29.4.9　螺纹车削刀具的选择

1. 刀柄

刀柄的选择应该基于零件形状、机床类型和工作环境、切屑控制、螺纹旋向、刀具的可用性或升级刀具的可能性。刀柄与刀片之间导轨槽接口的现代概念是实现安全、精确、一致和高生产率加工的一个重要贡献，同时刀柄与机床之间的接口应该有利于稳定和快速换刀，并基于ISO标准多边形进行耦合优化。

用于螺纹车削的切削刃主要以传统平装可转位刀片的形式存在，但也有其他类型，如小孔内螺纹车削时，刀片安装在刀杆的末端；也有用于更小孔的刀具，刀片为磨制轮廓的硬质合金头。这类刀具的直径非常小，主要用于滑动头机床和自动化机床。

2. 标准型（切削刃倒圆处理，见图29-11a）

这种切削刃是大多数操作和材料的首选，具有良好的切屑控制、全面的性能、较长的刀具寿命和较高的工艺安全性。这种几何形状的切削刃可应用于改进式侧向进给或较大螺距的交替式侧向进给，以及较小螺距的径向进给。

3. 锋利型

它具有一个锋利的切削刃，可在黏性材料或加工硬化材料上进行切削，切削力小，并可获得较小的表面粗糙度值（见图29-11b）。在低切削速度条件下可获得良好的性能，并可形成较薄的切屑。径向进给应用于较小的螺距，改进式侧向进给可应用于较大的螺距。锋利的切削刃减少了产生积屑瘤的风险，并具有良好的表面质量。

4. 断屑槽型

这类切削刃具有断屑凸台，适合用于低碳钢、低合金钢或易加工的不锈钢。这种刀片仅在采用约1°的改进式侧向进给时使用，优点是具有良好的切屑控制。采用这种刃口形状（见图29-11c），可以获得较好的质量和断屑一致性，实现最小的过程监控。

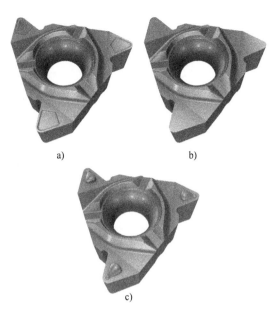

图 29-11　刀片几何形状类型（来源：Sandvik）
a）标准型　b）锋利型　c）断屑槽型

29.4.10　螺纹车削应用检查表

用于螺纹车削（见图 29-12）的机床有多种执行方式：主轴可以顺时针旋转，也可以逆时针旋转，刀具进给可以靠近或远离卡盘，切削刀具可以正向安装和倒置安装。

图 29-12　内外螺纹车削（来源：Sandvik）

1）评估从机床到切削刃的所有稳定性因素。

2）根据参数检查 CNC 程序，以确保操作的适宜性。

3）结合最合适的切削刃形状，确定最佳进给方法。

4）确定加工的最优走刀次数，利用刀具的加工能力优化生产率，遵循推荐值并采用恒定或递减的进给量进行优化。

5）无论螺纹是左旋还是右旋，都需要一个负倾角的垫片来对应反向导线。

6）在整个刀具路径上都应该确保刀具与主轴或零件轴肩之间留有足够的间隙。

7）左旋刀片可用于加工右旋外螺纹，但螺纹根部半径不同。

8）对于梯形和矮牙梯形螺纹，半径几乎相同。但对于 60°螺纹，可能略有不同。

9）确保进给方向、左右旋刀片和左右旋螺纹的正确组合。根据切削力方向，确定最佳支撑和螺旋角，确保留有足够的间隙。

10）检查直径方向的加工余量。遵循以下建议：如果起始直径过大，第一次加工不宜切削过深，否则会引起安全隐患；如果直径太小，螺纹直径可能会出错。

11）确保切削刃安装在正确的中心高度，刀具相对于零件定位准确。

12）确保使用正确的刀柄垫片以获得足够的刀片侧向后角。确保设定正确的螺纹螺距、螺旋角和工作直径。遵循内外螺纹加工推荐值。

13）防止零件螺纹上出现螺距误差，请检查机床螺距是否正确。

14）对于刀片的任何微位移迹象，采用 U 型螺钉代替 QC 型螺钉夹紧刀片，最好通过切换到导轨/槽接口进行优化。

15）利用现代刀具等级提供的任意切削速度来优化加工性能。

16）考虑使用新型、强度更高的 PVD 涂层等级，以获得更高的生产率和更长的、可预测刀具寿命。

17）监测切削刃的磨损形式，并相应地进行选择/调整，特别是在安装时；

18）如果螺纹不合格，检查整个系统，包括机床、刀具悬伸等。

29.5　螺纹铣削

螺纹铣削（见图 29-13）虽然没有像螺纹车削那样应用广泛，但在正确的应用场合可以获得较高的生产率，并且比攻螺纹具有优势。最重要的是，它是一种用于非旋转体零件螺纹加工的理想方法。该方法利用可转位铣刀或硬质合金铣刀的旋转铣刀的圆弧斜削运动来加工螺纹。刀具可以是单刃或多刃，在一次旋转中，通过刀具的横向运动形成螺纹螺距。

当应用结果表明螺纹车削不合适时，可以在螺纹铣削和攻螺纹之间进行选择。编程相对比较简单。

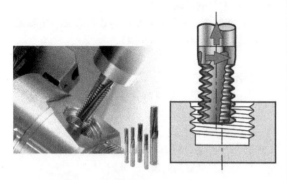

图 29-13 螺纹铣削（来源：Sandvik）

螺纹铣削相对于攻螺纹的优点是。

1）零件和机床类型适配性好。

2）一种螺纹铣刀可加工不同的螺纹直径。

3）有标准刀柄，无须特殊攻螺纹夹头。

4）同一螺纹铣刀可以加工左旋和右旋螺纹。

5）同一刀具可以加工不同螺距。

6）切削力低，适用于低功率机床。

7）小批量和混合生产类型的理想选择。

8）没有弯曲造成的锥形螺纹风险。

9）一种刀片等级可用于加工多种材料。

螺纹铣削的断续切削为长切屑材料提供了良好的切屑控制。较低的切削力使长悬伸刀具和薄壁零件的螺纹加工成为可能，在靠近肩部或盲孔底部也可以加工螺纹而无须退刀槽。

如果在加工中出现刀具破损，很容易从零件上拆卸破损的螺纹铣刀。螺纹铣削确实提供了非常高的工艺安全性和更少的机床停机时间。这是一种理想的材料加工方法，是高制造成本零件最后阶段加工的首选。

螺纹铣刀可以通过半径修正编程来调整螺纹公差。与丝锥相比，该刀具还减小了预加工孔直径，因此可以生产具有更好螺纹覆盖的螺纹。由于其形状，螺纹铣刀不需要额外的钻孔深度就可以实现盲孔和通孔螺纹的加工。螺纹铣削不一定需要切削液，它可以在所有的铣削操作下进行湿式或干式机械加工。

29.5.1 工艺应用的要素

螺纹铣削需要一个能够在 x 轴、y 轴和 z 轴方向联动的机床，并且优先选择顺铣（见图 29-14）。

对于右旋内螺纹，所有刀具的初始位置应尽可能靠近孔的底部，并且向上逆时针方向移动，以确保顺铣。

对于左旋内螺纹，铣削方向相反，从上到下，也按逆时针方向铣削，以确保顺铣。

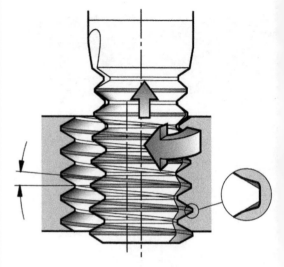

图 29-14 螺纹铣削中优先采用顺铣
（来源：Sandvik）

当加工右旋外螺纹时，所有刀具首先定位在顶部，然后向下顺时针移动，以确保顺铣。

当加工左旋外螺纹时，铣削方向相反，从底部到顶部，也采用顺时针路径，以确保顺铣。

圆弧铣削或螺旋坡走铣时，刀具应当缓慢进入。通过调整转速可以实现刀具缓慢接触材料。刀具每旋转 90°，可以加工出 1/4 螺距。顺畅的切入对于避免振动和延长刀具寿命是必要的。

在加工内螺纹时，刀具圆周的移动速度比刀具中心更快。大多数机床的进给量编程基于主轴的中心线，这在螺纹铣削计算中必须加以考虑，以最大限度地延长刀具的使用寿命，避免刀具振动而断裂的风险。

螺纹铣削中的刀具啮合会在螺纹轮廓的根部产生微小的形状误差。在内螺纹中，螺纹直径、切削直径和螺距之间的关系会影响真实径向切削深度，使其大于设定的径向切削深度。较大的切削深度会增加螺纹根部的偏差。

29.5.2 螺纹铣削应用检查表

1）为了减少轮廓偏差，切削直径不应大于螺纹直径的 70%（见图 29-15）。

2）多次走刀进行螺纹铣削，可以提高安全性，减少刀具破损。

3）由于减少了刀具变形，多次走刀进行螺纹铣削可以改善螺纹公差，这样也可以提高长悬伸或其他不稳定工况下的安全性。

4）谨慎选择切削直径，因为切削直径会影响轮廓的偏差。切削直径越小，偏差越小。

图 29-15　用可转位刀片铣削外螺纹
（来源：Sandvik）

5）对于内螺纹加工，真正的切削深度大于螺纹深度。

6）较大的切削直径往往具有更好的刚性，在一些应用中，由于更少的振动倾向，可以提高螺纹质量并延长刀具寿命。

7）螺纹铣刀始终沿着光滑的路径移动，这将会减少振动倾向并延长刀具寿命。

8）螺纹铣削通常采用干式加工。但切削液有时可提供更好的加工表面并有助于排屑。

9）在硬化钢或其他材料中铣削螺纹时，可以分多次走刀，以减少切削深度或降低切削参数。

10）在螺纹铣削中，进给量是一个关键参数，必须对每齿进给量进行评估。

11）螺纹铣刀总会留下一些进给刀痕，所以较小的每齿进给量才能达到较好的加工质量（非常小的切屑厚度）。

12）时刻计算中心进给量。这样可以降低不合格率。

13）螺纹铣削中优先采用顺铣。传统的铣削有时可以获得更好的表面质量并减少刀具变形，但可能会缩短刀具寿命。

29.6　螺纹旋风铣削

螺纹旋风铣削（见图 29-16）是在小径长比零件上进行螺纹加工的首选，尤其是在大批量、大螺纹深度、螺纹螺旋角相对较大的加工场合。螺纹旋风铣削的优势在于适合加工的零件越来越多，新的刀具概念使该方法的应用变得更容易和更优化。

螺纹旋风铣削工艺采用环形多刃刀具以较低的速度绕圆柱形零件旋转，其中可转位刀片安装在内

图 29-16　螺纹旋风铣削（来源：Sandvik）

径处。用于螺纹旋风铣削的机床有一些基本的工艺要求，如主轴上要有 C 轴。螺纹通过铣削加工而成，其刀环略偏离旋转的工件轴中心，这意味着刀具只能沿其内径部分啮合。

刀具旋转速度很快，为切削刃提供了一个合适的表面切削速度。刀环与工件之间的相对运动决定了工艺参数；螺纹倾角是由刀环的倾角决定的，螺纹牙型是由刀片设计决定的，切削深度是螺纹底径与螺纹顶径的差值。大多数螺纹可以采用带有可转位刀片的旋风铣刀来加工。

29.6.1　工艺应用的要素

螺纹旋风铣削的去除率取决于刀环的旋转速度和进给速量。刀环的旋转速度取决于工件的直径和刀片的表面切削速度。与金属切削一样，进给速量决定了切屑厚度和表面粗糙度——切屑越大，加工周期越短，但表面粗糙度值越大。

螺纹旋风铣削的表面粗糙度是由有利的切削刃切向路径和加工的高刚性产生的（见图 29-17）。刀具以径向圆弧的形式进出切口，通常只需一次走刀，所形成的毛刺很小。

在医疗和航空航天行业中，当加工日益增长的螺杆零件时，采用多刃刀具（如螺纹旋风铣削）有许多优点。螺纹旋风铣削是切向、多刃加工，因此能够承受中等机械载荷和热量的作用，会产生坚固、可靠的切削刃，是一个安全的加工过程。

短切屑是另一个优点（由于在长螺纹的车削工艺中，切屑控制有时是个难题），相对于车削，只需一次走刀即可。螺纹旋风铣削需要考虑工件稳定性的问题，刀具要靠近机床主轴上工件的支撑位置。如今，螺纹旋风铣削应用容易且十分安全，适用于大批量零件的高效加工。

在某些应用中，带有螺纹的工件不适合用单点车削的方法加工；对于螺纹底径与螺纹顶径差值较

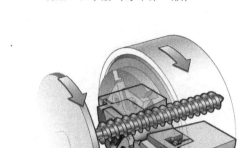

图 29-17　螺纹旋风铣削是切向、多刃加工
（来源：Sandvik）

大且螺旋角大的螺纹，不适合采用车削加工。加上新型材料（如钛、高温合金或高级不锈钢）的应用越来越多，另一种加工方法已具备明显优势。螺纹旋风铣削可以说是解决了螺纹车削所遇到的一些问题。

29.6.2　螺纹旋风铣削的刀具要素

对于螺纹旋风铣削的现代应用场合，需要对刀具的质量和性能进行评估：

1）采用或推荐的旋风铣削刀具有多先进？它能否提供最佳的加工效率和成本效益？

2）旋风铣削刀环在功能和换刀方面有多好？（见图 29-18）

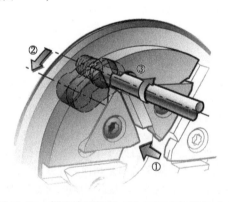

图 29-18　螺纹旋风铣削中良好的刀盘技术对于实现高性能至关重要（来源：Sandvik）

3）在更长的刀具使用寿命期限内，刀片的切削刃可以获得怎样的切削效率？

4）可同时达到什么样的精度和表面粗糙度？

5）有可用的标准刀片吗？特殊刀片的交货期是多久？

6）刀具的处理和库存有多少？

7）螺纹旋风铣削刀具的零部件是否在制造部门应用支持计划的考虑范围？

螺纹旋风铣削刀具在原理上是一种内铣刀，类似于曲轴铣削的概念。刀片定位和夹紧的设计和质量十分重要，因为这将影响加工性能、安全性和工具的维护。在多点切削过程中，为了消除任何刀具产生的振动倾向，刀片位置之间有必要采用不同的间距，这也适用于螺纹旋风铣削。

螺纹旋风铣削的刀盘技术对提高工艺性能水平起着重要的作用。现代可转位刀片工具和加工方法的稳定性为新型高硬度的刀片等级敞开了大门，强度更高的切削刃可应用于螺纹旋风铣削，意味着刀具拥有更高的耐磨性和良好的韧性。

29.6.3　螺纹旋风铣削应用检查表

1）采用顺铣，刀盘和工件的旋转方向相同。

2）采用同一批刀片以达到最佳精度。

3）采用油作为切削液，从背部喷入，以 15bar 的最小压力来冲洗切屑。

按照推荐的切削数据：切削速度、切屑厚度和进给量。

扩展阅读

George Schneider, Jr., "Chapter 1：Cutting Tool Materials," American Machinist, October 2009. http://americanmachinist. com/cutting-tools/chapter-1-cutting-tool-materials.

George Schneider, Jr., "Chapter 2：Metal Removal Method," American Machinist, November 2009. http://americanmachinist. com/shop-operations/cutting-tool-applications-chapter-2-metal-removal-methods.

George Schneider, Jr., "Chapter 3：Machinability of Metals," American Machinist, December 2009. http://americanmachinist. com/cutting-tools/chapter-3-machinability-metals.

George Schneider, Jr., "Chapter 6：Grooving and Threading," American Machinist, March 2010. http://americanmachinist. com/cutting-tools/cutting-tool-applications-chapter-6-grooving-and-threading.

George Schneider, Jr., "Chapter 12：Milling Cutters and Operationing," American Machinist, September 2010. http://americanmachinist. com/cutting-tools/cutting-tool-applications-chapter-12-milling-cutters-and-operations.

George Schneider, Jr., "Chapter 13：Milling Methods and Machines," American Machinist, October 2010. http://americanmachinist. com/machining-cutting/cutting-tool-applications-chapter-13-milling-methods-machines.

George Schneider, Jr., "Chapter 16：Grinding Wheels and Operations," American Machinist, January 2011. http://americanmachinist. com/machining-cutting/cutting-tool-applications-chapter-16-grinding-wheels-and-operations.

George Schneider, Jr., "Chapter 17: Grinding Methods and Machines," American Machinist, February 2011. http://american-machinist. com/machining-cutting/cutting-tool-applications-chap-ter-17-grinding-methods-and-machines.

Machinery's Handbook, 29th Edition, Industrial Press, Inc., New York, 2012.

Marks' Standard Handbook for Mechanical Engineers, 11th edition, Mchgraw Hill Education, 2006.

山特维克·可乐满公司 （瑞典）克里斯特·李希（CHRISTER RICHT） 著
上海交通大学 安庆龙 译

30.1 概述

　　几乎所有的零件都有一个孔，如今的孔加工（见图 30-1）可以通过各种方式进行，这得益于数控加工的广泛应用，使得孔加工不只局限于钻削。

图 30-1 孔加工（来源：Sandvik）

　　基于不同目的，可在各种零件上加工一个或几个孔，或者从实体直接制造，或者对铸造或类似工艺的预制孔进行加工。孔的类型包括定位孔、间隙孔、提供良好配合的孔、螺纹孔、通道孔、减重孔和各种空腔。

　　由于孔加工是最常见的机械加工工艺，它越来越受到高的效率要求和更加严格的质量限制。因此，正确的刀具选择和正确的应用对于发挥现代机床的潜力至关重要。在任何机床或生产线上，钻孔都不一定是效率最低的。

　　本章将探讨有效的加工方法和刀具选择，以及可以实现的加工效果，以获得最佳的制造解决方案。

30.2 孔加工方法

　　制造和加工孔有各种不同的方法，主要包括：
1）钻削。
2）铣削。
3）镗削。
4）铰削。
5）刮削和滚压。
6）深孔加工。

1. 钻削

　　从广义的角度来看，钻削包括实心钻削和套料钻削，这取决于所钻削的孔径。除此之外，还可以进行复合式加工操作，如锪孔和倒角。除了浅孔钻外，还有专用的深孔钻削刀具和加工方法。

　　如今，机械加工的孔中大约 98% 是通过钻削加工的。

2. 铣削

　　在铣削加工中，可以采用铣削刀具和 CNC 程序来加工孔和封闭腔体。螺旋坡走铣、圆弧铣、插铣及各种仿形加工工艺为常见的铣孔方法。

　　除了采用固定刀具进行内圆车削，镗刀还可用于对现有孔进行扩孔和精加工。加工的零件通常为棱柱形。大约 20% 的孔需要进行二次精加工。这种类型的镗削采用旋转的、专用单刃或多刃镗刀。这些刀具通常在一定程度上具有可调节的直径，能够进行粗加工和紧公差精加工。

3. 铰削、刮削和滚压

　　铰削、刮削和滚压是孔的精加工方法。刀具的选择取决于所加工孔的尺寸和类型。一般来说，它们主要用于获得较高的孔壁加工质量。铰削是一种更常用的加工方法，而刮削和滚压则是一种更专门的方法，如液压缸筒内表面的加工。

4. 深孔加工

深孔加工是指孔的深度相对于直径非常大的领域。行业称之为"深孔"的意思是直径相对较小，深度可达直径的 30 倍。对于大直径且深度达到直径的 300 倍的孔，则需采用专用深孔加工技术。为获得高精密的尺寸公差、直线度和表面质量，需要有与刀具、装备和机床所组成系统相匹配的工艺方法来保证。进一步说，大部分的深孔也需要进一步的二次加工，以确保其特性满足更复杂零件的要求。

考虑到以上不同的工艺可能性，孔加工似乎比过去更复杂了。而实际上，如果以正确合理的方式使用现代机床和刀具，孔加工会变得更简单、更高效。

制造业处于持续的竞争压力下，需要更高效地加工孔。为了做到这一点，大批量和小批量孔加工厂商必须不断地审查和优化他们的工艺方法，以保证最低的单孔加工成本。对于小批量孔加工，可以考虑灵活多变的刀具和加工方法，以达到最佳效果。

30.3 钻孔

从原理上，钻孔是用一个末端带有切削刃、周边带有导向刃的刀具进行孔加工的方法。切削运动通常通过刀具旋转和线性进给运动的组合来实现，如图 30-2 所示。

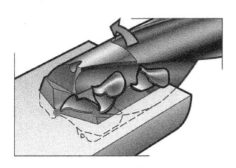

图 30-2 钻孔过程（来源：Sandvik）

尽管孔是一个相对简单的设计特征，但从整个工艺来看，孔是至关重要的。生产中钻孔的成功在于获得最低单孔加工成本，同时保证加工质量。为了获得最佳的加工工艺，需要对一些加工参数进行系统地记录、评估和优化。其中某些参数的影响看起来很明显，但通常需要深入研究其对钻孔过程的实际影响。一般来说，基于参数的直接分析是孔加工的最佳方法。

制订工艺时，需审查钻削参数和评估个别因素。检查表中有许多重要的参数，在确定钻孔工艺时都应该进行核对：

1）孔径。

2）孔深。

3）孔结构（通孔或盲孔，中断与否，入口和出口条件）。

4）孔公差和表面粗糙度要求。

5）材料。

6）设备（稳定性、单个或多个设置）。

7）机床因素（功率、稳定性、强度和转速/进给能力）。

8）刀柄质量（钻夹头、一体化刀具、主轴接口）。

9）切削液供应（流量、压力、质量和过滤）。

10）待加工孔的数量（一次性批量生产）。

有了上述信息和最佳加工方法，就可以根据每一个有价值的参数信息来选择钻头了。

30.4 钻头类型

钻头已发展成为功能更强、更可靠的刀具，它们可用于不同材料的专用或通用的加工场合。除了普通的高速钢麻花钻外，应考虑性能更好的钻头：

1）整体硬质合金钻头。

2）可换钻尖钻头。

3）可转位刀片钻头。

4）钎焊和烧结钻尖钻头。

以上类型的钻头在制造业中能够占据主导，是由于在大部分常见孔的加工中能够优化钻孔工艺，如图 30-3 所示。它们具有自定心、易用和通用等优点，并能充分利用所有类型的机床。

图 30-3 现代主要钻头（来源：Sandvik）

以下详细列举了工业中可见的不同孔径和类型的钻头：

1）直径≤12mm（≤0.5in）钻头占40%，占主导地位的是硬质合金和高速钢钻头。

2）直径>12~20mm（>0.5~0.75in）钻头占30%，可转位刀片、可换钻尖、硬质合金和高速钢钻头依次占据主导地位。

3）直径>20~40mm（>0.75~1.5in）钻头占20%，以可转位刀片和可换钻尖钻头为主，仅有少量硬质合金和高速钢钻头应用。

4）直径>40mm（>1.5in）钻头占10%，以可转位刀片钻头为主。

30.4.1　整体硬质合金钻头

整体硬质合金钻头是加工高性能和精密公差孔（IT8）的首要选择。这种钻头目前已经是一种成熟的刀具，有多种类型和材质可供选择，正逐渐替代高速钢麻花钻。除了螺旋槽，最新一代的硬质合金钻头与传统的早期硬质合金钻头已经完全不同，它是一种集高速、高精度、高工艺安全性于一体的高科技刀具。

整体硬质合金钻头在夹持良好的情况下能够一次性加工大多数类型的精密孔。在满意的装备上可以达到IT8精度，而在实际不稳定加工条件下也可达到IT9精度。其极高的机械钻速可使孔加工成本降至最低。

整体硬质合金钻头在大多数现代数控机床上可采用相对较高切削用量。这种钻头的尺寸范围广，直径为3~20mm，深度可达直径的8倍；它在加工公差等级要求较高的孔加工中是独一无二的，而且由于其高的机械钻速，使其在其他应用场合与其他高性能钻头具有竞争力。

在许多情况下，整体硬质合金钻头可以加工出比所要求的公差和表面质量更高的孔，而且其性能更好，使其成为最佳选择。对于大多数不同材料的零件都是理想的选择，它能够在平面、倾斜面、凹凸不平或不均匀的零件上进行钻孔。此外，它还可以钻穿现有的孔。

硬质合金钻头的修磨可以延长刀具的使用寿命，确保同样的刀具质量并保持高钻速。创新的钻尖几何形状和硬质合金等级使这种钻头的性能大大提高，使高速钢麻花钻在当今制造业的许多应用中显得过时而没有竞争力。整体硬质合金钻头具有更大的切削用量，也更耐用。换句话说，对于加工时间、孔质量、工艺安全性和机床利用率优先考虑的应用场合，整体硬质合金钻头是更理想的选择。

30.4.2　可换钻尖钻头

可换钻尖钻头的应用不断增加，为许多工艺提供了有效的替代方案。大量的孔制造过程中受到孔径公差低至IT9的限制；许多是孔深达到孔径的5倍或更深，跨度孔径范围为10~33mm（0.375~1.25in）。对于不同零件、机床和材料，可换钻尖钻头已经成为比较可靠的孔加工刀具。选择这种钻头的主要因素是它的精度、孔深以及其在机床上可更换钻尖的能力。通过精心设计的容屑槽实现良好的排屑，同时可以保持较长的高刚性钻体，使之成为一种非常高效、安全的刀具类型。与可转位刀片钻头相比，可换钻尖钻头是一种新型钻头，并且由于钻头和钻尖之间接口的改进，如今已占据可转位刀片钻头一半以上的孔加工刀具份额（由35%增至65%）。

可换钻尖钻头的钻孔深度为直径的10倍，可以加工台阶和倒角。通过排屑通道的设计，使其具备高效、良好的断屑和排屑能力，从而获得良好的表面粗糙度，减少了毛刺的形成。通过使用涂层硬质合金钻尖，获得更长的刀具寿命和更均衡的磨损，提高了钢和铸铁的加工效率和可靠性。

易用性是可换钻尖钻头的一个重要方面，因为易于更换钻尖在一些应用场合至关重要。现代切削刃的几何形状以及刀体和钻尖之间高精度、安全的接口，确保可换钻尖钻头成为其他类型钻头的良好替代方案。

30.4.3　可转位刀片钻头

在许多情况下，可转位刀片钻头（见图30-4）是12~63mm（0.5~2.5in）直径范围内最具成本效益的孔加工解决方案——当钻孔深度为2~5倍直径，公差为IT12或更高，表面粗糙度为Ra2~4μm时。采用带修光刃的刀片作为侧刃以及预先设置的可调刀柄，可以获得良好的精加工能力。这种类型的钻头在整个孔加工行业具有很高的生产率和通用性，通常被认为是此直径范围内的首选。当今制造的所有孔中约有20%采用这种钻头加工。

可转位刀片钻头是一种成熟的、全面的、高效可靠的钻头，可用于多种不同的作业，包括不同的材料、不同的孔结构和不同的孔尺寸。它可用于孔的镗削、螺旋插补铣或插钻。对于套料钻，通常可以加工直径大于60mm（约2in）的孔，由于切削去除的材料较少，可以在低功率机床上完成。

通过可转位刀片的阶进技术，钻头的切削动作和平衡性得到了显著改善。新型钻头对于整个可调

图 30-4 可转位刀片钻头（来源：Sandvik）

直径范围内每一个特定的直径都是平衡的，这要归功于钻头中径向可调的刀片。此外，开发的排屑功能可以提供非常平稳、安全的切屑流，同时保证必需的钻孔刚度。

然而，由于钻体、刀片和刀座的公差，可转位刀片钻头对实际获得的孔精度还是有限制的。在加工比公称直径更大的孔时，为了获得更高的公差等级，可以采用径向调整刀柄或偏心套来预置刀具。

作为固定的或旋转的刀具，可转位刀片钻头适用于各种入口面、斜面、预钻孔和交叉孔的加工，通过选择刀具的材质和几何形状来优化钻孔工艺。采用可转位刀片技术，可将钻头设计为变径高效刀具，用于加工倒角和阶梯孔。

30.4.4　钎焊钻尖钻头

采用硬质合金切削刃的钎焊钻尖钻头的应用越来越少，如今只有大约 1% 的孔采用这种钻头加工。这主要是由于提高了整体硬质合金钻头的性能。这种钻头具有复杂的几何形状，有能力加工具有良好表面质量的精密孔（IT8），通常的加工直径为 9 ~ 30mm（0.375 ~ 1.25in）。对于大多数材料，加工孔的深度可以达到直径的 5 倍。

30.4.5　烧结钻尖钻头

烧结钻尖钻头采用 VEIN 技术将多晶金刚石（PCD）和硬质合金结合起来，特别适用于加工复合材料和复合材料/金属叠层材料。金刚石切削刃烧结在硬质合金钻头上，实现了高刚性钻柄与坚硬耐磨切削刃的优化组合。硬质合金钻头具有 PCD-VEIN，烧结在远离钻尖的一个窄槽中的适当位置，保证两个部分之间的高强度连接；然后按照最终的刀具几何形状磨制成形，切削刃由钻头的硬质合金部分支撑。烧结钻尖钻头可以改变切削刃的几何形状，这

对于常规 PCD 钻头是不实际的甚至不可能实现的。它还可以改变钻头设计形式，确保低刚性设备实现稳定、大批量精密孔的加工。

这种类型钻头很少是标准设计，但在加工复合材料和叠层材料时，可以作为优化加工性能和提高孔质量一致性的工程解决方案。它可提供锋利的切削刃，在加工最耐磨的复合材料和金属（如钛合金和铝铝合金）时能够保持锋利。这种技术甚至还可进一步加强，如强化刀具的圆角部分，在严格的进刀和退刀限制下可允许更高的切削速度。

30.4.6　钻夹头

钻夹头往往是一个决定成败的关键因素。不合适的夹头可能成为机床、刀柄和刀具组成的链条中最薄弱的环节；另一方面，一个非常好的现代夹头可提供增加一致性，甚至提高机床利用率和生产力水平的手段。大多数问题都是以振动的形式出现，导致加工表面质量不高，刀具寿命很短。在许多情况下，这些问题可以追溯到不良的刀具夹持。

如今，液压夹头的发展已经为圆柱形刀具的夹持提供了高科技解决方案，改进的方面包括：高精度、夹紧力大、防止刀具拔出的安全性措施、高扭矩传动、减振效果、易用性和平衡性等。当使用最新开发的液压钻夹头时，刀具寿命显著增加并不是什么稀奇的事。

弹簧夹头和过盈配合仍然可以发挥作用，但将非常受限于应用场合和最终的加工要求，乃至生产的组织方式。弹簧夹头在钻头尺寸方面具有很高的灵活性，但不会提供高精度。

过盈配合可通过最小化端面跳动提供高精度，但需要设备和机床/刀库具有专用的换刀程序及其相关的专用刀柄尺寸。

另一方面，现代的液压夹头适用于任何类型的应用场合和装备，能够提供高精度，安全性，而且换刀非常简单。

30.4.7　钻孔小结

这些基本类型可以说是为制造业中占主导地位的孔加工提供了最佳的解决方案。同类孔的加工数量和优化程度是决定钻头类型的主要因素。当优先考虑加工性能、加工质量和工艺安全时，选择合适的钻头和钻夹头对提高孔加工效率和降低制孔生产成本至关重要。

30.5　铣孔和铣型腔

首先，应该强调的是，当涉及大量的相同孔或

需要缩短加工时间时，对于直径小于 50mm 的孔，钻削是效率最高的加工方法。现代钻头的迅速普及对加工效率、工作进度和每孔的成本有很大的影响。对于深孔加工，钻削也可能是效率更高的加工方式。

通用性是铣孔的最大优势（见图 30-5），通过铣削可以加工出不同形状的圆孔和封闭腔体，并且有多种铣削方式可以完成这些加工操作。与钻孔相比，铣孔需要更长的时间，但这取决于其应用场合，其重要性在于通用性。孔的大小就是其中一个问题，因为根据刀具尺寸存在一个最小加工直径，但铣孔意味着对加工多大的孔都没有限制。一个铣刀可以加工大范围的直径，并且加工程序容易掌握。

图 30-5　铣孔和型腔（来源：Sandvik）

30.6　铣削方法

30.6.1　螺旋坡走铣和圆弧铣

螺旋坡走铣和圆弧铣是孔加工中最常用的铣削方法。螺旋坡走铣是螺旋插补的一种（沿着螺旋线）。圆弧铣只在两个轴（x 轴和 y 轴）方向上进行加工，而螺旋坡走铣是三轴加工（x 轴、y 轴和 z 轴），执行圆周运动的同时轴向进给。

对于实体、大深度或对振动敏感的孔加工场合，螺旋坡走铣（见图 30-6a）是一种可选的加工方式，尤其是当孔很深，需要用到长悬伸刀具时，这种方法加工出来的孔具有更高的同轴度。螺旋坡走铣也可用于加工各种型腔特征。这种方法的别称是螺旋插补或螺旋线插补铣。

圆弧铣（见图 30-6b）与镗削加工类似，仅限于扩孔，经常用于铸件和锻件上孔的加工。保持 z

轴恒定，通过每一层进退刀铣孔，使其达到要求的孔深。圆弧铣的缺点主要是会产生接刀痕且公差等级低于螺旋坡走铣。

图 30-6　螺旋坡走铣和圆弧铣（来源：Sandvik）
a）螺旋坡走铣　b）圆弧铣

对于大孔径，尤其是当机床功率受限时，包括小批量或一次性孔的加工，螺旋坡走铣是一种理想的加工方法。当加工孔的尺寸不同，刀具在机床刀库中位置已满或受限时，也可采用这种加工方法。某些盲孔、薄壁结构造成的不稳定性、待钻孔的材料、某些断续的缺口和进出口也会影响加工方法的选择。螺旋坡走铣不仅可以减少毛刺的形成，而且不依赖切削液供应方式排屑。

一般来说，对于直径大于 25mm（0.984in）的相对粗糙的孔，螺旋坡走铣通常被认为是钻削的替代方案，通常需要进一步的精加工。在某些情况下，用于螺旋坡走铣的铣刀可以作为柔性装置的一部分用于其他加工操作。例如，可以在孔加工过程中执行其他加工操作，也可以使用相同的刀具加工其他型腔。螺旋坡走铣还可用于镗孔、加宽型腔和外部铣削；通过刀具插补加工得到所要求直径的凸台。

适用于螺旋坡走铣的典型刀具包括各种可转位刀片、整体硬质合金立铣刀、大进给铣刀、圆刀片刀具和可转位刀片钻头，以及用于特殊加工场合的方肩铣刀。刀具类型、直径选择、齿距适宜性和进给速度的选择对于螺旋坡走铣的应用来说很重要，可以确保其成为安全、平稳、通用的加工方法。

30.6.2 插铣

插铣也常被认为是一种孔加工方法，它具有与螺旋坡走铣类似的通用性。在这种方法中，采用刀具的端刃（轴向切削刃）代替刀具的侧刃（径向切削刃）（见图30-7）。轴向进给方式将切削力引向主轴，具有减震效果。这使插铣适合作为以下应用场合的解决方案：加工不稳定、低功率和低扭矩的机床，需要用到长悬伸刀具（大于4倍的刀具直径），以及难加工材料（尤其是钛合金和耐热高温合金）。对于型腔圆角的半精加工，特别是在进刀受限且圆角半径相对于型腔深度较小时，插铣是一种很理想的加工方法。

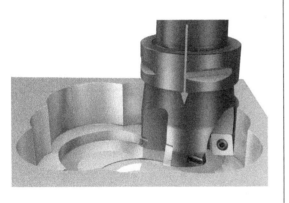

图 30-7　插铣（来源：Sandvik）

应该注意的是，插铣产生的粗糙表面会留下大量材料，需要通过精加工去除，并且会有许多进刀退刀的接刀痕。该加工方法最适合粗加工和二维轮廓加工。切屑的形状与常规铣削（中厚到薄）不同，在插铣加工过程中，切屑厚度均匀，更类似于断续车削。该工艺类似于断续切削的镗削。

有多种刀具可用于插铣：专用插铣铣刀或钻头、可转位刀片和整体硬质合金立铣刀、圆刀片刀具和快速进给刀具，甚至一些方肩铣刀。在选择合适的铣刀或钻头时，要考虑实际应用的因素，如步距速度、进给速率、起始点、刀齿啮合、切削间距、切削深度、编程类型和精加工余量等。

总之，在某些应用场合，作为孔加工方法的铣削可以替代钻削和镗削。然而，采用铣削加工孔虽非常灵活，但通常效率较低。

铣削时应考虑以下几点：

1）只需要加工一个或少量孔且为不同直径的

孔，如涉及型腔加工也可以。

2）机床功率有限和/或没有切削液可用。

3）镗孔时难以断屑/排屑。

4）需要加工一个绝对的平底孔。

5）机床刀库的空间有限。

6）孔径足以容纳合适的铣刀和刀具路径。

30.7 镗削

镗削是一种用于扩大孔径及提高现有孔加工精度和表面质量的加工方法，如图30-8所示。本文中的镗削通常指在加工中心上使用一种旋转的单刃或多刃刀具进行的加工（车床上镗削是指采用固定刀杆的内孔车削）。以下为几种用于宽直径范围粗镗、精镗的柔性刀具系统。

图 30-8　带旋转刀具的镗削（来源：Sandvik）

对于粗镗，刀具直径范围通常为 25 ~ 550mm（0.984 ~ 21.654in），孔深可达刀具联轴器直径的6倍。这些操作主要是为了优化金属去除率而设置的，可以尽可能有效地对铸造孔、锻造孔和预加工过的孔等进行扩孔。通常适用于IT9或更高公差等级的孔加工。

对于精镗，刀具直径范围通常为 3 ~ 982mm（0.118 ~ 38.661in），孔深为刀具联轴器直径的6倍。目的是保证现有的孔达到加工要求的公差、位置精度和表面质量。孔的质量要求会影响加工方法和镗削刀具的选择。切削深度比粗加工小，一般小于0.5mm。通常适用于孔公差等级在IT6 ~ IT8 之间的孔加工。

为了获得最佳解决方案，在应用旋转镗刀时必须考虑以下因素，因为这是刀具类型和加工方法选择的关键：

1）待加工孔。

2）零件特性。

3）使用的机床。

1. 孔的基本特征参数

1）孔径。

2）孔深。

3）孔公差。

4）表面粗糙度。

5）位置度。

6）直线度。

2. 镗削工具与方法

根据待加工孔的基本特征参数要求，考虑下列特性以决定镗削工具与方法：

1）材料的加工性和断屑性能。

2）零件的加工稳定性。对于薄壁结构，应考虑可能引起的振动。

3）可能需要加长刀具刀杆。

4）应包括减振适配器。

5）装夹注意事项，稳定性预防措施。

6）待加工的零件数量会影响刀具选择，如果特殊设计的刀具可以确保获得优化的工艺方案，也可以考虑。

3. 机床因素

许多机床方面的因素都会影响应用程序：

1）主轴接口。

2）机床稳定性、功率和扭矩，尤其对于大直径孔的加工。

3）主轴转速（适用于小直径孔加工）。

4）刀库和换刀功能（是否适用于较大的刀具）。

5）卧式铣镗床可以改善排屑性能的内部切削液供应。

30.8　镗削方法

根据孔、零件和机床特性，有几种不同的刀具类型和加工方法可用于提高粗加工过程中的金属材料去除率，并可获得精密公差配合和高加工表面质量（见图30-9）：

1）多刃镗削。

2）阶梯镗削。

3）单刃镗削。

30.8.1　粗镗

1. 多刃镗削

多刃镗削是最基本的、最常用的粗镗加工方法，使用两个或多个可转位刀片加工到IT9公差或更高精度。其高加工效率是基于每个刀片的进给能力乘以刀片数量。加工直径通常在 25 ~ 550mm（0.984 ~

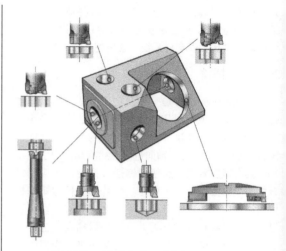

图 30-9　镗削方法（来源：Sandvik）

21.654in）范围内。

2. 阶梯镗削

该方法是将镗削刀具的刀片设置为不同轴向高度和直径进行的粗加工，适用于要求去除大加工余量或加强切屑控制的场合（对于长切屑材料，需要将宽切屑分成若干较小且容易处理的切屑）。在某些加工场合，也可以减少刀具数量和换刀次数。

加工效率和表面质量与只使用一个刀片相同，可以获得IT9公差或更高精度的孔。

3. 单刃镗削

该方法主要用于对切屑控制要求较高材料的粗加工和精加工，或者当机床功率受限时使用。在粗加工中，由于有更大的容屑空间，单刃镗削更有利于长切屑材料的加工。单刃镗削适用于底部孔和精加工孔，可达到IT9公差或更高精度。

30.8.2　精镗

精镗的主要方法是单刃镗削。它主要用于精加工，采用较小的切削深度，可以获得IT6 ~ IT8的公差精度，孔的加工表面质量较高。单刃镗削是精镗作业的首选，加工直径范围为 3 ~ 1275mm（0.118 ~ 50.197in）。精密镗削刀具的直径可以通过刀具内置的高精度机构实现微米级精度调整。单刃镗削在粗镗之后进行，使孔达到规定的公差要求。多刃铰削是达到相同公差等级的替代加工方法，但柔性不高，适合于大批量加工。

为了优化镗削工艺，粗镗和精镗采用不同类型的刀具。对于不同类型的机床接口、长度、扩径和减径适配器都具有非常好的夹紧效果和柔性。但是对于较长悬伸刀具的优化，更重要的是减振技术。连接器可提供高度的柔性和模块化，以构建最适合的刀具和刀具组件。加工孔深可达到刀体直径的 3 ~ 10 倍，粗镗时加工孔深加倍，使加工效率大幅提高，并获得一致的紧公差配合。另外，可选择内部供液，以保证切削区切削液的精确喷射。

综上所述，镗削需要根据粗加工和精加工进行分类。选择刀具和加工方法时，要么获得高的金属材料去除率，要么获得高的加工精度和表面质量。采用回转刀具的镗削方法应用广泛，主要用于小批量孔的加工。除了刀具技术以外，加工中心、镗床、立式车床和多功能机床上的装夹和换刀变得越来越重要。

随着刀具悬伸灵活性的提高，刀具在优化切削参数下所能满足的加工需求也逐渐增加。为此，刀柄、连接技术及替代产品（包括减振刀杆和连接器）的质量起着至关重要的作用。

30.9　铰削、刮削和滚压

30.9.1　铰削

铰削是一种精加工方法，在高进给速度下可获得极佳的表面质量和精密公差（IT7），如图 30-10 所示。铰削可以加工大多数材料，对大批量通孔的加工可获得很高的生产率，加工直径范围为 4 ~ 32mm（0.157 ~ 1.260in），孔深可达 100mm（3.937in）。在同时保证加工时间和孔加工质量的情况下，铰削可实现较高的切削速度和最小的切削余量。

图 30-10　铰削（来源：Sandvik）

铰削加工可以采用整体硬质合金铰刀，也可采用可更换刀头的铰刀。针对不同的加工材料，铰刀可以是通用的，也可通过专门设计用于钢和不锈钢

的加工。可更换刀头的铰刀主要用于大直径孔的加工；整体硬质合金铰刀可用于多种场合，如中小批量加工，或者性能优化后的高效率、大批量加工，或者有特定应用要求零件的加工。

为了获得高生产率、高质量的表面和尺寸公差，应优先考虑铰削。多刃铰刀的直径通常为 3 ~ 32mm（0.118 ~ 1.259in）。

30.9.2　多刃铰削

多刃铰削是一种扩孔或高精度孔的加工方法。通常，它也可用于获得更高的加工表面质量和更精密的公差。铰刀是具有凹槽的圆形切削刀具，具有长的切削刃，所加工的孔径仅比刀具直径小一点（通常在 5% 以内），加工余量小。铰刀沿圆柱刀体上有直槽或螺旋槽，这可以提升铰刀的切削性能。当选用铰刀时，材料的硬度、待加工孔数、公差精度、加工表面质量以及成本均为需要考虑的因素。

30.9.3　影响铰削的因素

影响铰削加工性能和加工效果的因素如下：

1）刀具的质量。
2）材料。
3）装夹。
4）切削液。
5）切削用量。

铰削加工时应考虑加工批量类型、同直径孔数、尺寸公差和加工表面质量要求。铰刀是针对高质量孔加工的专用、高效刀具，可适用于几种不同类型的机床。

30.9.4　刮削和滚压

刮削和滚压是一种在管内刮切和表面冷作加工的孔加工方法，主要应用于液压缸中超光滑的承压型表面的加工，如图 30-11a 所示。典型的加工范围为 38 ~ 305mm（1.5 ~ 12in），待加工管可以很深。刮削滚压刀具是一种多功能刀具。

与珩磨相比，刮削滚压组合加工有很多优点：

1）加工时间节省 90% 以上。
2）单位管长的加工成本更低。
3）获得极高的加工表面质量，孔加工公差达 IT8。
4）减少密封磨损的表面质量使其成为活塞的理想加工方法。
5）刀具可同时对刮削和滚压工艺进行优化。

刮削，即刮切，适用于不同的应用场合和材料。在金属管中，借助于一个有效的浮动铰刀，将管孔加工成为尽可能完美的圆孔。刮削是一种径向切削深度小得多刃刀具加工方法，是一种典型的精加工方法，用于获得非常接近的直径尺寸和圆度公差。该工艺能够实现非常快速的切削和高穿透率。当刮削刀具通过工件时，以较高的进给速度切削掉薄层切屑。较低的进给速度可产生较高的表面质量。

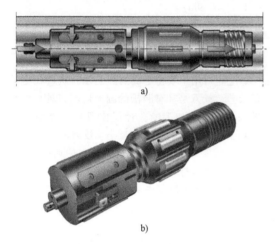

图 30-11　刮削和滚压（来源：Sandvik）
a）组合刮削　b）滚压

刮削刀具的质量及其应用决定了液压缸的直径和公差。从入口到出口，正常进给时典型的表面粗糙度为 $Ra\ 4 \sim 10 \mu in$，$Rt20 \sim 60 \mu m$。对于薄壁管，夹紧和加工引起的弹性变形将影响加工效果。刮削刀具应服从零件的内径尺寸，以确保其直线度。

刮削和滚压可分为两个加工步骤，通常组合在一个刀具上，其中一个步骤去除材料，另一个步骤加工形成高公差和镜面的金属表面。

滚压工艺在工件表面进行冷作加工。一个或多个滚子或球压在工件的表面上，通过挤压表面突起和填充表面凹坑来实现表层材料的塑性成形（见图 30-11b）。滚压可以产生 $Rz1mm$ 或 $Ra8\mu in$ 的表面粗糙度。

当使用组合式刮刀和滚压刀具时，后者在返回行程中工作。通过挤压表面突起和填充表面凹坑，加工表面发生塑性变形，形成冷作加工表面，可获得 $Ra\ 0.05 \sim 0.20 \mu m$ 的表面粗糙度，优于拉削、磨削，甚至优于珩磨加工。钢的表面硬度可提高约 50%。

如果待加工的管壁非常薄，则不能像常规管那样进行滚压。如果壁厚与内径之比小于 0.1，则为薄壁管。通过滚压加工得到的公差等级一般要优于 IT8。在对薄壁管加工结果的负面影响方面，非常大的夹持力、交叉孔或不规则的管形均会导致薄壁管

产生各种不同的变形，而壁厚不均匀会引起圆度误差。

刮削和滚压操作是在单独的工序中完成的，当组合刀具滚压时，刮削刀片缩回。这意味着刀具进给所需的功率和力保持在最低水平。对于刮削和滚压，转速和进给量可以分别进行优化。最常见的组合机床是深孔钻床，也可以采用进给速度保持恒定和转速足够高的珩磨机床及配备适当冷却系统的车床。这些机床需要具备向前和向后的进给运动功能以充分发挥其性能。

30.10　深孔加工

当待加工孔的深度与直径之比非常大时，就需要用到深孔加工技术，如图 30-12 所示。正常钻孔深度为直径的 10 倍左右，超出此范围就需要采用专用刀具，甚至专用工具系统。采用专用的深孔钻削系统，钻孔深度可达到直径的 300 倍，加工出来的孔仍可满足尺寸公差，直线度和表面质量要求。除了深孔实心钻削，还有套料钻削和锪孔等加工方法，可以降低大型深孔加工或已加工深孔精加工的功率需求。

图 30-12　整套深孔钻削系统（来源：Sandvik）

直径 ≤1mm 的孔是深孔加工中最常见的孔，通常采用整体硬质合金深孔钻或枪钻进行加工；直径 >15 ~ 25mm（0.6 ~ 1in）的深孔，最好采用钎焊钻头进行加工；直径 >25mm（>1in）及以上的深孔，可采用可转位刀片的钻头。材料去除率、工艺安全性和精度是决定深孔加工成败的主要因素。

当孔深不超过直径的 15 倍时，可以在加工中心和车床上直接采用基本的可转位刀片钻头进行加工。对于大多数材料，可以覆盖加工直径范围 25 ~ 65mm

（1～2.5in），加工公差精度达到IT10。

对于孔深直径比达到30倍、直径为3～12mm（0.118～0.5in）的深孔，则可选用整体硬质合金螺旋槽钻头。它适用于加工各种材料，如果采用精密夹头装夹，孔的加工精度可达到IT8。这些钻头具有很高的加工稳定性，能够实现高速切削且不需要啄钻加工。良好、平稳的排屑性能使其具有较高的工艺安全性和较长的刀具使用寿命。它们能够用于交叉孔和倾斜表面孔的加工。

深孔钻削中的一些新技术，如切屑控制技术、切削液内部供应技术和切削力降低技术等已经取得很大的进步，深孔钻削已经成为大批量加工的首选，如汽车行业的曲轴、发动机缸体和气缸盖等。

30.10.1 深孔钻削系统（枪钻系统）

枪钻是经典的深孔加工方法，已经存在了几十年。它最初是用来制造长枪枪管，其特点是加工出的枪管非常直、加工质量好。采用标准的浅孔钻，很难加工出孔深超过10倍孔径的精密孔。如今，枪钻有了较大的发展，整体硬质合金或冠齿式枪钻效率高，并且能够加工出一定深度和直径范围内的高质量孔。

枪钻主要用于加工较小直径的孔，钻头覆盖范围为0.8～40.5mm（0.003～1.6in），深度可达到直径的300倍。对于公差精度要求高、直径较小的应用场合，目前钻头的几何结构可确保实现较高的加工效率。枪钻适用于钻削断屑困难的硬质材料以及大批量孔的加工。

枪钻系统采用空心钻杆，高压切削液通过钻头内输送管送至切削刃，提供润滑和冷却效果；然后将切屑沿着钻头外侧的凹槽带出。枪钻钻削适合深孔加工，可以在几种机床上完成，包括车床和专用机床。这种孔加工方法可以获得较高的公差精度（IT8）和良好的表面质量。

30.10.2 大直径深孔加工

大直径深孔加工需要专用设备系统，有些应用甚至需要专用机床。该系统包括深孔钻头、钻管、连接器或油压头、储液罐和密封件等，涉及焊接钻头和可转位刀片钻头。这里有两个重要的概念，即单管钻系统和双管钻系统（见图30-13），每个都有具体的应用场合。大型标准方案和广大工程方案可以采用上述两种加工原理的深孔钻削，它们比枪钻快几倍，通过高穿透率实现低成本的单位距离钻削，并且有非常好的直线度、高公差等级（IT9）和良好

的表面质量。

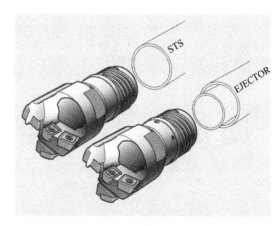

图 30-13　深孔钻的单管钻系统和双管钻系统
（来源：Sandvik）

1. 单管钻系统

单管钻系统（STS）的工作原理是高压切削液流经介入钻头和已钻削孔之间的外钻管。在STS中，钻头固定在钻管的一端，钻管的另一端固定在压头上。钻柄本身是空的，切削液携带钻屑进入钻体，流经钻头内的排屑槽，然后通过钻管排出。单管钻系统只能在专用机床上使用。

高压切削液使单管钻系统非常可靠，特别是加工难断屑的材料，如低碳钢和不锈钢，以及组织结构不均匀的材料时。对于组织结构均匀、孔深较大的孔，尤其当直径大于200mm（8in）时，加工一致性好。当采用单管钻系统加工特别长的工件时，新的振动控制手段可提高工艺安全性、加工精度和刀具使用寿命。单管钻系统通常是大批量生产的首选。

2. 双管钻系统

双管钻系统与STS类似，除此之外，它更多的是作为一个整体单元，其中钻管安装在连接器的一端，钻头安装在加工端。这是具有内管和外管的喷射器系统，并且通过两个管之间输送切削液。由于切削液完全在钻管和钻头内，因此双管钻系统是一个独立的系统，与STS系统一样，不需要任何外部密封。切屑通过内管冲洗，然后回到连接器排出。

与STS系统相比，双管钻系统只需较低的供液压力，并且可以安装在不同的机床上，如车床、加工中心和镗床，甚至可以作为自动换刀的独立刀具系统。对于可能出现密封问题的零部件，双管钻系统是理想的钻孔方法。当采用预钻孔方式而不是采用钻套引导加工时，双管钻系统具有优势。

复杂深孔的附加加工日益增加。如今，非常深的孔往往需要复杂的加工解决方案，给切削加工带

来了挑战，如图 30-14 所示。一些沉孔特征需要工程化，专用刀具解决方案使切削成为可能。通常情况下，零部件常常要求附加特征，如非常小的表面粗糙度值、内室、孔径变化、轮廓、凹槽、螺纹及不同的孔方向。

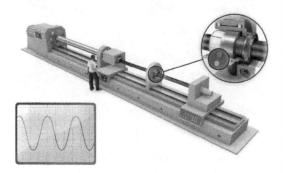

图 30-14　先进的深孔加工专用机床
（来源：Sandvik）

现代可转位刀片技术与管钻系统相结合使上述成为可能，为采用工程刀具加工要求很高的孔提供了基础。要在这些孔的内部和末端进行长时间的加工，需要专门的运动机构、刀具配置以及正确的切削刃才能完成内室、凹槽、螺纹和型腔的加工。支撑板技术是另一重要领域，在深孔钻削中也至关重要，现在已发展成为深孔加工技术的一部分。

过去许多这样的加工需要额外的设备。随着多任务机器和类似机械的兴起，需要一种新的方法。例如，在一个典型的情况下加工几米深的孔，其孔径约 100mm（4in），必须一端有螺纹，并在孔的中间有一个直径增大的锥体。通常，当钻削完成后，再将零件移至车床上，随后通过镗削工序将这些特征添加到孔中。

现代深孔加工技术结合了钻削能力和在一把刀具上的各种附加切削，并且没有机床调整限制。这种新刀具技术拓宽了其操作能力，从而能够在更小的限制范围内更高效地加工这些要求苛刻的特征。

30.10.3　孔加工的基本注意事项

钻孔对中（见图 30-15）是获得满意的钻孔性能、安全性和加工效果的重要点之一。对于旋转和非旋转钻头，钻头与机床中心线之间的总跳动存在一个最大安装值。造成问题的一个常见原因是非旋转钻头的中心线与旋转部件的轴线不在同一条直线上。旋转钻头的过度跳动也会引起各种问题。

良好的排屑在现代钻孔中至关重要，要实现这一点，排屑控制和切削液流量必须正确。对于加工

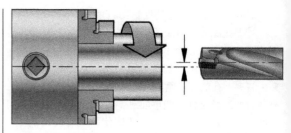

图 30-15　钻头的对中至关重要（来源：Sandvik）

过程中产生的切屑应该进行分析，通过采用正确的钻头几何形状和切削参数来确保生成适当的切屑。

定期分析刀具磨损的原因和对策，以尽量减少切削刃磨损。磨损总会存在，但正常磨损尽可能为后刀面磨损，月牙洼磨损视材料而定。这些可控的磨损类型应该标明刀具寿命，而不可控的磨损，如刃口崩刃，会导致过早的刃口失效。

在车床上进行高性能钻孔时，非旋转钻头的进给力会引起机床刀架的变形。通过分析低进给量和高进给量加工出的孔，可以判断刀架是否发生变形。通常推荐在刀架上的不同位置安装钻头，或者选用平稳工作的钻头。

当采用螺旋坡走铣进行孔加工时，刀具类型、刀具直径和切削参数的组合对于获得满意的工艺功能至关重要。应始终检查与最大径向切削深度和推荐的刀片尺寸相关的参数，如每齿进给量和最大切屑厚度。

对于螺旋坡走铣和圆弧铣，软件程序中的进给量应根据所采用的加工方式有所变化。中心工作台进给（或中心线进给）是最常用的参数，而周向工作台进给（或切削刃进给）也被广泛采用。当比较这两种加工方式时，另一个相关的参数是轴向进给值（或斜率）。

在粗镗加工中，多刃镗削和阶梯镗削为首选加工方式，因为其生产率最高。通过在刀具上安装浮动刀头，实现良好的切屑控制、机床利用率和直径通用性。

为了在镗削加工中获得高质量的孔，有一系列的注意事项：切屑控制、安装稳定性和推荐的切削参数，以及在测量切削深度和刀具磨损监测后的最终刀具调整。可以适当调整粗镗刀，进行单刃精加工。

在深孔钻削中，有 4 个因素对系统的成功至关重要：切屑形成、切削力/机床功率、刀具磨损规律、加工表面质量以及公差。排屑顺畅是绝对必要的，因此应特别针对切屑的形成规律进行研究，主要通过改变进给量和切削速度。切屑不能太长（以免卡在管中），也不能太硬（因为这会产生过多的热量和功率需求）。

扩展阅读

George Schneider, Jr.,"Chapter 1：Cutting Tool Materials,"*American Machinist*, October 2009. http：//americanmachinist. com/cutting-tools /chapter-1-cutting-tool-materials（Accessed 5/27/2015）.

"Chapter 2：Metal Removal Method,"*American Machinist*, November 2009.

http：//americanmachinist. com/shop-operations/cutting-tool-applications-chapter-2-metal-removal-methods（Accessed 5/27/2015）.

"Chapter 3：Machinability of Metals,"*American Machinist*, December 2009. http：//americanmachinist. com/cutting-tools/chapter-3-machinability-metals（Accessed 5/27/2015）.

"Chapter 8：Drills and Drilling Operations,"*American Machinist*, May 2010. http：//americanmachinist. com/machining-cutting/cutting-tool-applications-chapter-8-drills-and-drilling-operations（Accessed 5/27/2015）.

"Chapter 9：Drilling Methods and Machine,"*American Machinist*, June 2010. http：//americanmachinist. com/cutting-tools/cutting-tool-applications-chapter-9-drilling-methods-and-machines（Accessed 5/27/2015）.

"Chapter 10：Boring Operations and Machine,"*American Ma-chinist*, July 2010. http：//americanmachinist. com/machining-cutting/cutting-tool-applications-chapter-10-boring-operations-and-machines（Accessed 5/27/2015）.

"Chapter 11：Reaming and Tapping,"*American Machinist*, August 2010. http：//americanmachinist. com/machining-cutting/cutting-tool-applications-chapter-11-reaming-and-tapping（Accessed 5/27/2015）.

"Chapter 12：Milling Cutters and Operationing,"*American Machinist*, September 2010. http：//americanmachinist. com/cutting-tools/cutting-tool-applications-chapter-12-milling-cutters-and-operations（Accessed 5/27/2015）.

"Chapter 13：Milling Methods and Machines,"*American Machinist*, October 2010. http：//americanmachinist. com/machining-cutting/cutting-tool-applications-chapter-13-milling-methods-machines（Accessed 5/27/2015）.

"Chapter 18：Lapping and Honing,"*American Machinist*, March 2011.

http：//americanmachinist. com/machining-cutting/cutting-tool-applications-chapter-18-lapping-and-honing（Accessed 5/27/2015）.

Machinery's Handbook, 29th ed., Industrial Press, New York, 2012.

Marks' Standard Handbook for Mechanical Engineers, 11th ed., McGraw-Hill Education, 2006.

第31章
攻　螺　纹

美国 Tapmatic 公司　马克·约翰逊(MARK JOHNSON)　著
东华大学　章宗城　译

31.1　概述

　　用丝锥攻螺纹是加工内螺纹的一种常用方法。丝锥是一种圆柱形的切削或成形刀具，其外表面具有与设计制造的内螺纹相匹配的结构形状。丝锥一般必须旋转，每一次旋转的同时向孔内精确移动一定的距离。这个距离称为螺距。当丝锥进入到孔内达到要求的深度后，旋转必须停止并反转，以使它从螺纹孔中退出。

　　从手动控制的钻床和铣床到数控加工或车削中心，许多种类的机床可用于攻螺纹。按使用的机床类型和应用条件，可决定最适合夹持该丝锥的刀柄与相关驱动装置，以完成加工任务。

　　影响丝锥加工性能的因素有很多。其中包括工件材料、工件的定位夹紧、底孔的尺寸、底孔的深度以及所使用的切削液类型。在各种不同的特定条件下，如何正确地选择丝锥，会对加工结果产生很大的影响。当今许多丝锥制造商可为特定的被加工材料生产出专用几何形状的丝锥产品，并利用各种表面处理方法，使它们能够以更高的速度和在需要更换损伤丝锥之前，高效地加工出更多的螺孔。

31.2　攻螺纹用机床和夹持丝锥的刀柄装置

　　如果机床具有一个可旋转的主轴，有能力自动或手动将丝锥推进孔中，这种机床就可用于攻螺纹。就像你能在机床上钻孔一样，你也可以通过正确选择夹持丝锥的刀柄装置或丝锥附件进行攻螺纹。

31.2.1　钻床或普通铣床

　　钻床和普通铣床常用于攻螺纹。最有效地利用

这些机床攻螺纹的方法是使用一种紧凑的可自动反转的攻螺纹刀柄。这种刀柄安装在机床的主轴上，丝锥则夹持在这个刀柄上，它可以控制丝锥转向。机床主轴转动，机床的操作者手动将丝锥送入孔中，当丝锥达到预期的深度时，操作人员退回机床主轴，即可使攻螺纹刀柄自动反转。操作人员持续将机床主轴退回时，丝锥就可从孔中退出。攻螺纹装置的刀柄驱动轴既能夹持丝锥，并能使其在承受拉伸和压缩时轴向浮动。能浮动就意味着操作者不需要将机床主轴的进给与丝锥的螺距完美匹配。攻螺纹刀柄装置除使用了齿轮机构驱动反转外，还需要一个能限制旋转的停止臂。图 31-1 所示为一个典型的可安装在钻床上的、可自动反转的攻螺纹刀柄。

图 31-1　可自动反转的攻螺纹刀柄

31.2.2　普通车床

　　普通车床也可用于攻螺纹，但在这种情况下不能使用自动反转的攻螺纹刀柄，因为在车床上，工件旋转而丝锥不旋转。自动反转式攻螺纹刀柄应该

由具有自动反转功能的机构驱动。对于普通车床，可以采用能拉伸压缩的传动刀柄装置夹持丝锥以在孔中心攻螺纹。由于操作人员难于手动控制加工深度，因此在这种应用条件下，最适宜的刀柄装置应具有许可松开夹持并进入空档的功能。攻螺纹时是工件旋转，操作者则在孔中送进丝锥直到机床停止。

短暂的停顿，可允许丝锥继续在孔内前进，直至丝锥刀柄自进给的距离。当达到自进给距离时，丝锥刀柄传动夹持装置松开，丝锥将开始与工件一起转动。此时夹持工件的机床主轴停止并反转，操作人员就可将丝锥从孔中退出。图 31-2 所示为一个典型的不可反转的带可松开至空档功能的丝锥驱动刀柄。

图 31-2　不可反转的丝锥驱动刀柄

31.2.3　加工中心

今天，大多数高效的攻螺纹都是在数控加工中心上完成的。加工中心具有攻螺纹常用的控制系统，旧的一种攻螺纹闭环系统仍然在许多机床上使用，它是与一个可拉伸/压缩轴向浮动的丝锥传动夹持刀柄装置一起使用的。选择一定的攻丝速度，并在程序中确定适当的进给量。这种传动中的轴向浮动功能补偿了机床进给量和实际丝锥螺距之间的差异。当丝锥按预定程序到达一定深度时，机床主轴停止并反转。由于 CNC 使机床的运动协调一致，所以不需要有松开到空档的功能。

加工中心上的最新控制称为同步或刚性攻螺纹系统。在这个系统中，机床进行了编程控制，使机床的进给速度与主轴的转速同步，与所使用的特定丝锥的螺距相匹配。由于同步循环，所以可以用一个没有轴向浮动的整体刀柄装置。但是，在这种条件下，螺纹的质量和丝锥的使用寿命并不理想。这是由于机床进

给不可能完全全地匹配丝锥的螺距，因为机床的进给和丝锥的螺距之间存在不可避免的偏差。

即使是机床同步，但它和丝锥螺距之间的微小偏差，也会对丝锥产生额外的力，从而使其磨损加快，也会对螺纹质量产生负面影响。

现在已经开发出一种新型的丝锥刀柄，可以补偿这些微小的偏差。它采用一个高精密加工的挠性件，具有很高的弹性模量，用它可精确地预测轴向和径向补偿量。它不同于一般的具有较大的补偿功能和相对较小弹性模量的可拉伸压缩装置。采用这种新型丝锥刀柄，攻螺纹的深度可控制得非常精确；用它代替传统的丝锥传动刀柄装置进行刚性攻螺纹，丝锥寿命提高了 200%。图 31-3 所示为这种新型的丝锥刀柄。

图 31-3　新型丝锥刀柄

在加工中心上攻螺纹的一个缺点是要求机床主轴反转。机床主轴需要一定的时间来停止和反向旋转，而且对每个要攻螺纹的孔都必须重复进行两次：即第一次停转后，孔底部的丝锥反转退出，退出并停转后，再一次改变转向，向前进入下一个孔。机床主轴的质量往往不能允许立即改变转向，特别是在较短的攻螺纹进给距离条件下。当连续以正确的速度运行时，丝锥的工作质量最佳。另外，当丝锥到达深度时，机床主轴的减速也会对丝锥寿命产生负面影响。在加工中心上，采用自反转丝锥刀柄就可消除这些问题。循环时间还会加快，这是由于让机床一直向前不停地旋转，机床主轴只需在孔中送进送出丝锥。当机床退回时，让丝锥刀柄自动反向旋转丝锥，并在攻螺纹循环过程中保持恒定的速度，丝锥以此合适的速度不断地进行加工，不仅效率高还可延长它的寿命；停止和换向对机床主轴的磨损和划伤也得以避免。这些优点在现代高效加工中特

别有用。加工中心的自动换向丝锥刀柄还包括一种止动臂锁定机构，以便在更换刀具时自动从机床主轴上加载和卸载。图 31-4 所示在加工中心使用的自反转恒速丝锥刀柄。

图 31-4 自反转式恒速→丝锥刀柄

31.2.4 数控车床和铣车中心

在数控车床上的攻螺纹类似于在加工中心上使用可拉伸压缩丝锥刀柄进行的攻螺纹，唯一的区别是在车床上工件的旋转代替了丝锥的旋转。

当数控车床装上偏心加工装置，或者铣车中心的转塔刀架上装有可使刀具转动的机构时，装上丝锥就可在偏离工件中心的表面或侧面，以通过停止工件的旋转和转动丝锥的方式来实现攻螺纹。由于丝锥是驱动的，故也可以使用自反转的恒速丝锥刀柄。攻螺纹附件可进行调整，如常用的 VDI 刀柄（见图 31-5），它们可装在不同类型机床的转塔刀架上。

图 31-5 VDI 刀柄

31.3 丝锥专用术语

现今的丝锥是通过合理的几何形状和表面处理为特定的应用提供最佳的性能。图 31-6 和图 31-7 所示为描述丝锥的常用术语。

1. 前角

丝锥的最佳前角取决于被加工材料。产生长切屑的材料通常需要一个具有较大前角的丝锥；产生短切屑的材料需要较小的前角；对难以加工的材料，如钛或 Inconel 等则要求折中，其前角的大小可介于产生长切屑的大前角和产生短切屑的小前角之间，其刃齿强度较大。

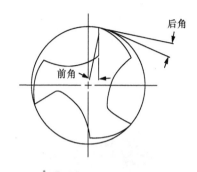

2. 丝锥导程后角

小的后角用于加工软材料；较硬的材料，如不锈钢，宜用较大后角的丝锥，以减少摩擦力，易于加工；难以加工的材料，如 Inconel 和镍等，为便于加工，甚至采用更大的后角。

用于加工盲孔的丝锥后角可小于加工通孔的丝锥后角，以便当丝锥退出时，不损伤切削刃，也可将切屑的根部切除。

3. 切削锥长度

利用丝锥加工螺纹实际是依靠其前端的切削锥完成的。切削锥的牙数越多，加工时的扭矩就会降低，攻螺纹就更容易，丝锥的寿命会延长。对于盲孔，因为事先没有钻出足够的空间以容纳具有较长切削锥的丝锥进入，就可采用具有短切削锥丝锥。在某些情况下，丝锥的切削锥甚至只许有 1.5 个螺距长度，这将会大大增加攻螺纹的扭矩，并缩短丝锥寿命。但是，即使丝锥的切削锥很短，也要让它平稳、完全地进入钻出的空刀槽中。推荐预先钻出空刀槽，并应大于 1 个螺距加 1mm。

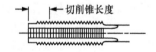

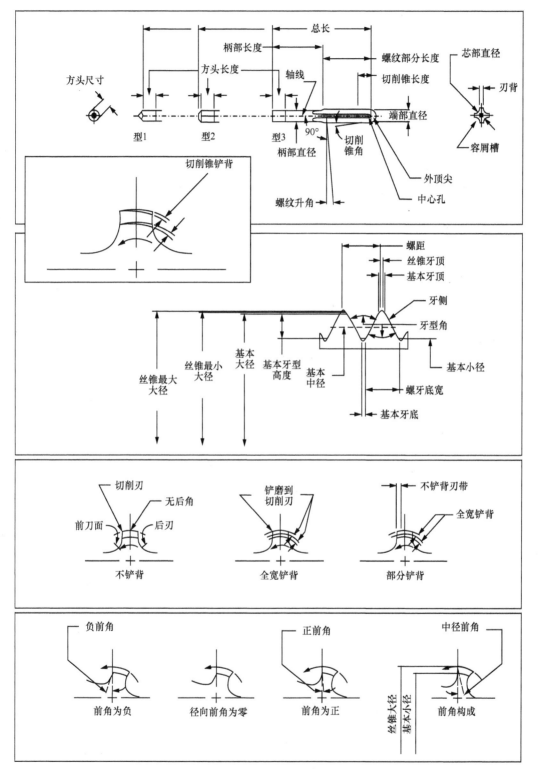

图 31-6 丝锥述语说明

4. 螺纹牙型后角（中径后角）

后角的大小直接影响螺纹切削量的大小，同时也会影响丝锥的自由切削能力和使用寿命，还会影响丝锥进入孔后的导向性。如果后角过大，丝锥的螺距导引作用和定心作用就不能保证，特别是在加工软质材料时。对于像不锈钢或青铜这样的材料，后角应大些，以易于切削和让更多的切削液能到达切削和摩擦部位。较大的后角可允许采用较高的攻螺纹速度，以使机床和刀柄带动丝锥以较好的对中性进入孔中。

5. 冷挤压丝锥

挤压丝锥主要用于对塑性材料的内螺纹盲孔或通孔进行挤压加工，而不是采用切削的方法。其优点是不产生切屑、不会误切螺纹、没有螺距误差、螺纹强度高，丝锥使用寿命更长且可进行高速加工。必须要注意的是，预先加工出的底孔直径应大于切削丝锥所需的底孔直径；润滑条件要好。因挤压加工时需要较大的扭矩，小直径的螺纹表面质量较差。

31.4　材料和底孔条件的影响

影响丝锥选择的两个最重要因素是工件材料和底孔条件。

一般来说，较硬材料比较软材料更难攻螺纹，唯一例外的是某些软质材料，它们的切屑很容易粘接

在丝锥上时。图 31-7 说明了如何根据工件材料和底孔条件选择丝锥的一些特征。

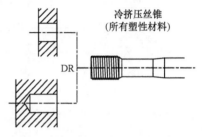

图 31-7　指定材料的一般丝锥选用建议

丝锥的一个重要功能是可从孔中排出切屑。丝锥的容屑槽构成了切削刃，也可用它排除切屑。当对通孔攻螺纹时，螺尖丝锥以它的头部斜刃（构成刃倾角）推动切屑向前，将它排出孔外。当对盲孔攻螺纹时，螺旋槽丝锥则被用以向后把切屑从孔中排出。由于排屑的问题，致使盲孔攻螺纹比较难。表 31-1 列出了基于工件材料和底孔条件的一般丝锥选用建议。

表 31-1　一般丝锥选用建议

丝锥类型及特点	工件材料和丝锥表面处理	
标准直槽丝锥 切削锥长度为 6~8 个螺距 这类丝锥不能把切屑排除孔外，因此不适用于深孔攻螺纹，在浅通孔和生成短切屑材料中应用得最好	工件材料	推荐丝锥表面处理
	铸铁	氮化或 TiN
	铜，短切屑	氮化
	铸铝	氮化
	短切屑硬材料	氮化或 TiN
直槽螺尖丝锥 切削锥长度为 3.5~5 螺距 这类丝锥推动切屑卷曲向前，不易堵塞孔，适用于通孔攻螺纹	工件材料	推荐丝锥表面处理
	铝合金，长切屑	光整加工或 C_rN 或 TiN
	特殊合金	氮化或 TiN
	不锈钢	氮化或 TiN
	钢	钢光整加工或 TiN 或 T_iCN
螺旋槽角约为 12° 的左螺旋槽丝锥 切削锥长度为 3.5~5 螺距 这类丝锥主要用于薄壁零件或被交叉孔或纵向槽打断的孔的攻螺纹	工件材料	推荐丝锥表面处理
	钛 特殊孔条件	氮化或 TiN

（续）

丝锥类型及特点	工件材料和丝锥表面处理	
螺旋槽角约为15°的右螺旋槽丝锥 切削锥长度为3.5~5螺距 通过螺旋槽向后将切屑排出孔外，这类丝锥适用于孔深小于1.5倍丝锥直径的盲孔和生成短切屑材料的攻螺纹	工件材料	推荐丝锥表面处理
	铸铝	氮化
	钛	氮化或 TiN
	不锈钢	光整加工或 TiN
	钢	光整加工或 TiN 或 TiCN
螺旋槽角为40°~50°的右螺旋槽丝锥 更大的螺旋槽便于将切屑向后排出孔外。这类丝锥适用于产生长切屑材料的盲孔攻螺纹，也可用于孔深达3倍丝锥直径的深孔攻螺纹	工件材料	推荐丝锥表面处理
	铝，长切屑	光整加工或 Cr 或 TiN
	不锈钢	光整加工或 TiN
	Cr- Ni 合金钢	光整加工或 TiN 或 TiCN
	软材料	光整加工

31.5　底孔尺寸的影响

底孔的尺寸对攻螺纹过程有极大的影响，因为底孔的大小决定了全螺纹的百分比和被去除材料的数量。全螺纹百分比越高，即孔的直径越小，丝锥在孔中攻螺纹所需的扭矩越大，加工越困难（见图31-8）。

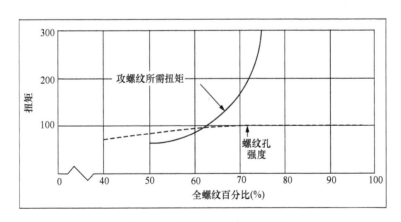

图 31-8　攻螺纹扭矩与螺纹强度

1. 全螺纹百分比

显而易见，攻出全深螺纹比只攻出部分螺纹需要消耗更多的动力。材料去除率越高，完成切削所需的扭矩就越大。

当然，螺纹的深度越大，螺纹孔的连接强度也越大。通常当全螺纹百分比超过约75%时，螺纹孔的实际强度将不再增加，但攻螺纹所需的扭矩却以指数级增加。此外，它也使得尺寸控制变得更难，

丝锥断裂的可能性增加。因此，攻出全深螺纹并不是最佳的选择，只要达到预期螺纹强度即可。

一般来说，材料越坚硬，所需要的螺纹百分比就越小（见表31-2），这样就可以制造出一个足够坚固的螺纹孔来完成预期的工作。对某些较硬的材料，如不锈钢、Monel 和一些热处理的合金，在不牺牲螺纹孔有用性的情况下，只要全螺纹百分比达到50%就可以了。

表 31-2 不同工件材料和底孔条件攻螺纹的全螺纹百分比

工件材料		深孔攻螺纹	通常市售产品	薄钢板或冲压件
硬材料	铸钢 模锻件 蒙乃尔铜 镍合金 镍钢 不锈钢	55%~65%	60%~70%	—
易切削材料	铝 黄铜 青铜 铸铁 铜 低碳钢 工具钢	60%~70%	65%~75%	75%~85%

2. 切削丝锥全螺纹百分比的计算公式

1）寸制（in）：

全螺纹百分比（%）＝螺纹数/in×（丝锥大径－钻头直径）/0.01299

2）米制（mm）：

全螺纹百分比（%）＝76.980×（基本大径－钻孔直径）/米制螺距

31.6　工件夹具

为了使丝锥切削正确，它必须对准孔的中心进入。如果丝锥是以某个角度或偏离中心进入孔内，就会加工出偏离螺纹要求的尺寸，或者导致丝锥破裂。为了取得最佳的效果，工件必须正确牢固地定位夹紧，使它不能转动或移动，这样孔就可与丝锥对准。在某些情况下，当少量的偏差不可避免时，可使用带径向浮动的丝锥刀柄，使丝锥找到并进入孔的中心。

31.7　丝锥润滑

攻螺纹时的润滑对切削刀具的作用比大多数其他加工操作更为重要，因为作为切削刀具的丝锥切削刃在加工时完全被工件材料紧紧包围，特别容易因过热而造成损伤，加上切屑容易堵塞孔和螺纹，因此应该选用一种好的极压润滑剂，使它在提高螺纹加工质量和延长丝锥寿命方面发挥巨大的作用。具有内部切削液孔的丝锥能极大地提高加工性能，特别是在加工盲孔时，具有一定压力的切削液还有助于切屑的排出。冷挤压丝锥的加工建议见表31-3。

表 31-3 冷挤压丝锥的加工建议

项　目	说　明	项　目	说　明
用冷挤压丝锥制成内螺纹	内螺纹可通过冷挤压或旋锻工艺制成。金属在压力下制成的螺纹与好的锻造方法一样，螺纹轮廓具有晶粒纤维结构，这种结构不可能由切削丝锥形成。挤压不产生切屑，就没有切屑处理问题，而且挤压出的螺纹具有抛光的表面	标准润滑	一般来说，冷挤压丝锥加工最好使用优质的切削油或润滑剂，而不是冷却液。硫基油、矿物油和大多数推荐用于冷挤压或金属拉拔的润滑剂，已被证明最适合这项工作
推荐用于冷挤压的材料	攻螺纹时易使工件材料的表面产生加工硬化，因此应仔细加工底孔，使孔表面的损伤最小。钻孔时应使用锋利的钻头，并以正确的切削速度和进给量完成加工。孔表面的损伤会使攻螺纹的扭矩增大，可能导致机床停止和丝锥损伤。冷挤压丝锥推荐用于加工以下材料： 1）低碳钢 2）含铅钢 3）奥氏体型不锈钢 4）铝压铸件（低硅） 5）变形铝合金（具有延性） 6）锌压铸件 7）铜及铜合金（韧性黄铜）	主轴转速	对于大多数材料，挤压丝锥的主轴转速可能是推荐的传统切削丝锥的两倍。通常，丝锥在高转速下的挤出效率更高，但也可以在低速下得到满意的结果。钻孔速度可作为挤压丝锥选用速度的起始点

（续）

项　目	说　明	项　目	说　明
冷挤压丝锥应用信息	1）攻螺纹的作用相同。除了底孔尺寸不同，冷挤压丝锥的应用与一般切削丝锥没用任何不同 2）攻盲孔螺纹。只要有相应的钻头或底孔足够深，有可能使用成套丝锥攻盲孔螺纹。这种丝锥有4个锥度螺纹，攻螺纹所需的扭矩较小，孔口毛刺较少，丝锥使用寿命较长	埋头孔和倒角	这类丝锥在攻螺纹的过程中一些金属会被挤压到孔口上方。因此，在攻螺纹前，可先加工出埋头孔或倒角，使挤出物不影响配合件
扭矩	辊转挤压攻螺纹最为重要的因素是必须具有足够的扭矩，而扭矩受全螺纹百分比、工件材料、孔深、润滑状态和攻螺纹速度的影响。根据这些条件，需要的扭矩大小可以从不增加到比切削丝锥大4倍多。辊转挤压丝锥的使用寿命很长，但随着磨损、扭矩的增加，反转丝锥所需的扭矩也会变得更大。虽然辊转挤压丝锥或无槽丝锥比切削丝锥的强度高，但大扭矩形成的力有可能使结构紧凑的攻螺纹刀柄装置或丝锥驱动器中的传动或工作零件损坏。当选择丝锥刀柄和决定更换丝锥频率时，应该考虑到这一点	可攻型芯孔螺纹	这类丝锥可用于攻型芯孔螺纹。当装上塑孔中心销压铸时，它先使型芯孔形成适当的孔径。因塑孔中心销具有斜度或微度，理论上螺孔的直径应在销上配合螺纹长度一半的点上测定。所设计的塑孔中心销应具有倒角，以承受垂直挤压力
无须丝杠	这些丝锥同样适用于标准攻丝头、自动螺杆机床或丝杠攻丝机。冷挤压丝锥无须配备丝杠攻螺纹装置，因为挤压丝锥进入孔中后会自动导引自己前进，以加工出螺纹	钻头尺寸	挤压丝锥加工使材料向孔内流动，从而形成螺纹的小径。因此，需要一个不同于切削丝锥的底孔。一个理论底孔的大小确定了一个理想百分比的螺纹 理论底孔尺寸的确定公式如下： 理论底孔尺寸（套料钻、冲头或钻头直径）= 丝锥公称直径 −（0.0068 × 螺纹百分比%）/ 每英寸牙数 例如，用1/4 − 20的冷挤压丝锥制成65%的螺纹，试确定合适的钻头直径 已知丝锥公称直径为1/4in或0.25in，每英寸牙数为20，则钻头直径为 钻头直径 = 0.25in −（0.0068 × 65）/20in = 0.228in

31.8　确定正确的攻螺纹速度

表31-4列出了给定应用条件下的攻螺纹速度，它是基于丝锥制造商和其他来源的有关工件材料的螺纹切削或冷挤压指南汇编。

表 31-4　给定应用条件下的攻螺纹速度

表面线速度/(ft/min)
基于理论表面线速度的转速（r/min）
实际的转速（也是可能的）/(r/min)

丝锥尺寸		低碳钢、中碳钢	高碳钢、高强度钢、工具钢	不锈钢303、304、316	不锈钢17-4退火	铝合金	铝压铸件	镁	铜	铸铁
		165~200	25~100	30~80	20~40	65~200	65~100	100~130	100~130	130~165
M2	0	10505~12733 6000	1592~6366 6000	1910~5093	1273~2546	4138~12733 6000	4138~6366 6000	6366~8276 6000	6366~8276 6000	8276~10505 6000
	1	8634~10465 6000	1308~5233 6000	1570~4186	1047~2093	3401~10485 6000	3401~5233	5233~6808 6000	5233~6808 6000	6808~8634 6000
	2	7329~8884 5000	1110~4442	1333~3554	888~1777	2887~8884 5000	2887~4442	4442~5774 5000	4442~5774 5000	5774~7329 5000
	3	6367~7717 5000	964~3858	1157~3096	772~1543	2508~7717 5000	2508~3858	3858~5015 5000	3858~5015 5000	5015~6367 5000
M3	4	5628~6821 5000	853~3411	1023~2728	682~1364	2217~6821 5000	2217~3411	3411~4434	3411~4434	4434~5628 4434~5000
	5	5042~6122 4000	764~3056	917~2445	611~1222	1986~6122 4000	1986~3056	3056~3973	3056~3973	3973~5042 3973~4000
M4	6	4567~5536 4000	691~2764	829~2211	553~1106	1799~5536 4000	1799~2764	2764~3592	2764~3592	3592~4567 3592~4000
	8	3843~4659 4000	583~2330	699~1864	466~932	1514~4659 4000	1514~2330	2330~3029	2330~3029	3029~3843
M5	10	3317~4021 4000	502~2009	603~1607	402~804	1307~4021 4000	1307~2009	2009~2612	2009~2612	2612~3317
	12	2918~3537	442~1769	531~1415	354~707	1150~3537	1150~1769	1769~2300	1769~2300	2300~2918

M6	1/4	2521~3056	382~1528	458~1222	306~611	993~3056	993~1528	1528~1986	1528~1986	1986~2521
M7										
M8	5/16	2017~2449	306~1222	367~978	245~489	796~2449	796~1222	1222~1589	1222~1589	1589~2017
M9	3/8	1681~2037	255~1019	306~815	204~407	662~2037	662~1019	1019~1324	1019~1324	1324~1681
M10	7/16	1441~1748	219~873	262~698	175~349	568~1748	568~873	873~1135	873~1135	1135~1441
M12	1/2	1261~1528	191~764	229~611	153~306	497~1528	497~764	764~993	764~993	993~1261SSS
M14	9/16	1121~1359	172~687	206~550	137~275	442~1359	442~687	687~893	687~893	893~1121S
M16	5/8	1008~1222	153~611	183~489	122~244	397~1222	397~611	611~794	611~794	794~1008
M18	3/4	840~1019	128~509	128~509	128~509	331~1019	331~509	509~662	509~662	662~840S
M20										
M22	7/8	720~873	109~437	131~350	87~175	284~873	284~437	437~568	437~568	568~720
M24										
M25	1	630~764	96~382	115~306	76~153	248~764	248~382	382~497	382~497	497~630

注：某些尺寸较小的丝锥由于机床和刀柄的限制，可能达不到推荐的表面线速度。

在影响攻螺纹切削速度的因素中，单个或多个因素的组合可能会导致许可的攻螺纹速度产生很大的差异。影响攻螺纹速度的主要因素：螺纹的螺距、丝锥的切削锥长度、要切削的全螺纹百分比、攻螺纹孔的长度、使用的切削液、螺纹是直槽形还是圆锥形、用于执行加工的机床和被攻螺纹的材料。

表 31-5～表 31-7 是基于几家丝锥制造商的建议制作的。正如您在表中看到的那样，针对每种尺寸的丝锥和工件材料都给出了可能的攻螺纹速度范围。表 31-4 中列出了影响丝锥功能的因素，这些因素决定了在给定应用条件下使用的最佳速度。可根据实际材质与处理情况，在推荐范围内选择确定。为了在最大范围内运行，所有条件必须是最优的。一般来说，最好从速度范围的下限开始，以后逐渐提高

速度，直至达到最佳性能。注意，最好能向您的丝锥制造商咨询一下，征询他们对您正在使用丝锥的具体建议。表 31-5 列出了具有特殊几何形状和涂层的高速丝锥的速度建议，表 31-6 列出了棍型挤压丝锥的速度建议，表 31-7 列出了标准丝锥的速度建议。从表 31-5 中可以看出，丝锥的类型及其几何形状对可能的速度有很大的影响。如果冷却液不含极压添加剂或润滑质量较差，则从范围内的低速开始选择。特别是辊型挤压丝锥，由于所涉及的摩擦力大，需要良好的润滑。

表 31-4 是一个示例，显示如何使用上述因素来确定在指定条件下的切削速度。此表中的速度范围是从标准丝锥的速度建议（见表 31-7）中提取的。表 31-4 的因素适用于任何丝锥制造商的速度建议表。

表 31-5 高速丝锥的速度建议

丝锥尺寸		低碳钢、中碳钢	高碳钢、高强度钢、工具钢	不锈钢 303、304、316	钛合金	铝合金	铝压铸件
		无涂层丝锥表面线速度(ft/min) 有涂层丝锥表面线速度(ft/min)					
		30～50 65～100	25～65	20～25 25～35	25～40	35～50 50～65	35～65
		无涂层丝锥转速/(r/min) 有涂层丝锥转速/(r/min)					
	0	1910～3183 4138～6000S	1592～4138	1273～1592 1592～2228	1592～2546	2228～3183 3183～4138	2228～4138
	1	1570～2617 3401～5233	1308～3401	1047～1308 1308～1831	1308～2093	1831～2617 2617～3401	1831～3401
M2	2	1333～2221 2887～4442	1110～2887	888～1110 1110～1555	1110～1777	1555～2221 2221～2887	1555～2887
	3	1157～1929 2508～3858	964～2508	772～964 964～1351	964～1543	1351～1929 1929～2508	1351～2508
M3	4	1023～1705 2217～3411	853～2217	682～853 853～1194	853～1364	1194～1705 1705～2217	1194～2217
	5	917～1528 1986～3056	764～1986	611～764 764～1070	764～1222	1070～1528 1528～1986	1070～1986

（续）

丝锥尺寸		低碳钢、中碳钢	高碳钢、高强度钢、工具钢	不锈钢303、304、316	钛合金	铝合金	铝压铸件
		无涂层丝锥表面线速度（ft/min）有涂层丝锥表面线速度（ft/min）					
		30～50 65～100	25～65	20～25 25～35	25～40	35～50 50～65	35～65
		无涂层丝锥转速/（r/min）有涂层丝锥转速/（r/min）					
M4	6	829～1382 1799～2764	691～1799	553～691 691～969	691～1106	969～1382 1382～1799	969～1799
	8	699～1165 1514～2330	583～1514	466～583 583～815	583～932	815～1165 1165～1514	815～1514
M5	10	603～1005 1307～2009	502～1307	402～502 502～704	502～804	704～1005 1005～1307	704～1307
	12	531～884 1150～1769	442～1150	354～442 442～619	442～707	619～884 884～1150	619～1150
M6 M7	1/4	458～764 993～1528	382～993	306～382 382～535	382～611	535～764 764～993	535～993
M8	5/16	367～611 796～1222	306～796	245～306 306～429	306～489	429～611 611～796	429～796
M9	3/8	306～509 662～1019	255～662	204～255 255～357	255～407	357～509 509～662	357～662
M10	7/16	262～437 568～873	219～568	175～219 219～306	219～349	306～437 437～568	306～568
M12	1/2	229～382 497～764	191～497	153～191 191～267	191～306	267～382 382～497	267～497
M14	9/16	206～344 442～687	172～442	137～172 172～238	172～275	238～344 344～442	238～442
M16	5/8	183～306 397～611	153～397	122～153 153～214	153～244	214～306 306～397	214～397
M18	3/4	153～255	128～331	102～128	128～203	178～255	178～331
M20		331～509		128～178		255～331	

表 31-6　棍型挤压丝锥的速度建议

说明：无涂层丝锥表面线速度/(ft/min)；有涂层丝锥表面线速度/(ft/min)；无涂层丝锥转速/(r/min)；有涂层丝锥转速/(r/min)

丝锥尺寸		低碳钢、中碳钢	高碳钢、高强度钢、工具钢	高强度钢、工具钢淬硬	不锈钢 303、304、316	不锈钢 410、430、17-4 淬硬	不锈钢 17-4 退火	钛合金	镍基合金、铝基合金	铝压铸件	镁	黄铜、青铜	铜	铸铁	
		25~50 / 50~80	6~30 / 10~35	6~12	12~35 / 20~50	12~15	12~15 / 12~25	3~15	10~15	50~65	40~65 / 45~90	45~100	30~65	50~60 / 65~100	35~50 / 50~65
M2	0	1592~3183 / 3183~5093	382~1910 / 637~2228	382~764	764~2228 / 1273~3183	764~955	764~955 / 764~1592	191~955	637~955	3183~4138	2546~4138 / 2865~5730	2865~6000	1910~4138	3183~3820 / 4138~6000	2228~3183 / 3183~4138
	1	1308~2617 / 2617~4186	314~1570 / 523~1831	314~628	628~1831 / 1047~2617	628~785	628~785 / 628~1308	157~785	523~785	2617~3401	2093~3401 / 2355~4710	2355~5233	1570~3401	2617~3140 / 3401~5233	1831~2617 / 2617~3401
	2	1110~2221 / 2221~3554	267~1333 / 444~1555	267~533	533~1555 / 888~2221	533~666	533~666 / 533~1110	133~666	444~666	2221~2887	1777~2887 / 1999~3999	1999~4442	1333~2887	2221~2665 / 2887~4442	1555~2221 / 2221~2887
	3	964~1929 / 1929~3086	231~1157 / 386~1351	231~463	463~1351 / 772~1929	463~579	463~579 / 463~964	116~579	386~579	1929~2508	1543~2508 / 1736~3472	1736~3858	1157~2508	1929~2315 / 2508~3858	1351~1929 / 1929~2508
M3	4	853~1705 / 1705~2728	205~1023 / 341~1194	205~409	409~1194 / 682~1705	409~512	409~512 / 409~853	102~512	341~512	1705~2217	1364~2217 / 1535~3069	1535~3411	1023~2217	1705~2046 / 2217~3411	1194~1705 / 1705~2217
	5	764~1528 / 1528~2445	183~917 / 306~1070	183~367	367~1070 / 611~1528	367~458	367~458 / 367~764	92~458	306~458	1528~1986	1222~1986 / 1375~2750	1375~3056	917~1986	1528~1833 / 1986~3056	1070~1528 / 1528~1986
M4	6	691~1382 / 1382~2211	166~829 / 277~969	166~332	332~969 / 553~1382	332~415	332~415 / 332~691	83~415	277~415	1382~1799	1106~1799 / 1246~2487	1246~2764	829~1799	1382~1658 / 1799~2764	969~1382 / 1382~1799
	8	583~1165 / 1165~1664	140~699 / 233~815	140~280	280~815 / 466~1165	280~349	280~349 / 280~583	70~349	233~349	1165~1514	932~1514 / 1048~2097	1048~2330	699~1514	1165~1398 / 1514~2330	□ 815~1165 / 1165~1514
M5	10	502~1005 / 1005~1607	121~603 / 201~704	121~241	241~704 / 402~1005	241~302	241~302 / 241~502	60~302	201~302	1005~1307	804~1307 / 905~1808	905~2009	603~1307	1005~1205 / 1307~2009	704~1005 / 1005~1307
	12	442~884 / 884~1415	106~531 / 177~619	106~212	212~619 / 354~884	212~265	212~265 / 212~442	53~265	177~265	884~1150	707~1150 / 796~1592	796~1769	531~1150	884~1061 / 1150~1769	619~884 / 884~1150

表 31-7 标准丝锥的速度建议

丝锥尺寸	低碳钢、中碳钢	高碳钢、高强度钢、工具钢	高强度、工具钢淬硬	不锈钢 303、304、316	不锈钢 410、430、17-4 淬硬	不锈钢 17-4 退火	钛合金	镍基合金 铝合金	铝压铸件	镁	黄铜 青铜	铜	铸铁	铸铁
无涂层丝锥表面线速度/(ft/min)	25~50	6~30	6~12	12~35	12~15	12~15	3~15	10~15	50~65	40~65	45~100	30~65	50~60	35~50
有涂层丝锥表面线速度/(ft/min)	50~80	10~35		20~50		12~25				45~90			65~100	50~65
无涂层丝锥转速/(r/min) 有涂层丝锥转速/(r/min)														
0 (无涂层)	1592~3183	382~1910	382~764	764~2228	764~955	764~955	191~955	637~955	3183~4138	2546~4138	2865~6000	1910~4138	3183~3820	2228~3183
0 (有涂层)	3183~5093	637~2228		1273~3183		764~1592				2865~5730			4138~6000	3183~4138
1 (无涂层)	1308~2617	314~1570	314~628	628~1831	628~785	628~785	157~785	523~785	2617~3401	2093~3401	2355~5233	1570~3401	2617~3140	1831~2617
1 (有涂层)	2617~4186	523~1831		1047~2617		628~1308				2355~4710			3401~5233	2617~3401
2 (无涂层)	1110~2221	267~1333	267~533	533~1555	533~666	533~666	133~666	444~666	2221~2887	1777~2887	1999~4442	1333~2887	2221~2665	1555~2221
2 (有涂层)	2221~3554	444~1555		888~2221		533~1110				1999~3999			2887~4442	2221~2887
3 (无涂层)	964~1929	231~1157	231~463	463~1351	463~579	463~579	116~579	386~579	1929~2508	1543~2508	1736~3858	1157~2508	1929~2315	1351~1929
3 (有涂层)	1929~3086	386~1351		772~1929		463~964				1736~3472			2508~3858	1929~2508

M2

（续）

丝锥尺寸		低碳钢、中碳钢	高碳钢、高强度钢、工具钢	高强度钢、工具钢淬硬	不锈钢 303、304、316	不锈钢 410、430、17-4 淬硬	不锈钢 17-4 退火	钛合金	镍基合金 铝合金	铝压铸件	镁	黄铜 青铜	铜	铸铁	
无涂层丝锥表面线速度/（ft/min）		25~50	6~30	6~12	12~35	12~15	12~15	3~15	10~15	50~65	40~65	45~100	30~65	50~60	35~50
有涂层丝锥表面线速度/（ft/min）		50~80	10~35		20~50		12~25				45~90			65~100	50~65
无涂层丝锥转速/（r/min） 有涂层丝锥转速/（r/min）															
M3	4	853~1705 1705~2728	205~1023 341~1194	205~409	409~1194 682~1705	409~512	409~512 409~853	102~512	341~512	1705~2217	1364~2217 1535~3069	1535~3411	1023~2217	1705~2046 2217~3411	1194~1705 1705~2217
	5	764~1528 1528~2445	183~917 306~1070	183~367	367~1070 611~1528	367~458	367~458 367~764	92~458	306~458	1528~1986	1222~1986 1375~2750	1375~3056	917~1986	1528~1833 1986~3056	1070~1528 1528~1986
M4	6	691~1382 1382~2211	166~829 277~969	166~332	332~969 553~1382	332~415	332~415 332~691	83~415	277~415	1382~1799	1106~1799 1246~2487	1246~2764	829~1799	1382~1658 1799~2764	969~1382 1382~1799
	8	583~1165 1165~1664	140~699 233~815	140~280	280~815 466~1165	280~349	280~349 280~583	70~349	233~349	1165~1514	932~1514 1048~2097	1048~2330	699~1514	1165~1398 1514~2330	815~1165 1165~1514

公制	英制														
M5	10	502~1005	121~603	121~241	241~704	241~302	241~302	60~302	201~302	1005~1307	804~1307	905~2009	603~1307	1005~1205	704~1005
		1005~1607	201~704		402~1005						905~1808			1307~2009	1005~1307
	12	442~884	106~531	106~212	212~619	212~265	212~265	53~265	177~265	884~1150	707~1150	796~1769	531~1150	884~1061	619~884
		884~1415	177~619		354~884	212~442					796~1592			1150~1769	884~1150
M6	1/4	382~764	92~458	92~183	183~535	183~229	183~229	46~229	153~229	764~993	611~993	688~1528	458~993	764~917	535~764
M7		764~1222	153~535		306~764	183~382					688~1375			993~1528	764~993
M8	5/16	306~611	73~367	73~147	147~429	147~184	147~184	37~184	122~184	611~796	489~796	551~1222	367~796	611~733	429~611
		611~978	122~429		245~611	147~306					551~1100			796~1222	611~796
M9	3/8	255~509	61~306	61~122	122~357	122~153	122~153	31~153	102~153	509~662	407~662	458~1019	306~662	509~611	357~509
		509~815	102~357		204~509	122~255					458~917			662~1019	509~662
M10	7/16	219~437	52~262	52~105	105~306	105~131	105~131	26~131	87~131	437~568	349~568	393~873	262~568	437~524	306~437
		437~698	87~306		175~437	105~219					393~786			568~873	437~568
M12	1/2	191~382	46~229	46~92	92~267	92~115	92~115	23~115	76~115	382~497	306~497	344~764	229~497	382~458	267~382
		382~611	76~267		153~382	92~191					344~688			497~764	382~497
M14	9/16	172~344	41~206	41~82	82~238	82~102	82~102	20~102	68~102	344~442	275~442	306~687	206~442	344~412	238~344
		344~550	68~238		137~344	82~172					306~619			442~687	344~442
M16	5/8	153~306	37~183	37~73	73~214	73~92	73~92	18~92	61~92	306~397	244~397	275~611	183~397	306~367	214~306
M18		306~489	61~214		122~306	73~153					275~550			397~611	306~397
M20	3/4	128~255	31~153	31~61	61~178	61~76	61~76	15~76	51~76	255~331	203~331	229~509	153~331	255~306	178~255
		255~407	51~178		102~255	61~128					229~458			331~509	255~331
M22	7/8	109~218	26~131	26~52	52~153	52~65	52~65	13~65	44~65	218~284	175~284	196~437	131~284	218~262	153~218
M24		218~350	44~153		87~218	52~109					196~392			284~437	218~284
M25	1	96~191	23~115	23~46	46~134	46~57	46~57	11~57	38~57	191~248	153~248	172~382	115~248	191~230	134~191
		191~306	38~134		76~191	46~96					172~344			248~382	191~248

第 **32** 章

齿轮基本原理和制造

CMD 齿轮公司　（法）米歇尔·帕斯奎尔（MICHEL PASQUIER）　著

东华大学　章宗城　译

32.1　概述

从运动学观点上来说，由齿轮传递的运动和动力与由摩擦轮或摩擦盘传递的动力是等价的。为了理解如何通过两个齿轮传递运动，可以考虑两个固定安装在轴上的普通圆轮 A 和 B，在接触线上具有足够的粗糙表面并相互挤压（见图 32-1）。

如果轮 A 是安装在旋转轴上，这样轮 B 和它的轴也会被带动旋转起来。从图 32-1 可以很容易地看到，当轮 A 随旋转轴转动时，轮 B 则沿相反的方向转动。

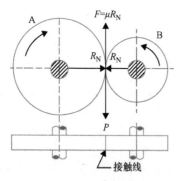

图 32-1　摩擦轮

轮 B 被轮 A 带动连续旋转的条件是轮 A 圆周表面的切向力（P）小于两轮间的摩擦力（F），则两轮之间会产生旋转。但当切向力 P 大于摩擦力 F 时，两轮之间就会发生滑动。因此，仅靠摩擦驱动并不是理想可靠的传动方式。

为了避免在传动中出现的滑动，产生在轮 A 外缘做出轮齿，在轮 B 外缘上也做出相应深度轮齿的设计方案。在摩擦轮上加工出齿，这就成为众所周知的齿轮（见图 32-2）。

图 32-2　齿轮

相对于带、绳索和链条传动，齿轮传动的优点和缺点如下。

1. 优点

1）传输的速比准确。

2）可用于传递大功率。

3）效率高。

4）工作可靠。

5）结构紧凑。

2. 缺点

切削轮齿产生的误差可能会在操作过程中造成振动和噪声。

配对齿轮中包括主动齿轮、从动齿轮和惰轮（见图 32-3）。

图 32-3　配对齿轮

1）主动齿轮：用于驱动其他齿轮的齿轮。

2）从动齿轮：被其配对齿轮驱动的齿轮。

3）惰轮：与两个齿轮相啮合的齿轮，它被一个齿轮驱动，同时它又驱动另一齿轮。

32.2　齿轮的分类

按轴线的相对位置和啮合形式，齿轮的分类如下。

32.2.1　按轴线的相对位置分类

1. 圆柱齿轮

由齿轮连接两个平行的且共面的轴，如图 32-3 所示。这种齿轮称为圆柱齿轮；当这些齿轮具有与齿轮轴线平行的齿时，它们也可称为直齿轮，如图 32-4 所示。

图 32-4　圆柱齿轮—直齿轮

当圆柱齿轮上的轮齿与轴线倾斜时，则称为斜齿轮，如图 32-5 所示。

图 32-5　圆柱齿轮—斜齿轮

从图 32-6 中可以看出，螺旋线的方向可以是右旋或左旋。从外部看，旋向从一个面移向相对的另一个面，即可形成顺时针或逆时针方向，即右旋或左旋方向。

a)　　　　　　　b)

图 32-6　圆柱齿轮—右旋和左旋斜齿轮

a）右旋　b）左旋

内啮合的螺旋方向是显而易见的：

首先设想旋转轴的位置是垂直的。

如果轮齿向左移动，则螺旋方向是左旋。

如果轮齿向右移动，则螺旋方向是右旋。

有两个旋向的齿轮则称为人字齿轮和双螺旋齿轮，如图 32-7 所示。

人字齿轮和双螺旋齿轮的区别是切削加工过程的不同。

图 32-7　圆柱齿轮—人字齿轮和双螺旋齿轮

2. 交错轴齿轮

由齿轮连接的两个不平行或相交但共面的轴，如图 32-8 所示。

图 32-8　交错轴齿轮—锥齿轮

这种齿轮称为锥齿轮。与圆柱齿轮一样，锥齿轮的齿线也可以是曲线，这种齿轮称为弧齿锥齿轮。

3. 非共面齿轮

图 32-9 所示为两轴不相交也不平行，即齿轮连接的是非共面轴。这些齿轮称为蜗轮蜗杆。这种类型的传动装置也有一个线接触，两轴旋转产生的两个节平面为双曲面。

图 32-9　非共面齿轮—蜗轮蜗杆

32.2.2　按啮合形式分类

1. 外齿轮

外啮合，即两个轴上的齿轮彼此在外部啮合（见图 32-10）。这两个齿轮中较大的称为大齿轮，较小的称为小齿轮。在外啮合时，两个齿轮的转向是相反的。

图 32-10　外啮合

2. 内齿轮

内啮合，即两个轴上齿轮在内部啮合，如图 32-11。具有内齿的齿轮称内齿圈，具有外齿的称小齿轮。在内啮合中，两齿轮的转向相同。

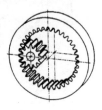

图 32-11　内啮合

32.3　齿廓

32.3.1　发展史

渐开线齿廓最初并没有得到普遍运用。因为材料比较软，又没有有效的润滑剂，其他的齿轮，如摆线齿轮或圆弧齿轮，由于接触压力较小，滑动也较少，曾被较多地被应用过（见图 32-12）。它们的缺点是会产生较多的振动。

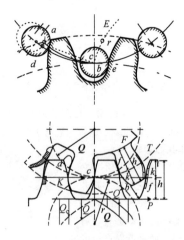

图 32-12　圆弧齿轮和摆线齿轮

随着热处理技术和润滑技术的进步和发展，渐开线齿廓得到了普遍地应用。

32.3.2　渐开线齿廓

众所周知，渐开线齿轮已优先于摆线和圆弧齿

廓齿轮（如 Wildhaber- Novikov Circular Gears）而得到广泛应用，因为它具有以下良好的性能；

1）两个渐开线齿轮的传动比对中心矩的变动不敏感。

2）使用同一把切削刀具可以加工同模数或同径节不同齿数的齿轮，这些齿轮的齿高自然也都是一样的。

3）用于制造渐开线齿轮的切削刀具（特别是齿条型刀具和滚刀）可以方便地大量生产，因为它们的切削面平直，而且容易锐化。

渐开线廓形成的基本原理是基于平面上的平面运动和瞬时旋转中心的定义。圆的渐开线是由切线上的一点形成的平面曲线，它在圆上滚动而没有滑动，与带齿的轮相连接的圆称为基圆。渐开线轮廓如图 32-13。

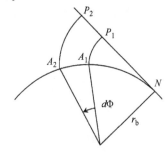

图 32-13　渐开线轮廓

设 N 是形成渐开线的起点，在基圆上做等分，如 NA_1、NA_2 等。P_1N、P_2N 等于弧 NA_1 和 NA_2，连接 A_1、P_1，A_2、P_2，就是获得的渐开线。稍微考虑一下就会发现，在任何时刻，渐开线上的切线都垂直于 PN，而 PN 又是渐开线的法向量。换句话说，渐开线上任何一点的法向量都与基圆相切。

图 32-14 所示为直齿轮的齿面生成。

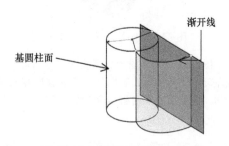

图 32-14　直齿轮的齿面生成

图 32-15 所示为斜齿轮的齿面生成。

32.3.3　齿轮啮合

在图 32-16 中，设 O_1 和 O_2 是安装两个齿轮和它们的基圆的中心，相应的两个渐开线 AB 和 A_1B_1 接触在点 Q，MQ 和 NQ 是基圆的切线，与点 Q 处的

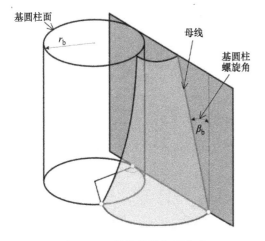

图 32-15　斜齿轮的齿面生成

渐开线垂直。因为渐开线在某一点的法线是该点到基圆的公切线，因此点 Q 的公法线 MN 也是两个基圆的公切线。由此可见，渐开线齿满足恒速比的基本条件。公法线 MN 与两中心的连线 O_1O_2 相交于点 P，点 P 称为节点。

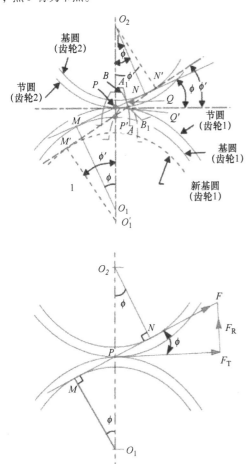

图 32-16　啮合

32.4　齿轮术语

齿顶圆直径（d_a）：指外齿轮轮齿最外端或内齿轮轮齿最内端圆柱面的直径（见图 32-17）。

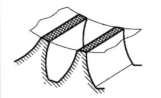

图 32-17　齿顶圆直径

齿根圆直径（d_f）：指外齿轮齿槽最深处或内齿轮齿槽最外处圆柱面的直径（见图 32-18）。

图 32-18　齿根圆直径

分度圆直径（d）：分度圆直径是齿轮设计计算的基本参数（见图 32-19）。

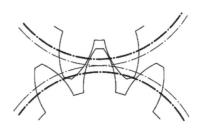

图 32-19　分度圆直径

节圆直径（d）：节圆在两齿轮装配啮合工作时才存在，即通过节点的直径。处于正确安装位置时，与分度圆直径值相同（见图 32-20）。

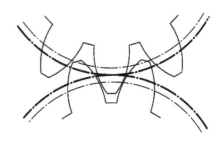

图 32-20　节圆直径

端平面（p_t）：垂直于齿轮轴线的平面（见

图 32-21）。

法向平面（p_n）：垂直于分度圆螺旋线斜角的平面（见图 32-21）。

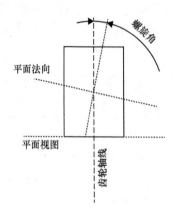

图 32-21 端平面和法向平面

齿宽（b）：在齿轮的有效部位沿分度圆柱回转轴线上度量，即齿部端平面间的长度（见图 32-22）。

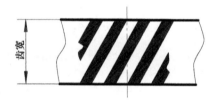

图 32-22 齿宽

模数（m）：是无量纲的几何特性数值，其数值是齿距（mm）除以 π 的商（见图 32-23）。它有以下几种表达形式。

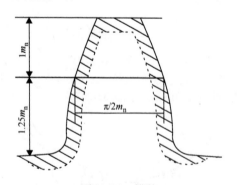

图 32-23 模数

法向模数（m_n）的计算值是法向齿距（mm）除以 π 的商。

端面模数（m_t）的计算值是端面齿距（mm）除以 π 的商。（或分度圆直径除以齿数的商）。

端面压力角（α_t）：即端面齿廓与分度圆交点处的

径向线与该点齿廓切线所形成的锐角（见图 32-24）。

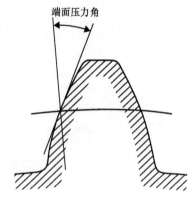

图 32-24 端面压力角

螺旋角（β）：即螺旋线的切线与通过切点的圆柱面直母线之间所夹的锐角（见图 32-25）。

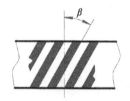

图 32-25 螺旋角

齿廓变位量（$x \cdot m$）：当齿条与齿轮紧密贴合，即齿轮的一个轮齿的两侧面与基本齿条齿槽的两侧齿面相切时，齿轮的分度圆柱面与基本齿条的基准平面之间沿公垂线度量的距离。

通常，当基准平面与分度圆面分离时，变位量取正值，反之取负值。

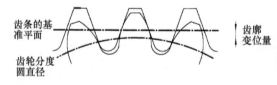

图 32-26 齿廓变位量

32.5 齿轮制造

齿轮的生产过程包括材料的车削或落料、滚齿、剃齿、热处理、磨削和珩磨等。应用数控系统能使齿轮的切齿作业精确方便。下面简略介绍一下齿轮的制造工艺。

拉削：即用多齿的拉（推）刀以拉出或推出齿轮齿形的加工方法。

滚齿：滚齿加工是用滚刀将齿侧不断移动的毛

坯切削成齿面的过程。通过滚齿可以加工出直齿轮、斜齿轮，也可加工出蜗杆和花键。

铣齿：用铣削的方法可以加工出各种齿轮。这种方法采用了成形铣刀或齿轮铣刀，在铣床上通过切割毛坯来生成齿隙。

插齿：它采用插齿刀具或具有齿轮形状切削刃的刀具来切削阶梯齿轮或内齿轮的齿面，常用于加工内齿轮和齿条等。

剃齿：它采用带有间隙槽的斜齿轮形状的剃齿刀，在低压旋转的过程中完成自由切削。这个过程包括了切削和挤齿，它可以消除造成振动和噪声的刀痕。

珩磨：经珩磨的齿面可以改善表面粗糙度，降低振动和噪声。

磨削：热处理后的齿轮可继续采用范成磨削和成形磨削的方法实现精加工。

扩展阅读

Nabekura, M., M., Hashitani, Y., Nishimura, M., Fujita, Y., Yanase, and M., Misaki, "Gear Cutting and Grinding Machines and Precision Cutting Tools," Mitsubishi Heavy Industries, Ltd., Technical Review, Vol. 43, No. 3, 2006.

第**6**篇
复合材料加工与塑料成型技术

第 33 章
复合材料制备工艺

威斯康星大学　塞巴斯蒂安·戈里斯（SEBASTIAN GORIS），约翰·庞特斯（JOHN PUENTES），
蒂姆·奥斯瓦尔德（TIM A. OSSWALD）　著
上海交通大学　安庆龙　译

33.1　复合材料简介

　　复合材料是由两种或两种以上不同性质的材料组成，各组成材料在宏观性能上互相补充从而产生增强效应，其综合性能优于每个单独的组成材料。许多行业已经建立了一套包含各种复合材料在内的较为成熟的制备工艺。此制备工艺不仅涉及汽车行业的高度自动化生产线，而且对需要精心设计的主要制备工艺进行了总结，并介绍了每种工艺的基本流程。

　　复合材料是一类独特的材料，由单独的组分组合而成，从而获得增强后的材料，它的性能优于单独组分的性能。由于复合材料具有独特的性能，这种材料在许多行业中都有应用，从而开发出了一系列相应的制造工艺。最常见的一类复合材料是将一种材料的颗粒嵌入另一种材料基体中形成增强体。颗粒与基体的结合产生了一种良好的混合性能，这种性能是任何一种单独的成分所不具备的。复合材料有很多种，图 33-1 所示为复合材料的一般分类方法。增强体的形状和尺寸对复合材料的力学性能有很大的影响。一般来说，复合材料是根据增强体的几何形状来分类的。

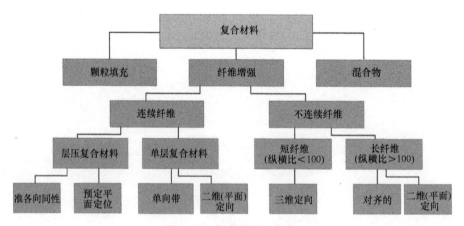

图 33-1　复合材料的分类

　　此外，纤维增强复合材料可以根据纤维的长度、纤维的取向状态分为几类，如图 33-2 所示。纤维增强复合材料的各向异性是这类材料的一个重要特征，想要充分利用纤维增强复合材料的优点，必须对各向异性的本质和影响有一个基本的了解。

　　在以下部分，对增强体和基体材料的特性及其常见应用进行了详细介绍。

33.1.1　颗粒增强复合材料

　　颗粒增强复合材料是一类重要的复合材料，具有不同的材料组合和制造工艺。一般来说，颗粒没有长短尺寸之说，它有球形、椭球形、多面体形或不规则的形状。颗粒增强复合材料是三大类中最古老的一种。颗粒填料能提高复合材料构件的刚度，

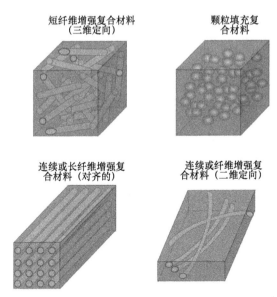

图 33-2　复合材料中填充颗粒的取向状态

但增强体的强度小于纤维增强复合材料。通常，颗粒可以提高材料的一些性能，如导热性和导电性、表面硬度和耐磨性。炭黑在颗粒填充聚合物中是最常见的。自从橡胶轮胎以橡胶/炭黑复合材料的形式问世以来，这种无机填料在橡胶工业中得到了广泛的应用。当炭黑分散为 10～100nm 的颗粒时，它不仅可以硬化和增强橡胶，也能增加其导电性和导热性。除了增强复合材料的性能外，颗粒比基体材料便宜得多。因此，颗粒也可以简单地用来降低成本。在无机颗粒填料方面，复合材料产业中已经出现了一个热门的研究领域，其重点是使聚合物导热性更好，在某些情况下，热导率可达到 100[1]。这样通过廉价的制造技术便可以制造颗粒填充的塑料零件，可以将热量从关键汽车零件、计算机以及机电一体化应用场合传导出去。

一类新型的颗粒增强复合材料即纳米复合材料，在橡胶工业中占有重要的地位。根据定义，纳米尺寸的颗粒至少拥有一个纳米尺度的维度。纳米填料具有非常高的表面体积比，并且与它们的体积尺寸当量相比，纳米颗粒具有显著不同的性质。纳米颗粒大大提高了复合材料的性能，有时只有少量的纳米颗粒可以提高性能。

虽然颗粒增强复合材料是一类重要的复合材料，但本章主要讨论纤维增强复合材料。关于颗粒增强复合材料的详细讨论见参考文献 2。

33.1.2　纤维增强复合材料

纤维增强复合材料是纤维作为增强体，为复合

材料制品提供强度和刚度。聚合物基体将纤维黏合在一起，将载荷转移给纤维，同时保护纤维免受磨耗和环境污染。载荷在纤维和基体的界面进行传递，因此，各成分之间的界面结合能力决定了复合材料的力学性能。除了纤维和基体的粘接性能外，增强纤维的类型和数量决定了材料的最终性能。玻璃纤维成本低、强度高，是最常用的增强纤维。然而，不同类型的纤维也是可用的，包括芳纶纤维、碳纤维和天然纤维等。根据不同的实际应用和工艺过程，高填充复合材料的纤维含量可达总质量的 70%。

一般来说，纤维增强复合材料分为不连续纤维增强复合材料和连续纤维增强复合材料。此外，不连续纤维增强复合材料又可分为短型和长型纤维增强复合材料。纤维长度与纤维直径之比即纵横比是不连续纤维增强复合材料的重要参数。长纤维的临界长度明显长于将载荷从基体转移到纤维所需的临界长度。通常认为长纤维的纵横比超过 100，而短纤维的纵横比小于 100。不连续纤维增强复合材料用于注射成型或模压成型，如注塑踏板块（聚酰胺基体，用质量分数为 30% 的玻璃纤维增强）和 2014 年大众高尔夫离合器踏板（聚酰胺基体，用质量分数为 40% 的玻璃纤维增强），如图 33-3 所示。

图 33-3　注塑踏板块和 2014 年大众高尔夫
（来源：BASF）离合器踏板

连续纤维增强复合材料常应用于要求高强度和高刚度的结构件上。通过铺设单层连续纤维，复合材料常制成层合板。每层纤维具有明确的方向和排列顺序，目的是为了提高复合材料在受力方向的强度。纺织复合材料是连续纤维增强复合材料中一种

先进的类型，它甚至可以进一步提高复合材料零件的性能。用在纺织复合材料中的三种主要织物为编织、梭织和针织。

由于强烈的减重需求，波音787的一些主要零件是由连续纤维增强复合材料制成的（见图33-4）。在这架飞机上，机身采用碳纤维增强环氧树脂带包覆。机翼和垂尾采用自动碳环氧树脂带铺层技术制造。然而，与不连续纤维增强复合材料相比，连续纤维增强复合材料的材料和制造成本更高。

■ 碳纤维增强复合材料表面
■ 碳纤维增强复合材料中间层
■ 玻璃纤维
■ 铝合金
■ 铝合金/钢/钛合金标记层

图33-4　复合材料在波音787梦幻客机
中的应用（来源：Boeing）

对纤维增强复合材料而言，制备工艺一般根据基体材料的类型进行分类。基于材料的分子结构和性质，聚合物基体可以分为热固性复合材料和热塑性复合材料。由于热固性与热塑性基体材料的流动行为和特性具有本质区别，因此需要不同的工艺过程控制。热塑性复合材料在固化后具有再熔融的能力，因此可以重塑。热固性塑料通过化学反应固化，导致聚合物分子进行交联，因此固化后不能再熔化。

33.1.3　各向异性

通常将纤维加入到基体中以改善制备材料的力学性能和尺寸稳定性。成品零件的局部和整体性能在很大程度上取决于纤维的取向、纤维长度分布、纤维含量以及纤维在零件内的分布情况。成品零件在沿着大多数纤维排列的方向上表现出更好的力学性能，而在其他方向上的力学性能则相对较差。由于纤维引入到零件的各向异性在零件设计中起主要作用，因此必须充分考虑这个影响因素。纤维增强聚合物的不均匀性，除了对力学性能有影响之外，翘曲也是不可避免的现象。纤维和基体之间热膨胀系数的差异会导致残余应力。此外，这种效果由于纤维取向不均匀而加剧。在冷却过程中，残余应力

被冻结，从而导致最终零件的翘曲。计算机辅助工程（CAE）和聚合物工艺模拟使工艺工程师能够分析模具填充过程并预测成品零件内的纤维取向分布。仿真的应用可以减少试验验证的需求，降低与试错测试相关的费用。

对于连续纤维增强复合材料，纤维的取向由预浸料决定，工艺过程中通常不会改变。不连续纤维增强复合材料可以由几个具有不同纤维取向层组成。几个相同或不同的层可以黏合在一起，称为层合板。每一层中的纤维取向需要和最终零件所受的载荷相匹配。

对于不连续纤维增强复合材料，使用的材料、制备工艺、工艺条件和零件几何尺寸对最终成品的纤维取向有很大的影响。在制备过程中，纤维的方向取决于聚合物熔体的变形。与连续纤维增强复合材料相比，不连续纤维的取向更难控制。纤维取向预测和各向异性计算不在本章的介绍范围，读者可参阅参考文献3。

33.2　纤维增强热固性复合材料成型工艺

酚醛树脂、不饱和聚酯、环氧树脂和聚氨酯等诸如此类的热固性材料是由于分子之间发生交联作用而进行不可逆固化的聚合材料。放热的化学反应占据热固性材料固化过程的主导地位，又称作固化反应。在固化过程中，聚合物由于分子交联而固化。所谓分子交联是由于存在破坏的双键，允许分子与其相邻的分子连接。可以通过加热、混合或两者同时进行加速固化反应。随着固化过程中分子开始出现交联，热固性材料的黏度会因新出现的三维分子以及较少的分子迁移率而增加。在热固性树脂制备过程中，必须考虑流动和固化反应的竞争机制。由于是放热反应，热固性树脂的温度升高，其黏度降低，这有利于纤维浸渍。同时，高温导致交联反应加速，这导致黏度增加的更快。在此转变期间，黏度增加，直到树脂停止流动，这个时刻称为凝胶点。在凝胶点，关于固化程度的分子量的变化达到无穷大。因此，可以说在这一点上所有的分子是相互连接的。

热固性复合材料制备的主要优点是基体的初始黏度非常低，这使得纤维可以容易且快速地浸渍。通常，热固性材料硬度大，刚度和脆性更大，并且它们的力学性能对热不敏感。然而，由于凝固过程是化学固化反应，与热塑性材料相比，热固性材料通常需要更长的固化时间。

33.2.1 片状模塑料的模压成型

片状模塑料（SMC）是由未固化的热固性基体和不连续纤维组成的薄片半成品复合材料。最常见的热固性树脂采用长玻璃纤维（25mm左右）增强的不饱和聚酯。纤维在板材中随机取向，重量可达总重量的50%。制造SMC的过程有所不同，图33-5所示为典型的SMC薄片生产线。SMC合成工艺是连续的操作过程，首先将热固性树脂、填料和其他添加剂混合成糊状物。将糊状物涂在具有上、下聚合物载体膜的输送机上。切碎的纤维分布在下浆料层上，形成干纤维层（也称为垫子）。随后将上层和下层合并成由两外层包围的短切纤维层构成的夹层。在压实带中，将这个三明治层压延成半成品SMC板材。

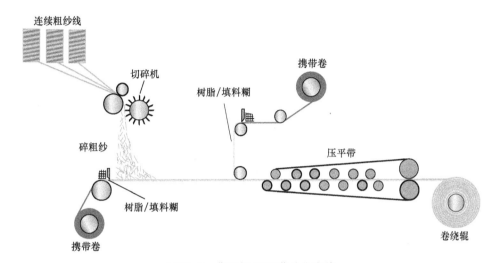

图33-5 典型的SMC薄片生产线

SMC通常在模具中成型，图33-6所示为SMC模压成型工艺。半成品首先切成块，然后铺设成预成型毛坯放入模具中。由于半成品SMC具有不均匀性，难以根据面积估算毛坯的重量。因此，通常从毛坯中取出小块，或者添加到毛坯顶部以获得最终零件的期望重量。毛坯通常占模具表面的30%～70%。首先关闭模具，直到两个半模都接触SMC毛坯。然后，开始减速，材料流动并填充模腔。一旦模具完全填充，随着热固性树脂的固化，在材料上施加恒定的力。当反应基本完成时，将零件取出并使其冷却。随后，在加热的模具表面铺放新的毛坯时，重复该循环。在这个阶段，可能会出现单面加热。预热毛坯可以加速固化过程，因此在一些场合中经常采用。

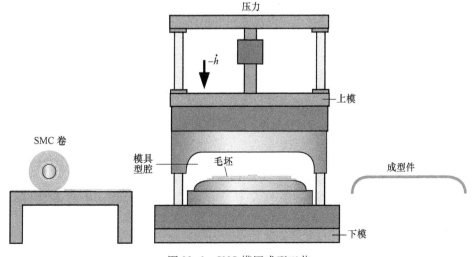

图33-6 SMC模压成型工艺

SMC 模压成型周期是 SMC 板材模压成型过程中的工艺序列，如图 33-7 所示。当准备的毛坯铺放在模腔上时成型周期开始，当成品从模具中取出时成型周期结束。从图中可以看出，固化是模压成型周期中的主要步骤。根据厚度、基体类型和加工条件，固化时间范围为 20s 到 1min 以上。铺放毛坯和取出零件每次需要 10s。模具关闭，压缩和模具打开每次大约需要 5s。

在含有不连续纤维的聚合物制备过程中，材料的变形使纤维以特定方式排列。纤维的最终取向决定了零件的力学性能，任何翘曲是由于纤维和基体之间的热膨胀系数的差异引起的。由图 33-8 可以看出初始模具覆盖率为 33% 的板材纤维取向分布。测量结果表明，大部分纤维沿着流动方向排列，表明了纤维取向的高度方向性。

不连续纤维增强复合材料中纤维的特殊排列方式在模压或注射成型中较为常见，会导致整个零件高度的各向异性。通常来说，在成品零件中期望引入

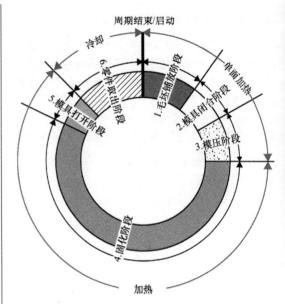

图 33-7　SMC 模压成型循环

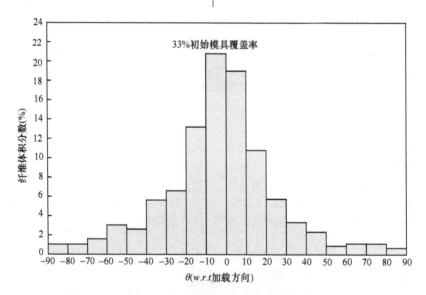

图 33-8　模具填充期间 33% 初始模具覆盖率和拉伸流动的板材纤维取向分布直方图

较低程度的纤维方向性。在 SMC 模压成型中，在模具腔内几乎没有流动的情况下可以实现上述情况。然而，如果材料在模具填充期间流动太少，则该零件的表面粗糙度值会比较大。对于 A 级汽车面板成型来说，这是不利的。为了说明纤维取向对最终零件材料性能的影响，图 33-9 所示为玻璃体积含量为 65% 的 SMC 在不同程度变形时的应力-应变曲线，即模具覆盖率为 33%、50%、67% 和 100% 时的纤维变形和纤维取向对板刚度的影响。

除了纤维取向引起的各向异性，由于热固性树脂的相变和化学收缩，在冷却阶段和固化反应期间会产生较大的残余应力。这些工艺过程可能会导致零件的收缩和翘曲。此外，如果在模具填充期间两种或两种以上不同材料的树脂相遇，则形成熔接线。这些熔接线几乎没有纤维含量，将成为最薄弱的区域。流动和变形也会使空气从材料中排出，从而消除了板材内的一些孔隙，这将直接影响成品件的表面质量。

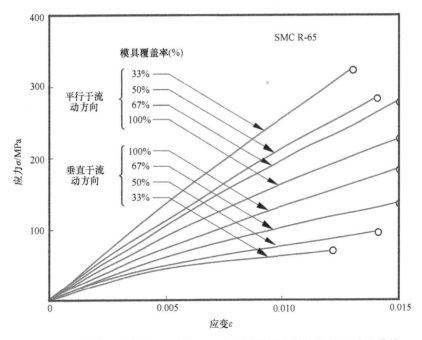

图 33-9 玻璃体积含量为 65% 的 SMC 在不同程度变形时的应力-应变曲线

由于高度灵活的生产工艺和可调节的材料性能，SMC 在多个行业中得到应用，特别是在汽车工业中，SMC 模压成型用于生产具有良好力学性能的大型、薄壁、轻质零件。此外，由于 SMC 模压成型（A 级表面光洁度）可以实现极好的表面光洁度，主要用于制造外部和内部面板。由于其设计灵活和高度自动化的生产线，它还可用于生产家居用品和电子产品。

33.2.2 团状模塑料的注射模压成型

注射模压成型是另一种制备不连续纤维增强热固性基体复合材料的可行工艺。注射模压成型工艺中使用的材料称为团状模塑料（BMC）。BMC 由体积分数为 20%～25%、随机取向、长 10mm 的纤维增

强不饱和聚酯树脂组成。BMC 可采用注射成型或注射模压成型工艺。BMC 的注射模压成型与传递模塑工艺非常相似。

BMC 材料在密炼机内部混合并挤压成长条状，也称为 BMC 坯料。然后将该坯料送入 BMC 压力机上方的圆筒中。通过圆筒将坯料注入压缩模具中。关闭压缩机会使材料流动并填充模腔。

注射模压成型相比压缩成型的突出优点是自动化程度高，这使其成为大批量生产的合适工艺。另外，与注射成型相比，注射和模压成型两者的结合使得纤维方向性和纤维磨损降低。BMC 适用于生产较小的物品，如外壳、阀盖和其他有强度要求的工程产品。图 33-10 所示为 BMC 注射模压成型工艺。

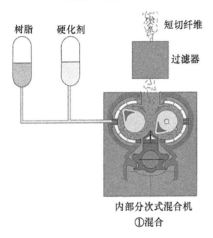

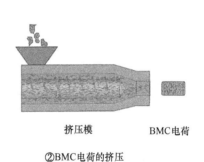

图 33-10 BMC 注射模压成型工艺

图 33-10　BMC 注射模压成型工艺（续）

33.3　纤维增强热塑性复合材料

在热塑性聚合物基复合材料中，分子彼此不发生交联。相反，各个分子之间通过较弱的分子力（如范德华力和氢键）使其位于适当的位置。在聚合物的制备过程中，热塑性复合材料由熔融状态冷却而固化，此时长分子不能再自由移动。当再次加热时，这些材料将重新获得流动的能力，分子能够轻松越过彼此。热塑性聚合物分为两类：无定形聚合物和半结晶聚合物。无定形热塑性复合材料在冷却时保持无序的分子状态，使得材料具有随机的分子结构。当冷却到玻璃化转变温度以下时，非晶态聚合物会变硬或玻璃化。另一方面，半晶体热塑性复合材料在形成晶体结构的同时会固化。当材料冷却时，一旦温度降低到熔融温度以下，分子开始按规则排列。然而，在半结晶聚合物中，当分子处于未排序状态时，这些区域是无定形区。这些半结晶区域内的无定型区在其玻璃化转变温度以下会失去其流动性。因为大多数半结晶聚合物的玻璃化转变温度在零度以下，所以它们在室温下表现得和橡胶状或革质的材料一样。

不连续纤维增强热塑性复合材料已经在注射或模压成型中应用了很长时间。与 SMC 或 BMC 相比，纤维增强热塑性复合材料具有较高的抗冲击强度、较低的循环时间和可回收等优点。然而，与 SMC 相比，热塑性树脂的高黏度使其难以浸渍纤维，表面粗糙。目前，已经开发出不同的制备工艺，并且存在几种材料组合。根据其实际应用场合，基体可以为聚丙烯、聚酰胺或任何其他工程热塑性复合材料。虽然目前碳纤维的应用日益增多，但玻璃纤维市场份额仍为最大。以下部分总结了不连续纤维增强热塑性复合材料成型的三种主要工艺：注射、模压和挤压成型。

33.3.1　纤维增强热塑性复合材料注射成型

注射成型是大批量生产中应用最广泛的工艺，也是制造不连续纤维增强热塑性零件的公认技术。现代注射机最重要的元件如图 33-11 所示。注射机的组件为塑化单元、夹紧单元和模具。

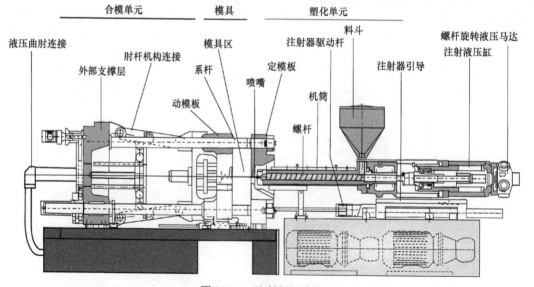

图 33-11　注射机示意图

图 33-12 所示为注射成型周期中的各步骤示意图。在注射成型中，当模具闭合，将聚合物注入模腔时，注射过程开始。注射的材料通常叫作射料。一旦空腔被填满，将会保持恒定压力以补偿材料的收缩。下一步骤，螺杆转动将下一个射料送入螺杆的前部。在下一个射料的准备过程中，螺杆缩回。同时，零件在模具中经历冷冻阶段。一旦零件达到脱模的稳定尺寸，模具打开，零件被弹出。

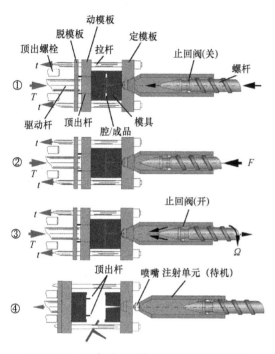

图 33-12　注射成型周期中的各步骤示意图

图 33-13 所示为注射成型时序周期。模具的关闭时间和喷射成品所需的时间在很大程度上取决于模具和机器的尺寸。对于较小的零件，合模和弹出零件可能只需要几分之一秒。控制过程的冷却时间取决于模具零件的厚度和冷却系统。注射成型过程中整个循环时间是一个非常重要的过程特征，因为它描述了生产效率并决定了盈利能力。降低冷却时间可大大提高生产效率。在脱模之前，该零件必须满足尺寸稳定性和均匀的温度分布，以避免过度的收缩和翘曲。

注射成型中纤维填充化合物的主要问题之一是由于模具填充期间的高剪切速率和长流动路径导致的整个零件呈长纤维排列。在注射模压零件中，会出现可分为 7 层的特殊纤维取向，如图 33-14[4] 所示。这 7 层可以描述如下：

1）两个具有双轴取向的薄外层，随机分布在盘内平面。

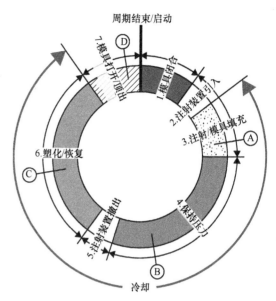

图 33-13　注射成型时序周期

2）两个靠近外层的厚层，在流动方向上有一主取向。

3）两个靠近中心，随机取向的过渡层。

4）一个厚的中心层，在圆周方向上有一主取向。

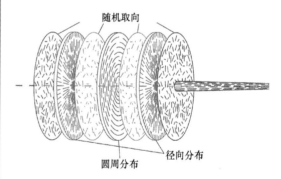

图 33-14　7 层同心盘中的纤维取向

喷泉流动效应和径向流动是注射成型零件具有高度方向性的主要原因。喷泉流动效应[5]是由模具壁上的无滑移条件引起的，这会使材料从零件的中心向外流动到模具表面，如图 33-15[6] 所示。由图 33-15 可知，在空腔内流动的熔体在与冷却器模具壁接触时会冻结。随后进入空腔的熔体在冷冻层之间流动，迫使前面的熔体表层拉伸铺开到冷壁上，并立即冻结。分子和纤维沿流动方向穿过自由流动前沿，与冷却的模具表面相遇，从而发生冻结。

通常径向流动是导致注射成型零件的中心层垂直于流动方向的第二机制。该机制如图 33-16 所示。由图 33-16 可知，通过浇口进入的材料横向拉伸，

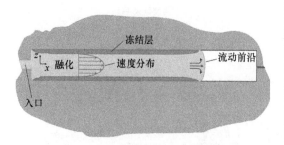

图 33-15 通过零件厚度注射成型的
流动和凝固机理

同时在离开时径向膨胀。这个流程在当今常用的商业注射模具填充软件程序中得到很好的应用。

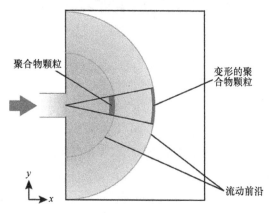

图 33-16 注射成型过程中聚合物的变形

除了高等级的纤维排列外，纤维磨损是注射成型中的另一个挑战。纤维磨损是高剪应力的结果。聚合物熔化后，被泵输送至塑化单元内部，并被迫穿过狭窄的通道，大多数纤维长度变短。这会降低最终零件的力学性能（如刚度和强度）。在注射成型机的塑化区域和模具填充期间发生的纤维损伤可以将纤维初始长度从 10mm 减小至亚毫米范围[7]。

33.3.2 玻璃纤维增强热塑性复合材料的压缩模塑成型

玻璃纤维增强热塑性复合材料（GMT）是将热塑性树脂与连续、编织或切碎的纤维毡组合而制成的半成品薄板。在大多数应用场合使用聚丙烯树脂和玻璃纤维的组合。GMT 的制备过程分为两个不同阶段。第一阶段，制备半成品 GMT 板材，如有必要，进行包装和储存。第二阶段，重新加热 GMT 板材，并通过压缩成型工艺制成最终产品。通常，供应商生产 GMT 板材，将其出售给客户，由客户处理板材并制造成最终的零件。

半成品 GMT 板材可以通过非织造玻璃毡的熔融浸渍制成，或将切片纤维与聚合物粉末在流体介质中混合，然后进行拉伸、干燥和固化制备而成。若用热塑性树脂浸渍增强纤维毡，由于树脂的高黏度，此过程需要高温和高压。图 33-17 所示为通过熔融浸渍制备 GMT 板材的原理图。

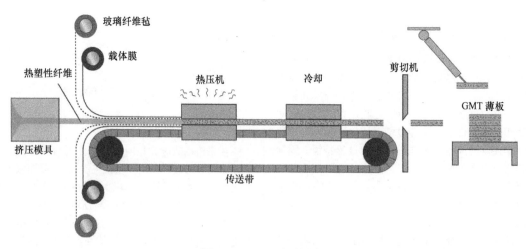

图 33-17 GMT 板材产品

接下来是材料的真实成型。首先切割 GMT 板并将其铺设起来形成坯料。然后，在输送带上加热坯料，此加热过程将材料加热到熔融状态。加热步骤在 GMT 制备过程中至关重要，因为后处理时需要坯料温度均匀分布。然而，加热步骤必须快速完成，以较短的时间完成经济高效的制备。加热单元可以由辐射加热、接触加热、对流加热或三者的组合而成。加热后，将坯料从传送带提起并铺放在较冷的模具表面上。模具快速关闭，直到两个半模都接触到坯料。然后，模具缓慢压缩坯料，当零件冷却时，

填充模腔。当模腔完全填充时，零件在压力作用下进一步冷却，使其结构完整。一旦零件尺寸稳定，

模具打开，成型件从模腔中取出。GMT 的压缩成型工艺过程如图 33-18 所示。

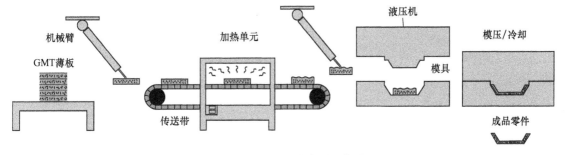

图 33-18　GMT 的压缩成型工艺过程

GMT 压缩成型工艺过程由图 33-19 所示的后续工艺组成。由图 33-19 可知，GMT 坯料的加热阶段为主要工序。通常，加热周期为 60~90s，但在某些情况下可能更长。

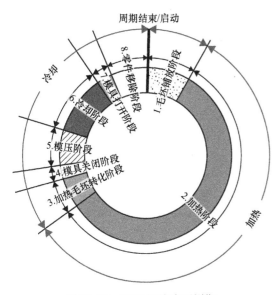

图 33-19　GMT 压缩成型周期

由于 GMT 压缩成型可实现所需的力学性能，它是一种应用广泛的制备半成品结构零件的工艺方法。由于加工周期短，工艺自动化程度高，GMT 压缩成型在大批量生产中体现出经济优势。在汽车行业，典型的应用是前端、保险杠、座椅结构、车身底板和电池托盘的制备。但是，与 SMC 制造的零件不同，GMT 零件难以提供 A 级表面光洁度。因此，GMT 限于表面光洁度要求不高的应用场合。

33.3.3　长纤维增强热塑性复合材料的挤压成型

对于不连续的纤维增强复合材料，纤维长度决

定了成品的力学性能。通常，长纤维会拥有更好的性能，因此，处理不连续纤维增强材料的通用工艺方法是保持纤维长度。这可以通过采用更温和减少纤维磨损的工艺方法或增加纤维的初始长度来实现。基于纤维长度与直径的比率（也称为纵横比），可以区分为长纤维和短纤维。长纤维的纵横比至少为100，对于玻璃纤维而言相当于平均纤维长度大于1.5mm。近年来，长纤维增强热塑性复合材料（LFT）已经成为不连续纤维增强复合材料领域不断进步的技术。LFT 通常采用压塑和注射成型方法来加工。LFT 的制备过程分为两个阶段。混合物在第一阶段挤压机中增塑，随后在第二阶段模压成最终形状。如今，已有从在线直接加工长纤维增强热塑性复合材料（D-LFT）到预制长纤维增强热塑性颗粒（LFT-G）挤压处理的各种系统。D-LFT 和 LFT-G 主要区别在于最初使用的材料类型。下面将对这两种工艺进行阐述，并提供了两种 LFT 成型工艺的示意图。

在 LFT-G 工艺过程中，基材是由材料供应商预先生产的半成品。该基材由热塑性基体和纤维组合形成的颗粒球组成。LFT-G 颗粒通常由拉挤成型工艺制备，在此过程中，将纤维拉伸通过模具，连续纤维被聚合物基包覆。坯料固化后，将其切成长度为 6~30mm 的颗粒。LFT-G 工艺首先将半成品颗粒加入到挤压机中，以使混合物塑化和均化，如图 33-20 所示。如果需要，在塑化阶段加入添加剂。第二阶段包括将混合物挤出模具以及成型阶段将其切成坯料。

在 D-LFT 工艺过程中，跳过 LFT-G 工艺的半成品阶段。该工艺的基材为玻璃纤维原料和热塑性粒料。在随后的工序中将材料输送到挤压机中，如图 33-21 所示。在典型的 D-LFT 工艺过程中，将树脂输送到单螺杆或双螺杆挤压机中，熔融后并与添加剂、颜料和填料一起混合以获得均匀的材料。玻

璃纤维从连续粗纱输送到挤压机中。纤维被螺杆旋转带入，并在筒的下部进行切割。混合阶段完成之后将混合物挤出，切割成一束束所谓的 LFT 坯料，将其放入模具成型为最终零件。

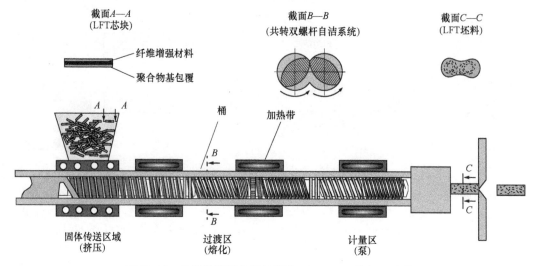

图 33-20　长纤维增强热塑性颗粒（LFT-G）的加工阶段

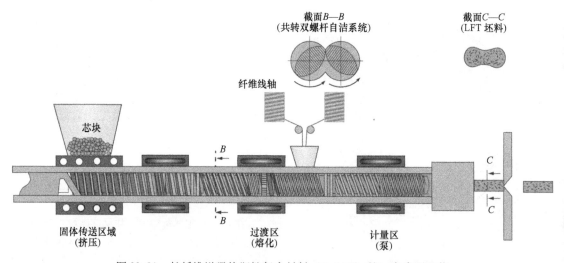

图 33-21　长纤维增强热塑性复合材料（D-LFT）的一次成型工艺

D-LFT 工艺显著优于常规成型工艺，主要基于以下几个原因：①可以使用商品级材料；②与 LFT-G 相比可以实现更长的纤维长度分布；③工艺过程高度自动化。与纤维增强热塑性复合材料的注射成型相比，挤压成型工艺过程中纤维磨损较为平缓。成品部分的纤维长度分布明显提高，因此 LFT 压缩成型的力学性能更好。尤其是在 D-LFT 中，连续纤维粗纱提供纤维的长度可达 60mm。

针对 LFT 成型，纤维取向和纤维磨损的仿真具有一定的挑战性，纤维运动的基本物理学原理尚未知。研究领域主要集中在不连续纤维的运动建模和纤维取向、纤维断裂和纤维分散的预测。此外，研究纤维取向和纤维长度对模具填充过程中流变行为的影响，可以改进当前的模拟软件。

33.4　真空装袋技术

该系列成型工艺借助真空来浸渍楔入真空袋和刚性模具表面之间的纤维结构。真空产生的压差迫使树脂穿过纤维结构，确保聚合物基体填充相邻纤维之间的空隙。

33.4.1　手糊成型

手糊成型是一种最古老采用真空袋进行树脂填

充的技术。许多连续的非纺织纤维毡结构以及由玻璃和碳纤维制成的编织物可用于手糊成型。对于手糊成型方法，模具的制备对工艺稳定性和最终表面质量至关重要，可允许气压降至真空的气密系统是必需的。光滑的模具表面可确保在最终零件上产生均匀的外层。

在手糊成型过程中，首先向模具表面涂敷脱模剂，以方便最终零件脱模。然后，在最终零件表面涂上凝胶涂层，以提高表面光洁度。接下来将纤维毡切割成预定尺寸，按预定方向铺设在凹模或凸模上。纤维层需遵照由不同类型的纤维织物和纤维毡组成的铺层顺序，这取决于其具体应用场合和最终零件所承受的载荷。成品纤维铺层称为预浸料。一旦预浸料到位，即可用辊轮把树脂涂覆在纤维毡上。为了确保纤维预浸料充分浸渍，可在预成型体和树脂上铺一层薄膜或真空袋。薄膜边缘密封完成之后，在模具表面和真空袋之间施加真空，强制树脂进入预制件，确保最大限度地浸渍。在某些情况下，可跳过真空袋步骤，直接用辊轮将树脂固化到纤维毡中，但这会导致树脂浸渍质量变差。图 33-22 所示为手糊成型工艺的基本步骤。

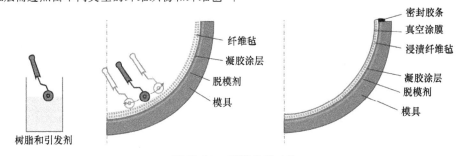

图 33-22　手糊成型工艺

33.4.2　纤维喷射成型

在纤维喷射成型过程中，将不连续纤维和热固性树脂气溶胶同时喷射到模具表面上，如图 33-23 所示。在工艺开始之前，必须提前制备模具表面。首先在模具上涂覆脱模剂，随后涂一层凝胶涂层，其作用是在成品零件的可见表面上提供高质量的涂层。凝胶涂层一旦硬化，就开始沉积。将玻璃纤维从连续玻璃纤维粗纱输送至喷枪，其中纤维被切割成 20~50mm 长。纤维和气溶胶树脂在喷枪中混合，使纤维部分浸渍。将纤维和树脂的混合物喷涂到凝胶涂层上，根据性能要求可以改变厚度。成品零件的纤维取向取决于喷枪的位置和角度，因此在零件设计时必须加以考虑。

一旦表面喷涂完成，采用辊轮来固化化合物，消除夹杂的气泡，确保良好的纤维润湿性。或者，通过在模具表面与薄膜之间施加真空来实现固化，或者在纤维和树脂混合物上铺放真空袋实现固化。树脂需要在凝固之后脱模之前完成固化。

纤维喷射成型是制造大型表面零件（如货车挡风板和船体）的典型工艺。与手糊成型一样，纤维喷射成型也正在被诸如 RTM 或真空辅助树脂注射成型技术代表的封闭模具系统所取代，以减少挥发性物质的排放。

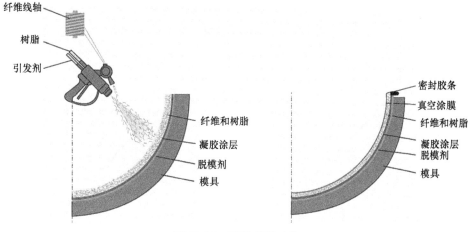

图 33-23　喷射成型工艺

33.4.3 真空辅助树脂注射成型

相比于手糊成型，真空辅助树脂注射成型（VARI）具有成本低的优势，采用该技术处理预浸料时，半成品由预浸有树脂的纤维铺层而成（见 33.7 节）。在 VARI 工艺过程中，通过将树脂压入模具表面与柔性塑料薄膜或真空袋之间形成的真空纤维结构中，连续纤维增强体用低黏度液体热固性树脂浸渍。类似于手糊成型技术，模具表面的准备工作对于创造完美的密封条件和制备具有高质量表面的零件至关重要。在 VARI 成型过程中，将纤维预制件切割好并铺放在模具表面上。然后在纤维毡上覆盖额外的三层：①经处理的尼龙脱模层，有时称为剥离层；②增加树脂穿过纤维之渗透性的流动介质；③真空袋（见图 33-24）。

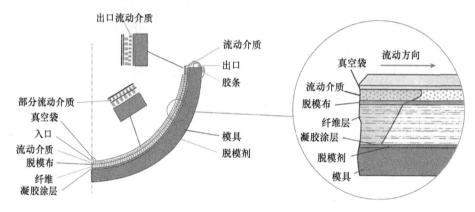

图 33-24　真空辅助树脂注射成型原理图

由于流动介质的高渗透性，VARI 中的速度场在层厚方向会发生倾斜。当树脂穿过流动介质时，在真空袋周围流动更快，在模具表面附近流动较慢。为了补偿这种斜坡效应，可采用两个独立的流动介质层。第一层，又称出口流动介质层，位于树脂最后到达区域的纤维毡与模具表面之间，零件固化后将被舍弃；第二层，又称零件流动介质层，位于剥离层的上面。零件流动介质层除了出口流动介质的区域外，覆盖整个模具表面。在出口流动介质与零件流动介质之间存在微小间隙，以在流动中产生阻力，确保树脂前端均匀，使流线横穿预制层的厚度（见图 33-25）。这个间隙使预成型层顶部的流速减慢，确保模具表面附近的前端流速跟上。这项技术需要避免在靠近模具表面的最终零件上产生干斑。

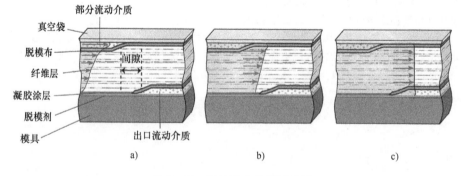

图 33-25　斜坡效应的图解说明
a）斜阶跃效应　b）流阻　c）同步流动前沿

在适当设置流动介质层后，采用真空袋在边缘密封，并至少在模具的一个出口加载真空。这样即可将空气从系统中抽出，确保在真空袋与模具表面之间产生真空。一旦发现系统没有泄漏，或泄漏速率控制在可接受的范围之内时，催化的热固性树脂将排气以除去混合过程中产生的气泡。然后树脂通过一个或多个入口流入模具。完全饱和后，停止树脂供应，零件保持在真空状态，直到树脂固化。

与其他开模工艺相比，真空灌注可以最大程度减少零件内的气泡，纤维-树脂质量分数高达 60%，并可减少挥发性有机化合物（VOC）的排放[8]。该工艺的主要缺点是会产生废料，此时剥离层、流动介质和真空袋材料都是一次性的。采用可重复使用的硅制真空袋或在最终零件中保留所有的流动介质可减少废料。另一个缺点是由于柔性真空袋可以约束顶层，难以控制最终零件的树脂含量。只有高度可控的真空系统才会制备相同的零件。由于需要手动操作，VARI 的工艺周期较长，所以该技术只适用于小批量生产，难以满足高生产率需求。

33.5　树脂传递模塑工艺

与使用真空和只有一个半模的 VARI 技术相比，树脂传递模塑（RTM）和结构反应注射成型（S-RIM）采用两个厚度可控、两侧表面可控的模具。RTM 和 S-RIM 是两种类似的液体复合成型（LCM）工艺，非常适合制造主要用于航空和汽车行业的中大型、复杂、轻质、高性能的复合材料构件。在这些工艺中，纤维毡预制件铺放在封闭的模具中，这样可以确保在输送或注射过程中被低黏度的反应性液体树脂浸渍。RTM 和 S-RIM 的工艺特点在所用的树脂、混合和注射成型、模具要求、工艺时间、纤维体积分数和合适的生产量等方面有所不同。然而，LCM 工艺是目前公认最可行的大规模生产轻质、高强度和低成本复合材料零部件的高效工艺方案。

预成型件是由干燥（未浸渍）增强介质组成，通过成型加工或裁剪工艺预制成型，并与聚氨酯泡沫芯组装成实际零件的三维骨架。预成型件可以采用各类增强材料，例如织造和非织造纤维材料，模切连续纤维毡（CSM），由黏合剂黏合，随机铺设的连续或不连续纤维毡，针织件或二、三维编织件，或由不同类型介质层制成的混合预制件。预制件结构取决于期望的结构性能、可加工性能、耐用性和成本。

33.5.1　树脂传递模塑

经典树脂传递模塑（RTM）工艺可采用的热活化树脂种类繁多，但由于聚酯成本低，是 RTM 工艺中最常用的树脂。可采用的其他树脂有环氧树脂、乙烯基酯、丙烯酸/聚酯杂化物、丙烯酰胺树脂、乙烯基酯和甲基丙烯酸甲酯。这些热活化树脂在初始树脂储存温度条件下不会发生明显反应，但可通过加热模具壁来加速化学反应。结果表明，RTM 的填充时间长达 15min，一个工艺周期长达 1h 或更长，这取决于树脂类型和应用场合[1]。一些 RTM 设备的慢速注射和反应速率可以用于保证复杂形状零件良好的浸渍。此外，低黏度的树脂和慢速率注射可以降低注射压力和夹紧力要求。因此，与其他竞争性制造装备相比，RTM 可使用所谓的软工具（如木背衬环氧树脂模具或铝模具），这样可以显著降低成本。由于工艺周期比较长，RTM 一般只限于小批量生产（少于 10000 个零件）。图 33-26 所示为树脂传递模塑工艺过程。

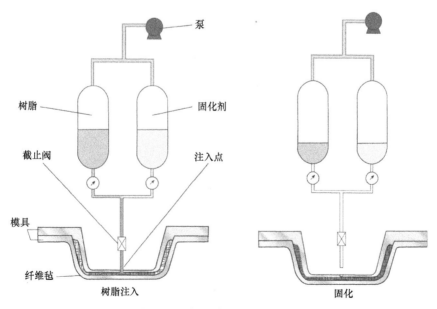

图 33-26　树脂传递模塑工艺过程

33.5.2 真空辅助树脂传递模塑

RTM 和 S-RIM（见 33.6 节）技术的主要挑战是树脂流动和纤维浸渍的控制。纤维浸渍不好会导致纤维和基质之间产生间隙，形成局部应力集中，成

为潜在的裂纹起始点。克服这些挑战的一种方法是采用辅助真空使树脂穿透纤维网。该技术称为真空辅助树脂传递模塑（VA-RTM），图 33-27 所示为该技术的示意图。

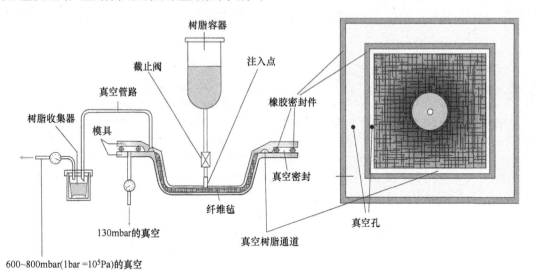

图 33-27　真空辅助树脂传递模塑工艺过程

33.5.3 压缩树脂传递模塑

与 RTM 和 VA-RTM 相比，压缩树脂传递模塑（C-RTM）使用半开口模具。C-RTM 中的半模在它们之间具有足够大的间隙，以将树脂注入腔中。一旦注射了特定量的树脂，模具间隙就被关闭，迫使

树脂进入多孔预制件结构。一旦模具关闭，预制件将被完全浸渍，并且允许树脂在脱模之前固化。该方法的主要优点是缩短了树脂注射和浸渍的时间，从而允许使用快速固化系统。图 33-28 所示为压缩树脂传递模塑工艺过程。

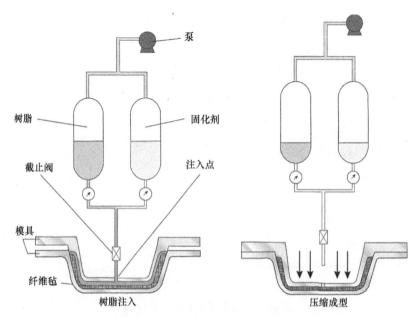

图 33-28　压缩树脂传递模塑工艺过程

33.6 结构反应注射成型

结构反应注射成型（S-RIM）工艺中，所用树脂在混合时激活。S-RIM 工艺中常用的树脂包括氨基甲酸酯、丙烯酸酯和双环戊二烯。S-RIM 的名称来源于 RIM 工艺，树脂的化学成分和注射工艺都是适用的。两种高活性组分在高压的特制混炼头中碰撞混合而激活发生化学反应。混合后，将混合物以较低的压力注入模具中。树脂在浸渍预成型件时开始固化，形成复合材料的基体。由于反应速率快且固化时黏度迅速增加，必须在几秒钟内填满空腔，整个工艺周期短至 1min。因此，典型 S-RIM 的流动距离限制在距离入口 0.6 ~ 0.9m。此外，必须仔细选择增强材料的体积分数和结构，以便在发生凝胶化之前快速、完全地填充。由于注射速度快、工艺周期时间短，S-RIM 通常使用钢制模具，适用于中等批量生产（10000 ~ 100000 件）。图 33-29 所示为结构反应注射成型工艺过程。

不均匀纤维增强复合材料制成的零件（如 LFT 和 SMC 工艺），由于力学性能较低，通常不用于结构件。另一方面，复合材料制造技术如预浸料铺层（见 33.7 节）可用于制造航空航天工业中使用的高强度轻质零件。然而，预浸料铺层是一种低效、昂贵的并且是劳动密集型技术。RTM 和 S-RIM 为航空航天和汽车行业生产轻质、高性能结构零部件提供了可行的选择。另外，低注射压力是 RTM 和 S-RIM 的另一个工艺优势。注射压力随着纤维毡的渗透性、零部件几何形状和注射速率而变化。低注射速率要求注射压力在 70 ~ 140kPa 之间，纤维体积含量为 10% ~ 20%。快速充模要求注射压力在 700 ~ 1400kPa 之间，纤维体积含量更高，为 30% ~ 50% 不等。此外，RTM 和 S-RIM 工艺采用封闭式模具，可减少或消除有害气体的排放。其他优点包括更高可重用的零部件厚度，最终零件最小的修整和去毛刺余量。

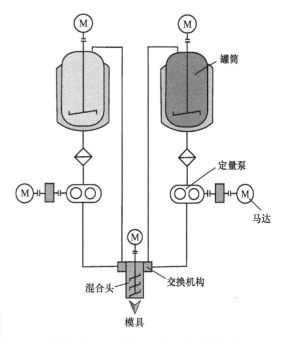

图 33-29 结构反应注射成型工艺过程

33.7 连续纤维增强复合材料预浸料

热固性或热塑性树脂预浸纤维结构层压板广泛用于复合材料工业。这些单向连续纤维取向板或带通常可以按预定取向铺设，因此复合材料具有可定制性。

单向热固性预浸层压板的制造工艺如图 33-30 所示。首先采用具有可调节间隔的梳子将粗纱筒提供的纤维对准其最终的平面布置，然后将排列成平面的纤维夹在两个硅氧烷浸渍膜之间，其中一个已经涂覆聚合物树脂。树脂和纤维固定在两个加热辊轮之间。通过两个辊轮产生的压力使树脂充分浸渍纤维。然后将浸渍的预浸料设备冷却以停止固化反应，并通过卷取辊拉入。预浸料使用之前必须储存在 -20 ~ -15℃ 之间，可避免树脂进一步固化。在大

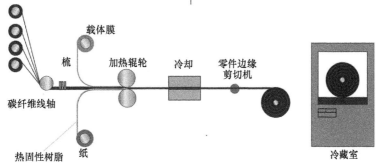

图 33-30 单向热固性预浸层压板的制造工艺

多数情况下，基于树脂配方可能有所不同，预浸料可以在 -17℃ 下储存一年，在 4℃ 的冷藏室内可储存6个月，并在 24℃ 室温条件下可储存数小时或数天。

近年来，热塑性预浸料越来越受欢迎。相比于热固性树脂，热塑性树脂在预浸料应用中具有几个优点，例如不需低温储存预浸料，非有限的保质期，易于回收以及具有较高的耐疲劳和耐冲击性。一些热塑性树脂如聚醚醚酮（PEEK）具有与环氧树脂相当或更优越的性能。热塑性树脂的制造方法与热固性树脂类似，采用热熔浸渍并在卷绕到卷取辊之前冷却。

33.7.1 层压结构材料

层压结构材料是一类最古老的复合材料，自从2000年前希腊人发明胶合板以来一直在使用。用于制备层压结构的预浸料由处于轻微预反应状态浸渍的热固性树脂基玻璃纤维或碳纤维毡制成。现在，这些预浸料可用于制造飞机机翼以及其他零部件，这些零件是通过在相对平滑或稍微弯曲的凹模或凸模表面上，将连续碳纤维环氧树脂预浸的预切薄板按照 0°~90° 和 ±45° 取向铺设而成。上述铺层方式会导致薄板在平面方向上具有近似各向异性特征。类似于真空袋模制技术（见33.4节），经处理后的尼龙脱模层（即剥离层），铺设在层压板顶部以方便移除，随后铺设一层多孔薄膜和一层透气织物。一旦铺设完成，将在上面覆盖一层真空袋。薄膜与模具表面之间的真空使层压板紧靠在硬质金属表面。然后将整个模具-层压结构铺设在可进行预编程热循环控制的热压罐中。一旦环氧树脂固化，就可以将最终零件冷却。图 33-31 所示为层压结构工艺的基本步骤。

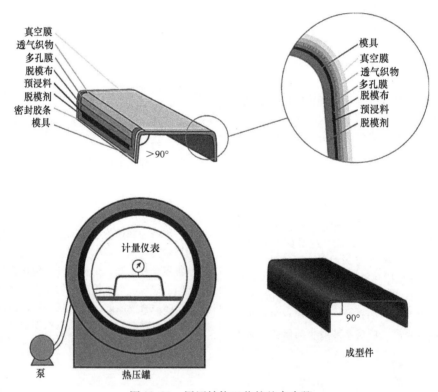

图 33-31　层压结构工艺的基本步骤

纤维增强复合层压结构相变过程中形成的残余应力会导致意想不到的后果。其中一种比较常见的情况是弯曲纤维增强零部件的角度变形，也称为逆回弹效应或各向异性引起的曲率变化。逆回弹效应是指热塑性复合材料拐角部位的角度变化，如图 33-32 所示，它是由层压板厚度方向上的收缩率高于平面方向的收缩率引起的。

纤维增强零件的变形是一种普遍现象，在大多数复合材料制造工艺中，尺寸稳定性一直是工艺和零件设计中备受关注的问题。除了逆回弹效应外，热固性或热塑性层压复合结构翘曲的原因主要有模具温度不均匀、热固性树脂固化反应过程中的放热效应以及非对称层结构（见图 33-33）[4]。

在制备纤维增强热固性层压板时，材料经受高温以便在固化过程中进行快速聚合和交联。在固化阶段，相变效应会引起残余应力，从而影响层压结构的尺寸稳定性。在冷却阶段，由于沿纤维方向和垂直纤维方向的热膨胀不匹配，零件中的残余应力继续扩展。此外，分子化学键的形成会导致体积收缩，也称为固化收缩。当从模具内脱模时，体积收缩和残余应力会导致零件变形。在模具设计时必须考虑这一点，如图 33-31 所示，需修正模具形状以获得90°的轮廓，为了解决逆回弹效应，模具必须弯曲到更大的角度。

33.7.2 自动铺带

自动铺带（ATL）和自动纤维铺丝（AFP）是利用计算机引导系统将一层或多层纤维带或丝束铺放

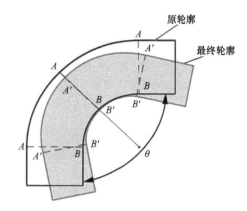

图 33-32 各向异性引起曲率变化
（即逆回弹效应）

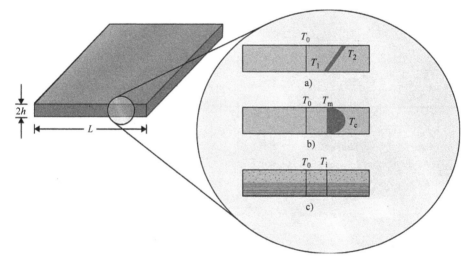

图 33-33 复合材料厚度方向上残余应力累积
a）模具温度不均匀 b）热固性部分的固化热 c）层压复合材料的各向异性

在三维凹模或凸模表面以制造复合材料零部件的工艺。用于自动铺带技术的热固性或热塑性预浸料通常以宽尺寸制备并卷成大卷筒，然后切成 ATL 和 AFP 的窄带或丝束。标准狭缝丝束宽度范围为 1/8 ~ 1/2in（1in = 0.0254m），纤维带为 3 ~ 12in。采用这种单向材料旨在优化复合材料零部件的力学性能，因为它可以确保非常高的纤维含量，整个零件的树脂含量明确且分布均匀，以及对铺层结构有非常精确和优化的定义。

与其他半成品织物（如编织或非卷曲织物）相比，ATL 和 AFP 两种技术均可以减少废料，同时通过加载路径优化纤维取向，而且与成熟的层压机相比，具有更高的精度和更高的沉积速率。ATL 和 AFP 在航空航天领域增材制造方面的应用越来越广泛，是借助添加层在特定方向或位置选择性增加强

度和刚度的唯一技术。这些新技术的典型应用场合包括飞机机身和机翼蒙皮。选择一个工艺或另一个工艺总是会在零件表面几何形状（AFP）和制造产能（ATL）之间做出妥协。ATL 工艺可以在模具上直接铺设两个单独的层或在期望的方向上铺设多个层。由于材料和沉积设备均具有较大的宽度，该工艺可用于以高沉积速率铺设简单的轮廓或平板零件。

与 ATL 相比，AFP 技术的立体裁剪工艺有所不同，各丝束独立沉积且同时进行，并可以在垂直于纤维方向进行独立切割。与 ATL 工艺相反，上述特征可允许更好的材料悬垂性，因此可以实现高度复杂的三维几何形状，几乎接近净成型。另一个好处是可以进一步降低废品率。AFP 可用于制造其他任何工艺都无法完成的复杂结构件。

自动胶带铺层原理如图 33-34 所示。预浸料以

线轴的形式提供给机器。整套线轴铺放在纱架上。引导系统负责将预浸料从线轴引至铺放头并牵引铺放头运动，丝束需稳定而不能发生扭曲。由于热固性丝束在室温下会变黏，所以经过机器和铺放头的纱架以及引导通道或导管时需要冷却。对于铺带工序各阶段（如铺带开始阶段、切割阶段），进给系统控制丝束的精确位置以确保铺设精度。标准的切割运动主要基于裁剪原理，而基于旋转原理的替代装备可以按照铺设速度进行更快、更精确的切割。这可以大大提高生产率，尤其对于大型和复杂轮廓形状的零件，在零件边缘和轮廓上会执行大量的切割操作。

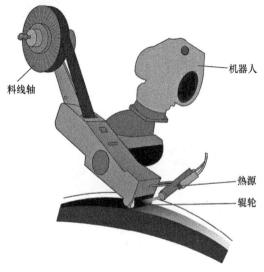

图 33-34 自动胶带铺层原理图

一旦丝束离开铺放头，将弹性辊轮压靠在模具或零件上，辊轮必须压紧覆盖整个带宽。影响压实质量主要为可能发生几何干涉（压实装置的宽度）的零件几何形状（3D 曲面、双曲面、斜坡等）。为了

确保材料与零件黏结良好，在即将铺放零件之前对预浸料坯料夹持区域选择性地加热。对于热固性预浸料，使用热空气或红外技术进行加热，而对于热塑性材料，则采用激光装备在快速沉积期间熔化树脂。铺放头可以固定在各种机器装备上，其中应用最广泛的是龙门架和机器人手臂。其他可替代方案有立柱系统和悬臂系统。热固性预浸料需要在热压罐中完成固化，而热塑性预浸料在沉积期间会固化。因此，不需要附加工艺步骤即可制造成品零件。

由于 ATL 方法的灵活性，设计者常采用 0 ~ 90°和 ±45°标准取向。而且，纤维带可以铺设成弯曲的图案，仅在曲率半径明显变小而形成褶皱时会受到限制。由于它们的内部结构，平面裁剪预浸料（即所谓纤维转向）主要受限于纵向纤维的拉伸/压缩刚度和树脂的刚度。然而，根据纤维带的宽度，铺层路径的曲率可以小至 1m。根据给定零件的曲率变化，图案的角度也可以改变。这种选择性铺层技术可以对孔的周围进行局部加固，例如铺设机身时飞机窗口的铺层，或其他关键复合材料结构中高应力区域的铺层。

33.7.3 气囊法成型技术

气囊法成型或气囊膨胀成型是制造非平面薄壁复合材料零件以及薄壁中空管状结构件（如自行车车架）的理想选择。在气囊法成型中，将橡胶膜（也称为气囊）压靠在模具壁的铺层上。气囊法成型常采用开放式模具或具有管状橡胶膜的翻盖模具。对于中空零件，除了橡胶膜之外，还会采用双取向聚对苯二甲酸乙二醇酯膜（BO- PET，通常为 Mylar®）。图 33-35 所示为中空结构的气囊法成型示意图。当制造简单的细长中空零件时，也可采用橡胶管。

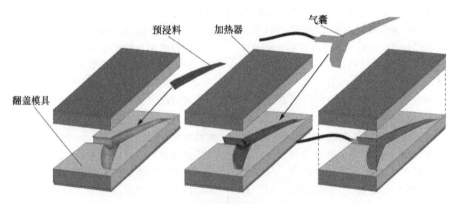

图 33-35 中空结构的气囊法成型示意图

常规气囊法成型工艺是将预浸料薄板切成预成型件，以与最终零件的计算应力相匹配。并根据应力和强度要求，将预成型件按纤维取向压靠在模具表面上。在制造非平面零件的开模过程中，将一个装有压力腔的气囊覆盖在模具上。压力腔加压使气囊靠近加热模具内的预浸料坯。一旦热固性树脂固化，就移除气囊并使零件冷却。对于中空零件，预浸料覆盖在翻盖模具的两侧，使预浸料坯从一侧覆盖到另一侧以确保无缝结构。

对于具有更复杂几何形状的零部件，可以采用 BO-PET 充气囊（见图 33-36）。对于这种情况，将两个 BO-PET 膜平铺并覆盖在羊皮纸（烘焙纸）上，并将与最后气囊形状相同的预切纸模板铺放在羊皮纸上。然后，使用热熔铁稍扁的平头来沿着模板熨烫，在两个 BO-PET 膜之间形成密封，从而形成中空囊。

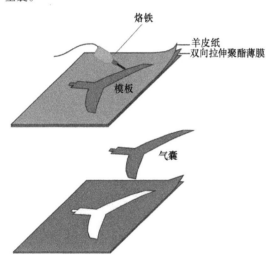

图 33-36　BO-PET 气囊的制造

33.8　纤维缠绕法

纤维缠绕法用于制造高强度中空结构件以及其他高强度零件。在纤维缠绕过程中，纤维或粗纱通过树脂浸胶槽，所涂覆或浸渍的聚合物通常为引发剂、颜料、UV 保护剂和其他添加剂混合而成的热固性物质，如液态环氧树脂。导纱器在树脂浸渍之前控制纤维承受的张力。浸渍之后，在把纤维集中到扁平带之前通过擦拭装置移除多余的树脂，然后将扁平带缠绕在主体上，缠绕方向保持与最终产品所承受的主应力和载荷的方向一致。经过扁平带多次横向平移缠绕在基体周围之后确定最终厚度。一旦零件缠绕完成，则切断扁平带，进入下一个可进行固化的工位。由于纤维缠绕工艺中使用的大多数树脂属于热激活热固性类型，通常在烘箱中进行固化。为了防止树脂的滴落，并保证最终产品加热均匀，在烘箱内固化时采用旋转的心轴支撑。

采用这种技术制造的典型零部件有压力容器、管道或管状几何体。图 33-37 所示为压力容器的极向纤维缠绕系统示意图。极向缠绕时，纤维沿与容器的极向开口相切的方向运动，换句话说，当心轴臂围绕其纵向轴线旋转时，纤维从一个极点移到另一个极点；环形缠绕与极向缠绕不同，纤维沿周向缠绕，纤维每旋转一周仅增加一个带宽，这种缠绕方法用于环向应力占主导地位结构件；螺旋缠绕为纤维沿心轴的轴线前后移动的同时心轴以恒定的速度旋转，通过控制心轴或纤维引导件的速度，即可控制纤维的角度（螺旋）。制造更复杂的几何形状可借助于计算机控制的机器人手臂，如图 33-38 所示。

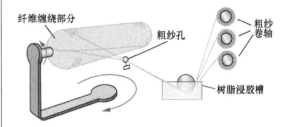

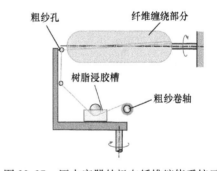

图 33-37　压力容器的极向纤维缠绕系统示意图

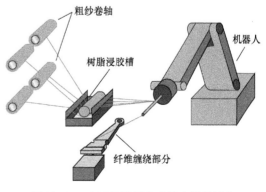

图 33-38　由可控机器人手臂支撑的缠绕系统示意图

33.9 拉挤成型

拉挤成型是一种用于制造具有可控和均匀截面的高强度型材的低成本工艺方法，如图 33-39 所示。在拉挤成型工艺中，可采用各种类型的增强纤维，包括纤维束、编织纤维以及织造和非织造平面结构。在拉挤成型过程中，纤维和纤维结构通过含有添加剂如催化剂、引发剂和颜料的热固性树脂浸胶槽。然后，将多余的树脂从纤维上擦除，并将它们移到预成型虎钳上形成预定轮廓。预成型虎钳还可以用于去除多余的树脂。然后通过加热的模具将预定轮廓拉出，使零件满足其最终形状和表面质量。典型的拉挤零件有中空管、实心工字梁、平板结构、扶手等。

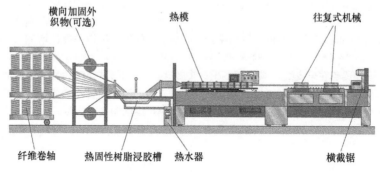

图 33-39 传统的拉挤成型过程

可以使用一种更环保的装置替代传统的拉挤成型工艺装置，如图 33-40 所示，使用连接到加热模具的注射单元代替树脂浸胶槽。在该工艺的关键原理得到保证的同时，消除挥发性有机化合物（VOC）的排放，并最大限度地减少操作者与树脂的直接接触。

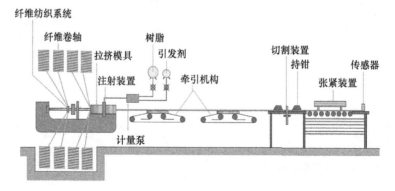

图 33-40 树脂注射拉挤成型过程

33.10 编织

编织技术在 19 世纪已经用于制造烛芯，在 20 世纪中期成为纤维增强复合结构坯料的制造工艺。管状结构与其他几何结构一样具有独特的性能，就像"中国指套"，编织技术特别适合于制造复合材料工业中复杂中空形状的加强结构。

在编织工艺过程中，两组或三组粗纱相互交错以形成管状结构。在最常见的编织技术中，两套粗纱托架沿"五月柱舞"图案或双轴编织结构彼此相反的方向旋转，如图 33-41 所示。此处每根粗纱沿着管状结构产生螺旋形图案，根据管的尺寸，编织机可以有多达 600 股粗纱。采用三组粗纱运转的设

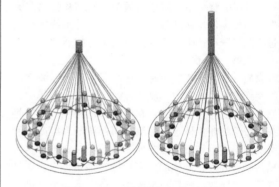

图 33-41 双轴编织工艺示意图

备可产生三轴编织结构,其中第三组粗纱沿管的轴向上运动。由于能在管的长度方向上增加强度,三轴编织结构可达到与典型的手工预制件相似的性能。图 33-42 所示为德国德累斯顿工业大学轻量化与复合材料学院(ILK)的编织系统。

其他编织结构,如在多股粗纱之间的空间交错结构,可制造大型的 3D 纺织品。3D 编织工艺已经用于制造诸如工字梁的轮廓。

图 33-42 德国德累斯顿工业大学轻量化与复合材料学院(ILK)的编织系统(来源:T. Osswald)

33.11 纤维铺缝技术

纤维铺缝技术(TFP)是一种源自缝纫技术的新兴技术,可用于制造适应零件应力场和近净成型的产品[9]。该方法采用面线和底线穿梭方式在干燥的织物上织上玻璃纤维或碳纤维粗纱,随后注入树脂形成预成型件。

在纤维的铺设过程中,该纤维可以是 50000 根长丝组成的粗纱,使基底织物的平台与粗纱管同时沿着纤维铺放位置的方向移动。应用标准刺绣技术,以锯齿形图案形式,采用固定针引导标准的面线和底线将纤维缝合到织物上,如图 33-43 所示。目前,这种铺缝技术可以达到每秒约 15 针,针引导面线穿过基底织物并环绕在底线周围,形成双重缝合图案。当与热固性树脂结合使用时,基材可以是任何无纺布织物。而且,该技术也可以用于热塑性复合材料,此时采用热塑性薄膜作为基材,在铺放纤维之后借助标准注塑技术用相容的热塑性树脂包覆成型。

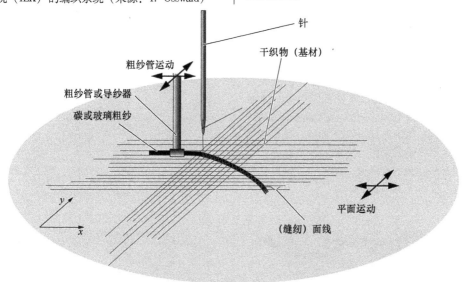

图 33-43 纤维铺缝过程示意图

目前正在探索几种 TFP 应用领域,包括用于飞机和自行车零部件,涡轮叶片,树脂传递成型及其他灌注工艺的自加热膜。后者把碳纤维缝合在基材上作为嵌入式加热元件。这种方法可以用于制作嵌入式结构,或用于制作可重复使用的自加热膜,铺放在靠近注入树脂的腔内,以可控的方式加速固化过程。图 33-44 所示为使用 TFP 技术制造的三脚凳,可根据计算出的应力场确定在凳子制造过程中纤维结构取向和布置。

图 33-44 用 TFP 工艺制造的凳子

33.12　混杂复合材料

为了进一步提升现有复合材料的性能，开发了混杂复合材料。混杂复合材料含有一种以上的增强相，形成具有独特性能的先进混合材料。混合的目的是为了改善诸如成本、重量、失效行为和疲劳特性等性能。混杂复合材料制件可以通过定制，使零件比常规的复合材料能以更低成本来满足设计要求。目前已有几种不同类型的混杂复合材料，可根据增强相成分的排列来区分。层间混杂复合材料由两种或两种以上材料以固定的模式交替铺设。夹芯混杂复合材料也称为核壳复合材料，含有一个夹在两层材料之间的芯材。混杂复合材料的种类正在日益增多，适用于小众产品，这些复合材料通过连续的金属和玻璃纤维混合而得到强化。

最突出的一类混杂复合材料由纤维增强复合材料和金属嵌件组成。这些塑料-金属混杂复合材料通过预成型金属板制成，用聚合物模压而成，可以增加肋、接合点和其他特征。这种混合物结合了金属的良好特性，如延展性、冲击性能和损伤容限，以及纤维增强复合材料的优点，如高比强度、高比刚度和优异的耐腐蚀和耐疲劳性。塑料-金属混杂复合材料用于替代重型结构零部件，尤其适用于汽车或航空工业。第一款塑料-金属混杂结构件是 1998 年奥迪 A6 的前端零件，将其成本降低了 10%，重量下降了 15%[10]。福特 1999 年推出的混杂前端零件，比所替代的钢铁零件便宜 20%，轻 40%。这种前端集成钢插件采用超模压成型，使用 30% 玻璃纤维含量（以质量计）增强的聚酰胺 6 制造肋及其他结构特征，前端零件如图 33-45 所示。

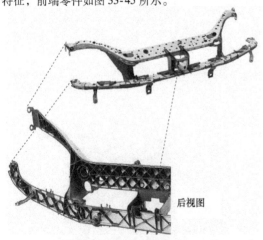

图 33-45　福特福克斯混合动力前端结构（采用质量分数超过 30% 的玻璃纤维增强的聚酰胺 6 模塑成型的钢制插件）（来源：Dynamit Nobel Kunststoffe）

33.13　展望

如今，现代工业不仅把复合材料视为一种新型材料，而且作为一种必需品。为了减少运输行业的燃油消耗，轻质结构件已成为不可或缺的要素。在现代飞机中，如空客 A350，复合材料的比重为 52%（见图 33-46）。由于航空航天工业的高性能要求，这些复合材料主要为碳纤维填充复合层压板。虽然飞机行业中复合材料所使用的重量占比正接近峰值，但最终采用大量复合材料来制造每架飞机的前景，将导致碳纤维的使用程度大幅增长，如图 33-47 所示。

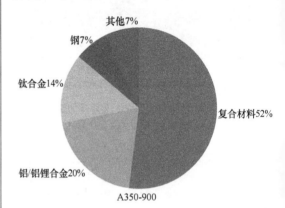

图 33-46　空客 A350 材料使用情况

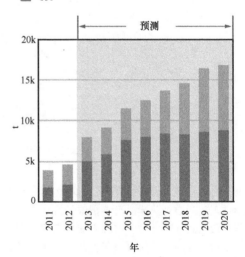

图 33-47　复合材料在飞机和汽车行业的增长情况[11,12]

目前，生产的碳纤维大约有 1/4 用于风力发电行业，其次是用于注塑和压塑成型的短碳纤维（见图33-48）。体育用品，包括船体，使用约16%的碳纤维，与飞机制造相同。建筑、汽车和压力容器均在应用列表中。然而，预计在未来几年内，碳纤维在汽车的应用将会增长。例如，每年有250万辆新汽车由汽油转向压缩气体，这意味着高压容器的生产将显著增长。高压容器的数量将进一步增长，2020年，压缩天然气储罐将比飞机制造使用更多的碳纤维[11,12]。

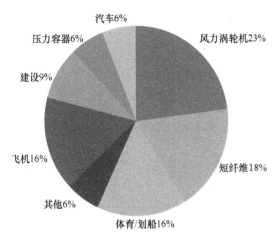

图 33-48　2012年世界范围内碳纤维的使用情况

　　压缩天然气压力容器行业是碳纤维复合材料应用增长的重要领域。日益增长的能源成本、实用性、天然气的低成本以及笨重的钢制压力容器将导致复合材料的应用快速增长，尤其是汽车行业。

参考文献

1. Heinle, C., J. Brocka, G. Hülder, G. W. Ehrenstein, and T. A. Osswald, "Thermal Conductivity of Polymers Filled with Non- Isometric Fillers: A Process Dependent, Anisotropic Property," *Proceedings of the Annual Technical Conference of the Society of Plastic Engineers*, p. 883-889, 2009.

2. Rothon, R. N., *Particulate- Filled Polymer Composites*, 2nd ed., Smithers Rapra Press, Shrewsbury, UK, 2003.

3. Osswald, T. A. and J. P. Hernández- Ortiz, *Polymer Processing—Modeling and Simulation*, Hanser Publishers, Munich, 2006.

4. Osswald, T. A. and G. Menges, *Materials Science of Polymers for Engineers*, 3rd ed, Hanser Publications, Sec. 6. 3 2012.

5. Leibfried, D., *Untersuchung zum Werkzeugfüllvorgang beim Spritzgießen von Thermoplastischen Kunststoffen*, Dissertation RWTH Aachen University, 1970.

6. Wübken, G., Einfluß der Verarbeitungsbedingungen auf die innere Struktur Thermoplastischer Spritzgußteile unter besonderer Berücksichtigung der Abkühlverhältnisse, Dissertation RWTH Aachen, 1974.

7. El Barche, N. T. and T. A. Osswald, "Experimental Study of Fiber Attrition within a Long Fiber Glass- Reinforced PP under Controlled Conditions," *Proceedings of the Annual Technical Conference of the Society of Plastic Engineers*, p. 602-605, 2014.

8. Brouwer, W. D., E. C. F. C. van Herpt, and M. Labordus, "Vacuum Injection Moulding for Large Structural Applications," *Composites Part A: Applied Science and Manufacturing*, 34 (6): 551-558, 2003.

9. Mattheij, P., K. Gliesche, and D. Feltin, "Tailored Fiber Placement- Mechanical Properties and Applications," *Journal of Reinforced Plastics and Composites*, 17 (9): 774-786, 1998.

10. Sheyyab, A., *Light- weight Hybrid Structures—Process Integration and Optimized Performance: Leichtbau- Hybridstrukturen—Prozessintegration und Optimierte Eigenschaften*, Univ., Lehrstuhl für Kunststofftechnik, 2008.

11. Witten, E., B. Jahn, and D. Karl, Composites- Marktbericht 2012. Federation of Reinforced Plastics (AVK), 2012.

12. Roberts, T., *The Carbon Fibre Industry Worldwide 2011 – 2020: An Evaluation of Current Markets and Future Supply and Demand*, Materials Technology Publications, 2011.

模压营销有限责任公司　斯科特·彼得斯（SCOTT L. PETERS）　著
北京化工大学　信春玲　译

34.1　概述

塑料成型工艺是一个宽泛的主题，通过其生产的产品多种多样。可以肯定的是，塑料制品的成型方法有很多种，包括热成型、真空成型、吹塑成型、压缩成型、注射成型等。每种方法之间有本质区别，并可以展开成独立的章节。因此，在塑料成型主题下有多部有关某一种成型工艺的分册。本章内容并不能涵盖所有塑料成型工艺的细节，只是一般塑料成型工艺的简介。

虽然锌或铝的压铸设备不属于塑料模塑成型，但在许多方面与塑料注射成型机类似。也就是说，设备加工材料的方式与塑料压机差不多。除了对技术进行简要回顾和列举一些通用术语之外，我们不再深入讨论这些过程。

相比之下，塑料挤出成型是采用旋转螺杆或类似装置的压力推动物料通过加热或冷却的口模，连续挤出制品的截面与口模形状相似，按照所需的制品长度进行切割。

在开始讨论塑料成型的每个专题之前，重要的是要有理解的共同基础。以下是我们本次讨论的基础：

1）热塑性成型是指通过加热材料使其在注射或送到冷的模具之前软化的工艺过程。一般而言，这些聚合物分子链可以再加工-再加热，再成型对分子链或所得制品造成的负面影响很小。该类聚合物从液态变为固态过程释放热量。这类热塑性聚合物通用名称/类型包括：亚克力、丙烯腈-丁二烯-苯乙烯共聚物（ABS）、聚碳酸酯（PC）、聚甲醛（POM）、尼龙（PA）、聚乙烯（PE）、聚丙烯（PP）和聚苯乙烯（PS）。这些不是全部罗列，仅是工业中常见的树脂。还有一些高性能的工程塑料，包括聚醚醚酮（PEEK）、聚对苯二甲酸丁二醇酯（PBT）、聚醚砜（PES）、聚苯硫醚（PPS）、聚醚酰亚胺（PEI）、液晶聚合物（LCP）和聚乳酸（PLA）。

2）热固性成型是指将原料加热到一定状态后固化，然后从模具中脱出的工艺。热固性塑料一旦固化就不能再熔融，要想对其再加工就必须使它们降解。这类聚合物从软的状态转变成固体最终制品需要吸收热量。一些常见的热固性塑料包括片状模塑料（SMC）、块状模塑料（BMC）、环氧树脂、酚醛树脂、热固性聚酯和橡胶。橡胶包括有机橡胶化合物和液体硅橡胶（Liquid Silicone Rubber, LSR）。

对于热塑性塑料和热固性塑料，我们发现想要得到尺寸精度非常高的零部件需要输入热量和压力。两者的主要区别在于能否将材料"再循环"加工成型为新产品而不完全破坏聚合物的分子链。简单地说，热塑性塑料通常可以被再加工，而热固性塑料不能。

34.2　成型工艺的综合考虑

在讨论具体的成型工艺之前，考虑以下这些因素是很重要的：

1）制造工程师在确定要使用的工艺时应该了解成型材料。一旦工艺确定和材料已知后，工程师就应该确定成型操作的类型、型腔以及成型过程所需的工具。每个步骤都与其他步骤密不可分，对产品成本有着重要影响。例如，生产模具对产品成本具有与树脂和成型工艺同样重要的影响。如果模具加工精度低，则可能需要更多的模压时间（这可能相当昂贵），而且由于流道与制件比例不合理，可能会增加生产浪费，这会导致产品成本的增加。

2）制造工程师应该知道满足产品要求的模具类型。塑料工业协会（the Society of Plastics Industry）已经发起过两个关于制品成型工艺类型的讨论。讨论集中在热塑性注射成型。其他商业化和精细化的成型工艺也可以使用相同的方法。完整的讨论可以参考塑料工业协会书店。

3）在商业化成型中，产品的公差更自由。制造商会留有更多的余地，一般来说生产成本也较低。如果不考虑成型原料的成本，对于相同型腔的模具来说，商业化成型的成本低于精细化或精密成型的成本。

4）与此相反，对于精细化或精密成型工艺，产品工程师要提供更严格的制造公差。此外，这些工艺可以成型更多新的或高强度的工程塑料，但是相同型腔的模具制造成本会比商业化成型的高。由于产品的公差要求和工艺能力要求，可能会限制在给定模具中的型腔数量。这背后的原因包括剪切引起的热不平衡，缺乏建立高精度模具的信心，不适用于大型成型机的重复性和速度。不管是什么原因，模具制造商具有一定的专业知识来推动讨论，制造工程师将会更好地注意到给出的警告。

制造工程师应该了解制品的工艺生产能力要求和自己的组织能力。一些制造商甚至为模具和工艺建立了预期的工艺能力。这些值通常用 C_p 或 C_{pK} 表示，它们是关于成品偏差的统计分析的函数。尽管工具和模具制造商不能对所有的最终产品完全负责，但是他们应该在接受采购订单之前仔细阅读合同并充分理解其隐含的责任。对于模具制造商、成型商和制造工程师来说，在合同中就以下方面达成协议也是重要的：

① 模具服务年限或周期。
② 有关模具结构的担保。
③ 模具的工艺能力和适用的成型工艺。

塑料工业协会也提供了从 101 到 105 的基本模具分类，101 型模具在服务和担保方面的期望值都是最高的。

除了成型商的资质以及所采用的模具类型之外，我们还发现，每个生产周期生产的零件数量（如果不是只多一点）对于产品的总成本来说同样重要。由于生产成本等于成型周期（时间）除以每个周期的产量乘以消耗树脂的重量（原材料成本），因此每个周期的产量越高，成本越低。但是，计算每个周期的产量时，需要考虑几个变量，因为它们也会影响整体生产力和产品成本。它们是：

压力的吨位，通常称为合模力，在注射过程中模具闭合所需的力。计算式为

$$(I^2 \times PSI)/2000 = 压力（夹紧力）吨位 "合模力"$$
$$(34-1)$$

式中，I^2 是成型的总投影面积（in^2）；PSI 是成型面积上每平方英寸的合模力（4000～6000lb）。除以

2000 使结果减少到合模力的通用大小。重要的是要记住 I^2 等于所有模腔和流道系统的总投影面积。压力不是一个定值，取决于许多因素，包括但不限于以下几点：

① 制件的几何形状。
② 壁截面。
③ 浇口的大小和数量。
④ 成型树脂。

注射成型商、模具制造商和制造工程师将根据经验讨论这些变量大小，确定注射机尺寸。

1）支撑模具整体外部尺寸的模板尺寸。有时候模具非常大，需要很高的合模力才能完全夹紧，对于拉杆很细的注射机尤其如此。一些制造商通过引入没有连杆的机器使得两个模板对齐来解决这个问题。在这些情况下，模板装在耐磨板上，沿导轨和耐磨垫引导移动。一般来说，当压力超过夹紧额定值时，注射单元的注射量远远超过制件要求或注射量。在这些情况下，根据树脂和制件的几何形状，可能需要更小尺寸的螺杆和机筒以减少树脂的停留时间并更好地控制注射。

2）由于多种原因，确定注射单元参数对于整体生产至关重要。首先是停留时间。停留时间以螺杆和机筒可能包含的注射次数乘以每次注射的总循环时间来计算。计算公式为

$$RT = (BC/SW) \times CT \qquad (34-2)$$

式中，RT 是停留时间（s）；BC 是机筒容量（oz 或 g）；SW 是总的注射量（oz 或 g）；CT 是一个循环的总时间（s）。（BC/SW）可简化为 SR，其中 SR 是注射机筒容量的注射次数。

举一个例子，让我们看一个用于聚苯乙烯加工的 60oz 容量的螺杆和机筒。总量（注射重量）是 12oz。机筒里含有五次注射的重量。如果一个循环周期时间为 25s，从物料进料口到喷嘴的整个停留时间为 125s（5×25s）。一些树脂如 PA 和聚氯乙烯（PVC）可能由于暴露于注射装置的高温而在这段时间内降解。热固性树脂也是如此。

另一个影响因素与生产制件的模具有关。为了减少生产浪费，生产商、制造商正在转向"热流道系统"（或热固性树脂的"冷流道系统"）。计算树脂的停留时间时，必须将这些系统的内部流道容量加到总量中。

有了这个基础，我们现在可以开始讨论两个主要的过程。首先讨论的是热固性成型。

34.3　热固性成型

热固性成型方法主要有三种，分别是模压成型、

传递模塑和热固性注射成型。

34.3.1 模压成型

模压成型工艺（见图34-1）包括：将模塑料（橡胶或塑料）放入模腔并施压外力使材料呈现出最终制品形状的过程，包括多种模压成型。

由于模压成型的原料是通过人工放入模腔或者覆盖在模具的芯部，所以开合模动作通常是垂直的。也就是说，模板和模具上下移动，分型线是水平的。由图34-1可看出此过程中模具和机器移动的典型方向。

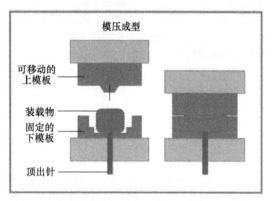

图34-1　模压成型工艺（经 Dr. Dmitri Kopeliovich 和 Substances & Technologies 许可使用，www. substench. com 保留所有权利）

由于分型线水平且开合模动作垂直，所以这个过程也适用于封装成型。封装允许成型的制品含有非聚合物特征，例如嵌入式的装配支架、螺纹嵌件或稳定杆。当然，在模压过程中必须注意确保非塑性或非橡胶零部件保持稳定，并且适当闭合以防止材料流出腔体形状，产生飞边。这些主要是模具设计师和模具制造商需要考虑的因素。但是聪明的生产商会密切关注模具的设计和制造，以确保成型顺利进行。

加工热固性材料时，模具被加热以固化塑料并使其塑形。加热可以通过使用垂直穿过模具的加热棒来完成。也可以使用安装在型腔和型芯后面的层板中并设置在凹槽中的"柔性"或"浇注"加热器。一些模具使用缠绕在模具外框的"带式"加热器。最后，有些是通过循环回路中的"蒸汽"或"热油"来加热的。加热系统一体化的关键是为成型区域提供均匀的温度，同时优化设置时间和控制。必须注意将模具与压机隔离，以便将热量保持在模腔和模芯中，并减少向压机钢结构的热辐射。

液压泵和液压缸施加合适的压力推动模板完成移动并均匀压缩物料使其进入并充满模腔。

工艺控制可以使用有"继电器逻辑"或配有PLC（可编程逻辑控制器）或微处理器CNC技术的简单定时器和限位开关实现。如果使用后者，机器将安装应变计和线性电位计（传感器和位置传感电阻棒），以提供压力、位置和温度的精确闭环控制。在本章结尾处进一步讨论机器控制部分。

典型的模压成型循环周期如下：

① 在模具完全打开时，操作人员将预定数量的材料和其他封装组件放入模具中。

② 操作人员按下启动按钮，开始合模，压塑过程开始。

③ 压机达到设定的锁模力，模具合紧。

④ 模具保持关闭状态，物料在型腔内固化。

⑤ 模具打开，顶出装置顶出制品。

⑥ 将移出的制品进行修边，得到所需的形状和外观。

⑦ 重新加载指令，开始新的循环。

如前所述，在一个循环中生产大量制品的模具可能需要很长的"装载阶段"才能将材料手动加载到每个腔体中。出于这个原因，生产商已经开发出了"装载板"，使操作人员能够在循环的"固化阶段"预先准备材料。这样，当模具打开时，装载板移动到上下模之间，材料一次全部落入模腔中。为了保证物料在成型工艺之前不发生固化，装载板通常将被冷却到低于模塑料的"交联温度"。这加快了装载过程，并且减少了由于来自开放工具表面的辐射而损失从模具到成型室的热量。

成型橡胶混合物时，模压周期可能包括一个"排气过程"。在这个过程中，合模力会减小一段时间，使模腔中的气体排出。这个过程有利于提高制品的强度，减少由气体引起的内应力，还能防止这些过热气体灼烧制品表面。

即使每个模腔都预先确定装载量，也很可能在分型面处产生飞边。这是该工艺在模压开始时需要一个"开模分型线"和确保充满模腔形成完整的成型零部件的结果。

34.3.2 传递模塑

热固性材料的传递模塑工艺（见图34-2）与模压工艺非常相似。传递模塑的模具移动方向也与水平面垂直。标准的模压成型与传递模塑的主要区别如下：

① 在模具闭合之前，装载树脂不放入模腔。

② 生产过程中存在浇口和流道余料。

③ 每个循环周期必须从模具中取出浇口和流道余料。

④ 由于在物料流动过程中模具的分型面是闭合的且已经施加合模力，所以制品的飞边最小，甚至最终制品没有飞边。

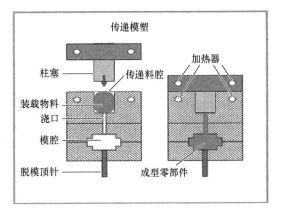

图 34-2　传递模塑成型（经 Dr. Dmitri Kopeliovich 和 Substances & Technologies 许可使用，www. substench. com 保留所有权利）

典型的传递模塑循环周期如下：

① 模具完全打开时，操作人员将预定数量的物料装入传递预热料腔中，如图 34-2 所示。

② 将嵌件装入模具的模腔。

③ 操作人员按下循环启动按钮，模具闭合，开始压缩和传递循环。

④ 物料在模压机的作用下被加热加压，并从固体变成黏稠的液体，在压力作用下通过浇口进入模腔。

⑤ 合模力达到最大值，模具锁紧。

⑥ 物料在模腔固化，此时保持模具锁紧状态。

⑦ 开模，顶出装置顶出制品。

⑧ 取出流道和浇口余料，加入新的物料。

⑨ 重新装载物料，循环再次开始。

如步骤 4 所述，装载物料从固态变成液态的转变发生在模具的传递料腔中。这一点很重要，因为这样更适于成型带细小嵌件的制品且损坏的风险更低。另外，可以将增强材料放入模腔中，使黏稠液体流过并形成强度更高的材料。典型的嵌件有电气接触点、电路板安装点。

传递模塑工艺可以成型流动长度非常长的制件。传递料腔能安装在可以在制品中创造"多效应"的位置，允许长的流动长度而不会凝固。唯一需要考虑的因素是制品的熔线强度。

所有的模塑成型工艺中，当"熔体前沿"（塑性流动的前沿）遇到并围绕芯部流动并且在相反侧重新接合时，都会产生熔接痕。当两个或更多来自不同浇口位置的"熔体前沿"相遇时，也会产生熔接痕。虽然这些熔接痕处的分子结合很好，且对制品功能无任何影响。但是，我们需要考虑外观方面。使用计算机辅助工程（CAE）"充模模拟"程序将使产品工程师、模具工程师和制造工程师能够看到熔接痕位置处的图形表示。对于所有参与方来说，完全了解熔接痕在制品中可能存在的所有美学或功能受限是很重要的。有关此主题和其他相关主题的进一步讨论，请参见第 12 章（制造仿真）和第 35 章（热塑性塑料注射模）。

34.3.3　热固性注射成型

热固性注射成型与热塑性注射成型类似，具体步骤如下：

1）每个生产周期的物料存在注射机筒里。

2）物料得到机筒上加热装置的外部热量以及克服螺杆旋转和机筒内作用在树脂上的背压产生的剪切热，

3）模塑树脂在高压推动下以黏性液体状经一系列流道和浇口注入模腔。

图 34-3 所示为典型的注射机装置。

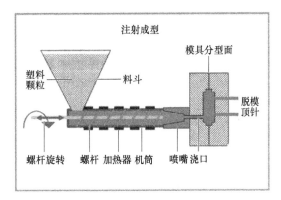

图 34-3　典型的注射机装置（经 Dr. Dmitri Kopeliovich 和 Substances & Technologies 许可使用，www. substench. com 保留所有权利）

应该注意的是，图 34-3 展示出了模板沿水平方向移动的卧式成型机，但是也有立式注射机，并且某些情况可能优先选择。在这些情况下，注射机的注射单元可以是垂直方向或水平方向的。如果采用水平方向注射单元，则模具结构中的喷嘴的接口必须位于模具的分型面上。分型面如图 34-3 所示。

在图 34-3 中，注射机筒标注为机筒，注射单元由机筒、螺杆、加热器或冷却套、喷嘴和料斗组成。在注射成型周期内，图 34-3 所示的喷嘴伸入注射机的定模板中。除了上述标准零部件之外，注射单元还可能包括切粒供料系统，其将成型树脂从棒状或片状坯料切割成颗粒形式以便在重力作用下落入注射机筒。当使用橡胶注射机的情况下，填充供料系统会代替切粒供料系统以强制片状橡胶化合物进入注射机筒。填充供料系统也可用于某些热固性塑料，如 BMC 或含有长玻璃纤维的材料，这些材料会被切碎。

模具安装在模板上，定模板和动模板都是大型钢或铸铁板。定模板具有足够的厚度或边框以抵抗物料注入模腔中的压力。动模板装在一组平行的拉杆或鞍座和导轨上。这些拉杆和导轨使模板对齐并使动模板能够移动，使模具沿分型面开模移出制品。模板运动驱动方式主要有液压油缸、肘杆机械系统和伺服驱动滚珠丝杠系统三种方法来实现。图 34-4 所示为基本的水平注射机模板布置。图 34-5 所示为传统的机械肘杆夹紧装置。图 34-4 中有一个液压夹紧装置。

图 34-4　基本的水平注射机模板布置

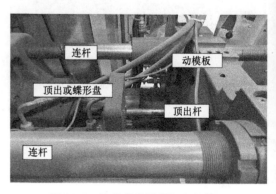

图 34-5　传统的机械肘杆夹紧装置

顶出单元通常在动模板上，这是根据机器上的位置命名的，但是，某些情况下模具没有顶出装置，而是装有定制系统。这时，模具设计师、模具制造商和生产商应该尽量协调，确保在模具部分做适当的规定。这些规定可能包括在模具上增加封闭高度以容纳外部气瓶，附加的机器液压接口，增大模具开模距离使制品能从模具脱出等。由图 34-5 中可以看到常规的顶出装置驱动缸和蝶形装置。由于轮廓相似，注射机上的顶出盘通常称为蝶形盘。

除了注射缸的使用和分型面的方向之外，卧式和立式热固性注射成型还有其他关键的区别。在以前的成型工艺中，注射机最多可以实现半自动循环。如果不使用智能机器人，工艺操作人员必须向机器输入端口和操作指令。水平热固性注射机不是这样。

热固性注射可以实现全自动操作，树脂自动输送到注射单元以及成品制件可以从成型区域自由落下。不幸的是，对于立式热固性注射成型机，需要操作人员介入，旋转和移动平台或使用机器人从模具中取出制件（见图 34-6）。

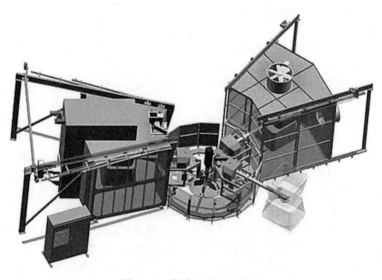

图 34-6　旋转成型机示意图

对于立式注射成型机（无论热固性还是热塑性），考虑底部夹紧组件的构造以及注射单元的方向很重要。如本节前面所述，注射单元可以垂直或水平对齐。此外，底部夹紧组件可以具有单工位，交替双工位（在每个成型循环周期，从一侧移动到另一侧，或者在内侧横向移动）或者具有 2、3、4 或更多工位的转台。具体的配置通常由预估年产量、预估成型周期以及在生产周期内加载附加零部件和材料的要求决定。

由于热固性注射成型能够在半自动和全自动模式下运行，因此在模具投入生产之前设置合理的工艺流程至关重要。在新产品开发阶段，工艺工程师、技术人员需要进行试验并设置合理的工艺流程，并应该记录所有的设定值，以协助生产部门为未来的生产运行定制模具，以达到所需的结果（满足成本要求的前提下，可重复生产出符合要求的制品）。除了最终的盈利情况，生产商和采购商并不关注模具。

在工艺开发过程中，技术人员应该进行额外的研究并记录结果，以建立模具能达到的基本加工能力。诸如 C_{pK} 之类的东西（公差范围内工艺和模具耐用度），浇口凝固研究（确定浇口凝固物料不再进入模腔的时间），最大工艺窗口（通过试验确定可接受范围的工艺参数的上限和下限）等。有了这些测试和结果，生产商就可以在每次模具投入生产时就开始工艺开发。

典型的半自动热固性塑料注射成型周期如下：

1）操作人员关闭安全门，此时机器控制器发送信号，关闭模具。

2）在模具完全关闭的情况下，给出信号施加合模力。

3）合模力达到指定值后，给出施加注射高压信号，将树脂注入浇口和模腔。

4）当计时器时间到或注射到指定点后，注射压力减小到保压压力。在这个阶段，模腔完全充满，并且保压压力使物料保持在模腔中直到浇口凝固，物料不能回流到注射系统。

5）此时，模腔充满，物料通过外部加热开始固化。在固化阶段，模具保持关闭直到树脂已经充分凝固以便从模具中取出。同时，注射装置补充当前周期中物料不足，并为下一个周期做好准备。

6）预设时间到，发送信号打开模具。模具系统可以有多重在预生产开发阶段已经选择好的模具开启速率。

7）在模具完全打开时，发送顶出动作的信号。同样，也是由技术团队在工艺开发过程中确定顶出装置的一个或多个脉冲信号。

8）制品由操作人员取走或从模具自由落下，注射机准备，等待操作人员重新操作安全门并启动指令。

全自动循环的操作顺序与上述相同，除了以下步骤：

① 当操作人员或技术人员通过关闭安全门来设置第一个循环周期时，将半自动选择开关设置为全自动。

② 操作人员或技术人员无需在每个成型周期结束后操作安全门。

③ 需要关闭自动功能时，操作人员或技术人员只需拉开安全门或通过选择开关切换回半自动操作。

需要注意的是，有些警报会显示产品存在潜在缺陷或生产故障。当注射单元在注射期间未达到预定的螺杆位置时，警报可能会显示"未达到设定点"；当注射单元的柱塞或螺杆没有达到完全后退的预设位置时可能会显示"未恢复"，当未达到设定压力或由于压力不够导致柱塞或螺杆未达到预设极限位置可能会显示"压力不足"。

夹持部分的警报与注射机的机械部分相关更可能指示生产中的故障，但是。例如，当模具没有正确闭合时，机器可能会报警"模具未闭合"，这个警报可能是由于模具分型面上残留有物料，顶出后制品仍在模具中或注射机机械故障没有达到合模力。另外警报可能表示顶出系统将制品从模具脱出后未回到原位。所有这些情况都可能会在半自动或全自动操作模式下使机器中断。

34.3.4　LSR/LIM 成型

在 20 世纪 70 年代，LSR 成型具有商业化的基础。这种称为 LSR 或 LIM（液体注射成型）的工艺属于热固性注射成型。LSR/LIM 类似于浴室填缝的过程。事实上，市售最多的产品是液态硅橡胶。由于材料在混合后立即开始交联并将空气和热量作为催化剂，所以需要在混合之后短时间内完成树脂成型。

成型设备和工艺与热固性注射成型的很相似，除了以下几种情形：

1）2~3 个或更多的物料组分在计量泵系统压力作用下泵入一个静态混合元件，并在混合元件中混合。

2）两个主要组分以 1:1 的比例进入。

3）第三和第四组分作为着色剂或润滑油或其他增强剂以较低比例加入。

4）注射装置上的填充机/切粒机由静态混合元件代替。

5）机筒用一组水套冷却，取代带状加热器。

6）由于物料的黏度较低，预成型、注射螺杆、机筒、螺杆头和止逆环应该制成适合高耐磨损的。

静态混合元件通常包括容纳混合叶片的外管和迫使不同成分树脂流混合成均匀混合物的内部元件。混合元件可以由钢制成并且在停机时需要经常清洁或冷藏，或者可以由廉价的塑料制成，成为一次性消耗品。一般而言，在混合元件的进料端会有压力表，以便技术人员监测混合元件内部的压力。压力升高一般表示混合前端的材料已经发生了交联，需要在重新开始加工之前将其移除。

由图 34-3 可看出典型注射机的注射单元截面。在 LSR/LIM 成型中，外部加热元件被水套取代以冷却混合树脂并延缓交联过程。螺杆头和止逆环位于螺杆组件上靠近模具端。它们是注射单元的可更换零部件，相对比较便宜。螺杆头的功能是推动物料向前通过喷嘴和模具的浇口。止逆环作为阻止回流装置，防止螺杆前方的物料回流和注射压力降低。

由于热量是交联过程的催化剂，所以在注入模具之前不会给物料加热。模具热量增加时，务必要注意将注射机与模具隔热。否则，由于热膨胀差异，会导致注射机操作出现机械故障。此外，浇口座和喷嘴应该有最小的接触面积，以避免机器喷嘴中的混合物料固化（交联）。在固化和开模阶段，建议采用浇口断脱，尽管关闭喷嘴可以避免物料从料筒中流出。浇口断脱功能使注射单元与模具完全隔绝。

34.4　压铸简介

本节对压铸成型进行简单的介绍，这个过程在许多方面与注射成型类似。这个简单的介绍仅仅是对这两个过程的相似和不同之处的粗略概述。

压铸成型采用压铸机，从固定夹具到顶出装置可与注射机一一对换。夹紧力为 100～4000t。一些生产较小零件的专用机器有较低的夹紧力，称为"5-滑块机器"。在机器和模具结构中，注射单元的差异最大。

热室压铸机有一个嵌入式熔炉。注射单元有一个浸在熔融物料中的鹅颈管。物料注入鹅颈管，然后通过液动或气动压头压入模腔。由于加工温度相对较低，而且铝在工艺过程中容易沾上钢粉，所以热室压铸仅限于锌、低铝含量的铝锌合金和铅合金。

冷室压铸采用外部熔炉，在此，铝、高铝含量

的铝锌合金、铜和镁被加热保持流动状态。在每个成型周期中，通过采用小勺来精确控制加载入注射单元的物料量尽可能与冷腔室技术一样精确，在该注射装置中材料被迫通过未加热的机筒进入模具。一般而言，在这个过程中压铸模具将具有较大的溢流区域，以确保熔体前部的所有过热气体从模具溢出。这些溢流需要使用修整工具或者机械去毛刺。

34.5　热塑性成型工艺

正如本章开头所述，塑料主要有两种类型，分别是热固性和热塑性。现在开始讨论热塑性成型工艺。我们将讨论聚合物加工成符合行业广泛需求形状的不同方法，包括注射工艺及一些子集和其他主要的热塑性工艺的基本介绍。

在研究成型这些材料的不同方法之前，先快速回顾一下。热固性和热塑性材料的主要区别是热固性材料需要吸收热量和压力将材料由半液态变成固态。而热塑性材料进入模具后需要释放热量凝固。另外，热固性材料即使完全破坏聚合物链也不能再加工，而热塑性材料通常可以重新取向重排和再加工而不会对材料造成较大损害。

34.5.1　旋转模塑

旋转模塑一般用于成型尺寸较大的制品。它们通常包含看起来是厚壁的部分，而这对于一般成型过程是不可能的。

模具通常由铸铝铸造而成，铸造过程中将熔融金属舀入砂型并将其冷却。具有凸模特点的砂型用于成型模具型腔和模具的外壁。然后将铸造的模具安装在成型机的十字臂上。

与注射成型或其他成型方式不同，旋转成型不是直接在外部冷却。而是需要一个大型辐照源将热量输入到模腔中或进入机器内，然后通过排放扇排出。

成型树脂的形态也与传统工艺的不同。旋转成型中，树脂是以像洗衣粉一样的粉末状装入模具的。

整个模具分成两半，安装到成型机的耳轴上。将树脂装入半模中，然后将模具合紧开始生产。机器以中心轴为原点设置成半圆形。它由一系列的加热箱和排风扇组成。加热箱的内壁有缝隙，以允许耳轴穿过，将十字臂和半模带入加热室。成型树脂在加热箱中加热，并通过旋转的离心力将装有模具的耳轴压向外腔壁。制品在模具内部冷却，并在循

环结束时被移除。为了提高生产效率，可能会安装 1~4 只成型臂。

旋转成型的制品通常尺寸较大并且是空心的。唯一的局限性包括旋转模具的物理空间，为模具提供足够的热量以熔化聚合物的能力以及使熔融的聚合物沿模具均匀分布的能力。

典型的成型周期如下：

1）模具打开，将树脂粉末装入半模中。

2）通过快速夹紧或螺纹装置将模具合紧。

3）安装在十字臂上的闭合模具放进加热炉。

4）模具转动使树脂分布在加热的模具型腔表面。

5）将模具转移到冷却室，树脂冷却凝固成制品。

6）模具打开露出制品。

7）将制品从模具中取出。操作人员可以将脱模剂涂到模腔表面以便于下次成型脱模。

8）模具到装料位置，并重复该顺序。

34.5.2　热成型

热成型是将片状聚合物加热至软化状态，然后将材料覆盖在阳（凸）模或阴（凹）模上以制成最终形状制品的过程。成型过程是低压的，因为它可以仅仅依靠聚合物的重量，或者使用真空泵将聚合物凹陷或凸出成型。聚合物以挤出片材的形式进入成型区域。片材可以通过红外线、石英加热器、等离子体炬或辐射板加热。使聚合物软化至能够凹陷或凸出所需几何形状的状态。在一些情况下，片材可能太薄，导致过度加热使薄片撕裂，在制品中留下空隙。成型过程通常包括冲模工艺，使成型制品从片材上移走，进入下一道工艺。

热成型的制品从薄壁包装材料到大型结构制品。生产包装材料时，片材可以预印刷，然后送到成型区域，使得制品在成型机上完成包装，从而避免了二次处理，降低成本。主要区别是进入成型区域的板料的厚度。薄壁热成型通常成型 1.5mm 或更小的片材。厚壁热成型主要成型厚度超过 3.0mm 的材料。

根据最终制品的拉伸深度（厚度与高度之比），成型机可能配备真空辅机或具有凹（凸）特征以拉伸聚合物达到最终深度的辅机。对于非常深的拉伸制品，模具需要安装一个顶出装置。类似于空气顶一样简单，用压缩空气或脱模剂（脱落器）和机械作用将制品从模具中脱出，保证制品成型成最终形状。

典型的薄壁悬垂式热成型周期如下：

1）将原料从原料卷放入支撑框架中。

2）材料在加热箱（效率高）或在模具表面上方加热。

3）当材料软化到适当的黏度时，材料进入模具区域。

4）支撑框架带着位于模具上方的材料下降，使材料覆盖模具并形成凹模（凸模）的几何形状。

5）真空热成型时，在模具表面抽真空，将材料拉伸成凹模（凸模）的几何形状。

6）对于非常长的拉伸制品，模具可能会闭合，型芯上的空隙将塑料片拉成所需的形状。

7）材料在模具上冷却。

8）在材料充分冷却到固态时，框架将原料从模具表面提起。

9）空气顶通电，使空气进入，破坏成型过程中产生的真空。

10）可以使用附加的机械顶出装置将制品从复杂或很深的模腔中取出。

11）准备下一个尺寸的片材，开始新的循环。

如前所述，通过模具加工的制品一般都需要修边去除多余的材料。也可能需要将主原料切片继续加工。片材制品类似于诸如"卡蒂萨克"这种塑料模型套件中船的风帆。

典型的厚壁热成型周期如下：

1）原材料在加热箱内预热至软化点以下。

2）将材料输送到模具区域和支撑框架中，此时加热到适宜的软化点。

3）加热的片材下降到模具上，形成适当的几何形状。

4）通常会在片材表面抽真空以形成最终的轮廓。

5）对于深腔产品，模具将关闭，型腔扣在型芯上，以将材料拉成最终成品形状。

6）材料在模具上冷却。

7）在材料充分冷却到固态时，框架将原料从模具表面提起。

8）空气顶通电，使空气进入，破坏成型过程中产生的真空。

9）可以使用附加的机械顶出装置来将制品从复杂或很深的模腔中取出。

10）将成型件从模具中取出，并装入另一个预热片材，开始新的循环。

34.5.3　吹塑

吹塑行业主要分为三种。每种都有市场定位，也都有利有弊。在下面的讨论中，我们将看看每种具体的应用市场，为给定产品确定最合适的工艺流程提供依据。

为了有基本的认识，我们应该先回顾一下一般过程。吹塑成型将聚合物加热到其软化（流动）点（在玻璃化转变温度之上），在聚合物预成型件周围闭合模具，并将空气注入材料中心，迫使其紧贴模具的型腔表面。在模具内部冷却并凝固，然后移出，重复该过程。

吹塑产品从简单的牛奶瓶到较复杂的汽车和其他行业的通风管道。所有这些，制品都有中空部分，在某些情况下，中空部分用于填充其他材料或引导气体流动。

在吹塑的一般描述中，有三种常见的吹塑工艺。它们是挤出吹塑、注射吹塑和拉伸吹塑。下面的章节将依次讨论。

34.5.4 挤出吹塑

在挤出吹塑成型过程中，在低压下将型坯（原料预成型件）从机头挤出。这可以通过挤出机每次中断（间歇）再重新运行实现，或者在连续挤出过程中将每个循环周期所需的挤出材料暂存在储存室中。在间歇挤出的情况下，型坯在重力作用下进入模具中。因此，控制壁厚比较困难。在连续挤出的情况下，型坯被推杆从储存室中推出。这个过程能够更精确地控制型坯重量并缩短成型周期。不管哪种情况，材料都是以熔融态输送到成型区域。在吹气针附近闭合模具，在半模与型坯之间形成塑料密封。其他材料可能悬挂在封闭的模具下方，并且能够在成型部分之外凝固。为了确保密封表面清洁，模具通常与硬化的夹断插件配合使用。同样为了确保颈部轮廓清洁，模具通常有硬化的颈部插入物抵抗磨损。颈部插入物也形成围绕型坯的夹点以形成封闭表面。

生产宽口制品时，颈部可能需要旋切的二次操作以确保轮廓符合产品的要求。因为这是一个压力较低的过程，所以吹塑模具通常由铝制成，有助于熔融塑料导热并缩短成型周期。应该注意的是，尽管吹气针是成型机的一部分，但是也用于形成产品的颈部区域（开口端）的内部轮廓。吹气针还将引导压缩空气进入型坯中心，压缩空气将塑料吹成最终形状。

挤出吹塑工艺的典型成型周期如下：

1）往复式螺杆挤出机螺杆旋转挤出型坯，经过口模形成围绕吹气针的中空管。

挤出机连续运行。型坯被夹点或合适的刀具系统切断。

间歇挤出有两种不同的方式：

① 挤出机的功能与注射机的功能相似，材料被迫进入料筒的前部（螺杆前方），在需要时螺杆前进，迫使熔融树脂通过口模进入模具。在物料不流动时，挤出机的电动机停止。

② 每个循环的物料暂存在一个储存室中。当需要进料时，通过推杆将其推入模具中。

2）模具在吹气针周围闭合，在两个半模和吹气针之间形成塑料密封。

3）在吹气针中心通入空气，迫使型坯膨胀并形成模腔的形状。

4）制品冷却。

5）模具打开，顶出制品。

6）从第一步重新开始循环。

34.5.5 注射吹塑

顾名思义，这个过程使用的是更传统的注射工艺成型的型坯。一般在注射成型下一阶段立即使用型坯。根据制品尺寸和生产要求，模具可以是单腔或多腔，3~16 个或更多。这种方法生产的产品尺寸精度较高且颈部的几何形状可以复制，因为型坯初始预成型件是在高压下注射成型的。而在挤出吹塑成型工艺中，由吹气针吹气形成产品的颈部。

简单地说，这个过程有三个主要步骤：

① 将型坯注射到吹气针上。

② 吹胀，冷却制品。

③ 顶出。

通常，成型机的旋转轴上有三组芯棒。能够使这三个功能同时发生，而不是顺序发生。由于需要在一个空间实现三个动作，该机器可能比单过程顺序发生占用更大的空间。但是，可能会在运行成本上抵消。工厂空间成本是以每平方英尺或者平方米计算的，但是换来的是生产量的增加和制品成型所需能源的减少。注射吹塑中，型坯在封入吹塑模时仍然是热的，因此只需要较少的外部热量使其达到玻璃化转变温度以准备成型。

典型的成型循环周期如下：

① 在高压下将型坯注入闭合的模具中。

② 颈部部分的几何形状冷却到玻璃化转变温度以下。

③ 模具打开，中心架旋转到吹塑工位。注意由于制品的大小和空间的大小旋转可能是水平或垂直方向。

④ 之前在吹塑工位的中心架现在在注射工位。

⑤ 型坯重新加热略低于玻璃化转变温度，此时

吹塑模具的两半围绕颈部几何形状闭合，形成密封区。

⑥ 向型坯通入高压空气，将型坯向外吹至模腔内壁。

⑦ 制品冷却，开模。

⑧ 模具打开，中心架旋转到脱塑工位。

在上述过程发生的同时，另外两个工位也进行相同的过程，从而实现高效生产。图34-7所示为注射吹塑成型工艺及设备示意图。

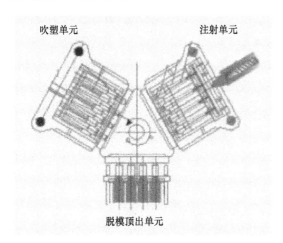

吹塑单元　　　　　　　　注射单元

脱模顶出单元

图34-7　注射吹塑成型工艺及设备示意图
（经 Hugh Donelly—Food Plastics Co. 许可使用，
www. foodplastic. com. au 保留所有权利）

34.5.6　拉伸吹塑

现在我们开始讨论吹塑工艺的第三种方法：拉伸吹塑。这种方法常见于软饮料市场，并且大部分是 PET（聚对苯二甲酸乙二醇酯）。用这种方法制造的最常见的产品是 0.3～3.0L 软饮料瓶。而在这个操作中使用的型坯的通用名称是 PET 瓶坯。

这个过程通常包括两个步骤。第一步是在高速注射机上完成的，生产原始瓶坯用于吹塑步骤。瓶坯已经完成了包括标准化螺纹在内的颈部几何形状。通常生产瓶坯与吹塑是完全分开的。由于需要注射模具和吹塑模具以及相关设备，所以拉伸吹塑操作的启动成本非常高。通常情况下，每年数以百万计的生产量是初始资本投资的保证。

正如名字所暗示的那样，拉伸吹塑成型工艺不仅通过吹空气将预成型件扩张成最终的几何形状，而且在吹塑的同时发生拉伸过程使分子链排。该方法需要比前两种方法输入更多的能量，因为在拉伸和吹塑之前，预成型坯必须要重新加热到略低于玻璃化转变温度。

典型的成型循环周期如下：

1）型坯（PET预成型件）进入成型机，准备进行加工。

2）型坯被装到吹塑/吹气针上并预热到接近玻璃化转变温度。

3）将吹塑/吹气针上的加热预成型坯放置在敞开的模具上，闭合模具，产品的颈部特征保持完整，并位于模具外部。

4）吹塑/吹气针将压缩空气通入预成型件内。同时，吹气针朝拉伸预制件的模具的封闭端推进。

5）当吹气针接近模具的底部/封闭端时，前进停止，空气压力增加，将预制件吹向模腔壁。

6）已吹塑的产品取出之前在闭合的模具中冷却。

7）模具打开，露出制品，取出制品，开始新的循环。

主要需要注意的是，由于吹塑过程的多重作用，产品设计、重量和其他变量的变化可能会耗费时间或者出现问题。另外，这种工艺不适用于复杂的几何体，也不适用于带手柄的制件。

34.5.7　注射成型

热塑性塑料注射成型是当今塑料成型中重要的一种，用这种方法制造的产品的数量和类型不计其数。制品从简单的用来表征模具表面光洁度和收缩率的平板到通过多点注射，分型线和过程的操作组成完整的尾灯透镜组件，而无需从头到尾接触零件。电子产品、玩具、医疗器械、耐用品和家用产品都可通过注射成型。

正如热固性注射相关部分所述，热塑性注射机在很多方面与热固性注射机相似。主要的区别是使用料斗或其他进料系统将树脂颗粒输送到注射机筒，并通过加热使树脂从固体变成黏流态。

热塑性塑料注射成型与热固性注射成型非常类似，可以分解为特定行业的子集。也就是说，在热塑性注射成型的总体标准下有特定的工艺和应用，能更好地描述与之相关的产品或行业。

1. 常规注射成型

常规注射成型是热塑性注射行业应用最广泛的部分。绝大多数的注射产品都是通过这种成型方式制造的，包括包装材料、汽车配件、玩具、日用品等非常宽的应用范围。对于制造商来说，常规注射成型的公差要求比其他应用市场更宽。

此外，常规注射成型所用的树脂材料是工业中比较常见的。通常情况下，不会用到 PEEK 或 LCP

等树脂，高性能的工程塑料中也不会用到 LDPE 或 PP。通用塑料和高性能工程塑料也可能同时使用，这就需要非常灵活和多样化的操作来满足两个极端的加工范围。

无论是普通注塑还是精密成型，注塑件的典型半自动成型操作都是相同的。关键的区别在于成型的设备类型。虽然并不是所有普通成型的机器都比精密成型的精密度低，但一般来说精密成型的精密水平在技术和可重复性方面都是最先进的。半自动成型循环周期如下：

1）操作员关闭安全门，这会向机器控制器发送信号以关闭模具。

2）在模具完全关闭的情况下，给出施加最大合模力的信号。

3）在最大合模力下，发出信号施加注射高压，将树脂注射到喷嘴和模腔中。

4）保持一段时间，计时器时间到或达到设定位置，注射高压减少到保压压力。在该阶段，型腔完全充满，保压压力使熔料保持在型腔内，直到浇口封闭，熔料不能回流到注射系统。

5）此时，制件通过模具内的内部冷却通道冷却，制件开始凝固。在冷却阶段，模具保持关闭直到树脂已经充分冷却以从模具中取出。同时，注射装置进料，准备开始下一个循环周期。需要注意的是，有些零部件被冷却脱模，但厚壁截面还没有完全固化。在那些情况下，可以采用冷却夹具来控制后成型翘曲变形。

6）在设定时间，发送信号打开模具。注射机可以设有多个在工艺开发过程确定的开模速度。

7）在模具完全打开时，给顶出装置发送信号。同样，也是由技术团队在工艺开发过程中确定给顶出装置一个或多个脉冲信号。

8）制品由操作人员取走或从模具自由落下，注射机准备，等待操作人员重新操作安全门并重新启动指令。

从上述描述中，很容易看出热固性和热塑性注射工艺之间的相似性。主要区别在这两个过程的步骤 5 中，即加热或冷却模具。两个工艺的全自动循环也基本相似，因此在这里不再讲述。请参阅关于热固性注射的部分，以获得关于工艺顺序的完整叙述。

加工些树脂时，需要额外的工艺来获得良好的制品。例如，吸湿性较强的树脂，尼龙（聚酰胺）"PA"是其中一种，需要预干燥，使水分含量达到所需水平。成型后，可能需要水浴后处理来增韧材料，消除脆性。其他的，例如 PEEK，可能需要退火

来降低成型后的硬度，使制品更具延展性。当注射生产商收到一个陌生的树脂，应该知道如何妥善处理，除了知道树脂的成分，还应该知道所需成型的制品，以提供高品质的成品给客户。

2. 无尘注射成型

无尘注射成型与其他成型方法的不同之处在于成型的环境，而不是相关的过程。也就是说，成型的环境本身是干净的。这种工艺成型的产品大多与电子、医疗设备或 IMD-IML 产品有关。

从便携式围挡到永久固定结构的正压除尘室洁净间有不同等级，以确保工人在进入工作环境之前是不携带污染物的。除尘室是正压的，就是说它们的气压比周围高，确保没有颗粒物自由进入到环境中。通过高效颗粒过滤器或超低气体渗透过滤系统补充空气进入除尘室。

要特别注意确保成型机器在操作过程中也是洁净的。这些预防措施可能包括安装全电动压机、外部材料混合室等。正在解决的关键问题是确保成型机和配套设备不会将潜在的污染物引入到成型环境或产品中。

3. 共注射成型

用注射成型方法成型的产品含有两种不同的材料，它们同时注入，并且由于塑料材料的"层流"不会发生混合，而是沿着树脂的边界形成分子键。这个过程使产品工程师得到外层树脂的外观和成本优势，同时产品具有内层树脂的耐久性。在一些情况下，内层材料中可能有高含量的回收料或可循环材料，从而进一步降低产品的总体成本。

然而拥有所有好处的同时，也有一些不利因素。其中之一就是机器高度专业化，具有与传统注射机不同的注射单元结构。螺杆和机筒能够将第二种树脂直接通过中心或主注射螺杆或通过第二注射单元注入。

4. 双阶或结构型发泡注射成型

在 20 世纪 70 年代，人们一直在努力创造出结构合理的大型塑料制品，而不需要与产品外形尺寸和截面一样的纯塑料。目的是控制原材料成本，并减少下游产品的重量。因此，开始在材料中加入发泡剂的试验。发泡成型就是，当发泡剂离开高压环境进入模腔时会发泡或形成开孔结构，很像海绵表面。因此，需要双阶工艺以获得发泡材料的优点并具有注射制品的表观质量。

如前所述，早期的双阶或结构型发泡成型依靠强大的第一阶段注射来封闭产品外层的泡孔。在结皮之后，压力降低使得树脂/化学混合物发泡，产生结构型的坚固制品。由这个过程生产出

的制品有如复印机和其他工业设备的大型外部面板。

典型的注射过程如下：

1）模具闭合至最大合模力，发出信号开始施加注射高压。

2）持续施加注射高压，直到计时器时间到或到达注射螺杆/柱塞的行程极限位置。

3）模具打开至夹紧位置 2，此时主分型线上的夹紧力通过弹簧、液压缸或气压缸施加，迫使 A 板从内芯向前移出。

4）A 板前进时，注射单元切换到低压注射状态，继续将发泡树脂送入初始熔体前表面和回缩芯之间的空间。

5）一旦达到低压注射设定的极限值，注射压力再次降低，喷嘴/浇口冻结。此时产品开始凝固。

6）喷嘴和浇口冻结后，注射单元开始进料，同时发泡部分进一步冷却凝固。

7）当下一次注射所需的全部树脂剂量已经进入注射单元，并且制品充分冷却时，模具打开，露出成品。

8）制品顶出，准备再次开始循环。

由于通常消费者看到的是产品的外部，因此模具的注射和顶出部分可以设置在一边。也就是说，顶出装置（一般在动模板上）通常在喷嘴所在的固定侧。产品将具有对客户可见的清洁的外表面，成型缺陷都在内部。这就需要机器有一个固定的侧面顶出系统。

最近，在熔体中引入惰性气体取代化学发泡剂，但不是全部。例如将氮气通入熔体中，以产生发泡作用。一种名为微孔成型的新技术，通过在熔体中通入压缩气体实现。

5. 气体辅助注射成型

继续发展在聚合物熔体中的发泡剂可以提高结构完整性并减少产品重量的思想。通过改进工业技术，生产商现在可以通过将惰性气体引入到熔融材料中实现双阶注射。好处是显而易见的，简单列举如下：

1）气体可通过注射单元上的阀门在注塑周期的不同时间引入。

2）对于氮气来说，在注射机一侧可以很容易产生气体。

3）制品壁可以更薄，仍然可以通过以下方式从气体辅助过程中受益。

4）增加流动长度。

5）减少产品总重量。

6）改善结构完整性。

6. 水辅助注射成型

除了气辅注射成型之外，已经成功地将水流引入到熔融塑料中以在注射成型时形成中空零部件。这是一个新的概念，已经在汽车发动机的燃油分配管以及其他同类产品上尝试过。这种方法的好处也很容易识别。以下列举其中几个：

1）可以注射成型那些不易通过吹塑成型的中空零部件。

2）从模具中取出时制品的尺寸稳定，可能只需要很少的二次操作即可 100% 成型制品。

3）产品的内部不需要抛光就能得到光滑的内表面。

4）从制品中心推出的材料很容易回收到下次的注射中。

由于气辅和水辅注射成型有许多相似之处，我们将一起介绍这两个成型循环周期。两者之间的主要区别是，一个注入惰性气体，一个注入水。循环周期如下：

1）模具闭合至最大合模力，发送信号到控制器开始施加注射高压。

2）保持注射高压，直到计时器时间到或注射螺杆/柱塞到达行程极限位置。

3）打开阀门，使惰性气体或水流入熔体，迫使中心的熔融材料进入厚截面或溢流。

4）计时器时间到，阀门关闭，下一次注射所需的材料进入注射装置。同时制品开始凝固。

5）当下一次注射所需的全部树脂剂量已经进入注射单元，并且制品被充分冷却时，模具打开，露出成品。

6）零部件被顶出，准备再次开始循环。

在工业中也有使用气辅和水辅注射的情况，目前虽然适用范围有限且非常特定，但是，随着技术的发展，用途也会随之增加，在市场上的普及也会指日可待。

7. 薄壁成型

薄壁成型是一个常用术语，多用于描述与消费品包装相关的成型工艺。特别是大型薄壁制品和类似的食品服务行业的单一用途的制品成型。早期且现在仍然有一些是蓄能器辅助技术，而更现代化的工艺则采用注射模压技术。

蓄能器辅助技术包括一个大的液动或气动气缸。在此保持和集聚压力直到注射过程中需要的时候。大部分薄壁成型中，在注射阶段蓄能器释放能量。压力和体积的突然增大增加了注射单元的速度和施加到成型树脂上的力。结果，材料被迅速输送到型腔中。克服了流动长度到模型壁面的限制。但是，以这种方式输送熔体，制品中会有附加内应力。这些内应力通常会导致制品不能保持其成型形状，容易翘曲或塌陷。

为了避免蓄能器辅助技术的翘曲和塌陷问题，开发了一种新的方法。在新方法中，生产商使用传统、半传统、注射和压缩成型的组合。结果有利于保持成型后的几何形状，并且不容易发生翘曲和塌陷。这种成型循环周期如下：

1）成型开始，模具闭合到注射点。

2）在低到中等压力下将材料注入模腔，使足够的材料填充模腔，但材料在这种状态下不会固定在某个位置。

3）填充所需的材料进入模腔后，注射单元开始恢复储存量，同时模具关闭到全关位置。

4）在模具完全关闭的情况下，材料被型腔和型芯位置作用，推动填充型腔。最靠近注入口的材料的熔池被推到型芯上，并沿着型芯壁向下。

5）使材料冷却至玻璃化转变温度以下，打开模具露出制品。

6）制件被顶出，循环准备，从步骤 1 重新开始。

8. 封装/埋入成型

正如我们在热固性塑料注射成型相关部分所讨论的那样，有时候需要在成型制品中封装不同的材料。例如，电触点可以被装入模具中，然后使成型主体为电阻和元件提供保护，同时允许触点导电。在这些情况下，往往需要在生产中使用立式注射机。这个过程还有四种其他可能的选择。其中两个主要与模具设计有关，两个与设备有关。为了方便起见，我们先讨论与模具相关的方法，然后再讨论可能的设备。

（1）模具补偿嵌件模塑　本小节中的两种可能性中的第一种是在模具上安装磁铁以将子组件固定到位。如果要封装的组件是含铁金属，这种方式可行。但是，如果嵌入的是非磁性材料，就会有问题。在模具闭合过程中，组件可能会从模具落下，或者产生错位，导致质量和产品性能不好。此外，由于嵌入件靠磁性吸引力，所以有可能会留在钢制嵌件上。这将导致表面断流缺陷并且在封装材料中留下接触点的尺寸和形状。

对于不是含铁（非磁性）嵌件成型，模具上可以配有真空泵，用于生产过程中在模具移动阶段将嵌件固定到位。此外，模具制造商可能会在腔体部分安装弹簧，这将增加嵌件侧壁的摩擦力并将其固定就位。正如人们所想的那样，弹簧产生的压力

或真空泵产生的负压对于成功成型是非常关键的。前面介绍的与表面断流缺陷相关的问题也依然存在。

在这两种情况下，模具很可能配有定位销，以确保在注射过程中嵌件定位。模具设计师、工艺和产品工程师应共同合作，特别是在项目的生产预开发阶段。

（2）连续带注射成型　替代立式注射成型的第三种替代方案是利用连续带嵌入，这种方法的产量应该是非常高的。金属触点通过原材料后印刷操作留在进料辊上。另外的定位点放在原料中，并放入模具。定位点在模具中与定位销匹配，带材保持在指定位置，直到模具关闭。一旦塑料在金属零部件周围成型后，塑料和带材一起取出，辊子前进到下一个注入点以重新开始模制周期。采用这种方法，型腔和型芯之间的带材被切断，并完成封装。根据生产量、成型室的空间和制品的复杂程度不同，也可以将冲压机与成型机串联放置，并仅在生产线的输出端使用卷取辊。然而，需要格外小心，以确保冲压过程中的金属屑不会混入喂料和熔体流中，因为这可能影响产品的电阻，更不用说在注射机筒中造成过度的磨损。

关于连续带注射成型工艺与常规注射成型工艺的显著差异，从连续带的进料侧开始，工艺过程如下：

1）连续带通过导向装置送入成型区域，并位于模具型腔或型芯的定位销上。

2）前端通过模具的输出端输出，并连接到卷取辊。在某些情况下，可以将条带送入模具修整站，在这里，成型制件从载体条上卸载。在这种情况下，载带可收集在卷带盘上，并且制件将卸载到下一个操作，而不会增加周期的工作量。

3）所有的前端和钢带在模具中正确对齐，就开始循环。由于所需对接的复杂性，这个过程通常是全自动运行的。成型周期遵循前面概述（常规注射成型）的前 7 个步骤。

4）模具打开，顶出制件，然而，它们不是自由落下，而是在载体条上从模具中移出，并将下一组嵌入物移入成型区域。

对于连续带成型工艺，需要注意的是，无论是垂直夹紧还是水平夹紧，机器都能很好地定向。设备选择的一些关键因素如下：

① 成型室内的垂直与水平空间。

② 易于不同产品的转换。

③ 设备的初始成本和其他产品的适用性。

（3）多次/多组分注射　不同于封装金属或其

他基材，适用于两种（或更多）材料成型的第四种工艺是使用能够开合的工装零部件，通过两个或多个喷嘴充模。这些机器可能装有往复或旋转平台，使模具打开，旋转到新的位置，并填充第二种材料。这种工艺常用于强而硬的基材但又需要表面柔软触感的产品。在这种情况下，先填充刚性组分，凝固之后模具打开并且组件保持在模具的顶出侧。模具完全打开后，平台旋转180°，或者移动到下一个位置，将制件置于第二注射位置。模具关闭，第二个注射单元注射。模具打开，第二站中的成品顶出，平台旋转或者新的制件转至 2 号位置。

另一个类似的应用是成型相同材料不同颜色的制品。一个例子是汽车尾灯或头灯外壳。对于大多数现代尾灯透镜组件，由三种或四种不同颜色的树脂注射成型。通常包括黑色隔离带、透明倒车灯位置，黄色转弯指示器位置和红色停车灯位置。如果四种颜色同时注射，结果将是操作人员（更不用说汽车驾驶员）难以辨认的混合颜色。这种工艺成型周期可能如下：

1）模具闭合，信号将会发送到注射单元 1 和芯/腔单元 1。

2）芯/腔单元 1 打开模腔区域，允许注射单元 1 填充透镜组件的隔离带，从而在其他三种颜色之间形成屏障。达到注射设定点，信号就发送到芯/腔单元 2 和注射单元 2。

3）芯/腔单元 2 打开与红色透镜相关的模具部分，并且注射单元 2 填充大停车灯透镜，其他部分关闭等待下一个信号。如步骤 2 中那样，信号发送到芯/腔单元 3 和注射单元 3 以开始填充下一个部分。

4）芯/腔单元 3 打开与透明的透镜注射单元 3 相关的模具填充倒车透镜，然后将信号发送到芯/腔单元 4 和注射单元 4。

5）芯/腔单元 4 打开与黄色透镜注射单元 4 相关的模具填充转弯指示区域。在达到所有设定点时，发送信号恢复下一个循环的注射单元。

6）充分冷却后，打开模具，取出制品。

当然，实现这种组装的另一种方法是具有四个不同注射位置的旋转台。这将是一种非常有效的制造方法，因为模具的每个部分都是专用的，并且不需要牵引器打开各种模塑区域，并且每旋转 90°就能够获得一个制件。整体生产需求将决定哪种风格的机器最合适。

9. 垂直夹具注射成型

在成型过程中将零部件封装在塑料内的最常见

的方法包括往复式或旋转台式成型机。图 34-8 所示为前/侧往复立式注射机。这台机器的另一种配置是采用横向往复，在这种情况下，固定模具顶出部分的工作台仅从一侧移动到另一侧。应该注意的是，在这个操作中模具的顶出半模和固定半模都移动。固定半模从顶出半模抬起，允许往复平台移入和移出。成型技术人员或操作人员可以看到制品零部件，并且能够在相应位置的下一个成型周期之前装载附加的子零部件。尽管取决于模制周期的长短，单个操作员可能就能够完成每个成型部分所需的工作，但前述工艺通常有两个操作员。拾取和放置机器人的添加可以代替直接劳动力，从而降低整体操作成本。

图 34-8　前/侧往复立式注射机

图 34-9 所示为旋转平台立式注射机模具打开和旋转状态。在这种情况下，机器配有四个工位中的两个。每个周期内机器旋转角度为180°，将制品放在模具的顶出半模。技术人员或操作人员将成品取出，然后装入新的组件用于下一个循环。所有用于顶出侧模具冷却的供水系统都通过旋转台的中心，并通过旋转接头连接，从而允许模具旋转，而不会在模具周围导致水管扭转。这里夹具和注射单元的方向也是垂直的。该机器具有三连杆结构，允许半模通过夹紧区域，而不会被后置配置干扰。

10. 模内贴标/模内装饰

众所周知，生产过程中减少生产劳动力能够节

图 34-9　旋转平台立式注射机
模具打开和旋转状态

约生产成本，提高经营效益。所以，生产商现在正在设法取消二次加工，这一点也不奇怪。模内装饰或模内贴标正是如此。这两种工艺都不用二次加工，生产商通过在成型机上应用装饰性艺术品而不是远端位置。二者也存在固有的差异，判断使用哪种方法之前应该完成成本与收益分析。另外，考虑产品的要求也可以决定所采用的制造方法。

（1）模内贴标　模内贴标的过程和它的字面意思一样。这是一个将标签或其他艺术品应用于制品外表面的方法。标签可以是印有客户定制的纸或金属薄片，也可能是一个预先印制的薄膜，位于半模之间的连续卷筒上。之后，薄膜上的油墨通过热反应和直接接触转移到成型制品的外表面上。

即使制件有外标签（金属薄片或印刷品），这个过程都需要非常清洁的环境。一旦标签表面有灰尘，在大多数情况下都会变成废品。出于这个原因，大多数模内贴标的机器都位于可控的洁净的环境。操作者大多穿戴手套、发网，还有罩衫和鞋套。所有这些都是为了控制污染物进入成型室，并朝着高质量的生产而努力。

重要的是要记住，因为在产品的外面贴标签和印刷，没有被包装或封装，所以它们在消费者日常使用中更容易受到划伤或化学侵蚀。为此，与使用

者接触较多的产品，如移动电话，都是用模内封装成型工艺制造的。

（2）模内装饰嵌入成型工艺　这种工艺，与模内贴标工艺不同，工艺品施加在注射模具中的热成型基材上。很多时候，基材是刚性聚碳酸酯或聚碳酸酯合金，与注射的材料相匹配，两种材料完全相容是非常重要的。成型后，壳体和基材部分之间将存在分子键，此外还需要考虑成型收缩。如果一部分的收缩程度大于另一个的话，结果就会不理想。另一方面，由于油墨或其他印刷介质位于壳体的内表面而不是成型制品的外部，所以它们不易受划伤或家用清洁剂的化学侵蚀。印刷品夹在热成型壳体和型芯之间。

然而，如在模内标签一样，为了生产顺利进行，重要的是需要一个非常干净的成型环境。另外，将壳体从热成型区域输送到注射区域应该快速完成，以避免任何污染或其他损害。壳体可以通过手动或拾取和放置机器人装载。它们可以通过凸轮结构或真空保持在模具中，以便在注射期间保持适当的方向。

34.6　注射机的发展

塑料注射从最初时期到现在的最先进技术经历了一系列的发展。以下讨论涵盖了在此过程中的一些主要变化以及影响生产成本和产品质量的因素。

从 1872 年 John 和 Isaiah Hyatt 简单的注射机开始，研究工作就集中在改善成型周期内的整体条件上。早期，注塑过程和注塑产品的商业化发展非常缓慢。随着 1909 年酚醛树脂的开发，注射机逐渐被人们所接受，在第二次世界大战期间得到迅速发展。当时，诸如陶氏化学、杜邦等以及其他公司开始开发更多种类的聚合物，以满足低成本且能够大规模生产的项目需求。这些新型树脂推动了当代成型机技术的发展，同时迫使技术改进以满足塑料制品生产过程中所使用材料的发展。

注射机的改进主要在三个方面。下面我们将简要讨论原始设计和改进的情况以及进一步的发展。

34.6.1　注射单元的改进

随着用于注射行业的新型聚合物的发展，需要对注射机的注射部分进行改进。理由很简单，许多新型聚合物会热降解，聚合物从固体变成黏稠液体的过程需要处于较高的熔融温度下，随着时间的增

加，聚合物链开始分解并丧失了加工性能。这些聚合物链分解现象可能表现为颜色变化、变脆或释放有毒气体。例如聚氯乙烯温度过高或时间过长就会释放游离氯到空气中。

1946 年开发了一种最有效的方法来改进注射单元，但直到 20 世纪 50 年代末和 60 年代才广泛用于商业成型。目前 95% 以上的工业用注射机都配有往复式螺杆设计。注射螺杆解决了柱塞的长时间暴露问题。此外，在树脂被迫向前穿过螺杆和机筒的各个区域过程中会产生剪切能量（热量），减少了对高功率密度加热器的需求。

现在的问题转向如何更好地控制注射单元的温度。随着热电偶和直接反馈加热控制器的发展，工艺再次得到改进。闭环伺服-积分-微分温度控制单元的使用进一步改善了注射单元内的温度控制。

近几年出现了其他的改变/设计上的改进。通过同一个喷嘴和机筒共注射材料的出现，使生产商能够生产出表面材料昂贵而内部材料低廉的制品，由此降低厚壁产品的成本。

引入气辅成型，采用低成本不挥发的氮气辅助成型厚壁零部件。注射结束时引入气体，迫使塑料树脂填充型腔和型芯。成型制品内部中空，由于凹槽存在，交叉部分和厚壁的减少使制品的总质量降低。

此外，使用阻抗技术来加热机筒使得注射单元节约能量并均匀加热。添加绝缘层可以将辐射热量降到最低，可以节省更多的能源。

因此，设计良好的螺杆与更可预测的机筒热量分布的组合使成型树脂的化学成分和产品耐用性得到了更大的提高。

34.6.2　机器控制的改进

早期的机器是用真正的继电器逻辑控制的。也就是说，机器控制是由一系列继电器、定时器和限位开关组成的，这些继电器、定时器和限位开关按逻辑顺序依次排列，构成一个逻辑操作序列。这种控制问题很多，从成型机上所需的空间到由于定时器自身的机械效率低下所引起大量控制继电器和定时器的控制延迟，从而导致精度问题。

在 20 世纪 60 年代，汽车工业从继电器逻辑转移到 PLC 高级控制。PLC 通过使用固态电子器件大大减少了控制柜所需的物理空间，并提高了成型过程的整体可重复性。早期的编程语言仍以继电器梯形图为主，以便很容易从原来的技术状态转换到新的状态。

PLC 控制一直存在，并且在很多情况下仍然在使用，直到 20 世纪 80 年代中期，业界再次试图通过 PLC 反馈产品质量和机器报警的电路来提高过程的可重复性。Hunkar 实验室和 Barber-Coleman 等公司为模塑行业提供了闭环式整机控制的原始设备生产（OEM）版本。与此同时，Cincinnati Milacron、Husky、Van Dorn Plastic 塑料机械和其他制造商正在开发自己的闭环控制版本。当时甚至直到现在的目标都是利用机器对关键设定点进行直接反馈，使机器通过人工智能来调整工艺，并通过统计过程控制（SPC）提高产品质量。闭环反馈系统的改进需要进一步完善用于向控制系统发送信息的设备。新技术不再需要一个线性标尺和一个适合设置注射尺寸的滑杆，而是需要高分辨率线性电位器和玻璃刻度位置传感器。这些器件早期容易受到成型室中的 RF 噪声，但自那时起就已经得到改进，以提供控制过程所需的信息。

为了加快过程设置，以前生产运行的数据可以存储在 E^2PROM 模块上。这些永久可编辑的只读存储器模块能够将设定点存储在机器 1 上，并将它们运送到 101 机器，如果它们的控制和合模力是相同的，则将它们加载到注射机的易失性随机存取存储器中并开始生产。对于机器中的模具，技术人员只需要进行微调来适应不同注射机的改变。

模具也在技术上有所改善。现在热流道可以直接连接到成型机上，使机器上的微处理器控制可以负责加热器的设置。此外，模具与压电式称重传感器（压力传感器）相配合，以提供表面的直接反馈以及腔体内的填充压力。为了实现更好的 SPC 所做的一切努力，都是为了在没有人为干预的条件下生产合格产品。

现在的塑料成型机大多由具有全 CNC 或 NC 可编程性的基于 PC 的微型计算机控制，包括用于材料和资源规划的数据采集系统的接口。它们还与机器人相连，使它们自动装载和卸载成型零件和组件，从而在塑料操作中提供完整的工作单元环境。

34.6.3　注射机的能效

随着能源成本的提高，人们越来越重视寻找提高成型模塑系统运行效率的方法。注射机的发展顺应这一趋势且今天仍在继续。

从全液压合模系统转向更机械化的肘杆式合模装置，可以节能 10%。由于在液压机中，驱动电动机和液压泵必须保持满负荷，以保持合模力。而肘杆式合模装置，由于液压缸相对较小，所需的液压油量大大减少。图34-10 ~ 图34-13 所示为两个合模机构之间的主要结构差异。

图 34-10 单缸液压合模装置

图 34-11 双缸液压合模装置

图 34-11 所示为双缸液压合模装置。在该结构中，有两个平行的液压缸为模具提供合模力，这使得成型技术人员能够更接近顶出机构。合模力与前面所示的单缸液压合模装置类似的状态安装在动模板上。

图 34-12 和图 34-13 所示为典型的肘杆式合模装置。在该结构中，采用了一个相对较小的缸体来迫使曲肘和插放孔处于共面状态，从而产生合模力。与较大液压缸的液压合模装置相比，小液压缸能够更快速地做出反应，从而缩短整个工艺循环时间并且可节能。但是，在收益方面存在问题。模具设置更复杂，因为必须调整闭模高度板使活动销对齐。这种合模方式，如果调整不当，可能会导致拉杆和拉杆螺母或拉杆本身的断裂。

了解了液压合模系统和肘杆合模系统的能效限制，机器制造商开始采用新技术进一步降低成本。20 世纪 80 年代中期，全电动注射机开始出现。这些机器用伺服电动机驱动的滚珠丝杠组件代替了注射机上的所有液压系统，以提高操作效率。在这种操作模式下，伺服电动机只在需要时运行，不工作时则处于空转状态。节能范围为 50% ~ 70%。与传统

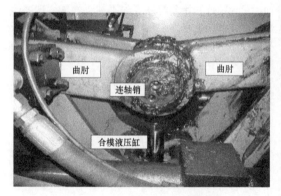

图 34-12 肘杆式机械合模装置

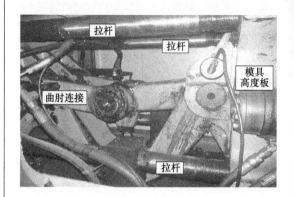

图 34-13 具有模具高度板的肘杆式合模装置

的合模方法相比，周期越长可以节约的成本也越多。此外，滚珠丝杠组件可以提供夹具、注射螺杆、顶出装置等的定位精度，通过更多可重复的机器循环，提高了生产率。应该指出的是，这项技术的回报期通常是生产期的 3 ~ 6 年；然而，过了之后，机器会年复一年地继续盈利。

当整个全电动注射机还没有占到 100% 的市场份额时，机器制造商再次寻求降低运营成本、提高产量和继续扩大注射成型行业的新技术，转入组合成型机，这些机器利用复杂的阀门组合和伺服驱动的主电动机，采用多种方式组合节能。该设备最低配置就比理想组合的传统设备节省了30% 的能源。而且这项技术的所有方面都得到生产商的接受。这种设计节能是通过伺服电动机技术获得的。伺服电动机只有在需要驱动夹钳或注射装置时才能全速运转。在其他时候，它进入一个空闲的操作。由于是伺服电动机，因此响应速度对成型过程非常有利。

正在进行的其他技术上的改进包括：通过改变机筒的加热方法进一步降低能耗；螺杆和机筒的一些制造商正在寻找电阻棒技术，以取代带式加热

元件。

随着能源成本的持续上涨和全球政府对减少碳足迹的重视,可以想象,新的和改进的技术将会很快出现。

34.7　塑料成型新方法

在当今塑料成型操作中,可以发现很多高科技组件工作单元,包括拾取和放置的机器人,二次加工以及其他集成化成型,包括反应注射成型、热成型和低压发泡成型。多组分材料注射机及有旋转台和多浇口的注射单元使生产商生产制件时无需对生产过程的半成品(WIP)进行操作。由于不需要对WIP进行处理有利于在大批量生产时提高质量,从而降低资产负债表底线。

近年来,已经进行了一些工作来寻找在同一台注射机中能同时成型热固性和热塑性材料的方法。这是一个严重依赖于热塑性树脂承受与热固性材料相关的硫化(交联)高温能力的过程。有人可能会问:"这种方法有什么好处?"答案很简单。举例来说,希望热固性橡胶具有极高的电阻,但也希望具有低摩擦因数的机械界面。通过将橡胶组合物与聚丙烯或聚乙烯混合,产品工程师在应用中能获得两种材料的优点。如前所述,工程师必须考虑热塑性塑料承受热固性橡胶交联温度的能力。因此必须找到一种热塑性塑料,它能在较低的温度下由固态物质变成黏性液体,以防止热固性材料在注射筒内发生交联。

自 20 世纪 70 年代以来,一项技术在成型行业得到了越来越广泛的接受和应用,该技术是金属注射成型(MIM)。在这个过程中,烧结金属的微球注入模具中,金属与聚合物黏合剂结合在一起。注射成型后,将生坯置于烘箱中,在该烘箱中,催化脱黏附,去除大约 80% 的聚合物。之后,将棕色金属放入烧结炉中并加热到 1400℃。金属球体结合在一起形成完全致密的金属零部件。MIM 以前主要用于首饰,其实将尺寸精度和热容量结合起来也能成型散热器和其他机械产品。

塑料成型工艺与许多制造工艺一起,使产品工程师在为市场开发新产品方面具有无限的创造力。

参考文献

1. Standards and Practices of Plastic Molders—Society of Plastics Industry, Inc., Molders Division, Washington, DC © , 1998-2004 Reprint.

2. Standards and Practices of Injection Molders—Mold Tooling Classifications SPI #AR-101-1996 and #AQ-102—Society of Plastics Industry, Inc., Injection Molding Division1 © , 1996.

扩展阅读

All Electric vs. Hybrids—http://www.ptonline.com/knowledge-center/electric-injection-molding/Electric-Injection-Molding-Basics/all-electric-vs-hybrids

A Short History of Injection Molding—http://www.avplastics.co.uk/a-short-history-of-injection-moulding

Blow Molding—http://en.wikipedia.org/wiki/Blow_molding

Co-Injection Molding—http://www.aida-sl.com/PDF/Co-injection.pdf

Co-Injection Molding—http://www.plastics-u.com/course/co-injection-sandwich-molding-3

Compression Molding of Polymers—http://www.substech.com/dokuwiki/doku.php?id=compression_molding_of_polymers

Energy Review of Injection Molding Processes—http://www.pitfallsinmolding.com/energyeffic1.html

Gas Assist Injection Molding Manual—http://www.bauercomp.com/en/products-solutions/plastics-technology/about-gas-assist-injection-molding

History of Control History of PLC and DCS—http://www.control.lth.se/media/Education/DoctorateProgram/2012/HistoryOfControl/Vanessa_Alfred_report.pdf

How Multi-Shot Molding is Becoming Multi-Process—http://www.microporeplastics.com/how-multi-shot-molding-is-becoming-multi-process-plastics/

Injection Blow Molding—http://www.jomarcorp.com/injection-blow-molding/

Injection Compression Molding—http://www.madisongroup.com/publications/optimization-asme97.pdf

Injection Molding of Polymers—http://www.substech.com/dokuwiki/doku.php?id=injection_molding_of_polymers

Injection Mould Design Fundamentals—ISBN-10: 0831110333 | ISBN-13: 978-0831110338.

Thermoform Molding—http://en.wikipedia.org/wiki/Thermoforming

Metal Injection Molding: Designing for Metal Moldability of Stainless Steel—http://www.protolabs.com/resources/injection-molding-design-tips/united-states/2014-05/default.htm

Moldmaking and Die Cast Dies for Metalworking Trainees—NTMA Catalog #5013, National Tooling and Manufacturing Association, Washington, D. C. 20022.

Mold Making Handbook for the Plastics Engineer—ISBN-10: 0195207432 | ISBN-13: 978-0195207439.

Polymer Processing, Injection Molding—http://teaching.ust.

hk/~ ceng600n /Notes- CLASS- injection. pdf

Programmable Logic Controller—http://en. wikipedia. org/wi-ki/Programmable_logic_controller

Static Mixing—http://en. wikipedia. org/wiki/Static_mixer

Structural Foam Molding Overview—http://structuralfoammolding. net/structural-foam-process-overview. php

Transfer Molding of Polymers—http://www. substech. com/doku-wiki/doku. php? id = transfer_molding_of_polymers

Thermoset Injection Molding—http://www. standardplasticscorp. com/pages/tsinjection. htm

Water Assist Injection Molding（WAIM）—http://articles. ides. com/processing/2007/fleck_waterassist. asp

斯蒂尔咨询公司　弗雷德·斯蒂尔（FRED G. STEIL）　著
北京化工大学　信春玲　译

35.1　概述

热塑性塑料注射模具通常由钢制成以满足对特定制件或系列塑料制件的需要。一些小批量试验模具由铝或激光烧结材料制成。为了设计特定的模具，需要给模具设计师一定的信息。该信息必须包含以下内容：制品设计、所需的生产率、模具在其使用寿命期间能够生产的制品数量以及制品的特殊要求。在讨论制品设计如何影响模具设计之前，先定义一些模具制造专用术语。图 35-1 所示为注射模具组成。

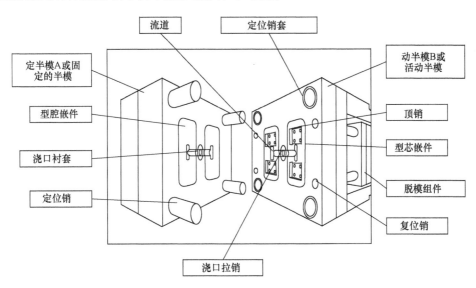

图 35-1　注射模具组成

（图中标注）
流道　　定位销套
定半模A或固定的半模　　动半模B或活动半模
型腔嵌件　　顶销
浇口衬套　　型芯嵌件
定位销　　脱模组件
复位销
浇口拉销

35.2　注射模具结构定义

2^n：数字为 1、2、4、8、16、32、64 等。

导流塞：用于改变冷却液流动路径的装置。

泡吹式冷却管：用于将冷却液引导至型芯的远端内部的管。

型腔：形成制件表面的模具凹入部分。通常在 A 或固定的半模上。

型芯：形成制件表面的模具凸出部分。通常在 B 或可移动/顶出一侧的模具上。

脱模斜度：腔体和型芯侧面的角度，使得塑料制件可以很容易地从模具中脱出。

脱模系统：用于顶出制品的模具部分。它包括顶销、顶套、脱模板、拉钩、二级脱模机构、快速脱模机构等，也包括脱模组件及其板件。

顶销：模具脱模系统上的钢柱，用于将制件从模具中顶出。

联锁：使用互锁锥或啮合直线表面，使型腔、脱模板和型芯互锁。

定位销：通常位于模具外围的钢柱，用于将两个半模以适当的方式对准到一起。

拉钩：安装在脱模板上和成型表面封闭部分，用于在脱模系统向前移动时露出凹槽。

浇口：位于浇道的最末端，浇口是熔体流在流道中的一个短的限制，将其引入型腔。

热流道：将塑料从喷嘴引入浇口，且浇口处的熔体保持熔融状态的一种方法。它特别适用于顶部浇口制件。

定位销套：与定位销配合的钢或青铜衬套，使半模精准对齐。一般在定位销对面的模具上。

分型面：模具开模时分开位置的平面，通常用（P／L）表示。

投影面积：从模具的顶部（定位圈）看的成型区域的尺寸。

复位销：当模具合模时，复位销将脱模板推回到成型位置。

流道：主流道衬套到浇口的塑料流动通道。

侧向移动：移出有凹槽零部件的方法。通常，侧向移动平行于模具的分型面。

滑块：模具的一部分，滑动侧型芯或倒扣型腔或型芯组件使脱模能够进行。滑块可以通过模具中的侧销或外部气缸来激活。成型时，滑块靠楔形块定位。

分瓣模：一组相对的滑块，沿平行于分型线方向滑动。

浇口：由浇口衬套组成的流道部分。

浇口衬套：将塑料从机器喷嘴引导至流道起点。

脱模板：脱模系统的一部分，脱模板围绕着型芯，将制件从型芯脱出。

取料销：用于描述在模具开模时将塑料物品拉过分型面的任一柱状物。

倒扣：成型制品存在的一种状态，防止制品从模具脱出，与分型面垂直。例如螺纹。

退螺纹式模具：指成型零部件中含有必须退螺纹以将其从模具中脱出的螺纹的模具。

35.3　制件设计

制件设计是模具设计师最重视的部分，制件的形状将决定模具的分型面。如果有凹槽，必须考虑到以便将其从模具中取出。在大多数情况下，制件侧面和突出部分必须有一定锥度，以便将其从模具中取出，这个锥度称为脱模斜度。所需的脱模斜度大小通常由所用的塑料材料类型以及制件表面的结构决定。制件的设计也会影响浇口的位置以及制件

在模具中成型的位置。制件成型的位置将影响产品如何从模具中取出或脱出。

35.4　生产率

为了选择模具包含的型腔数量需要知道要达到的生产率。通过可控的速度、时间、温度和压力将塑料注入模具中成型零部件，然后将其充分冷却，使模具打开并脱出制品。这个周期一直重复。完成一个周期所需的时间称为周期时间。模具的型腔越多，每个周期就会产生越多的制品。多腔模具通常制造成具有 2^n 个空腔。这使得模具能够成为几何平衡的流道系统。几何平衡的流道系统就是从浇口端到每个型腔的距离相同。

35.4.1　预期产量

模具预期生产的制品数量是很重要的信息，但不幸的是经常会被忽视。如果一副模具需要生产数以百万计的零件，那么就需要制造与仅需要生产几百个零件完全不同的模具。生产标准螺纹旋脱盖的模具通常设计为 15 年。他们每两年进行一次对易磨损部分有计划的维修，每五年进行一次重大的翻新。为了能够承受这种工作量，模板通常由硬化碳钢或硬化不锈钢制成。型腔和型芯也是由硬化工具钢制成。活动零部件在轴承材料上运行，模具零部件形成互锁，以确保零部件的同心度并防止错位引起磨损。与此相对比，一个只能生产 300 个制件的模具可以由铝制成。它可能只靠定位销来对准两半模具。型腔和型芯可能直接在模板上制成。当然，成本要低得多，但成本通常是分摊在生产的产品和生产这些产品所需的时间上。

35.4.2　制件的特殊要求

许多制件都有特殊要求。通常这些要求决定了要成型的塑料材料。这些要求包括表面光洁度、光泽或纹理、颜色、强度、透明度、柔韧性、电性能、润滑性或其他更细微的问题，也可能是制件的几何形状需要特定的模具。可能还会包括特殊的脱模装置、退螺纹机构、顶部注射、侧向移动、分瓣模或需要特殊冷却。

35.4.3　成型机的选择

为了使模具正常工作，必须确定成型机的正确尺寸。模具的垂直方向必须安装在机器压块上。模具宽度方向必须与机器拉杆配合，以确保制件能够顺利脱出。模具厚度或堆叠高度必须符合机器的最

大模具高度尺寸。取出制件所需要的开模距离加上模具厚度必须小于机器允许的最大距离。所有型腔的总体积加上流道的体积必须小于机器注射量的80%。螺杆退回率必须满足预估周期时间。注射机的合模力必须在每平方英寸投影成型面积为2~3t之间。常规的成型要求标准较低，薄壁或高压成型（透镜等）要求标准较高。

35.5　模具类型

模具有很多种类，但是，大多数模具是按标准配置制造的。图 35-2 所示为各种模具类型，并命名了各种模板。为了帮助模具制造商提高效率，像 DME 或 National Tool 等公司提供模具基架和标准模具供应。

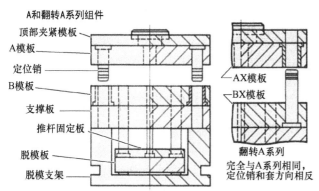

A和翻转A系列组件

顶部夹紧板
A模板
定位销
B模板
支撑板
推杆固定板
脱模板
脱模支架

AX模板
BX模板

翻转A系列
完全与A系列相同，
定位销和套方向相反

最常用的标准组件，A系列模具基架有43种尺寸，($7^7/_8 \times 7^7/_8$)~($23^3/_4 \times 35^1/_2$)。

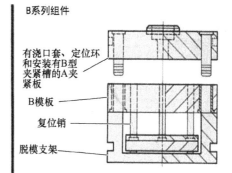

B系列组件

有浇口套、定位环和安装有B型夹紧槽的A夹紧
B模板
复位销
脱模支架

当将型腔和型芯插入到不通孔或直接加工在A和B模板时，使用B系列组件。
该系列省去了顶部夹紧板和支撑板。

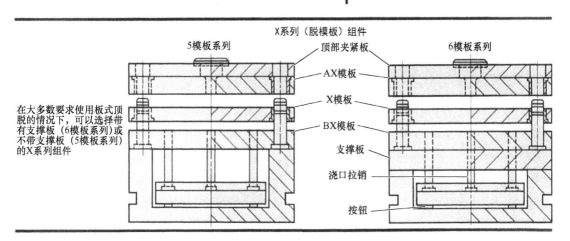

X系列（脱模板）组件

5模板系列

顶部夹紧板
AX模板
X模板
BX模板
支撑板
浇口拉销
按钮

6模板系列

在大多数要求使用板式顶脱的情况下，可以选择带有支撑板（6模板系列）或不带支撑板（5模板系列）的X系列组件

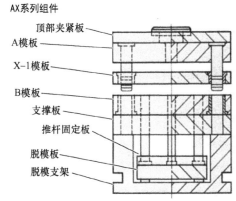

AX系列组件

顶部夹紧板
A模板
X-1模板
B模板
支撑板
推杆固定板
脱模板
脱模支架

当模具要求上半部分组件或定模板组件有一个浮板时，使用AX系列组件。在A系列组件上增加一个浮板X1。

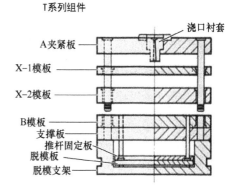

T系列组件

浇口衬套
A夹紧板
X-1模板
X-2模板
B模板
支撑板
推杆固定板
脱模板
脱模支架

T系列组件使用在要求上半模板或静模板具有两个浮板（X1-流道脱模板、X2-型腔板）的顶部流道模具中。

图 35-2　模具类型和标准模具术语

35.5.1　两板模具

在两板模具（见图 35-2 中的 A 系列和 B 系列）中，型腔安装在 A 板上，型芯安装在 B 板上。浇口衬套位于 A 板或定模板上。这个衬套可以连接单型腔的浇口中心，或者多腔模具的冷流道系统。通过在 A 板的顶部添加一个热的半模，两板模具也可以使用热流道系统。然后，这个热的半模或热流道系统的插件通过喷嘴向下面的各个腔供料。模具的半模 B 通常包含一个顶出框，顶出框又包含顶杆和顶杆固定板。顶杆固定板放在固定销或后置的按钮上。当模具闭合时，它们代替按钮，通过从 B 板突出的复位销接触 A 板。顶杆和其他顶出装置留在顶杆固定板中，并且当顶出板由成型机向前移动时顶杆向前移动。当模具闭合时，复位销返回顶出装置。顶出板可以通过导柱和导套来引导。这样做是为了防止顶出板竖起，特别是在具有不对称顶出模式的模具中。

35.5.2　顶板式模具

顶板式模具（见图 35-2 中的 X 系列和 AX 系列）近似于带有顶板的双板模具。脱模板是一个浮动板，包括模座内导柱上的衬套。脱模板可能包含由型腔和型芯钢制成的脱模环。该环通常形成制件的边缘，并使用该边缘将部件从芯部脱出。脱模板通常与复位销相连，因此与顶板一起行进。由于模具设计是一个非常有创造性的过程，所以有多种设计的可能。

35.5.3　三板模具

通常在需要顶部浇口或中心浇注且需要冷流道时使用三板模具（T 系列）。在模具闭合的情况下，将塑料注入浇道和模腔中。充分冷却后，模具将按以下顺序打开。首先，X2 和 B 板之间的分型面打开（P/L 1），流道和制件之间的浇口脱离。打开给定的距离之后，X2 和 X1 板之间的分型面打开（P/L 2），露出仍黏附在 X1 板上的流道。打开一定的距离后，A 和 X1 板分离，（P/L 3）将流道从通过 X1 板进入流道后侧的锥形突起剥离，流道凝料掉出模具。进一步打开之后，将零部件从模具 B 侧的型芯上脱出。通常将分离器安装在 X2 板的底部，这允许流道凝料落入螺旋造粒机中，制件落入输送装置中。

35.5.4　叠层模具或多分模面模具

叠层模有不止一个分型面。叠层模具的优点是它们可以在相同的合模力下在两个分型面上分别生产制件。制件数量加倍不会像预期的那样合模力也加倍。这是因为制件在模具中各部分完全相对应，使得投影面积保持与一个制件时相同。当然，成型机打开距离必须是成型一个制件的 2 倍，并且必须有 2 倍的注射量、注射速度和回吸率。有三种基本类型的叠层模具。类型 1 有一个长的位于中心部分的浇口，它可以用于成型许多小零部件，如盖和封盖，成型时制件可以自由落下而不会碰到浇口。类型 2 有一个短的浇口连接到一个可伸缩的机器喷嘴中心部分。这用于机器喷嘴缩回，使制件从模具中自由落下的情况，如相框等。类型 3 用于成型没有中心开口的较大零部件，例如托盘。在这种情况下，流道环绕制件并穿过成型区域外的分型线。

35.6　型腔布局

如果所有制件的尺寸和形状都相同，则模具中型腔的位置和方向是非常重要的。希望从主流道到每个型腔的流动路径或流道的长度和尺寸相同，即平衡。这有助于确保熔体的填充率、保压压力和每个型腔受到的压力是相同的。通过这种方式，可以确保循环时间最短且所有制件的重量相同。聚合物分子链往往会沿流动方向发生取向。这会影响材料冷却时的收缩率。因此，为了尺寸的一致性，最好是将每个制件浇口排布在相同的相对位置上。如果这些制件是不对称的，重要的是使它们能够取向相同，才能都顺利从模具中脱落。有几种经典的模具型腔布置方式，分别是圆形、并联和对称组。

35.6.1　圆形

型腔的圆形布局是在相对较小的模具中非常实用的系统。好处是主流道到所有型腔的距离相同。制件如果留在浇道上很容易处理。这种方式最适用于没有很多滑块或侧向移动的模具。

35.6.2　并联

型腔并联排布是非常普遍的，它通常用于含有滑动装置或分瓣模具。在典型的 8 腔模具中，可以在浇口上方和下方各排布 4 个型腔，都在一条垂直线上。这样，当模具打开时，右侧和左侧的滑块可以通过斜导柱分开，制件很容易脱出。这种排布的困难在于怎样平衡浇道体系。然而，通常可以通过将浇道平分必要的次数直到等于 2^n 个腔来实现。通常可以看到具有多排型腔的模具。例如，对于一个48 腔模具，它可以是 4 排 12 腔或 6 排 8 腔的排列。这种方式填充这些型腔是非常困难的。因此，模具通常是三板式或热流道，其中分流可以在模具的一个层面上完成，然后落到需要的下方的腔体中。因此，热流道喷嘴通常可称为热落料口。

35.6.3　对称组

对称的型腔组是排布大型腔模具最常见的方法。这些类型的模具包括流道对称地分支以均匀地填充每个型腔的常规模具或冷流道模具、三板模具和热流道模具。以这种方式，塑料可以分布在一个层面上，并以平衡的方式转移到另一个层面上的型腔。型腔模式可以有几种选择。一种常见的方式是在模腔板上的几个位置，然后在冷流道中分配到圆形的模腔阵列。许多热流道制造商也提供 2~16 个小型模块化歧管。这些歧管通常放置在较大的分配器歧管下方以供给多腔模。当然，三板模具和热流道也可以直接流入腔体而不用模块式歧管。

35.6.4　浇口

1. 常规浇口

最简单的浇口是一个简单的短通路，通常是从浇道到型腔。使用这种类型浇口的制件必须从浇道扭断或切断。这有时会在浇道被切掉的地方留下一点痕迹或缺陷。

2. 柄形浇口

这种浇口允许大量的材料以非常小的剪切流入制件。用于可能会出现发白、银纹或其他缺陷的地方。缺陷通常会留在柄形流道中，没有缺陷的材料流入型腔。

3. 沉陷式浇口

沉陷式浇口又称为腰果式浇口。它用于最大限度地减少浇口痕迹，并在脱模时自动切断。

4. 溢料式浇口

溢料式浇口用于均匀地从平坦部分的一侧填充到另一侧。这样当制件冷却时，分子会朝同一个方向收缩，制件不会翘曲变形。溢料式浇口的一种变形是扇形，从扇形的末端流到扇形最大边。浇口的开始深度与浇道相同，型腔处结束时深度很浅像一个薄边。

5. 盘形浇口

盘形浇口与溢料式浇口非常相似，只不过它用于有圆孔的制件，特别是有中心孔的圆形制件。通过这种方式，塑料径向流动，因此在收缩后，制件仍将保持圆形。这种浇口通常用于套筒、轮毂或滑轮的成型。

6. 点浇口

点浇口用于三板模具或热流道模具中，浇道包含在模腔后面的模具中。因此，与其他浇口一样，制件的浇口可以在中心而不是外周。这在诸如盖子之类的圆形零部件中是特别理想的，并且浇口尽可能小。因此，命名为点浇口或针状浇口。

图 35-3 所示为六种类型的浇口。

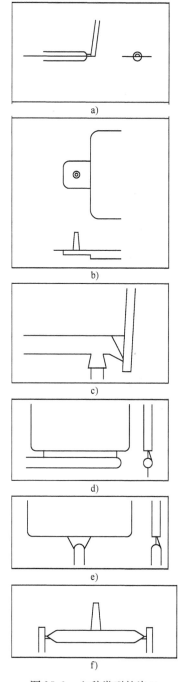

图 35-3　六种类型的浇口
a) 常规浇口　b) 柄形浇口　c) 沉陷式浇口
d) 溢料式浇口　e) 盘形浇口　f) 点浇口

35.6.5 模具冷却

热塑性塑料成型需要对成型料进行冷却，模具必须配备冷却系统。冷却是一个相对的名词。根据成型的聚合物种类，模具温度可以为 32 ~ 300°F。所使用的冷却介质通常是水，也可以是含乙二醇或防腐蚀添加剂的水。在温度超过 200°F 的情况下，通常使用热油或热流体。由于模具有越来越多的共同冷却特征，有许多标准组件出售（见图 35-4），包括导流塞、阶梯式和气泡式冷却管到达内芯，以及用于引导水和热的针来冷却水道难以到达的区域。

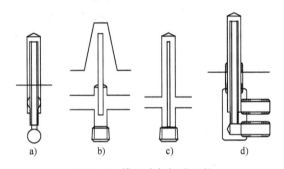

图 35-4　模具冷却标准组件

a) 气泡式　b) 流道热针　c) 导流塞　d) 阶梯式

35.7　热流道系统

热流道系统是将熔融状态的熔体从离开成型机的地方引导到型腔（直接到零部件浇口）或引导到冷流道，然后填充型腔。为了使熔体保持在最佳状态，大多数热流道系统采用平衡、加热的歧管和随后的热嘴向制件提供熔融塑料（见图 35-5）。

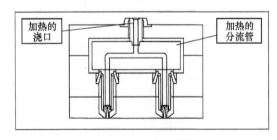

图 35-5　热流道系统

35.8　模具制造常用钢材

在讨论模具制造之前，最好先回顾一下用于制造模具基架、型腔和型芯的常用钢的类型和性能。

模具基架可能由一种钢制成，或者可以由设计者根据每个板所需的性能分别确定。一些用于模具基座的钢材如下：

1）SAE/AISI 1030——中碳钢，其抗拉强度比典型的低碳钢高约 25%。

2）AISI 4130——高强度钢，硬度通常为 28 ~ 34HRC。适用于型腔和型芯固定板、夹板和模具支撑板。

3）AISI 4130（改性）/P20——这种钢是电渣重熔，去除熔渣和杂质，得到的非常纯净的钢。这使型腔能够直接加工到模板中并且在模具表面不造成缺陷的情况下抛光。

4）AISI / SAE H13——一种坚硬、耐热冲击的热轧钢，硬度为 15 ~ 20HRC。加工后，可以热处理至 40 ~ 55HRC，几乎不会变形。这种类型的钢可以用于含通用零部件的多型腔模具，并且能运行多年和数百万次循环。

5）AISI 420F——硬度通常在 33 ~ 37HRC 之间的不锈钢。它具有很高的机械加工性和耐蚀性。用于潮湿环境、成型腐蚀性塑料、无尘室应用、医疗和食品容器模具。

美国模具制造商通常使用 P20 钢材作为型芯和型腔。较小的模具型芯和型腔由 H13、S-7 或 A2 制成，插入模座中的凹槽中。

P20 是最常用的注射模具钢材。由于性能好、价格优惠，所以用途广泛。对于大多数一般用途的成型应用，P20 具有足够的硬度（30 ~ 35HRC）抵抗成型环境的磨损和冲击。它有多种尺寸可供选择，它可以在提供的条件下加工和使用，从而使成本合理且缩短制造时间，不需要进行热处理。在需要防腐蚀保护的应用中，P20 对任何型芯和型腔钢的防护作用都是最低的。对于防腐蚀性应用，P20 必须镀铬或镀镍，才能有防腐蚀保护作用。但是，耐蚀性只能持续与电镀一样长的时间。

对于防腐蚀最好的解决方案是使用 T-420 钢，它的硬度为 18 ~ 23HRC。这种钢也需要热处理（52HRC）和相关的尺寸改变。同时，T-420 钢具有良好的抛光性。

H13 的硬度为 15 ~ 20HRC，易于软加工，可硬化达 52 ~ 55HRC。它是硬化模具钢中最稳定的、变形最小的，它的抛光性同样良好。还有预硬化的可再生硫化 H13，硬度为 44HRC，这对于常规的机器是很难加工的。再硫化过程使其更易于正常的加工。

S-7 抗冲击钢是一种常用的型芯和型腔钢，因为它容易加工。它也必须被硬化以抵抗成型过程的磨损。S-7 的优点是可以硬化到 59 ~ 61HRC。S-7 抛光效果非常好，因此常用于做成型镜片的型腔。

A-2 高碳冷作钢是非常容易加工的，其热处理后的型芯和型腔钢的变形最小。韧性中等，耐磨性高。用于制造模具必须进行硬化，硬度可以达到 50~53HRC。

重要的是要记住，型芯或型腔越硬越容易开裂。所以永远不要超过许用硬度（见表 35-1）。

表 35-1　型芯和型腔所用钢材

钢	类　　型	屈服强度/ksi	典型硬度/HRC	热导率/（W/m·k）	热膨胀/（10×10^{-6}/℉）	密度/（lb/in³）
P20	预硬化模具钢	125~135	28~32	34.6	7.1	0.284
S-7	合金工具钢	210	59~61	36.3	6.99	0.283
H-13	热作模具钢	225	52~54	28.2	6.1	0.28
420	不锈钢	215	52	24.9	5.7	0.28
A-2	高碳钢	261	50~53	27.2	6.5	0.279

注：1ksi = 6.895MPa，1℉ = 1.8℃ + 32，1lb/in³ = 2.76 × 10⁴kg/m³。

35.9　模具制造

过去十年来，模具制造发生了巨大的变化。大多数关于这个主题的书籍仍然认为模具车间的主要设备是小型立式铣床、普通车床、表面磨光机和镗床。2D 和 3D CAD 以及 CAM 的快速发展改变了模具制造。此外，高速加工、硬车削和硬铣削的出现也对制品设计的快速发展产生重大影响。缩放和复印铣床已经让位于 EDM（电火花机）。为了减少时间和时间成本，模具制造商不再自己制造模具，而是从专门生产模具的供应商那里买模具基架，像密歇根州麦迪逊高地的一家 D-M-E 公司（见图 35-6）。他们通常在几天内就可以做好。模具基架可以有数百万种不同的尺寸、类型、板厚、板材质和不同的铣槽、枪钻水路以及大量安装选项的组合，提供脱模、冷却、板顺序和对准功能。模具基架或框架是注射模具的基本组成部分。它通常需要更大、更高马力的设备来制造以获得所需的钢板。

模具制造商主要关心的是型芯、型腔的制造和配合，以及模具运动时这些零部件的动作。在型腔或型芯的生产中，需要选择合适的钢材以赋予模具所需的硬度、耐磨性、耐蚀性和寿命等性能。对于较大的模具，较软的钢可能更容易磨损，硬化的钢不可以大面积加工，所以可以选择一种预硬的钢材。钢材通常从特定的钢材供应商处购买，模具制造商将其切割成大致的尺寸，然后将其铣成方块或粗略车成大致形状。

模具制造者往往有一名模具设计师，这位设计师能够使用 CAD 系统来绘制或模拟模具零部件。这些 CAD 设计通常被修改并转换成 CAM 程序装载到各个机器。许多厂商也在地板上手工编排各种机器。

图 35-6　标准模架（来源：D-M-E Company）

特别是在多型腔模具的情况下，由于多个腔体产生的是相同制件，CNC 加工可以在更短的时间内获得更准确的结果。

步骤如下：首先粗制一块接近最后形状的钢，必须确定塑料材料成型收缩率，并将其考虑到所需的成品尺寸中。这样，当制件冷却时，它就会收缩到所需的尺寸。塑料材料的收缩率应从材料制造商处获得，如果模具由预硬钢制成，则可以将其尺寸加工到最终的尺寸，只留下足够的抛光余量即可。然后加工水路和螺纹孔以及型芯和推杆的孔。EDM 特征也可以在这个时候完成。预硬钢的硬度范围为 34~44HRC。如果模具必须由硬化的钢制成，则粗加工就应该包括水路、螺纹孔、型芯和推杆孔的加工。通常留下 0.005~0.010in 的余量完成硬化后的磨削、EDM 相关操作、研磨等。然后将模具进行热处理（硬化）。根据使用条件不同，大多数模具都硬化至 45～55HRC。硬化完成后，通过研磨或 EDM 使模具达到所需尺寸。螺纹孔的螺纹必须清洁，并将加工的孔研磨以与插件配合。加工到这个阶段，通过仔细研磨将组件安装到模具底座的凹座中，要注意模腔与型芯在各自半模中的位置和它们之间的相对位置，以便保证加工制件的适当的壁厚。这时安装导轨和插入的组件，组件安装到它们各自的位置后，在模具基架上定位并钻出螺纹孔和推杆孔。

组件、型腔、型芯和导轨现在可以进行抛光了。虽然抛光机可以使用许多辅助工具，但是抛光工艺仍然主要通过手工完成。先用粗磨石在钢的表面上打磨，最终的表面由制件的外观要求以及要成型的塑料材料所要求的脱模性能决定。如果需要非常高标准的抛光，最后的抛光是用非常精细的钻石抛光化合物完成的。如果模具需要完成指定的电镀，则可以在此阶段将元件送出电镀。如果需要像人造革那样的纹理，那么抛光之后，就可以交给专业纹理公司如俄亥俄州扬斯敦的 Mold-Tech 公司。

抛光之后，组装模具。在组装过程中，需要把推杆切割和研磨成所需长度，研磨浇口，加工通孔，抛光浇道，完成最终配合。然后测试所有的模具动作，如滑动和脱模。模具就准备好进行定位了，定位过程是在模具分型面的一侧涂布有普鲁士蓝颜料的薄层。将两个半模压在一起然后打开。如果模具是正确的，蓝色会均匀地分布在未涂覆的一半。如果不是，则必须对高点进行研磨或调整模具，直到分型面对准并均匀密封。

在完成所有检查确保符合模具设计者的设想之后，模具就要准备好在注射机上进行试模了。制品的质量，如尺寸、强度、光洁度和装配等都是基于模具设计师在工艺开始阶段给出的标准。如果制品通过了质量测试，模具就可以投入生产了。

扩展阅读

DuBois and Pribble, *Plastics Mold Engineering Handbook*, ed. Eric L. Buckleitner. 5th ed., New York, Chapman and Hall, c1995.

Dym, J., *Injection Molds and Molding*, Van Norstrand Reinhold, New York, 1987.

第 7 篇
制造系统设计

日本能率协会咨询公司全员生产性维护研究所 （日）泉高雄（TAKAO IZUMI） 著
清华大学 郑 力 译

36.1 概述

36.1.1 丰田生产方式 TPS（JIT，准时化生产）、全面质量管理 TQM（TQC，全面质量控制）和全员生产维护（TPM⊖）的不同特征

在 20 世纪下半叶，三种用于提高制造效率的生产管理方法从日本推广到全世界，分别是丰田生产方式（Toyota Production System，TPS）或准时化生产（Just-in-Time，JIT），全面质量管理（Total Quality Management，TQM）或全面质量控制（Total Quality Control，TQC），以及全员生产维护（Total Productive Maintenance and Management，TPM）。由于这三种生产管理方法的英文首字母都为 T，所以也可称为 3Ts 体系。以上三种生产管理方法都是精益制造中必不可少的。

三种生产管理方法的显著特征分别是什么？丰田生产方式的创始人（3Ts 体系的先驱）受美国超市销售和补货策略的启发。类似地，在丰田生产系统中，工厂中的每个生产环节都采用按需生产的方式组织生产，即在需要的时候生产所需的材料、零件和产品等。当生产环节消耗完所需的零部件后，会通过发送看板（一种能够显示所需零部件名称、需求工序和需求数量的指示牌）的方式向前序生产环节发送需求指令。这就是所谓的拉动式生产系统，它能够消除传统推动式生产系统中所遇到的很多生产问题。

TQM（TQC）起源于统计质量控制（Statistical Quality Control，SQC），由美国传入日本。TPM 是由预防性维修和生产维护发展而来，也是从美国传入日本的。

3Ts 中的每一个生产体系都关注不同的生产问题：TPS（JIT）主要关注库存交付周期（Delivery，

D），TQM（TQC）主要关注产品与工作的质量（Quality，Q）。TPM 主要关注设备、人力劳动和资源消耗（成本损失）（Cost，C）。3Ts 在实现系统目标方面存在许多细微的差异。TPS（JIT）采用"准时制生产"，专注于现场和可盈利的工业工程（IE）；TQM（TQC）采用系统性的标准化控制；TPM 追求理想状态，注重现场、科学原则和各项参数。

在人才开发（人力资源开发、教育和培训）方面，TPS（JIT）旨在培养多能工，使他们可以在不同的工序之间灵活移动以适应更加柔性的需求；TQM（TQC）则专注于培训员工使用控制技术，如质量控制（QC）方法；而 TPM 注重培养员工对设备的结构和性能的掌握能力，并且通过培训使他们掌握特定的维修技术和技能，最终成为合格的且能熟练掌握各种设备的员工。TPM 在以下方面和 TPS（JIT）尤其密切相关：为了通过 TPS（JIT）实现零库存目标，TPM 对于消除故障、轻微停机和其他问题是必不可少的。在提高自动化程度、无人值守操作水平和尝试 JIT 系统的工厂中，使用 TPM 建立预防故障、轻微停机、质量缺陷和所有其他类型损失的维护系统也被视为必要条件。

在设计和发展阶段，TPS 衍生的产品，如约束理论（Theory of Constraints，TOC）和价值流图（Value Stream Mapping，VSM），以及 TQM 衍生的六西格玛（Six Sigma），质量功能展开（Quality Function Deployment，QFD）与田口方法也得到了广泛应用。在成本计划阶段，价值工程（Value Engineering，VE）、减少零部件计划（Variety Reduction Programs，VRP）、QFD、成本动因分析、成本表、成本分解、成本估算技术和 VE 案例研究已广泛用作成本计划工具，它与各组织单位独特的知识、技能和技巧互相配合使用。下一个阶段是建立产品技术的知识库，特别是相关技术的发展、资源投入量、专利和

⊖ TPM 是日本设备维护协会（Japan Institute of Plant Maintenance，JIPM）的注册商标。

设计所需的信息技术（如三维 CAD）等。除此之外，技术培训也很重要。技术培训直接影响因学习带来的个人知识的提升。培训包括使用成本规划和面向 X 的设计（Design for X，DfX，考虑生产、组装、配送、环境等的设计）及支持信息技术（如三维计算机辅助设计，3D CAD）等工具的培训。

36.1.2 精益生产的前提条件

从制造的出发点识别损失是精益生产的前提条件之一。

制造是通过改变原材料的形状、品质等对其进行增值并且将产品提供给客户的一种活动，这需要通过以下五个元素组合的过程来实现：

▽：储存；D：等待；⇒：运输；○：加工；□：检查。

这些元素中只有加工才能增加价值，其他的都属于浪费。浪费的存在是因为加工活动不可靠或可靠性很低，所以获取较大效益的方法是提高加工的可靠性和减少其他元素的数量及其耗费的时间。加工过程是由

人和机器完成的，因此提高加工可靠性也需要类似方法去提高人机的可靠性。现代制造业对机器的依赖程度很高，机器的状况极大地影响着生产率、质量、成本、交付和安全。这就是 TPM 为什么从设备开始，旨在通过消除与设备有关的损失、与生产有关的损失和与业务有关的损失来建立强大的企业。

36.1.3 TPS 与 TPM 之间的关系

TPS 的显著特征是注重消除浪费，并将以丰田的制造方式为基础。它由两大以多机处理为基础的支柱组成，创造出顺畅的生产流程，避免制造出任何有缺陷的物品。第一个支柱是准时化，第二个支柱是自働化⊖。JIT 实际上已被用作 TPS 的代名词。

TPS 的两个目标：准时化生产和零库存。

为了实现零缺陷，TPM 对于创建没有故障或次要停机等问题的自动化生产线绝对是不可或缺的。TPM 对工厂是非常有利的，它可以提高工厂的自动化水平和无人值守操作水平，并且可以实施 JIT 图 36-1 所示为 TPS 与 TPM 之间的关系。

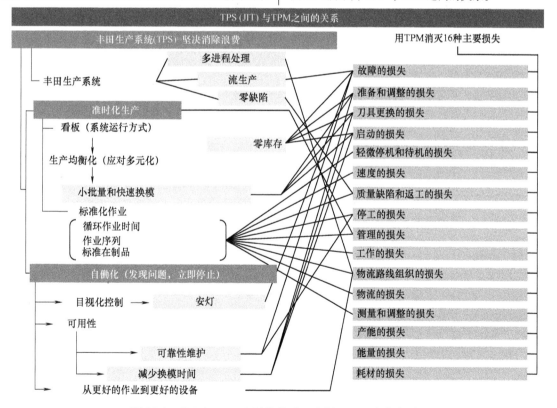

图 36-1 TPS 与 TPM 之间的关系（来源：JMA 咨询公司）

注：日文原版图中，TPS 中"ムダ"为浪费，而 TPM 中"ロス"国内通常译为浪费是不妥的，此处更合适译为"损失"。损失有可避免损失及不可避免损失，可避免损失是浪费，重点在于探讨及降低不可避免的损失。如过度生产造成库存积压是可避免损失，生产线平衡时间是不可避免损失，重点是如何降低平衡时间。若有问题，可与本书主编耿怀渝联系（dchandbook@amicaresearch.org）。

⊖ 自働化，精益用语。

36.2 精益生产的理念

尽管已经有几种对浪费（或损失）的归类方法，我还是简单地把浪费分成以下三类：

1）物料的浪费。
2）设备的损失。
3）生产操作的浪费。

最终，这些都与成本和费用相关。

36.2.1 物料的浪费

丰田特别注意生产过剩的浪费。制造过多的产品或者零部件主要被归类为物料的浪费。然而，设备和运营成本增加了生产过程中相对应的材料成本。当不使用该产品时，其所引起的所有费用均变成浪费。按照下述想法会造成生产过剩的浪费：

1）生产大量相同的产品会降低成本（批量生产）。
2）连续生产是有益的（部分优化）。
3）生产能力是有限度的，而且，不需要立刻改变生产方式（放弃）。
4）需求的改变，或者由于在需要时采购的货物不一定总是可获得的，所以为以防万一，库存是必要的（安全库存）。

丰田完全改变了当时的观念，实现了最快的物料流。这里提到的物料是一个通用名称，包括原材料、材料、零件、在制品、组件、子装配零部件和最终产品。从常规物料流向理想物料流转变的第一个基本原则是拉动式生产，第二个基本原则是均衡化生产（HEIJUNKA）。拉动式生产是一种通过均衡化方法来生产需求数量的产品。均衡化生产是在短时间内不断生产不同种类的零件，不使用大批量生产。这两种原则结合在一起，能够提供最快的物料流动和最少的物料浪费。

除此之外，重点需要研究的是从接收材料到运输产品的生产提前期。这是库存成本增加的一个重要因素，如果这个时期太长，现金流就会受到影响。这个生产周期可以分为以下四个要素：

1）加工周期/时间。
2）搬运周期/时间。
3）检查周期/时间。
4）停滞周期/时间。

物料的加工时间（物理转变、质量的改变、装配、分解）属于增值时间。在某种程度上，搬运时间和检查时间对于生产来说也是必要的。停滞时间属于浪费时间。增值时间与生产周期的比例可以通过选择特定部分来衡量。一般来说，生产周期比增值时间长几百到几千倍，尽管这受产品类型的影响。

当你想到一个两种或者两种以上物料的停滞地点时，可以将停滞地点的特征分为三种类型，这是基于当它们到达这个地方和离开这个地方的不同状态。这些状态在时间、数量、序列上是不同的，这将在后面详细介绍。

36.2.2 设备的损失

当讨论所需投资和为消除浪费所进行的必要操作时，需要考虑到两点：第一点是仅仅引入/使用设备，设备的唯一功能是制造出能够销售的产品（不在厂房和设备上过度投资，尽管这是一个困难的管理决策）。一个生产设备工程师应该总是从物料流的角度考虑现场会发生什么，机器是如何操作的。第二点是有效地使用当前设备。

有效地使用设备并不意味着发挥设备最大加工能力来制造产品。相反，有效意味着根据实际需求来生产产品而不浪费设备时间。在这种情况下，在TPM 中，将设备综合效率或整体设备效率（Overall Equipment Effectiveness，OEE）指数视为增值时间和设备可用时间的比率。

36.2.3 生产操作的浪费

为了减少或消除操作的浪费，首先要做的是将生产操作时间分为三部分：分别是基本功能实现的时间、辅助基本功能所需的时间和剩余时间。下一步是增加基本功能实现所需的时间比率。基本功能实现所需的时间也就是增值时间。当讨论消除加工的浪费时，很多人都认为它只是简单地减少人数。然而这远非事实。丰田英二先生（丰田的前总裁）支持这个观点，他说："人的一生是一个时间的积累，就算是一个小时也属于一个人生命的一部分。员工为公司提供人生中宝贵的时间，所以我们必须有效地使用它；否则，我们就是在浪费他们的生命。"

36.3 精益生产：企业的一种文化

当一个企业引入精益生产模式时，首先应将精益生产理念引入企业，并作为企业文化，这是十分重要的。精益生产模式的基本信念是在不产生浪费的情况下制造产品，不管是从一线的车间工人，还是到公司的总裁都应该更加坚定这一信念。现场/工厂、实用性和信任是精益文化的重要元素。

GENBAGENBA 在日本代表着车间现场。GEN-BAGENBA 是工厂内将原材料转变成产品的现场。例如，控制产品质量就是在工厂现场控制生产过程。这并不意味着只在办公室检查质量文件。如果产品的质量出现问题，员工必须去现场观察并解决质量问题。丰田英二在丰田建立了这种文化。此外在某种程度上，这个例子是日本企业文化的象征。当你引进精益制造时，你必须去现场而不是仅仅待在办公室。这是一个必要的原则。

实用性原则如下：虽然战略和高层次的计划很重要，但是最重要的是实现。最困难的阶段不是计划而是实施，结果取决于计划是如何实施的。

正如丰田英二先生所言，所有员工的信任和尊重是精益生产哲学背后的基本思想。如果没有这样的哲学，就没有员工愿意改善公司。

这种哲学永远不会改变，即使在未来包括精益制造在内的技术发生改变。换句话说，精益生产是一种

文化，企业文化比企业生产所需的技术更为重要。

36.4 方法论和工具

当引入精益生产系统时可以使用许多工具。这些工具是从工业工程、QC、改善（Kaizen）TPM 和丰田最初开发的其他工具/方法领域引入的。

这些工具可以粗略地分为三大领域，如图 36-2 所示。第一类工具用来作为解决方法，例如看板和单件流等。第二类工具用来分析和改善问题，这类工具包括价值流图法，快速换模法（Single Minute Exchange of Dies，SMED）和 TPM 等。第三类工具是为了实现管理目标。例如包括计划、执行、检查、调整（PDCA）的循环、目视管理、团队活动等。以下将对这些方法进行逐一解释。

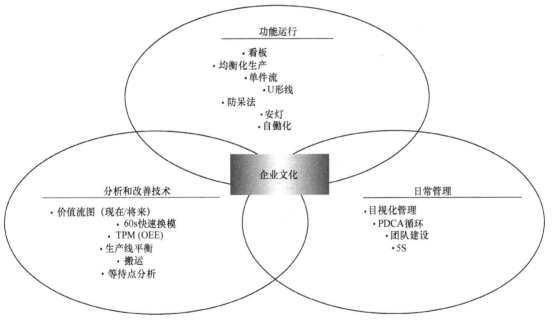

图 36-2　精益生产工具（来源：JMA Consultants Inc.）

36.4.1　看板系统

1. 什么是看板系统

看板系统起源于丰田汽车公司所创建的生产系统，又称为 JIT 系统。各种类型的浪费存在于产品生产的每个环节。丰田公司把这些浪费归为七类：过量生产的浪费、等待的浪费、运输的浪费、加工的浪费、库存的浪费、动作的浪费和缺陷的浪费。出于对因过量生产而造成的浪费的重视，丰田公司发展了看板系统，目的是使其生产系统能够得到长期的改善。

JIT 在 20 世纪 60 年代末期开始被关注——丰田汽车的显著增长和随之而来的全世界的瞩目激发了人们对 JIT 的兴趣。尽管看板系统已经被大家所了解和重视，但是还是有相当多的人对看板系统存在一些常见的误解，例如：

1）看板系统不需要使用计算机来计算所需的物料。

2）由于 JIT 系统的固有特性系统内没有库存。

3）看板系统是专门用于减少库存等。

不幸的是这些观念都偏离了看板系统真正的目标。在看板系统中，在某一确定时间循环内，例如

一个月或是 10 天内所需要的物料、零件、组件的数量是由计算机计算得到的。当然，库存也是存在的并且和系统紧密相关。而且看板系统也不仅仅是用来减少已有的库存，它有更广泛的目标来提高整个生产系统的水平。因此为了纠正这些错误观念，更加深入地了解关于看板系统的知识是十分必要的。

2. 看板系统的形式

看板系统使用被称为"看板"的卡片，上面有指导原材料、零部件和半成品的订购、储存、移动和生产说明的数据。这些看板可以分为两大类：取料看板和生产看板。

1）取料看板。取料看板标明了从前道工序、另一个工厂或外部供应商处领取的零部件信息。取料

看板使用流程如图 36-3 所示。在工序开始之前，所需的零部件通过取料看板的方式获取。每个取料看板和所需零部件可同时放置在物料箱中。当主工序使用零件后，取料看板从物料箱中取出并放置在看板回收容器中；取料看板采用定期回收的方式，其上标明的所需生产的物料及数量由前道工序完成；取料看板附着在前道工序的零件箱上，和零件箱一起被送到主工序并存放在主工序旁，堆积在前道工序的配送物料箱包含一张生产看板。当前道工序收到取料看板时移除配送物料箱中的生产看板，并将这些生产看板作为该工序生产的指令。这个取料看板的循环保持了两个工序间的库存。

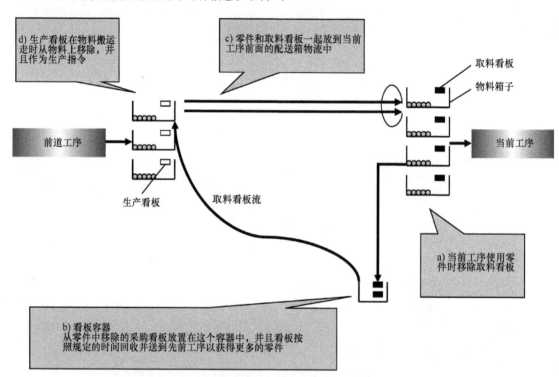

图 36-3　取料看板使用流程（来源：JMA Consultants Inc.）

为了更加清晰，在讲解中仅仅展示了在当前工序之前的工序的配送物料箱。但是应当指出的是，在现实中装有取料看板的配送物料箱也存在于当前的主工序中。在这种情况下，取料看板维持着工序间的联系。如果先前的工序是来自于外部供应商，这些看板会被称作采购看板而不是取料看板。一个真实的取料看板样本如图 36-4 所示。

2）生产看板。生产看板是一个工作开始指令，可当作是生产开始的指示。生产看板运行的程序流程如图 36-5 所示，在图中包含有生产看板的零件被放置在相关工序之后。这些零件按照之前章节讨论过的

回收看板的循环规律被取走后，它们的生产看板被取出并放在一个容器里；按照规律的时间间隔回收这些生产看板，并把它们送到之前的工序，并且按顺序放置在归档板的插槽中；从事该项工作的人按生产看板所提交的顺序生产项目；完工的零件和生产看板一起被放到配送物料箱中并且放在相关工序之后。

3. 看板系统的整体概括

看板系统使用之前描述过的两种看板可以使生产顺利进行，同时可保持外部供应商、公司内部车间和工序间的紧密联系。看板系统的整体概括如图 36-6 所示。

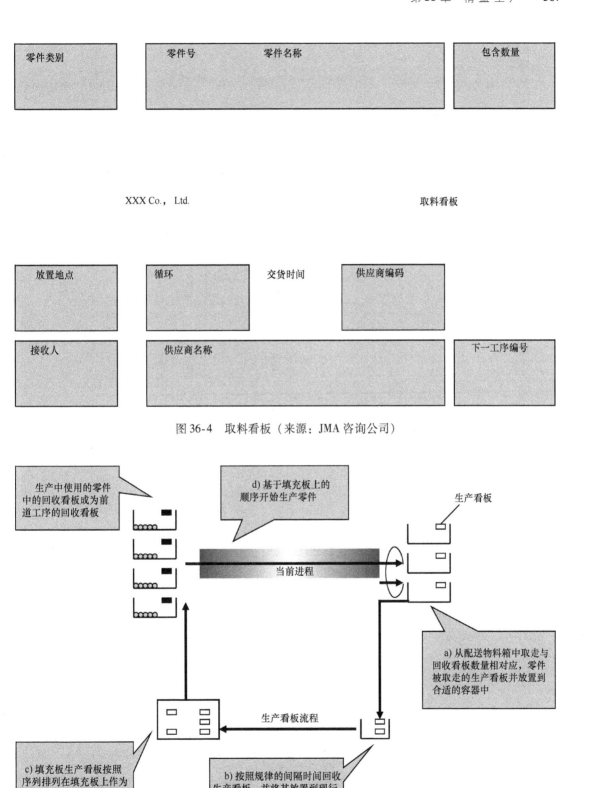

图 36-4　取料看板（来源：JMA 咨询公司）

图 36-5　生产看板运行的程序流程（来源：JMA Consultants Inc.）

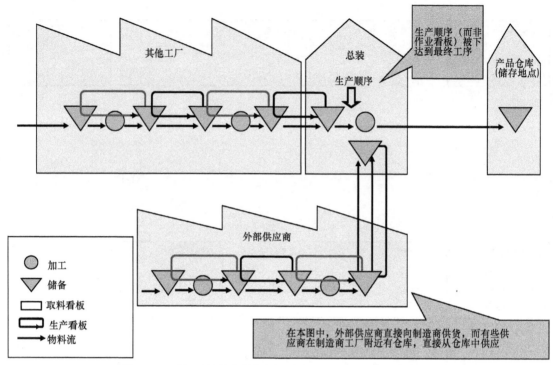

图 36-6　看板系统的整体概括（来源：JMA Consultants Inc.）

为了使解释更加简洁，依据公司的生产计划，工厂的总装线被赋予了一个工作顺序而不是生产看板。在总装线之前的所有的工序和外部供应商都用采购看板和生产看板连接起来。这使得货物的移动和生产的工序以同一加工顺序按照链式反应效应进行。

4. 看板系统中使用的术语

既然我们已经理解了看板系统的基本框架，让我们继续讨论看板系统中使用的各种各样的术语。现实中使用的术语可能因公司而异，但是它们基本的含义应该是相当一致的。

（1）看板循环　看板循环是指看板在其流动中完成的循环，通常用三个数字表示。以给外部供应商的采购看板为例：在一个看板循环中，看板每天会被送到供应商处两次（在 10：00 和 15：00 的时候），并且和每张看板数量相对应的零件会在下一个循环中被制造出来。这意味着供应商每天收到两次看板，并且在下一次回收看板时交货。因此，这个循环被表示为 1:2:1。如果配送周期是一天 4 次（和收到采购看板的频率相同），并且每个配送周期都是 1/4 天，那么我们就会得到看板循环 1:4:1。换而言之，在之后的每一次循环中每天交货 4 次。使用通俗的表达方式，对一个 $l\!:\!m\!:\!n$（l 为天数，m 为循环次数，n 为循环次数）的看板循环来说，$(l/m)\times n$ 就是供应商的交货提前期。

（2）配送物料箱和配送物料箱数量　配送物料箱是放置零件的地方，并且理论上，一个箱子只能有一个看板。配送物料箱同看板一起沿着相同的路线穿行，并因此得名。配送物料箱的数量取决于配送物料箱中零件的数量，并且代表了该零件的最小批量和生产的最小单元。

（3）按天数计算的安全库存　看板系统是一个库存补充系统。因此当决定库存的时候应该保留安全库存。安全库存水平不是以数量决定的而是以安全库存需要保证的天数决定。下面是一个如何决定安全库存水平的例子，在本例中，零件的消耗率随着特定的周期波动。

【例1】　已知：看板循环：$l\!:\!m\!:\!n$；平均消耗量/天：D；最大消耗量/天：$D_{\max}$。

则：消耗的最大变化率：$v = \dfrac{D_{\max}}{D}$

为了确定合适的安全库存（以天计算），保证即使最大需求持续出现也不会出现缺货，需要计算安全库存使用天数 a：

$$a = v \times \left(\frac{l}{m}\right) \times (n+1) = \frac{vl(n+1)}{m}$$

（4）每日数量　每日数量是指某一特定时间段内需要的零件数量，通常来讲是超过一个月时间内每天需要的零件的数量。这是由一段时间内需求的数量除以工作的天数得到的。通过使用最终产品生产计划预测中包含的数字，计算净需求数量，得出每日需求数量，进而计算每一个库存点。

（5）看板的当前数量　目前需要的看板卡数量称为看板卡的当前数量。看板卡当前数量的计算是基于一个月的每日需求数或一个以 10 日为周期（在日本）的每日需求数，并且实际中看板卡的需求数量随着计算的结果而增加或减少。

（6）计算看板的当前数量　当前看板数量计算方法如下：

【例 2】已知：看板循环：$l:m:n=l$（天），m 次循环，在第 n 次循环后交货；

每日需求数量 D（件/天）。

安全库存 a（a 天的使用量）。

每张看板包含的零件数量 L（件）。

① 看板的当前数量是下列数值的总和：

配送期消耗 = 配送周期（天）× 消耗数量/天 = $(l/m)\,nD$。

② 看板持有期的消耗 = 看板持有周期（天）× 消耗数量/天 = $(l/m)\,D$。

③ 使用安全库存期的消耗 = 安全库存使用天数 × 消耗数量/天 = aD。

④ 当前看板数量 = (① + ② + ③)/每张看板所包含的数量 = $\dfrac{[(l/m)nD] + [(l/m)D] + (aD)}{L}$ =

$\dfrac{D[(l/m) \times (n+1) + a]}{L}$（采用进一法保留整数）

5. 看板在生产控制方面的作用

（1）看板系统的原型　用于订购零件的双箱系统属于生产控制技术，并且它可以被看作是看板系统的原型。在双箱系统中，使用两套物料箱。当一个物料箱为空的时候，补料指令被下用于补充该物料箱中的所用物料，并保证其会在另一个物料箱中的物料被使用完之前被送达。容器看板与双箱系统中的类似。容器看板大部分是取料看板的变形。在容器看板中，零件名称、零件数量以及其他信息直接和容器相关。因此容器本身被当作一个看板。和双箱系统相比，我们可以称看板系统为 n 箱系统（多箱系统）。

（2）拉动式生产系统　作为一种生产控制技术，拉动式生产系统与传统的推动式生产系统不同，看板系统可以被分类为拉动式生产系统。在推动式生产系统中生产指令是基于生产计划而被下达到各控制点的，并且物料是从上游向下游移动的。然而在看板系统中，生产指令是被下达到最终工序的，只有当前看板数量改变将要下达到各个控制点的指令。上游工序使用的物料在日常生产中得以补充，这使得该系统成为拉动式生产系统。带着看板系统的这

些特点，让我们了解看板系统的目的，然后再探寻看板系统未来的趋势。

（3）看板系统的定义　一个对看板系统简单的定义和解释如下：库存存在于工厂之间（内部和外部）以及工序之间，并且根据最终产品的生产指令而被使用。在这种情况下，生产和交货指令通过使用被称为看板的卡片沿着与货物流相反的方向流动，从而最终生产物料或是使物料被导入特定的流程中。看板系统中唯一的控制功能是在短循环（最多一天为一个单位）中下达到最终工序的生产指令，以及在长循环（一个月或是一个十天的周期）中下达到每个控制点中的库存水平指令。异常（比如工序中的困难或是供应链中的延迟）立刻会以产线停止的方式被发现。带着生产系统长期改善的终极目标，这种异常情况的发现被用来识别其发生的根本原因并且促进改变。基于这个定义，JIT 系统的目标和任务如图 36-7 所示。

（4）看板系统的目标　看板系统的目标是简化日常生产控制，并且从更加长远的视角提升生产能力。丰田汽车致力于追求后者的极致，使用某种程度上和"停止产线"相反的口号。当一个产线不会再因为当前数量的看板而停止时，就实现了更短的提前期和更少的库存，逐渐减少当前看板的数量。工厂的负责人和工人有一种通过过量生产来避免遇到异常和问题的倾向，这产生了过度生产的浪费。看板系统寻求通过只生产看板对应数量的零件来消除这种浪费，并且通过控制当前看板数来解决工厂中的全部问题。看板系统的其他目标可在图 36-7 中查到。接下来，让我们来接触伴随看板系统产生的任务。我想要讨论两个最重要的任务，凭借我的实际工作经历来介绍看板系统。

6. 随着介绍看板系统而产生的任务：均衡生产

因为保有库存，而采购零件和生产指令的下达又是基于实际使用需求的，所以当实际使用需求波动较大时短缺就会很快产生，解决这个问题的唯一方法就是增加库存量。如果一家公司试图同时避免短缺和过量储存，那么应用均衡化生产方法将所要生产的种类和数量以生产指令的形式下达给最终工序就是十分必要的。实现均衡化生产不是一项简单的任务，例如，如果产品的销量有很大的变化，或是销量在旺季变得特别高，由于生产能力的限制，有必要提前生产以应对预期的过高的销售高峰，而这反过来又意味着更高的生产库存。这似乎预示着 JIT 生产模式最终适合于被引入需求变化相对较小并且需求量较大的领域。图 36-8 中 A 显示的领域正对应这些条件。

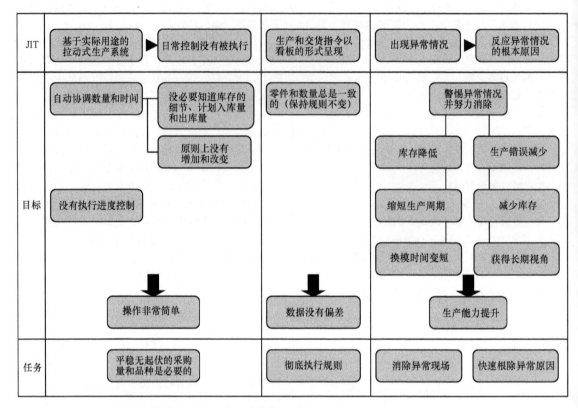

图 36-7　JIT 的目标和任务（来源：JMA Consultants Inc.）

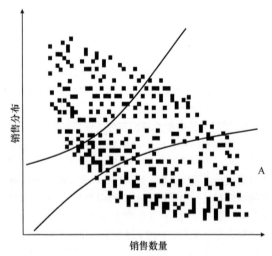

图 36-8　销售分布和销售数量
（来源：JMA Consultants Inc.）

7. 异常情况的出现

另一个重要的任务就是接受异常现象将会出现的现实。当引进 JIT 系统的时候，这会是极其困难的点，因为我们很自然就具有防止异常出现的倾向。例如我们可能会从一个还未使用的配送物料盒中取出看板来为一个出现短缺风险的零件发出生产指令，或者我们可能会倾向于过度使用预备看板。如果这种情况产生，我们将不能控制当前看板数量并且控制物料流，这也会极大地影响我们的工作，并且 JIT 系统的目标也不会达成。

在 JIT 系统中我们必须使自己付出一些代价并且下定决心严格按照规则运行。为了实现丰田汽车实现的生产提升，高层领导和那些负责的人在工作的层级上接受这一点是十分必要的，而且还必须创立一个改进系统以确保异常现象不会再次出现。只有 JIT 和改善活动结合在一起它的效能才能完全获得，没能认识到这一点只能导致系统的失败。

大家应该已经理解了精益制造的核心——看板系统。

36.4.2　物料停滞分析

我已经解释了如何使物料流动，下一步是阐述用于分析物料等待的技术。在制造过程中，原材料流、零部件流、半成品流和成品流构成了原料工厂、零件工厂、总装厂、批发商和零售商，最终到使用者的价值流。图 36-9 所示为物料流。

为了加强物料流的速度，调查物料流的停滞是一个有效的方法。

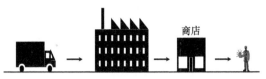

许多的原材料、零件、半成品和成品停滞

当上述物料流加速的时候你必须识别出物料停滞的状态

图36-9 物料流（来源：JMA咨询公司）

传统分析流程的方法基本由四种元素组成。正如之前提到过的，有操作、移动、检查和停滞。关于停滞，只分析其中的一种状态。这样做的原因是分析技术只专注于一种物料，而不是同时分析许多物料。通常来讲在一个地点放置许多种类而不仅是一种物料或零件。当分析物料停滞的含义时，需要考虑这种视角。能理解停滞的种类存在不同。比如，10块A，30块B和5块C按照顺序放在一个地方，三天后3块B和两块C和10块A被取走了。另一个例子是3块A，2块B和1块C被放在一个地点然后马上按照相同的队列和数量被取走了。

造成停滞状态中放入和取出两种状态不同的元素是时间、零件的数量和排列顺序。借助这三种元素，停滞的模式分为三大类，如图36-10所示，分别是库存点、配送点和等待点。

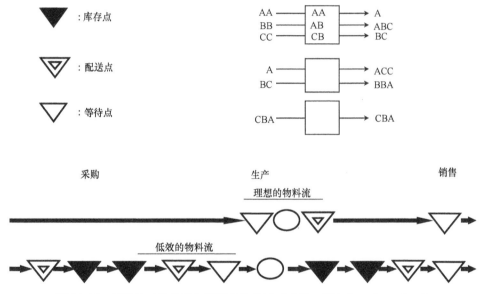

图36-10 停滞的三种类型和理想的物料流（来源：JMA Consultants Inc.）

在库存点，当收到物料时，时间、零件的数量和需求的顺序并不知道。例如设想一个汽车代理商的零件仓库，储存零件但并不知道什么时候会被使用。基于需求预测生产的产品被放置在这种停滞之中。

为了理解配送点，设想一个配送商转运中心。当这个商人在配送中心放置一个零件时，时间、零件的数目和运送的顺序已经决定了。它们被以不同的数量和顺序取走并运送。而等待点是物料被以相同的数量，相同的顺序取走，当它们被放入较短时间的时候。例如，等待点是汽车总装线中座椅停滞的地方。

一个理论上加速物料流的方法是将库存点变为配送点，将配送点变为等待点，将等待点变为转运区并最终取消转运区。图36-10中所示的理想停滞是JIT的完美实现。

在JIT没有导入之前，在装配线和供应商处有三个库存点。让我们分析已经导入JIT的汽车厂中的物料停滞。通常有三种方法将零件供应到汽车装配工厂，即库存补充供应法、序列供应法和同步供应法。图36-11所示为传统的零件供应示例。

图36-12所示为零件库存补充法示例。当零件在总装线中使用时，它们被运用看板系统补充。和图36-11中的传统方法相比，减少了一个库存点。使用序列供应法时，零件按照装配线使用的顺序供应，如图36-13所示。

使用这种方法，等待点放置在装配线旁，并且配送点放在供应商处，而库存点减少了一个。使用

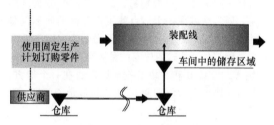

图 36-11 传统的零件供应示例
（来源：JMA Consultants Inc.）

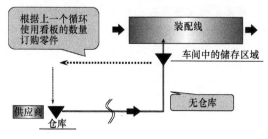

图 36-12 零件库存补充法示例
（来源：JMA Consultants Inc.）

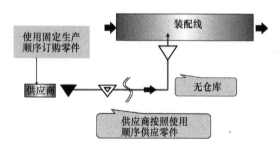

图 36-13 顺序供应法示例
（来源：JMA Consultants Inc.）

同步供应法时，如图 36-14 所示，正如所介绍的，考虑在汽车装配线中的大型零件如门和座椅，只有一个小的存储点和配送点在供应商处，一个等待点在装配线处。当和第一个例子中的传统方法相比时，存储点已经充分地减少了，并且物料流的速度也加快了。使用这三种标志标注停滞的样式并和改进活动相联系是十分有效的方法。

36.4.3 快速换模法

"Single" 这个单词象征性地表示快速换模法，该方法使设备的生产准备时间缩短到 10min 以内，并且允许在工序中存在更多的机器准备，这意味着设备每做一次准备工作可以小批量地生产某种产品，导致库存水平的降低。

经济订货批量（Economical Order Quantity，EOQ）可以经济地确定生产和采购的批量。甚至到今天 EOQ

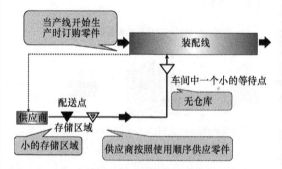

图 36-14 同步供应法
（来源：JMA Consultants Inc.）

仍然还在使用，但使用的隐含条件是所有制造的商品都是以目标价格立即售出，并且竞争对手的准备成本应不低于你的公司。事实上按照预测生产的产品不能完全都售出。如果竞争对手大大地缩短了生产准备时间，他们则可以利用这种优势提高交货时间方面的竞争力。JIT 系统中的活动旨在通过缩短准备时间来减少 EOQ，而传统方法只是使用准备时间和其他变量的恒定条件来计算 EOQ。具体的方法是快速换模法。快速换模法是由 JMAC（日本能率协会咨询公司）前资深顾问新乡重夫（Shigeo Shingo）先生与丰田公司一道发展起来的方法。

快速换模法将准备操作的必要时间分为两个部分：一部分是内部操作时间，另一部分是外部操作时间。内部操作是当机器停止时的准备操作，而外部操作是当机器运行时的准备操作。

图 36-15 所示为快速换模法的流程，可以来映射当前的准备作业。接下来，将一些作业转变为外部操作，然后减少内部操作时间，最终减少了外部操作时间。通过快速换模法缩短准备时间使得小批量生产和单件成本成为可能，从而加快了物料流。

你需要通过工作分析，观察和记录当前的准备时间。依据分析，可能会在准备过程中发现许多行走和运输的作业。这些与工作和准备过程无关的作业使用 5S 法即可改善。在 5S 改善之后，可以将内部操作改为外部操作并且减少内部操作和外部操作时间。

36.4.4 TPM：减少设备的损失

TPM 是由日本能率协会（JMA）集团下属日本设备维护协会的精市（Seiichi Nakajima）中岛诚一提出的。

首先要认识到的是，当你规划或者操作设备时，100% 的设备利用率是几乎不可能的，同样也是没有好处的。因为难以准确预测未来需要引入的机器设备的使用需求，而且通常是机器设备的能力略高于实际需求。为了弥补机器生产能力和现实需求之间的不同，需要制定主运行计划（换班、天数和每台机器的工作时间）；另外，需要通过日常的努力来增加设备可用时间内的生产效率（消除损失）。

在图36-16中显示了时间的定义，其中有一个日历时间。从日历时间内减去计划停机时间，就得到可用时间。可用时间减去非计划停机时间为运行时间。当从运行时间减去性能的浪费时间就得到了净运行时间。最终从净运行时间中减去质量的浪费时间就能够得到增值时间。在TPM中将增值时间与可用时间之比定义为设备综合效率（OEE）。TPM活动的核心之一就是消除可用时间和增值时间之间的浪费时间。以下是TPM定义的浪费类型。

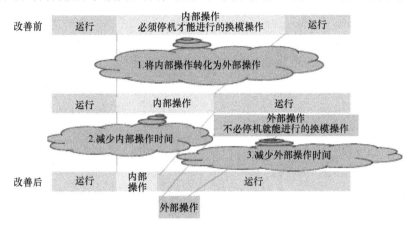

图36-15 快速换模法（来源：JMA Consultants Inc.）

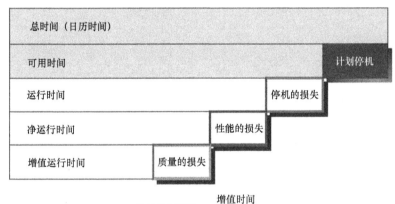

$$设备综合效率 = \frac{增值时间}{可用时间}$$

图36-16 设备综合效率（来源：JMA Consultants Inc.）

总时间（日历时间）是将要使用的时间：
1）停机的损失。
2）故障的损失。
3）准备/调整的损失。
4）换刀的浪费/启动的损失。
5）小的停止的损失。
6）速度的损失。
7）不良/返工的损失（质量的损失）。

正如本文所提到的TPM用于改善机器的损失。近几年，这种损失的概念扩大到操作、原料、能源和夹具等，这些统称为工厂中的16大损失（见图36-17）。TPM的目的是削减成本、进行精益生产。当实行削减成本的时候推荐的方法是使用损失的概念识别出成本和费用的损失。图36-18所示为识别工厂中"16种主要损失中哪一种损失会导致成本损失"的例子，它也可称作损失-成本。正如在TPM的介绍中得出的结论，本文已经解释了为什么在众多的工具中选择TPM作为工具。TPM是在工厂中进行例如16种主要损失识别之后实施的。这些改善效应的结果是高的生产效率、有竞争力的生产成本、生产提前期的缩短和库存的减少，这是和精益生产相同的效应。精益生产（丰田生产模式）和TPM之间的关系见图36-1。

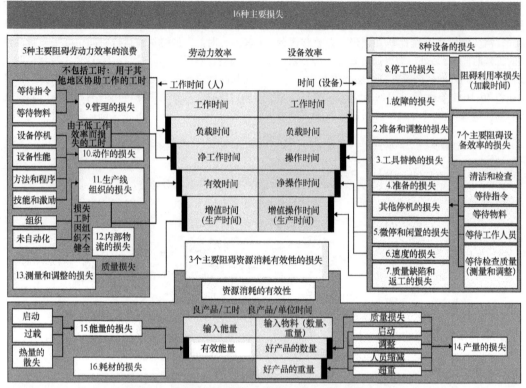

图 36-17　16 种主要损失（来源：JMA Consultants Inc.）

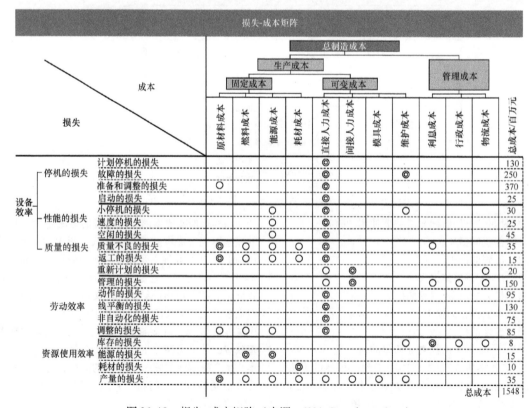

图 36-18　损失-成本矩阵（来源：JMA Consultants Inc.）

36.4.5　需求工艺时间

当识别出需要改善的瓶颈工序，可能会通过周期时间（Cycle Time，CT）来进行生产线平衡分析，然而在下列情况下生产线不能简单地用生产线平衡分析：

1）批量大。

2）在各工序与机器停机之间的库存损失大（过长的准备时间或者太多的失误）。

在之前提到过的例子中，瓶颈工序是改变的。如果需要确定实际中的瓶颈工序，可以使用需求工艺时间，其定义为

$$需求工艺时间 = \frac{标准周期时间}{设备综合效率}$$

通过需求时间分析，可以知道在实际生产中使用了多长时间的机器。

36.4.6　价值流图

价值流图旨在映射出实体、原材料和信息流之间的关系。有现状价值流程图（见图36-19）和未来价值流程图（见图36-20）。在未来价值流图中，需要明确最终目标。在这种情况下，未来并不意味着长期，而是未来的状态应该是在未来三个月

或一年内想要实现的目标。基于产品和精益制造企业，有时候建立未来价值流程图是很简单的，但是遇到困难的时候，建议从外部的公司获得帮助。正如在看板系统中所说的那样，对于生产大量零件的汽车和电子行业的供应商来说建立未来价值流图是非常容易的。这些供应商中的大多数可以通过参考行业中的最佳实践来制定这些价值流图。

不是汽车和电子行业的供应商需要长一点的时间来建立未来价值流图。通过观察图 36-19 和图 36-20，能够理解绘制价值流图的方法。在流之外，需要在价值流图中填充增值时间和总生产时间中的其他时间来改进图 36-19 和图 36-20 中的物料流动方式。并且需要填充周期时间、准备时间、利用率和均衡化生产。

36.4.7　均衡化生产

正如在看板系统所解释的那样，均衡化生产是一种生产概念，旨在缩短生产循环时间。均衡化生产在日语中称作 "HEIJUNKA"。举个例子，在一个循环中生产 1000 件 A，一个循环中生产 500 件 B，一个循环中生产 200 件 C，这种生产方式并不是最佳的生产方式。一个更好的生产方式是每个循环中生

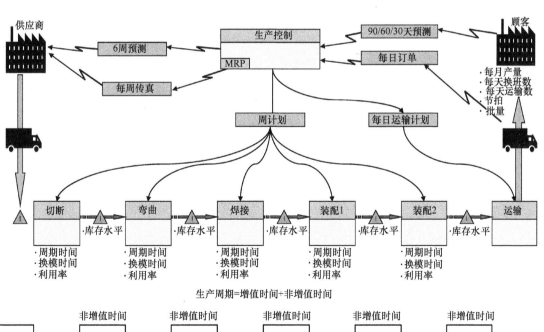

图 36-19　现状价值流图（来源：JMA Consultants Inc.）

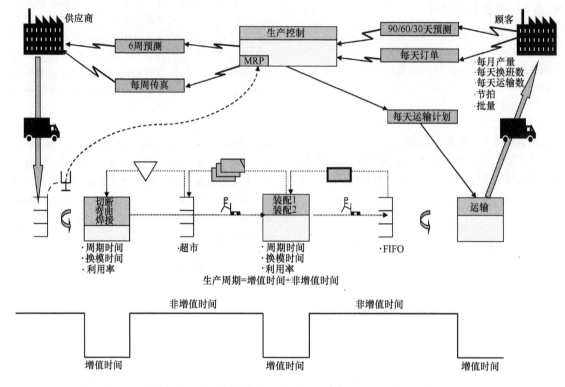

图 36-20　未来价值流图（来源：JMA Consultants Inc.）

产 10 件 A、5 件 B 和 2 件 C，使用 100 个循环完成生产。在精益生产中，需要持续地缩短这种循环时间。这意味着逐渐靠近小批量生产并最终达成单件流生产。当均衡化生产坚决地导入汽车工厂的总装线时，供应商能够在他们的组织中导入小批量生产和单件流生产。当总装线均衡化生产的水平很低时，消极影响会被放大，这种现象称作牛鞭效应。结果是供应商会存储许多零件作为安全库存，否则会出现频繁的零件短缺。

下面是一个简单的计算均衡生产周期的例子。假设有 1、2、3 三种零件。每种零件有着相同的加工时间和准备时间。生产循环的模式是 1，2，3，1，2，3，1，2，3，…。

生产数量	Aa, Ab, Ac
加工（周期）时间	P
单次换线时间	C
可用时间	A
利用率	u%

正如前面所提到的，最短的均衡化生产如下：

操作时间（O）	$O = A \times u\%$
总生产时间（TP）	$TP = P \times (Aa + Ab + Ac)$
总换线时间（TC）	$TC = OfTP$
总换线次数（NC）	$NC = TC/C$
循环次数（NCL）	$NCL = NC/3$
均衡化生产一个循环时间（EPEI）	$EPEI = O/NCL$

均衡化生产目标的总结如下：

1）用更小的批量生产，减少大批量生产造成的过量生产的损失。

2）避免大批量制造造成的大量不良品。

3）减少上游工序的零件需求波动。

4）吸收总装线上不同模型造成的操作时间波动。

5）创造更加灵活的生产系统来适应多样化的产品线。

36.4.8　其他工具

除了前面所提到的工具，在图 36-2 中还有许多工具。U 形线旨在通过使用 U 形生产线，而不是直线形的生产线，加速物料流速度并且提高生产效率；

安灯法通过报警灯来提示异常情况或生产线停止；自働化的意思是当人有效率地工作时机器也能被有效地使用；防呆法旨在通过物理机制来避免人的错误，例如通过压力机的自动启动来避免不良品；PDCA循环是为了实现管理目标，而团队活动比单独工作更有效；战略性的高生产率系统是一种旨在提高运营生产率的强有力的系统。

36.5　精益生产的实施过程

下面将解释精益生产的实施的基本过程之一，当然具体的实现将随着流程和产品的特点而发生变化，共有6个步骤，如图36-21所示。

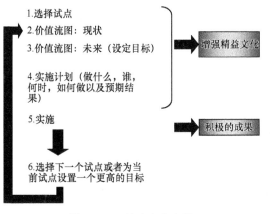

图 36-21　精益生产步骤
（来源：JMA Consultants Inc.）

步骤说明：

1. 选择试点

这一步将决定目标流程和零部件组。选择改善简单的流程和零部件组对鼓励人员是一个好主意。举一个极端的例子，仅仅选择一个冲压工艺作为第一个试点也是不错的。当使用一个外部专家、选择一个容易试点以取得积极的结果是一个不错的选择，这将会帮助未来的改善活动更容易实现。

2. 价值流图：现状

创建一个从供应商到客户的价值流图，包括选择的过程。

3. 价值流图：未来

假设可以在三个月到一年之内实现这些目标，那么可以在不久的将来创建价值流图。需要确定目标循环时间、准备时间、产能利用率和均衡化生产，以用于未来的物料流及信息流。当绘制一个未来的物料流程图时，可以应用三种之前解释过的停滞模式。如果有一个库存点，试着将之改变为配送点；如果有一个配送点，试着将之改为等待点（先进先

出）；如果它已经是一个等待点，则试着将它连入流程；如果这个流程是推动式的，将它改为拉动式；如果有一个看板链，则试着减少看板的数量，可以尽可能地使用图36-2中的解决办法。

4. 实施计划（做什么，谁，何时，如何做以及预期结果）

开发一个包括问题解决、工作职责、时间框架方法和预期结果的实施计划。使用图36-2中的工具来进行分析和改善。不要花太多时间在步骤1～步骤4。尽管计划阶段是重要的，但是有很多的情形是将所有的时间用在了计划而不是实施上。在精益生产活动中，实施了很多试错的方法，效果都很好。

5. 实施

这是精益生产中最重要的阶段。作业指导书的方法将会改变，连接前后工序流程的方法将会改变，流程将会改变，机器也将会改变。此外，管理方面将会采用可视化管理、PDCA循环、团队协作等。前文所描述的精益生产的概念和工具将会在这个阶段使用，绩效目标一定会实现。

当情况变糟糕时，可以通过询问以下问题来检查实施状况：

1）有足够的激励吗？

2）理解了精益生产的概念了吗？理解它的每一个技术了吗？

3）真的使用了吗？

如果对于以上三个问题的答案都是"是"，但是仍然没有很好的结果，那就需要寻找改善活动的瓶颈。有时会花很长的准备时间或者不稳定的机器时间。在这种情形下，需要找一个这方面的专家。当不能确定问题时，专家的意见应该会有所帮助。第一个试点的一个循环从步骤1到步骤5。

6. 选择下一个试点或者为当前试点设置一个更高的目标

精益生产是一个持续的活动。当步骤1～步骤5这个循环结束后，就要选择一个新的试点来重复活动。通过实施这个循环，精益实施的水平将会持续提高。此外，当精益生产的水平提高后，领导和精益活动的参与者的技能都会增强。他们在配送、机械工程、产品开发和销售等领域的技能将会更广泛和深入。

36.6　先进的 TPM 与精益组织的未来

36.6.1　先进的 TPM

制造企业一定要坚定、灵活和精益，要完全消

除全部活动中的不增值的部分和潜在的风险。精益运营是可持续的，它可以对企业环境的变化做出快速的响应。这意味着必须创造精益设备，实施精益工程（产品和制造方法的开发），创建精益组织，并迅速开展所有这些工作，从而最终建成精益工厂和精益企业管理。

1. 精益设备的开发和设计（最小化制造）

当开发或购买设备时，企业会在充分了解材料、形状、尺寸、精度和要加工的产品的其他方面（聚集所要达到的效果，例如原材料形状和质量的必要变化）的基础上，考虑使用何种方法来进行加工。因为只有加工点创造价值，因此加工点的连续性和持续性必须最大化，所需的品质和加工效率要通过建立和维持最优条件来保证。理想状态是实现最简单的配置，且没有不必要的元素。当加工产品时，一些加工设备的操作增值，而一些不增值。设计加工点的配置是必要的，以便增值。下一步是组件设计，这意味着设计为加工点供能和保存配置的方法。此外，必须注意可维护性的设计。这意味着预测和延长关键部分的寿命，同时使检查、清洁、润滑和更换变得容易。

2. 精益工程

精益工程的目标是加强操作设计和开发部门。一个制造型企业的开发部是其至关重要的部门，它是公司生存的关键。设计和开发部门消减冗余有两个方面：一是提高设计和开发工作的效率，另一个是确保这些部门可以快速廉价地设计和开发有着优良性能的新产品。

减少设计和开发工程师的负担是必不可少的，以便他们能够投入更多的时间和精力去消除任何可能在后续的流程中引发问题的事情。可以通过提高设计质量、标准化零件、模块化单元和利用 CAD（计算机辅助设计）、CAE（计算机辅助工程）、仿真、DfX 和并行工程来防止修正设计的发生。

36.6.2　精益组织

在前述事项的基础上，如果一个公司包括总部在内的所有行政和间接部门都能够"瘦身"，那么也可以创造一个精益公司。这意味着通过澄清间接部门的功能和角色，提高工作的质量和效率来创建精益组织。要做的第一步是通过识别和消除与工作有关的浪费来提高效率，并确保所有的组织能够实现它们的真实目标。

组织是一个信息处理工厂，它接收输入的信息，并将其转换成后续流程所需的信息，并在正确的时间和较低的成本提供信息。如流程图、作业成本分析（Activity-Based Costing，ABC）、集成定义（Integration DEFinition，IDEF）和 Makigami 分析这样的工具，应该用于工作流可视化和问题识别，这样就可以进行改善和标准化。这是下一代的 TPM（先进的 TPM，也称为 TPM 第二部分和 TPM 第三部分）所要做的，现在很多公司正在致力于实现它。

扩展阅读

Shirose, K., "TPM for Workshop Leaders (The Shopfloor Series)," Productivity Press, New York, 1992.

Shirose, K., "TPM Total Productive Maintenance New Implementation Program in Fabrication and Assembly Industries," Japan Institute of Plant Maintenance, Tokyo, 1996.

Suzuki, T., "TPM in Process Industries (Step-By-Step Approach to TPM Implementation)," Productivity Press, New York, 1994.

Shirose, K., Kaneda, M., Kimura, Y., "P-M Analysis: AN ADVANCED STEP IN TPM IMPLEMENTATION," Productivity Press, New York, 2004.

品尼高合伙公司　索菲尼亚·W. 沃德（SOPHRONIA W. WARD），
雪拉·R. 波林（SHEILA R. ROLING），马克·A. 纳什（MARK A. NASH）　著
清华大学　郑　力　译

37.1　概述

每一个组织都有意愿提升总体绩效水平，以增加利润或投资回报，提高客户满意度，扩大股东利益。六西格玛和精益生产是帮助公司达成这些绩效目标的两大改进方法。六西格玛专注于通过减少生产过程中的变异，消除产品缺陷以提高客户满意度，增加利润，扩大股东利益。精益生产专注于通过改进工艺流程，消除返工、过剩库存和非增值性步骤以减少浪费，缩短用时，降低成本。两种方法都能给组织带来重大的绩效利益，而兼用两种方法则能给组织带来更大的成果。

37.2　六西格玛概述

六西格玛是使公司能够显著提升利润的一种业务流程，它以最小化浪费和资源，同时提高客户满意度的方式设计和监控日常的业务活动[1]。这是一种由战略驱动，专注于过程，通过项目实现的优化科学，目标为零缺陷输出。

六西格玛起源于摩托罗拉公司在 20 世纪 80 年代发起的质量计划。观察显示，产品的早期现场故障可以追溯到那些返工的产品上，而零缺陷产出的产品则没有显示出早期故障。基于这些发现，摩托罗拉发起了减少产品缺陷的努力，从源头上防止故障发生。这要求他们不仅要关注产品的生产过程，同时也要关注产品本身的设计。产品存在故障的原因有很多，想要确保产品能够做到零缺陷，每种缺陷出现的可能性都必须降到近乎为零。产品缺陷和产品关键质量特性（Critical-To-Quality，CTQ）是相关联的。摩托罗拉意识到，每个 CTQ 的缺陷率都需要控制在百万分之缺陷数（Defect Per Million Opportunity，DPMO）为 3.4 的范围内，以确保具有多个 CTQ 的产品能够正常工作，没有故障。DPMO 达到 3.4 的质量特征可以认为达到了六西格玛的质量水平。图 37-1 所示为 CTQ 在六西格玛水平运行的鱼骨图。

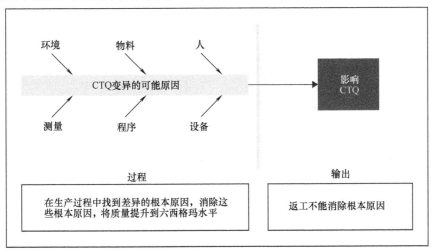

图 37-1　CTQ 在六西格玛水平运行的鱼骨图

但重点不仅仅是质量。六西格玛在早期就有意将提升质量和降低成本联系起来，目标就是质量更高，成本更低。这一新的联系成为摩托罗拉六西格玛计划的基础。从 1980 年年末开始，摩托罗拉、联合信号公司（简称联合信号）、通用电气公司（GE）等诸多公司都通过实施六西格玛在质量上实现了重大突破，并对公司利润产生了重大影响。六西格玛是一门严格的、结构化的科学，它将提升质量，降低成本和提高客户满意度联系起来，以实现组织的战略目标。

37.3 六西格玛的概念和理念

六西格玛融合了早期质量工作的许多要素，将其纳入一个全面的计划，致力于缺陷预防和提升利润，以实现组织的战略目标。项目承担着质量和财务目标。每个项目都有一个倡导者（这个人通常是所涉及流程的负责人），还有一个黑带，黑带接受过项目成功完成所必需的技能和工具方面的培训。作为流程负责人，倡导者对项目的成败负责。

项目工作侧重于改进项目中的关键流程，可以使用六西格玛方法改进与生产产品或提供服务直接相关的流程，以及运营业务不可或缺的流程。每个流程都需要仔细研究，以弄清缺陷或不良结果发生的原因，一旦缺陷的根源被发现，就可以采取相应的措施，并且可以防止或最小化缺陷根源。这就是六西格玛工作的核心。

防止缺陷和不良结果的理念有两个好处：更高的质量和更低的成本。更高的质量来自于产品以及流程的设计，从而使缺陷不会发生或者发生率大大降低。更低的成本是实现节约的直接结果，因为基本上没有返工，产品和服务的表现都能达到预期。"要做到完美，时间永远不够，但从头再来，总是会有时间"这句老话已经行不通了。我们的目标是每一个流程中的每一个 CTQ 都在六西格玛水平运行。每个 CTQ 在项目开始时都会使用当前数据进行评估，确定其西格玛水平。随着流程的改进，每个 CTQ 的西格玛水平都会被重新评估，以显示朝着六西格玛方向的改进情况。

六西格玛理念超越了仅仅改善当前组织中的流程，企业还在六西格玛的框架下展望未来。如果运用六西格玛理念来设计和生产产品，提供服务，以满足不断变化的客户需求，则可以实现组织的战略目标。所有的流程包括市场和营销、客户服务以及研发都包含在了六西格玛计划中。

37.4 六西格玛的历史

37.4.1 摩托罗拉的故事

六西格玛起源于摩托罗拉，摩托罗拉工程师在对产品的现场寿命进行研究时发现，制造过程中无缺陷的产品，很少在客户早期使用的时候出现故障，而在生产过程中出现问题并进行返工的产品则相反。似乎那些原来做得好的产品就会运行良好，而那些原来有缺陷或故障的产品就可能有其他未知的缺陷。发现并修复缺陷不能保证产品就是好的。所以仅仅发现然后修复缺陷是不够的，必须在制造过程中杜绝缺陷的发生。

只有在产品生产流程的设计和建立过程中防止缺陷的发生，才有可能杜绝缺陷。摩托罗拉就专注于如何在每一个过程中做到这一点。如果能防止缺陷，则不需要返工，产品质量会更高。由于有很多流程，摩托罗拉开发了可以应用于每个流程的六西格玛衡量标准。

摩托罗拉开发的衡量标准被称为西格玛水平或西格玛值（见图 37-2），与过程相关的每个 CTQ 都有。西格玛水平基于将 DPMO 和有关于客户需求的 CTQ 能力两者相关联的统计分析。

西格玛范围	一致性（%）	DPMO
3	93.3193	66,807
4	99.379	6,210
5	99.9767	233
6	99.99966	3.4

图 37-2 单个 CTQ 的西格玛

DPMO 为 3.4 的 CTQ 对应的工艺能力值为 $C_p = 2.0$，$C_{pk} = 1.5$，我们认为这就达到了六西格玛水平。这些能力指标，C_p 和 C_{pk} 表明了 CTQ 在多大程度上满足了客户需求规格。C_p 衡量的是当前 CTQ 的表现在公差范围内波动空间的大小，而 C_{pk} 衡量的是 CTQ 在公差范围内处于多中间的位置。基于当前的 CTQ 表现，C_p 为 2.0 的 CTQ 在公差范围内有 2 倍的波动空间。值为 1.5 的 C_{pk} 允许 CTQ 的均值在公差范围的中心上下 1.5 倍标准差范围内偏移，假使标准差不变。这个概念被称为摩托罗拉偏移（见图 37-3）。

并非所有过程都相同，但是可以对每个过程的输出进行缺陷检测。每一次缺陷的发生都可以与该过程的输出对应的 CTQ 联系起来。使用从过程输出收集的 CTQ 缺陷数据，可以确定平均缺陷发生率的西格玛水平。每个过程对应的 CTQ 的西格玛水平提供了一种比较多种过程性能的方法。

摩托罗拉成功地将六西格玛的概念、理念和技术应用于 Bandit 传呼机的设计、开发和生产。这种传呼机的质量水平是无与伦比的，摩托罗拉表示，传统的检测并修复缺陷的方法只能让 CTQ 达到四西

格玛水平。单个 CTQ 的四西格玛质量水平对应 6210 的 DPMO。六西格玛质量水平或者 3.4 DPMO 可以消除高成本的检查和返工，从而缩减生产工时，增加客户满意度。客户高兴的同时摩托罗拉也获得了惊人的收益。

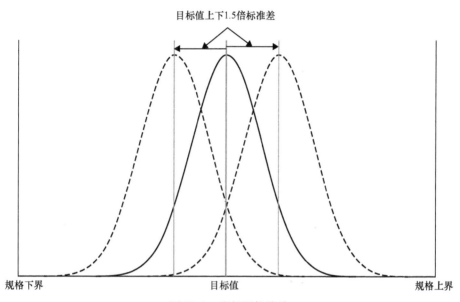

图 37-3　摩托罗拉偏移

37.4.2　通用电气的故事

1995 年，联合信号的 Larry Bossidy 将六西格玛介绍给了 GE 的高层管理人员。Bossidy 关于联合信号实施六西格玛后所得裨益的说明，促使 GE 时任首席执行官 Jack Welch 发起了一项六西格玛计划，该计划在 2000 年前将 GE 的所有产品提升到了六西格玛质量水平。当时，GE 所有过程的质量水平处于三西格玛到四西格玛之间，即平均 35000 的 DPMO。从三西格玛或四西格玛的质量水平到六西格玛的质量水平，需要进行大量的培训和教育工作。

幸运的是，GE 可以在其之前的"群策群力"计划（work-out）基础上实施六西格玛。"群策群力"计划使得员工畅所欲言，对工作更加负责，消除浪费，努力实现共同目标。可以说员工们为六西格玛做好了准备，但他们仍需要接受关于六西格玛方法的严格培训，尤其是统计方法的运用。刚开始代价高昂，但回报也十分丰厚。在所有领域中，六西格玛项目都增加了利润，提升了客户服务水平。精简流程、防止故障以及消除返工加快了相应速度，提高了生产率，这些因素综合起来，为开拓更大的市场份额铺平了道路。

纵观 GE，六西格玛计划为其带来了利润，并提升了其能力以满足快速增长的客户需求。1980 年，即 Welch 成为首席执行官的前一年，GE 的收入约为 268 亿美元。2000 年，也就是他离开前一年，收入增加到近 1300 亿美元。截至 2004 年年底，GE 的市值已经由 140 亿美元升至 4100 亿美元，成为世界上最有价值的公司。

37.5　六西格玛成功的战略概念

六西格玛始于消除客户手中产品早期故障的努力。许多组织看到在制造过程中防止缺陷的好处，并在受过专业训练的黑带专家的指导下启动了大量的六西格玛项目。然而，即使这些项目获得成功，如果项目工作与组织的战略不紧密相关，组织则可能无法获得六西格玛的最大收益。这是以前的质量工作的阿喀琉斯之踵。对六西格玛来说也一样，除非组织在战略框架下实施六西格玛。

37.5.1　成功的基础

六西格玛成功的基础是将改进项目与组织的总体战略目标联系起来，这对于实现六西格玛计划的

最大潜力至关重要。每个组织都将发起大量项目，但并不是所有项目都将符合六西格玛项目的标准。只有高层管理人员支持以推进组织战略目标，并且能够为公司带来利润的项目才具备六西格玛项目的最终目的。这样的项目将会备受关注，需要竭诚努力，并将会有超常的表现。

为了成功管理六西格玛项目，组织需要建立一个通常称为执行委员会的战略委员会来把关项目的筛选和监控。该战略委员会由高层管理人员组成，他们熟知组织的战略目标，并且能够评估上马项目的潜力。战略委员会还可以就同时能上马多少项目提出建议。六西格玛项目既耗时间又费资源，因此组织优先实施对公司战略有最重要影响的项目是至关重要的（见图 37-4）。

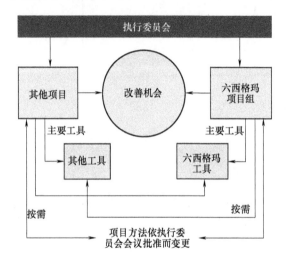

图 37-4 执行（或战略）委员会监督项目筛选

37.5.2 管理指标

每个组织都是由数字来运作的，这意味着各级决策者都将数字或数据作为决策的依据。财务价值、生产率和效率价值以及客户数据都用于制定每日、每周、每月、每季度和每年的决策，数据价值反映了企业运营的一种理念。

由于六西格玛计划的重点是预防缺陷，而不是事后检测，因此管理者目前使用的一些指标需要改变。组织的盈利能力仍然会是重点，财务指标依然重要。但一些效率或生产率指标需要进行修正，以确保能反映出对流程改进的关注。此外，还需要制定六西格玛计划的指标，确保维持新的西格玛和 DPMO 水平。

这套通常称为计分板的新指标体系必须与组织的每一层级，以及组织的战略目标联系起来。六西格玛项目的筛选将基于战略目标和计分板上的指标

值。计分板上的指标提升必须与实现战略目标直接相关。

37.5.3 未来的领导力

六西格玛致力于改善整个组织的流程。高层管理人员领导整个组织实现六西格玛中可能的突破。联合信号的 Larry Bossidy 和 GE 的 Jack Welch 很好地证明了高层领导的至关重要，六西格玛需要整个组织都具有纪律，这个纪律只有在高层管理人员的领导下才能形成。

六西格玛所需的领导，首先要考虑的是企业的战略方向，然后才是实现战略目标的计划。一个组织，如果一个组不打算改善财务状况或提高客户服务能力，它是不会从六西格玛中获益的。没有战略眼光的六西格玛同样所获寥寥。因此，实施六西格玛的裨益是聚焦于未来的。领导是预见未来并组织活动实现目标的关键因素，六西格玛则是实现领导层所设愿景的方法。

37.5.4 六西格玛组织的文化与思维模式

在六西格玛组织中，每个人都专注于改进流程，重点是改善"怎么做"。这样的思维模式和现行的思维模式是不一样的。现行的思维模式有两种：第一种在制造领域普遍存在，对产品进行检查，看看什么有效，什么无效，在可能的情况下进行返工，不能返工的零件则被丢弃或报废；第二种模式在服务流程中很常见，重点是参照着目标来衡量服务水平，对所有没有达到目标的结果进行调查，调查的结果常常催生出应急方案，一种方式是增加人员来完成积压的工作，一旦临时增加的人员回到其日常工作后，积压就又会出现。

当前大多数组织的模式是先"做"再"修"。这些努力注定要重蹈覆辙。唯一的出路就是六西格玛，专注于过程而不是结果。只有过程能够达到相应的 CTQ 标准，组织才能获得高质量、低成本的好处。认为这样的过程代价高昂，无法承担的观点，在现实中并没有得到证实，通常最优过程的运行成本要低得多。

注重过程的文化与注重结果的文化不同（见图 37-5），两者不能共存。关键在于，最经济地实现卓越成果的方法来自对过程的关注。有句老话说："质量不是检查来的"。尽管事实如此，但人们依然重蹈覆辙——把面包烤糊，再把烤糊的地方挖掉。

37.5.5 选择六西格玛项目

项目是六西格玛在战术层面的支柱，这些项目

都经过精心选择，并建立章程，以此来推进组织的战略目标。每个项目建立章程的过程概述了项目的范畴、如何支持组织的战略目标、需要改进的过程以及项目的计分板，以及过程的改进目标和财务目标。

六西格玛战略委员会对所有建立了章程的六西格玛项目进行监督，项目进度的检查至少每季度进行一次。项目的短期目标应该激进一点，但需要能在 4 ~ 6 个月的时间内完成。在资源允许的情况下，战略委员会要重新考虑发起新项目的需要。

大家都很容易陷入思维陷阱，认为所有项目都应该是六西格玛项目。实际并非如此，每个组织都有许多项目的建立和完成都不需要六西格玛框架。六西格玛项目的解决方案应该是未知的，如果一个项目的解决方案是已知的，那么它就不是一个六西格玛项目，也就不该立项。六西格玛项目耗时且需要大量资源，具有战略意义。西格玛项目理当取得重大成果，包括净利润、营业收入的增长以及客户满意度的提高。

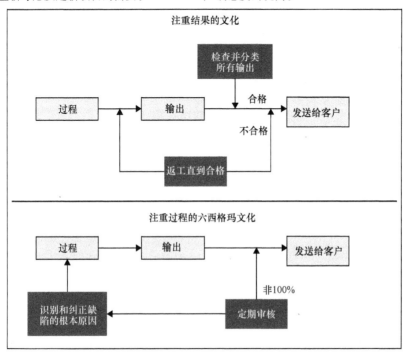

图 37-5　注重结果的文化与注重过程的文化（六西格玛文化）

37.6　六西格玛组织的角色和责任

六西格玛组织的角色和责任有战略和战术两个层面（见图 37-6）。战略委员会由高层管理人员组成，负责项目的筛选，战略委员会成员必须了解组织未来的愿景和战略目标，才能选择合适的项目。

战略委员会的一些成员也可能担任六西格玛工作的倡导者，他们在诸多层级推动六西格玛计划。倡导者积极参与六西格玛计划的推动和项目潜力的评估，他们管理着项目不可或缺的过程。他们支持黑带和团队成员完成的工作，消除可能破坏项目成功的障碍，这种障碍可能包括缺乏所需资源（对过程的访问权、金钱、人员、时间等）或现行方法和六西格玛关注于改进流程的理念有所冲突。每个组织都有确保组织运作的系统，如数据系统和会计系统，实际上这些现有系统可能会阻止六西格玛计划

的进展，因为它们的设定是用来支持另一种方式管理公司的。倡导者可能要参与对这些系统的审查，并提出校正或修改意见，以支持六西格玛计划。

在项目工作的战术层面有几个角色，其中六西格玛黑带是被委任管理项目的人，他接受过专门的培训和教育，以六西格玛方法管理项目，领导团队，促成项目顺利完成。黑带与项目倡导者密切合作，倡导者将项目与组织和战略目标相联系，而黑带则主持项目的日常工作。

除黑带以外，其他接受过专门培训的人员则在项目团队中工作，其中绿带接受过团队工作以及一些六西格玛方法的训练，他们能够在项目中协助黑带。其他人被培训为黄带或者褐带，在具体的六西格玛项目上工作。一个成功的六西格玛项目所需的专业知识可能是惊人的，这是六西格玛项目的本质，它就是关于不寻常的企业，重大的变化时时刻刻都在发生着。

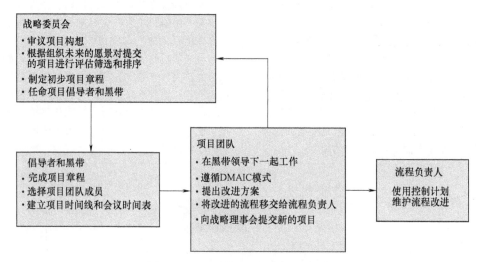

图 37-6　六西格玛组织的角色和责任

37.7　六西格玛的战术方法

六西格玛战术方法开始于项目的精心筛选、倡导者和黑带的任命，这是六西格玛项目的认知阶段。倡导者拥有该项目的所有权，而黑带领导和主持项目组的日常工作。两人共同合作，确保六西格玛项目保持专注，取得进展，拥有必要的资源，以实现所期望的成果，从而取得六西格玛项目的成功。

DMAIC 是一个数据驱动的改进循环，用于改进、优化和稳定业务流程与设计的项目活动由该循环指导。DMAIC 的五个阶段分别是定义（Design）、测量（Measure）、分析（Analyze）、改进（Improve）和控制（Control）。每个阶段的活动都是具体定义的，旨在项目取得成功，严格遵循 DMAIC 模式是项目成功的关键。在项目末期，还有两个额外的阶段——标准化和制度化，致力于将新改进的流程交付给项目负责人，项目负责人负责维护和保持经过改进的流程，并与整个组织分享从项目中获得的知识。

37.7.1　建立六西格玛项目章程

在六西格玛组织中，战略委员会对提交的项目进行审议、评估和排序，以便考虑从中选取六西格玛项目。如果资源允许，尤其是在有倡导者和黑带的情况下，就可以为获准的项目建立章程。建立章程的过程包括总结选择项目的原因、确定需要改进的过程、任命黑带和项目倡导者、确定团队成员、设定项目目标、明确所需资源、指定项目时间表。如果资源充足，六西格玛项目由始至终一般需要 4～

6 个月的时间。

六西格玛项目的章程至关重要，这是将六西格玛项目与其他改进方法区别开的机制之一。章程中要包括所有的要素，以便黑带、倡导者和团队成员对项目本身、过程、改进目标以及预期时间和最终成果都了如指掌。

37.7.2　项目团队

多数组织都有很多项目团队工作经验丰富的人员，六西格玛项目团队包括经过专门培训的人员以及与项目相关的过程中的工作人员。核心队伍应有 4～7 名永久成员，这些成员掌握着额外的临时需要或日常需要的资源，有些资源在测量和分析阶段需要，而在其他阶段则不需要。有了这些资源在项目的特定阶段提供支持，对项目的成功意义重大，并保证了核心队伍不会太庞大而无法正常运作。

核心队伍成员的特征包括，具备与项目和待改进过程相关的知识和经验，有人具有财务方面的专业知识，如果项目有物理设备变更，还要有人具备设备维护方面的经验。如果可能的话，配备一个与过程无关的队伍成员，可以在寻找根本原因和可能的解决方案时提供平衡和新的视角。队伍成员必须是可靠的，并且展示出了他们为项目成功所必需的工作能力。

每个项目将有许多利益相关者，他们对过程的改进至关重要，所有的利益相关者都需要定期知悉项目的进展。由黑带组织会议，安排时间，项目组至少每周开一次会。除了见面，每个团队成员都会被分配工作，这些工作需要在下次会议之前完成，所有团队成员必须清楚会议时间、两次会议之间的工作，并为之做好计划。

个模型呈现出线性进展，即由一个阶段到另一个阶段，但是在阶段之间总是会有一些反复的工作。每一阶段都需要做一些对成功完成六西格玛项目不可或缺的工作。

37.7.3　DMAIC 模型

DMAIC 模型的五个阶段（见图 37-7）。虽然这

DMAIC模型

六西格玛项目遵循系统化的DMAIC模型，该模型包括五个阶段：

在每一个阶段，都有各种各样的活动需要项目组成员和配套资源完成

图 37-7　DMAIC 模型

1. DMAIC 的五个阶段

1）定义阶段。该阶段致力于制定一个时间表，以指导所有的项目活动朝着成功的方向进行。在黑带的领导下，项目团队筹划与项目相关的过程，并与过程的所有利益相关者建立沟通，决定关于团队成员和会议时间的后勤决策。组织章程由所有人一起完成并签署。如果出现了如人员和时间的资源短缺问题，倡导者需要协助解决这些问题。

2）测量阶段。该阶段专注于收集数据并评估当前的过程绩效。它涉及制定与项目直接相关的衡量标准，包括组织计分板以及过程中所有 CTQ 的计分标准。所有的标准必须明确定义，相应的数据收集计划也要做好。然后数据需要定期收集，以作为分析阶段的必要输入。

3）分析阶段。该阶段运用各种技术来确定相较于项目章程中的绩效目标、当前流程的绩效如何。数据分析的目的是了解当前过程如何运作，以及它为什么会这样运作。特别要注意的是，确认流程的行为是可预测的还是不可预测的十分重要。可预测的过程有着固定的变异来源，这些来源总是存在，日复一日地影响过程。不可预测的过程既有常规的变异来源，又有可能使过程偏移的特殊变异来源。

4）改进阶段。该阶段的活动旨在弄清如何改进过程，也就是说消除分析阶段中确定的导致异常变化的原因，或者减少引起变异的常规原因，这些常规原因使得过程的 CTQ 无法达到规定参数。这个阶段涉及调查、探寻过程中的哪些改变会使得过程更好地达到项目目标。项目组可以进行试验，看看这些改变可以带来什么成果，以及相关的成本是多少。一旦拟出几个解决方案后，项目团队就可以对这些变更进行评估和试点，以确定其潜在裨益，决定哪一个方案可能是最好的。在选择和实施最终的

改进方案之前，项目组需要评估所有解决方案的潜在问题，并将其解决，以确保解决方案在将来不会失效。

5）控制阶段。该阶段致力于保持做出的改变，以保证过程改进的持续性。必须着重于使持续的流程改进永久化。这意味着项目组将致力于对项目组至关重要的活动，从而将改善的过程交付给流程所有者。为了获得六西格玛项目的裨益，改进的维持工作必须由组织和过程的所有者来进行，而不是项目团队。控制阶段的要素包括员工培训、控制计划以及过程衡量标准，这些元素将专注于对过程的监控。从项目团队实施的 DMAIC 模型的控制阶段过渡回组织，需要经过标准化和制度化阶段。标准化对于过程的顺畅和平稳运行至关重要，过程中的每一步必须以标准化的方式进行，以便保持控制并且守住改变流程带来的成果。通过修改政策、流程、操作说明和其他所需的管理系统，使改进的过程制度化十分必要。标准化和制度化阶段可能是防止过程还原到以前运营水平的最为关键的因素。

在六西格玛项目的每个阶段，当项目组开始该阶段的工作时，都应该提出一些问题（见图 37-8）。这些基本问题中的每一个都可以为团队提供灵感和方向，这通常会加速项目进展的速度。如果能准确地解答这些问题，每个阶段都将以更快的步伐行进。

2. 工具和技术

DMAIC 模型的每个阶段都有目标，包括活动和应交付成果，如图 37-9 ~ 图 37-13 所示。各种各样的工具和技术都可以用来实现目标，还有一些工具和技术可以用来组织有效的会议和项目管理，以保证团队成员齐心协力，高效工作。

认知

- 这个项目的重点是实现企业的战略目标吗？如果是，是哪些？怎样实现？
- 这个项目会产生什么样的影响？节约成本？增加营业收入？提升客户满意度？提升效率？等等。

定义

- 我理解客户的需求吗？
- 如何将客户需求和过程联系起来？

衡量

- 我需要什么样的标准来衡量过程在满足客户需求上的表现？

分析

- 根据我的衡量标准，过程表现如何？
- 当前表现和客户需求一致吗？
- 过程是否可预测？如果不能，是什么造成了异常变异？

改进

- 我需要彻底改变过程，以满足客户需求吗？如果需要，我应该做出哪些改变？
- 我应该怎样对改变进行测试，以确定哪些改变具有理想的结果？

控制

- 我需要保持怎样的控制以确保维持新的过程？
- 我怎样知道新过程的维持情况？

标准化/制度化

- 对于组织来说，能从当前项目获得何种利益？
- 组织中有其他领域可以运用到我从当前项目获得的知识吗？

图 37-8　每个 DMAIC 阶段需要提出的问题

定义阶段的目的是为项目成功奠定基础		
要　素	问　题	技术
项目目的和项目团队的关注点	• 为什么这个项目很重要？ 项目的（SMART）[1]目标是什么？ 谁需要做这个项目？ 项目的范围是什么？ 项目包含哪些过程？ 项目完成时间表怎么安排的？ 实现目标有什么限制和约束条件？	项目章程
具体过程及背景	过程的边界是什么？ 过程的输出是什么？ 客户的需求是什么？ 有哪些 CTQ？ 过程的组织背景是什么？ （如何配合其他过程？）	SIPOC-R VOC[2]
过程中的活动	过程的步骤有哪些？ 过程的流程是怎样的？ （其中的各种功能如何？）	泳道流程图
应交付成果：完整的章程，具有 VOC 的 SIPOC 和流程图		

图 37-9　定义阶段的目标、活动及应交付成果

[1] 一个完整的项目应该具有以下五个特点（SMART）：具体的（Specific）、结果可测量（Measurable）、可实现的（Achievable）、相关的（Relevant）、有进度的（Time-based）。

[2] SIPOC-R：高层流程图，包括供给、输入、过程、产出和顾客；VOC：客户的声音。

测量阶段的目的是用基线数据描述当前状态		
要　素	问　题	技　术
收集 CTQ 的基线数据	数据的来源是什么？ CTQ 的操作定义是什么？ 数据收集方案是什么？	CTQ 的操作定义 数据收集计划
总结 CTQ 的基准数据	基准数据中 CTQ 的平均值是什么？ 基准数据中 CTQ 的方差是多少？ 数据有一定的模式吗？ CTQ 的西格玛水平怎样？	数据的数值总结 数据的图形总结 计算西格玛水平
应交付成果：基线数据的数值和图形总结，CTQ 的操作定义和西格玛水平		

图 37-10　测量阶段的目标、活动及应交付成果

分析阶段的目的是了解 CTQ 的表现及其原因，最终探明问题成因		
要　素	问　题	技　术
了解 CTQ 的过程表现	CTQ 的表现如何？ CTQ 的常规变异是多少？	数据采集计划 流程行为图 除以 d_2 的平均极差
寻找异常变异原因	流程行为图上是否有信号？ 在整个流程中，信号是如何连接到实际的活动中的？ 这些信号的潜在的根本原因是什么？ 如何验证掌握了真正的根本原因？	流程行为图 鱼骨图
用常规变异评估 CTQ 能力	CTQ 的主要作用是什么？	NPLs，C_p，C_{pk}
应交付成果：CTQ 的流程行为图，附带过程行为的书面总结说明，以及哪些方面需要改变——均值还是变量		

图 37-11　分析阶段的目标、活动及应交付成果

改进阶段的目的是提出和测试改进方案		
要　素	问　题	技　术
产生改进主意	改进过程的可能方案有哪些？ 哪些方案改进过程的潜力更大？ 如何测试方案的潜力？	头脑风暴法，并排列优先级 要因分析图
试点方案	提出的方案有效吗？ 能了解到当前执行方案的哪些东西？ 对方案做出何种修正以确保达成期望结果？	试点流程
应交付成果：选定方案和试点结果		

图 37-12　改进阶段的目标、活动及应交付成果

控制阶段的目的是保持收益		
要　素	问　题	技　术
确定反馈机制来保持收益	什么指标最能表明改进的过程没有失效？ 谁来监控这些指标？	控制计划
确定在改进后如何响应过程中的任何变化	谁来响应指标值的变化？ 怎样响应是适当和必要的？	响应计划
文件要求	必须修改哪些文件才能使改进解决方案成为永久性的（能被过程中的工作人员很好地理解）？	更新文件或标准操作流程
培训要求	怎样培训工作人员，使其掌握改进方案？ 谁来进行培训？	培训计划
应交付成果：保持收益的控制和响应计划		

图 37-13　控制阶段的目标、活动及应交付成果

定义阶段的应交付成果包括含有项目范围的章程、项目目标、流程图、时间表，以及关于项目进度的沟通方案。这个阶段使用的工具包括绘制流程图技术，用于建立 CTQ 的客户调查，完成项目章程要素的工作表、PERT 图、甘特图，用以评估项目支持力度的利益相关者分析，以及具有将项目与组织战略目标结合起来的衡量标准的计分板。图形工具，例如帕累托图、散点图、运行图，都可以应用在定义阶段以支持项目的需要。最后有关的财务数据和报告有利于支持项目的案例。

数据收集和图形总结是衡量阶段的重要应交付成果。可采取的工具有帕累托图、鱼骨图、头脑风暴、直方图、多变量图、查检表、柱状图、运行图、散点图、质量功能展开、数据收集计划、故障模式和影响分析。收集和总结的所有数据都将显示当前的过程行为。收集和总结所有 CTQ 以及影响或控制 CTQ 的过程设定或变量的数据至关重要。组织信息的一个有用的方法是将这些总结添加到流程图中，这些信息项目团队可以随要随取，而且流程图将成为记录当前过程的动态文档。最后，需要评估所有 CTQ 的西格玛水平。

在分析阶段，需要使用大量的图形和统计分析技术。当前过程行为分析采用了控制图或过程行为图。平均数和极差控制图、移动极差控制图、三相

控制图、偏差控制图、通用控制图、累计和控制图都是经常使用的一些图表。为了找出变异的具体原因，帕累托图这样的总结方法，以及一些调查技术，如根本原因分析法非常有用。其他的一些分析技术有直方图、能力分析、区间估计、回归分析和测量过程分析。最后，可以使用田口损失函数来确定当前过程的潜力。

改进阶段中的许多活动涉及试验和试验数据分析，统计回归分析和试验设计在这个阶段至关重要。一些特定的技术包括假设检验、区间估计、回归分析、置信区间、相关分析、均值分析、均值范围分析、方差分析、全因子设计、部分因子设计、筛选设计、Plackett-Burman 设计、响应曲面分析、可靠性测试。这些技术很有价值，它们能为可能的解决方案提供点子，从而改进过程。名义群体法和准则排序法也能提供点子。

必须对可能的改进方案进行评估并排出优先级。对改进方案进行试点尝试是很重要的，同时需要对每一个改进方案进行风险评估。

在控制阶段，活动旨在确保流程改进能够保持。控制方法在这个阶段是需要的，这些方法包括标准作业流程、培训计划、数据收集与检测计划、报告计划、防呆法，以及利益相关者分析。这些文件属于结项内容的一部分，当项目团队不再参与时需交付给过程所有者使用，这将确保过程继续在改进后的状态下运行。

3. 过程改进的标准化和制度化

在控制阶段结束时，六西格玛项目团队必须将过程交付给过程所有者。过程所有者最终负责保持过程改进。新的过程必须被制度化，以保证不会回到原先的状态。

37.8 实施六西格玛的障碍

许多公司已经从六西格玛计划中获益，其中最为人称道的是摩托罗拉和 GE。摩托罗拉开发了六西格玛，GE 则将其提升到惊人的水平，尤其是在传统的制造领域之外。了解什么促成了这些成功是很重要的，从而使组织能够避免六西格玛计划中的障碍。

六西格玛成功的最大障碍是"一如往常"，不能贯彻落实。20 世纪 80 年代许多质量计划都没能达到预期，因为他们是自发的、随意的，缺乏坚定的领导。六西格玛可能会因类似原因失败。

六西格玛是一种基于按照数据事实进行管理的方法。为了使六西格玛持续，必须集中精力于必要

的管理活动，这些活动有助于在六西格玛实现改进的技术元素和让技术更加有效的文化元素之间达成一种平衡[2]。从这些成功实施六西格玛的公司可以看出，组织的高级管理人员高度参与并领导了六西格玛计划。

为了使六西格玛计划取得成功，组织的许多系统和架构，如信息系统、报告系统、招聘和奖励方法以及财务和会计系统都需要进行审查，并可能需要进行修改甚至彻底改变。这些系统使组织保持其现状，而六西格玛计划必须最终成为一种新经营方式的基石，这种经营方式着眼于未来。

第二个障碍是认识六西格玛潜力的大小。如果一个组织在没有充足资源的情况下尝试推行六西格玛，那么六西格玛的潜力一定不会显示出来。Jack Welch 投入了数百万美元用于培训，并用其他的资源来支持六西格玛项目，取得的结果是惊人的。没有重大的投入，就不会有惊人的结果。

第三个障碍是组织对六西格玛的接受。George Eckes 的《使六西格玛持续》提出了六西格玛的 6 个主要领域，以帮助提高其接受度：

1）创造对六西格玛的需求。

2）塑造六西格玛的愿景，使员工理解六西格玛组织的新行为以及期望的成果。

3）动员对六西格玛的投入，消除抵抗。

4）改变系统和架构，以支持新的六西格玛文化。

5）衡量六西格玛文化的接受度。

6）发展六西格玛领导力。

最后，六西格玛计划中专家指导至关重要。六西格玛计划头几年对培训和指导的投入，将给六西格玛的早期成功带来不可估量的回报。走出一条新路的最好方法是透过风窗玻璃向前看，不要一直盯着后视镜。在一个拥有深厚及辉煌历史的组织中，无论回报是什么，走出一条新路都是不容易的。仅仅靠自己走可能会很不容易，而专家的指导有助于使旅途轻松，并且能使你少走弯路。

37.9 成功的六西格玛带来的机遇

成功的六西格玛计划带来的机遇是无限的。改进后的过程运行更平稳、成本更低、质量更高、客户服务更好。另外，组织中的每个人都可以更好地运用其经验和专长，因为他们不再需要进行检查、返工或报废工作。应对当前危机的需要不复存在时，时间可以用于更高层次的成就上。也就是说，应对

当前问题的精力可以投入到更艰巨的挑战上，比如进一步改进过程的前瞻性工作，芝麻开花节节高。六西格玛计划的潜力是无限的，效益是惊人的。那些想贯彻六西格玛的人面临的最大挑战是抛开过去，过去的知识足以让你达到目前所享受的成功状态，当未达成预想的目标时，则需要汲取新的知识。六西格玛提供了一种系统构建新知识的方法，并用它来改善流程。

37.10　六西格玛和精益生产

六西格玛和精益生产之间有许多相似之处（见图 37-14），两者都关注于过程和过程改进，只有两种技术互为补充，才可以得到更好的结果。

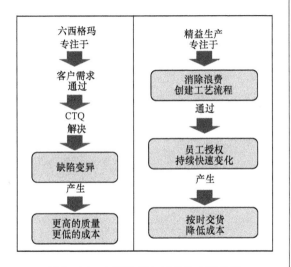

图 37-14　六西格玛与精益生产的比较

37.10.1　比较六西格玛和精益生产

六西格玛通过专注于降低当前过程的变异，实现基本零缺陷的产出，来应对客户需求。达到六西格玛水平的 CTQ 的 DMPO 只有 3.4。这里有两种思想：第一，预防缺陷更具成本效益，并能降低检查和返工的需要；第二，所有的产品和服务都有诸多CTQ，如果每个 CTQ 都达到了六西格玛水平，产品或服务就会达到客户期望。

精益生产解决的是组织价值流中的低效问题，消除或最小化七大浪费，降低成本。小批量生产使得质量问题易于发现和解决。实际情况是，六西格玛可以改进流程，并具有维持改进的机制，但过程中仍然可能有低效的地方。消除非增值步骤的所有好处可能尚未评估或发布。此外，拉动式精益系统

不可或缺的价值流可能尚未被考虑。这些领域精益生产方法都涉及了，然而，仅仅靠精益生产并不能达到六西格玛的质量水平。

37.10.2　建立同步方法

六西格玛和精益生产都注重改进过程，减少浪费，提升客户满意度，它们是以不同却互补的方式这样做。六西格玛强调减少直接影响客户的变异和缺陷，直接结果是质量的提高和由减少或消除返工而带来的成本降低。然而，六西格玛可能不涉及过程中的"流"和低效问题。客户获得的质量提高了，但生产速度可能还停留在原来的水平。精益生产专注于精简流程，从而提升效率，减少浪费，加快速度，但它不能保证客户质量要求的变异最小化，也不能消除所有质量缺陷。虽然客户可以更快地获得产品，但产品质量可能还停留在原来的水平。

同步的方法将精益生产的速度和效率与六西格玛的质量提升和缺陷减少结合在一起了。由于两者的裨益有重叠之处，比如精益生产也可以减少缺陷，六西格玛减少方差时也能提升速度，这两个概念结合起来能得到 1 加 1 大于 2 的结果。

为了恰当地同步这两种方法，组织必须建立一个项目筛选机制，以确定潜在项目是否符合精益生产或六西格玛的标准，抑或两者同时符合（见图 37-15）。确定了精益需求后，应尽快利用精益生产的工具，开始"持续改善（Kaizen）"的精益工作。如果在持续改善过程中碰到棘手的变异或缺陷问题，应将其报告给做出项目决策的执行委员会，以便在实施精益改善后，评估六西格玛的潜力，并在必要时付诸实施。

同样，对于一个六西格玛项目，在工作早期如果发现了实施精益的机会，应通知执行委员会，以便其派出精益团队迅速解决问题，保证六西格玛团队工作的顺利进行。

37.10.3　同步方法的好处

六西格玛和精益生产都注重过程。在六西格玛可以显著提高质量并减少变异的地方，精益往往能提高效率。使用同步方法的好处是，精益生产的概念和技术可以在六西格玛项目开始前，很好地服务于六西格玛项目想要达成的质量和成本目标，反过来六西格玛的统计工具和技术也能将精益生产提高到另一个水平。两种方法都是至关重要的，如果协调一致，可以比单独使用一个有效得多。

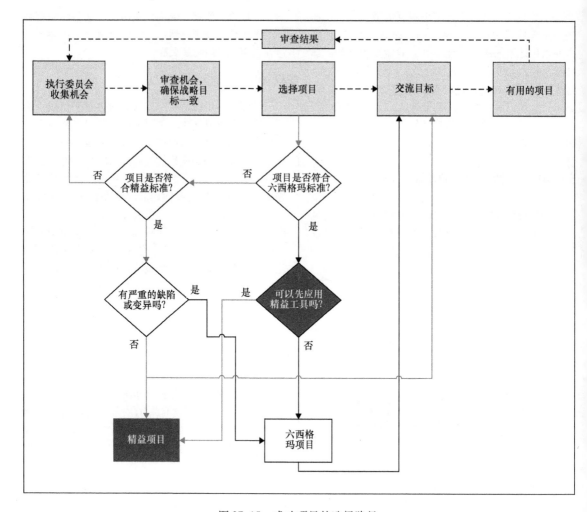

图 37-15 成功项目的选择路径

37.11 结论

组织的最终目标可以总结为：达到高水平的客户满意度，同时保持最高的利润水平，为利益相关者服务。实现这些目标既需要六西格玛也需要精益生产。六西格玛提供了一套方法来减少变异，防止缺陷，两者与这些目标直接相关。精益生产技术旨在消除浪费，改进过程流，这些也与目标直接相关。仅靠六西格玛不能保证最高的效率，仅靠精益生产不能保证防止缺陷，六西格玛和精益生产相结合，可以实现无与伦比的效益。

自本书第 1 版以来，"精益六西格玛"一词已经被广泛了解并接受，被人们认为是为有助于组织从这两种方法中实现最大收益的系统方法。但工具和技术本身不会赋予组织所期望的竞争优势。组织需要确定的问题是"成为一个精益六西格玛组织是目标吗，还是说这只是实现组织战略目标的手段？"[3]

精益六西格玛这条路是通向成为卓越组织的持续改进之旅的开始，精益六西格玛可以在旅途中为你提供工具、技术和架构。

参考文献

1. Eckes, G., *Making Six Sigma Last：Managing the Balance Between Cultural and Technical Changes*, John Wiley and Sons, New York，2001.

2. Harry, M. and R. Schroeder, *Six Sigma，The Breakthrough Management Strategy*. Doubleday, a division of RandomHouse, Inc.，New York，2008.

3. Nash, M.，S. Poling, and S. Ward, *Using Lean for Faster Six Sigma Results：A Synchronized Approach*. Productivity Press, New York，2006.

扩展阅读

Collins, J. , *Good to Great*: *Why Some Companies Make the Leap… and Others Don't*. HarperCollins Publishers, New York, 2001.

Goldratt, E. M. , *Standing on the Shoulders of Giants*, Gestao Prodcao, Sao Carlos, v. 16, n. 3, p. 333-343, September 2009.

Nash, M. , and S. Poling, Mapping the Total Value Stream: A Comprehensive Guide for Production and Transactional Processes. Productivity Press, New York, 2008.

Snee, R. and R. Hoerl, Leading Six Sigma: A Step-by-Step Guide based on Experience with GE and Other Six Sigma Companies. Financial Times Prentice Hall, Upper Saddle River, NJ, 2003.

Ward, S. , *Brain Teasers. A Series of Manufacturing Case Studies*, Quality Magazine, Bensenville, IL, 2000-2004. www. qualitymag. com Accessed: Oct 23, 2015

Womack, J. P. and D. T. Jones, Lean Thinking: Banish Waste and Create Wealth in Your Corporation. Simon and Schuster, New York, 1996.

Womack, J. P. , D. T. Jones, and D. Roos, The Machine that Changed the World: The Story of Lean Production. HarperCollins Publishers, New York, 1990.

第 38 章
柔性制造系统

CMS 研究所 约翰·伦茨（JOHN LENZ） 著
清华大学 郑 力 译

38.1 概述

柔性制造系统（Flexible Manufacturing System，FMS）经历了从数控技术（NC）到计算机数控技术（CNC），再到 FMS 的发展过程。数控技术使得机器可以根据程序加工零件。计算机数控技术使得 FMS 可以储存多个加工程序并且给机器传输数控程序。计算机数控机床和交换工作台的结合使得 FMS 能够混流加工多种零件而不需要生产准备时间。FMS 结合了计算机数控机床、托盘搬运系统、托盘装卸站、刀库和自动换刀装置、计算机监督控制。

第一个 FMS 出现于 20 世纪 60 年代末。FMS 两两不同。早期的 FMS 将计算机数控机床与不同的物料搬运系统（包括双链非同步传送带、升降装置、龙门起重机和有轨小车等）结合在一起。监控计算机控制需要定制软件。开发和调试监控软件需要所有硬件都处于可运行状态，这就使得监控软件成为 FMS 中最薄弱的一环。

38.2 FMS 的定义

FMS 是由多台机器组成的制造系统，可以加工 5 种以上不同的零件，且两个不同的零件加工之间的切换不需要生产准备时间的制造系统。切换加工零件之间不需要生产准备时间是区别 FMS 与其他制造系统的主要特征。

38.2.1 零准备时间

零准备时间不意味着两个零件加工之间不存在延迟。FMS 通过生产过渡减少或替换生产准备。生产过渡在不中断系统运行的前提下，重构 FMS 中的某些单元。也就是说，生产过渡是正常生产操作中的一部分。生产过渡设置的原则是，其时间不长于正常加工时间。生产过渡可能会暂时降低系统生产率，但是在生产过渡之后，系统的生产率迅速恢复。

38.2.2 在制品（WIP）水平

所有 FMS 的在制品库存量都比较小，FMS 的在制品库存应达到准时生产的水平，在制品被置于托盘上，该托盘为各种零件提供统一的搬运，托盘的运输由机械系统完成。这些托盘系统都是闭环系统，也就是说，托盘系统中可用的托盘数量是一定的。这也意味着，FMS 的在制品库存水平也是固定的。在这里，不管是工人在滚子传送带上推动托盘，还是全自动、多层次的起重机，都是我们所说的托盘搬运系统。FMS 的托盘搬运系统不一定是全自动的。不管怎么样，每个 FMS 中托盘搬运系统的在制品库存水平是一定的。

38.2.3 可选工艺路径

FMS 的另一个共同特征是一个零件可以经由不同的路径完成一系列的加工操作。工艺路径可定义为零件号、托盘号、夹具、机床、工具集的组合。所有可选的工艺路径可以是直接可用的（无需生产准备），也可能需要一个生产准备阶段才能完成这个工艺步骤。另外，直接可用的路径在 FMS 运营的任何时候都是可选的。只要更改生产线的时间小于一个正常的加工周期，利用更改生产线提供一条可选路径就是可行的。这些可选的路径补偿了固定的低在制品库存水平对生产率的负面影响。在 38.3 节会讨论这些可选路径的使用增加了柔性，也助益 FMS 的性能。

38.2.4 柔性的种类

1. 零件号柔性

路径的组成决定了 FMS 可以使用不同种类的柔性。零件号（Part Number）柔性是应用成组工艺学（Group Technology），使不同的零件号可以使用相同的托盘、夹具、机床和工具集。把一系列零件号集合起来成为零件族可以使得零件号族内任何产品的生产都不需要生产准备或者生产过渡。每一种零件号都有一个唯一的数控程序,并将使用计算机数控功能自动进行处理。

2. 托盘柔性

FMS 中使用的另外一种柔性叫作托盘柔性,它允许多个托盘使用相同的夹具,同一套来加工相同的零件号和相同的工具组。不同的托盘可以通过托盘偏移量来调节。

夹具是固定在托盘上的,对每种不同的零件都不同的夹具,它在操作中的位置是根据零件的位置确定的。夹具的灵活性是一种能力更换夹具以适应个个托盘。可使用夹具偏移量调整夹具放置在托盘上的位置之间的差异把夹具从一个托盘移动到另一个托盘是生产准备工作。

3. 机器柔性

机器柔性是 FMS 中最明显的柔性种类,大多数 FMS 中包含多台具有相似特征的机器,因为机器的相似性,我们假设每台机器都可以加工所有零件。这在理论上是正确的,但实际上,机器柔性还包含工具集、数控程序和托盘偏移量等因素。每台可选的机器都定义了一条新加工路径,每条路径都需要经过检定,并使用相同的数控程序,但是调整范围仅限于托盘偏移量。人们对于 FMS 的最大误解就是,每台机器都可以加工所有的零件。实际上,机器柔性是 FMS 中最少使用的柔性。

限制机器柔性使用的主要原因是需要用来支持多路径 FMS 的数据和计划的数量。托盘和夹具在不同机器上的定位只有微小的差别。这些差别通常在数控程序中调整消除,因此不同的加工路径有不同的数控程序。这些特别的数据集需要特别的调度和跟踪,因此减少了在线柔性。托盘对于机器的调整只能通过托盘偏移量来实现。为了只通过托盘补偿检定路径,需要额外的计划和协调数据管理。

4. 工具集柔性

最后一种 FMS 的柔性是工具集柔性。所有机器的工具容量都是有限的,对于不同的路径,机器必须有同样的工具集。然而,当添加新零件时,工具也会被添加到机器上去。最终,机器的工具库被填满并阻碍了更多的路径,因为这些加工路径与机器上的工具集不匹配。工具集的限制被认为是在线柔性的限制之一。各种各样的解决方案被测试和实施过。现在,大多数的解决方案都和 FMS 本身一样复杂,而且应用很局限。最好的解决方案是制定良好的工具计划,见 38.6 节。

38.2.5　自动化程度

传统上,自动化和 FMS 是同义词,但它们可以指不同的事物。FMS 需要自动化的一个原因就是管理在线路径。试想一个工厂中有相距很近的相同的四台机器,许多零件都可以在这四台机器上加工,但是将一个零件从一台机器移动到另一台机器需要将夹具从一台机器移动到另一台机器上去。实际的运输并不是问题,问题是什么时候移动夹具以及要将夹具移动到哪里去。自动化中的控制系统提供了这些管理决策,这些决策的时机管理着那些成为柔性的可选路径。丰田生产系统(TPS)是不需要自动化,利用人力柔性建立 FMS 的应用案例,将在 38.4 节详细展开。

38.3　FMS 的表现

人们最初对于 FMS 的期待是其产能能够 100% 利用,并且比独立机器产量要高,然而,事实并非如此。FMS 最让人失望的一个特点就是利用率低,FMS 一般只利用了其 55% ~ 65% 的产能。即使是完全自动化的系统或用有限人力的 U 形线都有这特点。对产能的利用不足并不代表 FMS 不能够节约成本。在大多数情况下,FMS 是成本最低的解决方案。对于 FMS 来说,产能利用不足的主要原因是缺少可选路径。实际上 FMS 比其他制造系统的表现都好,只是人们需要调整对 FMS 期望和现实的产能。

38.3.1　低库存-高混合程度

大多数 FMS 都应用在低库存-高混合程度(多品种)的生产环境中。低库存来自 FMS 所需的闭环托盘系统,高混合程度来自于零件族的多样性。低库存和高混合程度的结合是最复杂的生产环境。FMS 对于低库存-高混合程度生产是一个理想的解决方案。但是只有周密的规划,彻底的执行计划,才能较好地利用产能。下面主要讲述 FMS 表现的复杂性。

38.3.2　低在制品库存对 FMS 的表现的负面作用

对于制造系统来说,在制品库存对于系统表现有益。这个现象反映在利特尔法则(Little's Law)中:产量 P 等于库存 I 除以流程时间 F,即 $P = I/F$。库存和产量呈正比,库存增加,产量上升。库存可以一直增加到最大化产能利用率的水平。相同的原理,当库存降低时,产量也会相应降低。因此,降低库存对产量有负面影响。为了 FMS 有高的产能利用率，我们必须找到补偿低在制品库存的负面影响的方法。

38.3.3　平衡 FMS

约束理论和瓶颈理论可以解释为什么在低库存-高混合程度的生产环境中，平衡生产线对生产能力的利用率没有益处。根据约束理论，瓶颈决定了系统的生产。在非平衡系统中，瓶颈固定在某一过程或者机器上；在平衡系统中，瓶颈随着系统的运行不断变动位置。当一个过程成为瓶颈并且由于缺少库存不能继续运行时，系统就会经历生产损失。在瓶颈不停变动和低在制品水平的共同作用下，平衡的 FMS 比非平衡的 FMS 有着更低的生产利用率。

对于一般系统，弥补低在制品库存负面影响的一般做法是平衡生产线。这种方法在提高转移和组装生产线利用率方面十分奏效。但由于低在制品库存-高混合程度的生产环境，平衡 FMS 就不那么简单了。事实证明，平衡的 FMS 比非平衡的 FMS 产能利用率低。

38.3.4　柔性的角色

通过可选路径得到的柔性可以增加 FMS 的产能利用率。试想有一个 FMS 中的每个工作中心都能加工所有零件的任何工序。假设系统中的库存水平为允许的最低水平，这个系统在任何库存和平衡情况下都有着最优利用率。因此，柔性可以在生产系统中替代库存和生产线平衡。

然而柔性并不是 FMS 本身就有的特征。定义路径、检定路径、实时管理路径需要大量的计划和执行。如果 FMS 中没有柔性，其产能利用率会比单独机器低。但这并不意味着柔性制造系统在成本上没有优势。

1. 机器柔性

柔性的益处可以通过消除瓶颈操作的中断体现出来。挑选路径必须要解决过程中可能出现的瓶颈。首先要确认该过程是受到机器的约束还是人力的约束。如果过程受到机器的约束，那么生产就由机床的利用率决定。在这种情况下，使用机器的可选路径是柔性的主要形式。在受到机器约束的过程中填加人力柔性对于瓶颈的操作没有益处。

2. 人力柔性

人力柔性能给受人力约束的生产系统带来益处，这是 TPS 的潜在原则。在受人力约束的 FMS 中，为了产量和劳动时间直接相关，操作者的数量总是很少。为了充分利用人力，在 FMS 中引入更多的机器。

在受人力约束的 FMS 中，应用柔性人力可以更好地利用人力。实施柔性人力不需要昂贵的自动化设备和复杂的路径管理控制系统。培训、理解、合作将为低库存-高混合程度的生产情况提供足够的柔性来最优地使用人力。

库存、生产线平衡与人力或机器的柔性的组合并不代表其对所有的生产都是成本最低的解决方案。生产由各种各样的情况组成，意味着许多不同的柔性系统都能成为成本最低的解决方案。生产成本低的 FMS 可以是两个操作者管理三台独立机器的简单系统，也可以是由 8 台机器，80 个托盘组成的全自动复杂系统。

38.4　应用

正如 FMS 的字面意思，其应用十分广泛。FMS 可以是没有自动化设备的柔性人工系统，也可以是使用机器人装卸托盘的全自动生产系统。使用柔性（管理可选路径）才是所有 FMS 的共同特点。

大多数工程师都认为不是 FMS 的一份子。然而，使用柔性才是 TPS 优势的主要支撑。TPS 仅在有限的应用中才有优势，且最适用于受人力约束的生产。当 TPS 应用到受机器约束的生产中，其优势受到限制并且通常不会比基于订单的系统效果好。当生产受到人力的限制，例如装配线、钣金线、焊接线和办公室运行等，TPS 在降低成本和提高产能利用率方面带来了极大的好处。这些益处的关键在于使用柔性弥补了库存和生产线平衡带来的负面影响。

相反的，TPS 如果不使用人力柔性将不会比其他生产方式更有优势。一旦工人决定不共享工作，他们将会被重新分配到瓶颈工序中，或尝试着合作去完成一个共同的目标。这样，TPS 的柔性和优势也将不复存在了。

1. 柔性钣金系统

由激光或离子切割机（或其他切割机）和钢板供料系统组成的柔性钣金系统可以不用生产准备就能加工多种材料。切割板材的数控程序是自动生成的，零件的生产也是全自动的。

柔性钣金系统的柔性存在于其能够加工不同数量及不同类型零件的能力。系统的路径混合不同种类的零件来最优的使用材料和产能。系统通过嵌入的系统管理路径，自动生成数控程序，自动运送物料。这种柔性提供了在零件聚焦操作的基础上实施产品聚焦的操作。正确组合不同的产品零件形成零件族可以简化调度的难度。

2. 柔性焊接系统

柔性焊接系统包含了一系列焊接机器人，每个机器人都沿着生产线执行特定任务，零件被自动运输并保持固定的方向，机器人通过数控程序中的执行任务。

柔性焊接系统能够沿焊接生产线加工同一个产品族的零件。并不是每个产品都需要完全相同的操作，当零件经过焊接机器人时，数控系统可以自动调节以适应不同的零件。这些路径允许零件跳过某个工艺步骤或根据需求改变工艺步骤。这些生产线是非平衡的，并且使用柔性管理产能的利用。

3. 柔性机床系统

柔性机床系统（Flexible Machining System）是FMS 内最主要的机器。柔性机床系统发源于 1960年。从数控机床、计算机数控机床以及建立了 FMS导致柔性机床的产生。柔性机床包含许多配套设备：托盘转运系统、人工或机械化托盘装载站和监督控制系统。柔性机床最初由日本的机械师引入标准化并应用于一般的生产。在 FMS 内，最广泛使用的柔性机床是卧式机床。柔性机床系统可以使用配套设备（零件、托盘、夹具、机床或者工具）的柔性。

4. 柔性装配系统

柔性装配系统是一些沿生产线的机器人操作站，零件通过托盘运输。在柔性装配系统中，机器人将零部件从托盘中拿起，然后在零部件上装上一些零件，最后将零部件放回托盘中。龙门搬运系统（Gantry- Handling System）使得零部件可以跳过一些步骤，只访问所需的步骤。

柔性装配系统的柔性以零件柔性的方式出现，不同的零件可以不经生产准备同时加工，柔性装配系统最好的应用是有多种配置的产品。

38.5　论证和设计

论证 FMS 总结起来就是对比自动化与控制系统和额外的产能。基本上，有着两台机器的轨道车系统与三台独立机器的成本相当。为什么要花三台机器的钱买两台机器呢？答案是如果拥有两台机器的FMS 使用计算机控制和规范管理的路径来获得柔性的话，其生产表现比三台独立机器更好。生产表现通过相同时间段的总机器时数度量。论证的结果可决定 FMS 需要提供多少额外的机器时数使得生产成本更低。

38.5.1　基于未来生产成本的投资回报率

投资回报率（ROI）是比较资本投资与回报的方法。对于 FMS，投资回报率会将当前流程中制造零件的成本与使用 FMS 后零件的成本进行比较。零件成本基于标准成本和加工时间。标准成本可以从使用了包含折旧在内的总费用和同期总工作时数的会计核算（季度或年度）中得到。用总费用除以总加工时间可以得到单位加工时间的标准成本。为了决定一个零件的加工成本，我们用标准成本乘以此零件的加工总时间，这就是一个零件的标准成本，其为投资回报率提供了一个比较标准。

在 FMS 中，加工总时间是加工该零件所需要的总机器小时数。总的标准成本是加工总时间乘以单位时间的标准成本。使用这些成本构成，最明显的降低成本的方式就是减少制造这些零件所需的工时，减少加工零件使用的工时是论证 FMS 的主要方法。大多数 FMS 通过论证的主要原因是采用了先进的技术，而标准成本仅仅提供需要减少多少工时来通过论证需要的成本。然而，制造技术的进步逐渐在减小，设备的资本在增加。也就是说，单单靠减少机器配件来论证 FMS 变得越来越困难。有必要调查零件的其他加工成本以分摊标准小时成本。

单位时间的标准成本由总费用除以总加工时间得到。通常来说，标准成本每年计算一次，并以此作为下一年的标准。这种成本反映了过去的生产费用，这个成本包括折旧、低产能利用率和低效率。这些负面特征都要带入下一年，并且反映在过去的操作中。

这些成本积累了很多年之后，不仅很难减少零件的加工，而且标准成本会累积到一个相当高的水平，使得节省的工时无法达到所需的投资回报率，需要找到一个不同的成本，这是在未来运行所需要的成本。预期成本包含相同的费用构成，包括折旧、产能利用率和产能效率，而且必须反映 FMS 在未来的运行成本是什么样的。不能假设 FMS 还会以过去的利用效率运行。

38.5.2　FMS 的成本优势

柔性制造是使用相同的设备加工不同的零件时成本最低的解决方案，其成本优势来自于较高的产能利用率、质量改进和低在制品库存水平。下面列出了 FMS 的成本优势。

1. 年均人机器时数增加

机器时数是机器处于运行状态并且为零件增加

价值的时间。标准机器时数是一个零件的期望加工时间。每完成一个零件，我们就"挣"到一个标准机器时数。24h 内的总机器时数就是单位机器每天的机器时数。零件会因为机器故障、检定、质量检查等原因在机器上停留的时间超过标准机器时数，我们将这个加工时间称为实际时间。零件在机器上停留的实际加工时间在没有扰动的情况下与标准机器时数相等。一台机器可以 24h 使用，但只有标准机器时数对成本有重要影响。

可以比较表 38-1 中不同的机器单元配置的每天机器时数方面的潜在成本优势，这种比较将人力也加入成本评估中。比较不同机器单元配置的度量是每人每年机器时数。人力被引入评估的原因是一个人有机会操作多台机器，同时在成本评估中引入人力可以比较不同人力市场的成本。

表 38-1　机器时数配置

机器单元配置	每班次每年可用人力时数 (250 天 × 8h)	每年可用机器时数 (250 天 × 24 h)	利用率	年均人机器时数	年总机器时数
单人单机	2000	6000	50%	1000	3000
单人双机	2000	12000	45%	1800	5400
FMS 单人双机	2000	12000	85%	3400	10200
FMS 单人三机	2000	18000	85%	5100	15300

在一个标准工作年内，每周工作 5 天，每年工作 50 个星期。标准工作年被用作机器单元的比较基准。每个人每天工作一班（8h），每台机器每天工作三班（在下一节将会回顾每年工作天数与其对成本的影响）。

若单人单机单元只有 50% 的利用率（因为操作者休息、生产准备、过程扰动、质量等原因），则该单元可以提供 3000 个机器时数和 1000 个人工时数。假设每个机器工时费按 100 美元计算，则单人单机配置每年有 300000 美元的机器收入，每年有 100000 美元的人工收入。如果人工成本是 20 美元/h，那每年单位人力成本为 40000 美元或者说是人工收入的 40%（40000/100000）。单人单机系统只有在人力成本较低的情况下才是有利可图的。

单人单机常见的演变是单人双机单元配置。使用与单人单机相同的成本，每人机每年可以产生 180000 美元的收益。因此，人力成本只占总收入的 22%（40000/180000）。然而，由于人力的利用率及兼顾二机的等待，机器的利用率降低了（45%）。产能的损失必须和较低的人力成本相比较以确定这是不是成本最低的解决方案。

单人双机的柔性制造系统提供了 3400 个潜在的年均人机器时数。由于不需要生产准备、自动供料和计算机调度等原因，产能利用率提高到 85%。这个人机器单元每年可以产生 340000 美元的收入，并且人力成本只占收益的 11%（40000/340000 = 11%）。

2. 年均产能机器时数提高

根据单元配置表，一般的机器每年有 3000h 的潜在产能。在 FMS 中，其产能可以提高到 4800h，能够产生收益的小时数提高了 60%。这些增长的收益必须与 FMS 额外的投资相比较。

一种简单的比较方法是假设 FMS 和单机的成本差不多。双机 FMS 与三台独立机器的成本大致相同。三台独立机器每年有 9000h 的产能而双机 FMS 每年有 10020h 的产能。这种产能优势取决于独立机器和 FMS 利用率的差异。当 FMS 的利用率低于 70%，FMS 相对于独立机器的成本优势就不复存在了。接下来的实施和运营的章节描述了需要维持 FMS 高利用率的必要步骤。

3. 降低人力时数与机器时数的比值

在各种机器单元配置中，为了产生相同的机器时数，FMS 需要的人力时数最少。通过减少人力时数与机器时数的比值，在 FMS 中，加工各种零件的人力工作减少了，减少人力工作将会减少零件的标准成本。

由于自动物料搬运，FMS 有能够在无人期运行的潜力。通常无人期常在换班期间，或者在额外的第三个班次，又或者在周末发生。这些无人期不会减少人力工作，但是其提供了人力和机器的非同步性。也就是说，人力时数在某些程度上可以独立于机器时数。在一些情况下，这种非同步性能够提高人力的利用率。

但这种对人力时数和机器时数的解耦是以提高在制品库存数为代价的。在无人期，我们需要更多的活动托盘来保证机器的正常运行。额外的托盘和高在制品库存的成本必须与人力利用率的提高比较来确定最低成本的解决方案。如果人力利用率没有因为无人期得到提高，那么由于在制品库存较高，无人期将不会有成本优势。

4. 低库存减少废料并提高质量

库存和质量的关系不仅存在于 FMS 中，在所有制造系统中，这种关系都已经得到了证明。FMS 通过低在制品库存的情况下运行减少废料并提高了质量。因为托盘-夹具搬运系统和定义路径的原因，这种低库存状况得以实现。每种零件都必须在可以被监督和记录的检定路径上进行加工。

在 FMS 中追踪物料对于质量计划十分重要。每个零件都会得到一个序列号来记录零件需要在哪条路径上加工。然后，工厂内使用的序列号通过某种标记方法印到零件上。标记的方法可以是在加工时刻字，在卸货时标记、打标或者是贴定制的标签。不管是用哪种标记方法，每个零件都有其加工使用的路径的记录。

定期检查这些路径为制造过程提供了按时的回顾检验。当出现质量问题，只有上次检查以后生产的零件需要被隔离，这些零件很容易就能够辨别，因为只需用序列号跟踪及隔离两次检查之间使用相同路径加工的零件。

有记录的质量问题的根源可以被识别及改进，因为质量问题可以被追溯到夹具、托盘、质量或者是工具特征。质量调整可以在出问题的路径实施，而不会影响到其他路径。如果零件有编号而且检测特征是基于路径的话，质量的持续改进在 FMS 中是自然发生的事情。

5. 准确的报告实际机器时数

"无法测量，就无法管理"适用于所有制造过程。制造过程的衡量基于直接来自生产计数标准机器小时数。当制造一个零件时，我们会得到制造该零件所需的人力和机器的标准工作小时数，而没有记录实际加工零件的小时数。FMS 使用计算机监控来记录实际加工时间。

每一个零件都有序列号，控制系统跟踪其特定的加工程序。当一个零件完成了指定的路径，该零件可以被分配去满足特定的订单。这些订单是由工厂生产管制系统下发的工作订单。当订单完成时，FMS 可以报告完成该订单的零件数量、总标准工作小时数（单位标准工作小时数×数量）及实际机器工作小时数。实际机器小时数是每一个完成零件占用机器时间的积累。这些时间包括了机器故障时间和其他打断正常机器运行的时间。

每个订单的报告包含了总标准机器小时数和实际机器小时数。对比实际机器小时数和总标准机器

小时数提供了制造过程效率的度量。这个效率用来了解实际成本和影响与制造运营有关的决策。实际小时数的报告也提供制造操作管理的情况用以改进效率。

6. 适应需求的柔性产能分配

大多数的工厂调度都是基于已知的产能，利用最佳产能为目标安排需求优先。FMS 可反转这种模式。FMS 认为需求是固定的，然后根据需求调节产能。分配是调节产能以适应需求的一种方法。

因为在 FMS 中，产能有一系列路径构成，所以这些路径可以根据需要分配来满足需求。每条路径都可以定义为整个产能的一个子集。需求可以分配给任一条路径。一旦路径分配完成，计算机控制系统可以根据同时管理这些路径并使得它们高效运行。自动控制系统允许我们同时运营多条路径。38.6 节讨论在生产中需要多少柔性和重新分配路径的时机。

38.5.3 基于仿真的设计和预期成本

FMS 的检定不能基于制造系统过去是怎么运行的，而要基于制造系统将要怎样运行。计算机仿真提供了一种分析制造系统运行状况的手段，可查阅 12 章或相关计算机仿真的内容。

计算机仿真技术包括模型定义、零件与托盘关系、夹具需求、机床分配、人力分配、自动化物料运输系统的布局与时刻以及组件可靠性。通过这些模型定义和仿真能够预测 FMS 内各组件之间的相互作用和提供系统表现结果。传统的仿真输出，例如生产率、机床利用率、人力利用率、物料搬运系统利用率、库存水平、流程时间等，提供了 FMS 将会如何操作，这些操作转化成零件的单位制造成本。

决定 FMS 制造单位零件的成本使用一个实际成本模型。实际成本模型基于式（38-1）中的单个零件总成本。

$$单个零件总成本 = 机器成本 + 人力成本 + 搬运成本 + 管理成本$$

（38-1）

单个零件的机器成本是通过将加工周期时间乘以每个工序所用机器的实际小时成本［见式（38-2）］而得出的。该成本基于年折旧/替换成本、耗材成本和实际利用率。机器的利用率由仿真系统的输出得到。

$$机器实际小时成本 = \frac{机器小时成本 + 操作小时成本}{实际利用率}$$

（38-2）

单位零件的人力成本由累积人力时间乘以小时

实际人力成本决定。实际人力成本见式（38-3）。实际人力成本基于时薪除以实际利用率。人力的利用率由仿真系统的输出直接得到。

$$实际人力小时成本 = \frac{时薪}{实际利用率} \quad (38\text{-}3)$$

单个零件的搬运成本是自动化设备的小时成本。小时搬运成本是购买搬运系统、托盘、夹具和计算机控制的总费用除以期望服务时间。实际搬运成本见式（38-4）。实际搬运成本等于小时搬运成本乘以从仿真中直接得到的搬运时间。

$$实际搬运小时成本 = \left(\frac{自动化设备总费用}{期望服务总时数}\right)/实际利用率 \quad (38\text{-}4)$$

单个零件的管理费用见式（38-5），单个零件的管理费用是每个管理组件的年费除以年产量，年产量由仿真直接得到，每个零件都有相同的管理费用，不被 FMS 使用的管理项不应计入该项费用。

$$单个零件实际管理成本 = \frac{总年费}{实际产量} \quad (38\text{-}5)$$

38.5.4 产能与设备综合效率（OEE）的对比

上面介绍的实际成本模型使用制造组件的实际利用率。利用率越高，零件的实际成本越低，这和标准成本不一样的地方在于标准成本基本上由过程生产周期决定。利用率包含在小时标准成本并基于过去的表现。实际成本利用未来利用率来决定制造一个零件的成本。

另外一个在实际成本等式中的成本驱动是利用率。产能被定义为可获得的小时数。在之前提到的例子中，年产能为 6000h（来自于每天 24h，每年 250 个工作日）。然而，一年有 8760h。在实际成本模型中，可获得的小时数可以通过每周工作 6 天来提升到约 7200h。这将会减少机器的小时成本。在相同的需求下，利用率会降低，机器成本保持不变，并且人力成本因为额外的工作时间提高。然而如果因为延长时间而降低机器数量，那么实际成本将会对下降的机器成本和上升的人力成本进行抵消。实际成本提供了一种比较不同的生产系统从而决定最低生产成本的方法。

制造业建立了一个标准的度量用来表现实际的生产能力，这个度量被称为 OEE（Overall Equipment Effectiveness，设备综合效率）。OEE 综合考虑设备的可用率，性能表示指数及质量指数，OEE = 时间稼动率 × 性能稼动率 × 良品率。可用率的损失如换工具、换模、调整设置等；性能损失如停机，速度等损失；质量损失如废品，返工等损失。

本章的 OEE 仅指可用率或时间稼动率（作业时间 - 损失时间）与作业时间的比值。使用这样的度量可以确定不同的制造系统是否降低了生产成本。作业时间不应包含维修时间、验证时间、生产设置时间和未分配的时间。使用统一的标准作业时间才可正确比较两组机器之间的 OEE。

38.5.5 投资回报率分析

多种不同自动化水平及多样的生产系统可以建模和仿真。机器利用率和生产率可以用在实际成本模型中来确定未来每个零件的制造成本，该成本不仅可以对比不同的机器单元配置，而且还能为式（38-6）的投资回报率评估提供基准。

$$投资回报率 = \frac{总投资}{每年节约成本总额} \quad (38\text{-}6)$$

投资回报率等于投资的总资本除以由投资产生的每年节约成本的总额。投资回报率的单位是收回成本所需要的年数（资本的回收）。总投资是用来购买和安装产能的总费用。

零件节约成本是现行成本与未来成本的差值乘以零件的年需求量，见式（38-7），年节约成本是对于所有零件的求和。

$$每年节约成本 = \sum_{所有零件}[(单位零件标准成本 - 单位零件实际成本) \times 年需求] \quad (38\text{-}7)$$

这种决定投资回报率的方法提供了一些 FMS 特定的目标。回报（节约成本）由产能和利用率决定。为了 FMS 能够节约成本，必须按照之前计划的运行水平运行。完成这些运行目标需要设计周密和执行良好的实施计划。

38.6 FMS 的实施

实施是 FMS 项目中最难的一环。许多 FMS 依据特定的运行标准做计划、检定、执行，但是很少有系统能够达到计划的运行水平。表现不良的原因与实施是直接相关的。

38.6.1 FMS 需要多少柔性

FMS 的柔性范围可以在零选路径到几百条可选路径之间。零选路径需要最少的鉴定时间和最简单的监控信号。几百条可选路径需要更多的鉴定时间、基于路径复杂的标志的质量计划和路径的监控信号。为了使 FMS 达到其运行标准，可选路径是必要的，但上百条可选路径同样是不必要的。FMS 所需的合适的柔性是多少呢？

决定 FMS 所需柔性的多少通常由计算总需求机器小时数开始,见式(38-8),总需求机器小时数是所有零件需求与生产周期乘积的总和。

$$总需求机器小时数 = \sum_{所有零件}(零件需求 \times 生产周期)$$

(38-8)

总需求机器小时数由特定的时间周期决定。时间周期必须至少长达 1 个月到 1 年。生产混流的一致性决定了合适的时间周期。适合经常变动的生产混流的时间周期是 1 个月,对于稳定的生产混流,其时间周期可以为 1 年。

一个 FMS 要多少柔性可以根据 25% 的总机器时间必须有可选路径的原则确定。将零件按所需机器小时数从高到低排列,以此确定哪些零件需要可选路径。如果很少的几种零件占总机器时间的 25%,那么提供必要柔性所需的可选路径较少。即使在 FMS 中的零件种类很多的情况下,一般也不会超过 20 条可选路径。这条原则有助于约束执行计划,同时也提供了可支持每日调度的柔性。

成功地实施开始于计划。FMS 的实施很少有计划指导,因此其实施成了一系列曲折的决策和产出活动。表现不好的结果限制了下一步的决策。例如大多数 FMS 制定计划使得零件的制造有不同的路径(夹具、托盘、机床的不同组合)。但如果托盘偏移的补偿管理不当的话,一旦这条路径通过检定,FMS 需要更多的工作去添加一条新路径。在许多情况下,添加另一条路径需要定制不同于先前路径的数据和程序,这限制了接下来的在线柔性。使用适当的实施计划(称为柔性计划)可以避免所有这些问题。图 38-1 所示为这种计划的大纲和其包含的元素。

38.6.2 FMS 配置

柔性计划开始于提供 FMS 制造零件的清单。根据 FMS 操作的惯例,加工的零件虽记录下来,但在正式开工之前,这份清单都是不确定的。一旦一个零件进入 FMS 的记录,仿真模型将会更新并确定托盘号、夹具及分配机器。决定这些路径对于计划每台机器的工具是十分重要的。如果没有路径计划,而是在需要的时候临时加入机器,那么每台机器的工具配置将会不符合。这些不符合性将会限制添加在线路径的机会。

产能计划和仿真将会帮助评估可选路径配置。这些可选项可以相互对比,并以此来平衡机器、托盘、夹具的负荷。了解路径的产能是柔性计划的重要组成之一。一旦路径确定,接下来就需要一系列的计划良好的检定过程。

柔性计划大纲
1. 柔性制造系统配置
a. 零件
b. 机床
c. 托盘
d. 工具清单
e. 零件加工程序
f. 路径
g. 认可或检定过程
2. 人力分配
a. 装卸工
b. 机床/工具操作工
c. 表面处理工
d. 质量检验员
3. 零件跟踪和质量计划
a. 标记零件
b. 检查路径
c. 检验数据的闭环反馈
4. 每日调度和顺序跟踪
a. 输入工作顺序
b. 分配算法
c. 下载工艺路线说明
d. 报告产量、实际工时和标准工时
5. 作业说明
a. 装载站说明
b. 启动检验
6. 效能监控
a. 每日产量
b. 机器工作周期监控
c. 托盘工作周期监控
d. OEE
e. 作业指令执行情况

图 38-1 柔性计划大纲

检定过程是为每个零件及其所有路径添加产能的过程。检定过程开始于添加刀具到刀具库、夹具定义、零件制造编程、补偿定义和许多调试质量确认的步骤。有些检定过程包含超过 20 个步骤,每个步骤都由几个工程师和操作员参与。我们需要一个追踪系统来实时了解已检定的每条路径的进展和状态。许多检定过程都是同时进行的，协调决策的能力对于制定柔性计划十分重要。

1. 人力分配

在 FMS 中指派操作员工作始于工作清单。这份清单包含运输原材料、在制品和完成品。其他任务包括装卸托盘、处理机床故障、更换工具、工具设置、去毛刺，最后精整工序及零件检验。产能模型和仿真可以平衡每个操作者的负荷，并为每个人分配任务。安排的工作可以是给机床或者工站上下料，也可以是为设备加工做准备。就安排一个作业人员而言，无所谓好坏，重要的是每个操作者都有一系列分配好的任务，而且这些任务分配很公平。让操作者自行分配任务不容易导致公平的结果，同时也限制了 FMS 完成其运营目标。

人力分配可以在实施过程中进行，且可以按需调节。这个演化的过程将会成为支持柔性计划的一个高效的人力安排。如果特定分配不能完全平衡，那么通过轮换操作员可缓解这种问题。正如我们需要机器柔性一样，我们也需要一些柔性来分配人力。分享任务是提供柔性的一种方法，但是怎样分享与何时分享任务也需要具体的步骤（规则）。仿真可以帮助我们制定分享任务的规则。

2. 零件跟踪和质量计划

实施 FMS 表现不佳的主要特征是缺少可选路径。如果没有零件跟踪的方法，在 FMS 的运行中就没有可选路径，实施可选路径可以从零件跟踪过程开始。FMS 的内部控制系统使用跟踪方法，比如自动为托盘规划去往目的地的路径。将数据和追踪的零件本身链接起来，是零件跟踪的主要任务，有很多方式都可以用来产生这种链接。

一旦标记了零件，并将该标记到跟踪的数据中，那么在整个质量计划中，该零件都会被跟踪。质量计划包含一系列检测的类型和次数。检测类型可以是一维质量检测，也可以是用三维坐标测量机（CMM）检测。每种检测类型可以应用于全部路径，也可以应用于特定部分的路径。控制系统会根据这个标记，自动对路径上的零件按照检测次数或以固定时间间隔进行检测，当零件离开制造系统时，这个标记会为这个零件的质量数据提供唯一的标识。

将在检测过程中收集的数据与零件和序列号链接起来，例如一台 CMM 每出现 10 次相同路径就进行一次检测，那么对于每条路径来说，都有一系列的 CMM 报告。一系列的检测报告可以与其他路径相比较，以此来对比结果和分离质量问题。评估多条路径的质量检测报告能改善质量和减少废料。

3. 每日调度和订单跟踪

调节调度计划以适应日产量是 FMS 最未充分利用的特征。有着多条路径和消除了生产准备时间的 FMS 能够经常调整以适应需求的变动。限制使用 FMS 每日调度的障碍有两点。

第一点障碍是 FMS 中实施调度所需的数据。需要的数据包括每条路径的夹具、托盘、机器、零件制造程序和需求量。让操作者或管理者每日输入大数量的数据并保证 100% 的准确性是不可能的。FMS 中的日程表将为每个路径建立一个固定的时间表，生产数量通常设置为 1000。调度计划成为与路径相关联的"解除"和"保持"托盘的过程。这种劳动密集型的方法不需要改变调度数据，因此导致机器的负荷不足。

每日调度的另外一个障碍是没有按照当前的生产混流分配路径的能力计划。检查未来几天的需求提供了一个决定最好何时和用哪条路径来满足当前需求的方法。我们需要一系列的规则或者指导书。

克服所需数据量的障碍可以使用控制软件将所需的数据下载到机器单元控制中。一旦该软件调试成功，它将为机器单元控制提供 100% 准确、及时的数据。第二个障碍可以通过一般的产能计划和制定指导书来解决。

FMS 每日调度计划从输入订单数开始。这些订单可以是用户订单，也可以是 ERP 系统的工作订单，其中包含订单号、截止日期、零件号和所需数量。FMS 的控制系统保留订单的清单，并记录订单的状态是未调度、已调度还是已完成。

FMS 把订单数据输入控制系统作为分配算法的输入。分配算法（每个 FMS 可能是定制的）会给出每个订单的优先级并最优化订单的顺序来平衡机器、托盘和夹具的负荷。分配算法的输出是每日调度计划并辅以生产流程路线指示。这些路线指导自动下载（电子传输）到单元控制。这些路线指导包含了单元控制执行调度计划的信息。

在 FMS 中完成零件跟踪，打上序列号后，这些零件分配到特定的订单。订单记录了完成零件的序列号。跟踪已完成零件的数量的订单，包含标准机器小时数和实际机器小时数。报告实际机器小时数是 FMS 的优势之一，可根据需要将此数据及时地反馈到 ERP 系统当中。

4. 工作指导书

有了每日调度计划，FMS 中的生产混流根据需要将随时变换。当路线指导被自动下载以后，操作员需要接到某种形式的通知，这种通知由工作指导书实现。工作指导书显示在每个装载站，其中包含需要装载或卸载的零件序号和数量等信息，特定任务的工程图和指导书的链接，显示的工作指导书包含卸载零件的序列号、检测信号和订单分配。

5. 运行表现监控

柔性计划中包括如何监控 FMS 的成果及测量。FMS 论证达到某种表现标准，监控运行表现对确保经济效益十分重要。运行表现的测量包括：生产数量、标准机器小时数、订单状态、机器周期、装载周期和检测信号。FMS 记录每一个托盘的移动为运行表现的度量提供了基本数据。

每周检查 FMS 的实际表现与计划的对比是十分重要的。当偏移发生时，我们需要去找问题根源、获得解决方案及执行修正措施。这是实施阶段的结束，同时也是运营阶段的开始。

38.7 运行

FMS 什么时候结束实施阶段和开始运行阶段没有很明确的界限。许多运行的任务和步骤在实施阶段就已经开始了。添加新零件、检定路线、确认零件质量是 FMS 日常运行的步骤。检定新路线及保持已有路线的质量是每日运行的重要项目之一。在许多 FMS 的安装中，实施阶段提供了一些可选路线，而在运行阶段决定不使用这些路线。不使用可选线的主要原因是缺乏有效的标记系统。

38.7.1 物料跟踪

在零件上打序列号是 FMS 运行中的重要任务之一。没有零件标记和路径跟踪，可选路径将不能执行，则 FMS 的效益不能充分实现。FMS 中有许多可以使用的打序列号的方法。

最简单的方法是当运送零件的托盘出现在装载站时，打印标签并通过粘贴或标签的方式与零件相连。标签上有控制系统提供的独一无二的序列号，它与未来加工该零件的路径的细节的数据相连。数据包含托盘、夹具、机器分配、生产周期、装载时间、检测信号和订单分配等信息。

另外一种给零件打标的方式是用针式打印机在零件的表面刻上点阵。这点阵是一种可读的条形码的字符。然而为了使打印清晰，正确定位零件是十分困难的。最好由机械臂或夹具来完成此定位。

还有一种打标方法是当零件加工时在零件表面刻字。准确定位零件不是问题，但是打标增加了加工时间，而且需要链接零件标记内容的追踪数据的方法。在机器上刻字通常是在 FMS 中没有其他可选路径的情况下进行的。刻字技术用的序列号可由控制系统存在文本文件中，然后在加工零件的过程中使用。控制系统监控并将序列号链接记录在追踪零件的数据中。

任何匹配零件上的标记与追踪数据的字段的方法都是可以的，但这种链接必须在零件受控的时候完成。一旦零件卸货或装载它的托盘离开了装载站，链接的机会就错过了。如果操作者严格按照规程操作，需扫描标签并把它贴在零件上。即使只有一个零件没有被标记，可选路径的使用也会受到限制。

38.7.2 质量计划

质量计划是为一组零件制定一系列有特定指示及频率的检测要求。控制系统追踪一个零件经历所有加工操作的路径，见表 38-2 中的例子，一个零件有两道加工工序，在这两道工序中使用同一个托盘，但每个工序可以选择两台不同的机器。

表 38-2 路径定义

机器	托盘	工序 1	工序 2
路径 1	1	机器 1	机器 1
路径 2	1	机器 1	机器 2
路径 3	1	机器 2	机器 1
路径 4	1	机器 2	机器 2

这组配置有四条可行的路径，每条路径都需要被记录，按照规定，检测的次数以信号通知做审查。假设质量计划中每条路径有 3 种检测方式，那么每种检测方式都要以信号通知这 4 条路径，而进行 12 个检测审查。

审查是在设定的一段时间内进行检测的回顾。审查报告提供每条路径被检测的次数和被检测的零件数。审查回顾了计划和实际检测的频率设置的对比，审查中包括了被以信号通知需要检测的序列号的清单，审查提供了按时间顺序检测的回顾，可以用来分析质量问题的根本原因。

38.7.3 监控表现

生产系统常用生产量来衡量并监控表现（Performance Monitoring）。对 FMS 来说一段时间的产量并不是一个最有效的运行表现。原因是 FMS 在不同的时间段进行不同的生产混流。一种生产混流可能产量很高但是产能利用率很低，另一种生产混流可能产量很低但产能利用率很高。所以当度量运行表现时，产能利用率比产量要有意义得多。

FMS 的产能是指在一段时间内可使用的机器小时数。比如 3 台 24h 运行的机器有 72h 的产能。当一个零件完成加工时，我们就挣得了一个对应的标准工时。挣得的标准工时与产能的比值就是产能的利用率（或称为 OEE）。问题是在计算时，有些挣得的标准工时没有被计入汇报期内。所有的标准工时仅在零件加工完成时被计数。两个汇报期之间在制品库存的变化会对运行表现的监控造成影响。汇报期必须延长以减少在制品库存变动的影响。

因为 FMS 操作的变动性，其运行表现的度量难以解说。单依产量和总体设备效率不能够说明一天生产情况是好是坏。确定 FMS 的表现要比较运行表现的度量和计划生产量。用每日生产计划为准与实际的度量值做比较，是 FMS 表现的有效度量。下节我们会讨论每日调度及生产计划。

当 FMS 不能达到其计划的 OEE 水平时，需要调查其表现不佳的原因。首先要检查的是工艺周期时间，该时间应该与计划的标准工时相等，实际的时间可以与标准工时比较。如果工艺周期时间因为故障长于计划标准工时，机器就会被占用而不产生价值。在机器上或是在装载站，可重复的工艺周期时间对于好的 FMS 表现是十分重要的。

另外一个帮助诊断 FMS 表现的运行表现度量是托盘的流程时间。托盘的流程时间是从托盘完成装载（以按下"准备"按钮为信号），到下一个装载完成为止的时间。托盘可以被看作是产能的主要消耗者。固定托盘的数量，托盘流动得越快，其使用的产能就越多。托盘的流程时间由计划决定。实际的流程时间可以与计划时间对比，以此来查找运行表现不好的根源。

38.7.4　调度

调度提供了可以使运行表现监控高效的计划。没有计划，FMS 通常表现不好而且管理无序。调度是利用订单在调度期（以每天为主）决定生产混流的过程。订单信息输入控制系统并且随时更新。这些订单有两个作用：一是确定需求；二是报告已完成的零件和实际时数。订单的实际跟踪最好使用 ERP（Enterprise Resource Planning）系统。同时使用 ERP 系统和控制系统跟踪订单的进展并没有效果。

输入需求的数量和截止日期使分配算法用生产仿真得到最好匹配的柔性产能及需求。这种分配过程与传统的分配以需求为优先来适应产能是不同的。分配算法能够平衡产能负荷，权衡每条路径的产能，增减路径以适应需求和重新解决生产截止日期与产能的矛盾。分配过程的输出是特定的生产混流和每台机器与每个操作员在调度期内的利用率。

当确定调度计划之后，我们将该计划传输到控制系统来指导操作。大多数操作低估了 FMS 调度所需要的数据量。人力传输调度数据是不可能的。要

使数据传递准确及时，我们需要将数据进行电子传输。每日生成一次生产调度计划，自动下载此计划，并根据需要添加紧急的工作任务，是 FMS 调度可提供的最有效的解决方案。

38.7.5　产能计划

产能计划通常不包括在运行内。产能需求在购买设备时研讨，一旦产能投入运行，产能计划就停止了。然而 FMS 的运行不停地回顾及依赖产能。根据 FMS 的特性，FMS 加工多种多样的生产混流，这些生产混流决定 FMS 不同的产能。因为生产混流的不停变化，FMS 的产能需要不停地被评估和配置。

当生产混流发生变化时，产能也需要审查。对于一些 FMS 来说，这种审查是每周进行的，对于其他 FMS 可能是每年一次。不管审查频率如何，我们都需要通过审查来重新配置产能以适应变化的生产混流。这种审查通常从需求预测入手，该种需求定义了必须处理生产混流的时间段或生产期。

产能审查的第一步是根据现有的路径配置和需求预测决定线性的 FMS 的产能是否与需求匹配。需求匹配的意思是 FMS 中没有一个环节（托盘、夹具、机器、操作者、工具）的负荷大于其可用时间的 90%。如果需求匹配，且 25% 的标准工时都有可选路径，我们就不用修改 FMS 的配置。当需求预测转化为实际订单，FMS 的分配调度将会保持其运行水平。

如果需求预测与现有的产能不匹配（比如说某个环节的负荷超过 90%），那么 FMS 就要重新配置。重新配置 FMS 是尽力匹配需求预测及发展新的制造。这个过程包括去除不需要的路径、将路径转移到其他机器、增加新路径等活动。

如果 FMS 所有环节的负荷都不超过 90%，而且至少 25% 的标准工时都有可选路径，那么该 FMS 就是可接受的。这时，产能与需求预测匹配之后我们就可以使用分配算法进行调度了。任何新的或者未检定的路径在调度前都要通过检定过程。

38.8　总结

没有两个 FMS 是完全相同的。即使使用的设备都相同，每个 FMS 也有不同的零件和加工过程。生产混流每天都可能变化，因此 FMS 的配置也可以演化为不一样的配置。

FMS 的动态性决定了其必须有一些特征来维持其生产优势。所有 FMS 项目都有以下关键特征：

（1）路径的利用　FMS 最重要的特征是使用可

选路径。这些路径必须在线或者通过很短时间变更生产夹具就可以获得。控制系统必须了解这些路径并按需使用。使用控制系统即时选用路径能够对产能实现最佳利用。如果没有应用到选用路径的特色，FMS 的好处将会大大减少。

（2）使用序列号标记零件及零件跟踪　零件跟踪是可选路径的重要支持。FMS 的控制系统必须能够追踪零件而且保有所有加工的数据资讯。所有零件都标记有将该零件与记录其加工过程的数据相连的序列号。如果 FMS 不能进行零件跟踪、实现可选路径和进行及时生产的决策，FMS 的全部优势是不可能达到的。

（3）基于路径的检测信号　FMS 有效的质量计划必须基于信号路径，而不是基于计算零部件数。每 1/10 的信号检查不能确保每一个托盘-夹具-母机的组合都被例行检查到。质量问题将会持续，而且无法调查其根本原因。长期的质量问题将继续，低报废的 FMS 效益将无法实现。

（4）报告实际工作小时数　报告每个零件所需加工的实际工作时数，是了解生产一个零件成本的基础。FMS 比较零件实际制造成本和标准成本。确切的知道实际成本有助于进行更有效的管理决策，从而获得竞争优势。

（5）从购置设备转到运行　购买 FMS 容量的决定是经过充分调查和支持。该决策基于未来的生产表现能够降低生产成本。然而，在从购买到运行的过程中，FMS 大多数的优势都丧失了。运行的操作限制了 FMS 对独立机器优势的个性。

（6）在执行过程中使用柔性计划　柔性计划的制定能够为我们在实现过程中的决策提供一致性，以实现 FMS 的优势。许多决策是需要在实施阶段进行的，如果没有计划，这些决策将会只顾眼前利益而忽略长远利益。让 FMS 的实施团队制定计划能够在决策之前发现和解决许多矛盾。一致的决策能够为运行阶段提供一个实现全部优势的 FMS。

（7）记录检定流程和偏移量的使用　检定流程是 FMS 运行中一步一步添加路径的过程。这些步骤包含了许多个人和数据以检定并共享一致性。为了保证送进 FMS 每个零件都被完美地论证过，各部门人员需通过检定文档进行交流。托盘偏移量、夹具偏移量、机器偏移量和工具偏移量的补偿可以作为任何数量方法中的变量。很多时候这些都是基于个人的特权。这些补偿的不一致将会减少可选路径的使用，从而限制了 FMS 的许多优势。

（8）每日调度　每日调度提供了 FMS 每日需要加工的零件种类和数量的计划。制定每日调度计划包括平衡机器和托盘的负荷，使用可选路径和制定 OEE 目标等活动。制定一个有 OEE 目标的每日调度计划是实现柔性制造优势的第一步。

（9）计划与实际表现度量对比　每日的运行计划源自每日的调度计划。测量 FMS 的运行表现包括将计划运行和实际运行对比。为了调查系统表现不好的根本原因，我们将每个 FMS 机组的期望运行状况与实际进行对比。对根本原因采取纠正措施使系统得到持续改善并发挥 FMS 的优势。

（10）产能规划　产能规划是将现在的 FMS 配置与未来的需求混流进行比较。每日计划和柔性仅仅局限于当前生产混流的 25%，因此 FMS 不可能对所有的生产混流都能发挥其优势。为了通过增减路径对 FMS 进行重新配置，我们需要定期审查 FMS 当前的配置。经过调整 FMS 配置，每日调度计划可以支持新的需求混流并保持 FMS 的优势。

扩展阅读

Dima, I., Industrial Production Management in Flexible Manufacturing Systems, IGI Global, Hershey, PA, 2013.

Shivanarnd, H., Benal, M., Koti, V., Flexible Manufacturing System, New Age International Limited, New Deli, 2006.

Tempelmeier, H., Kuhn, H., Flexible Manufacturing Systems: Decision Support for Design and Operation, John Wiley & Sons, New York, 1993.

Talavage, J., Hannam, R., Flexible Manufacturing Systems in Practice: Applications, Design, and Similation, Marcel Dekker, Inc., New York, 1988.

"Ford Furthers Flexible Manufacturing Effort." *Manufacturing Engineering* 133, no. 1 (2004): 27, Society of Manufacturing Engineers, Dearborn, MI.

Tseng, Mei-Chiun. "Strategic Choice of Flexible Manufacturing Technologies." *International Journal of Production Economics* 91, no. 3 (2004): 223 - 227, Elsevier, New York.

第 39 章
装 配 系 统

密歇根大学　S. 杰克·胡（S. JACK HU）　韩国阿朱大学　（韩）高正汉（JEONGHAN KO）　著
清华大学　郑　力　译

39.1　概述

　　装配对于大多数产品来说都是必不可少的，因为很多产品不能仅采用一种材料而直接生产出来，或者这样生产从成本上是很不划算的。从产品和流程的角度上理解装配[1]，产品实现是从将产品作为组件装配开始，然后在工厂中以装配流程将所有组件组装成完整的产品。在产品设计过程中，工程师们对最终产品的功能很感兴趣，装配设计是通过将产品分解成各个组件来实现整个产品的功能需求的。

　　一个装配过程是通过各个零部件的加工、固定和连接来实现组件之间的功能和空间关系的。而一个装配系统是以一些有组织的方式将各种过程和机器连接在一起，以获取好的质量、效率和响应性。

　　当今大多数用于生产消费品的装配系统都是起源于亨利福特在1910年密西根州开始实施的流水装配线。虽然这些装配线可能很复杂，而且很长，但是装配线上的基本概念可以用医院或工厂里的食品盘组装线来解释。图39-1所示为早餐制作流水线布局。在这个布局中，移动装配线的几个重要概念清楚地展示出来。

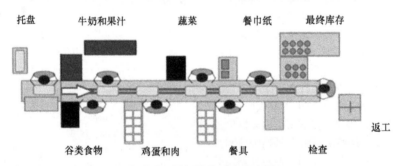

图 39-1　早餐制作流水线布局

1. 流动

　　移动装配线的一个重要概念，指的是会出现在那些重复执行相同或类似任务的员工之间的组合。机械自动化将半成品从一个站移动到另一个站。在引入移动装配线之前，组装是固定的，工人们从一个站走到另一个站，这是一个缓慢而低效的过程。

2. 劳动分工和专业划分

　　每个工作人员在其工作站执行一种特定的装配任务或一组组装任务。在食品托盘的例子中，一个操作人员可能负责放置牛奶和果汁，另一个操作人员将负责餐具的工作。一个任务被分配到一个站进行操作。

3. 节拍时间

　　装配线有一定的加工速度。最后一个站的操作员通常会根据需求和可用的工作时间来决定装配线的速度。例如，医院所有的早餐要求必须在早上7～9点之间完成，总需求为400个托盘。假设在工作班期间没有休息时间，那么总工作时间是2h或7200s，组装的速度是每盘18s。一个站可能比其他站生产慢，或者一个装满了食物托盘的手推车可能已经满了，而操作人员必须等待空手推车的到来。所有这些都导致流动的延迟或中断。由于加工失误的原因，还可能需要进行返工。因此，实际设计的循环时间可能需要比节拍时间快一些，以补偿由于线路中断或返工而造成的生产力损失。

4. 质量

由于装配的速度很快，在装配过程中可能会出现错误。组件的质量也可以导致最终组装的变化。通常，一个质量监测站在装配线上是必不可少的，在这里部署一个质量工程师或一个自动化的检查系统，以确保每一个装配都按照客户的订单要求完成。

5. 多样性

不同顾客的需求是不一样的。在装配线的某些模块中提供了不同选择，而不同装配组合提供了最终产品中的多样性。例如，食品托盘中常见的成分是餐巾纸和餐具，但可能有 3 种类型的蛋白质（鸡蛋、鱼或肉），2 种蔬菜，4 种果汁和牛奶，2 种麦片等。这样组合的结果总共为 $3 \times 2 \times 4 \times 2 = 48$ 个不同的最终组合。由于装配模块的数量很多，这种组合装配的方法可以提供非常多的选择，以满足广泛的客户需求。

6. 库存管理

通过将供应和最终组装的手推车放置在工作人员旁边，就可以很容易直观地看到哪些组件需要补充。例如，如果谷类食物的货架的 2/3 是空的，那么补料员就需要补充谷类食物的货架。另外，在装配线的末端也有一个库存，可以及时交付以将成品库存降到最低。

机械零部件的"可互换性"是能够实现移动装配线的前提，但在食品托盘装配的例子中并不明显。可互换性的概念是基于大批量生产的零部件，但具有可控制的公差范围。不管它们的生产情况如何，任何这些可互换的零部件都可以组装，而且组装后的产品可以达到预期的规格和性能。

亨利福特实施的装配线对于大批量生产来说效率很高。表 39-1 说明了在引入移动组装线前后高地公园装配厂每天装配的车辆的生产率的提高[2]。

表 39-1 引入移动组装线前后高地公园装配厂每天装配的车辆的生产率的提高[2]

时 间	生产能力/（单位/天）
1913 年以前	20 ~ 30
1913 年	100
1914 年	1000
1915 年	3000

39.2 自动化装配系统的类型

39.2.1 制造系统示例

移动装配线已经用于制造各种各样的产品，从手机到计算机，从汽车到飞机。例如，根据波音公司的说法，波音 737 的"鼻尾"就像一个移动的装配线，在最终装配过程中以 2in/min 的（1in = 0.025m）速度移动[3]。为了提高质量和减少库存，移动生产线应用精益生产实践的部分原则。在引入移动生产线之前，飞机是静止不动的，而工人们需要从一个站到一个站不停地移动。

近年来，为了应对产品品种的不断变化，装配系统采用了与传统串行流水线不同的配置。图 39-2 所示为计算机装配线，其中多个工人可以并行执行相同的组装任务。在这种特殊的布局中，组件是由供应商提供的子组件模块组成的，这减少了装配线的长度，同时提高了装配系统的响应速度。

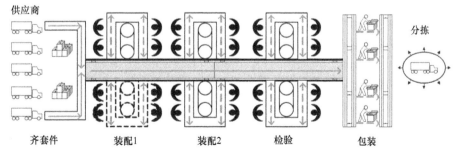

图 39-2　计算机装配线

图 39-3 所示为两类常用的装配系统配置，其中的方块表示装配机器或工作站。图 39-3a 是一个串行配置，而图 39-3b 在每个阶段同时具有几台并行的机器，但是整个系统仍然是串行的，如图 39-2 中的计算机装配线所示。

39.2.2 专用和柔性装配线

亨利福特的移动流水线引进来是为了生产大量的单一或有限类型的产品，这样的装配线使用专用的机器和物料搬运系统。当引入一种新产品时，整个装配系统需要重新设计和构建。通常情况下，这样的系统会适用于有很长产品生命周期的产品。

随着消费者对不同产品种类的需求不断增加，制造商开始采用柔性装配系统。通常，可编程的机器或机器人用于执行与产品种类相关的不同任务。

当产品从一个变化到另一个时，装配系统中的转换程序就可以通过机器和机器人的重新编程来实现。

可重构装配系统具有可更换的硬件和软件控制系统。系统和机器的物理布局可以进行调整，以适应市场上产品类型和数量的变化。

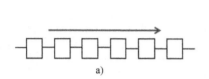
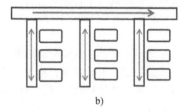

图 39-3　两类装配系统配置

a）串行移动装配线　b）串行组（每组多台并行机器）

表 39-2 为装配系统的类型。

表 39-2　装配系统的类型

类　　型	硬　　件	软　　件
专用系统	固定的	固定的
柔性系统	固定的	可改变的
可重构系统	可改变的	可改变的

39.2.3　同步和异步装配

根据物料流的不同，装配线可以为同步装配也可以为异步装配。在同步装配线上，物料从一个站到一个站的转移同时发生。可以采用单一的机械装置，如龙门式吊具，控制需要装配的零部件运动。在异步装配中，从站到站的零部件的运动是不同步的。因此，在两个站之间通常需要设置缓冲。

39.3　装配系统的设计

装配系统的设计可以通过以下程序来完成。该过程的详细描述可以参照参考文献 4。

1）分析产品以及必需的制造和装配操作，检查可替代的制造和装配方法，并决定是否必须装配。

2）估算每个装配任务所需的时间，并确定任务的先后程序。

3）确定所需的生产能力，考虑诸如停机时间、变更、质量、产量等因素，然后根据可用的工作时间确定装配系统的周期时间。

4）选择在系统设计中使用的装配序列。

5）根据循环时间和优先级约束分配任务，并平衡这条生产线。

6）设计系统布局，平衡生产人员。

需要注意的是，由于这些步骤之间的相互依赖和不确定性，这些步骤通常会重复几次。任何决策都需要根据其后续阶段的可行性进行迭代，或者在几个步骤中同时做出决策。此外，并不是所有的装配系统设计所需的信息都可以用于该过程的每一步。因此，这个过程被认为是一个逻辑思维过程，而不是一个实际的决策序列。

尽管存在这些相互依赖和不确定性，但可以根据一些原则和规则设计装配系统。在现代并行工程的实践中，装配系统的设计很少出现在产品装配规范中。第一，装配系统的设计应该取决于一般的规则和以往的经验。第二，信息在产品实现中不断变化。产品需求和生产能力信息往往是不确定的，产品设计改进会不断发生。因此，装配系统应该根据产品类型、加工类型、生产量等信息灵活性来设计。第三，和其他所有制造系统一样，装配系统也容易发生变化，如故障、质量问题、产量波动等。因此，在装配系统设计中应该考虑到操作的灵活性，例如引入存储缓冲区、辅助工人、缓冲时间等。

1. 步骤一：根据制造工艺确定装配工艺

这个确定与产品零件选择和装配结构是相关的。最初，需要确定产品的一部分是由后续要组装的多个零件制成还是用铸造或切削等工艺制造出来的单个零件。在这个决策中，可以比较不同的生产过程以及相关方法的成本或质量。然后，为生产的产品选择最好的装配过程。这一步应该提供明确的工艺描述，这些描述在后续装配系统的设计过程中用来描述操作步骤。

2. 步骤二：产品装配操作内容的确定

包括完成每个装配任务的时间，以及装配任务之间的操作关系。利用生产流程信息，估算每个装配任务的时间。如果有装配机器和工人信息的话，时间估算可能与装配厂的特定机器或工人有关。然而，在许多情况下，这些信息在装配系统设计的早期阶段是不够具体的。因此，通常会由经验或标准时间（预定时间法）得到操作时间。操作任务信息的另一个部分是装配任务之间的顺序关系。由于物理约束如机械稳定性、使用工具进入或零部件互相干涉抵触等，在执行任务的顺序上存在一定的规则。这个关系可以在步骤一中确定，但是它经常受到后续步骤中决策的影响。例如，已经装配好的零部件可能会使另一部分更难组装，因为已经装配零部件的空间缩小了。因此，在步骤二中，应该决定装配的顺序关系，以便将任务适当地分配给组装站。

3. 步骤三：制定与产能相关的决策

产能与需求预测有密切的关系，需求预测提供了装配系统输出所构建的产能范围。影响产能的其他因素包括机器的生产率、机器的停工期和维修率、产品报废率、质量问题率、生产准备和换线时间。

此外，还需要考虑用缓冲时间来补偿操作的可变性。因此，装配产品的实际速度应该比仅根据需求预测计算的速度快。估算出的生产速度将提供许多装配线的基本运行速度和装配线的数量。这种速度在精益生产的角度通常被称为节拍（Takt Time）。对于手工装配生产线来说，由于工人的表现与产品的尺寸有关，并且受物理负荷和生理因素的影响，所以在生产过程中节拍时间的适当范围因行业而异。

4. 步骤四：选择装配顺序

装配顺序就是要执行组装任务的顺序，它强烈影响组装产品的质量和其他过程与系统设计，如装夹或过程测试。该顺序是根据装配站的任务优先规则和过程可行性确定的。尽管存在大量的选择和算法可供选择，但在工业实践中，通常只有一小部分选为候选顺序。在其他方法中，顺序并不是单独确定的；它是由第五步中的线平衡所决定的，以便在装配站中尽可能均匀地分配装配工作。

5. 步骤五：装配线平衡

装配线的平衡是在工作站上寻找最佳的装配过程，通常是为了平衡工作人员之间的工作量，通过最小化可能的空闲时间来减少工作站的数量，或者最小化循环周期。许多约束都会影响平衡，包括装配任务的关系（如优先级约束）、预先选择的顺序候选者或任务机器兼容性。

6. 步骤六：确定布局，进一步平衡员工的工作时间

（1）布局 传统上，由亨利福特引入的流水装配线是装配系统的主要布局。流水线适用于大批量生产，具有相对稳定的机器和物料搬运系统的产品类型。但是，装配系统可以配置为不同的布局，这取决于生产数量、装配任务的重复、多样性、产品大小以及使用工具的能力。例如，在造船或飞机装配中，传统的固定位置布局由于大的产品尺寸和产量小而被采用。在非常低的产量、多样性和频繁的变化情况下，通常使用单元布局来适应组装任务的剧烈变化。装配线也发展为混合模式装配线，以适应不同的产品和相关的装配任务。这些不同的条件导致了更复杂的配置，从而提供了灵活性，以减少尤其是在大规模定制中日益增加的装配任务带来的影响。这些配置的性能取决于所使用的操作策略。

（2）人员平衡 每个站的装配工人不仅要花时间在实际的装配工作上，还要在材料处理、准备、检查和其他活动上花费时间。以材料处理为例，可能包括将零件从零件箱移到工作台，定位和固定零件，卸下成品，并准备工件转移到下一个站。工人们还需完成设置工具和清洗机器等准备工作，在工作转移之前也会检查他们的工作，还需要走路，改变他们的姿势来完成这些活动。在精益方法中，这些非直接操作时间可能被视为非增值时间。

一个重要的考虑因素是，在考虑到增值和非增值活动时，工作时间必须是平衡的。非增值但必要的活动，其时间是工人工作时间的重要部分。产线平衡的前一步通常不能精确地考虑这些时间，因为这些时间依赖于装配任务的顺序（按顺序分配这些任务是相当复杂的）以及设备和工作区的布局。因此，额外的步骤是必要的，这样就可以平衡工作时间。如果需要，通常会调整布局，重新分配装配任务，并重新平衡工作时间。

39.4 自动检查和系统启动

近些年来，随着传感和计算机视觉技术的发展，许多装配系统都会使用自动化测量系统或视觉引导机器人进行装配。图39-4所示为一个在线计算机视觉系统，用于测量装配线末端的汽车车身装配。这种系统被称为光学坐标测量机（OCMM），通常在主要装配过程的终端使用。例如汽车车身装配系统，它可以对关键维度进行在线评估。根据参考文献5的说法，一个OCMM可以测量和评估一个主要装配的100～150个位置。此外，它还可以100%测量每一个装配成品。这样在线测量为过程控制和改进提供了充足的信息。最重要的是，在装配系统启动的早期阶段，减少变化可以减少加速时间（从新型号开始到稳定生产的时间），这样就可以快速增加产量。

图 39-4 测量汽车车身尺寸的 OCMM

图 39-5 所示为在组装系统启动过程中质量变化。参考文献 6 介绍了一种基于主成分分析（Principal Component Analysis，PCA）的新方法，目的是识别出在线测量数据中出现的变异模式。在另一项研究中，参考文献 7 还收集了装配过程特性和相关聚类，以便对汽车车身的测量点进行分类。然后，对于每个组，他们应用 PCA 来确定每个组的质量波动模式，以确定和消除根源。参考文献 8 整合了一种模式识别技术和 PCA，开发了一种故障诊断方法。参考文献 5 为汽车车身装配的质量变化预测和减少方法提供了一个总结。在参考文献 9 中可以找到更多关于质量波动建模方法的深度研究。

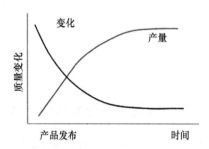

图 39-5 在组装系统启动过程中质量变化

以汽车车身组成为例，可以总结出下列减少质量波动的过程：

1）测量多个产品，获得测量数据（如汽车车身数据），评估所有测量值的变化。六西格玛是一种常见的尺寸变化的度量（西格玛是测量的标准差）。

2）将所有测量值根据波动范围的阈值分成两组。例如，假设波动范围的阈值设置为一个值，如：表示六西格玛＝2mm。然后，一个组包含的测量点的六西格玛值大于 2mm，而另一个组则包含六西格玛值小于 2mm 的测量点。

3）将波动减少的工作聚焦在六西格玛值大于阈

值的测量组，评估这个组中测量点的相关矩阵。

4）通过使用分类算法，进一步将测量的数据集分解成子集，然后，每一个子集中的数据点可能都有相关性，而这些相关性来源于共同根源，由此形成了一个个问题案例的研究。

5）通过运用产品和工艺知识（装配层次结构、零部件定位方案等）进行匹配，找出变异的根源。

6）消除或纠正变异的根本原因，并评估效果。然后在第 2 步重复一个新的变化阈值。

上述策略已成功应用于许多汽车车身装配厂，降低了质量波动水平和启动时间。

39.5 总结及展望

制造业已经从大规模生产转向大规模定制，并在不断发展以应对不断变化的消费者需求和新技术[10]。大规模生产通过可互换性和可移动的组装线使大批量生产低成本的产品得以实现。然而，大规模生产技术只能支持有限的产品种类，正如我们经常引用亨利福特的一句话："顾客可以选择想要的任何一种颜色，只要它是黑色"。到 20 世纪 80 年代，为了应对消费者要求更高的产品种类，制造商开始实施大规模定制[11]，为他们的标准产品线提供更多的选项。这是由：①在产品设计中设置家族体系结构和功能模块的选项；②为客户提供在组装中选择组合的自由。因此，通过组装不同的组合，有效地实现了规模的多样性和经济性。

现在，我们相信一个新的生产和装配模式：个性化的产品和生产[10]，是由于客户渴望参与并影响产品设计和生产而形成的。这种新的模式是由开放的产品架构[12]、分布式设计和制造（如 3D 打印）以及可重新配置的装配系统来实现的。个性化产品可能包含三个模块类型（通用的、定制的和个性化的模块），从而允许成本有效的个性化和消费者的选择。表 39-3 为大规模生产、大规模定制和个性化生产之间的主要区别[4]。大规模生产通过生产规模达到成本效益，大规模定制通过组合装配和可重新配置的装配系统实现了范围经济，个性化生产的目标是通过在装配设计和制造过程中满足客户需求来提升客户感知的价值。

为了应对不断变化的消费者需求，生产和装配系统必须继续发展，它们应该对个人需求做出反应。未来的装配系统可能作为分布式配置存在，并且可能由不同的系统类型（专用的、可重新配置的和按需系统）组成。按需制造系统将会是特殊用途，例如 3D 打印系统等快速制造系统，用于制造和装配个性化模块。装配系统的专用部分可以装配通用模块，而可重新配置的系统部分可以装配大规模定制模块，这也是值得的。然而，装配个性化产品模块的系统部分必须非常灵活。例如，夹具应该能高度适应设计自由和复杂的形状[4]。通过将这些系统集成在一起，装配系统将具有个性化生产的灵活性和成本效益。

表39-3 大规模生产、大规模定制和个性化生产之间的主要区别[4]

生产方式	大规模生产	大规模定制	个性化生产
目标	规模经济	范围经济	价值差异化
顾客参与度	购买	选择	设计
生存系统	专门制造系统（Dedicated Manufacturing Systems，DMS）	可重构制造系统（Reconfigurable Manufacturing Systems，RMS）	按需制造系统（On-demand Manufacturing Systems，OMS）

参考文献

1. Hu, S. J., "Assembly." In: Laperrière L., Reinhart G, editor, *CIRP Encyclopedia of Production Engineering*: Springer Reference (www. springerreference. com), Springer-Verlag, Berlin Heidelberg, 2013. DOI: 10. 1007/SpringerReference_374535 2013-08-05.

2. "Henry Ford Changed the World, 1908," http://www. eyewitnesstohistory. com/ford. htm. (accessed January 2015).

3. http://boeing. mediaroom. com/. (accessed June 2015).

4. Hu, S. J., J. Ko, L. Weyland, H. A. ElMaraghy, T. K. Lien, Y. Koren, H. Bley, G., Chryssolouris, N. Nasr, and M. Shpitalni, "Assembly System Design and Operations for Product Variety," *CIRP Annals- Manufacturing Technology*, 60 (2): 715 – 733, 2011.

5. Hu, S. J., "Stream of Variation Theory for Automotive Body Assembly," *Annals of CIRP*, 46/1: 1-6, 1997.

6. Hu, S. J., and S. M. Wu, "Identifying Sources of Variation in Automobile Body Assembly Using Principal Component Analysis," *Transactions of NAMRI*, XX: 311-316, 1992.

7. Roan, C., S. J. Hu, and S. M. Wu, "Computer Aided Identification of Root Causes of Variation in Automobile Body Assembly," *Manufacturing Science and Engineering*, Proceedings of ASME Winter Annual Meeting Production Engineering Division, New Orleans, Louisiana, 1993.

8. Ceglarek, C., and J. Shi, "Fixture Failure Diagnosis for Autobody Assembly Using Pattern Recognition," *Journal of Engineering for Industry*, 118 (1), 55-66, 1996.

9. Shi, J., *Stream of Variation Modeling and Analysis for Multistage Manufacturing Processes*, CRC Press, 2010.

10. Hu, S. J., "Evolving Paradigms of Manufacturing: From Mass Production to Mass Customization and Personalization," *Procedia CIRP*, 7: 3-8, 2013.

11. Pine II, B. J., *Mass Customization: The New Frontier in Business Competition*, Harvard Business School Press, Boston, MA, pp. 43, 1993.

12. Hu, S. J., "Evolving Paradigms of Manufacturing: From Mass Production to Mass Customization and Personalization," *Procedia CIRP*, 7: 3-8, 2013.

第 **40** 章
工作单元设计

理查德·穆特及其合伙人　H. 李·海尔斯（H. LEE HALES）　著
清华大学　郑　力　译

40.1　综述

本章分步介绍了如何设计一个制造单元，讨论了每个步骤所需的信息和分析过程，以及所实现的产出，讨论了几种典型的制造单元，还讨论了与自动化相关的一些问题。本章提供了一个制造单元的设计和运作过程中所涉及所有主要方面的列表，包括布局安排、操作程序、组织和培训。

40.2　背景

40.2.1　制造单元的定义

一个制造单元由两个或多个操作站、工作站或机器组成，用于加工一个或有限数量的零件或产品。一个制造单元具有特定的工作区域，并作为单个生产设备进行计划、管理和度量。一个制造单元一般相对较小，并且可以实现自我管理。通常，制造单元的产出或多或少是一个完整零件或组件，可供下游操作或制造单元加工，或者直接发货给客户。

在涉及制造单元时，必须首先设定设备、程序和人员三个方面的问题。制造单元由物理设备组成，如布局、材料处理、机械和能源供应设施等。制造单元也需要包括质量、工程、材料管理、维护和会计的操作流程。而且由于制造单元雇佣多种不同工作和能力的人员，还需要政策、组织结构、领导和培训。

制造单元本质上是类似工作组或家庭作坊的生产线（或按产品形成的生产布局）。它是生产布局和组织的一种替代方式，其中生产原料通常在由相似过程或操作组成的环节间连续移动。这种生产布局通常需要更大的库存，因为零件在部门之间需要等待，尤其是生产较大的批次。原材料需要在部门之

间大量搬运，整体使得加工时间变长。因为在下游部门注意到问题之前，可能会过去很长一段时间，并且可能会产生很多的不合格零部件，这种生产暴露的质量问题会很大。

40.2.2　制造单元的优点

对于制造单元进行的改善主要是减少操作之间的距离。这样就减少了原材料的搬运、制造周期、库存量、质量问题和空间需求，图 40-1 所示为某工作单元。

图 40-1　某工作单元

相比于基于流程的布局和组织，制造单元有以下优点：

（1）减少原材料搬运　由于各个操作在特定区域内紧密相连，搬运距离可以减少 67%～90% 。

（2）减少在制品　由于物料不会在较远的操作处等待，通常可以减少 50%～90% 的在制品库存。此外，在制造单元内部，使用较小批量或单件流，可以进一步减少加工过程中的库存。

（3）缩短生产时间　因为零件和产品可以在相邻的操作之间快速流动，加工周期可以从几天缩短

至几个小时甚至几分钟。

除了这些主要的、可量化的方面，制造单元还有以下优点：

1）更容易的生产控制。

2）更高的生产力。

3）更快地解决质量问题。

4）更有效的培训。

5）更好的人员利用。

6）更好地应对变化。

还有一些优点来自更小、更集中和更简化的制造单元生产。

该工作单元将金属板架、激光切割机和压制机放置在比较靠近的区域。先经过激光切割机切割，再经过交叉切割机切割，用推车在机器之间实现物料搬运，然后搬运至焊接或涂装处。需要冲压成型的工件，在激光切割之后进行冲压。从片材到成型零部件的总搬运距离小于40ft，流程时间短，几乎没有中间操作。

40.2.3 设计和运作制造单元的难点

为了实现制造单元的生产优点，设计和运作制造单元需要克服以下难点：

1）机器利用率偏低：在某些情况下，可能需增加同型的机器。在另外情况下，在过程导向的生产部门或加工车间中比较合适的大型和高速设备，须更换为比较适合单元生产能力较慢及较小的机器。

2）工人的反抗情绪：制造单元的设计过程中缺乏工人的参与，或管理层解释新制造单元的动机不足，特别是涉及裁员问题。

3）需要训练，再复训工人：新制造单元通常让工人有更多的职责。

4）工资和绩效度量问题：特别是在使用个人绩效和计件的奖励措施时。典型的面向团队的制造单元的特质和减少库存的目标，可能会和传统的激励和绩效方式相悖。

40.3 制造单元类型

制造单元可以根据 P（产品种类）和 Q（生产数量）的特征，以及 R（所采用工艺顺序或路径）的性质分为不同的种类。P、Q 和 R 之间的相对关系以及对于制造单元的影响如图 40-2 所示。

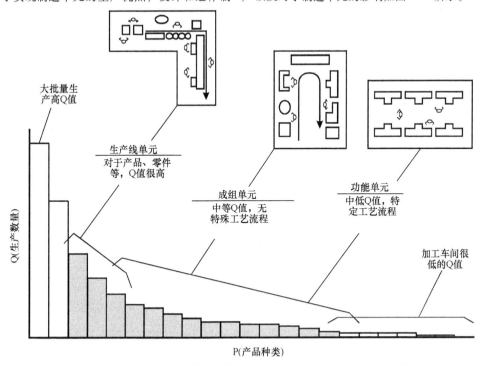

图 40-2 制造单元的种类和性质（摘自 Planning Manufacturing Cells，版权归 Richard Muther & Associates 所有，2002）

生产线、零件组和功能单元：

制造单元通常应用于生产中等范围的产品-数量（P-Q）分布。非常大批量的零件或产品生产（通常年产量大于 100 万件的）采用专门的大规模生产技术，比如高速自动化生产、连续装配线或传送机器。反之，非常小的批量和间歇的生产也不采用制造单元生产。P- Q 曲线末端的产品最好在一般通用的加工车间生产。在这两极端批量之间的，可能以某种方式分组或组合，许多零件或产品可以采用一个或多个制造单元生产。

在中间范围，一个生产线单元可以专用于生产一个或几个大批量的产品。这种类型的单元将具有传统连续生产线的许多性质，但通常机械自动化的程度较低。

中等和较低的生产批量通常应用成组技术，采用成组技术制造单元，这是最常见的制造单元。相比于生产线，成组技术制造单元实现产品的连续流动，但同时又实现工件和工艺路线的多样性。

如果加工步骤以某种方式专门化，需要专门的机械和设备，或需要某种特殊的保护围场，则可能比较适合采用功能单元。功能单元通常用于涂装、电镀、热处理、特殊清洁以及类似的批次或对环境敏感的加工。如果功能单元加工组件或生产线单元的零件，则需额外的处理，增加生产时间和库存，因为零件必须运输并保存在功能单元之前和之后。因此，设计人员应首先考虑将特殊加工过程分解或重复成一个成组制造单元或生产线单元。

设计三种制造单元（生产线、成组制造和功能单元）所需的步骤是相同的。然而，所关注的重点和具体技术将根据涉及的制造过程的物理性质而有所不同。例如，当设计机器加工和制造单元时，关键机器的产能是至关重要的，并且可能相对固定。从一个零部件或产品改变到另一个所需的时间也是至关重要的。由于机器准备及换模造成的设备产能浪费也是非常重要的，在确定机器数量之后，人力规划可能是次要的。相反，在进行成组规划时，必须了解运行时间的变化，并且平衡操作人员的工作，以确保良好的人员利用率。在这样的装配单元中，设备的利用率可能是次要的问题。

40.4 如何设计一个制造单元

大部分的制造单元设计都可以分为 6 个简单的步骤：

1）项目定位。
2）零件分类。
3）生产流程分析。
4）制造单元计划生成。
5）最佳方案选择。
6）设计具体化及执行。

这种方法在 Richard Muther、William E. Fillmore 和 Charles P. Rome 的《制造单元的系统设计方法》

一书中有详细的描述。经由作者允许，在这里简要介绍这种方法的概要。

40.4.1 第一步：项目定位

制造单元设计的第一步是组织项目，从目标声明、加工目标和预期的改进开始。应该注意设施或环境施加的外部条件。还应该对紧急情况、时间安排、管理限制或其他政策事项等问题进行设计规划和业务状况的审查和了解。商定项目的范围和最终产出的形式。

所有的制造单元项目都是从一系列开放的问题开始的。这些问题、机会或简单的疑问将影响制造单元设计或其之后的运作。这些问题必须在设计过程中得到解决和回答。典型的问题包括：检查和维护责任、成本核算方法、程序安排、工作设计和培训；还有可用空间、设备和能耗相关的物理问题。计划人员和规划队伍应该首先列出他们的问题，并对每个项目的相对重要性进行评估。

项目定位还需要可行的项目进度控制，显示必要的任务和分配。可以使用前面概述的 6 步骤程序来完成基本规划任务，以适应当前项目的具体情况。步骤一的最终输出，可以用在类似于图 40-3 所示的简单工作表或表单进行总结。

40.4.2 第二步：零件分类

大多数项目都有在制造单元中加工的零件候选列表。这些零部件通常具有相同或相似的工艺路线。计划者必须澄清、确认属于单元加工的候选零件，并确定那些不属于单元的部分。对零件进行分类可简化制造单元的分析和设计。在分类中的第一次划分通常是根据候选部分的物理特征，包括以下内容：

1）基本材料类型。
2）质量等级、公差或表面精度。
3）尺寸。
4）重量或密度。
5）形状。
6）损坏风险。
其他用来分类的属性还包括：
1）数量或需求量。
2）工艺路线或加工顺序（以及任何特殊或主要考虑因素）。
3）服务或额外人工需求（与所需工艺设备有关）。
4）时间，可能不仅仅是需求相关的，例如，节拍时间，还有季节性；时间表相关的峰值或谷值；相关的班次；或者如果某些部分具有非常长的或非常短的加工时间，则可能与加工时间相关。

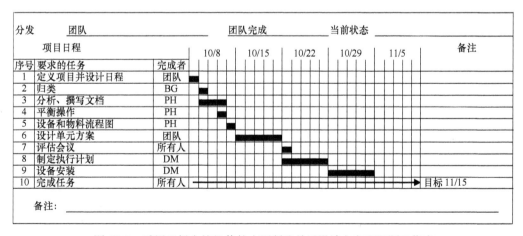

图 40-3　适用于钣金炉组装的小型制造单元设计方向和问题工作表

（来源：Richard Muther, 1995）

较不常见但也重要的分类因素包括结构特征、安全问题、监管考虑、营销相关因素，甚至组织因素，可能反映在特定部分的安排和生产方式上。

所有这些因素如图 40-4 所示。

设计者需要识别并记录每个零件或项目的物理特性和其他注意事项。如果记录或评估每个数量或特定维度比较困难，可以对每个特征的重要性进行评估，以确定其与其他部分的对比或独特性。根据

图40-4中所示的元音字母，数量级的等级代码定义如下：

A——非常重要；

E——很重要；

I——重要；

O——普通；

U——不重要。

在记录或评估每个零件或项目的物理特性和其他注意事项后，需要注意具有相似特征的零部件——即根据最重要的特性和注意事项对零件进行分类。将代码字母分配给每个类、组或含义相似的组合。在类别标识列中输入每个部分或项目适当的类别字母代码。

当同时生产大量不同的零件时，设计者应特别强调将零件分成具有相似操作顺序或工艺路线的组或子组。分配在同一组的零件都将经过相同的操作。通常，对于生产许多不同零件的制造单元，这是制造单元设计后续步骤中最有用的分类类型。第二步的最终输出"零件分类"是要在制造单元中将生产的零件的类或组列表。

序号	名称	基础材料	质量等级	尺寸	密度	形状	破损风险	价值	Q	R	S	T	B	F	L	K	O	注释	组别
A	顶部	钢	O	E	8	"U"	O		1		O		U	O	U	U	U		b
B	底部	钢	O	E	8	"U"	O		1		O		U	O	U	U	U		b
C	盘架	钢	O	O	4	"I"	O		2		O		U	O	U	U	U		d
D	热支架	钢	O	O	4	"I"	O		1		O		U	O	U	U	U		d
E	中心	钢	O	O	2	"H"	O		1		O		U	O	U	U	U		d
F	背部	钢	O	I	8	"F"	O		1		O		U	O	U	U	U		c
G	加固件	钢	O	O	3	"FL"	O		2		O		U	O	U	U	U		d
-	装配	钢	O	A	44	"R"	I		1		O		U	O	U	U	U		a

（表头：产品、零件归类表　项目名称　烤箱安装单元　项目号 99509　BG　日期 10/9　表 1　物理属性　其他属性　组别）

（中部标注：装配　待计算）

其他属性
- Q 数量/产量/需求
- R 路径/过程控制
- S 服务/功能需求
- T 时机/互补季节
- B 建筑特色
- F 安全问题
- L 法律/监管问题
- K 市场因素
- O 其他/操作者/组织

备注：
- a. 重量单位：盎司
- b. 参考尺寸：24in×19in×16in
- c. 单位件数
- d.
- e.

图40-4　图40-6所示部件的产品/零件分类工作表
（来源：Richard Muther, 1995）

40.4.3　第三步：生产流程分析

在第三步，设计人员使用图和表来可视化每个类别或零部件组的工艺路线，然后计算满足目标生产率和数量所需的机器、操作员和工作场地的数量。

如果该设计是针对组装单元，则可视化过程的首选方法是使用如图40-5所示的操作流程图。图40-6所示为钣金烤箱的组装过程。烤箱主要由上半部分、下半部分和后部组成，还有一些较小的部分。

除了显示完成项目的逐步组装过程之外，过程图还显示了每个步骤的加工时间。考虑到目标生产率和可用的工作时间数量，设计人员需要计算流程的工作内容并将其分解为有意义的工作分配。这样，可以确定所需操作员和工作场所的数量以及它们之间物料的流动。必须做出假设或计算，以确定中断时间以及物料搬运、清扫管理等非增值过程，这个过程称之为线平衡。好的线平衡能够实现所需的生产率、操作员人数的最少以及空闲时间最短化。

一旦平衡到设计团队满意的程度，就可以在设备和流程图中定义并表示工作场所和设备。这是第三步的最终输出（见图40-7）。在此示例中，缩放的模板表示设备。这种图形细节是有用的，但不是强制性的。一个简单的方形符号可用于表示每个操作员工作站或每台机器。行数和小写字母表示零件和物料的流动。

在设计加工或制造单元时，使用零件组件流程图来说明各类零件的操作顺序（见图40-8）。

零件流程图必须附有容量分析，显示制造单元所需的机器的类型和数量。这种容量分析的简单形式如图40-9所示。

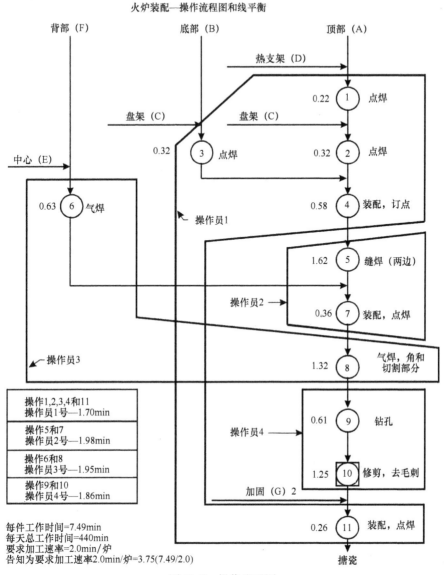

图 40-5 操作流程图

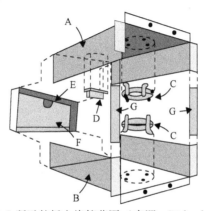

图 40-6 图 40-5 所示的钣金烤箱草图（来源：Richard Muther, 1995）

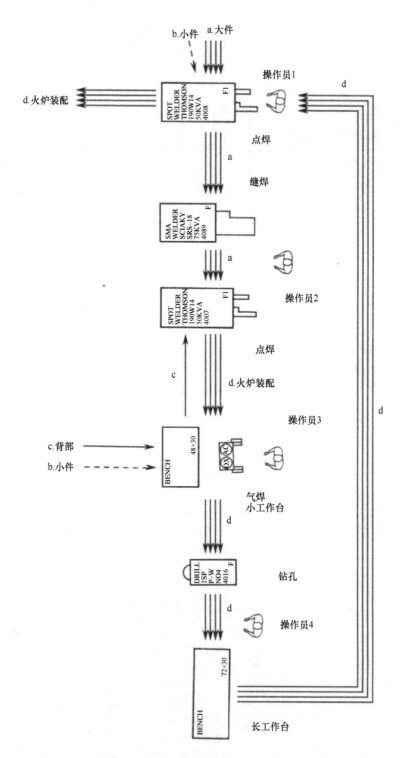

图 40-7　根据图 40-5 操作流程图以设计制造钣金烤箱的设备和流程图（来源：Richard Muther, 1995）

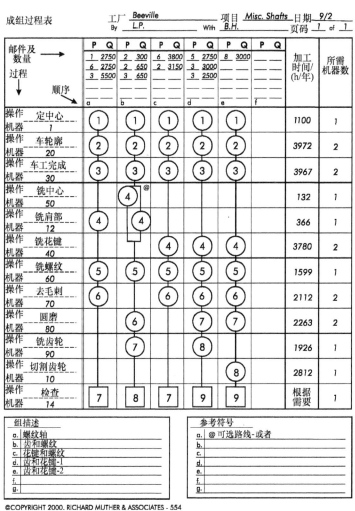

图 40-8 钢轴零件流程图

（摘自 Planning Manufacturing Cells，版权归 Richard Muther & Associates 所有，2002）

在计算机器数量时，设计人员必须确保增加停机时间，安排干扰以及各零件和零件组之间的切换时间。

良好的制造单元设计能够满足所需的生产率，具有适当数量的机器和使用率水平。通常情况下，这一分析过程将揭示一些设备计划中的设备的过度利用和利用率不足的情况。如果过度利用，设计人员可能会选择：

1）从单元中移除零件以减少设备的使用率。

2）购买更多设备。

3）减少操作、切换或维护时间。

4）改变制造过程，以消除对设备的需求。

如果设备的使用率过低，设计人员可以选择：

1）将零件加工添加到单元中，以增加设备的使用率。

2）将设备留在单元外部，并且设计单独的工艺路线。

在物料更多地由人工调度而不是机器调度的加工或制造单元中，除了粗略的容量和利用率分析之外，单元设计者可能需要进行工艺线路的平衡工作。在某些情况下，计算机模拟可有助于检查产品组合变化和生产量峰值的影响。

一旦确定了机器的数量，就准备好了与图 40-7 中所示的设备和流程图。图 40-10 所示的标准化工作形式是一种类似概念的可视化，也说明了操作员的时间和周期。

40.4.4 第四步：制造单元计划生成

制造单元的设计过程是将零件和加工过程耦合到有效的布置和安排中。应该包括：

产品分组/描述	加工中心编号			机 器 类 型										
				1	20	30	50	12	40	60	70	80	90	10
	部件号	型号	年产量/件	中心车床	轮廓车床	发动机车床	关键铣床	普通铣床	花键铣床	螺纹铣床	钻床	圆磨床	齿轮铣床	齿床切割机
h/年				750	2192	2775	0	0	3521	718	838	1585	1563	1750
（b）齿轮和螺纹轴														
后轴齿轮轴	47345	LS20	300	8	55	28	—	15	—	15	—	123	15	—
	53049	B30												
动力输出轴	36456	L10	650	13	108	32	—	18	—	43	—	132	39	—
	70459	L20												
辅助齿轮轴	56097	LS20	650	13	135	74	120	—	—	67	—	149	32	—
	78905	B20												
	76890	B30												
（a）螺纹轴														
注射泵驱动轴	46785	M85	2750	42	335	255	—	22	—	205	275	—	—	—
转向关节臂	46056	L10	2750	42	335	255	—	22	—	205	275	—	—	—
	45159	BH10												
	45907	L20												
	45650	BH20												
	45432	BV20												
	45329	B30												
主销	46554	L-B10	5500	92	350	275	—	92	—	228	245	—	—	—
	56354	L-B20												
	10101	B30												
机器运行时间（h/年，包括加工和空转）				964	3335	3664	120	315	3521	1458	1821	1989	1649	1750
启动时间（h/年）				100	600	260	3	30	210	111	21	200	200	522
计划维护时间（h/年）				24	25	28	6	14	33	20	180	50	52	360
故障宽放时间（h/年）				12	12	15	3	7	16	10	90	24	25	180
总加工时间（h/年）				1100	3972	3967	132	366	3780	1599	2112	2263	1926	2812
机器需求数量				0.6	2.0	2.0	0.1	0.2	1.9	0.8	1.1	1.1	1.0	1.4
现有机器数量				1	2	2	1	1	2	1	2	2	1	1
利用率				55%	99%	99%	7%	18%	95%	80%	53%	57%	96%	141%

图 40-9　图 40-8 中列出的钢轴的容量利用率工作表

（摘自 Planning Manufacturing Cells，版权归 Richard Muther & Associates 所有，2002）

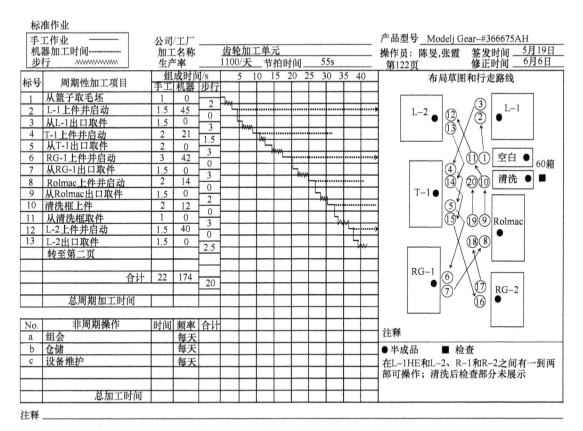

图 40-10　齿轮加工单元的标准化工作

（摘自 Planning Manufacturing Cells，版权归 Richard Muther & Associates 所有，2002）

1）操作设备布局（物理上）。

2）搬运或处理零件和物料（物理上）的方法。

3）调度的程序或方法，并支持单元运行。

4）制定所需的政策、组织结构和培训单元工作人员。

开始这一步的最佳方法是从第三步中开发的设备和流程图中绘制布局。一旦机械设备和工作场所布局可视化，就可以确定物料加工和存储方法。然后添加物料搬运设备、集装箱和仓储，或零件加料设备。设计人员还需要增加工作场所尚未可视化的支持设备，如工具和模具存储，夹具存储，计量表和工具设置，检查区域，供应存储，垃圾桶，书桌，计算机终端和打印机，显示板，会议地区等。

一旦布局和物料搬运方法（单元设计计划的物理方面）已经确定，设计小组将注意力转移到程序和人员方面。在作者的经验中，为了确保制造单元顺利运行，程序和人员方面通常比布局和加工更为重要。这些方面包括人员配置，安排，维护，质量，培训，生产报告，绩效考核和薪酬方面的过程和政策。实际上，其中一些在布局和操作讨论中已经确

定了；剩余部分应由团队明确界定，经管理部门批准。可行的单元设计计划的文件也将要求解决第一步列出的剩余计划问题。第四步的最终输出是一个或多个单元设计计划。这些将采用如图 40-11 所示，包含相关策略和操作步骤的布局。

40.4.5　第五步：最佳方案选择

在第五步中，设计小组和其他决策者将对第四步中准备的备选方案进行评估，并选择最佳方案。通常，这种选择将基于成本因素和一些无形因素的比较。典型的因素包括：

1. 投资成本（及节省成本或避免费用）

1）新的加工设备。

2）物料搬运设备。

3）托盘，集装箱和仓储设备。

4）辅助设备。

5）建筑或区域准备。

6）一次性搬运费用，包括加班费。

7）培训和运行。

8）工程服务。

图 40-11　根据图 40-7 的钣金烤箱的设备和流程图改进的组装单元方案
（来源：Richard Muther，1995）

9）许可证，税费，运费或其他杂项成本。

10）库存增加或减少（一次性）。

2. 运营成本

1）直接劳动成本。

2）福利和与人员有关的费用（如健康保险费）。

3）间接劳动成本。

4）维护。

5）设备或空间的租赁。

6）水电瓦斯费用。

7）库存增加或减少（年持有成本）。

8）报废和返工。

3. 无形因素

1）柔性。

2）对于生产需求变化的响应时间。

3）易于监督。

4）易于物料搬运。

5）空间利用率。

6）易于安装（避免中断）。

7）关键员工的接受程度。

8）对质量的影响。

选择最佳的单元设计计划，只考虑成本因素是不够的，通常涉及太多无形因素的考虑。而在多数情况下，候选计划的成本一般在相对较窄小的范围内。实际上，最终的选择往往取决于无形因素。

因子加权法是基于无形因素进行选择的最有效方式。在列出有关因素后，应分配权重以表明其相对重要性。有效的规模是 1～10，10 是最重要的。接下来，小组运营团队应对每个备选方案的每个加权因子的绩效或有效性进行评估。重要的是需要单元的操作人员和工厂其他人员（最接近实际生产加工或者对设计方案选择负责的人员）进行评级。

由于评级是主观的，它们最好用简单的字母量表，然后转换为数值和分数。例如以下等级和分值：

　　A——几乎完美的结果（优秀）4 分；

　　E——特别好的结果（非常好）3 分；

　　I——重要结果（好）2 分；

　　O——普通结果（公平）1 分；

　　U——不重要的结果（差）0 分；

　　X——不可接受，修正结果或不予考虑。

　　评估值乘以因子权重并且求和，就得到每个候选计划的得分。如果一个计划比其他计划高 15% ~ 20%，那就可能是更好的计划。如果成本是可以接受的，应该选择这个方案。如果没有任何方案得分明显优于任何其他方案，那么选择最便宜的方案，或考虑其他因素。第五步的最终输出是所选的单元设计计划。

40.4.6　第六步：设计具体化及执行

　　一旦选定了单元设计方案，设计的细节仍然需要进一步制定，并为具体实施设计方案做准备。细节设计应该从所选单元布局尺寸绘制开始，通常以较大的比例开始，比如 1∶50。详细的设计应该包括每个工作场所的缩略平面图，并显示以下内容：

　　1）普通操作员工作位置。

　　2）工具、量规和控制器的位置。

　　3）零件容器、夹具和工作场所维护设备。

　　4）水电气连接位置。

　　5）控制面板和机械设备的位置。

　　6）照明位置。

　　在某些情况下，一张三维草图是很有用的，可以显示工作表面，固定设备，容器等的垂直位置。当高度固定的机械设备与固定式输送机连接或使用机器人连接时，也可能需要开发 3D 的计算机模型，以模拟或测试干扰和正确的摆放位置。

　　在轻型制造单元（加工或组装）[*] 中，设备在安装过程中易于调整，3D 模型通常不是必要的，传统的平面图通常就足够了。

　　如果空间可用，时间允许，可以通过使用纸板、木材、轻金属或塑料管（见图 40-12）创建单元的真实尺寸模型来更好地观察。通过让这个模型中的操作者参与，很多有用的细节可以在很短的时间内完成。模拟提供了两个显著的好处：

　　1）它们容易发现被忽视的细节，这些在实施后期改变的话，将是非常昂贵的。

　　2）它们比屏幕上的计算机模型或布局的 2D 平面图，可以获得更大程度上和操作员的参与和交互。

　　实施一个制造单元计划可以在相对较小的规模对实际工厂规模的生产进行改善。单元实施计划应

图 40-12　根据图 40-10 所示的齿轮
加工单元的物理模型的构造

（摘自 Planning Manufacturing Cells，版权归
Richard Muther & Associates 所有，2002）

该包括为了以下改善的任务、时间和资金：

　　(1) 工作区的整洁和安全　处理不必要的物品，修理漏水，清理和喷涂机器设备，地板，天花板，设备围栏，过道导轨，护栏等。

　　(2) 视觉控制　标记和条纹，机器设备和工作场所的标志，标记工具和夹具的储存容器，信号灯和显示面板。

　　(3) 质量管理　机器和过程能力，工具、量程列表和校准计划，防错和故障分析，控制计划，培训等的校准。

　　(4) 维护　修理和重启机器设备，更换破旧设备，预防性维护计划，操作人员维护程序等。

　　(5) 准备工作减少　视频录音，时间研究和方法分析；重新设计固定装置，工具和机器；关键设备，仪表和固定装置的重复，责任和培训的重新定义等。

　　一旦确定了必要的任务，就应将其分配给适当的个人，按时间和资源估算，并将其列入时间表，并确定任务之间的依赖关系。第六步的最终输出是详细的，准备具体实施的制造单元设计方案。

40.5　价值流和多单元的建立

　　通常，制造工厂的目标是围绕价值流进行组织的，使得产品线及其零部件按照加工顺序排列并且紧密相连。这样的价值流布局通常由几个单元组成，单元之间紧密相连。当总体积较大时，就存在需要多少个单元的问题。给定一些候选的被加工零件及其期望的生产率或数量，设计者必须决定单个制造单元是否合适，还是操作应分散在多个单元中。

　　当一个或多个单元服务其他单元时，该项目就

成为一个不同于规划"小型制造单元"的规划（见图40-13）。这时，需要进行额外的分析，以协商在单元之间流动的物料的处理方法和调度程序。还有可能有必要在设计的单元之间分享人力资源或设备产能。而且，该项目也需要统一的政策、监督和业绩考核方式。

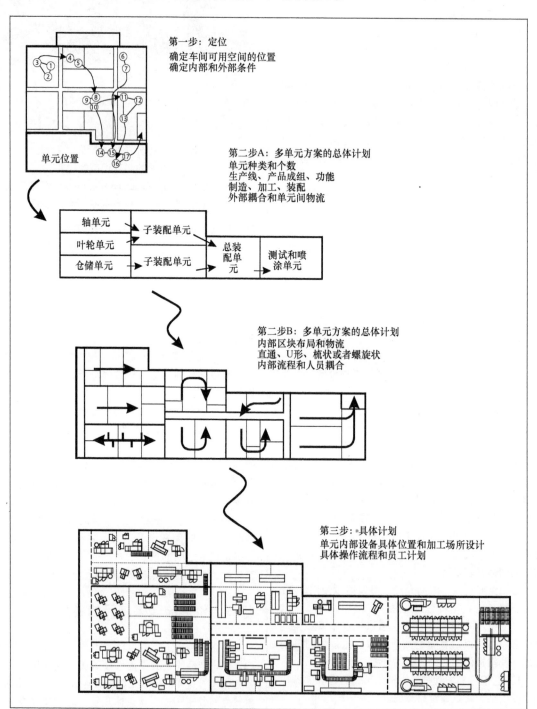

第一步：定位
确定车间可用空间的位置
确定内部和外部条件

单元位置

第二步A：多单元方案的总体计划
单元种类和个数
生产线、产品成组、功能
制造、加工、装配
外部耦合和单元间物流

第二步B：多单元方案的总体计划
内部区块布局和物流
直通、U形、梳状或者螺旋状
内部流程和人员耦合

第三步：具体计划
单元内部设备具体位置和加工场所设计
具体操作流程和员工计划

图 40-13　价值流和多单元计划
（摘自 Planning Manufacturing Cells，版权归 Richard Muther & Associates 所有，2002）

即使在设计单个制造单元的情况下，设计过程也有可能非常复杂，尤其是如果单元的位置范围广泛，自动化程度不够明确，而且存在剧烈的人员组织变动，例如从传统监管团队转向自我监督团队。

40.5.1 四阶段方法

多单元和复杂的规划项目需要的不仅仅是前面描述的六个简单的步骤。这些项目最好通过四个循环的阶段进行规划。

每个阶段的具体步骤在 Hales and Andersen 的《设计制造单元》一书中进行了详细的描述。现在在这里简要介绍每个阶段的内容。

1. 第一阶段——定位

复杂的项目或大规模的项目可能需要整个阶段来确定单元的最佳定位预期，涉及单元设计需要解决和带来的问题。为了得到正确的决定，可能需要多次创建或更新总设施规划。也可能需要对单元本身做一些具有前瞻性概念设计。因此，与第二阶段的总体单元计划相互影响。

2. 第二阶段——总体单元计划

在大型或复杂的规划项目中，第二阶段定义了制造单元的总体规划。这包括单元的数量及其各自的加工零部件，加工过程以及它们之间的关系。区块布局与区域之间的物料搬运计划需要一起设计。然后制定一般操作规范或政策。这些设计活动和决策在上一节"如何规划制造单元"描述中的简化六步方法中没有得到解决。在第二阶段中达成的决策也可能需要一些详细的规划和设计，因此和第三阶段的详细单元计划相互重叠影响。

3. 第三阶段——详细单元计划

第三阶段详细说明了所选总体计划中的单元细节。之前描述的六步骤简化程序在这一步非常有效。在第三阶段完成时，设计小组需要确定每个制造单元的最佳详细计划。

4. 第四阶段——实施

在第四阶段，需要为每个单元定义实施的时间表。在涉及多个单元的较大规模且复杂的项目中，此计划可能会跨越几个月的时间。它一般包括各个单元安装之间的相互依赖关系，以及周边设施，组织和管理系统的变化。然后，设计团队在获得批准和资助之后，采购必要的设备和服务，指导物理和程序的实施，并进行调试，最后开始每个单元的实际生产。

40.5.2 自动化技术的影响

大多数的制造单元由常规的人为控制的机械和设备组成，如图 40-1 所示。然而，在一些行业和加工环境下，可以使用自动化的机械和机器人。与图 40-1 所示的钣金加工单元不同，图 40-14 中的单元使用机器人处理切割和成型机器之间的加工步骤，并且使用计算机控制每台机器的操作。

图 40-14　由机器人实现切割和成型压力机之间物料搬运的钣金制造单元设备和机器人由计算机控制（来源：ABB）

这种自动化技术在用于大体积，重复焊接和危险操作（如锻造）的制造单元中是很常见的。在许多小型或精密零部件的大批量组装中，单元可以由自动装配机和拾取放置机器人组成，由输送机进行连接。整个单元可以实现计算机控制，操作者只向单元提供维护服务和物料处理。在某些情况下，物料处理也可以使用自动引导车辆进行搬运。

在复杂的多轴加工中，单元采用完全自动化的柔性加工系统，其中零件在鱼刺状输送机上移动。操作员的主要角色是在零件进入和离开单元时完成上料、下料和调整的工作，并且监督维护系统运行。

在完全手动和全自动化操作两个极端之间，制造单元可能包括了一些零件进给和装载的有限自动化操作，或是操作之间的物料搬运。常见的例子是在机床上使用自动推出器或卸载装置。这些通常用于和手动装载机器周期时间相同的零件搬运操作。部分自动化还包括输送零部件垫圈，隧道式固化炉或类似的过程设备。通常，输送机在各个操作之间自动搬运物料，无需操作人员的干预，并且可以将成品放入容器中。

如果计划了具有计算机控制的自动化单元，则应特别注意估算设备，软件，系统集成的成本以及系统的持续维护。健全技术标准和计算机系统的文档将有助于降低这些成本。如前所述，使用 3D 计算机模型的高级可视化功能通常在检查机器人单元的物理干扰时非常有用且必不可少。计算机模拟对于具有多个相互依赖的机械和物理处理的单元也是很有用的。

机器人、自动化设备和计算机控制正在不断成熟。同时，在通货膨胀的情况下，它们的成本正在逐渐下降。这是技术进步，日益广泛的采用和经验曲线造成的正常现象。

然而，在发展中国家，工资低，青年员工充足的工厂，自动化工作单元和计算机控制系统可能较难实现。除非有重复性和精确度，或其他一些质量或安全相关条件的要求。

在比较成熟的经济体环境下和工资较高的工厂，自动化案例比较容易实现。在这里，大量简单和标准的生产通常被外包以降低成本，灵活多变的中等规模生产由经验丰富的员工在较老旧的设备上加工。通常，工厂用稳定的设计和工艺生产最成熟的产品。投资旧的设备，产品，流程，或工厂本身对于管理者来说都是不太愿意尝试的挑战。

当具备以下条件时，使用自动化和先进技术是最合适的：

1）产量非常大，通常每年超过 50 万件，产量是可预测或稳定的。

2）对于操作人员来说，生产过程是危险的或不安全的。

3）非常高的重复性和精度要求。

4）劳动力成本高，难以聘用新员工，难以保留老员工。

5）制造单元将全年运行两到三班。

6）资本容易获得，管理层愿意进行长远投资。

7）产品寿命相对较长（需要大量更改设计）。

8）产品设计相对稳定。

9）加工技术稳定。

10）公司或工厂具有先前的成功的自动化系统经验及可以提供技术支持。

当满足这些条件中的几个条件时，至少有一个候选单元设计方案应该利用自动化，以确保不会忽视自动化的优点。

40.6 制造单元设计要点一览表

下面的章节主要介绍了制造单元设计过程中注意要点的一览表，并且简要讨论了最常见的选择或决策过程。主要围绕前面讨论的单元设计方案的三个方面进行：物理布局、程序和人员。介绍的顺序大致遵循项目规划期间需要做出选择和决定的顺序，即从物理布局开始，然后是程序性的，最后是人员相关的。

40.6.1 物理布局问题

1. 布局和流水线模式

（1）单元中应使用哪种流水线模式

1）直通。

2）U 形或环形。

3）L 形。

4）梳状或螺旋状。

制造单元可以分成四种基本流程模式（见图 40-15）。尽管 U 形为广泛采用和接受，其他模式也有其优势和适当的用途。当设计团队尽量考虑至少两种候选流程模式时，一般可以实现最佳的单元布局。

基础单元物流形式以及它们的优点

直通 	1. 易于理解、遵循、计划和控制。 2. 允许直接、便宜的处理方法。 3. 两端易于衔接。 4. 避免交货点的拥挤。
U形或环形 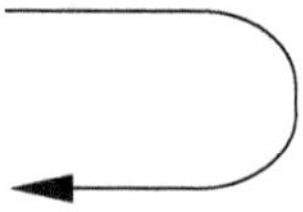	1. 自动返回产品、固定夹具和手持加工设备到单元入口处。 2. 交货和取货点相同，方便处理进出单元物料。 3. 中心的工人可以更容易地相互协助。 4. 更容易地为操作员分配多个操作，允许简单的线平衡。
L形 	1. 允许将较长的一系列操作装入有限的空间。 2. 使从一端开始单元物料供给，并在使用点结束。 3. 可以在转折点隔离危险或移动昂贵的设备，节省实施成本，可以向两个方向延展。 4. 容易隔离流入和流出的物料、产品、供给和特殊服务。
梳状或螺旋状 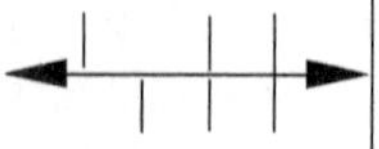	1. 适应双向流动。 2. 适用于具有高度可变路径的单元格。 3. 允许需要"手指/牙齿"隔离的特殊要求。 4. 适合功能单元。

图 40-15 基本制造单元流动模式

（摘自 Planning Manufacturing Cells，版权归 Richard Muther & Associates 所有，2002）

（2）流水线模式的选择 如何与整个工厂布局

和物料流程相匹配在决定每个单元的内部流程模式时，不要忽视其与工厂总体布局的关系并对其产生的影响。工厂的通道和通用流程模式的布局可能更加有利于单元内部的流程模式。

2. 物料搬运和存储

1）要搬运的物料的类别是什么，一般可以分为：

① 进入单元的物料。

② 单元内工作站之间的在制品。

③ 流出单元的物料需要着眼于物料一般的搬运和存储方式，定义物料的类别。通过流程分类和分析，需要定义在制品的类别。但是，对进入和流出单元的零件和物料的分析可能也会引入其他未经定义的类别。

2）每个种类的物料应采用什么搬运设备。典型的设备包括：叉车、拖车和推车、自动导向车、移动托盘、输送机、滑梯、滑槽、高架搬运设备，或简单的人工搬运零部件或物料。

3）将使用什么集装箱或运输容器。典型的选择包括托盘、滑板、散装或大型集装箱、小型集装箱和手提箱、纸箱或物料本身。

4）物料的存储或分拣在什么地方并且如何进行，将会使用什么设备。典型的选择包括：直接集成到机器中的地板、流动架、货架、托盘架、机柜或直接在工作台上。

5）多少物料需要分拣或存储通常用期望每分钟，每小时或每天的生产率表示。

6）需要多少分拣或存储空间，设置在什么位置？

3. 支持服务和能耗

1）需要什么流程相关的支持服务，工具和模具存储、夹具存储、计量台、工具设置、检查区域、耗材、垃圾和空容器，通常都需要相应空间和设备。

2）需要什么人工支援服务，典型的包括：商店和工作区，团队会议区，计算机终端和打印机，电话和公共广播扬声器，文件存储，公告板等。

3）需要什么特殊的能耗，水和下水道，特殊电气化，特殊通风或者排气，灯光。

40.6.2 流程问题

1. 质量保证和控制

1）谁负责质量，加工人员会检查自己的工作吗？其他操作员的工作？还是会设有专门的质量检查员？从单元内部还是从外部？

2）会使用什么方法，如视觉、统计过程控制、错误打样等。

3）是否需要特殊设备。

4）什么规格或程序是相关的，应该纳入计划当中。

2. 工程

1）谁负责工程相关的零部件和过程。

① 产品工程。

② 制造/加工/工业工程。

2）如何管理模具，由外部的中央组织，还是单元内部的组织？工具是分享还是专用于每台机器？

3）工具在哪里存储，外部还是内部？集中还是每个工作场所或机器分开？

4）谁负责启动，外部还是内部？操作员本身还是其他团队？

3. 材料管理

1）如何报告生产情形，详细报告还是只需要总计？需要在每个单位完成时报告？执行的第一个还是最后一个操作？在每次操作完成后？

2）如何完成报告，使用纸张形式？关键输入？条码扫描或其他电子方法？

3）单元计划如何安排和由谁安排。

4）具体零件和作业如何排序，谁负责。

5）是否需要生产线平衡。

6）工作量和产能管理的策略是什么，单元如何响应产品组合，瓶颈和峰值的变化。

① 用额外的、空闲机器的产能。

② 用额外的劳动力或浮动人员。

③ 加班。

④ 用相邻单元的帮助。

⑤ 通过下线当前加工。

⑥ 通过建立前瞻库存。

⑦ 通过重新平衡或重新分配操作。

4. 维护

1）谁负责维护机械设备，由外部的中央控制，还是由内部区块操作者。

2）具体的维护工作和频率是否定义，谁负责清洁工作。单元操作员或外部人员负责。

3）是否需要预防性维护程序。

4）是否需要统计或预测维护程序。

5）单元是否需要专门的设备或服务来容纳或回收废物，碎屑，冷却剂，废料等。

5. 会计

1）是否需要新的会计或报告程序，是成本方面，还是劳动力、物料利用率方面。

2）将单元视为单一工作或成本中心进行报告，或者单元内的具体操作是否需要计算成本。

3）绩效报告是否区分直接和间接的活动。

4）员工根据具体工作还是订单进行报告。

5）库存是否需要按照单元计算成本，单元是否自主选择库存位置。

6）如何跟踪和报告废料及返工。

40.6.3　人员相关的问题

1. 监督和绩效评估

1）单元是否有指定的主管或领导团队，还是单元将作为自我领导的团队。

2）如何衡量和报告单元的表现，以及对谁。

2. 任务定义和分配

1）是否需要新职位，以及是否被定义。

2）单元操作员是专门的，还是跨工作交叉训练。

3）操作员是否定期轮换工作。

4）如何招聘和分配初始操作者，会在全厂范围内招聘吗？

5）后续操作者如何招聘。

3. 薪资和奖励措施

1）与工厂其他部门员工相比，单元操作者是否有特别的报酬基础。

2）操作者进行技能或交叉培训时是否有薪资。

3）是否有团队奖励以及如何计算。

40.6.4　系统规划和参与

单元设计者通常可以通过之前描述的六步骤规划每个单元来获得良好的结果。如果项目庞大或复杂，涉及多个单元，四个重叠阶段的附加结构将会起到作用。当每个单元都有了计划，首先要看一下物理情况，然后是程序，最后是项目的员工方面。每一步的计划人员都应涉及相关团体的目标业务人员和其他人员。以小组方式考虑上述问题，将确保最终选定的计划将顺利实施并满足所需的利益。

40.6.5　制造工程师的角色

在许多情况下，制造工程师可以作为主要的单元设计者。但为了获得最好的设计，生产人员也应该在设计制造单元方面发挥主导作用。当操作者和一线主管共同领导项目时，制造工程师发挥重要的支撑作用，通常侧重于单元设计的分析步骤和物理方面。工程师经常领导或执行大部分工作：

1）零部件分类。

2）流程和工艺路线的确定。

3）产能分析。

4）布局规划。

制造工程师还可以协助开发操作程序，并且协助成本估算和候选方案中成本比较。

40.7　结论和未来发展方向

通过将加工操作聚集到一起，制造单元可以减少物料搬运、周期时间、库存、质量问题和空间需求。除了这些主要的可量化的效益和重点性质之外，通常规模较小的单元还可以实现以下功能：

1）更容易的生产控制。

2）更高的生产力。

3）更快地对质量问题采取行动。

4）更有效的培训。

5）更好的人员利用率。

6）更好地应对工程变动。

考虑到这些优势，制造单元为实施丰田生产系统，精益制造，世界一流制造，准时化生产及其他改善全厂生产力的形式提供了实用的方法。通过各个制造单元的实施，可视化的管理和控制，消除浪费，减少启动，拉动信号和连续流动都将更容易实现。工厂和公司范围内改善计划的普及将继续扩大制造单元的使用。

由于它们相对快速且易于重新安排，制造单元已成为高质量要求，中低产量要求，较短生产周期产品的首选制造模型。对于高度量身定做，相对较低产量产品的营销也将扩大制造单元的使用。

参考文献

1. Muther, R., E. F. William, and P. R. Charles, *Simplified Systematic Planning of Manufacturing Cells*, Management and Industrial Research Publications, Kansas City, Missouri, 1996.

2. Hales, H. L. and J. A. Bruce, *Planning Manufacturing Cells*, Society of Manufacturing Engineers, Dearborn, Michigan, 2002.

第 **8** 篇
工 业 工 程

第 41 章
质量：检验、测试、风险管理及统计过程控制

美国 RAM Q Universe 公司　罗德里克·A. 芒罗（RODERICK A. MUNRO）　著
北京大学　张玺　张驰　译

41.1　ISO 31000 的营销

国际标准化组织（The International Organization for Standardization—http://www.iso.org，下简称 ISO）是掌管全球工程标准制定的国际组织。大部分国家都有相应的政府部门与 ISO 联合制定全球适用的社会通用标准（表示应用于整个领域的一般原则或指导思路，不同于具体的说明或使用方法），并由 ISO 与当地政府携手出版。ISO 有时也会与专业机构合作，旨在建立一个横跨全球的标准库。其中，ISO 9000 系列可能是人们最常接触的标准之一，它是当今众多企业质量管理体系的基石，第三方机构依据该系列中的 ISO 9001 标准对企业质量体系进行审计及认证。

众多 ISO 标准会被定期评估，有时会被重新校订，需要根据社会需求持续改进其内容。ISO 9001 的制定深受另一项 ISO 标准——《风险管理原则和指南 ISO 31000：2009》的影响。“风险”一词广泛应用于 ISO 9001 标准中，因此企业计划引入 ISO 9001 标准时，风险管理会深度影响企业对于各项工程运作情况的评估。在当今纷繁复杂的世界中，消费者对使用放心安全产品的呼声空前高涨，因此对组织本身或其客户的风险及机遇管理正逐渐成为工业界的重点关注对象。

有关 ISO 9000 系列还有一点说明需补充：ISO 9000 系列并未详细阐述测试（Test）或检验（Inspection）的具体操作方式。有关测试及检验的涵义，作者在书写本章时询问多位工程师后发现对检验与测试之间的区别和具体使用上变化繁多，对于两者并无明确界定。但总结各观点后存在一点共识，无论检验还是测试都着眼于把握组织中质量体系与工程体系的相互影响和协调工作。接下来，本章将阐述一些较高门槛的内容，读者可结合下文内容，仔细思考如何将测试及检验方法应用于自己的组织当中。

41.2　质量

品质控制/品质保证（QC/QA）的来源可追溯于同业公会时期[注]，那时师傅会教授学徒如何制造特定形状的物件并检验产品质量，时至今日，一些地方依旧存在这种手把手教授技艺的传统（比如我父亲生于苏格兰，从小被训练成为屠夫，然而这一手艺现正迅速没落，逐渐被人遗忘）。这一传承体系延续世代直至工业革命的到来，工业革命后，工作任务的细分需要劳动者知晓产品的标准形态来检验产出物品的质量（也就是我们熟知的“Fredrick Taylor 科学管理”下的批量检验）。品质控制与品质保证的根本区别在于，品质控制技术常用于生产制造过程中或之后核查产品品质（detection 查验）；然而品质保证技术常用于前期设计、试制及最初生产中，在源头防止问题发生，确保生产流程能够产出始终如一的产品。

20 世纪早期，一位有统计学背景的年轻工程师，从西屋电子公司贝尔实验室（Western Electric Bell

⊖　西欧中世纪时期，同行业众多企业为降低成本或提倡统一标准联合形成了同业公会，也是现代行业协会的雏形。——译者注

Labs）得到的检验数据中，发现了一些他自称为"模式"（pattern）的统计规律。这个小伙子便是 Walter A. Shewhart（休哈特博士，http://asq.org/about-asq/who-we-are/bio_shewhart.html），他的研究打开了 20 世纪 20 年代统计质量管理（SQC）蓬勃发展的大门（他绘了世界上第一张控制图，当时绘制的是 P Chart 图），并被冠以现代质量管理之父，他同时也是早期 American Society for Quality Control（美国质量管理学会，现指 ASQ Global—http://www.asq.org）的奠基人之一。

现今，我们努力改进各项识别与跟踪产品或服务品质的各种方法，所围绕的主题同样为"质量"，但这里的"质量"除了符合规格外，被 J. M. Juran（朱兰博士，http://asq.org/aboutasq/who-we-are/bio_juran.html）定义为目标客户的"适用性"。本文着重介绍的是检验、测试、风险管理（FMEA，失效模式与影响分析）及统计过程控制（SPC），一个小节无法完全涵盖质量发展的方方面面，因此我们建议读者将此节视为质量概念的一个简短介绍，并鼓励各位去搜寻更深层次的知识，随着更加精细的制造手段及日新月异的制造技术的不断发展，检验与测试的概念也变得愈加复杂。准备本章时，作者就检验与测试的差异拜访了多位工程师，在某些情况下，这些术语由执业工程师交替使用。读者具体应用时，可按照您的组织所定义这些概念的方式，在生产过程中灵活使用。

41.3　检验介绍

检验（Inspection）一词定义于《认证质量工程师手册》（http://asq.org/quality-press/display-item/?item=H1340），一般指通过尺寸度量、核查、测试、仪器计量或其他比较单位量的方式，对有一定适用要求的产品或批次给出接受还是拒绝意见。在交付给下一生产阶段或预期客户之前，有效的检验过程应含有一整套系统化的操作序列以确定产品质量，这些操作序列由一段时间内的各种方法或技术按序组合。

各种类型的检验手段已使用了几个世纪。随着科学管理的发展，批量检验（有时称为 100% 检验，即聘用全职质检员）登上了工业生产的历史舞台。纵使这种检验过程非常耗时，质检员对不良产品分类结果的工作效率最多也只能确保 80%。但我们可以看到品质控制（QC）的核心，便是核查生产后的产品，筛除劣质产品。许多特定行业的政府机构和大部分公司依旧沿用着传承百年的各种控制手段，来阻止不良产品或服务到达客户手中。

现今，我们通常使用抽样技术精准查明问题所在，然后对可疑生产区域进行强化审查，防止未来制造过程中生产出劣质产品，这也是品质保证（QA）想要实现的目标。以我们曾研究过的多腔注射成型工艺为例，某一大客户拒收一批产品后，我们在装载过程中发现了产品质量不一的问题，一名质量工程师对其制造过程中每个腔体的产出情况进行了研究（使用 SPC 记录了过去 30 个生产日的单值-极差控制图），并断定产出的 32 个腔体中，其中有 3 个腔体的测量值在一个或多个规格范围临界值附近。如果机器在制造过程中发生了任何偏移，生产的零件将会不合格。正常情况下，一般的检验过程无法识别这种低概率事件。因此对规划中即将投产的新型 64 腔模具的设计过程中，我们向模具制造商提议使用 SPC 技术来检验每个腔体的生产能力，并按需调整单个腔体的生产过程，使产出的每个腔体更接近目标值（在这种情况下，规格范围内距离目标值的差距被称作 Taguchi 损失函数）。

以下列出业内工程师在检验方面一致认同需要掌握的一些概念，其中包括：appearance（外观），to look at（查看），verification（查证），physically looking at product/service（感官察看产品或服务），looking at characteristics（cuts, cross-section, components, etc.）[查看特征（如切面，横断面，组件构成等）]，organization of workplace（not testable）[车间组织框架（无法直接测出）]，may include testing techniques/methods（可能包括的测试技术及方法），investigate the product thoroughly（彻查产品），how to test components of the machining operation（如何测试机械加工零部件），non-numerical in nature（非数值性质），generally look for gross defects（通常寻找严重缺陷）。

检验技术及检验方法在很大程度上依赖于行业性质和产品类型。在 500 年前的同业行会时期，一些组织也想到了与今日相同的办法，就是让制造这一零件（或最终产品某一部分）的人检查他们自己或同事所生产的组件。雇佣专职质检员后，相比让质检员在整个班次中留守一个位置检验相同的产品，现代企业倾向于采用巡回（或者流水式）检验的方式察验产品。当长时间接触同一产品，抑或生产线移动速度非常快时（试想饮料加注站中瓶子在数百个加工点接连移动迅速轮转时，瓶子飞快到模糊的情景），质检员常来回走动以防止视觉疲劳或重复劳损。巡回检验能够使质检员在清醒状态下保持警惕，预防生产线上本可能发生的潜在问题。此外，诸多批量检验情境中，部分机器质检技术已经能够辅助排除检验时的人为因素。

41.4　测试介绍

在制造意义上，测试（Testing）常指一些使用量具、仪器等其他设备对标准实际应用并查看应用结果好坏的过程。测试的研究对象为组件、子组件或其他满足使用要求的生产零部件。截取维基百科中对测试的部分定义，"测试被认为是一种技术操作或流程，它由一种或多种特定的产品，过程或服务的特征所决定，并根据特定的步骤进行，从而产生测试结果。"进行测试的目的可能是为检验产品质量，研究制造过程的有效性，或者监控生产过程（如SPC）确保组件符合规格要求。有时还需进行定时测量，为了确定新的设计或新的产品在应用时的持续生产能力，或者满足政府法规对定期测试的要求。

因此，测试常与测量零部件所用的各种形制的仪器或量具打交道，并对比仪器读数与规格数的差距。据上节所述，我们可以得知检验与测试的一些差别，检验涉及审查产品的所有方面，测试所进行的是一些可计量的检验。在向各个组织的工程师请教如何对"测试"定义时，我们获取的内容有：performance of unit（单元性能），confirmation（确认），physical product performance measures（产品性能物理测量），blueprint specifications measures（规范测试大纲），safety requirements（安全要求），quality requirements（质量要求），blow point test（气泡点测试），productivity test（生产力测试），numerical by nature（数值性质），not looking at gross defects（不看重大缺陷），deeper level of study（更深层次的学习）。

一般来说，测试技术主要分为两种方法：无损测试及破坏性测试。顾名思义，在许多情况下，为了验证组件的质量（即验证组件是否符合规格），物件会被使用或销毁以查明其能否正常工作。例如，发射子弹测试射击性能；进行拉伸测试以测试传导介质的强度；打印测试用来检验油墨的颜色及对材料表面的粘附性；耐久性测试中，混凝土坍落度测试（水泥流挂）来检验混合水泥的含水量和稠度；焊缝撕裂测试以检验焊接强度、表面张力、压缩能力等。

无损测试指在测试过程中不影响客户对零件（或设备）的可用性。有多种类型的无损测试可供选择：量具可测的物理量（如长度、高度、深度、宽度、外径/内径、厚度、重量、弯曲度等），颜色，运动范围，压力/泄漏测试，模板量具验证，涡流，磁粉，超声波，渗透剂，电气，湿度，压缩等。各种测试会在生产周期的不同阶段进行，确保零件在移交生产/组装线之前满足图样规格。工程师面临的挑战是确保所用的计量仪器符合工程图样的设计意图（比如，我们观察到一名操作员使用6in的尺子来测量图样要求的1/1000in的长度，这种测量方式根本不符合工程师的本意，所得结果会相当粗糙）。读者需查看及研究您所在组织的各项协议与规章，确保设计或生产的质量检测意图能够真正在生产车间进行的测试中得以落实。

此外，与测试有关的其他术语还包括"功能测试"（工作方式如何），框架测试（材料的延展性），定量测试（计算频度）及定性测试（优度评价）。本节的重点是从一个更高层次的概述来阐述测试这个概念，并且要我们整本书都是关于测试的。工程师工作的关键应是确定哪些测试需要被做，这些测试须保证零件的制造能力并使客户能够按照预期使用设备。而风险分析（如FMEA）便可用来判断制造过程中的各节点应该进行哪些测试，之后工程师用控制计划工具串联测试完成的时间、类型及频率。

41.5　风险管理简介

管理学，会计学，工程学，质量学等学科多年来一直致力于解决风险问题。在诸多行业中，管理风险和分析风险是大型的持续发展的知识体系，其中包含：FMEA，企业风险管理（ERM），故障模式分析，风险矩阵，COSO（美国反虚假财务报告委员会下属的发起人委员会）等。最早有关风险控制的规程记载于1949年11月，美国军方将该文件命名为"MIL-P 1629-失效模式及危害度分析"（FME-CA）。从工程和质量的角度来看，我们有不同形式的FMEA（概念，系统，设计，过程和机器），但是我们可能缺少的是有效管理FMEA过程。

41.5.1　失效模式及后果分析FMEA

目前许多制造企业检验产品使用的各版本FMEA，比如SAE J1739-200901-潜在故障模式和设计后果分析（设计FMEA），制造和装配流程中的潜在故障模式和后果分析（流程FMEA），还有汽车行业行动集团（AIAG）的FMEA-4。这些版本的文档都是类似的，并都主要集中在将要制造的产品上。而其他一些方法如ERM或COSO更直接地关注企业的管理部门及财务部门。制造业FMEA过程含有一个明确定义的风险矩阵，其计算涉及事件发生的严重程度，频度和检测等级（即探测度），三要素存储于三维矩阵中，此矩阵称为风险顺序数（RPN）。通常，RPN是严重度（S）、频度（O）、探测度（D）三者得分之积，每个指标的取值是 1 ~ 10 之间的整数，那么 RPN 的取值为 1 ~ 1000 之间的整数。

FEMA 见表 41-1。

表 41-1　FEMA

功能及需求	潜在失效模式	潜在失效起因	频度	本地后果	对产品、用户或其他系统造成的最终后果	严重度	探测方法/目前控制方法	探测结果	风险矩阵计算值	减少 RPN 的计划	责任人及预计完成日期

ISO 在 2009 年发布了一系列非认证性的标准，《ISO 31000：2009 风险管理-原则与指南》（http://www. iso. org/iso/home/store/catalogue _ tc/catalogue _ detail. htm? csnumber = 43170）。这些标准正被各国用来创建自己国家版本的风险管理体系，并都会含有《ISO 索引 73：2009（风险管理词汇表）》，以下的术语便摘自其中：

1）风险：不确定性对目标的影响。

2）风险管理：协调各活动的走向，控制组织关于目标的不确定性（即控制风险）。

3）风险评估：发现、识别和描述风险的全过程（风险识别），了解风险性质并确定风险水平的过程（风险分析）；对比风险分析的结果与风险程度范围（即与风险标准进行对比），以确定其量级是否可接受或可容忍。

随着 ISO 31000 的广泛应用，ISO 9001 中的"风险"一词便与"shall"（应该，必须）这样的表述挂上了钩（此处指标准的强制性）。诸多学科的工程师发现除了在设计和生产过程中识别产品风险，更重要的是搞明白为什么要进行这样的设计（即确认决策风险）。这便极大地增加了我们在实施新的生产流程或公司生产新版本产品之前进行需求分析时的考虑范围。

若您正在使用某种形式的风险矩阵或 FMEA（见图 41-1），那您该开始考虑扩展该矩阵来包含更多的决策过程。如果您目前还未使用风险工具，那么在之后数月或接下来的一年中，您需要去询问工程师做某事或不做某事的风险。此外，使用简单的低、中、高的风险矩阵概念会对工程团队引入风险概念有所助益。

另外两个具体的应用领域将在 41.5.2 ~ 41.5.3 介绍。

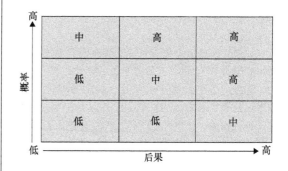

图 41-1　简要风险矩阵及 FMEA

41.5.2　开发过程

不论所处什么行业，所有企业都需要规划未来业务。无论使用何种流程，只需在系统中额外添加一列，记录经理或工程师的已做事宜，据此来考虑企业未来的商业机会（ISO 9001 中用于风险和预防措施的另一个术语）。具体来讲，使用风险矩阵来量化思维过程，量化事情没有按计划进行时要做的事情。

现举一个小公司的管理团队或工程团队的例子，他们已列出在给定时间内的待完成事项清单。相比花费的时间及资源，对工作改进起作用的还是设计理念或方案。如果工作没有完成，便向列表中添加一列查明业务风险，辅助得出优先级顺序。

在这种情况下使用三级矩阵：

1，高—代表此任务应快速完成（1 ~ 30 天）。

2，中—代表此任务需要近期完成，但可等待一段时间（31 ~ 180 天）。

3，低—代表如果资源可用（180 天以上）（或当资源可用时）完成此项任务。

41.5.3 监控及测量流程

当监测生产时，企业在生产这些产品时会面临什么样的风险？首先要搞清楚在设计工程图样阶段，如何针对零件的特性提出相应的具体容差。其次确定在生产过程的各个阶段如何使用设备，以及需要什么样的量具或仪器，这一点非常重要。设备可能有各样的计量器或刻度盘，但是这些设备确实需要验证或校准，以确保客户对最终产品的满意度。

贵公司的设备实际功能如何？在降低组织风险方面有一个要素需要考虑，审查为顾客所准备产品或服务的客户计划表及工况标准（或参数）。在这种情况下，对用于监测的设备进行验证或校准便是至关重要的一步，也是了解生产过程中任何特定点中系统变化的关键因素。

如果操作员因操作不正确而需要更改运行参数时（机器设置），那么这些指示器的读数是不可信的（如压力表、低爆炸水平指示器、热定型器等）。为使监测仪器的取数更加可信，设备需要按照一定的标准进行校验，让操作人员可以相信读数是准确的。好比新飞行员学习的第一件事就是去相信他们飞机上的仪表。

如果某些事情没有按照我们计划或希望的方式运转（即风险），许多人对可出现差错之后能做的事情只会零散的浮现于脑海。这些想法其实就是书面上所讲的风险管理的内涵，可以看出对风险的认知允许批判性思维，众人眼中的风险皆有不同。对于某些将会发生的问题，更高级的风险管理将会制定出未发生潜在事故的计划。好比一场消防演习，一座建筑突发火灾，火焰肆意横飞时该怎么处理？在事故发生的各个阶段哪些人该处理哪些工作？能否让所有人员及时安全地撤离，并在途中避免二次灾害？消防员定期的练习，希望的是在现实中永远不需要用到这些补救方案，但是如果灾害一旦发生，他们就应做出快速安全的反应。

41.6 统计过程控制（SPC）介绍

SPC 被定义为借助数理统计方法，通过图像工具来实时描述一个过程的执行状态。其中就有许多工程师熟知的休哈特控制图（Shewhart Control Charts），现称为过程行为图，它最早出现于 20 世纪 20 年代后期。此外还有其他可用的工具在本章做简要介绍，并在下文列出文献出处。建议制造工程师将本节作为统计过程控制（SPC）主题的概述，切不可与统计过程分布混淆。许多组织养成了记录各式图表的习惯，但并未正确使用这些图表想要向操作员和主管揭示的内容。SPC 是一个实时的工程控制图形工具，它让我们得以了解被研究工艺的各项表征。其中，各图形工具以字母顺序排列是为便于快速找出相应的参考内容，绝非反映各工具在使用上存在优劣性或重要性。所有工具皆有其对应的用途，并鼓励工程师尽量了解更多的工具。正应了那句古语："如果你的工具箱中只有锤子，并不代表世间万物都是钉子"。

提示：在本节的各小节中，各种 SPC 工具在介绍之后会列出相应的"提示"，这些内容可方便读者进一步了解 SPC 工具的使用方法。为了确保 SPC 在您的组织内奏效，您必须确保采集数据的量具或仪器保持正常工作的状态，并强烈建议使用"测量系统分析"（MSA）及"量具重复性和再现性"（Gage R&R）。

41.6.1 SPC 原理与技术

变异是自然界的基本规律，任何两个事物都是不一样的。造成事物变异的原因有很多，我们为减少变动于是乎将工作流程化。但流程中一件小的事情改变时会导致最后的输出不同，现今常用公式 $Y = f(X)$ 来描述这一点，并称为 Y 等于 X 的函数。如图 41-2 所示，因果图中的各项 X 表示"因"，Y 为"果"。

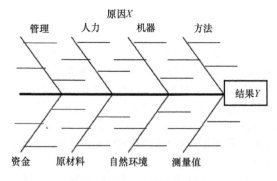

图 41-2　因果图

传统的质量观点（goal post mentality）对零件的处理仅依据规格范围，即在规格范围内视为合格，不在规格内为不合格，并未形成对 $Y = f(X)$ 关系的描述。那么问题来了，如果依据是否在生产规范内来划分零件的质量，对于离规格界限很近的零件，如何看出它们真正的区别呢？比如两个质量非常近的零件，一个恰好分在规范界限内，另一个刚好在界限外，顾客使用时两者的好坏相同。按照传统的质量观点，符合规格限制的零件就会被装运（甚至有些在规范之外但与规格内质量相近的零件也可能被装运），一些企业想在不被顾客发觉的情况下多增加一些销量。这种事情通常发生在装运期末，如每月月末的时候。

而现今的观点（Taguchi 损失函数）指出，一切由"X"度量的产品特性都应趋近于以规格界限中值为基准的目标值。据此理论，在规格界限上下游离的这部分零件对客户造成的损失几乎相同，都不会被很好地验收。当使用偏离目标值的零件时，用得越多，问题越多，对顾客和社会的成本也随之上升。今日我们需要的是减少变异（无论普通原因还是特殊原因导致的变化），以便更多的零部件能够达到顾客想要的产品质量，而不是去达到企业能够生产的产品质量。

41.6.2 应用实例

SPC 中最常用的 8 个工具包括因果图、记录表、流程图、直方图、帕累托图、控制图、运行图和散点图。其中每一个工具以不同的视角被设计，用以反映工艺流程的变化情况，并协助工程师区别普通原因还是特殊原因造成的变化。一般来说为减少普通原因造成的变化需要资本投资和其他管理要素的支持，而操作员和主管通常可以处理车间由于特殊原因造成的变化。

41.7 SPC 规划与执行

SPC 现在包括许多工具，并能够以各种方式结合到生产过程中。而在判断零件能否交予顾客使用时，根据检验或测试的类型，检验或测试的执行者（人、机器或其他组合形式）将决定零件的核实批准过程所耗的时间及成本。工程师应牢记精益生产的概念，来确定测试或检验何时能够完成，能否以最快、最便宜和最有效的方式完成，以确保客户满意所购买产品的质量。

41.8 SPC 工具

本节的剩余部分将讨论现今制造业务中一些常使用的 SPC 工具。

41.8.1 因果图

因果图（CE Diagram）又称为石川图或鱼骨图，最早在日本被开发使用，目的是更详细地研究对过程（工艺）产生变异的因素，在图上理清因与果的关系，从而进一步提高产品质量。"因果图通过排序及关联等方式清晰地列出所有影响产品质量的因素。一个好的因果图能够契合任务目标，图本身并无固定的形状。"

提示：在识别图表中要添加的原因时，切记要追问 5W1H（what 是什么，why 为何，when 何时，where 何地，who 何人以及 how 如何去做）。而对于"果"可以是过程的任何结果，有时是积极的（预防与侦查时）。并且应该请一线的工作人员参与到创建因果图的过程中。此外，"因"的内容应囊括 5M（man 人力，machine 器械，methods 方法，materials 原材料，mother nature 自然环境，measurement 测量方法，money 资金，management 管理）。请注意，5M 的内容实际含有 8 项。

举例：作者曾使用因果图来帮助一群学者可视化了一个他们声称苦苦挣扎了好几个小时的问题。原理不过是使用因果图的基本框架，能够将他们的注意力每次集中于其中一个分支上，在不到 30min 的时间里绘制出了一幅完整的因果图，描绘出了最终能够得出解决方案的因素。

41.8.2 记录表

记录表（Checksheets）的形式可以是文字集合、理货单集合或图表集合，被车间用来检阅或观察产品。记录表被广泛应用于诸多领域，用以确保已规划的事宜能够按已定顺序执行（飞行员使用记录单核查并记录起飞与降落流程的执行情况），或用于记录连串的时序信息，如在来料检验中记录每一时刻的原材料性能信息。

提示：为确保记录表能够获取有效的信息，车间应在完全投入使用前先预估一个测试记录表，并在后期根据实际生产要求改进记录表，同时让使用者掌握填入记录表中的数据格式。还有一个简单的信息收集技巧，在生产流程中使用产品图片，并允许操作过程中对不符合规格的情况在产品图片上标记，以便最后集中核查。

举例：在一家与作者合作的工厂中，我们创建了一份产品简介，并在产品简介后附带一张纸分发至生产线上的各单元。我们让每个生产单元中的每个人标出这份简介中所有他们认为"不该是这样"的内容，标记于最后附夹的纸上。该产品简介与操作人员的实际工作磨合一段时间后，质检员在生产线末端收集好这些文件，并保留好反映当天生产所有问题的那页纸。之后质检员便从各记录单中提取影响生产的各种因素，据此绘制出帕累托图，分析生产过程存在的基本问题。

41.8.3 流程图

流程图（Flow Charts，又称 process maps，flow maps 及 process flow diagrams）是工艺流程或车间事件序列的图像化表示，是系统内实际操作或计划运行的各项有序步骤的直观表示。市面上诸多软件都可用以绘制流程图。

提示：流程图在许多组织中十分常见，而主要的难题是整个组织对相同的项目能否使用统一的数字和符号。现有两种常见的协调方法，一是让系统中的不同人员相互合作共同敲定实际的生产流程，二是创建一个"应有流程图"告知工作人员哪些流程需要去执行。对于第一项，询问过程中所有人员时，组织内各职能部门会对相互之间的情况有非常不同的看法，因此需要一定时间来解决分歧。

举例：作者看过许多"按原样（as is）""应该（should be）""可能（could be）"和"如果…的话（what if）"之类的流程图，这些流程图用于从会议室到车间中的各种不同场景。流程图这项工具非常有用，能以书面形式确定某一生产过程正在进行或应该进行的各项操作或流程，使各岗位的人员能够达成共识。

41.8.4 直方图

直方图（Histogram）以图形的方式记录了从流程中所获取测量结果的频率分布（一般用横轴表示数据类型，纵轴表示频数，分布情况以水平方向依次列开），并展现了这些数据点在测量刻度上的分布情况（见图41-3）。直方图描绘了在指定时间段内某一制造过程产出情况的分布或聚合方式，请注意直方图不同于过程执行的时序结果展示图（请参阅运行图或控制图）。直方图可以让指定时间段内工艺生产的变化情况直观、清晰的展现，将实际生产与预期过程输出结果对比后指导后期的改进工作。

提示：应确保通过 Gage R&R 研究后，各项测量值无论在哪个时间点采集都是可信的。钟形曲线（许多软件可自动绘制）可能有助于展现工艺流程的运行情况。请注意双峰和多峰分布，这可能是不同的机器、班次或人员中存在少许不同的操作，导致了最终输出结果存在两种或多种变异。

举例：双峰分布表明该流程中存在并不完全相同的操作。如果生产过程中包含有两台机器并且执行机器的是两位不同的操作员，这时应让操作员互相交换位置并比较前后的结果，来确定造成双峰分

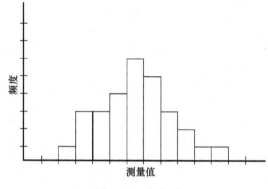

图41-3 直方图

布的究竟是人还是机器。很多时候发现是机器在捣乱，而让维护人员崩溃的是这个与众不同的机器往往是他们刚刚重修或翻新的机器，接下来还需继续维修。

41.8.5 帕累托图

帕累托原理（有时称为少数重要法则或因子稀疏原理）指出80%的结果是由20%的原因造成的（通常称为二八定律）。帕累托图（Pareto Diagram，又称为排列图）显示了哪些项目或问题对过程或系统具有最大的影响（见图41-4），然后在图表上对数值从最大项到最小项进行分类。在这背后的目的是通过这种格式的数据，我们可以埋头于带来最大回报的改进计划。

提示：收集图表的属性数据时应在特定的时间范围内。同时应确保所收集数据的一致性，操作员或质检员能够以相同的方式核验生产过程。虽然手工绘制帕累托图比较容易，但使用计算机会让数据处理更便捷。

示例：一群高管曾嘲笑过二八原则的基本概念，这些高管向作者发难，要求证明二八原则是否成立，并且指出这一原则与他们公司有何关系。多亏在彼此互相伤害之前作者就已收到了该公司的信息，才可以指出该公司总销售额的80%与大约20%的基础客户直接相关！

41.8.6 佩恩特图

某一家供应商的品质保证工程师在福特汽车公司开发了佩恩特图（Paynter Charts）。它实质上将运行图和帕累托图的思想糅合为一个数值信息表。这样就可以直观的表现问题分布随研究时间的变化情况。通常以表格的形式记录生产数据（并非用图），该时间序列擅长于以全局的角度查看隐藏在控制图中的改进细节。

提示：当需要展现快速的流程变化或正在进行的日常改进工作时，此工具非常适于收集某一位置在指定时段内的所有数据，这些数据会在日后用作工程管理审查。当您决定对某一工艺进行工程改造，并希望能够每天查看改进后的输出情况，分析生产是否达到预期效果，或者记录工艺是如何逐渐成熟时，佩恩特图同样可以一展身手。

举例：佩恩特图最初用来察看电线线束的缺陷数量，查明供应商在改进工艺后所产的产品在装配工厂中的实际效果。从发现问题到解决问题的这段时间里，管理层在整个阶段都能够利用佩恩特图跟踪供应商每天的生产进度。

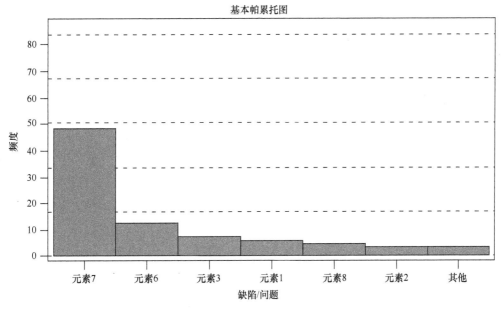

图 41-4 基本帕累托图

41.8.7 控制图（过程行为图）

休哈特博士（Walter Shewhart）开发的过程行为图主要用于记录同类零件在长期生产过程中的变化情况。今天可用的 30 多种图表最初称为控制图（许多书籍仍使用此术语）或统计过程控制（狭义的SPC 仅表示基本的控制图）。本小节中，我们将只关注 6 个最常用的控制图，它们分别是：X bar-R（平均值-极差控制图），I-MR（单值-移动极差控制图），p（不合格品率控制图），np（总不合格品数控制图），c（不合格品数控制图），u（单位缺陷数控制图）（见表41-2）。

表 41-2 控制图类别

图	数据类型	测量单位[①]	使 用 方 法
X bar-R	计量值	计量数据均值	由总体中抽取样本进行估计，来确定测量值的范围
I-MR		单个计量数据	当无法获取均值时使用
p	计数值	不合格品率	所有零件被检查的比率
np		总不合格品数	存在问题零件的数量
c		不合格品数	发现的问题个数
u		单位缺陷数	每个零件所发现的问题数量占比

[①] 一些文献将不合格（nonconforming）指代"缺陷（defect）"，有些行业在产品责任问题上会使用"缺陷"一词，避免歧义，在此都使用"不合格"一词。

以上各图的主要区别在于所收集数据的类型。 计量数据（又称为可变数据、连续数据）是从测量设备中连续收集获得的信息，如长度、重量、体积、粗糙度等；计数数据（又称为属性数据、离散数据）的取值为序数信息，如去或不去，好或坏，瑕疵，划痕，光强等。故将控制图分为计量值控制图及计数值控制图。

各种类型的控制图都遵循相同的基本规则，都为了展示某一工艺流程的稳定性。请注意，虽然乍一看可能与持续改进有所矛盾，但凡事必须有一个起点（基准）来确定改进是否成功。如果没有一个稳定的控制图，便无法计算流程的能力，将会把改进的精力永远耗费在猜测导致系统变化的因素。各种控制图表可以区分特殊（非机遇）和普通（随机）原因导致的变化之间的差异，并为机械制造工程师提供工艺流程改进时所需的数据。

1. 平均值-极差控制图

X bar-R 图（有时使用标准差来代替极差，图表则转换为 X bar-S 图）是非常常见的计量值控制图（见图 41-5），它在第二次世界大战中得到广泛使用，因为操作者无需计算器或计算机便可轻松使用。例如选择的样本大小为 5，只需将 5 个数字相加并加倍，然后将小数点向左移动一位，便得到了五个数字的平均值！这仅适用于样本量为 5 的情况，这也就是许多教科书中建议将样本量设置为 5 的原因。

2. 单值-移动极差控制图

当涉及破坏性测试或高成本度量时（译者注：如测量物件的纳米级长度，所耗成本较高），多部件的测试以及获取特殊工艺参数等通常是不切实际的。因此，可以使用 I-MR 表监视某一过程行为的模式、趋势或运行状况。与所有计量值控制图一样，首先观察极差值（$\bar{R}$）的稳定性，然后研究实际观测值（$\bar{\bar{X}}$）（见图 41-6）。

3. 计数值控制图（p, np, c 和 u）

虽然计数值控制图不如计量值控制图的鲁棒性强，但当变量数据无法获取时，因其同样可用来监测过程，同时可显示其稳定性而仍旧倍受推崇（见图 41-7 ~ 图 41.10）。在此，机械工程师们需要注意一点，随着工艺的改进，需要越来越大的样本量来检测过程中的不合格率和模式，许多教科书强烈建议使用非常大的样本来寻找被监测工艺的各项测度值。

提示：这几页涵盖了太多的内容，因此关于控制图更多的具体内容在参考文献中予以列出。参考文献列出的书籍非常详细地阐述了以上及其他各种控制图的用途。机械工程师应多同质量部门探讨这些控制图的使用事宜，因为质量部门在公司实践中

会有一些其他的特殊用途，各位便可以从中获得灵感改进生产流程。

举例：作者第一次使用控制图是在 20 世纪 70 年代后期，当时用单值-移动极差图来监测样车的汽油里程（此时工业控制计算机仍未广泛使用）。通过使用控制图，并将其作为预防工具。在各项维护费用上，三年时间内作者为该企业节省了几千多美元。

41.8.8 过程能力

过程能力（Process Capability）是一类数学运算值，其常与工程规范对比来确定制造过程状况（过程的心声），其目的是让工程规范与使用产品或服务的客户的需求相匹配（客户的心声）（译者注：简言之为一定时间内，处于稳定状态下工序实际的加工能力）。多年来，过程能力发展了几种不同的计算方法，其中 C_p 及 C_{pk} 最为流行。本节只讨论这两种指标。

C_p 计算的是过程潜能，其分子为规格限域，分母为制造过程分布（描述统计学中的 6 倍标准偏差值，即 6σ）。如果在制造过程中使用计量值控制图，则可以使用极差值来估计 6σ 值，并且工程图样将包含制造所需规格。

C_p（过程能力比）计算公式为

$$C_p = \frac{\text{USL-LSL}}{6s} \qquad (41-1)$$

C_p 数值不可能为负数。$C_p = 1.0$ 表示在 6 倍标准差计算下工程规格的宽度值。请注意，此计算未考虑过程在工程规范中的具体位置。

C_{pk} 给出了实际生产过程与工程规范的相对位置，实际需进行两次计算：规格上限（Upper Specification Limit，USL）与过程均值（$\bar{X}$）的差值为分子，或过程均值（$\bar{X}$）减去规格下限（Lower Specification Limit，LSL）除以 3 倍标准差。最后结果取较小值

$$C_{pk} = \min\left\{\frac{\text{USL} - \bar{X}}{3s}, \frac{\bar{X} - \text{LSL}}{3s}\right\} \qquad (41-2)$$

对于 C_{pk}，如果值为负，则意味着制造过程的平均值超出了工程规范限制（显然情况不容乐观）。C_{pk} 值只能等于或小于 C_p 值，并给出了与生产规格相比的制造过程中值。

提示：在本节中，我们并不谈论关于六西格玛的各种争议。然而，我们在对比图表中可以看到（见图 41-11），当今工业界盛传的六西格玛与过程能力结果的对比。许多六西格玛从业者在计算其值时一般会将 6σ 值偏移 1.5 个单位的 σ。再次提醒，如果 C_{pk} 计算结果为负数，则表示过程平均值已超其中一个规格限制（这并非好事）。

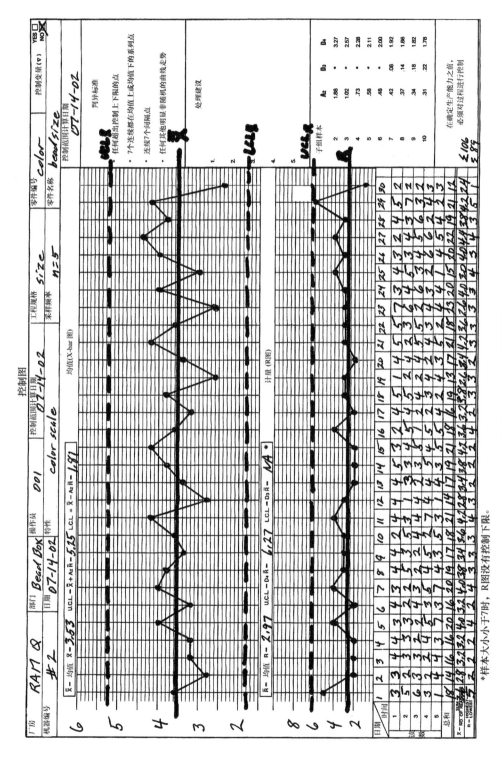

图 41-5 X bar-R 控制图

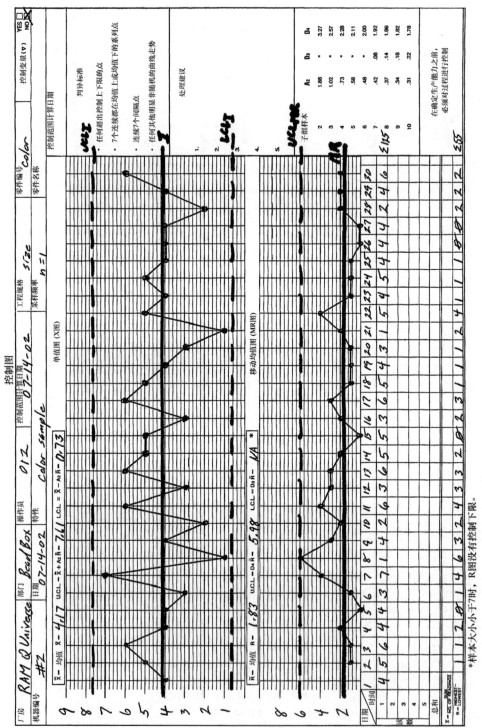

图 41-6 I-MR 控制图

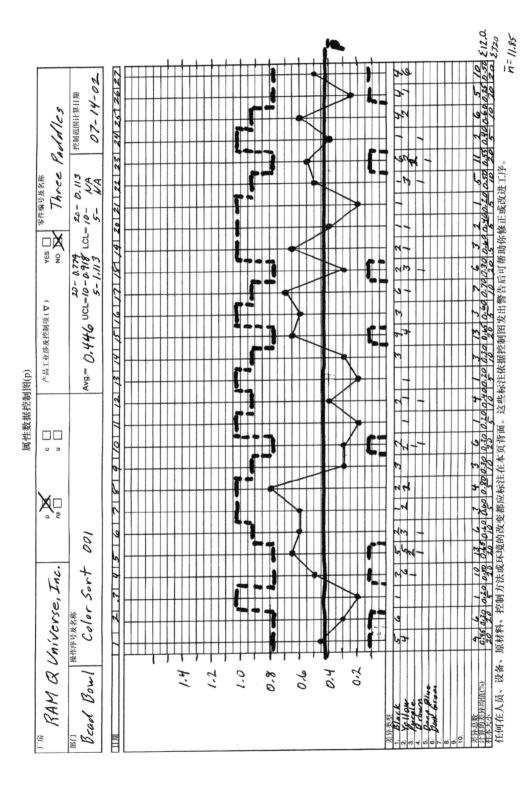

图 41-7 p 控制图

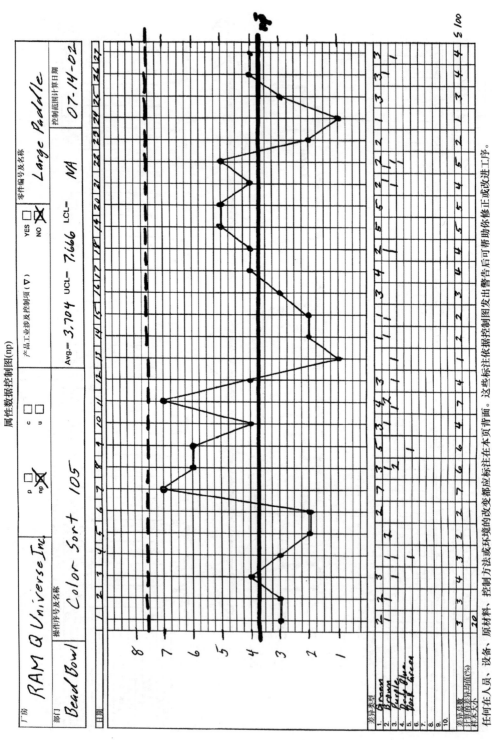

图 41-8　np 控制图

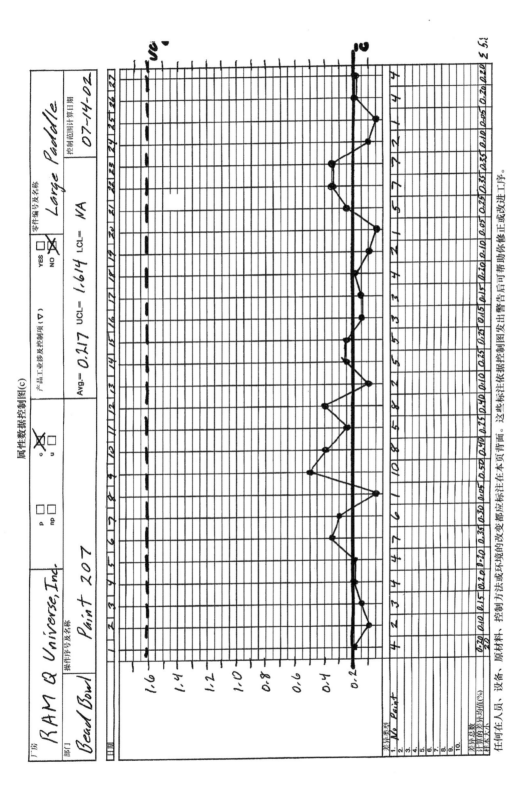

图 41-9　c 控制图

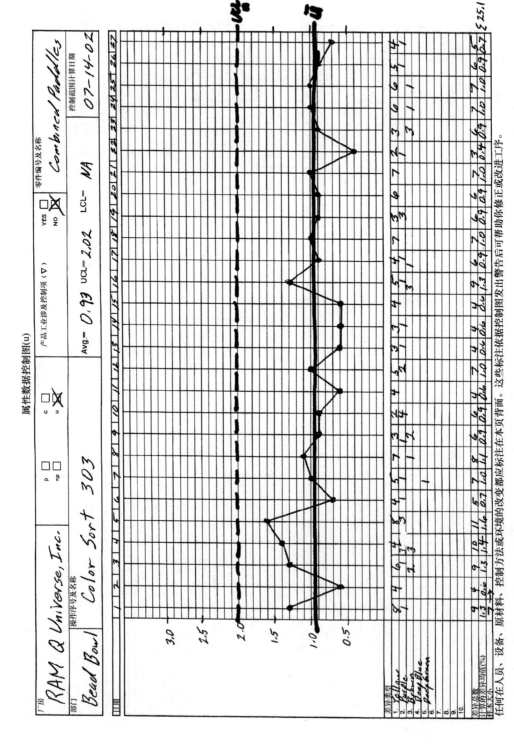

图 41-10　u 控制图

C_{pk}	六西格玛	DPMO	产量
2	6	3.4	99.99966
1.67	5	230	99.977
1.33	4	6210	99.379
1	3	66800	93.329
0.67	2	308000	69.2
0.33	1	690000	31

图 41-11　各项过程能力描述值对比

举例：作者曾被邀请去仲裁生产方与供应商就提供的零件能力存在的分歧，仲裁双方为大型自动化设备生产商 OEM（Original Equipment Manufacturer）与它手下的一个供应商。客户希望 OEM 的某一零件的 C_p 及 C_{pk} 最小在 1.33（±4 个标准差），OEM 将这一零件的生产外包给了这家供应商。该案发生在 20 世纪 80 年代后期，因为生产工艺期初还未完善，所以初始生产的 C_p 及 C_{pk} 的标准差为 1.67（+5 个标准差），而之后在稳定生产阶段零件的值应减少为 1.33。该零件在 20 世纪 60 年代早期被设计和加工，该零件工艺当时按照规格下限设计（今天我们希望工程设计产品的质量波动是标称的，产品质量应在规格范围中值上下波动，拒绝在规格上下限波动的生产流程）。供应商使用的加工工具及由此制造的零件已经过了近 20 年，期间装配工厂未发生任何问题，也未提出任何保修请求。

仲裁本案时我们获知他们的 C_p 为 20.0 但 C_{pk} 为 0.5！该过程恰恰反映出了原先设计的缺陷，因此，OEM 希望供应商解决此问题！

作者提出的解决方案是让 OEM 的工程部门去更改生产规格，但他们会因为更改图样会耗费成本而不赞同此方案。因此只能让供应商管理层将工程规格减半（使得 C_p 为 10.0—仍然非常好），同时调整规格中值并与过程平均值相匹配（使 C_{pk} 变为 10.0）。这将使供应商能够在新设计图样仍未到位的情况下有所缓冲，暂时无需太大变动。

41.8.9　运行图

运行图（Run Charts，又称为趋势图）是一种折线图，用以展现过程、系统或机器的测量值与时间的关系（见图 41-12）。使用此图几乎无需计算，在监控过程变化的模式、趋势及偏移等方面非常有用，并且数据类型无论计量值还是计数值都可以使用。

提示：手工制作运行图非常简单，但是进行比较时，要确保比例相同。很多时候计算机为了让曲

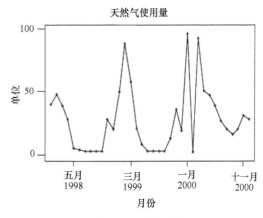

图 41-12　运行图

线填满图形框架而调整纵轴的值域，有时使用者并未注意到此变化，许多错误的解读都是由于没有注意到值域的变化而造成的。

举例：与许多 SPC 工具一样，运行图可以在家中以及在生产过程中使用，作者使用运行图来监测家中水、气、电等的使用情况，寻找节能方式，监测生活习惯。

41.8.10　散点图

散点图（Scatter Diagram，又名相关图，回归图）用来图示两个因素之间的关系（见图 41-13 ~ 图 41-15），在图的轴上列出各因子，并绘制成对的测量信息。图中的数据模式可以反映出两者间是否有关系，关系有多深，两者关联的深度是多少。

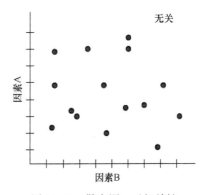

图 41-13　散点图—无相关性

提示：有时两件事情似乎是相关的，但两者之外的第三件事情实际上才是控制因素。例如，你可以用散点图证明冰激凌会导致溺水！因为冰淇淋的销售量上升，游泳事故随之增加，但不能忽视潜在的隐藏因素——夏天。读者可自行尝试寻找所研究因素之间的因果关系。

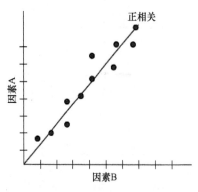

图41-14　散点图—正相关

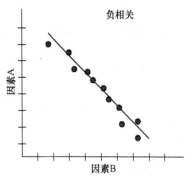

图41-15　散点图—负相关

　　举例：作者曾在一项研究中使用这一工具来观察大型化学品储存容器中空气温度与液体体积之间的关系。管理层原本认为操作人员过度使用了化学品，但实际上是外界空气温度导致了体积的变化，研究化学混合工艺时没有人考虑到这一点。

41.8.11　短期SPC

　　短期SPC技术已经发展到能够使用相同的控制图对频繁更换或短期生产的情况下监控生产过程的变化情况。除了数据的绘制方式外，先前的所有规则和图表在短期SPC中全部适用。在数据记录上，短期SPC会根据该特定过程的目标值或标称值对数据进行转换，而非直接绘制实测数据。由于需要对目标值进行加减运算，操作员必须能够准确处理更多的数学运算，并且能够轻松处理负数。

　　提示：注意此处绘制的是过程行为，而非特定的零件测量值。这使得短期SPC技术在转换频繁或由短周期生产等情况下格外地好用，短期SPC可应用于如机械车间，模具制造，以航空航天为代表的小批量高精度工业等。

　　举例：比如某种具有低循环时间，大模腔模具的注射机要在短时间生产大量零件。首先研究模具，确保每个模腔在统计意义上是可靠的，之后工程师想要找出最接近该机器常用模具标称值的模腔。当每个模具被设置为持续多天运转时，生产中每45min对同一模腔使用摄像机进行四连拍，并将腔体数值绘于X bar-R图上。拍摄频率与样本大小由工程师根据系统速度的历史记录和过程变化的频率来确定。

41.8.12　其他工具

　　还有其他众多的SPC工具可用于生产车间（详情可参考：The Certified Six Sigma Green Belt Handbook 第二版，Munro 2015，http://asq.org/quality-press/displayitem/？item = 1469），比如先期质量策划、标杆管理、头脑风暴、控制计划、质量成本（不佳质量成本或当前质量成本）、员工参与、FMEA、五Ss、精益生产、MSA、过程能力、PDSA循环、抽样计划、SDCA等。

41.9　结论

　　在查验零件质量时，工程部门必须考虑检验、测试、风险和统计监控工具等方面的内容，以确保客户收到的产品在使用寿命内正常工作。我们这个复杂的社会将越来越依赖技术，随着各种新方法的涌现，更大的风险问题也随之显现。全人类都希望尽可能降低风险，为全球市场提供安全可靠的产品。

　　判断检验和测试该使用哪种方法技术主要取决于使用的产品类型、所在公司及公司所处行业。生产应该贯穿一个理念，应将客户使用产品时的风险与零件设计和生产过程中的风险看得同样重要。工程师的任务是让手下的管理团队提高警惕，确保他们生产的产品能够安全使用。

　　SPC不仅仅是一些书籍和文章中引用的各种控制图。有一些统计工具可归入SPC的范畴，许多工具早已在生产实践中成功地使用了数十年，在监控和改进工厂的工艺流程及零件制造上有着不可或缺的作用。这些类似的工具都遵循了六西格玛方法，很多已被业界追捧多年的质量项目都使用了这些工具。各类工具都非常有用，唯有想象力限制了你。

　　此外，在控制过程稳定时，C_p和C_{pk}应该一起用以分析过程潜能和过程能力，对测量系统的检查过程同样可以使用。知晓过程能力中存在的测量误差尤其重要，因为制造商们都在寻找各种有效的方法来满足当今客户持续改进的需求。此外，还有其他用于不稳定或不可控场景下使用的比率值，读者可查看之后的拓展阅读部分来了解更多详细信息。

参考文献

1. Juran, J. M (2013), Juran's Quality Control Handbook-Six Edition, McGraw Hill.
2. Borror, C. M. Editor (2009), The Certified Quality Engineer Handbook-Third Edition, ASQ Quality Press, Milwaukee, WI.
3. Statistical Quality Control Handbook, 1984 AT&T Technologies, Inc. Indianapolis, IN (out of print but still available in resell).
4. Deming, W. E. (1992). Quality, Productivity, and Competitive Position. MIT, Boston, MA.
5. Ishikawa, K. (1971). Guide to Quality Control. Asian Productively Organization: Kraus International Publications, White Plains, NY.
6. Shewhart, W. A. (1932). Economic Control of Quality of Manufactured Product. Van Nostrand Company, New York, NY.
7. Munro, R. A., et al. (2015), *The Certified Six Sigma Green Belt Handbook Second Edition*, American Society for Quality, Milwaukee, WI.

拓展阅读

Munro, R. A., *Quality Digest: Using Capability Indexes in Your Shop*, Quality Digest, Vol. 05, No. 12, May 1992. Chico, CA.

See the ASQ Honorary Members for a further history of the quality profession—http://asq. org/about-asq/who-we-are/honorary-members. html.

Smith, R. D., R. A. Munro, and R. Bowen, The ISO/TS 16949: 2002, Paton Press, 2004. Chico, CA.

Stamatis, D. H., *Failure Mode and Effect Analysis: FMEA from Theory to Execution*, 2d ed., revised and expanded. American Society for Quality, Milwaukee, WI, 2003.

Stamatis, D. H., *Six Sigma and Beyond: Statistics and Probability*, St. Lucie Press, Boca Raton, FL, 2002.

Stamatis, D. H., *TQM Engineering Handbook*. Marcel Dekker, New York, 1997.

Wheeler, D. J. S. R. and Poling, *Building Continual Improvement: SPC for the Service Sector*, 2d ed. SPC Press: Knoxville, TN, 2001.

第 42 章

工程经济学

南加州大学 杰拉德·A. 弗莱舍 (GERALD A. FLEISCHER) 著
中国科学技术大学 周垂日 译

42.1 概述

工程经济学与其他学科的资本分配决策类似，资源稀缺是前提条件，花费更少的稀缺资源采取行动是明智的决策。从各种不同的投资方案中选择经济可行的方案，以满足决策者的中期和长期目标，重要的是要考虑备选方案在计算期内每一个阶段的经济后果。本章致力于评估工程计划、规划、政策等的经济后果的原则和方法，同时也考虑收入税和相对价格变动（通货膨胀）的影响。

42.2 基本原则

在推导用于评估资本投资的数学模型之前，先把资本分配原理的基本原则确定下来是有益的。而且，其中一些原则会直接导致推导的定量技术。

1）只考虑可行性替代方案。资本预算分析始于确定所有可行的备选方案。由于合同或技术因素而不可行的方案，都被排除在外。

2）使用相同的量纲。所有决策都用统一的单位，一般选用的是货币单位——美元、法郎、比索、日元等。当然，并非所有的后果都可以用货币的方式来评估。

3）关注方案的差异。在分析中，不需要考虑所有竞争备选方案的共性所产生的预期后果，因为它们会影响所有备选方案。

4）所有沉没成本都与经济选择无关。沉没成本是在决定前发生的支出。决策之前发生的沉没成本对所有备选方案是共同的，因此沉没成本在所有备选方案之间没有区别。

5）所有备选方案必须在共同计算期内进行比较。计算期是评估各种备选方案的预期后果的时期，通常是指研究阶段或分析阶段。

6）投资决策标准要考虑资金时间价值和资金配额的相关问题。

7）分开的决定应该分开做。这一原则要求对所有资金分配问题进行仔细的评估，以确定做出决策的数量和类型。

8）应该考虑各种预测中的不确定性。估计只是对未来事件的预测，实际的结果可能会与最初的估计相去甚远。认真考虑不确定性的类型和程度以确保解决方案的质量，对于负责资本分配决策的人来说是要认真对待的。

9）决策应该重视非货币化后果。备选方案中的非货币化后果与货币后果一样应该清楚界定，以便给资本管理者提供所有合理的数据来做出决策。

42.3 等值和复利计算

工程经济中的一个核心概念是现金流（即某个时期发生的现金流入和现金流出的数值）。数量不同，但发生在不同的时间点的现金流可能是等值的。这种等值是单位时间内利率和相关时间间隔的函数。在不同条件下各种等值性质的数学关系描述出现在本章的后面部分。

42.3.1 常用术语

本章使用下列术语。

1. 现金流量图

在工程经济学文献中，经常用现金流量图描述现金流发生的数量和时间点。一般地，用水平轴或者直线表示时间，垂直的箭线表示在某个时间点的正向或负向现金流。这种现金流量图出现在图 42-1 中。图右部分的阴影箭线表示在指定期间内发生连续等额的现金流。

2. 函数符号

由于各种各样的等值系数的代数形式比较复杂，

采用一种易学易记的标准公式是有好处的，公式记做

$$(X \mid Y, i, N)$$

读作：给定数量 Y，利率 i，复利和贴现计息期数 N 时，求等值 X。

42.3.2 离散现金流-期末复利

假定现金流 A_j 发生在第 j 个计息期的期末，每个计息期复利或贴现的利率是 i，每个计息期 $j = 1$，2，$\cdots$，N 的利率相同，每个计息期长度相等，称为等期。

1. 一次支付现金流

考虑投资于计息期为 N，0 时点一笔现金 P。假定利率按照复利计算，并且每期的利率相同，现金 P 在 N 期期末的价值称为 P 在 N 期期末的终值，记为 F，则

$$F = P(1 + i)^N = P(F/P, i, N) \quad (42\text{-}1)$$

接下来，给定 N 期期末的终值，与之等值的现值 P 为

$$P = F(1 + i)^{-N} = F(P/F, i, N) \quad (42\text{-}2)$$

在式（42-1）中的系数 $(1 + i)^N$，是工程经济学文献中的一次支付复利系数，在式（42-2）中的贴现乘数 $(1 + i)^{-N}$ 是一次支付现值系数。这两种系数的现金流图、代数形式和函数形式如图42-1所示。利率 $i = 10\%$，计息期 N 取不同值时的列表见表42-6。

举例：将一笔总额为 1000 美元的资金投资于基金，每月的利率为 1%，复利计算。要确定 24 个月后基金的价值，用式（42-1）：

$$F = 1000 \times (1.01)^{24} = 1269.73 \text{（美元）}$$

期望某项投资恰好在 8 年末产生 100000 美元收益。假定贴现率每年为 10%，那么与之等值的现值是多少？利用式（42-2）：

$$P = 100000 \times (1.10)^{-8} = 46651 \text{（美元）}$$

每期利率为 8% 时，一笔资金需要多长时间可以翻倍？

$$2 = 1 \times (1.08)^N$$
$$N = \ln 2 / \ln(1.08 \sim 9)$$

一笔 10000 美元的资金 5 年后变为 20000 美元，每年的利率水平需要多少？利用式（42-1）：

$$20000 = 10000 \times (1 + i)^5$$
$$i = (20000/10000)^{-1/5} - 1 = 14.87\%$$

2. 等额多次支付（分付）类型（等年值）

考虑一系列连续等额现金流 A 发生在 N 个连续计息周期的每期的期末，即 $A_j = A$，$j = 1$，2，$\cdots$，N，则在第 N 期期末与之等值的终值为

$$F = A \left[\frac{(1 + i)^N - 1}{i} \right] = A(F/A, i, N) \quad (42\text{-}3)$$

括号内的系数称为等额分付终值（复利）系数。给定 F 求 A

$$A = F \left[\frac{i}{(1 + i)^N - 1} \right] = F(A/F, i, N) \quad (42\text{-}4)$$

括号内的系数称为偿债基金系数。

等额分付的现值公式为

$$P = A \left[\frac{(1 + i)^N - 1}{i(1 + i)^N} \right] = A(P/A, i, N) \quad (42\text{-}5)$$

括号内的系数称为等额分付现值系数。若给定 P，则可以得到

$$A = P \left[\frac{i(1 + i)^N}{(1 + i)^N - 1} \right] = P(A/P, i, N) \quad (42\text{-}6)$$

括号内的系数称为等额分付资金回收系数。

如前所述，相对应的现金流量图、代数形式和函数形式都展在图42-1中，利率 $i = 10\%$ 见表42-6。

举例：（下面所有例子均假定利率是 10%）在 15 个计息周期的每期期末投资 1000 美元，则在第 15 期结束后投资的本息和是多少？由式（42-3）得

$$F = 10000(F/A, 10\%, 15)$$
$$= 10000 \times 31.772 = 317720 \text{（美元）}$$

整付终值系数查表42-6。如要在第 15 期后获得 20000 美元，需要 15 年内每年投资多少？由式（42-4）得

$$A = 20000(A/F, 10\%, 15)$$
$$= 20000 \times 0.0315 = 630 \text{（美元）}$$

在 8 年中每年年末得到 2500 美元的收益回报，今天需要投资多少？由式（42-5）得

$$P = 2500(P/A, 10\%, 8)$$
$$= 2500 \times 5.335 = 13337 \text{（美元）}$$

某种设备的成本是 50000 美元，计划使用 5 年并且 5 年后残值是 0，则相当于每年（末）的成本是多少？由式（42-6）得

$$A = 50000(A/P, 10\%, 5)$$
$$= 50000 \times 0.2638 = 13190 \text{（美元）}$$

3. 等差序列现金流

假定 $A_j = (j - 1)G$，$j = 1$，2，$\cdots$，N，其中 G 为一个计息周期与下一个计息周期之间现金流的增加额或减少额，这样就形成一个从第1期，第2期，$\cdots$，第 N 期之间的等差现金流 0，G，$2G$，$\cdots$，$(N - 1)G$。给定等差 G，则等差序列现金流的现值为

$$P = G \left[\frac{(1 + i)^N - iN - 1}{i^2(1 + i)^N} \right] = G(P/G, i, N)$$

$$(42\text{-}7)$$

等差序列现金流的年值为

$$A = G \left[\frac{(1 + i)^N - iN - 1}{i(1 + i)^N - i} \right]$$
$$= G(A/G, i, N) \quad (42\text{-}8)$$

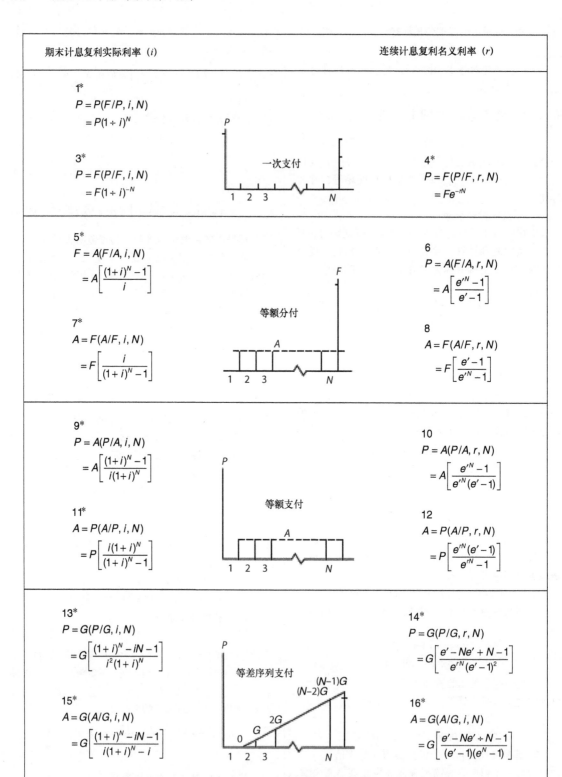

图 42-1　现金流模型和数学模型

a）选定复利系数（离散现金流）的现金流模型和数学模型

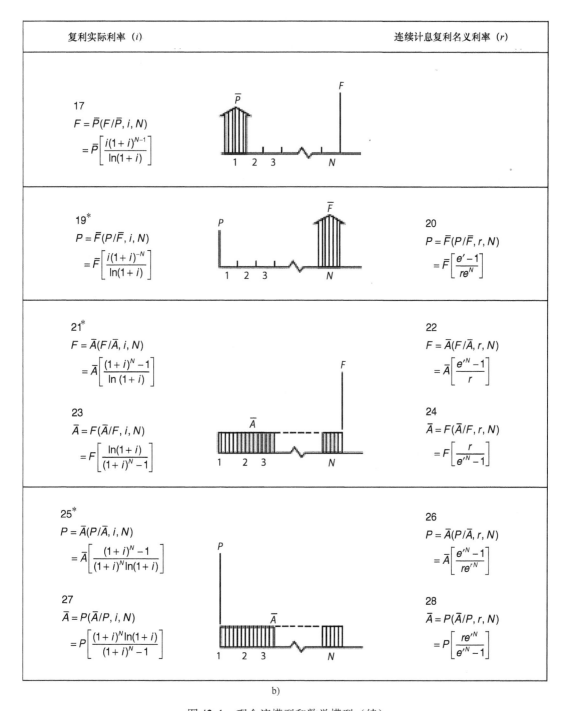

| 复利实际利率（i） | | 连续计息复利名义利率（r） |

17
$$F = \overline{P}(F/\overline{P}, i, N)$$
$$= \overline{P}\left[\frac{i(1+i)^{N-1}}{\ln(1+i)}\right]$$

19[*]
$$P = \overline{F}(P/\overline{F}, i, N)$$
$$= \overline{F}\left[\frac{i(1+i)^{-N}}{\ln(1+i)}\right]$$

20
$$P = \overline{F}(P/\overline{F}, r, N)$$
$$= \overline{F}\left[\frac{e^r - 1}{re^N}\right]$$

21[*]
$$F = \overline{A}(F/\overline{A}, i, N)$$
$$= \overline{A}\left[\frac{(1+i)^N - 1}{\ln(1+i)}\right]$$

22
$$F = \overline{A}(F/\overline{A}, r, N)$$
$$= \overline{A}\left[\frac{e^{rN} - 1}{r}\right]$$

23
$$\overline{A} = F(\overline{A}/F, i, N)$$
$$= F\left[\frac{\ln(1+i)}{(1+i)^N - 1}\right]$$

24
$$\overline{A} = F(\overline{A}/F, r, N)$$
$$= F\left[\frac{r}{e^{rN} - 1}\right]$$

25[*]
$$P = \overline{A}(P/\overline{A}, i, N)$$
$$= \overline{A}\left[\frac{(1+i)^N - 1}{(1+i)^N \ln(1+i)}\right]$$

26
$$P = \overline{A}(P/\overline{A}, r, N)$$
$$= \overline{A}\left[\frac{e^{rN} - 1}{re^{rN}}\right]$$

27
$$\overline{A} = P(\overline{A}/P, i, N)$$
$$= P\left[\frac{(1+i)^N \ln(1+i)}{(1+i)^N - 1}\right]$$

28
$$\overline{A} = P(\overline{A}/P, r, N)$$
$$= P\left[\frac{re^{rN}}{e^{rN} - 1}\right]$$

b)

图 42-1　现金流模型和数学模型（续）

b）选定复利系数（连续现金流）的现金流模型和数学模型

同前，相对应的现金流量图，代数形式和函数形式见图 42-1。代表性的（P/G, 10%, N）和（A/G, 10%, N）列表数值可查表 42-6。

举例：假定某企业第一年的制造成本为 100000 美元，从第 2 年开始每年递增 10000 美元，每年利率为 10%，求出这些成本的等额现值。由式（42-5）和式（42-7），从表 42-6 中选择合适的系数值。

$$P = 100000(P/A, 10\%, 7) + 100000(P/G, 10\%, 7)$$
$$= 100000 \times 4.868 + 10000 \times 12.763 = 614430（美元）$$

以上计算均假定现金流均发生在年末。

4. 等比序列现金流

考虑一个现金流序列 A_1，A_2，...，A_N，A_j 之间的关系为

$$A_j = A_{j-1}(1 + g) = A_1(1 + g)^{j-1} \quad (42\text{-}9)$$

式中，g 表示现金流从本期到下一期的增加或减少的比率，称之为等比。每期现金流的利率为 i，则等比序列现金流的现值

$$P = A_1 \left[\frac{1 - (1 + g)^N (1 + i)^{-N}}{i - g} \right] \quad (42\text{-}10)$$

当 N 趋向于无穷大时，如果 $g < i$，则等差数列收敛。否则（$g \geq i$），序列发散。

举例：预期第一年制造成本为 100000 美元，在 7 年内每年递增 5%。假定贴现率为 7% 并且现金流发生在年末，求等比序列现金流的现值。由式（42-10）得

$$P = 100000(P/A_1, 10\%, 5\%, 7)$$
$$= 100000 \times 5.5587 = 555870 \, （美元）$$

42.3.3 实际利率和名义利率

当且仅当经过一段时间（时滞）后，利率才有实际意义。在表述中时滞描述会被省略，因为通常能够在语境中理解其含义。举例来说，某人报告说投资回报率是 6%，意味着每年的回报率是 6%。然而，现实中，计息周期可能是一个星期、一个月或其他时长，而不是通常采用的年（每年）。从这个意义上来说，就有必要检查一下利率以及相对应的计息周期。

令 i 表示 1 年的实际利率，将 1 年分为 M 个长度相同的计息周期，那么每个计息周期的利率就是 i_s，则按照复利计算得到的每年的实际利率和给定的每个计息周期的利率的关系为

$$i = (1 + i_s)^M - 1 \quad (42\text{-}11)$$

每年的名义利率 r 等于每个计息周期的实际利率乘以计息周期数量，即

$$r = M i_s \quad (42\text{-}12)$$

1. 时间间隔与次时间间隔

举例：有时候有必要计算 1 年的利率水平。比如考虑消费者信用卡的情形，一家大石油公司或银行的"收费卡"对于欠账账户收取每月 1.5% 的复利。此时，$i_s = 0.015$，$M = 12$，由式（42-12）每年的名义利率就是 $12 \times 0.015 = 0.18$，由式（42-11）得

$$i = 1.015^{12} - 1 = 0.1956$$

2. 时间间隔大于计息周期的情形

考虑一个等额现金流序列在固定时间间隔发生。特别地，现金流每 M 个计息周期发生一次，第一次现金流发生在第 m 期的期末，最后一次现金流发生在第 n 期期末，$1 \leq m \leq n \leq N$。恰好有 $[(n - m)/M] + 1$ 次现金流发生，每次间隔 M 个计息周期，M 是整数，第一次发生在第 m 期的期末，则这一等额现金流的等值现值为

$$P = A \left\{ \frac{(1 + i)^{n-m+M} - 1}{(1 + i)^n [(1 + i)^M - 1]} \right\} \quad (42\text{-}13)$$

比如考虑某种大修，每次花费 20000 美元，第一次大修发生在第 5 年年末，每隔 2 年一次，直到并包括第 13 年（$A_j = -20000$ 美元，$j = 5$，7，9，11，13）。假定贴现率是 10%，则

$$P = 20000 \left\{ \frac{(1.10)^{13-5+2} - 1}{(1 + 1)^{13} [(1.10)^2 - 1]} \right\}$$
$$= 20000 \times 1.19834 = 43967 \, （美元）$$

42.3.4 连续现金流-连续复利计算

假定现金流发生在每个计息周期期末，按照复利计息，当计息周期次数变得越来越大时，则每年的实际利率为

$$i = \lim_{M \to \infty} \left\{ \left[\left(1 + \frac{1}{M/r} \right)^{M/r} \right]^r - 1 \right\} \quad (42\text{-}14)$$

假定每年的现金流总量为 $\overline{A}$，分为 M 个计息周期，每计息周期末的现金流量为 $\overline{A}/M$，每年的实际利率是 i，名义利率是 r。按复利计息，每期的利率为 $i_s = r/M$。令 A 表示年末的值为

$$A = (\overline{A}/M)(F/A, i_s, M)$$

M 趋于无穷大时，可以得到

$$A = \overline{A} \left[\frac{e^r - 1}{r} \right] = \overline{A} \left[\frac{i}{\ln(1 + i)} \right] \quad (42\text{-}15)$$

由于上面公式可以将一年内的连续现金流转换为年末的离散现金流，所以括号内的值称为资金流量换算系数。如前讨论，改变期末因素而适应连续假设条件时，资金换算系数是有用的。为了说明这点，在 N 个计息周期内连续等额的现金流（$\overline{F}$），考虑确定其现值的系数，合并式（42-2）和式（42-15），可得

$$P = \overline{F} \left[\frac{i}{\ln(1 + i)} \right] (1 + i)^{-N}$$
$$= \overline{F}(P/\overline{F}, i, N) \quad (42\text{-}16)$$

类似地，可得

$$P = \overline{A} \left[\frac{i}{\ln(1 + i)} \right] \left[\frac{(1 + i)^N - 1}{i(1 + i)^N} \right]$$
$$= \overline{A}(P/\overline{A}, i, N) \quad (42\text{-}17)$$

为便于参考，前面推导的所有等值模型都总结在图 42-1 中。离散现金流量模型见图 42-1a，有两个假定：①期末复利计息，实际利率为 i；②连续复利计息，名义年利率为 r。连续现金流模型见图 42-1b，有两个假定：①实际利率为 i；②名义利率为 r。

42.4　备选方案选择方法

有许多方法用于评价备选投资方案。基于统计的方法从众多备选方案中进行选择的决策规则是一种比较好的方法。本文简要呈现的方法在工程经济评价中比较常见。

42.4.1　现值（净现值）

PW（Present Worth）和 NPV（Net Present Value）是两个等价的概念。前者广泛用于工程经济学的文献中，后者比较常见于金融和财务文献中。

1. 投资的现值（PW）

PW 是在一段时间内（计算期为 N），每期期末贴现率为 i 时，投资产生的现金流的等额现值。假定期间 j 产生的现金流为 A_j，期末贴现率为 i 时，PW 的代数式为

$$PW = \sum_{j=0}^{N} A_j (1 + i)^{-j} \quad (42\text{-}18)$$

计算期是指项目评估的时间，它应该足够长，以便能够反映该项目与其他备选方案间的区别。贴现率是行业基准收益率 MARR（Minimum Acceptable Rate of Return），是指该项资金投资于拟议项目与投资于其他项目所期望达到的收益率。

2. "什么都不做"方案的现值

P 表示讨论项目的初始投资。如果 P 投资于其他地方，而不是讨论项目，假设计算期为 N 期，利率为 i，复利计息，那么什么都不做方案的结果是 $P(1+i)^N$。这种方案行动的现值是 0，可以写为

$$PW = A_0 + A_N (1 + i)^{-N}$$
$$= -P + P(1+i)^N (1+i)^{-N} = 0$$

比较讨论的投资和什么都不做方案，如果 PW > 0，那么投资就是有吸引力的（比什么都不做要好）。

什么都不做方案有时候称之为 0 方案，即 PW(∅) = 0。

42.4.2　多方案选择

我们已经考查过两方案选择：①拟议投资方案；②什么都不做方案。如果 PW > 0，那么就做"投资"的决策。如果多于两种备选方案呢？在这种情形下，将各备选方案的 PW 排序，那么选择最大 PW 值对应的方案（当然，仅仅从经济层面）。为方便说明，将 4 个互斥的备选方案列在表 42-1 中。假定 $i = 20\%$，由式（42-18）确定各 PW 值。如表 42-1 中数据所示，各备选方案的准确排序为：Ⅳ > Ⅱ > Ⅲ > ∅ > Ⅰ。

表 42-1　4 个互斥备选方案的现金流

（单位：美元）

期	方案Ⅰ	方案Ⅱ	方案Ⅲ	方案Ⅳ
$i = 20\%$				
0	−1000	−1000	−1100	−2000
1~10	0	300	320	520
10	4000	0	0	0
净现金流	3000	2000	2100	3500
PW	−354	258	242	306
AW	−85	62	58	73
FW	−2192	1596	1496	1894

初始成本不同，不需要调整 PW 计算。之所以如此，是因为投资到其他地方的资金产生的 PW = 0。在我们的例子中，看方案Ⅱ和方案Ⅲ，初始成本分别为 1000 和 1100。方案Ⅱ可以看成为需要 1000 美元的项目（产生 PW = 258 美元）和 100 美元在其他地方这个项目中（产生 PW = 0 美元），PW(Ⅱ) = 258。这样可以直接与方案Ⅲ比较：PW(Ⅲ) = 242。每种方案的总投资是 1100 美元。

42.4.3　年值（等额的每年的成本）

年值（Annual Worth）是利率为 i 时等价于现值的 N 期内每期等额值，是一个每期加权平均值，数学表达式为

$$AW = (PW)(A/P, i, N) \quad (42\text{-}19)$$

如果 $i = 0\%$，AW 是各期现金流的平均值，即

$$AW = (1/N) \sum_{j=0}^{N} A_j$$

跟前面一样，年值计算的计息期间可以是一个星期、一个月，或者其他时间间隔。这种办法通常用于成本方面，比如，等值平均年成本 EUAC（equivalent uniform annual cost）方法。

适用于 PW 的决策准则同样适用于 AW 和 EUAC。即：如果 AW > 0，那么备选方案优于什么也不做，在多方案情形中可以将方案按照递减的 AW 排序（或者递增的 EUAC）。给定任何一对方案，比如 X 和 Y，如果 PW(X) > PW(Y)，那么 AW(X) > AW(Y)。结论之所以成立是因为 $(A/P, i, N)$ 为常数，只要 i 和 N 保持不变。

AW 法见表 42-1。注意到方案的排序与 PW 法排序一致：Ⅳ > Ⅱ > Ⅲ > ∅ > Ⅰ。

42.4.4　终值

在终值法中，所有的现金流转化成计息周期为 N 时，第 N 期期末的等值，公式为

$$FW = (PW)(F/P, i, N)$$

适用于 PW 法的决策准则也适用于 FW。一个互斥的投资机会组合可以按照 PW、AW 或者 FW 排序。结果是一致的。FW 法见表 42-1。

42.4.5 收益率

1. 内部收益率

内部收益率（IRR），简称收益率，是指使得项目所有现金流的净现值（NPV）为零的利率 i^*。根据贴现率 i^*，项目所有的收益的现值恰好等于所有成本的现值。内部收益率的数学定义为满足如下方程的利率：

$$\sum_{j=0}^{N} A_j (1 + i^*)^{-j} = 0 \qquad (42\text{-}20)$$

公式假定离散现金流 A_j 和期间 $j=1，2，\cdots，N$ 期末贴现。

在 PW 计算中使用的贴现率是机会成本，如果资金投资于其他地方能获得资金收益率，那么，当且仅当 IRR 超过 MARR（放弃投资产生的机会成本），给定项目才是有经济吸引力的。也就是说，调整增加投资建议的条件是 IRR > MARR。

2. 多方案选择

与 PW/AW/FW 法不同，互斥的项目不可以分别用它们的 IRR 进行排序。使用增量法，两两考虑备选方案，确定增量投资的可行性。如表 42-2 所示，结论是Ⅳ > Ⅱ > Ø > Ⅰ。这个结果与通过 PW/AW/FW 法发现的结果是一致的。

表 42-2　方案的内部收益率分析

（单位：美元）

步骤	方案比较	现金流（A_j）			增量收益率（%）（MARR = 20%）	结论
		A_0	$A_1 - A_{10}$	A_{10}		
1	Ø→Ⅰ	−1000	0	4000	14.9	Ⅰ < Ø
2	Ø→Ⅱ	−100	300	0	27.3	Ⅱ > Ø
3	Ø→Ⅲ	−110	320	0	26.3	Ⅲ > Ø
4	Ø→Ⅳ	−200	520	0	24.4	Ⅳ > Ø
5	Ⅱ→Ⅲ	−10	20	0	15.1	Ⅲ < Ø
6	Ⅱ→Ⅳ	−100	220	0	21.4	Ⅳ > Ⅱ

3. 多解存在

考虑式（42-20）所示的期末模型：

$$\sum_{j=0}^{N} A_j (1 + i^*)^{-j} = 0$$

这个表达式也可以写为

$$A_0 + A_1 x + A_2 x^2 + \cdots + A_N x^N = 0 \qquad (42\text{-}21)$$

式中，$x = (1 + i^*)^{-1}$。求 i^*，需要解 N 阶多项式的

根 x。由于 i^* 有实际意义，所求得的根为正实根才有意义。方程的可行解 x 依赖于现金流 A_j 的数量和符号，x 的多解，进而 i^* 的多解是可能的。在可以求得多个 IRR 的情形中，建议采用 PW 法，不使用内部收益率法。

42.4.6 成本收益率

成本收益率法广泛应用于公共部门。

1. 成本收益率和可接受标准

成本收益率法内容简单，看起来微不足道，但它的简单性可能会误导人。投资发生当且仅当增加的收益大于产生的成本。当然，所有的成本和收益必须用相同的量纲测度。一般地，成本和收益表示为现值或通过复利系数计算出年值。那么

$$B : C = \frac{\text{所有收益的 PW（或 AW）}}{\text{所有成本的 PW（或 AW）}} \qquad (42\text{-}22)$$

很明显，如果收益大于成本，收益与成本之比超过 1。即如果 $B > C$，那么 $B : C > 1.0$。这个可接受标准的推论当且仅当增加的成本 C 为正时才是成立的。对某些方案，当增加的成本为负时，也就是项目成本减少是可能的，收益减少产生负的收益。总结如下：

对于 $C > 0$，如果 $B : C > 1.0$，接受；否则拒绝。

对于 $C < 0$，如果 $B : C > 1.0$，拒绝；否则接受。

2. 多方案选择

同收益率法一样，正确使用成本收益率法需要增量分析。互斥方案不能按照成本收益率排序。有必要进行两两验证对比成本的增加是否产生增加的收益。

为便于说明起见，考虑可选方案项目 U 和项目 T（见表 42-3）。

表 42-3　多方案选择

（单位：美元）

比较	现值			结论
	收益 B	成本 C	B：C	
Ø→T	700000	200000	3.50	T > Ø
Ø→U	1200000	600000	2.00	U > Ø
T→U	500000	400000	1.25	U > T

基于成本收益率，很显然 T 和 U 方案都优于无所事事。增量分析显示，由于增量的 B：C 超过 1，则 U 优于 T。

注意到使用 PW 法产生了同样的结果：PW(T) = 500000，PW(U) = 600000，说明这种现象是普遍的。对任何数量的互斥方案，利用增量分析得到的成本收益率排名与 PW 法得到的排名是一致的。

42.4.7　投资回收期

投资回收期广泛运用于产业界确定投资项目的吸引力。这种方法的实质就是确定收回初始投资需要的时间。对于各备选方案，比较它们各自的投资回收期。

投资回收期就是累积收益刚好补偿累积成本的时间。成本和收益通常用现金流表示，也许会用到现金流的贴现值。不管在哪种情形，投资回收期法假设投资是可以统计。越小的投资回收期，表示越好的投资项目。

投资回收期（未贴现）是使式（42-23）满足的值 N^*

$$P = \sum_{j=1}^{N^*} A_j \qquad (42\text{-}23)$$

式中，P 是初始投资，A_j 是在第 j 期的现金流。不太经常用的贴现投资回收期是使式（42-24）满足的值 N^*

$$P = \sum_{j=1}^{N^*} A_j (1 + i)^{-j} \qquad (42\text{-}24)$$

将投资回收期作为主要业绩指标的首要反对意见是忽略投资回收期结束后的所有后果。这可以用一个小例子说明。考虑两个方案 V 和 W，贴现率为 10%，计算期为 5 年。现金流和相关结果见表 42-4。

表 42-4　比较方案投资回收期与现值

年末	方案 V	方案 W
0（初始成本）	– 8000	– 9000
1 ~ 5（净收益）	4000	3000
5（残值）	0	8000
不贴现投资回收	2 年	3 年
PW, 10%	7163	7339

方案 V 投资回收期稍短，但是方案 W 的 PW 较大。

投资回收期是一个有用的度量，它在一定程度上说明了在收回初始投资之前需要多长时间。这是对投资吸引力判断的一个有益补充，但决不应将其作为衡量项目的唯一标准。

42.4.8　投资收益率

在产业界有许多方法利用会计数据（收入和支出）来确定收益率，而不是现金流，收入和支出反应在会计报表中。尽管没有统一认可的证据，人们熟知的是利用会计方法产生的投资收益率（RoI）和现金流法产生的内部收益率（IRR）。

公式 RoI 是平均每年会计利润与初始账面资产价值的比率。这个比率的一个变形是平均每年会计利润与计算期内平均账面资产价值。无论如何，这种计算都是基于折旧费用，这是一个不属于现金流量并受有关税收条例影响的会计项目（见后面的"折旧"）。因此作为性能好的方法不推荐使用 RoI。

42.4.9　不相等的使用寿命

前面提到的基本原则之一是必须在共同计算期内评估备选投资方案。备选的替代方案之间的服务年限不相等使这种分析复杂化。例如，考虑两种替代方案：一种寿命是 N_1 年，另一种寿命是 N_2 年，且 $N_1 < N_2$。

1. 寿命期重复（相同复制）**假设**

工程经济学教科书中广泛使用的假设是：①每个方案将在其使用寿命结束后复制一个相同的寿命期，复制的方案金额和所有现金流的时间与初始的方案相同；②计算期至少是初始备选方案寿命期的倍数。在这些假设下，计算期是 N_1 和 N_2 的最小公倍数。AW 方法可以直接使用，因为方案 1 在寿命为 N_1 中的 AW 与方案 1 在计算期内的 AW 相同。

2. 特殊的计算期

虽然在工程经济学文献中经常使用，但寿命期重复性假设在实际应用中很少使用。在这种情况下，一般都比较合理地在某些基础上定义计算期 N，而不是备选方案的服务年限。考虑的设备可能与某一产品有关，例如，将选择在特定时间段内制造。

如果计算期长于一个或多个备选方案的使用年限，则有必要估计在使用年限（或生命）和计算期结束之间的现金流的影响。如果计算期间比一个或多个备选方案的服务年限短，则超出计算期的所有现金流都是不相关的。在后一种情况下，有必要在计算期结束时估计"截断"方案的残值。

42.5　税后经济研究

大多数个人和企业都受到税收的直接影响。投资、维护、运营的现金流受到纳税（或避税）的影响，税收必须包括在评估模型中。因此，决策者对税收现金流和相关话题有着明确的兴趣。

42.5.1　折旧

对折旧的确切含义有很多误解。在经济分析中，折旧不是衡量市场价值或设备、土地、建筑物等物品损失的标准。它不是降低设备可使用性的度量。

折旧是严格的会计概念，也许美国注册会计师协会术语委员会提供的是最佳定义。

折旧会计是一种会计制度，其目的是以系统合理的方式，将有形资产的成本或其他基本价值在估计寿命期内进行分配。这是一个分配的过程，而不是估价的过程。本年度折旧是按年度分配的整体费用的一部分。

折旧资产可能是有形的或无形的。有形财产是任何可以看得见或摸得到的财产。无形财产是任何其他财产，如版权或特许经营权。

折旧资产可能是不动产或个人财产。不动产指的是土地，通常是建在地上，在土地上或附着在土地上的东西。个人财产是指其他财产，如机器或设备。土地是无法折旧的，因为它没有确定的寿命。

折旧资产必须具备三个条件：①它必须用于商业或用于生产获得收入；②必须有一个确定的寿命且要超过 1 年；③它必须是磨损或衰减，变旧，或由自然原因引起的价值丢失。

当资产开始使用时，折旧开始；当资产停止服务时，折旧结束。

美国和其他国家的税务当局已经通过并采用了各种折旧方法。下面的讨论仅限于目前最流行的三种方法。直线法和余额递减法主要用于美国以外的地区。修正的加速成本回收制度（MACRS）是目前由联邦政府以及美国大多数州使用的方法。下面将看到，直线法和余额递减法嵌入到 MACRS 方法内，正是因为这一原因，在这里总结直线和余额递减法。为计算所得税纳税所得的应纳税所得额，计算允许折旧的规则由有关税务机关管辖。美国联邦所得税如何折旧财产的一个极好的参考是946 公告，由美国财政部国税局公布。946 公告每年更新一次。

1. 直线法

一般来说，税收年度 j 的允许折旧 D_j 由下式给出

$$D_j = \frac{B-S}{N} \quad (j=1, \cdots, N) \qquad (42\text{-}25)$$

式中，B 是调整的成本；S 是估计残值；N 是折旧年限。允许折旧在投入资产的纳税年份与结束资产使用年份之间的时段内平均分配。例如，假设 $B = 90000$ 美元，$N = 6$ 年，6 年后 $S = 18000$ 美元，则在这种情况下：

$$D_j = \frac{90000-18000}{6} = 12000 \text{（美元）} \quad (j=2, \cdots, 6)$$

$$D_1 = D_7 = \frac{6}{12} \times 12000 = 6000 \text{（美元）}$$

任何时间点的财产账面价值都是初始成本减去累计折旧。在上述例子中，第三纳税年度开始的账面价值将达到 $90000 - 6000 - 12000 = 72000$（美元）。

2. 余额递减法

在计算下一年折旧前，每年的折旧额从账面价值中减去。折旧率不变，每年资产余额变小或下降，一般来说：

$$D_j = \begin{cases} \pi_1 aB & j=1 \\ aB_j & j=2, 3, \cdots, N+1 \end{cases} \qquad (42\text{-}26)$$

式中，π_1 是资产投入使用的第一年的部分（$0 < \pi_1 \le 1$）。

B_j 是第 j 年确定可折旧额前的账面价值。假设资产在纳税的开始年投入使用（$\pi_1 = 1.00$），可得到

$$D_j = Ba(1-a)^{j-1} \qquad (42\text{-}27)$$

当 $a = 2/N$ 时，折旧方案称为双重下降平衡法，简称 DDB。

用前面的例子，假设利用 DDB，$a = 2/6 = 0.333$。那么 $\pi_1 = 6/12 = 0.5$。

$$D_1 = \pi_1 aB = 0.5 \times 0.333 \times 90000 = 15000 \text{（美元）}$$

$$D_2 = a(B-D_1) = 0.333 \times 90000 - 15000 = 25000 \text{（美元）}$$

在确定年度折旧额时，残值并不是从成本或其他基础上扣除的，但资产不能低于预期残值。换句话说，一旦账面价值等于残值，不得再提折旧。

3. MACRS（GDS 和 ADS）

在 1986 的税收改革法案中，MACRS 是为了确定联邦所得税申报中的应纳税所得额而通过的。MACRS 包括两个确定如何资产折旧的体系：主体系称为一般折旧体系（General Depreciation System，GDS），另一个称为备用折旧体系（Alternative Depreciation System，ADS）。MACRS 适用于大多数发生在1986 年 12 月 31 日之后的折旧财产。

（1）资产类型 GDS 和 ADS 预先设定大部分财产类型，在国税局 946 公告中总结（附录 A）。基于这些类型以及两个额外的房地产类，非住宅不动产及住宅租赁物业，有 3 年、5 年、7 年、10 年、15年和 20 年资产等 8 种回收周期。

（2）折旧方法 在 MACRS 下一些折旧方法，取决于资产类型，资产使用方式，以及使用纳税人选择使用 GDS 还是 ADS。这些总结见表 42-5。

表 42-5 折旧方法

财产类型	主要 GDS 法	可选方法
3 年，5 年，7 年，10 年（非农）	折旧期内 GDS200% DB	折旧期 GDS 直线法，或折旧期 ADS150% DB

（续）

财产类型	主要 GDS 法	可选方法
15 年, 20 年 (非农) 或除了不动产外的用于农业资产	折旧期内 GDS150% DB	折旧期 GDS 直线法, 或折旧期 ADS150% DB
非住宅房与住宅租赁资产	折旧期内 GDS 直线法	折旧期固定 ADS 直线法

在使用余额递减法时, 直线法用于在年初调整的基础上, 发生在第一个课税年度用直线法, 比余额递减法继续下去将产生较大的扣除额。为便于计算可折旧费用, 假定零残值。

42.5.2　使用惯例

除了某些例外, MACRS 假定所有财产置于使用（或处置）期中一个纳税年度的中点。这是半年期的惯例。

42.5.3　折旧率

表 42-6 总结了 GDS 在半年期惯例下的年度折旧率, 具体见国税局 946 公告表 A-1。

表 42-6　在 MACRS 下年折旧率（半年期公约）

折旧年限	财产类型					折旧期 k
	3 年	5 年	7 年	10 年	15 年	20 年
1	33.33	20.00	14.29	10.00	5.00	3.750
2	44.45	32.00	24.49	18.00	9.50	7.219
3	14.81	19.20	17.49	14.40	8.55	6.667
4	7.41	11.52	12.49	11.52	7.70	6.177
5		11.52	8.92	7.37	6.23	5.285
6			8.93	6.55	5.90	4.888
7			4.46	6.55	5.90	4.522
8				6.56	5.91	4.462
9				6.55	5.90	4.461
10				3.28	5.90	4.462
11					5.90	4.461
12					5.91	4.462
13					5.90	4.461
14					5.91	4.462
15					2.95	4.461
16						4.462

（续）

折旧年限	财产类型					折旧期 k
	3 年	5 年	7 年	10 年	15 年	20 年
17						4.461
18						4.462
19						4.461
20						2.231
21						

对 3 年, 5 年, 7 年, 10 年, 15 年, 20 年的资产, 在 ADS 下资产类型 k 第 j 年的折旧率为

$$p_j = \begin{cases} 0.5/k, & j = 1 \\ 1.0/k, & j = 2, 3, \ldots, k \quad (42\text{-}28) \\ 0.5/k, & j = k+1 \end{cases}$$

42.5.4　其他应纳税所得额的扣除额

除了折旧之外, 还有其他几种方法可以在一定时间内回收某些资产的成本。

1. 摊销

摊销允许纳税人以类似直线折旧的方式收回一定的资本支出。合格支出包括在设立业务时所产生的某些费用（如对潜在市场的调查和现有设施的分析）, 认证污染控制设施的费用, 债券溢价, 商标和商业命名的成本。支出在 60 个月以上期间按直线摊销。

2. 损耗

损耗类似于折旧和摊销。这是一项适用于矿产、石油、天然气、地热井、建材等应税收入的扣除。计算损耗的方法有两种：成本损耗或百分率损耗。在某些限制下, 纳税人可以选择任何一种方法。

42.5.5　第 179 费用条款

纳税人可选择将符合条件的资产视为费用, 而不是当作资产投入使用期内资本支出。税法文件 179 条款规定, 允许纳税人将某些符合条件的资产视为费用（扣除联邦应纳税所得额）, 而不是资产使用期内资本支出。这称之为 179 条款费用。

所谓符合条件的资产是"第 38 节资产"。一般而言, 在某些条件下, 在贸易或商业中使用年限为 3 年或以上的资产, 对其折旧或摊销是允许的。

符合条件的资产通常为：

1）在贸易或商业中使用的有形个人资产。

2）有效期为 3 年或 3 年以上。

3）允许折旧或摊销。

然而，有一些限制条件：

1）一个纳税年度可以抵减的总费用不得超过规定的数额。最近，联邦立法将 2013 年 179 条款费用增加至 500000 美元；这个限制将在 2014 年降至 25000 美元，尽管这可能会在几个月后会改变，敬请关注（合格产业区的最大投资额是小于企业区业务或企业区资产），见图 42-2。

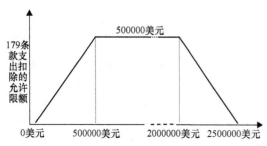

图 42-2 2013 年 179 条款资本资产
成本函数的年度扣除限额

2）在每超过给定临界值 1 美元情况下，最高值（2013 年 500000 美元，2014 年 200000 美元）就减少 1 美元。

3）减少的过程是美元对等的。因此，当符合条件的资产支出达到 2013 年 2000000 美元时，每增加 1 美元的符合条件资产投资，最高值就减少 1 美元，直到符合推荐投资达到 2500000 美元（＝2000000 美元＋500000 美元），不再符合 179 条款允许支出数额。显然，179 条款的目的是扶持小企业。

4）最近立法中的金额没有与通货膨胀挂钩。这与以往税法中的通货膨胀调整条款相背离。

5）如前所述，资产必须是在纳税人的贸易或业务中活跃使用的有形个人资产，允许进行折旧扣除。它必须用于商业超过 50%，必须是新购买的资产。

6）第 179 条款规定，纳税义务人在资产使用的年度没有应税所得时，不允许扣除。然而，不允许扣除的部分可以结转到没有亏损的年份。

42.5.6 第一年加速折旧（额外折旧）

税收减免，失业保险授权和 2010 年再就业法案将额外折旧延长到 2010 年，鼓励购买新设备，根据 2013 年初的美国纳税人救济 2012 法案又将其延长至 2013 年年底。再加上第 179 条款费用抵减，这些条款允许企业对立即减少收入或联邦所得税造成的损失可以注销资本支出。

同在自由区使用的资产一样，2001 年 9 月 1 日后额外折旧立即是可行的。这是对第一年使用的财产的额外折旧。具体来说，符合条件资产调整基础

的额外折旧是 50%。符合条件资产必须满足：

1）适宜于 MACRS 体系可折旧 20 年或少于 20 年。

2）公用事业财产。

3）计算机软件（现成的）。

4）根据《守则》第 168 条折旧的合格租赁财产。

在实施这些规定时，一般先采取第 179 款，其次是额外折旧。

42.5.7 特区和贫困地区

一个相对较新的进展是，至少在美国应该在税法上承认某些地理区域投资或鼓励某些类型的投资。

特别的区域界定为：

1）纽约自由区（Liberty Zone）。

2）海湾机会区（GO Zone）。

3）哥伦比亚特区（DC Zone）。

一些贫困的社区包括：

1）授权区（EZs）。

2）企业社区（ECs）。

3）更新社区（RCs）。

依据法规，折旧，折旧资产处置的损失和收益，税收抵免等联邦税收要素受区域界定的影响。这些细节太多，太复杂，无法纳入本书。有兴趣学习更多关于这个话题的读者，阅读美国国税局出版物 946《如何折旧财产》以及国税局出版物 954《贫困社区的税收优惠》。

对于企业区业务，增加的第 179 款扣除额适用于纳税年度内在授权区投入使用的合格区域资产。

42.5.8 折旧资产处置的损失和收益

处置资产的价值很少等于出售时或处置时的账面价值。当这种不相等发生时，处置的收益或损失就出现了。

在一般情况下，计提折旧的资产配置的收益是净残值减去处置资产的调整基数（账面价值）。调整基数是原始成本减去累计折旧，摊销，第 179 节费用扣除，以及在适当情况下根据投资债权所作的任何调整。负收益认为是处置损失。

处置资产的所有收益和损失都被视为普通收益或亏损，资本利得或损失，或两者的某种组合。确定这些数额的规则太复杂，无法在这里充分讨论。因此，感兴趣的读者可以咨询专家或阅读《小企业税务指南》中的对应章节（IRS 出版物 334）或类似的参考文献。

42.5.9　公司联邦所得税税率

"公司"的法律定义在美国税法中具有多种形式。例如，纳税公司也可能包括专门要求由公司内部纳税的公司，由国家或地方政府全资拥有的企业，某些外国企业，S 公司，受管制的投资公司，房地产投资信托公司，某些个人服务公司，以及选择其他纳税业务的公司（如有限责任公司）。

公司所得税税率不时调整主要是为了影响经济活动的水平。当前，公司的边际联邦所得税率见表42-7。

表42-7　边际联邦所得税率

（单位：美元）

应税收入		
至少	不多于	边际税率
0	50000	0.15
50000	75000	0.25
75000	100000	0.34
100000	335000	0.39
335000	10×10^6	0.34
10×10^6	15×10^6	0.35
15×10^6	$18\frac{1}{3} \times 10^6$	0.38
$18\frac{1}{3} \times 10^6$	$18\frac{1}{3} \times 10^6$ 及以上	0.35

可以看到，如果应纳税所得总额至少为 $18\frac{1}{3} \times 10^6$ 美元时，平均税率为35%。

42.5.10　公司州所得税率

几乎所有的州和地方都征收公司所得税。确定这种税的规则因州而异。许多州计算应纳税所得额，参照联邦应纳税所得额，并作具体修改。

有些州对所有应税所得的税率是统一税率的：加利福尼亚税率8.84%，科罗拉多4.63%。一些州对各级应纳税所得额使用边际税率。例如，夏威夷纳税的初始应税收入低于 25000 美元时税率为4.4%，收入在 25000 美元到 100000 美元之间时是5.4% 美元，收入超过 100000 美元税率是 6.4%。不缴纳企业所得税有四个州：内华达州、南达科他州、华盛顿和怀俄明。

除了常规所得税外，许多州还对公司征收其他税收，如总收入税和特许经营。一些州还征收替代性最低税，一些州对金融机构实行特别税率。对美国所有州的税收数据（包括哥伦比亚特区）感兴趣的读者，可以查阅税务管理员联合会每年网站发布。

当收入被多个司法管辖区征税时，经济研究的合适比率是由管辖权征收的税率的总和。如果这些税率是独立的，它们可以简单地添加。但当相互依赖时，组合规则就不那么简单了。例如，向地方政府和州政府支付的所得税是可以从联邦所得税纳税所得中扣除的。但反过来就不成立了，联邦所得税不能从地方收入中扣除。因此，考虑到只有州（t_s）和联邦（t_f）所得税率，经济分析的合并增量税率（t）为

$$t = t_s + t_f(1 - t_s) \qquad (42\text{-}29)$$

42.5.11　联邦个人所得税

读者可能已经注意到本章首个关注点是商业企业形式的公司。有趣的是，美国大多数企业没有组成公司，分为个人独资企业或合伙企业。这些企业与企业所有者一样纳税。企业的应纳税所得额包括在所有者的纳税申报表中，企业经营活动的净收入与业主的其他收入，如投资利息，工资，资本利等一样要纳税。我们现在把注意力转向后边总结的联邦个人税率表（见表42-8）。

表42-8　联邦个人税率表

（单位：美元）

税率—登记未婚—2014			
应税收入		税收	
大于	不多于	税额 + %	累计超过
0	9075	0.00 + 10	0
9075	36900	907.50 + 15	9075
36900	89350	5081.25 + 25	36900
89350	186350	18193.75 + 28	89350
186350	405100	45353.75 + 33	186350
405100	406750	117541.25 + 35	405100
406750	—	118118.75 + 39.6	406750

税率—已婚配偶—2014			
应税收入		税收	
大于	不多于	税额 + %	累计超过
0	18150	0.00 + 10	0
18150	73800	1815.00 + 15	18150
73800	148850	10162.50 + 25	73800
148850	226850	28925.00 + 28	148850
226850	405100	50765.00 + 33	226850
405100	457600	109587.50 + 35	405100
457600	—	127962.50 + 39.6	457600

（续）

税率—已婚人士单独归档—2014			
应税收入		税收	
大于	不多于	税额 + %	累计超过
0	9075	0.00 + 10	0
9075	36900	907.50 + 15	9075
36900	74425	5081.25 + 25	36900
74425	113425	14462.50 + 28	74425
113425	202550	25382.50 + 33	113425
202550	228800	54793.75 + 35	202550
228800	—	63981.25 + 39.6	228800

税率—户主—2014			
应税收入		税收	
大于	不多于	税额 + %	累计超过
0	12950	0.00 + 10	0
12950	49400	1295.00 + 15	12950
49400	127550	6762.50 + 25	49400
127550	206600	26300.00 + 28	127550
206600	405100	48434.00 + 33	206600
405100	432200	113939.00 + 35	405100
432200	—	123424.00 + 39.6	432200

42.5.12 州个人所得税

几乎所有州和哥伦比亚特区都征收个人所得税。参考：联邦税收管理员 2013 年 1 月。

截至 2013 年，在下列七个州没有征收州所得税：阿拉斯加、佛罗里达州、内华达州、南达科他州、德克萨斯、华盛顿和怀俄明。

另有七个州使用统一税率，即单一税率：科罗拉多（4.63%）、伊利诺斯（5%）、印第安纳（3.4%）、马萨诸塞州（5.25%）、密歇根（4.25%）、宾夕法尼亚（3.07%）和犹他（5%）。

其余的州和哥伦比亚特区对收入水平进行分类划分等级，分为 2 到 12 个等级。最高收入等级是加利福尼亚（500000 美元）和纽约（1029250 美元）。加利福尼亚对应纳税所得额超过 100 万美元征收 1% 的额外税，超过 100 万美元最高率为 13.3%。

另外，应税收入的所得税率也经常适用于许多州内的地方政府。因为州和地方税可以抵减除联邦所得税，所以各州的实际税率不是联邦和州税率的简单相加。

42.5.13 联邦税收抵免

与其他企业一样，公司有资格获得各种税收抵免，从而减少联邦、州和地方所得税。这些金额中最大的是联邦对外税收，允许所有纳税人获得向外国缴纳的所得税。该抵免旨在减轻两个或两个以上国家对同一纳税人的相同收入征税，已经成为 1918 年以来美国制度的一个特点。其他抵免包括：

1）一般商业抵免（建筑物修复，能源和重新造林的加总）。

2）劳动收入税收抵免（EITC）。

3）投资抵免。

4）工作机会抵免。

5）酒精用作燃料抵免。

6）增加研究活动的抵免。

7）低收入住房抵免。

8）罕见疾病抵免。

9）残疾人权利抵免。

10）合格的电动汽车抵免。

11）可再生电力生产抵免。

12）授权区就业抵免。

13）印第安人就业抵免。

14）对选定社区开发公司贡献的抵免。

15）生物柴油和可再生柴油燃料抵免。

16）小雇主养老金计划启动成本的抵免。

17）雇主提供的儿童保育设施和服务的抵免。

18）非常规燃料来源的抵免。

19）节能住宅抵免。

20）替代汽车抵免。

21）插电驱动汽车抵免。

22）替代燃料车辆加油物业抵免。

23）儿童税收抵免。

24）抚养信用。

25）按揭利息抵免。

26）首次购房者抵免。

27）退休储蓄捐款抵免。

28）健康保险税收抵免。

29）儿童和护理照顾抵免。

30）教育抵免。

现有税收抵免清单每年都有所不同，有时会减少，有时会增加。上述条款是 2013 年版。然而，读者最好要查阅最新税务年度参考资料。一个很好的办法：在 irs.gov 网站点击企业税收抵免。另一个很好的参考是国税局出版物 17 第 31 ~ 36 章，可获得当年联邦个人所得税信息。

42.5.14 所得税现金流的时间点

税收的等价现值要求估计税收现金流的时间点。各种运营条件影响着所得税支付的时间。列举所有的条件既不可行也不可取。然而在大多数情况下，以下假设可以作为一个合理的近似。

1）每季度所得税在纳税年度的每季度末支付。

2）公司 90% 的所得税额在纳税年度内支付；其余 10% 在下一纳税年度第一季度支付。

3）纳税年度的四个季度税款是统一的。

现金流的时间点可以用四个季度结束日期的加权平均数来近似。

$$0.225 \times (1/4 + 2/4 + 3/4 + 4/4) +$$
$$0.1 \times (5/4) = 0.6875$$

也就是说，在给定的税收年度内，所得税的现金流量可以假定为集中在纳税年度的 0.6875 点。另一种方法是假定所得税的现金流发生在纳税年度结束时。

42.5.15 税后分析

接下来的内容是做一个税后分析。

明确假设和主要参数值，包括以下内容：

1）税率（酌情适用于联邦和其他税收管辖区）。

2）与折旧，摊销，消耗，投资税抵免和第 179 款费用抵免有关的方法。

3）计息期长度。

4）行业基准收益率——用于贴现现金流量的利率。

注意：此税率应代表纳税人的税后机会成本。它几乎总是低于税前 MARR。在税前和税后分析中，不应使用相同的折现率。

估算除所得税以外的现金流量的数量和时间。将这些现金流分为三类是有好处的：

1）作为收入和支出直接影响应税收入的现金流。例如：销售收入，直接人工成本，材料成本，财产税，利息支付以及州和地方所得税（联邦政府的收益）。

2）通过折旧，摊销，损耗，第 179 款费用抵免和处置损益对应税所得产生间接影响的现金流量。例如：折旧资产的初始成本和残值。

3）不影响应税所得的现金流量。例如：周转资金和偿还本金的那部分贷款。

确定所得税现金流量的数额和时间。

在第一个纳税年度开始时，求得所得税现金流量的等值现值。为此，让 P_j 表示在课税年度 j 开始的第 j 年税收现金流量的等值现值。

$$P_j = T_j (1 + i)^{-0.6875} \quad j = 1, 2, \cdots, N+1$$

$$(42-30)$$

式中，i 是有效年贴现率；N 是计算年数。

从第一个纳税年度开始算起，所有税额现金流的现值为

$$P(T) = \sum_{j=1}^{N+1} P_j (1 + i)^{-j+1} = \sum_{j=1}^{N+1} T_j (1 + i)^{0.3125-j}$$

$$(42-31)$$

求税收现金流的等价现值，现值定义为计算期的开始。例如，如果现金流是在纳税年度第 3 月底投入发生，则现值为 $P(T) \times (1 + i)^{3/12}$。

求前面提到的所有其他现金流的等效现值。使用税后 MARR，在这里，"现值"定义为计算期的开始。

合并式（42-5）和式（42-6）得到总净现值（NPV）或现值（PW）。

注意：如果不是确定 PW（或 FW，EUAC 等），而是确定税后收益率，上述步骤必须修改。对于所有的现金流，使用适当的 PW 方程，令 PW = 0，求利率 i^* 值，备选投资方案的税后 IRR。

举例：考虑购买某制造设备的初始成本为 400000 美元。这些设备预计将持续使用 6 年，然后以大约 40000 美元的残值出售。6 年期间开始需要有 50000 美元的流动资金；流动资金在 6 年结束时全额回收。如果购买该设备，预计每年可节省 100000 美元。假设这些节省的现金流每年年末发生。公司的税后 MARR 每年为 10%。不考虑收入所得税，这些现金流量的总和为

$$PW = -400000 + 40000(P/F, 10\%, 6) -$$
$$50000 + 50000(P/F, 10\%, 6) +$$
$$100000(P/A, 10\%, 6)$$
$$= 57800 （美元）$$

假定没有第 179 款费用扣除，该设备在纳税年度中间使用，利用半年传统作为 5 年回收资产在 MACRS 下折旧。增加的联邦所得税税率为 0.35；没有任何其他相关所得税受此投资的影响。表 42-9 汇总了受所得税影响的现金流量的 PW。项目的总 PW 如下：

不含所得税的现金流为 57759 美元。

所得税对现金流动的影响为 –16566。

净现值为 41193 美元。

电子表格分析：

各种各样的计算机程序可用于投资项目的税前和税后分析。在《经济学人》杂志中，经常讨论相关计算机软件，通常不需要有额外的编程，现有的电子表格程序都很容易进行经济分析。例如，Lotus

和 Excel 含有财务功能，用于查找一次性支付和等额系列（年金）的现值和终值，以及寻找一系列现金流的 IRR。

表 42-9 和表 42-10 是计算机生成的电子表格。

表 42-9　所得税现金流　　　　　　　　　　　　　　　（单位：美元）

年	税率	折旧	回收	其他收入	应税额	所得税	PW	PW@10%
j	P_j	D_j	G_N	R_j	$R_j - D_j + G_N$	T_j	$(1.10)^{0.3125-j}$	P_j
1	0.2000	80000		40000	(40000)	(14000)	0.93657	(13112)
2	0.3200	128000		80000	(48000)	(16800)	0.85143	(14304)
3	0.1920	76800		80000	3200	1120	0.77403	867
4	0.1152	46080		80000	33920	11872	0.70366	8354
5	0.1152	46080		80000	33920	11872	0.63969	7594
6	0.0576	23040		80000	56960	19936	0.58154	11594
7	0.0000	—	40000	40000	80000	28000	0.52867	14803

成本基数 = 400000

第 1 纳税年初的 PW	15796
调整系数（半年）	×1.10^{0.5}
计算期初的 PW	16566

表 42-10　电子表格分析　　　　　　　　　　　　　　　（单位：美元）

MARR = 10%

年	投资和残值	流动资金	第 j 年内节省	离散现金流 PW	连续现金流 PW	总现值
0	(400000)	(50000)		(450000)		(450000)
1			100000		95382	95382
2			100000		86711	86711
3			100000		78828	78828
4			100000		71662	71662
5			100000		65147	65147
6	40000	50000	100000	50803	59225	110028
共计	(360000)	0	600000	(399197)	456957	57759

税额现金流的现值 NPV	(16566)
净现值	41193

42.6　考虑价格水平变动的分析

价格水平变动的影响对经济评价具有重要意义。货物和服务的数量及其价格都会影响现金流。因此，从价格水平变动影响现金流量的方面来说，这些变化必须纳入评价中。

消费者物价指数（CPI）只是一些用来监测和报告具体经济评估的指标之一。分析者应该在考虑特定投资备选方案时特别关注货物和服务相对价格变化。合适的价格指数是指与建筑材料、某些劳动技能成本、能源、其他成本和收入因素相关的指数。

42.6.1　概念和符号

p_1 和 p_2 表示某两种物品或服务在时刻 t_1 和 t_2 的价格，令 $n = t_2 - t_1$。在 t_1 和 t_2 之间平均价格变化的比率为

$$g = \sqrt[n]{p_2/p_1} - 1 \qquad (42-32)$$

当 $g > 0$ 时，称为通货膨胀；当 $g < 0$ 时，称为

通货紧缩。

A_j 是物品或服务交易发生在阶段 j 的现金流，用不变美元表示（或者实价美元）。A_j^* 是相同物品或服务现金流，用现时美元表示（或者时价美元），那么

$$A_j^* = A_j(1 + g)^j \qquad (42\text{-}33)$$

式中，g 是阶段内相对价格变化率（通货膨胀率）。

如前，不考虑通货膨胀时 $i =$ MARR，是实际的 MARR。考虑通货膨胀时 $i^* =$ MARR，是名义的 MARR。由于通货膨胀，MARR 的升降为

$$f = \left(\frac{1 + i^*}{1 + i}\right) - 1 = \frac{i^* - 1}{1 + i} \qquad (42\text{-}34)$$

利率的其他关系为

$$i^* = (1 + i)(1 + f) - 1 = i + f + if \qquad (42\text{-}35)$$

$$i = \left(\frac{1 + i^*}{1 + f}\right) - 1 = \frac{i^* - f}{1 + f} \qquad (42\text{-}36)$$

42.6.2　分析模型

可以看到，一系列现金流 A_j^*（$j = 1, 2, \cdots, N$）的终值 FW 为

$$FW = (1 + i^*)^N \sum_{j=0}^{N} A_j(1 + d) \qquad (42\text{-}37)$$

式中，

$$d = \frac{(1 + i)(1 + f)}{1 + g} - 1 \qquad (42\text{-}38)$$

其中 i、f 和 g 见前面定义。由式（42-37），可得 PW

$$PW = \sum_{j=0}^{N} A_j(1 + d)^{-j} \qquad (42\text{-}39)$$

注意：在这些模型中，假定现金流和 MARR 受到通货膨胀影响，前者受到 g 影响，后者受到 f 影响，且 $f \neq g$。如果假设 i 和 A_j 都受到相同比率的影响，则 $f = g$，那么

$$PW = \sum_{j=0}^{N} A_j(1 + i)^{-j} \qquad (42\text{-}40)$$

与忽略通货膨胀的 PW 模型相同。

为便于说明，考虑用不变美元表示的 8 年内每年年末 80000 美元的现金流。每年现金流的通货膨胀率（g）是 6%，每年名义 MARR（i^*）是 9%，每年 MARR 的通货膨胀效应（f）是 4.6%，那么

$$d = \frac{1 + i^*}{1 + g} - 1 = \frac{1.09}{1.09} - 1 = 0.0283$$

$$PW = \sum_{j=1}^{8} A_j(1 + d)^{-j} = 80000(P/A, 2.83\%, 8)$$
$$= 565000（美元） \qquad (42\text{-}41)$$

42.6.3　通货膨胀对多种因素的影响不同

在前节中，假定项目由一个单一价格的部分构成，每个阶段通货膨胀是 g。但大多数投资都是由多个部分组成，其中价格变化的幅度可能会不相同。例如，劳动力的价格也许以每年 7% 的速度增长，而材料部分的价格以每年 5% 的速度下降。在这样的情况下，适当的分析是式（42-37）~式（42-39）的扩展。

考虑一个含有两个部分的项目，A_{j1} 和 A_{j2} 分别表示这两种因素对应的现金流，g_1 和 g_2 表示相关的通货膨胀率，那么

$$A_j^* = A_{j1}(1 + g_1)^j + A_{j2}(1 + g_2)^j$$

接下来

$$FW = (1 + i^*)^N \left\{ \left[\sum_{j=1}^{N} A_{j1}(1 + d_1)^{-j} \right] + \left[\sum_{j=1}^{N} A_{j2}(1 + d_2)^{-j} \right] \right\} \qquad (42\text{-}42)$$

和

$$PW = \left\{ \left[\sum_{j=1}^{N} A_{j1}(1 + d_1)^{-j} \right] + \left[\sum_{j=1}^{N} A_{j2}(1 + d_2)^{-j} \right] \right\} \qquad (42\text{-}43)$$

其中

$$d_1 = (1 + i^*)/(1 + g_1) \text{ 和 } d_2 = (1 + i^*)/(1 + g_2) \qquad (42\text{-}44)$$

42.6.4　通货膨胀下的 IRR 说明

如果用不变美元确定 IRR，不考虑通货膨胀的 IRR 是使得（42-45）满足的 ρ 值

$$\sum_{j=0}^{N} A_j(1 + \rho)^{-j} = 0 \qquad (42\text{-}45)$$

如果 $\rho > i$，那么项目是可接受的，i 是前面章节中不考虑通货膨胀的 MARR。

如果用现时美元 A_j^* 来确定 IRR，则通货膨胀调节的 IRR 是使得（42-46）成立的 ρ^* 值

$$\sum_{j=0}^{N} A_j^*(1 + \rho^*) = 0 \qquad (42\text{-}46)$$

举例说明：考虑一个最初投资为 100000 美元的项目，5 年后预计残值为 20000 美元。如果接受，该项目将在 5 年期间每年年末节省 30000 美元。所有现金流量估计都是以不变美元为基础的。基于这些假设可以表明，$\rho \approx 19\%$。

假定该项目的现金流每年的通货膨胀率（g）为 10%，那么 $A_j^* = A_j \times (1.10)^j$，由式（42-45），$\rho \approx 31\%$。

假定不考虑通货膨胀的 MARR（i）为 25%，MARR 受到每年 10% 的通货膨胀的影响，那么 $i^* = 1.10 \times 1.25 - 1 = 0.375$。

两组比较都表明，该项目是不被接受的：

$\rho(19\%) < i(25\%)$ 和 $\rho^*(31\%) < i^*(37.5\%)$。

42.7 风险和不确定性分析

经济分析中必须承认所有经济研究中固有的不确定性。过去是不相关的，除非它有助于预测未来。只有未来是相关的，未来必含有不确定性。

在这一点上，区分风险和不确定性是很有必要的，这两个术语在处理不确定的未来时被广泛使用。风险指的是未来事件的概率分布已知或可估计的情形。不确定性的决策是在对未来事件的相对可能性或或然性一无所知的情况下发生的。当各种备选方案的相对吸引力是待决劳工谈判或地方选举结果的函数，或政府规划委员会正在考虑许可申请时，就可能出现不确定性情况。

各种各样的方法可用于对风险和不确定性分析。这里不允许对这些方法进行全面回顾。读者可参考任何有关进一步阅读建议中的参考文献，以便讨论以下一个或多个内容：

1）敏感性分析。

2）风险分析。

3）决策理论应用。

4）数字计算机（蒙特卡洛）仿真。

5）决策树。

这些方法中的一些可以在本手册的其他地方找到。工业中广泛使用的其他方法包括：

1）提高行业基准收益率。一些分析师主张调整 MARR 补偿风险投资，他们认为，由于一些投资不会如预期的好，他们会通过增量的安全边界来补偿 Δi。然而这种方法不能抓住该备选方案的风险和不确定性，MARR 中的增量 Δi 对所有的备选方案是相同的。

2）风险等级区分收益率。一些公司不是建立一个安全边界为单一 MARR，而是建立风险分类，每类风险有独立的标准。例如，一家公司可能需要低风险的投资以产生至少 15% 的收益，中等风险的投资产生至少 20% 的收益，也可能定义 MARR = 25% 的项目为高风险投资项目。分析师判断项目属于哪一类风险，在分析中选用相关的 MARR。尽管这种做法对所有备选方案一视同仁，但它并不能令人满意，因为它没有把注意力集中在与个别建议有关的不确定性上。没有两个方案的风险程度完全相同，按类别分组备选方案掩盖了这一点。此外，决策者的注意力应指向不确定性的原因，即对单个项目的估计。

3）降低预期的项目寿命。另一个经常用来补偿不确定性的措施是降低预期的项目寿命。有人认为，估计发生在未来的更远时，估计就变得越来越不可靠，因此缩短项目寿命就等于忽视了那些遥远的、不可靠的估计。此外，远期的后果更可能是有利的而不是不利的。也就是说，远期的估计现金流量通常是正的（由于净收益），而且估计在起始时间附近的现金流更可能是负的（由启动成本引起）。但降低项目的预期寿命，因为排除了可能的未来收益而对项目不利，以差不多的方式提高 MARR 不利于基准项目。同时，这一方法因为掩盖了不确定估计而受到批评。

42.8 复利表（10%）

表 42-11 列出了一次支付、等额系列和均匀梯度支付的复利表。

表 42-11 复利表（$i = 10\%$）

	一次支付			等额系列				等额系列		均匀梯度		
	复利系数	现值系数		复利系数		现值系数		偿债基金系数	积累资金系数	等额系列	现值系数	
N	F/P	P/F	$P/\bar{F}$	F/A	$F/\bar{A}$	P/A	$P/\bar{A}$	A/F	A/P	A/G	P/G	N
1	1.100	0.9091	0.9538	1.000	1.049	0.909	0.954	1.0000	1.1000	0.000	0.000	1
2	1.210	0.8264	0.8671	2.100	2.203	1.736	1.821	0.4762	0.5762	0.476	0.826	2
3	1.331	0.7513	0.7883	3.310	3.473	2.487	2.609	0.3021	0.4021	0.937	2.329	3
4	1.464	0.6830	0.7166	4.641	4.869	3.170	3.326	0.2155	0.3155	1.381	4.378	4
5	1.611	0.6209	0.6515	6.105	6.406	3.791	3.977	0.1638	0.2638	1.810	6.862	5
6	1.772	0.5645	0.5922	7.716	8.095	4.355	4.570	0.1296	0.2296	2.224	9.684	6
7	1.949	0.5132	0.5384	9.487	9.954	4.868	5.108	0.1054	0.2054	2.622	12.763	7

（续）

	一次支付			等额系列				等额系列		均匀梯度		
	复利 系数	现值 系数		复利 系数	现值 系数			偿债基 金系数	积累资 金系数	等额 系列	现值 系数	
8	2.144	0.4665	0.4895	11.436	11.999	5.335	5.597	0.0874	0.1874	3.004	16.029	8
9	2.358	0.4241	0.4450	13.579	14.248	5.759	6.042	0.0736	0.1736	3.372	19.421	9
10	2.594	0.3855	0.4045	15.937	16.722	6.145	6.447	0.0627	0.1627	3.725	22.891	10
11	2.853	0.3505	0.3677	18.531	19.443	6.495	6.815	0.0540	0.1540	4.064	26.396	11
12	3.138	0.3186	0.3343	21.384	22.437	6.814	7.149	0.0468	0.1468	4.388	29.901	12
13	3.452	0.2897	0.3039	24.523	25.729	7.103	7.453	0.0408	0.1408	4.699	33.377	13
14	3.797	0.2633	0.2763	27.975	29.352	7.367	7.729	0.0357	0.1357	4.996	36.801	14
15	4.177	0.2394	0.2512	31.772	33.336	7.606	7.980	0.0315	0.1315	5.279	40.152	15
16	4.595	0.2176	0.2283	35.950	37.719	7.824	8.209	0.0278	0.1278	5.549	43.416	16
17	5.054	0.1978	0.2076	40.545	42.540	8.022	8.416	0.0247	0.1247	5.807	46.582	17
18	5.560	0.1799	0.1887	45.599	47.843	8.201	8.605	0.0219	0.1219	6.053	49.640	18
19	6.116	0.1635	0.1716	51.159	53.676	8.365	8.777	0.0195	0.1195	6.286	52.583	19
20	6.728	0.1486	0.1560	57.275	60.093	8.514	8.932	0.0175	0.1175	6.508	55.407	20
21	7.400	0.1351	0.1418	64.003	67.152	8.649	9.074	0.0156	0.1156	6.719	58.110	21
22	8.140	0.1228	0.1289	71.403	74.916	8.772	9.203	0.0140	0.1140	6.919	60.689	22
23	8.954	0.1117	0.1172	79.543	83.457	8.883	9.320	0.0126	0.1126	7.108	63.146	23
24	9.850	0.1015	0.1065	88.497	92.852	8.985	9.427	0.0113	0.1113	7.288	65.481	24
25	10.835	0.0923	0.0968	98.347	103.186	9.077	9.524	0.0102	0.1102	7.458	67.696	25
26	11.918	0.0839	0.0880	109.182	114.554	9.161	9.612	0.0092	0.1092	7.619	69.794	26
27	13.110	0.0763	0.0800	121.100	127.059	9.237	9.692	0.0083	0.1083	7.770	71.777	27
28	14.421	0.0693	0.0728	134.210	140.814	9.307	9.765	0.0075	0.1075	7.914	73.650	28
29	15.863	0.0630	0.0661	148.631	155.945	9.370	9.831	0.0067	0.1067	8.049	75.415	29
30	17.449	0.0573	0.0601	164.49	172.588	9.427	9.891	0.0061	0.1061	8.176	77.077	30
31	19.194	0.0521	0.0547	181.944	190.896	9.479	9.945	0.0055	0.1055	8.296	78.640	31
32	21.114	0.0474	0.0497	201.138	211.035	9.526	9.995	0.0050	0.1050	8.409	80.108	32
33	23.225	0.0431	0.0452	222.252	233.188	9.569	10.040	0.0045	0.1045	8.515	81.486	33
34	25.548	0.0391	0.0411	245.477	257.556	9.609	10.081	0.0041	0.1041	8.615	82.777	34
35	28.102	0.0356	0.0373	271.025	284.361	9.644	10.119	0.0037	0.1037	8.709	83.987	35
40	45.259	0.0221	0.0232	442.593	464.371	9.779	10.260	0.0023	0.1023	9.096	88.953	40
45	72.891	0.0137	0.0144	718.906	742.280	9.863	10.348	0.0014	0.1014	9.374	92.454	45
50	117.391	0.0085	0.0089	1,163.910	1,221.181	9.915	10.403	0.0009	0.1009	9.570	94.889	50
55	189.059	0.0053	0.0055	1,880.594	11,973.13	9.947	10.437	0.0005	0.1005	9.708	96.562	55
60	304.482	0.0033	0.0034	3,034.821	3,184.151	9.967	10.458	0.0003	0.1003	9.802	97.701	60

（续）

	一次支付			等额系列				等额系列		均匀梯度		
	复利 系数	现值 系数		复利 系数		现值 系数		偿债基 金系数	积累资 金系数	等额 系列	现值 系数	
65	490. 372	0. 0020	0. 0021	4,893. 720	5,134. 510	9. 980	10. 471	0. 0002	0. 1002	9. 867	98. 471	65
70	789. 748	0. 0013	0. 0013	7,887. 480	8,275. 592	9. 987	10. 479	0. 0001	0. 1001	9. 911	98. 987	70
80	2,048. 400	0. 0005	0. 0005	20,474. 05	21,481. 484	9. 995	10. 487	0. 0000	0. 1000	9. 961	99. 561	80
90	5,313. 023	0. 0002	0. 0002	53,120. 48	55,734. 170	9. 998	10. 490	0. 0000	0. 1000	9. 983	99. 812	90

扩展阅读

期刊

Decision Science
Journal of Business
The Engineering Economist

Journal of Finance
Financial Management
Journal of Finance & Quantitative Analysis
Harvard Business Review
Management Science
IIE Transactions
Industrial Engineering

第43章

人因工程学

Packer 工程集团　大卫·库里（DAVID CURRY）　爱迪生工程公司　约翰·梅耶（JOHN MEYER）
华中科技大学　付艳　王晓怡　译

43.1　概述

人因工程学（Ergonomics）一词由希腊词根"ergon"（即工作、劳动）和"nomos"（即规律、规则）复合而成，是一门分析工作并设计工作、设备、工具和方法以最适合工人能力的学科。工作场所中的人因工程学的主要目标是防止伤害和提高工人的效率。除了雇主减少员工潜在伤害的道德问题之外，从经济角度来看，工效学至少可以通过两种不同的方式成为工作场所的积极力量：降低与工伤相关的成本（如损失工作日、工人的补偿费用和相关的医疗费用），以及通过提高工人的整体生产力来增加利润。工作场所的工效学干预不一定非常复杂，并且在熟练使用时可能会带来可观的收益。在乔伊斯研究所亚瑟主持的一项调查中，92%的受访者表示工人的补偿费用下降幅度超过20%，72%的受访者称生产率上涨超过20%，一半的受访者称质量增长超过20%。简言之，在工作场所内注重人因工程学应用的潜在收益是很高的，而且经常在短期内，努力和付出就可得到回报，同时长期效益也将持续增加。

提高生产力的例子不难找到。一个伐木公司以每辆300美元的成本对23辆拖车拖拉机的座椅和可见度进行了一个简单的符合工效学的改进。结果显示，每年每辆车由于意外伤害导致的停工费用减少了2000多美元，而且每天增加了一个额外载荷的生产力。这使得该公司的成本每年节省65000美元，从而使总投资降低到6900美元，在一年内几乎达到10∶1的回报。在另一个瑞典的案例中，一个钢铁厂以符合人因工程学的方法重新设计了一个半自动化的材料处理系统。总的噪声水平从96分贝下降到了78分贝，产量增加了10%，废品率下降了60%。包括设计和开发在内的系统成本在头15个月内收回。

本章介绍了人因工程学在工作环境、所要执行的任务和工作方法中的指导。

43.2　工作环境

工作环境与工人的工作环境条件有关，包括照明、温度和热效应，振动以及噪声等部分。本节将讨论这些因素是如何影响工人的安全、舒适度和生产力的。

43.2.1　照明

就生产力和工人舒适性而言，工作场所设计中最重要的组成部分之一是充足的照明。虽然人类视觉系统在10^{16}个照明级别的范围内是有效的，但这并不意味着所有的照明级别都能产生同样的效果！照度是落在一个表面上的光量，而亮度是从表面发出或反射的光量。在某种程度上，工作环境中的建议照明水平随工人年龄[一]、工作性质和背景反射这些变量的变化而改变，但可以提供一般性指导（见表43-1）。表43-2提供了一些对于典型工业任务和领域的具体建议。对于特定的任务，更详细的参考能在照明工业设施（ANSI/IESNA RP-7-0）推荐实施规程中找到。该文档本身在最近几年已被废除，但仍提供了有价值的信息。

过高的照明会导致不可接受的眩光水平（超过

（一）一般来说，年长者的视力需求与年轻人的视力需求有很大的不同。由于瞳孔较小，晶状体较厚，一个60岁的人的视网膜照度仅为一个典型的20岁人的视网膜照度的1/3。因此，对于相同的视网膜照度，老年人倾向于要求更高的任务照明。

眼睛适应水平的过度亮度）和不可接受的阴影水平，这常常会导致看不清关键细节。在制造环境中，必须考虑眩光的类型。直射眩光，由员工视野范围内的照明源导致，可以用许多方法来控制这个问题[51]，例如：

1）降低光源的照度。
2）减少造成眩光的高照度区域。
3）增加眩光源与视线之间的夹角。
4）提高眩光源周围的照度级别。
5）在眩光源和视线之间放置一些东西。

表43-1 不同类型任务的推荐照明水平（来源：参考文献4）

照明类别	活动类型或区域	推荐照度	描述
A	公共空间	30lx（3fc）	定向和简单的视觉作业。视觉表现在很大程度上不重要，因为这些作业都是在公共场所进行的，而在这些场所中，只是偶尔需要阅读和进行视觉查验。对于视觉表现偶尔很重要的作业，则推荐更高的照明水平
B	短暂访问的简单定向	50lx（5fc）	
C	执行简单视觉作业的工作空间	100lx（10fc）	
D	执行高对比度、大尺寸的视觉作业	300lx（30fc）	普通视觉作业。视觉表现比较重要，这类任务存在于商业、工业和住宅应用中。推荐的照度等级因所要照明的视觉作业的特点而不同。对于具有低对比度或小尺寸的关键元素的任务，建议使用更高的级别
E	执行高对比度、小尺寸或低对比度、大尺寸的视觉作业	500lx（50fc）	
F	执行低对比度、小尺寸的视觉作业	1000lx（100fc）	
G	在临界点附近执行视觉作业	3000～10000lx（300～1000fc）	特殊视觉作业。视觉表现是至关重要的。这些任务非常专业化，包括那些具有非常小的或非常低对比度的关键元素的作业。推荐的照度等级应该通过辅助作业照明来实现。更高水平的推荐照度等级通常是通过移动光源，使其更靠近作业任务而实现的

表43-2 典型工作任务的推荐照度等级

（续）

具体的任务	推荐的照度等级	具体的任务	推荐的照度等级
基本的工业任务		粗糙的工作台或机器加工	D
原材料加工（清洗、切割、粉碎、分类和分级）		中等的工作台或机器加工（普通的自动化机器，粗磨，精磨，抛光）	E
粗糙的	C	精密的工作台或机器加工（精密的自动化机器，中磨，精磨，抛光）	G
中等的	D		
精细的	E	超精密的工作台或机器加工（精磨）	G
非常精细的	F	装配	
材料处理		简单的	D
包装、打包和贴标签	D	复杂的	F
拣货和分类	D	精密的	G
装货，装入卡车和货车	C	仓储	
零件的制造		闲置的	B
大的	D	活动的；大物品；大标签	C
中等的	E	活动的；小物品；小标签	D
精细的	F	检验	
加工		简单的	D

（续）

具体的任务	推荐的照度等级
复杂的	F
精密的	G
服务空间	
楼梯和走廊	B
电梯、货物和乘客	B
厕所和盥洗室	C
发货和收货	D
维修	E
电动机与设备观测	D
控制面板和视屏显示终端观测	C
焊接	
方位	D
精密手工电弧焊（焊接完成后作业的检验）	G
手工制作（雕刻，绘画，缝纫，剪切，压制，编织，抛光和木工）	
粗糙的	D
中等的	E
精细的	F
精密的	G

在实践中，正常视野内的光源应该屏蔽到与水平方向呈至少 25°，45° 是最好的，以最大限度地减少直射眩光。

反射眩光是由发光表面对照明源的反射引起的，可以很容易地通过换用低强度的光源或调整工作方向以使光不反射到工人的正常视线范围内而将其减到最低。不适眩光是由于视野中的亮度差异引起的烦躁或疼痛感，而失能眩光是干扰视觉表现的眩光。失能眩光（虽然不是不适眩光）似乎与年龄密切相关，在相同条件下，年长的工作者比年轻的更容易遭受失能眩光的伤害[53]。

除了简单的照明和眩光以外，关于照明，还有许多其他重要的问题需要考虑。例如，人体对颜色的感知直接受到照明水平的影响，光照低于一定的水平，眼睛的颜色接收器是不发挥作用的。它也可能受到所使用的照明类型的影响：比如，钠蒸气照明的黄色色调对显色效果有显著影响。此外，人眼在很大程度上是依靠物体与其背景之间的对比（颜色和亮度对比）来看清事物的。达到某一点（约 10:1），两事物的相对亮度对比（亮度比）越明显，个体可以感知的事物的详细程度越高。在整个工作场所的其余部分的照明水平保持恒定的情况下，眼睛的功能是最佳的。在制造环境中，必须对这一问题进行权衡。因为相较于小范围或者一个受控的环境，整个区域内保持相同的照明水平难度很大。对正常的工作环境的最大亮度比的建议如下：

1）任务与邻近的较暗的环境之间：3:1。
2）任务与邻近的较亮的环境之间：1:3。
3）任务与更远的较暗的表面之间：10:1。
4）任务与更近的较亮的表面之间：1:10。
5）视野范围内的任何地方：40:1。

另一个值得关注的问题是闪烁。大多数工业照明由荧光灯具提供，它使用连接到 60Hz 交流电源系统的磁性镇流器。这导致灯光每秒闪烁 120 次。虽然这通常高于大多数人和大多数任务的感知水平，但在某些情况下可能（特别是视觉查验）会出现一些问题，如注意力不集中、眼疲劳、恶心和增强型视觉疲劳。为了减轻这个问题，应该考虑使用高频电子镇流器（10 ~ 50kHz）或采用三相照明[51]。

最后，必须考虑所提供的照明类型（直接的或间接的）。对于大多数任务，间接照明是首选，以防止令人反感的阴影区域的产生。然而，一些任务，如精细的视觉查验，使用更直接的照明技术来寻找缺陷可能更有利。

43.2.2　温度和湿度

工作场所内另一个重要的环境因素是温度。人类的身体极力求维持一个大约为 98.6 °F（37℃）的持续的核心温度。达到这一目标所需付出的努力越少，人类所感知到的工作环境越舒适。理想的舒适环境是 95% 的人所接受的环境（在两个极端各留 2.5%）。有研究表明，对于 8h 的暴露，温度在 66 ~ 79 °F（19 ~ 26℃）之间是舒适的，只要该范围上限的湿度和下限的空气流速不是极端的。大多数工作人员通常认为温度在 68 ~ 78 °F（20 ~ 25.5℃）范围内更易接受。当环境导致热量从身体被带走的速度太快或多余的热量不能快速地排出时，结果将是（至少）工人感到不适。身体确实有能力在有限的范围内调节其内部热环境；然而，极端温度可能会导致一些潜在的问题。高温和高湿度条件导致工人疲劳加剧，并可能导致潜在的健康危害，而低温则可能由于手和手指失去灵活性而导致生产力下降。这两种情况都可能导致工人的注意力不集中情形加剧。

表 43-3 中提供的一般性指导参数可用于评估不同类型工作的舒适温度范围。前提是空气流动速度

低（小于 0.1m/s），湿度范围为 30% ~ 70%，并穿着普通服装[14]。

表 43-3　对于不同层次的工作的气温

工作类型	可接受的温度范围	
	华氏度（℉）	摄氏度（℃）
坐姿脑力工作	64 ~ 75	18 ~ 24
轻体力劳动，坐姿	61 ~ 72	16 ~ 22
轻体力劳动，站姿	59 ~ 70	15 ~ 21
重体力劳动，站姿	57 ~ 68	14 ~ 20
高负荷工作	55 ~ 66	13 ~ 19

身体的热量传递基于两个主要机制：能量消耗水平的改变或流向身体表面区域的血流量的改变。血管舒张是流向皮肤区域的血流量增加的过程，这一过程通过辐射和对流加速身体对环境的散热。如果核心体温仍然过高，就会通过出汗保持热量平衡。血管收缩则是流向皮肤区域的血流量减少，从而降低体表温度，提高机体隔热能力，进而减少热量损失。在更极端的条件下，人体会通过颤抖（快速肌肉收缩）增加热量的产生。

汗液蒸发造成的热量损失受限于空气中现存的湿度，因此湿度可能对温度较高时的主观不适感有很大的影响。研究表明，在 79℉（26℃）的温度下，湿度从 50% 增加到 90%，不舒适程度增加了 4 倍[17]。在温暖的季节，低于 70% 的湿度水平是可取的；室外暴露超过 2h 情况下，推荐湿度水平超过 20%[6]。表 43-4 给出了在不同的温度和湿度水平下暴露 2h 的建议最大工作量。

表 43-4　最大推荐工作载荷，热不适区
（由伊士曼柯达公司提供，见参考文献 15）

最大推荐工作载荷					
温度		相对湿度			
℃	℉	20%	40%	60%	80%
27	80	非常重	非常重	非常重	重
32	90	非常重	重	适中	轻
38	100	重	适中	轻	未推荐
43	110	适中	轻	未推荐	未推荐
49	120	轻	未推荐	未推荐	未推荐

当气流速度大于 1.65ft/s 或持续时间小于 2h 时，可在每一个条件下从事较繁重的工作。示例如下：

1）轻型：小零件装配，铣床或钻床操作，小零件精加工。

2）中型：钳工工作，车床或中型冲压操作，机械加工和砌筑。

3）重型：水泥制造，工业清洗，大型包装，将轻箱搬上或搬离托盘。

4）很重：铲渠或挖渠，将重箱 > 15lb（> 6.8kg）搬上或搬离托盘，每分钟提升 10 次 45lb（20.4kg）的箱子。

几种潜在的身体紊乱可能源于严重或长期的热应激。按严重程度可分为：热疹，一种由汗腺堵塞、汗液潴留和炎症导致的皮疹；热痉挛，由于出汗过多造成盐分丧失而引起的肌肉痉挛，常见于手臂、腿、腹部；热衰竭，无力、恶心、呕吐、头晕，甚至由于脱水而昏厥；中暑，体温过度上升的结果，表现为恶心、头痛、脑功能障碍，甚至昏迷或死亡。

一些个人因素在决定个体对热应激的反应中可能发挥着重要作用。身体健康的人在完成工作任务时心率和热量增加不明显。随着年龄的增长，汗腺活动放缓，体内水分减少，从而导致体温调节效率降低。一些研究表明，男性较之女性更不容易受与热有关的疾病的影响，但这可能主要是因为男性的身体健康水平普遍较高。通常，对于没有经过训练的工人，当房间温度超过 77℉ 时，其精神功能将开始逐渐恶化。那些曾经过高温适应性训练的工人，在温度没有达到 86 ~ 95℉（30 ~ 35℃）时，他们的精神功能并没有表现出下降。虽然在短期内，最大强度的工作任务通常不会受到高热量水平的影响，但在工人们习惯于更高的热量水平（长达 2 周）之前，持续的高强度工作会在很大程度上受热量水平的影响[37]。

一些与工作绩效有关的问题可能与低于理想温度条件有关。体温降低到 96.8℉（36℃）以下通常会导致警惕性降低，而体温降低到低于 95℉（35℃）导致中枢神经系统协调性降低。对于涉及手动操作的任务，关节温度低于 75℉（24℃）且神经温度低于 68℉（20℃）会导致执行精细运动任务的能力严重下降。手指皮肤温度低于 59℉（15℃）会导致手指的灵敏性下降。除此之外，很少有研究表明合理水平的寒冷对认知能力有明显的影响[47]。

43.2.3　振动

振动是一个平衡点附近的机械振荡，是影响工人工作绩效、舒适性和安全性的另一个重要因素。它的频率、幅度和持续时间都可以量化。根据其对工作环境的适应性，可将其分为两大类：全身振动和局部振动。

1. 全身振动

有证据表明短期暴露于全身振动环境下对生理影响有限，而对于长期暴露，全身振动对操作者的绩效和生理领域（特别是腰椎）的影响往往较明显。应当指出的是，在大多数情况下，振动对生理的影响与不舒适的姿势和久坐等行为息息相关。工业界，车辆驾驶，生产和电动工具操作等活动值得关注。

振动频率是评价振动对人体影响的一个重要因素。在 2~20Hz 范围内，振动的生理影响包括腹痛、失去平衡、恶心、肌肉收缩、胸痛和气短。由于视力模糊引起的视力丧失主要发生在 10~30Hz 范围内，这取决于振幅的影响，在 5~25Hz 范围内的振动会引起一定程度的手工精度的下降[24]。全身振动对脑力作业（如反应时间、模式识别和监测）似乎影响很小[53]。

公共汽车、商用卡车或建筑设备等重型车辆会产生 0.1~20Hz 频率范围内的振动，加速度高达 0.4g（约 13ft/s² 或 3.9m/s²），但一般小于 0.2g（6.4ft/s² 或 1.9m/s²）。

振动的方向也可能是重要的因素。许多资料（如《职业工效学手册》）警告工人应避免长时间暴露于振动的车载环境中，但有关长时间暴露在这种振动环境下人体所受伤害的原因是复杂的，可能与不舒适的坐姿，缺乏运动和长期的等距背部肌肉收缩等其他因素导致的人体伤害相混淆。最近的一项研究调查了一对一生驾驶环境差异很大的同卵双胞胎，研究结果显示腰椎间盘退变程度与职业驾驶无关。

大多数全身振动一般是垂直方向上的[58]。目前美国采用的标准是美国国家标准局/美国标准协会（ANSI/ASA）S2.72-2002 第一部分（与国际标准化组织 ISO 2631-1：1997 相同）[31]。该标准提供了一种测量振动的方法，即计算规定频带内的均方根的平均值；然后将测量得到的振动水平通过一个加权函数进行修正，这个加权函数是一个关于振动频率和振动方向（如 x、y 或 z 维）的函数。图 43-1 显示了加权加速度值与暴露时间的关系。阴影区是可能存在潜在健康风险的警示区；阴影区域上方的区域是指可能发生健康风险的暴露时间。根据标准，警示区以下的区域，无明显的健康风险，至少没有客观地观察到。

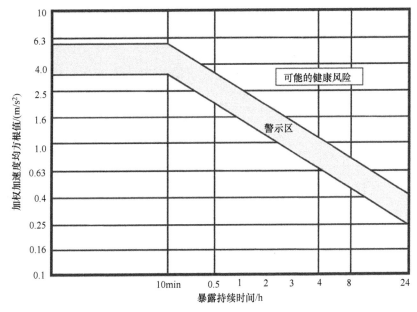

图 43-1　健康指导区域
（参考文献 32）

该标准还提供了有关公共交通中操作人员舒适性的一般指南，这些值见表 43-5。

表 43-5　振动环境的舒适性评价
（来源：参考文献 32，附录 C）

振动水平/(m/s²)	感觉
小于 0.315	没有不适
0.315~0.63	轻微不适
0.5~1	相当不适
0.8~1.6	不适
1.25~2.5	非常不适
大于 2	极其不适

（续）

2. 局部振动

人体内的大多数结构具有 4 ~ 8Hz 范围内的谐振频带，研究证明，长期暴露在这个频段的振动中在某些情况下会产生负面影响。在头部和脊柱部位，2.5 ~ 5Hz 之间的振动会对颈部和腰部的椎骨产生影响，而在 4 ~ 6Hz 之间的振动会引起身体这些部位的共振[24]。对于双手来说，频率为 8 ~ 500Hz，加速度在 1.5 ~ 80g 的振动尤其令人关注。局部振动随所用工具的特殊类型而变化，也随工具的重量、尺寸和设计等特性而变化。长时间使用如手提钻、钻头和铆钉等工具与雷诺综合症产生相关。这种病的症状为手脚麻木、手指抽筋、触觉敏感性丧失、对寒冷的敏感性增加[30]。

43.2.4 噪声

声音可以定义为刺激听觉神经的介质中的振动，而噪声在某种意义上是令人反感的一种声音。工作环境中的噪声会产生四个负面影响：听觉丧失、通信干扰、注意力分散和绩效下降。听觉丧失通常是一个渐进的过程，发生在多年的噪声暴露中。强度、频率和暴露持续时间是造成这种听力丧失的主要原因，当然工人之间也存在个体差异。通常，这种听力丧失首先发生在频率范围的上游，会导致声音的清晰度和保真度的丧失。截至 2008 年，美国国立卫生研究院估计，15% 的年龄在 20 ~ 69 岁之间的美国人（大约有 2600 万人）患有高频率的听力丧失，这些可能是由工作或休闲活动中的强声或噪声而造成的[44]。

听力丧失有三种主要类型：老年性耳聋、社会性失听和职业性耳聋。老年性耳聋是正常的老化，而社会性失听是与日常环境中非职业性噪声相关的一种听力丧失。在大多数情况下，老年性耳聋通常在较高的频率范围内更为普遍，男性比女性更易遭受非职业性相关噪声的伤害。图 43-2 三种暴露方式相结合的角度显示了女性和男性随着年龄增长听力的平均阈值的变化。

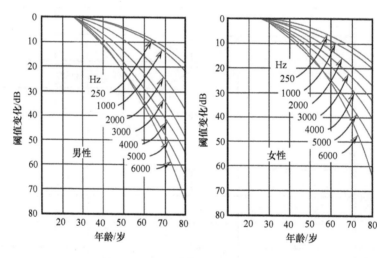

图 43-2　听觉阈值随年龄的平均变化
（参考文献 48）

研究表明，低于 85dB 的噪声水平通常与耳朵损伤无关，虽然本质上它们可能会造成注意力分散和生产率降低（特别是那些超过 95dB 的噪声）。目前的职业安全与健康管理局（Occupational Safety and Health Administration，OSHA）法规要求，当职工在加权平均值为 85dBA⊖ 的噪声中暴露的时间等于或超过 8h 时，雇主应制订听力保护计划。如果日暴露量超过 90dBA，必须通过工作计划或工程控制制度来减少暴露。当作息或工程控制不能将暴露降低到允许的水平以下时，听力保护是强制性的。表 43-6 详细说明了 OSHA 规定的在不同强度水平的连续噪声中允许暴露的最长时间。

⊖　有许多不同的声压级加权表可以调整直线分贝音阶，以使其更符合人类听觉系统。最常见的是 A 加权表（用 dBA 表示），其从未加权的声级增加或减去 39dB。A 加权系统的分贝值相较于音频没有进行修正的未加权分贝值，减去了低频率的声音的分贝值。

表 43-6　最大允许噪声暴露时间

声压级	每天持续时间/h
90	8
95	4
100	2
105	1
110	1/2
115	1/4 或更少

在性能方面，涉及高精度和复杂度的信息传递任务最先显示出对噪声的响应能力下降；本质是可变的或间歇性的，或频率超过 2000Hz 的噪声通常最有可能干扰工作[15]。而若要对绩效产生稳定的影响，通常需要强度超过 95dB 的噪声。布罗德本特[10]发现了工作场所中噪声所引起的三种心理效应。第一，增加了做决策的信心，尽管这种信心可能是合理的，也可能是不合理的。第二，注意力几乎全部集中于手头任务的最关键的部分或主要的信息来源。这实际上有助于提高简单或重复性任务的绩效，但可能导致其他信息源或其他关键任务的"未受理"，从而导致绩效下降。最后，持久绩效的变异性有所增加，但平均水平可能保持不变。长期的噪声暴露还与高血压、心律不齐、极度疲劳和消化系统紊乱等压力相关的生理障碍有关。

声音强度按每单位面积的功率来定义，通常用 dB（用于多个声压级的对数尺度）来表示。这种尺度的基线，0dB，被定义为 $20\text{mbar}/\text{m}^2$ 的压力，这是最低水平，在该水平下，普通成年人在理想条件下可以听到 1000Hz 纯音。一般来说，人耳对低于 500Hz 的频率和超过 5000Hz 的频率较不敏感，因此，一个在 500～5000Hz 频率范围内的声音，对听者而言，比这一频率范围外的等强度声音更亮。

分贝尺度是对数尺度，因此声音强度增加 10dB 表示声压增加 10 倍；3dB 的变化代表声压的 2 倍。竞争声源之间的比例是从较大的声源减去较小的声源而获得的。由于这个尺度本身是非线性的，对不同来源的噪声贡献值进行简单的加减，并不代表最终的声音水平（如从两台同样的产生 95dB 噪声的机器中拿走一台，并不能将总声压级减少为 0dB）。

图表（见图 43-3）和计算由多个声源产生的声压级的机制均引自参考文献 [48]。后面提到的图表的使用相对简单。为了叠加两个声压级，首先需要确定两噪声源之间的分贝差，然后检查图的曲边以找到合适的值，最后从表的左边读取合适的值与两个声压级中较大的那个相加，从而获得总的声压级。示例：从一个 90dB 和一个 98dB 的声源组合中得出总的声压级。两者之差为 8dB。从图表的左边读取，得到一个值为 0.6。则总值为 98＋0.6 即 98.6dB。

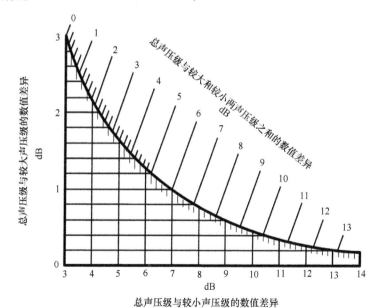

图 43-3　声级增减计算

（参考文献 48）

声压级的减法与此略有不同。在进行减法计算时，首先得出总声压级与要从声压源中被减去的声压级之差。如果这个差值小于 3，则从图的左边标尺找到这个差值，对应到曲线上，然后从总值中减去弯曲部分的值。如果总声压级和声压源被减部分的差值大于 3，则从图形的底部标尺找到这个差值，并对应到曲线，找到要从总声压级减去的值。示例：当从 90dB 环境中移除一台 85dB 的机器后，计算出最终的声压级。两者之差是 5dB，所以从图的底部标尺上找到 5，对应到曲线上，可得要被减去的值为 1.6dB，最终得到的总声压级为 90 - 1.6 即 88.4dB。

一个有趣的现象是人类的听觉和对声音响度的感知在很大程度上也是对数级的。这意味着声音增加 10dB 相当于声压级增加 10 倍，但是主观感觉起来只是原有声音响度的 2 倍。表 43-7 列出了特定任务和环境下的声压级的代表值，以及对应水平声级的生理效应。

表 43-7 代表声级和相关的听力风险
（来源：参考文献 35，48，53）

环境/任务	正常声压级/dB	听力风险
距耳边手臂长度的腕表	10	
在耳边安静地低语	20	
安静的卧室	40	
相距 3ft（0.9m）的普通对话	60	
汽车，货运车相距 100ft（30m），真空吸尘器	70	
航空公司客舱，相距 50ft（15m）的气钻	85	损伤风险极限值
纺织织造厂、锅炉房、打印机、印刷厂、带消声器的动力割草机	90	
电加热炉区	100	
铸造落砂区、铆接机、切割锯、电锯	110	
相距 100ft（30m）的螺旋桨式飞机，摇滚音乐会	120	不适阈
距说话者 6ft（1.8m），手提钻	140	疼痛阈
相距 100ft（30m）的飞机起飞	160	耳膜破裂

43.3 工作站设计

工作站设计考虑个人与他们的物理工作空间之间的关系，包括工作环境本身的配置和工作人员在该环境中的定位。合理的工作站设计对工人的工作效率以及他们的舒适性和安全性至关重要。工作的评估可指导工作站类型的选择。

43.3.1 设计目标和原则

理想情况下，每个工作站的设计目标都是使通达性、生产力和分配到此的工作人员的舒适度达到最大限度。由于人们对所占有空间的大小和形状需求有很大差异性，所以工作站不应该为普通用户设计，而是要调整以适应一定范围的体型的潜在用户（通常是第 5 百分位到第 95 百分位的用户）。人体测量学可实现对人体的尺寸和其他生理特性的测量。这样的测量集中于两个主要领域：静态人体测量（涉及身体固定位置的测量）和动态人体测量（涉及身体从事某项活动时的尺寸）。由于这类测量可能因年龄、性别、种族和地理位置等因素而大不相同，因此，在产品或工作场所的设计中使用的任何人体测量数据与使用它们的人群相适应是至关重要的。

1. 人体尺寸的变化

表 43-8 提供了一些重要的与工作站设计相关的尺寸，这些尺寸分别适合于第 5 百分位、第 50 百分位和第 95 百分位的人。在实践中，为第 5 百分位的女性到第 95 百分位的男性而设计的工作站将容纳总人口的 95%，这是由于这两个人群之间存在重叠。值得注意的是，由于个体身体部位尺寸的正常变化，在一个给定的百分位数范围内对人体的所有部位的尺寸进行简单的叠加并不会得到一个在相同的百分位数范围内的复合人体。将第 5 百分位的个体的腿、躯干、头等进行叠加，是无法代表一个具有代表性的第 5 百分位的人体复合体的。一项研究表明，取第 5 百分位的人体的各部分得到一个复合人体，该人体将比实际中第 5 百分位的人矮大约 6in[52]。应当指出的是，美国人口的人体测量结果随着时间的推移往往会非常缓慢地发生改变。然而，在过去的 20 年里，美国人的体重显著上升，尤其是那些统计分布重量等级上游的人群。1994 ~ 2010 年间，20 岁及以上的 1 级肥胖（体重指数为 30 ~ 34.9）的比例从 14% 上升到 20%。2 级肥胖者（体重指数为 35 ~ 39.9）从 5% 上升到 9%，而 3 级或以上的肥胖者（体重指数为 40 或更高）的比例翻了一番，从 3% 增加到 6%[21]。

2. 设计中的权衡

工作站的选择需要进行权衡，所有的选择都有一些负面影响，因此应该在设计过程中进行评估。例如，长时间的站立工作可能导致腿部过度疲劳以及积液，因此建议工人使用垫子和经常休息以增加工人的舒适感。有研究表明，由于坐着时人的脊柱和骨盆会转动，所以腰椎的负荷是站姿时的 2 倍[24]。长时间坐着会增加背痛或其他脊柱问题发生的可能性。研究还表明，如果双脚没有牢固地固定，就会使腰椎的负荷进一步增加，从而使双腿承受脊椎本身的一些负担。这意味着使用适当的座椅，并有足够的足部支撑，是坐姿或站姿工作站座位使用的关键。

表 43-8　选定的成人人体测量学尺寸（来源：除 * 标注的数据摘自参考文献21，

其他所有数据均摘自参考文献25）　　单位为 cm（标注部分除外）

		性别	尺寸		
			百分位数		
			5	50	95
站姿	高度 *	男	64.3（163.2）	69.3（176.2）	74.1（188.2）
		女	59.3（150.7）	63.8（162.1）	68.4（173.7）
	重量 *	男	135.5lbs（61.5kg）	189.8lbs（86.1kg）	273.6lbs（124.1kg）
		女	110.7lbs（50.2kg）	157.2lbs（71.3kg）	250.9lbs（113.8kg）
	眼高	男	59.3（150.7）	63.8（162.0）	69.3（175.9）
		女	55.1（140.0）	59.1（150.2）	64.1（162.9）
	肩高（站姿）	男	52.8（134.1）	56.8（144.2）	61.8（157.0）
		女	49.0（124.3）	52.6（133.6）	57.3（145.6）
	肘高	男	41.2（104.6）	44.5（112.9）	48.4（122.8）
		女	38.3（97.2）	41.3（105.0）	44.9（114.1）
	肩宽	男	17.3（44.0）	19.1（48.6）	21.7（55.0）
		女	15.2（38.5）	16.8（42.6）	19.4（49.3）
	臂长（肩膀到手腕）	男	23.1（58.7）	25.1（63.7）	27.6（70.2）
		女	21.0（53.2）	22.9（58.0）	25.1（63.8）
	拇指尖伸手可及（躯干不弯曲）	男	29.3（74.5）	31.7（80.4）	34.6（87.8）
		女	26.8（68.0）	29.0（73.5）	31.7（80.5）
坐姿	高度（从座位上）	男	33.7（85.6）	36.2（91.9）	38.8（98.5）
		女	31.9（80.9）	33.9（86.1）	36.4（92.5）
	眼高（从座位上）	男	29.1（73.9）	31.5（80.1）	34.1（86.7）
		女	27.6（70.1）	29.6（75.3）	31.9（81.1）
	肘部休息高度，舒适（从座位到肘部）	男	8.8（22.4）	10.9（27.6）	13.0（32.9）
		女	9.0（22.8）	10.8（27.4）	12.7（32.2）
	膝高	男	20.2（51.3）	21.4（55.6）	23.9（60.7）
		女	18.3（46.6）	21.9（50.6）	21.9（55.6）
	臀部到膝盖的长度	男	22.1（56.2）	24.0（61.0）	26.5（67.3）
		女	21.0（53.3）	23.0（58.4）	25.5（64.5）
	舒适的手肘宽度（双边）肱骨上髁宽度	男	18.9（48.0）	21.7（55.1）	25.4（64.5）
		女	15.8（40.2）	18.4（46.8）	23.0（58.5）
	髋关节宽度	男	13.0（32.9）	14.6（37.2）	17.2（43.5）
		女	13.7（38.4）	15.9（40.3）	19.7（50.1）

43.3.2　首选的工作站类型

一般来说，工人在工作时要么坐着要么站着，而两种工作站之间的选择应该基于所执行工作的性质。在所需工作面积大，重型或频繁起重，或需要移动大型或重型物体，或用手和手臂施加大力量的情况下，站姿工作站比较合适。坐姿工作站适合于需要长工作时间的工作，因为这些工作疲劳度较低，而且对身体的压力通常较小。为员工提供足够高的工作台面以及适当设计的高架座椅的坐姿或站姿工作站可能是对同时涉及坐和站两种操作的任务的一个很好的折中方案[60]。

1. 站姿工作站

有两个因素对于确定工作面高度是至关重要的：肘部高度和要完成的工作类型。对于正常的手工操作，最佳高度通常在站立时肘部高度以下 2~4in（5~10cm），手臂弯曲与地面成直角。更精确的手工操作，可能需要支撑肘部本身并将工作材料靠近眼睛，工作面高度需要略高。表 43-9 提供了站姿工作站的高度和调整范围的说明。固定的高度适合较高的工作者，并假定可以使用平台将较矮的工人提升至适当的高度。

表 43-9　针对三种类型任务推荐的站姿工作面高度
（来源：参考文献 53）

任务类型	性别	固定高度		可调高度	
		in	cm	in	cm
精准的工作（肘部支持的）	男	49.5	126	42.0~49.5	107~126
	女	45.5	116	37.0~45.5	94~116

（续）

任务类型	性别	固定高度		可调高度	
		in	cm	in	cm
轻松的装配作业	男	42.0	107	34.5~42.0	88~107
	女	38.0	96	32.0~38.0	81~96
负荷重的作业	男	39.0	99	31.5~39.0	80~99
	女	35.0	89	29.0~35.0	74~89

水平工作面尺寸基于巴尼斯和法利提出的站立或"坐—站"工作者的常规和最大工作区域的概念，常规工作区域定义为工作人员通过挥动前臂可以方便地到达，而上臂则在一个放松的向下位置保持静止的区域。最大工作区域是通过从肩部伸展手臂而不弯曲躯干可到达的区域。斯夸尔斯[55]对这些区域的值进行了进一步修改，以解释前臂和移动肘的动态相互作用。所有这些区域如图 43-4 所示。在正常工作（特别是重复性任务）中经常使用的物品应该位于常规工作区域内，而那些很少使用的物品可以放置在更远的地方，但在最大工作区域内。对于横向尺寸，一种在腰部获得最小间隙的公式是在工人的腰部尺寸上增加至少 4in（10cm）。在肘部，加体深再加一个等效的公式是肘到肘的值相同的值（4in）。

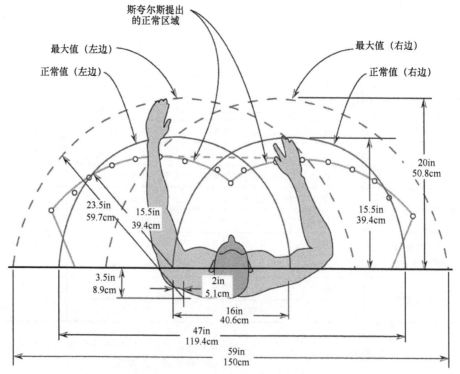

图 43-4　巴尼斯提出的正常和最大工作区域（以 in 和 cm 为单位）及斯夸尔斯提出的正常工作区域（参考文献 53）

为了尽量减少疲劳和不适，工作人员应尽可能采取接近中立的站姿，使耳朵、肩膀和臀部在同一平面上，保持脊柱直立。手臂应该靠近身体，肘部在身体两侧。长时间站姿作业下，两只脚中的一只应支撑在一个矮脚凳上，同时应该使用抗疲劳垫并经常进行重量转移以减少静态姿势下的长时间站立。

2. 坐姿工作站

关于坐姿工作站最关键的两个问题是工作面高度和坐姿。为了尽量减少对身体的压力，最好把身体置于接近中立姿势的位置上，以减少骨骼和肌肉系统的总压力（试想宇航员在太空中垂直漂浮）。为了达到这个目的，座位应该是可调节的，使得膝盖和臀部所成的角度大约为 90°，双脚平放在地板上。对于键盘类工作，手肘所成的角度应该为 70° ~ 135°，双臂完全由扶手支撑，手腕平坦，肩膀自由下垂（不被扶手或肌肉的力量向上推）。脊柱应该通过椅子的腰部支撑保持自然弯曲，躯干和大腿间的角度等于或大于 90°。肩外展角度应小于 20°，弯曲角度应小于 25°。腕关节屈曲角度应小于 30°，腕伸展角度应小于 30°。鉴于大多数工作面只有有限的垂直方向的调整，且尽可能容纳较高的工作人员，因此这种座位可能还需要为较矮的工人配备某种类型的落地式脚凳。

就工作面而言，其尺寸应与前面所述的站姿工作站的尺寸相对应，但在任何情况下，宽度小于 27.6in（70cm）时，对第 95 百分位的男性工人是没有任何调整姿势的空间的。在实际工作中，任何任务都可能需要一个更大的宽度。这个作业面以下的区域应该足够大，即使是对最高的工人，也可以为他们提供足够的大腿、小腿和脚部空间。美国人因学会（Human Factors and Ergonomics Society，HFES）建议的膝盖位置的最小深度为 15in（38cm），脚趾水平的最小深度为 23.5in（59cm），不可调工作面的最小高度为 26.2in（66.5cm），而可调工作面的高度为 20.2 ~ 26.2in（51.3 ~ 66.5cm）。后者的测量是从地板到工作面的底部。座椅高度应至少为 15 ~ 22in（38.1 ~ 55.9cm）之间可调，并有一个至少为 17.7in（45.0cm）的最小的水平宽度，以容纳第 95 百分位的女性。

3. 视觉显示

对于视觉显示，ANSI/HFES 100-2007 建议文本大小应该至少占用 16in 的视角，以便读取很重要的任务，并建议字符高度为 22 ~ 33in。最近的研究表明，大多数用户喜欢屏幕距离为 30 ~ 33in（75 ~ 83cm），从而使最小文本高度为 10 点（0.14in 或 3.5mm），且当显示距离为 31in（78.7cm）时，用户更喜欢文本大小为 14 ~ 19 点（0.20 ~ 0.27in 或 5 ~ 6.9mm）。视角是关键的文本大小参数；对于较短或较长的读取距离，这些值应该相应缩放。最大字符高度不得超过 22in，以最大限度地提高阅读速度。

显示极性（浅色背景上的深色文字或深色背景下的浅色文字）对可读性的影响是复杂的，一般来讲，使用浅色背景确实更具有性能优势。几乎所有的显示器都允许调整显示屏刷新速度。这个速度应该被设置为不小于 72Hz，并且最好是尽可能高，以避免闪烁的感觉，尤其是当使用一个非常大的显示器或浅色背景显示文本时。显示器应该直接放置在用户的前面，而不需要用户转动躯干。

对于进行计算机操作的坐姿工作站，显示器应该定位于使文本最高边界处于或略低于工作人员眼睛高度的位置[3]。对于佩戴双焦眼镜者，这样的布局可能会使得他们的头部和颈部处于不舒服位置，因此需要将文本置于眼镜的近焦点（底部区域）内；在这种情况下，建议使用单焦眼镜而不是双焦镜片。键盘应直接放在身体前面，垂直面上应使前臂在打字时与上臂形成 90° ~ 110° 的夹角。传统的键盘设计通常要求手臂向内倾斜，而手腕向外倾斜，以获得正确的打字位置。这个位置在长期的使用过程中可以导致各种肌肉骨骼疾病（Musculoskeletal Disorders，MSDS）。在可能的情况下，应该考虑使用分离式键盘，以便使手臂适应更自然的姿势，并减少持续操作对手、手腕和手臂的影响。每次打字超过 1h 或 2h 时，应该大力鼓励周期性的短暂休息和伸展运动。

43.4　积累创伤障碍

积累创伤障碍（Cumulative Trauma Disorders，CTDs），也称为肌肉骨骼疾病（MSDs）或重复性压力损伤，由于现代工作节奏过快，患病人数呈上升趋势。装配线生产技术通常是简单重复的任务，强调提高工人的速度，工人的休息或恢复时间相对较少。在某些情况下，完全相同的搬运工作一天可以重复多达 25000 次[39]。根据美国劳工部的统计，截至 2000 年，肌肉骨骼疾病（MSDs）占所有失业伤害和疾病的 34%，根据雇主的报告，每年有近 60 万工人因肌肉骨骼疾病（MSDs）需要离职。对于工伤赔偿，每 3 美元中就有 1 美元用于肌肉骨骼疾病（MSDs）赔偿，相当于每年工伤赔偿总额超过 200 亿美元（总额度为 500 亿美元）[46]。

这些数字虽然很大，但可能只是实际案例总数的一小部分。导致积累创伤障碍（CTDs）的原因往往是难以确定的，因为这种疾病通常只在长期暴露期间（通常是几个月或几年）发生。导致的因素很难确定，因为这种伤害的发生本质上是渐进的，受伤的工人目前的工作可能只促成或加剧了已有的状况，而不是唯一的成因。表 43-10 显示了各种生产操作，详述了可导致积累创伤障碍（CTDs）的职业性因素，并列出了可能的特定积累创伤障碍（CTDs）类别。

表 43-10　工作、已识别的积累创伤障碍和职业性因素

工　作	职业性因素	可能导致的积累创伤障碍
抛光/研磨	重复动作，长时间弯曲的肩膀，振动，有力的尺偏，重复性前臂内旋	腱鞘炎，胸廓出口综合征，腕管综合征，奎尔万氏病，旋前圆肌
冲床操作	重复的，有力的手腕伸展/屈曲，重复性的肩外展/屈伸，前臂旋后。推压控制中的重复性尺偏	腕腱炎和肩腱炎
头顶组装	持续的手臂过度伸展，手伸到肩部以上	胸廓出口综合征，肩腱炎
带式输送机装配	手臂伸展、外展或弯曲超过60°，重复的、有力的手腕运动	腕腱炎和肩腱炎，腕管综合征，胸廓出口综合征
打字/按键	静态，限制姿势，手臂被高速外展/弯曲，手指运动，手掌基部压力，尺偏	张力颈，胸廓出口综合征，腕管综合征
缝纫和切割	反复肩关节屈曲，重复性尺偏斜，重复性手腕屈曲/伸展，手掌基部压力	胸廓出口综合征，奎尔万氏病，腕管综合征
小零件装配	长时间受限的姿势，有力的尺偏，拇指压力，重复的手腕运动，有力的手腕伸展和内旋	张力颈，胸廓出口综合征，腕腱炎，肱骨内上髁炎
台式工作	尺侧持续加压的肘关节屈曲	尺神经卡压

（续）

工　作	职业性因素	可能导致的积累创伤障碍
包装	肩上长期负荷，重复的手腕运动，用力过猛，有力的尺偏	腕腱炎和肩腱炎，张力颈，腕管综合征，奎尔万氏病
卡车驾驶	长时间的肩外展和屈曲	胸廓出口综合征
型芯制造	重复的手腕运动	腕腱炎
木工/瓦工	锤击，手掌基部压力	腕管综合征，尺管综合征
仓储/运输	非自然姿势肩膀长期负荷	胸廓出口综合征，肩腱炎
材料处理	肩上扛重物	胸廓出口综合征，肩腱炎
木材/建设	重复投掷重载荷	肩腱炎，肱骨内上髁炎
屠宰/肉类包装	尺偏斜，用力弯曲手腕	奎尔万氏病，腕管综合征

43.4.1　风险因素

导致积累创伤障碍（CTDs）的条件有：流向肌肉、关节和神经的血流量降低，神经压迫，肌腱或关节损伤以及肌肉拉伤[5]。有许多工作因素会导致这类疾病发展。表 43-11～表 43-13 列出了其中一些因素和受这些因素影响的身体部位。将这些风险因素最小化是降低肌肉骨骼疾病（MSDs）可能性的关键因素。

表 43-11　与腰痛和背部疾病相关的风险因素
（来源：参考文献 40）

风 险 因 素	注　　释
不自然的姿势	向前弯曲的角度或程度似乎是最重要的关注点，然而，扭转和侧向弯曲可能会在脊椎盘和肌肉上施加不均匀的力
高强度或过度用力	举起重物或推动超载车可能会在腰背产生极大的力量。起重时，在升降过程中一个物体越靠近身体，施加到腰背的力量越小。物体的重量和身体的位置都会影响在腰背产生的力量和压力

（续）

风险因素	注　释
静态（固定位置）工作	当长时间在固定的位置坐着或站立时，要求某些肌肉保持收缩。这可能会导致腰背疲劳和不适
高频抬举	提升频率与腰背受伤率增加相关。反复弯曲脊柱，特别是在涉及扭曲的情况下，可能会削弱圆盘并导致损伤，如圆盘突起——圆盘的外壁凸出压迫神经
移动速度	不平稳或突然、意外的运动与可能造成伤害的高强度力有关，应避免
抬举的时长	在整个班次内持续进行物料搬运任务的工人比起工作时间只有 2h 的工人更容易出现腰背不适
全身振动	这是一个广泛的压力源，影响到整个身体。长时间暴露于全身振动（如站在或驾驶大型施工设备）可能与姿势疲劳和腰背不适有关

表 43-12　与肩、颈、手臂疾病相关的风险因素
（来源：参考文献 40）

风险因素	注　释
有压力的姿势和运动	当手腕弯曲时，肌腱和其他软组织处于拉伸和压缩状态。这种压力可能会造成微观损伤，并在转变过程中积累。在其他工作中，如果压力过大，身体的自我修复将跟不上
过强或施力过大的劳动	用力捏住手动压线钳，锤击或举起沉重物体都是用力的例子
高频率或重复	一遍又一遍地重复同样的任务往往会一遍又一遍地对身体的同一部分施压。关注点不一定是重复的工作，而是反复使用不自然的姿势和力量。如果能够消除前两个风险因素，则任务的频率对工作人员的影响较小
任务的持续时间和速度	在整个班次中执行相同压力任务（如打磨和焊接）的工作人员比在较短时间内执行任务的工作人员更可能经受局部疲劳
外部创伤或机械压力	这个因素描述了压力点对身体的影响。外部创伤的例子是像使用锤子一样使用手或手掌，或者在对内部组件执行修复工作的同时用工具的钝边支撑腋下

（续）

风险因素	注　释
长时间的暴露与振动	局部的或"手/臂"振动通常被认为是次要风险因素，很少或没有确切的证据表明上肢工作相关的肌肉骨骼疾病（即 CTD）和振动暴露之间有直接的因果关系。然而，振动暴露可能会增加其他危险因素的产生。例如，由于工人倾向于比非振动工具更紧握振动或"冲击"的工具，所以"强力劳动"风险因素可能会增加。而且，由于许多振动工具（如研磨机、磨砂机等）需要工人反复弯曲和扭转手腕，压力姿势/重复的危险因素组合可能会增加
极端温度	另一个次要危险因素，寒冷或暴露于低温可影响灵活性、灵敏度和握力。处理寒冷的材料时，在寒冷的天气下工作，或暴露于来自气动手动工具的废气时，手指和手可能会暴露在低温下

表 43-13　与下肢疾病有关的风险因素
（来源：参考文献 40）

风险因素	注　释
产生压力的姿态和运动	跪姿或屈膝会增加膝关节内部的压力。膝盖的强制位置，例如蹲在有限通路的地方工作时所使用的姿势尤其会产生压力
静态工作（固定位置）	长时间站立或坐着会导致膝盖和大腿的后部被挤压，妨碍血液循环。站在一个固定的位置时，血液会聚集在腿部，导致血管和关节的压力增加
施力过大	典型的例子是膝盖对表面施加压力。工作人员跪姿作业时，膝关节也受到内部的影响
外部创伤	跪在坚硬或不平的表面上可能会引起立即的不适和对膝盖软组织的长期损伤

43.4.2　积累创伤障碍的类型

　　一般来说，积累创伤障碍（CTDs）有三种类型，这三种类型分别涉及肌腱及其鞘，神经或神经血管系统。肌腱是将肌肉连接到与之相关的骨骼上的结缔组织（把它们想象成绞盘中的缆绳），而韧带将骨骼彼此连接。腱鞘包裹肌腱的方式与橡胶套环绕自行车缆绳的方式非常相似。神经是把指令从大脑传递到身体的效应器并把感觉返回到大脑（控制和反馈回路）的通路。

腕管综合征（Carpal Tunnel Syndrome，CTS）可能是最广为人知的一种积累创伤障碍（CTD）。腕管是腕部的一个开口，它的一侧与底部的腕骨相邻，另一侧与顶部的腕横韧带相邻。通过这个开口穿过了许多肌腱和血管，以及中枢神经，这使得手掌、拇指、食指、中指以及无名指的桡侧松弛（见图 43-5）。即使手腕处于中立状态，腕管也非常拥挤，当手或手指屈伸时或者手腕向桡侧或尺侧偏斜

时，腕管的尺寸会变得更小。当这个区域受到来自外部对管韧带自身的持续压力时，也会出现问题（如当打字时手腕被长时间搁在桌子边沿时）。所有这些因素刺激肌腱并使其肿胀，从而进一步缩小了腕管的面积。这种压迫会导致流向正中神经的血流量受损，并出现诸如麻木、握力不足、灼热、刺痛和受影响区域出汗功能减弱等症状。随着时间的推移，疼痛也可能从手臂向上辐射到肩膀（有时到颈部）。如果情况继续发展，会导致鱼际肌无力。这阻碍了拇指与其他手指对指，从而妨碍了人们抓握物体的能力。随着时间的推移，神经可能会永久性的受损。

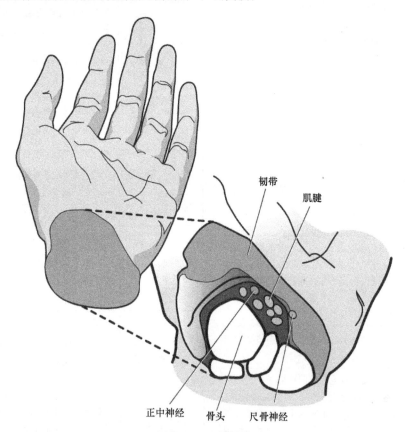

图 43-5　人的手腕

腕尺管综合征（Guyon Canal Syndrome，GCS）类似于腕管综合征 CTS，但它会影响小指和无名指的外侧，这种病症是由于尺神经穿过腕部的尺管时受压而引起的（同样的原因，不同的神经）。其他的原因包括过度使用手腕，特别是手腕向下和向外弯曲，或手掌持续受压的任务。另一个潜在的、与工作无关的成因是腕骨及关节位置的炎症。

值得注意的是，这些残疾并不仅仅限于工作原因，它也可能是由其他的医疗状况引起的，如怀孕。

与腕管疾病发展相关的职业性危险因素包括：高度重复的工作，快速且重复性的手指运动，弯曲的手腕姿势，在重复性工作中或以不恰当的手腕姿势过度用力，寒冷的温度，机械创伤和高频振动等。个人因素包括妊娠或口服避孕药，停经，对手腕过度施力的爱好（如壁球、计算机的使用和手工缝纫）、手腕骨折旧疾，风湿性关节炎，糖尿病，吸烟，肥胖，酗酒等。腕管综合征共发于男性和女性（主要是女性），通常发生在 40 ~ 60 岁的年龄段[41]。

肌腱炎的传统定义是由肌肉和肌腱单元反复张紧引起的肌腱发炎。如果进一步继续这样的运动，则构成肌腱的纤维将开始断裂。肱骨外上髁炎是在下臂肌腱附着在肘外侧的小骨点（外上髁）处的炎症。这种情况与使手腕伸肌和旋后肌张紧的活动直接相关。这些都是网球运动员反手击球时最常使用的肌肉，但实际上遭受这种状况的人中只有不到5%的人打网球。男性和女性都可能患此症，大多数情况发生在35～55岁之间[41]。高达1/3的这种情况可能是由于受损部位的钝性损伤引起的。但前臂重复地旋前旋后抗阻运动或手长期保持抓握的状态时，用力过度，以及手腕的外展似乎是主要的因素[41]。与此相关的一种损伤是内上髁炎（也称为高尔夫球肘），这种损伤会影响将腕屈肌连接到肘部内侧的肌腱。

有一种可能与肱骨外上髁炎相混淆的症状是桡管综合征。虽然疼痛发生在肘部区域，但不同于外上髁炎，这种情况更类似于腕管疾病，因为它是由桡神经的压迫引起的。这种神经从颈部穿过，通过手臂，穿过肘部外侧的管道（在这里它可能收缩），并向下延伸到手。这种情况与手臂过度用于扭转活动，重复用力推拉，腕部弯曲和手臂的抓握动作有关，其中任何一种都可能引起桡神经的不适。

腱鞘炎是一种累及肌腱周围滑膜鞘的重复性肌腱损伤。这些鞘内充满了一种叫作滑液的润滑剂，它能使肌腱运动更灵活。当过度使用时，鞘过量分泌液体并开始肿胀，从而限制了肌腱运动并产生疼痛。研究显示每小时超过1500到2000次重复的任务下手部会出现这种症状。

奎尔万氏病（狭窄性腱鞘炎）是腱鞘炎的一种特殊情况，这种症状影响手腕侧面拇指根部的肌腱。将拇指拉近或拉离手掌的两肌腱之间的过度摩擦使腱鞘变厚并由此引起肌腱内部收缩[49]。这种情况可能是急性创伤的结果，更常见的原因是过度使用拇指。与这种情况有关的任务通常有强力握力下的手腕的转动，例如在拧衣服或操作手动螺丝刀时。这种情况主要影响35～55年龄段的女性（女性发病率是男性的10倍）[41]。

扳机指或拇指扳机指（手指的狭窄性腱鞘炎）是指在手指肌腱周围的腱鞘肿胀导致肌腱被固定在一个位置上，当受影响的手指试图伸展时，导致手指产生锁定运动和疼痛（由于伸肌比屈肌更强壮，因此手指仍然可以屈伸）[41]。虽然这种情况通常会渐进式地发展，但也可能是急性创伤造成的。在工作场所，这种情况通常与过度使用具有坚硬或尖锐边缘的工具手柄，长时间手持电动工具或长时间把握方向盘等作业相关。这种症状主要影响惯用手的拇指、中指和无名指，通常不影响食指和小指[35,41,49]。

胸廓出口综合征涉及手臂的三条神经和颈部与肩部之间的血管的收缩。其症状与腕管疾病的症状相似，会产生手和手指的麻木，这通常是由于采取的姿势限制了手臂血液流动，使相关的肌肉、肌腱和韧带的氧气和营养丧失。这种姿势的例子包括那些要求肩膀前后旋转或头顶工作的姿势。

神经炎是神经对骨骼的拉伸或摩擦而导致的神经炎症，会导致神经损伤。这通常是由于重复以笨拙的姿势使用上肢导致的，其特点是受影响部位有刺痛感和麻木感[60]。局部缺血是局部血流量受限引起的刺痛或麻木感，例如在使用手工工具时，如果手掌过度受压力，手会发生这种情况。

雷诺氏病或振动性白指症与腱鞘的增厚有关。它通常与手动工具在50～100Hz范围内的振动有关，这会导致手部血管收缩，和流向手指的血流量减少。它的特征是刺痛或麻木、皮肤苍白/发冷/发灰，最终使手指和手失去知觉和控制力，并可能与引起血管收缩的其他因素（如吸烟或低温）复合[52]。

预防这种特殊的积累创伤障碍（CTD）的最佳方法是消除或减少那些产生不适当手腕姿势，重复性动作或过度振动的工作。一个常用的方法是重新设计手工具，以便工作人员在工作中采用一个更加中立的手腕姿势。另一个有用的技术是重新设计工作任务，使工作人员有频繁的休息，从而使手和手腕恢复到中立的姿势，或者使工作人员在工作周期内循环从事多种不同的任务，从而减少不恰当姿势的工作时间和重复性工作的时间。

43.5 工作设计

工作设计涉及如何实现最优的工作结构，以提高工作效率，并保护作业者的健康和安全。在评估工作设计时要考虑的三个主要因素：工作与休息交替周期，手工搬运作业以及手动工具的设计和选择。

43.5.1 工作与休息交替周期

重体力作业定义为任何需要巨大的体力消耗的活动，其特点是能耗高、心肺压力大[24]。现代的工具和设备已经减少了大量工作中所需的能耗，但工人从事任何性质的作业仍有能耗。在实际工作中，人体的大肌肉可以在最大程度上将人体总能量的25%转化为利于工作的能量[26]。

作业可根据完成其所需的能量消耗分成若干类。人体的能量消耗通常以 kcal 为单位进行衡量，有关作业能耗的恰当的上限有很多指导意见。莱曼（Lehmann）[38]估计健康成年男性能量消耗的最高持续水平约为 4800kcal/天。扣除基本身体功能和休闲活动所需的能量后，最多可有 2500kcal 用于工作，折算到每天可达到 8h，5.2kcal/min。阿尤布和米塔尔（Ayoub、Mital）[7]建议，男性最高能耗值为 5kcal/min；工作 8h，为 3.35kcal/min；工作 4h，建议的能量消耗值可以更高些（分别为 6.25 和 4.20）（5kcal/min 大约是普通人每小时步行 3.5mile 的能耗值，1mile = 1609.344m）。美国国家职业安全与健康研究所（National Institute for Occupational Safety and Health，NIOSH）建议一个健康的 35 岁男性劳动者的最高能量消耗值为 5.2kcal/min，在实践中他们倡导 3.5kcal/min 的能量消耗值，以确保适应于更多人群，如女性或年长的工人。表 43-14 给出了工作级别的分类和某些特定类型任务的能耗。

表 43-14 典型任务的能耗率

（来源：伊士曼，柯达公司，参考文献 16）

工作水平	能量消耗/(kcal/min)		例子
	全身	上肢	
低强度	1.0 ~ 2.5	小于 1.8	讲课、护理、灯光装配、印刷、台式工作和焊接
适当强度	2.5 ~ 3.8	1.8 ~ 2.6	砌砖、印刷操作、锯切
高强度	3.8 ~ 6.0	2.6 ~ 4.2	木工、挖掘、推手推车、车床操作和大多数农业工作
非常高强度	6.0 ~ 10.0	4.2 ~ 7.0	手提钻操作、伐木、铲（7kg 重）、中型压机操作、手工锯切木材
极其高强度	大于 10.0	大于 7.0	消防和重复提升重物（30kg 箱子，10 个/min，0 ~ 150cm）

由于上述建议的最高能耗率代表的是长时间持续工作时的平均值，超过这一能耗水平的工作，则需要在一天内进行间断性的休息。休息的频率和时长是最受关注的问题，计算休息时长的一个简单方法是使用下面的公式[42]：

$$R = \frac{T(W - S)}{W - BM}$$

式中　R——需要休息的时间（min）；

T——总的工作时间（min）；

W——工作的平均能量消耗值（kcal/min）；

S——建议的平均能量消耗值（kcal/min）；

BM——基础代谢率（kcal/min）（男性 = 1.7，女性 = 1.4，普通人群 = 1.5）。

例如，如果一名工人以 6kcal/min 的能量消耗水平工作 15min，而假设建议的最大能耗水平为 5kcal/min，那么适当的休息时间将为大约 3.5min。在实践中，可以使用上述基础代谢率（身体处于休息状态的能耗率），也可以使用公式 $70W^{0.75}$ 进行估计，其中 W 是体重，单位为 kg。

计算适当的作业时长可使用如下公式：

$$TW = \frac{25}{x - 5}$$

其中 TW 是工作时间的长度；x 代表以 kcal 为单位的能量消耗水平。对于上述示例，最佳工作周期为 25min，可用如下公式计算体能恢复的时长：

$$TR = \frac{25}{5 - a}$$

其中 a 是基础代谢率（即 1.5kcal/min），适当的休息时间大约为 7min。当温度高于正常水平时，休息时间的长度和频率应该高于正常值。

重要的是要认识到，这两种方法计算的是持续工作期间的平均能量消耗值，且休息中无活动或活动很少。在实践中，通常可以通过在高强度的工作任务中穿插低能耗任务，达到工人休息的目的。工人可以无休的持续地从事能量消耗水平为 5kcal/min 及以下的工作，且不会产生过度疲劳。

43.5.2　人工物料搬运作业

涉及搬运、提升或拖拉货物的手工物料搬运通常需要足够的力气，所以将其归类为重体力作业。然而，这类作业的主要关注点并不在于能量消耗，而在于它们施加在脊椎椎间盘上的负荷及其引起背部问题的风险[24]。根据美国国家职业安全与健康研究所（NIOSH）的资料[43]，1996 年，美国企业共有超过 525000 人遭受过度用力损伤，其中将近 60% 与抬举作业有关（2001）。离职的中位数为 5 天，23% 的工作损失超过 20 天。美国劳工部报告称，将近 20% 的职业伤害在人体背部，占所有工人赔偿费用的 25% 左右。利宝互助保险的数据显示，2010 年度，过度用力是受伤致残的最主要原因，在美国，过度用力导致的伤害占所有伤害的 26.8%，相关费用超过 136 亿美元[1]。在 1998 ~ 2010 年间这些数字仅略微降低（5.7%）。

　　腰背部，特别是第五腰椎和第一骶椎之间的椎间盘（俗称 L5/S1），是整个人类骨骼肌肉系统最脆弱的部位之一（L4/L5 盘也是一个问题区域）。人体弯腰提升物体时，椎间盘与重物施力点（肩膀）的水平距离形成一个杠杆，乘以腰背部在这一点施加的力。躯干重量和负荷所施加的向前力矩必须由下背柱肌肉施加的相反方向的肌肉力来抵消。躯干附着点（从腰部到肩膀的距离）到旋转点距离比负载的附着点到旋转点距离（约为 2in 或 5cm）要小，杠杆作用变小，因而相应地也要施加更大的力。更糟糕的是，这个施压并不均匀分布在整个盘面上，而是主要集中在前端。这就是为什么人们经常被要求，在提升重物时，尽可能保持背部垂直，通过保持负载靠近躯干尽可能使腰背部与肩部之间的水平距离最小化。

　　NIOSH 已经开发了一个评估健康成年工人双手提升作业的公式。建议的重量极限值（Recommended Weight Limit，RWL）是针对一组特定的任务条件而开发的，代表了几乎所有的健康工作者在相当长的工作时间内（如高达 8h）可以提起的重量，而不会增加与提重物相关的腰部疼痛的风险。RWL 和实际提升的重量（L）综合起来可以计算危险程度或提升系数（Level Index，LI）。

$$LI = \frac{L}{RWL}$$

　　在 LI > 1.0 的情况下，任务可能对某些工人构成风险，建议重新设计提升任务。然而，在 LI > 3 的情况下，许多或大多数从事这项工作的工人极有可能发生腰背痛或受伤[60]。RWL 旨在保护约 95% 的男性工作者和 85% 的女性工作者。

　　计算 RWL[59] 的公式为

$$RWL = LC \times HM \times VM \times DM \times AM \times FM \times CM$$

其中

　　1）LC 是负载常数。该值是美制单位 51lb 或公制单位 23kg，是建议的最大重量。

　　2）HM 是一个水平乘数。HM 是以 in 为单位的 $10/H$ 或以 cm 为单位的 $25/H$，其中 H 是从两个脚踝之间的中点开始测量的双手之间的水平距离。对于对最终放置精度有要求的提升作业，H 应在提升的起点和终点处均进行测量。H 的最小值为 10in（25cm），最大值为 25in（63cm）。对于高于最大值的值，应将此值设置为 0。

　　3）VM 是一个垂直乘数。V 表示从地面到双手的垂直高度，应该从中指开始测量，并且应该在提升的起点和终点都进行测量。VM 基于 V 与最佳高度 30in（75cm）的偏差，使用下面的公式计算：

$$1 - 0.0075 \,|\, V - 30 \,|$$

V 的单位为 in

$$1 - 0.003 \,|\, V - 75 \,|$$

V 的单位为 cm。虽然没有最小值，但根据达到程度设置最大值。当 V 的值超过 75in 或 175cm 时，VM 的值为 0。

　　4）DM 是一个距离乘数，用下面的公式计算：

$$0.82 + \frac{1.8}{D}$$

单位为 in

$$0.82 + \frac{45}{D}$$

单位为 cm。公式中的 D 是提升过程中起点和终点之间的垂直行程距离。其中，最小值为 10in（25cm），最大值为 70in（175cm）。对于大于 70in 的距离，DM 应该设置为 0。

　　5）AM 是一个非对称乘数。理想情况下，所有的抬举任务在开始和结束的全过程中不应该有身体的旋转。但是当起点和终点互成一定角度时，提升跨越整个身体或在狭窄区域里为维持身体平衡时，会产生身体的扭转。不对称角度（A）定义为非对称线与正中矢状线的夹角。非对称线由踝骨连线的中心点与两手抓握的中心点确定。矢状线定义为当人体处于中立姿势（即躯干、腿、肩膀没有弯曲，双手放在身体正前方）时，通过踝骨与身体的正中矢状面（一个将身体等分为左右两部分的平面）之间的中点的线。不对称角为 0° ~ 135° 之间，如果超过 135°，则被定义为 0（也就是说，不能提重物）。身体非对称乘数（AM）使用下面的公式计算。

$$1 - 0.0032A$$

　　6）CM 是一个耦合乘数。该指标体现手与被提重物的接触效果（即人体握住物体的程度）。一个良好的耦合水平能减小所必需的最大握力，且增加提升的重量，而一个不良的耦合水平则需增加握力，并降低最大提升的重量。耦合水平可根据表 43-15 所列的标准进行评估。耦合乘数的值可以从表 43-16 获得。

表 43-15　经修订的 NIOSH 提升方程的耦合评估
（来源：参考文献 59）

好	一般	差
对于容器如纸箱、板条箱来说，一个好的耦合设计定义为最佳设计的手柄或抓手①~③	对于容器如纸箱、板条箱来说，一个一般耦合设计定义为次于最佳设计的手柄或抓手①~④	设计不太理想的容器或散件，不规则，体积大的物体，难抓握或有尖锐的边缘⑤

（续）

好	一般	差
对于通常不集装的散件或物品，如铸件、树干和供应材料，一个好的耦合设计定义为一个舒适的抓握，在这种情形下，手可以很容易握住对象的周围⑥	对于没有手柄或抓手的最佳设计的容器或散件或不规则的物体，一个一般的耦合设计定义为一个手需弯曲约 90° 的抓握④	提非刚性袋（即在中间下垂的袋子）

① 最佳的手柄设计直径为 0.75 ~ 1.5in（1.9 ~ 3.8cm），长度为 4.5in（11.5cm），间距为 2in（5cm），圆柱形，平整的防滑表面。

② 最佳的抓手具有以下近似特征：1.5in（3.8cm）高，4.5in（11.5cm）长，半月形，2in（5cm）间隙，平整的防滑表面，0.25in（0.60cm）的容器厚度（如双层厚纸板）。

③ 一个最佳的容器设计有 16in（40cm）正面长度，12in（30cm）高和一个平整的防滑表面。

④ 工人应该能够将手指屈曲 90° 伸入容器下方，如从地板上提起纸箱时需要这种施力。

⑤ 一个被认为设计不是最佳的容器，其正面长度大于 1in（40cm），高度大于 12in（30cm），表面粗糙或打滑，边缘尖锐，质心不对称，内置物不稳定或需要使用的手套。如果一个松散的物体不能很容易地在把手之间平衡的话，它就被认为是笨重的。

⑥ 工人应该能够舒适地将手环绕在物体上，而不会造成过度的屈腕或不自然的姿势，并且抓握不应该需要过大的力。

表 43-16　耦合乘数（来源：参考文献 59）

耦合水平	耦合乘数	
	V < 30in（75cm）	V > 30in（75cm）
好	1.0	1.0
一般	0.95	1.0
差	0.90	0.90

7）FM 是一个频率乘数，它是一个变量为每分钟平均提升次数、双手在原点的垂直位置和提升时间的一个函数。每分钟提升次数通常是基于 15min 提升期间的平均值得出的。对于 0.2 次/min 以下的值，应使用 0.2 次/min 这个值。根据连续工作时间和体能恢复时间的模式，提升时间分为三类。连续工作时间定义为一个不间断工作的时间段，而恢复时间意味着在连续工作一段时间后，花费在低强度工作（如轻装和文案工作）上的时间。短的工作持续时间是指持续 1h 或更短的时间，其恢复时间至少

是连续工作长度的 1.2 倍。中等的工作持续时间是持续 1 ~ 2h 的持续时间，随后是至少 0.3 倍工作时间的恢复时间。长的工作持续时间指工作 2 ~ 8h，这种情况有标准工业休息津贴（午餐及上午和下午休息）。对于低频的提升（0.1 次/min 以下的值），不管活动实际上持续多长时间，由于提升期间的休息间隔通常足够长，所以认为任务是短持续时间。表 43-17 给出了频率乘数的值。

表 43-17　频率乘数值（来源：参考文献 59）

频率/（提升次数/min）	工作持续时间					
	≤1h		1h < 时间 ≤2h		2h < 时间 ≤8h	
	V < 30in	V ≥ 30in	V < 30in	V ≥ 30in	V < 30in	V ≥ 30in
≤0.2	1.00	1.00	0.95	0.95	0.85	0.85
0.5	0.97	0.97	0.92	0.92	0.81	0.81
1	0.94	0.94	0.88	0.88	0.75	0.75
2	0.91	0.91	0.84	0.84	0.65	0.65
3	0.88	0.88	0.79	0.79	0.55	0.55
4	0.84	0.84	0.72	0.72	0.45	0.45
5	0.80	0.80	0.60	0.60	0.35	0.35
6	0.75	0.75	0.50	0.50	0.27	0.27
7	0.70	0.70	0.42	0.42	0.22	0.22
8	0.60	0.60	0.35	0.35	0.18	0.18
9	0.52	0.52	0.30	0.30	0.00	0.15
10	0.45	0.45	0.26	0.26	0.00	0.13
11	0.41	0.41	0.00	0.23	0.00	0.00
12	0.37	0.37	0.00	0.21	0.00	0.00
13	0.00	0.34	0.00	0.00	0.00	0.00
14	0.00	0.31	0.00	0.00	0.00	0.00
15	0.00	0.28	0.00	0.00	0.00	0.00
>15	0.00	0.00	0.00	0.00	0.00	0.00

上述解释较为复杂，下面用实例讲解这个公式的应用。

例：一名工人从地板上搬起 18lb 重的纸箱，然后转动他的躯干，把纸箱堆在 24in 高的手推车上。每个纸箱的宽度为 2in，高度为 8in，每侧配有精心设计的把手。有 200 个纸箱要完成堆放，他连续工作 40min 完成任务。试评估任务。

由于在提升过程中需要暂停以堆叠纸箱，因此将在起点和终点处评估提升任务。

手的位置：起点（H = 20in，V = 44in），终点

（$H = 20$in，$V = 7$in）

$\qquad$ HM $= 10/H = 10/18 = 0.556$ 起点和终点相同

$\qquad$ VM $= 1 - (0.0075V - 30)$；起点 VM $= 0.805$，终点为 0.97

$\qquad$ 垂直距离为 $= D = 24$in；DM $= 0.82 + 1.8/$D；DM $= 0.895$

$\qquad$ 不对称角度：$A = 30°$；AM $= 1 - (0.0032A)$；AM $= 0.904$

$\qquad$ 提升频率：200/40；$F =$ 提升 5 次/min

$\qquad$ 持续时间：1h；由表 43-17 得 FM $= 0.8$

$\qquad$ 耦合水平：精心设计的手柄，所以由表 43-16 得"好"；CM $= 1.00$

$\qquad$ 起点 RWL $= 51 \times 0.556 \times 0.805 \times 0.895 \times 1.00 \times 0.8 \times 1.00 = 16.34$lb；LI $= 18/16.34 = 1.1$

$\qquad$ 终点 RWL $= 51 \times 0.556 \times 0.97 \times 0.895 \times 0.904 \times 0.8 \times 1.00 = 17.80$lb；LI $= 18/17.80 = 1.0$

$\qquad$ 由于在起点任务的 LI 略超过 1.0，应该考虑重新设计任务。在这种情况下，简单的做法就是把一个托盘放在纸箱下面的地板上。研究表明，LI 的值超过 2.0 与背部受伤的高发生率有关。

$\qquad$ 使用国家职业安全与健康研究所所开发的提升公式有许多需要注意的地方。该公式假设，除提升外的其他任务的能耗都较小，该公式不适用推、拉、行走、搬运或攀爬等活动。如果此类活动占员工活动的 10% 以上，则可能需要利用其他的工作评估方法。此外，该公式假定所有的任务都是在合理的工作条件下进行的，如温度为 19 ~ 26℃ 或 66 ~ 79℉ 和湿度为 35% ~ 50%。此外，该公式不适用于单手提升或以不正常或不恰当的姿势进行提升，如坐、跪或在狭窄的工作空间中。最后，该公式也不适用于低摩擦工作表面（鞋和地板之间的摩擦系数小于 0.40）的高速提升任务（30in/s 或 76cm/s），或者用于手推车或挖掘机的评价。上述任一条件下，应采用其他评估工作任务的方法。

$\qquad$ 推拉作业也可能导致背部受伤的潜在危险，因为它们也对脊柱施力。表 43-18 给出了水平推拉任务的力上限。极限值的设置是为了使大多数劳动力可以执行任务，适用于在腰部和肩部之间用手臂施力的任务。高于或者低于这个位置，由于阻碍了手臂在合适的位置使用最大的力，所以极限值也应该相应地减小。

$\qquad$ 对于垂直推拉任务来说，上限的值稍高，因为前者可以利用身体的重量，后者可以利用躯干和腿部的肌肉。表 43-19 列出了垂直操作的建议最大限值，同样，这些限制是为了让大多数劳动人口能够完成这些任务作业。

表 43-18　水平推拉任务的推荐力上限

（由伊士曼柯达公司提供，参考文献 16）

条件	上限值/N（lb）	活动举例
站姿（涉及全身）	225（50）	卡车或手推车搬运，移动轮式或铸造设备，在轴上滑动
站姿（主要涉及手臂和肩膀，手臂完全伸展）	110（24）	越过障碍物移动物体，在肩膀高度或以上推动物体
跪姿	118（42）	从设备上拆下或更换零部件，在狭窄空间中搬运
坐姿	130（29）	操作一个垂直的杠杆，如控制重型设备的地面脚踏，将托盘或产品移上移下传送带

表 43-19　双手作业中垂直推拉力的推荐上限（来源：参考文献 11）

条件	上限值/kgf（lbf）	举例
向下拉，高于头高	54（120）	打开控制器，钩握，安全淋浴手柄或手控器
向下拉，肩膀水平	20（45）	控制起重吊链上的电源开关直径 <3cm（1.2in）
向上拉，地面以上 25cm（10in）	32（70）	架线电缆，卷纸机，打开控制器
向上拉，肘高	15（33）	抬起盖子或访问入口
向上拉，肩高	8（17）	抬起盖子，掌心向上
向下推，肘高位置	29（64）	包装，打包和封箱
向上推，肩高位置	20（45）	抬高物体的一角或末端，如管子；把物体推到高架子上

$\qquad$ 评估手工材料搬运任务的另一种方法是心理物理学测量（即用户可接受性）。利宝互助安全研究所（Liberty Mutual Research Institute for Safety）根据自己内部的研究，已经制定出了关于提升、下蹲、推动、拉动和搬运任务的大量心理物理学指导表。表中主

要提供的是能够在不过度用力的情况下执行手动物料搬运任务的男性和女性人口百分比。这些表格（Liberty Mutual Manual Material Handling Tables）可从 Liberty Mutual 公司的网站（http://libertymmhtables. libertymutual. com/CM_LMTables Web/task Selection. do? action = init Task Selection）免费获取，也可以在互联网上搜索"利宝互助手工搬运作业表"，免费下载 PDF 格式。

当然，用于降低与提升类手工材料搬运作业的职业伤害最佳解决方案是消除这样的动作，但通常是不切实际的，所以可以采用以下的启发式工作再设计[7]：

1）减少物体的重量。

2）使用两个或两个以上的人移动重物或大物体。

3）改变活动，推或拉要比搬运好。

4）减少提升起点和终点之间的水平距离。

5）不要把材料堆积在肩高以上的位置。

6）将重物保持在指关节高度。

7）减少所需的提升频率。

8）引入休息时间。

9）把不那么繁重的工作纳入工作轮换中。

10）设计带有可以紧贴身体的手柄的容器。

许多雇主试图为员工提供安全带供员工使用，而不是重新设计工作任务。国家职业安全与健康研究所的一项研究评估了零售业中雇员在物料搬运任务中[57]使用此类设备的效用，研究结果显示，使用此类设备对减少背部受伤以及腰痛的概率无影响。

43.5.3 手动工具的设计和选择

人类历史早期就有了手动工具，但是在 20 世纪，电动工具的引入带来了新的动力（受伤的可能性也增加了），从而也增加了新的关注领域。就人体测量来说，人体其他部位几乎没有像人手那样，在尺寸和力量方面存在巨大的性别差异。女性的最大握力约为男性的 60%，而女性的平均手长与第 5 百分位的男性（6.9in/7in）[33,66]大致相同。合适的工具设计可以将正确操作所需的力量减到最小，并且可以减少工具使用对使用者身体结构的伤害。在设计阶段，同时考虑这个问题和工具的正确使用方法是非常重要的。电动的和非电动的手工具的合理选择是减少受伤人数和减少工人疲劳的一个重要因素。

在工具操作中有两种主要的抓握方式：着力抓握和精准抓握。着力抓握是食指环绕工具，拇指压在食指上，用手握拳，使工具的手柄处于手的轴线上。着力抓握可分为三个主要的形式：①平行于前臂施力（如锯切）；②与前臂成一定角度地施力（如锤击）；③在前臂施加扭力（如使用螺丝刀）[36]。精准抓握可以是工具握于手内（如握刀）或用拇指和食指（也可能是中指）夹住工具（如握笔）。据估计，精准抓握力仅有着力抓握的 20%，主要用于与着力抓握相比具有更高控制水平的任务。

手动工具引起的主要职业性危害之一是肌肉和组织的累积损伤。工具设计和选择的两个最简单的指导原则是，应该尽量减少手的移动，手和手腕应该尽可能地接近中立位置（即保持手腕伸直），见图 43-6。当手腕不能保持在中立位置时，抓握力将丧失高达 25%[56]。手长期处于一个不恰当的姿势可能带来的职业性危害包括疼痛，握力减弱，可能患积累创伤障碍（CTDs）。此外，长时间抓握手动工具可能导致流向手和手指区域的血液堵塞，从而导致手部的刺痛和麻木，最终导致组织损伤。在理想情况下，工具的手柄应该有一个尽可能大的抓握表面，以便于将压力分布到更大的区域。然而，确定这种表面的适当尺寸是相当复杂的问题[20]。

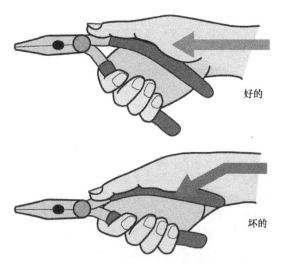

好的

坏的

图 43-6 工具使用中正确和不正确的手腕姿势

1. 手柄的直径

手柄直径是由最大抓握强度、手承受的应力和疲劳等因素决定的，因此大量的研究都集中在确定各种手柄的最佳尺寸。在理想情况下，为了最大限度地减少肌肉疲劳和压力等相关疾病，应该设计一种施力最大化而受力最小化的工具。就尺寸而言，圆柱形手柄的正确着力抓握应该是其余四指和拇指环绕手柄且二者几乎不碰触。这在实践中很难实现，因为首选的手柄尺寸在很大程度上是操作者的手的尺寸的函数。一项对电动手工工具的研究表明，对于手长超过 7.5in（19cm）的操作者，使用跨距为

2. 36in（6cm）的手柄可使握力最大化，而对于手较小的操作者，使用跨距为 2in（5cm）的手柄时握力最大[45]。

对于精准抓握，推荐的手柄尺寸要小得多。根据操作速度，螺丝刀手柄的建议直径为 8mm[29]。笔的直径尺寸建议范围为 13～30mm，当尺寸为 30mm 时，疲劳和拉伤降低且施力可最大化[34,54]。应避免直径小于 6mm，当施较大的力时，这个范围内的尺寸往往会导致手痛[36]。

2. 手柄的形状

已经证明最佳的手柄形状在很大程度上是关于所执行任务特征的函数。科克伦和里利[12]进行了一项综合性研究，他们测试了 6 种常见任务中的 36 种手柄：手柄平面内的插拔（如刺刀和拔刀），手柄垂直面上的推拉（如锯切），绕手柄的转动（如使用螺丝刀）来确定相匹配的最大握力。研究结果表明，对于插拔类任务，周长为 11cm 的三角形手柄对男女操作者是最好的。对于正交推动式和拉动式活动，宽度和高度比为 1:1.25 且周长为 9cm 的矩形手柄优于其他配置。对于涉及手腕伸展和弯曲的任务，宽度和高度比达 1:2.0 的矩形手柄是最好的，而且手柄周长越大（达 13cm）越好。对于应用于所有任务的复合型工具，推荐使用（1:1.25）～（1:1.5）之间的宽度和高度比的矩形手柄作为最佳折中形状。

3. 手柄长度

有关手柄长度试验性研究较少，但合理的设计目标是至少要留有足够的空间，以容纳四指的着力抓握。由于手掌的宽度范围为 71（第 5 百分位女性）～97（第 95 百分位男性），因此 100mm 是一个实际的最小尺寸，虽然 120mm 更实用。如果通常使用手套，则应考虑更大的数值。对于外部精准抓握，工具的轴必须足够长，以使拇指和食指（至少100mm）之间的手部区域支撑。对于内部精准抓握，该工具必须足够长，以穿过手掌区域，但不必越过手腕，以使组织的压力最小化[36]。

电动工具设计中的一个重要因素是操作者能够有最佳操控工具的能力，以及能够对工具产生的反作用力做出反应，以防止失去控制的能力。这种能力在很大程度上是关于工具重量和质量分布的函数（考虑这一要素可使操作者失去对工具的控制的可能性最小化，产生伤害的可能性最小化）。在理想情况下，所有的电动工具，应与所有必要的附件保持中立位的平衡，并使其质心与操作者的手心对齐[50]。主观研究表明，操作者对工具重量的偏好是 0.9～1.75kg，而另一些研究表明，使用重量小于 1kg 的工具比使用重量在 2～3kg[61]之间的工具花费更少的力气。

手柄材料的选择主要由所执行任务的特征决定。在一般情况下，应优先考虑轻微可压缩的，不导电，不导热，光滑的抓握表面。可压缩性降低了工具的振动和手部打滑，而光滑的表面减少了局部高压引起手部疼痛的可能性[36]。

43.6 结论

虽然不可能创建一个完全无压力的工作环境，但从工效学的角度来看，大多数工作环境可以大大改善。注重环境因素和与工作有关的因素都能大大提高工人的生产力和安全性。其中一个典型的例子是 IBM 制造工厂的人因应用的例子。从 1978 年开始，该公司为其员工在工效学培训方面投入了 25 万个工时。其中涉及对生产环境的分析，包括对设备、工艺、环境因素和作业程序的分析。核心在于改进流程，重新进行自动化分配，操作人员的作业以及工作站的优化设计。经过 10 年的时间，符合工效学的改进使该公司 1992 年的成本节约了大约 1 亿 3000 万美元。其中主要的经济效益来自生产力和质量的提高，同时也降低了职业损伤率，增加了员工的满意度。

戈金斯（Goggins）等[23]评估了超过 250 个案例研究的结果。这些案例调查了符合工效学的干预措施，报告了工效学项目和控制措施的效益。评估结果显示，这些案例共同报告的效益包括减少与工作有关的肌肉骨骼损伤或其发生率，减少相关的缺勤天数，带病工作天数以及工伤的赔偿费用。报告的其他效益与生产力、质量、营业额和缺勤有关。表 43-20 总结了在非办公环境中获得的收益。数据清楚地表明，从成本效益角度来看，制造业中工效学的干预措施往往是合理的。

表 43-20　工效学项目案例研究的有效性度量
（不包括办公室环境）（来源：参考文献 23）

有效性措施	研究数目	平均值	中位数
与工作有关的肌肉骨骼疾病数	66	减少 57%	减少 55%
事故率*	24	减少 57%	减少 50%
缺勤天数*	44	减少 72%	减少 79%
带病作业天数*	9	减少 46%	减少 37%
工人补偿费*	42	减少 67%	减少 68%
单次索赔成本*	6	减少 32%	减少 32%
生产力	6	减少 46%	减少 40%

（续）

有效性措施	研究数目	平均值	中位数
劳动成本	2	减少 28%	减少 28%
产出	9	减少 36%	减少 40%
旷工	2	减少 79%	减少 79%
投资回收期	1	0.19 年	0.19 年
成本/效益比	2	1.28	1.28

注：* 由于与工作有关的肌肉骨骼疾病。

参考文献

1. 2012 *Liberty Mutual Workplace Safety Index*, Liberty Mutual Research Institute for Safety, Hopkinton, MA, 2012.

2. 29 CFR Part 1910—Occupational Safety and Health Standards, 2013.

3. ANSI/HFES 100-2007 *Human Factors Engineering of Computer Workstations*, HFES, Santa Monica, CA.

4. *ANSI/IESNA RP-7-01 Recommended Practice for Lighting Industrial Facilities*, Illuminating Engineering Society of North America, New York, 2001.

5. Armstrong, T. J., "Work Related Upper Limb Disorders," Available at: http://www-personal.engin.umich.edu/~tja/CTD1.html Accessed: Jul 27, 2015.

6. ASHRAE. *Handbook of Fundamentals*, American Society of Heating, Refrigeration, and Air-Conditioning Engineers, New York, 1974.

7. Ayoub, M. and A. Mital, *Manual Materials Handling*, Taylor and Francis, London, 1989.

8. Barnes, R. M., *Motion and time study*, 5th ed., Wiley, New York, 1963.

9. Battie, M. C., T. Videman, L. E. Gibbons, H. Manninen, K. Gill, M. Oppe, and J. Kaprio, "Occupational Driving and Lumbar Disc Degeneration: A Case-Control Study," *The Lancet*, 60 (9343), 1369-1374. Available at: http://image.thelancet.com/extras/01art9329web.pdf

10. Broadbent, D., "Noise and the Details of Experiments. A Reply to Poulton," *Applied Ergonomics*, 7: 231-235, 1976.

11. Chengalur, S. N., S. H. Rodgers, and T. E. Bernard, *Kodak's Ergonomic Design for People at Work*, 2nd ed., John Wiley & Sons, Inc., Hoboken, NJ, 2004.

12. Cochrane, D. and M. Riley, "The Effects of Handle Shape and Size on Exerted Forces." *Human Factors*, 28 (3): 253-265, 1986.

13. Curwin, S. and W. Stanish, *Tendinitis: Its Etiology and Treatment*, Collamore Press, Lexington, KY, 1984.

14. Dul, J., and B. Weerdmeester, *Ergonomics for Beginners-A Quick Reference Guide*, 3rd ed., CRC Press, Boca Raton, FL, 2008.

15. Eastman Kodak, *Ergonomic Design for People at Work: Volume* 1, Van Nostrand Reihnold, New York, 1983.

16. Eastman Kodak, *Ergonomic Design for People at Work, Volume* 2, New York: Van Nostrand Reinhold, New York, 1986.

17. Fanger, P., *Thermal Comfort, Analyses and Applications in Environmental Engineering*, Danish Technical Press, Copenhagen, 1977.

18. Farley, R. R., "Some Principles of Methods and Motion Study as Used in Development Work," *General Motors Engineering Journal*, 2 (6): 20-25, 1955.

19. Flynn, J. E, "The IES Approach to Recommendations Regarding Levels of Illumination," *Lighting Design and Application*, 9 (9): 74-77, 1979.

20. Freivalds, A, "Ergonomics of Hand Tools," In: *The Occupational Ergonomics Handbook*, edited by W. Karwowski and W. Marras, CRC Press, Boca Raton, FL, 1999.

21. Fryar, C., Q. Gu, and C. Ogden, *Anthropometric Reference Data for Children and Adults: United States*, 2007-2010, National Center for Health Statistics, Hyattsville, MD, 2012.

22. Garrett, J., "The Adult Human Hand: Some Anthropometric and Biomechanical Considerations," *Human Factors*, 13: 117-131, 1971.

23. Goggins, R. W., P. Spielholz, and G. L. Nothstein, "Estimating the Effectiveness of Ergonomics Interventions Through Case Studies: Implications for Predictive Cost-Benefit Analysis," *Journal of Safety Research*, 39: 339-344, 2008.

24. Grandjean, E., *Fitting the Task to the Man: A Textbook of Occupational Ergonomics*, 4th ed., Taylor & Francis, London, 1988.

25. Harrison, C. R., and K. M. Robinette, *CAESAR: Summary Statistics for the Adult Population (Ages 18-65) of the United States of America*, Air Force Research Laboratory, Wright-Patterson AFB, OH, 2002.

26. Helander, M., *A Guide to the Ergonomics of Manufacturing*, Taylor and Francis, Bristol, PA, 1995.

27. Helander, M. G., and G. J. Burri, "Cost Effectiveness of Ergonomics and Quality Improvements in Electronics Manufacturing," *International Journal of Industrial Ergonomics*, 15: 137-151, 1995.

28. Hendrick, H. "Good Ergonomics is Good Economics," Presidential Address at the 1996 Human Factors and Ergonomics Society Annual Meeting, 1996. Available at: https://www.hfes.org/Web/PubPages/goodergo.pdf Accessed: Jul 29, 2015.

29. Hunt, L., "A Study of Screwdrivers for Small Assembly Work," *The Human Factor*, 9 (2): 70-73, 1934.

30. Hutchingson, R. D., *New Horizons for Human Factors in Design*, McGraw-Hill Book Company, New York, 1981.

31. International Standards Organization, *ISO 2631-1: 1997 (Mechanical Vibration and Shock—Evaluation of Human Exposure to Whole-Body Vibration, Part 1: General Requirements)*, Geneva, Switzerland, 1997.

32. Joyce, M., *The Business Case for Ergonomics/Human Factors—Bottom Line: Incorporating Ergonomics into Your Business Plan Adds Value and Stimulates Profitability*, 2001." Available at: https://www.questia.com/magazine/1G1-53526811/ the-business-case-for-ergonomics-human-factors Accessed: Jul 29, 2015.

33. Kamon, E. and A. Goldfuss, "In-Plant Evaluation of the Muscle Strength of Workers," *American Industrial Hygiene Association Journal*, 43: 853-857, 1978.

34. Kao, H., "Human Factors Design of Writing Instruments for Children: The Effect of Pen Size Variations," *Proceedings of the 18th Annual Meeting of the Human Factors Society*, 1974.

35. Karwowski, W. and W. Marras, *The Occupational Ergonomics Handbook*, CRC Press, Boca Raton, FL, 1999.

36. Konz, S., *Work Design: Industrial Ergonomics*, 3rd ed., Horizon Publishing, Scottsdale, AZ, 1990.

37. Kroemer, K. H., H. J. Kroemer, and K. E. Kroemer-Elbert, *Engineering Physiology: Bases of Human Factors/Ergonomics*, 3rd ed., Van Nostrand Reinhold, New York, 1997.

38. Lehmann, G., "Physiological Measurements as a Basis of Work Organization in Industry," *Ergonomics*, 1: 328-344, 1958.

39. Luopajarvi, T., I. Kuorinka, M. Virolainen, and M. Holmberg, "Prevalence of Tenosynovitis and Other Injuries of the Upper Extremities in Repetitive Work," *Scandinavian Journal of Work, Environment and Health*, 5 (3): 48-55, 1979.

40. Marcotte, A., J. M. VanCalvez, R. Barker, E. J. Klinenberg, C. D. Cogburn, et al., *Preventing Work-Related Musculoskeletal Illnesses Through Ergonomics: The Air Force PREMIER Program, Volume 4A: Level I Ergonomics Methodology Guide For Maintenance/Inspection Work Areas*, Armstrong Laboratory, Brooks Air Force Base, TX, 1997.

41. Moore, S. J. "An Overview of Upper Extremity Disorders," In: *Ergonomics in Manufacturing: Raising Productivity through Workplace Improvement*, edited by W. Karwowski, and G. Salvendy, Society of Manufacturing Engineers, 1998.

42. National Safety Council, *Accident Prevention Manual for Business and Industry: Administration & Programs*, 10th ed., 1992.

43. Burnett, C. A., Lalich, N. R., MacDonald, L., &

Alterman, T. (2001). A NIOSH Look At Data From The Bureau Of Labor Statistics, Worker Health by Industry and Occupation: Musculoskeletal Disorders, Anxiety Disorders, Dermatitis, Hernia. Cincinnati, OH: National Institute for Occupational Safety and Health.

44. *NIDCD Fact Sheet: Noise-Induced Hearing Loss*, U. S. Department of Health and Human Services, Bethesda, MD, 2008.

45. Oh, S. and R. G. Radwin, "Pistol Grip Power Tool Handle and Trigger Size Effects on Grip Exertions and Operator Preference," *Human Factors*, 35 (3): 551-569, National Safety Council, Itasca, Illinois, 1993.

46. OSHA, *Ergonomics: The Study of Work*. OSHA, Washington, D. C., 2000.

47. Parsons, K. C., *Human Thermal Environments: The Effects of Hot, Moderate, and Cold Environments on Human Health, Comfort, and Performance*, 2nd ed., Taylor & Francis, London; New York, 2003.

48. Peterson, A. and E. Gross, Jr., *Handbook of Noise Measurement*, 7th ed., General Radio Co., New Concord, MA, 1972.

49. Putz-Anderson, V., *Cumulative Trauma Disorders: A Manual for Musculoskeletal Diseases of the Upper Limbs*, Taylor and Francis, Bristol, PA, 1988.

50. Radwin, R., "Hand Tools: Design and Evaluation," In: *The Occupational Ergonomics Handbook*, edited by W. Karwowski and W. Marras, CRC Press, Boca Raton, FL, 1999.

51. Rea, M. S., *The IESNA Lighting Handbook: Reference and Application*, 9th ed., IESNA, New York, 2000.

52. Robinette, K. and J. McConville, "An Alternative to Percentile Models." *SAE Technical Paper Series #810217*, Society of Automotive Engineers, Warrendale, PA, 1981.

53. Sanders, M. and E. McCormick, *Human Factors in Engineering and Design*, 7th ed., McGraw-Hill, Inc., New York, 1993.

54. Sperling, L., *Work with Hand Tools: Development of Force, Exertion, and Discomfort in Work with Different Grips and Grip Dimensions*, Report in Swedish with English summary, Arbetarskyddsstyrelsen, Undersokninsrapport, 25, 1986.

55. Village, J. and M. Lott, "Work-Relatedness and Threshold Limit Values for Back Disorders Due to Exposure to Whole Body Vibration," *Proceedings of the IEA 2000/HFES2000 Conference*, Human Factors and Ergonomics Society, Santa Monica, CA, 2000.

56. Warkotsch, W., "Ergonomic Research in South African Forestry," *Suid-Afrikaanse Bosboutydskrif*, 171: 53-62, 1994.

57. Wassell, J., L. Gardner, D. Landsittel, J. Johnston,

and J. Johnston, "A Prospective Study of Back Belts for Prevention of Back Pain and Injury," *Journal of the American Medical Association*, 284: 21, 2000.

58. Wasserman, DE; Badger, DW; Doyle, TE; Margolies, L (1974) "Industrial Vibration---An Overview," Journal of the American Society of Safety Engineers, 19 (6): 38-43, 1974Waters, T. R. V. Putz-Anderson, and A. Garg, *Applications Manual for the Revised NIOSH Lifting Equation*, DHHS (NIOSH) Publication No. 94-110, U. S. Department of Health and Human Services, Public Health Service, Centers for Disease Control and Prevention, National Institute for Occupational Safety and Health, 1994.

59. Waters, T. R., Putz-Anderson, V., & Garg, A. (1994). Applications Manual for the Revised NIOSH Lifting Equation. Cincinnati, OH: Department of Health and Human Services.

60. Woodson, W., B. Tillman, and P. Tillman, *Human Factors Design Handbook: Information and Guidelines for the Design of Systems Facilities, Equipment and Products for Human Use*, 2nd ed., McGraw-Hill, Inc., New York, 1992.

61. Ulin, S., Armstrong, T., Snook, S., Monroe-Keyserling, W., "Examination of the effect of tool mass and work postures on perceived exerting for a screw driving task," International Journal of Industrial Ergonomics, 12 (1993) P: 105-115, Elsevier Science Publishers B. V., North Holland.

第 44 章
制造业运筹学

得克萨斯州农工大学　V. 乔格·莱昂（V. JORGE LEON）　著

亚美智库　俞文媛　译

44.1 运筹学介绍

44.1.1 什么是运筹学

运筹学（Operations Research，OR）是一门基于应用数学的学科，用于定量系统分析，给出优化方案从而做出决策。计算机的出现和发展以及信息技术的进步更加方便了运筹学的应用，我们可以在计算机上进行复杂的数学分析，而这在以前需要花费大量的人力、物力和财力。

44.1.2 运筹学如何帮助制造工程

擅于运用运筹学工具的现代制造专业人士有显著的优势。他们通过运筹学的工具，对现有问题有更深入的了解，整理数据做出决策。在通常情况下，运筹学将经验直觉与专家知识形式化。例如，可用于解释为什么优先在瓶颈工序上生产最高利润的产品可能不是一个最好的主意，或者首先生产最紧急的产品并不一定是最好的选择。运筹学帮助决策者发现，选择方案不仅要考虑是不是一个有效的解决方案，还要考虑是不是一个最优的解决方案。例如，如何形成柔性制造单元（Flexible Cells，FC）和相应的零部件系列，以尽量减少材料搬运和设置成本。使用运筹学工具可以评估系统的过去表现并预期未来性能情况。最后，工程师们开发了一系列运筹学工具，专门用于各种情况下决策问题。总之，运筹学工具可以帮助制造工程专业人员更好地理解系统的属性，量化预期的系统性能，规划最佳的系统以及根据数据做出合理的决策。

44.2 运筹学技术

本章节简单介绍了在制造过程中成功应用运筹学技术的几种情况。如果读者想要更多的关于运筹学技术处理的内容，可以参阅 Hillier and Lieberman（2001）[1] 或者 Taha（2003）[2] 这两本书。这些技术是基于它们是否适合于系统评估、系统优化或一般决策。在所有情况下，运用运筹学分析所获得的结果构成了决策的定量信息的基础。

44.2.1 系统评估

系统评估（System Evaluation，SE）需要量化过去和未来的系统性能。一个好的评估方法必须明确考虑与制造系统行为和计算中所使用的数据两者相关联的误差相关的固有可变性（Inherent Variability）。可变性和预期行为概念的数学形式化可以追溯到 17 世纪和 18 世纪，例如著名的思想家 B. Pascal，A. de Moivre，T. Bayes，C. F. Gauss，A. Legendre 等的作品。系统评估的例子包括预测客户需求，确定在制品（Work-in-Process，WIP）水平和产量，或预估产品的预期寿命。系统评估使用的运筹学技术主要是预测，排队理论，仿真和可靠性理论。

1. 预测

制造业的大多数决策都会直接受到客户预期需求的影响。预测理论（Forecasting Theory）针对基于历史数据来计算预测未来需求的问题，这些方法也称为统计学预测。在实践中，决策者通常会修改预测的数字，基于专家判断，业务情况以及一般数学模型无法囊括的信息这些内容来进行调整。在何种情况作预测以及主要的信息流程如图 44-1 所示。

本节提到的模型可以用来预测三类需求模式：分别是恒定过程（Constant Process）、趋势过程（Trend Process）以及季节性过程（Seasonal Process），如图 44-2 所示。决策者必须绘制历史数据，并在应用任何模型之前确定适宜的需求模式。对于单项，短期的预测，常用的运筹学模型包括简单移动平均法、指数平滑法以及季节性需求的 Holt-Winters 的指数平滑过程。

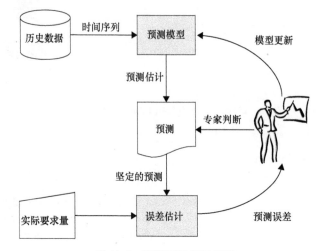

图 44-1　预测环境信息流程

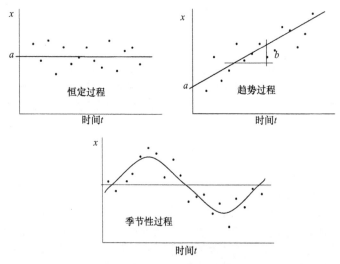

图 44-2　时间序列模型

此章节所使用的数学符号如下：

t 表示时间的指数；

T 预测决策的当前时间点或时间段；

x_t 时间 t 内表示的需求数（单元）；

a 常量，表示需求水平（单元）；

b 常量，表示需求趋势（单元/h）；

c_t 时间 t 内的季节性系数。

假设实际需求数的时间点 $t = T$ 时间点（即到 T 时间段的历史数据），T 时间之后的需求情况是需要预测计算的。通常来说，常量 a、b 和 c_t 是未知的，这几个数只能基于历史数据预估出来。这几个预估的数用 $\hat{x}_t$、$\hat{a}$、$\hat{b}$、$\hat{c}_t$ 来表示。例如，$\hat{a}$ 表示估计或预测的恒定需求水平。

（1）移动平均法　移动平均法（Moving Average Methods）运用 N 个实际需求水平来预测未来的需求水平。当新的时间点出现，则公式中最早的时间点的需求数就删掉，然后重新计算。下面来解释两种模型：常量水平过程（Constant Level Process）和线性趋势过程（Liner Trend Process）。

1）常量水平过程这个移动平均法是基于预测时间点之前的 N 段时间的需求平均数来计算出未来预测时间点的需求。因此，基于历史 N 个时间段的需求数据来预测时间 t 之后的任一时间段的需求，计算公式如下：

$$\hat{x}_{T,N} = M_T = \frac{x_T + x_{T-1} + x_{T-2} + \cdots + x_{T-N+1}}{N}$$

转化为递归形式如下：

$$\hat{x}_{T,N} = \hat{x}_{T-1,N} + \frac{x_T - x_{T-N}}{N}$$

2）线性趋势过程预测了呈线性趋势的需求模式。基于历史时期 N 的需求，预测未来时间 T 之后 τ 时间段的计算公式如下：

$$\hat{x}_{T+\tau,N} = \hat{a}_T + \hat{b}_T (T+\tau)$$

其中，

$$\hat{b}_T = W_T = W_{T-1} + \frac{12}{N(N^2-1)}$$

$$\left[\frac{N-1}{2}x_T + \frac{N+1}{2}x_{T-N} - NM_{T-1} \right]$$

$$\hat{a}_T = M_T - \hat{b}_T\left(T - \frac{N-1}{2} \right)$$

定义 M_T 为常量水平过程平均值。计算移动平均值的典型周期数值范围是 3～12（可参阅 Silver and Peterson, 1985）[3]。

3）指数平滑法（Exponential Smoothing Methods）是计算预测中比较常用的方法，因为与移动平均方法相比，这个方法的准确性和计算效率更高。这个方法的逻辑就是最接近预测时间点的数据给予更高的权重（即更大的指数），而越是久远的时间点的需求给予越低的权重。

4）常量水平过程（Constant Level Process）或单一指数平滑（Single Exponential Smoothing），给出 $\hat{x}_{T-1}$ 时间的预测需求数、x_T 时间的实际需求数以及平滑常量 α，t 时间之后的未来任一时间点需求预测计算公式如下：

$$\hat{x}_T = \alpha x_T + (1-\alpha)\hat{x}_{T-1}$$

根据预测误差 $e_T = (x_T - \hat{x}_{T-1})$ 重新排列上述公式，可以得出等价表达式如下：

$$\hat{x}_T = \hat{x}_{T-1} + \alpha e_T$$

需要注意的是，在单一指数平滑法中，只需要记录当前时间段和之前时间段预测的需求水平，并且先前的预测值已经将历史信息捕获完整。

（2）趋势过程（Trend Process）或双重指数平滑（Double Exponential Smoothing） 在 T 时间之后 τ 时间段的需求预测水平，计算如下：

$$\hat{x}_{T+\tau} = \hat{a}_T + \tau \hat{b}_T$$

其中，

$$\hat{a}_T = \left[1 - (1-\alpha)^2 \right]x_T + (1-\alpha)^2(\hat{a}_{T-1} + \hat{b}_{T-1})$$

$$\hat{b}_T = \left[\frac{\alpha^2}{1-(1-\alpha)^2} \right](\hat{a}_T - \hat{a}_{T-1}) +$$
$$\left[1 - \frac{\alpha^2}{1-(1-\alpha)^2} \right]\hat{b}_{T-1}.$$

建议使用常规的非加权的线性回归来初始化 a 和 b。设 1，2，3，…，n_o 为可用的历史需求数据值，则初始化 a_o 以及 b_o 的计算如下：

$$\hat{b}_o = \frac{\sum_1^{n_o} t x_t - \frac{n_o+1}{2}\sum_{t=1}^{n_o} x_t}{\sum_{t=1}^{n_o} t^2 - \left(\sum_{t=1}^{n_o} t \right)^2/n_o}$$

$$\hat{a}_o = \frac{\sum_{t=1}^{n_o} x_t}{n_o} - \frac{\hat{b}_o(n_o+1)}{2}.$$

指数平滑数值的选择（Selection of Smoothing Constants）：平滑常数 α 的较小值往往对近期观察不太看重，而对历史数据的重视程度更高。相反，较大的 α 值往往会更重视最近的信息。因此，在需求稳定的情况下，优选较小的 α 值，而当需求不稳定时，则应使用较大的 α 值。根据 Johnson and Montgomery（1974）[4] 的建议，α 的值的选择区间为 0.1～0.3 之间。

（3）季节过程（Seasonal Processes） 这里描述了 Winters 的方法，用于在表现季节性行为的过程中进行预测。除了水平和趋势外，该模型还包含季节性系数。假设季节有一个时期 P，T 后的 τ 时期的预测水平可以预计如下：

$$\hat{x}_{T+\tau} = (\hat{a}_T + \tau \hat{b}_T)c_{T+\tau}$$

其中，

$$\hat{a}_T = \alpha_s\left(\frac{x_t}{\hat{c}_{T+\tau} - P} \right) + (1-\alpha_s)(\hat{a}_{T-1} + \hat{b}_{T-1})$$

$$\hat{b}_T = \beta_s(\hat{a}_T - \hat{a}_{T-1}) + (1-\beta_s)\hat{b}_{T-1}$$

$$\hat{c}_{T+\tau} = \gamma_s\left(\frac{x_T}{\hat{a}_T} \right) + (1-\gamma_s)\hat{c}_{T+\tau-P}$$

季节性参数 $\hat{c}_{T+\tau-P}$ 是上一时间段的可用预测。

平滑指数的选择（Selection of Smoothing Constants）：α_s、β_s 和 γ_s 这三个平滑指数值在 0～1 范围之内。Silver and Petersen（1985）中指出，α_s 和 β_s 的初始化值可以由平滑常数 α 的计算公式得出：

$$\alpha_s = 1 - (1-\alpha)^2, \beta_s = \frac{\alpha^2}{\alpha_s}$$

而且，为了保证预测计算的稳定性，α_s 的数值要远远大于 β_s。因此，建议多试几次以更好地确定 α_s、β_s 和 γ_s 的数值。

（4）预测误差的运算（Forecasting Error Estimation） 本章节之前所说明的公式都是关于未来某时间段的需求预测。为了量化预测的准确性，运用标准来衡量误差是非常有用的（$e_t = x_t - \hat{x}_{t-1}$，即误差＝实际需求－预测需求）。

一个常见的假设是考虑平均零和标准差 σ_e 正态分布的预测误差。设过去 n 段时期和相应的误差 e_1，e_2，…，e_n，预测误差的标准差（Standard Deviation）计算如下：

$$\sigma_e \approx s_e = \sqrt{ \frac{\sum_{t=1}^{n}(e_t - \bar{e})^2}{n-1} }$$

另一种计算预测误差 σ_e 的方式就是使用平均绝对误差（Mean Absolute Deviation，MAD），公式如下：

$$\sigma_e \approx 1.25(\text{MAD}) = 1.25\left(\frac{\sum_{t=1}^{n} |e_t|}{n}\right)$$

一些人鉴于实际意义会更喜欢使用 MAD。

（5）运用示例—指数平滑法（Application Example—Exponential Smoothing）   预测与评估图 44-3 中给定产品系列的需求。假定在开始预测之前，1 月到 6 月的数据是已知的。6 月份之后的需求比较了实际需求与 1 个月前瞻预测。数据表明，趋势模式可能更适用于本例的需求预测。首先，使用 1 月至 6 月的数据计算初始值 $a_o = 522.35$ 和 $b_o = 37.33$。假设平滑常数 $\alpha = 0.15$，并且考虑到月份的需求，则获得下个月的预测。图 44-1 中的预测即是使用上述模型而得出的 7 月、8 月、9 月等的预测。预测误差的标准差可以用 MAD 方法得出。MAD = [| 722 − 673 | + | 704 − 731 | + | 759 − 767 | + | 780 − 808 | + | 793 − 843 | + | 856 − 871 |]/6 = 29.47。那么标准差 $\sigma_e \approx 1.25 \times 29.47 = 36.84$。

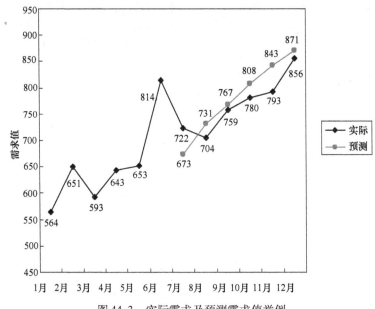

图 44-3   实际需求及预测需求值举例

2. 排队系统

排队论（Queuing Theory）研究由服务站（如银行柜员、加工中心）等待处理的实体（如客户、产品）所表征的系统的性能以及由于繁忙的服务站而形成的实体的等待线（Waiting Line）或队列。在排队论中，明确地考虑了系统的变异性。排队理论在制造系统中的应用包括确定重要的性能指标，如周期时间和在制品，两个工作中心之间所需的缓冲区空间的规格，所需的机器数量等等。

排队系统由以下元素组成：输入源、排队、排队规则以及服务机制。输入源（或群体）可以是有限的或无限的，实体到达系统的模式由到达之间的时间（Interarrival Time）来指定。排队也分为有限排队与无限排队，这取决于它们容纳实体的能力。排队规则是指用于在队列中选择哪个实体进行服务的优先级规则。最后，服务机制主要包括：服务员数量、服务时间和服务连接形式（即并行或串行服务站）。例如，一些基本的排队系统模型假设存在根据泊松过程（Poisson Process，PP）到达系统的无限个体的实体，并且队列容量是无限的，如果采用先入先出（First-In-First-Out，FIFO）的排队规则，则给定并行服务站的数量，服务时间按指数分布。图 44-4 阐释了基本的排队系统。

（1）定义与基本逻辑关系   等待线排队概念及所用的数学符号如下：

s 同时运行的服务站数量；

λ 平均到达率（单位时间内实体到达/出现的预计数量）；

μ 平均服务率（单位时间内平均实体接受服务的预计数量）；

$\rho = \lambda/s\mu$，服务设施的使用率；

L 排队系统中预计的实体数量；

L_q 排队中的预计实体数；

W 单一实体预计的排队等待时间；

W_q 预计的排队等待时间。

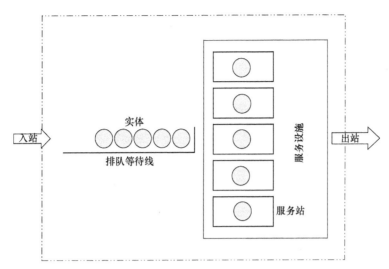

图 44-4　排队系统模型的要素

如果实体代表产品，服务站代表机器，那么所有这些概念在制造业中都有对应且有用的解释。例如，从长远来看，λ 可以视为需求率，平均处理时间为 $1/\mu$，工作中的平均值为 L，平均交货周期时间为 W。

因此，将 L 和 W 视为系统性能指标是方便的。排队理论在这些绩效指标之间有以下基本的稳态关系：

$$L = \lambda W$$
$$L_q = \lambda W_q$$
$$W = W_q + \frac{1}{\mu}$$

这些基本逻辑关系是非常有用的。如果其中任何一个已知或者通过计算得出，那么它们就可以用来确定性能指标。

稳定性也是很重要的，所以 $\rho < 1$。

考虑到到达时间和服务时间是随机变量，则排队模型将取决于潜在的概率分布。本节仅介绍两种排队模型，其余超出范围不做涵盖。第一种情况假设系统展现泊松到达和指数服务时间。第二种情况假设一般分布。有兴趣的读者请参考 Buzacott and Shantikumar（1993）[5]，其中对制造系统的排队模型有非常详细的说明。

（2）持续到达率和服务率——泊松到达与指数分布服务时间（Exponential Service Time）　该模型假定每单位时间到达的顾客数量分布恰为泊松分布。这是实体到达完全随机的系统的特征。泊松到达的一个重要特点是在给定时间长度的期间内到达的平均数是恒定的。

指数服务时间是指根据指数概率分布来分配的服务时间，该系统的特征在于，下一个服务时间不受前一个服务的持续时间即无记忆属性（Memoryless Property）的影响，服务时间完全随机，且服务时间往往较短，但偶尔会占用较大的时间值。

指数分布和泊松分布是相关的，间隔到达时间呈指数分布。这个过程的每单位时间的发生次数是一个泊松随机变量，换句话说，泊松到达意味着间隔到达时间是指数分布的，指数服务时间意味着单位时间服务的实体数也是泊松分布的（见表 44-1）。

表 44-1　单服务站模型及多服务站模型

性能指标	单服务站 模型（$s = 1$）	多服务站模型（$s > 1$）
L	$L = \dfrac{\rho}{1-\rho} = \dfrac{\lambda}{\mu - \lambda}$	$L = \lambda\left(W_q + \dfrac{1}{\mu}\right) = L_q + \dfrac{\lambda}{\mu}$
L_q	$L_q = \dfrac{\lambda^2}{\mu(\mu - \lambda)}$	$L_q = \dfrac{P_o(\lambda/\mu)^s \rho}{s!\ (1-\rho)^2}$
W	$W = \dfrac{1}{\mu - \lambda}$	$W = W_q + \dfrac{1}{\mu}$
W_q	$W_q = \dfrac{\lambda}{\mu(\mu - \lambda)}$	$W_q = \dfrac{L_q}{\lambda}$

对于多服务站模型，P_o 代表系统中零实体的概率。在 Hillier and Lieberman（2001）[1] 中可以查阅到修改后的单服务站和多服务站模型的表达公式。

（3）持续达到率和服务率——一般分布　在制造业领域，达到率和服务率会比上节知识所假设的内容更好理解。本节提及的模型运用了到达间隔和服务时间的均值和标准差（Mean and Standard Deviation），而不是假设事件之间呈指数分布的时间，将制造周期、在制品、吞吐量和利用率四个元素生成系统可变性的函数。

本节将使用以下符号：

λ^{-1} 到达时间间隔的平均值；

σ_a 到达时间间隔的标准差；

μ^{-1} 平均服务时间（没有故障）；

σ_s 服务时间标准差（没有故障）；

$V_a = \sigma_a / \lambda^{-1}$，到达时间变化率；

$V_s = \sigma_s / \mu^{-1}$，服务时间变化率；

f 平均失效时间（Mean-To-Fail，MTTF）或设备平均故障时间；

r 平均维修时间（Mean-Time-To-Repair，MTTR）或设备平均修复时间；

$A = f/(f+r)$，可用率（正常运行分数）。

假设单个服务站的性能指标计算如下：

$$\rho = \frac{\mu^{-1}/A}{\lambda^{-1}}$$

$$W_q = \frac{1}{2} \frac{\rho}{1-\rho} \left[V_a^2 + V_s^2 + \frac{2rA\ (1-A)}{\mu^{-1}} \right] \frac{\mu^{-1}}{A}$$

$$W = W_q + \frac{\mu^{-1}}{A}$$

$$L = \lambda W$$

上述公式适用于单个服务站、单步骤的系统（Single Server，Single Step System）。若要延伸到串行线路配置问题（Serial Line Configuration），可以基于当前阶段的参数，使用以下方程来确定下一个阶段的到达变化率 $V_{a, \text{next}}$。

$$V_{a, \text{next}}^2 = \rho^2 \left[V_s^2 + \frac{2rA(1-A)}{\mu^{-1}} \right] + (1-\rho^2) V_a^2$$

感兴趣的读者可以参阅 Hopp and Spearman (1996)[6] 或 Suri (1998)[7]，以便更全面了解相关类型的排序模型。

（4）运用示例 假设一个加工厂中心（Machining Work Center）理论上可以平均生产 100 单位/h，其缓冲区空间（Buffer Space），最大限度为 25 个单位；如果缓冲区达到其最大值，则停止生产，直到缓冲区空间回到可用范围为止。然而观察下来却发现，即便如此，最少 75 单位/h 的理论平均需求率（Demand Rate），即 75% 的可用率（Utilization）也无法被满足。进一步研究表明，加工厂中心每 3h 就停产一次，而解决故障平均需要 0.5h。因此考虑到可用率因素（Availability Factor），工厂可用率（Availability）为 $A = 3/(3 + 0.5) = 0.86$，所以新的可用率（Utilization）$0.75/0.86 = 0.87$。我们可以看到，

机器可靠性（Realiabilty）虽然提升了可用率但其值仍然低于 1.0，所以它仍然不能解释为什么工厂不能达到需求率的产量标准。因此，我们有必要使用排序模型来确定系统可变性。假设到达时间和服务时间的可变性比率（Variability Ratio）分别是 0.6 和 0.3，维修机器的平均等待时间为

$$W_q = \frac{1}{2} \times \frac{0.87}{1-0.87} \times \left[0.6^2 + 0.3^2 + \frac{2 \times 0.5 \times 0.86 \times (1-0.86)}{1/100} \right] \times$$

$$\frac{(1/100)}{0.86} = 0.49\text{h}$$

系统平均时间为 $W = 0.49 + (1/100)/0.86 = 0.50\text{h}$；在任何时间点生产 75 个单位所需的平均 WIP 水平为 $L = 75 \times 0.50 = 37.5$ 单位。显然，这超出了可用缓冲空间，因而解释了为什么工厂达不到预期的生产水平。

另外两个绩效评估工具是制造仿真模拟与可靠性，读者可参看本书"制造仿真"及 Geng[8] 关于可靠性内容。

44.2.2 系统规划与优化方案

运筹学技术的一个重要类别旨在规划实现既定目标的最佳或最优方案。例如确定最小化成本的生产计划，或是在指定产能的情况下作出最大化利润的产品组合，亦或是确定最小化行程距离的最佳路线。本节将介绍一种重要的运筹学优化技术，即数学规划（Mathematical Programming）。

1. 数学规划

运筹学使用数学建模来模拟真实情况，规划有效的解决方法来获得期望结果。数学模型通常揭示了决策问题的深层结构性质。数学模型的主要内容是决策变量（Decision Variables，DV），目标函数（Objective Functions，OF）和约束条件（Constraints）。以上三个要素的数学特性通常决定了要使用何种运筹学方法。

（1）线性规划 由于数学规划的广泛使用，目前使用最多的是线性规划（Linear Programming，LP）。它考虑了多个约束条件下的单一目标，其中该目标和约束条件是真实决策变量的线性函数。本节将使用以下数学符号：

x_i 决策变量实值（Real-valued Decision Variable），其中 $i = 1, \cdots, N$；

c_i 目标函数 OF 中与变量 i 相关的每单位系数也称为价值系数（Function Coefficient）；

a_{ij} 在约束条件 j 下与变量 i 相关的每单位约束系数，其中 $j = 1, \cdots, M$（也称为技术系数或工艺

系数);

　　b_j 与约束条件 j 相关的右端边界项;

　　Z 目标函数 OF。

　　线性规划模型的一般形式如下

　　最大化或最小化 (Maximize 或 Minimize) 目标函数

$$Z = \sum_{i=1}^{N} c_i x_i$$

　　约束取决于:

$$\sum_{i=1}^{N} a_{ij} x_j (\leqslant \text{ 或 } = \text{ 或 } \geqslant) b_j, \quad j = 1, \cdots, M$$

　　x_i 是真实变量。

　　制造业领域所面临的许多决策问题都可以被模拟为线性规划问题,在此我们用一个简单的案例来阐述这种方法。例如,一个制造厂商的市场潜力良好,但它的销售需求潜力远超现有产能,此时线性规划可以用于确定各产品的最佳产量,在符合当下产能限制 (Available Capacity) 与市场潜力的条件下,使利润最大化。表 44-2 显示一案例数据信息。

表 44-2　案例数据信息

消耗率 $a(i, j)$		生产设备 j		单位利润 $c(i)$	需求潜力	决策变量产量 $x(i)$	利润
		车床 L	磨床 G				
产品 i	A	9	0	12	6	6.00	72.0
	B	16	10	16	10	10.00	160.0
产能限制 $b(j)$		140	110		总利润		232.0
潜力产能要求		214	100				

　　假设所有的潜在市场都被完全开发,最初的利润值计算结果为 232;然而,由于车床工作中心的现有产能无法满足 (所需产能值 214 超出了实际产能值 140),所以无法实现该利润。在此案例中,决策者应该规划在约束条件下能够使利润最大化的产量。

　　目标函数求利润最大值:$Z = 12x_A + 16x_B$

　　受制于以下内容。

　　车床产能限制:$9x_A + 16x_B \leqslant 140$

　　磨床产能限制:$0x_A + 10x_B \leqslant 110$

　　产品 A 的市场限制:$x_A \leqslant 6$

　　产品 B 的市场限制:$x_B \leqslant 10$

　　非负约束:$x_A, x_B \geqslant 0$

　　对于变量和约束条件过多的线性规划模型,可以使用计算机软件求解。对于小问题,常规的办公应用程序可以处理线性规划的计算。表 44-3 显示了该案例运用微软 Excel 运算工具来求解。它的最佳解决方案是,产品 A 生产 6 单元,为产品 B 生产5.38 单位,即设 $x_A = 6$,$x_B = 5.38$,此时得出最大利

润值 158。之所以认为这是最佳方案是因为没有其他生产组合可以得出更高的利润。在这样的特定情况下,与许多常见的解决方案相比,最优策略并不是生产每单位利润最高的产品,也不是生产具有更高需求值的产品。

表 44-3　显示该案例运用微软 Excel 运算工具求解

消耗率 $a(i, j)$		生产设备 j		单位利润 $c(i)$	需求潜力	决策变量产量 $x(i)$	利润
		车床 L	磨床 G				
产品	A	9	0	12	6	6.00	72.0
	B	16	10	16	10	5.38	86.0
产能限制 $b(j)$		140	110		总利润		158.0
潜力产能要求		214	100				
实际产能要求		140	53.75				

　　线性规划的另一大优势是它得出的解决方案还包含了其他有用的决策信息,特别是松弛变量 (Slack Variable)、影子价格 (Shadow prices) 与灵敏度分析 (Sensitivity Analysis)。

　　最佳解决方案中的松弛变量为如何绑定每个约束提供了信息。例如在以上案例中,与车床产能以及产品 A 需求有关的松弛变量的值为零,表明这些约束是有约束力的,即它们限制了获得更多利润的可能性。另一方面,与磨床产能相关的松弛变量与产品 B 的需求量分别为 56.25 和 4.625,不会约束现有解决方案的利润。

　　在最佳解决方案中,影子价格表示的是,约束条件右端项每增加一个单位时目标函数的增量。与车床和磨床产能限制相关的影子价格分别为 1 和 0,这代表如果能够增加产能,选择增车床是最有利的。同样的,与产品 A 需求相关的影子价格大于产品 B,也就是说如果有选择,最优解是增加产品 A 的市场潜能。

　　灵敏度分析 (Sensitivity Analysis) 提供了每个模型中参数的变化范围,使得最优解不会随意改变。

　　该线性规划的案例也可以用图解法来处理,如图 44-5 所示,它只涉及两个决策变量。满足所有约束的解称为可行解,所有可行解的集合称为可行域,三个利润值的目标函数用虚线表示。其中,可行域中使目标函数值达到最优的可行解称为最优解。

　　其他经典的线性规划问题包括分配问题 (Assignment Problem)、运输问题 (Transportation Problem)、转运问题 (Transhipment Problem) 及生产规划问题 (Production Planning Problem) 等 (参考 Hillier and Lieberman, 2001)[1]。

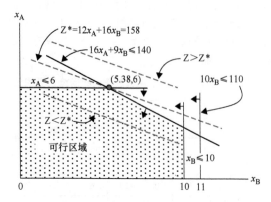

图 44-5　图解线性规划的问题

（2）其他数学规划模型与优化方案　运筹学中其他的数学模型包括整数规划（Integer Programming, IP），多目标规划（Multi-Objective Programming, MOP），动态规划（Dynamic Programming, DP）与非线性规划（Nonlinear Programming, NLP）。

1）IP：与线性规划 LP 的结构相同，但它的决策变量必须取整数值。在混合整数线性规划（Mixed-Integer Programming, MIP）中，决策变量中有一部分必须取整数值，另一部分可以不取整数值。整数规划模型与混合整数规划模型的一大特点是需要用专门的软件以及更多的计算机资源来解决运算问题。感兴趣的读者可以参考 Nemhauser and Wosley（1988）[9]。

2）MOP：在许多情况下，一个计划问题实际上是一个多目标决策问题。多目标规划提供了多种方法来处理这种情况，可以通过一些数学操作将多目标的问题规划转换为线性规划。众所周知的一个方法是目标规划（GP）。

3）DP：动态规划是解决多阶段决策过程最优化问题的一种方法，并且具有阶段相加的目标函数。

动态规划通过递归解决阶段间的问题。递归规定了一个可以重复应用的算法，无论从一个阶段到另一个阶段，还是从初始状态到最终解决状态，向前或是向后递归都是可能的。有兴趣的读者可以参考 Dreyfus and Law（1977）[10]。

4）NLP：当数学规划中的目标或约束条件是非线性时，可以运用非线性规划（NLP）来解决。

5）图与网络模型（Graphs and Network Models）则使用了由节点和互连边组成的网络来表示决策问题。具有这种特征的经典问题包括最短路径问题、关键路径问题、生产规划问题以及最大流量问题等。对综合处理图与网络模型感兴趣的读者可以参考 Evans and Minieka（1992）[11]。

（3）运用案例：服务全球的制造厂商的选址问题　为全球市场服务的战略性工厂的选址问题可以使用数学规划方法来解决，比如混合二进制数学规划（Mixed-Binary Mathematical Programming）。这类数学规划通常比本章前面介绍的线性规划方法在计算上更具挑战性。负责选址决策的团队必须考虑到区域需求、物流成本、关税、运营设施相关的固定成本与可变成本等其他许多因素。

这个方法可以用一个简单的例子来阐释。假设这些工厂的可选地点位于美国、西班牙与泰国，工厂销售服务的区域市场是北美（NA）、欧洲（EU）、亚洲（AS）与非洲（AF）。做决策时的可用数据包括：

1）每个区域 j 里的年度需求预测 D_j，其中 j = NA, EU, AS, AF。

2）在选址 i 上为保证运营的年度固定成本 f_i，其中 i 为美国、西班牙与泰国。

3）在选址 i 的工厂最大期望产能 K_i。

4）服务区域 j 的每个选址的变量生产与运输成本 c_{ij}。

让我们考虑表 44-4 中的数据。

表 44.4　根据需求、工厂产能、成本为工厂选址

可变成本 c_{ij}/（\$/u）		市场区域 j				固定成本 f_i/（\$/年）	产能 K_i/（单元）
		NA	EU	AS	AF		
工厂选址 i	美国	93	105	117	112	5000	25
	西班牙	102	82	98	94	6000	25
	泰国	90	97	86	116	4000	25
	需求 D_j/（单元）	11	9	16	7		

常识规则（Common Sense Rules）并不总是适用。大多数时候人们靠常识性的经验规则来做决策，通常得出的结果往往是次优解。为了阐述这个观点，我们可以考虑如下规则不一定是最优解：优先考虑最小的可变成本分配，开设工厂并分配需求；确保工厂产能不受影响。

最小可变成本是 82，所以，把欧洲所有的 9 个单元的需求分配给西班牙，西班牙剩余的产能为 16 个单元。

接下来最小的可变成本是 86，所以，把亚洲所有的 16 个单元的需求分配给泰国，泰国剩余的产能为 9 个单元。

再接下来最小的可变成本是 93，所以，把北美所有的 11 个单元的需求分配给美国，美国剩余的产能为 14 个单元。

在这一点上，只有非洲的需求仍然没有被分配；因此我们将所有非洲的 7 个单元的需求分配给西班牙（非洲的可变成本最低）；西班牙剩余的产能为 9 个单元。

常识性规则提出了一个在所有三个国家都开设工厂的策略，其中美国工厂服务北美地区，西班牙工厂服务欧洲和非洲地区，泰国工厂服务亚洲地区，这一策略的总成本为 18795 美元。然而正如我们接

下来将看到的，通过使用混合二进制数学规划方法可以找到更好的解决方案。

使用数学规划得出的最优策略。接下来我们将选址问题模拟为数学规划问题。这种情况下的决策变量是：

工厂选址：y_i，其中，若工厂设立在位置 i，则 $y_i = 1$，反之 $y_i = 0$。

需求分配：x_{ij} 是从工厂 i 运到区域 j 的总量。

假设我们设定 y 和 x 的值，使总成本最小化，那么目标函数可以用数学规划表示如下：

① 目标函数：$Min \sum_{Alli} f_i y_i + \sum_{Alli} \sum_{Allj} c_{ij} x_{ij}$。

要求最小化成本的 y 和 x 的值，需要同时满足以下约束条件：

② 需求满足：$\sum_{Alli} x_{ij} = D_j$ 对所有区域 j。

③ 产能限制：$\sum_{Allj} x_{ij} \leqslant k_j y_i$ 对所有工厂 i。

④ 二进制约束：$y_i \in \{0, 1\}$ 对所有工厂 i。

⑤ 非负约束：$x_{ij} \geqslant 0$ 对所有工厂 i 和区域 j。

表达式①～⑤为思索后的选址决策的数学规划公式。

正如我们之前所提到的示例中，i = 美国、西班牙和泰国；j = 北美、欧洲、亚洲和非洲。使用 Excel 法求解，见表 44-5。

表 44-5　通过数学规划得出的决策结果

分配 x_{ij}		市场区域 j				选址 y_i	分配产能	成本 / $
		NA	EU	AS	AF			
工厂选址 i	美国	11	0	0	7	1	18	6807
	西班牙	0	0	0	0	0	0	0
	泰国	0	9	16	0	1	25	6249

| | 满足 | 11 | 9 | 16 | 7 | | 总计 = | $ 13056 |

在该策略中，公司只需要在美国和泰国建立两个工厂，其中美国工厂为北美和非洲区域服务，而泰国工厂为欧洲和亚洲地区服务。这个策略的总成本是 13056 美元，比常识规划得出的方案成本节省了 30%。

44.2.3　决策

尽管之前所描述的方法都是致力于帮助决策者的，但运筹学中的决策（Decision Making）则是明确考虑所有可选方案，同时根据定量（Quantitative）、定性（Qualitative）与主观（Subjective）的数据分析

来做比较。该单元涵盖了基于确定性（Deterministic）和非确定性（Probabilistic）数据的两种决策方法，有兴趣的读者可以参考 Taha（2003）[2] 以便了解到更多的细节和方法。

1. 确定性决策

在确定性决策（Deterministic Decision）过程中，用于评估所有选项方案的数据都是确定的。层次分析法（Anaytical Hierarchy Process，AHP）是一种允许主观判断参与决策过程的确定性决策方法。决策者会将他的主观意愿、情感与偏见量化至数字性的比较因子（Comparison Weights），用以排序。AHP

的另一优势是决策者的判断一致性（Consistency）也会被量化分析。

基本的 AHP 模型由待排序的方案选项，用以排序的比较准则（Comparison Criteria）以及决策方案组成。图 44-6 显示了以标准 c 与方案 m 组成的单级

决策层（Single-Level Decision Hierarchy）。通过叠加层级的标准项，递归运用同一个模型，构造多层级结构（Multiple-Level Hierarchies）。为了读者不混淆，以下讨论将运用在单级层次模型上。

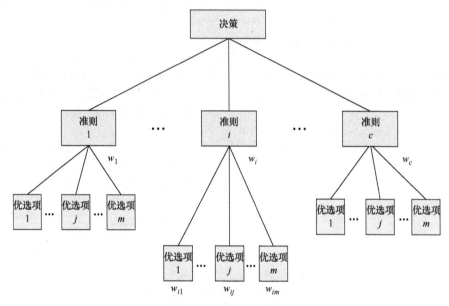

图 44-6　单级层次 AHP 模型

整个过程的目的是对每个选项变量 $j = 1，\cdots，m$ 取得排序 R_j，代表了决策者对每个标准的重要性的排序。

比较矩阵 $A = [a_{rs}]$，是包含了决策者在各项标准（或选项）下偏好（重要性）的矩阵。AHP 运用从 1~9 的离散标度，$a_{rs} = 1$ 代表没有优先选项，$a_{rs} = 5$ 代表矩阵行标准 r 比距阵列标准 s 更重要，$a_{rs} = 9$ 代表标准 r 比标准 s 重要得多。为了运算一致性，$a_{rr} = 1$（即与自身做比较），$a_{rs} = 1/a_{sr}$。

归一化比较矩阵 $N = [n_{rs}]$，是对矩阵 A 中的重要性因素归一化，通过将矩阵 A 中每个条目除以相应矩阵列总和，使得所有矩阵列的总和为 1.0。如果 A 是 $q \times q$ 的矩阵，那么元素 N 是：

$$n_{rs} = \frac{a_{rs}}{\sum_{k=1}^{q} a_{ks}}$$

与标准 r 相关的权重 w_r 是从矩阵 N 计算的行平均值，或

$$w_r = \frac{\sum_{s=1}^{q} n_{rs}}{q}$$

确定排序 R_j 的 AHP 运算步骤如下。

步骤 1：为每个标准设立一个 $c \times c$ 的矩阵 A。

步骤 2：根据每个标准为所有方案设立 $m \times m$ 的

矩阵，即为 $i = 1，\cdots，c$ 设立矩阵 A_i。

步骤 3：将以上两步骤取得的比较矩阵，归一化为矩阵 N 与 N_i，其中 $i = 1，\cdots，c$。

步骤 4：确定所有标准与所有方案的权重系数，表示为 w_i 和 w_{ij}，其中 $i = 1，\cdots，c，j = 1，\cdots，m$。

步骤 5：为每一个方案确定排序，$R_j = \sum_{i=1}^{c} w_i w_{ij}$，其中 $j = 1，\cdots，m$。

步骤 6：选择排序最高的方案作为最优解。

比较矩阵 A 的一致性用于检验决策者在两两比较时的判断一致性。对 $q \times q$ 的比较矩阵 A，计算一致性比率 CR 的公式如下：

$$CR = \frac{q(q_{max} - q)}{1.98(q-1)(q-2)}$$

其中，

$$q_{max} = \sum_{s=1}^{q} \left(\sum_{r=1}^{q} a_{sr} w_r \right)$$

$CR < 0.1$ 的比较矩阵的一致性是可以接受的，2×2 矩阵总是完全一致的，而 $q_{max} = q$ 的矩阵也是完全一致的。

2. 概率决策

在概率决策（Probabilistic Decision Making, PDM）中，根据可选方案所实现的收益报酬存在相关的概率分布。决策的共同目的是选出可以获得最

佳期望值的最优解。

决策树是概率决策问题的一个简洁表达方式。决

策树的组成包括：决策节点（□），选项分支，机会节点（○），概率状态分支以及收益叶（见图44-7）。

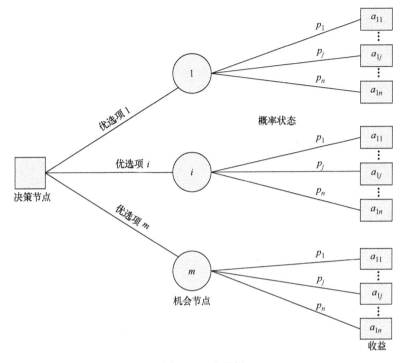

图 44-7 决策树

设系统处于概率状态 j 的概率是（p_j），当世界也处于状态 j 时，与方案 i 的收益叶相关的收益回报是 a_{ij}。与可选方案 i 相关的收益期望值计算如下：

$$EV_i = \sum_{j=1}^{n} p_j a_{ij}$$

决策者倾向于选择能获得最佳期望值的方案。

这里提出的最基本模型可以扩展到贝叶斯后验概率，在决策过程中可以使用该试验结果。涉及非货币或决策者偏好的决定可以用效应函数来处理。

3. 不确定性决策

在不确定性决策（Decision Making Under Uncertainty）的情况下做决策与概率决策方法相似，因为两者的收益回报都与系统的随机状态相关。不同的是，在非确定情况下的状态概率是未知的。假设系统处于状态 j，设 a_{ij} 是通过可选方案 i 获得的收益回报，在没有确定概率的情况下，可以通过以下准则来做出决策：

拉普拉斯准则假设所有状态都可能发生，并且选择具有最高平均收益的方案。最优方案 i^* 为

$$i^* = \underset{i}{\mathrm{argmax}} \left(\frac{1}{n} \sum_{j=1}^{n} a_{ij} \right)$$

最大-最小准则或悲观准则（Maximin Criterion,

MC）采取最保守态度，在最不利的结果中选择最好的。最优方案 i^* 为

$$i^* = \underset{i}{\mathrm{argmax}} \left(\underset{j}{\min} a_{ij} \right)$$

遗憾准则（Savage Regret Criterion）较悲观准则MC大胆一些，通过下述的收益矩阵变换做决策：

$$r_{ij} = \underset{k}{\max} \left(a_{kj} \right) - a_{ij}$$

决策者基于变换后的收益矩阵再运用悲观准则做决策。

赫维茨准则或折中准则（Hurwicz Criterion）采用乐观指数 α，其范围从 0（最保守）~ 1（最乐观），做全面考虑。最优方案 $i*$ 为

$$i^* = \underset{i}{\mathrm{argmax}} \left\{ \alpha \underset{j}{\max} a_{ij} + (1 - \alpha) \underset{j}{\min} a_{ij} \right\}$$

4. 运用示例

在非确定性情况下使用层次分析法的决策（Application Example—Decision Making Under Certainty Using AHP）

思索一个在外国开设工厂的问题。可选方案是在 A 国开厂，在 B 国开厂，以及维持在 C 国厂商的方案。这个案例的选项准则是劳动力成本以及区域稳定性。决策者在如下的比较矩阵 A 以及相关的归一化矩阵中表达了选择过程中对两个准则的偏好（见表44-6）。

表 44-6 比较矩阵 A 及相关归一化的矩阵

a_{rs}	劳动力	稳定性	a_{rs}	劳动力	稳定性
劳动力	1	4	劳动力	0.8	0.8
稳定性	1/4	1	稳定性	0.2	0.2

决策者必须根据每个准则为每个可选方案生成比较矩阵。关于劳动力成本，比较矩阵 $A_{劳动力}$ 与归一化矩阵见表 44-7。

表 44-7 比较矩阵 $A_{劳动力}$ 及相关归一化矩阵（一）

a_{rs}	国家 A	国家 B	现有工厂	n_{rs}	国家 A	国家 B	现有工厂
国家 A	1	2	7	国家 A	0.61	0.63	0.54
国家 B	1/2	1	5	国家 B	0.30	0.31	0.38
现有工厂	1/7	1/5	1	现有工厂	0.09	0.06	0.08

关于区域稳定性，比较矩阵 $A_{稳定性}$ 与归一化矩阵（Normalized Matrix）见表 44-8。

表 44-8 比较矩阵 $A_{劳动力}$ 及相关归一化矩阵（二）

a_{rs}	国家 A	国家 B	现有工厂	n_{rs}	国家 A	国家 B	现有工厂
国家 A	1	1/5	1/8	国家 A	0.07	0.03	0.10
国家 B	5	1	1/6	国家 B	0.36	0.14	0.13
现有工厂	8	6	1	现有工厂	0.57	0.83	0.77

接下来，与每个准则与可选方案相关联的权重是归一化矩阵的行平均值：$w_{劳动力} = 0.8$，$w_{稳定性} = 0.2$，$w_{劳动力A} = 0.59$，$w_{劳动力B} = 0.33$，$w_{劳动力C} = 0.08$，$w_{稳定性A} = 0.07$，$w_{稳定性B} = 0.21$，$w_{稳定性C} = 0.72$。

每一个可选方案的排序计算如下：

$R_{国家A} = w_{劳动力} \, w_{劳动力A} + w_{稳定性} w_{稳定性A} = 0.8 \times 0.59 + 0.2 \times 0.07 = 0.49$

$R_{国家B} = w_{劳动力} \, w_{劳动力B} + w_{稳定性} w_{稳定性B} = 0.8 \times 0.33 + 0.2 \times 0.21 = 0.31$

$R_{当前} = w_{劳动力} \, w_{劳动力C} + w_{稳定性} w_{稳定性C} = 0.8 \times 0.08 + 0.2 \times 0.72 = 0.21$

根据 AHP 层次分析法的运算，建议选择在国家 A 建立工厂，因为它的排序值最大。

决策者可能希望量化每个比较矩阵的一致性。其中 2×2 标准的比较矩阵是完全一致的，而对 3×3 矩阵，计算一致性比率（Consistency Ratio, CR）如下：

劳动力成本：$q_{max} = 0.59 \times (1 + 1/2 + 1/7) + 0.33 \times (2 + 1 + 1/5) + 0.08 \times (7 + 5 + 1) = 3.07$

一致性比率：

$$CR_{劳动力} = \frac{3 \times (3.07 - 3)}{1.98 \times (3 - 1) \times (3 - 2)} = 0.05$$

区域稳定性：$q_{max} = 0.07 \times (1 + 5 + 8) + 0.21 \times (1/5 + 1 + 6) + 0.72 \times (1/8 + 1/6 + 1) = 3.42$

一致性比率：

$$CR_{稳定性} = \frac{3 \times (3.42 - 3)}{1.98 \times (3 - 1) \times (3 - 2)} = 0.32$$

因此，从劳动力成本因素来看，比较矩阵具有可接受的一致性（$CR_{劳动力} < 0.1$），然而相对于区域稳定性的比较矩阵来说是不一致的（$CR_{稳定性} > 0.1$），因此决策者必须尝试重新评估矩阵 $A_{稳定性}$ 给出的排序。

5. 其他决策方法

其他众所周知的决策模型包括博弈论（Game Theory）以及马氏决策规划（Markov Decision Processes）。

博弈论将决策问题模拟为具有相对立的报酬结构的对手之间的博弈。博弈论分析的结果往往表达为一系列的策略，每个策略描述了决策者各个方案的收益回报和对对手的影响。

马氏决策过程可以视为概率决策的综合概括。它的决策模型认为系统可以用 n 个状态（其中任意两个状态之间都有概率转换）以及与这些转换相关的对应的报酬矩阵来描述。

本文所提到的决策模型的更多细节可以在本章末的参考文献中查阅得到。

44.3 未来趋势

由于计算机信息技术的进步，运筹学的运用正在经历一个爆炸性的飞速发展时期。高速发展的互联网，快速低廉的计算机以及用户友好的应用软件，使得不同领域的专业人士越来越多的能够运用运筹学技术做决策。

即便现如今强大的计算机技术仍然不足以在合理时间内解决与优化一些困难的决策问题，然而数学规划的最新理论进展使得实践者能够开始解决这些难题。当下广泛传播的网络应用程序与可以随时访问的数据库，以及新兴的大数据技术，使得决策者们能够更好地提取有用信息，学习新知识以获得竞争优势。最后，在地理上和组织上分散的系统和决策者之间的联系将从分布式决策与合作方法的不断发展中受益。未来趋势表明，运筹学将成为决策学软件运用的核心。

44.4　结束语

本章简要介绍了运筹学及其一些最广泛的应用，使读者可以对相关的分析类型和实际应用有最初始的了解。由于文本空间有限，部分重要模型都只做了简单的描述，读者可以通过参考文献了解更多详细的内容。对运筹学实践运用和专业社区感兴趣的读者可以在运筹学与管理科学研究所（INFORMS，www. informs. org）的主页找到更多有用信息。

参考文献

1. Hillier S. H. and G. J. Lieberman, 2001. *Introduction to Operations Research*, McGraw-Hill, 7th edition.

2. Taha, H. A., 2003. *Operations Research：an introduction*, seventh edition, Pearsons Education, Inc., Prentice Hall.

3. Johnson L. A. and D. C. Montgomery, 1974. *Operations research in production planning, scheduling, and inventory control*, John Wiley & Sons.

4. Silver E. A and R. Peterson, 1985. *Decision systems for inventory management and production planning*, John Wiley & Sons, Inc., 2nd edition.

5. Buzacott J. A and J. G. Shantikumar, 1993. *Stochastic models of manufacturing systems*, Prentice Hall.

6. Hopp. W. J. and M. L. Spearman, 1996. *Factory physics*, Irwin.

7. Suri, R., 1998. *Quick Response Manufacturing*, Productivity Press.

8. Nemhauser, G. and L. Wosley, 1988. *Integer and Combinatorial Optimization*, Wiley.

9. Dreyfus, S. and A. Law, 1977. The Art and *Theory of Dynamic Programming*, Academic Press.

10. Evans, J. R. and E. Minieka, 1992. *Optimization Algorithms for Networks and Graphs*, 2nd edition, Marcel Dekker.

11. Geng, Hwaiyu, Data Center Handbook, 2015, John Wiley and Sons, Hoboken

扩展阅读

Saaty, T. L., 1994. *Fundamentals of Decision Making*, RWS Publications.

第 45 章
供应链管理：原理和结构

美国生产与库存管理协会　大卫·F. 罗斯（DAVID F. ROSS）　著
亚美智库　俞文杰　译

45.1　概述

　　"聆听客户声音"的普及，信息及运营的科技整合以及全球市场的兴起，这些因素改变了供应链的本质。20 年前，供应链管理这一概念开始从物流领域中崭露头角。从历史上来看，物流在实践中就是纯粹的操作，即基于客户的需求，及时地供应公司产品并提供相应的服务。而现在，供应链管理从操作这一层面转变升华至公司的重要战略因素之一。这是因为供应链管理带来的不仅仅是快速灵活的供应系统，更是为企业、供应商和客户创造价值。供应链管理是一个非常重要的概念，它通过连接客户群和供应商，加强两者间的联系，互相合作，结合各自的竞争力和能力来获得更高水准的产能、更高的利润以及更有效的客户价值。

　　这一章将介绍供应链管理在 20 世纪时所遇到的机遇和挑战。首先将会介绍物流和供应链管理的定义。两者都是操作性原理的具体化表现，其中，物流是操作功能方面的集合，而供应链管理是企业战略的集合。然后将介绍供应链管理这个理念是如何进化及改进的。最后，本章将回顾供应链的组成架构，其中包含三个主要战略（稳定性、快速反应以及更有效率的处理问题）和两种渠道集成（纵向和横向）。一旦了解上述这些基本概念，供应链管理的组织架构（四种维度）就能清晰呈现了。这四个维度为供应链运作参考（Supply Chain Operations Reference，SCOR）模型，供应链精益模型，需求驱动的供应链以及供应链成熟度模型。本章概括了供应链管理的发展趋势以及当今供应链的目标。

45.2　供应链管理

　　自从工业经济化开始，企业就面临着两大孪生问题：一是材料的采购；二是提供产品和服务至市场。当供应商和顾客可以近距离接触到生产商时，需求和供应的信息都是可以很轻易地传递给对方，同时材料和产品都可以快速地通过供应链运输出去。随着客户需求的增大，生产时间和运输距离成为交付的困难点；公司快速获取材料并快速运输至市场的能力在变弱。没有能有效将产品快速从供应端移动到客户端的方法，这限制了生产商扩大其业务的能力，缩减了其在市场上提供商品和服务的范围。

　　那么，如何在需求和供应之间建立桥梁呢？这需要企业建立两个重要的部门。第一个是物流管理。通过高效且更经济的方式来管理库存、仓储以及运输，从而满足客户对于产品和服务的要求。第二个即是供应链管理。它的作用是通过整合竞争力、资源以及供应商的生产能力来建立独特的客户价值来源，从而加强整个系统的竞争优势。

45.2.1　物流的定义

　　从传统意义上来说，物流是和存储以及库存的移动相关。美国生产与库存管理协会 APICS（American Production and Inventory Control Society，APICS）字典中将物流定义为"艺术和科技的结合，将材料和产品以正确的数量在正确的位置获取、生产以及分配。"供应链管理专家委员会（Council of Supply Chain Management Professionals，CSCMP）将物流定义为"供应链管理中计划、执行和控制效率的一部分，具有有效的正向和反向流，可以同时存储产品，提供服务以及传递源头和消费点之间的信息，从而满足客户的要求。"同时，物流还可以按照"七个正确"的定义来解释，即：将正确的产品在正确的条件下以正确的数量、正确的价格在正确的位置和正确的时间交付给正确的客户。

　　为了更好地理解物流的作用，我们将其分为两个独立却又紧密结合的循环来解释，如图 45-1 所示。材料管理这一循环展示了企业内部的库存流动，从采购到入站运输、收货、存储、生产以及成品交付。而外部物流指的是货物从运输站点流向客户的这一流动。这个循环包含仓库管理、运输、（可能的）延迟（所造成的耽搁）以及客户订单满足。最后，物流管理是一个集合性的概念。它协调并优化了所有的物流活动，同时将物流和市场、销售、制造以及财务结合在一起。

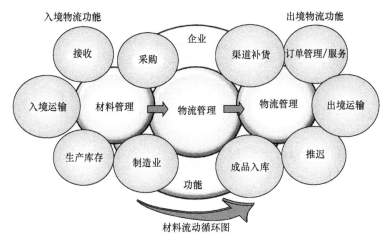

图 45-1　物流管理的作用

45.2.2　物流的运作

物流有以下五个任务：物流活动、网络设计、物流合作商管理、信息技术的运用和表现评估。

下面我们分别进行解释。

1. 物流活动

物流的主要任务是管理各渠道库存的移动和存储，从而以最低的成本得到物品的拥有成本（包含时间成本、空间成本、存储成本）。为了完成这个任务，物流需要对以下内容进行有效的管理：库存补充以及满足客户订单；以最低的库存投资达到理想的客户服务水平；低成本，快速而又连续的交货；规划和制定运输；运输车队的管理；物料存储，领取以及包装；使得人们准确而又高效的协调计划和控制每天物流运作的信息流。这些工作的执行对于组织来说至关重要，因为当物流与供应链整合时，这提供了强有力的资源、灵活的采购、仓储、运输以及交付能力，使得这些工作所提供的价值大大增加，从而统一整个渠道物流的能力。

2. 网络设计

制造工厂、配送中心、当地仓库以及零售商这一网络构成了渠道，通过这个渠道，客户可以找到他们所要的产品，同时市场信息又可以反馈到这个渠道的原点。网络设施的类型、数量、尺寸以及地理位置是公司战略的结果，其提供了理想水平的客户服务以及运作成本。从操作层面上来说，物流网络必须找到若干关键问题的答案。每一个存储点的库存水平是多少？如何进行库存的补充？为了满足客户订单，如何进行分配？如何定义运输成本？在什么样的情况下需要将第三方物流合作伙伴加入到物流网络中？渠道负责人必须协助相关活动，比如组织市场营销活动，介绍新产品，淘汰旧产品，调查了解竞争者的动向，科技的变动以及提升发展渠道合作伙伴的能力。随着时间的推移，这种能力会影响网络战略的可行性策略。物流计划员必须不断地审查和修改网络结构以应对不断变化的市场状况。

3. 物流合作商管理

为了敏捷而灵活地应对渠道需求，物流计划员通常需要和第三方物流合作伙伴（Third Party Logistics，3PL）合作。可以确定在随后的几十年中，随着第三方物流合作伙伴业务的扩充，他们会融入客户的供应链体系，而这将会使得他们变得越来越有价值。物流计划员通过依靠和第三方物流的紧密合作来执行战略目标而不是在点对点的采购基础上进行相关运营操作。除了提供运输和仓储这两个与物流服务相关的核心业务之外，第三方物流还提供许多多样化的先进服务，比如交付跟踪和追溯、运输价格优惠率的谈判和选择、货物运输载体的选择、费用的支付方式、逆向物流、网络订单管理、合规咨询以及先进的信息和材料整理技术。一些公司甚至将其整个物流系统交由第四方管理，通过一个单一的联系点来提供全面的物流解决方案。

4. 信息技术的运用

越来越多的公司运用新形式的信息技术来帮助

其管理物流的运作。比如说，一个重要的技术运用：增加需求和供应的可见性。通过网络渠道合作伙伴，渠道供应商可以知道所有供应链资源的可用性，从而满足从各供应渠道出现的需求。若缺乏渠道资源的可见性，那么库存会增加，交货时间会延误，安全库存会增加，同时放大了"牛鞭效应"。另一个关键的技术是要满足最终要求的加工管理。这个技术的运用为物流计划员提供了一个窗口，从这个窗口可以清楚了解在供应链不同点上发生的事件的状态。这些工具包括：

（1）监测 提供每个渠道库存水平、生产情况以及订单满足情况的信息。

（2）通知 当供应条件发生变化，提供实时预测信息来提醒计划员调整计划。

（3）模拟 提供一种工具，这个工具可以使得计划员通过运用供应渠道模型及时地模拟各种"如果"情况，从而找到适宜的解决方法来处理某个事件或者变化。

（4）控制 为计划员提供快速简便的修改功能，去修改之前做的决定或条件，比如加快某个订单的发货或者选择更低成本的交付运输方式。

（5）测量 提供表现目标、竞争基准以及关键性能指标（Key Performance Indicators，KPIs），从而协助渠道计划员评估现有供应商的表现并对未来的表现设定合理的期望。

运用最先进的计算机技术来智能运作物流并增加物流运营的精准和高效性，这不仅仅可以为个体企业创造巨大的利益，更是为整个供应链体系创造价值。

5. 表现评估

物流表现由三个重要指标组成。

第一个指标，物流效率，关乎物流运作能力的标准，物流成本优化的水平，质量管理体系的整合以及物流服务的水平。第二个指标，物流服务表现，这追溯了客户服务目标，比如产品的可得到性，订购周期，物流体系的灵活能力，服务信息的深度，科技的利用，以及优质服务支持的广度。最后一个指标，物流表现评估系统，它具体了指标的内容，如何获得指标数据，以及如何运用这个系统来追溯和处理这些数据。

更高端的物流表现需要达到以下七个运营目标：

（1）服务 高水平的物流表现包含以下客户服务属性：高水平的服务以及库存的可使用性，订单的自助输入，订单交付状态管理，订单配置的灵活性并且在出现性能故障后物流恢复的时间要短。

（2）快速流动反应 快速反应需要有高度敏捷

和灵活的物流资源的支持，从而基于期望需求快速的增加或减少产出。为了达到这一点，意味着必须移除那些因预测而产生的多余库存，从而转变成以需求拉动的生产体系，这才可以对客户的每一个订单及其运输进行快速反馈。

（3）减少生产变化 当变化最小化时，物流效率会直接增加。因此为了保证高质量的物流表现，需要持续提升供应渠道的架构设计，从而减少消除所有形式的变化和浪费。

（4）最小化库存 要想保证客户服务，保持一定的库存水平是必须的。但是，高质量物流渠道追求的是保持可得到的、可使用的高库存水平的同时，持续减少呆滞渠道库存。实现这个目标意味着追求整个供应链的库存高周转率，而不是仅仅针对一个供应商的库存水平。

（5）减少运输 为了减少运输成本，可以通过精简内部渠道的库存计划和补给，对于远距离的运输安排更多的出货量，从而实现规模经济，有效第三方合作伙伴合作，追求目标的可持续发展。

（6）质量管理 对于有效物流来说，追求全面质量管理是至关重要的。可以说，绝对质量对于供应链的重要性高于其他所有部门。物流的交易通常跨越较大的地理位置来处理库存并提供服务。一旦运作开始，质量失误的成本，从错误的库存到错误的订单，这需要漫长且昂贵的费用来纠正错误。

（7）产品的生命周期 提高环境可持续化的进展要求需要增加逆向物流功能。这其中包括了产品的召回、返工、返修以及丢弃。可持续发展战略同时也为企业提供了富有价值的信息，包括产品性能表现、易用性以及消费者的期望值。

45.2.3 供应链管理的定义

企业管理者都了解，通过整合供应商的能力和资源，他们可以提升自身的核心竞争力以及扩大其产品和服务市场。当企业意识到通过整合物流和其他渠道组织而产生价值时，供应链管理开始转变为企业的经营理念。不过多久，人们发现运用渠道合作伙伴来进行物流分配只能给企业战略带来很小的益处，因此，为取代渠道伙伴以达到短期目标，战略家开始倡导将这些瞬态转换成互辅互成的合作伙伴。直到 20 世纪 90 年代初期，一个全新的管理概念开始出现，填补了这个缺口，它就是供应链管理（Supply Chain Management，SCM）。

1. 供应链管理的概念

供应链管理的概念所涵盖的不仅仅是产品和服务在供应链的内部运输，它是关于一个公司将供应商和客户在战略层面将他们的流程管理能力整合起来。整合供应链需要众多贸易伙伴共同参与协作网络，这个网络包含了多种竞争关系以及各种类型的人际关系。当公司利用合作伙伴的优势来建立最好的供应以及交付流程时，供应链可以最大程度给予最好的客户价值。APICS 字典对于供应链做出了如下定义："基于创造净价值，建立有竞争性的基础设施，使用全球物流，同步供给与需求，全球化的评测供应表现为目标、设计、计划、执行、控制以及协调供应链各个事件活动。"

CSCMP 做出如下定义：在采购、变换和物流中涉及的所有活动或事件，其涉及的计划和管理即为供应链管理。更重要的是，供应链同样包含与其他渠道合作伙伴的协调和配合，合作伙伴可以是供应商、中介、第三方物流以及客户。从本质上来说，供应链管理整合了公司从上至下、从内至外的需求和供应。

基于以上这些定义，总结出以下富有竞争力的价值核心内容：

1）当公司不仅仅是与其供应渠道伙伴合作，而是建立全面合作伙伴关系时，企业将会运营得更好。

2）企业可以承受全球竞争的冲击并且持续繁荣的前提条件是只有当他们把他们的命运和渠道合作伙伴联系在一起。

3）没有渠道合作伙伴分享重要资源和核心竞争力，企业无法寄希望于通过自身的设计、生产、销售以及分配产品和给予服务来抢占市场。

4）企业的成功与其网络能力成正比，这个网络能力表现在信息技术、通信技术以及是否拥有结合技术和创新能力的巨大人才库。

5）除非企业寻求并突破自身组织架构，将供应链体系和企业融为一体，否则不可能通过流程管理的提升和精益项目来使得企业自身变得强大。

6）如果不整合供应链合作伙伴的资源及其创新能力，企业无法实现战略愿景去创建一个全新的富有竞争力的环境。

2. 供应链管理的元素

供应链管理的概念已经彻底改变了供应链的定位，通过提供全新的顾客价值，将渠道合作伙伴和企业结合在一起。供应链管理的元素如图 45-2 所示。

（1）供应链合作　供应链的关键原则是在供应渠道合作伙伴参与并且持续加强双方的合作关系的意愿上所体现。供应链管理合作的跨度如图 45-3 所示，合作内容是变化的。在最低层，是聚焦在内部的企业自身的目标实现。在第二层，供应链合作包

图 45-2　供应链管理的元素

含了结合内部渠道合作伙伴的物流能力来提升渠道的运营能力。在第三层，渠道合作伙伴寻求发展共同的战略目标来整合核心竞争力和资源从而为供应链上的客户生产共同的产品并提供更有价值的服务。最后，在第四层，基于供应链管理，建立网络覆盖的可操作性技术来创造一个供应链条，其聚焦于通过为客户提供无缝供应来执行一个共同的企业战略。

虽然所有人都相信合作所带来的影响，但是在执行方面仍然有很多阻碍。一个重要障碍就是要克服已存在的企业文化。要创建一个鼓励开放、沟通和相互依赖的环境，企业历史文化和员工个体表现的陋习往往是一个不可逾越的障碍。另一个障碍即是信任。企业会担心公司重要的信息会被竞争者得知或者被用于不公正的谈判中。不过，现在，技术才是真正的障碍。渠道计算机系统严重的不相容阻碍了沟通和信息共享。而这些通常需要数年来建立一段具有价值的合作关系，双方有共同的想法，互惠互利，资源共享。

（2）综合技术　综合信息技术以及供应链管理的融合构成了本章的一个关键主题。早些时候有人指出，我们无法不将供应商管理和某种力量想到一块儿，这个力量使得技术成型并推动其发展成为强大的管理科学。在现今竞争激烈的全球市场下，拥有最好的产品或者服务是远远不够的。现在，是否能得到最好的信息成为市场领导者和追随者之间决定性的区别。供应渠道的透明度由单一视角的供应链组成，同时需要信息技术来帮助收集、处理，访问和操纵复杂的数据，从而来确定最优的供应链设计并执行。

信息网络同时也为公司提供了必要的洞察力，从而协调和同步渠道资源及其能力和资源，从而为

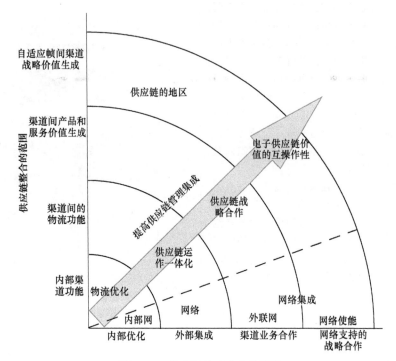

图 45-3 供应链管理合作的跨度

客户提供更优质的服务。从市场角度来说，信息网络使得公司直接将其客户整合进订单系统，从而帮助公司每次都可以最完美地处理其订单。对于车间来说，信息技术为计划员提供了供应商资源的可见性，从而可以使得计划员更好地安排车间产能并提高产出。对于供应渠道来说，信息技术为其提供了一个窗口，这个窗口可以反映库存水平，当市场有需求需要拉动时，公司可以和其相关组织通过这个窗口来达成一致进行产品供应的协调。

（3）供应链的同步性 利用技术真正的挑战不仅仅是发送信息给渠道合作伙伴，更是将其呈现出来，使得供应链中的所有人、所有部门都可以同时接收到信息。信息同步性的重要性是显而易见的。相关实际的供需动态的信息可以实时告知到所有的渠道商，从而使得他们基于这些信息来做计划和运营的决策。所得到的好处也是显而易见的，最小化渠道库存，减小"牛鞭效应"影响，全面降低成本，提供产品和最佳服务来满足客户需求。

同步的供应链包含以下元素。

1）统一的业务战略：单一且统一的业务战略是非常重要的起始点。常见的供应链战略帮助渠道合作伙伴执行更经济的设计，建设并交付独特且以客户为导向价值的市场。

2）卓越渠道成员的评估：供应链同步性意味着渠道成员寻求共同达到目标水平的卓越运营。这样的努力需要同步每一个渠道成员的表现并通过供应链计分卡（在卡上为所有表现点进行打分）来整合所有结果。

3）选择可辅助支持工作的科技技术：公司一直追寻运用最新的技术将其核心渠道商联系起来。首先，出现了电话、传真以及提供信息传输连接的电子数据交换（Electronic Data Interchange，EDI）。而现在，公司使用强大的网络和云系统来加强各组织的联系以及同步各供应网络的每一个点。

4）供应商关系管理 商业人士已经明白买家和卖家之间的关系不仅仅是产品的价格和质量来决定实际的原料采购价。这个观点催生了一个全新的概念以及各种商业实践——供应商关系管理（Supplier Relationship Management，SRM）。SRM 的使命是激活买家的需求与渠道供应商的供应能力的同步性，使其两者实时匹配。目标是达到一个定制的、独特的购买体验的同时追求更低的成本和卓越的品质。SRM 寻求将供应商管理体系融合成一个高效、无缝的过程，而这个体系是建立在信任、风险共担、互利的关系基础上。

5）战略采购 战略性采购不仅从科技角度上提供了全球化的采购，也揭示了供应商能力的深度，是否提供增值服务，所需的质量水平，创新思维能力的多少，以及是否合作开发新产品的意愿。

6）供应商关系管理的科学工具 网络科技的使

用促进了采购需求的沟通，质量，价格和交付目标的谈判，产品的可持续性以及财务相关的结算。网络使得采购者激活了一种新的采购方式，比如线上的采购目录，互动的拍卖网站，开支财务分析和贸易交流。这些综合技术使得购买者可以随时随地在全球供应商网络中同步需求和供给。

7）综合性采购基础设施　供应商关系管理的一个目标就是要建立具有组织性的基础设施，来连接与客户直接相关的供应能力和表现。以供应商关系管理为主导的组织能够扩大传统的采购功能，其中包括新的体系，比如贸易交流，财团以及其他提供支付、物流、信用和运输的电子商务公司。

8）客户关系管理（Customer Relationship Management，CRM）　管理客户在供应商关系管理时代中起着重要的作用，这个术语我们叫作客户关系管理。CRM 是建立在以下共识基础上所达成的：随着客户的需求被更多地加入进产品和服务设计，定价和配置他们自己的解决方案，企业必须更集中努力，超越品牌和市场主导的解决方案来建立并丰富客户关系。客户关系管理的目标是为了给所有层次的顾客提供完整的可视性，从改善服务流程到顾客购买历史的数据收集再到优化购买体验。客户关系管理为企业提供了快速、灵活并具有同步性的信息传递系统，这使得客户可以进行自助服务，配置定制的、个性化的价值解决方案，并得到最高水平的服务和价值。

客户关系管理使得供应网络可以满足以下三个重要的客户需求：

1）更优质的服务。客户关系管理的目标就是为客户提供不被超越的购买体验，其中包含价格、产品可用性、交付以及服务的期望。创造一个高质量的服务水平需要两个重要的价值链：响应速度和可靠性。通过传递需求信息来实现响应速度，这种需求可以同时传输给所有的渠道合作伙伴关于条码对应的货物运输信息、在线交付跟踪和实时订单信息。可靠性意味着每次都可以高质量地完成每一个订单。可靠性需要供应链具有很高的灵活性，这种灵活性足以应对最后一分钟的变化而不影响高服务水平。

2）方便的解决方案。现在的客户所追求的供应链，不只是能为他们提供产品和服务，更要为其业务提供所需的解决方案。除此之外，客户还想要用一种尽可能方便的方式来对其订单进行搜索、确认、创建和回顾。为客户提供需求的可视性反过来又为每个渠道供应合作伙伴提供了使用其核心竞争力的机会，从而确保每个客户都可以得到他们所选择的

产品并得到解决方案。

3）客户定制化。现在的客户已经不再满足于购买标准化的产品和使用标准化的服务，而是要求配置可以满足客户自身要求的解决方案的能力。为了实现这个目标，供应商可以部署相关策略将产品差异化放在渠道交付这一真正接触到终端客户的节点上。另一个战略是让客户可以在网络上通过多种来源进行订购和交付。渠道同步是至关重要的：客户定制化需要需求和供应这两类信息在渠道每一个节点上都无缝连接，并达到成本最小化和渠道产出加速的目标。

45.3　供应链管理的进阶

供应链管理经历了四个不同的发展阶段，如图 45-4 所示。第一阶段称为物流行政分散的时代（The Era of Logistics Decentralization）。第二阶段，因为要优化成本和提升客户服务，物流从功能性的分散管理发展成组织性的集中中心管理。第三阶段，我们见证了物流的开拓，从被动的运营部门发展成一个积极整合资源，将资源集中在内部生产部门和具有类似功能的渠道贸易合作伙伴。随着渠道合作概念的发展，在第四阶段，旧式物流概念转变为成熟的供应链管理。

45.3.1　第一阶段：基础性物流

供应链管理的第一阶段发生在 20 世纪早期至 20 世纪 60 年代中期。物流被认为在本质上是一个操作执行的功能，涉及仓储和运输，它被认定是一个在竞争优势中影响最小的一个简单的成本中心。因此，物流在当时被认为不值得作出重要的投资，只需要简单的管理以及让不重要的员工来操作运营即可。通常企业会分散物流各业务，变成独立活动，并由各不同公司部门进行管控。不仅仅是采购，运输和仓储管理被分隔开来，评估物流各部门绩效也被分隔了开来。不仅如此，整个物流领域也被严重错误地定义为管理科学。这样的物流构成和状态是脱节的、不协调的，且成本昂贵。

在这个时代，交付周期很长，全球竞争并不存在，市场是由大量生产和分销模式所主导的，物流分散化对于企业来说是一个非常小的问题。然而，到了 20 世纪 60 年代早期，经济大环境的变化使得战略家们不得不重新思考物流的定位。产品种类变多，市场对生产周期更短的要求以及日益激烈的竞争使得分散的物流的缺陷显现出来：低效率以及巨大的浪费。同时，高管们发现因缺乏一个统一的物

流规划和执行策略而束手无策。物流分散在各部门组织中，没有一个对应的管理者可以负责或发展和规划连续的物流。最终，物流的分散性使得企业没办法降低成本和提高产能。

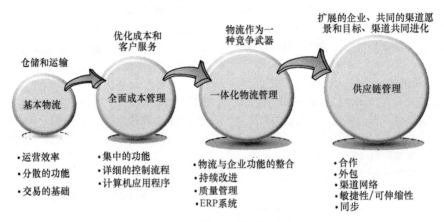

图45-4　供应链管理的进阶

45.3.2　第二阶段：全面成本管理

在20世纪70年代早期，与分散物流管理相关的问题已经变得非常明显，因此一个巨大变化在此时此刻是非常必要的。从以下明显的现状可看出：

1）分散性物流导致的开销对于企业造成的影响是许多管理人员之前没有预料到的。物流成本占产品卖价的50%甚至可能会更多。

2）优化物流成本的可能性在很大程度上来说是未知的，因为这一块长期以来无人管理，是不属于任何一个执行范围的。

3）标准削减成本的方法对于减少物流费用来说是完全不适用的。虽然改进的方法可以减少本地部门的开支，但是这些方法是零散的，对于物流总成本的降低起着微乎其微的作用。

4）物流各功能部门的分散导致了物流成本报告的不完整，导致总物流成本很难被统计完全，而且很多花费通常都被本地部门的费用所涵盖了。

这些缺陷是管理物流总成本战略的核心。目标是为了重新构建物流管理，从而使得总成本降低，不仅仅是一个物流业务的成本降低。只有当成本改善是基于结合物流的总视角出发时，总成本管理才是有效的。在20世纪70年代中期，企业开始合并物流各业务部门，并由一个经理来统一管理。这个经理的职责是做出可以使得整个物流体系受益的决定，而不只是本地部门的优化。要实现这样的协同作用，不仅仅需要重新构建物流组织架构，更需要对物流和其他部门组织进行重新定位。

在第一阶段和第二阶段中，物流被视为内部和外部建立竞争力的部门，和每日库存管理、交付以及成本控制有关。当作物流决定时，计划员的目标即是保持物流的灵活性并能及时做出反应，使得面对客户的部门可以随时了解到产品和服务的状态，从而满足任何客户类型的需求。在1960年至1970年早期的商业环境下，企业忽略了物流可提供竞争力的这种潜力。然而，在这一时段末期，物流经理才意识到通过优化产品流，物流可以大大提高企业竞争力。这个产品流指的不仅仅是公司内部，更重要的是，通过供应链来优化直达客户的接收端。这样的思维超越了传统公司部门以及现有的供应链体系观点。物流正站在下一个进阶路的起点上。

45.3.3　第三阶段：物流管理的综合

在1980年，当战略家们专注在总成本管理的同时会更意识到物流潜力的可能性，而并不是关注物流成本的最小化，相反，管理人员开始整合物流和其他企业部门来共同降低企业总成本并提高客户价值。公司经营流程优化的重要性变得越来越明显，比如交付的速度、增值业务以及产品的可用性。当整个公司紧密结合在一起时，企业才可以创造出一个超越品牌和价格的强有力的竞争力。

除了高管对于物流战略角色看法有了变化之外，商业环境下强大的挑战也进一步推动了综合物流模式的发展。如果要用两个词语来对1980年做总结，那便是竞争和质量管理。全球性公司经常部署全新的管理理念并构建组织结构来实现达到闻所未闻的生产力、质量和盈利能力，这造就了竞争。同样造成竞争的还因为全新的管理理念的使用，比如物料及时到达（Just-In-Time，JIT）以及全面质量管理（Total Quality Management，TQM），这帮助各公司压缩了产品的开发时间，改善更精益、更灵活的流程，更加挖掘员工的创造力并且形成全新的竞争优势。

企业对于这些挑战做出的第一个行动即是改变其组织架构。根据美国俄亥俄州立大学 1990 年做的调查发现，传统物流所涵盖的，比如仓储、运输以及库存管理，是由单一的物流经理全部控制的，除此以外，也对客户服务、订单管理、采购以及产品生产计划拥有高度的控制。企业做出的第二个行动是开始将物流作为竞争的核心。物流可以使得企业区别于其他竞争者。基于此，企业起草章程和愿景来规划物流的发展并且保持和其他公司部门的合作。综合物流的概念使得物流和市场部、营销部以及定制战略计划的运营部有了平等的地位，同时也决定了公司资源的分配并定义了客户服务目标的范围。通过密切协调物流和市场，营销以及运营目标，企业可以向客户展现一个综合的方案，来增加产品、价格以及交付的竞争力。

45.3.4　第四阶段：供应链管理

直到 1990 年，企业开始加强物流概念来应对市场的新动向、新变化。全球化进程的加速，网络科技的爆发，公司流程的重构，外包服务的增加以及越来越强势的客户迫使企业不能只依靠它们自身的核心竞争力，而应转向供应合作伙伴，结合他们的能力和资源来保持公司的竞争力。因此，为了应对这些新的挑战，企业不得不做出这样的转变，一个戏剧性的转变，从第三阶段的物流转变为第四阶段的供应链管理。供应链管理的模式由以下三个不同的元素组成：

1. 物流运营管理的扩展

供应链管理要求企业不仅仅优化内部的物流活动，更要企业所有部门（市场、营销、生产、财务和物流）都紧密结合在一起来实现产品设计、生产、交付和增值服务的突破。供应链管理还要求企业基于供应链总目标来评估物流的表现。这针对外部为主的战略规划可使得企业关注他们的战略规划、组织架构以及物流各功能业务的表现。

2. 集成物流管理范围的扩展

集成物流管理范围的扩展包含公司对外的竞争优势。在其最基本的形式中，关注外部集成使得企业通过与供应商、客户以及第三方形成创新合作伙伴来寻找新的竞争空间以及新的生产力。通过渠道网络科技的使用，供应链管理使企业将其供应链合作伙伴与其商业战略结合在一起实现突破创造市场价值的新来源。

3. 渠道管理的新战略

虽然处在第四阶段的企业正寻求优化物流和总成本管理，但是这种级别的渠道成熟度真正的力量是在战略层面上才能体现出来的。第四阶段架构中的集中外部管理以及网络功能使得整个渠道生态系统建立了一个共享的竞争界面，这使得企业引领市场，建立新的相关业务以及开拓新的发展机会。

现今的供应渠道管理已不再是松散的业务组合（物流早期阶段的特性）。新的网络科技和管理模式不仅打破了各部门之间的界限，更拉近了供应链各合作伙伴之间的距离，将其统一在虚拟供应链系统中。现在顶级的企业都在使用供应链管理，通过激活核心竞争力以及加速跨企业合作进程，来重组渠道架构并扩大其带来的优势。企业也通过技术专家来激活新方法，这个方法打开了新的市场渠道，为客户提供了新价值，原因在于他们从个人单一的资源转变成面对网络渠道合作伙伴，来为全球的客户服务，跨越了时间和空间。

45.4　供应链的架构

在 APICS 字典中这样描述，供应链是一个"全球网络工具，通过一系列程序展示信息流、产品运输以及现金量，从而实现从原材料到终端客户的产品交付和服务提供。"这个定义说明了供应链是由渠道实体和过程结合的网络体所组成的。供应链网络可以有很多种形式。不管是产品或者服务链或者各种各样的渠道实体，一个结构完整的供应链可以帮助企业保证产品流和服务流的供应，减少渠道成本，并在市场上处于领先且具有竞争力的地位。

45.4.1　供应链基础架构

图 45-5 所示为供应链基础架构：一个生产商对应一个供应商和一个客户。制造商是负责生产产品（或者提供服务）。供应商的职责是提供足够的物料库存来保证制造商的生产，从而使得制造商可以生产出成品来卖给客户。由图 45-5 可看出，渠道网络有四个基本的流动来维系这三个渠道实体。第一个流动是联系渠道上下的信息流。第二个流动是库存的流动，表现了从原材料到制造出成品到最终销售给客户的流动。第三个流动，追溯了各实体在渠道间的财务上的流动。第四个流动反映的是现今社会越来越关心的环境可持续性，主要集中在逆向物流、回收利用、废物处理等。

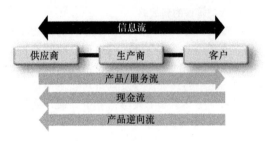

图 45-5　供应链基础架构

图 45-6 所示为一个更为复杂的集成供应链架构。关于构架也许最重要的一方面是将各层首要和次要的供应商、支付机构以及顾客融合进单一无缝的供应链系统。任何一个供应链的具体的构架都取决于各业务部门所需的渠道合作伙伴、渠道合作的强度、渠道层次的数量以及在交付流程中所涉及的渠道机构数量。集成供应链将传统渠道组织从原本松散的单一独立的组织结构转变为互联网的虚拟架构，并专注于共同的供应链价值、市场影响、总效率以及持续改进。

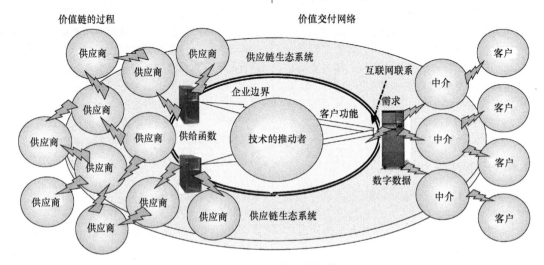

图 45-6　集成供应链架构

一个供应链网络由两部分组成。第一部分是流程价值链，这部分涵盖了渠道商生产产品用的材料和资源网络。流程价值链的作用是从市场接收实际订单的信息，然后将这个需求转化为客户所要的产品和服务。当产品和服务到位后，接下来就会进入到供应链的第二部分，运输价值网络。这个渠道的目标是构建一个运输网络。这个运输网络可以有效分配产品，并且提供与客户要求符合的价值服务。物流渠道实际架构的建立是集成商和中介商的责任，他们将基于需求以及渠道网络的功能来构造。

供应链有三个主要的战略元素可以应用于渠道管理：稳定、活跃以及快速反应。一个稳定的供应链的特征是由各渠道之间历史悠久的贸易决定的：注重执行，高效率以及成本控制，使用简单的连接技术的同时不需要实时信息共享。举个例子来说，一个快速的供应链会关注生产的平衡，稳定的价格以及平稳的可使用的库存。一个活跃的供应链，其渠道各部分（比如库存）会根据客户的需求来及时更新调整。这样的供应链会根据成本中心来分类，使用最少的网络科技，并将产出作为渠道架构的主

要目标。同样，举一个例子来说明。一个根据订单来生产的计算机配件制造厂商，比如戴尔，为顾客提供客制化的服务。一个快速反应的供应链的特性即高效，低成本的提供产品和服务。这类渠道商注重效率以及成本管理，从而保证低运输费用，并将连接网络和内部流程的自动化作为增加公司盈利，扩大产能以及增加渠道产品和信息量的关键因素。比如，在零售店使用单点销售、集成计划、预测和补给（Collaborative Planning, Forecasting and Replenishment, CPFR）来扩大不同阶层的上游渠道供应商的需求。

我们可以运用两种渠道网络集成方式来管理供应链：横向和纵向。纵向管理供应链的商业特点是寻求引进足够多的渠道实体，从而创建一个整体的供应链来服务客户。一个经典的例子就是早期的福特汽车公司，他们追求拥有并控制供应渠道，有多少就多少。这个战略的优点在于，因为它是直接管理供应渠道，所以可以直接控制材料的成本费用以及和顾客有更多的接触和互动。供应商的不稳定性和产能的差距也可以因此消除，并且获得规模经济。

缺点在于管理和设施费用会非常高，这些费用包含了建设新的竞争力的投资费用以及面对市场变化不能够做出快速反应的风险成本。众多企业都追求将核心竞争力纵向整合的战略，然而那些不重要的则外包给渠道合作伙伴。

横向渠道管理渐渐取代了传统的纵向管理战略。在横向管理战略中，管理层会寻求将更多的非重要的行政、生产以及物流部外包给供应链合作伙伴，同时保留核心竞争力（部门/产品等）的拥有权。渠道是由交易和长期合同来保持流通的，而不是直接控制。这个战略的优势在于，放手让合作伙伴和供应商实现其自身的规模经济，而企业更专注于其内部核心竞争力，将不必要的部门外包，快速得到供应商的关键生产资源，并通过科技网络分享和获得全球供应链任何地方的信息。缺点在于会失去这些部门和产品的控制，增加了风险（因为供应商可能会犯错误），导致企业能力匮乏，管理渠道复杂性的负担增加，以及潜在竞争对手可能会获取专利保密信息。

45.4.2　供应链的 SCOR 模式

另一种供应链结构的一个很重要的例子就是 SCOR 模型，这个模型是由 APICS 所构建的。SCOR 模型的建立是为了更好地理解、描述和评估供应链。SCOR 被定义为"计划、采购、生产、配送、退货并实现从供应商的供应商到客户的客户的所有产品或服务的传送。"这个模型反映了多年领域实践并分别从供应链划分、配置和流程元素三个层次切入，描述了各流程的标准定义，对应各流程绩效的衡量指标，提供了供应链最佳实施和人力资源方案。

SCOR 模型如图 45-7 所示，SCOR 模型的中心是观察者、借鉴者、你自己的公司，两边分列供应商和客户。在公司的右边，是第一阶层关联的客户，可以是内部的也可以是外部的。在公司的左边，是第一阶层关联的供应商，同样，可以是内部的，也可以是外部的。模型也展示了第二阶层关联的，即供应商的供应商和客户的客户。所以，实际上，SCOR 模型所要表现的是超过一个阶层的，而图里只是展示了两个。

SCOR 模型有四个主要的层次。第一个是绩效，它包含了五种标准的性能，并通过绩效指标来反映过程的表现情况，同时定义战略目标。第一个性能：可靠性。反映的是供应链是否可以按照所期望的流程来运行的能力。关键衡量指标：订单完成率，订单运输配送性能以及是否按照客户所要求时间完成订单。第二个性能：反应能力。指的是流程和行动执行实施的速度。关键衡量指标：从订单接受、采购、生产到运输的周期时间。第三个性能：柔性。指的是供应链面对市场变化获得和维持竞争优势的灵活性。关键衡量指标：供应链上下的灵活性、适应性以及风险价值（Value At Risk，VAR）。第四个性能：成本。指的是运营供应链所需要花费的成本。关键衡量指标：总供应链管理的成本，产品销售成本，计划、采购、运输和退还产品的处理成本。最后一个性能：资产利用率。指的是供应链的所有组织内成员运用和管理资产的有效性。关键衡量指标：现金周转时间、供应链固定资产的回报率以及运营资本的回报率。

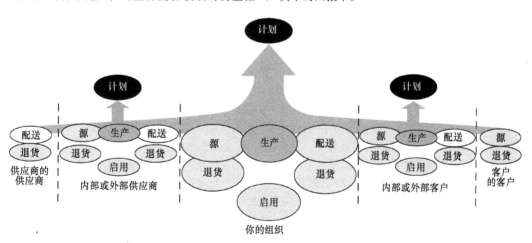

图 45-7　SCOR 模型

SCOR 的第二个层次：流程层。其中涵盖了一系列企业所定义的流程来构建其供应链。在第一阶段中，包含的是宏观流程：计划、采购、生产、运输、退货以及执行。在第二阶段的分类中，比如库存生产（通过生产一定的库存来满足客户订单），拉动式生产（接收到客户实际订单后，再开始生产）等，通过这样类型的运作和执行来保证第一阶段流程的运作。在第三阶段中包含的是每一个流程元素，通过这些元素经过一定排序的执行来计划供应链的活动，原材料的采购，产品制作，货物运输以及管理退货。第四阶段包含企业特定的供应链实践，设计第三阶段的流程元素，从而使公司能够迅速适应不断变化的业务环境。

SCOR 的第三个层次：实践。其提供了一系列各行业的最佳实践案例。SCOR 模型包含了 21 个经典的实践，比如客户支持、运输管理、库存管理、制造和生产等。每一个案例都包含了各性能指标。

SCOR 的第四个层次：人。这一层涵盖了在供应链中完成工作、管理流程和管理人才所需要的技能。在这个层次中关键元素即是技能、经验、资质以及培训。

45.4.3 供应链精益模型

供应链管理中另一个非常重要的模型就是将其与精益理念和实践结合起来。所有生产管理领域的专家都知道精益流程管理。W. Edwards Deming 提出质量管理概念，由福特汽车公司生产实践；这个概念被日本制造商引进并将其发扬光大，后在 1980 年融入进丰田制造体系。在这几十年中，这个概念从 JIT 演变至精益，同时又加了 TQM、六西格玛以及约束管理方法的理念。现在，精益成了商业哲学，用于消除所有的浪费，优化生产资源，建立拉动式生产（以顾客需求订单为基准来制造和发货），提供流程优化的技术方法。同时精益又是一个体系，它为企业和其商业伙伴提供持续改善并在供应链中的任意环节都可以满足客户需求。

那怎么样才可以让供应链变得精益呢？首先，精益型的供应链的目标就是要消除在渠道网络中所有的浪费，在传统纵式组织架构中标准化流程并提升核心竞争力。精益型供应链寻求通过实时同步产品状态以及最优渠道供应商提供的服务需求，以最低成本达到高水平的客户价值。要达到这些目标需要供应链有快速反应（对于客户的质量/交付/满意需求，可以快速响应并做出改变）以及灵活的特性（通过寻求外包和定制动态的售价以及促销来满足市场需求）。最后，精益供应链致力于在整个框架中对人和流程进行持续改善。

精益供应链包含六个核心竞争力：

1. 流程改善工具的应用

精益的倡导者们发现了可以消除供应链任何环节的浪费的工具。重要的工具或者方法包含"5S"管理体系（整理、整顿、清扫、清洁和持续），SMED-快速换模（减小影响供应链交付的生产周期）；工序流程分析（消除减少各工序各流程间的阻碍，使得产品可以更快速地交付给客户）；全面生产维护（保障维护生产设备的工作）；六西格玛和数据处理（数据分析，保障供应链的全面质量）。

2. 流程标准化

精益供应链管理中一个标志性的目标就是消除内外部业务流程的浪费。标准化管理可以使得企业更有效的对任一流程实施优化管理，并记录、测量和检测改进后的效果。标准化也可以使得我们找出流程的缺陷，如批量和队列处理，不必要的运输以及产品储存。标准化的应用不能仅局限于产品和流程，更应该将其应用作用扩大，去决定供应链中信息流的共享。工业标准化任何时候都可以应用，同时供应渠道合作伙伴也应该共同参与并使用标准化。

3. 供应链管理技术

现今的供应链能够通过广泛的渠道网络技术来运用并实践精益。这些技术比如（企业资源计划 ERP）系统和供应链管理企业系统；还比如（客户关系管理 CRM），（生产规划及排程系统 Advanced Planning and Scheduling, APS），全球贸易管理。同时，网络连接的应用程序是建立在共同信息分享平台的基础上。这些系统可以帮助供应商建立信息网络，通过这个信息网络来分享实时的需求和供应状态，未计划事件的风险以及共同绩效表现的评估。

4. 跨企业合作

图 45-3 展示了供应链合作的元素。渠道参与者承诺精益应用的程度反映了跨企业合作的总体强度。在最低一层，内部优化，渠道实体主要将精益应用于减少本地成本以及周期时间，从而来提高客户满意度，然而他们很少会追寻达到另外四种领域。第二阶层的业务，事物/信息的协作，他们会追求通过精益来建立和控制共有渠道的绩效表现。在这个层次的精益的应用，是为了减少跨渠道部门的浪费，比如多余的运输、仓储以及库存。在第三阶层，共享流程和共同发展，网络合作伙伴通过建立跨渠道精益项目来有效改善共同的表现和优化计划流程，从而达到更多、更深的精益合作关系。最后，在第四阶层，建立相关竞争视角，合作伙伴通过运用精益，作为常见的杠杆来激活联合市场战略合作的新维度、公平性和透明度、业绩和风险管理、环境可持续性以及资源的共享。

5. 可持续性

可持续性是精益的延续或者是一种扩展，它是供应链的核心。通过流程的标准化和合理化来消除浪费和多余的库存，精益改善可以减少材料的消耗、无意义的劳动力、污染以及能量。精益的可持续性直接针对的是渠道各种各样的浪费。通过优化产品及其流程，更正标准文件，报废或废除不需要的人员技术和知识来消除浪费，从而使得流程更高效。一个重要的考虑因素就是要计划如何回收或处理有缺陷的产品和包装材料。

可持续化对于组织以及供应链的重要性体现在三重底线的概念中。这个战略表明了企业设计流程，将环境因素考虑进去，会有益于其经济这一层面。三个优点分别是：

1）经济：在考虑可持续化业务应用发展时将此因素考虑进去，以及它们如何有助于供应链的健康发展。

2）环境：供应渠道可持续化发展中需要控制和规范生产，运输以及危化品的使用。这一点需要在此考虑进去。

3）社会：企业如何表现出负责的态度，包含权利，劳动力和环境保护，在社会这一层面需要考虑到。

当供应链变得越来越可持续化，企业运营变得更加灵活，资产和资本可以更进一步关注在企业架构的建设的时候，每个人的"三重底线"（社会、利润、环境）在供应渠道网络中将会得到提高。

6. 需求管理

精益的一个中心思想就是拉动式生产。这个需求拉的点设置在销售这一环节上，然后拉动上游负责交付的供应商，一环拉一环，最后到制造厂商。拉动式生产要求精益流程具有以下特性：

1）可视化和透明度：当一些事件会导致供应渠道的成本和浪费增加时，精益型供应链需要快速做出提示和反应。

2）需求主导化：需求已不再由预测提供，而是客户或中间商的实时需求直接反映。

3）检测性（检测性工具）：市场环境的相关变动信息需要由信息科技来表现，这不仅仅可以让下一环节的人清楚，更可以让整个渠道都知道现在需求的变化。

4）整合化：精益型供应链是围绕需求流程管理所展开的，而需求管理的相关流程必须是通过价值流程图来不断优化，从而为客户创造更好的价值。

精益理念及其应用可以构建供应链的架构，这个架构可以为客户提供和维持相应的价值流。精益型供应链使得跨渠道团队可以扩充其交流范围，包括质量、变化管理、机会整合以及共同绩效，从而

保证供应链持续改进并提升其竞争力和盈利能力。

45.4.4　自适应、需求驱动的供应链模型

要管理好供应链要求企业需要去面对风险。最大的担忧点在于如何管理复杂的全球供应渠道。随着供应链的发展，本就存在的隐患以及人为造成的破坏都加剧了供应网络的风险。为了应对市场动荡，企业转向了两个新策略：供应链需要变得更有适应性，同时由需求来驱动，从而保持供应的弹性。为了满足客户不断变化的需求，即使不考虑生产效率的影响变动，自适应性的渠道都可以快速地重建流程。

除了自适应性，供应链也需要是需求导向性的。需求导向指的是企业必须在生产优化和重组供应链之前就察觉并积极地应对客户需求实时的变化，而不只是解决供应网络中突然出现的问题。需求导向性的组织对需求敏感，比起以供应为导向的公司，需求导向的供应链可以做出更具盈利性的行动。需求导向的战略集中在供应链的配置过程、基础设施和以需求驱动的信息流动，而不是被上游的供应网络比如工厂和分销商所约束。需求导向并不只是满足订单，它是借由需求这个信号来快速规划整个供应网络的流程和资源。

45.4.5　自适应性供应链管理

传统的供应链依赖于预测和库存来管理控制风险。相较于此，自适应性供应链应用需求导向机制，提供即时的市场中断反馈，这样经理就可以快速地决定替代计划并迅速传达到供应商。对于市场中断的快速反应可以使得供应链管理者及时实施解决的方案。同时不会对其他网络点的标准流程造成不利影响。

通过以下几个生产特性可以使得自适应性供应链协助风险管理：

1. 需求灵活性

利用需求集中、计划和执行技术来获取实时信息，从而当计划内和计划外的需求事件发生时企业可以快速察觉到。这样的智慧反过来又能使公司快速适应和同步营销因素，如库存替代，促销，定价，拍卖和交易，以及运营因素，如网络替代，外包和物流，以满足新的需求模式并激活可见性、协作和分析工具集，从而使网络中的每个节点都能够保证并保持将正确的产品流向正确的客户。

2. 供应的灵活性

各个供应商连接起来并集中关注它们的协同合作。供应商的无缝衔接可以使其更专注于强化各自

的优势，加速共同产品的开发、采购、订单管理以及交付，使得库存和运输可以快速地跟上，来满足网络每个点的需求。

3. 交付的灵活性

缩短解决破坏性事件的能力及时间；同步管理相关物流，运输及完成最终加工的要求；部署对应技术来解决问题；利用科技即时查询人们和实物相关的信息。

4. 组织的灵活性

适应性供应链的核心在于组织敏捷，足以迅速改变资源和能力，以应对渠道的威胁。灵活的组织能够进行适应性规划，因此受影响的供应链领域可以通过重新校准库存，供应商，物流服务提供商和运营商来快速设计和部署风险和响应替代方案，以优化可能的财务和运营权衡。自适应执行使组织能够通过监测事件的发生情况快速实施替代计划，协调评估替代方案，确保快速联合行动以实现最佳恢复，同时最大限度地减少不受中断影响的供应链区域的影响。

45.4.6 需求驱动的供应网络

需求驱动的供应网络（Demand-Driven Supply Network，DDSN）其定义为"在客户、供应商和员工网络中感知和响应实时需求的技术和业务流程系统"。DDSN 感知更多的需求，能够对更多的需求做出整合和调整，比起以供应为中心的体系，它可以做出更具营利性的需求响应。DDSN 的出现是为了应对当今扩大的供应链中固有的重大风险，其包括以下能力：

1. 需求驱动

通过不断重新调整渠道资源、基础设施和信息流，来为客户和供应链合作伙伴创造价值。DDSN 是服务于下游的需求而不是受工厂和分销系统的上游制约，它因此而成功。能够快速响应客户需求，提供独特的购买体验并不断提供创新的产品和服务的供应链，将是能够锁定品牌知名度和创建卓越的客户服务标杆，并被公认为是同行之间的榜样和首选。

2. 需求和供应的可见性

DDSN 的一个关键优势是改善对供应渠道任何地方的需求的可见性。敏捷的供应网络在部署需求收集、规划和执行技术方面表现出色，这些技术可以揭示实际发生的事件。供应链可见性的核心是找到连接供应网络合作伙伴的技术工具，并将重点放在客户价值交付上。这些技术提供与关键数据相关的渠道情报的合并、收获和分析，如需求预测、订单状态、生产计划以及对有效需求管理至关重要的成

品水平。

3. 自适应渠道管理

供应链在没有快捷的系统、可扩展资源和快速的信息传输时，是不能利用好需求拉动信号的。自适应组织有效地利用全球可见度和智能需求预测，来判断并给出最好的处理方案。这个快捷的系统还可以使用智能需求功能来快速评估一系列可能的"假设"性的市场替代方案。联合技术使执行小组能够将模拟的细节传达给具有需求中断风险的渠道，从而可以共同审查替代方案，并采取最佳行动。最后，自适应组织可以应用一个综合性评分机制，准确预测可能的需求管理所带来的影响，并结合新产生的需求来衡量评估其他的替代方案，从而实现最佳的执行方案，满足整体渠道客户服务和盈利能力。

4. 精益优化

通过提供客户所期望的价值，并加快响应速度，让客户能够从供应链中获取价值，并吸引渠道合作伙伴，不断追求完美，由此使得供应链在精益的推动下成为"需求驱动"。当供应链不断清除约束，压缩流程时间，消除多余的操作步骤，甚至消除整个渠道级别以优化市场响应时，这种"需求驱动"的目标才可以实现。通过运用"精益"原则，企业可以在所有供应链层面上有效地减少浪费，利用供应链合作伙伴关系和相关技术工具，持续为客户构建和维持高价值流。

5. 需求为导向的渠道整合

利用精益，自适应的 DDSN 模型要求企业将其供应链从线性、顺序流程转变为协作网络。需求驱动的协作简化了联合产品设计的流程、市场活动相关的跨渠道信息和持续的客户管理以及综合物流功能。支持协同需求网络需要各种技术工具。销售点（Point of Sales，POS）、电子数据交换（EDI）和电子标签（RFID）技术使公司能够将营销活动输入进供应链合作伙伴的需求管理系统中，如促销和交易以及中断和最后一刻的变化，从而保证最佳的客户服务。应用程序互操作性使渠道计划员能够实时评估超额需求、库存不足和库存过剩等情况带来的影响；应用销售预测信息调整；调整补货情况；将结果传达给渠道合作伙伴。DDSN 还可以配合计划、预测、补货（CPFR）销售和运营计划系统，将需求、生产情况和可用库存，直接输出导入到供应商的系统中。

6. 灵活性的增加

对于客户需求拉动式，DDSN 补货是被定义为与供应渠道采购、生产和分销同步运作的。DDSN 要求供应链从基于固定预测备库生产来满足客户订单转向基于需求拉动的战略，将需求信号转换为补货信

号并传递给整个供应链，以指导供应商生产的优先级。建立有效 DDSN 的步骤：

1）将需求拉动与渠道业务系统（ERP/SCM）结合起来，从而使得需求信号一路贯穿整个供应链。

2）补货流程能够检测即将出货的情况，然后将数据自动送入下游的 ERP 和高级计划系统，以使需求驱动的补货成为现实。

3）需求管理团队要能够访问并知道跨渠道完成其绩效指标的情况。

4）为灵活性和执行精益原则而设计补充资源（资产和劳动力）。

5）渠道对跨渠道生产和分销业绩表现应是可见的，从而促进联合渠道对补货决策的所有权。

有效执行六个需求驱动的网络能力使供应链能够有效地追求三个关键的性能驱动因素。以需求为中心的技术使得渠道成员能够知道实时的需求和供应情况，这反过来又使得他们能够对于渠道网络每个节点所发生的需求做出快速响应。最后，协作和优化加强了可视性和灵活性，并有助于促进有效的供应链伙伴关系，从而增强和优化了渠道网络的竞争力和盈利能力。

45.5　供应链成熟度模型

所有的供应链都追求三个绩效指标：客户满意度、盈利能力以及通过优化资产使用率来实现成本的降低。这三个目标可以由以下几个关键因素来衡量：

1）订单达标率。

2）需求管理准确率。

3）价值生成时间。

4）现金流。

5）供应链成本。

实现这些高性能目标要求公司不断将其供应链从静态、单个独立的组织转变为动态网络，为客户提供完全一体化的价值解决方案。

供应链成熟度通过评估以下四个关键特性中的成熟度来衡量：

1）灵活性：这个特性将敏捷性和敏感性作为成熟供应链的中心特征。反过来说，灵活的供应链包含三个操作原则：管理可见性（能清楚了解供应链的关键重要信息）、速度（资产及其相关信息通过供应链传递的速度）和变化（管理发生在市场和供应链能力的变化）。

2）可预测性：该特性旨在通过使用使渠道环境更可预测的风险管理方法来减少供应链中断的影响。

目标是通过识别和分析风险变量，量化业务决策风险和找到缓解方案，使供应链更有弹性，从而使供应链得以智能调整，以应对当今不断变化的全球经济和市场的挑战。

3）弹性：该特性定义为供应链从任何类型的中断恢复的能力。成熟的供应链使用诸如恢复时间、VAR 和弹性指标等来提供即将发生中断的可见性，并建立有效的预防和缓解计划，确保公司在破坏性事件之后的可行性。

4）可持续性：成为世界级供应链的关键在于不论供应渠道结构发生怎样的变化，或发生破坏性事件以及竞争所带来的过多压力，企业都要能够维持高水平的供应表现。成熟的供应链通过利用内部组织的核心竞争力和渠道合作伙伴的深化合作建立优质的 DDSN 来克服市场的负面挑战。

供应链成熟度模型如图 45-8 所示，有四个成熟度水平。第一级是内部渠道功能，相当不成熟。目标是由内部功能的有效执行来驱动的，对四个供应链成熟度属性的承诺是最小的。供应链战略与每个节点分裂经常追求单独的目标。全球采购量最少，没有正式的供应商关系。物流网络和基础设施非常单一。第二级，渠道间物流功能，标志着内部供应链中物流功能的横向整合。在这个成熟度水平下的供应链更关注降低成本和整合内部渠道的盈利能力及响应能力。对四个成熟度属性的关注只针对内部渠道实体。供应链战略融入内部功能，公司上下都可以看到订单和库存，采购涉及跨职能购买，外包物流和制造在内部供应链中共享信息，内部网络资产共享。

三级成熟的供应链（渠道间价值产生）通过整合核心业务的客户和供应商来提高盈利能力。供应链通过支持灵活性和弹性的属性进行竞争。协调一致的努力，使跨渠道的流程标准化，制定旨在确保信息和材料流动的风险管理缓解措施，并促进对可持续发展做法的共同承诺。供应链战略延伸到渠道合作伙伴之间；配送网络与客户整合；渠道上各节点都可以看到客户需求；供应网络整合在上游渠道合作伙伴之间。

显示最高成熟度的供应链，了解当渠道合作伙伴紧密结合并且其价值创造能力可互操作时，盈利能力、响应能力和成本控制领域的领先地位呈指数级增长。成熟的供应链利用彼此提供高水平的灵活性，使用风险管理工具来确保整个供应链中的破坏性事件最小化，制定中断恢复计划以确保商品和服务的持续流动，并将可持续性作为一种途径为供应链整体提供有价值的三重底线优势。成熟的供应链将自己视为一个单一的虚拟网络，集中于优质的客户服务。资源能够快速重新配置，并根据常见的性能测量进行合理化和管理。

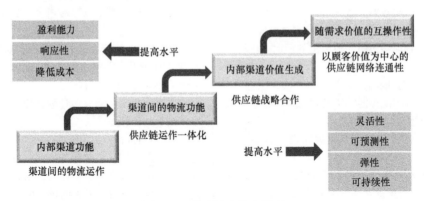

图45-8　供应链成熟度模型

45.6　供应链管理的趋势

现今的供应链正在经历一系列具有挑战性的变革。其中的一些变革标志着组织内发生的变化，而其他的则是全球范围内发生新变化的一部分。其中最重要的趋势和变革如下：

1. 多渠道和全渠道的实现

现在的客户希望可以在最短的运输时间内得到产品和相关服务。这种"从任何地方购买，从任何地方出货"的理念要求供应链能够跨多渠道和交付系统进行回应。多渠道实现是指通过多个渠道销售商品的做法，如商店、分销商、电子商务、手机等。"全渠道"这个术语是指零售商通过商店和互联网来销售商品的多渠道战略形式。这些零售商的目标是提供多种销售渠道，为客户提供无缝购物体验。

2. 服务链将会比产品链变得更为重要

随着产品采购在全球范围内不断扩大，预售和售后服务将成为竞争优势的关键点。将卓越服务与创新产品相融合的公司将打败那些只以产品为中心的竞争对手。

3. 有效利用社交网络

公共社交媒体（Facebook、LinkedIn、Twitter 等网站），公司级聊天室，博客和社交网络供应商（Yammer、Jive、Moxie Software）的使用将继续对供应链管理产生重要影响。在 2013 年的一项调查中，有将近 70% 的受访者认为社交网络将以现在无法想象的方式改变供应链流程，或者使供应链流程更有效率。未来成功的公司将能够部署强大的反馈循环来使得供应链更主动、更积极地回应市场动态。

4. 大数据的管理

今天的技术使得供应链能够捕获大量的数据。根据 IBM 的数据显示，企业每天创造 2.5 万亿 B 的数据：现在世界上 90% 的数据是在过去 2 年中创造出来的。大数据的概念包括创建、实现和操作数据的存储、处理和报告，提供对所有可用数据的分析所产生的全面了解。一个新兴的挑战是从这些庞大的数据库中有效地提取宝贵的价值。大数据使供应链能够快速发现新趋势，更快地获得重要信息，增加数据管理的信心和准确性，并为战略决策收集更准确的数据。

5. 业务分析

合理使用供应链信息的重要工具就是业务分析。预测分析使供应链能够在需求和供应发生之前就确定。描述性分析使供应链能够确定事物现在或正在发生的原因；预测分析可以深入了解接下来会发生什么。预测分析使公司能够生成更逼真和更详细的渠道结构模型，应对丢失和不合标准的数据，并将复杂的方法和算法应用于渠道数据。预测分析可以快速验证供应链决策的价值，创建一个核心分析框架来构建和标准化新流程，并探索供应链跨渠道问题以解决复杂问题和集成问题。

6. 云技术和移动业务的发展

随着更加复杂的供应链技术需求的增长，出现了新的部署趋势，这减少了获利时间并降低了拥有成本。移动云计算和移动技术的普及预计将会扩大。随着多渠道和全渠道的实现变得越来越重要，供应链将利用移动技术来确保满足供应链中任何地方的需求，而基于云的应用程序可以持续降低信息系统运营成本，同时提高渠道效率。

45.7　现今供应链的目标

供应链管理核心以客户为中心，以尽可能低的成本向市场提供商品和服务。通过利用渠道合作伙伴的资源和能力，供应链可以作为一个专注于客户满意度的供应系统来发挥作用。要赢得市场，需要有以下五个成功因素：

1. 价值

有效的供应链可以为其客户和利益相关者增值。价值链起始于供应链的产品和服务，从始发点开始一直到交付到最终客户，持续贯穿。目标是在供应链的每一个环节增加价值。对三重底线的承诺要求供应链应明确，除了传统的盈利能力和成本降低之外，价值应该在三个方面进行衡量：经济、社会和环境。

2. 客户服务更进一步提升

最好的供应链设置为：通过分配客户需求（产品、服务和地理位置）与供应链战略结合来提供客户价值，重点是优化跨网络结构、运营参数和流程的总成本。资源和投资的重点是通过建立集成过程来配置快速和可扩展的交付网络，通过触及客户的每个渠道点定义的指标和所有权来驱动整体价值主张。

3. 信息技术的使用

信息技术通过优化供应链流程来协助渠道创造价值。今天的技术通过建立渠道成员所需的同步信息以及开发和执行联合战略的数据架构来提供价值。供应链技术能够实现企业间的共同愿景，渠道业务和流程模型能够构建最佳的供应链，渠道参与者可以无缝集成以提供信息：网络结构应该是什么样子，网络资源如何访问，数据的来源和类型，操作冲突如何解决。

4. 合理运用合作伙伴的优势

合作的价值取决于供应链盈利能力的好坏，是否能够减少浪费并促进共同的供应链战略，是否能构建赢得客户业务的技术和渠道架构。协作能够实现个体渠道合作伙伴目标的融合，从而构建共同的渠道愿景、集成规划和执行流程以及共享绩效评估。企业可以通过提供所有渠道节点的连接性、供应链信息的可见性以及实时数据传输，接受常见的性能指标和优势以及访问需求模式和期望，从而使得绩效远超单打独斗的企业。

5. 更紧密的供应链

紧密的供应链能够满足客户对总体价值的期望，提供最终的购买体验，并建立紧密的关系。这些目标通过利用共同的需求数据库来实现，使得各渠道节点能够在供应网络中发现需求信号，通过降低每个环节的成本和减少浪费来优化运营，并且基于这些信号进行快速反应，同时还可以开辟新的机会来满足市场即将产生的需求，从而取得市场竞争优势。

45.8 紧密合作、共同努力

在当今全球商业环境中要取得成功，要求供应链重点关注渠道表现，发展纪律文化，构建灵活的运作，努力为客户提供最佳的购买体验，并建立强大的内部和外部合作伙伴关系。只有共同努力，供应链才能有效管理和处理市场波动所带来的影响，并保持竞争优势。

参考文献

1. All references to the *APICS Dictionary* are from the 14th edition.

2. This definition can be found at www. cscmp. org/resources- research/ glossary- terms.

3. For an interesting historical approach to logistics in the late 1960s, see the articles in Bowersox, D. J. , J. L. Bernard, and W. S. Edward (editors) , *Readings in Physical Distribution Management*: *The Logistics of Marketing*, Macmillan, London, 1969.

4. Figure 46. 6 is adapted from David Frederick Ross, *Introduction to Supply Chain Management Technologies*, 2nd ed. , CRC Press, Boca Raton, FL, 2011, p. 16.

5. This section is based on the SCOR Reference Model, Version 11. 0, APICS Supply Chain Council, August 2012.

6. Cecere, L. , D. Hofman, R. Martin, and L. Preslan, "The Handbook for Becoming Demand Driven," *AMR Research White Paper*, July 2005, p. 1.

7. Gonzalez, A. , "The Social Side of Supply Chain Management," *Supply Chain Management Review*, 17 (8）: 16- 21, July 2013.

8. APICS, *The Big Data Folio*: *Exploring the Big Data Revolution*, APICS, Chicago, Illinois, 2013, p. 4.

（续）

G00	快速定位
G01	线性插补
G02	顺时针圆弧插补
G03	逆时针圆弧插补
G04	暂停
G05 P10000	高精度轮廓控制（HPCC）
G05.1 Q1.	AI 高级预览控制
G06.1	非均匀有理 B 样条加工
G07	假想轴指定
G09	精确停止，非模态
G10	可编程数据输入
G11	可编程数据输入取消
G12	顺时针全圆插补
G13	逆时针全圆插补
G17	选择 XY 平面
G18	选择 ZX 平面
G19	选择 YZ 平面
G20	寸制输入
G21	米制输入
G28	返回参考点（机床零点，又称机床参考点）
G30	返回第二、第三、第四参考点（机床零点，又称机床参考点）
G31	跳转功能（用于测头和刀具长度测量系统）
G32	单点螺纹切削，长柄式（如果不使用循环，如 G76）
G33	（M）等螺距螺纹切削
G33	（T）单点螺纹切削，单手式（如果不使用循环，如 G76）
G34	变螺距螺纹切削
G40	取消刀具半径补偿
G41	刀具半径左补偿

G42	刀具半径右补偿
G43	刀具长度正补偿
G44	刀具长度负补偿
G45	刀具位置偏置伸长
G46	刀具位置偏置缩短
G47	刀具位置偏置伸长 2 倍
G48	刀具位置偏置缩短 1/2
G49	取消刀具长度补偿
G50	（M）取消比例缩放
G50	（T）位置寄存器（从零件零点到刀尖的矢量编程）
G52	设定局部坐标系（LCS）
G53	选择机床坐标系
G54 ~ G59	选择工件坐标系（WCSs）
G54.1 P1 ~ P48	扩展工件坐标系
G61	精确停止，模态
G62	自动拐角倍率
G64	默认切削方式（取消精确停止模式）
G70	固定循环，多次重复循环，用于精加工（包括轮廓）
G71	固定循环，多次重复循环，用于粗加工（Z 轴强调）
G72	固定循环，多次重复循环，用于粗加工（X 轴强调）
G73	（M）固定循环，多次重复循环，用于粗加工
G73	（T）铣削用啄钻循环，高速（无啄钻全回缩）
G74	（M）车削用啄钻循环
G74	（T）铣削用攻螺纹循环，左旋螺纹，M04 主轴方向
G75	车削用啄钻切槽循环
G76	（M）铣削用精镗循环

（续）

G76	（T）车削用螺纹循环，多次重复循环
G80	取消固定循环
G81	简单钻削循环
G82	钻削循环，带暂停
G83	啄钻循环（啄钻全回缩）
G84	攻螺纹循环，右旋螺纹，M03 主轴方向
G84.2	攻螺纹循环，右旋螺纹，M03 主轴方向，刚性刀柄
G84.3	攻螺纹循环，左旋螺纹，M04 主轴方向，刚性刀柄
G85	镗孔循环，进料/出料
G86	镗孔循环，进料/主轴停止/快速出料
G87	镗孔循环，反镗孔
G88	镗削循环，进料/主轴停止/手动操作

（续）

G89	镗孔循环，进料/暂停/出料
G90	绝对坐标编程
G91	增量坐标编程
G92	（M）位置寄存器（从零件零点到刀尖的矢量编程）
G92	（T）线程循环，简单循环
G94	（M）每分钟进给量
G94	（T）固定循环，简单循环，用于粗加工（X 轴强调）
G95	每转进给量
G96	恒定表面速度（CSS）
G97	主轴转速恒定
G98	（M）返回固定循环中的初始 Z 值
G98	（T）每分钟进给量（A 组类型）
G99	返回固定循环中的 R 值
G99	每转进给量（A 组类型）